色다른

소방기술사

소방기술사 **유 창 범** 지음

BM 성안당
www.cyber.co.kr

A MESSAGE FROM THE READING PUBLIC

   필자는 대학원을 졸업하고 소방기술사 공부를 시작한 지 7년 만에 기술사가 되었습니다. 지금 생각해 보면 '쉽게 공부할 수 있는 것을 참 어렵게 했구나' 하는 생각이 듭니다. 직장을 다니면서 공부하다 보니 학원 수강이 어려워 독학으로 공부했습니다. 그래서 누구보다도 공부를 하는 수험생의 마음을 알고 있기에 조금이나마 그들에게 도움이 되고자 이 책을 기술하게 되었습니다.

   소방기술사의 시험문제는 단순히 암기를 요하는 것도 있지만 그보다는 소방에 대한 이해를 요하는 것이 대부분입니다. 그러나 시중에 나와 있는 대부분의 소방기술사 책은 요점 내용 위주로 되어 있고, 소방에 관한 기본서가 없는 실정입니다. 이에 소방 관련 내용을 기본 개념부터 집필하기 위해 소방에 관련된 다양한 책을 읽고 자료를 수집하여 기술하였습니다.

   이 책은 크게 4권으로 구성되어 있습니다. 내용이 기존의 책에 비해 방대하긴 하지만 모두가 소방을 이해하는 데 필요한 내용만을 넣은 것입니다. 책의 구성 중 특이한 점은 내용을 색으로 구분했다는 점입니다. 빨간색은 가장 기본적이고 중요한 내용을 나타낸 것이고, 파란색은 기술사를 공부하시는 분이라면 반드시 이해하고 암기해야 할 내용을 나타낸 것입니다. 검은색은 소방에 대한 기본 개념을 이해하기 위해 서술한 것입니다. 이렇게 구성한 이유는 책의 중요 내용이 한눈에 쏙쏙 들어오도록 하여 수험생들이 쉽게 공부할 수 있도록 돕기 위함입니다.

   말콤 글래드웰의 '아웃라이어'라는 책을 보면 1만 시간의 법칙이 나옵니다. 어떤 분야에서든 전문가가 되기 위해서는 1만 시간 정도를 투자해야 된다는 법칙입니다. 소방기술사는 소방분야 최고의 자격증입니다. 이를 위해서는 많은 것을 포기하고 노력하는 자세가 필요합니다.

   소방기술사를 공부하는 과정은 자기와의 싸움으로 시험을 포기하지 않고 정진한다면 언젠가는 이룰 수 있는 목표입니다.

   여러분의 건승을 기원합니다.

   이 책의 내용은 여러 선배님들의 논문과 자료를 정리하여 소방기술사를 공부하시는 분들을 위해 맞춤형으로 기술한 것입니다. 이와 같이 방대한 내용이 나오게 된 것은 모두가 선배님들의 연구와 노력 덕분입니다. 특히 필자에게 많은 지도편달을 해주신 김정진 기술사님께 감사를 드립니다.

   끝으로 이 책이 나오기까지 도움을 주신 성안당 관계자 여러분과 공부 때문에 함께 있지 못한 가족에게 깊은 감사를 표합니다.

Author **You Chang bum**
Fire Protecting Engineer(P/E)

Guide 이 책의 합격구성

　이 책은 기본서로서 소방에 관한 기본 개념과 중요 내용을 마치 시험문제 답안지처럼 작성해 놓았고 내용을 쉽게 풀어 놓았습니다. 또한, 중요 내용이 한눈에 쏙쏙 들어오도록 색으로 구분했습니다.

---

(7) **노점온도** : 온도가 높은 공기는 많은 수증기를 포함할 수 있지만 그 공기의 온도를 내리면 어느 온도에서는 포화상태에 도달하게 되고 더 내리게 되면 수증기의 일부가 응축되어 이슬이 발생한다. 이 시점의 온도를 노점온도라고 한다.

02　열 : 고온의 물체에서 저온의 물체로 이동하는 에너지

(1) 열(heat)

　1) 과거의 열에 대한 개념

　　① 프로기스톤설 : 열은 물질 그 자체로 연소란 물질에서 프로기스톤 는 현상으로 열이 발생한다.

　　② 운동설 : 물질을 구성하는 입자들이 운동(진동, 회전, 병진)을 통해 발생한다.

　2) 열은 물질의 상태나 주위에 어떤 변화를 일으키는 일을 하는 능력이다.

　3) 정의 : 온도 차이에 의한 에너지의 흐름을 말한다.

　4) 열은 상대적 개념으로 동일한 열을 가진 상태가 아니면 이동(흐름)이 발생한다.

　　→ 열전달(에너지의 이동)

　　한 물체에서 다른 물체로 이동하는 내부에너지이다.

　내부에너지 : 물질 내의 여러 형태의 모든 에너지를 모두 내부에너지 학에서는 열의 변화나 흐름에 따른 내부에너지의 변화를 연구한다. 온도의 변화로 나타난다.

　너지 : 열이 물체나 물질로 전달된 후에는 열이 아니라 열에 단위는 에너지의 단위와 같다. 물 1g을 1℃ 높이는 데 4.18 미국에서는 1cal이라 한다.

(2) 열용량(heat capacity, C_p) : 어떤 물질의 온도를 1℃ 올리는 데 필요한 열량(J/℃)

$$열용량 = 질량 \times 비열$$

비열이 물질마다 다른 이유 : 내부에너지를 저장하는 용량이 다르기 때문이다. 즉, 물질마다 에너지를 흡수하는 방법이 다르다는 것이다.

比熱容量, specific heat capacity) 또는 비열(Specific heat) : 단위 질량 질 온도를 1℃ 높이는 데 드는 열에너지를 말한다. 단위는 (J/g·℃)이다.

$F \cdot d = Fd\cos\theta$로 벡터양들이 합쳐진 스칼라의 양

　2) 열 $W = P \cdot \Delta V = \left(\dfrac{F}{A}\right)(Ad)$로 스칼라와 스칼라의 곱인 스칼라의 양

　3) 열은 엔트로피의 변화를 수반하지만 일은 엔트로피의 변화를 수반하지 않는다.

Fire Protection

이 책의 학습을 위한 저자의 합격 tip

첫째, **이 책은 처음에 한 번 빨간색을 위주로 읽어 소방기술사의 중요 내용을 파악합니다.** 소방기술사의 기본적인 내용을 인지하여 출제 범위와 중요 내용을 확인하는 단계입니다. 소방은 여러 가지 학문이 결합되어 깊이 들어갈 필요는 없지만 이것이 어떠한 원리에 의해서 적용이 되었는지는 알 필요가 있습니다. 왜냐하면 **기술사는 정답만을 적는 것이 아니라 답이 나오는 과정을 논리적으로 설명해야 하기 때문입니다.**

둘째, **파란색과 검은색 내용을 기준으로 본인의 서브노트를 만들어 보십시오.** 현재 기술사 수험서 대부분의 책은 서브노트 형식을 취하고 있습니다. 서브노트의 형식이다 보니 각각의 내용에 대한 구체적인 설명이 부족하여 그 원리를 이해하기 위해서는 다른 참고도서를 찾아보아야 하는 문제점이 있습니다.

서브노트는 개인이 만드는 것이지 누가 만들어주는 것이 아닙니다. 서브노트는 기본서를 바탕으로 나의 경험과 지식의 부족한 부분을 채우기 위하여 만드는 것이기 때문입니다. 또한, 내가 잘 이해가 안 되거나 모르는 것을 서브노트에 기록하여 그것을 반복학습하고 숙지하여 시험장에서 답안의 작성을 충실하게 만들어주는 역할을 하기 때문입니다.

셋째, **기술사의 공부는 외우는 것이 아니라 이해하는 것이라는 인식입니다.** 물론 머리가 뛰어나서 소방의 모든 영역을 다 외울 수 있다면 그렇게 공부하는 것이 합격으로 가는 지름길이겠지만 대부분의 사람들은 그렇게 할 수 없는데 억지로 암기 위주의 공부를 하고 있습니다. 답안지를 쓸 때 어떤 형식에 맞추고 늘 그것에 가깝게 쓰도록 하면 50점 부근까지는 빨리 도달할 수 있을 테지만 합격점수를 받는 데는 더 많은 시간을 소요할 수가 있습니다. 현재 거의 모든 학원에서 이와 같은 학습방법을 권하고 있는데 이는 똑같은 답안지를 만드는 결과를 초래하고 있습니다. **합격자를 양산하는 시대에서는 기술사를 많이 배출하기 위해서 이러한 방법으로도 합격하는 사람들이 많았지만 적정수의 기술사를 뽑는 현재 시험의 경우에는 적절하지 않은 방법입니다.**

기술사 답안지는 사실 수치나 법률을 그대로 쓰는 것이 그렇게 중요하지는 않습니다. 이것이 어떠한 의도로 그렇게 나왔고 향후 어떠한 방향으로 가는 것이 바람직한 지를 쓰는 것이 중요합니다. 그러기 위해서는 많은 관련 자료와 그에 대한 충분한 이해가 있어야 합니다.

이에 이 책은 저자가 소방기술사를 공부하면서 많은 시간 책을 보고 자료를 찾는 데 쓴 경험을 바탕으로 이를 하나로 묶어서 알기 쉽게 설명했습니다.

Contents

Contents

Contents

PART 04 피 난

Contents

色다른 소방기술사 시리즈 구성

Vol. 1 소방기초이론과 연소공학

소방을 공부하기 위해서는 이론의 근거가 되는 물리학과 화학의 기초이론에 대한 정확한 이해가 필요합니다. 이에 다른 기술사 책에는 없는 소방기초이론을 별도로 구성하여 소방과 관련 있는 물리학과 화학을 기술하여 수험생이 쉽게 이해할 수 있도록 했습니다. 또한 연소공학은 연소의 시작인 발화부터 화재의 성장 및 소멸까지 나오는 연소이론을 단계별로 정리해서 하나의 완성된 답안지가 될 수 있도록 했습니다. 이를 통해서 연소공학에 대한 전반적인 이해가 가능할 것입니다.

출제빈도 및 공부방법 : 약 5~10% 정도로 적은 출제이지만 답안지 작성의 전체적인 기본이 되므로 쉽게 볼 것이 아니라 충분한 숙지가 필요한 부분입니다.

Vol. 2 건축방재와 피난

화재가 발생한 대상인 건축물의 손상과 연소확대의 특성에 대한 이론이 수록되어 있으며 다양한 건축대상에 따라 변화하는 특성을 기술했습니다. 또한 이에 대응할 수 있는 건축물에 대한 방재대책을 건축용도별로 구분했습니다. 피난은 화재 시 거주자의 피해를 최소화하고 안전하게 피난을 하기 위한 대책을 기술하고 있으며, 어떻게 피난안전성 평가를 하고 있는지와 시뮬레이션에 대하여 설명했습니다.

출제빈도 및 공부방법 : 약 20~25% 정도의 출제빈도를 가지고 있고 내용상 연소공학과는 불가분의 관계입니다.

Vol. 3 소방기계

화재 시 대응하는 건축설비를 구체적으로 나열하고 그 원리와 적절한 설치방법을 기술했습니다. 또한 새로운 시설이나 장비를 설명하여 쉽게 이해할 수 있도록 학습을 도왔습니다.

출제빈도 및 공부방법 : 약 35~40% 정도로 가장 많이 출제되며 기본적인 소방설비에 대한 학습도 중요하지만 신기술이나 신제품에 대한 학습이 특히 중요시 됩니다.

Vol. 4 소방전기·폭발·위험물

소방을 감지하는 감지설비와 경보설비 및 각종 장비의 전원공급에 대한 내용을 기술했습니다. 특히 최근에 자동제어와 통신이 중요시 되면서, 다양한 기술개발로 인한 오동작이 적고 신속한 대응이 가능한 설비 등이 개발됨으로써 이에 대한 정보취득과 숙지를 위한 기초자료를 첨부해 이에 대해 쉽게 이해할 수 있도록 했습니다. 또한 폭발과 위험물 부분은 다양한 이론과 원리를 기술하여 이에 대한 이해도를 높였습니다.

출제빈도 및 공부방법 : 소방전기는 약 15~20% 정도의 출제빈도를 가지고 있고 이 역시 소방기계와 마찬가지로 신기술이나 신제품에 대한 학습이 중요시 됩니다. 폭발과 위험물은 약 5~10% 정도의 출제빈도를 가지고 있으며 연소공학과 밀접한 관계가 있습니다.

P·a·r·t

3

Professional Engineer
Fire Protection

건축방재

01 개 요

(1) 화재의 피해의 정도를 나타내는 화재가혹도(J)는 화재강도(W)가 얼마나 지속되었는가(hr)를 나타내는 것으로 많은 열량을 견디는 능력을 말하는 것이다. 이는 수동적 방화로 열에 견디는가 하는 내화와 구획의 개념과 능동적 방화로 열을 얼마나 빨리 식히는가의 두 가지 방법으로 화재를 제어하거나 진압하는 방법이다. 따라서 화재로 인한 인명 및 재산 손실을 예방하기 위해 능동적 및 수동적 방화기법을 함께 사용한다.

(2) **수동적 방화의 정의** : 전기적, 기계적인 힘 또는 인간의 힘을 이용하지 않는 방화방법으로 흔히 건축적으로 고정된 방화방법을 말한다. 따라서 설비보다 건물의 그 자체 구성에 의해 화염과 연기를 제어하여 안전을 확보하려는 방법이다.

(3) **수동적 방화의 개념** : 구획화와 다중화가 있으며 이 개념은 안전설계의 기본이 된다.
  1) **구획화** : 화재를 일정공간에 국한시키거나 제한시켜서 견디는 개념이다.
  2) **다중화** : Fail safe 개념으로 실패하더라도 다시 다른 방법으로 대안을 제시하는 것을 말한다.

(4) 능동적(active) 방화와 수동적(passive) 방화는 서로 상호 보완적인 관계이다. 수동적 방화는 건축법에서, 능동적 방화는 소방법에서 주로 다루고 있다.

02 종 류

(1) 화재의 발생 방지를 위한 건축자재나 가구 등을 방화재료로 사용한다.

> **꼼꼼체크** **방화재료** : 일반적으로 방화재료란 화재 시 타지 않는 재료 또는 타기 어려운 특성인 재료를 총칭하며 내화구조와 방화구조의 건축물에 널리 사용된다.

재 료	불연재료	준불연재료	난연재료
정 의	물에 타지 아니하는 성질을 가진 재료	불연재료에 준하는 방화성능을 가진 재료	불에 잘 타지 아니하는 성능을 가진 재료
법규상의 규정	난연 1급	난연 2급	난연 3급
재료구성	무기재료, 무기재료와 소량의 유기재료 혼합	무기, 유기의 혼합(무기질이 중량비로 50% 이상)	유기재료
재 료	콘크리트, 철강, 석재, 벽돌, 유리, 알루미늄, 시멘트판, 글라스울, 기와 등	석고보드, 미네랄텍스, 목모시멘트판, 펄프시멘트판 등	난연합판, 난연플라스틱, 난연섬유판 등

16

[비고] 목모시멘트 : 목모, 시멘트, 물을 혼합해서 가압성형한 복합재료이다. 목모와 거친 시멘트 성분 사이의 공극률이 흡음 및 단열의 효과를 낸다. 주로 흡음, 단열재로 사용한다.

(2) 화재를 한정하여 제어하기 위한 내화구조, 방화구조

(3) **화재에 견디는 화재저항(내화)** : 하중지지력, 차염성, 차열성

(4) 인명의 안전한 대피를 위한 계단 등의 피난설비

(5) 인명의 안전한 대피를 위한 배연창 등의 배연설비

(6) 방유제, 보유공지, 안전거리(산업안전 측면)

(7) 쉽게 감시가 가능하고 정리정돈된 여유공간을 통해서 인적 실수로 인한 화재의 발생 이나 확산을 억제하는 건축적 공간구성

03 요구되는 기능

(1) **인명의 안전성**
  1) 화염, 연기 및 열의 확산을 방지하기 위한 구획화
  2) 화재로 인한 건축물 강도저하에 따른 하중지지력 확보

(2) **재산의 안전성**
  1) 화재 후 보수 및 정비를 통한 건물 재사용 가능성
  2) 건축자재의 불연성

(3) **기능의 안전성**
  1) 화재 및 소방주수에 대한 충격에도 건축물의 강도 유지
  2) 건축구조부재 접합부의 성능 유지

04 수동적 방화성능의 판단기준

(1) **하중지지력**

(2) **차염성**

(3) **차열성**

05 장단점

(1) **장점**
  1) 신뢰도가 높다.
  2) 화재의 크기(화재가혹도)를 제한할 수 있다.

3) 경년변화에 따른 기능저하가 적다.

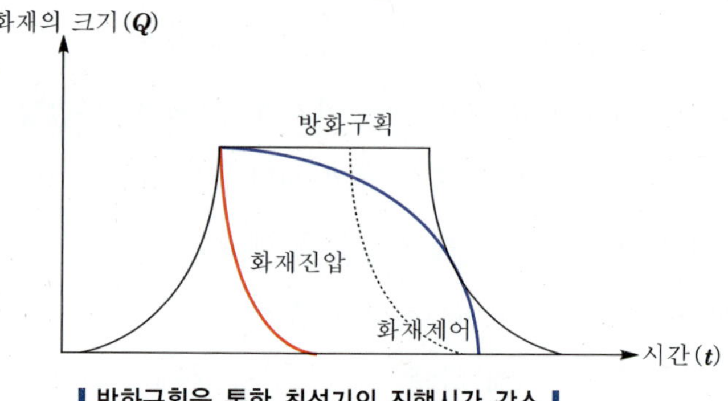

▌ 방화구획을 통한 최성기의 진행시간 감소 ▌

(2) 단점

1) 화재가 올 때까지 기다리는 피동적인 방화로서 이는 소화를 신속하게 진행하여 피해를 최소화할 수 있는 적극적 방화개념으로 보완이 필요하다.

2) 자연적으로 화염이나 연기가 도달할 때까지 기다림으로써 소화나 방재의 지연이 발생한다.

3) 추후에 증설이나 보강을 하는 것이 능동적 방화에 비해 어렵고 건축적 사용에 제한을 많이 가한다.

꼼꼼체크 건축물
- 토지에 정착하는 공작물 중
  - 지붕과 기둥 또는 벽이 있는 것
  - 위에 딸린 시설물로 담장이나 대문과 같은 것
- 지하나 고가의 공작물에 설치하는 사무소, 공연장, 점포, 창고, 차고
- 그 밖에 대통령령(「건축법 시행령」 [별표 1])에서 정하는 것

능동적 방화 (active system)

01 개 요

(1) **정의** : 기계력, 전기력, 인력을 이용하여 화재를 감지하고 진압하는 방화시스템. 적극적으로 불에 대응한다는 점에서 주로 설비시스템에 중점을 두는 방재시스템이다.

(2) 능동적 방화는 주로 소방관계법에서 다루어진다.

02 종 류

(1) **소화설비** : 스프링클러, 옥내소화전, 물분무 등

(2) **경보설비** : 비상경보, 자동화재탐지, 비상방송, 누전경보기 등

(3) **피난설비** : 피난기구, 유도등, 비상조명등 등

(4) **소화용수설비** : 소화수조, 상수도소화용수설비 등

(5) **소화활동설비** : 제연, 연결송수관, 비상콘센트, 무선통신보조 등

(6) **건축방재설비** : 방화문, 방화셔터, 방화댐퍼 등

03 장단점

(1) **장점**
   1) 수동적(passive) 방화에 비해 능동적(active) 방화는 설치, 시공 및 추후 증설이 용이하다.
   2) 따라서 적은 비용으로 현장여건에 적합하게 조정이 가능하다. 즉, 상황에 따른 용량증설이 용이하고 변화에 따른 적극적인 대처가 가능하다.
   3) 능동적 방화는 화재초기에 화원에 대한 능동적인 진압이 가능하기 때문에 화재 피해를 최소화할 수 있다.

(2) **단점**
   1) 기계력, 전기력, 인력에 의존하기 때문에 고장 등이 일어날 가능성이 높아 수동적 방화에 비해서 신뢰도가 낮다. 따라서 신뢰도 확보를 위한 다중화와 심층화가 필요하다.

 다중화가 병렬적인 설비보완이라면, 심층화는 직렬적인 설비보완으로 설비가 고장나도 다른 설비를 통해 대체가 가능하도록 하는 개념이다.

2) 수명이 건물의 생애주기보다 짧고, 기능유지를 위해서는 관리를 필요로 한다.

3) 능동적(active) 방화와 수동적(passive) 방화는 상호 보완적이기 때문에 비용과 시간이 많이 드는 수동적 방화의 대체수단으로 능동적 방화를 이용하려고 한다. 하지만 서로가 보완재이지 대체재는 아니다.

04 비 교

구 분	능동적 시스템(active system)	수동적 시스템(passive system)
기본개념	적극적으로 불에 대응하여 제어 또는 진압	화염과 연기제어를 통한 안전확보
특징	건축설비시스템을 중심으로 하는 방재시스템	건축물 그 자체를 중심으로 하는 방재시스템
목적	화재발생을 억제, 제어, 진압	화재발생 후 화염과 연기의 제어, 기능유지 및 피난
수명	건물의 내용연수보다 짧다.	건물의 내용연수와 같다.
필요조건	• 설비나 기계에 관한 성능수준 확보 • 장비의 조작과 운영에 대한 신뢰성	• 화재의 크기와 구조내력, 연기배출량 및 피난안전 등에 대한 성능수준 확보 • 경년변화에 따른 기능저하에 대한 신뢰성
예	• 스프링클러, 옥내소화전, 물분무 등의 소화설비 • 자동화재탐지설비, 비상방송설비, 누전경보기 등의 경보설비 • 피난기구, 유도등, 비상조명등 등의 피난설비 • 제연설비, 비상콘센트, 연결송수관설비 등의 소화활동설비	• 발화방지를 위한 불연, 준불연, 난연 재료 • 화재의 확산 방지를 위한 방화구획 • 화재 시 건물의 구조적 강성 유지를 위한 내화구조 • 인명의 안전한 대피를 위한 피난통로 및 배연창

05 결 론

능동적 방화와 수동적 방화는 상호 보완을 통해서 보다 강화된 방화성능을 유지할 수가 있다. 예를 들어 능동적 방화인 스프링클러설비 설치 시 수동적 방화인 방화구획을 3배까지 완화할 수 있고 수동적 방화인 방화구획을 강화하기 위해 스프링클러나 물분무 설비와 같은 수동적 방화를 설치하는 방법이 있다.

건축방재

01 개 요

(1) **정의** : 건축물에서 발생하는 재해로부터 피해를 예방하거나 최소화하는 것을 건축방재라고 한다.

(2) 건축물은 인간의 거주와 생산, 휴식의 공간이자 자연재해나 동물로부터의 보호의 공간으로 인간은 건축물 안에서 생산, 소비, 휴식 등을 한다.

(3) **건축방재의 목적** : 소방에서 말하는 건축방재는 여러 가지 재해 중에서도 화재를 방지하거나 피해를 완화하고 건축물의 기능을 유지하는 것과 주어진 시간 안에 용이하고 안전하게 피난을 수행하는 데 목적이 있다. 따라서 건축관계법에서는 건축방재에 관하여 아래와 같이 기술하고 있다.

02 법규에 나타난 건축방재

(1) **피난 · 방화구조 등의 기준에 관한 규칙**

  1) 구조 및 재료 측면(진행방향 : 구조 → 내 · 외부 마감재료 → 방화구획)

    ① 구조 : 방화구조, 내화구조

    ② 내부 마감재료 : 난연재료, 준불연재료, 불연재료

    ③ 외부 마감재료 : 준불연재료, 불연재료

  2) 피난 측면(진행방향 : 거실 → 복도 → 계단 → 출구 or 피난안전구역)

    ① 계단 및 복도 : 직통계단의 설치기준, 피난계단 및 특별피난계단의 구조, 계단의 설치기준, 복도의 너비 및 설치기준

    ② 출구 : 관람석 등으로부터의 출구의 설치기준, 건축물의 바깥쪽으로의 출구의 설치기준, 회전문의 설치기준, 헬리포트의 설치기준, 복합건물 피난시설, 지하층의 구조

    ③ 피난안전구역 설치(준초고층 이상)

    ④ 피난용 승강기

  3) 방화구획 및 벽의 구조 측면

    ① 방화구획 : 설치기준, 방화문의 구조

    ② 벽 : 경계벽 및 칸막이벽의 구조, 건축물에 설치하는 굴뚝, 내화구조의 적용이 제외되는 공장건축물, 방화벽의 구조, 대규모 목조건축물의 외벽 등, 방화지구 안의 지붕, 방화문 및 외벽 등, 건축물에 설치하는 굴뚝

(2) 건축물의 설비기준 등에 관한 규칙

1) 주요항목
① 비상용 승강기를 설치하지 아니할 수 있는 건축물
② 비상용 승강기의 승강장 및 승강로의 구조
③ 배연설비 : 배연창, 특별피난계단, 비상용 승강기의 승강장
④ 피뢰설비

2) 의의 : 건축물의 설비에 대한 피난과 방화 관점에서 의의가 있다.
① 피난관점 : 비상용 승강기의 설치와 승강장의 구조
② 방화관점 : 피뢰설비

(3) 화재의 진행에 따른 능동적(active)·수동적(passive) 시스템 시설 및 설비명

구분	목적	분류	시설·설비명	건축관계법 (법, 영, 규칙)	소방관계법		주요내용
					시행령	NFSC	
경보 설비	발화 ↓ 감지 정보 전달 ↓	능동적	자동화재탐지설비	–	제15조	203	• 화재의 감지 및 정보전달 • 피난개시시간 단축 • 화재진압시간 단축
			비상경보설비	–	제15조	201	
			비상방송설비	–	제15조	202	
			누전경보기	–	제15조	205	
		수동적	–	–	–	–	–

소화
설비
	초기
	소화
	설비
	↓
		능동적	소화기구(소화기 등)	–	제15조	101	• 화재초기에 자력 화재진압
							  – 자동적
							  – 수동적
							• 소방대가 출동하기 전까지 화재확산을 방지

			옥내소화전	–	제15조	102	
			스프링클러	–	제15조	103, A, B	
			물분무 등 소화설비	–	제15조	104~108	
			미분무소화설비	–	제15조	104A	
			옥외소화전	–	제15조	109	
		수동적	–	–	–	–	–
피난 시설 및 설비	피난 개시 및 행동 ↓	능동적	피난기구	–	제15조	301	• 수동적 피난실패 시 대안 (피난기구) • 안전한 피난(인구, 비조) • 신속한 피난(유도설비)
			인명구조기구	–	제15조	302	
			유도등/유도표지	–	제15조	303	
			비상조명등	–	제15조	304	
		수동적	피난안전구역 설치/구조	시행령 제34조	–	–	• 안전한 대피공간 확보 • 안전한 피난경로 확보
			직통계단의 설치/구조	시행령 제34조	–	–	
			피난계단/옥외피난계단	시행령 제35조/제36조	–	–	
			특별피난계단	시행령 제35조	–	–	
			관람석 등으로부터 출구	시행령 제38조	–	–	
			건축물 밖으로의 출구	시행령 제39조	–	–	

구분	목적	분류	시설·설비명	건축관계법 (법, 영, 규칙)	소방관계법		주요내용
					시행령	NFSC	
			계단 및 복도	시행령 제48조	–	–	
			비상탈출구	기준 제25조 제2항	–	–	
			옥상광장 및 헬리포트 구조공간	시행령 제40조	–	–	
			피난용 승강기	규칙 제29조	–	–	
연소 확대 방지 시설	연기 및 연소 확대 방지 ↓	반능동 적	방화셔터 (방화구획의 일부)	시행령 제46조		–	화염, 연기 화재확대 방지
		수동적	주요구조부의 내화구조	시행령 제56조	–	–	• 건축물 붕괴 방지 • 화염, 연기 화재확대 방지 (구획화) • 화재진행속도 지연 • 발화방지
			방화구조	시행령 제2조	–	–	
			방화구획(면, 층, 용도)	시행령 제46조	–	–	
			방화문의 구조	시행령 제64조	–	–	
			방화벽	시행령 제57조	–	–	
			경계벽 및 칸막이벽	시행령 제55조	–	–	
			마감재료(내부, 외부)	시행령 제61조	–	–	
			방염처리	–	제20조		
소화 활동 설비	공공 (소방 관) 소화 활동 ↓ 진화	능동적	소화용수설비	–	제15조	401~402	• 소방관 화재진압능력 향상 • 효율적인 화재진압
			제연설비	–	제15조	501, 501A	
			연결송수관설비	–	제15조	502	
			연결살수설비	–	제15조	503	
			비상콘센트설비	–	제15조	504	
			무선통신보조설비	–	제15조	505	
			배연설비(거실)	시행령 제51조	제15조	–	
			비상용 승강기	시행령 제90조	–	–	
		수동적	막다른 도로	시행령 제3조의3	–	–	• 소방차의 접근 가능 • 구조·구급 공간의 확보
유지 관리 설비	평상 시 유지 관리	능동적	방재센터 (system/수신기 등)	–	–	101	요구되는 기능
		수동적	방재센터(위치)	특별법 제16조	–	101	• 화재진압관리 • 피난의 지휘

(4) 국토교통부·행정안전부의 방재영역 구분 : 국토교통부는 수동적 시스템에 대한 내용을 규정하고 있고 행정안전부는 능동적 시스템에 대한 내용을 규정하고 있다.

 **인프라(infra)** : 인프라스트럭처(infrastructure)의 줄임말로 구조를 지지하는 구조(framework)를 제공하는 구조적 요소를 말한다.

분 야	구분기준	세부사항	국토교통부 (허가·확인 행정)	행정안전부 (성능 유지, 점검, 지도행정)
건축물의 생애주기 (life cycle)	건물의 생애주기와 동일 이상	주요구조부 등 구조체	◎	–
	건물의 생애주기 미만	기계시스템, 내장재료, 칸막이	○	◎
재 질	주요구조부 및 구조체 인프라(infra)	구조체 및 구조체의 성능 보장을 위한 내화피복	◎	–
	비구조부 구획화	장식, 흡음, 단열	○	◎
성 능	내화성능(열)시험	방화문, 셔터, 내화재료(판, 충진재)	◎	○
	감지·작동 시험	감지부, 기계시스템		◎
방호개념	수동적 : 건축형	방화구획 등	◎	○
	능동적 : 설비형	스프링클러 등		◎
	반기계적	방화문, 셔터, 배연창, 수막	○	◎
설계대상	건축 대지[1] 및 도로	대지 내 공지, 소방도로	◎	○
	시스템 관련	방재시스템	○	◎

[범례] ◎ : 고유 업무영역, ○ : 일부 내용이 포함되어 있는 업무영역

(5) 방재영역 구분의 쟁점사항

1) 방화셔터(semi-active)

① 방화셔터는 기계력을 이용하는 능동적 설비이나 개념상 방화구획을 구획하는 구획재로 사용되고 있다. 따라서 국내에서는 건축법을 통하여 다루고 있으나 이는 방화구획을 대체하는 개념이 아니라 보완하는 개념이다.

② 현재 방화구획의 일부로 인정되고 있는 방화셔터는 실효성 및 신뢰성에 있어 구획재의 대체재로 사용하기가 곤란하다. 따라서 보완재로 그 사용을 최소화하여야 한다.

③ 국내 규정에는 방화셔터의 사용을 시·도 조례로 정하도록 되어 있지만, 실제로 제한하고 있지는 않으며, 방화구획의 대체재로 사용되고 있다.

 **반기계적 시스템(semi active system)**

- 방화셔터와 같이 기능상으로는 건축적(passive system)이지만 형태상이나 동작은 설비(active system)와 같은 시설을 말한다.

---

1) 대지 : 공간정보의 구축 및 관리 등에 관한 법률에 따라 각 필지로 나눈 토지를 말한다.
   (여기서, 필지 : 일반적인 토지의 단위로, 하나의 지번이 붙는 등록단위)

- 화재의 한정을 기계력에 의존하기 때문에 화재에 대한 내력과 신뢰도 확보가 요구된다.
- 신뢰도가 낮기 때문에 사용을 지양하여야 한다.

2) 마감재료(건축법)와 실내장식물의 방염 범위의 한계
① 건축법 : 내부, 외부 마감재료
② 소방법 : 실내장식물 및 방염 관련 사항

3) 방·배연의 영역
① 건축법 : 건축법에서는 배연창, 기계식 방·배연이 소방법의 관련 규정에 따르도록 소방법에 일임하고 있다.
② 소방법 : 거실, 전실 제연설비

4) 방재센터 : 방재센터의 중요성에 대한 근거, 그 실의 위치, 규모 등은 건축설계 차원의 문제로 이에 대한 규정을 건축법에 명시하는 것이 적합하나 현재는 초고층과 지하연계 복합건축물에 관하여만 설치를 강제하고 있고 소방법에서는 직접적인 규정이 없어서 화재안전기준의 제어반 설치를 준용하고 있다.

(6) 건축법과 소방법의 상호 관계

1) 건축물의 소방을 위한 투자와 소방시설의 투자는 상호 역비례 관계가 있다고 말할 수 있다. 즉, 건축물의 화재에 대한 방호성능이 우수할수록 소방시설의 투자비는 적어도 된다. 그러나 건축물의 방호성능을 높이기 위한 방화구획 등은 건축물의 활용가치를 저하시킬 수 밖에 없기 때문에 이를 이용하여 방호성능을 높이는 데는 한계가 있다. 따라서 이 한계에 대한 대응책으로 방화성능을 구현하는 소방설비가 필요하게 되는 것이다. 결론적으로 건축에서의 방화상 한계점은 소방설비로 보완될 수 있는 것이다.

2) 예를 들어 고층 건물에서 10층 이하의 층은 바닥면적 $1,000m^2$ 이내마다 방화구획을 해야 하지만, 스프링클러 기타 이와 유사한 자동식 소화설비를 설치한 경우에는 바닥면적 $3,000m^2$ 이하마다 구획을 할 수가 있다. 따라서 1개 거실의 면적을 $1,000m^2$보다 크게 하려면 능동적 시스템인 스프링클러(sprinkler)설비를 갖추면 된다. 이와 같이 능동적 설비를 이용하여 수동적 설비의 제한을 보완하여 사용할 수 있는 것이다.

성능위주의 설계(PBD)

01 개 요

(1) 성능위주의 소방설계(PBD ; Performance Based Fire Protection Design)의 정의 :
법규나 이해관계자의 요구에 따른 성능을 기반으로 설계하는 것으로 방화적 측면에서 요구되는 목표를 적절한 수단을 사용하여 가장 효율적이고 경제적으로 달성하고자 하는 설계이다.

(2) 상대적으로 PBD 이전의 방법은 법규위주설계나 사양위주설계라고 표현한다. 법규에서 요구하는 사양에 따라 방화시설을 설계하는 사양위주설계와 성능위주설계는 서로 비교되는 개념이다.

 • **법규위주설계** : 법규의 요구나 허용에 따라 설계하는 것
 • **사양위주설계**(CBD, Code Based Design) : 법규에 구체적으로 규정된 방법에 의하여 설계를 하는 것

02 도입배경

(1) 현재 우리나라는 정부의 주도하에 법령 및 NFSC를 제정, 시행하고 있다.

(2) 오늘날의 신재료, 신공법을 활용한 초대형, 초고층 빌딩의 출현 등에 기존의 NFSC(사양위주설계)가 적절히 대응할 수 없을 뿐만 아니라, 수요자의 다양한 요구에 부응하기에는 많은 문제점이 있어서 성능위주의 설계를 도입하고 있다.
1) 건축물의 고유 특성을 반영하기가 곤란하다.
2) 법규에 정해진 수단과 방법에 의한 시공이 이루어지므로 신공법이나 신기술에 의한 설계나 시공이 곤란하다.
3) 설비의 개별적인 성능에 의존하므로 종합적인 방재전략을 수립하는 데는 한계가 있다.
4) 법규에 의한 획일적인 안전수준으로 과다설계나 불능설계가 될 수 있다.

(3) 사양위주설계와 성능위주설계의 관계
1) 성능위주설계와 사양위주설계는 서로 대체의 개념이 아니라 보완의 개념이다.
2) 성능위주설계를 실시하는 국가에서도 성능규정은 사양규정을 상호 보완하는 형태를 띠고 있다.
3) 성능위주설계 내에도 사양위주설계에 의한 법규와 표준적인 역할은 존재한다.

(4) 도입목적

1) 설계 및 법률의 유연성(design flexibility)
2) 안전성 향상(equal or better fire safety)
3) 경제적 이익(maximization of the benefit/cost ratio)
4) 전문가 육성, 방화 관련 기술의 발전(innovation in design, construction)[2]

(5) 성능위주의 설계를 해야 할 특정소방대상물 및 설계 자격

1) 대상

① 하나의 건축물에 영화상영관이 10개 이상인 특정소방대상물
② 연면적 20만m^2 이상인 특정소방대상물(아파트는 제외)
③ 지하층을 포함한 층수가 30층 이상인 특정소방대상물(아파트는 제외)
④ 연면적 3만m^2 이상인 철도역사·공항시설
⑤ 건축물의 높이가 100m 이상인 특정소방대상물(아파트는 제외)

2) 자격

① 법 제4조(소방시설업의 등록)에 따른 전문소방시설 설계업을 등록한 자
② 전문소방시설 설계업 등록기준에 따른 기술인력을 갖춘 자로서 소방방재청장이 정하여 고시하는 연구기관 또는 단체
③ 보유기술인력 : 소방기술사 2인 이상

03 평가방법

(1) 결정론적 분석(deterministic analysis)

1) 정의 : 원인에 의해서 결과가 예측된다는 고전물리학적 사고에 기초한 분석방법이다.
2) 분석방법 : 물리적 법칙, 화재실험자료를 기초로 한 계산식을 이용한 하나의 입력에 결과가 하나인 분석이다.
3) 구조화된 컴퓨터시뮬레이션이 필수이다.
4) 특수한 물리적 상황을 근거로 한 모델링을 통해 화재상황의 구현이 가능하다. 따라서 과거의 자료가 없는 모델이라도 물리적 상황과 관련자료가 있으면 분석이 가능하다.

(2) 확률론적 분석(probabilistic safety analysis)

1) 정의 : 확률에 기초해서 평가하는 방법이다.
2) 분석방법 : 과거의 화재결과 및 화재발생의 통계적 자료를 이용한 하나의 입력에 결과가 여러개 발생하는 분석이다.
3) 복합적 요소들의 정량적 분석이 가능하므로 효과적인 대안선정이 가능하다. 하지만 과거의 자료가 없는 모델의 분석은 신뢰도가 낮고 분석하기도 어려운 문제를 가지고 있다.

---

2) Performance-Based Fire Protection chapter 3 15page

04 성능위주의 분석절차(performance based analysis)[3]

(1) 1단계 : 프로젝트 범위의 설정(defining project scope)

  1) 성능위주설계 및 분석의 범위를 확인하고 프로젝트를 명확하게 설정하는 단계

  2) 검토사항

    ① 설계의 범위(건물의 전체 or 일부 or 개축 or 보수 등)

    ② 관련 이해당사자(stakeholder objective)

    ③ 프로젝트의 공정기간

    ④ 예산의 규모

    ⑤ 적용되는 관련 법규

    ⑥ 건물과 거주자의 특성

(2) 2단계 : 최종목적의 설정(identifying goals)

  여기서 최종목적이란 질적으로 측정되는 달성해야 할 세부사항이 아닌 성능위주의 설계로 도달할 수 있는 목표를 말한다.

  1) 최종목적을 규명하기 위한 활동

    ① 다양한 관련 이해당사자의 최종목적을 확인하고 문서화한다.

    ② 향후 설계과정에서의 갈등을 최소화하기 위해 설계진행 이전에 설정된 최종목적에 대한 동의와 이해가 필요하다.

    ③ 프로젝트에서 가장 중요한 목적을 선정한다.

  2) 최종목적

    ① 인명안전

    ② 재산보호, 구조적 보전성

    ③ 기업활동 등의 연속성 유지

    ④ 환경보호

(3) 3단계 : 손실/설계 목표의 설정(Defining Stakeholder and Design Objectives)

  목표(objectives)는 목적(goals)을 달성하기 위하여 필요한 구체적인 요구사항으로 목표는 목적달성 가능성을 높일 수 있는 일련의 행동으로 정의된다. 목표는 목적보다 더 구체적으로 정의되며, 질적인 면보다 양적인 면의 측정에 의존하게 된다.

  1) 목표의 종류

    ① 손실목표(stakeholder objectives) : 관련 이해당사자들이 수용할 수 있는 최대 손실수준

    ② 설계목표(design objectives) : 손실목표를 설계 엔지니어에 의해서 구체적인 설계목표로 제시

---

3) SFPE Engineering Guide to Performance-Based Fire Protection에서 주요 내용을 발췌

최종목적	손실목표 (이해관계자)	설계목표 (엔지니어)	성능기준
인명안전	화재가 발생한 실 이외의 공간에서 인명손실이 없을 것	열에 의한 영향	T<60℃
		가시거리에 의한 영향	Visibility>4m
		독성에 의한 영향	CO<1,400ppm
		호흡한계선	바닥으로부터 1.8m 이하
재산보호	화재가 발생한 실 이외의 공간이 열에 의한 손실이 없을 것	화재전파 방지를 위한 구획실 상층부 온도	300℃ 이하
기업활동의 연속성 유지	8시간 넘는 업무정지시간을 발생시키지 않을 것	독성에 의한 영향	HCl 5ppm보다 낮을 것
			연기미립자가 0.5g/m^{3}보다 작을 것
환경보호	소화용수 유입에 의한 지하수의 오염 방지	배수설비의 설치	소화수×1.2배 배출능력 배수펌프

(4) 4단계 : 성능기준 결정(developing performance criteria)

1) 성능기준이란 설계목표를 구체적으로 수치화한 값으로 확률, 시간, 임계값 등으로 나타낼 수 있다. 그중에 가장 보편적으로 이용하는 것은 열, 연기, 독성이다. 그 기준에 따라 복사열, 가시거리, CO_2의 농도 등이 성능기준이 된다.

2) 설계목적을 만족시키는 성능기준을 선택한다.

3) 추후 개발될 설계안을 평가하는 기준이 되므로 공학적인 이론을 근거로 선택하여야 한다.

4) 물질의 온도, 가스온도, 연기농도, 연기깊이, 복사열 세기 등을 고려하여야 한다.

5) 화재에 대한 인간의 노출범위를 정하여야 한다.

6) 최소한 하나 이상의 성능기준이 필요하다.

7) 완벽한 화재안전 환경은 불가능하다.

8) 화재위험을 낮추기 위해서는 공사금액이 상승하므로 가치공학(VE ; Value Engineering)을 통해서 적절한 수준을 결정하여야 한다.

9) 평가방법이 있는지 사전 확인 후 성능기준을 설정하여야 한다.

10) 미국 PBD의 대표적인 성능기준(예시)

① 거주자에게 노출되는 복사열이 수포성 화상의 기준 : 2kW

② 상층부 연기온도 : 200℃

③ 일반적인 가시거리 : 2~4m

④ 산소농도 : 10~15%

⑤ 철골구조 온도, 건축물 붕괴 온도 : 538℃

⑥ 청결층 높이 : 1.9m

11) 성능기준의 모형(NKB 5 Level system)

Level	모형의 예
1. 목적	인명안전, 재산확보
2. 기능요건	피난수단 확보, 연기로부터의 안전
3. 성능요건	연기층의 높이 제한
4. 검증수단	승인된 검증수단과 설계법
5. 검증방법	최신 연구성과, 기술개발 등이 포함된 공학적 기법

(5) 5단계 : 화재시나리오 개발(developing design fire scenarios)

1) 성능기준이 수립되면 설계대안의 개발 및 분석이 시작되며, 이 과정의 첫 단계가 화재시나리오의 개발이다. 최적의 화재모델은 화재시나리오를 이용하여 만들어진다.

2) 화재시나리오란 화재의 발생, 성장, 쇠퇴를 시간의 경과에 따라 열방출 등의 강도의 지표로 나타낸 것을 말한다.

3) 화재시나리오의 종류

① 발생 가능한 화재시나리오

㉠ 설계대상 건축물에서 발생이 가능한 또는 확률이 높은 화재

㉡ 건축 특성, 거주자 특성, 화재 특성으로 구성

② 설계 화재시나리오

㉠ 발생 가능한 화재시나리오를 몇 개의 설계 화재시나리오를 압축하고 정량화한 시나리오

㉡ 건축 특성, 거주자 특성, 설계화재곡선으로 구성

(6) 6단계 : 시험설계 개발(developing trial designs)

설계목표에 부합하는 시험설계안(trial designs) 개발

1) 발화 및 성장

① 발화방지 : 발화가 될 확률을 줄여준다.

㉠ 점화원의 관리

㉡ 가연물질의 관리

㉢ 화재안전관리

② 화재성장의 조정 : 연소속도 및 열·연기 발생량을 줄인다.

㉠ 내용물의 선택

㉡ 내용물의 배치

㉢ 구획실의 형태

㉣ 환기 조절

㉤ 소화설비

㉥ 건축

2) **연기의 전파, 조정 및 제어** : 연기의 발생을 줄이고, 이동을 조정하여 연기에 의한 위험을 경감시킨다.

　① 물질의 조정 : 연기발생을 줄일 수 있는 내장재나 가구 등으로 조정한다.

　② 연기의 확산 방지

　　㉠ 배출

　　㉡ 가압

　　㉢ 방연(기류 : air flow)

3) **화재감지**

　① 화재감지 : 화재상태 알림, 소방시스템 작동

　　㉠ 사람에 의한 감지

　　㉡ 자동화재탐지설비에 의한 감지

　② 경보 : 화재발생 사실 및 발생장소 알림

　　㉠ 수동, 자동

　　㉡ 청각, 시각

　　㉢ 소방대에 알림(자동, 수동)

　　㉣ 화재장소의 표시

4) **소화**

　① 자동소화설비

　② 수동소화설비

5) **거주자 행동 및 피난**

　① 보호된 피난로로 안전하게 대피하도록 한다.

　② 건물 내에서 거주자가 화재로부터 안전하게 보호되도록 한다.

6) **건축방화**

　① 방화구획 : 최초 발생지에서 다른 곳으로의 화재전파를 방지한다.

　② 하중지지력 : 화재에 의한 열팽창으로부터 구조물을 지지하는 능력으로 구조물의 붕괴를 방지한다.

7) **시스템 간의 상호 작용** : 건축방화와 설비방화는 상호 보완적이다.

(7) 7단계 : 시험설계 평가(evaluation trial design)

화재모델링(fire modeling)을 통하여 설계(안)를 시나리오에 적용 시 어떠한 결과를 도출하는지 평가한다. 모델링은 성능위주 평가법의 도구이다. 모델링이 직접적으로 문제점이나 해결방법을 찾아주지는 않는다. 다만 문제점을 지적하거나 해결방법을 찾는 과정의 한 가지 단계일 뿐이다.

1) **시험설계 평가 3단계**

　① 평가의 의도와 유형 파악 : 평가의 수준과 연관

② 평가 수행

 ㉠ 확률론적 분석

 ㉡ 결정론적 분석

③ 평가과정에서 결과에 영향을 줄 수 있는 변수(variations)와 불확실성(uncertainties) 설명

 ㉠ 각종 변수와 불확실성을 고려하여 안전가중치를 적용

  • 안전계수(safety factors)

  • 분석 여유(analysis margin)

 ㉡ 불확실성

  • 이론과 모델의 불확실성

  • 입력데이터의 불확실성

2) **확률론적 분석** : 위험분석(risk analysis) 절차

① 화재시나리오의 작성 및 발생확률을 결정한다.

② 성능범위가 설계목표와 일치한다.

③ 손실을 예측한다.

④ 초기설계가 실패하는 상황에서 손실을 예측한다.

⑤ 초기설계의 전체 위험도를 산출한다.

3) **결정론적 분석** : 화재시나리오에 의하여 방화시스템의 성능을 분석하는 방법으로 화재시뮬레이션 모델을 이용한다.

① 타임라인(time line) 방법을 활용한다.

② 초기설계의 신뢰도를 결정한다.

③ 다음과 같은 불확실성에 대해 고려하여야 한다.

 ㉠ 자재의 편차

 ㉡ 시공의 부정확도

 ㉢ 시스템 및 부품의 변화

 ㉣ 인간행동의 예측 불확실성

(8) **8단계** : 선택된 설계가 성능기준을 만족하는지 비교(selecting design meets performance criteria)

1) 설계 화재시나리오를 이용하여 시험설계가 성능기준을 충족시키는지 여부를 평가

2) 가능한 시험설계가 없는 경우에는 설계목표 및 성능범위를 수정하여 상기 과정을 다시 반복

3) 효율성, 신뢰도, 구매 가능성 및 가격도 함께 검토

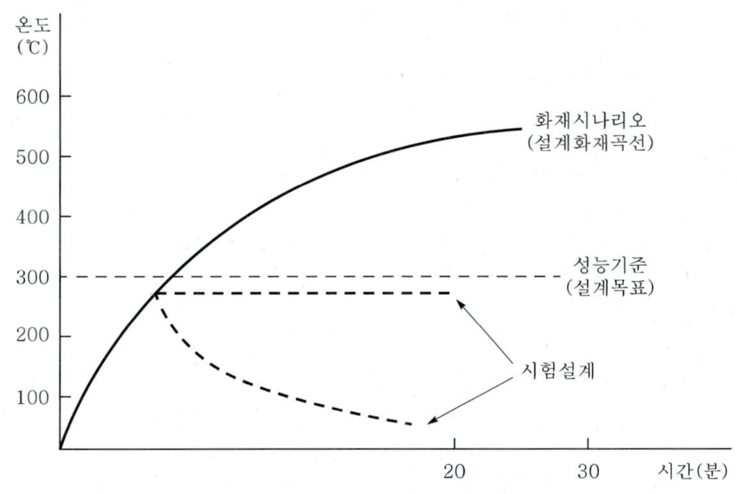

▌시험설계 성능기준 평가 ▌

(9) 9단계 : 최종설계안 선택(selecting the final design)

상기 성능기준을 충족시킨 경우에 의사결정권자가 설계(안) 채택을 결정한다. 만약 성능기준을 충족하는 다수의 시험설계안이 있을 때 예산, 공사기간, 시스템 및 재료의 유용성, 설치 및 유지 관리, 사용상 편리성 등을 고려하여 최종설계안을 결정한다.

(10) 10단계 : 설계서류 준비(preparing design documentation)

1) 성능위주의 소방설계 보고서

① 프로젝트 범위, 목적, 목표

② 엔지니어 능력

③ 화재시나리오

④ 최종설계안 평가서

⑤ 성능기준

⑥ 최종설계안

⑦ 평가서

⑧ 중대설계 가정

⑨ 중대설계 특성

⑩ 참고자료

2) 시방서

3) 도면 및 상세도면

4) 운전 및 유지보수 지침서

5) 시험성적서

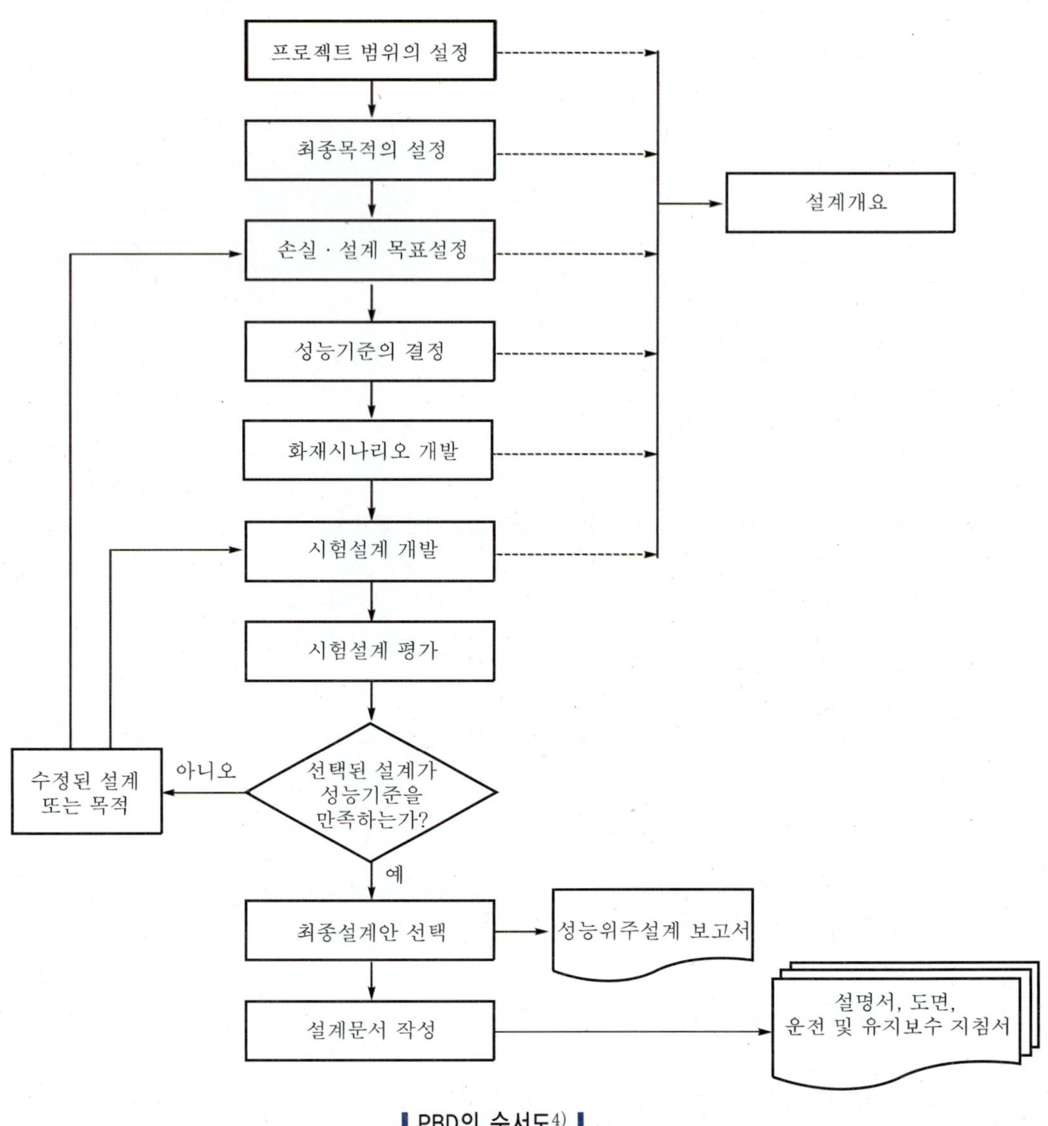

| PBD의 순서도4) |

---

4) FIGURE 3.10.1 Steps in the Performance-Based Analysis and Design Procedure 3-169 FPH 03-10 Performance-Based Codes and Standards for Fire Safety

국내 성능위주 소방설계

01 소방시설 등의 성능위주설계 방법 및 기준(국민안전처고시 제2016-30호)

(1) 성능위주설계 정의(제2조) : 성능위주설계는 「화재예방, 소방시설 설치·유지 및 안전관리에 관한 법률」, 같은 법 시행령·시행규칙 및 화재안전기준 등에 따라 제도화된 설계를 대체하여 설계하는 경우를 말한다. 이 경우 성능위주설계 대상이 되는 건축물에 대하여는 화재안전기준 등 법규에 따라 설계된 화재안전성능보다 동등 이상의 화재안전성능을 확보하도록 설계하여야 한다.

(2) 성능위주설계의 사전검토(제3조)

성능위주설계자는 「건축법」 제4조에 따른 건축위원회에 건축심의를 신청하기 전에 별지 제1호 서식의 성능위주설계 사전검토 신청서에 다음의 서류를 첨부하여 관할 소방서장에게 사전검토를 신청하여야 한다. 다만, 건축심의를 하지 않는 경우에는 사전검토를 신청하지 않을 수 있다.

1) 다음의 사항이 포함된 건축물의 **기본 설계도서**

① 건물의 개요(위치, 규모, 구조, 용도)

② 부지 및 도로 계획(소방차량 진입동선을 포함한다)

③ 화재안전계획의 기본방침

④ 건축물의 기본 설계도면(주단면도, 입면도, 용도별 기준층 평면도 및 창호도 등을 말한다)

⑤ 건축물의 구조설계에 따른 피난계획 및 피난동선도

⑥ 「화재예방, 소방시설 설치·유지 및 안전관리에 관한 법률 시행령」[별표 1]의 소방시설의 설치계획 및 설계 설명서

⑦ [별표 1]의 시나리오에 따른 화재 및 피난 시뮬레이션

> **꼼꼼체크** 설계도서
> - 건축법 : 공사용 도면, 구조계산서, 시방서
> - 건축법 시행규칙 : 건축설비계산 관계 서류, 토질 및 지질 관계 서류, 기타 공사에 필요한 서류

2) 성능위주설계 설계업자 또는 설계기관 **등록증 사본**

3) 성능위주설계 **용역 계약서 사본**

(3) 성능위주설계의 신고(제4조)

1) 성능위주설계자는 「건축법」 제11조에 따른 건축허가를 신청하기 전에 별지 제

2호 서식의 성능위주설계 신고서에 다음의 서류를 첨부하여 관할 소방서장에게 신고하여야 한다. 다만, 사전검토 신청 시 제출한 서류와 동일한 서류는 제외한다.

① 건물의 개요(위치, 구조, 규모, 용도)
② 부지 및 도로계획(소방차량 진입동선을 포함한다)
③ 화재안전기준과 성능위주설계에 따라 소방시설을 설치하였을 경우의 화재안전성능 비교표
④ 화재안전계획의 기본방침
⑤ 건축물 계획·설계도면
　　㉠ 주단면도 및 입면도
　　㉡ 건축물 내장재료 마감계획
　　㉢ 용도별 기준층 평면도 및 창호도
　　㉣ 방화구획 계획도 및 화재확대 방지계획(연기의 제어방법을 포함한다)
　　㉤ 피난계획 및 피난동선도
　　㉥ 「화재예방, 소방시설 설치·유지 및 안전관리에 관한 법률 시행령」 [별표 1]의 소방시설의 설치계획 및 설계 설명서
⑥ 소방시설 계획·설계도면
　　㉠ 소방시설 계통도 및 용도별 기준층 평면도
　　㉡ 소화용수설비 및 연결송수구 설치위치 평면도
　　㉢ 종합방재센터의 운영 및 설치 계획
　　㉣ 상용전원 및 비상전원의 설치 계획
⑦ 소방시설에 대한 부하 및 용량 계산서
⑧ 적용된 성능위주설계 요소 개요
⑨ 성능위주설계 요소 설계 설명서
⑩ 성능위주설계 요소의 성능 평가([별표 1]의 시나리오에 따른 화재 및 피난시뮬레이션을 포함한다)
⑪ 성능위주설계 설계자 또는 기관(단체, 법인을 포함한다)
⑫ 기타 성능위주설계를 증빙할 수 있는 자료
⑬ 그 밖에 성능위주설계를 증빙할 수 있는 자료

2) 소방서장은 위 1)에 따라 성능위주설계 신고서를 접수하면 성능위주설계 대상 및 자격 여부를 확인한 후 지체 없이 소방본부장에게 보고한다.

3) 위 1) 성능위주설계 신고서에 첨부된 서류는 건축허가 등의 동의절차에 따른 건축허가동의 신고서류와 상이하여서는 아니 된다.

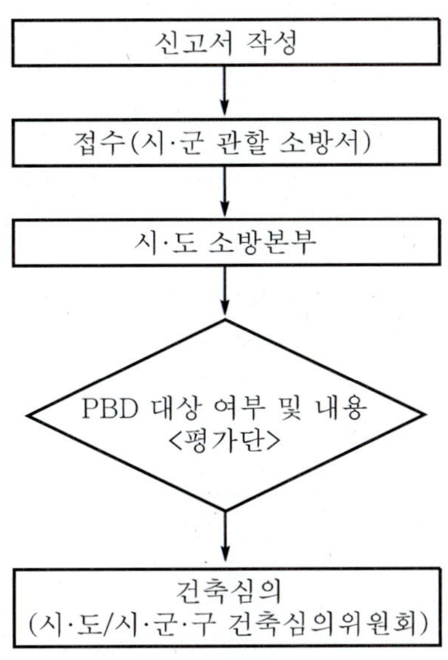

신고서 작성

↓

접수(시·군 관할 소방서)

↓

시·도 소방본부

↓

PBD 대상 여부 및 내용
<평가단>

↓

건축심의
(시·도/시·군·구 건축심의위원회)

▌신고절차▌

(4) 성능위주설계의 심의 절차 및 방법(제5조)

1) 위 (2)의 2)에 따라 보고를 받은 경우, 소방본부장은 성능위주설계 신고서의 확인·평가 등 검증을 위하여 성능위주설계 확인·평가단을 구성하고 성능위주설계 대상 여부와 그 내용을 검토하여 시·도 또는 시·군·구 건축심의위원회에 상정한다.

2) 성능위주설계 대상 확인서 보고를 받은 경우, 소방본부장은 접수일로부터 20일 이내에 위 1)의 규정에 따른 '평가단'을 운영하여 성능위주설계 보고서를 확인·평가하는 등 검증을 실시하고 그 내용을 심의 결정하여야 한다. 다만, 성능위주설계의 검증 및 심의에 고도의 기술이 필요하여 평가단에서 심의 결정하기 곤란한 경우 소방방재청의 중앙소방기술심의위원회에 상정을 요청할 수 있다.

3) 소방본부장은 위 2)의 규정에 의한 성능위주설계 대상을 심의함에 있어 화재안전성능 및 피난안전성능의 평가 등에 전문기술이 필요하다고 판단하는 경우 지방소방기술심의위원회 위원 및 소방방재 관련 교수 등 전문가를 참여하게 할 수 있다. 전문가를 참여하게 하는 경우 소방본부장은 예산의 범위 내에서 수당, 여비, 그 밖에 필요한 경비를 지급할 수 있다.

4) 소방본부장은 위 2)의 규정에 따라 성능위주설계의 검증을 위하여 첨부서류의 보완이 필요한 경우에는 7일 이내의 기간을 정하여 성능위주설계자에게 보완을 요구할 수 있다. 이 경우 서류의 보완기간은 위 1)의 처리기간에 산입하지 아니하며, 보완되지 않은 경우 성능위주설계 신고서를 반려한다.

5) 위 2) 단서의 규정에 따라 위원회에 상정이 요청된 경우, 소방방재청장은 접수일로부터 20일 이내에 위원회를 개최하여 심의 결정하여야 한다.

6) 위 2) 및 5)에 따라 평가단 또는 위원회의 심의를 마친 경우, 그 결과를 신고인 및 관할 소방서장에게 통보한다.

7) 위 6)에 따라 성능위주설계에 대한 심의 결정을 통보한 경우, 심의 결정된 사항대로 「화재예방, 소방시설 설치·유지 및 안전관리에 관한 법률」 제7조에 따른 건축허가 등의 동의를 한 것으로 본다.

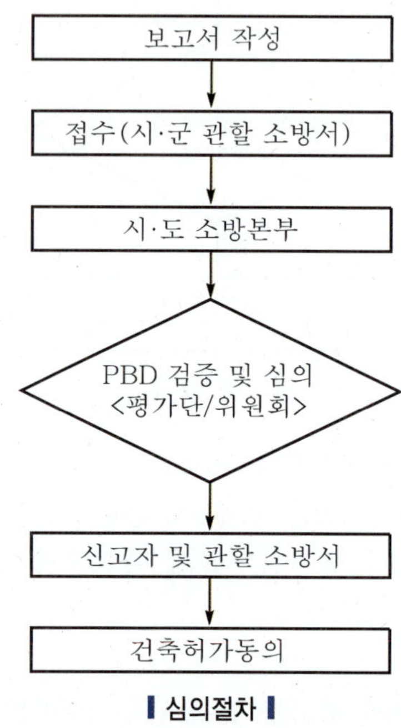

┃ 심의절차 ┃

(5) 성능위주설계의 변경신고 등(제6조)

1) 성능위주설계자가 다음의 어느 하나에 해당하는 사항을 변경하려는 경우에는 별지 제4호 서식의 성능위주설계 변경신고서에 위 (3)의 1)의 성능위주설계 보고서(변경되는 부분만을 말한다)를 첨부하여 소방서장에게 제출하여야 한다.

① 연면적이 10% 이상 증가되는 경우

② 연면적을 기준으로 10% 이상 용도변경이 되는 경우

③ 층수가 증가되는 경우

④ 「화재예방, 소방시설 설치·유지 및 안전관리에 관한 법률」과 「화재안전기준」을 적용하기 곤란한 특수공간으로 변경되는 경우

⑤ 「건축법」 제16조 제1항에 따라 허가를 받았거나 신고한 사항을 변경하려는 경우

⑥ 제5호에 해당하지 않는 허가 또는 신고사항의 변경으로 종전의 성능위주설계 심의내용과 달라지는 경우

2) 소방서장은 위 1)에 따라 성능위주설계 변경신고서를 접수하면 성능위주설계의 변경사항을 확인한 후 지체 없이 소방본부장에게 보고한다. 다만, 변경사항이 화재안전성능에 미치는 영향이 경미하다고 인정되는 경우에는 보고하지 않을 수 있다.

3) 위 2)의 보고를 받은 소방본부장은 성능위주설계의 심의를 실시한 평가단을 구성·운영하여 14일 이내에 심의 결정을 하고, 그 결과를 신고인 및 관할 소방서장에게 통보한다.

4) 성능위주설계 심의 결정을 위원회에서 실시한 경우, 소방본부장은 위원회에 변경 심의 상정을 요청하고, 소방청장은 위원회를 개최하여 14일 이내에 심의 결정을 하고, 그 결과를 관할 소방본부장에게 통보한다.

5) 위 1)의 어느 하나가 건축위원회의 심의를 거쳐야 하는 경우에는 제3조를 준용한다.

(6) 평가단원의 입명 등(제7조)

1) 소방본부장은 제8조에 따른 평가단의 구성·운영을 위하여 성능위주설계의 심의에 필요한 평가단원을 3배수 범위 내에서 임명 또는 위촉하여야 한다.

2) 평가단원은 다음의 어느 하나에 해당하는 사람 중에서 소방본부장이 임명하거나 위촉한다.

① 소방공무원 중 소방기술사

② 다음의 어느 하나에 해당하는 소방공무원으로서 중앙소방학교에서 실시하는 성능위주설계 교육을 이수한 사람

㉠ 소방공무원 중 소방시설관리사, 소방설비산업기사 이상의 자격을 가진 자로서 건축허가동의 업무를 1년 이상 담당한 사람

㉡ 소방공무원 중 건축 또는 소방 관련 석사학위 이상 소지한 자로서 건축허가동의 업무를 1년 이상 담당한 사람

㉢ 건축허가 동의 관련 업무를 3년 이상 담당한 소방공무원

③ 성능위주설계 신고 대상 건축물이 있는 관할 소방서의 업무담당 과장(당연직으로 한다)

④ 지방소방기술심의위원회 위원 또는 소방방재관련 교수 등 전문가(위촉직으로 한다)

3) 위촉된 평가단원의 임기는 2년으로 하고 한 차례 연임할 수 있다.

4) 평가단의 사무를 처리하기 위하여 평가단에 간사를 두며, 간사는 해당 소속 소방공무원 중에서 소방본부장이 지명한다.

(7) 평가단의 구성 및 운영(제8조)

1) 평가단은 평가단장을 포함하여 7명 이상 9명 이하의 평가단원으로 구성한다.

2) 평가단의 평가단장(이하 "평가단장"이라 한다)은 소방본부장이 지정하되, 평가단원이 소방공무원으로만 구성된 경우에는 가장 직위가 높은 사람을 지정하며, 위 (6)의 2)의 ④의 평가단원이 포함되는 경우에는 학식, 경험, 능력 등을 종합적으로 고려하여 지정한다.

3) 평가단장은 평가단을 대표하고 평가단의 업무를 총괄한다.

4) 평가단장은 평가단 회의를 운영하고 의장이 된다.

5) 평가단 회의는 재적 평가단원 과반수의 출석으로 개의(開議)하고, 출석 평가단원 과반수의 찬성으로 의결한다.

6) 평가단 회의에 참석한 평가단원에게는 예산의 범위 내에서 수당과 여비를 지급할 수 있다. 다만, 소방공무원인 평가단원이 그 소관 업무와 직접적으로 관련되어 평가단 회의에 참석하는 경우에는 지급하지 아니한다.

7) 위 3)부터 위 6)까지 규정한 사항 외에 평가단 운영에 필요한 세부적인 사항은 소방청장이 따로 정한다.

(8) 평가단 및 위원회의 심의내용(제11조)

평가단 및 위원회는 다음의 사항을 심의한다.

1) 위 (3)의 ① 및 위 (4)의 ①의 서류에 대한 확인 및 평가에 관한 사항

2) 성능위주설계 신고서에 대한 화재 및 피난안전성능의 평가에 관한 사항

3) 그 밖에 성능위주설계와 관련하여 평가단장 또는 위원장이 심의에 부치는 사항

(9) 비밀보호 의무(제9조)

1) 평가단 또는 위원회 위원은 성능위주설계 심의과정에서 알게 된 심의사항을 누설하거나 다른 목적에 이용하여서는 아니 된다.

2) 성능위주설계에 관한 심의 내용은 누구든지 평가단장 또는 위원장의 허가 없이 이를 공개할 수 없다.

PBD의 설계 장단점 및 선결조건

01 개 요

PBD는 소방대상물의 열분포, 연기이동, 피난 특성, 발생열량 및 내화도 등을 분석하여 소방대상물에 적합하고 경제적인 최적의 방화설계를 하는 것이다.

02 장 점[5]

(1) 설계 및 법률의 유연성(design flexibility)
   1) 비교 분석된 대안설계의 선택으로 인하여 건축물이나 시설물의 특성에 적합한 안전수준을 선택할 수 있다.
   2) 안전수준의 선택기능은 비용, 효율성 그리고 유지 관리 등의 유연성을 제공한다.
   3) 법의 발전속도가 시설이나 기술의 발전속도를 따라가지 못하기 때문에 법 적용의 사각지대가 발생한다. 따라서 성능위주의 설계가 이를 보완하는 유연성을 제공할 수 있다.

(2) 안전성 향상(equal or better fire safety) : 현장 실정에 부합하는 설계가 가능해 화재위험에 대해 구체적으로 대처하는 것이 가능하다.
   1) 건물 특성, 거주자 특성, 화재 특성을 반영할 수 있다. 특정 건물의 특징이나 용도를 반영함으로써 안전에 대한 최적의 효율성을 가질 수 있다.
   2) 관리자나 건축주 등의 요구 및 사회의 요구에 맞추어 건물 및 소방설비 성능에 대한 정량적 평가수행이 가능하다. 따라서 종합적인 방재전략의 수립이 가능하다.
   3) 화재시나리오 개발과 설계안 평가 등의 위험분석을 통해 위험을 확인하고 정량화할 수 있으므로 손해와 손실이 파악이 가능하여 합리적인 위험관리가 가능하다.

(3) 경제적 이익(maximization of the benefit/cost ratio) : 법규에 의해 요구된 안전수준 이상의 안정성을 얻기 위해서 공학적으로 효율적이고 경제적인 방법으로 시공이 가능하게 한다.

(4) 전문가 육성, 방화 관련 기술의 발전(innovation in design, construction)
   1) 성능위주 소방설계는 소방관련 엔지니어링의 엄격한 적용을 요구한다. 여기서의 엄격한 적용은 보다 보수적이고 안전한 성능이 요구되기 때문이다.
   2) 이는 소방공학분야에 많은 발전동기를 제공한다.

---

5) Performance-Based Fire Protection chapter 3 15page

3) **종합적인 소방전력 수립** : 성능위주 소방설계는 화재대비 전략을 세우는 데 있어서 각각 설비의 기능에 의존하지 않고 화재방호시스템을 통합적으로 고려한 포괄적인 화재방호전략을 세울 수 있다.

4) **자료와 지식 제공** : 성능위주 소방설계는 화재로 인하여 건물에서 일어나는 피해를 예상함에 있어서 보다 객관적이고 과학적인 지식을 제공한다. 또한 법규적으로 해결하지 못하는 여러 현장상황에 성능위주의 소방설계로 접근함으로써 원만한 해결이 가능해진다.

03 단 점

(1) **새로운 설계에 대한 보수성으로 적용이 어렵다.** 기존의 익숙하고 편한 것을 선택하려는 경향이 강하다.

(2) **케이스 바이 케이스(case by case)로 설계에 따른 시간과 비용이 증가**된다. 기존의 것이 아닌 새로운 설계를 해야 하므로 기본틀이 완성되기 까지는 매몰비용이 발생한다.

 **매몰비용** : 이미 지급되어 되돌려 받을 수 없는 비용으로 비용이 수익과 연결되지않는 비용을 말한다.

(3) **품질(Quality)이 설계자의 역량에 따라 지배된다.** 따라서 설계자에 대한 적절한 교육과 지도가 절실하게 필요하다.

(4) **법적 책임한계가 정립되지 않았다.** 사양적 기준에서 벗어나는 설계나 시공의 책임의 문제가 있기 때문에 이에 대한 정립이 필요하다.

(5) **성능에 대한 입증을 위해서는 화재시뮬레이션 등의 모델링이 필요하고, 따라서 과거의 다양하고 많은 자료(data)의 축적을 필요로 한다.**

04 선결조건

(1) **통일된 PBD 설계지침서 확립** : PBD의 대한 설계지침이 개략적이고 포괄적이어서 구체적이고 실제적인 설계지침서의 개발과 보급이 필요하다.

(2) **독립된 심사기관** : PBD의 내용에 대하여 적합한지 여부를 평가하기 위한 독립적인 심사기관이 필요하다. 현재 법적으로는 성능위주설계 확인·평가단을 두어서 이를 수행하게 하고 있다.

(3) **교육훈련** : 성능위주설계 전문가 양성을 위해서는 이에 대한 교육과 훈련을 전문적으로 수행하는 기관이나 단체가 필요하다.

(4) **화재시뮬레이션에 대한 연구 및 프로그램 개발** : 현재 화재시뮬레이션의 중요자료는 모두 외국의 것으로 국내현실과 동떨어진 면이 있기 때문에 국내실정에 적합한 프로

그램의 개발이 필요한 실정이다.

(5) 데이터베이스(DB) 구축

　1) 화재발생 확률 자료

　2) 연소시험 자료

　3) 화재설비 고장 자료

　4) 건축자재 열 특성 자료

(6) 소방법에서의 성능위주설계를 전반적으로 인정 : 현장에서는 아직도 소방법을 기준으로 점검 및 지도가 이루어지고 있어 소방관계자 및 공무원들도 교육을 통해서 이를 확인하고 판단할 수 있는 전문능력배양이 필요하다.

(7) 성능위주설계의 평가 절차의 간소화, 전문화

05　특 징

(1) 적극적 설계

　1) 사양위주설계 : 획일화, 보편화

　2) 성능위주설계 : 국소화, 집중화(화재예상지역)를 통한 조기 화재소화

(2) 자율적 설계 : 보호범위 및 강도 설정은 당사자들의 협의와 사회적 통념에 의해 결정

(3) 과학적 설계 : 공학에 의한 구체적이고 설계내용이 입증 가능한 설계

(4) 정량적 설계 : 개량화된 자료와 수치로 표현된 설계

(5) 창의적 설계 : 과거의 경험과 자료의 답습이 아닌 새로운 조건과 환경에 적합한 설계

(6) 경제적 설계 : 투자비용 대비 성능을 구현하도록 상황에 적합한 가치설계(VE)

06　결 론

(1) 현재 우리나라는 정부의 주도하에 법령 및 NFSC인 사양위주의 설계를 제정 시행하고 있는데, 이는 오늘날의 신재료, 신공법을 활용한 초대형, 초고층 빌딩의 출현 등에 적절하게 대응할 수 없을 뿐만 아니라, 수요자의 다양한 건축적 요구에 부응하기에는 한계가 있다.

(2) 이러한 사양위주의 설계를 보완하기 위해서 성능위주설계의 필요성이 점점 대두되고 있다. 또한 소방기술의 발달을 위해서는 성능위주의 설계가 반드시 필요하고 정책적인 지원이 필요한 실정이다.

등가성(equivalency to code)

01 개 요

(1) **정의** : 등가성은 이 기준 내에 규정된 것과 동등하거나 그보다 우수한 품질, 강도, 내화성, 효율성, 내구성 및 안전성 등을 갖추고 있는 설비, 방법 또는 장치를 그 대안으로써 사용하는 것을 제한하지 않는 것이다.

(2) **도입 취지** : 등가성의 도입은 신기술·신제품의 개발 시 기준에 없어 사용하지 못하는 것을 그 사용용도에 적합한 성능, 즉 품질·강도·내화성·효율성·내구성 및 안전성 등의 법률적·행정적·기술적 판단을 거쳐 수용하고자 하는 것이다.

02 필요성

(1) 화재안전의 효율성을 증진시키기 위한 노력으로 NFPA에서는 등가성 개념을 적용할 수 있도록 하고 있다. 이 규정에 따라 해당 규정(code)에서 요구되는 것 이상의 화재안전수준을 제공할 경우, 해당 설계가 규정(code)을 만족시키는 것으로 인정한다.

(2) NFPA에서의 소방과 관련된 모든 사항을 고려하는 것에는 한계가 있는데, 등가성의 방법은 이러한 상황을 평가하여 상호 동의할 수 있는 해결방안을 제시해 주고 있는 것이다.

03 PBD와 등가성의 비교

(1) PBD는 설비를 전체적으로 다루는 반면, 등가성은 설비에서 관리할 수 있는 일정한 부분을 개별적으로 다룬다.

(2) 따라서 등가성은 성능위주설계의 도입에 단초의 역할을 제공한다고 할 수 있다.

04 등가성의 절차

(1) **적용범위** : 규정(code)

(2) **목적 / 목표** : 규정(code)의 의도 해석

(3) 설계제시 : 대체방법 제공

　예 1시간 내화성능 부재의 설치가 곤란한 경우 이를 스프링클러설비 + 비내화 방연 칸막이로 성능의 저하없이 대체하는 개념이다.

(4) 제시된 설계의 평가 : "설계(안) ≥ 규정(code)"일 경우에는 수용

05 화재안전 적합성 달성을 판단하는 기준

(1) 사양기준은 정해진 기준(법규)에 적합하게 설계, 시공되었는가를 가지고 적합성의 달성을 판단한다.

(2) 등가성 달성은 성능이 입증된 등가성에 대해서는 별도의 입증책임이 없다. 등가성을 달성한 제품은 기존의 법규 기준과 동일한 성능이 확보된 것으로 본다.

(3) PBD는 설계에 대한 제한은 없지만 그 내용의 입증책임은 설계자가 가지므로 성능을 설계자가 입증하여야 한다.

설계 화재시나리오(fire scenario)

01 개 요

(1) **정의** : 다수의 발생 가능한 화재시나리오 중 어떤 화재가 잠재적으로 최악의(worst), 확실한(credible) 위험이 될 것인가에 대한 공학적인 판단(결정론적, 정성적), 관련 코드, 사례, 공학데이터(확률론적, 정량적)의 정보검토를 통해 대표적인 설계 화재시나리오로 선택한 시나리오를 말한다.

(2) 코드에서 제공하는 정보, 설계대상 건축물의 위험성과 위험도 분석결과를 종합적으로 검토하여 최소 2개 이상의 시나리오를 선택하는 것이 바람직하다.

(3) 화재시나리오는 화재제어, 진압, 피난, 내화설계 등의 성능위주설계(PBD)의 필수 구성요소이다.

(4) 화재시나리오의 영향 인자는 크게 화재 특성, 건축물 특성, 거주자 특성으로 구분할 수 있다(SFPE : Engineering Guide to Performance-Based Fire Protection).

02 설계 화재시나리오

(1) **작성방법**
    1) 가능한 화재시나리오의 구성
    2) 가능한 시나리오 중 설계에 적용할 화재시나리오 압축 또는 선별
    3) 화재시나리오 채택

(2) **설계 화재시나리오 개발과정** : 위험성(hazard) 분석과 위험도(risk) 분석의 결합
    1) 위험성 분석 : 잠재적 점화원, 연료, 화재성장에 대한 정의
    2) 위험도 분석 : 위험요인의 빈도(frequency)와 결과의 강도(severity) 분석

03 설계 화재시나리오의 3가지 특성

(1) **건축물 특성(building characteristics)**
    1) 건축적 특징 : 구획면적, 내·외장재, 통로, 건축재료, 개구부의 크기 및 위치 등
    2) 화재하중
    3) 피난요소 : 피난접근, 피난통로, 피난탈출
    4) 화재방호설비

   5) 건축물의 기반설비(수도, 냉·난방, 공조, 전기 등) 또는 제조공정 또는 중요장비
     (재산상 큰 손실이나 영업에 중단이 되는 공정, 장비)

   6) 소방서의 대응 특성 : 소방서의 위치, 접근성 등

   7) 환경 특성 : 기온, 습도, 바람, 주위환경, 등

   8) 건물의 운영 특성 및 운영시간

(2) 거주자 특성(occupant characteristics)

   1) 행동 특성(human behavior) : 심리적 특성, 군중심리, 패닉

   2) 반응 특성(response characteristics)

     ① 물리적 신호에 대한 민감도(sensibility) : 화재경보에 대한 시각, 청각의 감지
       능력

     ② 물리적 신호에 대한 반응도(reactivity) : 화재경보를 정확하게 이해하고 이에 대
       한 적절한 반응능력

     ③ 이동성(mobility) : 피난자의 이동속도는 개인적 능력, 상태, 집단적 관계에 의해
       결정

     ④ 연소생성물에 대한 영향성(susceptibility) : 연소생성물에 의한 심폐능력, 감각능
       력, 알러지, 신진대사 등 생존활동에 영향

   3) 대응능력

     ① 교육과 훈련 정도, 불특정 다수

     ② 피난조력자의 양과 질

     ③ 소방서의 훈련과 인원

   4) 거주자의 수와 분포 : 거주밀도 집중 여부 등

   5) 최소 피난시간(RSET) 예측

(3) 화재 특성(fire characteristics)

   1) 발화원 및 첫 번째 발화물질(ignition sources and materials first ignited)

   2) 두 번째 발화물질 : 첫 번째 가연물로부터 연소확대를 시키는 매개로서 화재성장의
     중요인자가 된다.

   3) 설계화재곡선(design fire curves) : 시간에 따른 열방출률로 표현한다. 이는 화재
     의 성장, 최성기, 쇠퇴기 등의 사건으로 구성된다.

04 시나리오 특성의 정량화

(1) 건물의 특성

   1) 설계상의 특성

   2) 구조 특성

   3) 화재하중

4) 피난요소

5) 방화시스템

6) 건물 서비스 및 공정

7) 소방대 출동 특성

(2) 입주자 특성

1) 대응 특성

2) 대피시간

(3) 화재 특성

1) 화재성장속도

2) 열방출속도(HRR)

3) 화원면적(fire area)

4) 연기를 포함한 연소생성물의 발생률(production rate of smoke)

5) **정상상태와 전이상태의 조건**

① 정상상태(steady state) : 시간에 따라 HRR이 변하지 않는 조건 – 최성기

② 전이상태(unsteady state) : 시간에 따라 변하는 열방출률(HRR)을 가지는 조건
– 성장기, 쇠퇴기

05 시나리오 구성요소

(1) 출화 및 화재의 성장

1) **점화 방지** : 점화가 될 확률을 감소시킨다.

① 점화원의 관리 : 흡연, 나화, 전기, 방화, 고온표면 자연발화, 복사열의 초기열
원을 관리하여 발화확률 최소화

② 물질의 관리

㉠ 최초 착화품목

• 최초 착화물품의 열적 위험 또는 비열적 위험

• 최초 착화품목이 두 번째 품목을 착화시켜 위험을 더욱 증대시키는 문제

㉡ 화재가 최초의 품목에서 대상 제품으로 전파될지 여부와 연소속도 및 화염
전파속도

③ 화재안전관리

④ 발화조건의 관리 : 최소점화에너지(MIE), 최소산소농도(MOC), 연소범위

2) **화재성장의 조정** : 연소속도 및 열, 연기 발생량을 최소화하여 화재의 성장속도를
낮춘다.

① 내장재와 구획실 내용물의 선택

② 내장재와 구획실 내용물의 배치

　　　③ 구획실의 형태

　　　④ 환기제어(자연, 강제)

　　　⑤ 소화설비

　　　⑥ 방화건축

(2) 화재 전파, 조정, 연기의 제어 : 연기의 발생을 줄이고, 화염전파를 억제하여 화재에 의한 피해를 경감시킨다.

　1) **물질의 조정** : 가연물의 양 조정, 전파속도 조정

　2) **연기의 확산 방지(smoke management)**[6]

　　　① 건축적 대책(passive)

　　　② 설비적 대책(active)

　　　　㉠ 제어(control) : 가압(pressure), 기류(air flow)

　　　　㉡ 배출(venting) : 감압(reduced pressure)

　3) **소화설비**

(3) 화재 감지 및 경보

　1) **화재감지** : 화재상태 알림, 소방시스템 작동

　　　① 사람에 의한 감지(순찰, CCTV) : 가장 확실하고 신뢰도가 높지만 비용이 크게 증가하고 실수나 과실에 의한 실패의 가능성도 있다.

　　　② 자동화재탐지설비 : 관리인이 없이도 자동으로 감시하고 통보하는 장치이나 전기적인 신호와 설비로 구성되어 잦은 오동작의 우려가 있어서 신뢰도가 떨어진다.

　2) **경보** : 화재 발생사실 및 발생장소 알림

　　　① 수동 : 화재발견자가 구두로 화재사실을 알린다.

　　　② 자동 : 사이렌이나 경종 등에 의해 화재사실을 알린다.

　　　③ 청각 : 사이렌, 경종

　　　④ 시각 : 시각경보기

　　　⑤ 소방대에 알림 : 자동화재속보설비

　　　⑥ 화재발생 장소 : 수신기 또는 모니터에 표출

(4) 소화

　1) **자동소화설비** : 수계, 가스계 소화설비

　2) **수동소화설비** : 거주자, 자위소방대, 소방대

(5) 거주자의 행동 및 피난 : 거주자가 화재 시 안전한 장소로 대피할 수 있도록 하는 것이다.

　1) 접근이 용이하여야 한다.

　2) 양방향 피난로가 확보되어야 한다.

---

6) SFPE 4-12 Smoke Control. John. H Klote

3) 보호된 피난로가 확보되어야 한다.

4) 건물 내에서 거주자가 안전구역 내로 피난을 하고 있는 동안은 화재로부터 안전하게 보호될 수 있어야 한다.

(6) 건축방화

1) **구조적 안정성** : 구조물의 붕괴를 방지한다.
　① 건축물의 본질안정성
　② 추가적인 보호

2) **화재확산 방지** : 최초발생지에서 다른 곳으로의 화재확산을 방지한다.
　① 방화구획
　② 개구부의 보호
　③ 외벽을 통한 전파차단

(7) 일반설계도서의 필수적 내용들[7)

1) 건물사용자 특성

2) 사용자의 수와 장소

3) 실 크기

4) 가구와 실내 내용물

5) 연소 가능한 물질들과 그 특성 및 발화원

6) 환기조건

7) 최초 발화물과 발화물의 위치

(8) NFPA Code 101(2002)에서는 화재시나리오 구성 시 최소한 다음 내용을 포함하도록 규정하고 있다.

1) 발화요소
　① 발화원
　　㉠ 종류 : 흡연, 나화, 전기발화원, 방화, 고온표면, 자연발화, 복사열원
　　㉡ 크기
　　㉢ 접촉시간
　　㉣ 접촉면적
　② 발화위치 및 최초의 착화재료
　　㉠ 그 자체의 열, 연기 등의 위험성이 있다.
　　㉡ 두 번째 착화재료로 화염전파를 발생시킨다.
　③ 두 번째 착화재료
　　㉠ 화염전파에 큰 영향을 미친다.
　　㉡ 최대 열방출속도, 화재의 성장속도를 증가시킨다.

---

7) 「미분무소화설비의 화재안전기준(NFSC 104A)」 [별표 1], 「소방시설 등의 성능위주설계 방법 및 기준」 [별표 1], 「화재 및 피난시뮬레이션의 시나리오 작성기준」(제4조 관련)

2) **최소한 한 개의 열방출속도곡선(HRRC)**
① 화재초기 성장상태(incipient fire development)
② 화염전파 및 화재성장(flame spread and fire growth)
③ Flashover 및 최성기 화재상태
④ 감쇠기

3) **점유자 위치**
① 정상적으로 점유하는 모든 방과 지역에서는 최소한 비상구로부터 가장 멀리 떨어진 한 사람이 있는 것으로 가정한다.
② 화재가 시작될 때의 모든 점유자의 위치를 표시하여야 한다.

4) **점유자 특성(occupant characteristics)**
① 반응 특성
㉠ 감각력 : 물리적 신호에 대한 감각력
- 시각
- 청각
- 후각
㉡ 반응력
- 신호를 정확하게 해석하고 적절한 조치를 취할 수 있는 능력
- 인식능력
- 본능적 반응속도
- 집단의 역학함수 : 집단 간의 친밀도, 상하관계 등
㉢ 이동성
- 이동속도
- 개인능력
- 출입구 부근에서의 아치형 밀집현상
㉣ 민감성
- 연소생성물에 대한 민감성
- 신진대사
- 폐활량
- 알레르기
- 기타 신체장애
② 위치
③ 점유자의 수 : 설계는 각 점유된 방 및 지역에 예상되는 최대 인원수를 기준으로 한다.

5) 특수요소

① 발화지점

② 화재의 확산방향

ㄱ 화염전파

ㄴ 훈소

③ 상대적 위치 : 발화지점이 발견 및 접근하기 어려운 차폐되어 있는 곳인지 아닌지 여부

④ 피난의 방해 : Dead end, 폐쇄된 출입구

 NFPA Code 101(2012)에서는 화재시나리오 구성 시 최소한 다음 내용을 포함하도록 규정하고 있다.
- 명확한 기준제시(clear statement) : 성능기반설계에 사용되는 설계사양 및 기타 조건을 명확하게 명시하고, 현실적이고 지속가능한 것을 표시한다.
- 가정 및 설계사양 데이터(assumptions and design specifications data)
- 건물 특성(building characteristics) : 특성 건물의 고유하지 않는 내용, 장비 또는 설계사양 등을 고려하여야 하고 거주자의 행동이나 화재의 성장속도에 영향 등을 고려하여야 한다.
- 건물형태 및 시스템의 운영상태 및 효과(operational status and effectiveness of building features and systems)
- 거주자 특성(occupant characteristics)
  - 응답 특성(response characteristics)
  - 거주자 위치(location)
  - 거주자 수(number of occupants)
  - 관리자의 존재 및 수(staff assistance)
- 비상대응인원(emergency response personnel)
- 건설 후 조건(post-construction conditions) : 건설 후 변경되는 조건들을 고려하여야 한다.
- 오프사이트 조건(off-site conditions) : 건물의 디자인 특성이나 특수목적에 의해 설계된 특징 등을 고려하여야 한다.
- 가정의 일관성(consistency of assumptions)
- 특별조항(special provisions) : 설계사항에 포함되지 않는 추가사항

06 시나리오의 적용(NFPA)

(1) 하나의 건물에 여러 가지 서로 다른 화재시나리오가 적용되어야만 한다.

(2) 그중 적어도 하나는 구조적 위험을 고려한 상황으로, 또 하나는 인명안전 위험을 고려한 상황으로 하여야 한다.

(3) 각종 화재에 대응하여 최소한 세 종류의 시나리오는 고려하여야 한다.

1) 높은 빈도수, 작은 피해

2) 낮은 빈도수, 큰 피해

3) 특수문제

① 스프링클러의 고장(S/P shut off)

② 감지/경보 설비의 일시적인 고장

③ 방화

④ 지진 등 천재지변 후의 소방설비의 상태 악화

07 성능위주의 관점에서 제정된 표준 시나리오[8]

(1) 설계 화재시나리오 1

1) 건물의 용도, 사용자 중심의 일반적인 화재를 가상한다.

2) 주어진 용도에서 발생 가능성이 가장 높은 화재여야 한다.

3) 아래와 같은 내용이 포함되어야 한다.

　① 재실자 특성(occupant activities)

　② 재실자의 수와 위치(number and location of occupants)

　③ 실 크기(room size)

　④ 가구와 실내 장식물(contents and furnishings)

　⑤ 가연물의 특성과 점화원(fuel properties and ignition sources)

　⑥ 환기조건(ventilation conditions)

　⑦ 최초 착화물과 위치(identification of the first item ignited and its location)

(2) 설계 화재시나리오 2

1) 내부 문들이 개방되어 있는 상태에서 주피난로에 화재가 발생하여 아주 빠르게 성장하는 화재(ultrafast-developing fire)를 가상한다.

2) 화재 시 이용 가능한 피난방법의 수가 감소하는데 이를 고려하여 작성한다.

(3) 설계 화재시나리오 3

1) 사람이 거주하지 않는 실에서 화재가 발생하지만, 잠재적으로 다른 공간이나 많은 재실자에게 위험이 되는 화재를 가상한다.

2) 건축물 내의 재실자가 없는 장소에서 화재가 발생하여 많은 재실자가 있는 장소로 화재가 확대되는 상황을 고려하여 작성한다.

(4) 설계 화재시나리오 4

1) 많은 사람들이 있는 실에 인접한 은폐된 벽이나 천장 부근 공간 등에서 발생한 화재를 가상한다.

2) 화재감지설비나 화재진압설비가 없는 은폐된 공간에서 화재가 발생하여 많은 재실자가 있는 곳으로 화재가 확산되는 상황을 고려하여 작성한다.

---

8) NFPA 101 Chapter 5 Performance-Based Option. 5.5.3 required Design Fire Scenarios를 번역한 것이다.

(5) 설계 화재시나리오 5

1) 많은 거주자가 있는 장소에 인접하고, 소방설비의 작동이 미치지 못하는 장소에서 천천히 성장하는 화재를 가상한다.

2) 진압이 지체되어 작게 시작되는 화재지만 대형 화재를 일으킬 수 있는 화재를 고려하여 작성한다.

(6) 설계 화재시나리오 6

1) 일반건물에서 화재하중이 가장 큰 장소에서 발생한 가장 가혹한 화재를 가상한다.

2) 재실자가 있는 공간에서 급격하게 성장하는 화재를 고려하여 작성한다.

(7) 설계 화재시나리오 7

1) 외부에서 발생한 화재가 당해 건물로 확대되는 경우를 가상한다.

2) 건물에서 떨어진 장소에서 화재가 발생하여 건물 내부로 화재가 확대되거나, 피난로를 차단하거나, 거주가 불가능한 조건을 만드는 화재를 고려하여 작성한다.

(8) 설계 화재시나리오 8

1) 일반건물에서 수동적(passive) 및 능동적(active) 소방수단이 작동하지 않는 경우의 화재를 가상한다.

2) 소방설비 또는 소방시설의 신뢰도가 떨어지는 상태 또는 사용할 수 없는 상태인 최악의 상태를 고려하여 작성한다.

08 화재 및 피난 시뮬레이션의 시나리오 작성 기준[9]

(1) 공통사항

1) 시나리오는 실제 건축물에서 발생 가능한 시나리오를 선정하되, 건축물의 특성에 따라 아래 (2)의 시나리오 적용이 가능한 모든 유형 중 가장 피해가 클 것으로 예상되는 최소 3개 이상의 시나리오에 대하여 실시한다.

2) 시나리오 작성 시 아래 (3)에 따른 기준을 적용한다.

(2) 시나리오 유형

1) 시나리오 1

① 건물용도, 사용자 중심의 일반적인 화재를 가상한다.

② 시나리오에는 다음 사항이 필수적으로 명확히 설명되어야 한다.

ㄱ 건물사용자 특성

ㄴ 사용자의 수와 장소

ㄷ 실 크기

ㄹ 가구와 실내 내용물

---

9) 「소방시설 등의 성능위주설계 방법 및 기준」 [별표 1] (제4조 관련)

　　　　ⓜ 연소 가능한 물질들과 그 특성 및 발화원

　　　　ⓗ 환기조건

　　　　ⓢ 최초 발화물과 발화물의 위치

　　③ 설계자가 필요한 경우 기타 시나리오에 필요한 사항을 추가할 수 있다.

2) 시나리오 2

① 내부 문들이 개방되어 있는 상황에서 피난로에 화재가 발생하여 급격한 화재연소가 이루어지는 상황을 가상한다.

② 화재 시 가능한 피난방법의 수에 중심을 두고 작성한다.

3) 시나리오 3

① 사람이 상주하지 않는 실에서 화재가 발생하지만, 잠재적으로 많은 재실자에게 위험이 되는 상황을 가상한다.

② 건축물 내의 재실자가 없는 곳에서 화재가 발생하여 많은 재실자가 있는 공간으로 연소 확대되는 상황에 중심을 두고 작성한다.

4) 시나리오 4

① 많은 사람들이 있는 실에 인접한 벽이나 덕트 공간 등에서 화재가 발생한 상황을 가상한다.

② 화재감지기가 없는 곳이나 자동으로 작동하는 화재진압시스템이 없는 장소에서 화재가 발생하여 많은 재실자가 있는 곳으로 연소확대가 가능한 상황에 중심을 두고 작성한다.

5) 시나리오 5

① 많은 거주자가 있는 아주 인접한 장소 중 소방시설의 작동범위에 들어가지 않는 장소에서 아주 천천히 성장하는 화재를 가상한다.

② 작은 화재에서 시작하지만 큰 대형 화재를 일으킬 수 있는 화재에 중심을 두고 작성한다.

6) 시나리오 6

① 건축물의 일반적인 사용 특성과 관련, 화재하중이 가장 큰 장소에서 발생한 아주 심각한 화재를 가상한다.

② 재실자가 있는 공간에서 급격하게 연소가 확대되는 화재를 중심으로 작성한다.

7) 시나리오 7

① 외부에서 발생하여 본 건물로 화재가 확대되는 경우를 가상한다.

② 본 건물에서 떨어진 장소에서 화재가 발생하여 본 건물로 화재가 확대되거나 피난로를 막거나 거주가 불가능한 조건을 만드는 화재에 중심을 두고 작성한다.

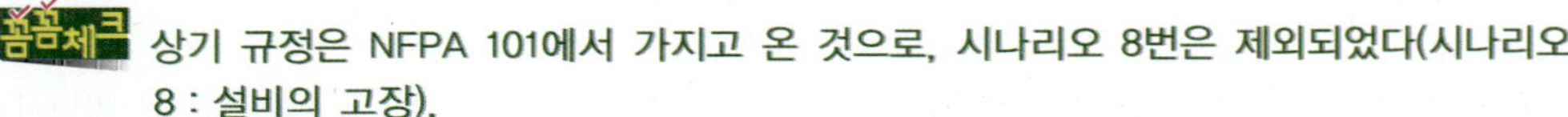 상기 규정은 NFPA 101에서 가지고 온 것으로, 시나리오 8번은 제외되었다(시나리오 8 : 설비의 고장).

(3) 시나리오 적용기준

1) 인명안전 기준

구 분	성능기준		비 고
호흡한계선	바닥으로부터 1.8m 기준		–
열에 의한 영향	60℃ 이하		–
가시거리에 의한 영향	**용도**	**허용가시거리 한계**	단, 고휘도 유도등, 바닥유도등, 축광유도표지 설치 시 집회시설, 판매시설 7m 적용 가능
	기타시설	5m	
	집회시설 판매시설	10m	
독성에 의한 영향	**성분**	**독성기준치**	기타, 독성가스는 실험결과에 따른 기준치를 적용 가능
	CO	1,400ppm	
	O_2	15% 이상	
	CO_2	5% 이하	

[비고] 이 기준을 적용하지 않을 경우 실험적·공학적 또는 국제적으로 검증된 명확한 근거 및 출처 또는 기술적인 검토자료를 제출하여야 한다.

2) 피난가능시간 기준(피난지연시간)[10]

(단위 : min)

용 도	W_1	W_2	W_3
사무실, 상업 및 산업건물, 학교, 대학교 (거주자는 건물의 내부, 경보, 탈출로에 익숙하고, 상시 깨어 있음)	< 1	3	> 4
상점, 박물관, 레저스포츠 센터, 그 밖의 문화집회시설 (거주자는 상시 깨어 있으나, 건물의 내부, 경보, 탈출로에 익숙하지 않음)	< 2	3	> 6
기숙사, 중/고층 주택 (거주자는 건물의 내부, 경보, 탈출로에 익숙하고, 수면상태일 가능성 있음)	< 2	4	> 5
호텔, 하숙용도 (거주자는 건물의 내부, 경보, 탈출로에 익숙하지도 않고, 수면상태일 가능성 있음)	< 2	4	> 6
병원, 요양소, 그 밖의 공공숙소 (대부분의 거주자는 주변의 도움이 필요함)	< 3	5	> 8

[비고]

1. W_1 : 방재센터 등 CCTV 설비가 갖춰진 통제실의 방송을 통해 육성 지침을 제공할 수 있는 경우 또는 훈련된 직원에 의하여 해당 공간 내의 모든 거주자들이 인지할 수 있는 육성 지침을 제공할 수 있는 경우
2. W_2 : 녹음된 음성 메시지 또는 훈련된 직원과 함께 경고방송을 제공할 수 있는 경우
3. W_3 : 화재경보신호를 이용한 경보설비와 함께 비훈련 직원을 활용할 경우

---

10) 현 기준에서 위의 표 명칭이 피난가능시간 기준으로 되었지만 RSEA의 구성요소인 피난지연시간이 정확한 표현이다(SFPE 3-13 Movement of People : The Evacuation Timing).

3) 수용인원 산정기준

(단위 : 1인당 면적 m^2)

사용용도	m^2/인	사용용도	m^2/인
집회용도		상업용도	
고밀도지역 (고정좌석 없음)	0.65	피난층 판매지역	2.8
저밀도지역 (고정좌석 없음)	1.4	2층 이상 판매지역	3.7
		지하층 판매지역	2.8
벤치형 좌석	1인/좌석길이 45.7cm	보호용도	3.3
고정좌석	고정좌석수		
취사장	9.3	의료용도	
		입원치료구역	22.3
서가지역	9.3	수면구역(구내숙소)	11.1
열람실	4.6	교정, 감호용도	11.1
수영장	4.6(물표면)	주거용도	
수영장 데크	2.8	호텔, 기숙사	18.6
헬스장	4.6	아파트	18.6
운동실	1.4	대형 숙식주거	18.6
무대	1.4	공업용도	
접근출입구, 좁은 통로, 회랑	9.3	일반 및 고위험공업	9.3
카지노 등	1	특수공업	수용인원 이상
		업무용도	9.3
스케이트장	4.6		
교육용도		창고용도 (사업용도 외)	수용인원 이상
교실	1.9		
매점, 도서관, 작업실	4.6		

09 결 론

(1) 화재시나리오는 화재 제어/진압, 피난, 내화설계 등의 PBD의 필수 구성요소이며, 설계의 기본이므로 대상물의 건축물 특성, 거주자 특성, 연소 특성에 적합한 화재시나리오 구성이 필요하다.

(2) 또한 화재시나리오는 화재모델링에 데이터로 정확하게 환산되어야 적정한 모델링의 값을 가질 수 있기 때문에 그 자료가 되는 화재시나리오가 중요하다고 할 수 있다.

설계화재(design fire)

01 개 요

(1) 해당 건축물에 발생이 예상되는 화재를 시간의 경과에 따른 열방출률이나 화재의 크기로 나타내어 그것을 가지고 이에 대응할 수 있는 설계를 하기 위한 화재예측을 말한다.

(2) 즉, 설계대상의 화재를 열방출률(에너지)로 나타낸 것을 설계화재라고 할 수 있다.

02 설계화재(design fire) 설정

(1) 미국 설계화재 관련 기준(international building code)
  1) 화재설계 전문가 또는 건축 공무원에 의해 합리적인 설계화재를 설정하는 실정이다.
  2) 화재공학적 분석 시, 화재가 비정상·정상 상태에 관계없이 연료 특성 및 화재하중, 화재에 영향을 주는 인자들을 포함해야 한다.

(2) BOCA(Building Officials and Code Administrator International)
  1) 사람이 거주하는 공간에 대해서 설계화재의 크기는 최소 4.7MW 이상으로 한다.
  2) 그 외의 공간에 대해서는 2.1MW 이상으로 화재크기를 설정하도록 하고 있다.

 BOCA : 미국의 제품안전기준과 규격을 설정하는 기관

03 NFPA(National Fire Protection Association)의 설계화재

(1) 실제 설계적용에서는 화재발화부터 감쇠기까지 설계화재가 다 필요한 것은 아니다.

(2) 감지기(NFPA 72) or 거실제연(204) : 화재성장기의 곡선이 주요 관심사항이다.

(3) 급기가압(NFPA 92A) : 최성기에서의 온도가 중요하다. 현재 설계화재 온도를 약 930℃로 정하고 있다.

(4) NFPA 5000(내화설계) : 최성기의 온도와 지속시간이 주요 관심사항이다.

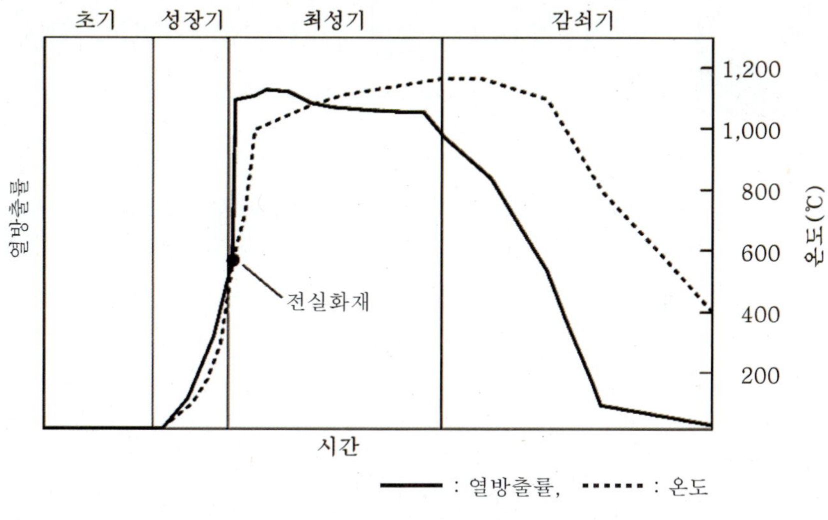

❘ **설계화재곡선의 예**[11] ❘

04 설계화재 활용

(1) 설계화재는 성능위주의 설계를 하기 위한 기본자료가 된다. 따라서 어떻게 설계화재를 설정하는 가에 따라서 설계의 품질이 결정된다. 설계화재가 과하면 설비가 과다한 과다설계가 되어 비용을 낭비하게 될 것이고, 설계화재가 약하면 화재를 효과적으로 제어 및 진압하는 것이 곤란해져 무용의 설비가 되어 큰 재해를 유발하게 되기 때문이다.

(2) 설계화재는 실제 발생하는 화재와 가장 근접한 결과를 도출해야 하기 때문에 각종 실험 데이터, 기존 사례 및 연구결과, 경험 및 건축물의 화재하중, 각종 영향인자 등과 변수가 고려되어야 한다. 이러한 다양한 요소들을 공학적으로 정량화시켜 수치화하고 이것을 이용해 적정한 대응이 가능하도록 설비 및 구체적인 설계가 가능한 것이다. 이것이 최적의 설계이고 위험을 제거할 수 있는 적절한 비용을 수반하는 설비와 구조체를 통해 안전을 답보하는 것이다.

---

11) FIGURE 3.9.1 Enclosure Fire Development 3-146 FPH 03-09 Closed Form Enclosure Fire Calculations

화재모델링(fire modeling)

01 개 요

(1) 정의 : 화재현상을 예측하기 위해 방호대상물과 가연물 등을 물리, 화학적으로 단순화시켜 구성한 수치모델을 말한다.

(2) 의의
1) 성능위주의 설계(PBD)에 의한 설계안의 목적, 목표 달성 여부를 평가하는 방법이다.
2) 화재모델을 통해 화재 특성을 해석, 규명하는 일련의 과정이다.

(3) 화재모델링은 실제로 실험을 하는 물리적 화재모델링 그리고 방정식과 컴퓨터를 이용한 수학적 모델링이 있다(Evaluate the effects of fire on people and property).

(4) 그러나 피난안전(life safety)의 경우 치명적인 화재영향에 사람을 노출시켜야 하므로 시험방법을 사용할 수 없어 수학적 모델링에 의한 평가방법이 사용된다.

(5) 화재시뮬레이션의 주요 분석내용
1) 연기층의 확대 : 시간대별 연기층 높이의 변화
2) 연기의 유동성 : 이산화탄소나 산소 등의 시간대별 농도변화
3) 화염전파 : 시간대별 열유속의 변화 등

(6) 모델링 방법의 구분

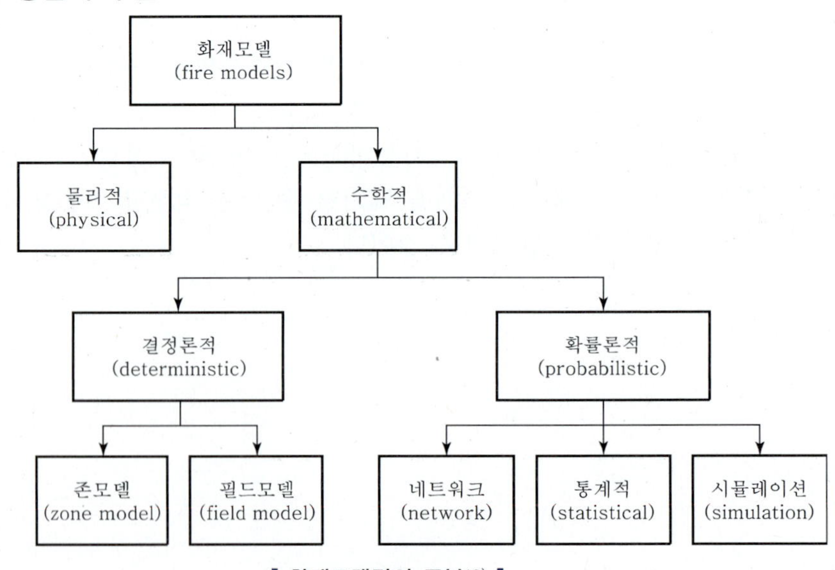

❚ 화재모델링의 구분[12] ❚

---

12) FIGURE 3.5.1 Classifications of Types of Fire Models 3-94 FPH 03-05 Introduction to Fire Modeling

 • **화재모델(fire model)** : 화재모델링의 산출물
　　　　　 • **화재시뮬레이션(fire simulation)** : 화재모델을 시간의 흐름상에 구현하기 위한 방법론

02 분 류

(1) 물리적(physical) 모델

1) 실물모델(full scale model)

2) 축소모델(scale model)

(2) 수학적(mathematical) 모델

1) **결정론적(deterministic) 모델 : 물리적 법칙, 화재실험 자료를 기초로 한 계산식을 이용한 분석법**

① 가변적인(random) 변수가 아닌 고정된 수치를 가지고 분석하는 분석방법으로 구조화된 컴퓨터 시뮬레이션이 필수이다.

② 특수한 물리적 상황을 근거로 한 모델링을 통해 화재상황을 구현한다.

③ 종류

ㄱ 컴퓨터 유체역학(CFD, field)모델

ㄴ 존(zone)모델

ㄷ 특수목적모델

ㄹ 수작업모델

2) **확률론적 방법(probabilistic model)**

① 개요 : 화재리스크는 미래에 대한 불확실성에 대해 말하는 것이다. 이러한 **불확실한 사실을 확률적으로 나타낸 모델을 확률론적 모델이라고 한다.** 즉 가능한 모든 시나리오에 대해 위험도의 크기를 정량화하여 사회적 허용기준치와 비교하는 기법으로 위험도에 기반을 둔 성능분석(위험성 평가)이라고도 한다.

② 건축물 화재위험성(risk) 분석의 목적

ㄱ 건축물의 설계, 시공 및 운영 과정에서 내려야 하는 광범위한 의사결정을 보다 잘 알리기 위해 화재 관련 위험(risk)을 특성화하고 포괄적으로 이해하는 것이다. 따라서 복합적 요소들의 정량적 분석이 가능하므로 효과적인 대안 선정이 가능하다.

ㄴ 건물에서 화재위험을 이해하고 특성을 파악하는 과정이다.

③ 모델링의 방법론

ㄱ 개별 시나리오의 위험도의 크기는 손실(loss)과 발생확률(F)로 표현된다.

ㄴ 손실(loss)에는 일반적으로 재실자의 사망, 금전적 손실 등이 포함된다.

ㄷ 특정 방재시스템의 효과 혹은 최악의 시나리오 선정에 이용된다.

④ 확률론적 해석기법의 한계
  ㉠ 분석기법의 표준화(standard) 부족
    • 도입단계로 다양한 분석기법에 비해 통일된 표준화(standard)가 부족하다.
    • 위험도를 평가할 수 있는 객관적인 사회적 허용기준치가 미비하다.
  ㉡ 객관적 자료의 부족
    • 적합한 통계자료의 부족 및 분기확률의 산정 근거가 미비하다.
    • 화재방호시스템의 유효성, 신뢰성 판단에 어려움이 있다.
  ㉢ 많은 시나리오
    • ETA에 의해 구성된 모든 시나리오에 대해 방재시뮬레이션을 수행, 손실을 산정하므로 많은 시간과 비용이 수반된다.
    • 방재시뮬레이션 Code의 한계 등으로 인해 구성할 수 없는 시나리오가 발생할 수도 있다.
  ㉣ 개인적 편차
    • 공학적 전문지식, 관련 소프트웨어 습득, 해석결과의 분석 등이 어려워 숙련되기에 어려움이 있다.
    • 분석기법상 주관적 판단이 개입될 수도 있다.
⑤ 과거의 데이터나 통계가 필수적이다. 이는 DB의 부족을 초래하고 다시 이것은 출력부족을 초래하게 된다.
⑥ 복합적 요소들의 정량적 분석이 가능하므로 이를 통해 효과적인 대안 선정이 가능하다.
⑦ 종류
  ㉠ 네트워크 모델(network model) : 아래 그림과 같이 노드에서 노드(네트워크와 연결된 부분)까지의 경로를 표현하는 모델이다. 경로로 이동하는 것은 기체, 에너지, 또는 정보흐름 등이 될 수 있고 유동방정식이 사용된다.
    • 사건수목분석법(ETA ; Event Tree Analysis)
    • 결함수목분석법(FTA ; Fault Tree Analysis)

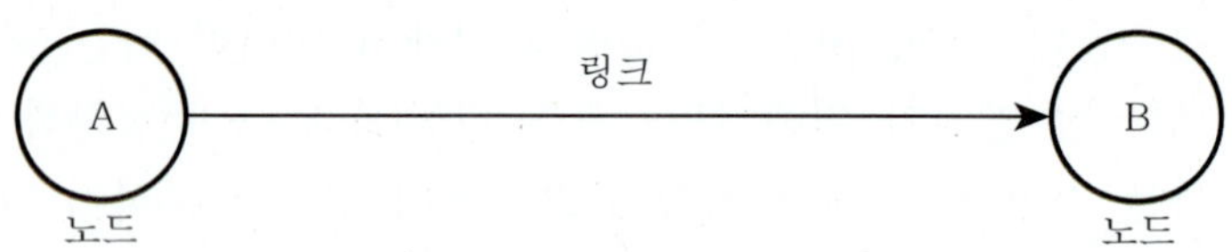

┃ 네트워크 모델의 링크[13] ┃

  ㉡ 통계적(statistical models) 모델 : 화재모델은 표준정규분포를 가진다. 이를 통해서 확률값을 알 수가 있다. 하지만 화재하중의 경우에는 로그정규분포를 가진다.

---

13) FIGURE 3.5.6 Network Components 3-103 FPH 03-05 Introduction to Fire Modeling

 • **표준정규분포** : 평균을 0으로 놓고 표준편차를 1로 통일시킨 정규분포이다.

　　　　• **로그정규분포** : 로그정규분포는 상대적인 값의 움직임을 보기 때문에 항상 양(+)의 값을 가지지만, 절대적인 값의 움직임을 보는 정규분포는 음(−)의 값을 가질 수 있다.

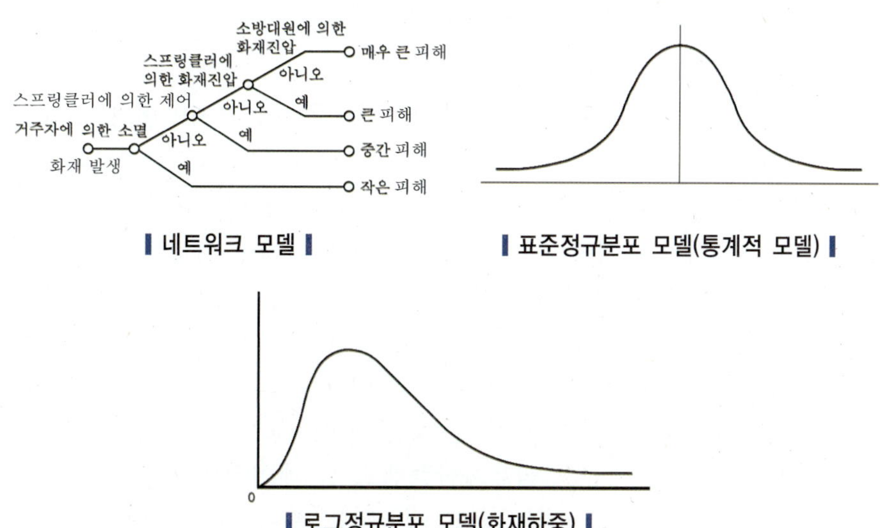

| 네트워크 모델 | 표준정규분포 모델(통계적 모델) |

| 로그정규분포 모델(화재하중) |

　ⓒ **시뮬레이션 모델(simulation models)** : 통계적 모델로 자료를 얻기 곤란한 경우에 사용한다. 하나의 입력변수로 하나의 출력변수만 있다는 가정하에 화재와 같은 불확실성을 수학적인 확률밀도의 무작위 표본으로 처리하여 나타낸 컴퓨터모델링으로, 대표적인 시뮬레이션 평가기법으로는 몬테카를로 기법이 있다. 몬테카를로 기법이란 난수(random number)만을 생성해서 계산(computation)을 하는 것이며 이를 위해서는 수많은 반복적인 계산이 필요하기 때문에 컴퓨터와 같은 중앙처리장치(CPU)를 이용하지 않으면 계산이 곤란하다.

03　특수목적모델(단독모델)

(1) 관심 변수 하나에 대해서만 예측하는 모델링이다.

(2) 사용이 용이한 면에서 존모델과 유사하다. 하지만 특수목적모델은 종합성을 제공하지 못하고 지엽적인 정보만을 제공한다.

(3) 예를 들면, 이 모델은 천장 분사기의 상태를 천장 아래 특정 위에서만 예측한다. 하지만 존모델은 그 상태를 방호구역 전체로 확대시킨다.

04 모델링의 표현

(1) 결정론적 방법은 화재의 성상과 피난시간 등의 분석을 비교하여 그 결과로써 피해 정도를 예상하고 평가하는 방법이다. 즉 결정론적 방법에 의한 건축물의 인명피해에 대한 결과 값은 각 시나리오의 화재경중에 따라 몇 명의 인원이 위험에 처했는지로 표현된다.

(2) 확률론적 또는 위험론적 분석방법은 결정론적 분석방법과 동일하게 피해 정도를 구하는 것과 동시에 사고의 발생빈도(frequency) 또한 고려하여 사고결과의 크기와 확률을 고려한 종합적인 위험의 개념을 수치적으로 표현하여 나타내는 방법이다.

1) 확률론적인 분석방법은 몇 명의 인원이 어떠한 사고빈도에 의해 위험에 처할 수 있는지를 수치적으로 표현한다.

2) 예를 들어 이 대상물은 현재 상태로는 약 0.005명/연의 사망자가 나올 확률이 있을 정도로 위험하다고 나타낼 수 있다.

3) 확률론적 방법은 현재까지는 확률데이터의 부족과 신뢰성 등의 문제 등으로 원자력 발전소나 대규모 석유화학플랜트 등 데이터의 축적이 어느 정도 이루어지고 사고결과가 매우 심각하리라고 예상되는 분야 외에 일반적인 분야의 실무에 적용하기에는 데이터 축적이 좀 더 이루어져야 하는 것이 현실이다.

05 화재모델 개발의 목적

(1) 화재과정에 대한 다양한 자료를 얻기 위함이다.

(2) 변화하는 다양한 변수들의 효과를 발견하기 위한 다수의 고비용의 실물규모 테스트 수행에 대한 대체방법을 제공하여 준다.

(3) 기존 화재모델 대상에 대한 평가자료(안전성을 검증)를 얻기 위함이다.

(4) 방재시스템 설계조건을 변경하여 반복 시뮬레이션을 실시함으로써 보다 효율성이 높은 방재시스템을 설계 및 채택할 수 있다.

(5) 화재사고 조사 및 원인규명에도 활용할 수 있다.

(6) 화재시뮬레이션 결과를 감안하여 유사 시 효과적으로 대응할 수 있도록 방재계획을 수립할 수 있다.

(7) 건축물의 구조, 내장재 및 수용품에 대한 설계, 배치 등에 사용할 수 있다.

06 화재시뮬레이션 프로그램 운용 시 주의사항

(1) 화재현상을 표현하는 기초방정식을 정확하게 수행해야 한다. 조금의 오차가 결과로 는 큰 차이를 만든다.

(2) 적절한 기법이나 알고리즘을 선택해야 한다. 계산시간과 기억용량이 필요 이상으로 커져 사용이 불가능할 수도 있기 때문이다.

(3) 실험치와 시뮬레이션 결과의 일치를 통해 모델의 타당성을 판단한다.

(4) 비선형 방정식으로 모든 경우의 해석은 불가능하다. 따라서 적절한 수치해석을 통해 서 이를 보완하여야 한다.

(5) 수학적, 수치해석적으로 해가 아님에도 불구하고 그럴듯한 결과가 도출될 수 있으므 로 이에 대한 주의가 필요하다. 그러므로 CFD에 대한 충분한 해석능력을 갖추어야 한다.

07 결 론

성능위주의 설계(PBD)에서 화재모델링은 소방설계가 안전한지 여부를 판단하는 방법으 로 건축물, 화재, 재실자의 특성 및 경제성 등을 고려하여 해당 대상물에 가장 적합한 방 식으로 수행하여야 한다.

시험(test)

01 개 요

(1) 설계안의 평가방법에서 모델과 기타 계산방법에 사용할 데이터를 생산하기 위해서는 자료가 되는 시험의 데이터가 필요하다.

(2) 따라서 화재의 각종 데이터를 얻기 위해서 그 대상물에 직접 시험을 하는 것을 시험이라고 한다.

02 표준시험

(1) **정의** : 각종 설비와 부품을 미리 결정된 전형적인 규제 위주의 기준들에 대한 만족 여부를 판단하기 위한 시험을 표준시험이라고 한다.

(2) **목적**

1) 모델 대신 사용 : 실물시험 결과
2) 모델의 수정을 위한 근거자료로 사용한다.
3) 모델의 입력자료로 사용한다.

03 스케일(scale)

(1) **소규모 시험(콘칼로리미터)**

1) 감지 및 진압 장치의 작동시험
2) 인화성 및 독성 시험
3) 일반적으로 시험품목을 기구 속에 넣고 시험
4) 대상 : 구성재료의 연소 특성
5) 재료의 크기 : Max 0.1MW

(2) **중간규모 시험(룸코너, SBI)**

1) 전체 설비가 아닌 문 및 창문 등의 설비부분의 적절성을 판단하기 위한 시험
2) 대상 : 단위품목당 연소 특성
3) 재료의 크기 : Max 1MW

(3) **실물규모 시험(large scale calorimeter)**

1) 건물과 구조물의 부분 또는 전체 설비의 시험에 사용

2) 시험 대상물을 현장에 설치된 상태와 가장 근사한 조건에서 시험하여, 실제 사용
   시의 성능에 가장 가까운 성능을 판단하기 위한 시험
3) 대상 : 실규모의 연소 특성
4) 재료의 크기 : Max 10MW

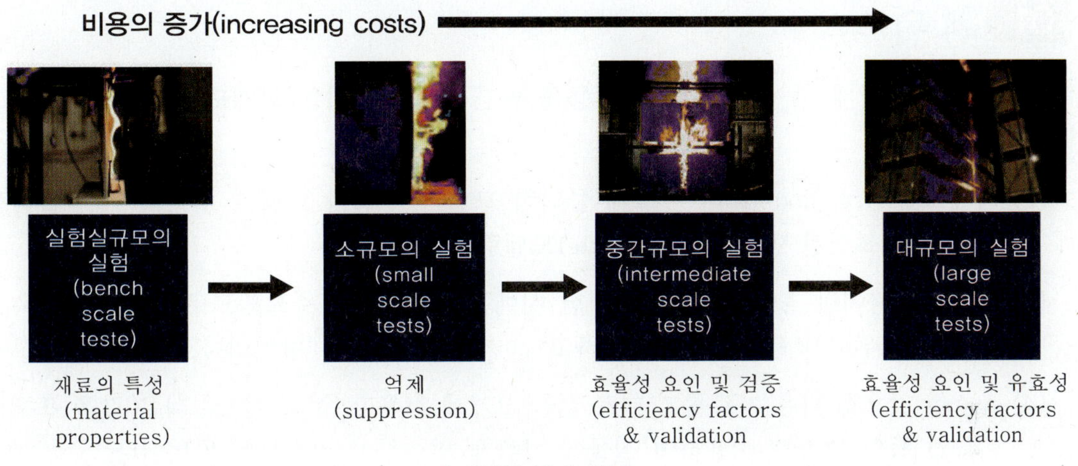

▍ 단계별 화재시험 ▍

04 성능시험

화재안전설비가 설계기준에 따라 적절한 성능으로 작동됨을 증명하는 기법으로 사용
한다.

축소모델링(scale modeling)

01 개요

(1) 소방설비 설계 시 설계의 적합성 등을 판단하기 위해서는 화재모델(fire modeling)이 필요하다.

(2) 화재모델(fire modeling)은 크게 물리적 모델과 수학적 모델로 구분되는데, 물리적 모델의 대표적인 방법이 축소(scale)모델링이다.

(3) 축소모델링이란 물체를 실물로 시험 시에는 큰 비용이 소요되므로 그 대상을 축소 제작하여 우리가 원하는 실험을 하고 그 실험값을 얻는 방법이다.

(4) 축소한 값으로 나온 자료를 그대로 실물 크기에 적용할 수 없으므로 나온 값을 프루드 수(Fr) 등의 변수를 이용하여 실물에 가깝게 변형하여 적용하는 방법이다.

02 특징 및 적용

(1) 특정 공간을 물리적으로 표현하되, 그 크기를 축소한 형태이다. 실물로 실험을 하는 것이 가장 이상적이나 비용의 발생으로 한계가 있으므로 이를 축소하여 실험하고, 그 값을 실제 크기로 변환시켜 실물화재를 가상한 데이터를 얻을 수 있다.

(2) 아트리움이나 터널 등의 공간에서 제연설비 등의 설계 및 평가 시에 매우 유용한 방법이다.

(3) 점성의 영향이 적은 곳에서 사용한다.

(4) 부력과 기계력이 공존하는 장소의 해석에 적합하다.

03 프루드 상사법칙(Froude similarity law)

$$Fr = \frac{Re}{Gr} = \frac{관성력}{부력} = \frac{v^2}{g \cdot l}$$

여기서, Fr : 프루드수, Re : 레이놀즈수

G : 그라쇼프수, v : 속도(velocity)

g : 중력(gravity), l : 대표길이

 • Re가 큰 경우 : 유동 내의 관성력 > 점성력이 되며 유동은 난류가 된다.
• $Fr > 1$: 관성력의 영향이 중력의 그것보다 훨씬 크다.

(1) 프루드수를 이용해서 축소모델링을 실제 모델링과 같이 확대하여 해석한다. 이는 프루드수의 변수값이 아래와 같이 비례값을 나타내기 때문이다.

(2) 비례값

1) 온도, 압력 = 1(비례값이 없다)

2) 시간, 속도 $= \dfrac{1}{2}\left(\dfrac{1}{2}$의 비율로 비례한다$\right)$

3) 대류열전달, 체적유량 $= \dfrac{5}{2}\left(\dfrac{5}{2}$로 비례한다$\right)$

4) 열관성$(k\rho c) = 0.9$(0.9로 비례한다)

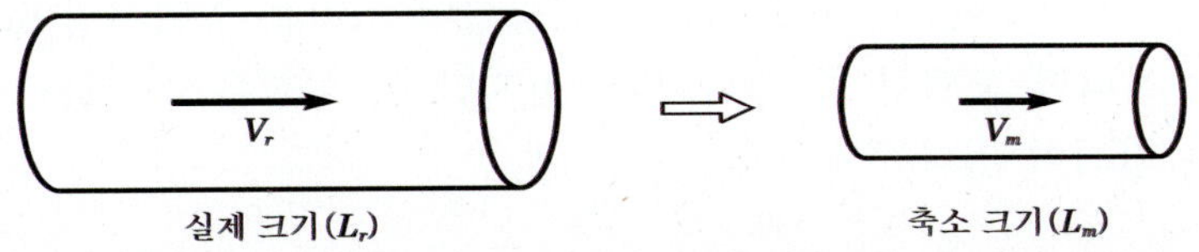

$$\frac{V_r}{V_m} = \left(\frac{L_r}{L_m}\right)^{\frac{1}{2}}$$

여기서, L_m : 모델링 길이
L_r : 실제 길이

04 결 론

(1) 화재시험을 할 경우에는 실물 그대로를 지어놓고, 실제 화재상황에 적합하게 실험을 하는 실물시험이 가장 바람직하다.

(2) 하지만, 소요비용과 인명안전 등 여러 가지 문제들을 고려하여 대상물을 축소하여 모형을 만들어 실험을 하고, 그 값을 실제 화재에 적합하도록 변수를 적용하여 실제 화재에 근접한 자료를 얻을 수 있다.

13 뜨거운 연기시험 (hot smoke test)

01 개 요

(1) 화재를 실제 시험으로 진행한다면 가장 효과적인 정보를 취득할 수 있지만 많은 비용과 안전, 환경오염 등의 문제점을 내포하고 있어서 실제 시험이 곤란한 것이 현실이다.

(2) 따라서 이러한 문제점을 개선하기 위하여 인공적으로 뜨거운 연기를 만들어서 실제 방호대상물에 적용하여 연기가 유동하는 현상을 실험하여 방호에 유용한 데이터(화재모델링의 자료)로 이용하고자 하는 시험방법이 뜨거운 연기시험(hot smoke test)이다. 이는 물리적 모델링 중 하나이다. 하지만 이 실험은 건축물이 다 완성되어야 가능하다는 단점이 있다.

02 구 성

(1) **불연성 바닥재(non-combustible base)** : 불연성 바닥재는 플라스터보드보다는 커야 한다.

(2) **연료트레이(fire trays)** : 강철로 되어 있고 물로 기밀시험을 하여 기밀성이 확인되어야 한다.

  1) 수조(water bath or water proof) : 연료통 외면을 감싸고 있어 연료통의 과열을 방지한다.

  2) 연료통(fuel pan) : 메틸레이트(methylate)가 주로 사용되고 안정된 화재부력을 만드는 데 10분 이내가 소요되어야 한다. 뜨거운 가스는 약 150℃ 정도의 온도가 유지되어야 한다.

(3) **열센서(heat sensor)** : 천장에 설치하여 시간의 경과에 따른 온도의 변화를 기록한다.

(4) **연기발생기(smoke generator)** : 연기발생기에 의해 생성된 연기는 무독성, 비반응성, 중성, 흰색이어서 건축물에 최소한의 영향을 줄 수 있어야 한다.

  1) 오일을 이용한 경우 : 이산화탄소로 가압해서 방출한다.

  2) 물을 이용한 경우 : 가열하여 백색수증기를 방출한다.

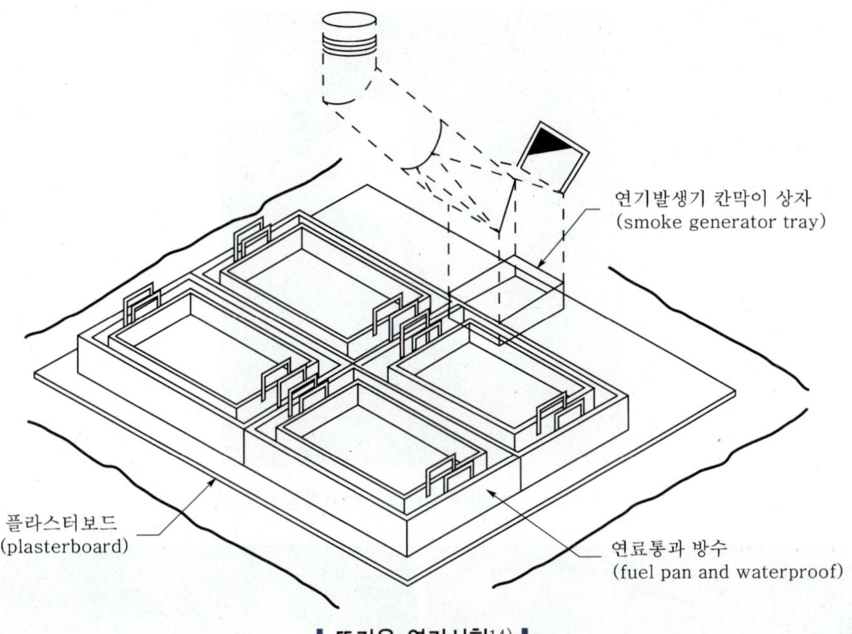

▌ 뜨거운 연기시험[14] ▌

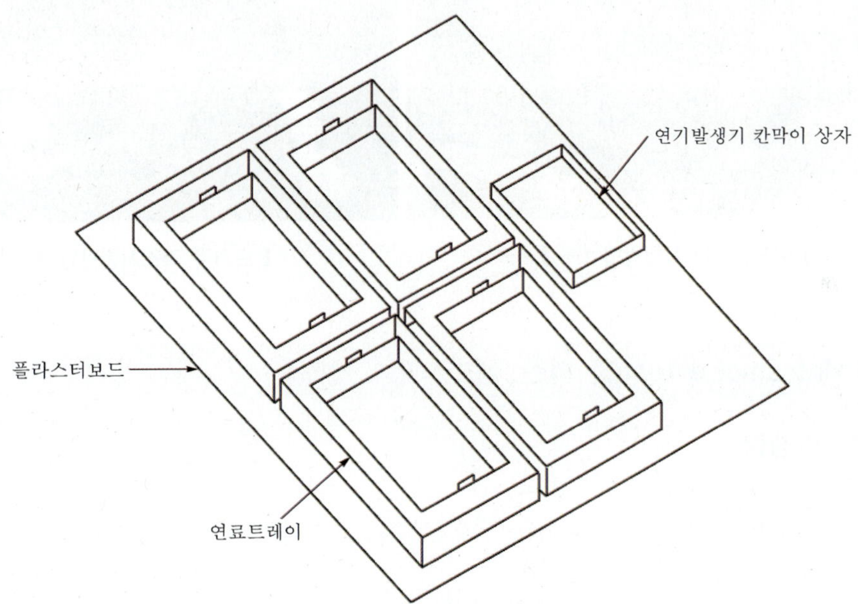

▌ 뜨거운 연기시험장치 배치도[15] ▌

---

14) Experiments for Verification of the Effectiveness of Smoke Control System in a Typical Subway Station 78page
15) STUDY OF FIRE SMOKE FILLING IN BUILDINGS BY HELIUM SMOKE TESTS Guanchao Zhao ©
Guanchao Zhao, 2012

■ 스모크 오일을 이용한 연기발생기 ■

■ 뜨거운 가스시험방법 1[16) ■

■ 뜨거운 가스시험방법 2[17) ■

03 Hot smoke test에 의한 정보

(1) 연기발생량

1) $V = \dfrac{\pi D^2}{4} v$

여기서, V : 연기발생량(m^3/s)

$\quad\quad D$: 연기발생기 굴뚝의 직경(m, 경험적으로 0.18m를 사용)

$\quad\quad v$: 연기발생기에서 발생한 연기의 토출속도(m/s, 경험적으로 2m/s를 사용)

상기 경험적 수치를 적용하면 보통 $0.015\text{m}^3/\text{s}$로 나타난다.

---

16) Experiments for Verification of the Effectiveness of Smoke Control System in a Typical Subway Station 78page

17) FDS MODELLING OF HOT SMOKE TESTING, CINEMA AND AIRPORT CONCOURSE 7page

2) $V_T = 0.015 \times t$

여기서, V_T : 연기발생량(m^3)

t : 시간(sec)

(2) 천장 열기류(ceiling jet flow)에 의해 상승된 천장부근의 온도분포

1) 실험을 개시한 후 천장에 설치된 열센서에 의해서 시간에 따른 온도분포값을 데이터로 얻을 수 있다.

2) 이 데이터는 화재시뮬레이션의 중요 데이터로 활용이 가능하고, 시험값과 시뮬레이션값의 비교 검토가 가능하다.

(3) 연기의 이동 과정과 연기 누출현상 확인

1) 연기발생기에 의해 발생된 백연이 이동하는 과정을 눈과 CCTV를 통해서 확인할 수 있다.

2) 이 실험의 과정은 비디오로 녹화하여 데이터로 이용할 수도 있다.

3) 또한 연기가 충만되어 점점 하강하며 청결층을 침범하는 현상을 확인할 수 있고, 기밀이 되지 않는 곳으로 누설됨도 확인이 가능하다.

(4) 화재시뮬레이션의 중요 데이터로 활용이 가능하다.

04 결 론

(1) 화재 시 발생한 연기는 독성 및 이동성에 의하여 인명피해의 주요원인이 된다.

(2) 또한 연기는 높은 온도와 부력에 의한 이동에 의하여 감지기 동작, 스프링클러헤드를 작동시키는 매개가 된다.

(3) 이를 분석하기 위해서는 컴퓨터시뮬레이션, 실물시험을 통해서 가능하지만 실물시험은 너무나 많은 비용과 안전문제를 가지고 있다. 또한 컴퓨터시뮬레이션은 과연 이것이 실제 건물에 적용되었을 때 데이터 값이 정확한지를 확신할 수 없는 문제점을 가지고 있다.

(4) 따라서 이러한 문제점의 보완으로 실제 건물에 화재와 유사한 상황을 만들어 연기의 흐름을 확인하는 뜨거운 연기시험(hot smoke test)이 나오게 된 것이다.

(5) 뜨거운 연기시험(hot smoke test)을 통하여 연기층의 온도, 이동성 등을 파악하여 감지기, 스프링클러헤드의 선정 및 배치가 가능하고, 제연설비 등을 성능위주로 설계한다면 소방시스템의 신뢰성을 높일 수 있고 화재로부터 인명과 재산을 보호할 수 있을 것이다.

존모델(zone model)과 필드모델(field model)

01 개 요

(1) 결정론적 모델링의 대표적인 종류로는 경험적 상관관계모델, 존모델, 필드모델 등이 있다.

(2) 경험적 상관관계모델은 토마스의 플럼 발생량을 기준으로 한 특정문제를 다루는 모델링이다. 존모델은 방호구역을 하나나 둘의 공간으로 구분해서 화재의 진행사항을 나타내는 기법이고, 필드모델은 방호구역을 수많은 작은 셀로 나누어서 그 안에서의 이동과 변화 등을 통해 화재의 진행사항을 나타내는 기법이다.

(3) 과거에는 존모델을 중심으로 화재에 대한 모델링이 이루어졌지만 최근에 화재에 대한 모델링은 대부분 필드모델을 통해 이루어지고 있다. 왜냐하면 필드모델이 존모델보다는 정확하고 다양한 데이터를 얻을 수 있기 때문이다.

02 경험적 상관관계모델(empirical correlations modeling)

(1) 특징

  1) 사용하기 매우 간단하다(very simple to use).
  2) 특정 문제를 다루고 해결하기 위한 모델링이다(specific to a particular problem).
  3) 조건의 제한된 범위에 적용이 가능하다(applicable to a limited range of conditions).
  4) 화재모델링으로 얻을 수 있는 정보량이 적어 최근에는 사용하지 않는다.

(2) 프로그램 : Thomas' plume eqn

(3) 개념도[18]

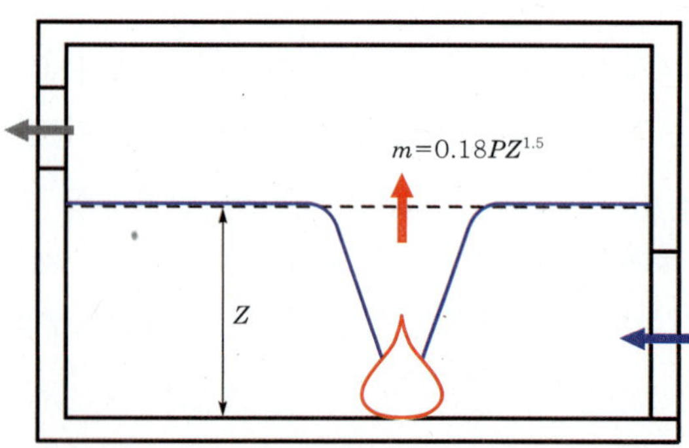

---

18) How to assess fire safety designs based on CFD modelling?. Prepared by Piotr Smardz

03 존모델(zone modeling, lumped-mass model)

(1) 개요

1) 정의 : 건물(실)을 몇 개의 존으로 나누어 화재발생 시 각 존 내에서 발생하는 현상과 존 간의 상호 작용을 해석하는 화재모델링이다.

2) 건물 내부를 상부 고온연기층(열기층)과 하부 상온공기층(냉기층)의 2개 층으로 구분한 "2층 존(zone)모델" 및 최성기 화재에서 열기층을 하나로 분류한 "1층 존(zone)모델"이 있다.

3) 현재는 화재의 상태에 따라 열기층을 수개 층으로 나눈 "다층 존(zone)모델"의 도입이 연구되고 있다.

4) 개인용 컴퓨터에서 구동이 가능한 화재확산모델들은 대부분 존모델들이다.

5) 위쪽의 화재로 인해 생성된 고온가스가 있는 존과 아래쪽의 연소를 위한 공기원(source of the air for combustion)이 있는 구역의 2개의 존으로 구분하여 분석하는 경우가 많다. 구역의 크기는 화재기간 중 변하게 되며 상부 구역은 시간이 경과함에 따라서 결과적으로 구획실 안의 모든 공간까지 확장된다.

(2) 개발목적

1) 존모델들은 하나의 구획이나 밀폐실에서 상부 연기층, 하부 청결공기층, 연소되는 연료 그리고 연기층 아래의 화재플럼과 같은 몇 개의 제어체적 또는 하나의 제어체적으로 나누어지는 구획실 화재의 모델링을 위해 개발되었다.

2) 소화설비의 작동성을 예측하기 위하여 개발되었다.

(3) 2개의 구역(two-zone models)으로 구분하는 경우

1) 상부 : 뜨거운 연기층

2) 하부 : 차가운 공기층

(4) 짧은 시간 내에 적정하게 정확한 예측을 제공하기 때문에 과거에는 필드(field)모델보다 널리 사용했으나 현재에는 신뢰도와 정확성이 높은 필드모델을 많이 사용하고 있다.

(5) 기본방정식(질량, 에너지, 운동량 전달) + 에너지보존방정식

(6) 프로그램

1) ASET(Available Safe Egress Time)

2) CFAST(Consolidated Model of Fire Growth and Smoke Transport)

　① 목적

　　㉠ 화재시뮬레이션

　　㉡ 소화설비 작동성 예측

② 프로그램 구성도

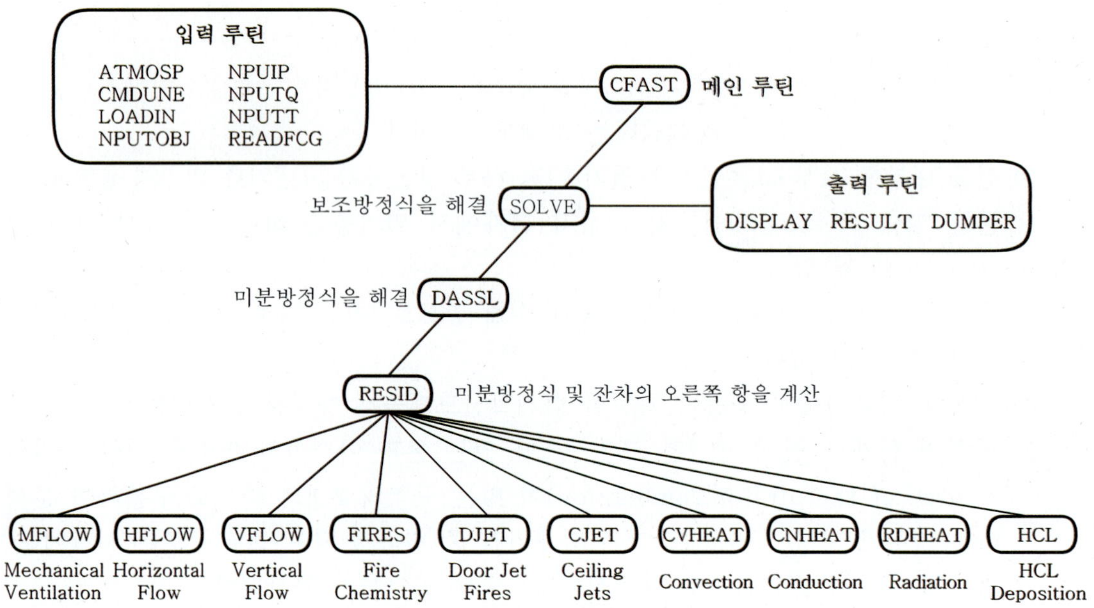

∎ CFAST의 프로그램 구조[19] ∎

③ 해석절차도

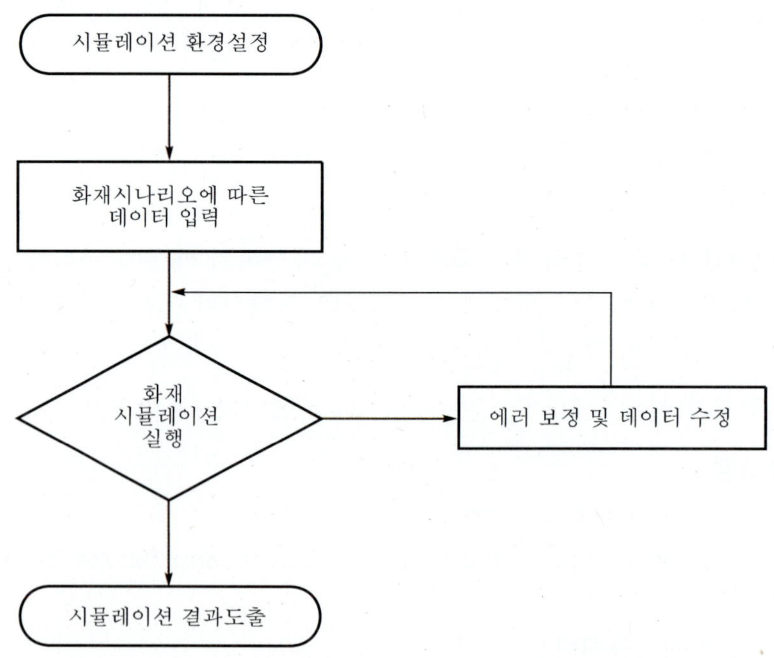

---

19) Figure 11. Subroutine Structure for the revised CFAST. CFAST the Consolidated Model of Fire Growth and Smoke Transport. National Institute of Standards and Technology

④ 개념도[20]

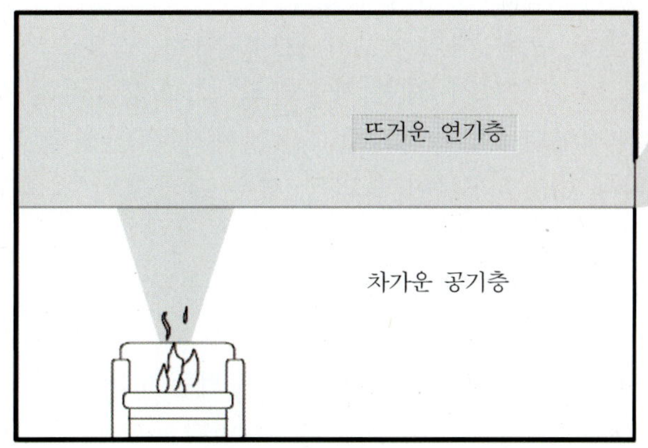

⑤ 내용
　㉠ 일반적으로 2개의 구역으로 구분된 존모델링으로 뜨거운 연기층이 존재하는 상층부와 차가운 공기층이 존재하는 하층부로 분할하여 각 위치에서의 화재현상을 해석하는 프로그램으로 간단하고, 짧은 시간 내에 화재현상을 분석할 수 있다. 2개층이 아닌 다층 또는 단층으로 구분할 수도 있다.
　㉡ 다중격실 화재모델로 최대 30개의 격실 고려가 가능하다. 존(zone)모델로 실별 엔탈피와 질량유동에 기초하여 상태변수를 예측하는 방정식의 해석이 가능하고 환기시스템 및 대표적인 건축자재의 물성 데이터베이스가 포함되어 있다.

⑥ 장점
　㉠ 대표적 건축자재의 물성 데이터베이스를 포함한다.
　㉡ EXODUS(피난모델링 프로그램) 등과 연계하기가 용이하다.
　㉢ 속도가 빠르고 결과의 해석이 쉽기 때문에 여러 매개변수에 대한 감응도 분석도 비교적 쉽다. 왜냐하면 공간을 단면으로 분석하여 화재성상을 예측하기 때문이다.
　㉣ 환기시스템의 모델링이 가능하다.

⑦ 단점
　㉠ 격실의 형태, 위치의 효과를 반영할 수 없다.
　㉡ 화재성장을 예측하는 연소모델이 포함되지 않아서 모델 사용자는 화재와 열분해속도 사이의 상호 관계를 고려해야 한다. 즉 화염성장모델이 없어 초기 입력값에 의존할 수 밖에 없다.

---

20) FIGURE 1.2 Two-zone modeling of a fire in an enclosure. Enclosure Fire Dynamics. Bjorn Karlsson and James G. Quintiere(2000)

ⓒ 연기온도 조건만 획득이 가능하고 거주조건 획득의 한계로 인해 온도와 독성과의 상호 관계는 고려되지 않는다.

ⓔ 존(zone)개수 등의 제한조건이 많다. 실의 구성은 사각형으로 제한되어 구현되며, 30개실까지 입력 가능하고, 스프링클러와 감지기의 최대 입력 개수는 20개이다. 일반적으로 3개실까지는 신뢰할 만한 시뮬레이션 결과를 나타내지만 3개실이 초과될 경우 결과치의 신뢰도가 현저하게 떨어진다.

ⓜ 3차원 구조에 대해 고려되지 않는다. 즉, 공간의 단면을 통하여 분석하고 화재성상을 예측한다.

ⓗ 스프링클러 살수장애에 대한 해석이 불가능하다.

ⓢ 완화시스템 모델이 없어서 적용할 수 없다.

ⓞ 존모델이므로 이동에 대한 제한을 받는다.

ⓩ 모델변수로의 제한된 접근만 허용하고 있다.

⑧ 기본방정식
　㉠ 질량보존의 법칙
　㉡ 에너지보존의 법칙을 해석

⑨ 입력자료
　㉠ 구획실 및 연결공간 자료
　㉡ 천장, 벽, 바닥의 열적 특성
　㉢ 열방출률(HRR) or 연소속도(burning rate)
　㉣ 연소생성물 발생률

⑩ 출력자료
　㉠ 탈출시간
　㉡ 스프링클러나 감지기의 작동
　㉢ 부력가스(플럼)의 압력차
　㉣ 천장 열기류(ceiling jet) 온도
　㉤ 천장 연기기둥의 온도, 형성률
　㉥ 화염의 측면 확산
　㉦ 개구부를 통한 질량흐름, 연기흐름
　㉧ 주변 연료의 복사점화
　㉨ 토마스(Thomas)의 플래시오버 이전 화재의 관계식
　㉩ 환기 관련 한계

3) LAVENT(Link-Actuated VENTs)
① 제연설비에 의해서 천장 열기류의 유동이 발생하여 스프링클러헤드 동작이 영향을 받는다.

② 따라서 제연설비의 가동으로 인한 헤드의 동작시간을 예측하고 상호 관계 및 간섭 여부를 확인하기 위한 프로그램이다.

04 필드모델(field modeling, computational fluid dynamics)

(1) 개요

1) 필드(field), 컴퓨터 유체역학모델(computational fluid dynamics(CFD) models)을 말한다.

2) 따라서, 필드모델이라는 용어는 화재 관련 연구에서는 전산 유체역학(CFD ; Computational Fluid Dynamics)과 동의어로 사용된다. CFD모델은 통상 대용량의 컴퓨터 성능이 요구된다.

3) CFD모델은 공간을 수십만 개의 작은 셀(cell)로 나눔으로써 존모델보다 가스의 흐름을 훨씬 세밀하게 검토할 수 있다. 이와 같이 세밀한 검토가 필요한 경우 필드모델을 보다 많은 셀로 나누어서 분석할 필요가 있다.

4) 그러나 일반적으로 필드모델은 사용하기에 가격이 비싸고 설정과 구동에 많은 시간이 필요하며 문제의 설정을 위한 결정과 모델 결과물의 해석에 있어서 높은 수준의 전문지식이 필요한 경우가 많다.

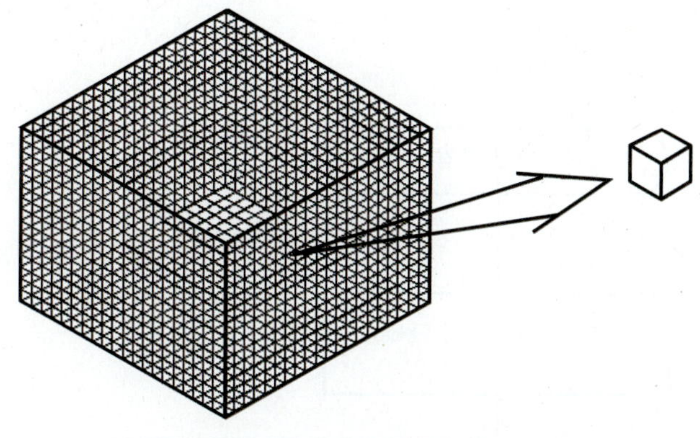

▌ 수많은 셀로 공간을 구분[21] ▌

5) 최근 화재조사 및 관련 소송사건에 CFD모델을 사용하는 경우가 많아지고 있다. 왜냐하면 CFD모델은 특히 공간과 연료의 성분이 불규칙적이고 난류가 중요한 요소이거나 또는 정밀한 세부내용을 추구할 경우의 분석에 적합하기 때문이다.

(2) 사용목적

1) 화재시뮬레이션

2) 소화설비 작동성 예측

---

21) Figure 1.1 Illustration of an arbitrary grid representing a computational domain. 19page. Fire Modelling Using CFD-An introduction for Fire Safety Engineers. J rgen Carlsson Lund 1999

(3) 해석방법 : 해당 공간(3차원)을 전형적으로 10^3에서 10^6 정도의 매우 작고 수많은 제어체적이라는 셀(cell)로 나누어 각각의 제어체적에 대해 나비에-스토크스 방정식이라 불리는 편미분방정식을 이용하여 시간에 대해 전진하며 반복적으로 풀어서 해석한다. 따라서 상당히 복잡하고 우수한 성능의 컴퓨터가 필요하다.

(4) 미세한 분석은 용이하나 난류의 확산, 반사열, 복사열 등의 전체적인 분석은 어렵다. 분할 셀 수가 많으면 많을수록 정확도는 증가하나 비용과 시간도 증가한다.

(5) 필드모델의 이점은 유체역학의 기본방정식들의 해석이 포함된다는 데 있으며, 이들 기본 방정식들은 큰 공간에서의 연기이동, 화염확산(기상과 응상 과정들과 관련), 액면화재에서 화염의 구조 그리고 구획에서의 화재의 성장 등을 포함하는 다양한 화재현상의 정확한 기술을 가능하게 하는 화염 관련 화학반응과 복사모델이 연관된다.

(6) 프로그램

    1) Fire Dynamics Simulator(FDS)

        ① 사용목적

            ㉠ 화재시뮬레이션

            ㉡ 소화설비 작동성 예측

            ㉢ 가스확산 예측

        ② 프로그램 해석절차도

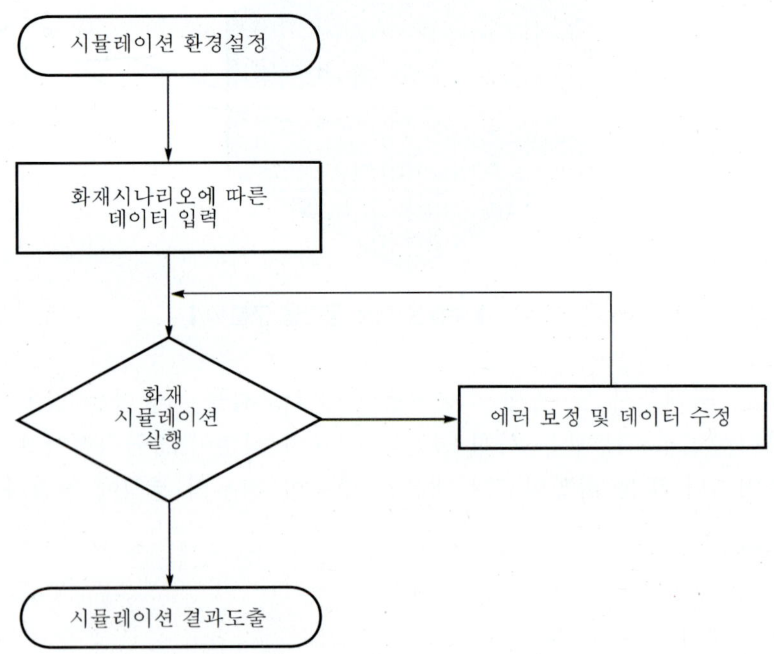

③ 개념도

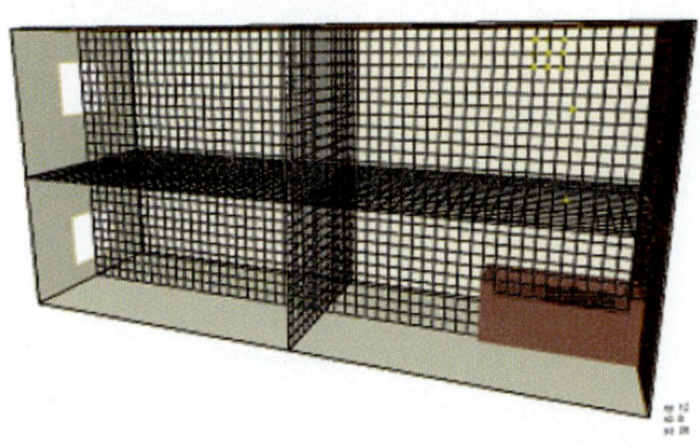

▌ 수많은 격자(셀)로 구분한 모델링 대상 ▌

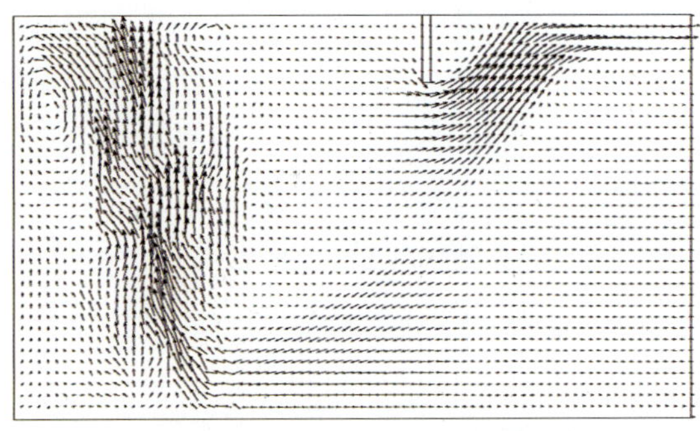

▌ 흐름벡터로 발생된 흐름을 표시 ▌

④ 내용 : 3차원 CFD 모델링은 한 공간을 수많은 미세한 격자로 분할하여 각 위치에서의 유동현상을 편미분방정식을 이용하여 해석하는 프로그램으로 복잡한 구조영역의 적용이 가능하다.

⑤ 장점

　㉠ 복잡한 형상 및 특수한 조건에 대해 적용 가능하다.

　㉡ 예측결과를 시각적으로 표현하기 쉽다. 스모크 뷰(smoke view)란 프로그램에 의해 시뮬레이션 결과를 시각적으로 볼 수 있다.

　㉢ 화재 자체를 모사하지 않고 MFCM(Mixture Fraction Combustion Model)으로 화학종의 혼합(mixture)을 모사한다. 화염전파 및 화재확산 모사(模寫)가 가능하다.

　㉣ 화재 전용 프로그램으로 신뢰성이 높다.

　㉤ 존모델의 통합에 있어서 핵심적인 의미를 갖고 있는 단순화 및 가정(계산을 빠르고 쉽게 하기 위해)을 필드모델링에서는 필요로 하지 않는다.

　㉥ FDS의 결과를 입자흐름, 크기와 흐름방향을 보여주는 흐름벡터, 온도와 같은 가스흐름 데이터 등을 2D 또는 3D 형상으로 다양하게 볼 수 있다.

　㉦ FDS의 결과는 문서파일로 저장 및 확인이 가능하다.

⑥ 단점

　㉠ 사용자의 숙련도와 격자의 질에 크게 영향을 받게 된다.

　㉡ 상대적으로 많은 시간과 돈이 소요되며 프로그램 숙련기술자를 만들기 어렵다.

　㉢ 가연물에서 물성치의 정확성이 매우 중요한데, 물성치 DB가 미비하다.

　㉣ 연료지배형 화재에 적합한 모델로 환기지배형 화재에는 부적합하다. 왜냐하면 FDS는 기본적으로 혼합비율모델(mixture fraction model)을 사용한다. 따라서, 산소농도가 충분한 연료지배형 화재에서는 실험결과와 잘 일치하지만, 산소농도가 부족한 환기지배형 화재에서는 결과가 잘 일치하지 않기 때

문이다.
ⓜ 화재의 전파가 격자의 간격에 많은 영향을 받는데, 일반적으로 간격이 조밀할수록 결과가 정확하다. 따라서 조밀하게 구성해야 하는 문제가 있다.
⑦ 적용법칙
ㄱ 질량보존의 법칙
ㄴ 에너지보존의 법칙을 해석
ㄷ 운동량 보존의 법칙 : 뉴턴(Newton)의 제2법칙($F = m \times a$)
ㄹ 나비에-스토크스(Navier-Stokes) 방정식

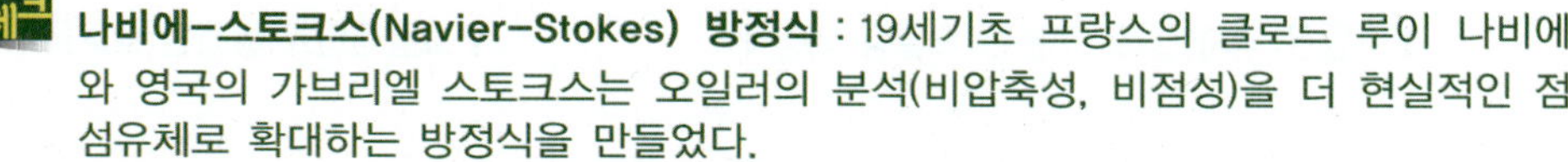 나비에-스토크스(Navier-Stokes) 방정식 : 19세기초 프랑스의 클로드 루이 나비에와 영국의 가브리엘 스토크스는 오일러의 분석(비압축성, 비점성)을 더 현실적인 점섬유체로 확대하는 방정식을 만들었다.

$$\frac{\partial u}{\partial t} + (u \circ \nabla)u = \nu \nabla^2 u - \nabla p + F$$

여기서, u : 유체의 흐름
$(u \circ \nabla)u$, $\nabla^2 u$: 벡터 미적분으로 흐름이 각 점에 따라서 어떻게 변화하는지를 나타낸다.
p : 유체의 밀도와 압력을 합쳐서 표현한 것
ν : 점성
F : 유체에 작용하는 외부의 힘
나비에-스토크스 방정식은 점성을 가진 유체의 운동을 기술하는 비선형 편미분방정식이다.

⑧ 해석 툴(tool)
ㄱ LES를 이용한 비정상 해석이 가능하다.

큰 에디 모사방법(LES ; Large Eddy Simulation) : 난류유동장 해석을 위한 수치해석적 방법으로 Navier-Stokes 방정식에 공간적인 평균화 조작을 행하고, 유동장을 격자로 해상할 수 있는 성분과 그 이하의 작은 성분으로 분리하여 전자는 직접계산하고 후자는 모델링을 하는 해석방법

ㄴ VHS모델로 화염 자체를 모사하지 않고 화재에 의해 발생하는 위험물질을 모사한다.

VHS(Volume Heat Source)모델 : 화재가 발생하는 영역을 설정하여 화재로 인해 발생하는 열, 위험물질 등을 생성항의 형태로 처리하는 방법

ㄷ 화재성장은 UDF로 모사하게 된다.

UDF(User Defined Function) : 사용자 정의함수라고 번역되고 사용자가 정한 특정한 값을 사용자에게 넘겨주는 기능이 있는 함수를 말한다.

ㄹ. 혼합비율 연소모델(MFCM)은 가연물과 산소의 결합을 통해 연소를 모사하여 화재를 표현하게 된다. 이때에도 연소화학반응을 직접 모사하지 않고 화학종의 혼합(mixture)을 해석하여 상태관계식을 이용하고 구성물의 농도를 역산하게 된다.

> **꼼꼼체크** **혼합비율 연소모델(mixture fraction combustion model)** : 가연물과 산소가 혼합되어 연소하는 모델

ㅁ. 스모크 뷰(smoke view)라는 프로그램을 통해서 모니터에 시각적(visual)인 표현이 가능하다.

2) Reynolds Averaged Navier-Stokes(RANS) Models

(7) 존모델과 필드모델의 비교

구 분	존(zone)모델	필드(field)모델
해석범위	건물을 크게 1개 또는 2개 정도의 존으로 분할	공간을 가능한 한 많은 수의 격자로 분할
해석표현	거시적 표현	상세 표현
해석내용	화재발생 시 각 Zone 안에서 발생할 현상과 화재 진행과정 중 Zone 간에 일어날 상호 작용에 관한 내용을 수식화된 모델을 이용해 기술하고 결과를 분석하는 모델	공간을 가능한 한 많은 수의 격자로 분할하여, 분할된 각각의 작은 공간의 단위에 유체운동과 에너지 등에 관련된 기초방정식 등을 적용함으로써 연소현상을 기술하고 이를 일정 기준에 따라 분류하면서 상황을 예측, 판단하는 모델
적응화재	화재확대 이후	초기화재 및 확대화재까지
해석목적	• 화재시뮬레이션(필드모델) • 소화설비 작동성 예측	• 화재시뮬레이션(필드모델) • 소화설비 작동성 예측 • 가스확산 예측
수치해법	기어법, 뉴턴법	유한요소법, 경계요소법
보존식	에너지 보존, 질량 보존	에너지 보존, 질량 보존, 운동량 보존
지배방정식	1종 상미분방정식(변수 1개)	2종 편미분방정식(변수 2개 이상)
시뮬레이션 도구	퍼스널컴퓨터, 워크스테이션	슈퍼컴퓨터
계산시간	짧다(수분~수시간).	길다(수시간~수십일).
계산요금	비교적 저렴하다.	고가이다.
모델	ASET, BRI, CFAST, FASTite, LAVENT	FLOW3D, JASMINE, FDS, RANS
사용실태	과거에 많이 사용한 모델링 기법 (2000년대 이전)	최근에 주로 사용하고 있는 모델링 기법

몬테카를로 시뮬레이션

01 개 요

(1) **정의** : 확률적 기반을 갖는 문제에 적용할 수 있는 시뮬레이션 기법이다.

(2) 일반적으로 결정론적 모델링에서는 분석적 해(analytical solution)를 찾는 것이 가능하다. 하지만 확률론적 모델링에서는 분석적인 방법으로 해를 찾는 것은 불가능한 경우가 많다. 이 경우에는 수치적(numerical)으로 일련의 난수를 반복적으로 발생해서 시뮬레이션을 하면 해를 찾을 수 있는데, 이것이 바로 몬테카를로(Monte Carlo) 시뮬레이션이다.

(3) 몬테카를로(Monte Carlo) 시뮬레이션은 임의의 수(random number or pseudo-random number)를 사용하여 다양한 계산문제를 푸는 알고리즘(algorithm)으로서 결정론적 알고리즘(deterministic algorithm)과는 반대되는 개념이다.

> **꼼꼼체크** **알고리즘(algorithm)** : 문제를 해결하기 위한 절차나 방법

(4) 알고리즘(algorithm)의 반복과 많은 수의 계산이 포함되기 때문에 몬테카를로(Monte Carlo) 시뮬레이션은 컴퓨터를 사용한 계산과 컴퓨터 시뮬레이션의 많은 기술을 사용하기에 적절한 방법이다.

02 전제조건

(1) 화염전파 및 화재성장과 화재경보에 대한 개인의 반응은 확률로 간주될 수 있는 변수이다.

(2) 모델은 주어진 시간과 장소에서 위험한 변수의 값을 예측하기 위해 사용할 수 있다. 물론 추정치는 모델에 적용된 변수의 값에 달려 있다.

(3) 변수의 정확한 값은 알려져 있지 않지만, 평균과 분산 및 분포의 형태를 추정할 수는 있다.

(4) 단, 하나의 입력변수와 하나의 출력변수만 있다는 가정에 기반을 두고 있다. 이 가정은 이제 완화되어 모든 불확실한 변수는 확률밀도로부터 무작위 표본으로 처리할 수 있다.

(5) 각 입력에 대한 불확실성은 수학적으로 표시되며 확률론적으로 개별 분포로 인한 것이기도 하다.

03 몬테카를로 절차

(1) 모든 불확실한 수량에 대한 확률분포를 모으면, 불확실성 관련 측면을 파악할 것으로 예상되는 시뮬레이션 모델을 구축할 수 있다.

(2) 시뮬레이션을 무한반복 수행한 후, 출력변수의 확률 근사값이 생성된다.

(3) 따라서 시뮬레이션이 많이 반복 수행될수록 근사값은 더 정확해진다.

01 CRISP(Computation of Risk Indices by Simulation Procedures)의 개요

(1) 화재위험 사정모델이다.

(2) 교정 조치를 위한 우선순위를 결정하고 건물 통제를 위한 새로운 지침의 유효성을 시험하기 위해 FRS에서 개발하였다.

> **꼼꼼체크** **FRS(Fire Research Station)** : FRS는 미국 FM연구소와 비슷한 영국의 연구소로 지금은 BRE(Building Research Establishment)로 통합되어 운영 중이다.

(3) 사망자의 측면에서 건물의 화재리스크를 표현하고 FED값으로 추정한다.

(4) CRISP는 몬테카를로(Monte-Carlo) 시뮬레이션이라고 알려진 프로그램 종류의 하나이다. 이것은 화재의 성장, 연기와 유독가스의 확산, 거주자의 숫자와 위치 및 행동, 감지기와 경보기, 그리고 스프링클러와 같은 소화활동시스템 등의 동작을 계산하는 데 사용한다.

02 CRISP에 사용되는 변수들

다음의 변수들이 연속적으로 상호 작용한다.

(1) 건물의 기하학적 구성과 내용물
 1) 각각의 방, 문과 창문의 위치, 계단실이나 승강기, 최종 탈출구와 같은 탈출구의 위치 등이 포함된다.
 2) 이러한 정보를 이용하여 건물 내의 모든 공간으로부터의 가능한 피난경로를 나타내는 상황도를 작성한다.

(2) 화재의 성장과 연기의 확산 : 화재의 성장은 연료의 양과 종류, 그리고 환기에 의해서 결정된다.

(3) 화재감지와 스프링클러의 작동

(4) 유독성 : 유독성은 개별적인 화재 부산물의 유독성, 그들 간의 상호 작용, 거주자가 화재 부산물과 고온에 노출되는 시간 등을 종합적으로 고려하여야 한다.

(5) 거주자의 수와 위치

(6) 사람들의 행동 형태

(7) 사람들의 반응시간

03 CRISP의 결과

(1) CRISP는 서로 다른 초기조건들(화재발생 위치 등)을 가지고 수백 번 반복해서 실시되는데 초기조건들이 무작위로 주어지므로 매번 실시할 때마다 서로 다른 화재시나리오를 나타내게 된다. 이러한 결과들을 가지고 감지기의 작동시간, 요구되는 탈출시간 등의 다양한 변수들을 찾아내고, 사망 또는 부상의 위험성을 결정하게 된다.

(2) 이 모델은 무작위적인 상태를 부여하여 수백 번 반복 실시한다. 모든 실험에 있어서 각각의 실시에 의한 결과는 불확실하다. 그러나 여러 차례 반복 실시함에 따라 이러한 불확실성은 점차 감소하게 되고 통계적 평가가 가능해진다.

불확실성(uncertainty)

01 개 요

(1) 불확실성은 "알려진 변화(량)와 알 수 없는 효과(known variations & unknown effect)"로 인해 발생한다. 불확실성은 관찰이나 계산기술의 편견이나 불완전성, 목적의 확실성 결여, 통제할 수 없는 기술적 변화, 자연현상의 다양성 등에 의해 초래된다.

(2) 연소는 가장 예측하기 어려운 자연현상 중 하나이다. 따라서 이것의 불확실성 분석은 안전계수와 안전여유 판정 시에 반드시 고려해야 하는 절차이다. 불확실성은 코드 등가성, 설계승인 또는 다른 현실적 주요 결정을 위한 화재위험성(risk) 분석의 핵심적인 의미를 갖는다.

(3) 비용을 줄이기 위해 필요한 유연성을 허용하면서도, 공공안전의 적절한 수준을 보장하고 유지하는 데 있어 핵심적인 의미를 갖고 있다.

(4) 분석변수, 가정 또는 모델입력의 변수는 출력값을 변하게 할 수 있다.

(5) 불확실성이 발생하는 데는 지식 부족, 가변성, 임의성, 불확정성, 근사, 언어적 부정확성, 오차 그리고 중대성 등을 포함하고 있다.

02 PBD의 불확실성의 발생이유

(1) 성능기준이 확정되거나 합의되어 있지 않다.

(2) 설계화재의 선택과정이 지정되어 있지 않다.

(3) 화재 시 인간 거동에 대해 전제되는 가정이다.

(4) 예상 화재모델이 적정하게 문서화되어 있지 않거나 널리 이해되지 않았다는 한계 : 이는 모델의 적정성 문제를 가지고 온다. 컴퓨터 화재모델은 화재를 직접 모델링할 수 없으며, 사용자가 선택한 입력자료(data)에 기반을 두어서만 화재영향을 예측할 수 있다.

(5) 화재모델의 출력은 불확실성을 직접 통합하지 않은 지점값이다.

(6) 설계과정은 기술자 자신의 전문분야를 넘어서 통합과 조정할 수 있어야 한다.

(7) 설비의 신뢰성을 통합하기 위해 표준화된 방법이 존재하지 않는다.

03 방화공학에서의 불확실성

(1) 과학적 불확실성
  1) 이론과 모델의 불확실성
  2) 자료와 입력의 불확실성
  3) 계산 제한
  4) 모델의 세부 수준
  5) 설계 화재시나리오의 대표성

(2) 인간 거동에서의 불확실성과 변동성

(3) 위험(Risk) 인식과 가치의 불확실성과 변동성

(4) 수명주기, 용도 및 건물 안전과 관련된 불확실성

(5) 사회적 가치의 통합 및 공정성과 관련된 불확실성 : 주요 결정에 대한 주요 이해관계자의 합의는 성능위주의 설계(PBD)의 성공에 있어 필수적이다.

(6) 설계과정의 단계에 대한 관계

04 불확실성으로 인한 분석의 어려움

(1) 문제의 강도 : 보수적인 가정과 안전계수의 선택

(2) 인식되지 않거나 무시된 불확실성

(3) 연소열과 독성 물질의 생성을 예측하는 현재 기술 수준의 정확성 부족

(4) 정량적 방법론의 부재

(5) 분석을 수행하기 위해 필요한 수학적 엄격성에 의한 비현실성

(6) 정보(data)의 부족

05 대 책

(1) 불확실성을 정량화 또는 분석
  1) 측정의 불확실성을 정량화하는 방법
  2) 의사결정변수, 가정 및 가치 변수의 불확실성을 평가하는 기법을 통한 분석

(2) 안전계수(safety factors)나 안전율을 보다 높게 적용 : 안전계수는 과거의 자료나 통계를 이용하여 적용하나, 안전계수를 적용하게 되면 과잉설비가 된다.

(3) 보수적인 설계(prudent design)를 적용한다.

(4) 여유의 설계(redundancy)를 통해서 대응능력을 향상시킨다.

건축계획과 방재계획

01 개 요

(1) 방재계획 : 우선 불이 나지 않도록 화재발생 방지(예방)의 노력을 하고, 그럼에도 불구하고 화재가 발생하면 이를 조기 발견하여 초기에 소화할 수 있도록 하며 재실자의 피난을 유도하고 확대방지를 위한 수동적, 능동적 설비를 갖추어 소방대가 소화작업을 원활하게 할 수 있는 설비를 계획하는 것이다.

(2) 소방법의 목적 : 화재의 예방, 감지통보, 초기소화, 소화활동, 방화관리 등을 실시하여 인명 및 재산을 보호한다(능동적 방화).

(3) 건축법의 목적 : 방화(내화, 방화구조) 및 피난(피난경로, 배연, 비상 E/V)의 관점에서 규제한다(수동적 방화).

02 기본원칙

(1) 원리성 : 기본원칙을 수립할 때는 안전을 고려해서 계획한다. 즉, 안전이 기본원리라는 것이다.

(2) 종합성 : 상호 이질적인 수단과 대책을 유기적으로 조합함으로써 대책 시스템으로서의 종합성을 확보하여야 한다.

(3) 신뢰성 : 장비와 시스템의 고장발생 가능성 및 관리의 필요성을 고려하여야 한다.

(4) 일상성 : 일상적으로 이용됨으로써 비상 시에도 유효하게 기능을 발휘하도록 계획한다.

(5) 가변성 : 시대의 변화, 건축물의 변화에 대응하는 것이 필요하다.

03 건축계획과 방재계획의 관계

(1) 종합방재계획의 필요성

1) 방재안전에 대한 관심이 고조되었다.

2) 삶의 질 향상으로 방재에 대한 주민 이해 향상 및 욕구 증가로 인한 효율적인 방재대책이 요구된다.

3) 방재행정의 효율성·전문성이 제고되었다.

4) 법규 중심에서 하나로 종합시스템화하여 화재안전의 과정을 검사, 분석할 수 있고, 설계단계에서 생각되는 안전달성의 계획을 유지, 관리단계에 바르게 전달하는 기능도 가지고 있기 때문이다.

(2) 방재계획의 역할

1) 비상 시 안전성 확보

2) 건축 방화규정의 요청 충족

(3) 건축물 방화대책상의 기본요건

1) 출화방지

2) 건물 내 연소확대 방지

3) 피난안전 확보

4) 주변 건축물에 가해 방지

5) 소화활동의 원활화

6) 시가지 화재 방지

(4) 건축, 방재 계획의 대응의 원칙

1) 공간적 대응

① 도피성 : 화재 시 피난할 수 있는 안전한 공간성과 구조로 피난계단, 복도, 통로, 피난안전구역 등이 있다.

② 대항성 : 건축물의 내화성능, 방배연성능, 방화구획성능, 화재방어 능력, 초기소화의 대항성 등 화재에 대응하는 대항력

③ 회피성 : 난연화, 불연화, 내장재의 제한, 방화구획의 세분화, 방화훈련, 불조심 등 화재의 발화, 확대 등을 저감시키는 예방적 조치 또는 상황

2) 설비적 대응

① 도피성 : 안전한 피난을 위한 피난유도설비

② 대항성 : 방연성능에 대한 제연설비, 방화구획 성능에 대한 방화문·방화셔터, 초기소화의 대응성에 대한 자동화재탐지설비, 스프링클러설비 등

③ 회피성 : 자동화재탐지설비, 가스경보기, 누전경보기와 같이 화재가 일어나기 전에 경보를 발하여 예방하거나 조기에 진압하는 대응방법

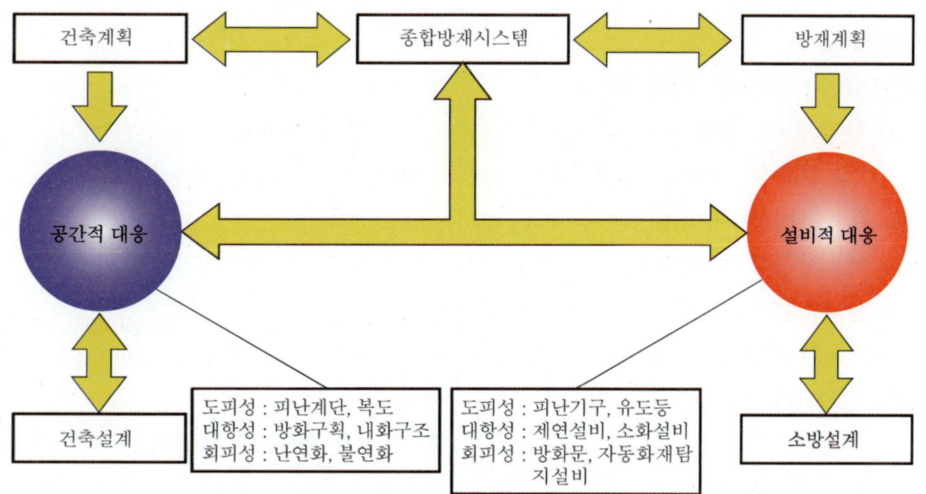

❚ 건축계획과 방재계획과의 관계도 ❚

04　고려사항

(1) 출화방지

1) 점화원 대책 : 출화위험이 높은 에너지나 물품을 이용하지 않는 방법
2) 착화물 대책 : 내장물, 가구, 침구의 불연·방염

(2) 실내 확대 방지

1) 내장물, 가구, 침구의 불연·방염
2) 전실화재에 크게 영향을 미치는 천장과 벽의 불연화
3) 소화기 등 초기소화기구 비치
4) 화재감지나 초기소화를 위한 설비인 자동화재탐지설비나 스프링클러설비의 설치

(3) 건물 내 확대 방지

1) 소화설비로 화재진압
2) 내장재 불연화와 가연물의 감량화로 급격한 연소확대 방지
3) 방화·방연 구획을 설정하여 화재확대 방지
　　① 주위 벽부분을 구성하는 내화구조의 벽과 불연재료의 벽
　　② 개구부의 방화문
　　③ 관통부의 내화 충진재
　　④ 덕트 등의 연소방지 댐퍼
　　⑤ 위층으로의 연소방지(캔틸레버, 스팬드럴)

(4) 인접건물로의 연소방지 : 연소 우려가 있는 부분

05　건축계획 작성순서

(1) 부지계획

1) 인접하는 건축물 상호 관계
　　① 연소확대 방지
　　　　㉠ 건축물 상호간의 거리를 가급적 떨어지도록 계획(인동거리)
　　　　㉡ 외벽은 내화성능
　　　　㉢ 개구부는 되도록 피하고 방화조치(철재 망입유리 또는 방화문)
　　　　㉣ 드렌처 설비, 스프링클러 설비
　　　　㉤ 캔틸레버(cantilever), 난간대(파라피트)
　　② 상호 피난의 교차를 피한다.
　　③ 피난의 관점에서는 피난교 등의 상호 연결을 통하여 수평피난의 안정성을 확보
　　　　하기 위함이다.
2) 피난확보 : 옥외로 피난한 사람들이 안전하게 도로와 광장 등에 도달할 수 있는 경

로나 안전하게 부지 내에 체류할 수 있는 공지를 확보한다.
① 화염이나 연기에 위험이 없는 안전한 공터를 확보한다.
② 인구과밀로 인한 혼란의 우려가 있다.

3) 소방대의 소화·구조 활동을 위한 공간확보
① 소방대의 진입이 가능한 도로확보
② 사다리차 등 장비운용에 필요한 공간확보
③ 소화용수의 공급, 연결송수관 등의 연결이 가능한 공간확보
④ 가장 이상적인 건물의 배치는 소방력이 모든 방향에서 건물 내부로의 진입이 가능하도록 배치하는 것

(2) 평면계획

1) 건축에서는 건축평면을 효율적으로 배치하는 것이 목적이지만 소방에서는 화재의 피해를 최소화로 한정시키기 위한 계획이다.

2) 주요 내용
① 방화구획
② 화재차단성능 : 방화벽, 방화문, 방화셔터, 방화댐퍼 등
③ 피난로 : 양방향 이상의 피난로, 보행거리, 1, 2, 3차 안전구획
④ 코어계획 : 계단, 승강로, 파이프 샤프트 등과 같은 수직통로계획
⑤ **용도구획** : 용도별로 구획

(3) 단면계획

1) 건축에서는 층을 어떻게 배치하고 활용할 것이 목적이지만 소방에서는 화재가 다른 층으로 확산되지 못하도록 한정시키는 계획

2) 주요 내용
① 수직통로구획 : 수직동선은 전용구획을 하고 방연조치를 한다.
② 피난안전구역 : 고층, 초고층 건축물의 중간층을 피난공간과 화재절연층으로 활용한다.
③ 옥상피난층 : 옥상의 안전광장을 확보한다.

(4) 입면계획

1) 건축에서는 건축물의 외관에 대한 계획이지만 소방에서는 외관과 개구부를 통화화재확대의 최소화를 위한 계획

2) 주요 내용
① 건축물의 형태 : 진입구 확보(피난, 소화 활동), 커튼월(curtain wall)의 취약성
② 건물의 외장재
③ 개구부 계획(창호 등)
④ 캔틸레버, 스펜드럴
⑤ **발코니, 옥외계단**

(5) 내장계획

1) 건축물의 용도, 규모에 따라서 방재안전의 입장에서 내장재료를 선택해야 한다. 왜냐하면 화재가 발생하고, 인명피해가 발생하는 가장 큰 이유는 건물의 내장재가 가연성 물질로 이루어졌기 때문이다. 화재가 커지는 결정적인 요인은 어떤 내장재(interior finish)를 마감에 사용했는가에 크게 의존한다.

2) **건축물 내장의 불연화, 난연화의 효과**
   ① 출화 방지
   ② 발연량의 감소
   ③ 전실화재의 지연

3) 설치 공간 및 부위에 요구되는 재료의 방화성능을 우선 이해하는 것이 필요하다. 출화위험이 높은 공간 및 피난방호가 필요한 공간을 불연화한다.

4) 특히, 천장은 전실화재(F.O)에 큰 영향을 미치기 때문에 보다 중점적인 불연화가 필요하다.

5) 기구, 집기, 커튼 등에 대해서도 주의를 기울여 불연, 난연, 방염화하여 화재의 전파와 급속한 성장 억제가 필요하다.

6) 지하층, 고층부, 무창층, 대구획실 등에 대해서는 더욱 철저한 내부 불연화가 필요하다.

7) 건축법에서는 발화, 화염확대 방지 및 피난안전의 측면에서 일정 규모 이상의 건축물에 사용되는 실내 마감재료로 불연·준불연 재료 및 난연재료를 사용하도록 의무화하고 있으며, 소방법에서는 11층 이상이나 다중이용업소 등과 같이 화재의 피해가 크게 발생할 우려가 있는 장소의 실내 장식물, 커튼, 카펫 등에 방염성능을 보유하도록 의무화하고 있다.

(6) 방재설비계획 : 소방설비(active) 및 건축방재설비(passive)의 설치계획

(7) 일반설비계획

1) **공조설비** : 설비의 방화, 방연조치 – 감지기 연동댐퍼
2) **전기설비** : 방재설비 배선, 비상조명장치
3) **급·배수설비** : 소화용수확보 대책

(8) 연소확대 방지계획

1) 면적별, 층별, 용도별 방화구획
2) 방화구획 개구부는 방화문 설치하고 방화셔터 설치는 제한
3) 방화댐퍼 설치위치 선정, 보수 관리를 위한 점검구 설치

(9) 내화건축물계획

1) 화재에 의해 건축구조체가 파괴되지 않도록 하중지지력을 강화하여야 한다.
2) 화재에 의해 부적절한 변형 및 탈락이 발생하지 않도록 계획(내화설계)하여야 한다.

3) 주요 내용

① 내화설계방법 : 설계화재시간 = 설계기준시간 × 화재하중계수

② 내화성능 : 하중지지력, 차염성, 차열성

③ 내화피복 : 강구조 골조 등을 화열로부터 일정 시간 보호

06 결 론

건축에서의 방화상 한계점을 소방설비로 극복하는 등 상호 보완적으로 방재계획을 수립
하여야 한다.

방재계획서 작성 시 주요항목

01 개 요

(1) 방재계획상 가장 중요한 것은 종합적인 방재계획을 수립하는 데 있다. 이에 관련법규를 준수하며 건축과 설비 또는 각 설비 간의 상호 관련성을 충분히 검토하여 건축물의 조건에 가장 효율적이고, 체계적인 종합계획을 수립함으로써 인명 및 재산을 보호하고자 방재계획서를 작성한다.

(2) 국내에서는 서울시 고층 건축물의 가이드라인에 의하면 「서울시 건축조례」 제6조 규정에 의한 서울특별시 건축위원회 심의를 받는 50층 이상 또는 높이(옥탑·장식탑 등 포함)가 200m 이상인 건축물에서는 방재계획서 작성을 의무화하고 있으나, 이는 외국의 사례에 비하면 극히 제한적인 대형건물에만 적용되는 문제점을 가지고 있다. 가까운 일본의 경우는 복잡한 건물이나 31m 이상의 건축물 또는 5층 이상의 여관이나 호텔에는 방재계획서를 적용하고 있다.

02 방재계획상 기본 방침

(1) 화재발생의 미연방지

1) 내부에서의 화재에 대한 예방
① 마감재의 불연화
② 위험물의 관리
③ 화기사용의 제한 및 다른 장소와의 구획
④ 가연성 가스 사용시설의 제한 및 다른 장소와의 구획
⑤ 관리 및 경비를 철저히 하고 정기적인 순찰을 강화

2) 외부로부터의 연소방지
① 주변 건물의 화재 시 복사열을 차단할 수 있는 시설을 설치한다.
② 풍향에 따른 연기 등에 의한 피해를 줄이기 위하여 인접 건물과 충분한 거리를 이격시켜 건축물을 배치한다.

(2) 화재가 발생한 경우의 처리

1) 화재의 조기 발견 및 경보
① 전 층에 화재를 감지할 수 있는 자동식 화재감지설비를 설치한다.
② 육안으로 화재를 발견했을 경우 화재발견자는 가까운 곳에 있는 수동발신기를 작동시켜 방재센터에 즉각 통보하여 피난 및 소화 활동을 원활하게 한다.

2) 피난계획 기본 원칙

① 피난경로는 간단명료(簡單明瞭)해야 한다. 피난경로가 복잡하면 피난자가 혼란한 상태에서 이를 인지하기가 곤란하기 때문이다. 또한 불특정 다수인 경우에는 건물에 대한 숙지도가 낮으므로 단순화하지 않는 경우에는 혼란에 빠질 수가 있다.

② 피난의 수단은 원시적인 방법을 따르는 것이 원칙이다. 능동적 시스템(active system)으로 전기나 기계힘에 의존하는 피난수단은 고장이나 전원차단으로 동작하지 못할 수 있다. 따라서 동력이나 힘이 들어가 있지 않는 원시적인 방법인 수동적 시스템(passive system)이 재난에서는 가장 신뢰성이 높은 수단이 되는 것이다.

③ 충분한 피난로의 유효폭이 확보되어야 한다. 피난시간의 주된 결정요소는 피난로의 유효폭이므로 통로 폭을 넓게 설계하고 통로에는 피난에 장애가 되는 시설물의 설치나 방치를 하여서는 안 된다.

④ 피난대책은 Fool proof와 Fail safe 원칙을 중시하여 인간의 행동 특성에 적합하게 수립되어야 한다.

⑤ 피난구는 항시 사용할 수 있도록 하여야 한다. 평상시 사용으로 피난구의 이용에 장애가 되는 시설이나 물품이 있어서는 안 된다.

⑥ 피난설비는 고정적인 시설을 사용하여야 한다. 가변적인 설비는 위급한 상황에 당황해서 설치가 지연되고, 잘못 설치될 우려도 있기 때문에 상시 고정된 시설을 설치하는 것이 안전관리상에서는 유리하다.

⑦ 양방향의 피난로를 상시 확보한다. 화재가 어디서 발생할지는 예측이 곤란하므로 화재 시 피난로 1개가 피난이 곤란해지면 다른 피난로를 이용할 수 있는 기회가 주어지는 양방향의 피난로를 확보하는 것이 보다 안정성을 강화시키기 때문이다.

    ㉠ 복도에서의 양방향 피난
- 복도의 말단부분에 피난계단을 연결하는 형태가 이상적이다.
- 불가피하게 복도에 막다른 공간이 생기는 경우에는 발코니와 피난용 트랩 등을 설치하는 등의 대안이 필요하다.

    ㉡ 거실에서의 양방향 피난
- 거실은 서로 가장 멀리 떨어진 위치에 2개 이상의 출입구를 설치해야 한다.
- 재해약자가 이용하는 시설에는 발코니 등 피난공간을 설치하여 거실에서 양방향 피난이 가능하도록 한다.

⑧ 피난안전구역을 설정하여야 한다. 고층 건물의 경우는 피난시간이 장시간 소요되고 병원시설은 피난할 수 있는 인원과 범위가 한정적이기 때문에 일정 시간 이상 안정성이 확보되는 대피장소를 설치하여 피난안전성을 확보하여야 한다.

(3) 방화구획과 연소확대 방지

　1) 수직적(층간 방화구획) 연소확대 방지

　　① 바닥, 벽 등의 관통부 및 개구부를 완전하게 밀폐시켜 화염전파를 방지한다.

　　② 파이프덕트, 전기덕트의 점검구는 방화문으로 하고 방화구획을 관통하는 부분에는 방화댐퍼를 설치한다.

　2) 평면적 연소확대

　　① 각 실과 통로상의 상호 구획(면적별 방화구획)

　　② 용도별 방화구획

　　③ 계단실 등은 타부분과 구획(수직관통부 구획)

　　④ 거실은 3,000m^{2}마다 구획(자동식 소화설비 설치)

(4) 연기의 확산 방지 : 계단실, 엘리베이터실 등은 방연구획하여 타층으로의 확산을 방지하여야 한다.

(5) 내화성능 확보

(6) 기타 : 방재센터의 완전한 위치 확보

03 방재계획서 기재사항(일본 건설성에서 제시한 내용)

(1) 건축물의 개요 : 위치, 높이, 용도, 구조

(2) 방재계획서 기본 방침

　1) 피난층의 위치

　2) 방화구획의 구성

　3) 안전구획의 위치와 구성

　4) 피난시설의 피난경로의 설정(기준층, 특수층에 관하여)

(3) 부지와 도로

　1) 피난층의 출입구, 부지 내 도로와 외주도로, 광장 등의 관계

　2) 소방대 진입로

(4) 방재설비

　1) 종류

　2) 배치

(5) 화재감지와 통보

　1) 자동화재탐지설비 등의 경보설비, 열·연기 감지기, 비상전화의 종류와 배치

　2) 제설비와 상호 연동방법

　3) 피난정보 전달방법(예 벨, 사이렌, 시각경보기)

(6) 피난

1) 피난시설의 배치와 구조
① 배치 : 복도, 직통계단, 피난계단, 특별피난계단, 옥상광장, 발코니, 보행거리, 출구로의 거리
② 구조 : 비상조명등, 내부 마감재, 구조(내화구조, 방화구조)

2) 피난시간 계산
① 수용인원의 예상
② 피난경보의 예상(보행거리, 복도, 개구부의 폭, 계단의 수 등)
③ 안전율의 설정
④ 허용피난시간의 예상
⑤ 피난시간 계산 : 1차 안전구획, 2차 안전구획에 각각 피난하기 위하여 필요한 피난시간(T)과 허용피난시간(T_0)과의 비교($T_0 \geq T$)

(7) 배연설비

1) 배연방법
2) 배연설비의 구조

(8) 비상용 진입구와 비상용 엘리베이터

1) 배치
2) 구조

(9) 소화설비

1) 종류
2) 배치

(10) 중앙관리실

1) 방재시설 등의 관리방법
2) 외부로부터의 진입경로

(11) 내장제한

(12) 유지 관리

1) 유지 관리의 주체
2) 유지 관리의 방법

04 방재계획상 목표

(1) 화재발생 시 소방서의 소화활동이 개시되기 전에 건물 내에 설치된 자체 소화설비로 완벽하게 조기에 소화할 수 있도록 한다.

(2) 조치사항

1) 건물의 내장재와 기계류, 배관, 덕트, 배선 등은 가능한 한 불연재료 또는 준불연 재료를 사용하고 부득이한 경우에 한하여 난연재료를 사용하여야 한다.

2) 배관, 케이블, 덕트 등의 방화구획선을 관통하는 경우에는 그 관통부에 적합한 내화충진재를 사용하여 구획하여 방화구획을 넘어서 화재가 확산되는 것을 방지하여야 한다.

3) 연기 및 화염의 전파를 방지하기 위하여 될 수 있는 한 수직개구부를 최소화로 계획하고 엘리베이터, 계단의 위치는 방재를 고려하여 결정한다. 수직관통부의 연속된 설치는 오염 시 건축물 전체로 퍼질 수 있으므로 이를 분산배치하거나 절연층의 설치를 고려하여야 한다.

4) 계단 및 피난안전구역은 거주자의 피난장소로서 최후까지 안전이 확보되도록 한다.

5) 자동화재탐지설비는 건물 내의 비화재경보 및 오보에 관한 적절한 대응책을 고려하여야 한다. 잦은 오보는 경보의 신뢰성을 저하시켜 실제 화재 시에 대응력을 크게 약화시키기 때문이다.

6) 비상방송설비는 건물 내의 어느 부분에서도 피난자가 유효하게 청취가 가능토록 설치되어야 한다.

7) 관리자의 부재 시나 인지곤란상태 또는 부적절한 대응에 대비하기 위하여 각종 방재기기는 컴퓨터에 의한 자동화 및 연동이 되어 전체적인 종합관리가 되도록 한다.

05 유지 관리상 대책

(1) 방재설비 및 방재 관련 기기는 평상시 사용하지 않는 운휴설비이므로 항상 기능을 유지하기 위해서는 평상시 관리를 철저히 하는 것이 필요하다. 따라서 소방설비의 경우는 주기적인 점검이 타설비에 비해서 더욱더 필요하다.

(2) 화재하중을 가능한 한 최소한으로 유지함으로써 화재 등 재해발생 시 화재의 크기를 줄일 수 있다. 따라서 가연물을 필요 이상으로 보관하지 않는다.

(3) 실내에 가연물을 방치하지 않는다. 방호대책을 고려하여 배치하거나 옥외의 안전한 장소에 보관하여야 한다.

(4) 경비, 순찰을 강화하여 위험요인을 조기에 감지하여 제거한다. 화재위험지역은 상시 주기적인 순찰과 관리가 필요하다.

(5) 흡연 및 화기사용을 제한하여야 한다. 안전관리자를 선임하여 책임하에 관리하도록 하고, 흡연의 경우는 제한된 공간으로 한정시켜 관리하도록 하는 것이 필요하다.

(6) 방화교육 및 훈련을 주기적으로 철저하게 시행하여 재난 시 대응력을 향상시킨다.

06 방재계획에 대한 개선방안

기존의 법규정에 따라 사양위주의 설계를 하면, 일반적으로는 상당한 수준의 안전성을 확보할 수 있다. 그러나, 건축물의 방화설계가 그와 같은 법규에 의해서 일반적으로 조합되게 된다면 여러 가지 문제가 발생할 수 있다. 단순히 개개의 법령을 만족하는 것만으로 좋다는 형태로 설계가 이루어진다면, 건축물의 용도와 위치에 따른 특성을 무시하게 되어 합리적인 계획을 세우는 데 부적합하게 되며, 이로 인하여 설계가 획일화 될 수밖에 없다는 문제점을 유발하게 된다.

따라서 개개 건축물의 방재적 특성을 고려하여 계획이 이루어지고, 화재와 피난시뮬레이션, 공학적 기법 등을 통해 검증하여 화재안전성능의 최적화를 이루기 위한 성능설계로 전환되고 있는 추세이다.

일반설비계획

01 개 요

(1) 화재 시 일반설비도 화재의 확산을 방지하기 위해 소방설비와 연계하여 관리가 가능하도록 하여 인명, 재산 피해를 최소화하는 노력이 필요하다.

(2) 그러기 위해서는 구체적인 일반설비의 운용 및 장치에 대한 능력의 기준이 필요하며 방재계획 시에 이를 고려하여야 효율적인 재난 방지대책의 수립이 가능하다.

02 공조설비

(1) 공조전용 설비 : 화재 시 정지

　1) 방화댐퍼에 의한 폐쇄

　2) **자동폐쇄장치**

　　① 감지기에 신호를 받아 기계적, 전기적 힘에 의한 폐쇄

　　　㉠ 연기감지기

　　　㉡ 열감지기 : 72℃

　　② 퓨즈의 용융에 의해 기계적 힘에 의한 폐쇄 : 저온(공칭 72℃) 사용

> **꼼꼼체크** **방화댐퍼의 표준온도** : 건축기계설비공사 표준시방서 201105000 덕트설비공사 2.4.5 방화댐퍼에 따르면 온도퓨즈는 공칭 70℃를 표준으로 하고, 주방의 배기 후드에 설치하는 경우에는 검지부의 작동온도를 30℃ 가산할 것으로 한다고 되어 있다.

(2) 제연·공조 겸용

　1) 화재초기 일정 기간 동안 제연기능이 필요하다.

　2) **자동폐쇄장치** : 퓨즈는 중온도(280℃)형을 사용한다.

　3) "제연풍량＞공조풍량"이므로 덕트 크기 및 송풍기 용량 선정 시 주의가 필요하다.

　4) 제연설비의 신뢰도가 많이 요구되는 불특정 다수가 사용하는 곳이나 지하가의 경우 가급적 제연 전용으로 설계하여야 한다. 왜냐하면 전용설비가 신뢰도가 높기 때문이다.

　5) 공조덕트는 불연성으로 설치하여야 한다.

(3) 각 층 유닛(unit)방식으로 설계하고 덕트의 방화구획 관통이 가능한 한 적게 되도록 설치하여야 한다.

(4) 관통부 틈새는 불연재료로 충전(fire stop)하여 화재확산을 방지하여야 한다.

03 전기설비

(1) 용도에 의한 내화·내열 배선의 설치

  1) 내화배선
    ① 비상전원–동력제어반
    ② 비상전원–가압송수장치
    ③ 비상용 승강기(E/V)
    ④ 방재센터의 중요 전선
    ⑤ 내열전선 사용장소

  2) 내열배선
    ① 상용전원–동력제어반
    ② 감시조작 또는 표시등 회로의 배선
    ③ 기타

(2) 분배전반과 지지철물 등에 대해서도 충분한 내화, 내열 성능을 가지도록 설치하여야 한다.

(3) 내화전용 샤프트 등 안전구획 내에 배선을 설치하여 내화성능을 가지도록 설치하여야 한다.

(4) 비상전원설비를 설치하여 단전 시나 사고 시에 대비할 수 있어야 한다.

04 급·배수 설비

(1) 충분한 수량 및 수압이 확보되어야 한다.

(2) 소화용수에 의한 피해가 우려되는 경우 적절한 배수설비를 설치하여 공급되는 물을 배수할 수 있어야 한다.

(3) 급·배수 설비의 방화구획 관통 시 충전재는 내화충전구조에 적합한 시공을 하여야 한다.

05 승강기(E/V) 설비

(1) 수손피해를 예방할 수 있도록 설치하여야 한다.

(2) 비상전원 확보 및 안전장치가 설치되어야 한다.

(3) 수직 샤프트에 대하여 철저한 방화·방연 구획이 되어야 한다.

(4) 차수판이 설치되어서 외부의 물이 승강기 설비로 들어오는 것을 방지할 수 있어야 한다.

안전관리설계의 3대 원리

01 개 요

인간-기계 시스템은 신뢰도가 낮기 때문에 시스템의 안전을 달성하기 위한 안전관리설계의 3대 원리가 있다.

(1) Fail safe : 장치가 고장이 나는 경우 어떠한 경우에도 안전하게 동작하도록 설계, 제작, 시공하는 원칙이다. 즉, 이것을 절대안전성 확보의 원칙이라고도 한다.

(2) Tamper proof : 부정하게 조작할 수 없도록 되어 있는 인터록 시스템(interlock system)이 해당된다.

(3) Fool proof : 바보라도 할 수 있는 매우 간단한 과실방지원칙이라고도 한다.

02 Fail safe

(1) 실패해도 다른 대안이 있어 안전하도록 설계하는 방법으로 대표적으로 구획화와 여분의 설계가 있다.

(2) 인간의 과오나 기계의 동작상 실패가 있어도 안전사고를 발생시키지 않도록 2중 또는 3중으로 통제를 가하거나 기계 내부에 고장이 발생할 경우 피해가 확대되지 않고 단순고장이거나 한시적으로 운영이 지속되도록 하여 안전을 확보하는 설계 개념이다.

(3) 구획화 : 화재가 발생하더라도 피해를 제한하거나 한정한다.
　1) **방화구획** : 화재확대 방지
　2) **방연구획** : 연기전파 방지

(4) 여분의 설계 : 하나의 수단이 안 될 경우 대체 수단이 있는 것으로 2중화, 3중화와 같은 계층적, 여분적 설계가 여기에 해당된다.
　1) 양방향 피난 → 피난기구
　2) 자동기동 실패 → 수동기동
　3) 상용전원 차단 → 비상전원
　4) 주펌프 → 예비펌프

(5) 구획화로 피해를 최소화하고 여분의 설계로 안전성의 신뢰도를 높이는 방재설계가 필요하다.

03   Tamper proof

(1) 부정하게 조작하여 설비의 동작을 발생하거나 발생하지 못하게 하는 것을 말한다.

(2) 소방에서는 탬퍼스위치를 설치하여 개폐밸브의 폐쇄를 못하게 하는 것이 Tamper proof에 해당된다.

04   Fool proof

(1) 화재가 발생하면 사람은 당황하거나 패닉(panic)상태에 빠져 정상적인 사고가 어려워 어리석은 행동을 하는 상태(fool)가 된다. 이러한 상태에서는 이를 방호(proof)하기 위해서 보다 쉽고, 단순하며 확실하게 표시하거나 동작할 수 있는 안전장치나 설비를 설계해야 한다. 이러한 것을 Fool proof라고 한다.

(2) **패닉(panic)의 조건**

1) 신체, 생명의 위험을 느껴야 한다. 화재 시에는 화염이나 연기와 만나게 되면 발생한다.

2) 경쟁적 관계가 되어서 관계자들 간에 다툼이 발생해야 한다.

3) 구성원 간이 이질적이어야 한다. 이질적이면 상호간의 신뢰성이 낮아서 서로 경쟁관계가 된다.

4) 지도자가 없어야 한다. 따라서 구성원 간의 다양한 의견이 충돌되어야 한다.

(3) **Fool proof에 대한 방호대책**

1) 그림이나 색체를 사용하여 안내한다. 이를 통해 신속하고 쉬운 판단이 가능해진다.

2) 피난방향으로 피난문이 열리도록 설치하여야 한다.

3) 도어 노브는 회전식이 아니라 레버식으로 설치하여야 한다. 회전식은 뒷사람에게 밀리면 작동시키기가 곤란할 수 있지만, 레버식(패닉 바)은 누르면 열려서 밀려도 문이 쉽게 개방되어 피난이 용이하기 때문이다.

4) 음성이나 동영상을 통해 작동을 안내하여야 한다. 불특정 다수인에게 유용한 정보를 제공함으로써 혼란에 빠지지 않도록 할 수 있다.

5) 정전 시 피난구를 알 수 있도록 외광이 유입되는 곳에 도어를 설치한다.

01 내화구조

(1) 정의

1) 「건축법 시행령」 제2조에서는 "화재에 견딜 수 있는 성능을 가진 구조"로 정의하고 있다.

2) 화재가 발생하였을 경우 다른 실로 화재확산을 방지하며 건축물의 붕괴를 막기 위해 내·외장 재료가 모두 불연재로 되어 있고 일정한 두께를 가지고 있어 화재의 피해를 견디는 구조로서 철근콘크리트 구조, 철골·철근콘크리트 구조 등이 이에 속한다.

3) 화재가 최성기에 도달하였을 때에도 화재하중을 지지해야 되는 구조이다. 건축물의 주요구조부는 화재 시에 작용하는 응력에 대해 적어도 설계화재시간 이상은 안전하도록 설계하는 것이 필요하다.

4) 철·콘크리트, 연화조, 기타 이와 유사한 구조로서 대통령령이 정하는 내화성능을 가진 것으로 주요구조부에 적용한다.

- **철근콘크리트 구조(reinforced concrete construction)** : 건축물을 구성하는 뼈대에 철근을 배근한 후 거푸집을 짜고 그 안에 콘크리트를 부어 넣어 각 구조부를 일체로 구성한 구조이다. 철근콘크리트 구조는 철근이 인장력을, 콘크리트는 압축력을 담당하여 강성을 가지며 콘크리트의 열전도도가 낮은 재료상 특징을 이용해서 서로의 단점을 보완하도록 결합한 구조로 내화성, 내구성, 내진성능은 뛰어나지만 자중이 크고 시공과정이 복잡하며, 공사시간이 길고 균일한 시공이 곤란한 문제를 가지고 있다.
- **철골구조(steel frame construction)** : 건축물의 주요구조부분에 각종 형강이나 강판 등을 접합하여 뼈대를 구성하는 구조로서 건물 전체의 중량이 가볍고, 재료의 강도가 커서 긴 대규모 공간이나 강성이 요구되는 대형, 고층 건축물에 적합한 구조이다. 철골구조는 공장에서 제작한 부재를 현장으로 운반하여 조립하는 건식 방법을 사용하므로 공기가 단축되고 일정한 품질의 건축물을 만들 수 있으나, 강재의 특성상 화재에 취약하고 녹이슬면 강성이 떨어지므로 피복의 문제가 중요하다.
- **철골·철근콘크리트 구조(steel framed reinforced concrete construction)** : 건축물을 구성하는 주요구조부를 강재로 구성하고, 철근과 콘크리트로 보강하여 철골구조의 단점인 내화성, 부식성을 보완한 구조이다. 따라서 내구성, 내화성, 내진성능이 뛰어나며, 최근의 초고층이나 대규모 건축물에 적합한 구조이다.

(2) 내화구조의 요구기능

1) 벽이나 슬래브와 같이 공간을 구획하여 차열과 차염이 있어야 한다.

2) 기둥이나 보로 건축구조체의 설계하중을 지지할 수 있어야 한다.

- **설계하중** : 건물이 세워지고 난 후에 건물이 견디어내어야 할 각각의 외력을 시공 전에 예측하여 건물이 안전하게 서있을 수 있도록 구조물을 설계한다. 이때에 예측한 외력을 설계하중이라 한다.

3) 화재 후 보수를 통하여 건물 재사용이 가능한 내력을 가지고 있어야 한다.

4) 화재 시 연소가 되지 않는 불연성의 재질이어야 한다. 따라서 열에 의한 변형을 최소화할 수 있어야 한다.

5) 화재로 인한 열충격과 소방주수에 대한 강도를 유지할 수 있어야 한다.

6) 화재 시에도 건축부재의 성능을 유지할 수 있어야 한다.

■ 방화와 내화의 범위 ■

(3) 목적

1) 건물 내 인명보호 및 소방활동의 확보

2) 연소확대 방지를 통한 재산보호

3) 건물의 도괴방지와 부지 주변으로의 위해방지

(4) 설치대상 : 건축물의 내화구조(「건축법 시행령」 제56조)

용 도 \ 구 분		면적(m²)				층별
		200	400	500	2,000	
공연장 · 종교집회장	관람석 또는 집회실의 바닥면적	○	–	–	–	무관
문화 및 집회시설(전시장 및 동식물원은 제외), 종교시설						
주점 및 장례시설						
다중주택, 다가구주택, 공동주택		–	○	–	–	
의원, 다중생활시설, 의료시설						
아동 관련 시설, 노인복지시설						
유스호스텔, 오피스텔, 숙박시설						
장례시설						
전시장, 동식물원		–	–	○	–	
판매시설, 운수시설						
교육연구시설의 체육관, 강당, 수련시설						
체육관, 운동장						
위락시설(주점영업 제외)						
창고시설, 위험물 저장 및 처리 시설, 자동차 관련 시설						
방송국, 전신전화국, 촬영소						
화장시설, 관광휴게시설						
공장		–	–	–	○	
3층 이상 건축물		관계없이 모두 적용				
지하층이 있는 건축물						

(5) 주요구조부

1) 바닥, 지붕, 벽, 주계단, 보, 기둥 등과 같이 건축물의 구조상 중요한 부분이다.

2) 주요구조부와 주요구조부가 아닌 것

주요구조부	주요구조부가 아닌 것
바닥(slab)	최하층부 바닥
지붕(truss)	차양
내력벽(bearing wall)	비내력벽
주계단	옥외계단
보(girder)	작은 보(beam)
기둥(column)	사잇기둥

(6) 설치 제외

1) 주요구조부가 불연재료로 된 2층 이상의 공장

2) 내화구조 적용 제외 공장 : 화재의 위험이 적은 공장으로서 국토교통부령이 정하는 공장
   ① 생수 제조업
   ② 얼음 제조업
   ③ 과일, 채소 주스 제조업
   ④ 알코올음료 제조업
   ⑤ 제철 제강업
   ⑥ 합금철제 제조업
   ⑦ 타일 및 유사 비내화 요업제품 제조업
   ⑧ 기타 내화요업 제조업

02 국내의 내화구조 설계방법

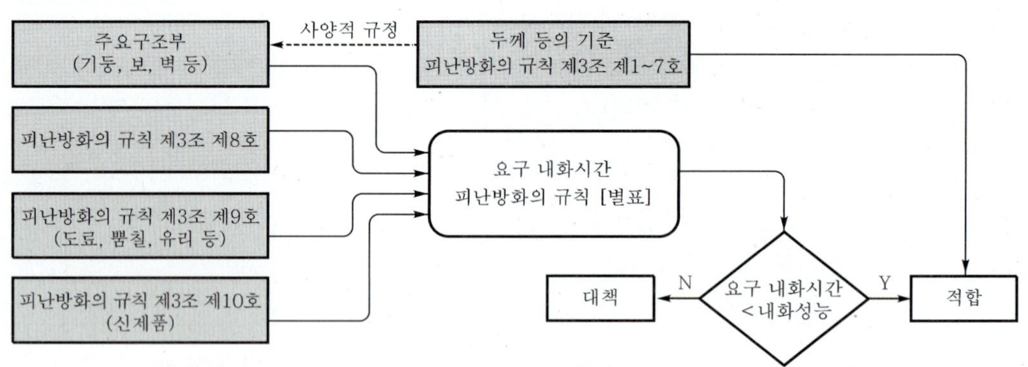

❙ 국내의 내화설계방법 ❙

(1) 법정내화구조(내화구조 두께기준(구조기준)) : 사양적 규정(prescriptive regulation)

1) 「건축물의 피난·방화구조 등의 기준에 관한 규칙」 제3조(내화구조)에서 법으로 정한 기준에 적합한 내화구조를 말한다.

❘ 내화구조의 기준 ❘

구 분			재 질	기준두께
벽	그 외		철골·철근콘크리트조	10cm
				경* 7cm
			벽돌조	19cm
		철골조의 골구 양면	철망모르타르로 덮는 경우	4cm
				경* 3cm
			콘크리트 블록·벽돌·석재로 덮는 경우	5cm
				경* 4cm
			철재로 보강된 콘크리트 블록조·벽돌조·석조	5cm
				경* 4cm
			고온·고압 증기가 양생된 경량기포콘크리트 패널 또는 경량기포콘크리트 블록조	10cm
	외벽 중 비내력벽		무근콘크리트조·콘크리트 블록조·벽돌조·석조	7cm
기둥 (작은 지름이 25cm 이상 인 것)			철골·철근콘크리트조	두께 무관 (25cm)
		철골	철망모르타르로 덮는 경우	6cm
				철경* 5cm
			콘크리트 블록·벽돌·석재로 덮는 경우	7cm
			콘크리트로 덮는 경우	5cm
보			철골·철근콘크리트조	두께 무관
		철골	철망모르타르로 덮는 경우	6cm
				철경* 5cm
			콘크리트로 덮는 경우	5cm
	철골조의 지붕틀로서 바로 아래에 반자가 없거나 불연재료로 된 반자가 있는 경우			두께 무관
바닥			철골·철근콘크리트조	10cm
	철재로 보강된 콘크리트 블록조·벽돌조·석조로서 철재를 덮은 콘크리트 블록의 두께			5cm
	철재의 양면을 철망모르타르 또는 콘크리트로 덮는 경우			5cm
지붕			철골·철근콘크리트조	두께는 무관하고 재질만 상관관계
			철재로 보강된 콘크리트 블록조·벽돌조·석조	
			유리블록, 망입유리로 된 경우	
계단			철골·철근콘크리트조	두께 무관
			무근콘크리트조·콘크리트 블록조·벽돌조·석조	
			철재로 보강된 콘크리트 블록조·벽돌조·석조	
			철골조	
기타			국토교통부장관이 정하는 것으로, 국토교통부장관이 적합하다고 인정한 것	
			한국건설기술연구원장이 실시하는 품질시험에서 성능이 확인된 것	

[비고]
1. 경* : 경량골재 사용 시
2. 철경* : 철골에 경량골재를 사용한 경우

 상기 표의 두께 이상으로 피복을 해야 한다. 여기서 두께는 가장 얇은 부분의 두께이며, 이때 마감재로 사용되는 보호몰탈의 두께는 포함되지 않는다.

▌ 법정내화구조의 주요내용 ▐

구 분	철근, 콘크리트	철골조		벽돌조, 석조, 콘크리트 블록조
내화구조 벽	10cm	철망모르타르	양쪽으로 4cm	19cm 이상
		벽돌, 석재	양쪽으로 5cm	
기둥	25cm	철망모르타르	양쪽으로 6cm	인정 안함
		벽돌, 석재	양쪽으로 7cm	
바닥	10cm	인정 안함		인정 안함

2) 기준이 확정되어 설계나 시공이 용이하다.

3) 건축물의 특성을 반영하기 어렵고 과설계나 부족설계가 될 수 있다.

(2) 산업표준화법에 따른 한국산업표준으로 내화성능이 인정된 인정내화구조 : 성능규정 (performance-based regulation)

1) 구조부재의 내화설계와 관련된 한국산업표준

① 내화시험방법(KS F 2257-1, 4, 5, 6, 7)

㉠ 내화시험방법은 벽, 바닥, 보, 기둥의 시험에 관한 내용으로 ISO 834에 근거를 두고 있다.

㉡ 화재실험은 KS F 2257을 기준으로 하여 내화한계온도를 538℃로 설정하고, 사용하중을 재하 또는 비재하로 시험한다. 이중에서 보나 기둥과 같이 건축물의 내력을 받는 부재는 비재하로 시험을 한다.

② 피복두께 산정방법(KS F 2848)

㉠ 피복두께 산정방법은 BS 5950-8을 기본으로 삼고 있다.

㉡ KS F 2848은 강재의 단면형상계수에 따른 내화피복두께의 산정방법에 대하여 규정한 것으로, 「내화구조의 인정 및 관리기준」의 [별표] 「내화구조의 성능기준」(국토교통부고시 제2014-200호)에서 제시하는 획일적인 피복두께를 적용하는 것에서 벗어나, 표준화재 조건에서 건축물의 형태·규모, 강재의 크기·형태, 내화피복재료의 종류에 따른 적정 내화피복두께의 실험·계산에 의한 성능적 내화설계법 개념의 적용방법이다.

㉢ 강재 단면형상계수를 이용하여 피복두께를 산정한다.

- 강재의 단면형상계수(section factor) $= \dfrac{H_p(\text{구조부재의 가열주장})}{A(\text{철골의 단면적})}$

- 단면형상계수는 철골구조의 화재 시 강재온도 상승을 규정하는 주요인의 하나로, 부재의 가열주장(週長)(H_p)을 철골의 단면적(A)으로 나눈 값이다.

- 철골부재의 경우 주장이 클수록 더 많은 열을 받게 되고, 단면적이 클수록 열용량이 커진다. 그러므로 두껍고(A가 크고), 작은(H_p가 작은) 부재가 얇고(A가 작고), 큰(H_p가 큰) 부재보다 서서히 가열되게 된다.

- 따라서 주장과 단면적의 비율(H_p/A)인 단면형상계수는 화재 시 가열속도를 판단할 수 있는 기준이 되며, 이 값이 클수록 부재의 가열속도가 빨라져 피복두께를 크게 해야 하는 것이다.

- H_p는 내화피복을 하고자 하는 철골부재의 노출면 주장이고, A는 부재의 전 단면적이다. 따라서 H_p/A값은 철골의 형상뿐만 아니라 시공방법, 내화피복방법에 따라 값이 달라진다.

- $$FR = \frac{k_0 + k_1 \cdot t \cdot A}{H_p + k_2 \cdot t}$$

  여기서, FR : 내화성능시간(hr)

  $\quad\quad$ t : 피복두께

  $\quad\quad$ k_0, k_1, k_2 : 부재 및 피복 재료로부터 결정되는 상수

- 내화성능시간이 결정되었을 때, 피복두께(t)를 계산할 수 있다.

2) 표준시간-온도곡선에 의한 내화설계

① 내화성능

　　㉠ 표준시간-온도곡선에 기초한다.

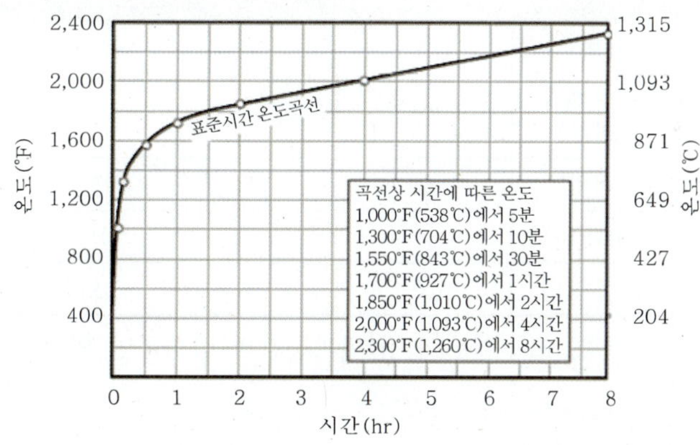

‖ 표준시간-온도곡선[22] ‖

- 실물 크기의 모형 화재실험을 여러 번 행하여 얻은 온도 측정결과를 기초로 경과시간과 온도변화와의 관계를 나타낸 곡선으로서 건물재료의 화재에 대한 내력을 알기 위하여 가열시험용으로 표준화한 것을 표준시간온도곡선이라고 한다. 따라서 표준시간-온도곡선상의 한 점은 예상화재의 온도를 나타낸다.

---

22) FPH 18 Confining Fires CHAPTER 1 Confinement of Fire in Buildings 18-4 FIGURE 18.1.1 Standard Temperature-Time Curve

- ISO 기준 : $T - T_0 = 345 \log(8t + 1)$

   여기서, T : 화재 시 실내온도(℃)

   T_0 : 화재 전 실내온도(℃)

   t : 화재경과시간(min)

ⓛ 가열된 구조부재 내부의 온도분포산정

   - 구조부재의 단면형상
   - 열 특성
   - 표면의 열전달 특성

ⓒ 구조부재의 구속력, 열응력 및 내력의 시간적 변동 산정

   - 구조재료의 기계적 특성
   - 하중상태

② 내화요구시간 : 건축법규에 의한 내화요구시간 동안 다음과 같은 성능이 있어야 한다.

   ㉠ 하중지지력 : 구조부재가 일정 기간 동안 열에 의한 강도 유지능력
   ㉡ 차열성 : 구조부재가 이면에 열을 차단하는 능력
   ㉢ 차염성 : 구조부재가 이면에 화염을 차단하는 능력

▌ 부재별 내화요구성능 ▌

구 분	하중지지력	차염성	차열성	차연성	온도
수직구획(벽)	O	O	O	X	X
수평구획부재 (지붕, 슬래브)	O	O	O	X	X
기둥, 보(재하)	O	O	O	X	X
기둥, 보(비재하)	X	X	X	X	O
방화문, 방화셔터	X	O	△	O	X

[비고] O : 인정, △ : 일부 인정(대피공간의 방화문만 인정), × : 인정하지 않음

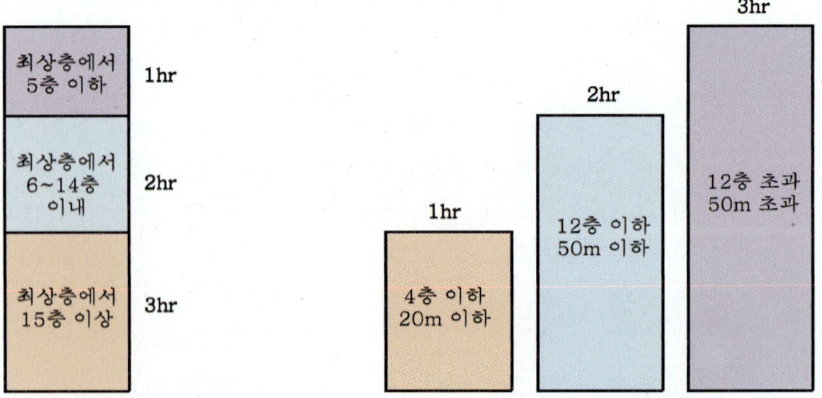

▌ 과거의 내화구조 성능기준 ▌　　　　▌ 현재의 내화구조 성능기준 ▌

▮ 층별·용도별 내화요구시간 ▮

용도	구성부재		벽						보·기둥	바닥	지붕
			외벽			내벽					
			내력벽	비내력		내력벽	비내력				
용도구분	용도 규모 층수／최고높이 (m)			연소 우려가 있는 부분	연소 우려가 없는 부분		칸막이벽	샤프트실 구획벽			
일반시설	12/50	초과	3	1	$\frac{1}{2}$	3	2	2	3	2	1
		이하	2	1	$\frac{1}{2}$	2	1.5	1.5	2	2	$\frac{1}{2}$
	4/20 이하		1	1	$\frac{1}{2}$	1	1	1	1	1	$\frac{1}{2}$
주거시설	12/50	초과	2	1	$\frac{1}{2}$	2	2	2	3	2	1
		이하	2	1	$\frac{1}{2}$	2	1	1	2	2	$\frac{1}{2}$
	4/20 이하		1	1	$\frac{1}{2}$	1	1	1	1	1	$\frac{1}{2}$
산업시설	12/50	초과	2	$1\frac{1}{2}$	$\frac{1}{2}$	2	1.5	1.5	3	2	1
		이하	2	1	$\frac{1}{2}$	2	1	1	2	2	$\frac{1}{2}$
	4/20 이하		1	1	$\frac{1}{2}$	1	1	1	1	1	$\frac{1}{2}$

③ 층별·용도별 내화요구시간＜표준시간－온도곡선에 의한 내화성능 : 내화성능 인정

④ 표준시간－온도곡선에 의한 내화설계의 특징

    ㉠ 건축물의 용도, 구조, 층수에 따라서 제한을 두었지만 위험용도, 거주자, 가연물의 양 등은 무시되었다.

    ㉡ 명시된 사양이 확정되었다.

    ㉢ 건물의 실제 화재가혹도이나 공간조건 등을 고려할 수 없다.

    ㉣ 설계기준이 단순하고 확실하다.

    ㉤ 비경제적 또는 과설계 또는 부족한 설계(over or under design) 요인을 내포하고 있다.

(3) 한국건설기술연구원장에 의한 인정내화구조 : 성능규정(performance-based regulation)

  1) 한국건설기술연구원장이 인정한 내화구조(① + ②)

    ① 생산공장의 품질관리상태를 확인한 결과 국토교통부장관이 정하여 고시하는 기준에 적합할 것

    ② 위 ①에 따라 적합성이 인정된 제품에 대하여 품질시험을 실시한 결과 [별표 1]에 따른 성능기준에 적합할 것

 상기 [별표 1]은 삭제되었다. 〈2010.05.31〉 결국 산업표준화법에 있는 품질기준에 적합하게 시험하라는 뜻이다.

2) 한국건설기술연구원장이 자문위원회의 심의를 거친 기준을 성능을 확인하기 위한 기준으로 정한 것

3) 한국건설기술연구원장이 국토교통부장관으로부터 승인받은 기준에 적합한 것으로 인정한 내화구조

　① 한국건설기술연구원장이 인정한 내화구조 표준으로 된 것

　② 한국건설기술연구원장이 인정한 성능설계에 따라 내화구조의 성능을 검증할 수 있는 구조로 된 것

4) 인정받은 내화구조의 유효기간은 인정 또는 연장받은 날로부터 3년을 원칙으로 한다. 최초 발급된 시험성적서와 같은 구성 및 재질로서 연장되는 시험성적서의 유효기간은 5년으로 한다.

5) 시험체와 같은 구성 및 재질로서 크기가 작은 것일 경우에는 이미 발급된 성적서로 그 성능을 갈음할 수 있다.

6) 한국건설기술연구원장은 신청된 구조의 품질시험을 실시하되, 품질시험방법은 「산업표준화법」에 따른 한국산업표준이 정하는 바에 따라 품질시험을 실시하여야 한다. 다만, 품질시험방법이 별도로 정하여 있지 않은 경우에는 원장이 정하는 기준에 따른다. 즉, 위 (2)의 한국산업표준에 의한 인정내화구조와 동일한 내용이다.

(4) 실제 화재에 의한 설계(PBD) : 성능규정(performance-based regulation)

1) 개요

　① 건축물의 형태와 특성, 실내 가연물의 종류와 양, 화재실 및 개구부의 규모 등을 고려하여 설계자나 건축주가 건축물의 내화성능시간을 설정한다.

　② 내화성능시간에 적합한 부재를 선택하기 위하여 재료의 열적 특성, 열확산율, 구조재료의 물리적·기계적 성질 등을 평가하여 그에 대응하는 설계를 하는 방식이다.

　③ 즉, 화재저항이 화재가혹도보다 커서 일정 시간 동안 건축물 본래의 기능을 유지하도록 설계하여야 한다.

2) 절차

　① 내화성능 목표수준 및 목적 설정

　　㉠ 연소확대 방지 : 차염성, 차열성 확보

　　㉡ 피난안전 확보 : 피난시뮬레이션을 통해 얻은 피난시간에 안전계수를 곱해 피난시간을 구한다. 피난시간(RSET)은 위험해지는 데 걸리는 시간(ASET)보다 작아야 한다.

　　㉢ 하중지지력 유지 : 피난자가 안전하게 피난할 동안 건물을 그대로 지지하고 있는 하중지지력이 유지되어야 한다.

② 설계 화재성상 예측(design fire curve)

   ㉠ 가장 격렬한 전실화재 이후의 최성기 화재를 대상으로 한다.

   ㉡ 구획 내의 최성기 화재 형태는 다음 요소들의 영향을 받는다.

- 화재하중 및 가연물의 배치
- 개구부 크기 및 형상
- 화재구획의 크기 및 형태

   ㉢ 곡선이 구해지면 그 곡선상의 어느 시점까지 내화성능을 확보해야 하는지가 정해진다.

③ 부재의 온도 예측(발생한 열의 전달)

④ 역학성상 예측(열의 응력)

⑤ 내화성능 평가 : 설계화재성상(시간) < 건축물 요구내화성능

   ㉠ 피난안전 확보

   ㉡ 연소확대 방지

   ㉢ 하중지지력 유지

⑥ 구조부재의 내화성능은 고온 시의 강도저하 성상과 존재응력도(설계하중에 의한 응력도와 화재 시의 열응력)의 값에 의해 결정된다.

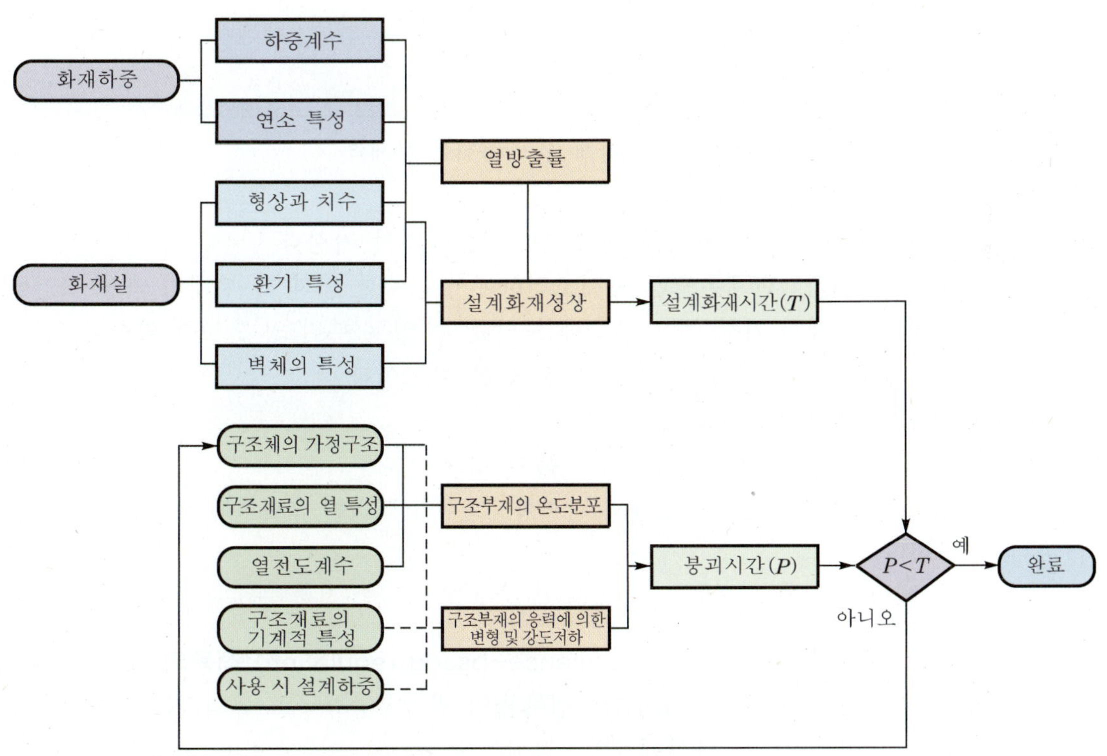

❚ 성능위주의 내화설계 절차도 ❚

(5) 한계상태 내화설계법(KB C 2005)

1) **강구조물의 내화설계방법** : 강구조설계기준–하중저항계수설계법(국토교통부공고 제2009–942호)

2) 하중조건 분석(설계하중)

① $t_f = \dfrac{L \times A_f}{R}$

여기서, t_f : 화재계속시간(hr), L : 화재하중($\mathrm{kg/m^2}$)

A_f : 바닥면적($\mathrm{m^2}$), R : 연소속도(kg/hr)

② $R[\mathrm{kg/hr}] = 330 \times \sum (A_{wi}\sqrt{h_i})$

여기서, A_{wi} : 개구부의 면적($\mathrm{m^2}$), h_i : 개구부의 높이(m)

3) **설계온도의 결정** : 설계온도란 내화시험에 따른 시험에서 특정한 내화시간 동안 도달할 수 있는 가장 취약한 부위의 온도를 말한다. 즉 가열되서 가장 높이 도달할 수 있는 온도이다.

4) 하중비>1 또는 하중비<1

① **하중비(load ratio)** : 화재하중에 의해 발생하는 축력, 모멘트, 전단력과 같은 부재력(설계력)을 상온에서의 공칭강도로 나눈 값이다.

② 한계온도의 결정은 하중비에 따라서 결정된다.

$$r_{\mathrm{load}} = \frac{Q_f}{R}$$

여기서, r_{load} : 하중비, Q_f : 화재 시 작용하는 부재력

R : 상온에서의 공칭강도

③ 하중비가 낮을수록 화재에 견딜 수 있는 능력이 커진다.

5) **한계온도의 결정** : 한계온도란 화재조건하에서 건축물 붕괴 시 부재의 가장 취약한 부위(화재조건에서 가장 높은 온도에 도달할 수 있는 부위)의 온도를 말한다. 건축물의 구조내력으로 버틸 수 있는 가장 높은 온도이다.

6) 한계온도와 설계온도의 비교

① 설계온도 < 한계온도 : 별도의 피복이 필요 없다.

② 설계온도 > 한계온도 : 강재의 단면형상계수법에 의한 내화피복두께의 산정이 필요하다.

7) **화재한계상태 설계** : Q_f(화재상태의 하중효과) $\leq R_f$(화재상태의 저항능력)

(6) 국내의 성능위주 내화설계법(performance–based regulation) 적용의 법적 근거 :

2006년 국토교통부령 제523호부터 「건축물의 피난·방화구조 등의 기준에 관한 규칙」 제3조(내화구조) 9. 나항에 "한국건설기술연구원장이 인정한 성능설계에 따라 내화구조의 성능을 검증할 수 있는 구조로 된 것"도 내화구조로 인정함으로써 성능위주의 설계법에 의한 내화설계가 가능한 법적 기준이 마련되었다.

(7) 사양적 내화구조기준과 성능적 내화구조기준의 비교

구 분	내화설계	내화설계법	
		사양적 내화구조기준	성능적 내화구조기준
기존법규 적용유무	설계 화재시간(P)	시행령 제56조(건축물의 내화구조 대상) 고시 제2005-112호(표)	설계화재시간을 예측, 계산
	부재내화 성능시간(T)	규칙 제3조의 제1~7호(두께)	• 부재 내화성능시간을 예측, 계산 (규칙 제3조 제8호) • 법정내화구조 선택 여부를 결정
적용대상		중소규모의 일상적인 형태의 건축물	대형 건축물 또는 건축물이 복잡하고 신공법, 신기술이 적용된 경우
장점		설계가 용이하고 단순하다.	• 개개의 건축물 특성을 반영하며 최적 설계를 한다. • 신공법, 신기술 도입이 용이하다.
단점		• 신공법, 신기술 도입이 곤란하다. • 비경제적인 설계이다. • 사용용도, 수용품, 공간조건에 따른 적정 위험도 설정이 곤란하다.	• 설계과정이 복잡하다. • 높은 설계기술을 요구한다.

03 NFPA 5000의 내화성능기준

(1) Type Ⅰ구조에서 Type Ⅴ구조까지의 내화성능(시간)[23]

구 분		Type Ⅰ		Type Ⅱ			Type Ⅲ		Type Ⅳ	Type Ⅴ	
		443	332	222	111	000	211	200	2HH	111	000
내력 외벽	2층 이상 바닥, 기둥 또는 다른 내력벽 지지	4	3	2	1	0	2	2	2	1	0
	1개 층 바닥만 지지	4	3	2	1	0	2	2	2	1	0
	지붕만 지지	4	3	1	1	0	2	2	2	1	0
내부 내력벽	2층 이상 바닥, 기둥 또는 다른 내력벽 지지	4	3	2	1	0	1	0	2	1	0
	1개 층 바닥만 지지	3	2	2	1	0	1	0	1	1	0
	지붕만 지지	3	2	1	1	0	1	0	1	1	0
기둥	2층 이상 바닥, 기둥 또는 다른 내력벽 지지	4	3	2	1	0	1	0	H	1	0
	1개 층 바닥만 지지	3	2	2	1	0	1	0	H	1	0
	지붕만 지지	3	2	1	1	0	1	0	H	1	0

---

23) Table 7.2.1.1 Fire Resistance Ratings for Type I Through Type V Construction (hr). 5000-87page. NFPA 5000 Building Construction and Safety Code 2009 Edition

117

구 분		Type Ⅰ		Type Ⅱ			Type Ⅲ		Type Ⅳ	Type Ⅴ	
		443	332	222	111	000	211	200	2HH	111	000
빔, 거더, 트러스 및 아치	2층 이상 바닥, 기둥 또는 다른 내력벽 지지	4	3	2	1	0	1	0	H	1	0
	1개 층 바닥만 지지	3	2	2	1	0	1	0	H	1	0
	지붕만 지지	3	2	1	1	0	1	0	H	1	0
바닥구조		3	2	2	1	0	1	0	H	1	0
지붕구조		2	1½	1	1	0	1	0	H	1	0
비내력 외벽		0	0	0	0	0	0	0	0	0	0

[비고]

1. Type 밑의 숫자 443의 첫번째 숫자는 외벽, 두 번째 숫자는 내벽, 기둥, 보, 세 번째 숫자는 바닥을 나타낸다.
2. Ⅰ, Ⅱ는 철근콘크리트 or 철골콘크리트, Ⅲ은 Ⅰ, Ⅱ + 가연성 재료가 포함된 경우, Ⅳ는 목조, Ⅴ는 기타 건축자재, H는 중목재 부재를 가리킨다.

(2) 각 타입별 부재의 내화시간이 상기와 같이 나타나 있어 이들의 조합으로 구조기준에 의한 내화설계가 가능하다.

(3) 비내력 방화벽

1) **구조적 보존성** : 비내력 방화벽과 그 지지부분은 어느 쪽에서든지 벽면에 직각으로 작용하는 최소 균일압력 0.24kPa(0.035psi)를 지탱할 수 있어야 한다. 이는 화재 중에 건물의 수용품이 비내력 방화벽에 충격을 가할지라도 붕괴나 파괴되지 않고 구조적 보전성이 유지되도록 하는 데 목적이 있다.

2) **연속성** : 비내력 방화벽이 다른 비내력 방화벽, 외벽, 바닥 및 상층 바닥 또는 천장과 연결되는 연속성을 가져야 하고 비내력 방화벽의 모든 개구부를 완전히 밀폐하여야 한다. 이러한 연속성에 의하여 방화 또는 방연 구획화가 형성된다.

3) 내화요구시간
   ① 2시간 내화성능
   ② 1시간 내화성능
   ③ $\frac{1}{2}$ 시간 내화성능

04 방화구조

(1) 정의

1) 화염의 확산을 막을 수 있는 성능을 가진 구조로서 국토교통부령으로 정하는 기준에 적합한 구조이다.
2) 불을 막아내는 구조이다.

3) 화재로부터 연소확대를 방지할 수 있는 구조로 주로 목구조 건축물이 이에 속하여 건물 외벽이나 처마 등을 철망몰탈 등의 불연재료로 피복한 구조이다.

(2) 방화구조의 요구 기능 : 화염의 확산을 방지할 수 있어야 한다. 따라서 화염에 연소되지 않는 불연재 또는 준불연재이고 화염이 통과하지 못하는 구조이면 된다.

(3) 소화 후 재사용까지는 고려하지 않는다.

(4) 방화구조의 의미 : 화재성장기의 화재저항을 의미한다.

(5) 방화구조의 기준

구 분	기준두께
철망모르타르 바르기	바름두께가 2cm 이상
심벽에 흙으로 맞벽치기한 것	두께 무관
석고판 위에 시멘트모르타르 또는 회반죽을 바른 것	두께의 합계가 2.5cm 이상
시멘트모르타르 위에 타일을 붙인 것	두께의 합계가 2.5cm 이상

[비고] 「산업표준화법」에 따른 한국산업표준이 정하는 바에 따라 시험한 결과 방화 2급 이상에 해당하는 것

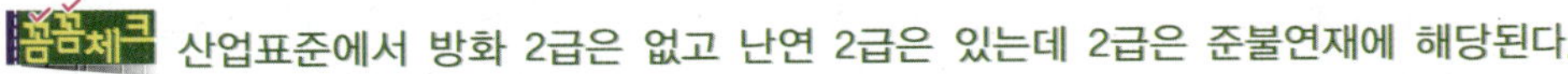

산업표준에서 방화 2급은 없고 난연 2급은 있는데 2급은 준불연재에 해당된다.

(6) 방화구조 대상건축물 : 연면적 $1{,}000\text{m}^2$ 이상인 목조건축물은 그 외벽 및 처마 밑의 연소할 우려가 있는 부분을 방화구조로 하고, 그 지붕은 불연재료로 한다.

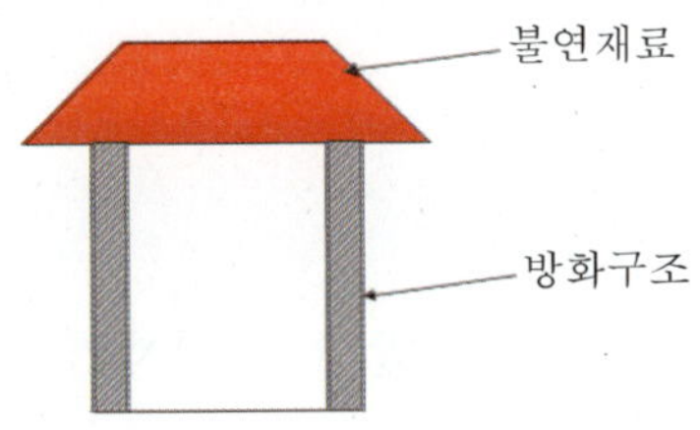

05 내화구조와 방화구조의 차이점

(1) 내화구조나 방화구조 모두 화재범위를 일정 기간, 일정 범위하에 한정시키는 데 유효하며 그 중 내화구조는 건축물의 주요구조부에 적용하는 것으로 화재에 견디어 건물의 붕괴 등의 위험에 대비토록 일정 시간 동안 건물의 강도성능을 가질 수 있도록 한 것이고, 방화구조는 일정 시간 동안 일정 구획에서 화재를 한정시키는 구조(차연성능과 방화성능만 가지면 됨)를 말한다.

(2) 즉, 방화구조는 화재성장 시 화염과 연기 등을 차단한다는 개념이고, 내화구조는 화재 최성기 시 화염에 견딘다는 개념이다. 따라서 방화구조는 내화구조보다 방화성능이 적다.

(3) 내화구조와 방화구조 비교

구 분	방화구조	내화구조
목적	화재확산 방지	• 화재확산 방지 • 건물구조 안정성 확보
기능	화재를 일정 구획에 한정 (차연성, 차염성)	일정 시간 동안 건물의 강도성능 유지 및 화재한정(하중지지력, 차염성, 차열성)
재사용	화재 후 재사용 불가	화재 후 재사용 가능
적용대상	벽, 천장 등의 구획부재	건물의 주요구조부로 하중지지 부재를 포 함한다.
사용시기	화재성장 시 화염과 연기 등을 차 단한다.	화재 최성기 시 화염에 견딘다.

(4) NFPA에서의 방화성능과 내화성능

1) 방화성능(rating, fire protection) : 화재시험에서 방화문 부재 및 방화창문 부재를 화염에 노출시켰을 때, 각각 NFPA 252, Standard Methods of Fire Tests of Door Assemblies와 NFPA 257, Standard on Fire Test for Window and Glass Block Assemblies의 모든 허용기준을 충족시키는 것을 지칭한다.

2) 내화성능(fire resistance rating) : 재료 또는 그 재료의 부재가 NFPA 251, Standard Methods of Fire Endurance of Building Construction and Materials의 시험절차에 따라 확립된 것과 같은 화재노출을 견디어 내는 분 또는 시간 단위의 시간에 따라서 정해지는 등급이다.

06 결 론

(1) 구조부재의 내화성능은 보통 화재발생 시 부재가 열에 대하여 견디는 내력기능과 방화구획기능을 동시에 만족해야 한다.

(2) 내화설계는 설계화재시간을 어떻게 정하여 이 시간 동안 구조부재의 안정성을 어느 정도로 확보하느냐가 중요하다.

(3) 건축물의 형태와 특성 및 실내 가연물의 종류와 양, 화재실 규모 등을 고려하여 건축물의 내화성능시간을 설정하고 내화성능시간에 적합한 부재를 선택하기 위하여 재료의 열 특성, 열전도도, 구조재료의 기계적 성질 등을 평가하여 적용하는 설계기법이 내화설계이다.

(4) 방화구조는 일정 시간 동안 연소의 확대를 방지하기 위해 불연재로 화염과 열을 차단하는 구조이고, 내화구조는 방화구조에다 화재에 견디는 능력을 더한 구조를 말한다.

(5) 건축물의 화재안전성을 건축법규인 사양적 기준에만 따르기에는 현재의 건축물은 너무나 복잡화, 대규모화가 되고 있다.

(6) 그러므로 실제 화재성상을 예측하여 이에 따른 구조체의 열적, 역학적 성상을 예측하고 평가기준에 따라 내화성능평가를 실시하는 내화설계방법의 도입이 필요하다. 그러나 법체계는 정비되었으나 성능위주의 내화설계를 수행할 전문인력과 국내 건설자재 및 용도별 건축물의 특성에 대한 데이터베이스의 부족 등으로 인해 즉각적인 시행에는 많은 어려움이 있다. 따라서 화재분야에 대한 인력양성 및 다양한 연구와 국가 차원의 데이터베이스 구축 등과 같은 다각적인 노력이 요구된다.

내화시험방법

01 가열시험 : 표준시간-온도곡선에 의하여 가열

(1) 표준시간-온도곡선(standard time-temperature curve) : 건축물의 구조부재는 가열로에서 표준시간-온도곡선으로 알려진 시간-온도곡선의 화재가혹도(fire severity)에 맞추어 화재에 노출시켜 평가한다.

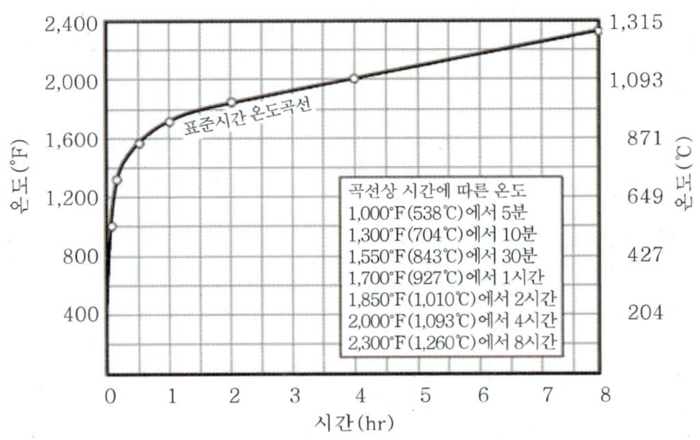

❚ 표준시간-온도곡선[24] ❚

(2) 표준시간-온도곡선 수식

$$T = T_0 + 345 \cdot \log(8t + 1)$$

여기서, T : 표준시간-온도곡선, T_0 : 최초의 온도, f : 시간(hr)

❚ 국가별 시간에 따른 가열온도 ❚

구 분	KS, ISO	JIS	ASTM	BS
30분	841℃	840℃	843℃	841℃
1시간	945℃	925℃	927℃	945℃
2시간	1,049℃	1,010℃	1,010℃	1,049℃
3시간	1,110℃	1,050℃	1,052℃	1,110℃
4시간	1,153℃	1,095℃	1,093℃	1,153℃

---

24) FPH 18 Confining Fires CHAPTER 1 Confinement of Fire in Buildings 18-4 FIGURE 18.1.1 Standard Temperature-Time Curve

(3) 주요부재의 시험방법

주요부재	시험체 크기	시험방법	성능평가
수직내력 구획부재	기준 이하는 실제 크기, 3m×3m 이상	재하가열	하중지지력
			차염성
			차열성
수직 비내력 구획부재	기준 이하는 실제 크기, 3m×3m 이상	재하가열	차염성
			차열성
수평내력 구획부재	4m(길이)×3m(너비) 이상	재하가열	하중지지력
			차염성
			차열성
보	4m	재하가열	하중지지력
			차염성
			차열성
		비재하 (내화도료의 피복)	강재 평균온도 538℃(1,000℉)
			최고온도 649℃(1,200℉)
기둥	3m	재하가열	하중지지력
			차염성
			차열성
		비재하	강재 평균온도 538℃(1,000℉)
			최고온도 649℃(1,200℉)

02 재하 측정사항

(1) 재하가열시험의 종류

1) 하중지지력

2) 차염성

3) 차열성

(2) 재하량

1) 시험체의 재료성상과 안정된 구조기준에서 규정된 재하량

2) 시험체의 특별한 재료성상과 안정된 구조기준에서 규정된 재하량

3) 특별한 용도를 위하여 의뢰자가 제시한 사용하중

03 비재하가열시험

(1) 종류

1) 설계하중을 받지 않는 벽, 강재

2) **비내력 벽** : 차염, 차열

3) **보, 기둥** : 강재의 온도

(2) 비재하가열시험을 하는 이유 : 하중을 받지 않는 부재는 재하시험을 할 필요가 없기 때문이고 하중을 받는 부재는 국내에서는 적정 재하시험을 할 수 있는 장치가 없기 때문이다.

04 성능기준

(1) 하중지지력(load-bearing)

1) **정의** : 구조부재가 일정 기간 동안 화염이나 열에 의한 강도저하로 누르는 하중에 의해서 파괴되지 않고 견디는 능력을 말한다.

2) **성능기준** : 하중을 받는 것에 따라 변형률과 변형량을 모두 초과할 때까지의 시간으로 내화성능을 결정한다. 즉 변형량과 변형률 2가지를 모두 초과할 때까지의 시간을 내화시간으로 본다.

3) **휨부재의 경우**

구 분	휨 부재	축방향 재하부재
적용대상	보	기둥
변형량	$D(\text{mm}) = \dfrac{l^2(\text{시험체의 스펜(span)})}{400d}$	$C(\text{mm}) = \dfrac{h(\text{시험체 초기의 높이})}{100}$
변형률	$\dfrac{dD}{dt} = \dfrac{l^2}{9,000d}\ (\text{mm/min})$	$\dfrac{dC}{dt} = \dfrac{3h}{1,000}\ (\text{mm/min})$

여기서, d : 구조단면의 최대 압축력을 받도록 설계된 부분에서 최대 인장력을 받도록 설계된 부분까지의 거리(mm)

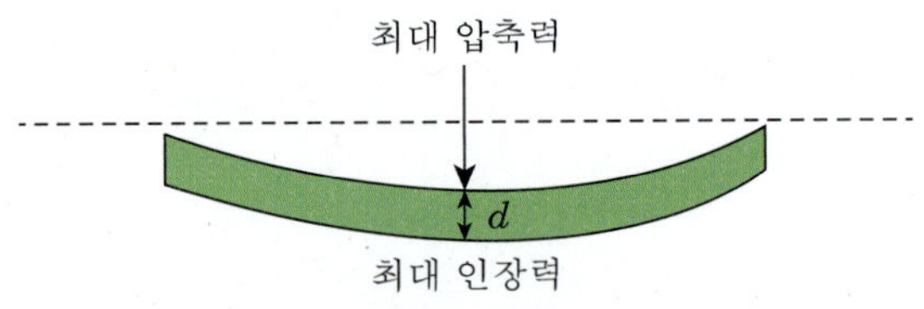

┃ 압축력과 인장력 ┃

(2) 차염성(integrity)

1) **정의** : 이면에 착화되거나 부재에 균열 등이 생겨 불꽃이나 화염이 통과하여 연소가 확대되는 것을 방지하는가를 판단하는 시험으로 면패드 시험, 균열게이지 시험, 이면착화시험의 3가지 시험이 있다.

2) **면패드 시험** : 면패드에 착화되지 않을 것
순수한 면($100 \times 100 \times 20$)을 사용하고 그림과 같이 손잡이가 달린 철선 프레임에 집어넣고 사용한다.

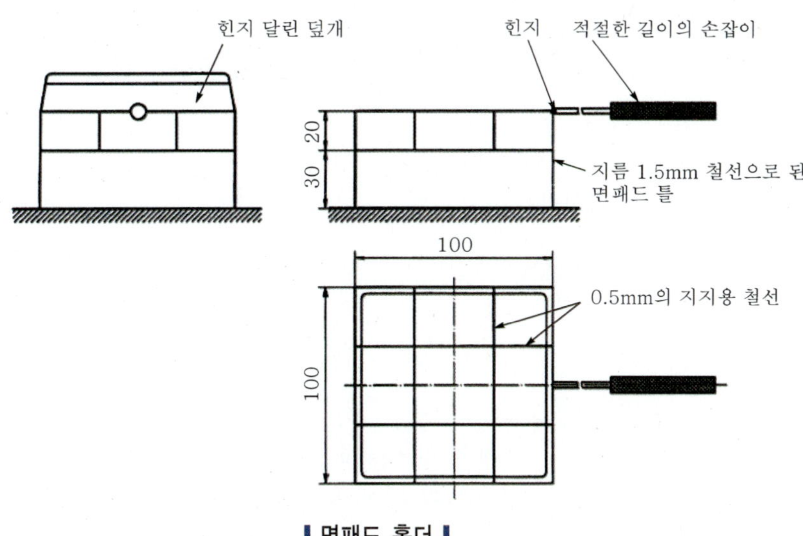

▌면패드 홀더 ▌

3) **이면착화시험** : 비가열면에서 10초 이상 지속되는 화염이 발생하지 않을 것
4) **균열게이지 시험** : 다음의 현상이 발생하지 않을 것
  ① 6mm 균열게이지를 가지고 대상물 틈을 관통하여 150mm 이동
  ② 25mm 균열게이지를 가지고 대상물의 틈새에 넣어 관통

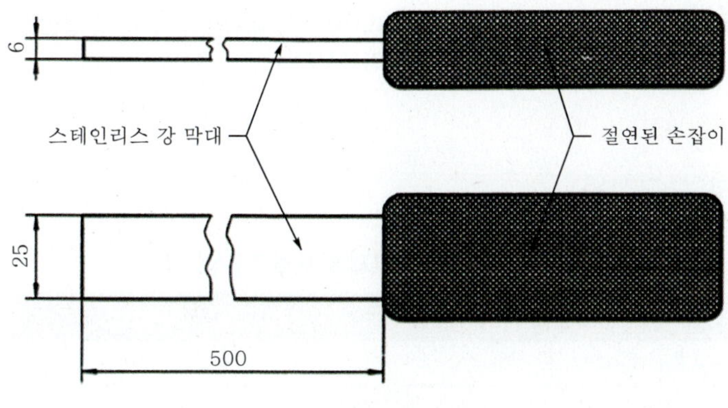

▌균열게이지 ▌

(3) 차열성(insulation)

1) **정의** : 화재실 벽, 바닥 등 주요구조부 이면으로의 열전달에 의한 연소확대를 방지하기 위한 시험방법으로 평균온도와 최고온도를 측정하여 평가한다.
2) **시험방법** : 시험체의 한쪽 면을 요구내화시간(표준시간－온도곡선) 이상으로 가열한다.(국토교통부령 제2014－200호)

125

$$\theta - \theta_0 = 345 \log (8t + 1)$$

여기서, θ : 시험온도
θ_0 : 초기온도
t : 시험시간

3) 성능기준 : 아래 두 조건을 모두 만족해야 한다.
   ① 평균온도 : 상승온도가 초기온도보다 140K를 초과하여 상승하지 않을 것
   ② 최고온도 : 상승온도가 초기온도보다 180K를 초과하여 상승하지 않을 것

(4) 내화 피복된 비내력 보, 기둥

1) 평균 : 538℃(1,000℉) − 임계온도(critical temperature)법으로 이는 단면의 온도 분포를 일정하게 가정하고 피복된 강재의 평균온도가 538℃ 이하로 조정되었을 경우 설계사용하중에 대한 안전성이 확보되었다고 가정한 것이다. 그러나 설계하중, 구조물의 적용상황 및 단면의 비선형 온도분포상태를 고려하면 한계온도로 실제 부재의 내력을 평가하기에는 무리가 있다. 따라서 성능설계를 적용하는 외국에서는 강재의 제한온도(limiting temperature)를 사용하고 있다. 제한온도는 노출면의 상태(피복조건, 합성정도)와 재하하중조건에 따른 부분별 가장 높은 온도의 표를 이용하여 온도의 한계에 도달하였는지를 통해서 내화성능을 판단하는 방법이다.

꼼꼼체크 제한온도(limiting temperature) : 화재조건에서 구조불안정이 발생할 때의 구조부재 주요소(critical element)의 온도

2) 최고 : 649℃(1,200℉)

(5) 각 부재의 요구성능

┃ 부재별 내화요구성능 ┃

구 분	하중지지력	차염성	차열성	차연성	온도
수직구획(벽)	O	O.	O	X	X
수직구획(비내력 벽)	X	O	O	X	X
수평구획부재 (지붕, 천장, 기둥, 보)	O	O	O	X	X
기둥, 보(재하)	O	O	O	X	X
기둥, 보(비재하)	X	X	X	X	O
방화문, 방화셔터	X	O	X	O	X

05　각 시험의 우선순위(하중지지력 > 차염성 > 차열성)

(1) 하중지지력이 상실된 경우, 차염성, 차열성은 없어진 것으로 간주한다.

(2) 차염성이 확보되지 않으면 차열성도 없는 것으로 간주한다.

(3) 과거의 기준인 주수, 충격 시험이 삭제되었다.

06　결 론

(1) 내화시험은 가능한 실제 건물화재가 발생하는 상황과 최대한 유사한 상황을 만들어 놓고 실시해야 현실에 적용 시 최적의 성능을 낼 수가 있다.

(2) 하지만 시험에서 실제 화재조건을 적용하는 것은 너무나 많은 비용과 시간 또한 기술적인 문제를 유발하기 때문에, 쉽고 빠르게 얻을 수 있고 과거자료의 토대인 표준시간−온도곡선을 이용하여 내화시험을 하는 것이 현실적인 대안이 될 수 있는 것이다.

꼼꼼체크　KS F 2257의 주요내용

- KS F 2257-1. 건축구조부재의 내화시험방법 – 일반 요구사항
- KS F 2257-4. 건축구조부재의 내화시험방법 – 수직내력 구획부재의 성능조건
- KS F 2257-5. 건축구조부재의 내화시험방법 – 수평내력 구획부재의 성능조건
- KS F 2257-6. 건축구조부재의 내화시험방법 – 보의 성능조건
- KS F 2257-7. 건축구조부재의 내화시험방법 – 기둥의 성능조건
- KS F 2257-8. 건축구조부재의 내화시험방법 – 수직 비내력 구획부재의 성능조건 (비재하)

구조용 부재의 내화특성

01 개 요

(1) **구조설계** : 외력(특히 하중)에 저항하여 구조물 본래의 기능을 유지할 수 있게 구조체의 단면을 결정하는 설계

(2) **상온에서의 구조설계방법**
　1) 허용응력법 : 외력에 의한 부재응력이 구조부재의 허용응력 이하가 되도록 하는 설계법(허용응력 > 부재응력)
　2) 한계상태법 : 외력에 의한 하중효과가 부재의 저항응력보다 아래에 있도록 하는 설계법(저항응력 > 하중효과)

(3) **화재발생 시 변화(고온과 상온의 차이점)** : 화재가 발생하면 상온과 다른 변화가 생긴다.
　1) 화재로 인해 하중으로 작용했던 가연물이 연소하면서 상온에 비해 질량이 감소하여 작용하중이 줄어든다.
　2) 내부의 부재력(축력, 모멘텀, 전단력)이 열팽창에 의해 발생한다.
　3) 온도가 상승할수록 재료의 강도가 감소한다.
　4) 탄화 또는 폭렬(spalling)에 의해서 단면적이 감소한다.

(4) **고온 시 구조설계의 목적** : 건축물의 붕괴방지를 위해 고온에서의 부재의 변형과 응력을 계산하기 위해서는 열적 특성과 기계적 특성의 자료가 필요하다.

02 기계적 특성

(1) **응력변형도(stress-strain)**
　1) 변형률 곡선의 기울기는 온도증가에 따라 점차 감소하게 된다.
　2) 구조체에 외력을 가하면 변형이 발생한다. 이때 외력을 제거하면 변형이 회복되는 성질을 탄성이라고 하고 변형이 지속되는 성질을 소성이라고 한다.
　3) 훅의 법칙 : 물체가 탄성의 범위에 있을 때, 작용하는 하중에 의하여 발생하는 응력도와 변형도는 정비례한다.

$$F = -kx$$

여기서, F : 복원력
　　　　 k : 용수철 상수
　　　　 x : 변화된 길이
　　　　 $-$ 부호 : 복원력과 반대방향이므로 마이너스

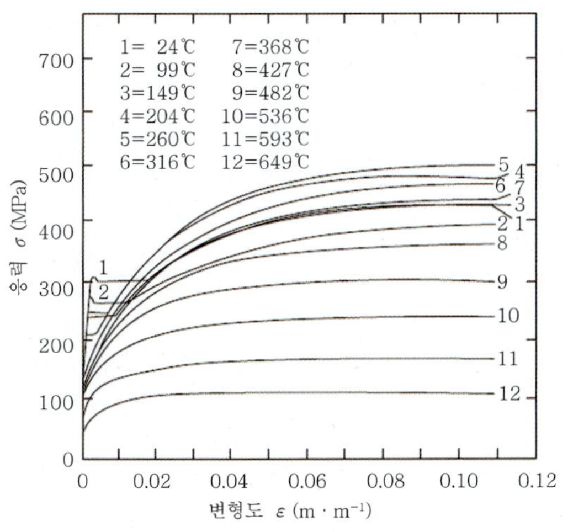

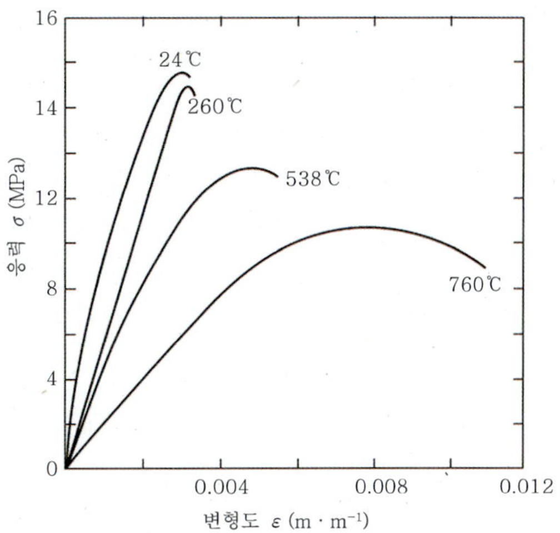

| **┃ 철의 온도에 따른 응력과 변형도 ┃** | **┃ 콘크리트의 온도에 따른 응력과 변형도 ┃** |

- 응력과 변형도 곡선의 기울기 : 탄성계수(E, Elastic modulus)
- 변형도(strain) : 응력으로 인해 발생하는 재료의 기하학적(형태나 크기) 변형을 나타낸다. 식으로는 $\varepsilon = \dfrac{\Delta l}{l}$ 로 나타낼 수 있다. 여기서, l은 재료의 초기길이, Δl은 응력에 의해서 신장된 길이로 인장일 경우는 양의 값을, 압축일 경우는 음의 값을 가질 수 있다. 변형도는 무차원수이다.

(2) 탄성계수(elasticity modulus)

1) 탄성이란 외부의 힘에 의해 변형이 되었다가 원래의 상태로 되돌아가려는 성질을 말한다.
2) "탄성을 잃어버렸다."는 화재로 인한 변형력이 원래 상태로 돌아가지 않고 그대로 남아 있는 신장의 상태임을 말한다.
3) 따라서 "물질의 변성에 저항하는 성능의 척도"라고도 한다.
4) 변형률에 대한 작용응력의 비이다.
5) 상온에서 일정한 값을 가지고 있다가 온도가 증가할수록 서서히 감소하는 값을 가진다. 즉 상온에서는 변형이 일어나도 다시 복구되는 힘이 있지만 온도가 증가할수록 복구되는 힘이 떨어진다고 할 수 있다.
6) 탄성계수(영계수)의 식

$$E = \frac{\sigma}{\varepsilon}$$

여기서, E : 탄성계수, σ : 수직응력도, ε : 변형도

영계수(Young's modulus) : 영국의 학자인 토마스 영(Thomas Young)의 이름을 따서 붙여진 이름이다.

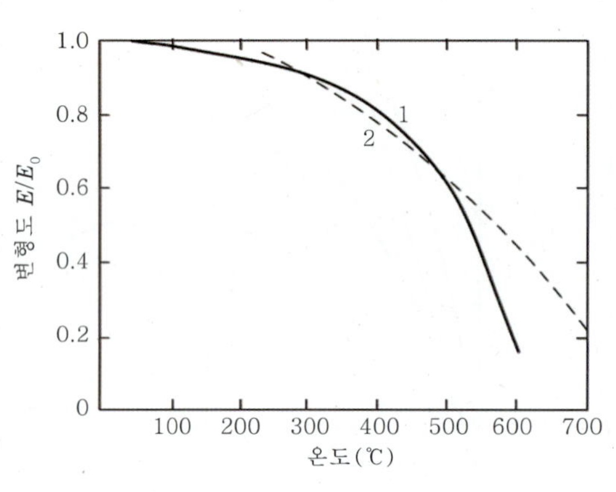

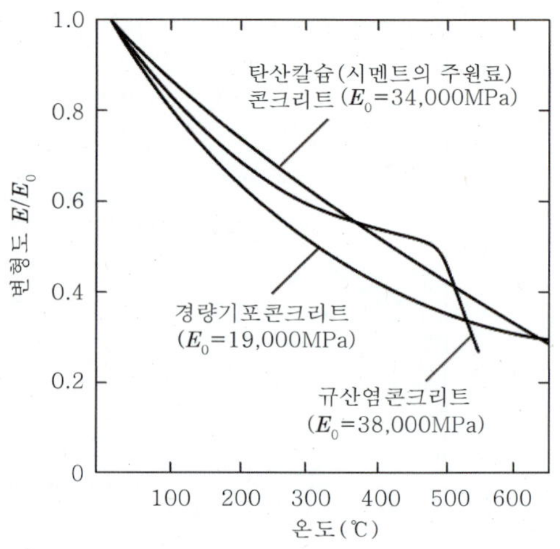

❙ 철의 온도에 따른 탄성계수 ❙　　　　**❙ 콘크리트의 온도에 따른 탄성계수 ❙**

(3) 강도

1) 항복강도(yield strength) : 탄성계수를 지나간 강도(본래의 상태로 돌아오지 못하고 변형이 남아 있는 상태), 즉 탄성변형이 일어나는 한계응력을 말한다. 응력과 변형도 곡선에서 막 꺾이기 시작하는 점이 항복점이고 이 점에서의 강도가 항복강도이다.

 항복(yielding) : 물체에 작용하는 응력이 어느 일정 값에 이르면 소성변형이 개시되어 변형이 급격히 증가하는 현상

2) 인장강도(ultimate tensile strength) : 항복강도 후 재료는 계속 버티다가 파괴가 되면서 나누어진다. 즉 파괴가 일어나고, 이 파괴가 일어날 때 가해진 힘이 인장강도이다. 응력과 변형도 곡선상에서의 최대응력(σ_{max})을 인장강도라고 한다.

3) 압축강도(compressive strength) : 단위면적당 누르는 하중을 압축강도라고 한다.

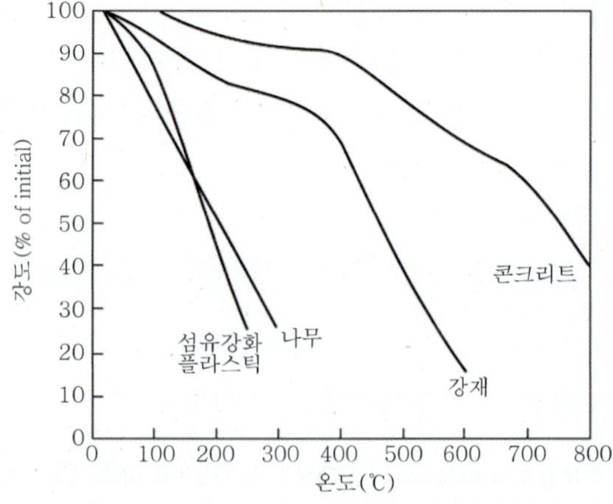

❙ 여러 물질의 온도변화에 따른 강도의 변화 ❙

(4) 크리프(creep)

1) 외력이 일정하게 유지되어 있을 때, 별도의 하중증가도 없이 시간이 흐름에 따라 재료의 변형이 증대하는 현상이다.

2) 예를 들어, 고무줄에 추를 매달면 순간적으로 고무가 늘어나고 그대로 방치해두면 시간이 흐름에 따라 고무가 서서히 늘어난다. 크리프가 클수록 릴렉세이션은 커지며 순인장응력은 작아진다.

> **꼼꼼체크** **릴렉세이션(relaxation)** : 어떤 수준의 지속 변형하에서 시간의 경과와 함께 응력이 서서히 감소하는 현상

3) 표준응력 및 주위 온도조건에서 크리프로 인한 변형은 크지 않다. 그러나 응력과 온도가 증가하면 크리프로 인해 발생하는 변형속도가 상당한 수준에 이를 수 있다.

4) 영향인자

① 재하 시 재령이 단기간일수록, 재하기간이 길수록 크리프 변형은 커진다.

② 재하하중이 클수록 크리프 변형은 커진다.

③ 고강도의 콘크리트일수록 크리프 변형은 작아진다.

④ 콘크리트 온도가 높을수록 크리프 변형은 커진다.

⑤ 습도가 낮을수록 크리프 변형은 커진다.

> **꼼꼼체크** **재령(材齡, age)** : 회삼물(灰三物)이나 콘크리트를 부어 넣은 후부터 완전히 굳어지기까지의 경과 일수

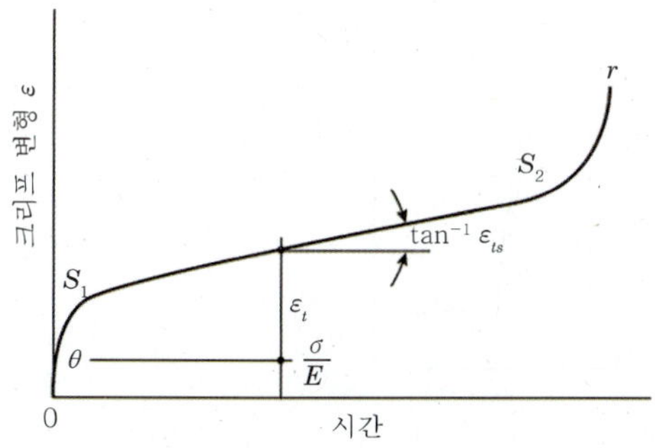

▌크리프 변형과 시간의 관계▐

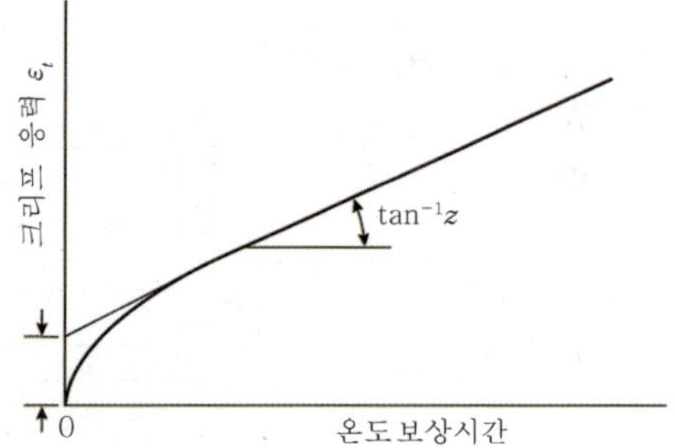

▌크리프 변형과 온도보상시간의 관계▐

03 열적 특성

부재 내의 온도상승 및 분포에 영향을 미치는 특성은 아래의 인자와 관계가 있다. 이러한 특성은 구성재료의 조성 및 특성에 따라 달라진다.

(1) 열팽창

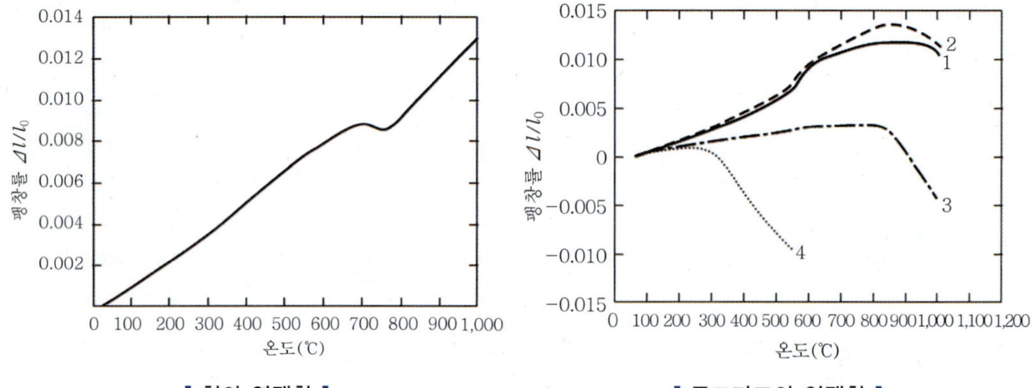

▌ 철의 열팽창 ▌   **▌ 콘크리트의 열팽창 ▌**

(2) 질량손실

1) 콘크리트는 온도의 변화에 따른 질량손실의 변화가 적다가 600~800℃에서 급격하게 질량손실이 발생한다.

2) 철의 경우에는 온도의 변화에 따른 질량손실이 거의 없다.

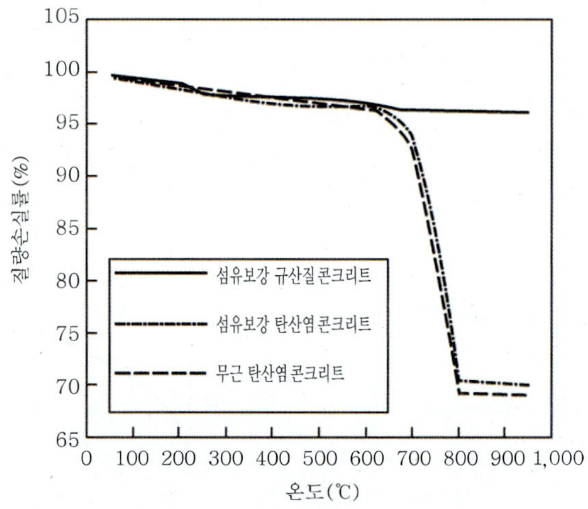

▌ 온도변화에 따른 콘크리트의 질량손실 ▌

(3) 밀도, 공극비(void ratio)

1) 밀도가 증가할수록 열전달이 증가한다.

2) 공극비가 증가할수록 열전달이 감소한다.

> **꼼꼼체크 공극비 또는 간극비** : 공극을 포함하는 물질에서 고체 물질의 체적과 공극의 체적의 비를 말한다.
>
> $$e = \frac{V_V}{V_S}$$

여기서, V_V : 공극의 부피

V_S : 고체 성분의 부피

(4) 비열(specific heat) : $c_p[\text{J} \cdot \text{kg}^{-1} \cdot \text{K}^{-1}]$

1) $c_p = \dfrac{\delta h}{\delta T_p}$

여기서, h : 엔탈피($\text{J} \cdot \text{kg}^{-1}$), T_p : 절대온도(K)

2) $c_p = \overline{c_p} + \Delta h \dfrac{d\xi}{dT}$

여기서, 비열(c_p)은 현열($\overline{c_p}$) + 잠열$\left(\Delta h \dfrac{d\xi}{dT}\right)$의 개념이다.

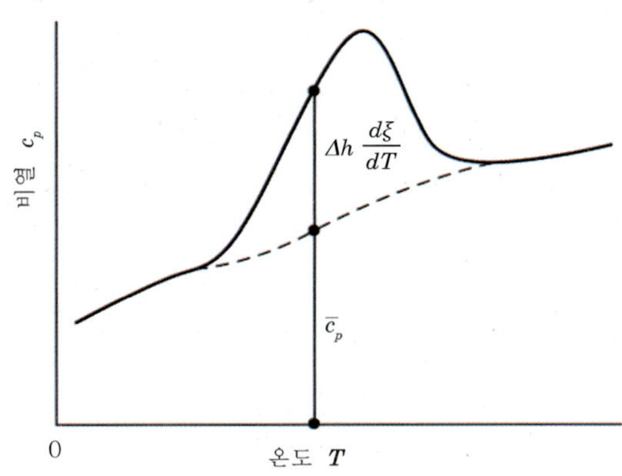

❙ 온도변화에 따른 비열의 변화 ❙

(5) 열전도도(thermal conductivity)

1) 기공이 없는 불투명 고체의 경우에만 일어날 수 있다.

2) 다공성 고체의 경우에 일어나는 열투과 메커니즘은 대류, 복사의 복합작용이다.

3) 고온에서는 기공을 통과하는 복사열 투과의 중요성이 증대되기 때문에 온도구배에 대한 전도도의 민감도가 증가한다.

(6) 열확산율(thermal diffusivity)

$$\alpha = \dfrac{k}{\rho c_p}$$

여기서, k : 열전도도(thermal conductivity)

ρ : 밀도(density)

c_p : 비열(specific heat of the material)

1) 체적 비열에 대한 열전도도의 비이다.

2) 노출 표면적으로부터 내부로 전달되는 열의 속도를 나타낸다.

133

3) 열확산율이 클수록 물질 내의 특정 깊이에서 온도상승속도가 빠르다.

4) 물질 내의 온도상승에 따라 변화한다.

04 소재별 특성

(1) 강재의 임계온도(critical temperature)

1) 정의 : 재료의 강도 대부분을 잃고 작용하는 부하를 더 이상 지지할 수 없는 온도

2) 이 온도에 도달하면 구조체는 구조적 강성과 안정성을 잃어버린다.

3) ASTM E119에 의하면 538℃(1,000℉)에서 부재를 구성하는 철은 임계온도를 가진다.

강재의 종류	규 격	온 도
구조용 강재(structural steel)	ASTM	538℃
보강강재(reinforcing steel)	ASTM	593℃
프리스트레싱강재 (prestressing steel)	ASTM	426℃
경량형강(light-gauge steel)	EC 3[50] Gerlich et al.[55]	350℃ 400℃

(2) 콘크리트의 폭렬(spalling) : 콘크리트의 박리현상

(3) 목재의 탄화(charring) : 280~300℃에서 목재의 표면이 탄소로 변화하는 현상

01 개 요

(1) 내화성능이란 구조적 보전성, 안정성 그리고 온도전달 면에서 구조부재가 내성을 보이는 지속시간을 말한다.

(2) 화재를 격리하기 위한 다른 조치들이 실패할 경우, 하중지지력이 마지막 방어선이 된다는 뜻이다.

02 내화성능에 대한 분석방법 및 절차

(1) 화재노출

1) 실제 화재 예측(PBD) : 화재를 추정하여 발생하는 열과 연기를 건축물 특성, 연소 특성 등을 고려하여 분석하여 대상물에 실제 화재가 발생하였을 때의 현상을 예측하는 것이다.

2) 표준시험에 규정된 화재노출을 가정하여 표준시간−온도곡선으로 화재를 추정한다.

(2) 구조부재의 열전달

1) 열전도 분석방법을 활용한다.

2) 구조물 내부에 다공성 단열재를 사용할 경우 복사 및 대류 열전달도 고려한다.

(3) 구조적 응답

1) 부재력 : 압축력, 인장력, 전단력, 모멘트 등 부재에 작용하는 응력

  ① 압축력 : 임의의 점을 중심으로 양측에서 미는 힘, 즉 부재를 누르는 힘

  ② 인장력 : 임의의 점을 중심으로 양측에서 잡아당기는 힘, 즉 부재를 당기는 힘

  ③ 전단력(share force) : 임의의 부재를 부재축과 직각방향으로 자르려는 힘

  ④ 모멘트(moment) : 임의의 물체를 회전시키려는 능력

2) 수직응력도

  ① 인장응력(+) : $\sigma = \dfrac{N}{A}$

  ② 압축응력(−) : $\sigma = \dfrac{N}{A}$

3) 변형도

  ① 세로 : $\varepsilon = \dfrac{\Delta l}{l}$

  ② 가로 : $\beta = \dfrac{\Delta d}{d}$

4) **푸아송비(횡방향 변형률)** : 축하중을 받는 부재에서 하중 작용방향의 변형률에 대한 재축 직각방향의 변형 정도를 푸아송비라고 한다. 일반적인 구조용 강인 경우 푸아송비 v는 탄성영역에서는 0.3, 소성영역에서는 0.5이다 $\left(v = \dfrac{\beta}{\varepsilon}\right)$.

5) **푸아송수** : 푸아송비의 역수 $\left(m = \dfrac{1}{푸아송비} = \dfrac{\varepsilon}{\beta}\right)$ 이다.

6) **전단응력도** : 크기가 같고 방향이 반대인 힘에 의해서 물체가 전단되려고 할 때 단면을 따라 평행하게 발생하는 응력 $\left(\nu = \dfrac{V}{A}\right)$ 이다.

7) **전단변형도** : 고정된 물체에 전단력이 작용하게 되면 그 물체는 기울어지는 변형을 하게 된다.

03 철골구조물(강재)

(1) **특성** : 항복강도, 크리프 강도, 탄성계수, 열팽창계수, 밀도, 비열, 열전도

1) 기계적 특성

① 항복강도

 **항복강도(F_y)** : 강재의 항복강도는 하항복점을 의미한다. 강재에 따라서는 응력-변형도곡선에서 항복점이 뚜렷하게 보이지 않을 경우는 재하(unloading) 시에 0.2%의 영구변형도를 가지는 점의 응력을 항복강도(F_y)로 정의하거나, 0.5%의 총 변형도에 해당하는 응력을 항복강도로 정의하기도 한다.

㉠ 538℃일 때 항복강도는 상온 대비 60%이다.

㉡ 최대허용설계응력을 항복강도 대비 60% 정도로 제한한다.

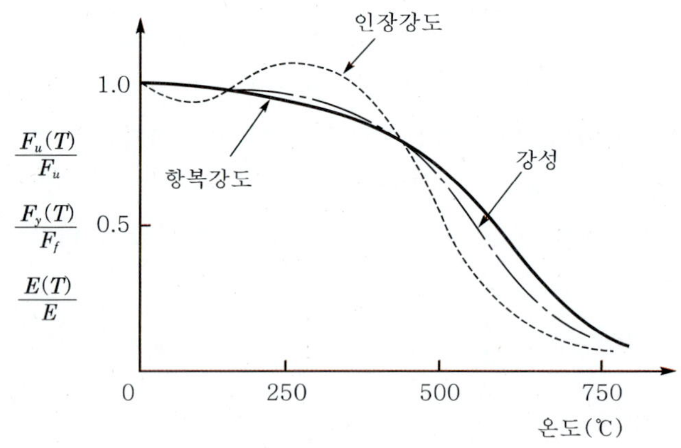

(여기서, F_u, F_y, E : 상온에서의 인장강도, 항복강도, 강성)

▌ 강도, 강성과 온도와의 관계 ▌

② 탄성계수

㉠ 철의 탄성계수 : 2,000,000kgf/cm^2

 **탄성계수(modulus of elasticity)** : 고체 역학에서 재료의 강성도(stiffness)를 나타
내는 값이다.

$$E = \frac{\sigma}{\varepsilon}$$

여기서, E : 탄성계수, σ : 인장응력, ε : 인장변형도

ⓛ 온도에 증가에 따른 철의 탄성강도

온 도	강도저하
350℃	$\frac{1}{3}$
500℃	$\frac{1}{2}$
750℃	$\frac{2}{3}$

ⓒ 변형률 : 응력이 클수록 낮은 온도에서 변형이 발생한다. 강재의 경우 항복
점이 없어 옵셋증명강도로 측정한다.

ⓔ 응력과 변형도 : 응력이 클수록 변형도가 증가하다가 일정 응력 이상이 되면
변형도가 크게 증가한다.

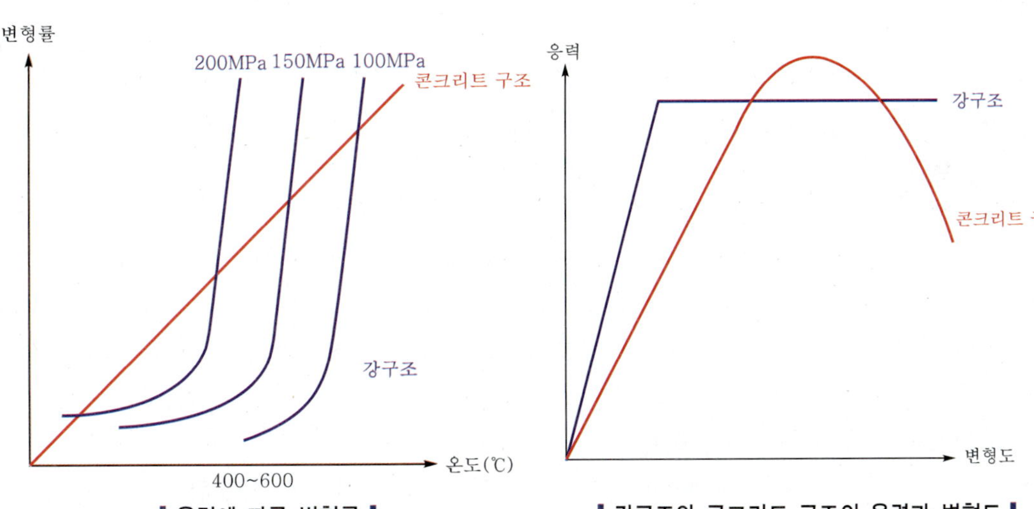

▎ 응력에 따른 변형률 ▎　　　▎ 강구조와 콘크리트 구조의 응력과 변형도 ▎

③ 크리프 강도

㉠ 시간에 따른 재료의 변형이다.

꼼꼼체크 크리프(creep) : 소재에 일정한 하중이 가해진 상태에서 시간의 경과에 따라 소재의
변형이 계속되는 현상이다. 크리프 현상으로 구조체는 점점 분리되어 간다.

㉡ 460℃ 초과 시 현저하게 나타난다.

ⓒ 크리프 계수

$$\phi = \frac{\varepsilon_c}{\varepsilon_e}$$

여기서, ϕ : 크리프 계수, ε_c : 크리프 변형률, ε_e : 탄성변형률

위 치	크리프 계수
옥내	3.0
옥외	2.0
수중	≤ 1.0

② 크리프의 특징
- 하중재하 후 시간이 경과함에 따라 크리프는 증가한다.
- 크리프 변형률은 탄성변형률의 1.5배에서 3배 정도이다.

2) **열적 특성**
① 열팽창
② 비열
③ 밀도
④ 공극비
⑤ 질량손실
⑥ 열확산율
⑦ 열전도도 : 60.15W/mK로 열전도도가 크다(콘크리트의 47배).

(2) 방호방법 : 구조강에 전달되는 열전달속도 감소

1) 단열
① 판재
ㄱ 석고보드, 광섬유 보드, 섬유강화 규산칼륨
ㄴ 부착 수단 및 방법이 중요하다.
② 뿜칠 재료 : 시멘트, 석고, 팽창제, 광섬유
③ 콘크리트 피막

2) 멤브레인(membranes, 막)
① 바닥 및 지붕 부재에 사용하는 구조강을 보호하는 데 사용된다.
② 공기압력 1.5inH$_2$O(38mmAq) 조건에서 지지될 수 있는, 물을 흡수하지 않는 얇은 신축성 재료로 막이 열을 받으면 팽창하면서 멤브레인 내 공기가 구조강에 전달되는 열을 차단시키는 기능을 한다.

3) **화염차폐** : 직접적인 화염접촉을 예방함으로써 강재에 대해 입사되는 복사 열유속이 감소한다.

4) 히트싱크(heat sink) : 수냉강관

04 콘크리트

(1) 개요

1) 정의 : 시멘트와 물, 그리고 강도를 위한 골재 및 혼화재료를 적절하게 배합하여 군한 혼합물

2) 구성
   ① 골재(자갈, 모래) : 70%
   ② 시멘트와 물 : 30%

3) 시멘트 화합물은 물과 혼합되면 물과 수화반응을 일으키고 수화물($Ca(OH)_2$)을 생성하며 경화되면서 강도가 강화된다.

4) 콘크리트에 열이 전달되면 콘크리트 내부의 미세한 공극에 존재하는 수분이 증발하면서 압력이 발생하고, 수화반응을 일으킨 수화생성물에서도 탈수가 진행되어 화학적 특성이 변화하게 된다.

 **시멘트 수화반응(hydration of cement)** : 수화란 물이 반응물질과 결합되는 과정을 말하며, 시멘트의 수화반응은 시멘트가 물과 반응하는 것으로 발열반응이다. 수화반응은 시멘트가 물과 혼합되면 입자표면이 겔화되면서 가수분해반응이 일어나고 물이 입자 내부로 침투하여 수화가 진행되어 안쪽에 또 다른 수화물층을 형성한다. 이 수화물이 서로 결합하면서 시멘트 입자 사이가 수화물로 채워지고 응결과정을 시작하여 시간이 지나면서 더욱 수화반응이 진행되어 경화하게 되는 것이다.

5) 콘크리트는 인장력이 압축력의 1/10수준으로 인장력이 낮고 압축력이 큰 건축자재이다.

(2) 기계적 특성

1) 응력과 변형도 : 응력이 증가하면 변형도도 증가한다.

2) 압축강도(콘크리트)
   ① 500℃까지는 일정하게 유지된다(상온의 80%).

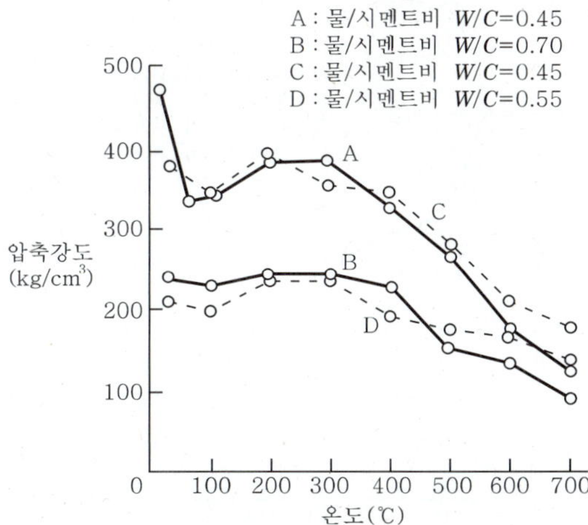

┃ 온도에 의한 압축강도 변화(물/시멘트비가 작을수록 더 많이 저하) ┃

② 규산염 골재 : 650℃에서 $\frac{1}{2}$ 강도를 가진다.

③ 탄산염 골재 및 경량 골재 : 650℃까지 일정하게 유지된다.

④ 800℃의 온도에서 압축강도는 10% 정도이다.

⑤ 콘크리트의 압축강도는 응력을 받고 있는 재하상태의 강도가 더 크다.

  ㉠ 일정한 압축하중을 받고 있는 것이 온도가 더 증가해도 강도가 더 오래 남아 있다. 즉 더 오래 버틸 수가 있다. 하지만 과다한 하중은 오히려 강도를 저하시킨다.

  ㉡ 응력을 받고 있는 것이 그렇지 않은 것보다 강도가 더 커진다.

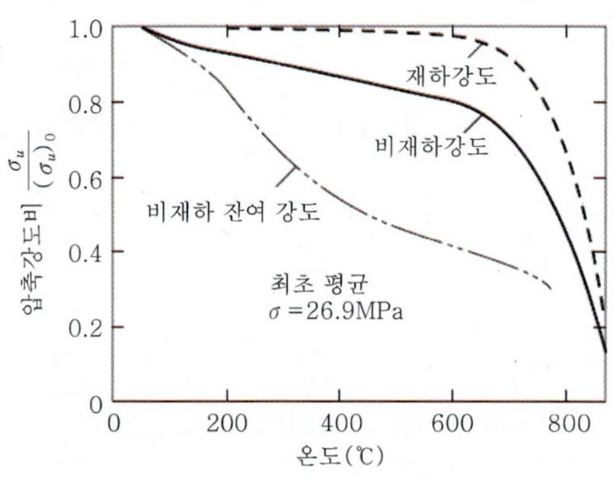

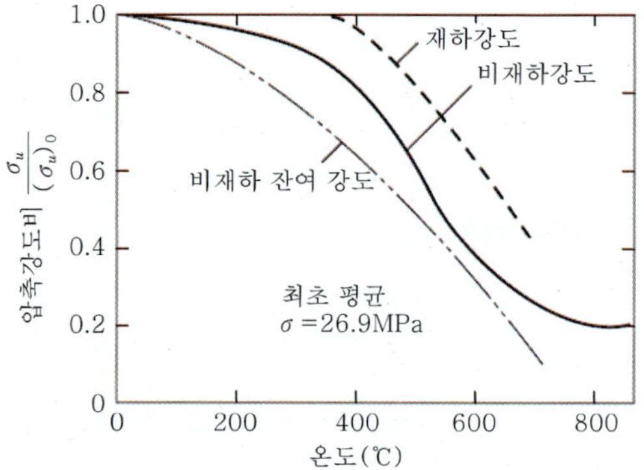

❙ 규산염 골재를 사용한 콘크리트의 온도에 따른 압축강도비 ❙   ❙ 탄산염 골재를 사용한 콘크리트의 온도에 따른 압축강도비 ❙

3) 탄성계수

① 보통 콘크리트의 탄성계수 : $15,000\text{kgf/cm}^2$

② 아래의 그림과 같이 온도의 증가에 따라 탄성계수가 감소한다. 하지만 철근이나 철골에 비해서는 일정한 비율로 감소한다고 볼수 있다. 따라서 강도도 일정 비율로 지속적으로 감소됨을 알 수 있다.

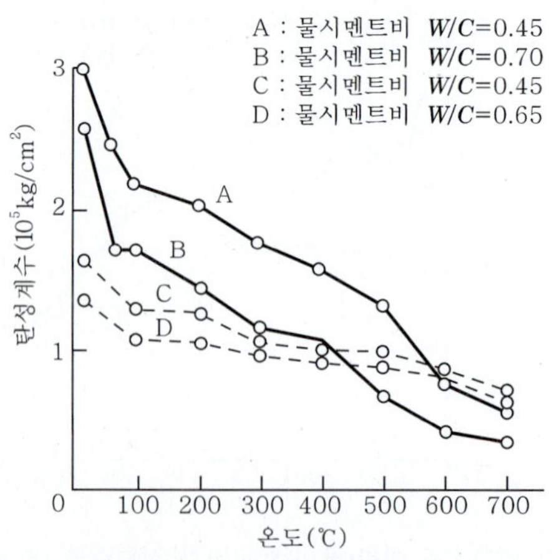

❙ 온도에 의한 콘크리트의 탄성계수 변화 ❙

4) 크리프의 특징

① 하중재하 후 시간이 경과함에 따라 크리프는 증가한다.

② 크리프 변형률은 탄성변형률의 1.5배에서 3배 정도이다.

③ 물/시멘트비(W/C)가 작고, 재령이 크고, 단면이 큰 고강도 콘크리트일수록 크리프가 작다.

④ 시멘트량이 많을수록 크리프는 증가한다.

(3) 열적 특성

1) 불연성이며 열전도도(1.28W/mK)가 낮다.

2) **열팽창** : 내화성능을 증가시킬 수 있다.

3) 열응력에 의한 균열

① 표면온도와 콘크리트 내부 온도차 변화에 따른 응력이 발생한다.

② 열응력 > 콘크리트 압축강도가 되면 균열이 발생한다. 이로 인하여 콘크리트 박리 또는 철근의 노출이 발생할 수 있다.

4) **온도에 따른 콘크리트의 변화**

① 100℃ : 자유공극수 증발이 시작되어 공급압의 팽창을 유발한다.

② 100~200℃ : 물리적 흡착수가 배출된다.

③ 300℃ : 시멘트 수화물의 화학적 변질이 일어난다.

④ 400℃ : 화학적 결합수가 배출된다. 시멘트페이스트의 포틀랜다이트(portlandite), $Ca(OH)_2$이 화학적으로 석회와 물로 열분해가 된다. 이 현상은 주요 화학결합수의 분해발생 및 콘크리트 화학적 조성의 결합 약화를 발생시켜 강도를 감소시키는 요인이 된다.

⑤ 500~600℃ : $Ca(OH)_2$의 열분해로 중성화된다. 열 영향으로 시멘트의 결정구조가 α형태에서 β형태로 바뀌게 된다. 이러한 이상변형은 골재의 급격한 팽창을 발생시켜 콘크리트의 균열을 일으키는 원인이 된다. 즉, 쉽게 말하면 수산화칼슘이 열분해되어 강도가 50% 정도 저하된다. 콘크리트의 온도가 약 500℃ 이상인 경우는 냉각 후에도 강도가 회복되지 않으나, 약 500℃ 미만인 경우 콘크리트 강도는 시간이 경과함에 따라 자연회복된다.

⑥ 600~800℃ : 석회암 골재의 분해과정이 발생한다. 즉 콘크리트 폭렬이 발생한다.

⑦ 1,200℃ : 콘크리트 용융이 발생한다.

꼼꼼체크 수화시멘트풀 속의 물

- 자유공극수 : 50nm 이상의 공극에 존재하는 물로 자유공극수를 없애면 계가 수축하게 된다.
- 흡착수 : 고체 표면 가까이에 존재하는 물, 상대습도 30% 정도까지 수화시멘트풀을 건조하면 흡착수의 대부분을 잃게 된다. 즉, 건조수축을 유발한다.
- 층간수 : C-S-H 구조 내에 있는 물, 상대습도 11% 이하이면 층간수를 잃게 되고, C-S-H 구조는 수축하게 된다.

• 화학적 결합수 : 시멘트 수화생성물 구조의 일부로 된 물이며, 건조로는 없어지지 않는다. 수화물이 가열되어 분해할 때에 발생한다.

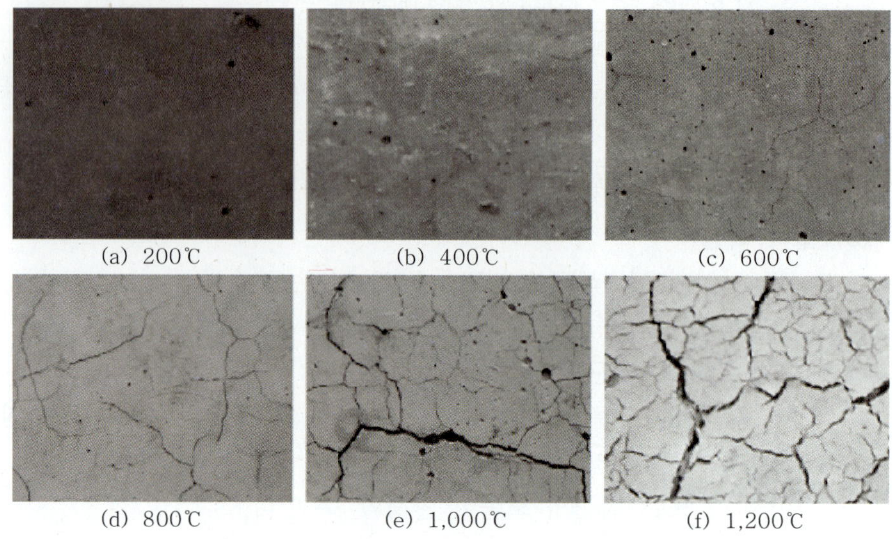

▮ 온도가 증가함에 따라 변화하는 콘크리트의 표면 ▮

(4) 콘크리트의 중성화

05 철근콘크리트

(1) 개요

콘크리트는 누르는 압축력에는 강하지만 당기는 인장력에는 약하기 때문에 인장력을 받는 구역에 철근을 배치하여 인장에 저항하도록 하기 위한 상호 보완적인 일체식 구조물이다.

(2) 철근콘크리트를 사용하는 이유

1) 철근과 콘크리트 사이의 부착강도가 크다. 따라서 일체식 구조가 가능하다.
2) 철근은 콘크리트 속에서 부식의 진행속도가 늦다. 따라서 콘크리트가 철근의 피복재의 역할을 한다.
3) 철근과 콘크리트의 열팽창계수가 거의 같다. 따라서 온도변화에 의한 응력은 무시가 가능하다.

(3) 특징

구 분	내 용
장점	• 경제성 • 내구성 • 내화성 • 구조물의 형상과 치수에 제약이 적다.

구 분	내 용
단점	• 무게가 많이 나간다. • 균열이 발생한다. • 국부적 파손 시 개조, 보강이 곤란하다. • 철근과 콘크리트의 열전도도가 큰 차이가 있어, 열이 공급되었을 때 분리와 인장강도의 저하가 발생한다.

(4) 철근콘크리트의 최고허용온도 : 538℃

(5) 열적 손상을 입은 구조물의 보수보강

1) 구조내력상 손실여부 조사 : 비파괴검사

2) 균열 정도 파악

① 내부 균열

② 외부 균열

3) 변색 정도 확인 : 손상범위와 보수보강 정도를 결정

4) 보수보강 1단계 : 화상콘크리트 제거

5) 보수보강 2단계 : 철근의 복원

① 이물질 제거

② 내화철근으로 보강

③ 철근코팅

6) 보수보강 3단계 : 보수 모르타르 시공

7) 충분하고 적절한 양생

06 목 재

(1) 탄화 : 목재는 탄화물과 가스로 변환되는 열분해 과정을 거치면서 밀도가 감소하여 강도는 저하되고 단열능력은 증가한다.

(2) 영향인자

1) 밀도

2) 수분함량

3) 목재의 수축

4) 화재강도 : 환기상태에 따라 큰 영향을 받는다.

5) 표면상태 : 매끈한 것보다 거친 것이 잘 탄다.

6) 표면 도장상태 : 도장이 되어 있으면 잘 탄다.

7) 내화도료 등의 도포 여부 : 도포 시 내화성능이 향상된다.

8) 색상 : 어두울수록 잘 탄다.

07 결 론

(1) 상기 내용에 의하면 철근콘크리트 구조물에서는 콘크리트 내부 온도와 철근 부위의 온도가 약 500℃ 이하인 경우 강도와 탄성계수가 회복된다는 것을 알 수 있다.

(2) 따라서 약 500℃ 이하에서는 균열 등 피해 정도에 따라 적절히 보완하면 부재내력에 별다른 문제가 없이 재사용이 가능함을 알 수 있다. 하지만 약 500℃를 초과하는 경우에는 별도의 보수보강 없이는 부재내력을 유지할 수가 없음을 알 수 있다.

(3) 이러한 구조부재의 내화성능을 판정할 수 있는 수단이 과거에는 시험뿐이었다. 하지만 시험에는 과다한 비용과 시간이 소요됨에 따라 실행 시 많은 문제점을 가지고 있다.

(4) 따라서 최근에는 실험이 아닌 수치방식을 적용하는 방법이 널리 사용되고 있다.

(5) 고온 특성 및 온도분포를 알고 있을 경우 화재에 노출된 건축물 구성요소의 성능을 예측하기 위해 수학적인 접근방식을 적용할 수 있다.

 • 재료의 내화성능은 해당 물질의 화학조성 및 원자구조에 따라 달라진다.
  – 재료의 조성에 물이 존재할 경우 재료의 고온 특성에 영향을 미친다.
  – 공극비(porosity)와 수분수착(moisture sorption)
  – 철근콘크리트의 내화성능에 대한 이론적 연구를 위해서는 흡수된 물 및 화학 결합된 물에 의한 효과가 고려되어야 한다.
• 비례한계(proportional limit)
  – 응력과 변형도와의 관계가 직선적인 비례관계로 유지되는 최대응력도 한계(아래 그림의 A점)를 말한다.
  – 이와 같이 응력과 변형도가 비례하는 구간에서는 Hooke의 법칙이 이용될 수 있으며, 아래 식 (1)과 같이 나타낸다.
  〈훅(Hooke)의 법칙〉
  용수철에 가해진 힘과 늘어난 길이의 관계
  가해진 힘＝ －(용수철 상수)×(늘어난 길이)
  $F=-kx$(여기서, F : 힘, k : 용수철 상수, x : 늘어난 길이)

$$f = E\varepsilon \quad\quad\quad\quad (1)$$

여기서, f : 작용힘, ε : 변형도, E : 탄성계수

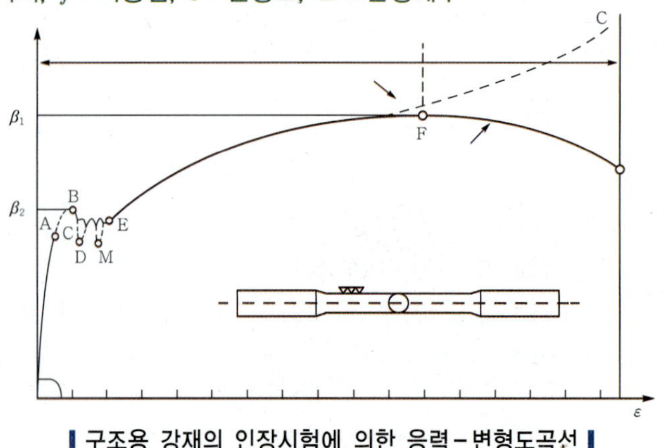

┃ 구조용 강재의 인장시험에 의한 응력－변형도곡선 ┃

- 공학적인 탄성한계 : 영구변형이 **0.01%일 때의 응력**을 공학적 의미에서 탄성한계
  라고 한다.
- 항복점(yield point)
  - 하중을 더 이상 증가시키지 않아도 변형이 생기기 시작할 때의 응력을 항복응
    력이라 한다.
  - 만약 하중의 재하속도를 빠르게 하면 상항복응력(상기 그림 B점)에 도달할 것이
    고 재하속도를 늦추면 상기 그림의 C점에 해당하는 하항복점에 직접 도달하게 된
    다. 그러나 상항복응력 상태는 불안정한 상태이기 때문에 실제로 기준이 되는 것
    은 하항복점이다.
- 0.2% 변형도(0.2% offset method) : 만약 알루미늄과 같이 확실하게 **항복점을 규
  명할 수 없을 경우에는 변형도가 0.2%일 때의 응력을 항복응력으로 가정**하여 항
  복점 대신 사용한다.
- 인장강도(tensile strength) : 상기 그림의 F점에 해당하는 응력으로 **인장시험 시
  발생하는 최대응력**을 말한다. 이때 응력－변형도곡선의 접선은 이 점에서 변형도
  축에 평행하게 된다.

$$f_u = \frac{P_{\max}}{A}$$

- 네킹현상(necking)
  - 일반적으로 응력이 인장강도에 도달하기 직전에는 시편의 단면적이 한 곳에서
    갑자기 줄어드는 현상이 발생한다.
  - 이러한 현상을 네킹현상이라 하고, 이 이후에는 변형이 이곳으로 집중되어 발
    생하게 된다.
- 인장강도와 항복강도의 비
  - 인장강도와 항복응력의 비$\left(\dfrac{f_u}{f_y}\right)$가 크면 클수록(상기 그림의 C-F 구간) 소성힌
    지를 만들어 내는 능력이 증가한다.
  - 이러한 특성은 역학적으로 부정정구조물에서 상당히 중요한 의미를 갖는다. 부
    정정(statically indeterminate) 또는 정적 부정정구조물(또는 계)이란 정역학적
    평형방정식만으로 내력과 반력을 구할 수 없는 구조물을 뜻한다. 즉, 미지력의
    개수가 평형방정식의 수를 초과하는 경우를 말한다.
- 하중 제거 시 응력감소
  - 하중을 영구변형이 발생한 이후에까지 증가시키다가, 가하던 하중을 제거시키
    면 응력의 감소와 줄어드는 변형도 사이에는 선형적인 관계식이 성립한다.
    〈선형적(linear)인 관계〉
    만일 구조물의 거동 P가 변수 x와 y에 대해 선형적인 관계에 있다면, 수학적
    으로 $P(ax + by) = aP(x) + bP(y)$라는 관계식이 성립해야 한다. 이러한 수학적
    인 관계식은 물리적으로 중첩의 원리(principle of superposition)로 설명할 수
    있다. x라는 크기의 힘에 의한 변형을 $P(x)$, y라는 크기의 힘에 의한 변형을
    $P(y)$라고 한다면, $x + y$라는 크기의 힘에 의하여 발생하는 변형 $P(x+y)$는
    $P(x)$와 $P(y)$의 대수적인 합과 같아야 한다는 것이다. 선형해석은 비선형해석
    (nonlinear analysis)과 비교하여 풀이방법이 간단하고 문제를 해결하는 데 걸
    리는 시간이 상대적으로 매우 짧다.
  - 즉, 하중의 재하 시와 하중의 제거 시의 탄성계수는 근사적으로 동일하다고 취
    급할 수 있다.
- 파괴형태 : 인장재가 정적 하중상태에서 나타낼 수 있는 파괴형태는 다음 세 가지
  가운데 하나로 나타날 수 있다.

- 전단파괴 : 전단력의 작용으로 인하여 국부적으로 큰 변형을 일으켜서 발생하는 파괴형태
- 취성파괴 : 축방향 응력이 일정한 크기에 도달했을 때 변형이 발생하지 않은 상태에서 갑자기 재편의 축에 수직한 방향으로 갈라지면서 발생하는 파괴형태
- 혼합파괴 : 전단파괴와 취성파괴가 혼합된 파괴형태

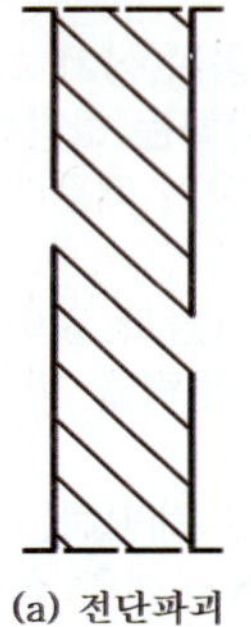

(a) 전단파괴

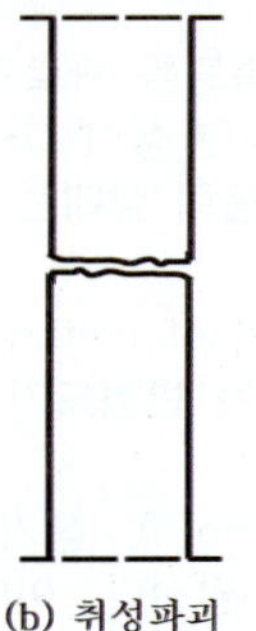

(b) 취성파괴

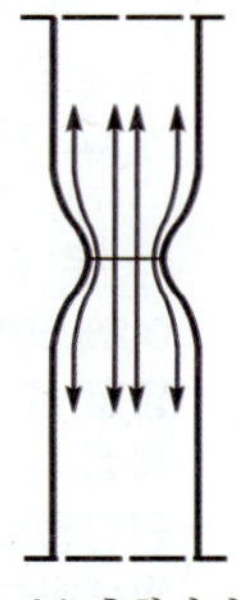

(c) 혼합파괴

❙ 파괴형태 ❙

콘크리트의 중성화
(carbonation of concrete)

01 개 요

콘크리트는 표면에서 공기 중의 탄산가스를 흡수하여 콘크리트 중의 수산화칼슘이 탄산칼슘으로 변화하여 알칼리성을 잃어버리게 되는데 이러한 현상을 중성화라 한다.

02 중성화 현상

(1) 수산화칼슘($Ca(OH)_2$)은 pH12~13 정도의 강알칼리성 물질이다.

(2) 중성화 현상으로 탄산칼슘으로 변화한 부분의 pH 8.5~10 정도로 낮아진다.

   1) 화재에 의한 중성화(500~600℃) : $Ca(OH)_2 \rightarrow CaO + H_2O$

   2) 탄산가스에 의한 중성화 : $Ca(OH)_2 + CO_2 \rightarrow CaCO_3 + H_2O$

     ① 시멘트와 물의 수화반응 생성물은 수산화칼슘($Ca(OH)_2$)인데, 여기에 이산화탄소가 반응할 경우 탄산칼슘($CaCO_3$)으로 변한다. 이를 콘크리트의 탄산화 혹은 중성화라고 하며 콘크리트 수명 판단에 있어 중요한 기준이 된다. 탄산칼슘은 강도가 약해 건축물의 내력을 부담할 수 없기에 쉽게 부서지거나 균열이 가기 때문이다.

     ② 중성화 메커니즘 : 탄산가스 침투 → 중성화 → 부동태피막 파괴 → 철근부식 → 부피팽창 → 균열

(3) 콘크리트 내부의 pH11 이상에서는 산소가 존재해도 철근이 녹슬지 않는다.

(4) 하지만 pH11보다 낮아지면 철근에 녹이 발생하고 철근의 약 2.5배까지 체적팽창이 발생한다.

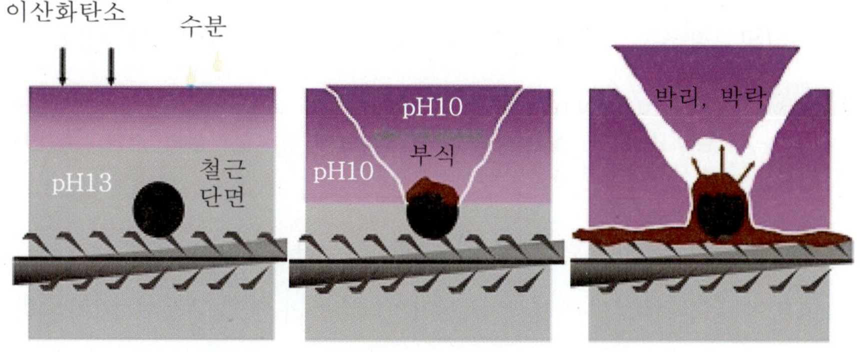

❚ 이산화탄소에 의한 중성화로 박리, 박락 발생 ❚

03 중성화 깊이 산정식

$$y_D = r_{cb}\, a_d \sqrt{t}$$

여기서, y_D : 중성화 깊이
r_{cb} : 안전계수(보통 1.5)
a_d : 설계탄산화속도계수
t : 연

04 중성화 영향인자

(1) **온도** : 500℃ 이상에서는 중성화 속도가 빠르다.

(2) **CO₂ 농도** : CO_2 농도가 높을수록 중성화 속도가 빠르다.

(3) **피복두께** : 피복두께가 두꺼울수록 중성화 속도는 느리다.

(4) **시멘트의 종류** : 실리카질의 혼화재를 사용한 시멘트는 중성화 속도가 빠르다.

(5) **골재의 종류** : 경량(비중이 낮은)골재 사용 시 속도가 빠르다.

(6) **마감재의 유무** : 마감재가 있으면 속도가 느리다.

(7) **물/시멘트비(W/C)** : 물/시멘트비가 클수록 속도가 빠르다.

05 문제점

(1) 철근이 부동태막을 상실하고 부피가 2.5배 체적팽창한다. 즉, 콘크리트가 중성화되면 알칼리성으로 있을 때와는 달리, 콘크리트는 철재에 대한 녹 방지력을 잃게 되므로 녹이 슬게 된다. 철재가 녹이 슬면 녹이 슨 부분이 점점 커지게 되고, 더 나아가 콘크리트 표면에 균열이 발생하며, 균열면에 물과 공기가 침투함으로써 강재의 부식이 가속되고, 철근콘크리트 구조물의 내구성이 매우 떨어지게 된다.

 **부동태막(passivity)** : 철근 주변에 공극이 없을 만큼 밀실하게 콘크리트가 타설될 때 강재표면, 즉 철근의 표면 콘크리트에 강알칼리성의 영향으로 인한 철근의 부식을 방지시켜주는 얇은 막

(2) 체적팽창으로 인해 균열되고 박리, 박락되는 현상이 나타난다.

(3) 콘크리트의 응집력이 약해져서 부스러진다. 따라서 내구성이 저하된다.

(4) 부착강도가 저하된다. 부식도가 2% 이상이면 철근의 부착강도가 저하된다.

(5) 중성화의 영향인자

1) W/C(물/시멘트비)
2) 시공 정도
3) 마감재의 유무 및 종류
4) 환경조건

06 중성화 방지대책

(1) W/C(물/시멘트비)의 저감 및 콘크리트로 밀실시공한다.

(2) 피복의 두께를 증대시킨다.

(3) 도장, 미장, 타일, 방수 등의 마감재로 시공한다.

열에 의한 콘크리트의 특성변화

01 개 요

콘크리트 구조체는 화재에 따른 온도상승으로 인해 피해를 입게 되며 대표적인 피해형 태로는 콘크리트의 탄성, 압축강도의 저하, 균열, 파단, 박리, 폭열과 중성화, 변색 등이 발생한다.

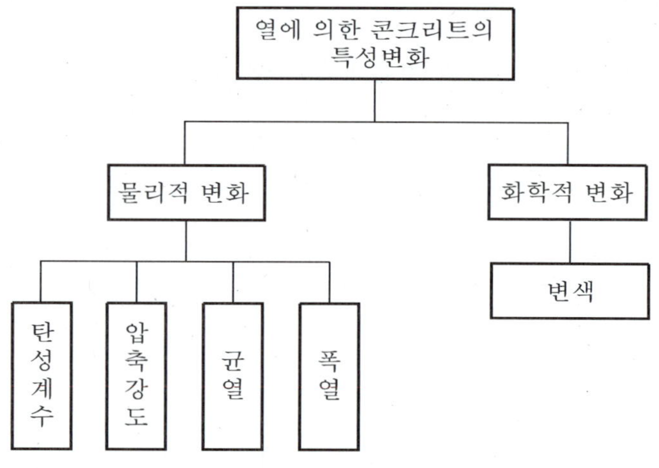

▮ 열에 의한 콘크리트의 특성변화 ▮

02 콘크리트의 물리적 변화

(1) **온도상승에 따른 탄성계수의 감소** : 강도저하

(2) **온도상승에 따른 압축강도의 감소**

(3) **온도상승에 따른 콘크리트의 균열** : 고온을 받은 콘크리트는 팽창으로 밀도가 낮아져서 다공질이 되면서 여러 가지 원인에 의해서 균열이 발생한다.

(4) **폭렬로 인한 콘크리트의 박리, 박락** : 폭렬의 주원인은 일반적으로 콘크리트 내부에 축적된 수증기의 압력증대로 인한 것이다.

❚ 화재로 인한 콘크리트의 균열 및 박락[25] ❚

구 분	균 열	박 락		
		박락 및 들뜸	팝아웃	폭발성 폭렬
형상	균열	박락 및 들뜸	비산	
폭렬 형태	–		일시적 형태	연속적 형태
발생 시기	전 기간	전 기간	초기	초기 또는 전 기간
피해 장소	표층부 전체	부재의 모서리 등	표층부 일부분 (골재부분)	표층부 일부분 / 표층부 전체
주요 원인	물의 탈수로 인한 화학적 변화 / 열팽창 또는 수축 / 내력상실에 의한 박락 / 철근의 과밀배근	급격한 온도상승에 따른 부재의 열응력 및 수증기압 표면이 중력에 의해 박락 / 철근의 과밀배근	열응력 골재폭렬	수증기압 – / 골재폭렬
피해 대상	표층부 전체 일반	경량, 일반, 고강도	경량, 고강도	고강도 / 경량, 고강도

꼼꼼체크 팝아웃(pop out) 현상 : 콘크리트 속의 수분이 동결융해 작용으로 인해, 콘크리트 표면의 골재 및 모르타르가 팽창하면서 박리되어 떨어져 나가는 현상

03 콘크리트의 화학적 변화

(1) 개요 : 콘크리트의 변색이나 중성화 정도는 콘크리트의 상태를 나타내거나 강도를 약화시키는 기능을 하고 화재 후에는 열화의 정도를 나타내 준다.

(2) 콘크리트의 변색

1) 일반적으로 약 300℃까지는 색의 변화가 없다.

2) 300~950℃로 온도가 증가함에 따라서 복숭아색, 회백색, 담황색으로 변색된다.

(3) 콘크리트의 중성화

04 콘크리트의 온도 추정

(1) 표면상태에 따른 색으로 온도 추정 : 고온을 받은 콘크리트의 표면은 골재에 함유된 철산화물과 염류의 수화작용에 의해서 온도에 따라 색깔이 영구변색한다.

---

25) 송훈, 화재 시의 고강도 콘크리트의 내화성능에 관한 연구, 박사학위논문, 동경대학, 2003

1) 300℃ 이하 : 표면에 그을음이 부착되고 그 하부는 보통 콘크리트의 색을 나타낸다.

2) 300~600℃ : 복숭아색(도색)

3) 600~900℃ : 어두운 회색

4) 900~1,200℃ : 갈색

5) 1,200℃ 이상 : 노란색

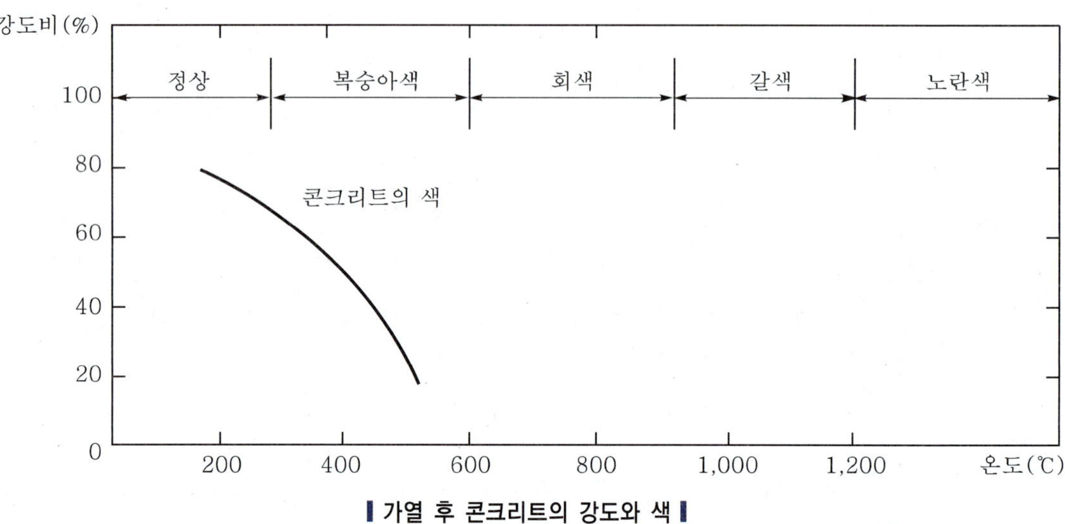

▌ 가열 후 콘크리트의 강도와 색 ▌

(2) 중성화 발생원인에 의한 내부 온도 추정

1) 500~580℃ : 시멘트페이스트 내의 $Ca(OH)_2$ 성분이 CaO로 변화한다.

$$Ca(OH)_2 \rightarrow CaO + H_2O(\uparrow)$$

2) 825℃ : $CaCO_3$가 CaO로 변화되는 시멘트 성질변화를 이용하여 내부 온도를 추정한다.

$$CaCO_3(석회석) \rightarrow CaO(생석회) + CO_2(\uparrow)$$

3) **열열화 깊이**

① 정의 : 화재를 받은 콘크리트는 열에 의해 수산화칼슘이 분해되어 중성화하며 그 중성화한 깊이

② 활용 : 열열화 깊이는 화재지속시간 및 규모와 밀접한 관련을 지닌다. 따라서 열열화 깊이로 화재 시의 콘크리트 구조물의 수열상태를 유추할 수 있다.

(3) 화재의 지속시간에 따른 콘크리트 단면의 내부 온도를 추정하면 표준시간–온도곡선을 통해 가열 시 아래 그림과 같다.

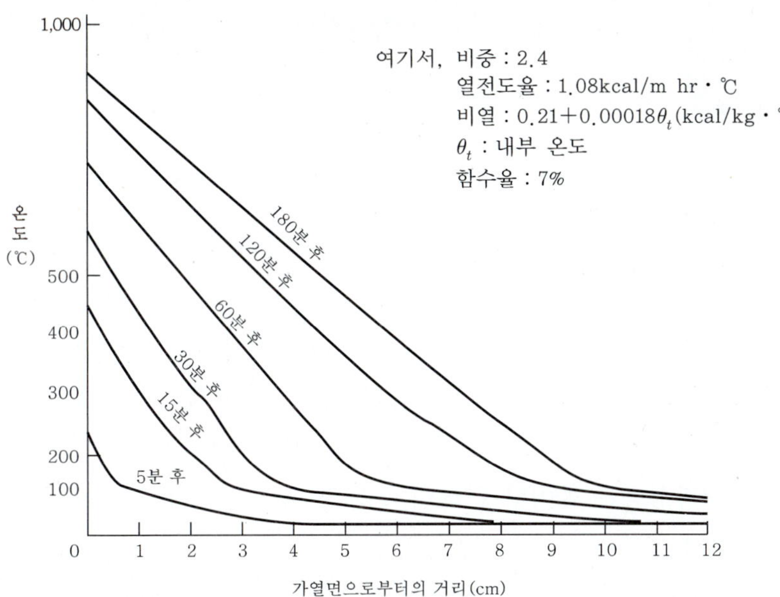

┃ 표준시간－온도곡선에 따른 가열 시 가열시간에 따른 온도분포 ┃

내화피복(fire proofing)

01 개 요

(1) ASTM E119에 의하면 538℃(1,000℉)에서 구조를 이루는 철의 조직은 임계온도를 가진다. 임계온도(critical temper)는 재료가 강도의 대부분을 잃고 작용하는 하중을 더 이상 지지할 수 없는 온도를 말한다. 따라서 내화설계에서는 538℃의 온도를 강재의 내화한계로 보고 있다.

(2) 따라서 철의 내화성능은 돌이나 콘크리트 등의 다른 건축재료에 비해서 매우 취약하다고 할 수 있다.

(3) 강재(steel structure)건물에서 아이빔(I-beam)이나 에이치빔(H-beam) 등의 철구조물은 적당한 방법으로 내화피복(fire proofing)을 해서 화재 시 열에 의한 강도저하에 대응하도록 설치하여야 한다.

(4) 즉, 철의 온도가 임계온도까지 도달하지 않도록 하거나 또는 도달하더라도 그 시간을 지연시키기 위해서 강재(steel structure)표면에 콘크리트, 석고, 석고보드, 섬유상 물질의 분사 등 열용량이 크고 단열성이 우수한 재질로 내화피복(fire proofing)을 하는 것이다.

02 내화피복의 요구성능

(1) 열전도율은 낮아야 한다.

(2) 열용량은 큰 것이 적합하다(단열성).

(3) 열에 의한 수축이 적어야 한다.

(4) 변형, 변색은 적어야 한다.

(5) 금이 가거나 벗겨져 떨어지지 않아야 한다(내충격성).

(6) 동일 성능이면 두껍게 시공하는 것이 유리하다.

(7) 가격이 저렴하여야 한다(경제성).

(8) 시공이 용이하여야 한다(시공성).

03 내화대책

(1) 내화피복은 콘크리트에 의해 피복되어 있는 철골, 철근의 급격한 온도상승으로 인한 팽창 및 강도저하를 방지하기 위한 것이다.

(2) 강재(steel structure) 구조체의 경우 주요 열공급원은 복사열이나, 강재가 열을 받으면 강재끼리의 열전달은 전도에 의해 이루어진다. 그 전달속도가 다른 구조체에 비해 빠르기 때문에 이를 낮추는 방법이 필요하게 된 것이다.

(3) 전도공식에서 'L'을 상승시키거나, 'k'를 낮추는 방법을 이용한다.

$$\dot{q}'' = \frac{k}{L}(T_1 - T_2)\,[\text{W/m}^2]$$

여기서, $\dot{q}''$: 열복사유속(W/m²)
  k : 열전도도(kW/m·℃)
  L : 두께(m)
  $T_1 - T_2$: 온도차

(4) 건식

1) **성형판 붙임공법(내화보드)** : P.C판, A.L.C판, 방화석고보드

① 일반적으로 방화석고보드를 철골표면에 설치하여 내화성능을 확보하는 것이다.

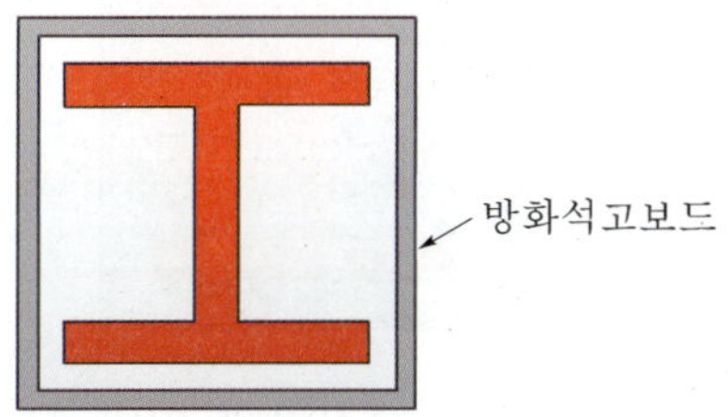

② 제품명으로는 인케이스먼트 시스템(encasement system)이라고 한다.

③ 장점
  ㉠ 건식 공법으로 설치시간이 짧다.
  ㉡ 뿜칠 등으로 인한 환경문제가 거의 없다.
  ㉢ 재료가 공장제품이므로 품질신뢰 및 품질관리가 용이하다.
  ㉣ 부분적인 보수가 용이하다.

④ 단점
  ㉠ 시공이 어렵다.
  ㉡ 가격이 비싸다.
  ㉢ 시공 시 절단·가공에 의한 재료손실이 크다.

　　ㄹ 접합부의 시공 정도가 나쁘면 결함에 의한 접합부 내화성능이 저하된다.
　　ㅁ 충격에 약하며 흡수성이 크다.

꼼꼼체크 **석고보드** : 소석고를 주원료로 하여 톱밥, 펄라이트, 섬유 등을 혼합하고, 물로 반죽해서 풀상태로 만든 것을 2장의 시트 사이에 부어서 판상으로 굳힌 것으로 수분을 21% 정도 가지고 있어 가열 시 결정수가 증발될 때까지 이면의 온도가 상승되지 않으므로 건물의 초기연소 지연효과가 있으나, 탈수가 되고 나면 무수석고가 되면서 하소(calcination)와 같은 물리, 화학적 변화가 발생한다.

2) 건식 뿜칠

① 단열성이 있는 유리솜, 암면 등을 물을 사용하지 않고 압축공기로 뿜어서 구조체에 피복하는 방법이다.

② 장점

　ㄱ 성능이나 가격면에서는 우수하다.

　ㄴ 시공이 용이하다.

③ 단점

　ㄱ 시공 시 분진 및 오염 등의 환경적 측면에서 문제가 있다.

　ㄴ 시공 시 철골 모서리부분의 두께확보가 어렵다.

(5) 습식

1) 타설 : 보통콘크리트, 경량콘크리트, 기포콘크리트

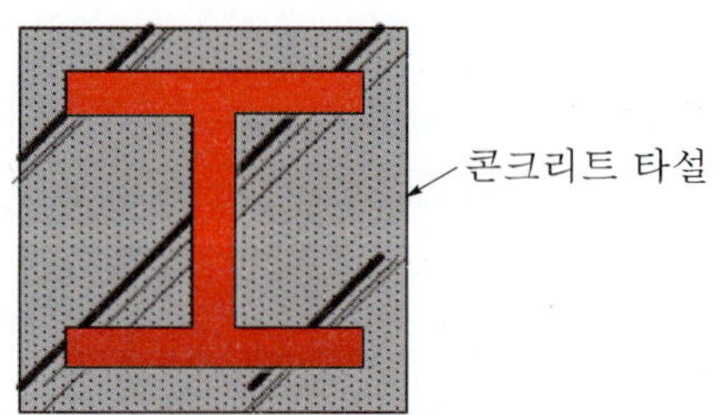

콘크리트 타설

① 철골구조체 주위에 거푸집을 설치하고 일반콘크리트(Con'c) 및 경량콘크리트를 타설하는 공법

② 장점

　ㄱ 필요 치수제작 및 표면마감이 용이하다.

　ㄴ 구조체와 일체화로 시공성이 양호하다.

　ㄷ 접합부에 문제가 없고, 내구성이 뛰어나다.

③ 단점

　ㄱ 시공기간이 길다.

　ㄴ 소요중량이 커서 건축물의 하중을 증가시킨다.

2) 미장 : 철망 모르타르, 철망 펄라이트 모르타르

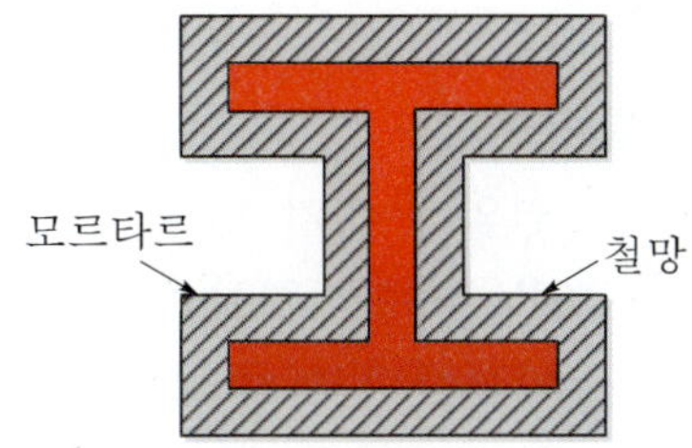

① 철골강재에 부착력 증대를 위해 철망(metal lath)을 부착하여 모르타르(mortar)로 미장하여 모르타르의 단열성에 의해 내화를 하는 방법으로 피복두께에 따라 40mm인 경우 1시간 내화, 60mm인 경우 2시간 내화, 80mm인 경우 3시간 내화 정도의 성능을 갖는다.

② 장점

   ㉠ 내화피복과 표면마무리가 동시에 이루어진다.

   ㉡ 미관이 수려하다.

   ㉢ 내화성능은 피복두께에 의해서 결정된다.

③ 단점

   ㉠ 작업소요시간이 길며, 기계화 시공이 곤란하다.

   ㉡ 부착성이 좋지 않고 균열이 발생한다.

3) **습식 뿜칠(가장 많이 이용되는 방법)** : 뿜칠암면, 습식 뿜칠암면, 뿜칠 모르타르, 뿜칠 플라스터(plaster), 실리카(silica)

① 내화뿜칠은 현재 습식과 건식 방법이 사용되고 있으며, 습식은 암면을 주재료로 하여, 포틀랜드시멘트, 증점제, 계면활성제에 물을 가하여 섞은 재료를 압송하여, 압축공기로 뿜어내어 칠하는 방법이다. 시공이 비교적 간편하고, 현재 시판 중인 제품으로는 3시간 내화구조까지 나와 있다.

② 최근에는 시공 시 분진 및 오염 문제 등의 환경적 측면을 고려하고 있으나 성능이나 가격면에서는 우수하다. 밀도 및 부착력 평가를 통해 성능평가를 한다.

③ 시공방법 : 철골강재 표면에 접착제를 도포 후 내화재료를 뿜칠로 피복한다.

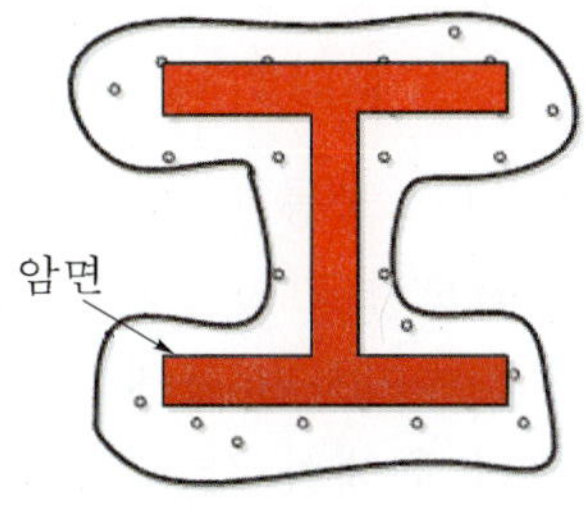

④ 장점

   ㉠ 복잡형상에도 시공이 가능하다.

   ㉡ 작업속도가 빠르며, 가격이 저렴하여 가장 많이 사용되는 공법이다.

⑤ 단점

㉠ 경년변화에 약하다(탈락현상).

㉡ 작업 시 날림과 환경오염의 우려가 있다.

㉢ 철골 모서리 등에 일정한 두께를 확보하기 어렵다.

4) **조적공법** : 콘크리트 블록, 경량콘크리트 블록, 돌, 벽돌

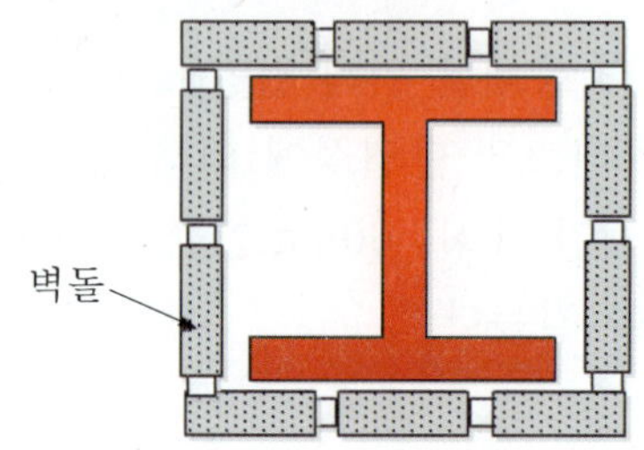

① 철골강재 표면에 콘크리트 블록, 벽돌, 돌 등으로 조적하여 내화피복 효과를 확보하는 공법

② 장점

㉠ 충격에 강하다.

㉡ 박리 우려가 없다.

㉢ 마감재로 활용이 가능하다.

③ 단점

㉠ 시공시간이 길다.

㉡ 중량이 크다.

㉢ 시공이 어렵다.

5) **도장공법(내화도료)**

① 도장공법에는 하도-중도-상도라고 하여 도료를 3단계로 칠한다. 하도는 광명단, 중도는 베이스코트라고 하여 발포되는 내화도료, 상도는 외부 마감용 도료를 사용한다. 화재 시 중도부분이 발포되어 단열층을 형성함으로써 열전달을 억제하여 내화성능을 가지게 된다. 다른 용어로는 멤브레인(membrane) 공법이라고도 한다.

② 장점

㉠ 얇아서 사용성이 좋다. 보통 1시간 구조는 1~2mm, 2시간 구조는 10mm 이내의 두께면 성능확보가 가능하다.

㉡ 선박, 조선소, 공장 에이치빔 등에 사용하여 철의 인장강도인 538℃에 도달하는 것을 방지하기 위해서 사용한다.

③ 단점

㉠ 뿜칠에 비해 내화성능이 다소 낮아 주로 1시간 내화구조에만 제한적으로 사용되고 있다. 유럽에서는 30분 내화, 60분 내화로 사용되고 있다.

  ⓛ 내화성, 내구성이 약하여 저강도화재에 사용하며, 부분적인 파손이 전체적 인 성능저하를 초래한다.

  ⓒ 3회 이상 도포 시 밀림현상이 있을 수 있다.

  ⓔ 원자재가 고가이다.

(6) 합성 내화피복공법 or 복합공법(hybrid)

1) 정의 : 각종 재료 및 공법의 조합으로 상기 공법을 2~3가지 혼용해서 사용하는 공법이다.

2) 종류

  ① 이종재료 적층공법

  ② 이질재료 접합공법

(7) 특수공법

1) 내화강(fire resistance steel)

  ① 항복점이나 탄성계수 등의 고온강도 특성이 양호한 강재를 사용하면 내화성능이 보다 향상된다.

  ② 같은 설계하중 성상에 대하여 내화강을 사용하는 경우는 얇은 두께의 내화피복으로도 두꺼운 내화피복과 동일한 성능을 낼 수가 있다.

  ③ 내화강은 일반강재에 비해 상온 특성, 가공성 및 용접성은 동등하고, 항복비가 낮아서 내진성이 우수하며, 특히 고온 특성이 우수하다. 내화강의 고온 특성은 600℃를 기준으로 하며, 이 온도에서의 내력은 상온의 강도의 $\frac{2}{3}$ 이상을 가진다.

2) 무(無)내화피복 철골구조(CFT ; Concrete Filled steel Tube)

  ① 무내화피복의 철골구조는 콘크리트충전 강관구조라고도 하며, 각형 또는 원형 강관 내부에 콘크리트를 충전한 구조형식으로, 강관과 콘크리트의 재료적 장점을 극대화시켜 종래의 철골조나 철근콘크리트 및 철골철근콘크리트조에 비하여 내진·내화성능, 시공성 및 경제성이 뛰어난 특성을 가진다.

  ② 강재의 열을 열용량이 큰 콘크리트가 흡수하여 강재의 온도를 낮추는 구조이다.

  ③ 강재가 거푸집 역할을 수행하므로 콘크리트 타설 시에 거푸집이 필요 없는 구조이다.

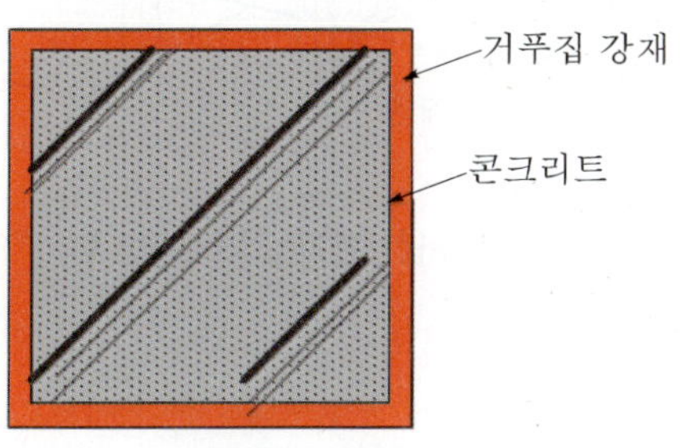

┃ 무내화피복 CFT기둥 ┃

3) **수냉강관기둥 내화공법** : 철골에 수냉관 설치(수냉관이 열을 흡수)

① 수냉강관기둥 구조물은 아래 그림과 같이 4각형의 강관을 구조물로 사용하여 여기에 물을 채워 둠으로써 화재 시 화재층의 기둥과 저장탱크 사이의 대류에 의해 물이 순환되어 열을 흡수하도록 하는 내화공법이다.

② 이때 발생하는 증기는 저장탱크 상부에 설치된 증기배출구를 통해서 배출된다. 수직부재의 열배출은 용이하나 수평부재의 열배출 능력은 낮다. 따라서 수직부재에는 사용이 가능하나 수평부재에는 소화효과가 떨어져 사용되지 않는다.

③ 초기에는 단일강관을 사용했으나 최근에는 관을 2중 구조로 한 이중강제형(double steel type)도 사용된다.

④ 한랭지에서는 물의 동결을 방지하기 위해 외측 기둥 내부의 물에 부동액을 혼합해서 사용한다.

⑤ 단점

  ㉠ 건축물 상부에 물탱크를 필요로 한다.

  ㉡ 부식(부동액 → 열전도율이 낮아짐)의 우려가 있다.

  ㉢ 동파 우려가 있다.

  ㉣ 수평부재에서는 성능이 낮아서 내화성능을 기대하기가 곤란하다.

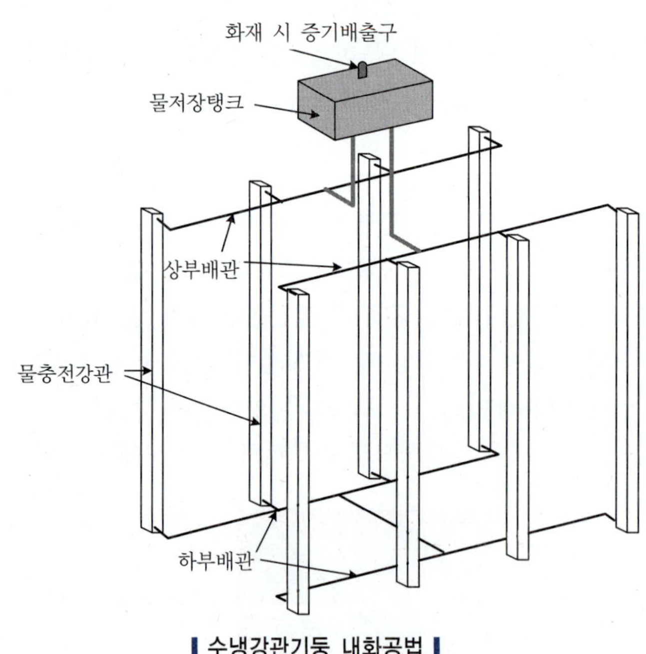

❚ 수냉강관기둥 내화공법 ❚

폭렬(spalling)

01 개 요

(1) 정의 : 폭렬(爆裂, spalling)이란 물질 내부에서 기계적인 힘을 초래하는 가열속도와 고온에의 노출로 기인한 콘크리트, 조적, 벽돌의 표면장력 강도의 붕괴이다. 즉, 콘크리트나 조적물 표면에 깨짐 또는 구멍이 발생하여 강도가 저하되는 현상이다. 폭렬은 일반적으로 화재발생 후 약 20~30분 이내에 발생하는 것으로 보고되어 있다.

(2) 철근콘크리트의 폭렬 : 화재로 구체의 온도가 상승 시에 철과 콘크리트의 열팽창계수는 비슷하지만 열전도 차이(철근≫콘크리트)가 커서 균열(crack)이 발생하고, 이것이 폭렬현상으로 진행하여 재료의 변형, 구조내력의 약화를 가지고 온다.

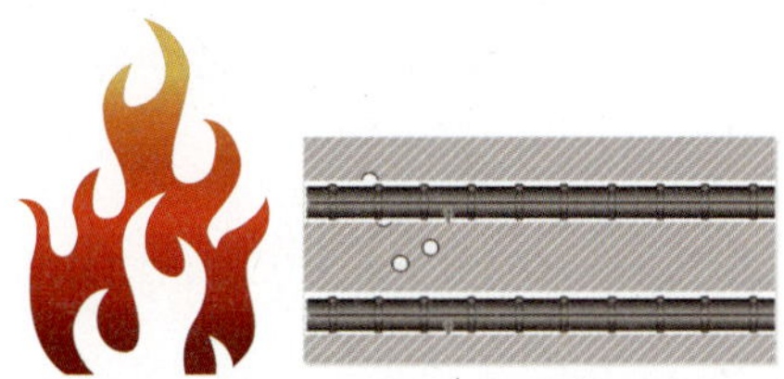

열팽창계수는 비슷하지만 전도차가 커서
철근의 팽창이 크다.

▌ 철근의 열팽창 ▌

 ITA(2004)에서는 폭렬에 관하여 다음과 같이 정리하였다.[26]

- 폭렬 메커니즘에 대해서는 아직까지 논란이 많다. 공극압 또는 열팽창이 가장 유력한 원인이라고 할 수 있다.
- 저품질 콘크리트보다 견고하고 투수성이 낮은 콘크리트일수록 폭렬이 발생하기 쉽다. 특히, 공극률이 증가하고 공극직경이 작아지면 폭렬의 가능성이 높다.
- 콘크리트 배합 및 양생 조건이 폭렬을 좌우하는 주요 변수이다.
- 폭렬은 고강도 콘크리트와 일반 콘크리트 모두에서 발생할 수 있다. 그러나 일반적으로 고강도 콘크리트에서 폭렬이 더 크게 발생한다. 이는 고성능 콘크리트의 낮은 투수성 때문에 고온에 의한 콘크리트 내부의 공극압이 일반 콘크리트의 경우보다 커지기 때문이다. 또한 고성능 콘크리트에서는 표면 가까이에서 공극압이 최대가 되므로 화재 시 고성능 콘크리트의 얇은 단면에서는 반복적으로 박락이 발생하게 된다.
- 콘크리트 내부의 수분확산과 함수량이 중요하다. 함수량이 높으면 폭렬의 가능성이 높다.
- 폭렬이 발생하지 않는 최저 함수량의 한계값이 존재한다. 그러나 함수량 결정방법에 대해서는 논란이 많다.
- 골재도 폭렬에 영향을 미친다. 예를 들어 석회질 골재가 규산질 골재보다 폭렬에 더 취약하다.
- 철근 배열도 폭렬에 영향을 미치지만 폭렬을 방지하지는 않는다.

---

26) 화재로 인한 지하구조물의 재료 특성의 변화, 시설안전 제32호, 장수호, 최순욱, 윤태국.

- 폭렬은 화재초기에 발생하며 화재가 어느 정도 진행되면 폭렬이 중단된다.
- 가열온도가 높을수록, 가열속도가 빠를수록 폭렬의 가능성이 높다.
- 구조물에 작용하는 역학적 하중조건도 폭렬에 영향을 미친다. 폭렬은 구조부재의 압축영역에서 발생하는 것이 일반적이다.
- 구조체의 기하학적 형상도 폭렬형태에 영향을 미친다.
- 구조부재의 두께가 두꺼울수록 폭렬의 가능성이 높다.

02 폭렬현상의 특징

(1) 박리나 박락으로 인하여 부재의 단면이 축소된다.

(2) 자중이 감소한다.

(3) 취성증가 요인이 있다.

(4) 함수량이 높으면 폭렬 가능성이 높다.

(5) 폭렬은 화재초기에 발생한다.

(6) 박리(온도상승이 클수록, 수분함유량이 많을수록, 특히 고강도 콘크리트일수록 잘 발생), 박락이 발생한다.

(7) 콘크리트의 중성화가 되면 폭렬에 취약하다.

(8) 열응력에 의한 균열이 발생한다.

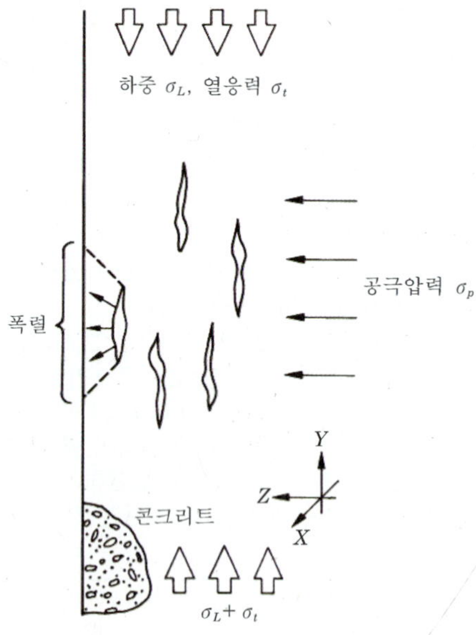

▎ 가열된 콘크리트에 작용하는 응력[27] ▎

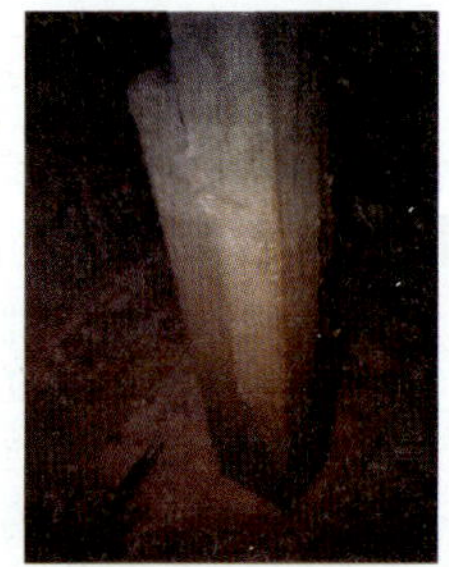

▎ 폭렬 발생 전 ▎

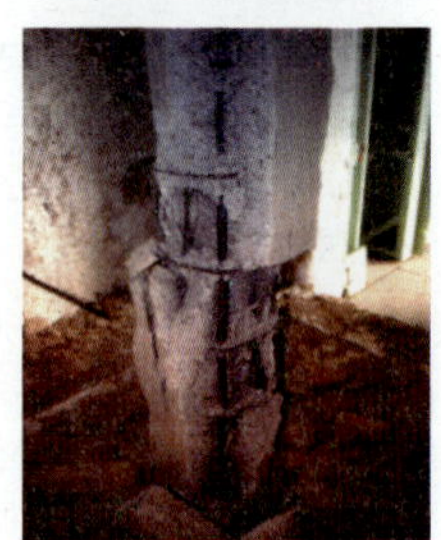

▎ 폭렬 발생 후 ▎

---

27) Figure 4.2. Stresses acting in heated concrete. Zhukov, V.V. Explosive failure of concrete during a fire (in Russian). Translation No. DT 2124, Joint Fire Research Organization, Borehamwood, 1975.

03 폭렬의 형태

▮ 폭렬의 단계별 비교표[28] ▮

분류	폭렬(spalling)			
	점진적 폭렬(progressive spalling)			폭발성 폭렬 (explosive spalling)
	골재폭렬 (aggregate spalling)	표면폭렬 (surface spalling)	코너폭렬 (coner spalling)	
피해 정도	하	중	중~상	상
철근의 영향	없음	있음	있음	심각함
피해범위	표면	표면으로부터 5~10mm	피복두께 이상	구체의 전체 부분
발생시기	초기	초기	초·중기	전 기간
발생문제	미관 문제	단면 결손	단면 결손	부분 붕괴
폭렬(palling) 이론	골재변형 수증기압	골재변형 열응력	수증기압 열응력	공극압력 삼투압
발생원인	열을 받은 골재표면에 국부 박락현상 발생	표면골재로 인한 콘크리트 파편발생	코너부의 수증기압	콘크리트 내부의 급격한 응력발생

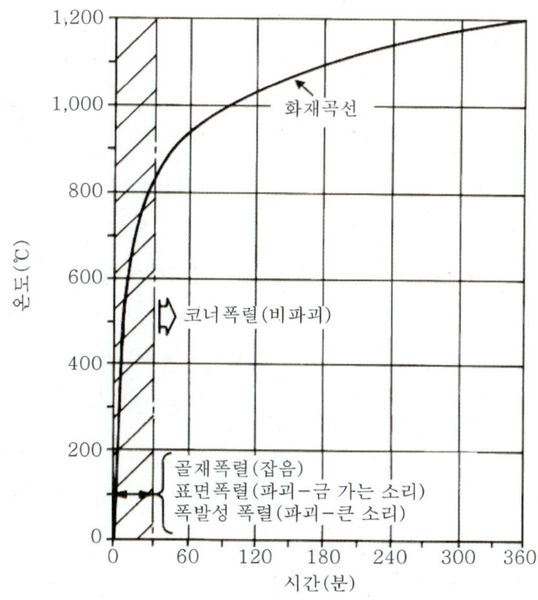

▮ 폭렬의 유형별 발생시간[29] ▮

---

28) 건설기술정보 2006.6 최승관, 김형준의 화재 시 콘크리트 구조물 폭렬 거동 연구에서 발췌
29) Figure 2.1. Time of occurrence of different types of spalling in a fire. CONCRETE SPALLING REVIEW. Professor Gabriel Alexander Khoury and Dr. Yngve Anderberg

04 점진적 폭렬(progressive spalling)[30]

(1) 정의 : 고온 가열 시 콘크리트 내부의 수분이 이동하게 되고 열 특성에 의해 점차적으로 변형이 일어나게 되어서 표면박락(떨어져 나간다)이 발생한다.

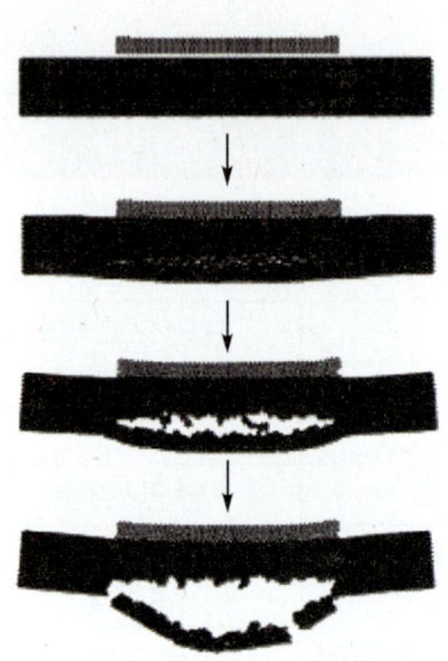

▌ 점진적 폭렬의 진행과정[31] ▌

(2) 점진적 폭렬이론

1) **수증기압 이론** : 콘크리트가 고온에 노출될 경우에 자유수와 결합수의 증발로 인해 국부적인 수증기압 증가를 발생시키게 되는데 투수성이 낮은 재료일 경우에는 그 특성과 연동되어 고압증기의 분산을 어렵게 하는 현상이 발생하게 되어 궁극적으로 국부적인 폭렬을 발생시키게 된다(Ichikawa. Y, 2004).

2) **골재변형 이론** : 다른 열팽창률을 갖고 있는 콘크리트의 표면골재가 고온 노출 시에 국부적인 변형을 발생시키고 이로 인해 표면폭렬이 발생하게 된다(Hertz K. D, 2003).

3) **열응력 이론** : 비선형적인 온도분포가 콘크리트 단면에 영향을 주어서 최대 변형이 발생할 경우 콘크리트 강도 이상의 표면 압축응력이 발생하게 되고 결국 폭렬이 발생하게 된다는 내용이다. 이러한 현상들은 콘크리트 내부의 상반된 응력에 의해서 억제될 수 있는데 아래 그림과 같이 표면에서 발생한 압축응력이 철근에 의한 구속력에 의해 억제되어서 결국 폭렬현상을 지연시킬 수 있다. 그러나 고온으로 가열될 경우에는 표면에서의 압축응력이 철근의 구속력을 초과할 경우가 발생하게 되고, 결국 콘크리트 표면이 박락되는 표면 폭렬현상이 발생한다(Dougill. J. W, 1972).

---

30) 건설기술정보 2006.6 최승관, 김형준의 화재 시 콘크리트 구조물 폭렬 거동 연구에서 발췌
31) Figure 2. A simulation result shows the sequences of spalling (from Krivtsov, 1999). Spalling and Fragmentation. 2008 Henry Tan

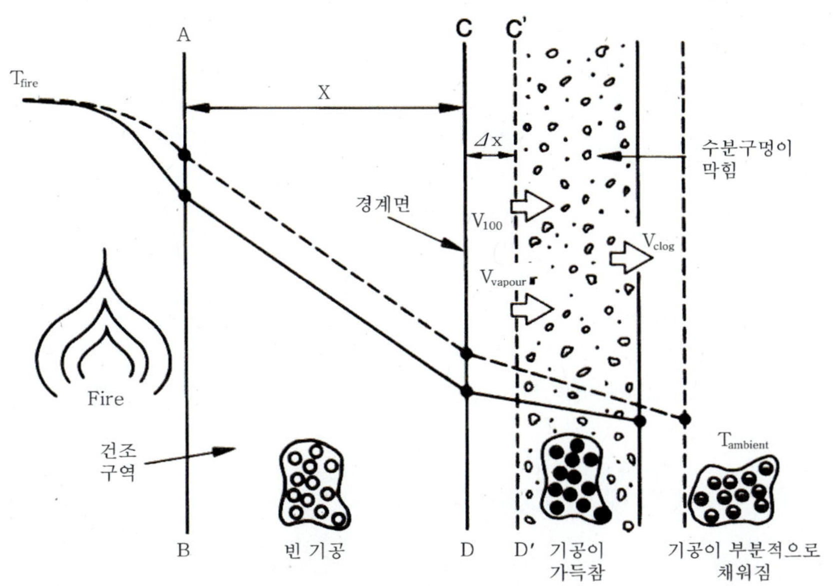

▌ 가열된 콘크리트의 수증기 모델[32) ▌

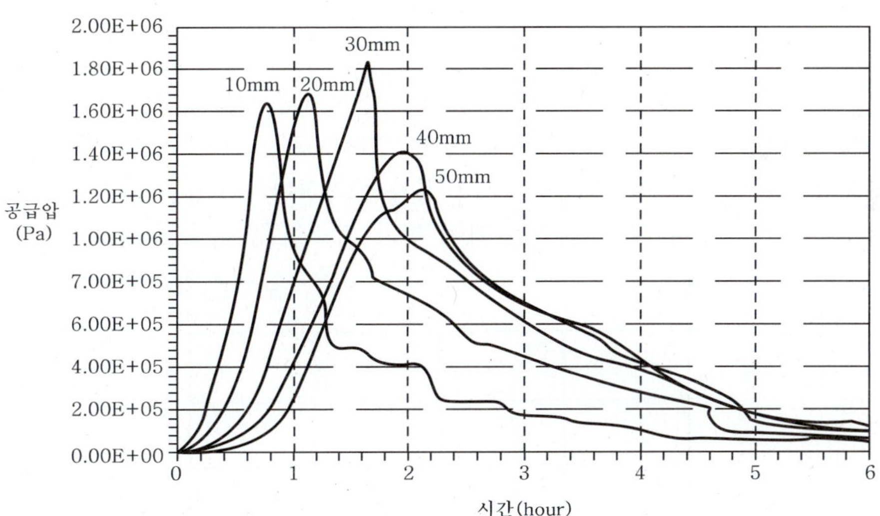

▌ 열응력 이론 : 시간에 따른 콘크리트 공극압의 분포변화[33) ▌

---

32) Figure 4.3. Moisture-vapour model of heated concrete. Connolly, R. J. The spalling of concrete in Fires PhD thesis submitted to Aston University, April 1995, p.294
33) 건설기술정보 2006.6 최승관, 김형준의 화재시 콘크리트 구조물 폭렬 거동 연구에서 발췌

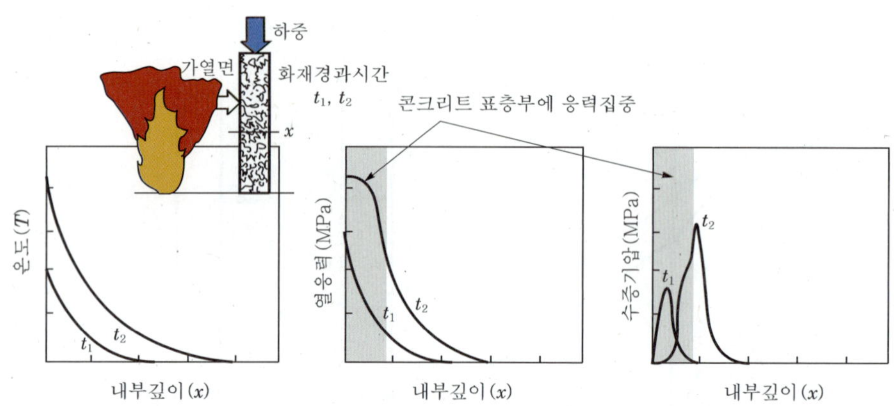

❙ 화재경과시간에 따른 온도상승과 이로 인한 열응력 및 수증기압의 변화 ❙

05 폭발성 폭렬(explosive spalling)[34]

(1) 공극압력 이론

1) 콘크리트 부재가 한쪽 표면으로부터 일방향으로 고온을 받으면 내부의 자유수는 고온 표면에서 증발을 하거나 상대적으로 저온인 콘크리트 내부로 이동하기 시작한다. 이러한 수분을 이동시키는 압력에 의해 수증기는 콘크리트 내의 공극 사이로 이동을 하게 되고 공극압력을 발생하게 되는 원인이 되어서 결국 폭발성 폭렬(explosive spalling)을 발생시킨다.

2) 내부로 들어간 수증기는 열원과의 거리가 늘어나면 서열에 의한 흐름의 세기가 감소하게 되며 수증기압도 감소하게 된다. 그러므로 콘크리트 내의 공극압의 크기는 아래 그림에서와 같이 표면에서부터 점차 증가하다가 Vapor zone에서 최대 수증기압을 발생시키며 그 이후로 압력이 점차 감소하게 된다(Bazant. Z. P, 1979).

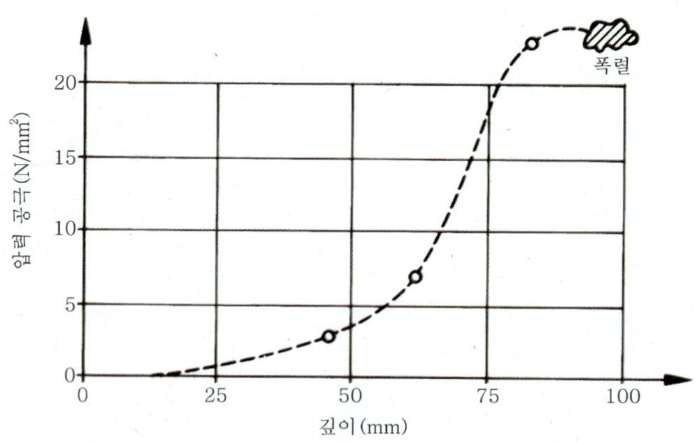

❙ Sertmehemetoglu에 의한 관찰실험 결과 깊이에 따른 공극압력[35] ❙

---

34) 건설기술정보 2006.6 최승관, 김형준의 화재 시 콘크리트 구조물 폭렬 거동 연구에서 발췌

35) Figure 4.5. Experimental pore pressure observed by Sertmehemetoglu. Sertmehmetoglu, Y. On a mechanism of spalling of concrete under fire conditions. PhD thesis, King's College, London, 1977.

(2) 삼투압 이론

1) 삼투압 이론이란 고온 가열 시 콘크리트를 구성하는 두 성분의 서로 다른 열 특성에 의해 발생한다. 시멘트페이스트는 내부 공극 수증기의 증발로 인해 수축을 하는 반면 골재는 열에 의한 팽창을 하게 되어 상반된 변형이 발생하게 된다.

2) 이러한 상이한 변형으로 인해 다공질의 ITZ(Interfacial Transition Zones)가 발생하게 되며 ITZ의 내부 공극이 크기 때문에 수분을 흡수하려는 삼투압현상이 발생하게 된다. 그러므로 고온가열 시 ITZ의 온도는 급속도로 올라가게 되고 높은 압력이 발생하게 되어서 결국 폭렬이 발생하게 된다(Anderberg. Y, 1997).

 **ITZ(Interfacial Transition Zones)** : 계면변화영역, 미소경계영역, 천이영역

06 콘크리트 폭렬 영향성 평가

(1) 다양한 형태의 폭렬발생 원인에 관한 이론들에서 제시된 것처럼 폭렬발생은 한 가지 변수에 의해 지배되는 것이 아니라 매우 복합적인 다양한 원인들의 조합에 의해 결정되기 때문에 체계적인 관점에서의 접근이 필요하다. 또한 콘크리트 재료 자체가 불균질한 특성을 갖고 있기 때문에 동일한 조건과 변수를 가지고 제작한 실험체의 실험에서도 상당히 상이한 거동이 발생하기도 한다.

(2) 하중재하 정도에 따른 폭렬발생 정도

1) 일반적인 경우 : 고온 가열 시 콘크리트는 하중을 재하할수록 폭렬이 더 잘 발생하게 된다.

2) 하중재하를 적정 수준으로 조절할 경우 : 고온 가열 시 콘크리트는 하중을 재하할수록 폭렬이 억제되는 현상이 발생하게 된다. 그 이유는 적당한 하중재하가 콘크리트 내부에 미세균열을 발생시키고 내부 공극을 커지게 하거나 늘리는 효과를 발생시켜서 수분의 흐름을 원활하게 하여 폭렬이 발생하게 되기 때문이다.

3) 그러므로 하중재하 정도에 따라서 폭렬발생에 미치는 영향이 아래와 같이 약간씩 달라진다(Arita. F, 2002).

하중재하가 큼 > 하중재하가 없음 > 적당한 하중재하가 있음

(3) 실험체 크기에 따른 폭렬발생 정도 : 실험체의 크기가 폭렬발생에 영향을 주기도 하는데 그 이유는 온도와 수분의 함유량이 달라지기 때문이다. 일반적으로 실험체 크기와 폭렬 간의 관계는 가열방향과 재하하중에 따라서 서로 다른 결과를 나타낸다.

1) 전 방향 가열 시 : 실험체를 전 방향에서 가열할 경우에는 두께가 얇을수록 폭렬이 더 잘 발생하는데 이는 실험체가 얇을수록 수분의 이동경로가 짧고 폭렬을 억제하는 인장강도가 작기 때문이다(Meyer-Ottens. C, 1972).

2) **일방향 가열 시** : 두께가 깊을수록 폭렬이 더 잘 발생한다. 왜냐하면 일방향으로 가열할 경우 수분은 가열되는 반대편으로 이동하게 되는데 이때 두께가 깊을 경우에는 그 이동경로가 길어지기 때문이다(Bostrom. L, 2004).

(4) **열팽창구속에 따른 폭렬발생 정도** : 열팽창에 대한 변위구속을 할수록 미세균열을 억제하여 공극 내의 수분의 이동을 억제하므로 폭렬현상을 발생시키는 원인이 된다. 그러나 약간의 열팽창구속은 열응력과 열변형 차이를 완화시키는 역할을 하여 폭렬현상을 경감하거나 지연시키는 효과를 발생하게 한다. 그러므로 아래와 같이 열팽창구속에 따라 폭렬이 발생하는 정도가 달라진다(Meyer-Ottens. C, 1972).

> 열팽창구속이 큼 > 열팽창구속이 없음 > 적당한 열팽창구속이 있음

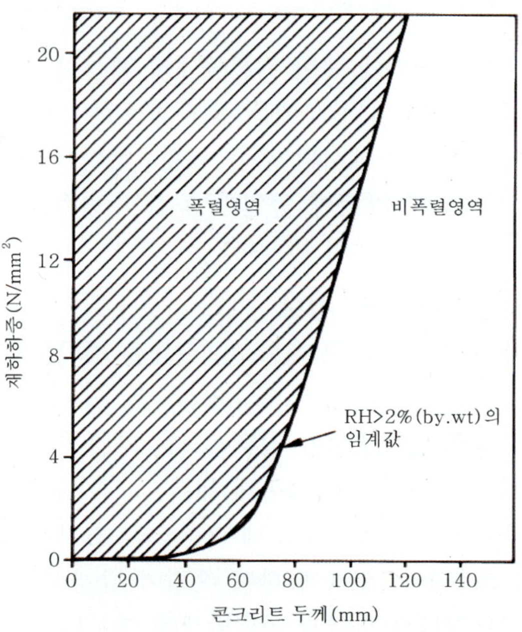

▌ 콘크리트 두께와 하중에 의한 폭렬의 발생[36] ▌

꼼꼼체크 **RH(Relative Humidity)** : 상대습도

---

36) Explosive spalling nomogram by Meyer-Ottens. Meyer-Ottens, C. The question of spalling of concrete structural elements of standard concrete under fire loading. PhD Thesis, Technical University of Braunschweig, Germany, 1972.

07 폭렬에 영향을 주는 요소(Khoury, 2002)

(1) 재료적 특징

1) **투수성** : 고강도 콘크리트의 경우 이러한 급격한 온도상승이 없을 경우에도 폭렬이 발생하는데, 이는 고강도 콘크리트가 일반 콘크리트에 비해서 낮은 투수성을 갖기 때문이다. 투수성이 낮을수록 수증기압 상승의 원인이 되기 때문이다(Jumpannen. U. M, 1989).

> **꼼꼼체크 투수성** : 콘크리트 내의 물의 흐름

2) **수분함유량** : 수분은 폭렬현상의 주원인이다. 콘크리트 내 수분이 많을수록 폭렬이 더 잘 발생하게 되는데 이는 수분함유량이 수증기압과 공극압 상승의 직접적인 원인이 되기 때문이다. 콘크리트 내의 수분은 자유수와 화학적 결합수로 분류할 수 있고 약 100~150℃까지는 자유수가 주로 증발하므로 자유수가 폭렬현상의 주원인이 되며 그 이상의 온도에서는 화학적 결합수가 분해되므로 이에 대한 고려가 필요하다. 자유수에 의한 폭렬 메커니즘은 콘크리트 가열로 인해 내부의 자유수가 콘크리트 가열표면 부위로 이동하게 되며 이때 온도상승으로 인한 기화현상을 동반하게 된다. 이러한 현상은 국부적인 급격한 공극압력증가를 발생하게 하여 결국 폭렬로 귀결된다. 그러나 수분함유량이 콘크리트 전체 중량의 3% 이내일 경우에는 폭렬현상이 발생하지 않는다고 인식되고 있다(Eurocode 기준).

> **꼼꼼체크** 수분함유량이 너무 많으면 수화반응을 하고 남은 물이 증발하면서 공극이 발생하여 균열이 생기고 강도가 저하된다.

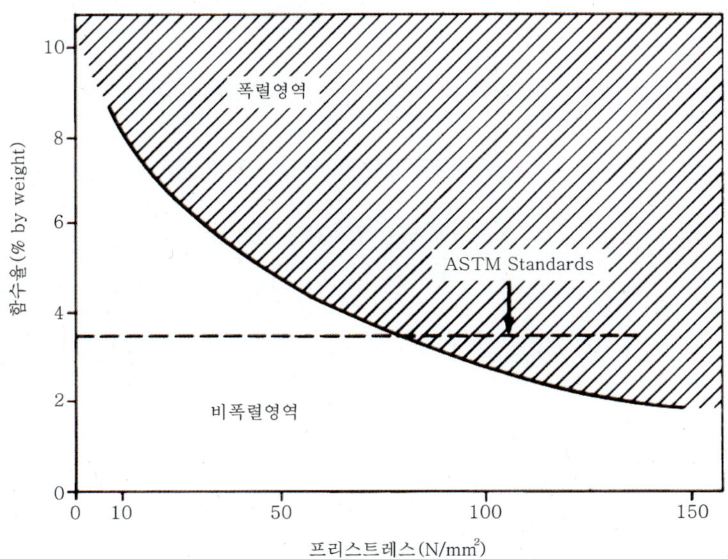

▌프리스트레스와 수분에 따른 폭렬의 발생[37] ▌

37) Figure 3.2. Explosive spalling envelope after Christiaanse. Christiaanse, A., Langhorst, A. and Gerriste, A. Discussion of fire resistance of lightweight concrete and spalling. Dutch Society of Engineers(STUVO), Report 12, Holland, 1972.

꼼꼼체크 **프리스트레스(prestress)** : 콘크리트 부재에 발생하는 인장력을 상쇄하기 위한 인위
적인 압축력

3) 골재의 크기와 종류

① 골재의 종류는 인장강도에 영향을 미치는데, 탄산염 골재 콘크리트보다 규산염
골재가 인장강도가 더 커서 효과적이다.

② 경량골재보다 보통골재가 중량이 크므로 열용량이 커서 더 효과적이다.

꼼꼼체크 • 보통골재

- 화강암, 사암, 기반암으로 구성
- 보통의 토목, 건축구조물에 이용되는 일반적인 골재
- 중량 : 2,400kg/m^3, 160lbf/ft^3(비중 2.50-2.65)
• 경량골재(lightweight aggregate)
- 경석, 진주암(펄라이트) 등 다공성 돌로 구성
- 콘크리트의 중량을 감소시킬 목적으로 쓰이는 가벼운 골재
- 중량 : 1,800kg/m^3, 120lb/ft^3(비중 2.50 이하)

③ 500℃까지는 일정하게 유지된다(상온의 80%).

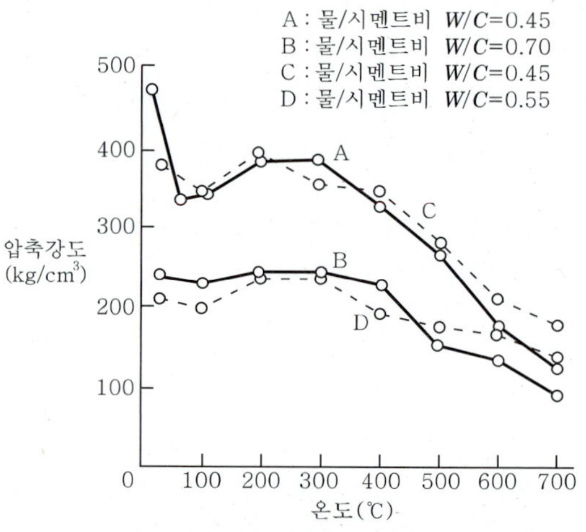

┃ 온도에 의한 압축강도 변화 ┃

④ 규산염 골재 : 650℃에서 $\frac{1}{2}$ 강도를 가진다.

⑤ 탄산염 골재 및 경량 골재 : 650℃까지 일정하게 유지된다.

4) 균열과 철근의 유무

5) 공극률 : 공극률은 공극압력을 결정짓는 주요 재료적 특성이며 폭렬발생의 직접적
인 원인이 된다. 공극률이 작을수록 공극압 상승의 원인이 된다. 공극압이 클수록
폭렬에 의한 피해가 증가하게 된다.

6) 양생방법과 섬유보강 : 아래 그림은 공극압력의 차이를 분석한 것이다. 보통강도
콘크리트(NSC ; Normal Strength Concrete)는 수중 양생할수록 공극압력이 커지
고 고강도 콘크리트(HSC ; High Strength Concrete)에서는 섬유보강이 클수록
공극압력이 작아지는 효과를 볼 수 있다(Phan. L. T, 2002).

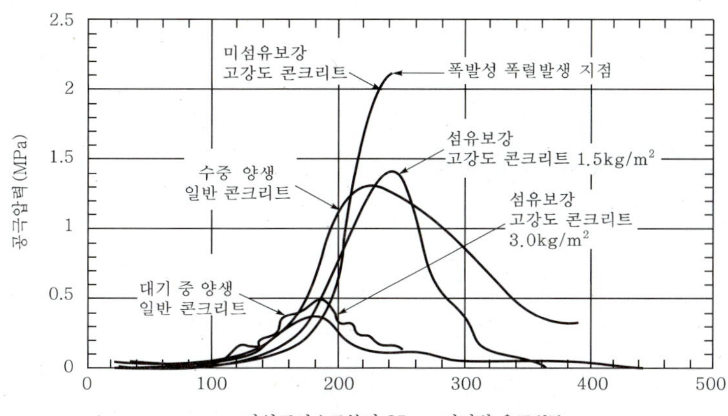

❚ 양생방법과 섬유보강에 따른 공극압의 변화[38] ❚

꼼꼼체크 양생의 경우 강도

- 3일 : 25%
- 7일 : 45%
- 30일 : 80%
- 3개월 : 90%
- 1년 : 95%

(2) 기하학적 특징 : 콘크리트 구조체의 단면과 크기

1) 구조체의 단면에 따라서 수열량의 변화를 초래할 수 있고 수열량에 따라서 폭렬의 정도가 달라질 수 있다.

2) 콘크리트의 두께가 두꺼울수록 폭렬의 발생이 적다(168page 그림 참조).

(3) 환경적 특징

1) 가열속도 : 실험체에 급격한 가열을 할 경우에는 폭렬현상이 잘 발생하게 된다. 그 이유는 급격한 가열을 할수록 콘크리트 표면의 온도가 급속도로 증가하게 되고 수증기가 빠져 나가기 전에 급속도로 증발하게 된다. 이로 인해 짧은 시간 안에 급격한 공극압이 발생해서 결국 이것이 폭렬발생의 원인이 된다.

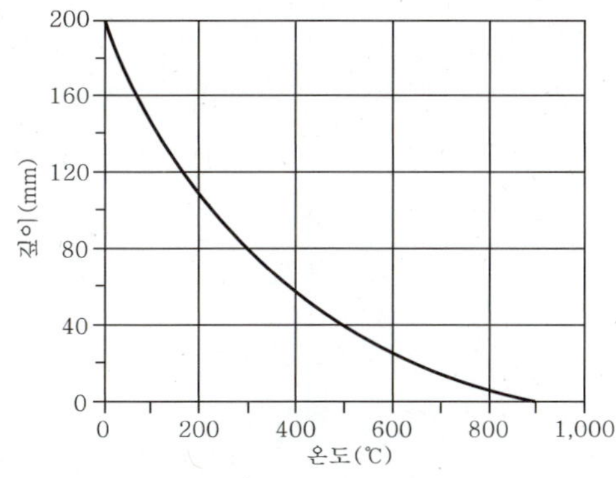

❚ BS 476에 의해서 60분간 가열 시 열분포[39] ❚

---

38) 건설기술정보 2006.6 최승관, 김형준의 화재 시 콘크리트구조물 폭렬거동 연구에서 발췌

39) Figure 4.4. Typical temperature distribution in concrete at 60 minutes of heating in BS476 fire. Connolly. R. J. The spalling of concrete in Fires PhD thesis submitted to Aston University, April 1995, p.294.

171

2) 열분포

3) 작용하중 조건

08 화재에 의한 콘크리트의 변화

(1) 고온에서의 콘크리트 성능저하는 외부 노출온도의 상승과 연동하여 고온 조건에서 다양한 주요 구성물질의 물리·화학적 변화가 단계적으로 발생하기 때문이다. 콘크리트의 주구성물인 골재, 시멘트페이스트와 물에서 이러한 영향은 독립적으로 발생하여 콘크리트의 변화에 복합적으로 작용한다.

(2) 온도에 따라 변화를 일으킨다.

(3) 이러한 다양한 형태의 화학적 변화는 콘크리트의 고온 조건에서 열역학적·기계적 주요 물성인 열팽창, 비열, 전도율, 강도, 강성 및 폭렬 발생의 변화를 일으키게 된다.

꼼꼼체크 **피로** : 항복강도 이하의 힘이라도 연속적으로 가하면 파괴되는 현상

09 폭렬대책

(1) **화재실의 온도를 낮추는 대책**

1) 자동식 수계소화설비의 설치

2) 가연물의 양을 소량보관(just in time)

3) 제연설비를 통한 열의 배출

(2) **재료대책**

1) 경량골재(공극이 미세하므로 파괴의 우려가 있다)보다 보통골재를 사용한다.

2) 콘크리트의 강도 자체를 증진시킨다.

3) 철근 배근간격을 줄여준다.

4) 와이어 메시 설치 : 와이어 메시는 부착력을 증가시켜 비산을 방지하는 기능을 한다.

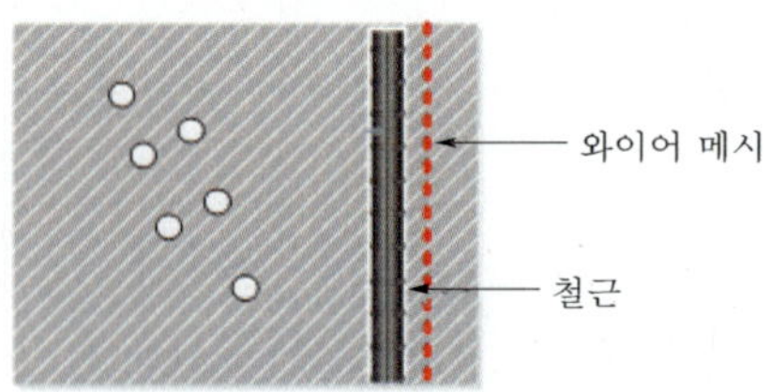

❚ 와이어 메시로 보강한 철근콘크리트 ❚

5) 유리섬유, 탄소섬유를 설치하여 인장강도를 증진시킨다. 콘크리트 내부에 합성섬유(주로 폴리프로필렌 섬유)를 사용하여 폭렬을 제어하는 방법이 있다.

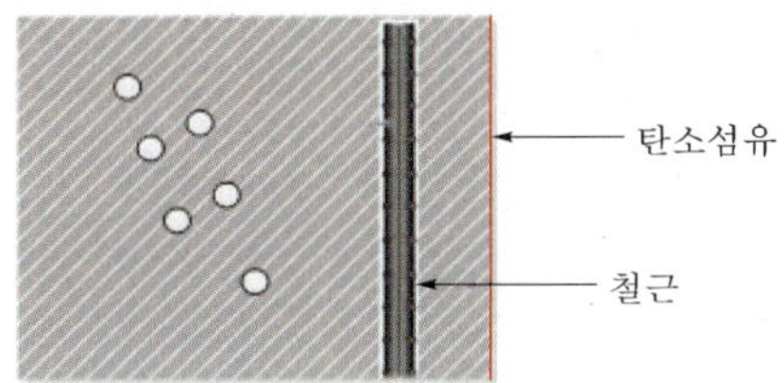

┃ 섬유로 보강한 철근콘크리트 ┃

① 섬유는 콘크리트의 연성과 강도를 증가시켜서 균열과 폭렬을 방지하는 효과가 있으며, 폴리프로필렌 섬유가 폭렬을 추가적으로 방지하는 역할을 하는 이유는 낮은 온도에서 녹기 때문이다.

② 이러한 현상은 대략 165℃에서 폴리프로필렌 섬유가 녹기 때문에 콘크리트 혼합 시에 사용할 경우 고온가열 시에 녹은 섬유가 공극률을 상승시킴으로써 압력상승을 감소시켜 폭렬현상을 억제하게 된다(Kalifa. P, 2001).

③ FRP를 외부에 보강할 경우에는 재료의 축강도와 연성 폭렬성능 등의 개선이 가능하지만 FRP는 가연성이며 유독가스가 배출되는 특성을 갖고 있기 때문에 화재발생 시에 이러한 문제에 대한 고려가 필요하다.

 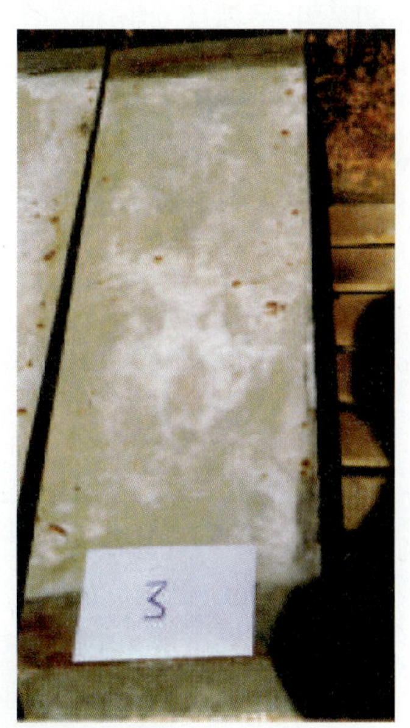

(a) 프로필렌 섬유가 포함되지 않은 경우   (b) 프로필렌 섬유가 포함된 경우

┃ 폴리프로필렌 섬유가 폭렬에 미치는 영향[40] ┃

---

40) Figure 5.1. Spalling of granite concrete without pp fibres. Shuttleworth, P. Private communication. Rail Link Engineering, 1998.

콘크리트 설계기준강도(MPa)	폴리프로필렌 함유량(kg/m^3)
60~100	1.0
100~120	3.0
재질	폴리프로필렌
녹는점	165±5℃
단위중량	0.91g/cm^3

6) 내화피복의 두께를 증가시키거나 내화뿜칠, 내화도료로 피복을 한다.

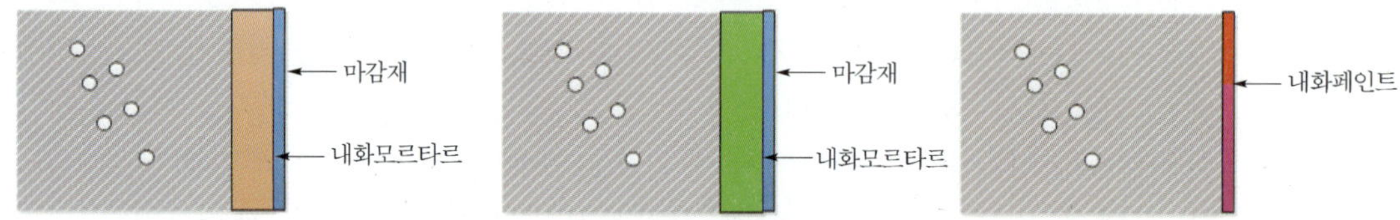

❚ 다양한 내화피복 방법 ❚

7) 수분을 배출시킬 수 있게 충분히 양생시킨다.

8) 부재의 크기를 크게 한다. 부재가 클수록 열용량이 증가하기 때문이다.

9) 콘크리트 배합을 조절(먼저 수분함유량을 전체 콘크리트 중량의 3% 이하로 유지하며 ITZ의 두께를 $20\mu m^2$ 이하로 조정)하여 삼투압발생을 억제시켜 폭렬을 제어한다.

꼼꼼체크 ・ITZ의 두께를 조정하는 방법
  - 시멘트 입도의 크기를 세립화한다.
  - 골재의 입도를 크게 한다.
  - 잔골재와 굵은 골재의 배합을 조정한다. 잔골재를 적게 배합하여 콘크리트 내의 공극을 크게 하여 수증기가 내부 삼투압에 의해 잔골재가 아닌 굵은 골재 사이로 이동하게 하여 폭렬을 방지한다.
・폴리프로필렌과 메탈라스의 비교

❚ 건축물에 따른 대책 ❚

	폴리프로필렌섬유	메탈라스
신축 건축물	녹는점이 낮은 유기질 섬유를 콘크리트 내부에 혼입함으로써 열을 받았을 때 녹아서 기공을 만들어서 수증기의 원활한 배출통로를 만든다.	내부의 수증기 압력에 대한 횡저항력을 높이기 위해 메탈라스를 철근 바깥쪽에 횡구속시킨다.
기존 건축물	내화도료, 내화뿜칠, 석고보드, 대리석마감, 내화PC판 등	

10 결 론

(1) 폭렬발생 원인은 콘크리트 구성재료의 열수 역학적 상호 작용에 의해 발생하며 그 종류는 크게 점진적 폭렬(progressive spalling)과 폭발성 폭렬(explosive spalling)로 분류된다.

  1) 점진적 폭렬(progressive spalling)은 콘크리트층(layer) 개념에서 양립할 수 없는 재료의 열적 팽창으로 인해 발생하는 서로 다른 열응력 및 변형에 의해 발생한다.

  2) 폭발성 폭렬(explosive spalling)은 수증기의 탈수부진으로 발생하는 집중현상으로 공극압력이 급격하게 커지면서 폭발적으로 발생하게 된다.

(2) 현재 다양한 측면에서 폭렬발생에 대한 대응연구가 수행되고 있으나 정량적으로 제시된 통합안전을 보장하는 설계방법은 존재하지 않으며 저온용해섬유(low melting fiber)의 첨가분야에서 상대적으로 주목할 만한 성과가 나타나고 있어 고강도 콘크리트를 사용하는 고층, 대형 건축물에서 많은 활용을 하고 있다.

 • 부재(部材) : 구조물에 뼈대를 이루는 데 중요한 요소가 되는 여러 가지 재료
• 화재가 목재지붕과 철재지붕에 미치는 영향
  – 목재 : 열전도와 열팽창이 적다. 따라서 탄화된 부분에 열전달이 늦어진다.
  – 철재 : 붕괴 가능성이 증가한다. 왜냐하면 지붕의 열전달이 빨라서 지붕 전체가 팽창하여 벽체를 밀어버리기 때문이다.

고강도 콘크리트 (high strength concrete)

01 개 요

(1) 정의

1) 건축에서 고강도 콘크리트란 설계기준강도가 일반 콘크리트에서는 $40MPa(N/mm^2)$ 이상, 경량골재 콘크리트에서는 $27MPa(N/mm^2)$ 이상인 콘크리트를 말한다.

2) 국내·외적으로 건물 중량을 최소화하고 유효면적을 넓히기 위해 초고층 건축물에서는 고강도 콘크리트를 주로 사용한다.

3) 부재의 소요단면을 줄이고 시공이 용이하다는 장점이 있으나 폭렬현상 및 자기수축열 발생의 우려가 있으므로 설계 시 이에 대한 대응방법을 고려하여야 한다.

> **꼼꼼체크** 표준강도 콘크리트(NSC ; Normal Strength Concrete)
> - 설계기준강도가 20~50MPa
> - 강도가 낮아서 고층 건축물에 적용 시 구조부재가 크고 두꺼워지므로 자중이 증가되어 사용이 곤란하다.

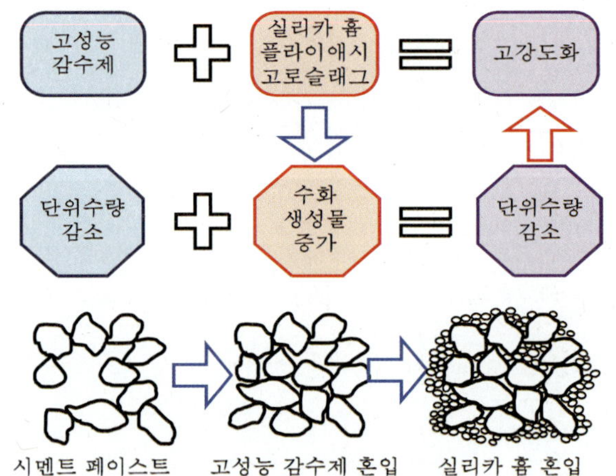

‖ 고강도 콘크리트 제조원리 ‖

(2) 고강도 콘크리트의 폭렬발생 원인 : 고강도 철근콘크리트 부재는 수밀성이 높아 화재 시에 콘크리트 내부에서 발생하는 수증기를 외부로 배출시키기가 어려워 일정 정도의 고온에서 급격한 수분 증발로 일시에 부재 표면이 심한 폭음과 함께 박리 및 탈락하는 폭렬(spalling)현상이 일어난다.

(3) 고강도 콘크리트의 소방에서 문제점

1) 고강도 콘크리트 구조부재는 보통강도 콘크리트 구조부재에 비하여 고온 시 폭렬

을 동반한 콘크리트 탈락 등으로 인하여 내화성능이 떨어지고 이는 콘크리트 부재를 구성하고 있는 철근이 화재 시 고온에 빨리 도달하게 한다. 이로 인해 강도저하와 열응력을 발생시켜 구조기능을 상실하는 문제를 가지고 있다.

  2) 고강도 콘크리트는 항복강도가 커서 변형에 잘 견디며 미세 균열이 늦게 발생하지만, 균열이 한번 발생하기 시작하면 파괴가 급격히 일어난다.

(4) 고강도 콘크리트의 내화성능 관리기준 : 국내에서는 초고층 건축물 건립에 따른 고강도 콘크리트 사용이 증가함에 따라 화재 시 폭렬현상 등 내화성능 저하에 대한 대책 마련이 필요하여 설계기준강도 50MPa 이상의 고강도 콘크리트에 대하여 내화성능 관리기준을 마련하고자 제정하였다.

02 고강도 콘크리트 기둥·보의 내화성능 관리기준(국토교통부고시 제2008-334호)

(1) 고강도 콘크리트 기둥·보의 내화성능기준의 마련(제4조) : 초고층 건축물 등의 기둥 또는 보에 적용하는 50MPa 이상의 고강도 콘크리트는 주철근의 온도를 내화구조 성능기준(국토교통부고시 제2008-154호)에서 규정한 시간까지 평균 538℃(1,000℉), 최고 649℃(1,200℉) 이하로 확보하도록 규정한다.

(2) 시험체 제작방법의 규정(제5조) : 시공업자, 생산자, 감리자 등이 시험체의 제작 및 시험의뢰를 하고 고강도 콘크리트를 사용한 기둥 시험체를 대상으로 제작하며 구체적인 시험체 크기, 온도측정위치, 양생기간 등을 규정한다.

(3) 시험방법 규정(제6조) : 고강도 콘크리트의 내화성능 확인을 위한 시험은 수직부재용 가열로를 이용하는 경우 KS F 2257-7의 시험방법에 의하되 비재하 가열시험인 경우 수평부재용 가열로를 이용하며 구체적인 시험절차, 시험방법, 시험성적서 등을 규정한다[별표 2].

(4) 전문위원회 운영(제7조) : 시험기관은 콘크리트·재료·구조 등 전문가로 구성된 전문위원회를 운영하여 고강도 콘크리트의 표준내화공법 및 기타 필요한 사항을 심의·자문할 수 있도록 규정한다.

(5) 내화성능 관리절차 등을 규정(제8조)

  1) 이 기준에 따라 「국가표준기본법」 제23조 제2항의 규정에 의하여 인정을 받은 시험 기관에서 시험하여 제4조의 내화성능기준에 적합한 경우, 내화성능이 있는 것으로 본다.

  2) KS F 2257-7 또는 ISO 834-7의 재하가열시험방법에 의하여 국외의 시험기관에서 성능이 확인된 경우, 해당 구조의 내화성능이 있는 것으로 본다.

  3) 이 기준에 의하여 관리대상 콘크리트 내화성능시험을 실시하여 내화성능이 있는

것으로 확인한 경우, 그 설계기준강도 이하의 콘크리트를 사용한 기둥 또는 보에 동일한 재료, 공법 등을 적용한 경우에는 별도의 시험을 실시하지 않을 수 있다. 다만, 기둥형 시험체의 단면적보다 작은 경우에는 적용에서 제외한다.

4) 관리대상 콘크리트의 내화시험성적서 유효기간은 3년으로 하고, 동 콘크리트와 동일한 조건의 재료 또는 공법 등을 적용하는 관리대상 콘크리트는 내화시험을 실시하지 아니하고 유효기간 이내의 시험성적서로 갈음할 수 있다.

5) 감리자는 관리대상 콘크리트 부재의 내화성능 시험성적서 또는 제8조 제1항 단서 규정에 의한 확인서와 현장의 일치 여부 등을 확인하여야 한다.

03 특 징

(1) 장점

1) 철골대체에 따른 구조체 골조의 경비가 절감(10% 이상)된다.
2) 강도 증가에 따라 부재단면이 감소한다.
3) 공간활용이 극대화된다.
4) 내구성 확보에 의해 구조물 수명이 연장된다.
5) 조기강도 확보에 의해 시공기간이 단축된다.
6) 부재의 하중이 감소한다.

(2) 단점

1) 일반 콘크리트에 비해 시공성이 저하된다.
2) 균열발생 등 품질관리의 어려움이 있다.
3) 화재 시 내화성능 저하로 구조안전성 문제(특히 폭렬의 정도가 심하다)를 가지고 있다.
4) 한번 균열이 발생하면 파괴현상이 급속하게 진행된다. 고강도 콘크리트의 경우에는 건조층과 증기층이 협소하여 온도의 증가에 따른 압력분포가 일반 콘크리트에 비해서 급격하고 높게 상승하여 이 압에 의해 폭렬 등의 현상이 발생한다.

(3) 화재 시 특성

1) 폭렬은 가열 중 발생하는 내부 증기압이 원인이 된다.
2) 고강도 콘크리트는 낮은 투과성을 지니고 있어 압력발생에 민감하다.
   ① 화재에 노출 시 부재 내부의 높은 수증기압은 고강도 콘크리트의 높은 밀도 때문에 밖으로 배출이 곤란하다.
   ② 수증기압이 포화수증기압에 도달(300℃에서 압력은 8MPa)하여 고강도 콘크리트의 인장강도(약 5MPa)를 상회하게 되면 폭렬이 발생한다.
   ③ 폭렬이 계속됨에 따라 콘크리트 부재의 단면손실이 증가하게 된다.
   ④ 상기 사항이 지속됨에 따라 내부 철근으로의 열전달률이 증가하게 된다.

⑤ 부재의 구조내력을 상실하게 된다.

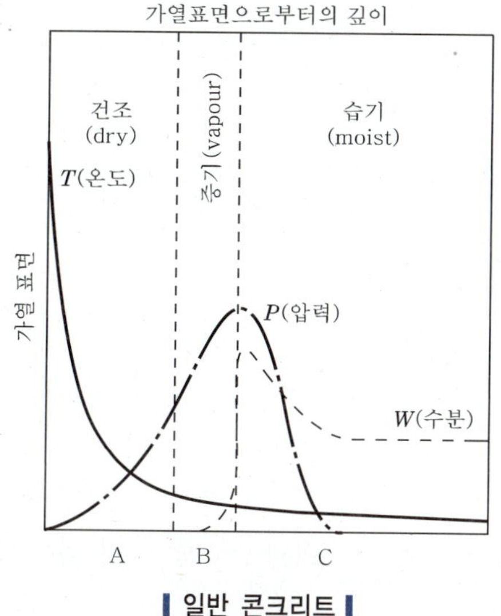

| 일반 콘크리트 |

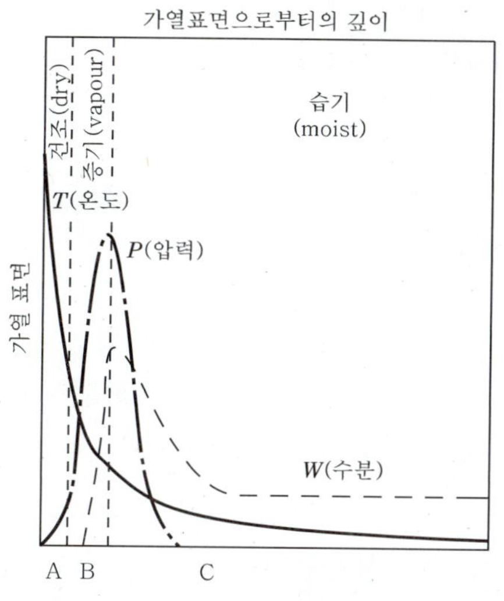

| 고강도 콘크리트 |

04 내화성능 확보 대책

(1) 시공 시 폭렬방지 방법

1) 부재의 크기를 크게 한다[NRCC 기준 : 1시간(12in), 1.5시간(14in), 2시간(16in), 3시간(20in)].

2) 폴리프로필렌 섬유를 첨가(165℃에서 녹아 내부의 증기압을 배출)한다.

3) 강섬유를 첨가(인장강도가 향상)한다.

4) 실리카질 골재 대신에 탄산염 골재를 사용(탄산염 골재가 열용량이 높다. 보통 10% 정도 내화성능 향상)한다.

5) 띠철근 및 크로스 티(cross tie)를 설치(배근 시 내화성능 향상)한다.

(2) 기존 건물의 폭렬방지 방법

1) 내화보드, 내화모르타르, 내화도료로 피복한다.

2) 이 경우 균일한 피복두께(서멀 브리지)가 필요하다.

3) 시간경과에 따라 피복재의 성능이 저하된다.

> **꼼꼼체크 섬유보강콘크리트(FRC ; Fiber Reinforced Concrete)**
> - 콘크리트의 낮은 인장력과 변형력으로 인해 깨지기 쉬운 약점을 보완하기 위하여 섬유보강콘크리트(FRC)의 사용이 1960년대 후반부터 꾸준히 진행되어 왔다.
> - FRC는 불연속성의 섬유를 포함하며, 섬유의 장점은 다음과 같다.
>   - 일반적으로 강도 증진
>   - 균열을 제어
>   - 균열 이후 재료들의 거동을 보완
> - 보강하는 섬유의 종류 : 강섬유, 유기 폴리머 섬유, 유리섬유, 탄소섬유, 석면, 셀룰로스 등이 주로 사용

내화도료의 내화성능평가 [41]

01 개 요

(1) 철강재는 불연재로 불에 타지는 않지만 내화성능이 약하기 때문에 화재로 인해 철강재의 내부 온도가 상승하게 되면 인장강도, 압축강도 및 항복점이 변화하면서 철강재 내부의 구조적 특성이 변하면서 강성을 잃어버리게 되어 구조체로서의 구조적 기능을 발휘할 수 없게 된다.

(2) 따라서 화재의 열로 인한 주요구조부의 변형 및 강성저하로 붕괴를 미연에 방지하기 위해서는 철골부재를 포함한 건축물의 주요구조부는 내화구조로 하여 화염과 고열로부터 보호조치를 하여야 한다.

(3) 특히 내화도료는 시공이 용이하고 미관이 수료하여 널리 이용되고 있어 이에 대한 적절한 내화성능의 평가가 필요하다.

02 내화도료의 구성

(1) 하도 : 방청도료(KS M 603 광명단)

(2) 중도 : 내화도료

  1) 무기내화도료

    ① 결정수를 포함하는 수지

> **꼼꼼체크** 결정수(water of crystallization) : 물질의 결정 속에 일정한 화합비로 들어 있는 물

    ② 흡열반응을 일으키는 수지

    ③ 흡열반응을 일으키는 촉매

  2) 유기내화도료

    ① 도막을 발포하기 용이한 상태로 만들어 주는 수지

    ② 가스를 방출시켜 도막을 수십 배로 발포시켜 주는 발포재

    ③ 탄화도막을 형성시켜주는 탄화제

    ④ 가스방출과 탄화도막 형성반응을 촉진시키는 촉매

(3) 상도 : 일반도료(내화도료를 보호하기 위해 내구성이 있는 불소수지, 아크릴실리콘수지, 폴리우레탄수지 등)

---

41) 방재시험연구원 연구자료에서 주요내용 발췌, 강은수, 김대희, 서희원

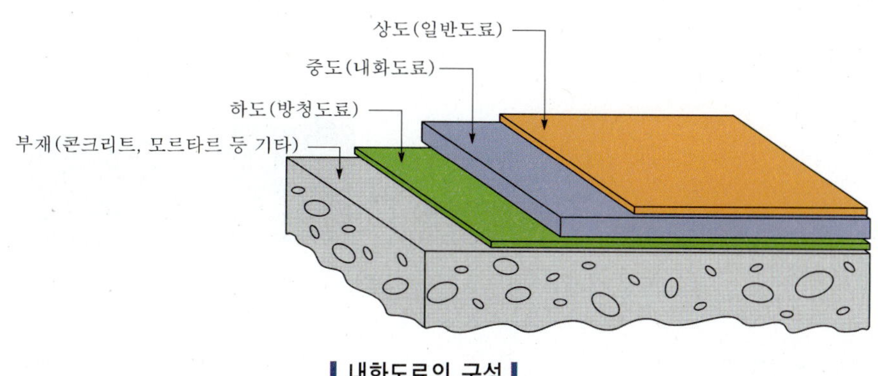

┃ 내화도료의 구성 ┃

03 발포 메커니즘

(1) 팽창이론(intumescence theory)

$$Q = \frac{A\lambda \cdot \triangle T}{L}$$

여기서, Q : 화원으로부터 방호대상물로 이동되는 열량[kcal/h]
　　　　A : 열이 전달되는 면적[m²]
　　　　λ : 건조도막의 열전도율[kcal/mh℃]
　　　　$\triangle T$: 화원과 방호대상물 사이의 온도차
　　　　L : 건조도막의 두께[m]

1) **건조도막의 두께(L) 증가**
   ① 화재로 인해 내화도료가 화염에 노출되면 각 구성요소들이 상호 가열에 의한 화학반응을 통해 고분자화합물로 변화한다.
   ② 약 250℃의 소화온도에서는 탄화재와 불연성 가스를 생성하면서 본래의 건조도막보다 80~100배의 발포 팽창막을 형성하게 되기 때문에 결국 L값이 80~100배 커지게 된다.

2) **건조도막의 열전도율(λ) 감소** : 발포팽창으로 인한 공기층이 형성되므로 공기와 유사한 정도로 열전도율이 감소된다.

3) **세라믹층 형성** : 발포팽창층의 표면은 도료 중에 함유된 무기계 안료들이 녹으면서 세라믹층으로 표면을 감싸기 때문에 가연성 증기를 잘 흡착하고 공기 중의 산소가 발포팽창층 내부로 전달되지 못하는 장벽의 역할도 한다.

(2) 발포 메커니즘

1) 유기내화도료

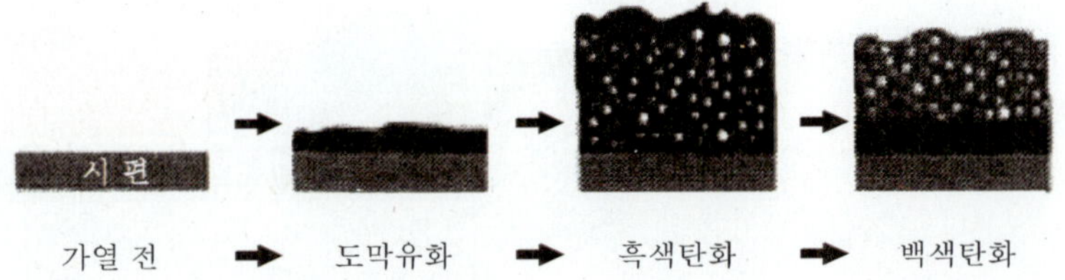

2) 무기내화도료

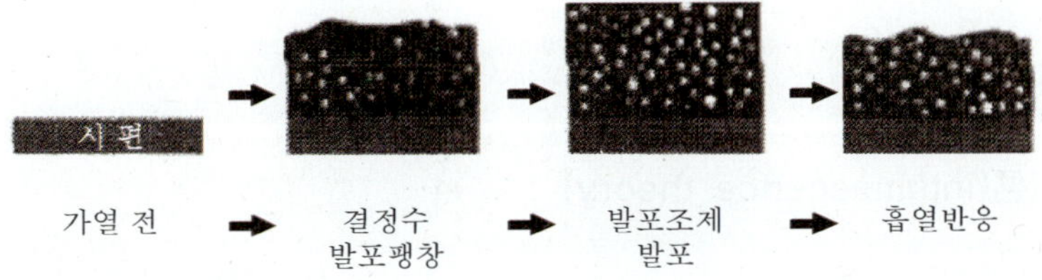

04 내화도료의 장점

(1) 유해성이 없으며 건조 후 유해분진이 없다.

(2) 상도 색상의 자유로운 선택 사용으로 외관이 미려하다.

(3) 시공성과 작업성이 뛰어나다.

(4) 내구성 및 내충격성이 우수하다.

(5) 단순히 도료만 바르므로 건물 하중 경감의 효과가 있다.

(6) 시방을 준수하여 적절하게 시공한 경우는 탈락·박리 현상이 적다.

(7) 습식 및 건식 뿜칠에 비하여 공해물질 발생이 적으며 잔유물의 후속 처리가 용이하다.

(8) 도장 후 별도의 외장이 필요 없어 공간 확보성이 좋고 보수작업이 쉽다.

(9) 손상된 부위는 단순한 Touch-up으로 보수작업이 쉽다.

(10) 내구성 및 내후성이 우수하여 내·외부용으로 사용할 수 있다.

04 결 론

(1) 내화도료는 부재의 단면 증가 없이 내화피복이 가능하여 건물의 하중을 경감할 수 있고 뛰어난 시공성과 미관성, 우수한 내후성으로 옥외 및 실내 노출부위에서의 사용이 가능하며 시공 후 분진발생이 없는 등 기존의 내화피복재료의 문제점을 해결할 수 있는 우수한 재료로 꾸준한 성장세를 보이는 내화방법이다.

(2) 그러나, 실제 건축물에서 내화도료의 내화성능을 확보하기 위해서는 내화도료의 품질, 내화도료의 도막두께 관리 및 유지 관리라는 과제를 가지고 있다. 왜냐하면 이것이 지켜지지 않는 경우 내화도료의 내화성능을 답보할 수 없기 때문이다.

방화구획

01 개 요

(1) 화재를 국한·제어하는 최소한의 기본공간이다.

(2) 화재에 의해 발생된 연기나 화염의 침투를 막아 비상구 접근통로와 피난통로 그리고 건물의 기타 지역을 화재로부터 방호하기 위한 구획이다. 방화구획은 수동적인 구획으로 화재를 한정할 수 있는 공간의 크기이다.

(3) 건축물의 용도, 층, 자동식 소화설비 및 내장재료의 종류 등에 의해 방화구획의 면적이 결정된다.

02 기 능

(1) 지정된 시간 동안 열과 화염의 통과를 저지한다.

(2) 화재가 발생된 쪽의 가열된 공기의 팽창에 따른 공기압력 증가로 발생하는 구동력을 적정 수준까지 막을 수 있어야 한다. 즉 일정량의 연기의 이동을 차단할 수 있는 능력이 있어야 한다는 의미이다.

03 설치대상

(1) **면적·층별** : 내화구조 또는 불연재료로 된 건축물로서 연면적 1,000m^2 이상

(2) **용도별** : 주요구조부를 내화구조로 하여야 하는 대상 용도부분과 기타 용도부분

(3) 목조건축물로서 연면적 1,000m^2 이상인 건축물

04 종 류

(1) **면적별 구획** : 동일 층에서의 평면적인 연소확대를 제한한다.
1) **10층 이하** : 바닥면적 1,000m^2 이내마다 구획한다.
2) **11층 이상** : 바닥면적 200m^2 이내마다 구획한다(단, 내장재가 불연재료인 경우 500m^2).
3) 스프링클러 등 자동식 소화설비 설치 시 상기 면적의 3배까지 완화하여 설치할 수 있다. 왜냐하면 자동식 소화설비의 설치로 인하여 연기 및 화재 확산을 방지하는 능동적 기능으로 수동적 기능을 보완할 수 있기 때문이다.

(2) 층별 구획 : 3층 이상의 층과 지하층은 층마다 방화구획(1, 2층 예외)을 한다.

1) 건축물 내에서 타층으로의 연소를 방지하기 위한 바닥 및 천장

2) 건축물 외부에서의 연소확대 방지를 위한 외벽(스팬드럴 : spandrels), 캔틸레버

3) 방화셔터

4) 커튼월(curtain wall)

5) 파이어스톱(fire stop)

(3) 용도별

1) 문화 및 집회시설, 의료시설, 공동주택 등 대통령령으로 정하는 건축물에 해당하는 경우에는 그 부분과 다른 부분을 방화구획으로 구획하여야 한다.

건축물 용도구분	바닥면적 합계 규정
2종 근린생활시설 중 공연장·종교집회장(해당 용도로 쓰는 바닥면적의 합계가 각각 300m^2 이상인 경우만 해당), 문화 및 집회시설(전시장 및 동·식물원은 제외), 종교시설, 위락시설 중 주점영업 및 장례시설	관람석 또는 집회실의 면적 200m^2 (옥외관람석의 경우 1,000m^2) 이상
문화 및 집회시설 중 전시장 또는 동·식물원, 판매시설, 운수시설, 교육연구시설에 설치하는 체육관·강당, 수련시설, 운동시설 중 체육관·운동장, 위락시설(주점영업의 용도로 쓰는 것은 제외), 창고시설, 위험물 저장 및 처리 시설, 자동차 관련 시설, 방송통신시설 중 방송국·전신전화국·촬영소, 묘지 관련 시설 중 화장시설·동물화장시설 또는 관광휴게시설	500m^2 이상
공장	2,000m^2 이상
건축물의 2층이 단독주택 중 다중주택 및 다가구주택, 공동주택, 제1종 근린생활시설(의료의 용도로 쓰는 시설만 해당한다), 제2종 근린생활시설 중 다중생활시설, 의료시설, 노유자시설 중 아동 관련 시설 및 노인복지시설, 수련시설 중 유스호스텔, 업무시설 중 오피스텔, 숙박시설 또는 장례시설	400m^2 이상
3층 이상인 건축물 및 지하층이 있는 건축물 제외 : 1. 단독주택(다중주택 및 다가구주택 제외), 동물 및 식물 관련 시설, 발전시설(발전소 부속용도로 사용되는 시설 제외), 교도소 및 감화원 또는 묘지 관련 시설(화장시설 제외)의 용도에 쓰이는 건축물 2. 철강 관련 업종의 공장 중 제어실로 사용하기 위하여 연면적 50m^2 이하로 증축하는 부분	면적제한 없음

2) 아파트 발코니의 대피공간

3) 요양병원, 정신병원, 노인요양시설, 장애인 거주시설 및 장애인 의료재활시설의 피난층 외의 층에는 다음 각 호의 어느 하나에 해당하는 시설을 설치하여야 한다.

① 각 층마다 별도로 방화구획 된 대피공간

② 거실에 직접 접속하여 바깥 공기에 개방된 피난용 발코니

③ 계단을 이용하지 아니하고 건물 외부 지표면 또는 인접 건물로 수평으로 피난할 수 있도록 설치하는 구름다리 형태의 구조물

185

▎ 방화구획 구분표[42) ▎

구획기준	대상건축물	층 별	마감재료	구획기준(m^2)	자동식 소화설비 완화규정(m^2)
면적	내화구조 또는 불연재료로 연면적 1,000m^2 이상	10층 이하	–	1,000	3,000(1,000×3)
		11층 이상	기타 재료	200	600(200×3)
			불연재료	500	1,500(500×3)
층간구획	3층 이상의 층과 지하층	지하층 전 층	–	층마다 구획	–
		3층 이상 층	–	층마다 구획	–
수직관통부	계단실, 승강로 등	–	–	별도 수직구획	–
용도별 구획	주요구조부를 내화구조로 하는 대상부분과 기타부분 사이를 구획	–	–	대상부분과 기타부분을 구획	–
	아파트 발코니 대피공간	–	–	대피공간과 구획	–
	요양병원, 정신병원, 노인 요양시설, 장애인 거주시설 및 장애인 의료재활시설	피난층 외의 층	–	대피공간과 구획	–
목조건축물 구획	면적 1,000m^2 이상	–	–	방화벽과 방화문	–

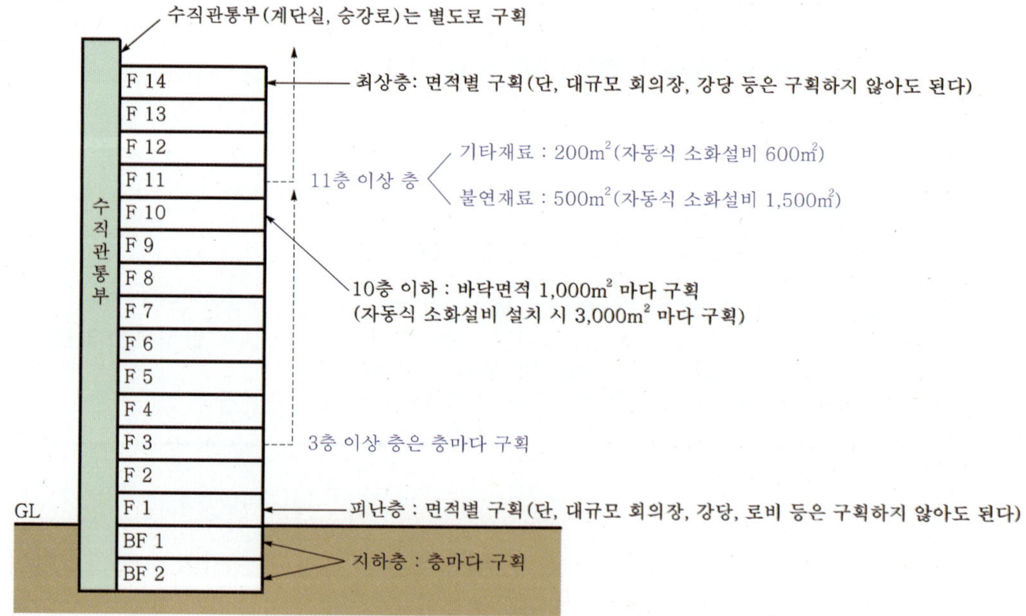

▎ 방화구획의 설정기준 ▎

---

42) 「건축물의 피난·방화구조 등의 기준에 관한 규칙」 제14조

(4) 수직관통부

　1) 사람을 이동하기 위한 용도 : 계단, 승강기 샤프트, 에스컬레이터

　2) 물품을 이동하기 위한 용도 : 덤웨이더, 린넨슈트

　3) 설비의 설치용도 : 배관 샤프트

　4) 건축의 목적상 용도 : 아트리움

(5) 피난상의 구획 : 피난안전구역, 계단, 통로, 대피공간

(6) 화기사용실 : 화기사용이나 다량의 가연물에 의해서 화재위험도가 높은 부분은 독립된 방화구획

(7) 소방관련법규에서 요구하는 방화구획 설치대상

설치대상	예외조건	비 고
가압수조	–	–
소화가스 저장용기실	해당 없음	제어반을 설치하는 경우
감시제어반 설치장소	내연기관/고가수조/가압수조에 따른 가압송수장치 사용	–
	7층(지하층 제외) 이하 2,000m^2 미만	–
	지하층 바닥면적 합계 3,000m^2 미만	차고/주차장/보일러실/기계실/전기실 등 바닥면적 제외
비상전원 설치대상	–	비상발전기/축전지설비

(8) 목조건축물 : 연면적 1,000m^2 이상인 건축물

(9) 피난용 승강기

(10) 경계벽 및 칸막이벽(「건축법 시행령」 제53조 경계벽 및 칸막이벽의 설치)

대상건축물	구획단위	설치방법	구 조	
			재 질	두 께
단독주택 중 다가구주택	각 세대간의 경계벽	• 내화구조로 하고, 이를 지붕 밑 또는 바로 위층 바닥판까지 닿게 설치 • 소리를 차단하는 데 장애가 되는 부분이 없도록 설치	철근콘크리트조, 철골철근 콘크리트조	10cm 이상 (15cm 이상)*
공동주택(기숙사 제외)			무근콘크리트조 또는 석조	10cm 이상
노유자시설 중 노인복지주택				
공동주택 중 기숙사의 침실, 의료시설의 병실, 교육연구시설 중 학교의 교실 또는 숙박시설의 객실	각 실간의 간막이벽		콘크리트 블록조, 벽돌조	19cm 이상 (20cm 이상)*
제2종 근린생활시설 중 고시원의 호실				

　[비고] (　　)*는 공동주택인 경우에 해당된다.

> **꼼꼼체크** • **경계벽** : 벽체란 공간을 수직으로 구분하여 건물을 구성하기 위한 구조체를 말하
> 며, 세대간의 생활공간과 소음 등의 피해를 막기위한 벽
> • **간막이벽** : 벽체 중 실내공간을 구분하는 내벽

05 설치방법

(1) 구획부분 구조 : 내화구조의 바닥, 벽(「건축법 시행령」 제46조)

(2) 개구부 : 갑종방화문, 자동방화셔터

(3) 관통부 충진

    1) 배관 등의 관통부, 선형 조인트

       ① 산업표준화법에 따른 한국산업규격에서 내화충전성능을 인정한 구조로 된 것

       ② 한국건설기술연구원장이 국토교통부장관이 정하여 고시하는 기준에 따라 내화
충전성능을 인정한 구조로 된 것

    2) 커튼월 : 한국건설기술연구원장이 국토교통부장관이 정하여 고시하는 기준에 따라
내화충전성능을 인정한 구조로 된 것

(4) 방화댐퍼 : 환기, 냉·난방 시설의 풍도가 방화구획을 관통하는 경우

    1) 철판두께 1.5mm 이상

    2) 화재가 발생한 경우에는 연기의 발생 또는 온도의 상승에 의하여 자동적으로 닫힐 것

    3) 닫힌 때에 방화상 지장이 있는 틈이 없을 것

    4) 산업표준화법에 의한 한국산업규격상의 방화댐퍼의 방연시험방법에 적합할 것

    5) NFPA에서는 내화성능이 2시간 이상 필요한 칸막이를 관통하는 덕트 또는 에어그
릴(air grilles)에는 승인된 방화댐퍼의 설치를 요구하고 있다.

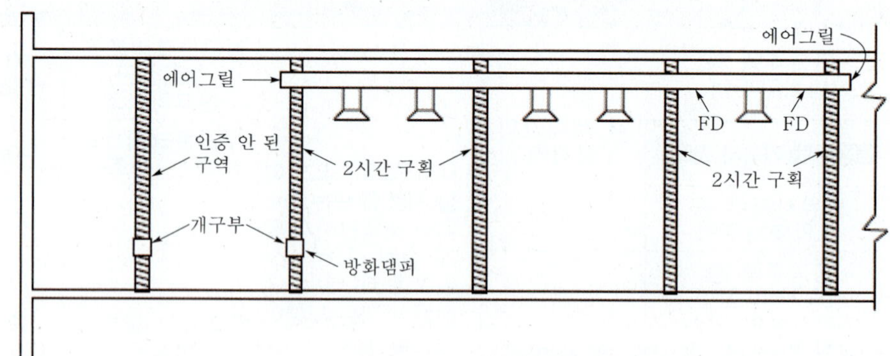

▌ 칸막이의 HVAC 관통부에 대한 NFPA 90A의 방화댐퍼 요구사항 ▌

06 방화구획 적용 완화

화재의 위험이 비교적 낮고 방화구획 적용 시 건축의 목적달성이 곤란한 경우에 한하여 완화해 주는 것이다.

▌ 방화구획의 완화규정 ▌

용도 및 시설	대 상
문화 및 집회시설(동·식물원은 제외), 종교시설, 운동시설 또는 장례식장의 용도로 쓰는 거실	시선 및 활동공간의 확보를 위하여 불가피한 부분
물품의 제조·가공·보관 및 운반 등에 필요한 고정식 대형기기 설비의 설치를 위하여 불가피한 부분	해당 용도로 사용되는 부분
	지하층인 경우에는 지하층의 외벽 한쪽 면(지하층의 바닥면에서 지상층 바닥 아래면까지의 외벽 면적 중 4분의 1 이상이 되는 면을 말한다) 전체가 건물 밖으로 개방되어 보행과 자동차의 진입·출입이 가능한 경우에 한정한다.
계단실부분·복도 또는 승강기의 승강로부분(해당 승강기의 승강을 위한 승강로비부분을 포함)	건축물의 다른 부분과 방화구획으로 구획된 부분
건축물의 최상층 또는 피난층	대규모 회의장·강당·스카이라운지·로비 또는 피난안전구역 등의 용도로 쓰는 부분으로서 그 용도로 사용하기 위하여 불가피한 부분
복층형 공동주택	세대별 층간 바닥 부분
주차장	주요구조부가 내화구조 또는 불연재료인 경우
단독주택, 동물 및 식물 관련 시설 또는 교정 및 군사시설 중 군사시설(집회, 체육, 창고 등의 용도로 사용되는 시설만 해당)	해당 용도로 사용되는 부분

07 IBC의 내화부재 분류

(1) IBC는 화재확산을 방지하고 구조체를 유지하는 역할을 하는 내화부재구획을 구성하는 벽체를 기능과 용도에 따라 크게 Fire Wall, Fire Barriers, Fire Partitions, Smoke Barrier, Smoker Partition의 5가지 형태로 정의하여 구분하고 각 부재별 사용 장소를 정하고 있으며 벽체에 설치하는 개구부에 대해서도 별도 지침을 마련하고 있다.

(2) 내화부재별 성능조건

구 분	Smoke Partition	Smoke Barrier	Fire Partition	Fire Barrier	Fire Wall
내화성능 (시간) [건축물 용도에 따라 결정]	–	1시간	≥1	1~4	2~4
재료	건물의 구조형식에서 허용하는 재료				모두 불연성 재료
적용(예)	1. 승강기 2. 로비	1. 피난안전구역 2. 지하공간 구획 3. 요양시설 구획 4. 의료시설 구획	1. 객실 구획 2. 세대별 구획	1. 수직구획 2. 특별피난계단 피난로 3. 아트리움	설치 시 별개의 건물로 간주
건물의 연속성	기초의 위 또는 바닥에서부터 위층의 바닥 또는 지붕까지 연속				1. 수평 연속성 (원칙) : 외벽 에서 18inch (457mm) 이 상 돌출 2. 수직 연속성 (원칙) : 기초 에서부터 지 붕 위 30inch (762mm)

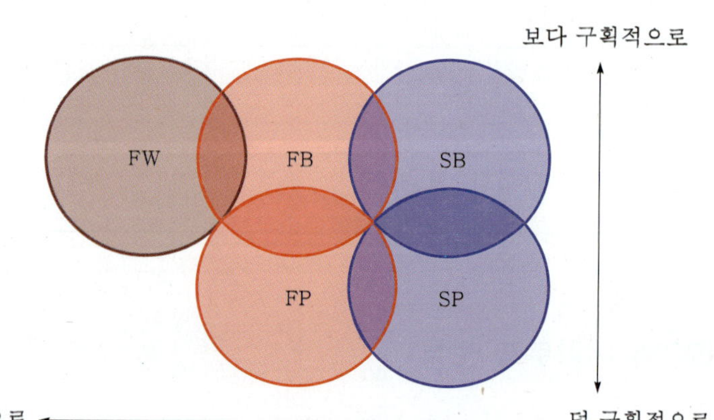

여기서, FW : Fire Wall
　　　 FB : Fire Barriers
　　　 FP : Fire Partitions
　　　 SB : Smoke Barriers
　　　 SP : Smoke Partitions

❙ 내화부재별 특성 ❙

(3) 각 내화부재의 의미 및 적용

1) Fire Wall

① 건물축물에 Fire Wall을 규정대로 설치하여 구획하는 경우, 그 구획된 부분을 별개의 건물로 보고 면적, 층수 등의 완화를 적용받을 수 있다. 이는 국내 건축법 내화구조와 유사한 개념이다.

② 구조체의 강성을 유지하면서 화재의 확산을 차단하는 개념으로 수평과 수직의 연속성을 위하여 수평면은 돌출을 수직면은 난간을 요구한다.

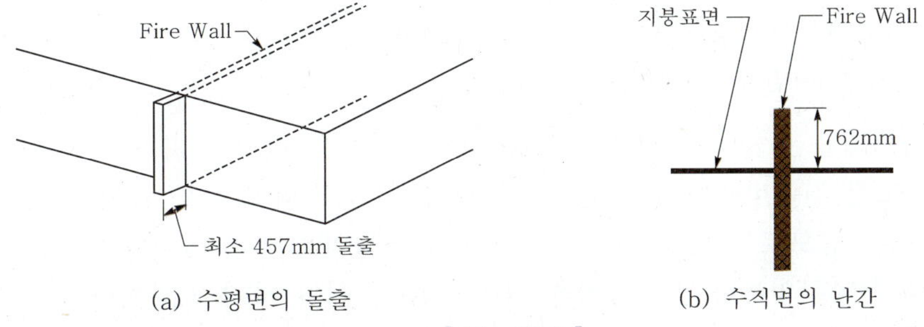

| Fire Wall |

2) Fire Barrier

① Fire Wall에 비해 낮은 내화시간을 가지고 있으며 구조체에 의해 지지되고, 층을 구분하는 데 사용되는 벽체이다.

② 난간이나 돌출벽을 요구하지 않으며 화재초기의 천장을 따라 흐르는 열기류의 이동을 방지하고 화재구역 외부의 스프링클러 설비의 작동범위가 됨과 동시에 거주자의 피난시간을 확보하기 위한 역할을 수행한다.

3) Fire Partition

① Fire Partition은 Fire Barrier보다 낮은 내화시간을 가지고 있으며 반자까지만 연결된 칸막이 형태이고, 1~2시간의 내화성능이 요구된다.

② 국내 건축법의 칸막이와 유사한 개념이다. 즉 세대별 구획, 객실, 상점간 구획, 복도의 방호 등에 사용된다.

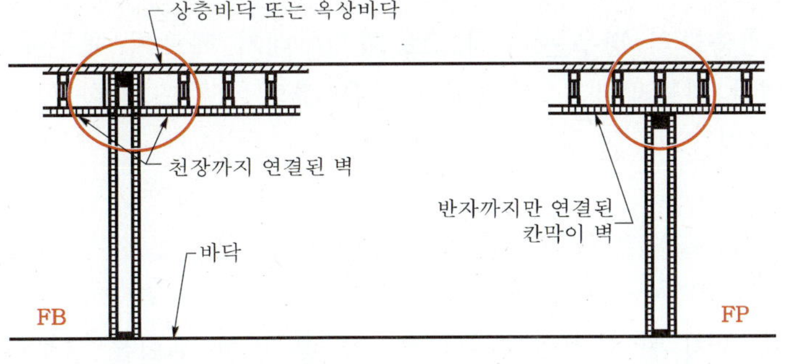

4) Smoke barrier(Smoke compartmentation, 방연구획) : 연기의 이동을 제한하기 위해 설치된 연속된 벽, 바닥, 천장부재 등의 수직·수평 부재이다.

08 검 토

(1) 아트리움, 출입구, 홀 등의 대규모 공간과 인접 층과의 구획은 화염확대 방지보다는 연기확산 방지가 중요하므로 면적제한을 완화하거나, 방연구획 개념으로의 변경이 필요하다.

(2) 판매시설의 에스컬레이터(E/S) 부분의 방화구획

  1) 성능 및 신뢰도 측면에서 많은 문제점이 있다.

  2) NFPA에서는 방화셔터 대신 스프링클러(S/P) + 드래프트 커튼(draft curtains) 방식 등을 대안으로 제시하고 있다.

(3) 방화구획을 나눌수록 건축적인 용도의 사용에는 제한이 가해져서 활용성이 떨어진다. 또한 건축비용의 증가 등이 수반되므로 화재의 크기를 줄이기 위해 무조건적으로 적은 규모로 구획화하는 것은 결코 합리적인 방안은 아니다. 건축물은 안전도 중요하지만 무엇보다 건축목적을 실현할 수 있어야 하기 때문이다.

(4) 개선방안

  1) 화재가혹도에 따라서 위험의 크기와 설치되는 소방시설의 성능에 따라서 면적제한을 탄력적으로 적용하는 것이 필요하다. 화재의 크기가 큰 곳은 적은 면적을 소방시설의 성능이 법규보다 강화된 성능위주의 설계가 된 곳은 넓은 면적으로 구획하게 할 필요가 있다.

  2) 피난층 등의 피난이 원활한 곳은 면적에 대한 제한을 삭제할 필요가 있다.

  3) 아트리움, 출입구 홀 등의 대규모 체적을 가진 공간과 인접 층과의 구획은 화염확대 방지보다는 연기확산 방지가 중요하므로 면적제한이 완화되거나 방연구획 개념으로 변경필요가 있다.

  4) 판매시설 등의 에스컬레이터 부분은 구획화가 곤란하므로 방연구획 개념으로 전환하거나 제연경계벽에 수막설비의 병행설치에 의한 구획설계가 가능하도록 개선하여야 한다.

  5) 고층 건축물의 경우는 수직으로 화재확대가 빠르기 때문에 상층으로 연소확대를 막기위한 캔틸레버, 스팬드럴과 같은 것의 설치도 방화구획의 설치기준에 강제하여야 한다.

09 결 론

(1) 연소확대 방지 및 안전하고 원활한 피난을 위한 구획을 구분하면 아래와 같이 구분할 수 있다.

  1) 연소확대 방지를 위한 방화구획

2) 피난안전을 위한 안전구획, 대피공간 및 방연구획

3) 정보전달 및 방재관리의 적정화를 도모하기 위한 관리구획

(2) 건축물 내의 화재성상은 공간 내의 가연물의 종류 또는 양과 함께 그 공간의 크기 및 개구부 조건에 의해 정해지기 때문에 화재의 피해를 최소화하기 위해 건축계획 초기부터 방화구획의 위치, 면적 등을 사전에 설정하는 것을 고려하여 계획되고 설계되어야 한다.

01 개 요

방화벽은 목조건축물과 같이 비내화구조로 되어 있는 일정 크기 이상의 건축물에서 화재가 발생 시 건물 전체로 확대되는 것을 방지하기 위하여 설치하는 일정한 방화성능을 갖춘 벽을 의미한다.

02 설치대상

(1) 건축물의 내화구조와 방화벽(「건축법」 제50조)

  1) 문화 및 집회시설, 의료시설, 공동주택 등 대통령령으로 정하는 건축물은 국토교통부령으로 정하는 기준에 따라 주요구조부를 내화(耐火)구조로 하여야 한다.

  2) 대통령령으로 정하는 용도 및 규모의 건축물은 국토교통부령으로 정하는 기준에 따라 방화벽으로 구획하여야 한다.

(2) 대규모 건축물의 방화벽 등(「건축법 시행령」 제57조)

  1) 위 (1)의 2)에 따라 연면적 $1,000m^2$ 이상인 건축물은 방화벽으로 구획하되, 각 구획된 바닥면적의 합계는 $1,000m^2$ 미만이어야 한다. 다만, 주요구조부가 내화구조이거나 불연재료인 건축물과 제56조 제1항 제5호 단서에 따른 건축물 또는 내부 설비의 구조상 방화벽으로 구획할 수 없는 창고시설의 경우에는 그러하지 아니하다.

> **꼼꼼체크** 건축물의 내화구조(「건축법 시행령」 제56조 제1항 제5호) : 3층 이상인 건축물 및 지하층이 있는 건축물. 다만, 단독주택(다중주택 및 다가구주택은 제외한다), 동물 및 식물 관련 시설, 발전시설(발전소의 부속용도로 쓰는 시설은 제외한다), 교도소·감화원 또는 묘지 관련 시설(화장장은 제외한다)의 용도로 쓰는 건축물과 철강 관련 업종의 공장 중 제어실로 사용하기 위하여 연면적 $50m^2$ 이하로 증축하는 부분은 제외한다.

  2) 위 1)에 따른 방화벽의 구조에 관하여 필요한 사항은 국토교통부령으로 정한다.

  3) 연면적 $1,000m^2$ 이상인 목조건축물의 구조는 국토교통부령으로 정하는 바에 따라 방화구조로 하거나 불연재료로 하여야 한다.

03 설치 제외[대규모 건축물의 방화벽 등(「건축법 시행령」 제57조)]

(1) 주요구조부가 내화구조이거나 불연재료인 건축물 : 이러한 건축물은 방화구획 대상이다.

(2) 동물 및 식물 관련 시설, 발전시설(발전소의 부속용도로 쓰는 시설은 제외한다), 교도소·감화원 또는 묘지 관련 시설(화장장은 제외한다)의 용도로 쓰는 건축물과 철강 관련 업종의 공장 중 제어실로 사용하기 위하여 연면적 50m² 이하로 증축하는 부분(제56조 제1항 제5호)

(3) 내부 설비의 구조상 방화벽으로 구획할 수 없는 창고시설

04 구 조

(1) 방화벽의 구조(건축물의 피난·방화구조 등의 기준에 관한 규칙 제21조)

1) 「건축법 시행령」 제57조 제2항에 따라 건축물에 설치하는 방화벽은 다음의 기준에 적합하여야 한다.

① 내화구조로서 홀로 설 수 있는 구조일 것

② 방화벽의 양쪽 끝과 위쪽 끝을 건축물의 외벽면 및 지붕면으로부터 0.5m 이상 튀어나오게 할 것

③ 방화벽에 설치하는 출입문의 너비 및 높이는 각각 2.5m 이하로 하고, 해당 출입문에는 제26조에 따른 갑종방화문을 설치할 것

꼼꼼체크 **방화문의 구조(제26조)** : 영 제64조의 규정에 의한 갑종방화문 및 을종방화문은 국토교통부장관이 정하여 고시하는 시험기준에 따라 시험한 결과 각각 비차열 1시간 이상 및 비차열 30분 이상의 성능이 확보되어야 한다.

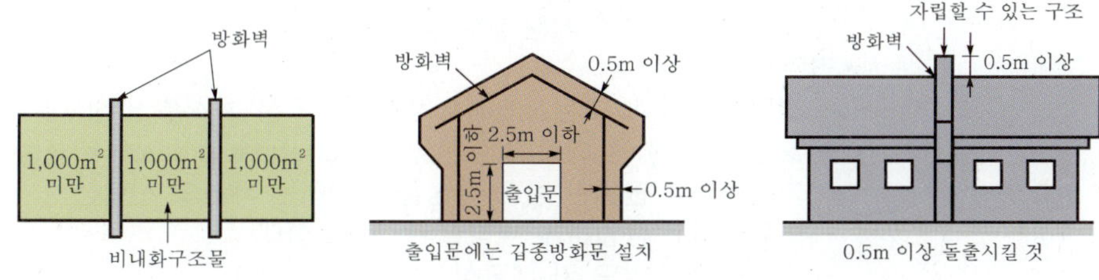

‖ **방화벽의 구조** ‖

2) 제14조(방화구획의 설치기준) 제2항의 규정은 위 1)의 규정에 의한 방화벽의 구조에 관하여 이를 준용한다.

① 영 제46조의 규정에 의한 방화구획으로 사용하는 제26조에 따른 갑종방화문은 언제나 닫힌 상태를 유지하거나 화재로 인한 연기, 온도, 불꽃 등을 가장 신속하게 감지하여 자동적으로 닫히는 구조로 할 것

② 외벽과 바닥 사이에 틈이 생긴 때나 급수관·배전관 그 밖의 관이 방화구획으로 되어 있는 부분을 관통하는 경우 그로 인하여 방화구획에 틈이 생긴 때에는 그 틈을 다음의 어느 하나에 해당하는 것으로 메울 것

㉠ 산업표준화법에 따른 한국산업규격에서 내화충전성능을 인정한 구조로 된 것

㉡ 한국건설기술연구원장이 국토교통부장관이 정하여 고시하는 기준에 따라 내화충전성능을 인정한 구조로 된 것

③ 환기·난방 또는 냉방시설의 풍도가 방화구획을 관통하는 경우에는 그 관통부분 또는 이에 근접한 부분에 다음의 기준에 적합한 댐퍼를 설치할 것. 다만, 반도체공장 건축물로서 방화구획을 관통하는 풍도의 주위에 스프링클러헤드를 설치하는 경우에는 그러하지 아니하다.
  ㉠ 철재로서 철판의 두께가 1.5mm 이상일 것
  ㉡ 화재가 발생한 경우에는 연기의 발생 또는 온도의 상승에 의하여 자동적으로 닫힐 것
  ㉢ 닫힌 경우에는 방화에 지장이 있는 틈이 생기지 아니할 것
  ㉣ 산업표준화법에 의한 한국산업규격상의 방화댐퍼의 방연시험방법에 적합할 것

(2) 방화벽의 설치기준[「연소방지설비의 화재안전기준(NFSC 506)」 제8조] : 이 기준은 지하구에 국한되는 기준이다. 방화벽의 설치기준은 다음에 따른다.
  1) 내화구조로서 홀로 설 수 있는 구조일 것
  2) 방화벽에 출입문을 설치하는 경우에는 방화문으로 할 것
  3) 방화벽을 관통하는 케이블·전선 등에는 내화성이 있는 화재차단재로 마감할 것
  4) 방화벽의 위치는 분기구 및 환기구 등의 구조를 고려하여 설치할 것

> **꼼꼼체크** • 차열벽(thermal barrier) : NFPA 기준
> - 표준시간-온도곡선에 따라 화재에 노출시킨 후 15분이 지난 뒤에도 반대쪽 표면의 평균상승온도가 121℃ 이하로 제한되는 재료로 된 벽
> - 스프링클러(S/P)설비가 설치되지 않는 화장실에는 반드시 15분 차열벽의 효과를 제공하는 구조를 사용해야 한다.
> • 단열재의 특성
> - 불연성과 함께 고온상태에서 연기 및 독성 가스를 발생시키지 않는 성질
> - 표준화재시험에 의해 입증된 열방호(thermal protective)성능
> - 지속적이고 균일한 방호 특성을 보장하는 제품의 신뢰성
> - 효율적이고 균일하게 부착할 수 있는 형태
> - 충분한 접착강도 및 내구성
> - 풍화나 침식에 대한 내성

내화충전구조

01 개 요

(1) 정의 : 파이프, 전선케이블 등 건축설비재가 바닥·벽 등 건축구조부재를 관통하는 부위에 생기는 틈새, 조인트, 커튼월과 바닥 사이의 틈새 등을 통해 화재가 확대되는 것을 방지하기 위하여 쓰이는 구조공법에 대한 내화시험을 내화충전구조라고 한다.

(2) 유리섬유는 불연재 또는 준불연재로 「산업표준화법」 제4조의 규정에 따라 제정한 한국산업규격(이하 "한국산업규격"이라 한다) KS F ISO 1182(건축재료의 불연성 시험방법)에 따르면 시험온도는 $750 \pm 5℃$이다. 하지만 내화충전구조로 사용될 경우는 내화충전구조 2시간 시험온도인 $1,049℃$로 불연성 시험보다 높은 온도로 가열하기 때문에 녹아내리는 문제가 발생한다. 따라서 내화충전구조에서는 단열재 사용에 따른 별도의 보완이 필요하다.

(3) 이와 같은 이유로 방화재는 특정 재질의 불연성능만 가지고 성능이 결정되는 것이 아니라 내화충전구조가 설치되는 구체의 성능시험이 요구된다. 따라서 내화충전구조라고 불리며 각 내화충전구조별 성능시험을 통해 안전성을 확인하고 있는 것이다.

02 내화충전구조

(1) 법 규정에 의한 내화충전구조(「내화구조의 인정 및 관리기준」 국토교통부고시 제2016 −416호)

1) 방화구획의 수평·수직 설비 관통부 시스템(through−penetration firestop systems)

2) 조인트 시스템(joint systems)

3) 커튼월과 바닥 사이 등의 틈새 시스템(perimeter fire containment systems)을 통한 화재확산 방지를 위한 것으로서, 다음에서 정한 것을 말한다.

① 「건축물의 피난·방화구조 등의 기준에 관한 규칙」 제6조에 의한 불연재료로 밀실하게 충전한 것으로 경화 후 균열이 없는 것

꼼꼼체크 불연재료 : 국토교통부령이 정하는 기준에 "적합한 재료"라 함은 다음의 어느 하나에 해당하는 것을 말한다.
- 콘크리트·석재·벽돌·기와·철강·알루미늄·유리·시멘트모르타르 및 회. 이 경우 시멘트모르타르 또는 회 등 미장재료를 사용하는 경우에는 「건설기술관리법」 제34조 제1항 제2호의 규정에 의하여 제정된 건축공사표준시방서에서 정한 두께 이상인 것에 한한다. …… ⓐ
- 산업표준화법에 의한 한국산업규격이 정하는 바에 의하여 시험한 결과 질량감소율 등이 국토교통부장관이 정하여 고시하는 불연재료의 성능기준을 충족하는 것이어야 한다.

- 그 밖에 위 ⓐ와 유사한 불연성의 재료로서 국토교통부장관이 인정하는 재료. 다만, ⓐ의 재료와 불연성 재료가 아닌 재료가 복합으로 구성된 경우를 제외한다.

② 시험방법 및 성능기준 등 : 제21조에 의한 "세부운영지침"에서 정하는 절차와 방법, 기준에 따라 시험한 결과 성능이 확인된 재료 또는 시스템

   ⑦ 내화충전구조는 규칙 [별표 1] 내화구조의 성능기준(용도별, 층별, 높이별 요구내화시간) 이상 견딜 수 있는 것으로서, 원장이 국토교통부장관의 승인을 득한 "내화충전구조 세부운영지침"에서 정하는 절차와 방법, 기준에 따라 시험한 결과 성능이 확보된 것이어야 한다.

   ⓒ 위 ⑦의 "세부운영지침"에 별도로 정하여 있지 않은 경우에는 원장이 정하는 기준에 따른다.

(2) 공학에 의한 내화충전구조

1) 방화구획으로서 내화충전구조의 요건은 화재 시 화염이나 뜨거운 가스가 규정된 내화시간 동안 인접한 방화구획으로 통과되어 화재가 확산되지 않도록 하기 위해서 충전구조 자체가 쉽게 연소하지 않아야 한다. 이를 불연성이라 한다.

2) 화재가 발생한 방화구획으로부터 내화충전구조를 통한 열전달에 의해서도 화재가 발생하지 않는 방화구획 내의 가연물질이 발화되지 않아야 한다. 이를 차열성(충전구조의 마감재 이면온도 상승에 의한 화재전파)이라 한다.

   ① 마감재 이면에 열의 전달로 온도가 발화온도 이상으로 상승한다.

   ② $\dot{q}'' = \dfrac{k}{L}(T_1 - T_2)\,[\mathrm{W/m^2}]$

     여기서, $T_1 - T_2$: 온도차, 즉 물체(벽면)표면과 일정 깊이의 온도차(℃)

          L : 경로길이, 즉 벽이나 물체의 두께(m)

          k : 물질의 열전도도(W/m · K)

3) 또한 화재진압을 위한 소화수 살수 시에도 내화충전구조에 화염이나 뜨거운 가스가 통과될 수 있는 구멍이 생기지 않도록 구조적 건전성을 유지하여야 한다. 이를 내충격성이라 한다.

4) 모르타르 및 기타 충전재의 균열 및 탈락 : 고온에 화염으로 모르타르 및 기타 충전재가 균열, 박리, 탈락하여 구멍이 생기게 됨에 따라 그 구멍으로 화염이 전파된다. 이를 차염성이라 한다.

03 내화충전구조의 내화시험방법(KS F ISO 10295-1)

(1) 화재구획부재 : 내화충전구조는 구획부재에 요구되는 동등 이상의 내화성능을 가져야 한다.

1) 지지구조

① 지지구조는 구획부재와 동등한 내화성능을 가진 것이어야 한다.

② 지지구조 구성조건

내화성능 부재구분	1시간	2시간
스터드 구조 경량부재 (건축용 철강재 · 보드류 벽체 포함)	• KS F 1611-2의 1시간 성능 내벽 시스템으로 100mm 두께 구조 • 기준 제20조에 의거한 세부 운영지침 [별표 1]의 경량형강 구조벽체 중 1시간 이상 인정 내화구조	• 기준 제20조에 의거한 세부 운영지침 [별표 1]의 경량형강 구조벽체 중 2시간 이상 인정 내화구조 콘크리트패널 부재
콘크리트패널 부재	• 기준 제20조에 의거한 세부 운영지침 [별표 1]의 콘크리트패널 벽체 중 1시간 이상 인정 내화구조	• 기준 제20조에 의거한 세부 운영지침 [별표 1]의 경량형강 구조벽체 중 2시간 이상 인정 내화구조 콘크리트패널 부재
콘크리트 부재	• 100mm 두께의 콘크리트 또는 경량기포콘크리트	• 150mm 두께의 콘크리트 또는 경량기포 콘크리트

2) 내화충전구조의 등급

① 수직부재 및 수평부재에 사용하는 내화충전구조의 등급은 아래의 표와 같다.

내화성능 부재구분	1시간	1.5시간	2시간
스터드구조 경량부재 (건축용 철강재 · 보드류 벽체 포함)	A-1	A-1.5	A-2
콘크리트패널 부재	B-1	B-1.5	B-2
콘크리트 부재	C-1	C-1.5	C-2

② 내화충전구조의 등급에 따라 A등급은 모든 구획부재에 사용 가능하다. B등급은 B등급 및 C등급 구획부재에 사용이 가능하며, C등급은 C등급 구획부재에만 사용이 가능하다.

③ 시험결과에 따라 2시간 초과의 내화성능 등급표기를 할 수 있다.

④ 내화충전구조는 구획부재에 요구되는 동등 이상의 내화성능이 요구된다.

(2) 설비관통부 충전시스템 내화시험방법

1) 시험체 제작 : 내화충전구조 시험체 제작은 한국산업규격 KS F ISO 10295-1 및 시험신청 내용에 따라 가능한 한 현장 시공조건과 동일하게 제작하여야 한다.

2) 시험조건

① 시험체 수

㉠ 설비관통부 충전시스템의 내화시험은 2회를 실시한다.

• 수직부재 : 양면에 대해 각 1회씩 시험

• 수평부재 : 화재노출면에 대해 2회 시험

 ⓛ 동일 충전시스템이 수직구획부재와 수평구획부재에 모두 사용되는 경우는 수직구획부재와 수평구획부재에 대해 각 1회씩 시험한다. 단, 수직구획 충전시스템이 비대칭 구조일 때에는 수직부재 양 방향에 대해 각 1회씩 시험하여야 한다.

② 시험체의 크기 : 관통부 및 이에 부수되는 관통부 충전재는 실제 크기로 한다.

③ 모든 시험조건은 KS F 2257-1에 따라야 한다[차염성(균열게이지 제외)과 차열성 시험].

④ 바닥과 벽 모두에 사용하고자 하는 관통부 충전시스템은 그 설치 목적에 맞게 시험되어야 한다.

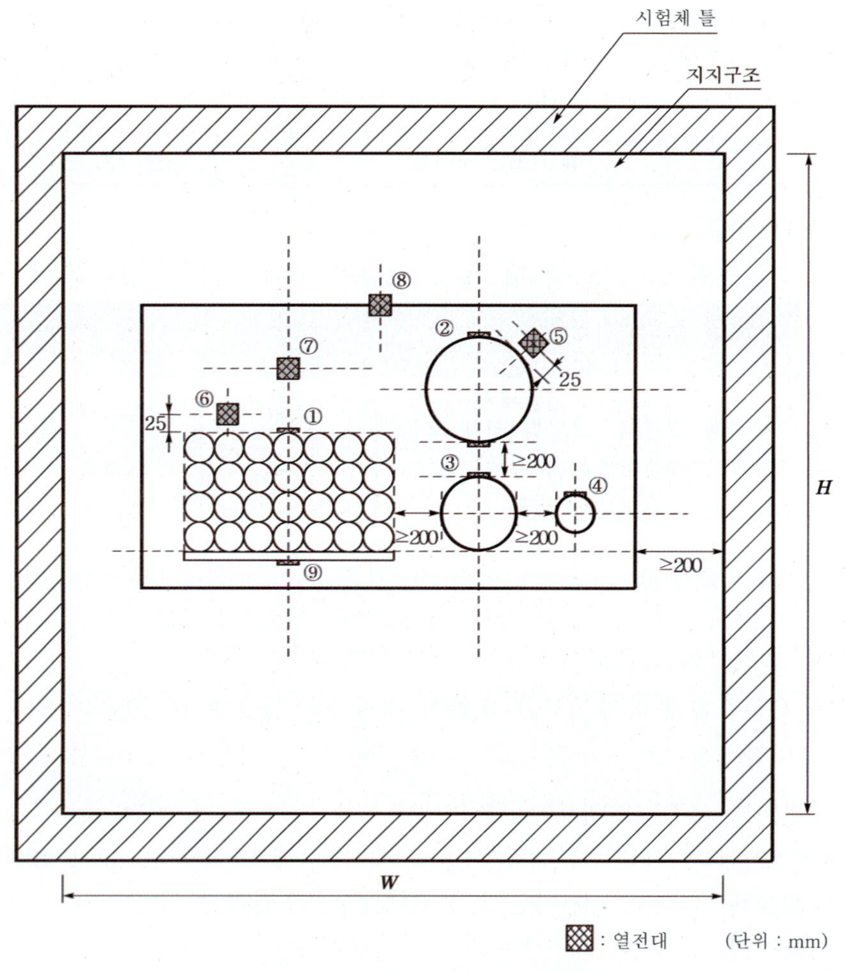

┃ 설비관통부 충전시스템 내화시험방법 ┃

3) 성능기준

① 차염성능

 ㉠ 이면착화시험 : 이면에서 화염이 발생해서는 안 된다.

ⓛ 면패드시험 : 면패드에서 착화가 발생해서는 안 된다.

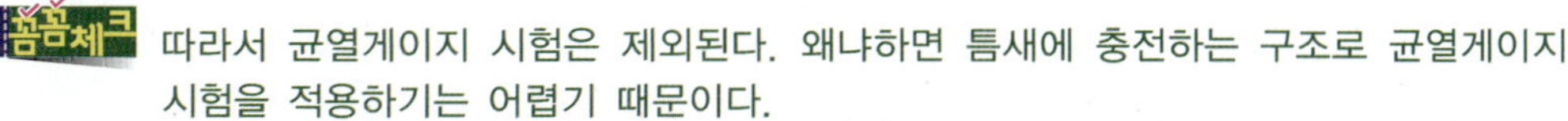 따라서 균열게이지 시험은 제외된다. 왜냐하면 틈새에 충전하는 구조로 균열게이지 시험을 적용하기는 어렵기 때문이다.

② 차열성능 : 차열성능은 각 위치의 열전대 또는 이동용 열전대의 온도가 어느 한 개라도 초기온도보다 180K를 초과해서는 안 된다.

(3) 선형 조인트 충전시스템 내화시험방법

1) 선형 조인트 : 하나 또는 두 개 이상의 건축구조부재 사이에 나란히 놓인 선형 공간으로 길이와 너비의 비율이 10 : 1 이상인 것이다.

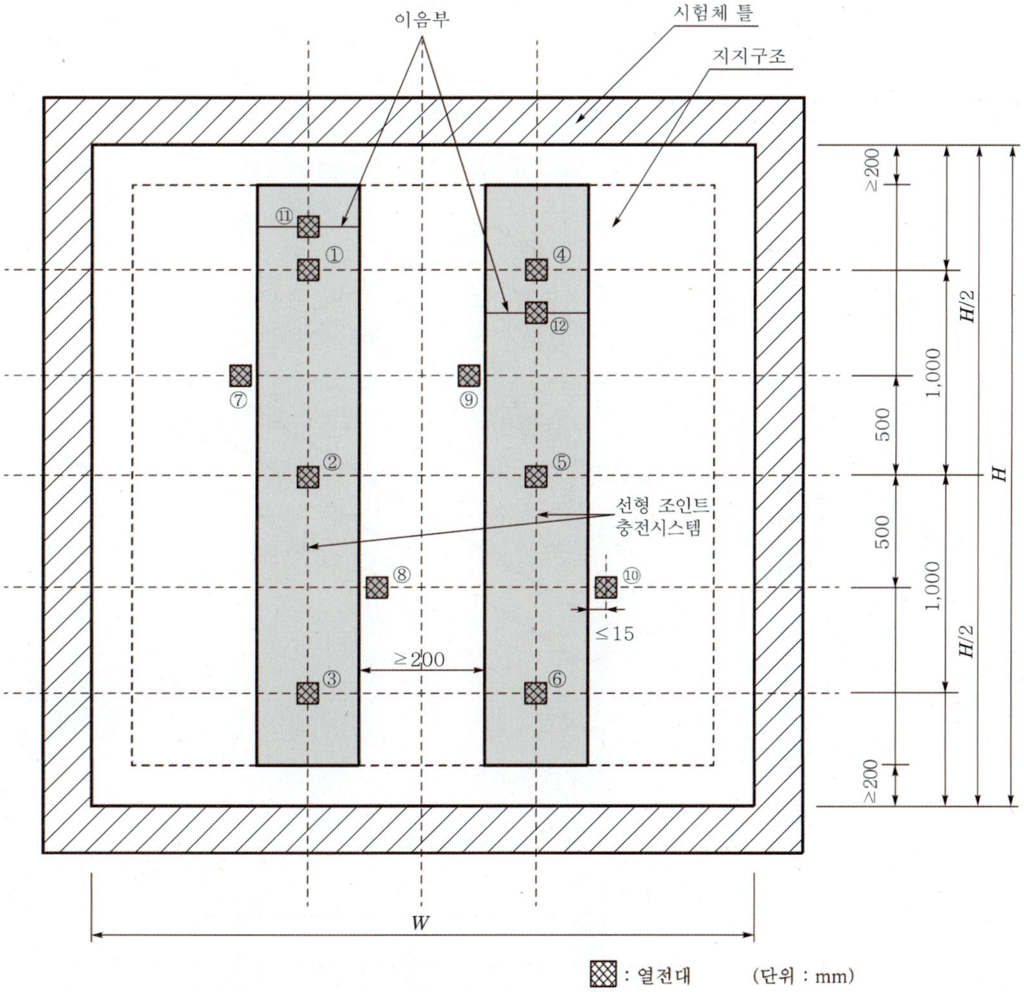

❚ 선형 조인트 충전시스템 내화시험방법 ❚

2) 선형 조인트 충전시스템 : 화재구획기능과 함께 선형 연결부 안에서 구조체의 움직임의 정도를 흡수 또는 대응하기 위해 설계된 시스템이다.

3) 그 밖의 조건 등은 설비관통부 충전시스템 내화시험방법과 동일하다.

4) 성능기준

① 차염성능

㉠ 이면착화시험 : 이면에서 화염이 발생해서는 안 된다.

㉡ 면패드시험 : 면패드에서 착화가 발생해서는 안 된다.

② 차열성능 : 차열성능은 이면 열전대의 온도가 어느 한 개라도 초기온도보다 180K를 초과해서는 안 된다.

5) **시험결과의 적용** : 이전의 시험결과, 적합한 충전시스템과 동일한 구성 및 재질인 것으로서 조인트의 폭 및 길이가 작은 경우 이미 발급된 성적서로 그 성능을 갈음할 수 있다. 수용 가능한 최대 크기의 가열로 시험에 적합한 충전시스템은 실제 사용할 수 있는 최대길이의 사용을 허용한다.

(4) 커튼월 선형 조인트 충전시스템 내화시험방법 : 선형 조인트 충전시스템 내화시험방법과 동일하다.

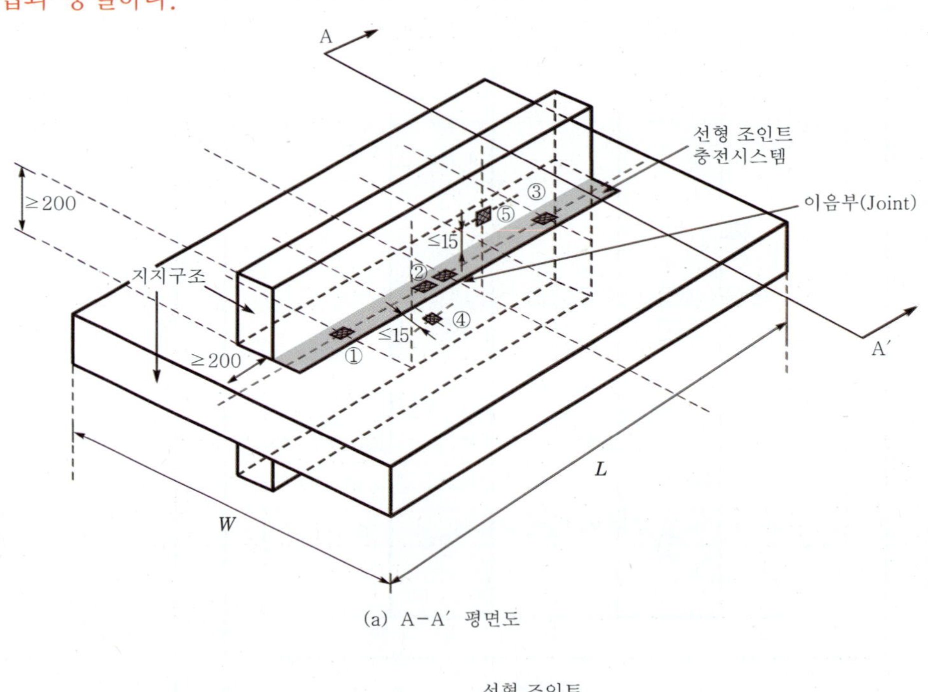

(a) A-A′ 평면도

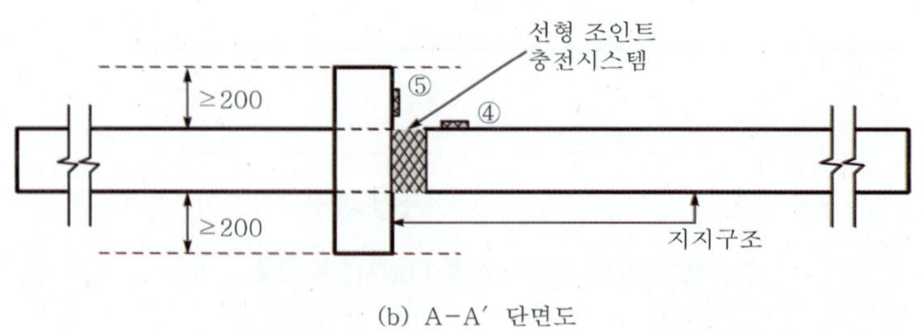

(b) A-A′ 단면도

▧ : 열전대   (단위 : mm)

| **커튼월 선형 조인트 충전시스템 내화시험방법** |

04 KS F ISO 10295-1과 KS F 2842의 비교

기 준		KS F 2842	KS F ISO 10295-1
참고기준		ASTM E814	KS F ISO 10295-1 국제기준을 그대로 적용한다.
가열시험	하중지지력	요구하지 않고 있다.	요구하지 않고 있다.
	차염성	이면착화시험	• 이면착화시험 • 면패드시험
	차열성	T급에서만 요구 (비가열면 온도상승은 평균 140K, 최고 180K 이하)	180K를 초과해서는 안 된다.
주수시험		있음	없음
현재 적용유무		KS F ISO 10295-1의 이전 규격	현행기준

(1) KS F 2842(ISO 10295 이전의 기준) : KS F 2842는 2001년 6월 제정되었으며, ISO의 해당 표준이 없으므로 ASTM E 814를 근간으로 작성된 것으로 파이프, 전선, 케이블 등 건축구조부재가 관통하는 부위에 생기는 틈새 등 개구부를 통해 화재가 확대되는 것을 방지하기 위해 쓰이는 구조공법에 대한 내화시험방법이다.

1) 내화등급의 구분

① F급 : 가열시험 시 시험체 이면에 화염이 발생되지 않고 주수시험에 적합한 성능을 갖는 내화충전구조

② T급 : 가열시험 시 시험체 이면에 화염이 발생되지 않고, 온도상승 제한요건(비가열면 온도상승은 평균 140K, 최고 180K 이하)과 주수시험요건에 적합한 성능을 갖는 내화충전구조

2) 가열시험

① 가열로 및 가열시간별 가열로 내 온도는 KS F 2257-1에 따르도록 하고 있다.

② 가열로 내의 시간대별 온도를 수식화한 식은 아래와 같으며, 시험의 합격요건은 F급 및 T급의 구분요건에 적합하여야 한다.

$$T = 345 \times \log 10(8t+1) + 20$$

여기서 T : 가열로 내 평균온도

t : 가열시간(분)

3) 주수시험

① 가열등급의 1/2과 동일한 시간, 최대 1시간으로 가열시험 후 아래의 표에 기술된 압력과 시간으로 한다.

② 주수시험에 의한 충격, 침식, 냉각효과를 받을 수 있도록 지름 29mm 노즐로

6m 전방에서 시험체의 중앙부분으로부터 서서히 방향을 변화시키면서 가열면 모든 부분에 즉시 실시하며 F급 및 T급 모두 이면으로 물을 방사하는 어떠한 개구부도 생기지 않아야 한다.

∥ 주수시험 기준 ∥

내화시간	노즐에서 수압(kPa)	가열면적당 적용시간(s/m²)
4시간 이상, 6시간 미만	310	32
2시간 이상, 4시간 미만	210	16
1.5시간 이상, 2시간 미만	210	10
1.5시간 미만	210	6

    4) 압력(차압)요건 : 시험 의뢰자의 요구에 따라 KS F 2257-4 및 KS F 2257-5에 의해 시험한다.

(2) **KS F ISO 10295-1** : 앞 내용 참조

05 충전구조의 연소확산 경로(차염성)

(1) 충전구조의 틈을 통한 화염전파가 있다.

(2) 가연성 물질이나 용융성 물질이 충전된 경우 연소나 용융으로 발생한 구멍을 통한 화염전파가 있다.

(3) 열에 의해 균열이 발생하고 박리로 인해 구멍이 생기는 경우 이 구멍을 통한 화염전파가 있다.

06 충전구조의 방화조치

(1) **실리콘폼(foam)으로 채우는 방법**

    1) **정의** : A액, B액을 혼합하여 관통부 내에 주입하여 발포시키는 형태로 틈새공간 전체를 폼으로 채우는 방식의 충전구조이다.

    2) **특징**

      ① 공사품질 : 기타 충전구조 시공방법에 비해서 공간을 채움으로 밀폐성이 우수하고 연질상태로 유연성이 좋다. 따라서 케이블의 관통부위와 같이 미세한 공간이 많은 충전구조에 적합하다.

      ② 안전성 : 부피손실이 적고 신축성이 우수해서 충전부위가 밑으로 빠질 염려가 없다.

      ③ 차수성 : 시공(발포)면이 거칠고 표면에 미세한 구멍이 발생하여 차수시공이 곤란하다.

      ④ 시공성 : 현장 발포를 위한 2액형 제품으로 시공이 까다롭고 공사금액이 비싸다.

3) 규소가 주성분으로 화재 시 열을 받게 되면 셀(cell) 내부의 공기가 팽창하여 벽과 벽 사이를 밀폐한다.

4) 용도 : 커튼월과 바닥 사이 틈새, 조인트, 방화구획의 수평·수직 설비의 관통부로 화재확산을 방지한다.

❘ 실리콘폼 ❘

(2) 시멘트모르타르로 밀실하게 채우는 방법

1) 시멘트모르타르를 이용하여 밀실하게 충진하여 균열이 발생하지 않도록 해야 한다.

2) 특징

① 공사품질 : 경화되거나 미세한 진동에도 균열이 발생할 우려가 있고 틈새 내부까지 균일하게 충진되도록 시공하기가 어렵다.

② 안전성 : 화재 시 열을 받으면 균열 및 박리가 발생할 우려가 있어 충전재로 성능발휘가 곤란하다.

③ 시공성 : 별도의 충전재를 살 필요없이 현장에 있는 모르타르를 이용할 수 있어 손쉽다. 겔형태로 점도가 높아 틈새에 밀실하게 충전하기가 곤란하다.

④ 경제성 : 충전구조 중에 가장 저렴한 방식이다.

3) 용도 : 커튼월과 바닥 사이 틈새, 방화구획의 수평·수직 설비의 관통부로 화재확산을 방지한다.

(3) 내화실(seal)란트로 채우는 방법

1) 내화실(seal)란트를 이용하여 내부를 밀실하게 충진하는 방법이다.

2) 열을 받으면 그 자체는 타지 않으며, 열팽창하여 틈을 밀폐하거나 탄화층을 형성한다.

3) 특징

① 공사품질 : 소용량 타입으로 면적이 클 경우에 다량을 사용해야 하므로 효율성이 떨어진다.

② 부착성 : 점도가 높아 이물질이 많이 묻어있는 장소에서는 충진 시 부착력에 저하를 수반한다.

③ 차수성 : 수용성 제품으로 내수성이 취약하다. 따라서 빗물 등에 노출되는 외장공사에는 적합하지 않다.

④ 시공성 : 한가지 액체형으로 작업이 간편하고 개보수가 용이하다. 손이 들어가지 않는 좁은 공간에는 점도가 높은 액체형으로 시공이 어렵다.

⑤ 환경성 : 무용제 타입의 수용성 재질로 환경친화적이다.

4) **용도** : 커튼월과 바닥 사이 틈새, 조인트, 방화구획의 수평·수직 설비의 관통부로 화재확산을 방지한다.

❙ 내화실란트[43] ❙

(4) 관통부 방화밀폐재를 사용하는 방법

1) **정의** : 철재의 뼈대에 방화판(방화보드)을 틈에 맞게 절단하여 앵커 또는 볼트로 고정하고 틈은 난연 레진으로 기밀하게 시공한다.

2) **특징**

① 공사품질 : Steel과 Board 이중면으로 넓은 관통부를 밀폐시키는 데 유리하다.

② 안전성 : 설치면이 견고하여 위에서 하중을 가하거나 충격을 주어도 파손의 우려가 적다.

③ 차수성 : 보드의 인접면이나 틈새가 있어 방화용 실란트로 메워야 한다.

④ 시공성 : 보드를 고정시킬 수 있는 뼈대를 세울 수 있는 장소확보가 필요하고, 복잡한 구조 또는 협소한 장소에서는 시공이 어렵다.

⑤ 경제성 : 충전구조 중에 가장 비용이 크다.

3) **용도** : 커튼월과 바닥 사이 틈새, 방화구획의 수평·수직 설비의 관통부로 화재확산을 방지한다.

❙ 방화보드 ❙

(5) 방화로드(rod)를 사용하는 방법

1) **정의** : 방화로드는 공장에서 암면을 절단한 후에 전체 면에 방화재를 도포·건조하여 만든 제품이다.

2) **특징**

① 공사품질 : 일정한 형태를 가지고 있어 제품의 규격화로 표면에 붓질이 매끄럽고 방화재가 스며들지 않아 균일한 도포두께로 품질시공이 가능하다.

---

43) 동아힐티카탈로그에서 발췌

② 신축성 : 커튼월 구조체가 풍압, 진동, 결로 등으로 변형 시에도 암면의 탄력성으로 밀폐성능을 유지할 수 있다.

③ 차수성 : 신축성이 있는 코팅막이 습기를 차단하고 암면의 부피손실을 막아준다.

④ 시공성 : 틈새에 끼워넣기 작업과 방화재 도포만으로 손쉽게 공사를 진행할 수 있다.

⑤ 환경성 : 암면에 코팅을 하여 분진을 방지하여 실내공기의 오염을 방지한다.

⑥ 경제성 : 충전재 중에 비교적 저렴하다.

▮ 방화로드(rod : 막대기) ▮

3) **용도** : 커튼월과 바닥 사이 틈새, 조인트, 방화구획의 수평·수직 설비의 관통부로 화재확산을 방지한다.

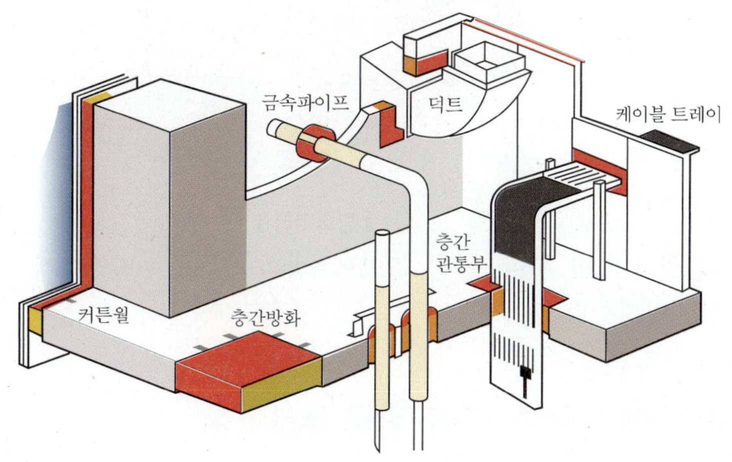

▮ 방화로드 설치장소 ▮

4) **성분** : 미네랄울과 탑코트

 • 미네랄울(mineral wool) : 열경화성 수지 및 특수 발수제를 사용하여 만든 판상제품으로 우수한 보온단열, 흡음효과와 다양한 규격 등 용도를 가지고 있는 보온 및 방음재
 • 탑코트(top coat) : 바탕면에 바르는 코팅재

(6) 방화퍼티(putty)를 사용하는 방법

1) 정의 : 방화로드는 공장에서 암면을 절단한 후에 전체 면에 방화재를 도포·건조한 제품이다.

2) 특징

① 공사품질 : 일정한 형태를 가지고 있어 제품의 규격화로 표면에 붓질이 매끄럽고 방화재가 스며들지 않아 균일한 도포두께로 품질시공이 가능하다.

② 신축성 : 커튼월 구조체가 풍압, 진동, 결로 등으로 변형 시에도 암면의 탄력성으로 밀폐성능을 유지할 수 있다.

③ 차수성 : 신축성이 있는 코팅막이 습기를 차단하고 암면의 부피손실을 막아준다.

④ 시공성 : 틈새에 끼워넣기 작업과 방화재 도포만으로 손쉽게 공사를 진행할 수 있다.

⑤ 환경성 : 암면에 코팅을 하여 분진을 방지하여 실내공기의 오염을 방지한다.

⑥ 경제성 : 충전재 중에 비교적 저렴하다.

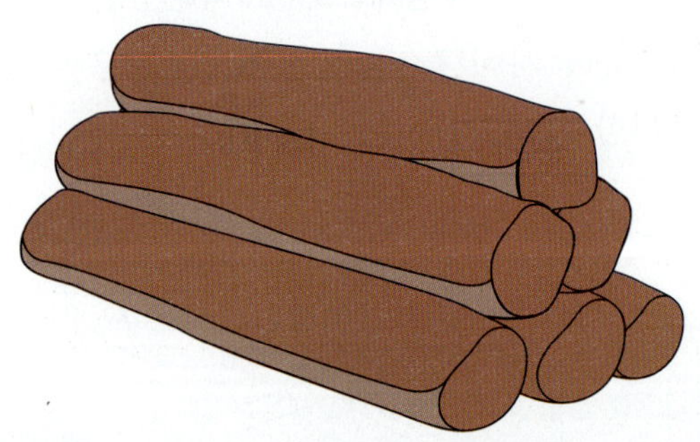

‖ 방화퍼티 ‖

3) 용도 : 커튼월과 바닥 사이 틈새, 조인트, 방화구획의 수평·수직 설비의 관통부로 화재확산을 방지한다.

07 ASTM E814에 나타난 관통부 등급 표시

(1) **F-Ratings(Flame Ratings)** : 시스템이 불꽃의 흐름을 막을 수 있는 시간을 평가기준으로 표현한 등급으로 국내에서의 차염성과 같은 의미를 말한다.

(2) **T-Ratings(Thermal Ratings)** : 시스템이 325℉(163℃)보다 낮은 온도로 제한한다. 시간을 평가기준으로 표현하는 등급으로 국내에서 차열성과 같은 의미를 말한다.

(3) L-Ratings(Leak Ratings) : 압력을 걸어서 공기가 누설되는지를 테스트하는 등급이다.

08 결 론

(1) 방화구획을 구성하는 벽체 또는 바닥에는 건축물에 사용되는 건축설비, 전기, 통신 등에서 사용하는 각종 배관, 덕트, 케이블 트레이 등이 벽체를 관통하고 있으며, 이러한 관통부에는 벽과 배관 등 사이에 틈새가 발생한다. 또한 건축물의 건축부재와 부재 사이에 선형 조인트이에 의한 틈새가 생기고, 커튼월부분 등과 같이 이질적인 부재의 접합부위에는 틈새가 발생하게 된다.

(2) 구획부분과 틈새는 화재 시 열과 연기의 이동경로가 되므로 화재확산의 주요원인이 된다. 따라서 틈새를 밀실하게 마감하고 열전달을 차단하여 화재 시 화재의 확산을 방지하기 위한 구획화의 조치가 방화구획이다.

에스컬레이터(escalator), 무빙워크(moving walk)

01 개요

(1) 건물의 신축 시에는 "에스컬레이터 및 이동식 보도"가 피난로 내에 설치되어 있는 경우 이를 피난용량 계산에서 제외한다. 즉 이는 피난로가 아님을 나타내고 있는 것이다. 왜냐하면 이를 통해 화재 등의 확산 우려가 높고 전원에 의해서 동작하는 설비로 화재 시 전원차단이 될 우려가 있기 때문이다.

(2) 하지만 건물의 사용자가 일상생활에서 사용하는 시설로 훈련이나 별도의 교육 없이는 이를 통한 피난이 발생할 수밖에 없다. 따라서 이를 이용하는 피난자의 안전을 위해서 방화셔터로 방호되거나, 스프링클러헤드-방연커튼에 의해 방호되고 있다. NFPA 13에서는 스프링클러(S/P) + 드래프트 커튼(draft curtains) 방식을 제안하고 있다.

(3) 왜냐하면 방호되지 않거나 또는 부적절하게 방호된 수직개구부는 많은 사상자를 발생시키는 주요 원인이기 때문이다.

- 에스컬레이터(escalator) : 건물이나 지하도 등에서 사용되는, 사람이 움직이지 않아도 동력에 의해 움직이는 계단을 말한다. 따라서 에스컬레이터는 자동계단이라고도 한다.
- 무빙워크(moving walk) : 자동으로 움직이는 길이어서 자동길이라고도 한다. 이는 공항이나 지하도 등에서 쓰이는 컨베이어 벨트 구조의 기계장치로, 경사진 길이나 평면을 천천히 움직이므로 탑승자는 자동길 위에 걷거나 서서 이동할 수 있다. 보통 양 방향이 한 쌍으로 설치되어 있으나, 한쪽 방향으로만 만들기도 한다.

02 방화셔터방식(NFPA)

(1) 셔터는 각각 독립적으로 연기감지기와 스프링클러설비의 작동 시 자동적으로 닫혀야 한다.

(2) 셔터를 수동으로 작동시켜 점검할 수 있어야 한다.

(3) 셔터는 매주 1회 이상 작동상태를 점검해야 한다.

(4) 셔터의 작동속도는 30ft/min(0.15m/s)를 초과하지 않아야 하며, 선단부분은 감지 기능이 있어야 한다.

(5) 선단부분에 20lbf(90N) 이하의 힘을 받았을 때 셔터의 작동이 중지된 후, 대략 6in(15.2cm)만큼 셔터가 올라가야 한다. 그 후 다시 셔터는 계속 작동되어 닫혀야 한다.

(6) 방화셔터의 작동장치는 NFPA 70, National Electrical Code의 규정에 적합한 비상 전원에 연결되어야 한다.

03 스프링클러헤드-제연커튼 방식

(1) 스프링클러설비로 방호하는 건물이 에스컬레이터 개구부 주변에 아래쪽으로 폭 45.7cm(18in)의 제연커튼을 설치한다.

(2) 제연커튼(18in) 바깥쪽 주변으로 스프링클러를 설치한다.

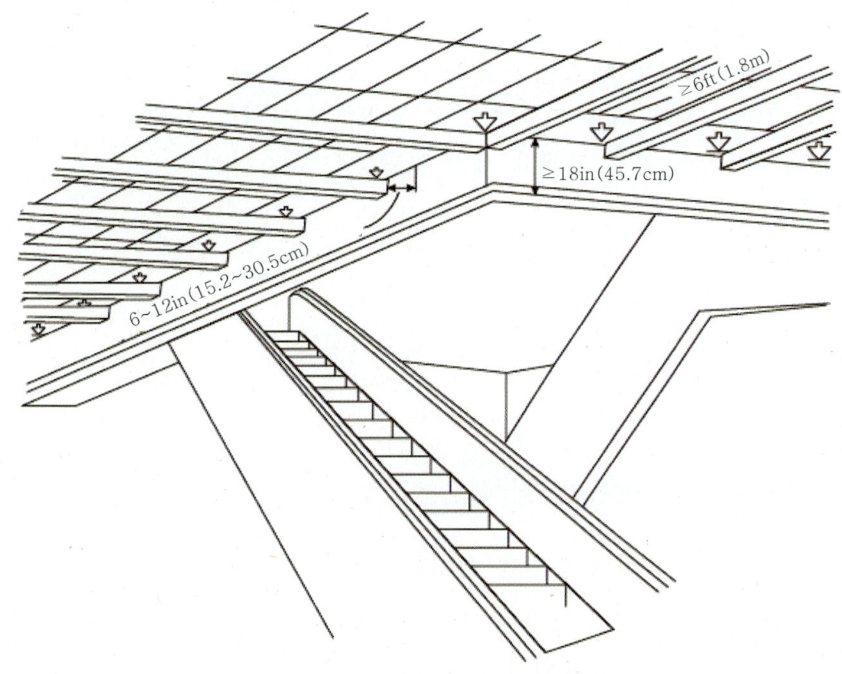

▌에스컬레이터 개구부 주변의 스프링클러헤드 ▌

(3) **목적**
  1) 작은 개구부에서 화재를 제어하고 냉각작용으로 대류성 기류를 막아 위층에 설치되는 헤드작동을 방지한다.
  2) 백화점의 에스컬레이터(E/S) 개구부처럼 개구부와 바로 인접하여 가연성 물질이 있는 경우에는 상부로의 화염전파를 방지하는 기능을 한다.

(4) **개구부**
  1) 개구부의 치수는 6m 이하, 면적이 $93m^2$ 이하이다.
  2) 작은 개구부는 굴뚝과 같은 역할을 하는 경향이 있으며, 화재로 인하여 발생하는 고온가스를 빠르게 이동시킨다.

211

(5) 제연커튼 or 제연경계벽(draft curtains)

1) 화재초기 연소생성물이 에스컬레이터(E/S)실로 들어가는 것 방지하거나 지연시키는 기능을 한다.

2) 개구부 직근에 설치한다.

3) 높이는 50cm 이상으로 설치하여야 한다.

4) 헤드가 작동하는 동안 유지될 수 있도록 재질은 불연재 또는 준불연재로 설치하여야 한다.

(6) 헤드

1) 배치간격 : 1.8m 이하

2) 벽으로부터 15~30cm를 이격한다.

3) 개방형 또는 폐쇄형 헤드를 사용한다. 개방형 헤드는 오동작하여 개방될 경우 에스컬레이터(E/S)에 타고 있는 사람의 상해뿐만 아니라 심각한 수손으로 장비의 고장을 유발하므로 설치 사례가 거의 없다.

4) 차폐장치 : Cold solder effect 방지

① 재질은 불연재 또는 준불연재로 한다.

② 폭 20cm, 높이 15cm 이상이어야 한다.

③ 차폐판의 상단은 상향식 헤드 디플렉터보다 5~6cm 높게 설치한다.

④ 하단은 하향식 헤드의 디플렉터 이하가 되도록 설치한다.

04 분무노즐(spray nozzle)방식

(1) 분무노즐을 에스컬레이터 주변에 설치한다.

(2) 고속 물분무노즐설비로 구성된 분무노즐방식을 이용한 방호방법으로 개구부가 연속적인 분무로 완전하게 밀폐되어야 한다.

(3) 방연커튼과 보강된 보호덮개(wellaway housing)의 설치가 필요하다.

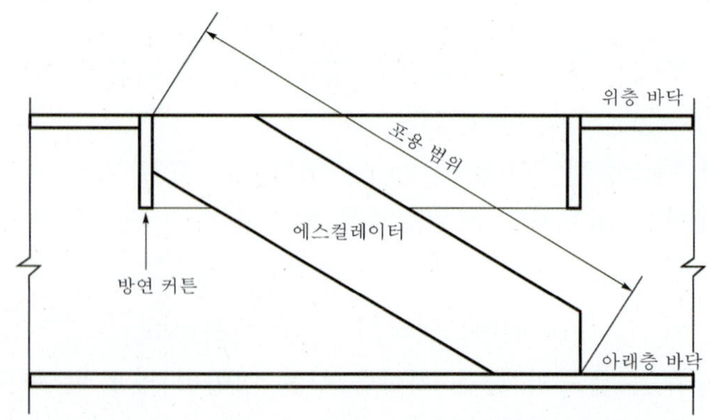

┃ 분무노즐방식을 이용한 에스컬레이터 개구부 방호에서의 포용범위 ┃

05 수직개구부 방호를 위한 방연커튼과 주행로 덮개방식

(1) 방연커튼을 설치한다.

(2) 주행로에 최소 1.5m 이상의 불연성 덮개를 설치한다.

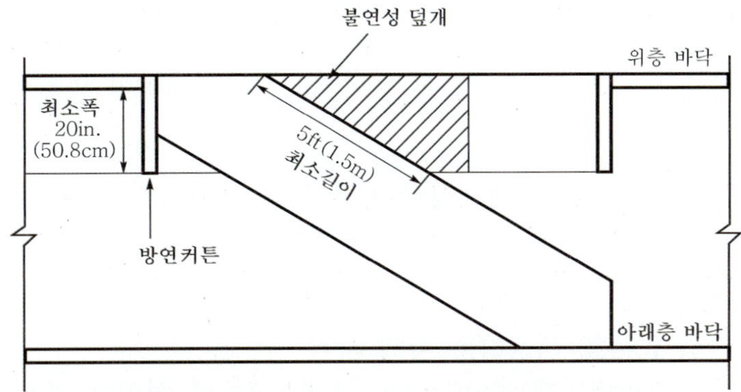

| 수직개구부 방호를 위한 방연커튼과 주행로 덮개 |

06 스프링클러(S/P) + 공기배출구(vent method)

(1) 바닥개구부를 통해 공기를 아래쪽으로 흐르게 해야 한다.

(2) 하향 통풍은 정상 기준에서 1.5m/s의 평균속도를 30분 이상 유지하여야 한다.

(3) 스프링클러(S/P)설비는 개구부를 향하여 설치하여 천장열기류에 의하여 열이 이동할 때, 작동되도록 천장 또는 바닥개구부에 설치하여야 한다.

07 셔터방식

(1) 셔터는 감지기나 감지용 스프링클러헤드가 동작 시 자동으로 닫혀야 한다.

(2) 셔터의 폐쇄속도는 30ft/min 이하이여야 하며, 하단에는 장애물 감지센서가 설치되어 있어 끝부분에 20lbf 이상의 힘을 받았을 경우에는 작동이 중지된 후 6in.(15cm) 이상 상승하여야 한다. 그 후에 다시 작동하여 자동으로 폐쇄가 가능하여야 한다.

01 소방대상물의 안전관리

(1) 특정소방대상물의 관계인은 그 특정소방대상물에 대하여 방화관리업무를 수행하여야 한다.

(2) 대통령령이 정하는 특정소방대상물의 관계인은 소방안전관리 업무를 수행하기 위하여 대통령령으로 정하는 자를 행정안전부령으로 정하는 바에 따라 소방안전관리자로 선임하여야 한다.

(3) 소방안전관리 업무를 대행하는 자의 자격
　1) 「위험물안전관리법」 제19조에 따른 자체소방대를 설치한 경우 그 자체소방대장
　2) 「화재예방, 소방시설 설치·유지 및 안전관리에 관한 법률」 제29조 제1항에 따른 소방시설관리업을 등록한 자

(4) 소방안전관리자의 선임 신고기한 : 14일 이내

(5) 소방안전관리자의 업무
　1) 대통령령으로 정하는 사항이 포함된 소방계획서의 작성
　2) 자위소방대(自衛消防隊)의 조직
　3) 피난시설, 방화구획 및 방화시설의 유지·관리
　4) 소방훈련 및 교육
　5) 소방시설이나 그 밖의 소방 관련 시설의 유지·관리
　6) 화기(火氣)취급의 감독
　7) 그 밖에 소방설비에 관한 업무
　8) 소방안전관리자는 인명과 재산을 보호하기 위하여 소방시설, 피난시설, 방화시설 및 방화구획 등이 법령에 위반된 것을 발견한 때에는 지체 없이 소방안전관리 대상물의 관계인에게 소방대상물의 개수, 이전, 제거, 수리 등 필요한 조치를 할 것을 요구하여야 하며, 관계인이 시정하지 아니하는 경우 소방본부장 또는 소방서장에게 그 사실을 알려야 한다.

(6) 소방안전관리대상물의 종류
　1) **특급 소방안전관리대상물**
　　① 50층 이상(지하층은 제외)이거나 지상으로부터 높이가 200m 이상인 아파트
　　② 30층 이상(지하층을 포함)이거나 지상으로부터 높이가 120m 이상인 특정소방대상물(아파트 제외)

③ 위 ②에 해당하지 아니하는 특정소방대상물로서 연면적이 20만m^2 이상인 특정
소방대상물

2) **1급 소방안전관리대상물**

① 연면적이 1만 5천m^2 이상인 특정소방대상물(아파트 제외)

② 층수가 30층 이상이거나 지상으로부터 높이가 120m 이상인 아파트

③ ②에 해당하지 아니하는 특정소방대상물로서 층수가 11층 이상인 특정소방대상
물(아파트는 제외)

④ 가연성 가스를 1,000톤 이상 저장 취급하는 장소

3) **2급 소방안전관리대상물**

① 스프링클러, 간이스프링클러, 물분무 등 소화설비[호스릴(hose reel)방식만을
설치한 경우는 제외한다]를 설치하는 특정소방대상물

② 가스제조시설을 갖추고 도시가스사업을 하는 시설로 가연성 가스를 100톤 이상
1,000톤 미만 저장·취급하는 장소

③ 지하구

④ 공동주택

⑤ 국보 또는 보물로 지정된 목조건축물

4) **3급 소방안전관리대상물** : 자동화재탐지설비를 설치해야 하는 특정소방대상물

5) **공공기관** : 공공기관의 방화관리 규정에 의해서 소방안전관리자를 두어야 한다.

① 국가 및 지방자치단체

② 국공립학교

③ 공공기관의 운영에 관한 법률에 따른 공공기관

④ 지방공기업법에 의해 설립된 지방공사 또는 지방공단

⑤ 사립학교법에 의한 사립학교

(7) 특정소방대상물의 근무자 및 거주자에 대한 소방훈련 등 : 교육의 횟수 및 방법 등에
관하여 필요한 사항은 행정안전부령으로 정한다.

(8) 소방본부장이나 소방서장은 소방훈련 대상의 적용을 받지 아니하는 특정소방대상물
의 관계인에 대하여 특정소방대상물의 화재예방과 소방안전을 위하여 행정안전부령
으로 정하는 바에 따라 소방안전교육을 하여야 한다.

(9) 소방시설 등의 자체 점검 등 : 특정소방대상물의 관계인은 그 대상물에 설치되어 있
는 소방시설 등에 대하여 정기적으로 자체 점검을 하거나 관리업자 또는 행정안전부
령으로 정하는 기술자격자로 하여금 정기적으로 점검하게 하여야 한다.

02 공동소방안전관리자

(1) 공동소방안전관리자의 선임대상

1) 고층 건축물(지하층을 제외한 층수가 11층 이상인 건축물에 한한다)

2) 지하가(지하의 공작물 안에 설치된 상점 및 사무실, 그 밖에 이와 비슷한 시설이 연속하여 지하도에 접하여 설치된 것과 그 지하도를 합한 것을 말한다)

3) 그 밖에 대통령령이 정하는 특정소방대상물
   ① 복합건축물로서 연면적 $5,000m^2$ 이상인 것 또는 5층 이상인 것
   ② 판매시설 중 도·소매 시장
   ③ 소방안전관리자를 두어야 할 특수 장소 중 화재발생 시 다수의 인명피해 발생 또는 화재의 확대가 우려되는 근린생활시설, 위락시설 또는 공장으로 소방본부장 또는 소방서장이 지정하는 것

(2) 여러 개로 분리된 대형 건축물에 대해서는 관리 권원별로 자격을 갖춘 소방안전관리자를 선임하도록 한 것이 공동소방안전관리자이다.

소방계획서

01 개 요

소방시설 및 소방안전관리에 관한 연간 계획을 나타낸 계획서로 보다 효율적이고, 안전한 방화관리를 위해서 소방안전관리자가 작성한다.

02 소방안전관리대상물의 소방계획서 작성 등(「화재예방, 소방시설 설치·유지 및 안전관리에 관한 법률」 시행령 제24조)

(1) 법 제20조 제6항 제1호에 따른 소방계획서에는 다음의 사항이 포함되어야 한다.
   1) 소방안전관리대상물의 위치·구조·연면적·용도 및 수용인원 등 일반 현황
   2) 소방안전관리대상물에 설치한 소방시설·방화시설(防火施設), 전기시설·가스시설 및 위험물시설의 현황
   3) 화재예방을 위한 자체점검계획 및 진압대책
   4) 소방시설·피난시설 및 방화시설의 점검·정비 계획
   5) 피난층 및 피난시설의 위치와 피난경로의 설정, 장애인 및 노약자의 피난계획 등을 포함한 피난계획
   6) 방화구획, 제연구획, 건축물의 내부 마감재료(불연재료·준불연재료 또는 난연재료로 사용된 것) 및 방염물품의 사용현황과 그 밖의 방화구조 및 설비의 유지·관리 계획
   7) 법 제22조에 따른 소방훈련 및 교육에 관한 계획
   8) 법 제22조를 적용받는 특정소방대상물의 근무자 및 거주자의 자위소방대 조직과 대원의 임무(장애인 및 노약자의 피난 보조임무를 포함)에 관한 사항
   9) 증축·개축·재축·이전·대수선[44] 중인 특정소방대상물의 공사장 소방안전관리에 관한 사항
   10) 공동 및 분임 소방안전관리에 관한 사항
   11) 소화와 연소방지에 관한 사항
   12) 위험물의 저장·취급에 관한 사항(「위험물안전관리법」 제17조에 따라 예방규정을 정하는 제조소 등은 제외)
   13) 그 밖에 소방안전관리를 위하여 소방본부장 또는 소방서장이 소방안전관리대상물의 위치·구조·설비 또는 관리상황 등을 고려하여 소방안전관리에 필요하여 요청하는 사항

(2) 소방본부장 또는 소방서장은 위 (1)에 따른 특정소방대상물의 소방계획의 작성 및 실시에 관하여 지도·감독한다.

---

44) 대수선 : 건축물의 기둥, 보, 내력벽, 주계단 등의 구조나 외부 형태를 수선, 변경하거나 증설하는 것으로 대통령령으로 정하는 것. 개축은 내력벽, 기둥, 보, 지붕틀 중 3개소 이상을 포함하여 수선 또는 변경하는 것이고, 대수선은 이중 2개소 이하를 수선 또는 변경하는 것이다. 따라서 대수선이 범위가 증대되면 개축이 된다.

건축물 마감재료 대상 및 적용

01 건축물의 마감재료(「건축법」 제52조)

(1) 대통령령으로 정하는 용도 및 규모의 건축물의 내부 마감재료는 방화에 지장이 없는 재료로 하되, 「다중이용시설 등의 실내공기질관리법」 제5조 및 제6조에 따른 실내공기질 유지기준 및 권고기준을 고려하고 관계 중앙행정기관의 장과 협의하여 국토교통부령으로 정하는 기준에 따른 것이어야 한다.

(2) 대통령령으로 정하는 건축물의 외벽에 사용하는 마감재료는 방화에 지장이 없는 재료로 하여야 한다. 이 경우 마감재료의 기준은 국토교통부령으로 정한다.

(3) 욕실, 화장실, 목욕장 등의 바닥 마감재료는 미끄럼을 방지할 수 있도록 국토교통부령으로 정하는 기준에 적합하여야 한다.

02 건축물의 마감재료(「건축법 시행령」 제61조)

(1) 법 제52조 제1항(내부 마감재료)에서 "대통령령으로 정하는 용도 및 규모의 건축물"이란 다음의 어느 하나에 해당하는 건축물을 말한다. 다만, 그 주요구조부가 내화구조 또는 불연재료로 되어 있고 그 거실의 바닥면적(스프링클러나 그 밖에 이와 비슷한 자동식 소화설비를 설치한 바닥면적을 뺀 면적으로 한다) 200m² 이내마다 방화구획이 되어 있는 건축물은 제외한다.

1) 단독주택 중 다중주택·다가구주택

2) 공동주택

3) 제2종 근린생활시설 중 공연장·종교집회장·인터넷 컴퓨터 게임시설제공업소·학원·독서실·당구장·다중생활시설의 용도로 쓰는 건축물

4) 위험물 저장 및 처리 시설(자가난방과 자가발전 등의 용도로 쓰는 시설을 포함한다), 자동차 관련 시설, 방송통신시설 중 방송국·촬영소 또는 발전시설의 용도로 쓰는 건축물

5) 공장의 용도로 쓰는 건축물. 다만, 건축물이 1층 이하이고, 연면적 1천 m² 미만으로서 다음의 요건을 모두 갖춘 경우는 제외한다.

　① 국토교통부령으로 정하는 화재위험이 적은 공장용도로 쓸 것

　② 화재 시 대피가 가능한 국토교통부령으로 정하는 출구를 갖출 것

　③ 복합자재[불연성인 재료와 불연성이 아닌 재료가 복합된 자재로서 외부의 양면(철판, 알루미늄, 콘크리트박판, 그 밖에 이와 유사한 재료로 이루어진 것을 말

한다)과 심재(心材)로 구성된 것을 말한다]를 내부 마감재료로 사용하는 경우에는 국토교통부령으로 정하는 품질기준에 적합할 것

6) 5층 이상인 층 거실의 바닥면적의 합계가 500m² 이상인 건축물

7) 문화 및 집회시설, 종교시설, 판매시설, 운수시설, 의료시설, 교육연구시설 중 학교(초등학교만 해당한다) · 학원, 노유자시설, 수련시설, 업무시설 중 오피스텔, 숙박시설, 위락시설(단란주점 및 유흥주점은 제외한다), 장례시설, 「다중이용업소의 안전관리에 관한 특별법 시행령」제2조에 따른 다중이용업(단란주점영업 및 유흥주점영업은 제외한다)의 용도로 쓰는 건축물

8) 창고로 쓰이는 바닥면적 600m²(스프링클러나 그 밖에 이와 비슷한 자동식 소화설비를 설치한 경우에는 1,200m²) 이상인 건축물. 다만, 벽 및 지붕을 국토교통부장관이 정하여 고시하는 화재확산 방지구조 기준에 적합하게 설치한 건축물은 제외한다.

| 내벽 마감재료 분석표 |

구분	건축물의 용도	규 모	실내 마감재료	
			거실의 벽 및 반자	복도, 계단, 통로
1	단독주택 중 다중주택 · 다가구주택	규모에 관계없음	불연재료, 준불연재료, 난연재료	불연재료, 준불연재료
2	공동주택			
3	제2종 근린생활시설 중 공연장 · 종교집회장 · 인터넷 컴퓨터 게임시설제공업소 · 학원 · 독서실 · 당구장 · 다중생활시설의 용도로 쓰는 건축물			
4	위험물 저장 및 처리 시설, 자동차 관련 시설, 방송통신시설 중 방송국 · 촬영소 또는 발전시설의 용도로 쓰는 건축물			
5	공장의 용도로 쓰는 건축물	–		
6	용도에 상관없음	5층 이상인 층 거실의 바닥면적의 합계가 500m² 이상인 건축물		
7	문화 및 집회시설, 종교시설, 판매시설, 운수시설, 의료시설, 초등학교 · 학원, 노유자시설, 수련시설, 업무시설 중 오피스텔, 숙박시설, 위락시설(단란주점 및 유흥주점은 제외), 장례시설, 다중이용업(단란주점영업 및 유흥주점영업은 제외)	–		
8	창고	바닥면적 600m²(스프링클러나 그 밖에 이와 비슷한 자동식 소화설비를 설치한 경우에는 1,200m²) 이상인 건축물		

(2) 법 제52조 제2항(외벽에 사용하는 마감재료)에서 "대통령령으로 정하는 건축물"이란 다음의 어느 하나에 해당하는 것을 말한다.

　1) 상업지역(근린상업지역은 제외)의 건축물로서 다음의 어느 하나에 해당하는 것

　　① 「다중이용업소의 안전관리에 관한 특별법」 제2조 제1항 제1호에 따른 다중이용업의 용도로 쓰는 건축물로서 그 용도로 쓰는 바닥면적의 합계가 2,000m² 이상인 건축물

　　② 공장(국토교통부령으로 정하는 화재위험이 적은 공장은 제외)의 용도로 쓰는 건축물로부터 6m 이내에 위치한 건축물

　2) 6층 이상 또는 높이 22m 이상인 건축물

▮ 외벽 마감재료 분석표 ▮

구 분	건축물의 용도	규 모	외벽 마감재료
1	상업지역	다중이용업의 용도로 쓰는 건축물로서 그 용도로 쓰는 바닥면적의 합계가 2,000m² 이상인 건축물	불연재료, 준불연재료
		공장(국토교통부령으로 정하는 화재위험이 적은 공장은 제외)의 용도로 쓰는 건축물로부터 6m 이내에 위치한 건축물	
2	용도에 상관없음	6층 이상 또는 높이 22m 이상인 건축물	불연재료, 준불연재료, 난연재료(화재 확산 방지구조 기준에 적합하게 설치하는 경우)

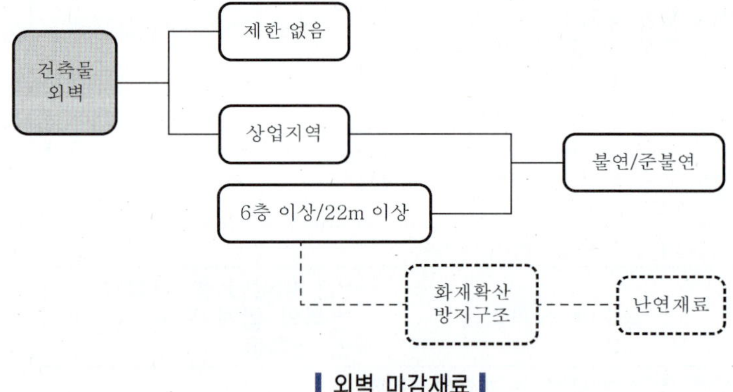

▮ 외벽 마감재료 ▮

03　건축물의 마감재료(「건축물의 피난·방화구조 등의 기준에 관한 규칙」 제24조)

(1) 법 제52조 제1항에 따라 영 제61조 제1항 각 호의 건축물에 대하여는 그 거실의 벽 및 반자의 실내에 접하는 부분(반자돌림대·창대 기타 이와 유사한 것을 제외)의 마감은 불연재료·준불연재료 또는 난연재료로 하여야 하며, 그 거실에서 지상으로 통하는 주된 복도·계단 기타 통로의 벽 및 반자의 실내에 접하는 부분의 마감은 불연재료 또는 준불연재료로 하여야 한다.

(2) 영 제61조 제1항 각 호의 건축물 중 다음의 어느 하나에 해당하는 거실의 벽 및 반자의 실내에 접하는 부분의 마감은 위 (1)에도 불구하고 불연재료 또는 준불연재료로 하여야 한다.

  1) 영 제61조 제1항 각 호에 따른 용도에 쓰이는 거실 등을 지하층 또는 지하의 공작물에 설치한 경우의 그 거실(출입문 및 문틀을 포함)

  2) 영 제61조 제1항 제6호에 따른 용도에 쓰이는 건축물의 거실(다중이용업소, 주점 등)

(3) 법 제52조 제1항에서 "내부 마감재료"란 건축물 내부의 천장·반자·벽(칸막이벽 포함)·기둥 등에 부착되는 마감재료를 말한다. 다만, 「다중이용업소의 안전관리에 관한 특별법 시행령」 제3조에 따른 실내장식물을 제외한다.

(4) 영 제61조 제1항 제2호에 따른 공동주택에는 「다중이용시설 등의 실내공기질관리법」 제11조 제1항 및 같은 법 시행규칙 제10조에 따라 환경부장관이 고시한 오염물질방출 건축자재를 사용하여서는 아니 된다.

(5) 영 제61조 제2항에 해당하는 건축물의 외벽에는 법 제52조 제2항 후단에 따라 불연재료 또는 준불연재료를 마감재료(도장 등 코팅재료를 포함)로 사용하여야 한다. 다만, 고층 건축물의 외벽을 국토교통부장관이 정하여 고시하는 화재확산 방지구조 기준에 적합하게 설치하는 경우에는 난연재료를 마감재료로 사용할 수 있다.

(6) 위 (5)에도 불구하고 영 제61조 제2항 제2호에 해당하는 건축물의 외벽을 국토교통부장관이 정하여 고시하는 화재확산 방지구조 기준에 적합하게 설치하는 경우에는 난연재료를 마감재료로 사용할 수 있다.

04   소규모 공장용도 건축물의 마감재료(「건축물의 피난·방화구조 등의 기준에 관한 규칙」 제24조의2)

(1) 조건 : 1층 이하이고, 연면적 1,000m^2 미만

(2) 국토교통부령으로 정하는 화재위험이 적은 공장용도로 쓸 것. 다만, 공장의 일부 또는 전체를 기숙사 및 구내식당의 용도로 사용하는 건축물을 제외한다.

[별표 3]

▍화재위험이 적은 공장의 업종(제24조의2 제1항 관련)▍	
분류번호	**업 종**
10110	도축업
10121	가금류 가공 및 저장처리업
10129	기타 육류 가공 및 저장처리업
10211	수산동물 훈제, 조리 및 유사 조제식품 제조업
10212	수산동물 건조 및 염장품 제조업
10213	수산동물 냉동품 제조업
10219	기타 수산동물 가공 및 저장처리업
10220	수산식물 가공 및 저장처리업
10301	과실 및 채소 절임식품 제조업

분류번호	업 종
10309	기타 과일·채소 가공 및 저장처리업
10501	액상시유 및 기타 낙농제품 제조업
10502	아이스크림 및 기타 식용 빙과류 제조업
10741	식초, 발효 및 화학조미료 제조업
10742	천연 및 혼합조제 조미료 제조업
10743	장류 제조업
10749	기타 식품첨가물 제조업
11201	얼음 제조업
11202	생수 생산업
11209	기타 비알코올음료 제조업
23110	판유리 제조업
23121	유리섬유 및 광학용 유리 제조업
23122	판유리 가공품 제조업
23129	기타 산업용 유리제품 제조업
23191	가정용 유리제품 제조업
23192	포장용 유리용기 제조업
23199	그외 기타 유리제품 제조업
23211	가정용 및 장식용 도자기 제조업
23212	위생용 도자기 제조업
23213	산업용 도자기 제조업
23219	기타 일반 도자기 제조업
23221	구조용 정형내화제품 제조업
23229	기타 내화요업제품 제조업
23231	점토 벽돌, 블록 및 유사 비내화요업제품 제조업
23232	타일 및 유사 비내화요업제품 제조업
23239	기타 구조용 비내화요업제품 제조업
23311	시멘트 제조업
23312	석회 및 플라스터 제조업
23321	비내화 모르타르 제조업
23322	레미콘 제조업
23323	플라스터 제품 제조업
23324	섬유시멘트 제품 제조업
23325	콘크리트 타일, 기와, 벽돌 및 블록 제조업
23326	콘크리트관 및 기타 구조용 콘크리트제품 제조업
23329	그외 기타 콘크리트 제품 및 유사제품 제조업
23911	건설용 석재품 제조업
23919	기타 석제품 제조업
24111	제철업
24112	제강업
24113	합금철 제조업
24119	기타 제철 및 제강업
24211	동 제련, 정련 및 합금 제조업
24212	알루미늄 제련, 정련 및 합금 제조업
24213	연 및 아연 제련, 정련 및 합금 제조업
24219	기타 비철금속 제련, 정련 및 합금 제조업
24311	선철주물 주조업
24312	강주물 주조업
24321	알루미늄주물 주조업
24322	동주물 주조업
24329	기타 비철금속 주조업
25112	구조용 금속판제품 및 금속공작물 제조업
25113	금속 조립구조재 제조업
25119	기타 구조용 금속제품 제조업

분류번호	업 종
28421	운송장비용 조명장치 제조업
29172	공기조화장치 제조업
30310	자동차 엔진용 부품 제조업
30320	자동차 차체용 부품 제조업
30391	자동차용 동력전달 장치 제조업
30392	자동차용 전기장치 제조업

(3) 화재 시 대피가 가능한 국토교통부령으로 정하는 출구를 갖출 것

> **화재 시 대피가 가능한 출구** : 건축물의 내부의 각 부분으로부터 출구에 이르는 보행거리가 30m 이하가 되도록 설치된 유효너비 1.5m 이상의 출구

(4) 국토교통부령으로 정하는 성능을 갖춘 복합자재[불연성인 재료와 불연성이 아닌 재료가 복합된 자재로서 양면 철판과 심재로 구성된 것을 말한다]를 내부 마감재료로 쓸 것

　1) **철판** : 도장용융 아연도금강판 중 일반용으로서 전면도장의 횟수는 2회 이상이고 두께는 0.5mm 이상인 것

　2) **심재**

　　① 발포 폴리스티렌 단열재로서 비드보온판 4호 이상인 것

　　② 경질 폴리우레탄폼 단열재로서 보온판 2종 2호 이상인 것

　　③ 그 밖의 심재는 불연재료·준불연재료 또는 난연재료인 것

05 화재확산 방지구조[건축물 마감재료의 난연성능 및 화재확산 방지구조 기준(국토교통부고시 제2015-744호)]

「건축물의 피난·방화구조 등의 기준에 관한 규칙」 제24조 제5항에서 "국토교통부장관이 정하여 고시하는 화재확산 방지구조"는 수직화재확산 방지를 위하여 외벽 마감재와 외벽 마감재 지지구조 사이의 공간([별표 1] 화재확산 방지구조 참고)을 다음 중 하나에 해당하는 재료로 매층마다 최소 높이 400mm 이상 밀실하게 채운 것을 말한다.

(1) 한국산업표준 KS F 3504(석고보드 제품)에서 정하는 12.5mm 이상의 방화석고보드

(2) 한국산업표준 KS L 5509(석고시멘트판)에서 정하는 석고시멘트판 6mm 이상인 것 또는 KS L 5114(섬유강화시멘트판)에서 정하는 6mm 이상의 평형 시멘트판인 것

(3) 한국산업표준 KS L 9102(인조광물섬유 단열재)에서 정하는 미네랄울 보온판 2호 이상인 것

(4) 한국산업표준 KS F 2257-8(건축부재의 내화시험방법-수직 비내력 구획부재의 성능조건)에 따라 내화성능을 시험한 결과 15분의 차염성능 및 이면온도가 120K 이상 상승하지 않는 재료

❙ 화재확산 방지구조 ❙

규 정	재 료	규 격
KS F 3504	방화석고보드	12.5mm 이상
KS L 5509	석고시멘트판	6mm 이상
KS L 5114	평형 시멘트판	6mm 이상
KS L 9102	미네랄울 보온판	2호 이상
KS F 2257-8	제한 없음	• 15분의 차염성능 • 이면온도가 120K 이상 상승하지 않는 재료

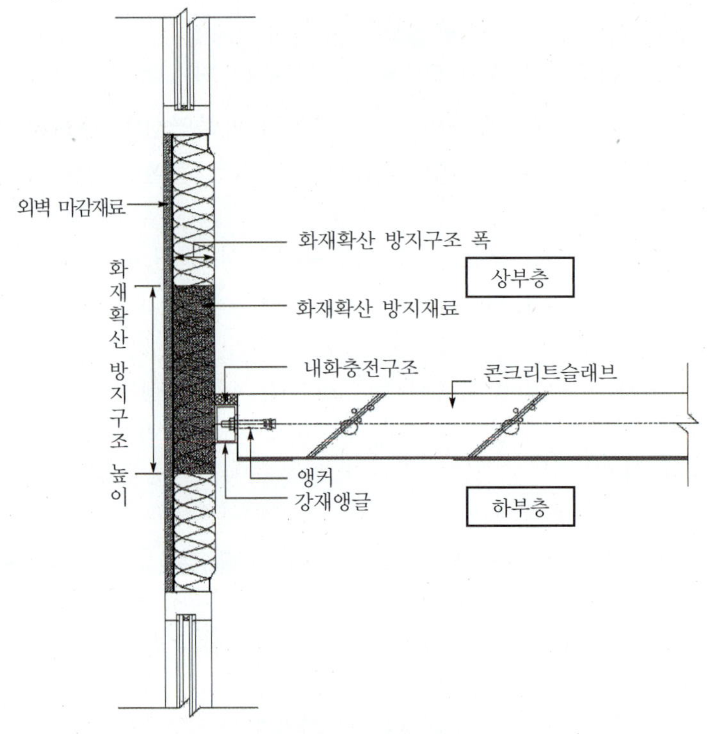

❙ 화재확산 방지구조의 예 ❙

39 방화재료의 시험 기준 및 방법

01 방화재료의 관련 법령

(1) 「건축법 시행령」 제2조
① 난연재료(難燃材料) : 불에 잘 타지 아니하는 성능을 가진 재료로서 국토교통부령으로 정하는 기준에 적합한 재료를 말한다.

② 불연재료(不燃材料) : 불에 타지 아니하는 성질을 가진 재료로서 국토교통부령으로 정하는 기준에 적합한 재료를 말한다.

③ 준불연재료 : 불연재료에 준하는 성질을 가진 재료로서 국토교통부령으로 정하는 기준에 적합한 재료를 말한다.

(2) 「건축물의 피난 · 방화구조 등의 기준에 관한 규칙」(제5조, 제6조, 제7조)
① 난연재료(제5조) : 영 제2조 제1항 제9호에서 "국토교통부령이 정하는 기준에 적합한 재료"라 함은 산업표준화법에 의한 한국산업규격이 정하는 바에 의하여 시험한 결과 가스유해성, 열방출량 등이 국토교통부장관이 정하여 고시하는 난연재료의 성능기준을 충족하는 것을 말한다.

② 불연재료(제6조) : 영 제2조 제1항 제10호에서 "국토교통부령이 정하는 기준에 적합한 재료"라 함은 다음의 어느 하나에 해당하는 것을 말한다.

   ㉠ 사양기준 : 콘크리트 · 석재 · 벽돌 · 기와 · 철강 · 알루미늄 · 유리 · 시멘트모르타르 및 회. 이 경우 시멘트모르타르 또는 회 등 미장재료를 사용하는 경우에는 「건설기술관리법」 제34조 제1항 제2호의 규정에 의하여 제정된 건축공사표준시방서에서 정한 두께 이상인 것에 한한다.

   ㉡ 한국산업규격이 정한 기준(성능기준) : 산업표준화법에 의한 한국산업규격이 정하는 바에 의하여 시험한 결과 질량감소율 등이 국토교통부장관이 정하여 고시하는 불연재료의 성능기준을 충족하는 것이어야 한다.

   ㉢ 국토교통부장관이 인정한 기준 : 그 밖에 제1호와 유사한 불연성의 재료로서 국토교통부장관이 인정하는 재료. 다만, 제1호의 재료와 불연성 재료가 아닌 재료가 복합으로 구성된 경우를 제외한다.

③ 준불연재료(제7조) : 영 제2조 제1항 제11호에서 "국토교통부령이 정하는 기준에 적합한 재료"라 함은 산업표준화법에 의한 한국산업규격이 정하는 바에 의하여 시험한 결과 가스유해성, 열방출량 등이 국토교통부장관이 정하여 고시하는 준불연재료의 성능기준을 충족하는 것을 말한다.

(3) 국토교통부고시 제2015-744호 난연성능기준

02 방화재료의 시험방법[「건축물 마감재료의 난연성능 및 화재확산 방지구조 기준」(국토교통부고시 제2015-744호)]

(1) 건축법과 KS F 2271의 비교

구 분		시험항목	관련 기준
건축법	KS F 2271		
불연재료	난연 1등급	불연성 시험	KS F 1182
		가스유해성 시험	KS F 2271
준불연재료	난연 2등급	열방출시험(콘칼로리미터 시험)	KS F 5660-1
		가스유해성 시험	KS F 2271
난연재료	난연 3등급	열방출시험(콘칼로리미터 시험)	KS F 5660-1
		가스유해성 시험	KS F 2271
		건축부재의 내화시험방법	KS F 2257-1

(2) 방화재료의 성능기준

관련 기준	시험방법	시험조건	성능기준
불연성 시험(불연) KS F 1182	일정한 가열온도(750±5℃)에서 20분	• 시험체는 실제와 동일할 것 • 시험체에 대해 총 3회 실시 • 복합자재의 경우 시험체의 각 단면을 별도로 마감하지 말 것	• 온도상승 : 가열로 내의 최고온도가 최종 평형온도 20K 이하 상승 • 질량감소율 : 30% 이하
열방출률 시험(준불연, 난연) KS F 5660-1	가열강도 $50kW/m^2$에서 10분 가열(난연제 5분)	• 시험체는 실제와 동일할 것 • 시험체가 실내에 접하는 면에 3회 실시 • 복합자재의 경우 시험체의 각 단면을 별도로 마감하지 말 것	• 최대 열방출률 : 10초 이상 연속으로 $200kW/m^2$ 이하 • 총 방출열량 : $8MJ/m^2$ 이하 • 방화상 유해한 균열, 구멍 및 용융 등이 없을 것
가스유해성 시험(불연, 준불연, 난연) KS F 2271	가열시간 6분	• 시험체는 실제와 동일할 것 • 시험체가 실내에 접하는 면에 2회 실시 • 복합자재의 경우 시험체의 각 단면을 별도로 마감하지 말 것	쥐의 행동정지시간 : 9분보다 클 경우 합격(기본 횟수 2회)
건축부재의 내화시험방법(난연) KS F 2257-1	내화성능 시험한 결과 15분	표준시간-온도곡선에 의한 가열	• 차염성능 • 이면온도가 120K 이상 상승하지 않는 재료로 마감하는 경우

관련 기준	시험방법	시험조건	성능기준
건축물의 피난·방화 구조 등의 기준에 의한 규칙」 제24조의2 (난연)	–	–	복합자재로서 건축물의 실내에 접하는 부분에 12.5mm 이상의 방화석고보드로 마감
건축물 마감재료의 난연성능 및 화재 확산 방지구조 기준 (난연)	–	–	철판과 심재로 이루어진 복합자재의 철판은 도장용 용융 아연도금강판 중 일반용 • 전면도장의 횟수는 2회 이상 • 도금량은 m²당 180g/m² 이상 • 철판두께는 도금(鍍金) 후, 도장(塗裝) 전을 기준으로 0.5mm 이상

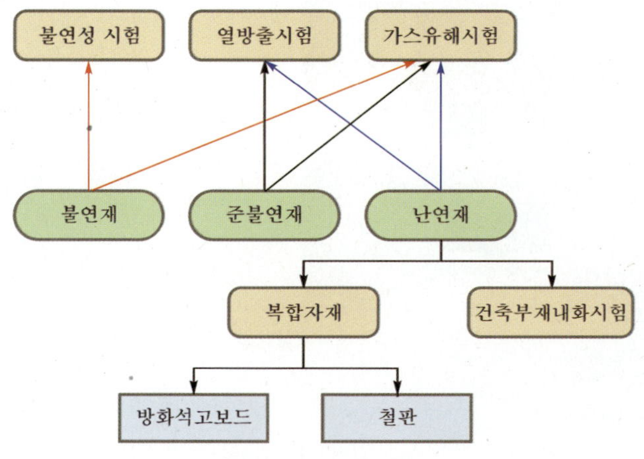

┃ 방화재료시험의 방법 ┃

(3) 불연성 시험

1) 불연성 시험 시험체

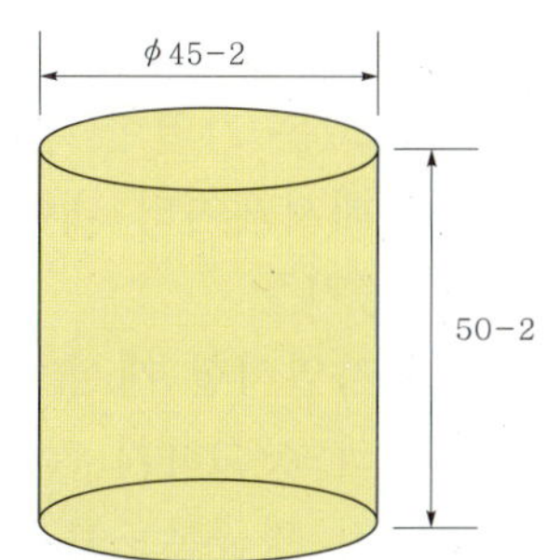

2) 가스유해성 시험 시험체

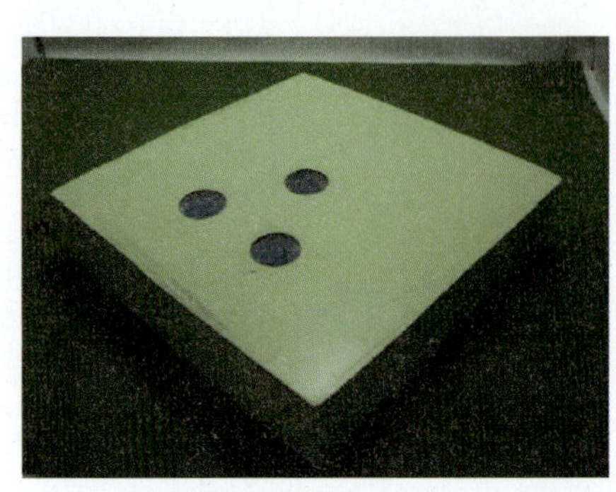

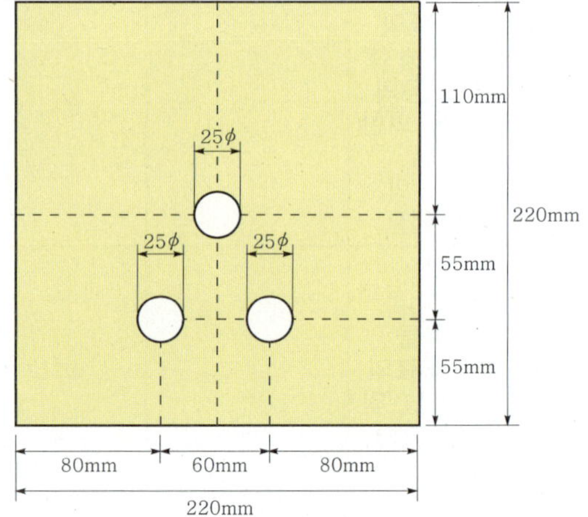

3) 불연성 시험 : 건축재료의 불연성 시험방법(KS F ISO 1182)

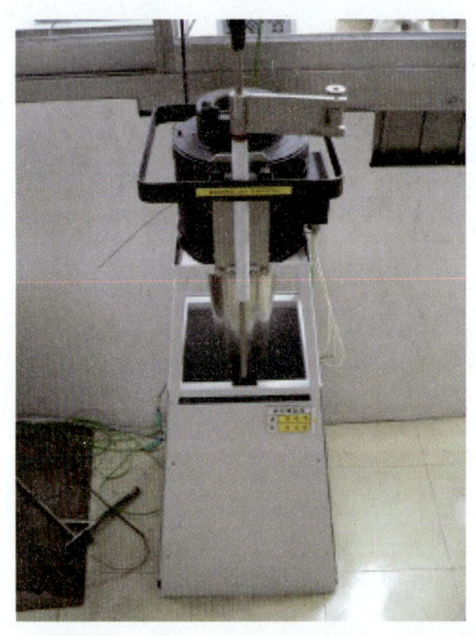

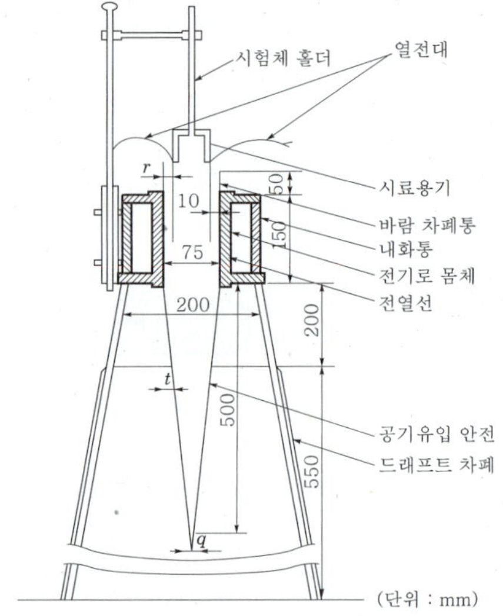

① 시험장치 : 750℃로 온도를 올릴 수 있는 가열로(상기 그림 참조)

② 시험방법 : 노를 750℃로 올린 후 시험체를 노에 넣고 20분 동안 가열한다.

   ㉠ 노 내 열전대의 평균온도를 10분 동안 750±5℃로 유지시킨다.

   ㉡ 시험체의 질량을 0.01g까지 측정하고 시험체 홀더에 삽입 후 노 내에 투입한다.

   ㉢ 20분 가열한 후 시험체 홀더를 노 내에서 제거한다.

   ㉣ 데시케이터 내에서 시험체를 냉각시킨 후 질량을 측정한다.

③ 성능기준

   ㉠ 가열시험 개시 후 20분간 가열로 내의 최고온도가 최종 평형온도를 20K 초과 상승하지 않아야 한다. 단, 20분 동안 평형에 도달하지 않으면 최종 1분간 평균온도를 최종 평형온도로 한다.

   ㉡ 가열종료 후 시험체의 질량감소율이 30% 이하이어야 한다.

④ 시험조건

 ㉠ 노시험체는 실제의 것과 동일한 구성과 재료로 되어야 한다.

 ㉡ 시험은 시험체에 대하여 총 3회 실시하여야 한다.

 ㉢ 복합자재의 경우에는 시험체의 각 단면에 별도의 마감을 하지 않아야 한다.

(4) 준불연성 시험

1) 준불연성 시험 시험체

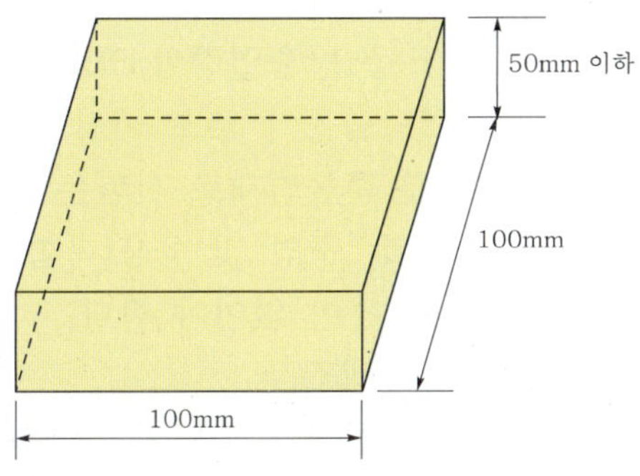

▌ 콘칼로미터 시험체 ▌

2) 열방출률 시험 : 연소성능시험-열방출, 연기발생, 질량감소율(KS F ISO 5660-1)

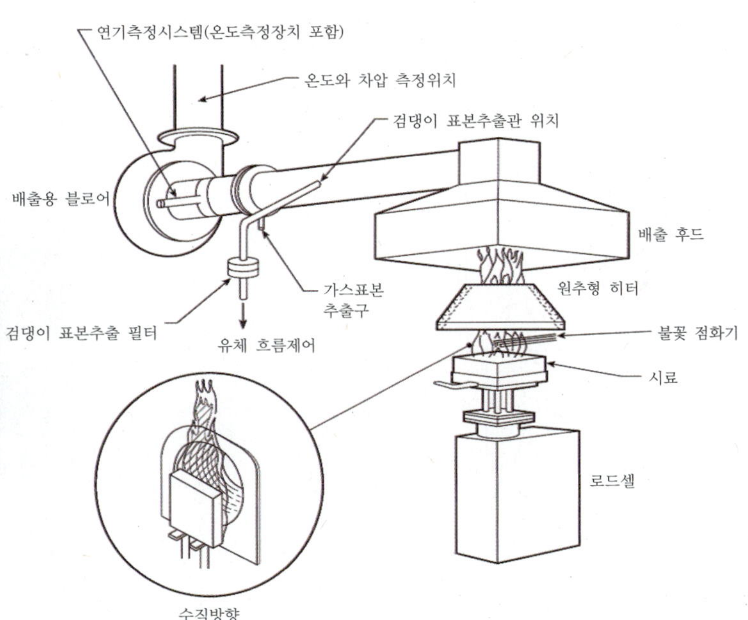

▌ 콘칼로리미터 ▌

① 시험장치 : 콘칼로리미터(상기 그림 참조)

② 시험방법 : 노의 온도를 750℃로 올린 후 시험체를 노에 넣고 20분 동안 가열한다.

 ㉠ 콘히터의 복사열은 $(50 \pm 1)\text{kW/m}^2$, 배출유량은 $(0.024 \pm 0.002)\text{m}^3/\text{s}$로 설정하고 이를 유지시킨다.

ⓛ 시험체와 시험체 홀더를 질량측정장치 위에 놓는다.

ⓒ 복사열 차단장치를 제거한 후 5분(준불연재료 시험은 10분)간 가열한다.

ⓔ 최대 열방출률과 총 방출열량을 측정한다.

ⓜ 가열 종료 후 질량측정장치에서 시험체 홀더를 제거하고 시험체의 상태를 관찰한다.

③ 성능기준

ⓖ KS F ISO 5660-1에 따른 가열시험 개시 후 5분(준불연재료 시험은 10분)간 총 방출열량이 $8MJ/m^2$ 이하이며, 5분(준불연재료 시험은 10분)간 최대 열방출률이 10초 이상으로 연속으로 $200kW/m^2$를 초과하지 않아야 한다.

ⓛ 5분(준불연재료 시험은 10분)간 가열 후 시험체를 관통하는 방화상 유해한 균열, 구멍 및 융용(복합자재의 경우 심재가 전부 융용, 소멸되는 것을 포함) 등이 없어야 한다.

④ 시험 전제조건

ⓖ 노시험체는 실제의 것과 동일한 구성과 재료이어야 한다.

ⓛ 시험은 시험체가 실내에 접하는 면에 대하여 3회 실시한다.

ⓒ 복합자재의 경우에는 시험체의 각 단면(옆면)에 별도의 마감처리를 하지 않아야 한다.

3) **가스유해성 시험** : 건축물의 내장재료 및 구조의 난연성 시험방법(KS F 2271)

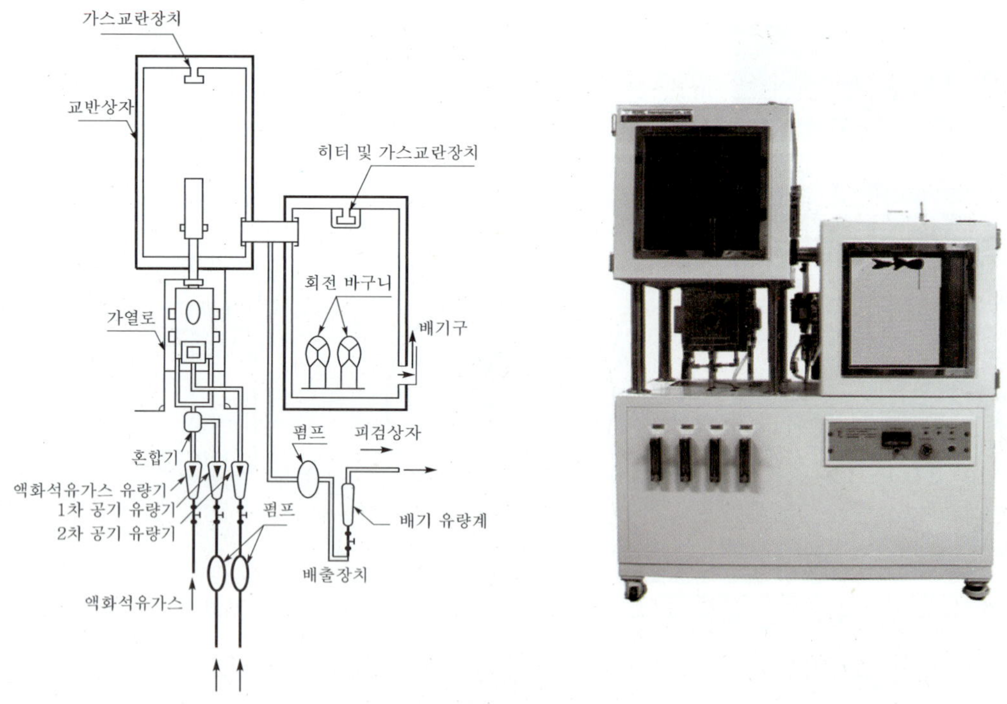

▌ 가스유해성 시험장치[45] ▌

---

45) Festec International Co.Ltd의 홈페이지 제품소개에서 발췌

① 시험장치 : 가스유해성 시험장치(상기 그림 참조)
② 시험방법 : 회전바구니 속에 흰쥐 8마리 넣은 다음 가열로 속에 시험체를 넣고 6분간(프로판 3분, 복사열 3분) 가열 후, 시험체가 타면서 나온 연소가스가 교반상자를 거쳐 회전바구니 상자에 도달하여 흰쥐에 끼치는 영향이 어떠한가를 관찰한다.
　㉠ 피검상자 내의 온도는 30℃로 일정하게 유지시킨다.
　㉡ 실험용 흰쥐를 1마리씩 넣은 회전바구니 8개를 피검상자 내로 투입한다.
　㉢ 시험체를 가열로 내에 투입한 후 6분간 가열한다.
　㉣ 가열 개시 후 15분간 각각의 실험용 흰쥐의 행동정지시간을 측정한다.
③ 성능기준 : 실험용 흰쥐의 평균 행동정지시간은 9분 이상이어야 한다.
④ 시험 전제조건
　㉠ 노시험체는 실제의 것과 동일한 구성과 재료로 되어야 한다.
　㉡ 시험은 시험체가 실내에 접하는 면에 대하여 2회 실시한다.
　㉢ 복합자재인 경우에는 시험체의 각 단면에 별도의 마감처리를 하지 않아야 한다.

03 외국의 기준

(1) 불연재(noncombustible)의 ASTM E 136, Test 기준

1) 사용되는 형태나 예측된 상태하에서 불이나 열에 노출되어도 발화, 연소, 연소를 돕거나, 인화성 증기를 방출하지 않는 물질을 말한다. 난연재료(incombustible material)라고 불리기도 하나 이 용어는 잘 사용되지 않는다.
2) Method for Behavior of Materials in a Vertical Tube Furnace at 750℃에 따른 시험을 통과한 재료는 불연재로 간주된다.

(2) 불연재(noncombustible)의 NFPA 101 기준

1) ASTM E 136의 시험에 합격한 재료이어야 한다.
2) 750℃의 가열로 내에서 규정시간 동안 가열 후 질량의 손실이 시험 전 시편의 50% 이하인 경우 : 온도상승이 초기온도에서 30℃를 초과하지 않고 초기 30초 동안 화염의 발생이 없어야 한다.
3) 750℃의 가열로 내에서 규정시간 동안 가열 후 질량의 손실이 시험 전 시편의 50%를 초과하는 경우 : 시료의 온도가 초기안정온도(750℃)를 초과하지 않고 시험기간 동안 화염의 발생이 없어야 한다.

(3) 불연재(noncombustible)의 ISO 1182 기준

1) 난연성 시험방법만을 규정한 것으로 ASTM E 136의 시험방법과 유사하다.
2) ISO R 1182에서 제안기준으로 온도상승이 50℃ 이하이고, 화염발생 기간이 20초 이하이며, 질량손실이 50% 이하인 경우로 정하였으나 현재는 기준이 없는 상태이다.

(4) 준불연재(limited-combustible material)의 NFPA 기준

1) 건축자재로 사용된 것으로서 불연재의 정의(상기 내용 참조)에 부합되지 않는 재료이다.

2) 즉, 사용된 형태에서 NFPA 259, Standard Test Method for Potential Heat of Building Materials 기준으로 3,500Btu/lb(8.141kJ/kg)를 초과하지 않는 잠재발열량을 지니며, 아래와 같은 재료이다.

① 구조적 측면에서는 불연재의 기준을 만족하는 재료로서, 화염확산지수가 50 이하이고, 어느 한면의 두께가 1/8in(3.2mm) 미만인 재료

② 형태 및 두께가 위의 ①에서 정한 것 이외의 재료로서 화염확산지수(FSI)가 25 이하이고 점진적 연소현상이 계속되지 않으며, 재료를 임의의 방향으로 절단하였을 때 노출되는 표면도 화염확산지수(FSI)가 25 이하이고 점진적 연소현상이 계속되지 않는 재료

(5) ISO 기준(내장재 시험방법)

구 분	특 징	시험기준	평가방법
불연성 ISO 1182	• 국내 불연성 시험과 유사하다. • 타는 물질인지 타지 않는 물질인지 시험한다.	750±5℃ 30분	• 잔염시간 • 최종 평형온도와 최고 노 내 온도차
착화성 ISO 5657	• 시험체를 수평으로 설치한다. • 복사열 상부에서 노출시켜 착화시간을 측정한다. • 타는 물질이라면 얼마나 착화가 잘 되는가를 시험한다.	가열강도 $50kW/m^2$	초시계로 착화시간을 측정
화염전파성 시험 ISO 5658	• 수직방향으로 설치된 시험체(155mm X800mm)의 연소 특성을 평가하는 방법이다. • 화염전파속도, 착화열(MJ/m^2), 연소지속열(MJ/m^2), 소화 시 임계열류량(kW/m^2), 평균 연소지속열, 전체 열방출량(kW) • 국내 건축재료시험(KS F 2844)	복사강도 $0.2{\sim}50kW/m^2$	• 화염 수평전파속도 • 거리에 따른 착화 • 소화 시 임계열류량 • 전체 열방출률
싱글챔버 (single chamber) KS M ISO 5659	• 재료에서 발생하는 연기농도를 감쇄 정도로 측정한다. • 작은 방에 소규모 물질을 측정에 사용한다. • 발연량 시험 : 연기가 발생하는 양을 측정(싱글챔버 발연)한다.	특정 가열강도 $25kW/m^2$, $50kW/m^2$	단위면적당 발연계수로 평가
콘 칼로리미터 (cone calorimeter) ISO 5660	• 산소 1kg이 소모될 때 13.1MJ/kg의 에너지가 발생한다는 손튼의 법칙을 이용한다. • 측정범위 : 500kW	가열강도 $10{\sim}100kW/m^2$	• PHRR(최고발열량) • AHRR(평균발열량) • t(착화시간) • 연기방출률 • 가스발생률(%) : CO, CO_2
가구 칼로리미터 (furniture calorimeter) ISO 9705	• 룸코너시험기(room corner tester)를 이용한 가구 칼로리미터(furniture calorimeter)를 실험한다. • 산소 1kg이 소모될 때 13.1MJ/kg의 에너지가 발생한다는 손튼의 법칙을 이용한다.	10분간 100kW, 나머지 10분간 300kW	• PHRR(최고발열량) • AHRR(평균발열량) • t(착화시간) • 연기방출률 • 가스발생률(%) : CO, CO_2

구 분	특 징	시험기준	평가방법
룸코너 (room cornor) ISO 9705	• 실제 화재규모 시험방법이다. • 룸을 코너에 가져다 놓고 시험, 화원이 실의 구석인 코너에 위치한다고 가정하고 화재 예상 실에서 직접 시험한다. • 측정범위 : 1~10MW	10분간 100kW, 나머지 10분간 300kW	• Flash over 발생시간 예측 • 열방출률 • 실내온도

(6) HRR의 측정방법 비교(NFPA 기준)

1) 실험실에서 측정하는 규모의 열량측정기(laboratory-scale calorimeters)

① 화재전파장치(fire propagation apparatus)(ASTM E2058)

② 콘칼로리미터(cone calorimeter) : 구성물의 재료의 열방출률 등을 측정

③ 싱글 버닝 아이템 시험(single burning item test) : 건축재료가 단일 연소원(SBI ; Single Burning Item)의 열에 노출되었을 때의 열방출량 등을 측정

2) 라지 스케일 칼로리미터(large-scale calorimeters) : 일정 시험재료가 아닌 실제 산업에서 일어날 수 있는 화재(예 창고의 화재, 사무실 전체의 화재, 가구의 화재, 자동차 한 대의 화재 등)의 열방출량 등을 측정하는 장비를 통칭하여 부르며, 따라서 장비의 명칭을 라지 스케일 칼로리미터(large scale calorimeter) 혹은 산업용 칼로리미터(industry calorimeter)라 부른다.

① 룸코너 화재시험(room-corner fire test) : 단일 품목에 대한 열방출률 등을 측정
　　예 가구 등의 열방출률 측정

② 가구칼로리미터(furniture calorimeters)

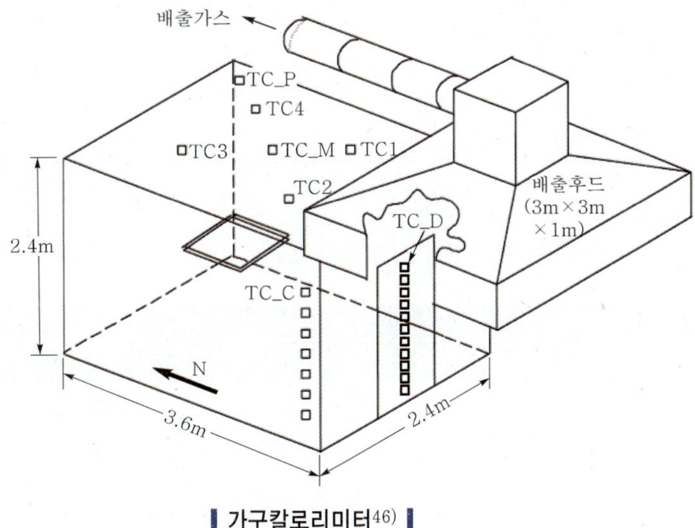

┃ 가구칼로리미터[46] ┃

46) Figure 1. Schematic diagram of ISO 9705 fire test room. Fire Behaviour Studies of Combustible Wall Linings Applying Fire Dynamics Simulator. A. Z. Moghaddam*, K. Moinuddin, I. R. Thomas, I. D. Bennetts and M. Culton. December 2004.

③ 중급 규모의 칼로리미터(intermediate-scale calorimeter) : 중급 규모의 화재를 측정할 수 있는 열량계

④ 물품 화재시험(commodity fire tests)

(7) 벽 및 천장 마감재(직물류 제외) 평가기준

1) IBC코드와 NFPA에서 제한하는 벽 및 천장 마감재의 등급

Class IBC (NFPA 255)	화염확산지수(FSI ; Flame Spread Index)	발연계수(SDI ; Smoke Developed Index)	시험방법
Class Ⅰ(A)	0~25		
Class Ⅱ(B)	26~75	450 이하	ASTM E 84에 의해 시험
Class Ⅲ(C)	76~200		

2) 용도별 벽 및 천장 실내마감재 설치기준(IBC)

① 화재가 차단된 통로(비상구)[fire-isolated passageways(exits)] : Class Ⅰ

② 비상구 접근 복도(corridors providing access to exits) : Class Ⅱ

③ 다중이 모이는 공간(assembly areas) : Class Ⅱ

④ 거실 및 구획된 공간(general areas) : Class Ⅲ

⑤ 자동식 스프링클러가 설치된 경우에는 한 등급씩 아래의 것을 사용할 수 있다. 단, 의료시설은 제외한다.

꼼꼼체크 FSI와 SDI

Test specimen	FSI(Flame Spread Index)	SDI(Smoke Developed Index)
무기질 시멘트판 (mineral fiber cement board)	0	0
붉은 참나무 바닥 (red oak flooring)	100	100

(8) 바닥마감재

1) 분류기준

Class	임계열유속(CHF ; Critical Heat Flux)	시험방법
Class Ⅰ	0.45W/cm²	NFPA 253 : 복사열 에너지원을 이용한 바닥마감재의 임계복사선속 표준시험법 (NFPA 253, Standard Method of Test for Critical Radiant Flux of Floor Covering Systems Using a Radiant Heat Energy Source)
Class Ⅱ	0.22~0.45W/cm²	

2) 시험방법 : ASTM E 648(Standard Test Method for Critical Radiant Flux of Floor Covering Systems Using a Radiant Heat Energy Source)

3) 설치기준 : 업무용도와 주거용도의 수직피난통로, 비상구 통로, 비상구 접근 복도
에는 ClassⅡ의 바닥마감재를 적용한다.

꼼꼼체크 **임계열유속** : 단위당 열량으로 발화시간이 무한대가 되는 열유속이다.

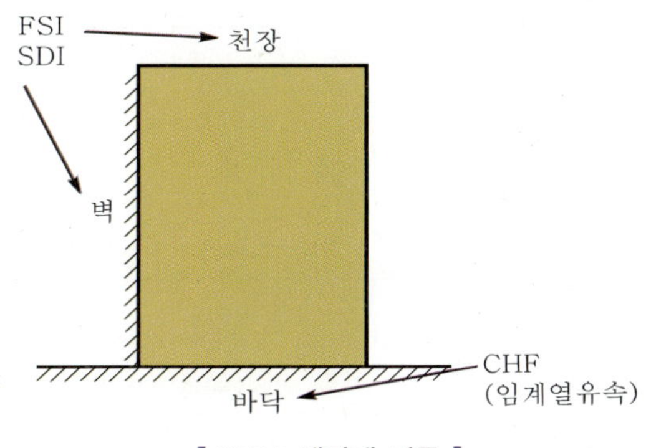

❙ NFPA 내장재 기준 ❙

(9) 장식재

1) 성능기준

① 커텐, 아기 기저귀 교환선반대 부착물과 같은 벽과 천장에 매달린 장식물은
NFPA 701에 따른 방염물품이거나 불연재이어야 한다.

② 방염성 장식재의 적용 가능량은 벽 및 천장 면적합계의 10% 이내로 제한하여
설치하여야 한다(단, 자동식 스프링클러설비가 설치된 경우에는 최대 50%까지
설치가 가능하다).

③ 실내장식용으로 사용되는 목재(trim) : 화염확산지수 및 발연지수가 Class C 이
상이어야 하며, 가연성 목재의 설치면적은 벽체나 천장의 합산면적의 10% 이내
로 하여야 한다.

2) 화재발생 시 실내온도가 93℃에 도달하여도 30분 이내에 탈락되지 않도록 견고하
게 벽체나 천장에 부착되어 있어야 한다.

04 결 론

(1) 방화재료는 타지 않거나(불연재료), 잘 타지 않는 성질(난연재료)을 통해 화재의 발
화를 지연시키거나 화재성장속도를 늦추는 것이다. 또한 화염전파의 요인인 발화시
간(t_{ig})을 증가시켜 전파속도를 낮춤으로써 화재성장을 지연시킨다.

(2) 지연시킨 t 시간만큼 전실화재(flash over)에 도달하는 시간이 길어지므로(ASET의
증가) 피난시간의 여유(RSET의 여유) 및 제어나 진압이 용이하다.

(3) 따라서 건축방재의 시작은 마감재의 재료를 방화재료로 선택하는 것이며 방화재료가
아닌 경우나 등급이 낮은 경우는 스프링클러 등을 설치하여 화재 시 공간을 충분히
적셔서 이로 인한 냉각으로 마감재의 성능을 향상시킬 수 있다.

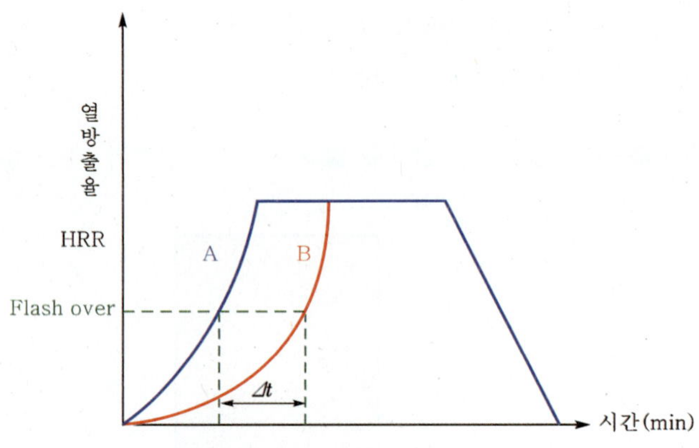

여기서, A : 일반마감재
B : 준불연마감재

 • 실내장식물
  – 건축물 내부의 **천장, 벽**에 설치하는 것
  – 가구류, 집기류, 넓이 10cm 이상의 반자돌림대를 제외한 모든 것
  – 종이류, 합판, 목재, 흡음재, 방음재, 칸막이벽
• 최종 허용시간(finish rating) : 방호되는 가연성 물체 안에서 노출된 방호부재(protective membrane)에 닿아 있는 기둥이나 연결부위의 온도가 목재 평면 위의 화재 바로 옆에 있는 방호부재 뒤에서 측정했을 경우, 특정 실험조건하에서, 평균 121℃(250°F) 또는 최대 163℃(325°F) 상승하는 데 걸리는 분단위의 시간을 말한다.

Single Burning Item
(KS F 2835)

01 개 요

(1) 건축마감재의 내화성능에 관하여는 콘칼로리미터를 이용한 시험을 하지만 이것은 내장재에 국한된 것으로 실제 규모 화재시험을 대표할 수는 없다.

(2) 따라서 이보다 큰 규모의 화재시험인 룸코너 테스트가 수행되는데 이 경우 비교적 큰 공간의 장비가 필요하고 비용이 크게 발생하므로 이와 유사한 시험으로 사용되고 있는 것이 EN 13823(Single Burning Item Test)이다. 이는 룸코너 테스트에 비해 비교적 저렴한 비용으로 시험할 수 있어서 유럽에서 널리 사용되고 있다.

(3) 이 시험방법은 바닥재를 제외한 건축재료가 단일 연소원(SBI ; Single Burning Item)의 열에 노출되었을 때의 연소성능을 평가하기 위한 시험방법을 기술하고 있다. 국내에서는 KS F 2835가 이 시험기준을 근거로 만들어져 사용하고 있다.

02 SBI[Single Burning Item(EN 13823)]

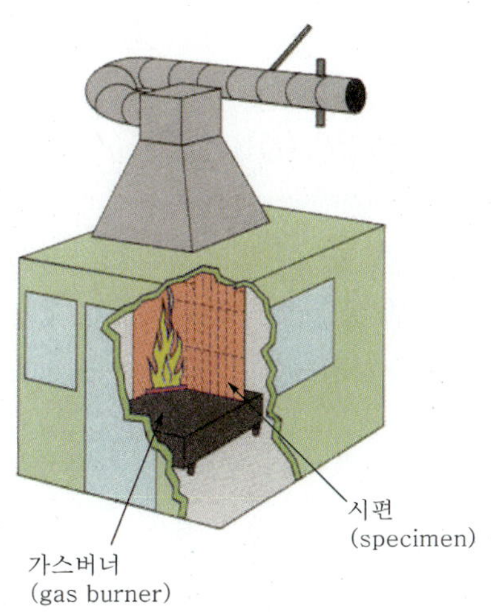

❙ SBI ❙

(1) SBI(Single Burning Item)시험방법은 건축자재용 제품이 Single Burning Item으로부터의 복사열유속(프로판 연료의 Sand−box 버너 모델)에 노출되었을 때, 건축자재용 제품(바닥재 제외)의 화재에 대한 반응 특성을 측정하기 위한 시험방법이다.

(2) 버너에 대한 시편의 반응이 기계적 및 시각적으로 모니터 된다. 계기상에서 열방출률(heat release rate)과 연기발생률(smoke release rate)이 계산되고, 시각적 관찰에 의해 물리적인 특성들을 평가할 수 있다.

(3) 등급분류 : A~F까지로 7가지 등급으로 구분된다(A1, A2, B, C, D, E, F).

등급	등급 기준	기타 분류	다른 시험방법
A2	FIGRA ≤ 120W/s and LFS<시편의 가장자리 ; and THR_{600s}≤7.5MJ	연기발생 불꽃 파편/입자	EN ISO 1182 or EN ISO 1716
B	FIGRA ≤ 120W/s and LFS<시편의 가장자리 ; and THR_{600s}≤7.5MJ		EN ISO 11925-2
C	FIGRA ≤ 250W/s and LFS<시편의 가장자리 ; and THR_{600s}≤15MJ		EN ISO 11925-2
D	FIGRA ≤ 750W/s	−	EN ISO 11925-2

1) Class A는 불연성능
2) Class B는 룸코너 테스트에서 전실화재가 발생하지 않는 재료
3) Class C와 D, E는 화재공간에서 어떤 시간에 전실화재가 일어날 수 있는 가능성이 있는 재료
4) Class F는 어떤 성능도 규정할 수 없는 재료
5) 따라서 Class B, C, D가 Single Burning Item으로 가연성 테스트를 하는 주요대상이 되는 것이다.

(4) Single Burning Item에서 측정되는 데이터
1) 평균 열방출률(Average Rate of Heat Release[$RHR_{av}(t)$])
2) Total Heat Release[$THR(t)$]
3) FIre Growth RAte(FIGRA) index : 화재성장지수로 일정 구간에서의 시간당 방출되는 최대 열방출률로서 등급을 결정하는 가장 주된 요소이다.
4) Total Heat Release[THR_{600s}] : 300초< T<900초 사이에서 측정된 평균 열방출률
5) 측면화염확산(Lateral flame spread) 발생 유무
6) 평균 연기발생량[$RSP_{av}(t)$]
7) Total Smoke Production[$TSP(t)$]
8) SMOke Growth RAte(SMOGRA) index : 연기성장지수로 일정 구간에서의 시간당 방출되는 최대 연기생성률로서 FIGRA 다음으로 등급을 결정하는 주요요소이다.
9) Total Smoke Production[TSR_{600s}] : 300초< T<900초 사이에서 측정된 평균 연기생성률

03 다른 유럽기준 시험방법

(1) 모든 종류의 판벽 및 바닥재의 화재에 대한 반응을 분류하기 위한, SBI 및 4종류의
다른 유럽규격 시험방법은 아래와 같다.

(2) **가연성 장치(ignitability apparatus) (EN ISO 11925-2)**

1) 이 점화장치는 복사열이 0인 상태하에서 작은 불꽃이 직접 닿도록 하여, 수직방향
으로 건축자재의 가연성을 측정하는 장치이다.

2) 이 시험방법은 분류등급 B, C, D, E, Bf1, Cf1, Df1 및 Ef1과 관련된다.

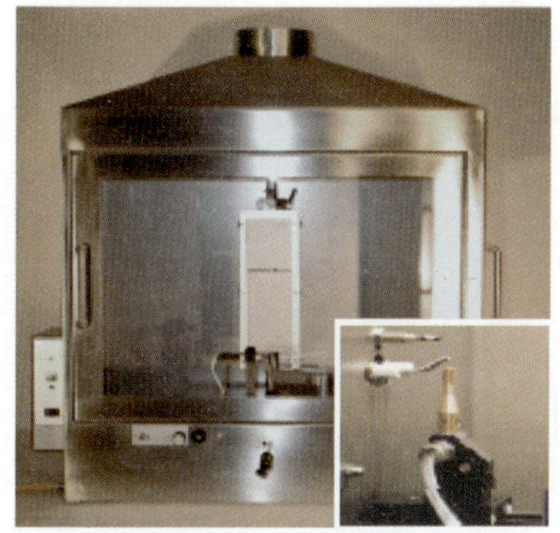

❘ 가연성 시험장치[47] ❘

(3) **비연소성 시험(non-combustibility test) (EN ISO 1182)**

1) 비연소성 시험은 제품의 최종 사용분야와 관계없이 화재의 원인이 될 수 없는 제품
이나, 화재에 크게 영향을 주지 않는 제품을 확인하는 시험방법이다.

2) 이 시험방법은 분류등급 A1, A2, Af1 및 A2f1과 관련된다.

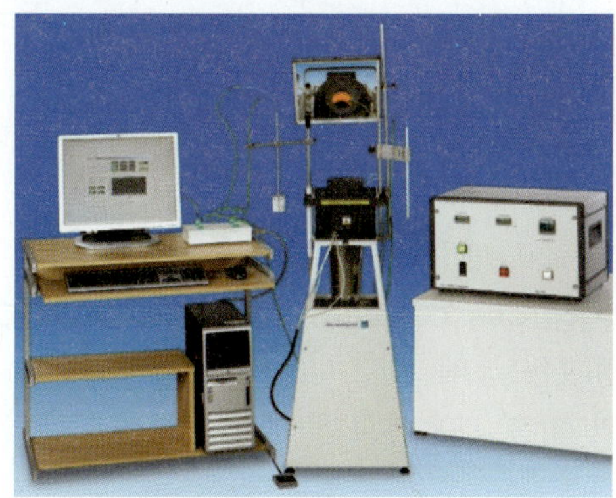

❘ 비연소성 시험장치 ❘

---

47) PUM사의 카탈로그에서 발췌

3) 직경 45mm 높이 50±2mm의 원통형 표본 5개를 준비한다.

4) 750℃ 이내의 가열로에서 시료의 온도상승을 측정한다.

(4) 바닥재 복사패널(flooring radiant panel) (prEN ISO 9239-1)

1) 임의의 복사열하의 수평면에서 불꽃이 더 이상 전파되지 않는데, 바닥재 복사패널 (FRP ; Flooring Radiant Panel)은 이 임의의 복사열을 평가하기 위한 것이다.

2) 이 시험방법은 시험챔버 내의 단계적인 복사열 발생 환경에서 불꽃 점화원에 노출된 수평으로 장착된 바닥덮개장치(floor covering systems)의 임의의 복사열을 측정하는 데 사용된다.

3) 또한 노출된 다락층 셀룰로오스 단열재(attic floor cellulose insulation)에 대해서도 이와 같은 임계복사량을 측정하는 데에 사용할 수 있다. DIN 50055에 따른 연기측정시스템은 배출 굴뚝의 분리틀에 장착된다. 이 시험은 분류등급 A2f1, Bf1, Cf1, Df1과 관련된다.

▌바닥재 복사패널 시험장치[48] ▌

(5) 대용량 열량 측정기(gross calorific value) (prEN ISO 1716)

1) 대용량 열량 측정기는 봄베 칼로리미터(bomb calorimeter)를 사용하여 측정한다.

2) 이 기기는 그것의 최종 사용용도와 관계없이 제품이 완전연소될 때 잠재적인 최대 총 열방출량(heat release)을 측정한다.

3) 이 시험은 분류등급 A1, A2, A1f1, A2f1과 관련된다.

---

48) Technical brochure-October 2011, efectis nederland.

룸코너(room corner)

01 개 요

룸코너 시험법은 건축물에 설치되는 내장재의 연소성능을 측정하기 위한 실규모의 화재 시험방법이다. 이 시험방법을 규정한 국제규격으로는 ISO 9705(Fire Test-Full Scale Room Test for Surface Product)가 있으며 미국의 NFPA 286, NFPA 265 등이 있다.

02 평가내용

(1) 열방출률(heat release rate)

(2) 연기발생량(smoke product rate)

(3) 산소 및 이산화탄소, 일산화탄소의 소모 및 생산량 측정(consumption of O_2, CO and CO_2 yield)

(4) 기타의 독성가스(others toxic gas by FT-IR) 분석

(5) 실(room)입구의 온도변화 측정(temperature of enterance)

03 평가기준

(1) 20분이 경과될 때의 열방출률(heat release rate)

(2) 전실화재가 발생할 때의 시간(만약 전실화재 발생이 일어나지 않는 경우에는 열방출률이 1MW에 도달하는 시간으로 갈음할 수 있다)

04 룸코너 화재시험조건

항 목	시험조건
시험장치	2.4m×3.6m×2.4m(개구부 : 0.8m×2m)
가열원	프로판가스버너
시험체 설치	벽면 3면 및 천장

항 목	시험조건
가열조건	최초 10분 100kW, 이후 10분 300kW
시험시간	20분 또는 전실화재(flash over)
측정항목	• 전실화재(flash over) 발생시간 및 발생유무 • 실내온도 • 열방출률 • 연기발생량

05 룸코너 화재시험장치

(1) **후드 스커트(hood skirt)** : 연소가스의 포집을 위한 후드(hood) 그리고 연소가스의 넘침(overflow)을 방지하는 기능을 한다.

(2) **스트레이너(strainer)** : 안정된 유동을 확보하기 위한 여과기능을 한다.

(3) **흡입펌프** : 덕트 내에서 발생하는 가스를 제어실(control lab)까지 끌고 오기 위한 가능을 한다.

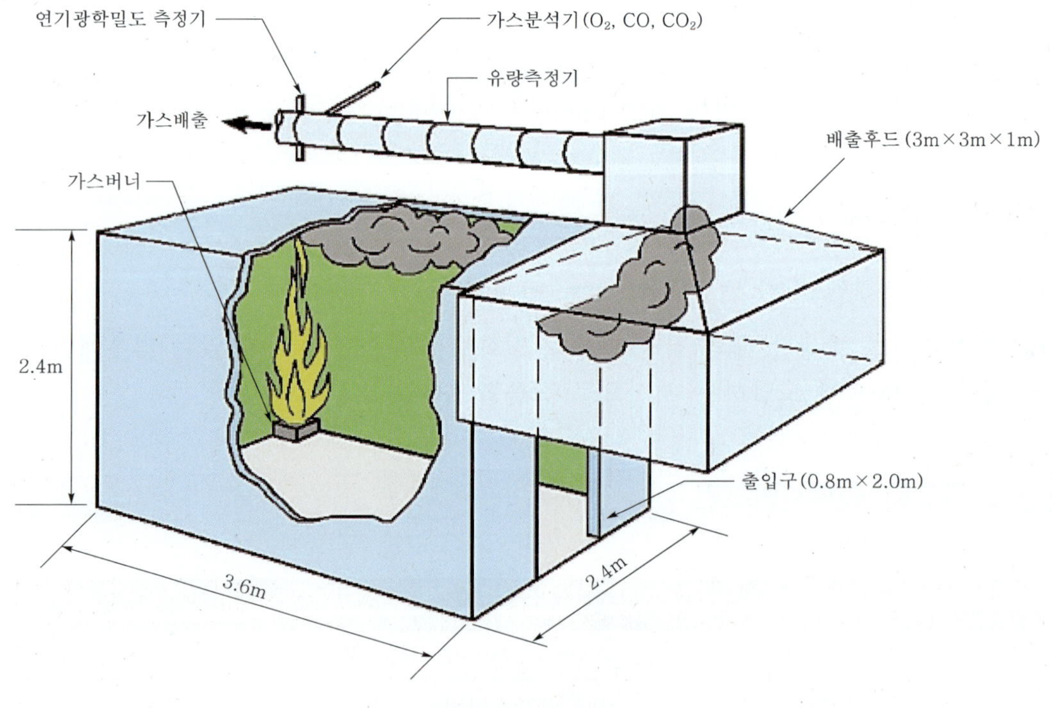

▌룸코너 시험장치 ▌

06 시험기준 : ISO 9705(Fire Tests-Full Scale Room Test for Surface Products)

┃ ISO 9705에 의한 열방출률과 연기발생량을 통한 등급[49] ┃

등급 (class)	최소시간 [minimum time(min)]	열방출률 [heat release rate(kW)]			연기발생속도 [smoke production rate(obm^3s^{-1})]		예 (typical example)
		연소기 제외 최고치 (burner excluded peak)	연소기 포함 최고치 (burner included peak)	연소기 제외 평균치 (burner included average)	최고치 (peak)	평균치 (average)	
A	20	300	600	50	10	3	미네랄울, 석고, 석고보드
B	20	700	1,000	100	70	5	얇은 벽자, 석고보드, 석고 위에 종이
C	12	700	1,000	100	70	5	방염코팅된 나무, 석고, 석고 보드로 덮인 폴리스티렌폼
D	10	900	1,000	100	70	5	두꺼운 벽지
E	2	900	1,000	–	70	–	나무제품

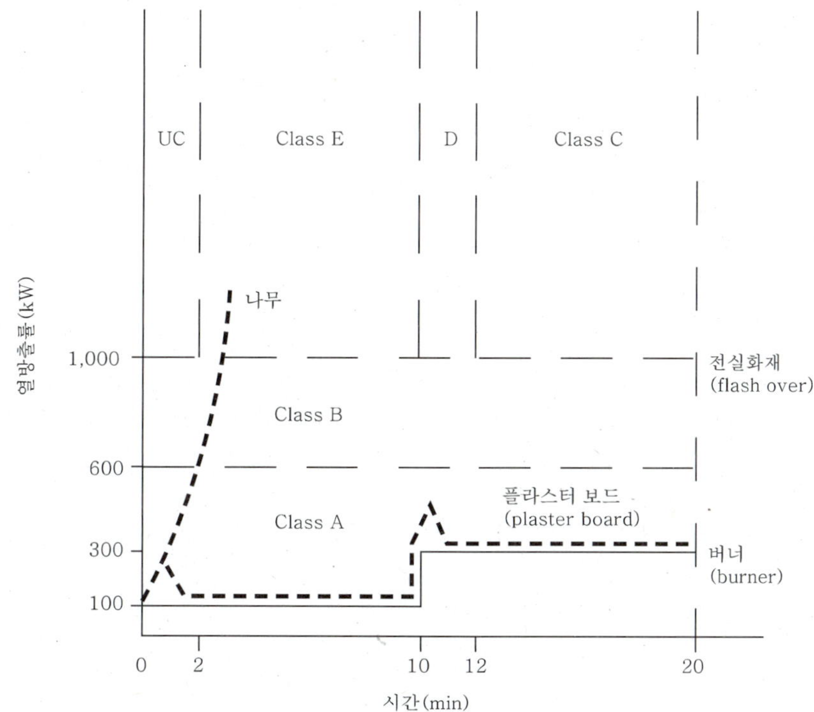

┃ 최대 열방출률에 의한 등급구분[50] ┃

---

49) Proposed classification system for ISO 9705 by Sundstrom and Goransson(1988)
50) Classification criteria for peak heat release rate for ISO 9705 proposed by Sundström

07 시험대상

(1) 샌드위치 건물구조물의 소규모실(small room)에서 불꽃 점염에 의한 국부화재를 재현

(2) 조립된 샌드위치패널 노출부위 또는 패널 내부로의 연소확산

(3) 샌드위치패널 건물구조의 화재거동을 평가

(4) 열가소성 플라스틱 물질, 절연기판의 효과, 이음부(joints), 상당히 불규칙적인 표면이 있고 실험실에서 시험할 수 없는 제품

(5) 건축물 내장재료에 대한 화재위험성을 측정할 수 있는 실규모의 화재시험

01 개 요

콘히터(conical heater)의 열원하에서 시험시편에서 발생하는 열방출률, 연기발생률, 착화시간, 산소소모량, 일산화탄소 및 이산화탄소의 생성량, 질량감소율 등을 측정하는 장비를 지칭한다.

02 장비의 구성요소

(1) **로드셀(load cell)** : 0.1g의 정밀도와 2kg까지 시료의 중량감소를 측정하는 장치이다.

(2) **표본홀더(specimen holders)** : 수평과 수직 시험에서 50mm 두께까지의 100mm×100mm 표본 설치용이다.

(3) **점화장치(spark ignition)** : 안전차단장치와 함께 10kV 불꽃발생기가 설치되어 있다.

(4) **원추형 히터(conical heater)** : $0 \sim 100kW/m^2$, 수평과 수직 가열에 사용하는 가열장치이다.

(5) **열복사측정기(heat flux meter)** : 표본의 표면에서 열방사 수준을 측정하기 위해 사용하며 일년에 한 번씩 교정을 하여야 한다.

(6) **가스표본추출기(gas sampling)** : 구성요소는 아래와 같다.
　① 미립자 필터(particulate filter)

② 동결트랩(cold trap)

③ 펌프(pump)

④ 건조기둥(drying column)

⑤ 흐름제어(flow control)

(7) 배출설비(exhaust system) : 연소가스를 배출시키는 장치로서 표준작동은 공칭(nominal) 24L/s이다.

① 후드(hood)

② 가스채취조사기(gas sampling ring probe)

③ 유량컨트롤러 내장형(exhaust fan)

④ 열전대와 차동압력변환기(orifice plate flow measurement)

(8) 산소분석기(oxygen analyser) : 0~25% 범위의 산소농도 측정, 10~90% 응답시간이 10초 이내이다.

(9) 연기측정시스템 : 0.5MW He-Ne 레이저를 이용하여 시료의 연기발생 정도를 측정한다.

(10) 데이터 수집 및 분석 장치(data acquisition/switch unit)

(11) 프로그램 OS(Windows Software)

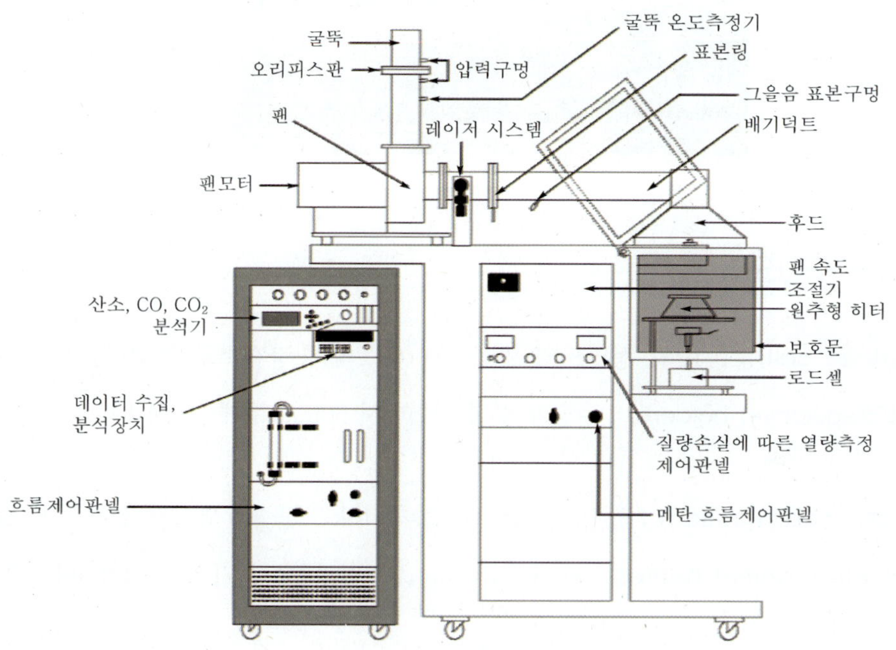

┃콘칼로리미터[51]┃

---

51) Figure 1 Schematic picture of the Cone Calorimeter. Modified from (FTT Cone Calorimeter brochure). CONE CALORIMETER - A TOOL FOR MEASURING HEAT RELEASE RATE Johan Lindholm, Anders Brink and Mikko Hupa

 "Cone calorimeter"라는 이름은 Dr. Vytenis Babrauskas가 NIST에서 개발한 Bench scale oxygen depletion은 100kW/m² 까지의 Flux를 가지고 Test specimen(100mm ×100mm)을 조사하기 위해서 Dr. Vytenis Babrauskas가 사용했던 원뿔형의 Heater 모양에서 유래되었다. 콘칼로리미터는 미국 표준국(U.S. NBS)에서 Babrauskas, Parker, Swanson에 의해 최초로 설계되고 개발되었다.

03 측정원리

(1) 산소소비 개념(손튼의 법칙)

1) 연료가 무엇이든지 상관없이 소모되는 산소에 의해 열량을 계산할 수 있다.

2) 왜냐하면 연료와 상관없이 일정하게 산소가 연소할 때는 13.1MJ/kg$_{O_2}$의 열량이 발생하고, 공기가 연소할 때는 3MJ/kg$_{Air}$가 발생하기 때문이다.

$$\dot{q} = (13.1 \times 10^3) \cdot 1.10C\sqrt{\frac{\Delta P}{T_e}} \cdot \frac{(0.2095 - XO_2)}{(1.105 - 1.5XO_2)}$$

여기서, $\dot{q}$: 열방출률(rate of heat release, kW)

C : 오리피스 계수(orifice plate coefficient, $kg^{\frac{1}{2}} \cdot m^{\frac{1}{2}} \cdot K^{\frac{1}{2}}$)

ΔP : 오리피스를 통한 압력강하(pressure drop across the orifice plate, Pa)

T_e : 오리피스에서의 가스온도(gas temperature at the orifice plate, K)

XO_2 : 배기공기에서 산소의 몰분율을 측정(measured mole fraction of O_2 in the exhaust air)

(2) 따라서 연소계 내에서 소비되는 산소 또는 공기량만 측정하면 열방출량(HRR)을 알 수가 있다.

04 측정방법

(1) 시험체를 로드셀에 올려놓고 복사열에 노출시켜 연소시킨다.

(2) 복사열

Heat flux	25kW/m²	35kW/m²	50kW/m²
구 분	발화점 수준	소형 발화원 수준	최성기 복사열 수준

(3) 연소생성물을 배출설비를 통해 수집 및 배출한다.

(4) 연소가스 유량, 산소소비량을 측정하여 손튼의 법칙을 이용하여 열방출률(HRR)을 추정한다.

(5) 단계별 주요측정내용

1) 1단계 : 착화시간(time to ignition)

2) 2단계 : 산소소모량(oxygen production rate)

3) 3단계 : 열방출률(heatrelease rate) 및 연기발생량(smoke production rate) 등

05 실험자료

(1) **착화시간(time to ignition, sec)** : 25, 35, 50kW/m^2 열량을 가해 착화시간을 측정

(2) **산소소모량(oxygen production rate, g)**

(3) **열방출률(rate of heat release, kW/m^2)**

  1) 최대 열방출률(PHRR ; Peak Heat Release Rate) : 시료표면에서 발생하는 순간적인 최대열량의 크기이다. 이를 통해서 화재의 성장속도나 크기에 관한 중요한 정보를 제공한다.

  2) 평균 열방출률(av HRR ; average Heat Release Rate) : 시료의 실험기간 전체에 걸쳐서 방출되는 열량의 평균값이다. 보통 착화 후 180초와 300초의 방출률을 측정하여 자료화하고 있다.

  3) 총 방출열량(THR ; Total Heat Released) : 측정된 열방출량을 적분한 값으로 에너지의 총량을 나타낸다.

(4) **질량감소속도 or 연소속도(mass loss rate, g/s)**

(5) **연기방출률(smoke release rate)**

(6) **유효연소열(effective heat of combustion, MJ/kg)** : 단위질량의 재료가 연소할 때 방출되는 열량

(7) **시편에 가해지는 복사열(heat flux, kW/m^2)**

(8) **유독성 가스를 측정(rate of release of toxic gas release, 예 carbon oxide)**

(9) **연소가스 배출속도(exhaust duct flow rate, L/s)**

(10) **일산화탄소 발생량(carbon monoxide yield, kg/kg)**

(11) **이산화탄소 발생량(carbon dioxide yield, kg/kg)**

06 Cone calorimeter의 국제규격

(1) ISO 5660

(2) ASTM E 1354

(3) BS 476 Pt.15

01 개 요

가연성 고체재료의 난연화를 도모하려면 연소과정의 어디인가를 절단하면 된다. 따라서 이를 위해서는 열전달의 제어, 열분해속도의 제어, 열분해생성물의 제어, 기상반응의 제어 4가지를 생각할 수 있는데, 어느 경우도 구체적으로 제각기의 효과를 갖기 위해서는 목적에 적합한 방법으로 처리하는 것이 필요하다.

02 난연 메커니즘

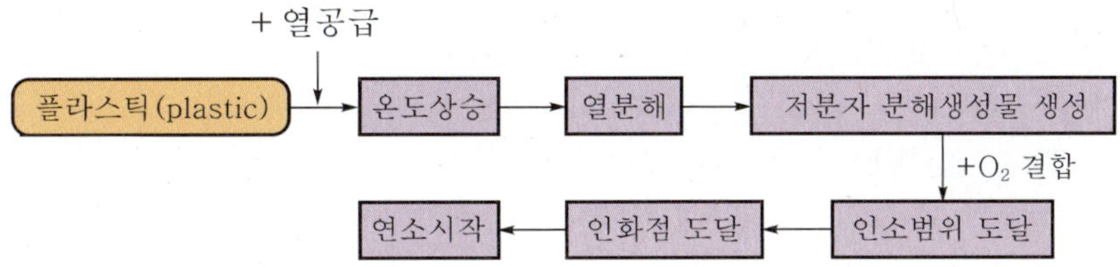

(1) 단계별 구분

1) **열전달의 제어**

① 고체재료의 연소에서 제1단계는 흡열단계이다.

② 흡열하여 온도가 상승하면 열분해에 의해서 가연성 가스를 방출하게 되므로, 이를 방지하기 위해서 가장 먼저 생각할 수 있는 것이 고체표면에 열절연성이 높은 피막을 형성하여 열전달을 억제하는 것이다.

2) **열분해속도의 제어**

① 열분해속도를 감소시켜 가연성 가스의 발생량을 적게 하여 연소하한계(LFL) 이하의 농도로 유지하는 방법이 있다.

② 위 1)의 방법과는 달리 역으로 속도를 증가시켜서 가연성 가스가 그 연소에 필요한 온도에 도달하기 이전에 전체량을 방출시켜 실제 연소 가능한 온도에 도달하였을 때는 연소상한계(UFL) 이상의 가스농도가 되게 하는 방법이 있다.

3) **열분해생성물의 제어** : 발생가스 중의 가연성 가스의 함량을 감소시켜 잘 타지 않도록 하는 방식이다.

4) **기상반응의 제어** : 가연물은 기상 중에 연소반응을 진행하므로 이를 억제하는 물질인 할로겐족 물질을 방출함으로써 기상화학반응을 감소시키는 방법이다.

(2) 난연방법과 난연제

난연화 종류	방 법	난연제(방염제)
냉각	첨가제에 의해 연소과정에서 유지되는 열에너지를 소비한다.	수산화알루미늄
방어막 형성 (코팅)	가연성 물질이 기체와 접촉하지 못하도록 고체나 기체로 가연물 표면에 응축시켜 방어막을 형성한다.	인화합물
희석	연소 시 불연성 가스를 생성시켜 가연성 가스를 희석시켜 연소반응을 억제한다.	수산화알루미늄, 삼산화안티몬
활성라디칼 흡수	연소반응에 참가하는 H, OH 라디칼을 난연제가 흡수하여 연쇄화학반응을 억제한다.	할로겐계 화합물

(3) 연소공학적 난연화

1) 화학적 조성을 변화시키는 방법

① 물질의 화학적 구조를 변경시켜 발화 및 화재확산에 대한 저항성을 증가시키는 방법

② 물질 내에 난연제를 포함시키는 방법

③ 표면을 코팅하거나 감싸는 방법

④ 불활성 화재차단제로 물질 간을 격리시키는 방법

⑤ 물질의 구성 및 배열을 수정시키는 방법

2) 임계열유속(CHF), 열응답변수(TRP) 값의 증대

① 발화 및 화재확산 저항성 증가

ㄱ 발화소요시간 : TRP^2에 비례

ㄴ 화재확산속도 : TRP^2에 반비례

ㄷ 화염전파지수(FPI) : TRP에 반비례

ㄹ CHF가 클수록 화재를 개시하기 위해 더 높은 열유속이 필요하다.

- $CHF = \sigma(T_{ig}^{\,4} - T_a^{\,4})$

  여기서, T_{ig} : 발화온도, T_a : 표면온도

- $t_{ig} = \left(\dfrac{TRP}{q - CHF}\right)^2$

  여기서, t_{ig} : 발화시간

② 증가방법

ㄱ 화학결합 해리에너지(H 대신 할로겐족으로 치환반응)

ㄴ 열관성($k\rho c$) 증가

3) 열방출변수(HRP) 및 열유속값(heat flux) 감소

$$HRP = \frac{\Delta H_C}{L}$$

① 화학적 연소열의 변화량(ΔH_C) 감소

ㄱ 탄소(C)에 부착된 수소(H)를 할로겐질소 등의 원자로 대체하는 치환반응

ㄴ 탄화도 증가 : 연소열 감소

② 기화열(L) 증가

    ㉠ 탄화 : 기화열 증가

    ㉡ 표면코팅

③ 열유속 감소 : 즉 기화물질의 분자량을 줄인다.

    ㉠ 단합체나 분자량이 매우 낮은 소중합체로 기화되는 액체 : $22 \sim 44 \mathrm{kW/m^2}$ 정도의 열유속이 발생한다.

    ㉡ 고분자량 소중합체로 기화되는 고체물질 : $50 \sim 70 \mathrm{kW/m^2}$ 정도의 열유속이 발생한다.

4) 물질의 용융상태 거동 수정

① 녹는점 상승

    ㉠ 중합체의 강성을 높인다.

    ㉡ 중합체 간의 상호 작용을 증대(사슬의 강성 증가)시킨다.

    ㉢ 가교화(cross-linking)를 증대시킨다.

    ㉣ 결정성을 높인다.

> **꼼꼼체크** **결정성** : 구성입자(원자, 분자, 이온) 등이 규칙적으로 배열되어 있는 성질

② 탄화 : 중합체는 휘발성질을 갖고 있지 않아 분자가 증발할 수 있는 보다 작은 분자로 쪼개져야 한다. 이때 가연물 중 일부가 증발하지 못하고 잔류하는 탄소 덩어리가 생기는 현상이다.

    ㉠ 탄화는 화학적 과정이면서도 그 중요성은 주로 물리적 과정에서 기인한다. 탄화의 정도에 따라 밀도, 연속성, 결의 통일성, 점착성, 산화내성, 단열성, 투과성의 변화가 발생한다.

    ㉡ 연소 후에 고체상태의 탄화물이 남는다면, 분해 중에 배출되는 인화성 기체의 양은 감소한다.

    ㉢ 잔류 탄화물이 열원과 중합물질 간의 장벽 역할을 함으로써 연소속도를 감소시킨다.

    ㉣ 탄화물이 고체상태로 연소할 경우, 지속형 훈소의 발생 가능성이 있다. 이는 물질의 탄화현상을 증대시킴으로써 화염연소율을 줄일 수 있지만 그 대신 훈소를 유발할 수 있다.

    ㉤ 증대방법 : 가교화 및 사슬 강화

03 난연제

(1) 정의 : 난연성을 부여하기 위하여 사용되는 약제. 난연제는 연소하기 쉬운 성질을 가지고 있는 플라스틱과 같은 유기물질을 물리, 화학적인 방법으로 개선하여 연소를 억제하거나 완화시키는 효과를 갖는 물질로서, 이는 가열, 분해, 발열 등의 특정한

연소단계[플라스틱(plastic)과 같은 고분자 물질의 연소는 가연물, 에너지(energy), 산소(O_2)가 존재할 때 일어나고, 이 중 어느 하나만 빠져도 일어나지 않는다]를 방해함으로써 그 기능을 하게 된다.

(2) 구성 성분에 의한 분류

난연제 구분		
유기계	인계	비할로겐계
	질소계	
	인계 + 할로겐계	할로겐계
	할로겐계	
무기계	금속화화합물 (수산화알루미늄, 수산화마그네슘)	비할로겐계
	안티몬(Sb)계	
	기타 (몰리브덴(Mo), 붕산아연)	

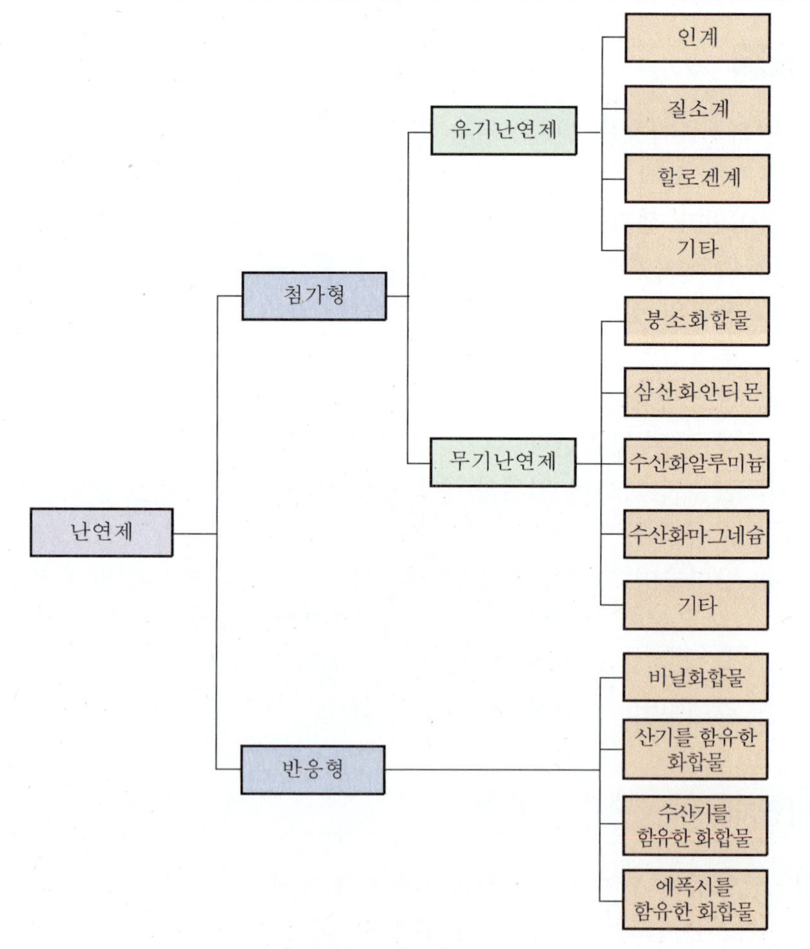

▌ 난연제의 종류 ▌

1) 유기난연제

① 특징 : 고분자와의 합성이 용이하다.

② 종류 : 할로겐계, 브롬계, 염소계, 인계

   ㉠ 할로겐 난연제

- 난연효과 : 근본적으로 가스상에서 발생한 라디칼을 안정화시킴으로써 난연효과를 얻는다. 즉 라디칼의 수를 줄여줌으로써 화학반응을 억제하는 기능을 한다.

- 메카니즘(mechanism)
  - $RH \rightarrow R^* + H^*$
  - $H^* + O_2 \rightarrow OH^* + O^*$
  - $CF_3Br \rightarrow CF_3 + Br$
  - $Br^* + H^* \rightarrow HBr$
  - $HBr + OH^* \rightarrow Br^* + H_2O$

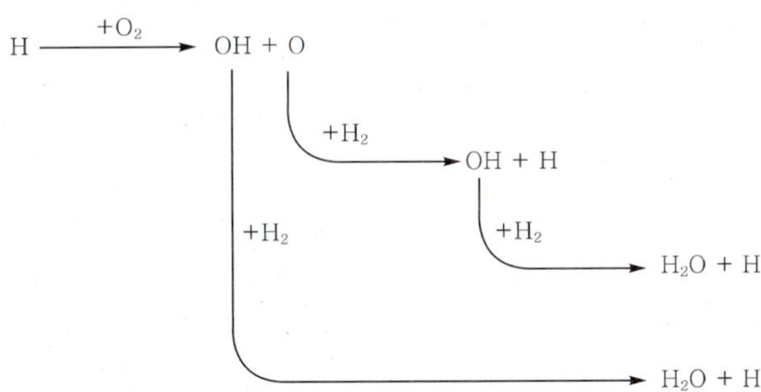

최종 결과 : $H + 3H_2 + O_2 \longrightarrow 2H_2O + 3H$

- 브롬계(Br) 난연제
  - 소량첨가로 난연효과가 커서 할로겐 난연제 중 난연성능이 가장 우수하다.
  - 기상으로 효과를 증대시킨다.
  - 다른 난연제(안티몬계, 인계)와의 병용으로 상승효과를 나타내는 경우가 많다.
  - 내열·내후성을 손상하는 경우가 있어 사용에 주의를 하여야 한다.
  - 할로겐 원소를 다량 첨가할 경우, 내충격성 등의 표면의 얇은 막의 물성이 저하되고, 성형성이 나빠질 수 있다.
  - 연소 시에 인체에 유해한 가스가 발생하는 문제점이 있어 거의 대부분이 규제대상이다.
  - 종류 : PBBs, PBDEs, BFRs, HBCDD
- 염소계(Cl) 난연제
  - 열안정성이 취약하다.

- 브롬계 난연제에 비해 난연성능이 떨어지므로 사용상 제약이 있다.
- 절연 특성을 저하시키지 않는다.
- 3산화안티몬과 병용 사용 시에 효과가 크게 증대된다.
- 주로 기상에서 효과를 발현시킨다.
- 경년변화에 따른 성능의 저하가 적다.
- 종류 : CFRs, Het Acid, 치환족 염소계 난연제(상품명 : Dechlorane Plus)
- 할로겐 난연제의 일반적인 특징
  - 현재 가장 많이 사용하는 난연제이다.
  - 가격이 저렴하고, 난연효과가 좋다.
  - 연소 시 유독가스 발생, 발암물질 발생으로 인체 독성 증가 및 환경오염의 원인이 되어 선진국에서는 규제대상이 되고 있다.

ⓛ 인계(P) 난연제 : 연소 시 인화합물은 열분해에 의하여 폴리인산(HPO)을 생성하고 이것이 보호층을 형성하는 경우와 폴리미터인산이 생성될 때 탈수작용에 의해 생성되는 탄화층이 열전달과 산소의 접근을 차단하여 연소를 막는다. 현재 가장 보편적인 난연제이다.
- 특징

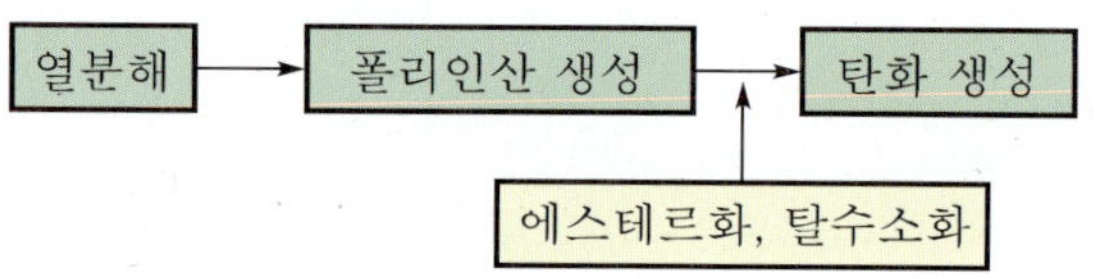

  - 탄화층이 열의 유입을 차단한다.
  - 포스핀(PH_3, phosphine)은 폴리인산 첨가 시 탄화층 형성에 도움을 준다.
  - 적린(P, red phosphorus)은 독성이 없고 열적으로 안정하지만 물과 접촉 시 독성이 강하고 밀폐공간에서 폭발위험이 있는 포스핀 가스를 방출하므로 주의를 요한다.
  - 인에 의한 부촉매 효과(PO가 부촉매를 일으킨다)

    $H_3PO_4 \rightarrow PO + etc$

    $H + PO \rightarrow HPO$

    $H + HPO \rightarrow H_2 + PO$

    $OH + PO \rightarrow HPO + O$

- 종류 : 적린, 인산에스테르(phosphates)

ⓒ 인 + 할로겐 난연제
- 특징
  - 인에 할로겐화합물을 첨가함으로써 기상에서 난연 상승효과가 있다.
  - 저휘발성, 무색, 무취, 물에 대하여 비교적 안정적이다.

- 첨가량에 비례하여 내열도가 급격히 저하되는 문제가 있다.
- 폴리우레탄 폼과 아크릴 수지에 주로 사용된다.
- 할로겐화인(phosphorus halide)과 옥시할라이드(oxyhalide)는 할로겐화수소(hydrogen halide)보다 우수한 라디칼(radical) 포착제이며 끓는점이 높고 고비중으로 연소영역에서 머무르는 시간이 길기 때문에 기상에서 난연 상승효과를 주며 연소를 억제시킨다.
- 소량 첨가 시에는 난연성이 충분히 확보되지 않는다.
- 할로겐 난연제는 연소 시 산소를 차단하는 효과가 있다.

② 인 + 질소계 난연제(Instrument계)

- 특징
  - 요소나 질소 화합물은 폴리인산의 열적 축합중합반응을 촉진시켜 고분자 폴리인산(HPO)을 생성한다. 생성된 고분자 폴리인산은 탈수소 촉매로 작용하여 발포 탄화층 형성을 유도하여 탄화층에 의한 난연효과를 나타낸다.
  - 액상, 고상에서 효과적으로 작용하여 주로 셀룰로오스의 난연제에 적용된다.
  - 분해과정에서 주된 난연효과를 발휘한다.
  - 염소 폴리머(PPO, 셀룰로오스, 우레탄 등)에 효과가 크다.
  - 질소화합물의 상승효과를 발휘한다.
  - 매우 얇은 층에서 단열효과가 높고 산소 차단효과가 우수하다.

2) 무기난연제

① 특징

㉠ 열에 휘발되지 않으며 분해되어 H_2O, CO_2, SO_2, HCl과 같은 불연성 기체를 방출하게 되며, 흡열반응을 통해 화재의 확산을 방지한다.

㉡ 기상에서 가연성 기체를 희석시켜 고분자 중합체의 표면을 도포하여 산소의 접근을 차단하고 동시에 고체상 표면에서 흡열반응을 통해 고분자 중합체의 냉각 및 열분해생성물의 생성을 감소시킨다.

㉢ 붕소화합물과 같은 경우에는 고체표면에 유리상의 보호층을 형성하여 산소 및 열을 차단하는 효과도 있다.

② 종류

㉠ 수산화알루미늄(Al(OH)₃) : 흡열반응에 의해 물(H_2O)을 생성하여 난연효과를 얻고 생성한 물(H_2O)에 의해 냉각작용을 하므로 연소를 방지한다.

$$2Al(OH)_3 \rightarrow Al_2O_3 + 3H_2O - 298kJ/mol$$

- 장점
  - 가격이 저렴하다.

- 화재초기의 발열 억제효과가 크다.
- 유독가스가 방출되지 않는다.
- 발연 억제효과가 있다.
- 첨가량에 비해 물성변화가 적다.
- 쉽게 투입이 가능하여 가장 많이 사용되는 난연제 중 하나이다.
- 단점
  - 난연성을 부여하기 위해 다량 사용해야 한다.
  - 제품의 기계적 특성 및 가공성을 저해시킬 수 있다.
  - 연소후기(400℃)에서의 난연효과가 적다.
  - 분해온도가 200℃로 성형온도(270℃ 이상)가 높은 폴리머에는 사용할 수가 없다.
  - 물질의 기계적 특성 및 가공성을 저하시킨다(원인은 너무 다량을 사용해야 하기 때문).
- 난연성능
  - 성형 시 가연물의 희석
  - 탈수반응 시 흡열작용
  - 수증기에 의한 가연성 가스의 농도 희석
  - 수산금속화합물과 방염조제에 의한 무기물과 숯의 복합층 생성

ⓛ 산화안티몬(Sb_2O_3, 삼산화안티몬) : 안티몬의 할로겐화합물은 연소 시 기상에서 자유라디칼(free radical)의 연쇄반응을 정지시켜 난연효과를 얻을 수 있다. 주로 PVC, CPE 같은 제품에는 난연제로 사용되고 있다. 현재까지의 난연제 중 할로겐화합물과 산화안티몬계의 조합이 현재 세계적으로 가장 방염효율이 높은 방염제이다. 하지만 그 자체로는 사용되지 않고 할로겐 함유 난연제의 난연 상승효과를 나타내는 보조제로 많이 사용되고 있다.

- 장점
  - 백색의 미립자 분말이고 은폐력이 크다.
  - 입자가 고와서 분산성이 우수하다.
- 단점
  - 연소가스가 먼저 발생하고 난연효과가 나중에 발생한다.
  - 가격적으로 불안정하고, 단독으로는 난연효과가 낮다.

ⓒ 수산화마그네슘($Mg(OH)_2$) : 수산화마그네슘은 분해 시 물(H_2O)을 방출해서 기체상에서의 연소될 수 있는 연료의 농도를 희석시킨다.

$$Mg(OH)_2 \rightarrow H_2O + MgO - 1,300kJ/kg$$

- 장점
  - 수산화마그네슘은 300℃ 이상에서 분해되며 가공온도가 높은 열가소

256

성 플라스틱에서도 사용이 가능하다.
- 부식성 가스를 발생시키지 않는다.
- 비휘발성이라서 지속효과가 크다.
- 무독성인 것이 많다.
- 수산금속화합물과 방염조제에 의한 무기 탄화복합층을 생성한다.
- 단점 : 다량 첨가 시 물성을 손상시킬 수 있다.

㉣ 확장흑연(expandable graphite) : 산소와 열을 효과적으로 차단하고 연기발생량을 감소시킨다.

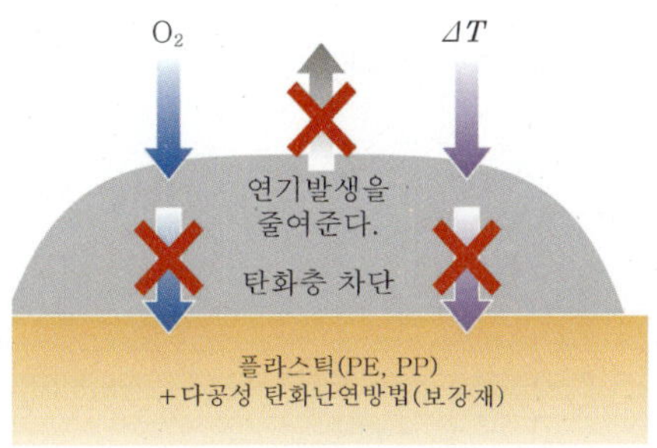

❙ 흑연 탄화층의 효과[52] ❙

㉤ 나노복합자재(nanocomposites)

(3) 상에 의한 분류

1) 고상(solid phase) 억제제

① 특징

㉠ 인화합물의 탄화물 생성효과가 있다.

㉡ 발포성(인 + 질소) 방염계(APP + PER, 실리콘(silicon) 화합물)의 발포탄화물 생성효과로 공간을 채워서 방염성능을 낸다.

㉢ 실리콘 화합물에 의한 −Si−O−, −Si−C−결합으로 세라믹(ceramics) 복합층 생성효과가 있다.

㉣ 나노복합재료(nano−composite)화에 따른 조밀한 미립 무기단열층을 생성함으로써 연소잔사의 기계적 강도와 안정성이 향상된다.

② 종류 : 인(P), 비소(As), 안티몬(Sb), 비스무트(Bi) 등 주기율표 V족 물질을 이용한 무기 및 유기 인화합물

2) 기상(gas phase) 억제제

① 연소의 연쇄반응에 대해서 라디칼 포착제로서 활용되어 연소를 억제한다.

㉠ 할로겐(halogen)계

㉡ 광안정제(hindered amine) 화합물

㉢ 인계 화합물

---

52) http://www.pinfa.org/uploads/images/Inorganic_flame_retardants.jpg

② 흡열반응에 의해 냉각한다.
　㉠ 금속화합물
　㉡ 붕산아연

04 난연제의 요구 특성

(1) 난연성이 뛰어나야 한다.

(2) 가공성이 뛰어나야 한다.

(3) 기본 수지의 물성 변화가 적어야 한다.

(4) 내후 변색성이 적어야 한다.

(5) 내후성이 좋아야 한다.

(6) 지속성이 좋아야 한다.

05 난연가공방법

(1) 난연제 첨가방법 : 첨가형은 반응형에 비하여 내구성이나 내수성이 떨어진다.

　1) 첨가형 : 기성의 고분자물질에 나중에 혼입하는 형식으로 난연제를 원료수지의 내부에 물리적 혹은 기계적인 방법으로 혼합하여 고분자 내에서 난연제가 섞이게 되어 난연제가 첨가되는 방식이다. 후처리 방법으로 사용된다.

　　① 도포법 : 난연제를 가연물 물질표면에 도포하는 방법이다.

　　　㉠ 분무법(spraying) : 압축공기와 난연액을 섞어서 가연물 표면에 미립자 형태로 분사하는 방법이다.

　　　　• 장점 : 대형 가연물의 난연처리에 적합하다.

　　　　• 단점

　　　　　－ 난연제가 공기에 비산되므로 난연제의 낭비가 심하고 작업이 어렵다.

　　　　　－ 난연제 적용시간이 침지법에 비해 오래 걸린다.

　　　㉡ 붓칠법(brush) : 붓이나 롤러를 이용하여 가연물의 표면에 난연제를 도포하는 방법이다.

　　　　• 장점

　　　　　－ 도포피막의 두께를 조절하기 쉽다.

　　　　　－ 분무법과 같이 난연제가 공기 중으로 날리는 것이 없고, 침지법에서와 같이 많은 난연제를 도포하지 않는다.

　　　　　－ 환기가 어려운 장소에서의 사용이 효과적이다.

- 단점
  - 다량 및 대형 가연물에는 부적당하다.
  - 난연제 적용시간이 침지법에 비해 오래 걸린다.
  - ㉢ 흘림법 : 난연제를 가연물에 흘려서 적용하는 방법으로 대형 가연물에 적용한다. 간편하기는 하지만 많은 양의 난연제가 소요되므로 비경제적이다.
② 침지법(dipping) : 시험체 전체를 침투액 탱크에 넣어서 가연물에 침투액이 충분히 젖은 뒤에 꺼내는 방식으로 침투제를 적용하는 방법이다.
  - ㉠ 장점
    - 가연물의 전 표면에 동시에 침투제를 적용할 수 있다.
    - 형태가 복잡한 가연물에 적용하기 편리하다.
    - 소형 다품종의 제품에 적용하기 편리하다.
  - ㉡ 단점
    - 별도의 침투액 탱크가 필요하다.
    - 대형 가연물에 적용하기에는 부적합하다.
    - 다량의 난연제가 소요된다.
③ 첨가형 난연제의 특징
  - ㉠ 유기계 난연제 : 고분자와 난연화가 쉽다.
  - ㉡ 무기계 난연제 : 저가 및 할로겐화 유기화합물과의 상승작용이 발생한다.
  - ㉢ 장점 : 가격저가, 사용 편리, 시장의 대중성으로 큰 비중을 차지한다.
  - ㉣ 단점 : 고분자 재료에 물성변화를 줄 우려가 있다.

2) **반응형** : 합성 시에 첨가하여 친 고분자와의 사이에 가교를 형성시키는 형식으로 고분자 물질을 섞어서 새로운 고분자 물질을 만들어 내므로 공중합법이라고도 한다. 수지 자체가 난연성을 나타낼 수 있도록 고분자 중합체와 반응하여 고분자 내에 난연성 원소가 화학적으로 결합하는 형태인 가교화를 형성시키는 난연제로 난연효과는 뛰어나지만 비용이 비싸고 제조시간이 많이 소요된다. 난연 선처리방법으로 많이 사용된다.

> **꼼꼼체크** **공중합체(copolymer)** : 중합체를 만드는 방법으로 두 개의 서로 다른 단량체가 결합하여 사슬을 형성하는 것을 말한다.

① 알로이(alloy)법 : 두 가지 이상의 물질을 섞은 후에 용융(melt)시켜서 만드는 방법
② 블렌드(blend)법 : 두 가지 이상의 물질을 녹이지 않고 섞어서 만드는 방법
③ 반응형 난연제의 특징
  - ㉠ 장점 : 난연효과가 가장 뛰어나다. 고분자 재료에 물성변화를 주지 않는다.
  - ㉡ 단점 : 가격이 비싸고 제조시간이 길다.

259

가공방법에 따른 분류	
첨가형	유기계
	무기계
반응형	비닐기를 가진 것($-CH = CH_2$)
	수산기를 가진 것(OH)
	에폭시기를 가진 것 $(-\overset{\displaystyle O}{CH} - CH_2)$

(2) 가공방법

1) 분자구조 설계를 통해서 내열성을 갖는 고분자 합성방법
2) 고분자 제조 시 첨가해서 난연성을 증가시키는 반응형 난연제의 합성방법
3) 물리적으로 사후에 첨가하는 첨가형 난연제의 가공방법
4) 난연제로 표면처리하는 방법

06 난연성능 평가

(1) 난연성능을 평가하는 방법 : 국내에서는 산소지수와 방염기준(잔염, 잔신시간, 탄화길이, 탄화면적)에 의한 방법이 있고, 미국에서는 UL-94 등에 의한 방법이 있다.

1) IEC 60332 : 탄화길이로 난연성능에 대한 적부판정만 있다(전자제품).
2) UL-94 : 잔염시간으로 난연등급을 분류하고 있다.
3) SBI : 유럽 등에서 난연등급, 화재위험성 분석 등의 연구에 이용하고 있다.

(2) UL-94의 시험방법 : 표면, 수직, 수평의 3가지로 구분된다. 가장 많이 사용되는 난연성 시험은 UL-94의 수평시험과 수직시험이다.

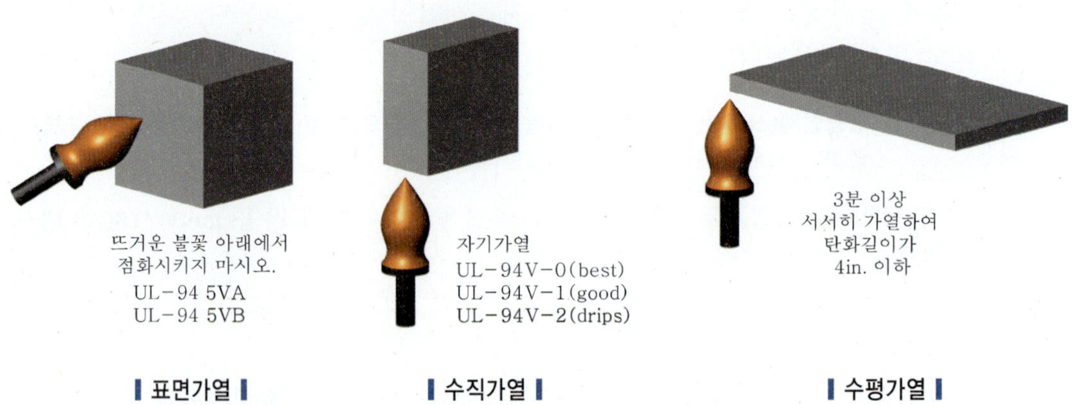

▮ 표면가열 ▮　　　▮ 수직가열 ▮　　　▮ 수평가열 ▮

(3) UL-94 수평난연성 시험 HB(Horizontal Burning test)

1) 시편을 수평방향으로 눕혀 설치 후 불을 붙여 1분당 타 들어간 길이로 평가한다. 시험 규격이 까다롭지 않기 때문에 일반적인 플라스틱은 이 규격을 통과하지만 HB의 경우에도 반드시 UL에 두께별로 신청, 테스트를 거쳐 UL-Card(yellow book)를 발급받은 후에 유효하다.

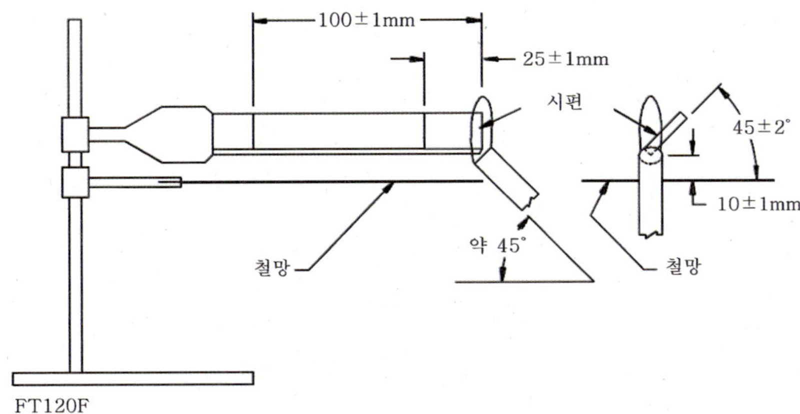

▌수평시험장치[53] ▌

2) **시편크기** : 길이 5in.(127mm), 폭 0.5in.(12.7mm), 두께 0.12~0.5in.(3.05~12.7mm)

3) **시편 처리조건** : 23±2℃, 상대습도(RH) 50±5% 상태에서 48시간 이상 방치 후 시험

4) **시편의 수** : 시험에 필요한 시편수는 최소 3개이며, 3개가 1set이다.

5) 시편에 불꽃을 30초 동안 접촉시켜 시편이 1in.까지 타들어간 후부터 측정하여 3in. 구간 내에서 1분간 시편이 타들어간 길이를 측정한다.

6) **불꽃** : 메탄가스 1in., 파란 불꽃 45° 각도

7) **인증기준**

시편두께	UL-94HB 요구조건
3.0~12.7mm	연소속도<38.1mm/min
3.05mm 이하	연소속도<76.2mm/min

8) **등급기준**

등 급	잔염시간(afterflame)	잔신시간 (afterglow)	불꽃의 낙화로 인한 솜에 점화 여부
HF-1	≦2s	≦30s	없어야 한다.
HF-2	≦3s	≦30s	허용한다.
HBF	연소속도가 40mm/min을 초과하면 안 된다.		

---

53) Figure 7.1 Horizontal burning test for HB classification. 13page UL-94

(4) UL-94 수직난연성 시험(Vertical Burning Test)

1) UL-94V는 시편을 수직으로 세워 놓고 버너로 시편에 불을 붙여 일정 시간 내에 저절로 시편에 붙은 불이 꺼지는지를 측정한다. 여기서 시편의 불이 꺼지는 정도에 따라서 V-2, V-1, V-0, 5V 등으로 구분할 수 있다.

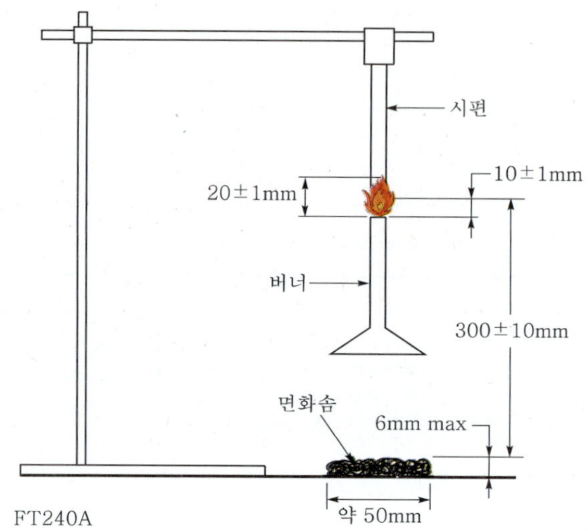

┃ 수직시험장치[54] ┃

2) **시편의 크기** : 5×1/2″×두께(시편 5개)

3) **시편 처리조건** : 23±2℃, 상대습도(RH) 50±5% 상태에서 48시간 이상 방치 후 시험한다.

4) 10초 동안 시편의 하부 모서리 중앙에 불꽃을 접촉시킨다. 만약 30초 이내에 연소가 멈추면 추가로 10초 동안 불꽃을 다시 접촉시킨 후, 시간을 측정한다.

5) 등급기준

등 급	잔염시간 (afterflame)	잔신시간 (afterglow)	불꽃의 낙화로 인한 솜에 점화 여부
VTM-0	≦10s	≦30s	없어야 한다(5VA).
VTM-1	≦30s	≦60s	없어야 한다(5VA).
VTM-2	≦30s	≦60s	허용한다(5VB).

(5) 산소지수(Oxigen Index) : 플라스틱이 연소할 때 필요한 최소의 산소지수

수 지	OI(%)	수 지	OI(%)
β-유리섬유	100	PS	18.1
테플론	95	PE	17.4
PVC	47	PP	17.4

---

54) Figure 8.1 Vertical burning test for V-0, V-1, V-2 classification. 18page UL-94

수 지	OI(%)	수 지	OI(%)
나일론	2,429	PMMA	17.4
PC	2,628	파라핀	16.0

1) 연소가 지속되기 위해서는 산소가 필요하며 반대로 연소 시 필요한 산소량을 측정하면 각종 가연물의 연소성을 알 수 있다. 그러므로 각종 가연물의 산소지수는 연소특성을 나타내는 중요 특성으로 산소지수가 클수록 난연성이 우수함을 의미한다.

2) 각종 고분자화합물의 난연성은 사용 난연제의 양이 증가할수록 우수해지는데 양이 증가하면 산소지수도 동시에 증가하는 경향이 나타나는 반면 UL-94의 난연등급은 난연제 일정 비율에서 난연성이 나타난다는 점이 산소지수와의 차이점이다.

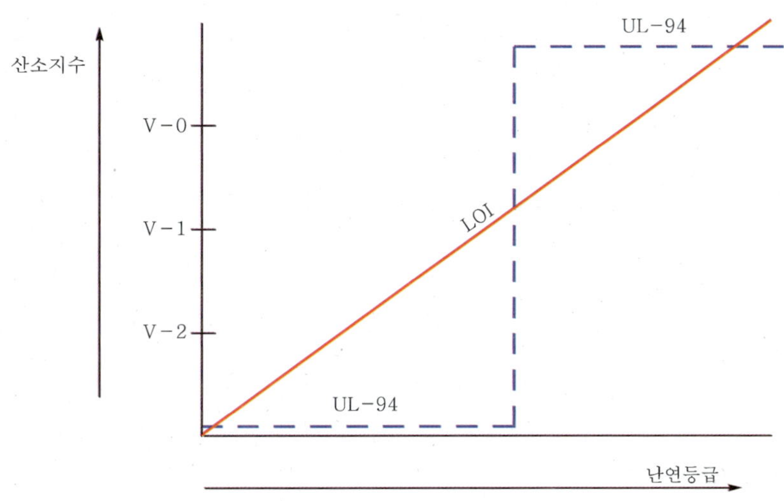

▌UL-94의 난연등급과 산소지수 ▌

07 난연처리의 문제점

(1) 난연처리를 아무리 잘한다고 하더라도 유기물질의 열분해까지 완전히 저지할 수는 없는 한계를 가지고 있다.

(2) 난연처리를 하면 발염연소 대신 훈소의 형식을 취한 현상이 진행되어 도리어 연기나 유독가스라고 하는 바람직하지 못한 배출물을 증가시키는 결과를 초래하기도 한다. 이로 인해 독성물질에 의한 인적 피해, 부식성 가스에 의한 물적 피해가 발생한다.

(3) 또한 한계산소농도측정과 같은 소형의 실험에서는 좋은 난연성을 가졌음에도 불구하고 실제로는 화염이 하향 전파가 아닌 상향으로 전파되므로 이를 통해서 난연성능의 신뢰성 확보가 곤란하다.

(4) 난연제를 물질에 첨가하면 다음과 같은 기능의 저하를 가져올 수 있다.

　1) 열 안정성의 저하

　2) 기본 물성의 저하

　3) 상용성 부족으로 인한 블루밍(blooming) 및 금형 내의 이물문제(gas venting) 발생

　 **블루밍(blooming) 현상** : 난연제를 주입한 대상물 표면에서 용매의 증발 또는 고정 과정의 부산물로 생긴 결정체 또는 분말을 나타내는 현상

방염(防焰, flame retardancy, resist dyeing)

01 개 요

(1) 방염이란 연소하기 쉬운 마감재 등의 발화 및 화염확산을 지연시키는 가공처리방법이다.

(2) 화재의 발생빈도가 높고 화재 시 인적 또는 물적 피해가 클 것으로 예상되는 특정 소방대상물에 사용하는 실내마감재 등에 방염처리를 하여야 한다.

(3) 방염처리는 선처리가 원칙이다. 하지만 예외적으로 목재, 합판은 후처리(현장 처리)가 가능하다.

02 방염처리 대상(「화재예방, 소방시설 설치·유지 및 안전관리에 관한 법률」 시행령 제19조)

(1) 근린생활시설 중 체력단련장, 숙박시설, 방송통신시설 중 방송국 및 촬영소

(2) **건축물의 옥내에 있는 시설로서 다음의 시설**
   1) 문화 및 집회시설
   2) 종교시설
   3) 운동시설(수영장은 제외)

(3) 의료시설 중 종합병원과 정신의료기관, 노유자시설 및 숙박이 가능한 수련시설

(4) 「다중이용업소의 안전관리에 관한 특별법」 제2조 제1항 제1호에 따른 다중이용업의 영업장

(5) 위 (1)부터 (4)까지의 시설에 해당하지 아니하는 것으로서 층수(「건축법 시행령」 제119조 제1항 제9호에 따라 산정한 층수)가 11층 이상인 것(아파트는 제외)

(6) 교육연구시설 중 합숙소

03 방염대상물품

대통령령으로 정하는 물품[「화재예방, 소방시설 설치·유지 및 안전관리에 관한 법률 시행령」 제20조(방염대상물품 및 방염성능기준)]

(1) 제조 또는 가공 공정에서 방염처리를 한 물품(합판·목재류의 경우에는 설치 현장에서 방염처리한 것을 포함)으로서 다음의 어느 하나에 해당하는 것

1) 창문에 설치하는 커튼류(블라인드 포함)

2) 카펫, 두께가 2mm 미만인 벽지류(종이벽지 제외)

3) 전시용 합판 또는 섬유판, 무대용 합판 또는 섬유판

4) 암막·무대막(「영화 및 비디오물의 진흥에 관한 법률」 제2조 제10호에 따른 영화 상영관에 설치하는 스크린과 「다중이용업소의 안전관리에 관한 특별법 시행령」 제2조 제7호의4에 따른 골프연습장업에 설치하는 스크린을 포함)

5) 섬유류 또는 합성수지류 등을 원료로 하여 제작된 소파·의자(「다중이용업소의 안전관리에 관한 특별법 시행령」 제2조 제1호 나목 및 같은 조 제6호에 따른 단란주점영업, 유흥주점영업 및 노래연습장업의 영업장에 설치하는 것만 해당)

(2) 건축물 내부의 천장이나 벽에 부착하거나 설치하는 것으로서 다음의 어느 하나에 해당하는 것을 말한다. 다만, 가구류(옷장, 찬장, 식탁, 식탁용 의자, 사무용 책상, 사무용 의자 및 계산대, 그 밖에 이와 비슷한 것을 말한다)와 너비 10cm 이하인 반자돌림대 등과 「건축법」 제52조에 따른 내부 마감재료는 제외한다.

1) 종이류(두께 2mm 이상인 것을 말한다)·합성수지류 또는 섬유류를 주원료로 한 물품

2) 합판이나 목재

3) 실(室) 또는 공간을 구획하기 위하여 설치하는 칸막이 또는 간이 칸막이

4) 흡음(吸音)이나 방음(防音)을 위하여 설치하는 흡음재(흡음용 커튼 포함) 또는 방음재(방음용 커튼 포함)

04 방염성능의 기준(「화재예방, 소방시설 설치·유지 및 안전관리에 관한 법률 시행령」 제20조 제2항)

허용 독성기준은 없다.

(1) 잔염시간 : 버너의 불꽃을 제거한 때부터 불꽃을 올리며 연소하는 상태가 그칠 때까지 시간은 20초 이내일 것

(2) 잔신시간 : 버너의 불꽃을 제거한 때부터 불꽃을 올리지 아니하고 연소하는 상태가 그칠 때까지 시간은 30초 이내일 것

(3) 탄화길이 : 20cm 이내

(4) 탄화면적 : 50cm^2 이내

(5) 접염횟수 : 불꽃에 의하여 완전히 녹을 때까지 불꽃의 접촉횟수는 3회 이상일 것

(6) 발연량 : 연기 최대밀도는 400 이하일 것

$$Ds = 132 \log \frac{100}{T}$$

여기서, Ds : 비광학밀도, T : 광선투과율

(7) 방염성능표[방염성능기준(국민안전처고시 제2016-138호)]

구 분	잔염시간 (초 이내)	잔진시간 (초 이내)	탄화면적 (cm^2 이내)	탄화길이 (cm 이내)	접염회수 (회 이상)	최대연기 밀도
카펫	20	–	–	10	–	400 이하
얇은 포	3	5	30	20	3	200 이하
두꺼운 포	5	20	40	20	3	200 이하
합성수지판	5	20	40	20	–	400 이하
합판 등 (합판, 섬유판, 목재)	10	30	50	20	–	400 이하
쇼파, 의자	120	120	–	평균 5 최대 7	–	담배법에 의한 시험은 1시간 이내에 발화 및 연기가 발생하지 않아야 한다.

1) 얇은 포 : $450g/m^2$ 이하인 것
2) 두꺼운 포 : $450g/m^2$ 초과하는 것은 〈 〉로 표시

05 방염의 목적

(1) 발화 억제 및 착화시간 지연

(2) 열, 연기 발생 및 화재성장속도의 저감

(3) 피난가능시간의 연장 및 초기소화 시간의 확보

(4) 인명 및 재산 피해의 저감

06 방염의 원리

(1) "가열 → 분해 → 가연성 가스와 산소의 혼합 → 발화의 과정" 중 어느 한 단계를 차단 및 지연하여 연소반응이 연쇄반응하는 것을 방해한다.

(2) 열전달의 억제
1) 고체표면에 열전도율이 낮은 피막을 코팅한다.
2) 표면을 탄화한다.

(3) 열분해속도 제어
1) 열분해속도를 감소시켜 가연성 가스 발생을 억제한다.
2) 열분해속도를 증가시켜 가연성 가스가 착화온도에 도달하기 전에 가연성 가스량을 방출한다.

(4) 불연성 가스를 발생시켜 산소농도를 희석시키거나 산소와의 접촉을 차단한다.

(5) **연쇄반응 억제물질을 발생시켜 화염 제거** : 대부분이 할로겐족 원소들로 구성되어 부식의 우려가 있다.

(6) **흡열반응**

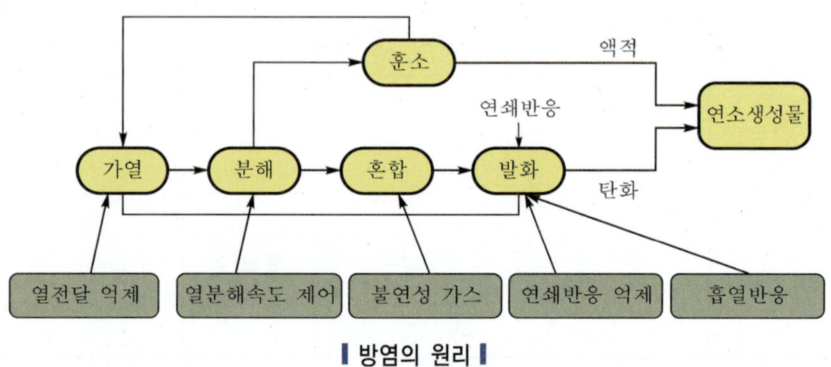

▌ 방염의 원리 ▌

07 방염제 구비조건

(1) 방염가공이 쉬워야 한다.

(2) 방염효과가 좋아야 한다.

(3) 방염효과가 지속되어야 한다.

(4) 내세탁성 등이 우수하여야 한다(얇은 포, 두꺼운 포).

(5) 독성이 적어야 한다.

(6) 경제적이어야 한다.

(7) 방염제료의 기계적 성질을 저하시키지 말아야 한다. 방염제료는 첨가형, 반응형 방염제가 복합된 것이므로 본래 재질의 기계적 성질이 저하될 우려가 있다.

(8) 환경의 오염이 없어야 한다.

08 방염제의 종류

(1) **방염제** : 방염처리에 사용하는 화학약품(주로 고체분말)

(2) **방염액** : 방염처리에 사용하는 액체(물에 희석하여 사용)

(3) **방염도료** : 방염처리에 사용하는 도료

09 방염처리방법

(1) 섬유류나 플라스틱 제품

1) 공중합법(반응형) : 원료합성단계에서 방염성분을 공중합시키는 방법

 **공중합** : 두 종류 이상의 단량체(monomer)가 동시에 중합하여 중합체에 두 종류 이상의 단량체가 존재하게 될 때 그 중합체를 공중합체라 하며, 이와 같은 현상을 중합(copolymerzation)이라 한다. 공중합체는 2가지 이상의 다른 단위체가 다소 불규칙적으로 결합되어 있는 고분자화합물이다.

① 폴리블렌드법
② 알로이(alloy)법

 **폴리블렌드(polyblend)** : 제품의 품질을 개량하기 위하여 2종 이상의 중합체(重合體)를 서로 혼합하는 것을 말한다.

2) 표면처리법(첨가형) : 제품표면에 방염제를 그래프트(graft : 접목, 이식) 또는 코팅하는 방법

(2) 목재류

1) 표면처리법(첨가형) : 방염제나 방염도료를 목재표면에 스프레이 또는 직접 도장하는 방법

2) 라이닝(lining)법(첨가형) : 금속판이나 기타 불연재를 목재표면에 부착시키는 방법

3) 함침법(含浸法)(첨가형) : 방염제를 목재 내부까지 침투시키는 등 세 가지로 나눌 수 있다.

① 압력법 : 진공과 압력을 사용하여 방염제를 침투시키는 압력법이 방염제를 나무의 내부까지 침투시킬 수 있으므로 훨씬 효과적이지만 이 방법은 압력솥(autoclave)을 필요로 하므로 소형 목재의 처리에만 응용이 가능하며 목조건물이나 대형 목재는 처리가 곤란하다.

② 비압력법 : 이 방법은 스프레이에 의한 코팅법과 효과면에서 별 차이가 없다.

4) 목조건물이나 대형 목재의 방염처리는 결국 방염제를 목재표면에 스프레이 하거나 도장하는 표면처리법만이 실용 가능하다.

10 검토사항

(1) 현 방염내용은 착화 및 화재확산에 주안점을 둔 관계로 독성에 관한 규정이 미비하다.

(2) 방염제의 방염성능을 높이려다 보면 열분해 시 독성물질의 발생이 증대되는 문제가 발생할 수도 있는데 이에 대한 규정의 미비로 방염이 화재초기에는 연소확대를 지연시키지만 어느 정도 화재가 성장하면 오히려 인명피해를 증대시키는 요인이 될 수도 있다.

(3) 따라서 향후 방염성능기준에는 독성에 관한 검토를 통한 엄격한 관리가 필요하다.

내화, 난연, 방염의 차이점

01 개 요

건축물에 적용되는 내화, 난연 및 방염성능은 그 사용 성격 및 성능기준에 현격한 차이가 있으므로 적용 부위에 적합한 성능을 적용하는 것이 매우 중요하며 각각의 성능기준 및 차이점은 다음과 같다.

02 내 화

(1) **정의** : 내화는 건축물의 주요구조부가 화재에 견디는 성능적인 개념을 의미한다.

(2) 내화성능의 사용목적은 건물 내 화재가 발생하였을 때 주요구조부가 화열의 영향으로 고유의 강도를 잃게 되면 건물 전체의 붕괴 등을 야기시킬 수 있으므로 실제 화재 시 발생되는 열원에 견딜 수 있는 시간으로 각 구조부위별, 용도별, 높이의 크기에 따라 건축법에서 정하고 있는 내화시간에 만족하도록 규정하고 있다.

(3) 성능판정방법은 실제 화재 시 발생하는 열량을 기준으로 표준시간－온도곡선이 정해져 있으며, 동 곡선에 의해 내화조치가 된 부재에 열량을 가하여 하중지지력, 차염성, 차열성을 모두 만족하는 시간을 기준으로 하여 내화시간 개념으로 성능기준을 표현하고 있다. 예를 들어 1시간 내화도, 2시간 내화도, 3시간 내화도 등으로 나타내고 있다.

(4) 화재 시 건물의 주요구조부가 내력을 유지하기 위한 재료인 구조재와 내화피복재로 구분할 수 있다.

03 난 연

(1) **정의** : 건축물의 난연성은 일반적으로 실내에 고정 부착하여 사용되는 부재의 불에 대한 저항성능을 평가하는 개념으로 불에 타거나 견디는 정도를 나타내는 성능적 개념이다.

(2) 내화개념과는 성능상 상당한 차이가 있다. 난연제의 적용부위는 쉽게 생각하면 천장용 반자나 칸막이용 벽체 등의 화염전파에 대한 저항성능 개념으로 사용되며 건축법에서는 내장재의 성능구분을 불연재, 준불연재, 난연재로 구분하고 동 난연성 성능을 평가하는 한국산업규격(KS)기준에서는 난연 1급(불연재와 같은 성능), 난연 2급(준불연재와 같은 성능) 및 난연 3급(난연재)과 같은 성능으로 표현하고 있다.

(3) 성능기준을 정하는 방법도 내화구조의 강도보다는 작은 화재발생 초기의 열원을 기준으로(난연 1급의 경우 약 750℃ 정도) 성능을 평가하고 있으며 동 내장재의 시험에는 실내 마감재의 사용등급에 따라 가스유해성 시험을 병행하도록 하여 화재 시 유해한 가스량의 발산을 규제하고 있다.

04 방 염

(1) **정의** : 화재위험이 높은 유기 고분자 물질에 방염을 처리하여 불에 잘 타지 않게 하기 위한 것으로 화재의 위험으로부터 시간상으로 지연해 주는 것을 방염이라고 한다.

(2) 방염에 대한 규정은 소방법에서 규정하고 있다. 방염은 단순히 순간적인 열원(예 담뱃불 또는 순간적 열원의 접촉)이 재료에 접하였을 시 잔염이나 탄화현상의 지속시간에 따라 성능 여부가 판정된다.

(3) 방염성능의 재료의 경우 상기에서 언급한 순간적인 접염인 경우에만 그 성능이 있고 화재발생 시와 같이 지속적인 화염에 노출되었을 때는 일반가연물과 같이 발화되고 화염전파가 될 수 있다.

(4) **적용대상** : 카펫, 커튼, 벽지류, 비닐벽지, 합판, 목재, 합성수지판, 섬유판 등과 같은 장식용 물품 등이 있다.

05 결 론

상기에서 언급된 것과 같이 내화, 난연 및 방염의 성능기준에는 상호간 차이가 있으므로 건물 내 사용목적에 따라 적합한 성능을 구별하여 적용해야 한다.

방화지구와 화재경계지구

01 방화지구

(1) 도시의 화재 및 기타 재해의 위험을 예방하기 위하여 필요한 때 국토교통부 또는 각 지방자치단체에서 지정하는 지역을 말한다.

(2) 따라서 방화지구 내 건축물은 건축법상 화재예방을 위한 특별한 제한이 행하여진다.

02 방화지구 안의 건축법에 의한 제한

(1) 방화지구 안의 건축물(「건축법」 제51조)

구 분	대 상		내 용
건축물	• 주요구조부 • 외벽		내화구조*
공작물	• 간판 • 광고탑 • 그 밖에 대통령령으로 정하는 공작물 – 지붕 위에 설치하는 공작물 – 높이 3m 이상의 공작물	주요 구조부	불연재료
건축물의 지붕	내화구조가 아닌 것		
인접 대지경계선에 접하는 외벽 + 연소할 우려가 있는 부분인 경우에 설치하는 창문			• 갑종방화문 • 소방법령이 정하는 기준에 적합하게 창문 등에 설치하는 드렌처 설비 • 당해 창문 등과 연소할 우려가 있는 다른 건축물의 부분을 차단하는 내화구조나 불연재료로 된 벽·담장 기타 이와 유사한 방화설비 • 환기구멍에 설치하는 불연재료로 된 방화커버 또는 그물눈이 2mm 이하인 금속망

[비고]

* : 내화구조로 하지 않는 대통령령으로 정하는 경우[「건축법 시행령」 제58조(방화지구의 건축물)]

1. 연면적 $30m^2$ 미만 단층 부속건축물로서 외벽 및 처마 면이 내화구조 또는 불연재료로 된 것
2. 도매시장의 용도로 쓰는 건축물로서 그 주요구조부가 불연재료로 된 것

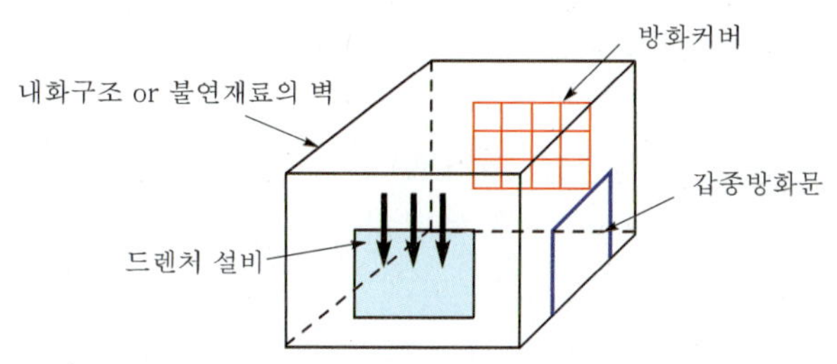

▌ 인접 대지경계선에 접하는 외벽과 개구부 설치기준 ▐

(2) 대규모 목조건축물의 외벽 등 연소할 우려가 있는 부분(「건축물의 피난·방화구조 등의 기준에 관한 규칙」 제22조)

1) 연면적이 $1,000m^2$ 이상인 목조건축물은 외벽 및 처마 밑의 연소할 우려가 있는 부분을 방화구조로 하되, 그 지붕은 불연재료로 하여야 한다.

2) 연소할 우려가 있는 부분이란 인접 대지경계선·도로중심선 또는 동일한 대지 안에 있는 2동 이상의 건축물(연면적의 합계가 $500m^2$ 이하인 건축물은 이를 하나의 건축물로 본다) 상호의 외벽 간의 중심선으로부터 1층에 있어서는 3m 이내, 2층 이상에 있어서는 5m 이내의 거리에 있는 건축물의 각 부분을 말한다.

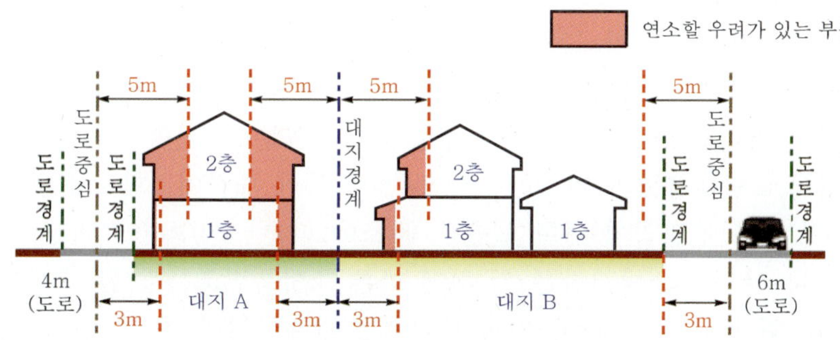

▌ 연소할 우려가 있는 부분 ▐

3) 다만, 공원·광장·하천의 공지나 수면 또는 내화구조의 벽 기타 이와 유사한 것에 접하는 부분을 제외한다.

> **꼼꼼체크** **소방법상의 연소할 우려가 있는 구조**
> - 옥외소화전설비를 설치하여야 하는 특정소방대상물에서 2개 이상의 특정소방대상물이 있는 경우
> - 행정안전부령이 정하는 연소 우려가 있는 구조인 경우에는 이를 하나의 특정소방대상물로 봐서 **옥외소화전 설치대상을 판단할 때 사용**
>   - 전제가 건축법과는 달리 대지경계선 안에 2 이상의 건축물이 있는 경우(옥외소화전 방호대상)
>   - 다른 건축물의 외벽으로부터 수평거리가 1층에 있어서는 6m 이하, 2층 이상의 층에 있어서는 10m 이하이고 개구부가 다른 건축물을 향하여 설치된 구조

03 화재경계지구

(1) 화재경계지구의 지정(소방기본법 제13조)

1) 시·도지사는 다음의 어느 하나에 해당하는 지역 중 화재가 발생할 우려가 높거나 화재가 발생하는 경우 그로 인하여 피해가 클 것으로 예상되는 지역을 화재경계지구(火災警戒地區)로 지정할 수 있다.

① 시장지역

② 공장·창고가 밀집한 지역

③ 목조건물이 밀집한 지역

④ 위험물의 저장 및 처리 시설이 밀집한 지역

⑤ 석유화학제품을 생산하는 공장이 있는 지역

⑥「산업입지 및 개발에 관한 법률」제2조 제8호에 따른 산업단지

⑦ 소방시설·소방용수시설 또는 소방출동로가 없는 지역

⑧ 그 밖에 ①부터 ⑦까지에 준하는 지역으로서 소방청장·소방본부장 또는 소방서장이 화재경계지구로 지정할 필요가 있다고 인정하는 지역

2) 1)에도 불구하고 시·도지사가 화재경계지구로 지정할 필요가 있는 지역을 화재경계지구로 지정하지 아니하는 경우 소방청장은 해당 시·도지사에게 해당 지역의 화재경계지구 지정을 요청할 수 있다.

3) 소방본부장이나 소방서장은 대통령령으로 정하는 바에 따라 1)에 따른 화재경계지구 안의 소방대상물의 위치·구조 및 설비 등에 대하여「화재예방, 소방시설 설치·유지 및 안전관리에 관한 법률」제4조에 따른 소방특별조사를 하여야 한다.

4) 소방본부장이나 소방서장은 위 3)에 따른 소방특별조사를 한 결과 화재의 예방과 경계를 위하여 필요하다고 인정할 때에는 관계인에게 소방용수시설, 소화기구, 그 밖에 소방에 필요한 설비의 설치를 명할 수 있다.

5) 소방본부장이나 소방서장은 화재경계지구 안의 관계인에 대하여 대통령령으로 정하는 바에 따라 소방에 필요한 훈련 및 교육을 실시할 수 있다.

6) 시·도지사는 대통령령으로 정하는 바에 따라 1)에 따른 화재경계지구의 지정 현황, 3)에 따른 소방특별조사의 결과, 4)에 따른 소방설비 설치 명령 현황, 5)에 따른 소방교육의 현황 등이 포함된 화재경계지구에서의 화재 예방 및 경계에 필요한 자료를 매년 작성·관리하여야 한다.

(2) 화재경계지구의 지정 대상지역 등(「소방기본법 시행령」 제4조)

1) 위 (1)의 1)에서 "대통령령으로 정하는 지역"이란 다음의 어느 하나에 해당하는 지역을 말한다.

① 시장지역

② 공장·창고가 밀집한 지역

③ 목조건물이 밀집한 지역

④ 위험물의 저장 및 처리 시설이 밀집한 지역

⑤ 석유화학제품을 생산하는 공장이 있는 지역

⑥ 소방시설·소방용수시설 또는 소방출동로가 없는 지역

⑦ 그 밖에 ① 내지 ⑥에 준하는 지역으로서 소방본부장 또는 소방서장이 화재가 발생할 우려가 높거나 화재가 발생하는 경우 그로 인하여 피해가 클 것으로 인정하는 지역

2) 소방본부장 또는 소방서장은 위 (1)의 2)의 규정에 의하여 화재경계지구 안의 소방대상물의 위치·구조 및 설비 등에 대한 소방특별조사를 연 1회 이상 실시하여야 한다.

3) 소방본부장 또는 소방서장은 위 (1)의 4)의 규정에 의하여 화재경계지구 안의 관계인에 대하여 소방상 필요한 훈련 및 교육을 연 1회 이상 실시할 수 있다.

방화문(fire door)

01 개 요

(1) 건물 내에서 화재가 발생할 경우 화재확산을 방지하고 피난의 안전성을 확보하기 위해 출입구에 설치하는 방화구획의 구성요소이다.

(2) 성능에 따라 갑종 및 을종 방화문으로 구분한다.

02 기 능

(1) 화재 시 화염과 연기의 확산을 방지하는 방화구획의 구성요소로 벽의 개구부 등에 설치한다.

(2) 피난계단의 출입구에 설치하여 연기나 화염을 차단함으로써 건물 내 재실자가 계단을 통하여 안전하게 피난할 수 있는 공간을 형성한다.

(3) 설치 방식

1) 상시 폐쇄식

① 평상시 폐쇄상태를 유지

② 수동으로 열 수 있으며 자동으로 폐쇄

③ 사용 장소에 제한 없이 어느 구획이든 사용이 가능(단, 특별피난계단이 설치된 아파트의 계단실과 부속실 사이의 방화문은 제외)

④ 피난용 승강기 승강장 출입문은 상시 폐쇄식으로 설치

2) 상시 개방식

① 언제나 닫힌 상태를 유지하거나 화재로 인한 연기, 온도, 불꽃 등을 가장 신속하게 감지하여 자동적으로 닫히는 구조로 할 것

② 감지기에 의해 작동 : 계단실 등 수직 관통부 및 복도 등에 적용

③ 화재열에 의해 작동 : 도어클로저에 용융퓨즈가 설치되어 일정 온도에 용융되면서 문이 폐쇄

④ 특별피난계단이 설치된 아파트의 경우 계단실과 부속실 사이의 방화문은 평상시 개방상태를 유지하고 있다가 화재 시에 자동폐쇄장치에 의해 자동으로 닫히는 구조로 설치

⑤ 하지만 정전 시에는 자동으로 닫히지 않는 문제가 있어서 정전 시 자동으로 닫히는 구조로 설치 필요(NFPA 72의 Class D)

03 설치장소

구 분	사용장소(벽개구부)	설치기준	내화성능
갑종 방화문	방화구획에 설치하는 출입구	언제나 닫힌 상태를 유지하거나 화재 시 연기의 발생 또는 온도상승에 의하여 자동적으로 닫히는 구조일 것	비차열 1시간 내화 또는 차열 30분 (대피공간만 해당)
	방화벽에 설치하는 출입구		
	피난계단의 출입구		
	특별피난계단의 전실출입구		
	비상용 승강기 출입구		
	피난용 승강기 출입구		
	피난용 승강기 기계실 출입구		
	연소 우려가 있는 외벽 개구부(방화지구 안의 인접 대지경계선에 접하는 외벽)		
	기존부분과 증축부분을 구분하기 위하여 설치하는 방화구획 출입구		
	아파트에 설치되는 대피공간의 출입구		
	오피스텔 난방구역의 출입구		
	소방관계법령 및 화재안전기준에서 요구하는 방화구획(제어반, 가압수조 및 가압원, 비상전원)		
을종 방화문	특별피난계단의 계단실 출입구		비차열 30분 내화
	연소의 우려 있는 외벽 개구부		
	가스계 소화설비 소화약제실 출입구		

04 기 준

(1) 방화문은 KS F 3109(문 세트)에 따른 성능

1) 비틀림 강도

2) 연직하중강도

3) 개폐력

4) 개폐반복성

5) 내충격성

이 외에 다음의 성능을 추가로 확보하여야 한다. 다만, 미닫이 방화문은 비틀림 강도 · 연직하중강도 성능을 확보하지 않을 수 있다.

(2) 화재성능

1) **차염성능** : 모든 방화문에 해당

2) KS F 3109(문 세트)에서 규정한 차연성능 : 모든 방화문에 해당

3) **차열성능** : 대피공간의 갑종방화문만 해당

4) 방화문의 상부 또는 측면으로부터 50cm 이내에 설치되는 방화문 인접창 : KS F
   2845(유리 구획부분의 내화시험방법)에 따라 시험한 결과 해당 비차열 성능

5) 도어클로저가 부착된 상태에서 방화문을 작동하는 데 필요한 힘은 문을 열 때 133N
   이하, 완전 개방한 때 67N 이하

구 분	대피공간	계단실 등	현 관	기 준
비틀림 강도 외 4가지	○	○	○	KS F 3109(문 세트)
차염성능	○	○	○	갑종 1시간 을종 30분
차연성능	○	○	○	–
차열성능	○	–	–	갑종방화문

(3) 승강기문을 방화문으로 사용하는 경우에는 승강장에 면한 부분에 대하여 KS F 2268-1
    (방화문의 내화시험방법)에 따라 시험한 결과 비차열 1시간 이상의 성능이 확보되어
    야 한다.

(4) 현관 등에 설치하는 디지털 도어록은 KS C 9806(디지털 도어록)에 적합한 것으로서
    화재 시 대비방법 및 내화형 조건에 적합하여야 한다.

(5) **방화문의 내화성능기준(NFPA 5000(2008))**

▌구조체에 따른 방화벽과 방화유리의 내화성능시간[55]▐

구 분	화재저지등급	화재보호등급	
	벽, 파티션	방화문	방화창문
엘리베이터 승강로	2	$1\frac{1}{2}$	NP
	1	1	NP
수직 샤프트 (계단, 출입구 및 쓰레기 슈트 등을 포함)	2	$1\frac{1}{2}$	NP
	1	1	NP
고성능 방화벽과 방화벽	4	See 8.3.2.8 and 8.3.3.10.	NP
	3	3	NP
	2	$1\frac{1}{2}$	NP

---

55) Table 8.7.2 Minimum Fire Protection Ratings for Opening Protectives in Fire Resistance-Rated
    Assemblies. 5000-109 page. NFPA 5000 Building Construction and Safety Code 2009 Edition

구 분	화재저지등급	화재보호등급	
	벽, 파티션	방화문	방화창문
방화장벽	4	3	NP
	3	3	NP
	2	$1\frac{1}{2}$	NP
	1	$\frac{3}{4}$	$\frac{3}{4}$
수평피난로	2	$1\frac{1}{2}$	NP
건물 사이에 연결된 수평피난로	2	$\frac{3}{4}$	$\frac{3}{4}$
모퉁이, 피난로	1	$\frac{1}{3}$	$\frac{3}{4}$
	$1\frac{1}{2}$	$\frac{1}{3}$	$\frac{1}{3}$
방연장벽	1	$\frac{1}{3}$	$\frac{3}{4}$
방연막	$\frac{1}{2}$	$\frac{1}{3}$	$\frac{1}{3}$

[비고] NP : 허용하지 않음

05 시험방법

(1) **차연시험(KS F 2846 방화문 차연성 시험방법)** : 방화문의 기밀성을 측정하기 위한 시험

1) 시험체의 크기 : $2m \times 2.5m$

2) 작동시험 : 물을 10번 개폐하여 정상동작 여부를 확인한다.

3) 시험장치의 공기누설측정 : 압력 100Pa에서 $1m^3/hr$ 이하가 되어야 한다.

4) 방화문의 공기누설량 측정

   ① 시험체 양면에서 5Pa, 10Pa, 25Pa, 50Pa, 70Pa, 100Pa의 차압으로 공기누설량을 측정한다.

   ② 다시 5Pa, 100Pa에서 공기누설량을 재측정한다.

   ③ 위의 방법으로 각각 2회씩 측정하고 그 평균값을 산출하여 기록한다.

5) 측정방법은 있으나 성능기준이 없다. 따라서 문 세트의 시험방법을 준용하여 적용한다[KS F 3109(문 세트)에서 규정한 차연성능].

6) **KS F 3109 문 세트 기준** : 25Pa에서 $0.9m^3/m^2 \cdot min$

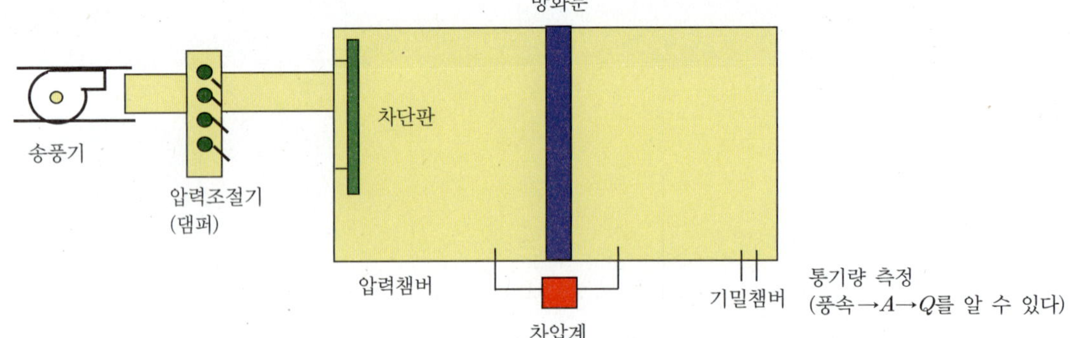

▌ 문 세트에 의한 압력측정방법 ▌

- **차단판** : 기류를 차단하여 정확하게 정압이 걸릴 수 있게 하는 판
- **IBC(International Building Code) 문 세트 기준** : 문의 양면의 차압이 25Pa, 50Pa, 75Pa의 3가지 경우로 차압을 측정하며 성능기준은 25Pa에서 $0.9\text{m}^3/\text{m}^2 \cdot \text{min}$를 초과하지 않아야 한다.

(2) 내화시험[KS F 2268-1(방화문의 내화시험방법)에 따른 내화시험]

1) 방화문이 화재에 노출되었을 때 방화능력을 측정하기 위한 시험이다.

2) 시험체를 가열로에 고정시키고 표준시간-온도곡선에 맞도록 하여 시험체 양면을 1시간 동안 가열한다.

  ① 설치 : 문틀에 평행하게 장착한다. 크기는 2m×2.5m 이상으로 한다.

  ② 가열조건 : 표준시간-온도곡선

$$T = 345\log(8t + 1) + 20$$

   여기서, T : 가열온도, t : 가열시간

  ③ 가열방법 : 위의 가열온도로 시험체의 한쪽 면만 가열한다.

  ④ 압력조정 : 시험체 하단면으로부터 높이 500mm 부분에서 압력이 0Pa, 시험체 상단면에서 압력이 20Pa 이하가 되도록 압력을 조정한다.

3) 성능기준

  ① 차열성 : 5개의 열전대로 측정한다.

   ㉠ 평균 온도상승 140K 이하

   ㉡ 최대 상승온도 180K 이하

방화문의 차열성과 비차열성의 차이점 : 차열성이란 화재 시 열전달을 막을 수 있는 성능을 갖는 것을 의미하며, 비차열성이란 화염만을 막고 열전달은 억제하지 못하는 성능의 방화문을 의미한다. 국내기준에는 피난 및 방화 구획용 방화문의 성능구분은 없으나, NFPA 등에서는 방화구획용은 비차열성 방화문, 피난경로에 설치하는 방화문에는 차열성능을 갖는 방화문을 설치하도록 권장하고 있다.

  ② 차염성

   ㉠ 면패드시험 : 이면에 설치된 면패드가 착화되지 않을 것

   ㉡ 균열게이지 시험

- 6mm의 균열게이지를 통과하여 150mm 이상 화염이 수평이동되지 않을 것
- 25mm의 균열게이지를 관통하지 말 것

ⓒ 화염전파시험 : 이면에 10초 이상의 지속되는 화염의 발생이 없을 것

4) 방화문에 적용기준

① 차열성 방화문 : 차열성 + 차염성 모두 적용한다.

② 비차열성 방화문 : 차염성 중 균열게이지 시험과 화염전파시험만 적용한다.

(3) 충격시험 : 모래주머니(30kg) 낙하 1회의 충격으로 해로운 변형이 없고, 개폐에 지장이 없을 것

(4) 비틀림 강도 : 개폐에 이상이 없고, 사용상 지장이 없을 것

(5) 연직하중강도 : 잔류 변위 3mm 이하에서 개폐 이상이나 사용에 지장이 없을 것

(6) 개폐력 : 힘으로 열었을 때 문이 원활하게 작동할 것

(7) 개폐반복성 : 개폐에 이상이 없고 사용상 지장이 없을 것

┃ 방화문의 성능기준 정리표[56] ┃

성능 시험		등 급	등급과의 대응값	성능기준
비틀림 강도		20	재하하중 200N	개폐에 이상이 없고 사용상 지장이 없을 것
		40	재하하중 400N	
		60	재하하중 600N	
연직하중강도		50	재하하중 500N	잔류 변위 3mm 이하에서 개폐에 이상이 없고 사용상 지장이 없을 것
		75	재하하중 750N	
		100	재하하중 1,000N	
개폐력	여닫이	–	개폐하중 50N	문이 원활하게 작동할 것
	미닫이	–	개폐하중 80N	
개폐 반복성	여닫이	–	개폐횟수 100,000회	개폐에 이상이 없고 사용상 지장이 없을 것
	미닫이	1	개폐횟수 10,000회	
		5	개폐횟수 50,000회	
		10	개폐횟수 100,000회	
내충격성		17	모래주머니 낙하높이(17cm)	1회의 충격으로 해로운 변형이 없고, 개폐에 지장이 없어야 한다. 다만, 유리의 파손은 지장이 없는 것으로 한다.
		50	모래주머니 낙하높이(50cm)	
		100	모래주머니 낙하높이(100cm)	
방화성	비차열	30	30분 내화	해당하는 등급에 대응하는 내화시험 결과 KS F 2268-1의 8의 성능기준을 만족하여야 한다.
		60	60분 내화	
		90	90분 내화	
		120	120분 내화	
	차열	30	30분 내화	
		60	60분 내화	
		90	90분 내화	
		120	120분 내화	
차연성		–	차압 25Pa	공기누설량이 $0.9m^3/min \cdot m^2$를 초과하지 않아야 한다.

---

56) KS F 3109(문 세트) 기준에서 발췌

06 방화문 또는 방화셔터 등 방호구역 구획설비의 제어방식

(1) 지역제어방식
1) 개개의 방화문마다 설치한다.
2) 방재실에서 방화문의 작동상황 확인이나 원격조작을 할 수 없다.
3) 소규모 건축물로서 확인이 용이한 장소에 한해 설치한다.

(2) 집중제어방식
1) 연동제어반을 방재실 등에 설치하여 방화문마다 작동상태를 감시·제어한다.
2) 감시·제어를 한 곳에서 할 수 있기 때문에 가장 많이 사용한다.

(3) 집중제어중계방식
1) 연동제어반 또는 중계기를 방화문마다 설치하고 조작반 등을 방재실에 설치한다.
2) 양쪽에서 제어·감시한다.
3) 대규모 건물에 사용한다.

 **자동폐쇄장치의 포켓현상(pocket effect)** : 방화문 전방에 포켓과 같은 벽이 돌출되어 있는 경우, 방화문이 폐쇄 직전에 닫히는 방화문과 간섭되는 벽 사이에 심한 와류가 발생한다. 이로 인해 자동폐쇄장치가 닫히지 않는 현상이 나타난다.

07 설치 시 검토사항

(1) 유리방화문의 적용
1) 유리방화문의 경우는 투명하기 때문에 미적으로 미려하고 공간이 넓어 보이고 눈으로 인접한 구역의 상황을 파악할 수 있다는 장점이 있다. 하지만 금속이나 목재에 비해 유리는 복사열의 투과로 인하여 반대편에 열전달을 통하여 화재를 더욱 확대시킬 수 있을 뿐만 아니라 피난까지 방해할 수 있다.
2) 따라서 피난계단 또는 특별피난계단에 유리방화문을 설치한다면 복사열로 인하여 계단실에는 사람이 피난에 장애가 발생하는 문제가 발생할 수도 있다.

(2) 목재방화문의 적용 장소
1) 목재방화문은 주로 아파트의 대피공간에 주로 사용되고 있다. 왜냐하면 목재방화문은 일반 금속방화문과는 달리 외관이 미려하여 인테리어 공간 또는 외관을 아름답게 꾸미고자 하는 장소에 적합하기 때문이다.
2) 목재방화문은 목재가 열전도도가 낮기 때문에 차열방화문으로 사용된다. 차열성능을 가지면 화염의 차단뿐 아니라 열까지 차단하므로 화재확대에 보다 더 효과적인 방화문이다.
3) 대피공간에는 차열 30분으로 갑종방화문으로 인정을 받고 있지만 목재는 어디까지나 가연물이므로 이에 대한 주의가 필요하다.

(3) 승강기문을 방화문으로 적용하는 경우

1) 승강기문이 비차열 1시간의 성능은 가능하나 승강기문의 구조상 차연성능을 확보하기가 곤란하다.

2) 이를 해결하기 위한 방안으로 승강장을 방화셔터로 구획하는 것이 있는데, 이는 셔터의 비차열성 때문에 안전확보의 지장이 있다. 따라서 승강기의 층간 방화구획은 승강장을 만들어 내화구조로 구획하고, 거실과 통하는 출입구는 방화문으로 구획하는 것이 가장 적합할 것이다.

(4) 미닫이 방화문의 적용 장소

1) 미닫이 방화문은 문이 열리는 면적을 적게 차지하므로 공간의 연속성이 필요한 공장 등에서 사용된다. 미닫이 방화문의 시험기준은 비틀림 강도, 내충격성 및 연직하중강도를 확보하지 않아도 되도록 규정하고 있다.

2) 하지만 미닫이 방화문은 설치 또는 경년변화에 의해 틈새가 많이 발생하게 되는 문제가 있다. 따라서 미닫이 방화문 설치 시 방화문 사이의 틈새가 성능시험조건에 적합하게 최소화 할 수 있도록 시공 및 유지 관리하여야 한다. 따라서 가능하다면 사용이 극히 제안되는 것이 적합할 것이다.

(5) 방화문의 열리는 방향

1) 방화문은 피난방향으로 열리는 것을 원칙으로 한다. 이는 건축물에 화재가 발생했을 때 피난자들이 피난방향에 따라 이동하면서 진행방향으로 출입문을 개방하도록 하여 보다 직관적이고 쉽게 피난을 하기 위한 방안이다. 즉, Fool proof 개념인 인간의 직관에 의한 출입문 열림방향이다.

2) 하지만 방화문의 열리는 방향을 관계 법령으로 제한하고 있는 것은 일부에 국한한다. 건축법 관련 규정에서 피난계단 및 특별피난계단, 관람석 등으로부터의 출구, 지하층 비상탈출구의 열리는 방향 등이 피난방향으로 열리도록 규정하고 있으며, 소방법 관련 규정에서는 다중이용업소의 안전관리 특별법에 의해 비상구의 열리는 방향을 피난방향으로 규정하고 있다.

3) 이처럼 방화문의 열리는 방향을 명확하게 정할 수 있는 이유는 피난에 지장을 줄 수 도 있기 때문이다. 거실은 대부분 복도와 면하는 경우가 많은데 이때 방화문의 열리는 방향이 과연 복도가 되어야 하는가? 복도로 방화문이 열리는 경우에 만일 다른 실에서 이미 피난하고 있으면 복도방향으로 방화문이 열리는 순간에 피난로의 폭이 감소하고, 피난하는 사람의 통행을 방해하거나 또는 오히려 피난하는 사람을 위협하는 수단이 될 수도 있기 때문이다. 따라서 거실에서 복도방향으로 열리도록 출입문을 설치하되 피난에 장애가 없도록 복도의 폭이 감소되지 않는 구조로 방화문을 설치하여야 한다.

4) 따라서 법적으로 방화문의 열리는 방향을 지정하지 않는 것에 대해서는 설계자의 판단이 대단히 중요하다. 건축물의 구조 및 특성, 피난시뮬레이션 등을 고려하여

방화문의 위치, 열리는 방향을 효율적이고 안전하게 구성할 필요가 있으며, 시공 과정에서는 감리자 및 시공자가 그 적정성을 판단하여 관계자들과 협의를 통하여 필요한 경우 이를 조정할 필요가 있다.

08 결 론

(1) 방화문은 내화시험, 차연시험, 문 세트 시험으로 시험한다.

(2) 규격 2m×2.5m 이하인 경우 샘플시험에 의한 시험성적서로 가능하고 유효기간은 2년이다.

(3) 그러나 규격 2m×2.5m 초과인 경우 별도의 차연시험, 내화시험, 충격시험, 비틀림 강도, 연직하중강도, 개폐력, 개폐반복성의 시험에 합격한 것으로 하여야 한다.

(4) 현행 방화문 시험은 대피공간의 갑종방화문을 제외하고는 비차열시험으로 시행하여 화재가혹도가 큰 화재 시 복사열의 전달로 화재전이의 우려가 크므로 방화구획으로 서 기능을 수행하지 못할 수가 있어 차열시험을 통한 안전성 강화가 필요하다.

꼼꼼체크 방화문 및 방화셔터 성능기준 비교표

구 분	시험규정	성능기준
셔터(일체형 셔터 포함)	KS F 2268-1(방화문의 내화시험 방법)에 따른 내화시험	비차열 1시간 이상
	KS F 2846(방화문의 차연성 시험 방법)에 따른 차연성 시험	• KS F 3109(문 세트)에서 규정한 차연성능 • 차압 25Pa에서 누설량 0.9m³/min · m² 이하
방화문	KS F 3109(문 세트)에 따른 옆의 시험	충격시험, 비틀림 강도, 연직하 중강도, 개폐력, 개폐반복성, 내 충격성
	KS F 2268-1(방화문의 내화시험 방법)에 따른 내화시험	• 갑종 : 비차열 1시간 이상 • 을종 : 비차열 30분 이상
	KS F 2846(방화문의 차연성 시험 방법)에 따른 차연성 시험	• KS F 3109(문 세트)에서 규정한 차연성능 • 차압 25Pa에서 누설량 0.9m³/min · m² 이하
	방화문의 상부 또는 측면으로부터 50cm 이내에 설치되는 방화문 인접창은 KS F 2845(유리 구획부분의 내화시험방법)	비차열 1시간 이상
승강기문을 방화문으로 사용하는 경우	KS F 2268-1(방화문의 내화시험 방법)	비차열 1시간 이상
현관 등에 설치하는 디지털 도어록	KS C 9806(디지털 도어록)	화재 시 대비방법 및 내화형 조건에 적합하여야 한다.

01 개 요

(1) 방화셔터는 방화구획의 용도로 화재 시 연기 및 열을 감지하여 자동폐쇄되는 것으로서, 공항·체육관 등 넓은 공간에 부득이하게 내화구조로 된 벽을 설치하지 못하는 경우에 사용하는 셔터를 말한다.

(2) 평상시에는 개방된 상태를 유지하다가 화재 시 연기나 열에 의하여 자동으로 차단하여 방화구획을 형성하는 설비이다.

(3) **방화셔터의 종류** : 분리형 방화셔터와 일체형 방화셔터로 구분한다.
   1) **일체형 방화셔터** : 방화셔터의 일부에 피난을 위한 출입구가 설치된 셔터를 말한다.
   2) **분리형 방화셔터** : 갑종방화문이 설치된 3m 이내에 설치된 셔터를 말한다.

02 설치기준

(1) 셔터는 화재발생 시 연기감지기에 의한 일부폐쇄와 열감지기에 의한 완전폐쇄가 이루어질 수 있는 구조를 가진 것이어야 한다.

(2) 셔터의 상부는 상층 바닥에 직접 닿도록 하여야 하며, 부득이하게 발생한 바닥과의 틈새는 화재 시 연기와 열의 이동통로가 되지 않도록 방화구획에 준하는 처리를 하여야 한다.

(3) **연동제어장치** : 연기나 열에 의한 기능저하가 없어야 한다.

(4) **예비전원** : 30분간 개폐동작이 가능한 축전지를 설치하여야 한다.

(5) **분리형 방화셔터 설치위치** : 직근 3m 이내 갑종방화문을 설치하여야 한다.

(6) **일체형 방화셔터**
   1) 행정안전부장관이 정하는 기준에 적합한 비상구 유도등 또는 비상구 유도표지를 하여야 한다.
   2) 출입구 부분은 셔터의 다른 부분과 색상을 달리하여 쉽게 구분되도록 하여야 한다.
   3) 출입구의 유효너비는 0.9m 이상, 유효높이는 2m 이상이어야 한다.

(7) **틈새** : 방화셔터의 가이드 레일, 상부 및 하부 마감재에 연기 차단재를 사용하는 경우, 연기 차단재는 셔터를 폐쇄했을 때 연기가 새는 것을 억제하는 구조로 불연재료, 준불연재료 또는 자기소화성을 갖는 난연재료로 한다.

03 셔터의 구성

(1) 셔터 구성(자동방화셔터 및 방화문의 기준 국토교통부고시 제2016-193호)

  1) 개폐장치

    ① 개폐장치는 개폐기, 개폐용 전동기(저압 3상 유도전동기 또는 단상 유도전동기) 및 감아 올리는 샤프트를 연결하는 샤프트 롤러체인으로 구성되어 있다.

    ② 전동 또는 수동으로 작동되어야 하며 임의의 위치에서 정지시킬 수 있고 자중에 의해 개폐가 가능한 구조이어야 한다.

  2) 기동장치

    ① 감지기 : 연기감지기 또는 열감지기(60~70℃) 설치

    ② 온도퓨즈

      ㉠ 50℃에서 5분 이내에 작동하지 아니할 것

      ㉡ 90℃에서 1분 이내에 작동할 것

  3) 화재발생 시 연기 및 열에 의하여 자동폐쇄되는 장치 일체

(2) 주요구성부재[KS F 4510(중량셔터)]

  1) 슬랫(slat)

  2) 하단 마감재(연기 차단재를 포함)

  3) 감기 샤프트

  4) 베어링부

  5) 가이드 레일(연기 차단재를 포함)

  6) 상부 마감재(연기 차단재를 포함)

  7) 케이스

  8) 개폐기

  9) 샤프트 롤러체인, 샤프트 스프로킷

  10) 전장품(제어반, 누름버튼스위치, 리미트스위치)

  11) 수동폐쇄장치

  12) 연동폐쇄기구(열 및 연기 감지기, 연동제어기, 자동폐쇄장치, 예비전원)

  13) 온도퓨즈장치

  14) 장애물 감지장치

(3) 주요구성 부재·장치·규모 등은 KS F 4510(중량셔터)에 적합하여야 한다. 다만, 강재셔터가 아닌 경우에는 KS F 4510(중량셔터)에 준하는 구성조건이어야 한다.

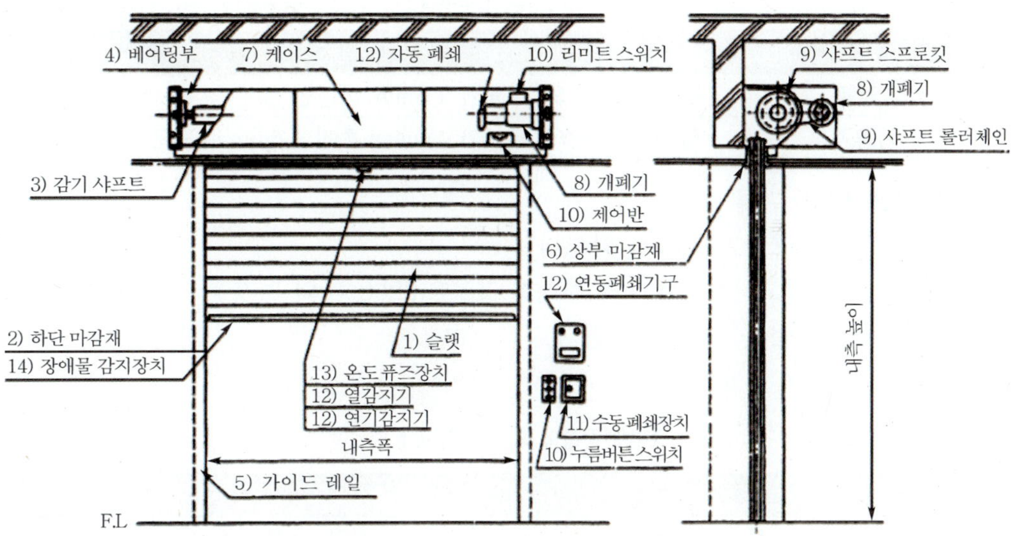

04　셔터의 구분

(1) KS F 4510(중량셔터)의 종류

종　류	구　분	용　도	부대조건
일반중량셔터	강도에 의한 구분	외벽 개구부	－
외벽용 방화셔터	강도에 의한 구분		
	구조에 의한 구분		
	방화등급에 의한 구분		
옥내용 방화셔터	구조에 의한 구분	방화구획	• 수시, 수동으로 폐쇄할 수 있다.
	방화등급에 의한 구분		• 연기 및 열에 의해 자동폐쇄할 수 있다.

(2) 강도에 의한 구분 강도

1) 1,200 : 풍압 1,200Pa에 견디는 것

2) 800 : 풍압 800Pa에 견디는 것

3) 500 : 풍압 500Pa에 견디는 것

(3) 구조에 의한 구분 : 구조에 의한 구분은 아래의 표와 같다. 이를 통해서 소방에서는 두께기준이 사라졌지만 산업안전규격에서의 중량셔터에는 아직까지 존재함을 알 수 있다.

❚ 구조에 의한 구분표 ❚

구 분	구 조
갑종	철제로 철판의 두께가 1.5mm 이상인 것
을종	철제로 철판의 두께가 1.0mm 초과 1.5mm 미만인 것

(4) 방화등급에 의한 구분

1) 가열시험은 KS F 2268 – 1에 따른다.

2) 시험은 2회로 하고, 시험결과의 판정은 KS F 2268 – 1의 8(성능기준)에 따른 비차열성능 이상의 것을 합격으로 한다.

3) 가열등급의 선정은 인수·인도 당사자 사이의 협의에 따른다.

❚ 방화등급에 의한 구분표 ❚

구 분	가열시험의 등급
2H	2시간 가열
1H	1시간 가열
0.5H	30분 가열

05 셔터의 성능기준

(1) 수동폐쇄장치

수동폐쇄장치를 조작함에 의해 셔터를 강하시켜 임의의 위치에서 수동폐쇄장치에 의해 임의의 위치에 정지하는 것을 확인한 후, 수동폐쇄장치에 의해 확실히 완전폐쇄시킨다.

(2) 연동패쇄기구(방화셔터의 요구조건)

1) 감지기 등을 작동시킴으로써 비록 장애물 감지장치가 작동하여도 셔터가 도중에서 정지하지 않고 완전히 닫히는가를 확인한다.

① 열감지기는 보상식 또는 정온식(정온점 또는 특종의 공칭작용온도가 각각 60~70℃)인 것

② 연기감지기는 형식승인에 합격한 것

③ 연동제어기

㉠ 감지기 등으로부터 신호를 받은 경우에 자동폐쇄장치에 기동신호를 부여하는 것으로서, 수시제어하고 있는 것의 감시를 할 수 있는 것이어야 한다.

㉡ 종류 : 마그네트식, 솔레노이드식, 모터식, 유압식(포켓도어 클로저)

④ 자동폐쇄장치 : 연동폐쇄장치로부터 기동신호를 받은 경우에 셔터를 자동으로 폐쇄시키는 것이어야 한다.

2) 또, 그때의 자중강하에서의 평균속도를 측정하여 아래 표의 기준 이상이어야 한다.

개폐기능	내측의 높이	
	2m 미만	2m 이상 4m 이하
전동개폐	2~6m/min(10~30sec/m)	2.5~6.5m/min(9.2~24sec/m)
자중강하	2~6m/min(10~30sec/m)	3~7m/min(8.6~20sec/m)

3) 예비전원 : 충전을 하지 않고 30분간 계속하여 셔터를 개폐시킬 수 있어야 한다.

(3) 온도퓨즈장치

1) 작동시험 : 90℃에서 1분 이내에 작동하여야 한다.

2) 부작동시험 : 온도퓨즈와 연동하여 자동으로 폐쇄하는 구조인 경우의 온도퓨즈 장치는 50℃에서 5분 이내에 작동하지 아니하여야 한다.

(4) 셔터의 성능 : 비차열성능+차연성능+개폐성능+개방력

1) KS F 2268-1(방화문의 내화시험방법)에 따른 내화시험 결과 비차열 1시간 성능

① 차염성 중 균열게이지 시험

② 화염전파시험(이면착화시험)만 적용

2) KS F 2846(방화문의 차연성 시험방법)에 따른 차연성 시험결과 KS F 3109(문 세트)에서 규정한 차연성능

① KS F 2846 방화문 차연성 시험방법으로 시험을 한다.

② 성능은 시험체 양면에서의 차압이 25Pa일 때의 공기누설량이 $0.9\text{m}^3/\text{min} \cdot \text{m}^2$를 초과하지 않아야 한다.

3) 셔터의 화재발생 시 2단 폐쇄(자동방화셔터 및 방화문의 기준 국토교통부고시 제2016-193호)

① 연기감지기에 의한 일부폐쇄

② 열감지기에 의한 완전폐쇄

4) 셔터의 상부는 상층 바닥에 직접 닿도록 하여야 하며, 부득이하게 발생한 바닥과의 틈새는 화재 시 연기와 열의 이동통로가 되지 않도록 방화구획에 준하는 처리를 하여야 한다.

(5) 전동식 셔터의 개폐기능

1) 전동식 셔터의 개폐기능시험

① 셔터의 개폐는 원활하게 작동하여야 한다.

② 셔터개폐 시의 평균속도는 아래의 표에 따른다.

개폐기능	내측의 높이	
	2m 미만	2m 이상 4m 이하
전동개폐	2~6m/min(10~30s/m)	2.5~6.5m/min(9.2~24s/m)
자중강하	2~6m/min(10~30s/m)	3~7m/min(8.6~20s/m)

③ 셔터를 개폐할 때 상부 끝 및 하부 끝에서 자동으로 정지해야 한다.

④ 셔터는 강하 중에 임의의 위치에서 확실하게 정지할 수 있어야 한다.

⑤ 장애물 감지장치 부착셔터는 누름버튼스위치 등의 신호에 의한 강하 중에 장애물 감지장치가 작동할 때 자동으로 정지하든가, 아니면 일단 정지한 후에 반전 상승하여 정지한다.

⑥ 장애물 감지장치가 장애물을 감지하기 위해 필요로 하는 힘은 아래의 시험을 하여 200N 이하로 한다. 장애물 감지장치가 작동한 상태를 유지한 상태는 다음과 같다.

　㉠ 누름버튼스위치 등에 의한 재강하의 신호를 보내 셔터가 닫힘동작이 없어야 한다.

　㉡ 누름버튼스위치 등에 의한 열림조작의 신호를 보내 셔터가 열림동작을 한다.

⑦ 장애물 감지장치 부착셔터는 상기 시험을 하여, 하중계에 전달되는 하중을 1.4kN 이하로 한다. 다만, 충격하중은 제외한다.

⑧ 장애물 감지장치가 작동하고, 셔터가 일단 정지한 후에 반전 상승하여 정지한 경우에는 누름버튼스위치 등에 의한 재강하의 신호를 받아 닫힘동작을 할 때, 장애물 감지장치가 작동하여야 한다.

2) 수동식 셔터의 개폐기능시험

① 수동식 셔터의 개폐기능시험에 대해 개폐기 핸들회전에 필요한 도는 체인 등에 의해 끌어내리는 데 필요한 힘의 측정은 셔터의 바닥면에서 200mm의 위치에 정지시키고 한다.

　㉠ 셔터의 개폐는 원활하여야 한다.

　㉡ 개폐기의 핸들회전에 필요한 힘은 50N 이하, 체인 등에 의해 끌어내리는 데 필요한 힘은 150N 이하이다.

② 개폐기의 브레이크 해방장치를 조작하여 자중강하시켜, 임의의 위치에서 확실하게 정지하는 것을 조사한다.

③ 또, 자중강하에서의 평균속도를 측정한다(상기 전동셔터와 동일).

3) 방화셔터의 수동폐쇄장치 시험

① 수동폐쇄장치를 조작함에 의해 셔터를 강하시켜 임의의 위치에서 수동폐쇄장치에 의해 정지하는 것을 확인한다.

② 그 다음 수동폐쇄장치에 의해 폐쇄시킨다.

4) 일체형 셔터의 문을 여는 데 필요한 개방력

① 문을 개방할 때 : 133N 이하

② 문을 완전개방한 때 : 67N 이하

셔터의 개방력		
측정기준	측정위치	바닥으로부터 86~122cm 사이
	도어 클로저 부착위치	개폐부 끝단에서 10cm 이내
개방력	문을 열 때	130N 이하
	완전개방한 때	67N 이하

(6) 전장품(전동식 셔터)

1) 제어반

① 누름버튼스위치 또는 리미트스위치로부터의 동작신호에 의해 셔터의 열림·닫힘·멈춤의 동작을 제어할 수 있는 것으로 한다.

② 개폐조작 중에 누름버튼스위치를 역방향으로 조작하여도 역방향으로 작동하지 않는 회로로 한다.

2) 누름스위치

① 누름버튼 조작(열림·닫힘·멈춤)에 의해 제어반으로 동작신호를 보낸다.

② 열림·닫힘·멈춤 동작을 조작할 수 있는 것으로 한다.

3) 리미트스위치 : 셔터의 개방 또는 폐쇄동작을 셔터의 상부 끝 또는 하부 끝의 위치에서 자동으로 정지할 수 있는 것으로 한다.

06 문제점

(1) 우리나라의 방화셔터의 시험기준은 비차열로 차열성능을 담보하지 못함으로써 이면으로 복사열을 전달할 위험이 있다.

(2) 개방된 장소를 폐쇄하는 기능을 하기 때문에 피난장애를 발생시킨다. 다수의 피난자가 사용하는 장소는 셔터로 인하여 피난에 장애가 일어날 수 있다.

(3) 오동작 시 인명피해의 우려가 있다.

(4) 고장으로 인한 작동불능의 우려가 있다.

(5) 방화구획을 하기에는 내화성능이 부족하기 때문에 추가적인 보완이 필요하다. 예를 들어 스프링클러 시스템과 같은 능동적 시스템으로의 보완을 검토하여야 한다.

07 안전대책(오동작으로 인한 인명피해 방지)

(1) 주의장치 및 위험표시

1) 음성발성장치

2) 주의등

3) 방화셔터의 위험표시

4) 방화셔터 하강위치의 표시

(2) 위해 방지

1) 장애물 감지장치

2) 2단 하강방화셔터

(3) 차열대책 : 열을 차단하거나 냉각이 가능한 수막설비를 설치한다.

(4) NFPA 5000

1) 하강속도는 0.15m/s 이하로 제한한다.

2) 선단부분에 장애물 감지기능을 갖게 한다.

3) 선단부분이 90N 이상의 힘을 받았을 때 셔터의 작동이 중지된 후 인명안전을 위해 약 15cm 후퇴되어야 한다. 그러한 후에 셔터는 계속 작동되어 닫혀야 한다.

4) 예비전원을 설치한다.

5) 주 1회 이상 기동시험을 실시한다.

6) 셔터는 연기감지기 또는 스프링클러 작동에 의한다.

출구지연장치(delay egress device)

01 개 요

(1) 최근 고층 건물과 인텔리전트 빌딩이 많이 건설되는 추세이고 이러한 빌딩은 정보보
안 문제가 있어서 외부인의 출입을 통제하기 위해 통로에 시건장치를 설치해 놓은
경우가 많다. 이러한 시건장치는 피난을 하기에 중대한 장애를 발생시키는 요인으로
이에 대한 대책과 제한이 필요하다.

(2) 하지만 국내에는 어떠한 제한이나 규정이 없어 NFPA의 규정을 통해 그 대책을 살펴
봄으로써 우리의 문제점을 해결할 수 있을 것이다. NFPA에서는 이와 같이 피난시간
을 지연시키는 시건장치를 출구지연장치(delay egress device)라고 한다.

(3) **주요 내용**

1) 5개 층 이상이 사용하는 피난계단실의 모든 문은 피난계단에서 건물 내부로 다시
진입할 수 있는 문을 사용하거나 또는 재진입이 가능하도록 피난계단실의 모든 문
에 자동식 해제장치를 설치하여야 한다.

2) 이러한 자동식 해제장치는 건물의 화재경보설비의 작동과 연계되어 동시에 작동되
어야 한다.

02 자동식 해제장치 설치의 예외

다음 기준들을 만족시키는 경우에는 피난계단실의 문에 건물 내부로의 재진입을 막을
수 있는 철물의 설치를 허용해야 한다. 이는 용도에 관계없이 선택된 층에 대하여 재진
입을 차단하는 피난계단실을 허용하고 있다는 것이다.

(1) 피난계단실을 떠날 수 있는 층이 2개 미만이어서는 안 된다. 이는 계단실 밖으로 나
갈 수 있도록 2개 이상의 층에서 문을 잠그지 않아야 하며, 그 중 한 개는 최상층 문
이거나 바로 그 아래층 문이어야 하고 나머지 한 개는 보통 피난층에 있는 문이어야
한다.

(2) 피난계단실을 떠날 수 있는 층의 간격이 4개 층을 초과해서는 안 된다. 계단실 밖으
로 나갈 수 있는 출입구는 4개 층마다 1개 이상을 설치하여야 한다는 뜻이다.

(3) 다른 피난통로로의 접근이 가능한 최상층 또는 그 바로 아래층에서는 재진입이 가능
해야 한다.

(4) 재진입이 가능한 문의 계단측에 재진입 가능 사실을 표시해야 한다.

(5) 재진입이 불가능한 문의 계단측에는 각 보행방향으로 가장 가까운 거리에 위치한 재진입 가능 문 또는 출구문을 나타내는 표지를 부착해야 한다.

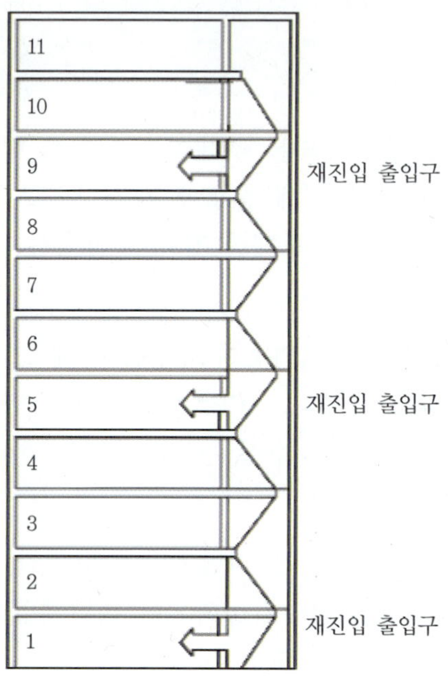

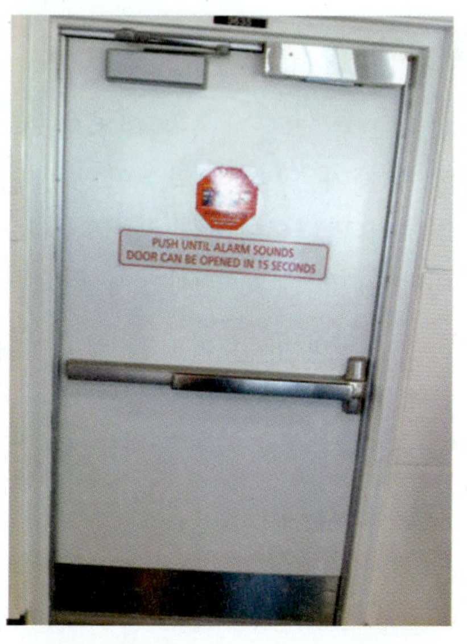

▌ Delayed-egress locking systems ▌

03 특수잠금장치

(1) 지효성 출구자물쇠

> **꼼꼼체크** **지효성** : 개방효과를 지연한다고 해서 지효성이라 한다.

1) 설치대상
   ① 교정시설 : 유치장, 교도소 등
   ② 의료시설 중 정신병동 등

2) 설치할 수 있는 대상
   ① 자동화재탐지설비에 의해서 또는 스프링클러설비에 의해서 건물 전체가 방호되는 경우 + 경급 위험 및 중급 위험 수용품을 수용하는 건물
   ② 해당 용도 설치기준에서 허용하는 경우 + 경급 위험 및 중급 위험 수용품을 수용하는 건물
   ③ 승인되고 등록된 지효성 출구 자물쇠의 설치가 허용된다.

3) 설치기준
   ① 아래의 경우 문의 잠금 상태가 해제되어야 한다.
      ㉠ 스프링클러설비의 동작

      ⓛ 1개 열감지기 동작

      ⓒ 2개 연기감지기 동작

② 자물쇠나 잠금장치를 제어하는 전원이 차단되었을 때, 문의 잠금 상태가 해제되어야 한다.

③ 15lbf(67N) 이하의 힘을 3초 이하 동안 계속 작용시켜 해제하게 되어 있는 "자물쇠, 걸쇠 및 경보장치"에 요구하는 해제장치에 힘을 작용시켰을 때, 15초 이내에 잠금상태가 해제되어야 한다(단, 소방서장 또는 본부장이 승인하는 경우에는 30초 이하의 지연시간이 허용된다).

④ 해제작동을 위한 조작이 시작되면 문 부근의 음향신호장치가 작동되어야 한다.

⑤ 해제장치에 힘을 가하여 해제된 문 잠금장치는 수동식 방법만으로 다시 잠글 수 있어야 한다.

⑥ 문의 해제장치 인접부분에는 눈에 잘 보이게 "경보가 울릴 때까지 미십시오. 15초 이내에 문이 열립니다." 라는 문구의 표지판을 부착해야 한다. 표지판 글자는 바탕색과 잘 대조되는 글자로서 높이 1in(2.5cm) 이상, 폭 1/8in(0.3cm) 이상이어야 한다.

(2) 접근 통제 출입문

1) 건물 외부에 대하여 잠기는 문으로서 출입을 허락받기 위해서는 마그네틱 카드 또는 그와 유사한 도구가 필요한 문

2) 설치기준

① 문에 접근하는 점유자를 감지하는 센서를 피난하는 쪽에 설치하고, 점유자의 접근을 감지하거나 또는 센서의 전원이 차단되었을 때 피난방향으로 문의 잠금장치가 해제되도록 배열한다.

② 접근통제장치의 문을 잠그는 부분에 전원이 차단되면 문이 피난방향으로 자동 잠금해제되어야 한다.

③ 잠긴 문은 바닥 위 수직으로 40in(102cm) 이상 48in(122cm) 이하의 높이와 문에서 5ft(1.5m) 이내의 거리에 위치한 수동해제장치로 열 수 있어야 한다. 수동해제장치는 쉽게 접근할 수 있어야 하며, "밀고 나가십시오."의 문구를 표시한 표지판을 잘 보이게 부착해야 한다.

④ 수동제장치를 작동시키면, 접근통제장치의 전자장치와는 독립적으로 자물쇠의 전원이 직접 차단되어야 하며, 이때 문은 30초 이상 잠금해제 상태가 유지되어야 한다.

⑤ 건물에 소방신호설비가 설치되어 있는 경우, 그 설비가 작동되면 자동적으로 문을 피난방향으로 잠금해제시켜야 하며, 소방신호설비를 수동으로 재설정할 때까지 문은 잠금해제된 상태로 유지되어야 한다.

대피공간과 하향식 피난구

01 대피공간[방화구획의 설치(「건축법 시행령」 제46조)]

(1) 정의 : 계단을 통해 피난이 곤란한 아파트 등의 경우 화재로부터 대피할 수 있는 피난공간

(2) 설치대상 : 공동주택 중 아파트로서 4층 이상인 층의 각 세대가 2개 이상의 직통계단을 사용할 수 없는 경우

(3) 설치기준

1) 대피공간은 바깥의 공기와 접할 것

2) 대피공간은 실내의 다른 부분과 방화구획으로 구획될 것

3) 대피공간의 바닥면적은 인접 세대와 공동으로 설치하는 경우에는 $3m^2$ 이상, 각 세대별로 설치하는 경우에는 $2m^2$ 이상일 것

4) 국토교통부장관이 정하는 기준에 적합할 것

(4) 대피공간 설치 예외규정

1) 인접 세대와의 경계벽이 파괴하기 쉬운 경량구조 등인 경우

 공동주택의 3층 이상인 층의 발코니에 세대 간 경계벽을 설치하는 경우에는 「주택건설기준 등에 관한 규정」 제14조 제1항 및 제2항에도 불구하고 화재 등의 경우에 피난용도로 사용할 수 있는 피난구를 경계벽에 설치하거나 경계벽의 구조를 파괴하기 쉬운 경량구조 등으로 할 수 있다. 다만, 경계벽에 창고, 그 밖에 이와 유사한 시설을 설치하는 경우에는 그렇지 않다(「주택건설기준 등에 관한 규정」 제14조 제5항).

2) 경계벽에 피난구를 설치한 경우

3) 발코니의 바닥에 국토교통부령으로 정하는 하향식 피난구를 설치한 경우

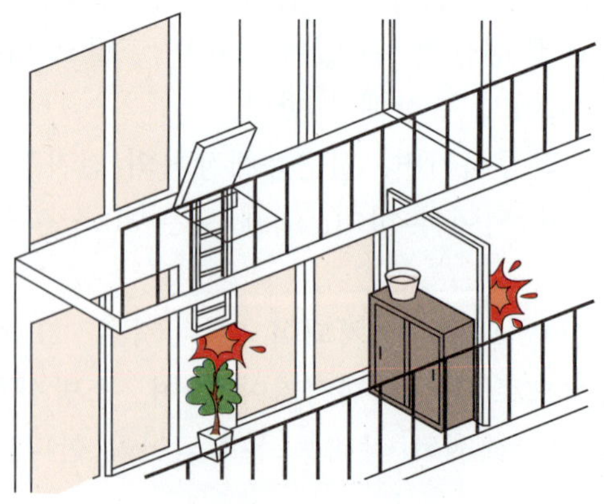

▌대피공간 설치 예외규정▐

(5) 대피공간의 구조(발코니 등의 구조변경절차 및 설치기준)

1) **구획** : 1시간 이상의 내화구조의 벽

2) **내부 마감재** : 불연재료, 준불연재료

3) **대피공간** : 외기에 개방되어야 한다. 다만, 창호를 설치하는 경우에는 폭 0.7m 이상, 높이 1.0m 이상은 반드시 외기에 개방될 수 있어야 하며, 비상 시 외부의 도움을 받는 경우 피난에 장애가 없는 구조로 설치

4) **출입구**
   ① 갑종방화문(차열 30분)
   ② 거실쪽에서만 열 수 있는 구조

5) **면적**
   ① 세대별 설치 : 2m^2 이상
   ② 공용 사용인 경우 : 3m^2 이상

❙ 대피공간 면적 ❙

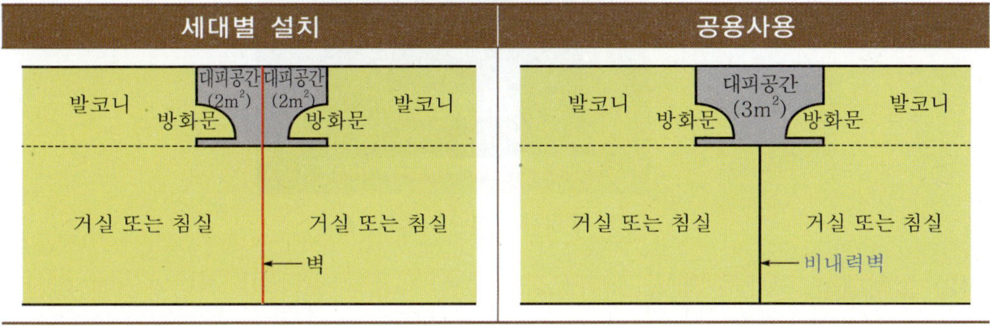

6) **조명설비** : 휴대용 손전등 또는 비상전원이 연결된 조명설비

7) **위치**
   ① 채광방향과 관계없이 거실 각 부분에서 접근이 용이한 장소에 설치
   ② 대피에 지장이 없도록 시공, 유지 관리되어야 하며 보일러실 또는 창고 등 대피에 지장이 되는 공간이 없도록 할 것

8) **표지** : 대피공간임을 나타내는 표지 설치

9) 대피공간은 대피에 지장이 없도록 시공·유지 관리되어야 하며, 대피공간을 보일러실 또는 창고 등 대피에 장애가 되는 공간으로 사용해서는 안 된다. 다만, 에어컨 실외기 등 냉방설비의 배기장치를 대피공간에 설치하는 경우에는 다음의 기준에 적합해야 한다(「발코니 등의 구조변경절차 및 설치기준」 제3조 제5항).
   ① 냉방설비의 배기장치를 불연재료로 구획할 것
   ② 위에 따라 구획된 면적은 「건축법 시행령」 제46조 제4항 제3호에 따른 대피공간 바닥면적 산정 시 제외할 것

(6) 설치제외

  1) 발코니의 바닥부분에 하향식 피난구를 설치한 경우

  2) 인접 세대와의 경계벽이 파괴하기 쉬운 경량구조 등인 경우

  3) 경계벽에 피난구를 설치한 경우

02 하향식 피난구[방화구획의 설치기준(「건축물의 피난·방화구조 등의 기준에 관한 규칙」 제14조)]

(1) 정의 : 「건축물의 피난·방화구조 등의 기준에 관한 규칙」 제14조 제3항의 구조로서 발코니 바닥에 설치하는 수평피난설비를 말한다.

┃ 하향식 피난구 설치모습 ┃

(2) 설치대상 : 공동주택 중 아파트로서 4층 이상인 층의 각 세대가 2개 이상의 직통계단을 사용할 수 없는 경우에 대피하기 위해서 설치한다.

(3) 설치기준

  1) 피난구의 덮개는 제26조에 따른 비차열 1시간 이상의 내화성능을 가질 것

  2) 피난구의 유효 개구부 규격은 직경 60cm 이상일 것

  3) 상층·하층 간 피난구의 설치위치는 수직방향 간격을 15cm 이상 띄어서 설치할 것

  4) 아래층에서는 바로 위층의 피난구를 열 수 없는 구조일 것

  5) 사다리는 바로 아래층의 바닥면으로부터 50cm 이하까지 내려오는 길이로 할 것

  6) 덮개가 개방될 경우에는 건축물관리시스템 등을 통하여 경보음이 울리는 구조일 것

  7) 피난구가 있는 곳에는 예비전원에 의한 조명설비를 설치할 것

  8) 건축물의 외벽과 바닥 사이의 내화충전방법에 필요한 사항은 국토교통부장관이 정하여 고시할 것

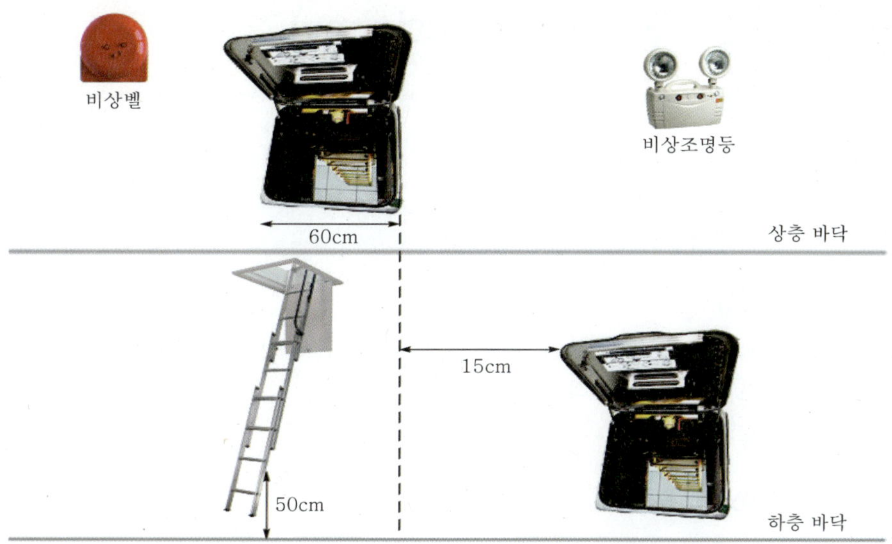

▌하향식 피난구 설치기준 ▌

(4) 설치 유효성

1) 하향식 피난구를 통해 대피공간을 대체하는 효과와 함께 실질적인 대피가 가능하게 되었다.

2) 화재 시 연기 및 화염은 상층부로 확산되므로 직하층으로 피난은 피난안전상의 유효성을 확보할 수 있다.

3) 아래층에서 위층의 피난구를 개방하지 못하도록 한 것은 상층으로 피난을 할 경우 안전상 인명피해가 우려되므로 이를 제한하기 위함이다.

(5) 요구 성능

1) KS F 2257-1(건축부재의 내화시험방법-일반요구사항)에 적합한 수평가열로에서 시험한 결과 KS F 2268-1(방화문의 내화시험방법)에서 정한 비차열 1시간 이상의 내화성능이 있을 것

2) 사다리는 「화재예방, 소방시설 설치·유지 및 안전관리에 관한 법률 시행령」 제37조에 따른 "피난사다리의 형식승인 및 검정기술기준"의 재료기준 및 작동시험기준에 적합할 것

3) 덮개는 장변 중앙부에 $637N(65×9.8)/0.2m^2$의 등분포하중을 가했을 때 중앙부 처짐량이 15mm 이하일 것

발코니(balcony)

01 개 요

(1) 베란다(veranda)

1) 정의 : 건축물에서 툇마루처럼 튀어나오게 하여 벽이 없이 지붕을 씌운 부분이다.

2) 종류 : 테라스 형식, 발코니 형식

3) 사용목적 : 휴식, 일광욕

(2) 발코니(balcony)

1) 개요

① 정의 : 건축물의 내부와 외부를 연결하는 완충공간으로서 전망이나 휴식 등의 목적으로 건축물 외벽에 접하여 부가적으로 설치되는 공간을 말한다.

② 지붕 없이 난간을 둘러친 것으로 보통 2층 이상에 설치한다. 건물의 외관상으로 볼 때는 장식적 요소가 되며, 전용의 정원이 없는 아파트 건축에서는 외부와 면하는 유일한 장소가 되고 있다.

▌ 발코니의 사진 ▌

2) 용도

① 거실의 연장으로서 리빙(living) 발코니 : 유아의 놀이터, 일광용, 휴식과 전망을 위한 공간

② 부엌에 연결되는 서비스(service) 발코니 : 주방의 보조공간으로 사용되고 있다.

③ 조경 발코니 : 식물의 재배 등의 공간으로 활용되고 있다.

  ④ 소방목적의 발코니
   ㉠ 상층으로 연소확대 방지
   ㉡ 대피공간
   ㉢ 구조의 공간
  ⑤ 발코니의 용도(「건축법 시행령」 제2조 제14호) : 국토교통부장관이 정하는 기준에 적합한 경우에는 필요에 따라 거실·침실·창고 등의 용도로 사용할 수 있다.

(3) 외국의 경우는 발코니는 피난과 연소확대 방지의 공간으로 가연물의 설치나 피난의 장애가 되지 않도록 하고 있다.

(4) 국내의 경우 : 2005년 12월 2일 「건축법 시행령」의 개정으로 발코니는 필요에 따라 거실·침실·창고 등의 용도로 사용할 수 있게 되어, 발코니 확장공사가 합법화되었다.

02 발코니 용도변경 절차(발코니 등의 구조변경절차 및 설치기준)

(1) 준공 전 변경
 1) 건축주는 발코니를 거실 등으로 변경하려는 경우 사용승인 신청을 하기 전에 주택의 소유자(「주택법」 제38조에 따른 세대별 입주예정자를 포함)로부터 동의를 받아야 한다(제10조).
 2) 이 경우 발생하는 일체의 비용을 「주택법」 제38조에 따른 주택공급 승인을 신청할 때 분양가와 별도로 제출해야 한다(제7조 제1항).
  ① 단열창 설치 및 발코니 구조변경에 소요되는 부위별 개조비용
  ② 구조변경을 하지 않는 경우 발코니 창호공사 및 마감공사 비용으로서 분양가에 이미 포함된 비용
 3) 사업주체는 주택의 공급을 위한 모집공고를 하는 때에 위에 따라 신청 및 승인된 비용 일체를 공개해야 한다(제7조 제2항).

(2) 기존 건축물의 발코니 구조변경 : 거실·침실·창고 등으로 사용할 수 있다.
 1) 1992년 6월 1일 이전에 건축신고를 하거나 건축허가를 받은 주택 : 구조안전점검을 받은 후 구조안전확인서를 해당 허가권자에게 제출하고 발코니 확장공사를 할 수 있다.
 2) 2005년 12월 2일 전에 건축허가를 신청한 경우와 건축신고를 하거나 건축허가를 받은 아파트에 설치된 발코니의 경우
  ① 대피공간 또는 경계벽을 설치해야 한다. 발코니 확장공사는 비내력벽의 파손·철거가 수반되는 경우에는 해당 동에 거주하는 입주자 또는 사용자 2분의 1 이상의 동의를 얻어 시장·군수·구청장의 허가를 받아야 한다.

② 예외규정으로 아래와 같이 설치한 경우에는 대피공간을 설치한 것으로 본다(「건축법 시행령」 부칙 제2조 제2항 단서).

⊙ 실내의 다른 부분과 구획된 바닥면적 $2m^2$ 이상의 실의 출입문을 갑종방화문으로 설치한 경우

⊙ 실내와 접한 부분에 전면 유리창이 설치되지 않은 발코니의 출입문에 갑종방화문으로 설치한 경우

(3) 건축주가 발코니 구조를 변경하려는 경우

1) 「발코니 등의 구조변경절차 및 설치기준」 제3조부터 제6조까지(대피공간의 구조, 방화판 또는 방화유리창의 구조, 창호 및 난간 등의 구조, 내부 마감재료 등) 및 제8조(건축허가 시 도면)에 대하여 건축사의 확인을 받아 허가권자에게 신고해야 한다(「발코니 등의 구조변경절차 및 설치기준」 제12조 제1항).

2) 위 1)의 규정에도 불구하고 「주택법」 적용 대상인 주택의 발코니를 구조변경하려는 경우에는 「주택법」 제42조에 따라야 한다(「발코니 등의 구조변경절차 및 설치기준」 제12조 제3항).

(4) 발코니 확장공사에 비내력벽의 파손·철거가 수반되는 경우 : 해당 동에 거주하는 입주자 또는 사용자 2분의 1 이상의 동의를 얻어 시장·군수·구청장의 허가를 받아야 하는 사항이다(「주택법」 제42조 제2항, 「주택법 시행령」 제47조 제1항 및 [별표 3]).

03 발코니 창호공사

(1) 「발코니 창호공사 표준계약서」(공정거래위원회 제정)의 사용을 권장하고 있다(「약관의 규제에 관한 법률」 제19조의2 제5항).

(2) 하자담보책임기간을 2년(유리는 1년)으로 명시하고 있다(「발코니 창호공사 표준계약서」 제10조 제1항).

04 발코니의 대피공간

(1) 설치대상 : 공동주택(아파트)으로서 4층 이상인 층의 각 세대가 2개 이상의 직통계단을 사용 할 수 없는 경우

(2) 설치기준(301page 내용 참조)

05 방화판, 방화유리창

(1) 설치대상 : 아파트 2층 이상의 층에서 스프링클러의 살수범위에 포함되지 않는 발코니를 구조변경하는 경우에는 스프링클러를 설치하면 방화판이나 방화유리창을 설치할 필요가 없다.

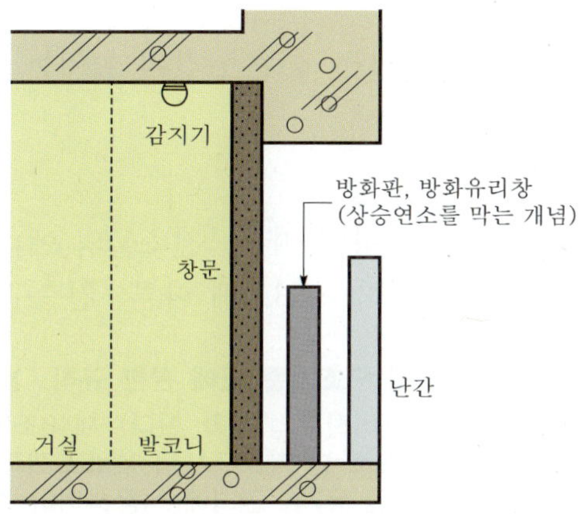

(2) 설치구조

1) 발코니 끝부분에 바닥판 두께를 포함하여 높이가 90cm 이상의 방화판 또는 방화유리창을 설치하여야 한다.

2) 창호와 일체 또는 분리하여 설치가 가능하다. 다만, 난간은 별도로 설치하여야 한다.

3) **방화판**

① 불연재료(유리는 이미 불연재료)로 한다.

② 유리를 사용 시에는 방화유리를 사용한다.

③ 아래층에서 발생한 화염을 차단할 수 있도록 발코니 바닥과의 사이에 틈새가 없이 고정되어야 한다.

④ 틈새가 있는 경우에는 「건축물의 피난·방화구조 등의 기준에 관한 규칙」 제14조 제2항 제2호에서 정한 재료로 틈새를 메워야 한다.

> **꼼꼼체크** **방화구획의 설치기준(「건축물의 피난·방화구조 등의 기준에 관한 규칙」 제14조 제2항 제2호)** : 외벽과 바닥 사이에 틈이 생긴 때나 급수관·배전관 그 밖의 관이 방화구획으로 되어 있는 부분을 관통하는 경우 그로 인하여 방화구획에 틈이 생긴 때에는 그 틈을 다음의 어느 하나에 해당하는 것으로 메울 것
> • 산업표준화법에 따른 한국산업규격에서 내화충전성능을 인정한 구조로 된 것
> • 한국건설기술연구원장이 국토교통부장관이 정하여 고시하는 기준에 따라 내화충전성능을 인정한 구조로 된 것

4) **방화유리창** : 방화유리창에서 방화유리(창호 등을 포함)는 한국산업표준 KS F 2845(유리구획부분의 내화시험방법)에서 규정하고 있는 시험방법에 따라 시험한 결과 비차열 30분 이상의 성능을 가져야 한다.

5) 입주자 및 사용자는 관리규약을 통해 방화판 또는 방화유리창 중 하나를 선택할 수 있다.

06 발코니 창호 및 난간 등의 구조

(1) 난간의 구조

1) 발코니를 거실 등으로 사용하는 경우 난간의 높이는 1.2m 이상

2) 난간살의 간격은 10cm 이하

(2) 창호의 구조

1) 「건축법 시행령」 제91조 제3항에 따른 「건축물의 에너지절약 설계기준」 및 「건축물의 구조기준 등에 관한 규칙」 제3조에 따른 「건축구조기준」에 적합하여야 한다.

> **꼼꼼체크 적용범위 등(「건축물의 구조기준 등에 관한 규칙」 제3조)**
> - 이 규칙은 「건축법」(이하 "법"이라 한다) 제48조에 따라 건축물이 안전한 구조를 갖기 위한 최소기준으로 법 제23조부터 제25조까지 및 제35조에 따른 건축물의 설계, 시공, 공사감리 및 유지ㆍ관리에 적용하여야 한다.
> - 이 규칙에 규정된 사항 외의 세부적인 기준은 법 제68조 및 이 규칙의 위임에 의하여 국토교통부장관이 고시하는 기준(이하 "건축구조기준"이라 한다)에 따른다.
> - 제21조부터 제55조까지의 규정에 따른 구조안전에 관한 기준은 「건축법 시행령」(이하 "영"이라 한다) 제32조 제1항에 해당하지 아니하는 소규모 건축물(이하 "소규모 건축물"이라 한다)에 대하여만 적용된다.
> - 연구기관ㆍ학술단체 또는 전문용역기관의 구조계산 또는 시험에 의하여 설계되고 「건축법」 제4조의 규정에 의한 건축위원회 또는 「건설기술관리법」 제5조의 규정에 의한 건설기술심의위원회의 심의를 거쳐 이 규칙에 의한 기술적 기준과 동등 이상의 안전성이 있다고 확인된 것으로서 특별시장ㆍ광역시장 또는 시장ㆍ군수ㆍ구청장(자치구의 구청장을 말한다. 이하 같다)이 인정하는 경우에는 그에 의할 수 있다.

2) 방화유리창을 설치하는 경우에는 추락 등의 방지를 위하여 필요한 조치를 하여야 한다. 다만, 방화유리창의 방화유리가 난간높이 이상으로 설치되는 경우는 그러하지 아니하다.

(3) 발코니 내부 마감재료 등

1) 스프링클러의 살수범위에 포함되지 않는 발코니를 구조변경하여 거실 등으로 사용하는 경우 발코니에 자동화재탐지기를 설치(단독주택은 제외)한다.

2) 건축물의 마감재료(「건축물의 피난ㆍ방화구조 등의 기준에 관한 규칙」 제24조) : 법 제52조 제1항에 따라 영 제61조 제1항의 건축물에 대하여는 그 거실의 벽 및 반자의 실내에 접하는 부분(반자돌림대ㆍ창대 기타 이와 유사한 것을 제외)의 마감은 불연재료ㆍ준불연재료 또는 난연재료로 하여야 하며, 그 거실에서 지상으로 통하는 주된 복도ㆍ계단ㆍ기타 통로의 벽 및 반자의 실내에 접하는 부분의 마감은 불연재료 또는 준불연재료로 하여야 한다.

52 디지털 도어록(KS C 9806)

01 디지털 도어록(digital door lock)과 화재

(1) 정의 : 건축물 입구 출입문 등에 사용되며 모터나 솔레노이드 등의 전기적 작동에 의해 직접 또는 간접적으로 데드볼트를 동작시키는 도어록이다.

▌ 디지털 도어록 ▌

(2) 화재가 발생해 디지털 도어록에 고온의 열이 가해지면 자동해제장치가 작동을 하지 않을 수 있다. 원인은 도어록 내부의 회로와 전원장치 등이 녹거나 파손되기 때문이다. 이 경우 자동잠금장치 대신 수동 개폐장치를 돌린 후 문을 열고 탈출해야 한다. 따라서 피난에 중요한 위험요인이 되기 때문에 소방에서 디지털 도어록을 다루고 있다.

02 용어의 정의

(1) 도어록(door lock) : 데드볼트(키를 꼽아 돌리면 동작하는 장치), 래치볼트(손잡이를 잡아 돌리면 동작하는 장치, 보조키에서는 제외된다) 등으로 구성된 도어를 열고 잠그는 기계적 장치

(2) 비상키 : 전기회로계의 고장 등으로 입력부와 비상전원단자의 기능이 불가한 비상 시 사용하는 기계적 키

(3) 수동개폐장치 : 문 내부에서 도어록을 수동조작으로 개폐 시 모터나 솔레노이드와 무관하게 데드볼트를 동작시키는 장치

(4) 패닉열림장치 : 문 내부에서 한 번의 도어록 손잡이 조작으로 도어록을 열 수 있는 장치

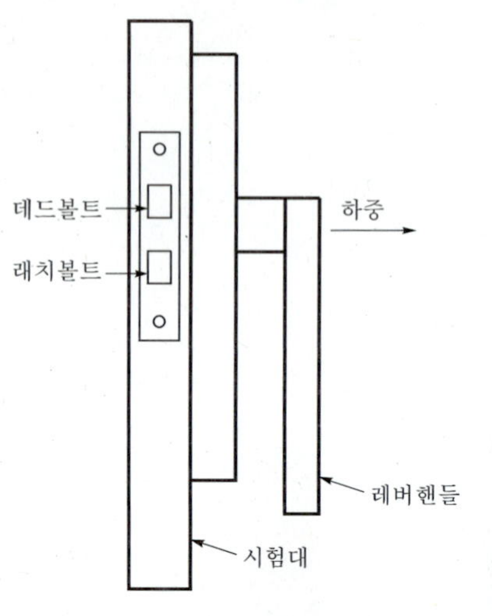

▌도어록▌

▌패닉바▌

03 종 류

내화 여부	화재 시 대비방법	금속 비상키 사용 유무	손잡이 유무
내화형(F)	내열식(H)	열쇠식(K)	주키 도어록(M)
비내화형(NF)	온도센서식(T)	비열쇠식(NK)	보조키 도어록(S)

04 요구성능

(1) 화재 시 대비시험

1) 목적 : 화재 시 도어록이 높은 온도의 최악의 상태에서도 개폐되고 탈출할 수 있는 가능성에 대한 안전시험이다.

2) 시험대상

① 내열식 : 화재 시 대비시험

② 온도센서식 : 화재 시 대비시험 + 외기에서의 열판시험(도난에 악용될 소지를 방지하기 위함)

3) 시험방법(화재 시 대비시험)

① 도어록의 데드볼트(dead bolt)를 잠근 상태에서 270℃ 항온기 내에 10분간 보관한다.

② 이때 이중잠금장치가 있으면 이중잠금장치도 잠근 상태에서 시험하고 온도는 열충격을 받지 않을 정도로 서서히 상승시킨다.

4) 시험방법(열판시험)

① 가로, 세로 10cm 정사각형의 열판을 온도센서와 가장 가까운 거리의 외기표면에서 10분 동안 접촉시켰을 때 데드볼트가 동작하지 않아야 한다.

② 열판 중심부의 온도는 (100±10)℃이어야 한다.

5) 성능기준 : 시험 후 내기에서 조작으로 도어록을 열고 나갈 수 있어야 한다.

(2) 내화시험

1) 대상 : 내화형만 해당된다.

2) 시험방법 : 방화문 내화시험(KS F 2268-1)에 따라 1시간 동안 시험한다.

3) 성능기준 : 도어록이 포함된 문짝이 고정문에 래치볼트로 닫힌 상태에서 내화시험에 따라 시험하여 래치볼트(latch bolt)가 파손되어 열리면 안 된다.

01 개 요

전동문의 경우 화재 시 파손으로 수동개폐가 곤란한 경우 피난에 장애가 되기 때문에 선진국에서는 이에 대한 제한과 규정을 두어서 피난 시 유효하게 동작하게 관리를 하고 있다. 그러나 국내에서는 아직 이에 대한 규정이 미흡한 실정이므로 선진국의 안전규정을 살펴보고 우리에게 어떻게 적용 가능한지 살펴볼 필요가 있다.

02 종 류

(1) 보조전동식(power assisted)

1) 기준 : ANSI/BHMA A 156.19, American National Standard for Power Assist and Low Energy Power Operated Doors

2) 특징 : 상기 기준에 적합한 문으로서 문을 작동시키는 동력이 제한되어 있다. 이 방식의 문은 완전전동식 문에 비하여 요구되는 안전장치가 적다. 이 문의 작동장치는 여닫이문에만 사용되도록 제한된다.

(2) 전동식(power operated)

1) 기준 : ANSI/BHMA A 156.10, American National Standard for Power Operated Pedestrian Doors

2) 특징 : 상기 기준에 적합한 문으로서 문을 작동시키기 위하여 더 큰 동력을 필요로 하고 사용자의 부상을 방지하기 위한 추가 안전장치가 요구된다. 전동식 문은 여닫이, 미닫이 또는 접는 문에 사용될 수 있다.

03 일반적인 기준

(1) 사람의 접근을 감지하는 장치에 의해 작동되는 문이나 동력보조식 수동조작 자동문과 같이 문이 동력에 의해 작동되는 경우, 그 설계는 전력공급이 중단되는 경우 피난을 가능하게 할 수 있도록 수동으로 열려야 한다.

(2) 상기의 경우에도 피난로를 방호하기 위해 필요한 경우 닫힐 수 있어야 한다.

(3) 사람의 접근에 의해서 전동식으로 작동되거나 또는 수동보조전동식으로 작동되는 피난로의 문은 정전 시 수동으로 문을 열어 피난을 가능케 하거나 또는 피난로의 방호를 위해 닫을 수 있도록 설계되어야 한다.

(4) 이러한 문을 수동으로 여는 데 필요한 힘은 피난로에서 요구하는 힘을 초과해서는 안 되며, 문을 움직이는 데 필요한 힘은 30lbf(133N)를 초과하지 않아야 한다. 문을 완전히 여는 데는 15lbf(67N)를 초과하지 않아야 한다.

(5) 문은 피난방향으로 힘이 가해졌을 때, 개구부의 필요한 폭 전체를 사용할 수 있도록 어느 위치에서든지 완전히 젖혀 열릴 수 있게 설계 및 설치되어야 한다.

(6) 각 문의 출구측에는 "비상사태 시 문을 밀어서 여십시오."라는 문구가 쓰인 견고한 표지판을 잘 보이게 부착해야 한다. 표지판의 글자는 1in(2.5cm) 이상 높이로서 바탕색과 잘 대조되어야 한다.

04 피난로에 설치하는 경우의 규정

(1) 정전 시 피난로에 따라 수동으로 문을 열고 피난할 수 있는 문이어야 한다.

(2) 수동으로 작동시키거나 열어 주지 않는 한 닫혀 있는 문이어야 한다.

(3) 작동시켰을 때 30초 이하 동안 열려 있는 문이어야 한다.

(4) 문이 열려 있었던 시간의 길이에 관계없이, 문 개구부의 안쪽과 바깥쪽에서 연기를 감지하도록 설치된 승인된 연기감지기가 작동되면 보조전동장치의 기능이 중지되고 닫히는 문이어야 한다.

(5) ANSI/BHMA A 156.19, American National Standard for Power Assisted and Low Energy Power Operated Doors에 적합한 문이어야 한다.

방화댐퍼(fire damper)

01 개 요

(1) **댐퍼(damper)** : 공조덕트 내부에 주로 유량의 조절이나 폐쇄용으로 사용하는 설비로 마치 배관에서 사용하는 밸브와 같은 역할을 한다.

(2) **방화댐퍼(FD ; Fire Damper)** : 공조 또는 환기설비 등의 덕트 내부에 퓨즈로 지지하여 설치하는 것으로 방화구획을 관통하는 부근에 방화구획을 하기 위해서 덕트 내부를 지나는 공기의 온도가 일정 온도 이상이 되면 퓨즈가 녹거나, 화재감지기와 연동되는 방식에 의해 자동적으로 덕트를 폐쇄시켜 화염 또는 연기의 확산을 방지하는 건축방화설비이다.

(3) **필요성** : 방화댐퍼가 설치되지 않은 경우에는 덕트가 연기 및 화염의 전파경로가 되어 화재실에서 다른 장소로 연소확대가 진행하게 되므로 방화구획을 구성하기 위해서 설치한다.

02 건축법상 방화댐퍼의 설치기준 [「건축물의 피난·방화구조 등의 기준에 관한 규칙」 제14조(방화구획의 설치기준) 제2항 제3호]

(1) **설치위치** : 환기, 난방 또는 냉방시설의 공조기 풍도가 방화구획을 관통하는 경우에 그 관통부분 또는 이에 근접한 부분에 설치할 것

(2) **설치 제외대상** : 반도체공장 건축물로서 관통부 풍도 주위에 스프링클러헤드를 설치하는 경우

(3) **설치기준**

　1) **재질** : 철재로서 철판의 두께가 1.5mm 이상일 것

　2) **구조**

　　① 화재가 발생한 경우에는 연기의 발생 또는 온도의 상승에 의하여 자동적으로 닫힐 것

　　② 닫힌 경우에는 방화에 지장이 있는 틈이 생기지 아니할 것

　3) **성능** : 산업표준화법에 의한 한국산업규격상의 방화댐퍼의 방연시험방법에 적합할 것

　4) **제외대상** : 반도체공장 건축물로서 방화구획을 관통하는 풍도의 주위에 스프링클러헤드를 설치하는 경우

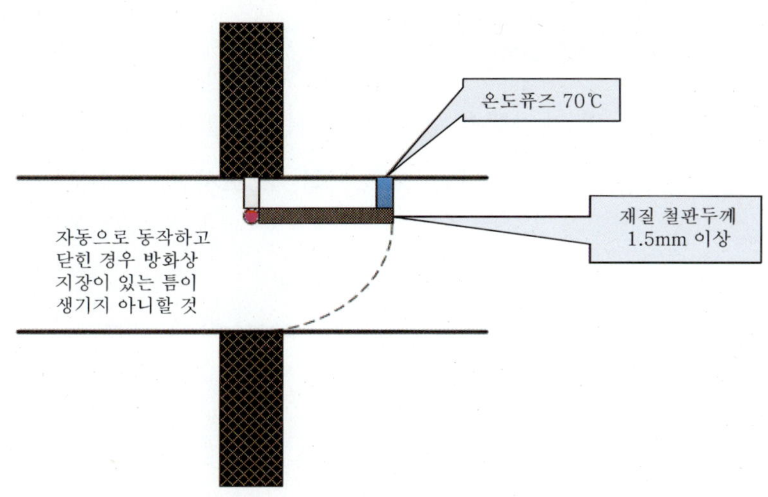

┃ 방화댐퍼의 설치 ┃

03 한국산업규격상의 방화댐퍼의 방연시험방법[KS F 2815(배연설비의 검사표준) 5.1.4]

(1) 재질 : 재질은 1.5mm 이상의 철판일 것

(2) 폐쇄 시 누출량 : 20℃에서 $1m^2$당 19.6N의 압력으로 매분 $5m^3$ 이하가 되도록 할 것

(3) 구조

   1) 미끄럼부는 열팽창, 녹, 먼지 등에 의해 작동이 저해받지 않는 구조일 것

   2) 배연기의 압력에 의해 방재상 해로운 진동 및 간격이 생기지 않는 구조일 것

(4) 검사구 · 점검구 : 적정한 위치일 것

(5) 부착방법 : 구조체에 견고하게 부착시키는 공법으로 화재 시 덕트가 탈락, 낙하해도 손상되지 않을 것

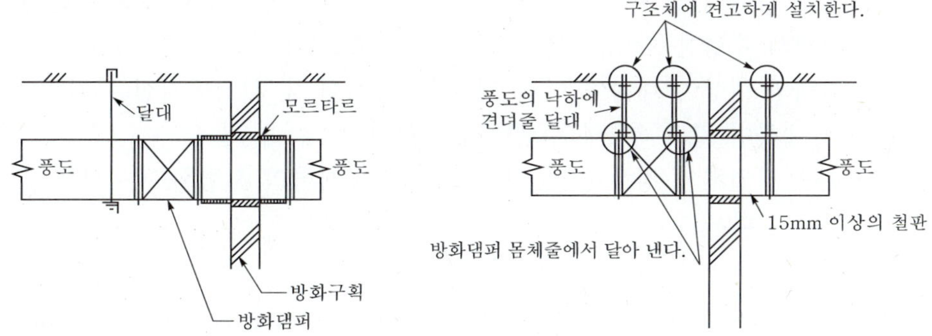

┃ 방화댐퍼 설치방법 ┃

(6) 점검구 : 천장, 벽 등에 보수점검이 용이하도록 한 변의 길이가 45cm 이상인 점검구를 설치할 것

(7) 검사구 : 날개의 개폐 및 동작 상태를 확인할 수 있는 검사구를 설치할 것

04 방화(제연)댐퍼의 감열체

(1) 적용대상 : 방화댐퍼 및 제연댐퍼 등에 사용되는 감열체(온도 퓨즈 및 센서)

(2) 시험항목 : 작동시험, 작동온도시험, 감도시험, 강도시험, 염수분무시험 등

(3) 시험기준

1) KS F 2847 : 방화댐퍼의 감열체 성능시험방법
2) UL-33 : Heat responsive links for Fire-protection service
3) FILK STANDARD 024 : 감열체

(4) 시험 절차 및 방법

1) 일반사항

① 시험장치는 덕트, 팬, 히터, 공기유속측정장치, 온도측정장치, 제어장치 등으로 구성된다.

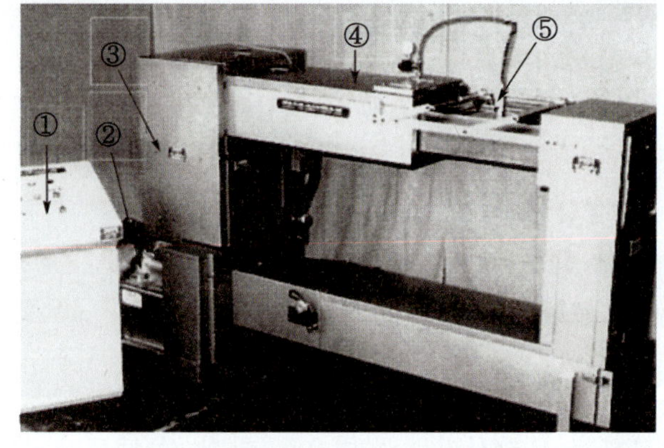

여기서, ① : 제어반
② : 팬
③ : 히터
④ : 덕트
⑤ : 감열체 설치부

② 시험 전 감열체는 25±2℃에서 최소한 2시간 동안 유지하고, 덕트 단면 중앙부에 설치하며 감열체의 가장 넓은 부분이 기류방향으로 향하도록 한다.

③ 감열체의 수량은 각 유형별로 최소 22개로 한다.

④ 감열체의 형상이 대칭이 아닌 경우, 작동시험 및 부작동시험은 감열체의 양쪽 면에 대하여 각각 3회씩 수행하여야 한다.

⑤ 고온용 감열체의 경우, 작동시험 및 부작동시험의 시험온도는 다른 값을 선택하여야 한다.

2) 작동시험

① 25±2℃ 온도로 설정된 온도조절챔버로부터 감열체를 꺼내어 시험덕트에 설치한 후, 온도의 안정을 위하여 최소한 5분 동안 기다린다.

② 시험 전, 열전대에 의해 측정된 시험덕트 내부의 기류온도는 25±2℃이어야 한다.

③ 시험덕트 내부의 온도제어는 ±2℃ 이내의 편차를 가져야 하며, 온도상승률은 1~30℃/min의 범위에서 조절할 수 있어야 한다.

④ 시험 시 감열체는 제조자가 제시하는 최소설계하중을 가하여 시험한다.

⑤ 시험시작 시 감열체 위치의 평균기류속도는 1±0.1m/s이어야 한다.

⑥ 감열체를 초기온도 (25±2)℃의 시험덕트 내부에 투입하여 아래 식에 따른 그림의 시간온도에 노출시킨다.

$$T = 20t + 25$$

여기서, T : 온도(℃)

t : 시험시작부터 경과된 시간(분)

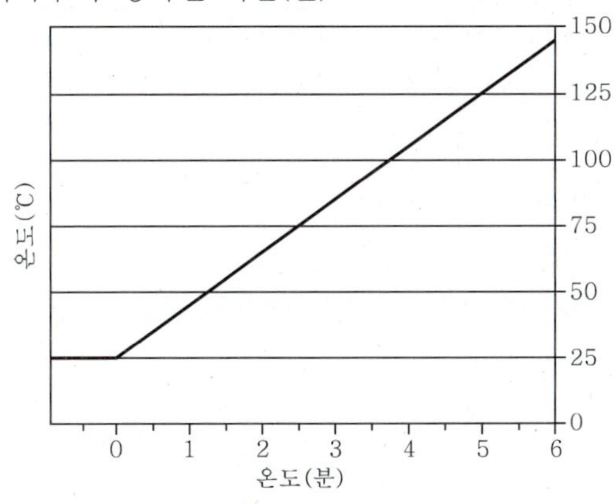

❚ 작동시험의 시간-온도곡선 ❚

3) 부작동시험

① 감열체를 시험덕트 내부에 투입하여 1시간 동안 60±2℃에 노출시킨다. 감열체 및 덕트 내부의 기류온도는 60±2℃로 미리 안정시킨 다음, 시험을 실시할 수도 있다.

② 시험 전, 감열체가 작동하는 방향으로 제조자가 제시하는 최대설계하중을 가한다.

③ 시험시작 시 감열체 위치의 평균기류속도는 1±0.1m/s이어야 한다.

④ 감열체가 작동 스프링 등과 함께 시험될 수 없는 경우, 최대설계하중을 가할 수 있는 적절한 기구를 갖추어야 한다.

4) 강도시험

① 감열체를 주위 온도 25±2℃에 일정하게 온도를 유지시킨다.

② 최소한 10개의 감열체를 150시간 동안 제조자가 제시하는 최대설계하중의 5배 하중을 부가하여야 한다.

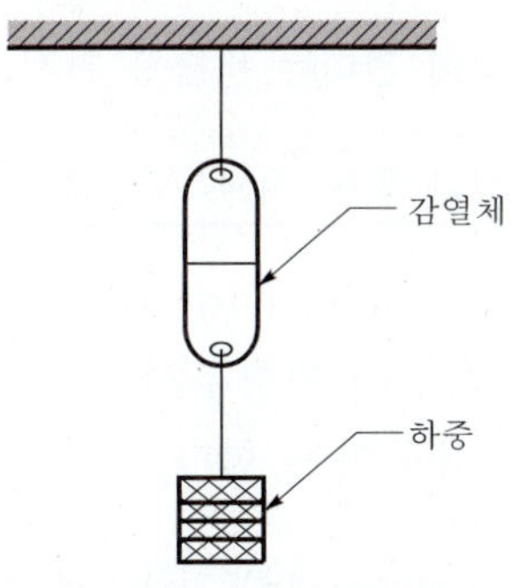

❚ 강도시험의 시험하중 부가 ❚

313

5) 판정기준

구 분	판정기준
작동시험	감열체는 최대작동온도 105℃를 초과하지 않는다. 단 고온감열체는 140℃를 초과하지 않는다.
	감열체가 4분 이내에 작동한다.
부작동시험	어떠한 감열체도 작동되지 않아야 한다.
강도시험	감열체는 150시간×최대설계하중의 5배에 해당하는 하중에 견디어야 한다.

6) 선택시험 : 신뢰성 시험은 감열체를 다음의 부식환경에 5일 동안 노출시킨 후, 감열체의 작동을 측정한다.
  ① 부식환경
    ㉠ 염수분무(salt spray)
    ㉡ 황화수소와 공기의 혼합물(hydrogen sulfide/air mixture)
    ㉢ 이산화탄소와 이산화황과 공기의 혼합물(carbon dioxide/sulfide dioxide/air mixture)
  ② 시험방법
    ㉠ 감열체는 5개의 시료를 1그룹으로 한다.
    ㉡ 각 그룹의 시료를 위의 부식환경에 노출시킨 후, 4~7일이 지난 후 각 감열체를 상기의 작동시험 및 부작동시험을 실시한다.
  ③ 판정기준 : 작동시험과 부작동시험이 동일

05 NFPA 코드(code)에서 규정한 방화댐퍼

(1) 내화성능

1) NFPA 5000 Building Construction and Safety Code 2009 Edition

❙ **방화댐퍼의 내화성능**[57] ❚

화재에 견디는 등급의 구조	댐퍼의 기능유지 최소기준(시)
3시간 또는 대형 화재에 견디는 등급을 가진 구조	3
3시간 이하의 화재에 견디는 등급을 가진 구조	$1\frac{1}{2}$
천장 또는 바닥/천장 또는 지붕/기타 천장구조	See 8.8.8.6.

2) 방화댐퍼는 UL555C standard for fire damper의 성능 요구사항에 따라 설계 및 시험하여 아래 표의 좌항의 관통부재의 방화(내화)성능에 대해 동등 이상의 내화성능인 것을 풍도에 사용하여야 한다.

---

57) Table 8.8.8.2.1 Fire Damper Rating. 5000-111page. NFPA 5000 Building Construction and Safety Code 2009 Edition

관통부재 내화성능	방화댐퍼 내화성능
3시간 이상	3시간 내화성능
3시간 미만	1시간 30분 내화성능

① 1.5hour rating fire damper : 벽, 바닥 및 칸막이에 설치되어 최초 화재발생 후 1.5시간 이상 3시간 미만 동안 견딜 수 있는 방화댐퍼

② 3hour rating fire damper : 벽, 바닥 및 칸막이에 설치되어 최초 화재발생 후 3시간 이상 견딜 수 있는 방화댐퍼

(2) 작동온도

1) 댐퍼 열작동식 장치는 덕트 내의 정상온도보다 50°F(28℃) 높되 160°F(71℃) 이상이어야 한다.

2) 제연덕트에 설치되는 작동장치는 286°F(141℃) 이하이어야 한다.

3) 방화 및 방연 조합식 댐퍼를 제연덕트에 설치한 경우 작동장치는 350°F(177℃) 이하이어야 한다.

(3) 점검구 설치기준

1) 점검구는 댐퍼 및 작동부위를 점검 및 유지 관리할 수 있을 정도로 커야 한다.

2) 점검구는 내화구조의 부재의 성능과 성능유지에 지장을 두어서는 안 된다.

3) 점검구의 위치는 영구적으로 표시하여야 한다.

4) 덕트의 점검구는 문자 높이가 0.5inch 이상인 표지로 표시한다.

5) 덕트 점검구는 덕트구조에 적합한 것이어야 한다.

(4) 방화댐퍼(fire damper)

1) 설치목적 : 화염의 이동에 의한 피해를 방지할 목적으로 화염을 차단하기 위해서 설치된다.

2) 작동원리에 따른 종류
  ① 전기식 : 모터 릴리즈
  ② 기계식 : 퓨저블 링크
  ③ 가스압력식 : 피스톤 릴리즈

3) 닫히는 형태에 따른 종류
  ① 일반댐퍼(volume control damper)와 같이 회전하는 형태
  ② 슬라이딩 셔터(curtain)처럼 닫히는 형태

4) 작동시스템에 의한 분류
  ① 정적 화재댐퍼(static rated fire damper) : 방화댐퍼는 화재가 발생하면 이를 감지하여 팬(fan)이 정지하고 댐퍼는 닫히는 형태의 방화시스템을 Static fire control이라고 하며, 이때 사용되는 방화댐퍼이다.
  ② 동적 화재댐퍼(dynamic rated fire damper) : Static eated fire damper + 자동

제어를 가미하여 화재지역의 급기댐퍼와 화재발생 이외 지역의 배기댐퍼는 폐쇄하고, 화재지역의 배기댐퍼와 화재발생 이외 지역의 급기댐퍼를 열어서 피난자가 대피하는 동안 질식을 방지할 수 있도록 제어하는 방화시스템[dynamic fire(smoke) control]이다.

(5) 방연댐퍼(smoke damper)

1) 필요성 : 화재 발생 시에는 화염에 의한 인명피해보다 유독가스나 연기에 질식되어 발생하는 인명피해가 더 크며 가스의 이동속도는 화염의 전파속도보다 훨씬 더 빠르므로 가스의 이동을 차단하고 이를 배연하는 시스템이 필요하다.

2) 요구 성능 : 이러한 기능을 하기 위해서는 화염에 충분히 견딜 수 있는 강도, 가스의 유동을 차단하기 위한 기밀성이 필요하다.

3) Dynamic smoke control system에서는 일정 시간 동안 제어를 할 수 있는 자동제어 계통의 화염에 대한 내화성능도 요구하고 있다.

4) UL의 기준에 의하면 누설률(leakage)은 보통 4단계로 나뉘며, 이 중에서도 Class Ⅱ 이상의 성능을 가지고 있는 댐퍼를 사용해야만 하는 것으로 되어 있다. 배연(제연) 댐퍼는 방연댐퍼의 일종이며 화재제어 후에 배연할 목적으로 사용된다.

등 급	댐퍼 전·후 차압별 누설률(cfm/sq·ft)		
	1" W.G	4" W.G	8" W.G
Class Ⅰ	4	8	11
Class Ⅱ	10	20	28
Class Ⅲ	40	80	112
Class Ⅳ	60	120	168

 W.G(Water Gauge) = mmAq

(6) 방화·방연 댐퍼(fire & smoke damper) : 방화댐퍼와 방연댐퍼를 혼합한 형태의 댐퍼를 말하며 최근에는 이 방화·방연 댐퍼를 사용하는 추세이다.

05 방화댐퍼의 형태(퓨저블 링크 기동방식)

Ⅰ 각형 Ⅰ

Ⅰ 원형 Ⅰ

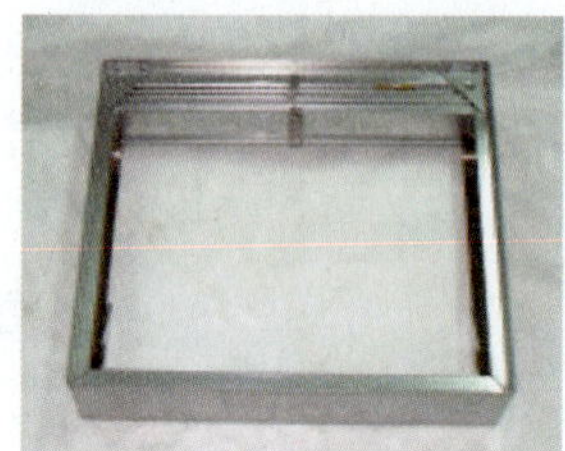

Ⅰ 커튼형 Ⅰ

06 방화댐퍼의 구조(퓨즈형)

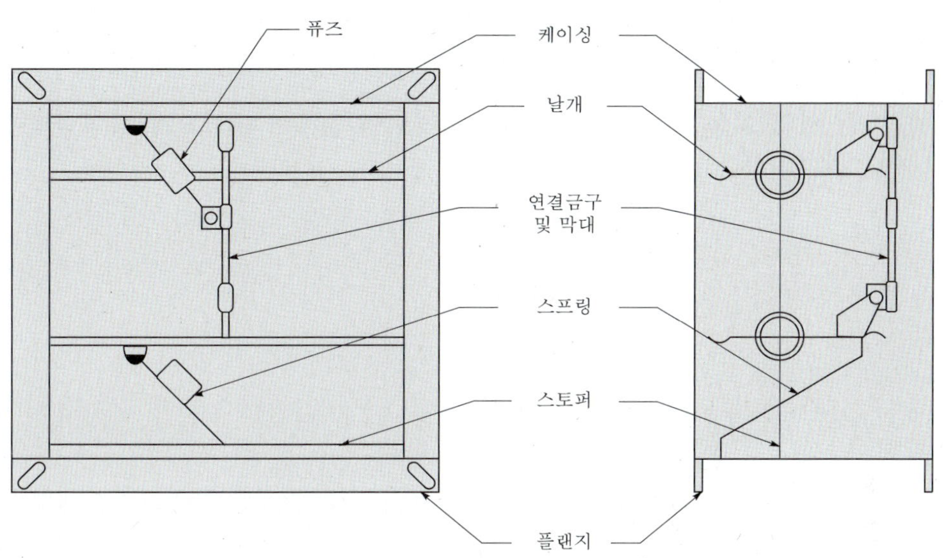

07 기타 방화댐퍼 설치 시 고려사항

(1) 가스계 소화설비가 설치된 방호구역

1) 가스계 소화설비의 감지장치인 감지기와 연동하여 동작하는 원격자동식 댐퍼를 설치하여야 한다.

2) 왜냐하면 가스계 소화설비가 동작하기 전에 방화댐퍼가 동작하지 않으면 덕트를 통해 약제가 누설되어 소화농도 유지시간 동안 가스의 소화농도를 유지하지 못하기 때문이다.

(2) 제연덕트에서 방화댐퍼

1) 댐퍼가 닫히지 않으면 완전한 의미의 방화구획이 되지 못한다.

2) 화재는 초기에는 피난을 위한 제연이 중요관점이고, 어느 정도 시간이 경과하여 피난이 완료된 경우에는 연소확대가 가장 중요한 관리관점이다.

3) 따라서 제연설비의 효과적인 동작을 위해서는 화재초기에는 작동이 되지 아니하고 피난 및 초기소화 활동이 끝난 시점에 동작하도록 중온도용의 퓨즈를 사용한 방화댐퍼의 설치를 검토하여야 한다.

(3) 방화벽에서 댐퍼까지의 풍도

1) 방화벽에서 댐퍼까지의 풍도의 부분은 화염, 열 등의 진입으로 풍도의 성능유지가 곤란해질 우려가 있는 부분이다.

2) 따라서, 이 부분의 풍도는 내화피복을 하거나 열에 의한 변형을 쉽게 하지 않는 구
조로 설치되어야 한다.

(4) 방화댐퍼의 내화성이 NFPA와 같이 성능에 의해서 결정되어야 기술개발과 화재 시
실제 성능 향상에 기여할 수 있다. 지금과 같은 두께에 의한 댐퍼의 기준은 획일적
이고 규약적인 방법으로 개선이 필요하다.

(5) 댐퍼는 열의 이동경로보다 연기의 이동경로일 경우가 많으므로 방연댐퍼에 대한 규
정도 요구된다.

배연창

01 개 요

(1) **정의** : 배연창은 화재 시 자동으로 개방되어 연소 생성물인 연기 및 유독가스를 부력에 의해 배출시키는 배연설비의 일종이다.

(2) 「건축법 시행령」 제51조 제2항에 따른 설치기준에 준하여야 하며, 화재발생 시 열 및 연기감지기에 의하여 자동 및 수동으로 개방되어야 한다.

02 배연창 설치기준

(1) 거실의 채광 등(「건축법 시행령」 제51조)

  1) 법 제49조 제2항에 따라 단독주택 및 공동주택의 거실, 교육연구시설 중 학교의 교실, 의료시설의 병실 및 숙박시설의 객실에는 국토교통부령으로 정하는 기준에 따라 채광 및 환기를 위한 창문 등이나 설비를 설치하여야 한다.

  2) 법 제49조 제2항에 따라 다음의 건축물의 거실에는 국토교통부령으로 정하는 기준에 따라 배연설비(排煙設備)를 하여야 한다.

기 준	용 도		비 고
6층 이상	제2종 근린생활시설	공연장	바닥면적 $300m^2$ 이상
		종교집회장	
	인터넷 컴퓨터 게임시설제공업소		
	다중생활시설		–
	문화 및 집회시설		–
	종교시설		–
	판매시설		–
	운수시설		–
	의료시설(요양병원 및 정신병원은 제외)		–
	교육연구시설 중 연구소		–
	노유자시설	아동 관련 시설	–
		노인복지시설(노인요양시설은 제외)	–
	수련시설 중 유스호스텔		–
	운동시설		–
	업무시설		–
	숙박시설		–
	위락시설		–

기 준	용 도		비 고
6층 이상	관광휴게시설		–
	장례시설		–
해당 용도	의료시설	요양병원	–
		정신병원	–
	노유자시설	노인요양시설	–
		장애인 거주시설	–
		장애인 의료재활시설	–

3) 다만, 피난층인 경우에는 그러하지 아니하다. 왜냐하면 배연창은 피난자가 연기에 질식하거나 시각적 장애 등으로 인해 피난에 장애가 발생하므로 연기를 제거하여 피난행동을 원활하게 진행하기 위함이다. 따라서 바로 외부로 피난이 가능해서 피난안전성이 확보되는 피난층은 제외한 것이다.

4) 기타 설비 설치기준

① 오피스텔에 거실 바닥으로부터 높이 1.2m 이하 부분에 여닫을 수 있는 창문을 설치하는 경우에는 국토교통부령으로 정하는 기준에 따라 추락방지를 위한 안전시설을 설치하여야 한다.

② 11층 이하의 건축물에는 국토교통부령으로 정하는 기준에 따라 소방관이 진입할 수 있는 곳을 정하여 외부에서 주·야간 식별할 수 있는 표시를 하여야 한다.

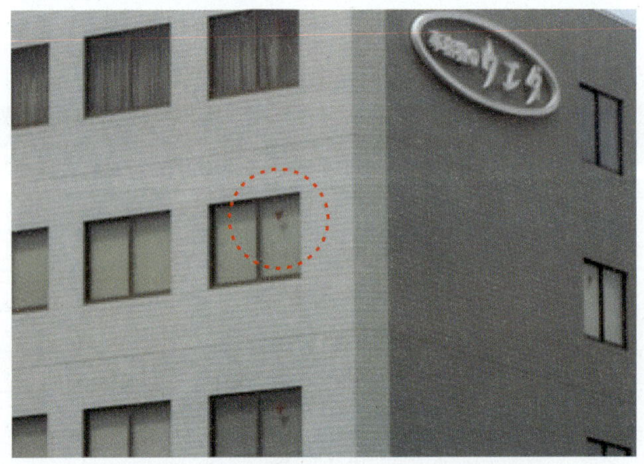

❙ 소방관이 진입할 수 있는 위치 표시 ❙

(2) 배연설비(「건축물의 설비기준 등에 관한 규칙」 제14조)

1) 「건축법 시행령」 제51조 제2항에 따라 배연설비를 설치하여야 하는 건축물

구 분		설치기준
설치개수		방화구획이 설치된 경우에는 그 구획마다 1개소 이상의 배연창을 설치
설치높이	기준	배연창의 상변과 천장 또는 반자로부터 수직거리가 0.9m 이내
	예외	반자높이가 바닥으로부터 3m 이상인 경우에는 배연창의 하변이 바닥으로부터 2.1m 이상의 위치에 놓이도록 설치

구 분		설치기준
배연창의 유효면적	최소기준	1m^2 이상
	일반기준	바닥면적(방화구획이 설치된 경우에는 그 구획된 부분의 바닥면적을 말한다)의 100분의 1 이상
	바닥면적 산정 예외	바닥면적의 산정에 있어서 거실바닥면적의 20분의 1 이상으로 환기창을 설치한 거실의 면적은 이에 산입하지 아니한다.
배연구	자동기동	연기감지기 또는 열감지기에 의하여 자동으로 열 수 있는 구조
	수동병행	손으로도 열고 닫을 수 있도록 할 것
	예비전원	예비전원에 의하여 열 수 있도록 할 것
기계식 배연설비		소방관계법령의 규정에 적합하도록 할 것

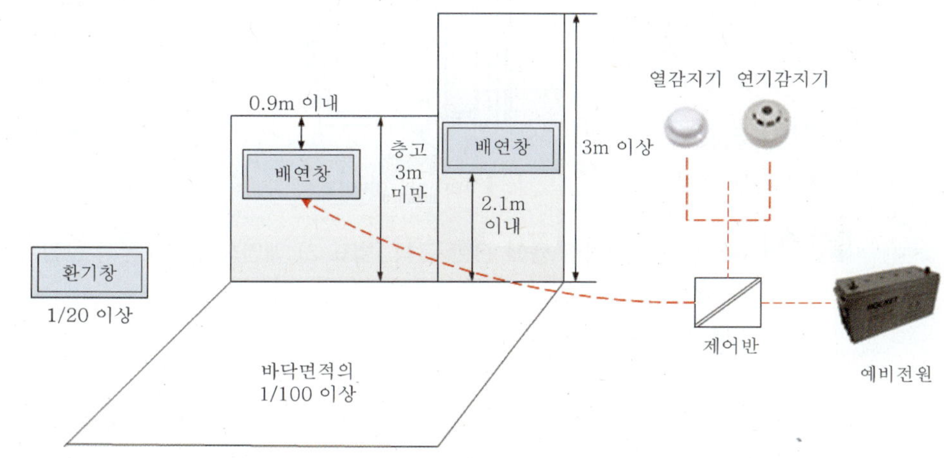

▌ 배연설비 설치기준 ▌

2) 특별피난계단 및 비상용 승강기의 승강장에 설치하는 배연설비의 구조

구 분		설치기준
배연구	재질	불연재료
	연결	외기 또는 평상시에 사용하지 아니하는 굴뚝에 연결
	개방장치	수동개방장치 또는 자동개방장치(열감지기 또는 연기감지기에 의한 것을 말한다)는 손으로도 열고 닫을 수 있도록 할 것
	평상시	닫힌 상태를 유지
	개방 시	배연에 의한 기류로 인하여 닫히지 아니하도록 할 것
배연풍도	재질	불연재료
배연기	설치대상	배연구가 외기에 접하지 아니하는 경우
	자동동작	배연구의 열림에 따라 자동적으로 작동
	작동능력	충분한 공기배출 또는 가압능력이 있을 것
	예비전원	배연기에는 예비전원을 설치할 것
소방관계법령에 의해 설치해야하는 대상		공기유입방식을 급기가압방식 또는 급·배기방식으로 하는 경우

03 배연창 개폐방식에 따른 종류

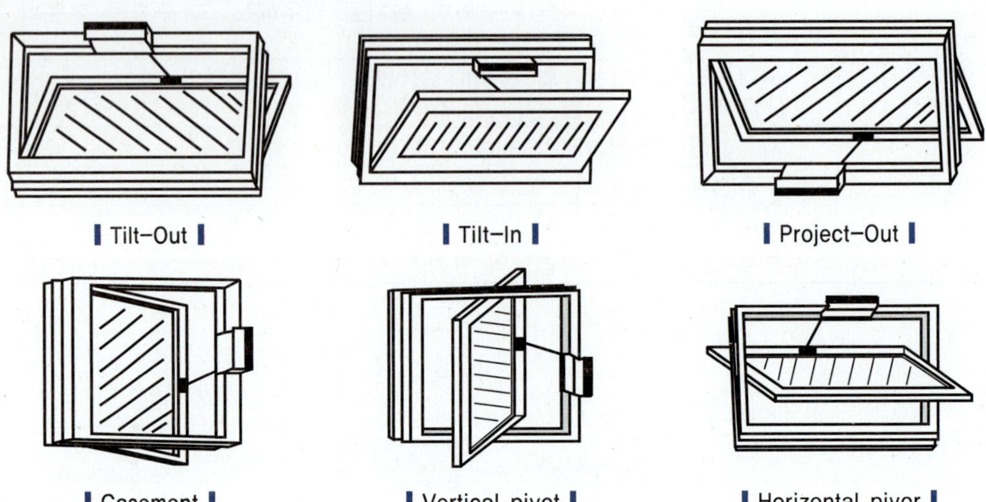

꼼꼼체크 건축물의 설비기준 등에 관한 규칙 [별표 2] 배연창의 유효면적 산정기준(제14조 제1항 제2호 관련)

• **미서기창** : $H \times l$

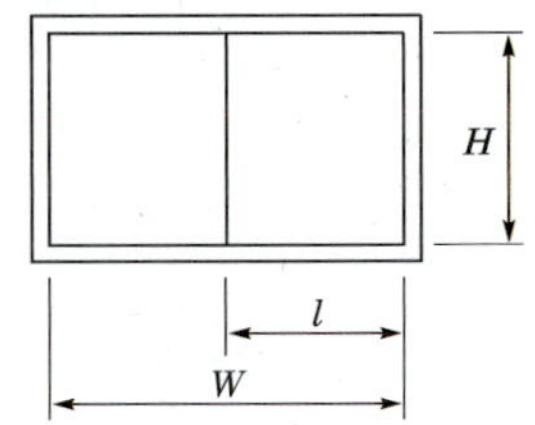

여기서, l : 미서기창의 유효폭
   H : 창의 유효높이
   W : 창문의 폭

• **Pivot 종축창** : $H \times l'/2 \times 2$

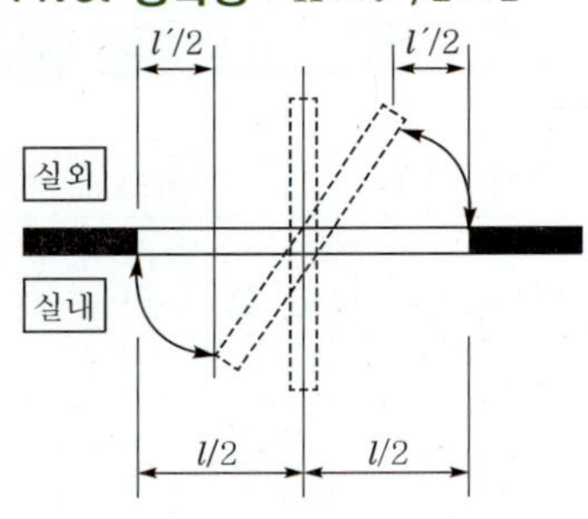

여기서, H : 창의 유효높이
   l : 90° 회전 시 창호와 직각방향으로 개방된 수평거리
   l' : 90° 미만 0° 초과 시 창호와 직각방향으로 개방된 수평거리

• **Pivot 횡축창** : $(W \times l_1) + (W \times l_2)$

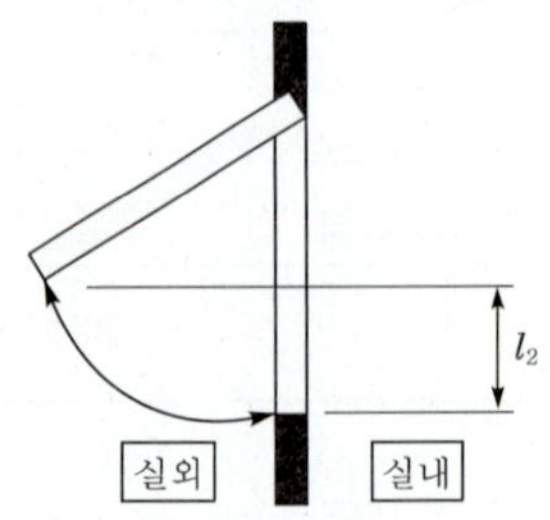

여기서, W : 창의 폭
   l_1 : 실내측으로 열린 상부창호의 길이방향으로 평행하게 개방된 순거리
   l_2 : 실외측으로 열린 하부창호로서 창틀과 평행하게 개방된 순수 수평투영거리

- **들창** : $W \times l_2$

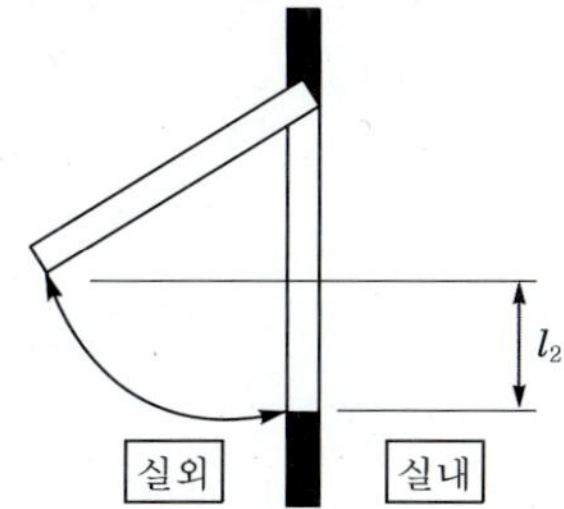

여기서, H : 창의 폭
l_2 : 창틀과 평행하게 개방된 순수 수평투영면적

- **미들창**
  - 창이 실외측으로 열리는 경우 : $W \times l$
  - 창이 실내측으로 열리는 경우 : $W \times l_1$
    (단, 창이 천장(반자)에 근접하는 경우 : $W \times l_2$)

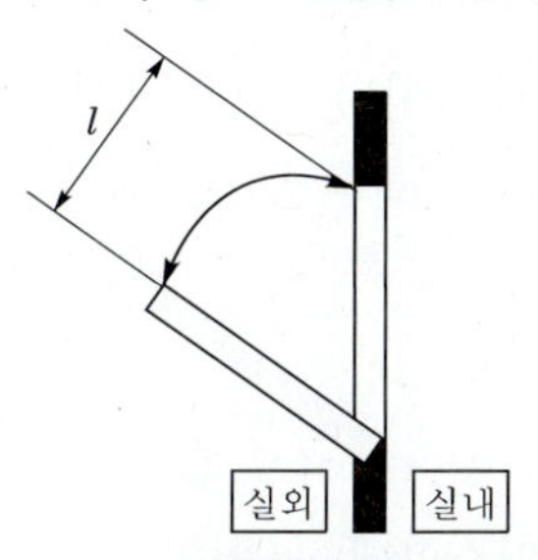

여기서, W : 창의 폭
l : 실외측으로 열린 상부창호의 길이방향으로 평행하게 개방된 순거리
l_1 : 실내측으로 열린 상호 창호의 길이방향으로 개방된 순거리

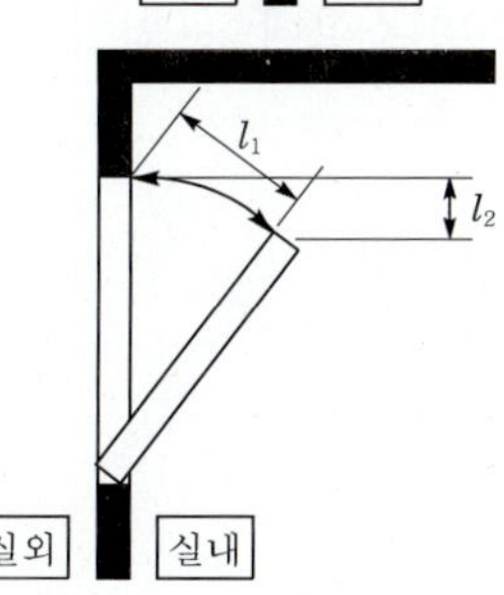

l_2 : 창틀과 평행하게 개방된 순수 수평투영면적
＊ 창이 천장(또는 반자)에 근접된 경우 창의 상단에서 천장면까지의 거리 $\leq l_1$

연소확대 방지계획

01 개 요

(1) 내화구조 건물의 실내에서 발생한 화재가 건물 내의 각 부분으로 연소확대 되어 가는 것으로 일반적으로 아래와 같은 여러 가지 경로 등으로 제시되고 있다. 이 경로를 알고 이에 대한 방지대책을 수립함으로써 연소확대를 방지하거나 완화할 수 있는 것이다.

(2) 화재는 발생하지 않도록 하는 것이 가장 효과적이나 일단 발생한 화재는 그 피해가 최소화 될 수 있도록 해야 한다. 이를 위해서는 출화방지, 조기진압, 또는 지연, 구획 내 국한시켜 화재확대를 방지하고자 하는 연소확대 방지를 위한 수동적·능동적 대책이 필요하다.

(3) 화재의 진행과정 중 어디서든 연결고리를 끊어서 더 이상 확대되지 않도록 해야 한다.
(출화 → 초기 확대 → 내부 연소확대 → 외부 연소확대 → 인접 건물로 확대 → 도시화재)

(4) 건축물 내의 연소확대 주요경로
1) 계단
2) 수직 샤프트
3) 덕트
4) 외벽과 슬래브 틈
5) 은폐공간
6) 창문

02 출하방지

(1) 화기취급주의, 방폭설비

(2) 가연성 물질의 안전관리

(3) 인간의 실수요인 제거

03 초기 확대 방지

(1) 가연물의 양을 제한(화재하중 감소)

(2) 화재의 초기진압(능동적 소화설비)

(3) 건축물 내·외부의 마감재를 방화재료로 사용하여 불연화, 난연화

(4) 플래시오버 발생 방지

04 내부 확대 방지

(1) **구획** : 방화, 방연, 안전 구획(피난안전확보)

(2) **방화구획** : 화재 시 연소의 확대를 차단시키기 위하여 일정한 공간을 구획하는 것으로 건축물의 방화안전상 매우 중요한 기능을 가진다.

  1) 방화구획의 목적 : 연소방지와 방·배연이나 열적 영향의 방지를 포함한 피난경로의 안전성 확보

  2) 종류

    ① 용도별 구획

    ② 면적별 구획

    ③ 층별 구획

    ④ 수직관통부 구획

    ⑤ 피난상 안전구획 : 차수가 높아질수록 안전성이 증대되어야 한다.

    ⑥ 방재센터, 비상발전기실의 구획 : 화재 시 방재거점으로 안전성이 확보되어야 한다.

  3) 화재의 확산을 방지하기 위해 내화구조의 벽과 바닥으로 구획

(3) **방연구획** : 연기의 확산을 방지하기 위해 기밀성이 있는 벽과 바닥으로 구획된 공간으로 방화구획은 화재에 견디는 능력이 있고 방연구획은 화염과 연기를 차단하는 능력은 있으나 내화능력은 없다.

(4) **안전구획**

  1) 정의 : 화재발생 시 인명의 피난에 안전하도록 방화구획되고 제연설비를 갖춘 장소

  2) 안전구획 구분 : 거실의 가까운 곳부터 제1차, 제2차, 제3차 안전구획이라고 한다.

    ① 제1차 안전구획 : 거실에서 출화한 경우 거실과 방화, 방연 구획된 피난로인 복도가 해당 피난자의 일시적 안전을 도모하기 위한 곳

    ② 제2차 안전구획 : 복도와 연결된 계단 또는 특별피난계단의 부속실 등이 해당 장시간에 걸쳐 화염, 연기로부터 피난이 가능한 곳

    ③ 제3차 안전구획 : 특별피난계단의 계단실이 해당, 화재 최성기에도 안전성이 보장되는 곳

05 외부 연소확대 방지

(1) 창을 통한 연소확대(수직적)

1) 정의 : 출화한 구획실의 외측 창에서 분출한 화염이 상층의 창을 파괴하고 그 상층의 내부 가연물에 착화되어 연소하는 수직적 연소확대 경로의 경우를 창을 통한 수직적 연소확대라 한다.

2) 창을 통한 수직적 연소확대 메커니즘

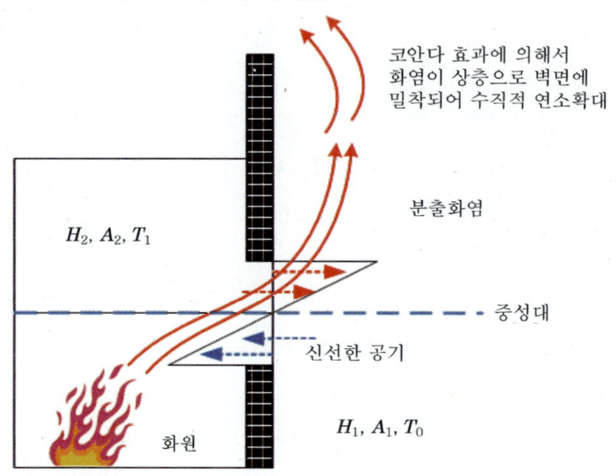

▎창을 통한 수직적 연소확대 ▎

① 출화한 구획실의 외측 창에서 분출화염이 상층의 창을 파괴한다.
  ㉠ 가연물에서 발생하는 열분해가스가 구획 내에서 전부 연소하는 것은 아니다(질량 감소속도 > 질량 연소속도).
  ㉡ 환기지배 조건하에서는 충분한 양의 공기가 공급되지 않으므로, 일부는 과잉연료가 되어 창문 등으로 분출해서 분출화염이 된다.
  ㉢ 분출화염은 상층 연소, 인접 건물 등으로의 연소원인이 된다.
② 창의 수직으로 중앙을 중심으로 건축물 내부를 기준으로 아래쪽은 부압이 위쪽으로는 가압이 발생한다.
③ 따라서 위층의 뜨거운 화염과 플럼이 창을 통해 유출되고, 하부에는 외부의 신선한 공기가 유입된다.
④ 외부로 유출된 화염은 코안다 효과에 의해 상층의 벽면을 타고 상승하게 되고 상층으로 연소확대가 이루어진다.

> **꼼꼼체크** **코안다 효과(Coanda effect)** : 루마니아의 과학자 헨리 코안다(H. Coanda)에 의해 발견된 효과로, 일부 면에 접근하여 분출된 기류가 그 면에 부착하여 흐르는 현상을 말한다. 이러한 효과가 생기는 이유는 유체의 점성 때문이다. 소방에서는 화재로 인하여 창문으로 분출되는 화염이나 연기가 근접하는 벽에 부착되어 **더 빠르게 더 높이 진행**하는 현상을 말한다.

⑤ 상층으로 연소확대가 이루어진다.

3) 창문에 종횡비에 따른 화염상승 특성

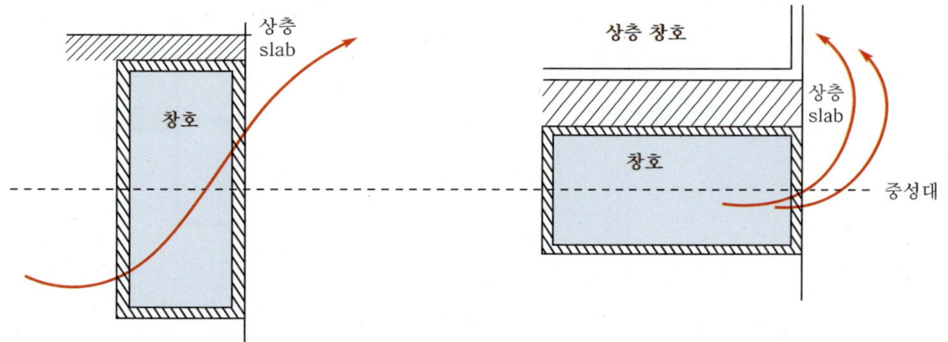

① 창문을 통해 발생하는 압력차는 $\Delta P = 3,460\,h\left(\dfrac{1}{T_o} - \dfrac{1}{T_i}\right)$ 이다.

② 종장창은 횡장창에 비해 높이(h)값이 커져 압력차(ΔP)가 커지게 된다. 따라서 종장창은 횡장창에 비해 수평으로 분출되는 화염을 미는 힘이 커지게 되어 화염이 커진다.

③ 따라서 종장창은 횡장창에 비해서 수직적 연소확대 방지효과가 크다고 할 수 있다.

4) 발생시기(SFPE 2-292)

① 전실화재(FO)에 도달한 화재는 화재실 외부로 화재를 확대시키는 경향이 있다.

② 창문을 통해 건축물 외부로 확장되는 전실화재 후 화재에서 나오는 화염은 부력에 의해 건축물 외장을 따라 상승하게 된다.

5) 영향인자

① 창문의 크기

② 창문의 종횡비

③ 구획실 내부의 화재 크기

6) 대책 : 창대 아래의 벽만으로는 상층으로의 연소방지가 불충분하므로 상층의 벽면에서 화염이 멀리 떨어지게 하는 건축물 발코니는 상층 연소방지의 기능이 있어서 안전상 중요한 부분이다.

① 건축적(passive) 대책

㉠ 캔틸레버(cantilever) or 외팔보 : 한쪽 끝은 고정되고 다른 쪽 끝은 자유로운 들보이다. 건축물의 바닥면을 연장한 것으로 발코니는 캔틸레버의 목적을 가지고 있다.

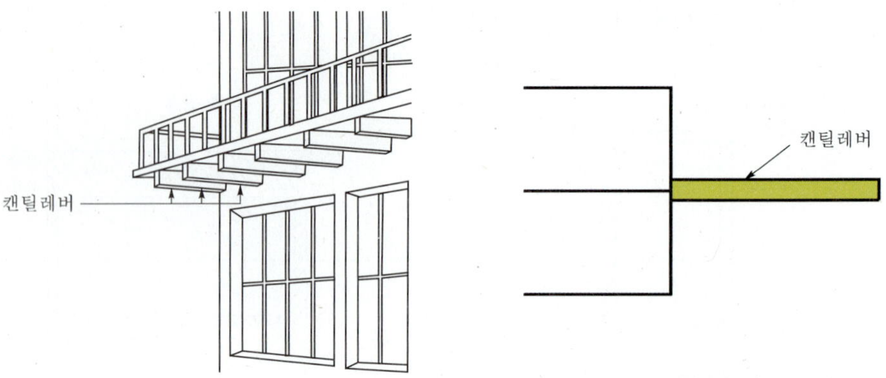

ⓛ 스팬드럴(spandrel) : 좌우로 아치들이 인접하게 될 때 종석(keystone)과 기공석 사이의 전 부분을 스팬드럴이라 한다. 즉, 상층과 연결된 수직벽을 의미한다. 따라서 이것이 길수록 화염이 타고 상층으로 확대되기가 어렵고 짧거나 없는 경우에는 확산이 용이하다.

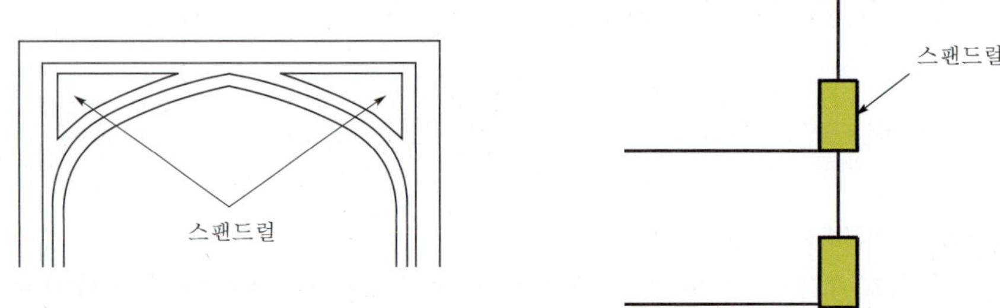

ⓒ 횡장창을 종장창으로 교체하여 설치한다. 하지만 이는 최근의 건축경향(횡장창이 증가하는 추세)에 반하는 것으로 실제 설치는 어려움이 있다.

ⓡ 방화셔터를 설치한다.

ⓜ 방화유리 or 방화판 or 망입유리를 설치한다.

ⓗ 창틀 공법의 개선 : 섀시와 유리의 열팽창률 차이에 의해서 유리가 파손되어 화재가 상층으로 확대된다. 이를 방지하기 위해 유리창과 섀시의 열팽창이 동일하도록 하여야 팽창차로 인한 손상을 최소화할 수가 있다.

② 설비적(active) 대책

ⓖ 드렌처설비

ⓛ 스프링클러설비

(2) 출입문 등 개구부를 통한 연소확대(수직적, 수평적)

1) 개요

① 내화구조의 방화구획된 건물에서 출입문 개구부의 방화관리 부실로 방화구획이 기능을 상실함으로써 구획된 방화경계를 넘어 연소하는 경우에 연소확대가 이루어진다.

② 피난상 지장이 없는 한 연소확대 저지를 위한 방화구획의 기능을 고려하여 개구부를 설계할 필요가 있다.

2) 연소확대의 종류

① 창문을 통해 다른 구획연료에 화염이 직접 접촉

② 개구부를 통한 열복사 및 열전달

③ 불씨가 기류나 바람에 의해 이동하여 연료에 발화

3) 건축적(passive) 대책 : 차열방화문을 설치한다.

4) 설비적(active) 대책

① 자동폐쇄장치를 설치한다.

② 스프링클러설비나 드렌처설비를 설치한다.

(3) 설비 샤프트(shaft)를 통한 연소확대(수직적)

1) 각종 설비배관은 수직 샤프트에 집합되어 상하층으로 공급되는데, 화재발생 시 이런 수직 샤프트를 통하여 연기나 화염이 상승한다.

2) 건축적(passive) 대책

① 샤프트의 벽체는 내화구조로 상층 바닥까지 연결하여 누설부위가 없도록 한다.

② 관통부 주위 틈새를 시멘트 모르타르, 내화충전구조 등으로 밀폐하여야 한다.

③ 점검구 문은 방화문으로 하여야 한다.

3) 설비적(active) 대책

① 샤프트 벽체에 설치된 배기 그릴에도 자동방화댐퍼를 설치하여야 한다.

② 스프링클러설비를 설치하여야 한다.

4) 유지 관리

① 공사 등으로 샤프트 벽체를 해체한 후에는 반드시 원상 복귀시켜야 한다.

② 자동방화댐퍼의 퓨즈 등 차단장치는 수시로 이상 유무를 확인하여야 한다.

(4) 계단를 통한 연소확대(수직적)

1) 전 층에 걸쳐 관통하고 있으므로 화재발생 시 연기나 화염의 상승경로가 되기 쉽다.

2) 건축적(passive) 대책

① 건축물의 바깥쪽으로의 출구까지 방호된 보행로를 제공하기 위해 건물의 다른 부분과 구획화하여야 한다.

② 피난통로가 적절히 방화구획되지 않은 경우, 그 피난통로는 피난통로로서의 역할을 만족시키지 못하는 데 그치지 않고, 방호되지 않는 수직개구부가 될 수 있다. 그러므로 수직개구부의 방호뿐만 아니라 피난통로의 방호구역 요구사항을 함께 만족시켜야 하거나 화재로부터 안전한 옥외로 설치를 하여야 한다.

3) 설비적(active) 대책 : 가압을 통해서 연기나 화염이 계단실 내로 들어오지 못하도록 하여야 한다.

4) 유지 관리

① 계단실 출입방화문은 항상 닫혀있거나 화재 시 연기나 열에 의해 자동으로 닫힐 수 있는 구조로 하여야 한다.

② 자동폐쇄장치를 해제하거나 하부에 쇄기나 도어스토퍼를 사용하여 문의 폐쇄를 막으면 안 된다.

(5) 덕트를 통한 연소확대

1) 개요 : 건물의 냉·난방 공조설비의 덕트를 통하여 연기와 열기류가 전달되어 다른 실로 연소확대하는 경우

2) 덕트를 통한 연소확대 방지대책

① 건축적(passive) 대책

㉠ 각 층 유닛방식 : 공조면적이 넓은 경우에 사용하며 간단히 하면 각 층마다 공조기를 두고 공조하는 방식으로 각 층을 구획할 수 있다.

㉡ 방화구획을 관통하는 덕트 없이 방화구획 내 패키지 등을 통한 냉·난방을 실시한다.

㉢ 방화구획 관통부에 내화충전재료를 이용하여 마감하여야 한다.

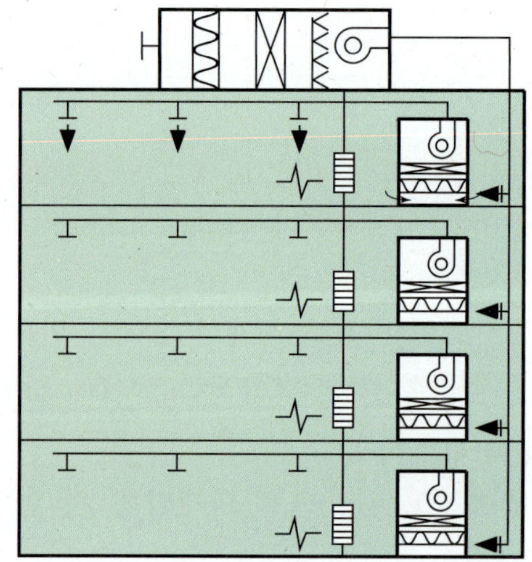

┃ 각 층 유닛방식 ┃

② 설비적(active) 대책

㉠ 방화댐퍼 설치 : 화재발생 시 자동차단

㉡ 덕트대책

- 덕트표면을 내화피복재로 시공한다.
- 덕트방화판을 시공한다.

㉢ 덕트 내부에 스프링클러설비를 설치한다.

③ 유지 관리

㉠ 퓨즈의 작동온도(72℃)가 적정한지 확인한다.

　　ⓛ 공조와 제연 겸용 덕트의 경우 자동방화댐퍼가 너무 빨리 차단되면 제연설
　　　비로서의 역할을 못하게 되므로 중온도용 퓨즈의 설치를 검토하여야 한다.

(6) 은폐공간을 통한 연소확대

　1) 은폐공간은 간과되기 쉬운 공간으로 방호대책 등이 부실하여 연소확대의 우려가
　　다른 공간보다 오히려 높다.

　2) 장소
　　① 액세스 플로어(access floor)
　　② 반자와 슬래브(slab) 사이

　3) 건축적(passive) 대책
　　① 방화 조치 : 불연, 준불연재 사용
　　② 화염차단 조치 : 구획화
　　③ 면적제한 : $3,000ft^2$(NFPA) 이하
　　④ 수용품과 내부 라이닝 제한

　4) 설비적(active) 대책 : 스프링클러설비, 물분무 등 소화설비 등의 자동식 소화설비
　　와 제연설비의 설치

(7) 기타의 연소확대 경로

　1) 각종 틈새
　　① 내용
　　　㉠ 칸막이벽과 바닥 사이의 틈새
　　　ⓛ 배관의 관통부분의 간극(틈새) 등 내화구조건축물 시공상의 결함에 의한 연
　　　　기와 열의 확산에 의한 경우
　　　㉢ 커튼월과 슬래브의 틈새
　　② 대책 : 내화충전구조로 기밀하게 시공

　2) 벽의 붕괴를 통해 다른 구획실의 가연물을 발화시킨 경우

　3) 화염의 열전달로 벽의 온도가 상승하고 그 열의 전도에 의해서 인접 구역의 가연
　　물을 발화시킨 경우

06　인접 건물로 확대 방지

57 인접 건물 연소확대 방지대책

01 개 요

부지계획 시 인접 건물과 일정 거리 이상 이격 및 방화시설 설치를 통해서 주변 건축물로의 연소확대를 방지한다.

02 유소(類燒 : 인접 건물로의 연소확대)의 전파방법

(1) **접촉** : 화염이 직접 날아가는 것으로 분출화염이 직접적으로 인동건물에 접촉하는 것

(2) **복사** : 매질이 없어도 전파가 가능한 전자기파

1) 복사열에 의한 화염전파[58]

① 수열면이 받는 복사열 강도

$$\dot{q}'' = \frac{Q \cdot X_L}{4\pi R^2} \ (\text{화염의 직경에서 2배 이상 이격 시 복사열의 강도})$$

여기서, $\dot{q}''$: 복사열유속$[kW/m^2]$

Q : 화재 시 연소에너지 방출속도$[kW]$

X_L : 총 발열량 중 복사에너지로 방출되는 비율$(0.3{\sim}0.6)$

R : 화염에서 목표물까지의 거리$[m]$

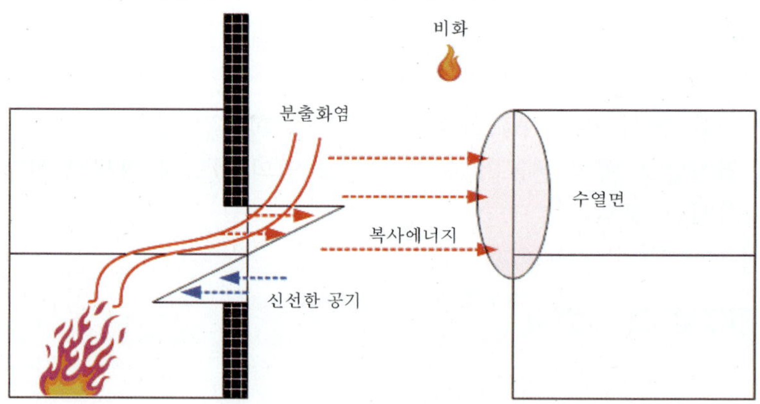

▌ 유소의 3가지 전파방법 ▌

㉠ 목재 인화에 의한 발화의 한계 : $12.5kW/m^2$

㉡ 목재의 자연발화에 의한 한계 : $29kW/m^2$

㉢ 최성기(post FO)에서 측정할 수 있는 가장 높은 열복사 : $170kW/m^2$

---

58) NFPA 921 Table 5.5.4.2. Effect of Radiant Hea Flux(2011)에서 내용 발췌

② 등온도곡선에 의한 인동거리

　㉠ 등온도곡선에 의한 연소확대 한계거리 측정

　㉡ 목조의 표면온도 260℃(목재의 인화점)가 되는 점을 연결한 곡선

　㉢ $h = pd^2$

　　여기서, h : 수열헌고(수열헌고란 처마가 열을 받는 높이를 말하며, 이때 h곡선을
　　　　　　　　등온도곡선이라고도 한다)

　　　　p : 파라미터

　　　　d : 인동거리

　㉣ 이 등온도곡선을 이용해서 다음을 산출한다.

　　• 연소할 우려가 있는 부분

　　• 제조소의 안전거리

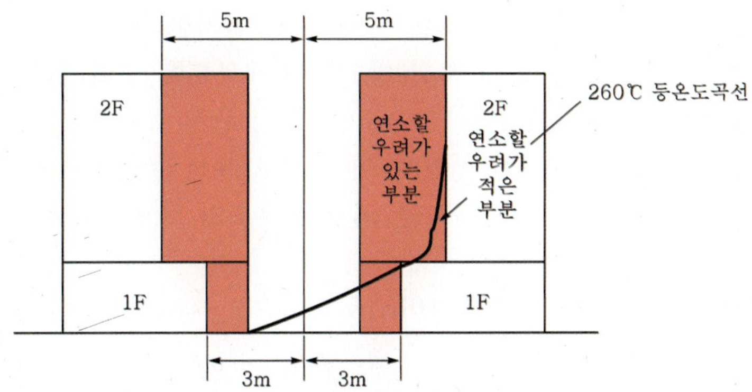

▌연소할 우려가 있는 부분과 등온도곡선▐

2) 개구부의 모양과 크기 : 개구부는 외벽에 비해 열전달이 용이하여 연소확대 위험이 크다.

(3) 비화 : 풍압에 의해서 불티를 날려 보내는 것으로 이 불티가 가연물과 접촉하면 점화원이 될 수 있다.

03　연소확대 방지대책

(1) 예방

1) 건축물 사이의 가연물을 제거한다.

2) 개구부를 제거하거나 최소화한다.

(2) 소방

1) 드렌처(drencher)설비, 수막설비

2) 스프링클러설비

3) 연소확대 방지용 옥외스프링클러(NFPA 13)

① 목적

ⓐ 외부의 화재로 인한 복사, 대류 열이 개구부를 통해 건물 안으로 침투하는 것을 방지한다.

ⓑ 외벽 표면의 발화 및 열손상의 가능성을 최소화한다.

② 수원 60분 이상

③ 동결 방지를 위해 배수밸브 및 체크밸브를 설치한다.

④ 외부에 설치하는 배관 및 관 부속품은 내식성의 재질을 사용한다.

⑤ 대류열은 방수에 의해 쉽게 냉각, 복사열은 물분무를 통과하여 건물에 도달할 수 있다. 이에 대한 대책으로 일정 양의 물이 건물 벽에서 연속적으로 흘러내리도록 배치하여 복사열을 차단한다.

(3) 건축

1) 방화구조나 내화구조의 벽이나 담장을 설치한다.

2) 개구부는 되도록 작게 하고 방화조치(개구부에 방화셔터, 동망, 방화커버, 방화문 설치)를 하여야 한다.

3) 인동 간의 거리를 일정 거리 이상 확보(복사열은 거리의 제곱에 반비례하고 최소 인동 건축물 화재 시 건축물 외부의 온도가 표면발화온도 이하를 유지할 수 있는 거리)하여야 한다.

4) 망입유리, 방화문, 방화커버(fire proofing cover), 그물눈이 2mm 이하인 금속망을 설치하여야 한다.

5) 파라피트(난간대), 캔틸레버를 설치한다.

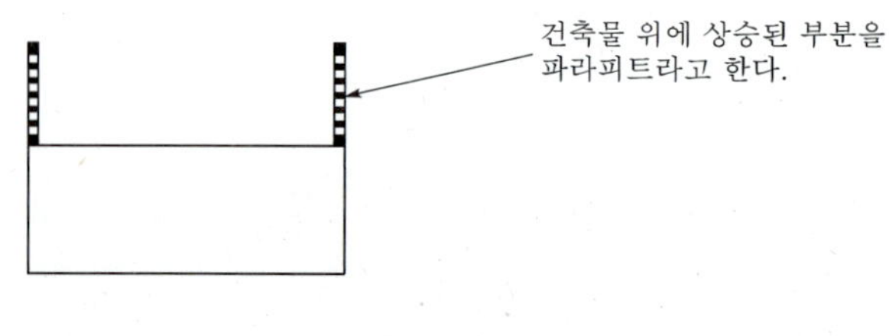

┃ 파라피트 ┃

04 건축법에 의한 유소대책

(1) 연소할 우려가 있는 부분[대규모 목조건축물의 외벽 등(「건축물의 피난·방화구조 등의 기준에 관한 규칙」 제22조)]

1) 외벽 및 처마 밑의 연소할 우려가 있는 부분을 방화구조로 하되, 그 지붕은 불연재료로 하여야 한다.

2) 인접 대지경계선·도로중심선 또는 동일한 대지 안에 있는 2동 이상의 건축물(연면적의 합계가 500m² 이하인 건축물은 이를 하나의 건축물로 본다) 상호의 외벽

간의 중심선으로부터 1층에 있어서는 3m 이내, 2층 이상에 있어서는 5m 이내의 거리에 있는 건축물의 각 부분을 말한다.

3) 다만, 공원·광장·하천의 공지나 수면 또는 내화구조의 벽 기타 이와 유사한 것에 접하는 부분을 제외한다.

(2) 방화지구 안의 건축물(「건축법」 제51조)

1) 주요구조부와 외벽을 내화구조로 하여야 한다. 다만, 다음과 같이 대통령령으로 정하는 경우 예외[방화지구의 건축물(「건축법 시행령」 제58조)]로 한다.

① 연면적 30m^2 미만인 단층 부속 건축물로서 외벽 및 처마면이 내화구조 또는 불연재료로 된 것

② 도매시장의 용도로 쓰는 건축물로서 그 주요구조부가 불연재료로 된 것

2) 간판, 광고탑, 그 밖에 대통령령으로 정하는 공작물은 주요부를 불연(不燃)재료로 하여야 한다.

① 지붕 위에 설치하는 공작물

② 높이 3m 이상의 공작물

3) 지붕·방화문 및 인접 대지경계선에 접하는 외벽

① 화재 시 복사열에 의한 화염전파를 방지하기 위함이다.

② 국토교통부령으로 정하는 구조 및 재료로 하여야 한다[「건축물의 피난·방화구조 등의 기준에 관한 규칙」 제23조(방화지구 안의 지붕·방화문 및 외벽 등)].

㉠ 건축물의 지붕 : 내화구조가 아닌 것은 불연재료로 하여야 한다.

㉡ 인접 대지경계선에 접하는 외벽 + 연소할 우려가 있는 부분인 경우에 설치하는 창문

- 갑종방화문
- 소방법령이 정하는 기준에 적합하게 창문 등에 설치하는 드렌처
- 당해 창문 등과 연소할 우려가 있는 다른 건축물의 부분을 차단하는 내화구조나 불연재료로 된 벽·담장 기타 이와 유사한 방화설비
- 환기구멍에 설치하는 불연재료로 된 방화커버 또는 그물눈이 2mm 이하인 금속망을 설치

커튼월(curtain wall)

01 개 요[59]

(1) 정의 : 건물의 하중을 모두 기둥, 들보, 바닥, 지붕으로 지탱하고, 외벽은 하중을 부담하지 않은 채 마치 커튼을 치듯 건축자재를 돌려쳐 외벽으로 삼는 건축양식이다.

(2) 이렇게 만들어진 외벽은 비내력벽으로 사실상 외부와 내부를 단순 구획하는 칸막이 벽이나 다름없다.

(3) 하지만 최근 초고층 건축물은 건설의 용이성과 미적인 우수성으로 많이 사용하는 추세이나 유리 커튼월을 사용한 건물에서 화재로 인한 외부 화재확산인 포크 스루 효과(pork through effect)와 내부 화재확산인 립프로그 효과(leapfrog effect ; 뛰어넘기 효과)가 발생하여 큰 피해를 유발하는 문제점을 가지고 있다.

02 위험성

(1) 립프로그 효과(leapfrog effect : 뛰어넘기 효과)

　1) 정의 : 화재가 발생할 경우 유리 외장재가 파손되면서 외부의 공기가 급격히 유입되어 화재가 건너뛰기 하듯이 상층부로 빠르게 전파되는 효과이다.

　2) 진행과정

　　① 커튼월의 유리 외장재 파손

　　② 공기가 급격히 유입되고 화재가 성장하면서 화염분출 발생

　　③ 분출된 화염이 상층부의 커튼월 유리 외장재를 파손

　　④ 다시 ②, ③을 반복

　3) 특히, 초고층 건축물의 경우 주위 기류가 건물벽에 부딪혀 빠른 상승기류(빌딩풍)가 형성되므로 화염의 수직전파속도는 더욱 증가된다.

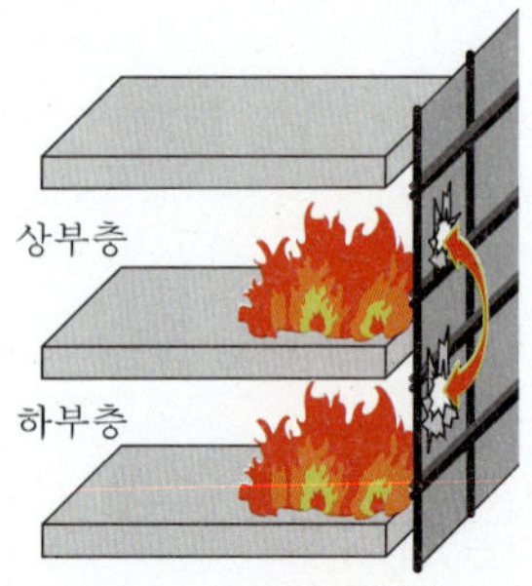

┃ 립프로그 효과 ┃

59) Rogan, R. (2010) ASTM Leap Frog Effect Doctoral dissertation. Worcester Polytechnic Institute.

(2) 포크 스루 효과(pork through effect)

1) 정의 : 고온의 열기류에 의해 커튼월 프레임과 층간 사이의 층간 충진재를 탈락시키며 상층부로 화재가 전파되는 현상이다.

2) 진행과정

① 커튼월과 슬래브 사이의 구조부를 가열

② 구조부의 열적 변형에 의한 내화충진재의 탈락

③ 탈락된 틈을 통해 상층부로 화염이 전파

④ 상층부 화재가 성장하면 ①, ②, ③을 반복

3) 특히, 초고층 건축물의 경우 주위 기류가 건물벽에 부딪혀 빠른 상승기류(빌딩풍)가 형성되므로 화염의 수직전파속도는 더욱 증가된다.

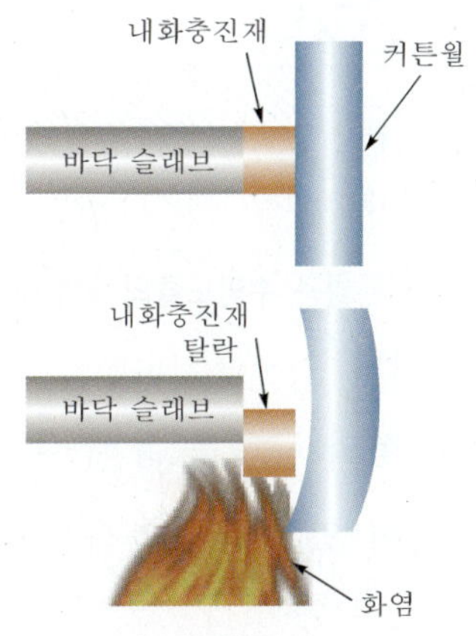

| Pork through effect |

03 해결방안

(1) **커튼월용 수막노즐의 설치** : 기존의 윈도우 스프링클러의 단점을 개선하기 위해 워터커튼노즐에 유리면 살수부를 추가한 커튼월용 수막노즐이다.

| 커튼월용 수막노즐 |

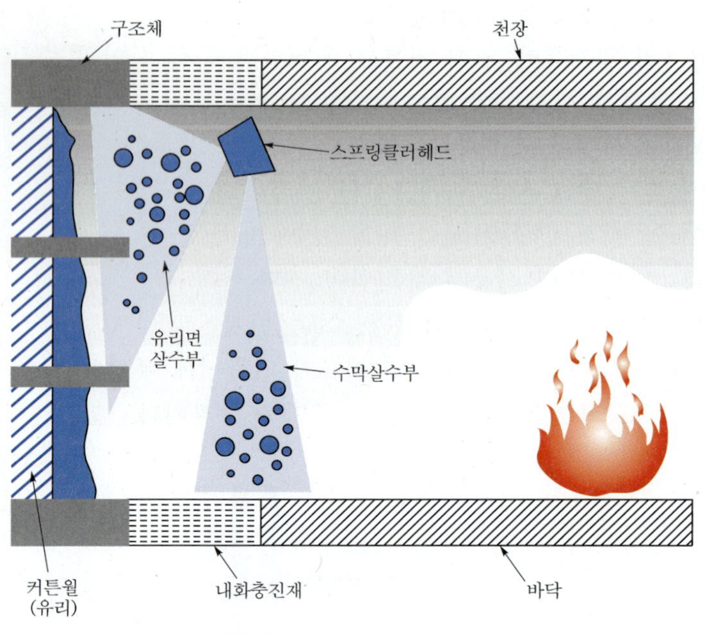

❚ 커튼월용 수막노즐의 살수패턴 ❚

(2) 커튼월의 내화성능을 강화한다.

(3) 커튼월과 구조체의 열적 변형의 균형을 통해 내화충진재의 탈락을 방지한다.

(4) 고층 건축물 화재에 적응성이 있는 내화충진재의 시공이 필요하다.

04 고층 건축물 가이드라인

구 분	가이드라인 주요내용	제정배경
부산 소방 본부	고층 건축물 건축심의 가이드라인 • 건물창 등 개구부 근접 상부에 수직연소확대 방지용 스프링클러설비 헤드 설치 적용 • 조기반응형 또는 표준형 헤드를 1.8m 이상의 간격으로 설치하여 스키핑 현상을 방지하도록 지도 	최근 주상복합건물 외벽 대부분이 커튼월(curtain-wall)방식 구조로 되어 있고, 공동주택의 경우 발코니 확장 등으로 인해 개구부를 통한 상층부로의 급격한 연소확대 위험
	• 외벽 구조상 상층부로 빠른 연소확대 및 붕괴위험 상존(해운대 고층 건축물 화재)	커튼월, 강화유리 등 밀폐형으로 빠른 온도상승

구 분	가이드라인 주요내용	제정배경
서울 소방 재난 본부	서울특별시 성능위주설계 심의 가이드 라인 상층부 연소확대 방지 스프링클러 헤드 설치 • 커튼월 구조는 벽체 주변에 스프링클러설비 헤드 설치 • 발코니 부분에 스프링클러설비 헤드 설치 • 피트층, 피트공간(EPS, TPS, PS실) 스프링클러 설비 헤드 설치	최근 고층 건축물 외벽은 대부분이 커튼월 방식 구조로 되어 있고, 공동주택의 경우 발코니 확장 등으로 인해 상층부로 급격한 연소확대가 우려되어 이를 방지
경기도 소방 재난 본부	성능위주설계심의 기준(건축부문) • 피난방재계획(피난안전성 확보) • 커튼월 설치 시 연소확대 방지대책을 마련할 것	–

05 검 토

부산소방본부의 경우 헤드 간격을 1.8m 이상으로 설치하도록 하고 있지만 커튼월용 수막헤드의 경우 수막설비 개념이 크고 헤드의 간격은 일반 헤드보다 작아야 하므로 헤드의 간격을 좁게 설치하고 스키핑(cold soldering)을 방지하기 위하여 차폐판을 설치해야 한다.

수막설비

01 개 요

수막설비는 일반 스프링클러설비의 화재 제어·진압 기능이 아니라 연소생성물인 연기나 열을 차단하여 화재를 더 이상 다른 지역으로 확대시키지 않는 연소확대 방지설비이다.

02 목적 및 장소

(1) 인접 건축물의 화재로 인한 복사 및 대류 열 차단

1) 복사 또는 대류열이 벽의 개구부를 통해 건축물 안으로의 침투를 방지
2) 건축물 외벽의 발화 및 열손상 가능성을 최소화
3) 위험물 탱크 BLEVE의 발생을 방지

(2) 건축물 내에서의 연소확대 방지 및 연기이동 방지

1) 수직·수평 개구부를 통한 연소확대 방지 및 연기이동 방지
2) 지하철 차량 또는 승강장이 화재발생 시 화재가 일어나지 않는 장소의 화염 및 연기의 차단
3) 터널 화재 시 연기의 이동을 일정 범위(50m)로 제한하여 연소확대 방지 및 연기이동 방지

03 NFSC

(1) 연소할 우려가 있는 개구부 : 스프링클러설비, 드렌처설비를 설치한다.

> **꼼꼼체크** 연소할 우려가 있는 개구부 : 각 방화구획을 관통하는 컨베이어·에스컬레이터 또는 이와 유사한 시설의 주위로서 방화구획을 할 수 없는 부분을 말한다.

(2) 스프링클러설비

1) 개구부 폭 2.5m 초과 시 상하좌우 2.5m 간격으로 설치
2) 개구부 폭 2.5m 이하 시 중앙에 설치
3) 헤드와 개구부 벽과의 거리 15cm 이하로 설치
4) 사람이 상시 출입하는 개구부로 통행에 지장이 있을 때 : 상부 또는 측벽에 1.2m 간격으로 설치(폭이 9m 이하인 경우)

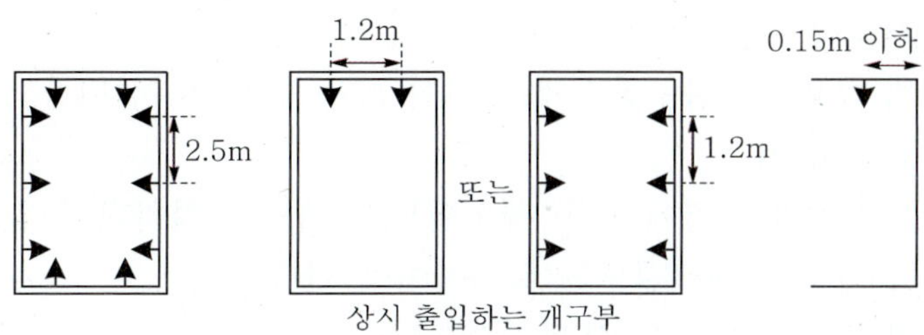

▌스프링클러 설치방법 ▌

(3) 드렌처설비

1) 개구부 위에 2.5m 이내마다 1개

2) 제어밸브 높이 : 0.8~1.5m

3) 수원 : $1.6m^3 \times$ 헤드가 가장 많이 설치된 제어밸브의 헤드 개수

4) 0.1MPa, 80Lpm 이상

5) 가압송수장치는 점검이 쉽고 화재 등의 재해로 인한 피해 우려가 없는 곳에 설치하여야 한다.

04 설치기준(NFPA)

(1) 옥내 : 에스컬레이터(E/S) 등의 수직개구부

1) 대류열에 의한 위층에 설치되어 있는 스프링클러헤드 작동을 방지한다.

2) 복사열에 의한 상부로의 연소확대를 방지한다.

3) 드래프트 커튼(draft curtains)이 필요하다.

　① 개구부 직근에 설치

　② 높이 50cm 이상

　③ 불연재 또는 준불연재

4) 헤드 간격은 1.8m 이하로 설치한다.

5) 콜드 솔더 이펙트(cold solder effect)를 방지하기 위하여 보호판(baffle)을 설치한다.

　① 폭 20cm, 높이 15cm 이상

　② 상단 : 상향형 헤드보다 5cm 이상 높게 설치한다.

　③ 하단 : 하향형 헤드보다 낮게 설치한다.

　④ 재질 : 불연재 및 준불연재

(2) 옥외

1) 외부 건축물의 화재성상을 파악하여 그 가연물의 양에 의하여 주수시간을 결정한다. 최소 주수시간은 60분 이상이다.

2) **헤드는 개방형 또는 폐쇄형**
　　① 동결의 우려가 있는 장소에는 건식 또는 동결방지설비를 설치
　　② 배수장치 설치
3) **체크밸브** : 2개의 벽면에 개별 제어밸브와 헤드가 설치된 경우, 다른 벽면의 헤드 1개도 작동하도록 체크밸브를 설치하여야 한다.
4) 하나의 연소확대 위험이 2벽면에 영향을 미치는 경우, 단일 설비가 2벽면을 포용하도록 설치하여야 한다.
5) 대류열은 방수로 쉽게 냉각되지만, 복사열은 방사를 통과하여 연소확대 위험이 있는 건물에 직접 닿을 수 있으므로, 일정 양의 물이 연소확대 위험이 있는 건물의 벽을 따라서 흘러내리도록 설계하여야 한다.
6) 외부에 설치하는 배관 및 부속품은 내식성이 있어야 한다.
7) 동결을 방지하기 위해 배수밸브를 설치하여야 한다.

선큰가든(sunken garden)

01 개 요

(1) 지하나 지하로 통하는 공간에 꾸민 정원

(2) 지면보다 한층 낮은 정원

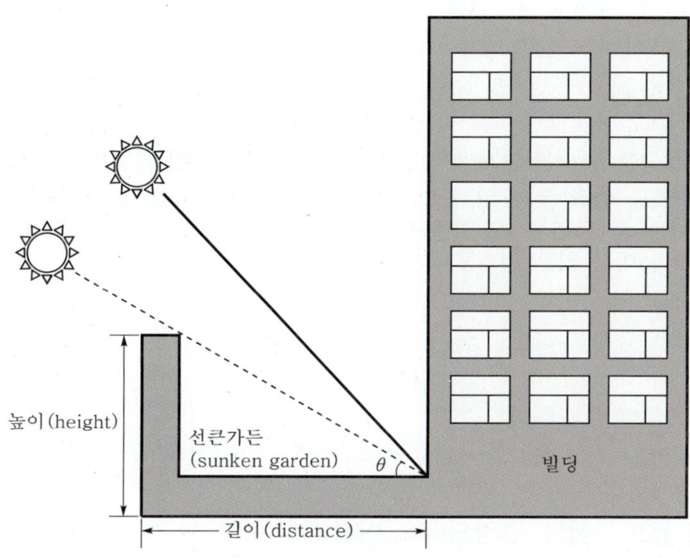

▌ 선큰가든 ▐

02 소방에서의 역할

(1) **피난의 공간** : 지하공간의 단점인 인공채광, 인공환기로 인해 축열, 축연으로 피난에 장애가 발생하는데, 피난자가 외부의 안전한 장소까지 피난하기 전에 일시적인 피난을 할 수 있는 피난의 공간이다.

(2) **방화의 공간**

   1) 선큰가든은 외기와 노출되어 있으므로 자연채광과 연기배출이 용이한 공간이다.

   2) 소화활동이 용이한 공간이다.

   3) 연소확대를 방지하는 공간이다.

03 법적 제한

(1) 지하층과 피난층 사이의 개방공간 설치(「건축법 시행령」 제37조) : 바닥면적의 합계가 3,000m² 이상인 공연장·집회장·관람장 또는 전시장을 지하층에 설치하는 경우에는 각 실에 있는 자가 지하층 각 층에서 건축물 밖으로 피난하여 옥외 계단 또는 경사로 등을 이용하여 피난층으로 대피할 수 있도록 천장이 개방된 외부 공간을 설치할 것. 즉 선큰가든을 말하는 것이다.

(2) 피난안전구역 설치기준 등(「초고층 및 지하연계 복합건축물 재난관리에 관한 특별법 시행령」 제14조) : 초고층 건축물 등의 지하층이 법 제2조 제2호 나목의 용도로 사용되는 경우 해당 지하층에 [별표 2]의 피난안전구역 면적산정 기준에 따라 피난안전구역을 설치하거나, 선큰(지표 아래에 있고 외기(外氣)에 개방된 공간으로서 건축물 사용자 등의 보행·휴식 및 피난 등에 제공되는 공간)을 설치할 것

> **꼼꼼체크** 「초고층 및 지하연계 복합건축물 재난관리에 관한 특별법」 제2조 제2호 나목
> 건축물 안에 문화 및 집회시설, 판매시설, 운수시설, 업무시설, 숙박시설, 위락(慰樂)시설 중 유원시설업(遊園施設業)의 시설 또는 대통령령으로 정하는 용도의 시설이 하나 이상 있는 건축물

(3) 선큰 설치기준

1) **설치면적** : 다음의 구분에 따라 용도별로 산정한 면적을 합산한 면적 이상으로 설치할 것

① 문화 및 집회시설 중 공연장, 집회장 및 관람장 : 해당 면적의 7% 이상

② 판매시설 중 소매시장 : 해당 면적의 7% 이상

③ 그 밖의 용도 : 해당 면적의 3% 이상

2) **설치기준**

① 지상 또는 피난층(직접 지상으로 통하는 출입구가 있는 층 및 피난안전구역)으로 통하는 너비 1.8m 이상의 직통계단을 설치하거나, 너비 1.8m 이상 및 경사도 12.5% 이하의 경사로를 설치할 것

② 거실(건축물 안에서 거주, 집무, 작업, 집회, 오락, 그 밖에 이와 유사한 목적을 위하여 사용되는 방을 말한다. 이하 같다) 바닥면적 100m²마다 0.6m 이상을 거실에 접하도록 하고, 선큰과 거실을 연결하는 출입문의 너비는 거실 바닥면적 100m²마다 0.3m로 산정한 값 이상으로 할 것

3) **설비기준**

① 빗물에 의한 침수 방지를 위하여 차수판(遮水板), 집수정(集水井), 역류방지기를 설치할 것

② 선큰과 거실이 접하는 부분에 제연설비[드렌처(수막)설비 또는 공기조화설비와 별도로 운용하는 제연설비를 말한다]를 설치할 것. 다만, 선큰과 거실이 접하는

부분에 설치된 공기조화설비가 「화재예방, 소방시설 설치·유지 및 안전관리에 관한 법률」 제9조 제1항에 따른 화재안전기준에 맞게 설치되어 있고, 화재발생 시 제연설비 기능으로 자동전환되는 경우에는 제연설비를 설치하지 않을 수 있다.

(4) 초고층 건축물 등의 관리주체는 피난안전구역에 1부터 3까지에서 규정한 사항 외에 재난의 예방·대응 및 지원을 위하여 행정안전부령으로 정하는 설비 등을 갖추어야 한다.

지하층

01 개 요

(1) 지하층이란 건축물의 바닥이 지표면 아래에 있는 것으로서 그 바닥으로부터 지표면 까지의 평균높이가 당해 층 높이[60]의 2분의 1 이상인 것을 말한다.

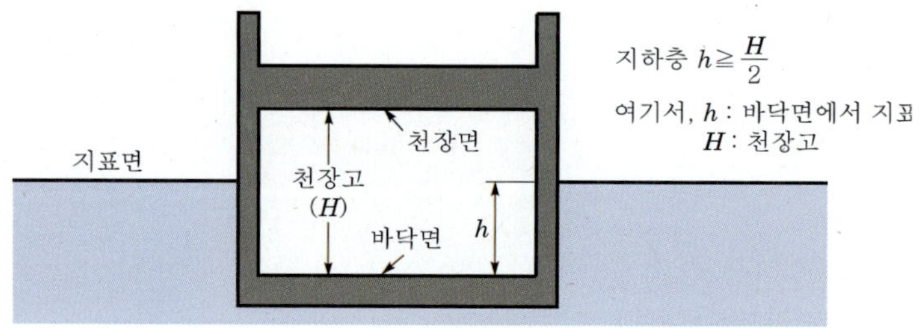

❙ 지하층 ❙

(2) 건축물에 설치하는 지하층의 구조 및 설비는 국토교통부령으로 정하는 기준에 맞게 하여야 한다[「건축법」 제53조(지하층)].

(3) 소방에서 지하층에 대한 각종 설비 및 시설의 제한을 강제하는 이유는 무창의 공간 으로 소방, 방재상 취약하기 때문이다.

02 지하층의 구조(「건축물의 피난·방화구조 등의 기준에 관한 규칙」 제25조)

(1) 「건축법」 제53조에 따라 건축물에 설치하는 지하층의 구조 및 설비는 다음의 기준에 적합하여야 한다.

　1) 거실의 바닥면적이 $50m^2$ 이상인 층에는 직통계단 외에 피난층 또는 지상으로 통하 는 비상탈출구 및 환기통을 설치할 것. 다만, 직통계단이 2개소 이상 설치되어 있 는 경우에는 그러하지 아니하다.

　2) 직통계단 2개소 이상 설치 대상 : 아래의 용도로 쓰이는 층으로서 그 층의 거실의 바닥면적의 합계가 $50m^2$ 이상인 건축물

　　① 제2종 근린생활시설 중 공연장·단란주점·당구장·노래연습장

　　② 문화 및 집회시설 중 예식장·공연장

　　③ 수련시설 중 생활권수련시설·자연권수련시설

　　④ 숙박시설 중 여관·여인숙

---

60) 층 높이 : 구조물의 바닥 윗면으로부터 위층 바닥구조체의 윗면까지의 높이

⑤ 위락시설 중 단란주점 · 유흥주점

⑥ 「다중이용업소의 안전관리에 관한 특별법 시행령」 제2조에 따른 다중이용업의 용도

┃ 직통계단 2개 이상 설치대상 ┃

구 분	대상 용도
그 층 거실바닥면적 합계가 50m^2 이상인 층	• 제2종 근린생활시설 중 공연장 · 단란주점 · 당구장 · 노래연습장 • 문화 및 집회시설 중 예식장 · 공연장 • 교육연구 및 복지시설 중 생활권수련시설 · 자연권수련시설 • 숙박시설 중 여관 · 여인숙 • 위락시설 중 단란주점 · 주점영업 • 다중이용업의 용도

3) 바닥면적이 1,000m^2 이상인 층에는 피난층 또는 지상으로 통하는 직통계단을 영 제46조(방화구획의 설치)의 규정에 의한 방화구획으로 구획되는 각 부분마다 1개소 이상 설치하되, 이를 피난계단 또는 특별피난계단의 구조로 할 것

4) 거실의 바닥면적의 합계가 1,000m^2 이상인 층에는 환기설비를 설치할 것

5) 지하층의 바닥면적이 300m^2 이상인 층에는 식수공급을 위한 급수전을 1개소 이상 설치할 것

┃ 지하층에 설치해야 되는 시설 ┃

구 분	대상 규모	구조 기준
피난계단 특별피난계단	바닥면적 1,000m^2 이상인 층	방화구획으로 구획되는 각 부분마다 1개소 이상 피난층 또는 지상으로 통하는 피난계단 또는 특별피난계단 설치
환기설비	거실의 바닥면적 합계가 1,000m^2 이상인 층	환기설비 설치
급수전	바닥면적 300m^2 이상 층	식수공급을 위한 급수전 1개소 이상 설치
비상탈출구 환기통	바닥면적 50m^2 이상인 층	직통계단 이외 피난층 또는 지상으로 통하는 비상탈출구 및 환기통 설치(단, 직통계단 2개소 이상 설치 시 제외)

(2) 위 (1)의 1)에 따른 지하층의 비상탈출구는 다음의 기준에 적합하여야 한다. 다만, 주택의 경우에는 그러하지 아니하다.

1) 비상탈출구의 유효너비는 0.75m 이상으로 하고, 유효높이는 1.5m 이상으로 할 것

2) 비상탈출구의 문은 피난방향으로 열리도록 하고, 실내에서 항상 열 수 있는 구조로 하여야 하며, 내부 및 외부에는 비상탈출구의 표시를 할 것

3) 비상탈출구는 출입구로부터 3m 이상 떨어진 곳에 설치할 것

4) 지하층의 바닥으로부터 비상탈출구의 아랫부분까지의 높이가 1.2m 이상이 되는 경우에는 벽체에 발판의 너비가 20cm 이상인 사다리를 설치할 것

5) 비상탈출구는 피난층 또는 지상으로 통하는 복도나 직통계단에 직접 접하거나 통로 등으로 연결될 수 있도록 설치하여야 하며, 피난층 또는 지상으로 통하는 복도

나 직통계단까지 이르는 피난통로의 유효너비는 0.75m 이상으로 하고, 피난통로의 실내에 접하는 부분의 마감과 그 바탕은 불연재료로 할 것

6) 비상탈출구의 진입부분 및 피난통로에는 통행에 지장이 있는 물건을 방치하거나 시설물을 설치하지 아니할 것

7) 비상탈출구의 유도등과 피난통로의 비상조명등의 설치는 소방법령이 정하는 바에 의할 것

▌비상탈출구 설치기준 ▌

구 분	구조 기준
크기	너비 0.75m 이상, 높이 1.5m 이상
문	피난방향으로 열리도록 하고, 실내에서 항상 열 수 있는 구조로 하며, 내부 및 외부에는 비상탈출구의 표지 설치
위치	출입구로부터 3m 이상 떨어진 곳
사다리	바닥으로부터 비상탈출구의 아랫부분까지의 높이가 1.2m 이상인 경우 발판의 너비가 20cm 이상인 사다리 설치
유도등과 비상조명등	비상탈출구의 유도등과 피난통로의 비상조명등을 소방관계법령에 따라 설치
피난통로	유효너비는 0.75m 이상으로 하고, 내장재는 불연재료로 설치
장애물	비상탈출구의 진입부분 및 피난통로에는 통행에 지장이 있는 물건을 방치하거나 시설물을 설치하지 말 것

도 로

01 개 요

도로는 평상시 건축물의 이용에 지장이 없도록 보행 및 자동차의 통행이 가능한 4m 이상의 폭을 가진 길을 의미한다. 도로는 소방법상에서 피난의 경로가 되고 소화활동을 위한 장비가 이동할 수 있는 길이 된다.

02 종류와 규정

(1) **통과도로** : 보행 및 자동차 통행이 가능한 너비 4m 이상의 도로로 다음 중 어디 하나에 해당하는 도로 또는 예정도로

1) 법률에 의해서 신설 또는 변경에 관한 고시가 된 도로
   ① 국토의 계획 및 이용에 관한 법률
   ② 도로법
   ③ 사도법
   ④ 기타 관계법령
2) 건축허가 또는 신고 시 : 시·도지사 또는 시·군·구청장이 그 위치를 지정하여 공고한 도로

(2) **지형적 조건 등으로 차량통행을 위한 도로의 설치가 곤란한 경우** : 시·군·구청장이 도로의 설치가 곤란하다고 인정하여 그 위치를 지정·공고하는 구간 안의 너비 3m 이상인 도로. 단, 길이가 10m 미만인 막다른 도로의 경우는 너비가 2m 이상인 도로

(3) **막다른 도로** : 도로의 너비가 그 길이에 따라서 아래의 기준 이상인 도로

막다른 도로	도로의 너비
10m 미만	2m
10m 이상 35m 미만	3m
35m 이상	6m(도시지역이 아닌 읍·면 지역 4m)

03 대지와 도로의 관계

(1) **도로에 접하여야 하는 건축물의 대지** : 건축물의 대지는 원칙적으로 2m 이상의 도로에 접하여야 한다.

(2) **연면적이 2,000m² 이상인 건축물이 있는 대지** : 너비 6m 이상인 도로에 4m 이상 접하여야 한다.

복합건축물

(1) 정의

1) 하나의 건축물 안에 아래 (2)의 1)부터 30)까지의 것(특정소방대상물) 중 둘 이상의 용도로 사용되는 것

2) 하나의 건축물이 근린생활시설, 판매시설, 업무시설, 숙박시설 또는 위락시설의 용도와 주택의 용도로 함께 사용되는 것

(2) 특정소방대상물

1) 공동주택

2) 근린생활시설[소매점($1,000m^2$ 미만), 음식점, 의원, 공연장($300m^2$ 미만), 게임방, 학원]

3) 문화 및 집회시설[공연장, 집회장, 관람장($1,000m^2$ 미만), 전시장, 동·식물원]

4) 종교시설

5) 판매시설(도매시장, 소매시장, 상점)

6) 운수시설(여객자동차터미널, 철도 및 도시철도 시설, 공항시설, 항만시설 및 종합 여객시설)

7) 의료시설(병원, 격리병원, 정신의료기관, 장애인 의료재활시설)

8) 교육연구시설(학교, 교육원, 직업훈련소, 학원, 연구소, 도서관)

9) 노유자시설(노인 관련 시설, 아동 관련 시설, 장애인 관련 시설, 정신질환자 관련 시설, 노숙인 관련 시설)

10) 수련시설(생활권 수련시설, 자연권 수련시설, 유스호스텔)

11) 운동시설

12) 업무시설(공공업무시설, 일반업무시설, 변전소, 공중화장실)

13) 숙박시설(일반형 숙박시설, 생활형 숙박시설, 고시원)

14) 위락시설(단란주점, 유흥주점, 유원시설업의 시설, 무도장 및 무도학원, 카지노영 업소)

15) 공장

16) 창고시설(위험물 저장 및 처리 시설 또는 그 부속용도에 해당하는 것은 제외)

17) 위험물 저장 및 처리 시설(위험물제조소 등, 가스시설)

18) 항공기 및 자동차 관련 시설(건설기계 관련 시설을 포함)

19) 동물 및 식물 관련 시설

20) 분뇨 및 쓰레기 처리시설

21) 교정 및 군사 시설

22) 방송통신시설

23) 발전시설

24) 묘지 관련 시설

25) 관광·휴게 시설

26) 장례식장[의료시설의 부수시설(「의료법」 제36조 제1호에 따른 의료기관의 종류에 따른 시설)은 제외]

27) 지하가(지하상가, 터널)

28) 지하구

29) 문화재

30) 복합건축물

(3) 복합건축물로 보지 않는 경우

1) 관계 법령에서 주된 용도의 부수시설로서 그 설치를 의무화하고 있는 용도 또는 시설

① 건축물의 주된 용도의 부수시설로 설치할 수 있게 규정하고 있는 시설의 용도라면 건축물의 주된 용도의 기능에 필수적인 용도로서 부속용도에 해당한다고 해석된다(대법원 2009. 12. 24. 선고 2007도1915 판례 참조).

② 정의(「건축법 시행령」 제2조) : 부속용도란 건축물의 주된 용도의 기능에 필수적인 용도로서 다음의 어느 하나에 해당하는 용도를 말한다.

　㉠ 건축물의 설비, 대피, 위생, 그 밖에 이와 비슷한 시설의 용도

　㉡ 사무, 작업, 집회, 물품저장, 주차, 그 밖에 이와 비슷한 시설의 용도

　㉢ 구내 식당·직장 어린이집·구내 운동시설 등 종업원 후생복리시설, 구내 소각시설, 그 밖에 이와 비슷한 시설의 용도

　㉣ 관계 법령에서 주된 용도의 부수시설로 설치할 수 있게 규정하고 있는 시설의 용도

③ 이는 부속용도는 주용도의 운용상 꼭 필요한 것이고 부속용도가 단독으로 사용되는 것이 아니기 때문에 주용도를 중심으로 판단해야 하고 따라서 부속용도를 주용도와 분리하여 별도의 용도로 용도제한을 해서는 아니되기 때문이다.

2) 「주택법」 제21조(주택건설기준 등) 제1항 제2호 및 제3호에 따라 주택대지 안에 설치하는 부대시설 또는 복리시설이 설치되는 특정소방대상물 : 사업주체가 건설·공급하는 주택의 건설 등에 관한 다음의 기준은 대통령령으로 정한다.

① 부대시설의 설치기준

② 복리시설의 설치기준

3) 건축물의 주된 용도의 기능에 필수적인 용도로서 다음의 어느 하나에 해당하는 용도

① 건축물의 설비·대피 및 위생, 그 밖에 이와 비슷한 시설의 용도

② 사무·작업·집회·물품저장·주차, 그 밖에 이와 비슷한 시설의 용도
③ 구내 식당·구내 세탁소·구내 운동시설 등 종업원 후생복리시설 및 구내 소각
   시설, 그 밖에 이와 비슷한 시설의 용도

02 방화에 장애가 되는 용도의 제한(「건축법 시행령」 제47조)

다음과 같은 다중이용시설과 위험시설은 방화에 장애가 되므로 함께 설치할 수 없다.

(1) 의료시설, 노유자시설(아동 관련 시설 및 노인복지시설만 해당), 공동주택, 장례시설
또는 제1종 근린생활시설(산후조리원만 해당) ↔ 위락시설, 위험물 저장 및 처리 시
설, 공장 또는 자동차 관련 시설(정비공장만 해당)

(2) 노유자시설 중 아동 관련 시설, 노인복지시설 ↔ 판매시설 중 도매시장, 소매시장

(3) 단독주택(다중주택, 다가구주택에 한정), 공동주택, 제1종 근린생활시설 중 조산원,
산후조리원 ↔ 제2종 근린생활시설 중 다중생활시설

같은 건축물 안에 설치할 수 없는 방화에 장애가 되는 용도(A와 B는 병행설치 곤란)		용도제한의 예외규정
대상 A	대상 B	• 기숙사와 공장이 같은 건축물 안에 있는 경우 • 상업지역(중심·일반·근린) 안에서 도시 및 주거환경정비법에 의한 도시환경정비사업을 시행하는 경우 • 공동주택과 위락시설이 같은 초고층 건축물에 있는 경우 • 지식산업센터와 직장 어린이집이 같은 건축물에 있는 경우
의료시설, 아동 관련 시설, 노인복지시설, 공동주택	위락시설, 위험물 저장 및 처리 시설, 정비공장	
아동 관련 시설, 노인복지시설	도매시장, 소매시장	없음
다중주택, 다가구주택, 공동주택, 조산원, 산후조리원	다중생활시설	없음

03 복합건축물의 피난시설 등의 기준(건축물의 피난·방화구조 등의 기준에 관한 규칙 제14조 2)

(1) 의료시설, 노유자시설(아동 관련 시설 및 노인복지시설만 해당), 공동주택, 장례시설
또는 제1종 근린생활시설(산후조리원만 해당)과 위락시설, 위험물 저장 및 처리 시
설, 공장 또는 자동차 관련 시설(정비공장만 해당) 중 하나 이상을 함께 설치하고자
하는 경우에는 다음의 기준에 적합하여야 한다.

(2) 출입구는 서로 그 보행거리가 30m 이상이 되도록 설치할 것

(3) 내화구조로 된 바닥 및 벽으로 구획하여 서로 차단할 것(통로 포함)

(4) 서로 이웃하지 아니하도록 배치할 것

(5) 건축물의 주요구조부를 내화구조로 할 것

(6) 마감재료

   1) 거실 : 불연재료 · 준불연재료 또는 난연재료

   2) 복도 · 계단 그 밖에 통로 : 불연재료 또는 준불연재료

2개 이상의 소방대상물 연결

01 개 요

화재발생 시 2개 이상 건축물이 연결되어 화재로 인한 피해가 확산될 수 있는 가능성이 증가하기 때문에 제정하여 별도의 건물이 아닌 하나의 건물로 보아서 방재설비를 강화하려고 한다.

02 별도의 대상물로 볼 수 있는 하나의 건축물(「화재예방, 소방시설 설치·유지 및 안전관리에 관한 법률 시행령」 [별표 2] 비고)

내화구조로 된 하나의 특정소방대상물이 개구부(건축물에서 채광·환기·통풍·출입 등을 위하여 만든 창이나 출입구를 말한다)가 없는 내화구조의 바닥과 벽으로 구획되어 있는 경우에는 그 구획된 부분을 각각 별개의 특정소방대상물로 본다.

03 연결통로로 연결된 하나의 소방대상물

둘 이상의 특정소방대상물이 다음의 어느 하나에 해당되는 구조의 복도 또는 통로로 연결된 경우에는 이를 하나의 소방대상물로 본다.

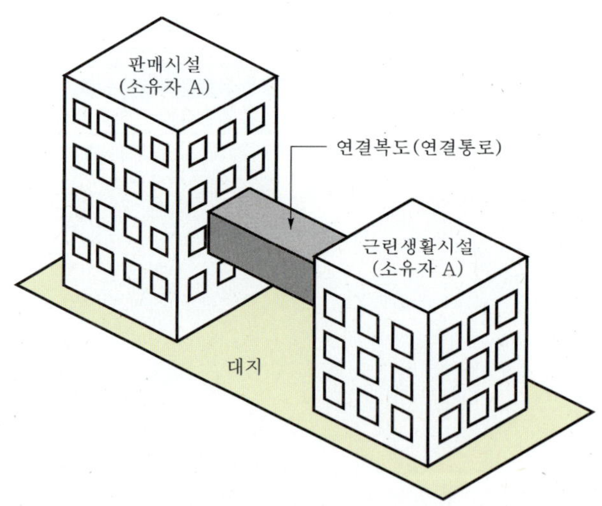

▐ 연결통로로 연결된 소방대상물 ▐

(1) 내화구조로 된 연결통로가 다음의 어느 하나에 해당되는 경우
  1) 벽이 없는 구조로서 그 길이가 6m 이하인 경우

2) 벽이 있는 구조로서 그 길이가 10m 이하인 경우. 다만, 벽 높이가 바닥에서 천장 높이의 2분의 1 이상인 경우에는 벽이 있는 구조로 보고, 벽 높이가 바닥에서 천장 높이의 2분의 1 미만인 경우에는 벽이 없는 구조로 본다.

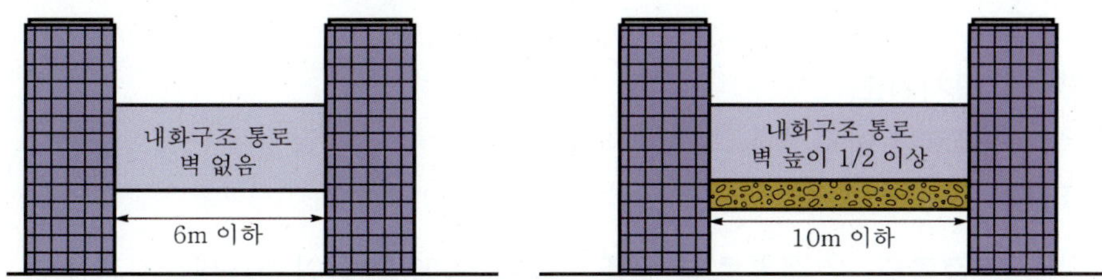

▎내화구조로된 연결통로물 ▎

(2) 내화구조가 아닌 연결통로로 연결된 경우

(3) 컨베이어로 연결되거나 플랜트설비의 배관 등으로 연결되어 있는 경우

(4) 지하보도, 지하상가, 지하가로 연결된 경우

(5) 방화셔터 또는 갑종방화문이 설치되지 않은 피트로 연결된 경우

(6) 지하구로 연결된 경우

04 별도 건축물로 할 수 있는 연결통로의 구조

(1) 화재 시 경보설비 또는 자동소화설비의 작동과 연동하여 자동으로 닫히는 방화셔터 또는 갑종방화문이 설치된 경우이다.

(2) 화재 시 자동으로 방수되는 방식의 드렌처설비 또는 개방형 스프링클러헤드가 설치된 경우이다.

05 특정소방대상물의 지하층이 지하가와 연결되어 있는 경우

해당 지하층의 부분을 지하가로 본다. 다만, 다음 지하가와 연결되는 지하층에 지하층 또는 지하가에 설치된 방화문이 자동폐쇄장치·자동화재탐지설비 또는 자동소화설비와 연동하여 닫히는 구조이거나 상부에 드렌처설비를 설치한 경우에는 지하가로 보지 않는다.

06 맞벽건축과 연결복도(「건축법 시행령」 제81조)

(1) 대상

1) 상업지역(다중이용 건축물 및 공동주택은 스프링클러나 그 밖에 이와 비슷한 자동

식 소화설비를 설치한 경우로 한정)

2) 주거지역(건축물 및 토지의 소유자 간 맞벽건축을 합의한 경우에 한정)

3) 허가권자가 도시미관 또는 한옥 보전·진흥을 위하여 건축조례로 정하는 구역

4) 건축협정구역

(2) 맞벽의 설치기준

1) 주요구조부 : 내화구조

2) 마감재료 : 불연재료

(3) 맞벽, 연결복도, 연결통로의 구조·크기 등에 관하여 필요한 사항

1) 주요구조부 : 내화구조

2) 마감재료 : 불연재료

3) 밀폐된 구조인 경우 : 벽면적의 10분의 1 이상에 해당하는 면적의 창문을 설치할 것. 다만, 지하층으로서 환기설비를 설치하는 경우에는 그러하지 아니하다.

4) 너비 및 높이가 각각 5m 이하일 것. 다만, 허가권자가 건축물의 용도나 규모 등을 고려할 때 원활한 통행을 위하여 필요하다고 인정하면 지방건축위원회의 심의를 거쳐 그 기준을 완화하여 적용할 수 있다.

5) 건축물과 복도 또는 통로의 연결부분에 방화셔터 또는 방화문을 설치해야 한다.

6) 연결복도가 설치된 대지면적의 합계가 「국토의 계획 및 이용에 관한 법률 시행령」 제55조에 따른 개발행위의 최대 규모 이하일 것. 다만, 지구단위계획구역에서는 그러하지 아니하다.

(4) 연결복도나 연결통로는 건축사 또는 건축구조기술사로부터 안전에 관한 확인을 받아야 한다.

건축허가 등의 동의

01 건축허가(「건축법」 제11조)

(1) 건축물을 건축하거나 대수선하려는 자는 특별자치시장·특별자치도지사 또는 시장·군수·구청장의 허가를 받아야 한다. 다만, 21층 이상의 건축물 등 대통령령으로 정하는 용도 및 규모의 건축물을 특별시나 광역시에 건축하려면 특별시장이나 광역시장의 허가를 받아야 한다.

(2) 시장·군수는 위 (1)에 따라 다음의 어느 하나에 해당하는 건축물의 건축을 허가하려면 미리 건축계획서와 국토교통부령으로 정하는 건축물의 용도, 규모 및 형태가 표시된 기본설계도서를 첨부하여 도지사의 승인을 받아야 한다.

  1) 위 (1)의 단서에 해당하는 건축물. 다만, 도시환경, 광역교통 등을 고려하여 해당 도의 조례로 정하는 건축물은 제외

  2) 자연환경이나 수질을 보호하기 위하여 도지사가 지정·공고한 구역에 건축하는 3층 이상 또는 연면적의 합계가 1,000m^2 이상인 건축물로서 위락시설과 숙박시설 등 대통령령으로 정하는 용도에 해당하는 건축물

  3) 주거환경이나 교육환경 등 주변 환경을 보호하기 위하여 필요하다고 인정하여 도지사가 지정·공고한 구역에 건축하는 위락시설 및 숙박시설에 해당하는 건축물

(3) (1)에 따라 허가를 받으려는 자는 허가신청서에 국토교통부령으로 정하는 설계도서와 제5항에 따른 허가 등을 받거나 신고를 하기 위하여 관계법령에서 제출하도록 의무화하고 있는 신청서 및 구비서류를 첨부하여 허가권자에게 제출하여야 한다. 다만, 국토교통부장관이 관계 행정기관의 장과 협의하여 국토교통부령으로 정하는 신청서 및 구비서류는 제21조에 따른 착공신고 전까지 제출할 수 있다.

  1) 설계도서(「건축법」 제2조 제1항 제14호) : 건축물의 건축 등에 관한 공사용 도면, 구조계산서, 시방서(示方書), 그 밖에 국토교통부령으로 정하는 공사에 필요한 서류를 말한다.

  2) 설계도서의 범위(「건축법 시행규칙」 제1조의2) : 「건축법」 제2조 제14호에서 "그 밖에 국토교통부령으로 정하는 공사에 필요한 서류"란 다음의 서류를 말한다.

    ① 건축설비계산 관계 서류

    ② 토질 및 지질 관계 서류

    ③ 기타 공사에 필요한 서류

(4) 허가권자는 (1)에 따른 건축허가를 하고자 하는 때에 「건축기본법」 제25조에 따른

한국건축규정의 준수 여부를 확인하여야 한다. 다만, 다음의 어느 하나에 해당하는 경우에는 이 법이나 다른 법률에도 불구하고 건축위원회의 심의를 거쳐 건축허가를 하지 아니할 수 있다.

1) 위락시설이나 숙박시설에 해당하는 건축물의 건축을 허가하는 경우 해당 대지에 건축하려는 건축물의 용도·규모 또는 형태가 주거환경이나 교육환경 등 주변 환경을 고려할 때 부적합하다고 인정되는 경우

2) 「국토의 계획 및 이용에 관한 법률」 제37조 제1항 제5호에 따른 방재지구 및 「자연재해대책법」 제12조 제1항에 따른 자연재해위험개선지구 등 상습적으로 침수되거나 침수가 우려되는 지역에 건축하려는 건축물에 대하여 지하층 등 일부 공간을 주거용으로 사용하거나 거실을 설치하는 것이 부적합하다고 인정되는 경우

(5) 위 (1)에 따른 건축허가를 받으면 다음의 허가 등을 받거나 신고를 한 것으로 보며, 공장건축물의 경우에는 「산업집적활성화 및 공장설립에 관한 법률」 제13조의2와 제14조에 따라 관련 법률의 인·허가 등이나 허가 등을 받은 것으로 본다.

1) 제20조 제3항에 따른 공사용 가설 건축물의 축조신고

2) 제83조에 따른 공작물의 축조신고

3) 「국토의 계획 및 이용에 관한 법률」 제56조에 따른 개발행위허가

4) 「국토의 계획 및 이용에 관한 법률」 제86조 제5항에 따른 시행자의 지정과 같은 법 제88조 제2항에 따른 실시계획의 인가

5) 「산지관리법」 제14조와 제15조에 따른 산지전용허가와 산지전용신고, 같은 법 제15조의2에 따른 산지일시사용허가·신고. 다만, 보전산지인 경우에는 도시지역만 해당

6) 「사도법」 제4조에 따른 사도(私道)개설허가

7) 「농지법」 제34조, 제35조 및 제43조에 따른 농지전용 허가·신고 및 협의

8) 「도로법」 제36조에 따른 도로관리청이 아닌 자에 대한 도로공사 시행의 허가, 같은 법 제52조 제1항에 따른 도로와 다른 시설의 연결 허가

9) 「도로법」 제61조에 따른 도로의 점용 허가

10) 「하천법」 제33조에 따른 하천점용 등의 허가

11) 「하수도법」 제27조에 따른 배수설비(配水設備)의 설치신고

12) 「하수도법」 제34조 제2항에 따른 개인하수처리시설의 설치신고

13) 「수도법」 제38조에 따라 수도사업자가 지방자치단체인 경우 그 지방자치단체가 정한 조례에 따른 상수도 공급신청

14) 「전기사업법」 제62조에 따른 자가용 전기설비 공사계획의 인가 또는 신고

15) 「물환경보전법」 제33조에 따른 수질오염물질 배출시설 설치의 허가나 신고

16) 「대기환경보전법」 제23조에 따른 대기오염물질 배출시설 설치의 허가나 신고

17) 「소음·진동 관리법」 제8조에 따른 소음·진동 배출시설 설치의 허가나 신고

18) 「가축분뇨의 관리 및 이용에 관한 법률」 제11조에 따른 배출시설 설치허가나 신고

19) 「자연공원법」 제23조에 따른 행위 허가

20) 「도시공원 및 녹지 등에 관한 법률」 제24조에 따른 도시공원의 점용 허가

21) 「토양환경보전법」 제12조에 따른 특정토양오염관리대상시설의 신고

22) 「수산자원관리법」 제52조 제2항에 따른 행위의 허가

23) 「초지법」 제23조에 따른 초지전용의 허가 및 신고

(6) 허가권자는 위 (5)의 어느 하나에 해당하는 사항이 다른 행정기관의 권한에 속하면 그 행정기관의 장과 미리 협의하여야 하며, 협의요청을 받은 관계 행정기관의 장은 요청을 받은 날부터 15일 이내에 의견을 제출하여야 한다. 이 경우 관계 행정기관의 장은 아래 (8)에 따른 처리기준이 아닌 사유를 이유로 협의를 거부할 수 없고, 협의 요청을 받은 날부터 15일 이내에 의견을 제출하지 아니하면 협의가 이루어진 것으로 본다.

(7) 허가권자는 위 (1)에 따른 허가를 받은 자가 다음의 어느 하나에 해당하면 허가를 취 소하여야 한다. 다만, 아래 1)에 해당하는 경우로서 정당한 사유가 있다고 인정되면 1년의 범위에서 공사의 착수기간을 연장할 수 있다.

1) 허가를 받은 날부터 2년(「산업집적활성화 및 공장설립에 관한 법률」 제13조에 따 라 공장의 신설·증설 또는 업종변경의 승인을 받은 공장은 3년) 이내에 공사에 착 수하지 아니한 경우

2) 1)의 기간 이내에 공사에 착수하였으나 공사의 완료가 불가능하다고 인정되는 경우

3) 제21조에 따른 착공신고 전에 경매 또는 공매 등으로 건축주가 대지의 소유권을 상실한 때부터 6개월이 경과한 이후 공사의 착수가 불가능하다고 판단되는 경우

(8) 위 (5)의 어느 하나에 해당하는 사항과 제12조 제1항의 관계 법령을 관장하는 중앙행 정기관의 장은 그 처리기준을 국토교통부장관에게 통보하여야 한다. 처리기준을 변 경한 경우에도 또한 같다.

(9) 국토교통부장관은 위 (8)에 따라 처리기준을 통보받은 때에는 이를 통합하여 고시하 여야 한다.

(10) 제4조 제1항에 따른 건축위원회의 심의를 받은 자가 심의결과를 통지 받은 날부터 2년 이내에 건축허가를 신청하지 아니하면 건축위원회 심의의 효력이 상실된다.

(11) 위 (1)에 따라 건축허가를 받으려는 자는 해당 대지의 소유권을 확보하여야 한다. 다 만, 다음의 어느 하나에 해당하는 경우에는 그러하지 아니하다.

1) 건축주가 대지의 소유권을 확보하지 못하였으나 그 대지를 사용할 수 있는 권원을 확보한 경우. 다만, 분양을 목적으로 하는 공동주택은 제외한다.

2) 건축주가 건축물의 노후화 또는 구조안전 문제 등 대통령령으로 정하는 사유로 건축물을 신축·개축·재축 및 리모델링을 하기 위하여 건축물 및 해당 대지의 공유자 수의 100분의 80 이상의 동의를 얻고 동의한 공유자의 지분 합계가 전체 지분의 100분의 80 이상인 경우

3) 건축주가 위 (1)에 따른 건축허가를 받아 주택과 주택 외의 시설을 동일 건축물로 건축하기 위하여 「주택법」 제21조를 준용한 대지 소유 등의 권리 관계를 증명한 경우. 다만, 「주택법」 제15조 제1항 각 호 외의 부분 본문에 따른 대통령령으로 정하는 호수 이상으로 건설·공급하는 경우에 한정한다.

4) 건축하려는 대지에 포함된 국유지 또는 공유지에 대하여 허가권자가 해당 토지의 관리청이 해당 토지를 건축주에게 매각하거나 양여할 것을 확인한 경우

5) 건축주가 집합건물의 공용 부분을 변경하기 위하여 「집합건물의 소유 및 관리에 관한 법률」 제15조 제1항에 따른 결의가 있었음을 증명한 경우

02 건축허가(「건축법 시행령」 제8조)

(1) 법 제11조 제1항 단서에 따라 특별시장 또는 광역시장의 허가를 받아야 하는 건축물의 건축은 층수가 21층 이상이거나 연면적의 합계가 10만m^2 이상인 건축물의 건축(연면적의 10분의 3 이상을 증축하여 층수가 21층 이상으로 되거나 연면적의 합계가 10만m^2 이상으로 되는 경우를 포함)을 말한다.

(2) **건축허가 제외대상**

1) 공장

2) 창고

3) 지방건축위원회의 심의를 거친 건축물(특별시 또는 광역시의 건축조례로 정하는 바에 따라 해당 지방건축위원회의 심의사항으로 할 수 있는 건축물에 한정하며, 초고층 건축물은 제외한다)

(3) 법 제11조 제2항 제2호에서 "위락시설과 숙박시설 등 대통령령으로 정하는 용도에 해당하는 건축물"이란 다음의 건축물을 말한다.

1) 공동주택

2) 제2종 근린생활시설(일반음식점만 해당한다)

3) 업무시설(일반업무시설만 해당한다)

4) 숙박시설

5) 위락시설

(4) 법 제11조 제2항에 따른 승인신청에 필요한 신청서류 및 절차 등에 관하여 필요한 사항은 국토교통부령으로 정한다.

03 건축허가 등의 동의(「화재예방, 소방시설 설치·유지 및 안전관리에 관한 법률」 제7조)

(1) 건축물 등의 신축·증축·개축·재축(再築)·이전·용도변경 또는 대수선(大修繕)의 허가·협의 및 사용승인(「주택법」 제15조에 따른 승인 및 같은 법 제49조에 따른 사용검사, 「학교시설사업 촉진법」 제4조에 따른 승인 및 같은 법 제13조에 따른 사용승인을 포함하며, 이하 "건축허가 등"이라 한다)의 권한이 있는 행정기관은 건축허가 등을 할 때 미리 그 건축물 등의 시공지(施工地) 또는 소재지를 관할하는 소방본부장이나 소방서장의 동의를 받아야 한다.

(2) 건축물 등의 대수선·증축·개축·재축 또는 용도변경의 신고를 수리(受理)할 권한이 있는 행정기관은 그 신고를 수리하면 그 건축물 등의 시공지 또는 소재지를 관할하는 소방본부장이나 소방서장에게 지체 없이 그 사실을 알려야 한다.

(3) 소방본부장이나 소방서장은 위 (1)에 따른 동의를 요구받으면 그 건축물 등이 이 법 또는 이 법에 따른 명령을 따르고 있는지를 검토한 후 행정안전부령으로 정하는 기간 이내에 해당 행정기관에 동의 여부를 알려야 한다.

(4) 위 (1)에 따라 사용승인에 대한 동의를 할 때에는 「소방시설공사업법」 제14조 제3항에 따른 소방시설공사의 완공검사증명서를 교부하는 것으로 동의를 갈음할 수 있다. 이 경우 위 (1)에 따른 건축허가 등의 권한이 있는 행정기관은 소방시설공사의 완공검사증명서를 확인하여야 한다.

(5) 위 (1)에 따른 건축허가 등을 할 때에 소방본부장이나 소방서장의 동의를 받아야 하는 건축물 등의 범위는 대통령령으로 정한다.

(6) 다른 법령에 따른 인가·허가 또는 신고 등(건축허가 등과 위 (2)에 따른 신고는 제외)의 시설기준에 소방시설 등의 설치·유지 등에 관한 사항이 포함되어 있는 경우 해당 인허가 등의 권한이 있는 행정기관은 인허가 등을 할 때 미리 그 시설의 소재지를 관할하는 소방본부장이나 소방서장에게 그 시설이 이 법 또는 이 법에 따른 명령을 따르고 있는지를 확인하여 줄 것을 요청할 수 있다. 이 경우 요청을 받은 소방본부장 또는 소방서장은 행정안전부령으로 정하는 기간 이내(7일)에 확인 결과를 알려야 한다.

04 건축허가 등의 동의대상물의 범위 등(「화재예방, 소방시설 설치·유지 및 안전관리에 관한 법률 시행령」 제12조)

(1) 법 제7조 제5항에 따라 건축허가 등을 할 때 미리 소방본부장 또는 소방서장의 동의를 받아야 하는 건축물 등의 범위는 다음과 같다.

1) 연면적(「건축법 시행령」 제119조 제1항 제4호에 따라 산정된 면적을 말한다. 이하 같다)이 400m² 이상인 건축물. 다만, 다음의 어느 하나에 해당하는 시설은 해당 항목에서 정한 기준 이상인 건축물로 한다.

① 「학교시설사업 촉진법」 제5조의2 제1항에 따라 건축 등을 하려는 학교시설 : 100m^2

② 노유자시설 및 수련시설 : 200m^2

③ 「정신건강증진 및 정신질환자 복지서비스 지원에 관한 법률」 제3조 제5호에 따른 정신의료기관(입원실이 없는 정신건강의학과 의원은 제외) : 300m^2

④ 「장애인복지법」 제58조 제1항 제4호에 따른 장애인 의료재활시설 : 300m^2

2) 차고·주차장 또는 주차용도로 사용되는 시설로서 다음의 하나에 해당하는 것

① 차고·주차장으로 사용되는 층 중 바닥면적이 200m^2 이상인 층이 있는 건축물이나 주차시설

② 승강기 등 기계장치에 의한 주차시설로서 자동차 20대 이상을 주차할 수 있는 시설

3) 항공기격납고, 관망탑, 항공관제탑, 방송용 송·수신탑

4) 지하층 또는 무창층이 있는 건축물로서 바닥면적이 150m^2(공연장의 경우에는 100m^2) 이상인 층이 있는 것

5) [별표 2]의 특정소방대상물 중 위험물 저장 및 처리 시설, 지하구

6) 위 1)에 해당하지 않는 노유자시설 중 다음의 어느 하나에 해당하는 시설. 다만, 아래 ②부터 ⑤까지의 시설 중 「건축법 시행령」 [별표 1]의 단독주택 또는 공동주택에 설치되는 시설은 제외한다. 이는 숙박시설이 있는 경우에 해당된다.

① 노인 관련 시설(「노인복지법」 제31조 제3호 및 제5호에 따른 노인여가복지시설 및 노인보호전문기관은 제외)

② 「아동복지법」 제52조에 따른 아동복지시설(아동상담소, 아동전용시설 및 지역아동센터는 제외)

③ 「장애인복지법」 제58조 제1항 제1호에 따른 장애인 거주시설

④ 정신질환자 관련 시설(「정신건강증진 및 정신질환자 복지서비스 지원에 관한 법률」 제27조 제1항 제2호에 따른 공동생활가정을 제외한 재활훈련시설과 같은 법 시행령 제16조 제3호에 따른 종합시설 중 24시간 주거를 제공하지 아니하는 시설은 제외)

⑤ 노숙인 관련 시설 중 노숙인자활시설, 노숙인재활시설 및 노숙인요양시설(노인 거주시설)

⑥ 결핵환자나 한센인이 24시간 생활하는 노유자시설

(2) 위 (1)에도 불구하고 다음 중 하나에 해당하는 특정소방대상물은 소방본부장 또는 소방서장의 건축허가 등의 동의대상에서 제외된다.

1) [별표 5]에 따른 특정소방대상물에 설치되는 소화기구, 누전경보기, 피난기구, 방열복·공기호흡기 및 인공소생기, 유도등 또는 유도표지가 법 제9조 제1항의 전단에 따른 화재안전기준에 적합한 경우 그 특정소방대상물

2) 건축물의 증축 또는 용도변경으로 인하여 해당 특정소방대상물에 추가로 소방시설 등이 설치되지 아니하는 경우 그 특정소방대상물

(3) 법 제7조 제1항에 따라 건축허가 등의 권한이 있는 행정기관은 건축허가 등의 동의를 받으려는 경우에는 동의요구서에 행정안전부령으로 정하는 서류를 첨부하여 해당 건축물 등의 소재지를 관할하는 소방본부장 또는 소방서장에게 동의를 요구하여야 한다. 이 경우 동의 요구를 받은 소방본부장 또는 소방서장은 첨부서류가 미비한 경우에는 그 서류의 보완을 요구할 수 있다.

05 건축허가 등의 동의요구(「화재예방, 소방시설 설치·유지 및 안전관리에 관한 법률 시행규칙」 제4조)

(1) 법 제7조 제1항에 따른 건축물 등의 신축·증축·개축·재축 또는 이전의 허가·협의 및 사용승인(이하 "건축허가 등"이라 한다)의 동의요구는 다음의 구분에 따른 기관이 건축물 등의 공사 시공지 또는 소재지를 관할하는 소방본부장 또는 소방서장에게 하여야 한다.

1) 영 제12조 제1항 제1호부터 제4호까지 및 제6호에 따른 건축물 등과 영 [별표 2] 제17호 가목에 따른 위험물 제조소 등의 경우 : 「건축법」 제11조에 따른 허가(「건축법」 제29조 제1항에 따른 협의, 「주택법」 제16조에 따른 승인, 같은 법 제29조에 따른 사용검사, 「학교시설사업 촉진법」 제4조에 따른 승인 및 같은 법 제13조에 따른 사용승인을 포함)의 권한이 있는 행정기관

2) 영 [별표 2] 제17호 나목에 따른 가스시설의 경우 : 「고압가스 안전관리법」 제4조, 「도시가스사업법」 제3조 및 「액화석유가스의 안전관리 및 사업법」 제3조·제6조에 따른 허가의 권한이 있는 행정기관

3) 영 [별표 2] 제28호에 따른 지하구의 경우 : 「국토의 계획 및 이용에 관한 법률」 제88조 제2항에 따른 도시·군계획시설사업 실시계획 인가의 권한이 있는 행정기관

(2) 위 (1)의 어느 하나에 해당하는 기관은 영 제12조 제3항에 따라 건축허가 등의 동의를 요구하는 때에는 동의요구서(전자문서로 된 요구서를 포함)에 다음의 서류(전자문서를 포함)를 첨부하여야 한다.

1) 「건축법 시행규칙」 제6조·제8조 및 제12조의 규정에 의한 건축허가신청서 및 건축허가서 또는 건축·대수선·용도변경신고서 등 건축허가 등을 확인할 수 있는 서류의 사본. 이 경우 동의요구를 받은 담당공무원은 특별한 사정이 없는 한 「전자정부법」 제36조 제1항에 따른 행정정보의 공동이용을 통하여 건축허가서를 확인함으로써 첨부서류의 제출에 갈음하여야 한다.

2) 다음의 설계도서. 다만, ① 및 ③의 설계도서는 「소방시설공사업법 시행령」 제4조에 따른 소방시설공사 착공신고대상에 해당되는 경우에 한한다.
① 건축물의 단면도 및 주단면 상세도(내장재료를 명시한 것에 한한다)

② 소방시설(기계·전기 분야의 시설을 말한다)의 층별 평면도 및 층별 계통도(시설별 계산서를 포함한다)

③ 창호도

3) 소방시설 설치계획표

4) 임시소방시설 설치계획서(설치 시기·위치·종류·방법 등 임시소방시설의 설치와 관련한 세부사항을 포함한다)

5) 소방시설설계업등록증과 소방시설을 설계한 기술인력자의 기술자격증

(3) 위 (1)에 따른 동의요구를 받은 소방본부장 또는 소방서장은 법 제7조 제3항에 따라 건축허가 등의 동의요구서류를 접수한 날부터 5일(허가를 신청한 건축물 등이 영 제22조 제1항 제1호 각 목의 어느 하나에 해당하는 경우에는 10일) 이내에 건축허가 등의 동의 여부를 회신하여야 한다.

(4) 소방본부장 또는 소방서장은 위 (3)의 규정에 불구하고 (2)의 규정에 의한 동의요구서 및 첨부서류의 보완이 필요한 경우에는 4일 이내의 기간을 정하여 보완을 요구할 수 있다. 이 경우 보완기간은 (3)의 규정에 의한 회신기간에 산입하지 아니하고, 보완기간 내에 보완하지 아니하는 때에는 동의요구서를 반려하여야 한다.

(5) 위 (1)의 규정에 의한 건축허가 등의 동의를 요구한 기관이 그 건축허가 등을 취소하였을 때에는 취소한 날부터 7일 이내에 건축물 등의 시공지 또는 소재지를 관할하는 소방본부장 또는 소방서장에게 그 사실을 통보하여야 한다.

(6) 소방본부장 또는 소방서장은 위 (3)의 규정에 의하여 동의여부를 회신하는 때에는 별지 제5호 서식의 건축허가 등의 동의대장에 이를 기재하고 관리하여야 한다.

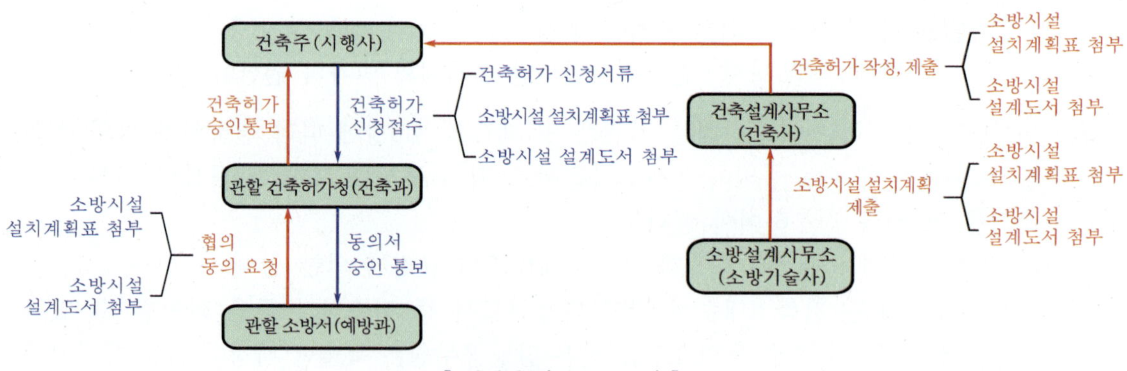

▌설계업무(flow chart)▐

364

건축신고 및 용도변경

01 건축신고 1(「건축법」 제14조)

(1) 제11조에 해당하는 허가대상 건축물이라 하더라도 다음의 어느 하나에 해당하는 경우에는 미리 특별자치시장·특별자치도지사 또는 시장·군수·구청장에게 국토교통부령으로 정하는 바에 따라 신고를 하면 건축허가를 받은 것으로 본다.

1) 바닥면적의 합계가 $85m^2$ 이내의 증축·개축 또는 재축. 다만, 3층 이상 건축물인 경우에는 증축·개축 또는 재축하려는 부분의 바닥면적의 합계가 건축물 연면적의 10분의 1 이내인 경우로 한정한다.

2) 「국토의 계획 및 이용에 관한 법률」에 따른 관리지역, 농림지역 또는 자연환경보전지역에서 연면적이 $200m^2$ 미만이고 3층 미만인 건축물의 건축. 다만, 다음의 어느 하나에 해당하는 구역에서의 건축은 제외한다.

① 지구단위계획구역

② 방재지구 등 재해취약지역으로서 대통령령으로 정하는 구역

3) 연면적이 $200m^2$ 미만이고 3층 미만인 건축물의 대수선

4) 주요구조부의 해체가 없는 등 대통령령으로 정하는 대수선

5) 그 밖에 소규모 건축물로서 대통령령으로 정하는 건축물의 건축

(2) 위 (1)에 따른 건축신고에 관하여는 제11조 제5항 및 제6항을 준용한다(다른 규정 및 타법의 인허가는 신고로 본다).

(3) 특별자치시장·특별자치도지사 또는 시장·군수·구청장은 제1항에 따른 신고를 받은 날부터 5일 이내에 신고수리 여부 또는 민원처리 관련 법령에 따른 처리기간의 연장 여부를 신고인에게 통지하여야 한다. 다만, 이 법 또는 다른 법령에 따라 심의, 동의, 협의, 확인 등이 필요한 경우에는 20일 이내에 통지하여야 한다.

(4) 특별자치시장·특별자치도지사 또는 시장·군수·구청장은 위 (1)에 따른 신고가 위 (3) 단서에 해당하는 경우에는 신고를 받은 날부터 5일 이내에 신고인에게 그 내용을 통지하여야 한다.

(5) 위 (1)에 따라 신고를 한 자가 신고일부터 1년 이내에 공사에 착수하지 아니하면 그 신고의 효력은 없어진다. 다만, 건축주의 요청에 따라 허가권자가 정당한 사유가 있다고 인정하면 1년의 범위에서 착수기한을 연장할 수 있다.

02 건축신고 2(「건축법 시행령」제11조)

(1) 법 제14조 제1항 제2호 나목에서 "방재지구 등 재해취약지역으로서 대통령령으로 정하는 구역"이란 다음의 어느 하나에 해당하는 지구 또는 지역을 말한다.

1)「국토의 계획 및 이용에 관한 법률」제37조에 따라 지정된 방재지구(防災地區)

2)「급경사지 재해예방에 관한 법률」제6조에 따라 지정된 붕괴위험지역

(2) 법 제14조 제1항 제4호에서 "주요구조부의 해체가 없는 등 대통령령으로 정하는 대수선"이란 다음의 어느 하나에 해당하는 대수선을 말한다.

1) 내력벽의 면적을 $30m^2$ 이상 수선하는 것

2) 기둥을 세 개 이상 수선하는 것

3) 보를 세 개 이상 수선하는 것

4) 지붕틀을 세 개 이상 수선하는 것

5) 방화벽 또는 방화구획을 위한 바닥 또는 벽을 수선하는 것

6) 주계단·피난계단 또는 특별피난계단을 수선하는 것

(3) 법 제14조 제1항 제5호에서 "대통령령으로 정하는 건축물"이란 다음의 어느 하나에 해당하는 건축물을 말한다.

1) 연면적의 합계가 $100m^2$ 이하인 건축물

2) 건축물의 높이를 3미터 이하의 범위에서 증축하는 건축물

3) 법 제23조 제4항에 따른 표준설계도서에 따라 건축하는 건축물로서 그 용도 및 규모가 주위 환경이나 미관에 지장이 없다고 인정하여 건축조례로 정하는 건축물

4)「국토의 계획 및 이용에 관한 법률」제36조 제1항 제1호 마목에 따른 공업지역, 같은 법 제51조 제3항에 따른 제2종 지구단위계획구역(같은 법 시행령 제48조 제10호에 따른 산업형만 해당한다) 및 「산업입지 및 개발에 관한 법률」에 따른 산업단지에서 건축하는 2층 이하인 건축물로서 연면적 합계 $500m^2$ 이하인 공장

5) 농업이나 수산업을 경영하기 위하여 읍·면 지역(특별자치도지사·시장·군수가 지역계획 또는 도시계획에 지장이 있다고 지정·공고한 구역은 제외)에서 건축하는 연면적 $200m^2$ 이하의 창고 및 연면적 $400m^2$ 이하의 축사·작물재배사(作物栽培舍)

(4) 법 제14조에 따른 건축신고에 관하여는 제9조 제1항을 준용한다(건축허가 등의 신청).

03 건축신고 3(「건축법 시행규칙」제12조)

(1) 법 제14조 제1항 및 제16조 제1항에 따라 건축물의 건축·대수선 또는 설계변경의 신고를 하려는 자는 별지 제6호 서식의 건축·대수선·용도변경신고서에 다음의 서류

를 첨부하여 특별자치시장·특별자치도지사 또는 시장·군수·구청장에게 제출(전자문서로 제출하는 것을 포함)하여야 한다. 다만, 아래 4)의 서류 중 토지 등기사항증명서는 제출하지 아니할 수 있으며, 이 경우 특별자치시장·특별자치도지사 또는 시장·군수·구청장은 「전자정부법」 제36조 제1항에 따른 행정정보의 공동이용을 통하여 해당 토지 등기사항증명서를 확인하여야 한다.

1) [별표 2] 중 배치도·평면도(층별로 작성된 것만 해당)·입면도 및 단면도. 다만, 다음의 경우에는 각 구분에 따른 도서를 말한다.

　① 연면적의 합계가 $100m^2$를 초과하는 영 [별표 1] 제1호의 단독주택을 건축하는 경우 : [별표 2]의 설계도서 중 건축계획서·배치도·평면도·입면도·단면도 및 구조도(구조내력상 주요한 부분의 평면 및 단면을 표시한 것만 해당)

　② 법 제23조 제4항에 따른 표준설계도서에 따라 건축하는 경우 : 건축계획서 및 배치도

　③ 법 제10조에 따른 사전결정(건축법 또는 기타 법에 의해 허용되는지를)을 받은 경우 : 평면도

2) 법 제11조 제5항 각 호에 따른 허가 등을 받거나 신고를 하기 위하여 해당 법령에서 제출하도록 의무화하고 있는 신청서 및 구비서류(해당사항이 있는 경우로 한정한다)

3) 건축할 대지의 범위에 관한 서류

4) 건축할 대지의 소유 또는 사용에 관한 권리를 증명하는 서류. 다만, 건축할 대지에 포함된 국유지·공유지에 대해서는 특별자치시장·특별자치도지사 또는 시장·군수·구청장이 해당 토지의 관리청과 협의하여 그 관리청이 해당 토지를 건축주에게 매각하거나 양여할 것을 확인한 서류로 그 토지의 소유에 관한 권리를 증명하는 서류를 갈음할 수 있으며, 집합건물의 공용부분을 변경하는 경우에는 「집합건물의 소유 및 관리에 관한 법률」 제15조 제1항에 따른 결의가 있었음을 증명하는 서류로 한다.

(2) 법 제14조 제1항에 따른 신고를 받은 특별자치시장·특별자치도지사 또는 시장·군수·구청장은 해당 건축물을 건축하려는 대지에 재해의 위험이 있다고 인정하는 경우에는 지방건축위원회의 심의를 거쳐 [별표 2]의 서류 중 이미 제출된 서류를 제외한 나머지 서류를 추가로 제출하도록 요구할 수 있다.

(3) 특별자치시장·특별자치도지사 또는 시장·군수·구청장은 위 (1)에 따른 건축·대수선·용도변경신고서를 받은 때에는 그 기재내용을 확인한 후 그 신고의 내용에 따라 별지 제7호 서식의 건축·대수선·용도변경신고필증을 신고인에게 교부하여야 한다.

(4) 위 (3)에 따라 건축·대수선·용도변경신고필증을 발급하는 경우에 관하여는 제8조 제2항 및 제3항을 준용한다.

(5) 특별자치시장·특별자치도지사·시장·군수 또는 구청장은 위 (1)에 따른 신고를 하려는 자에게 1)~4)의 서류를 제출하는 데 도움을 줄 수 있는 건축사사무소, 건축지도원 및 건축기술자 등에 대한 정보를 충분히 제공하여야 한다.

04 용도변경 1(「건축법」 제19조)

(1) 건축물의 용도변경은 변경하려는 용도의 건축기준에 맞게 하여야 한다.

(2) 제22조에 따라 사용승인을 받은 건축물의 용도를 변경하려는 자는 다음의 구분에 따라 국토교통부령으로 정하는 바에 따라 특별자치시장·특별자치도지사 또는 시장·군수·구청장의 허가를 받거나 신고를 하여야 한다.
　1) 허가 대상 : 아래 (4)의 어느 하나에 해당하는 시설군(施設群)에 속하는 건축물의 용도를 상위군(아래 (4)의 각 항목의 번호가 용도변경하려는 건축물이 속하는 시설군보다 작은 시설군을 말한다)에 해당하는 용도로 변경하는 경우
　2) 신고 대상 : 아래 (4)의 어느 하나에 해당하는 시설군에 속하는 건축물의 용도를 하위군(아래 (4)의 각 항목의 번호가 용도변경하려는 건축물이 속하는 시설군보다 큰 시설군을 말한다)에 해당하는 용도로 변경하는 경우

(3) 아래 (4)에 따른 시설군 중 같은 시설군 안에서 용도를 변경하려는 자는 국토교통부령으로 정하는 바에 따라 특별자치시장·특별자치도지사 또는 시장·군수·구청장에게 건축물대장 기재내용의 변경을 신청하여야 한다. 다만, 대통령령으로 정하는 변경의 경우에는 그러하지 아니하다.

(4) 시설군은 다음과 같고 각 시설군에 속하는 건축물의 세부용도는 대통령령으로 정한다.
　1) 자동차 관련 시설군
　2) 산업 등의 시설군
　3) 전기통신시설군
　4) 문화 및 집회시설군
　5) 영업시설군
　6) 교육 및 복지시설군
　7) 근린생활시설군
　8) 주거업무시설군
　9) 그 밖의 시설군

(5) 위 (2)에 따른 허가나 신고 대상인 경우로서 용도변경하려는 부분의 바닥면적의 합계가 100m² 이상인 경우의 사용승인에 관하여는 제22조를 준용한다. 다만, 용도변경하려는 부분의 바닥면적의 합계가 500m² 미만으로서 대수선에 해당되는 공사를 수반하지 아니하는 경우에는 그러하지 아니하다.

(6) 위 (2)에 따른 허가 대상인 경우로서 용도변경하려는 부분의 바닥면적의 합계가 $500m^2$ 이상인 용도변경(대통령령으로 정하는 경우는 제외한다)의 설계에 관하여는 제23조를 준용한다.

(7) 위 (1)과 (2)에 따른 건축물의 용도변경에 관하여는 제3조, 제5조, 제6조, 제7조, 제11조 제2항부터 제9항까지, 제12조, 제14조부터 제16조까지, 제18조, 제20조, 제27조, 제29조, 제35조, 제38조, 제42조부터 제44조까지, 제48조부터 제50조까지, 제50조의2, 제51조부터 제56조까지, 제58조, 제60조부터 제64조까지, 제64조의2, 제67조, 제68조, 제78조부터 제87조까지의 규정과「녹색건축물 조성 지원법」제15조 및「국토의 계획 및 이용에 관한 법률」제54조를 준용한다.

05 용도변경 2(「건축법 시행령」 제14조)

(1) 국토교통부장관은 법 제19조 제1항에 따른 용도변경을 할 때 적용되는 건축기준을 고시할 수 있다. 이 경우 다른 행정기관의 권한에 속하는 건축기준에 대하여는 미리 관계행정기관의 장과 협의하여야 한다.

(2) 법 제19조 제3항 단서에서 "대통령령으로 정하는 변경"이란 다음의 어느 하나에 해당하는 건축물 상호간의 용도변경을 말한다.
   1) [별표 1]의 같은 호에 속하는 건축물 상호간의 용도변경
   2)「국토의 계획 및 이용에 관한 법률」이나 그 밖의 관계 법령에서 정하는 용도제한에 적합한 범위에서 제1종 근린생활시설과 제2종 근린생활시설 상호간의 용도변경. 다만, 제1종 근린생활시설을 [별표 1] 제4호 라목부터 파목까지의 용도로 변경하는 경우는 제외한다.

(3) 법 제19조 제4항의 시설군에 속하는 건축물의 용도는 다음과 같다.
   1) **자동차 관련 시설군** : 자동차 관련 시설
   2) **산업 등 시설군**
   ① 운수시설
   ② 창고시설
   ③ 공장
   ④ 위험물 저장 및 처리 시설
   ⑤ 자원순환 관련 시설
   ⑥ 묘지 관련 시설
   ⑦ 장례식장
   3) **전기통신시설군**
   ① 방송통신시설
   ② 발전시설

369

4) 문화 및 집회시설군
① 문화 및 집회시설
② 종교시설
③ 위락시설
④ 관광휴게시설

5) 영업시설군
① 판매시설
② 운동시설
③ 숙박시설
④ 제2종 근린생활시설 중 다중생활시설(구 고시원)

6) 교육 및 복지시설군
① 의료시설
② 교육연구시설
③ 노유자시설
④ 수련시설
⑤ 야영장 시설

7) 근린생활시설군
① 제1종 근린생활시설
② 제2종 근린생활시설(다중생활시설은 제외)

8) 주거업무시설군
① 단독주택
② 공동주택
③ 업무시설
④ 교정 및 군사시설

9) 그 밖의 시설군 : 동물 및 식물 관련 시설

(4) 기존의 건축물 또는 대지가 법령의 제정·개정이나 제6조의2 제1항의 사유로 법령 등에 부적합하게 된 경우에는 건축조례로 정하는 바에 따라 용도변경을 할 수 있다.

(5) 법 제19조 제6항에서 "대통령령으로 정하는 경우"란 1층인 축사를 공장으로 용도 변경하는 경우로서 증축·개축 또는 대수선이 수반되지 아니하고 구조 안전이나 피난 등에 지장이 없는 경우를 말한다.

06 용도변경 3(「건축법 시행규칙」 제12조의2)

(1) 「건축법」 제19조 제2항에 따라 용도변경의 허가를 받으려는 자는 별지 제1호의4 서식의 건축·대수선·용도변경 허가신청서에, 용도변경의 신고를 하려는 자는 별지

제6호 서식의 건축·대수선·용도변경신고서에 다음의 서류를 첨부하여 특별자치시장·특별자치도지사 또는 시장·군수·구청장에게 제출(전자문서로 제출하는 것을 포함)하여야 한다.

1) 용도를 변경하고자 하는 층의 변경 전·후의 평면도(허가권자가 건축물대장이나 법 제32조 제1항에 따른 전산자료를 통하여 평면도 확인이 가능한 경우에는 변경 전 평면도는 제외한다)

2) 용도변경에 따라 변경되는 내화·방화·피난 또는 건축설비에 관한 사항을 표시한 도서

(2) 특별자치시장·특별자치도지사 또는 시장·군수·구청장은 위 (1)에 따른 건축·대수선·용도변경허가신청서를 받은 경우에는 법 제12조 제1항 및 영 제10조 제1항에 따른 관계 법령에 적합한지를 확인한 후 별지 제2호 서식의 건축·대수선·용도변경 허가서를 용도변경의 허가를 신청한 자에게 발급하여야 한다.

(3) 특별자치시장·특별자치도지사 또는 시장·군수·구청장은 위 (1)의 규정에 의한 건축·대수선·용도변경 신고서를 받은 때에는 그 기재내용을 확인한 후 별지 제7호 서식의 건축·대수선·용도변경 신고필증을 신고인에게 발급하여야 한다.

(4) 제8조 제2항은 위 (2) 및 (3)에 따라 건축·대수선·용도변경 허가서 또는 건축·대수선·용도변경 신고필증을 교부하는 경우에 준용한다.

07 특정소방대상물의 증축 또는 용도변경 시의 소방시설기준 적용의 특례(「화재예방, 소방시설 설치·유지 및 안전관리에 관한 법률 시행령」 제17조)

(1) 법 제11조 제3항에 따라 소방본부장 또는 소방서장은 특정소방대상물이 증축되는 경우에는 기존 부분을 포함한 특정소방대상물의 전체에 대하여 증축 당시의 소방시설 등의 설치에 관한 대통령령 또는 화재안전기준을 적용하여야 한다. 다만, 다음의 어느 하나에 해당하는 경우에는 기존 부분에 대해서는 증축 당시의 소방시설 등의 설치에 관한 대통령령 또는 화재안전기준을 적용하지 아니한다.

1) 기존 부분과 증축 부분이 내화구조(耐火構造)로 된 바닥과 벽으로 구획된 경우

2) 기존 부분과 증축 부분이 「건축법 시행령」 제64조에 따른 갑종방화문(국토교통부장관이 정하는 기준에 적합한 자동방화셔터를 포함)으로 구획되어 있는 경우

3) 자동차 생산공장 등 화재위험이 낮은 특정소방대상물 내부에 연면적 $33m^2$ 이하의 직원 휴게실을 증축하는 경우

4) 자동차 생산공장 등 화재위험이 낮은 특정소방대상물에 캐노피(3면 이상에 벽이 없는 구조의 캐노피를 말한다)를 설치하는 경우

(2) 법 제11조 제3항에 따라 소방본부장 또는 소방서장은 특정소방대상물이 용도변경되는 경우에는 용도변경되는 부분에 대해서만 용도변경 당시의 소방시설 등의 설치에

관한 대통령령 또는 화재안전기준을 적용한다. 다만, 다음의 어느 하나에 해당하는 경우에는 특정소방대상물 전체에 대하여 용도변경 전에 해당 특정소방대상물에 적용되던 소방시설 등의 설치에 관한 대통령령 또는 화재안전기준을 적용한다.

1) 특정소방대상물의 구조·설비가 화재연소 확대요인이 적어지거나 피난 또는 화재 진압활동이 쉬워지도록 변경되는 경우

2) 문화 및 집회시설 중 공연장·집회장·관람장, 판매시설, 운수시설, 창고시설 중 물류터미널이 불특정 다수인이 이용하는 것이 아닌 일정한 근무자가 이용하는 용도로 변경되는 경우

3) 용도변경으로 인하여 천장·바닥·벽 등에 고정되어 있는 가연성 물질의 양이 줄어드는 경우

4) 「다중이용업소의 안전관리에 관한 특별법」에 따른 다중이용업소, 문화 및 집회시설, 종교시설, 판매시설, 운수시설, 의료시설, 노유자시설, 수련시설, 운동시설, 숙박시설, 위락시설, 창고시설 중 물류터미널, 위험물 저장 및 처리 시설 중 가스시설, 장례식장이 각각 여기에 규정된 시설 외의 용도로 변경되는 경우

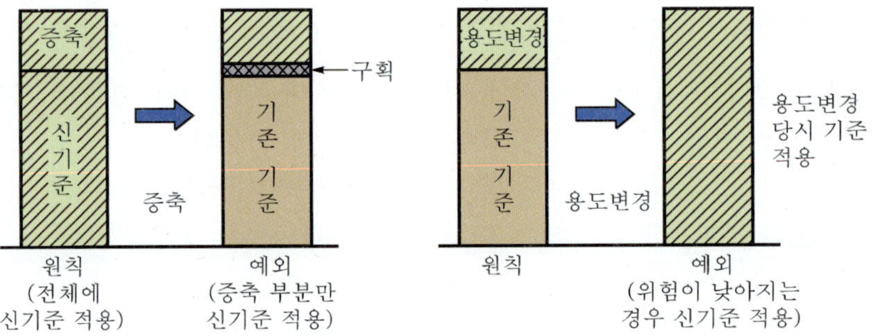

❘ 증축 또는 용도변경 시의 소방시설기준 적용의 특례 ❘

01 가설건축물(「건축법」 제20조)

(1) 도시·군 계획시설 및 도시·군 계획시설 예정지에서 가설건축물을 건축하려는 자는 특별자치시장·특별자치도지사 또는 시장·군수·구청장의 허가를 받아야 한다.

(2) 특별자치시장·특별자치도지사 또는 시장·군수·구청장은 해당 가설건축물의 건축이 아래의 어느 하나에 해당하는 경우가 아니면 위의 (1)에 따른 허가를 하여야 한다.

    1) 「국토의 계획 및 이용에 관한 법률」 제64조에 위배되는 경우

    2) 4층 이상인 경우

    3) 구조, 존치기간, 설치목적 및 다른 시설 설치 필요성 등에 관하여 대통령령으로 정하는 기준의 범위에서 조례로 정하는 바에 따르지 아니한 경우

    4) 그 밖에 이 법 또는 다른 법령에 따른 제한규정을 위반하는 경우

(3) 위의 (1)에도 불구하고 재해복구, 흥행, 전람회, 공사용 가설건축물 등 대통령령으로 정하는 용도의 가설건축물을 축조하려는 자는 대통령령으로 정하는 존치 기간, 설치기준 및 절차에 따라 특별자치시장·특별자치도지사 또는 시장·군수·구청장에게 신고한 후 착공하여야 한다.

(4) 위의 (1)과 (3)에 따른 가설건축물을 건축하거나 축조할 때에는 대통령령으로 정하는 바에 따라 제25조, 제38조부터 제42조까지, 제44조부터 제50조까지, 제50조의2, 제51조부터 제64조까지, 제67조, 제68조와 「녹색건축물 조성 지원법」 제15조 및 「국토의 계획 및 이용에 관한 법률」 제76조 중 일부 규정을 적용하지 아니한다.

(5) 특별자치시장·특별자치도지사 또는 시장·군수·구청장은 위 (1)부터 (3)까지의 규정에 따라 가설건축물의 건축을 허가하거나 축조신고를 받은 경우 국토교통부령으로 정하는 바에 따라 가설건축물대장에 이를 기재하여 관리하여야 한다.

02 가설건축물(「건축법 시행령」 제15조)

(1) 법 제20조 제1항에서 "대통령령으로 정하는 기준"이란 다음의 기준을 말한다.

    1) 철근콘크리트조 또는 철골철근콘크리트조가 아닐 것

    2) 존치기간은 3년 이내일 것. 다만, 도시·군계획사업이 시행될 때까지 그 기간을 연장할 수 있다.

    3) 전기·수도·가스 등 새로운 간선 공급설비의 설치를 필요로 하지 아니할 것

　4) 공동주택·판매시설·운수시설 등으로서 분양을 목적으로 건축하는 건축물이 아닐 것

(2) 위 (1)에 따른 가설건축물에 대하여는 법 제38조를 적용하지 아니한다.

(3) 위 (1)에 따른 가설건축물 중 시장의 공지 또는 도로에 설치하는 차양시설에 대하여는 법 제46조 및 법 제55조를 적용하지 아니한다.

(4) 위 (1)에 따른 가설건축물을 도시계획 예정 도로에 건축하는 경우에는 법 제45조부터 제47조를 적용하지 아니한다.

(5) 법 제20조 제2항에서 "재해복구, 흥행, 전람회, 공사용 가설건축물 등 대통령령으로 정하는 용도의 가설건축물"이란 다음의 어느 하나에 해당하는 것을 말한다.

　1) 재해가 발생한 구역 또는 그 인접구역으로서 특별자치도지사 또는 시장·군수·구청장이 지정하는 구역에서 일시사용을 위하여 건축하는 것

　2) 특별자치도지사 또는 시장·군수·구청장이 도시미관이나 교통소통에 지장이 없다고 인정하는 가설흥행장, 가설전람회장, 농·수·축산물 직거래용 가설점포, 그 밖에 이와 비슷한 것

　3) 공사에 필요한 규모의 공사용 가설건축물 및 공작물

　4) 전시를 위한 견본주택이나 그 밖에 이와 비슷한 것

　5) 특별자치도지사 또는 시장·군수·구청장이 도로변 등의 미관정비를 위하여 지정·공고하는 구역에서 축조하는 가설점포(물건 등의 판매를 목적으로 하는 것을 말한다)로서 안전·방화 및 위생에 지장이 없는 것

　6) 조립식 구조로 된 경비용으로 쓰는 가설건축물로서 연면적이 $10m^2$ 이하인 것

　7) 조립식 경량구조로 된 외벽이 없는 임시 자동차 차고

　8) 컨테이너 또는 이와 비슷한 것으로 된 가설건축물로서 임시사무실·임시창고 또는 임시숙소로 사용되는 것(건축물의 옥상에 축조하는 것은 제외한다. 다만, 2009년 7월 1일부터 2015년 6월 30일까지 공장의 옥상에 축조하는 것은 포함)

　9) 도시지역 중 주거지역·상업지역 또는 공업지역에 설치하는 농업·어업용 비닐하우스로서 연면적이 $100m^2$ 이상인 것

　10) 연면적이 $100m^2$ 이상인 간이축사용, 가축분뇨처리용, 가축운동용, 가축의 비가림용 비닐하우스 또는 천막(벽 또는 지붕이 합성수지 재질로 된 것을 포함)구조 건축물

　11) 농업·어업용 고정식 온실, 가축양육실

　12) 물품저장용, 간이포장용, 간이수선작업용 등으로 쓰기 위하여 공장 또는 창고시설에 설치하는 천막(벽 또는 지붕이 합성수지 재질로 된 것을 포함), 그 밖에 이와 비슷한 것

13) 유원지, 종합휴양업 사업지역 등에서 한시적인 관광·문화행사 등을 목적으로 천막 또는 경량구조로 설치하는 것

14) 야외 전시시설 및 촬영시설

15) 야외흡연실 용도로 쓰는 가설건축물로서 연면적이 $50m^2$ 이하인 것

16) 그 밖에 제1호부터 제14호까지의 규정에 해당하는 것과 비슷한 것으로서 건축조례로 정하는 건축물

(6) 법 제20조 제4항에 따라 가설건축물을 축조하는 경우에는 다음의 구분에 따라 관련 규정을 적용하지 아니한다.

  1) 제5항 각 호(제4호는 제외한다)의 가설건축물을 축조하는 경우에는 법 제25조, 제38조부터 제42조까지, 제44조부터 제47조까지, 제48조, 제48조의2, 제49조, 제50조, 제50조의2, 제51조, 제52조, 제52조의2, 제52조의3, 제53조, 제53조의2, 제54조부터 제58조까지, 제60조부터 제62조까지, 제64조, 제67조 및 제68조와 「국토의 계획 및 이용에 관한 법률」 제76조를 적용하지 아니한다. 다만, 법 제48조, 제49조 및 제61조는 다음에 따른 경우에만 적용하지 아니한다.

    ① 법 제48조 및 제49조를 적용하지 아니하는 경우 : 3층 이상의 가설건축물을 건축하는 경우로서 지방건축위원회의 심의 결과 구조 및 피난에 관한 안전성이 인정된 경우

    ② 법 제61조를 적용하지 아니하는 경우 : 정북방향으로 접하고 있는 대지의 소유자와 합의한 경우

  2) 제5항 제4호의 가설건축물을 축조하는 경우에는 법 제25조, 제38조, 제39조, 제42조, 제45조, 제50조의2, 제53조, 제54조부터 제57조까지, 제60조, 제61조 및 제68조와 「국토의 계획 및 이용에 관한 법률」 제76조만을 적용하지 아니한다.

(7) 법 제20조 제3항에 따라 신고하여야 하는 가설건축물의 존치기간은 3년 이내로 한다. 다만, 제5항 제3호의 공사용 가설건축물 및 공작물의 경우에는 해당 공사의 완료일까지의 기간을 말한다.

(8) 법 제20조 제3항에 따라 신고하여야 하는 가설건축물을 축조하려는 자는 국토교통부령으로 정하는 가설건축물 축조신고서에 관계 서류를 첨부하여 특별자치시장·특별자치도지사 또는 시장·군수·구청장에게 제출하여야 한다. 다만, 건축물의 건축허가를 신청할 때 건축물의 건축에 관한 사항과 함께 공사용 가설건축물의 건축에 관한 사항을 제출한 경우에는 가설건축물 축조신고서의 제출을 생략한다.

(9) 특별자치시장·특별자치도지사 또는 시장·군수·구청장은 위 (8)에 따른 가설건축물 축조신고서를 제출받았으면 그 내용을 확인한 후 국토교통부령으로 정하는 가설건축물 축조신고증명서를 신고인에게 발급하여야 한다.

03 가설건축물의 존치기간 연장(「건축법 시행령」 제15조의2)

(1) 특별자치시장·특별자치도지사 또는 시장·군수·구청장은 법 제20조에 따른 가설
    건축물의 존치기간 만료일 30일 전까지 해당 가설건축물의 건축주에게 다음의 사항
    을 알려야 한다.
    1) 존치기간 만료일
    2) 존치기간 연장 가능 여부
    3) 제15조의3에 따라 존치기간이 연장될 수 있다는 사실(공장에 설치한 가설건축물에
       한정한다)

(2) 존치기간을 연장하려는 가설건축물의 건축주는 다음의 구분에 따라 특별자치시장·
    특별자치도지사 또는 시장·군수·구청장에게 허가를 신청하거나 신고하여야 한다.
    1) 허가대상 가설건축물 : 존치기간 만료일 14일 전까지 허가신청
    2) 신고대상 가설건축물 : 존치기간 만료일 7일 전까지 신고

04 공장에 설치한 가설건축물의 존치기간 연장(「건축법 시행령」 제15조의3)

제15조의2 제2항에도 불구하고 다음의 요건을 모두 충족하는 가설건축물로서 건축주가
제15조의2 제2항의 구분에 따른 기간까지 특별자치시장·특별자치도지사 또는 시장·군
수·구청장에게 그 존치기간의 연장을 원하지 않는다는 사실을 통지하지 아니하는 경우
에는 기존 가설건축물과 동일한 기간으로 존치기간을 연장한 것으로 본다.

(1) 다음의 어느 하나에 해당하는 가설건축물일 것
    1) 공장에 설치한 가설건축물
    2) 제15조 제5항 제11호에 따른 가설건축물(「국토의 계획 및 이용에 관한 법률」 제36조
       제1항 제3호에 따른 농림지역에 설치한 것만 해당한다)

> **꼼꼼체크** 「건축법 시행령」 제15조 제5항 제11호에 따른 가설건축물 : 농업·어업용 고정식 온
> 실 및 간이작업장, 가축양육실

(2) 존치기간 연장이 가능한 가설건축물일 것

05 가설건축물(「건축법 시행규칙」 제13조)

(1) 법 제20조 제2항에 따라 신고하여야 하는 가설건축물을 축조하려는 자는 영 제15조
    제8항에 따라 별지 제8호 서식의 가설건축물 축조신고서(전자문서로 된 신고서를 포
    함한다)에 배치도·평면도 및 대지사용승낙서(다른 사람이 소유한 대지인 경우만 해
    당한다)를 첨부하여 특별자치시장·특별자치도지사 또는 시장·군수·구청장에게
    제출하여야 한다.

(2) 영 제15조 제9항에 따른 가설건축물 축조신고필증은 별지 제9호 서식에 따른다.

(3) 특별자치시장·특별자치도지사 또는 시장·군수·구청장은 법 제20조 제1항 또는 제2항에 따라 가설건축물의 건축허가신청 또는 축조신고를 접수한 경우에는 별지 제10호 서식의 가설건축물 관리대장에 이를 기재하고 관리하여야 한다.

(4) 가설건축물의 소유자나 가설건축물에 대한 이해관계자는 위 (3)의 규정에 의한 가설건축물 관리대장을 열람할 수 있다.

(5) 영 제15조 제7항의 규정에 의하여 가설건축물의 존치기간을 연장하고자 하는 자는 별지 제11호 서식의 가설건축물 존치기간 연장신고서(전자문서로 된 신고서를 포함한다)를 특별자치시장·특별자치도지사 또는 시장·군수·구청장에게 제출하여야 한다.

(6) 특별자치시장·특별자치도지사 또는 시장·군수·구청장은 제5항의 규정에 의한 가설건축물 존치기간 연장신고서를 받은 때에는 그 기재내용을 확인한 후 별지 제12호 서식의 가설건축물 존치기간 연장신고필증을 신고인에게 발급하여야 한다.

(7) 특별자치시장·특별자치도지사 또는 시장·군수·구청장은 가설건축물이 법령에 적합하지 아니하게 된 경우에는 위 (3)에 따른 가설건축물 관리대장의 기타 사항 란에 다음의 사항을 표시하고, 아래 2)의 위반내용이 시정된 경우에는 그 내용을 적어야 한다.
  1) 위반일자
  2) 위반내용

임시소방시설의 화재안전기준(NFSC 606)

01 목 적

이 기준은 「화재예방, 소방시설 설치·유지 및 안전관리에 관한 법률」 제10조의2 제4항에서 소방청장에게 위임한 임시소방시설의 설치 및 유지·관리 기준과 「화재예방, 소방시설 설치·유지 및 안전관리에 관한 법률 시행령」 제15조의5 제2항 [별표 5의2] 제1호에서 소방청장에게 위임한 임시소방시설의 성능을 정함을 목적으로 한다.

 「화재예방, 소방시설 설치·유지 및 안전관리에 관한 법률」 제10조의2 제4항(특정소방대상물의 공사현장에 설치하는 임시소방시설의 유지·관리 등)
제1항에 따라 임시소방시설을 설치하여야 하는 공사의 종류와 규모, 임시소방시설의 종류 등에 관하여 필요한 사항은 대통령령으로 정하고, 임시소방시설의 설치 및 유지·관리 기준은 소방청장이 정하여 고시한다.

[별표 5의2]

▮ 임시소방시설의 종류와 설치기준 등(제15조의5 제2항·제3항 관련) ▮

1. 임시소방시설의 종류
   가. 소화기
   나. 간이소화장치 : 물을 방사(放射)하여 화재를 진화할 수 있는 장치로서 소방청장이 정하는 성능을 갖추고 있을 것
   다. 비상경보장치 : 화재가 발생한 경우 주변에 있는 작업자에게 화재사실을 알릴 수 있는 장치로서 소방청장이 정하는 성능을 갖추고 있을 것
   라. 간이피난유도선 : 화재가 발생한 경우 피난구 방향을 안내할 수 있는 장치로서 소방청장이 정하는 성능을 갖추고 있을 것
2. 임시소방시설을 설치하여야 하는 공사의 종류와 규모
   가. 소화기 : 제12조 제1항에 따라 건축허가 등을 할 때 소방본부장 또는 소방서장의 동의를 받아야 하는 특정소방대상물의 건축·대수선·용도변경 또는 설치 등을 위한 공사 중 제15조의3 제1항 각 호에 따른 작업을 하는 현장(이하 "작업현장"이라 한다)에 설치한다.

 • 「건축법 시행령」 제12조(허가·신고사항의 변경 등)
법 제16조 제1항에 따라 허가를 받았거나 신고한 사항을 변경하려면 다음의 구분에 따라 허가권자의 허가를 받거나 특별자치시장·특별자치도지사 또는 시장·군수·구청장에게 신고하여야 한다.
(생략)

> • 「건축법 시행령」 제15조의3(공장에 설치한 가설건축물 등의 존치기간 연장)
> 다음의 어느 하나에 해당하는 가설건축물일 것
>   – 공장에 설치한 가설건축물
>   – 제15조 제5항 제11호에 따른 가설건축물(「국토의 계획 및 이용에 관한 법률」
>   제36조 제1항 제3호에 따른 농림지역에 설치한 것만 해당)
>
> 나. 간이소화장치 : 다음의 어느 하나에 해당하는 공사의 작업현장에 설치한다.
> 　1) 연면적 3,000m^2 이상
> 　2) 지하층, 무창층 또는 4층 이상의 층. 이 경우 해당 층의 바닥면적이 600m^2
> 　　이상인 경우만 해당한다.
> 다. 비상경보장치 : 다음의 어느 하나에 해당하는 공사의 작업현장에 설치한다.
> 　1) 연면적 400m^2 이상
> 　2) 지하층 또는 무창층. 이 경우 해당 층의 바닥면적이 150m^2 이상인 경우만 해
> 　　당한다.
> 라. 간이피난유도선 : 바닥면적이 150m^2 이상인 지하층 또는 무창층의 작업현장에
> 　설치한다.
> 3. 임시소방시설과 기능 및 성능이 유사한 소방시설로서 임시소방시설을 설치한 것으
> 로 보는 소방시설
> 가. 간이소화장치를 설치한 것으로 보는 소방시설 : 옥내소화전 또는 소방청장이 정
> 　하여 고시하는 기준에 맞는 소화기
> 나. 비상경보장치를 설치한 것으로 보는 소방시설 : 비상방송설비 또는 자동화재탐
> 　지설비
> 다. 간이피난유도선을 설치한 것으로 보는 소방시설 : 피난유도선, 피난구유도등,
> 　통로유도등 또는 비상조명등

02　용어의 정의

(1) 소화기 : 「소화기구의 화재안전기준(NFSC 101)」 제3조 제2호에서 정의하는 소화기
를 말한다.

(2) 간이소화장치 : 공사현장에서 화재위험 작업 시 신속한 화재진압이 가능하도록 물을
방수하는 이동식 또는 고정식 형태의 소화장치를 말한다.

(3) 비상경보장치 : 화재위험작업 공간 등에서 수동조작에 의해서 화재경보상황을 알려
줄 수 있는 설비(비상벨, 사이렌, 휴대용 확성기 등)를 말한다.

(4) 간이피난유도선 : 화재위험 작업 시 작업자의 피난을 유도할 수 있는 케이블 형태의
장치를 말한다.

03 임시소방시설의 성능 및 설치기준

(1) 소화기의 성능 및 설치기준

1) 소화기의 소화약제는 「소화기구의 화재안전기준(NFSC 101)」의 [별표 1]에 따른 적응성이 있는 것을 설치하여야 한다.

2) 소화기는 각 층마다 능력단위 3단위 이상인 소화기 2개 이상을 설치하고, 「화재예방, 소방시설 설치·유지 및 안전관리에 관한 법률 시행령」(이하 "영"이라 한다) 제15조의5 제1항에 해당하는 경우 작업종료 시까지 작업지점으로부터 5m 이내 쉽게 보이는 장소에 능력단위 3단위 이상인 소화기 2개 이상과 대형 소화기 1개를 추가 배치하여야 한다.

 「화재예방, 소방시설 설치·유지 및 안전관리에 관한 법률 시행령」 제15조의5(임시소방시설의 종류 및 설치기준 등)
법 제10조의2 제1항에서 "인화성(引火性) 물품을 취급하는 작업 등 대통령령으로 정하는 작업"이란 다음의 어느 하나에 해당하는 작업을 말한다.
- 인화성·가연성·폭발성 물질을 취급하거나 가연성 가스를 발생시키는 작업
- 용접·용단 등 불꽃을 발생시키거나 화기를 취급하는 작업
- 전열기구, 가열전선 등 열을 발생시키는 기구를 취급하는 작업
- 소방청장이 정하여 고시하는 폭발성 부유분진을 발생시킬 수 있는 작업
- 그 밖에 위와 비슷한 작업으로 소방청장이 정하여 고시하는 작업

(2) 간이소화장치 성능 및 설치기준

1) 수원 : 20분 이상의 소화수를 공급할 수 있는 양

2) 소화수의 방수압력 : 최소 0.1MPa 이상

3) 방수량 : 65L/min 이상

4) 영 제15조의5 제1항에 해당하는 작업을 하는 경우 작업종료 시까지 작업지점으로부터 25m 이내에 설치 또는 배치하여 상시 사용이 가능하여야 하며 동결방지조치를 하여야 한다.

5) 넘어질 우려가 없어야 하고 손쉽게 사용할 수 있어야 하며, 식별이 용이하도록 "간이소화장치" 표시를 하여야 한다.

(3) 비상경보장치의 성능 및 설치기준

1) 비상경보장치는 영 제15조의5 제1항에 해당하는 작업을 하는 경우 작업종료 시까지 작업지점으로부터 5m 이내에 설치 또는 배치하여 상시 사용이 가능하여야 한다.

2) 비상경보장치는 화재사실 통보 및 대피를 해당 작업장의 모든 사람이 알 수 있을 정도의 음량을 확보하여야 한다.

(4) 간이피난유도선의 성능 및 설치기준

1) 간이피난유도선은 광원점등방식으로 공사장의 출입구까지 설치하고 공사의 작업 중에는 상시 점등되어야 한다.

2) **설치위치** : 바닥으로부터 높이 1m 이하

3) **표지설치** : 작업장의 어느 위치에서도 출입구로의 피난방향을 알 수 있는 표시를 하여야 한다.

4) **간이소화장치 설치제외** : 대형 소화기를 작업지점으로부터 25m 이내 쉽게 보이는 장소에 6개 이상을 배치한 경우

05 특 례

소방본부장 또는 소방서장은 기존 건축물의 증축·개축·대수선이나 용도변경으로 인해 이 기준에 따른 임시소방시설의 설치가 현저하게 곤란하다고 인정되는 경우에는 해당 임시소방시설의 기능 및 사용에 지장이 없는 범위 안에서 이 기준의 일부를 적용하지 아니 할 수 있다.

거실의 반자높이, 채광 및 환기

01 거실반자의 설치(「건축법 시행령」 제50조)

(1) 「건축법」 제49조 제2항에 따라 공장, 창고시설, 위험물 저장 및 처리 시설, 동물 및 식물 관련 시설, 자원순환 관련 시설 또는 묘지 관련 시설 외의 용도로 쓰는 건축물 거실의 반자(반자가 없는 경우에는 보 또는 바로 위층의 바닥판의 밑면, 그 밖에 이와 비슷한 것을 말한다)는 국토교통부령으로 정하는 기준에 적합하여야 한다.

(2) **거실의 반자높이**(「건축물의 피난·방화구조 등의 기준에 관한 규칙」 제16조)

대 상			반자높이
일반 건축물			2.1m 이상
• 문화 및 집회시설(전시장 및 동·식물원은 제외) • 종교시설 • 장례식장 • 위락시설 중 유흥주점	관람석 또는 집회실의 바닥면적	200m^2 이상	4m 이상 (노대의 아랫부분의 높이는 2.7m)
		200m^2 미만	2.1m 이상

02 거실의 채광 및 환기[「건축법 시행령」 제51조(거실의 채광 등)]

(1) 법 제49조 제2항에 따라 단독주택 및 공동주택의 거실, 교육연구시설 중 학교의 교실, 의료시설의 병실 및 숙박시설의 객실에는 국토교통부령으로 정하는 기준에 따라 채광 및 환기를 위한 창문 등이나 설비를 설치하여야 한다.

(2) **채광 및 환기를 위한 창문등**(「건축물의 피난·방화구조 등의 기준에 관한 규칙」 제17조)

목 적	창문등의 면적	예외사항
채광창	거실의 바닥면적의 10분의 1 이상	거실의 용도에 따라 [별표 1의3]에 따라 조도 이상의 조명장치를 설치하는 경우에는 그러하지 아니하다.
환기창	거실의 바닥면적의 20분의 1 이상	기계환기장치 및 중앙관리방식의 공기조화설비를 설치하는 경우에는 그러하지 아니하다.

착공신고

01 착공신고 등(「건축법」 제21조)

(1) 제11조·제14조 또는 제20조 제1항에 따라 허가를 받거나 신고를 한 건축물의 공사를 착수하려는 건축주는 국토교통부령으로 정하는 바에 따라 허가권자에게 공사계획을 신고하여야 한다. 다만, 제36조에 따라 건축물의 철거를 신고할 때 착공 예정일을 기재한 경우에는 그러하지 아니하다.

(2) 위 (1)에 따라 공사계획을 신고하거나 변경신고를 하는 경우 해당 공사감리자(제25조 제1항에 따른 공사감리자를 지정한 경우만 해당)와 공사시공자가 신고서에 함께 서명하여야 한다.

(3) 허가권자는 위 (1)의 본문에 따른 신고를 받은 날부터 3일 이내에 신고수리 여부 또는 민원처리 관련 법령에 따른 처리기간의 연장 여부를 신고인에게 통지하여야 한다.

(4) 허가권자가 위 (3)에서 정한 기간 내에 신고수리 여부 또는 민원처리 관련 법령에 따른 처리기간의 연장 여부를 신고인에게 통지하지 아니하면 그 기간이 끝난 날의 다음 날에 신고를 수리한 것으로 본다.

(5) 건축주는 「건설산업기본법」 제41조를 위반하여 건축물의 공사를 하거나 하게 할 수 없다.

> **꼼꼼체크** 「건설산업기본법」 제41조(건설공사 시공자의 제한) : 건설공사는 건설업자가 하여야 한다는 내용

(6) 제11조에 따라 허가를 받은 건축물의 건축주는 위 (1)에 따른 신고를 할 때에는 제15조 제2항에 따른 각 계약서의 사본을 첨부하여야 한다.

02 착공신고 등(「건축법 시행규칙」 제14조)

(1) 「건축법」 제21조 제1항에 따른 건축공사의 착공신고를 하려는 자는 별지 제13호 서식의 착공신고서(전자문서로 된 신고서를 포함)에 다음의 서류 및 도서를 첨부하여 허가권자에게 제출하여야 한다.

    1) 법 제15조에 따른 건축관계자 상호간의 계약서 사본(해당 사항이 있는 경우로 한정한다)

    2) [별표 4의2]의 설계도서

  [별표 4의2] 착공신고에 필요한 설계도서

분 야	도서의 종류	내 용
1. 건축	가. 도면목록표	공종 구분해서 분류 작성
	나. 안내도	방위, 도로, 대지 주변지물의 정보 수록
	다. 개요서	1) 개요(위치·대지면적 등) 2) 지역·지구 및 도시 계획사항 3) 건축물의 규모(건축면적·연면적·높이·층수 등) 4) 건축물의 용도별 면적 5) 주차장 규모
	라. 구적도	대지면적에 대한 기술
	마. 실내재료마감표	1) 바닥, 벽, 천장 등 실내마감 2) 건축자재 성능 및 품명, 규격, 재질, 질감, 색상 등의 구체적 표기
	바. 배치도	축척 및 방위, 건축선, 대지경계선 및 대지가 정하는 도로의 위치와 폭, 건축선 및 대지경계선으로부터 건축물까지의 거리, 신청 건물과 기존 건물과의 관계, 대지의 고·저차, 부대시설물과의 관계
	사. 주차계획도	1) 법정 주차대수와 주차 확보대수의 대비표, 주차배치도 및 차량동선도, 차량진출입 관련 위치 및 구조 2) 옥외 및 지하 주차장 도면
	아. 각 층 및 지붕 평면도	1) 기둥·벽·창문 등의 위치 및 복도, 계단, 승강기 위치 2) 방화구획 및 방화벽의 위치
	자. 입면도(2면 이상)	1) 주요 내·외벽, 중심선 또는 마감선 치수, 외부마감재료 2) 건축자재 성능 및 품명, 규격, 재질, 질감, 색상 등의 구체적 표기 3) 간판 및 건물번호판의 설치계획(크기·위치)
	차. 단면도(종·횡 단면도)	1) 건축물 최고높이, 각 층의 높이, 반자높이 2) 천장 안 배관공간, 계단 등의 관계를 표현
	카. 수직동선상세도	1) 코어(core) 상세도(코어 안의 각종 설비 관련 시설물의 위치) 2) 계단 평면·단면 상세도 3) 주차경사로 평면·단면 상세도
	타. 부분상세도	1) 지상층 외벽 평면·입면·단면도 2) 지하층 부분 단면상세도
	파. 창호도	창호일람표, 창호평면도, 창호상세도, 창호입면도
	하. 건축설비도	냉방·난방 설비, 위생설비, 환경설비, 정화조, 승강설비 등 건축설비

분 야	도서의 종류	내 용
2. 일반	가. 시방서	1) 시방내용(국토교통부장관이 작성한 표준 시방서에 없는 공법인 경우만 해당한다) 2) 흙막이공법 및 도면
3. 구조	가. 도면목록표	–
	나. 기초일람표	–
	다. 구조 평면·입면·단면도(구조안전 확인대상 건축물)	1) 구조내력상 주요한 부분의 평면 및 단면 2) 주요부분의 상세도면 3) 구조안전확인서
	라. 구조가구도	골조의 단면상태를 표현하는 도면으로 골조의 상호 연관관계를 표현
	마. 앵커(anchor) 배치도 및 베이스 플레이트(base plate) 설치도	–
	바. 기둥일람표	–
	사. 보일람표	–
	아. 슬래브(slab) 일람표	–
	자. 옹벽일람표	–
	차. 계단배근일람표	–
	카. 주심도	–
4. 기계	가. 도면목록표	–
	나. 장비일람표	규격, 수량을 상세히 기록
	다. 장비배치도	기계실, 공조실 등의 장비배치방안 계획
	라. 계통도	공조배관설비, 덕트(duct)설비, 위생설비 등 계통도
	마. 기준층 및 주요층 기구평면도	공조배관설비, 덕트설비, 위생설비 등 평면도
	바. 저수조 및 고가수조	저수조 및 고가수조의 설치기준을 표시
	사. 도시가스 인입 확인	도시가스 인입지역에 한해서 조사 및 확인
5. 전기	가. 도면목록표	–
	나. 배치도	옥외조명설비 평면도
	다. 계통도	1) 전력계통도 2) 조명계통도
	라. 평면도	조명평면도
6. 통신	가. 도면목록표	–
	나. 배치도	옥외 CCTV설비와 옥외방송 평면도
	다. 계통도	1) 구내 통신선로설비 계통도
		2) 방송공동수신설비 계통도
		3) 이동통신 구내 선로설비 계통도
		4) CCTV설비 계통도

분 야	도서의 종류	내 용
6. 통신	라. 평면도	1) 구내 통신선로설비 평면도
		2) 방송공동수신설비 평면도
		3) 이동통신 구내 선로설비 평면도
		4) CCTV설비 평면도
7. 토목	가. 도면목록표	–
	나. 각종 평면도	주요시설물 계획
	다. 토지굴착 및 옹벽도	1) 지하매설구조물 현황 2) 흙막이 구조(지하 2층 이상의 지하층을 설치하는 경우 또는 지하 1층을 설치하는 경우로서 법 제27조에 따른 건축허가 현장조사·검사 또는 확인 시 굴착으로 인하여 인접 대지 석축 및 건축물 등에 영향이 있어 조치가 필요하다고 인정된 경우만 해당한다) 3) 단면 상세 4) 옹벽구조
	라. 대지 종·횡단면도	–
	마. 포장계획 평면·단면도	–
	바. 우수·오수 배수처리 평면·종단면도	–
	사. 상·하수계통도	우수·오수 배수처리 구조물 위치 및 상세도, 공공하수도와의 연결방법, 상수도 인입계획, 정화조의 위치
8. 조경	가. 도면목록표	–
	나. 조경배치도	법정면적과 계획면적의 대비, 조경계획 및 식재상세도
	다. 식재평면도	–
	라. 단면도	–

[비고] 법 제21조에 따라 착공신고하려는 건축물의 공사와 관련 없는 설계도서는 제출하지 아니한다.

(2) 건축주는 법 제11조 제7항 각 호 외의 부분 단서에 따라 공사착수시기를 연기하려는 경우에는 별지 제14호 서식의 착공연기신청서(전자문서로 된 신청서를 포함)를 허가권자에게 제출하여야 한다.

(3) 허가권자는 토지굴착공사를 수반하는 건축물로서 가스, 전기·통신, 상·하수도 등 지하매설물에 영향을 줄 우려가 있는 건축물의 착공신고가 있는 경우에는 당해 지하매설물의 관리기관에 토지굴착공사에 관한 사항을 통보하여야 한다.

(4) 허가권자는 위 (1) 및 (2)의 규정에 의한 착공신고서 또는 착공연기신청서를 받은 때에는 별지 제15호 서식의 착공신고필증 또는 별지 제16호 서식의 착공연기확인서를 신고인 또는 신청인에게 교부하여야 한다.

(5) 법 제21조 제1항에 따른 착공신고 대상 건축물 중「산업안전보건법」제38조의2 제2항에 따른 기관석면조사 대상 건축물의 경우에는 위 (1)에 따른 서류 이외에「산업안전보건법」제38조의2 제2항에 따른 기관석면조사결과 사본을 첨부하여야 한다. 이 경우, 특별자치도지사 또는 시장·군수·구청장은 제출된 서류를 검토하여 석면이 함유된 것으로 확인된 때에는 지체 없이「산업안전보건법」제38조의2 제4항에 따른 권한을 같은 법 시행령 제46조 제1항에 따라 위임받은 지방고용노동관서의 장 및 「폐기물관리법」제17조 제3항에 따른 권한을 같은 법 시행령 제37조에 따라 위임받은 특별시장·광역시장·도지사 또는 유역환경청장·지방환경청장에게 해당 사실을 통보하여야 한다.

(6) 건축주는 법 제21조 제1항에 따른 착공신고를 할 때에 해당 건축공사가「산업안전보건법」제30조의2에 따른 재해예방 전문기관의 지도대상에 해당하는 경우에는 제1항 각 호에 따른 서류 외에 같은 법 시행규칙 [별표 6의5] 제2호 가목 및 나목에 따른 기술지도계약서 사본을 첨부하여야 한다.

03 착공신고(「소방시설공사업법」제13조)

(1) 공사업자는 대통령령으로 정하는 소방시설공사를 하려면 행정안전부령으로 정하는 바에 따라 그 공사의 내용, 시공장소, 그 밖에 필요한 사항을 소방본부장이나 소방서장에게 신고하여야 한다.

(2) 공사업자가 위 (1)에 따라 신고한 사항 가운데 행정안전부령으로 정하는 중요한 사항을 변경하였을 때에는 행정안전부령으로 정하는 바에 따라 변경신고를 하여야 한다. 이 경우 중요한 사항에 해당하지 아니하는 변경사항은 제20조에 따른 공사감리 결과보고서에 포함하여 소방본부장이나 소방서장에게 보고하여야 한다.

04 소방시설공사의 착공신고대상(「소방시설공사업법 시행령」제4조)

법 제13조 제1항에서 "대통령령으로 정하는 소방시설공사"란 다음의 어느 하나에 해당하는 소방시설공사를 말한다.

(1) 신축, 증축, 개축, 재축(再築), 대수선(大修繕) 또는 구조변경·용도변경되는 특정소방대상물(「위험물안전관리법」제2조 제1항 제6호에 따른 제조소 등은 제외한다. 이하 아래 2) 및 3)에서 같다)에 다음의 어느 하나에 해당하는 설비를 신설하는 공사
  1) 옥내소화전설비, 옥외소화전설비, 스프링클러설비, 간이스프링클러설비, 물분무소화설비·포소화설비·이산화탄소소화설비·할로겐화합물소화설비·청정소화약제소화설비 및 분말소화설비(이하 "물분무 등 소화설비"라 한다), 연결송수관설비, 연결살수설비, 제연설비(소방용 외의 용도와 겸용되는 제연설비를「건설산업기본

법 시행령」[별표 1]에 따른 기계설비공사업자가 공사하는 경우는 제외), 소화용수설비(소화용수설비를 「건설산업기본법 시행령」[별표 1]에 따른 기계설비공사업자 또는 상·하수도설비공사업자가 공사하는 경우는 제외) 또는 연소방지설비

   2) 자동화재탐지설비, 비상경보설비, 비상방송설비(소방용 외의 용도와 겸용되는 비상방송설비를 「정보통신공사업법」에 따른 정보통신공사업자가 공사하는 경우는 제외), 비상콘센트설비(비상콘센트설비를 「전기공사업법」에 따른 전기공사업자가 공사하는 경우는 제외) 또는 무선통신보조설비(소방용 외의 용도와 겸용되는 무선통신보조설비를 「정보통신공사업법」에 따른 정보통신공사업자가 공사하는 경우는 제외)

(2) 증축, 개축, 재축, 대수선 또는 구조변경·용도변경되는 특정소방대상물에 다음의 어느 하나에 해당하는 설비 또는 구역 등을 증설하는 공사

   1) 옥내·옥외 소화전설비

   2) 스프링클러설비·간이스프링클러설비 또는 물분무 등 소화설비의 방호구역, 자동화재탐지설비의 경계구역, 제연설비의 제연구역(소방용 외의 용도와 겸용되는 제연설비를 「건설산업기본법 시행령」[별표 1]에 따른 기계설비공사업자가 공사하는 경우는 제외), 연결살수설비의 살수구역, 연결송수관설비의 송수구역, 비상콘센트설비의 전용회로, 연소방지설비의 살수구역

(3) 특정소방대상물에 설치된 소방시설 등을 구성하는 다음의 어느 하나에 해당하는 것의 전부 또는 일부를 교체하거나 보수하는 공사. 다만, 고장 또는 파손 등으로 인하여 작동시킬 수 없는 소방시설을 긴급히 교체하거나 보수하여야 하는 경우에는 신고하지 않을 수 있다.

   1) 수신반(受信盤)

   2) 소화펌프

   3) 동력(감시)제어반

05 착공신고 등(「소방시설공사업법 시행규칙」 제12조)

(1) 소방시설공사업자(이하 "공사업자"라 한다)는 소방시설공사를 하려면 법 제13조 제1항에 따라 해당 소방시설공사의 착공 전까지 별지 제14호 서식의 소방시설공사 착공(변경)신고서[전자문서로 된 소방시설공사 착공(변경)신고서를 포함]에 다음의 서류(전자문서를 포함)를 첨부하여 소방본부장 또는 소방서장에게 신고하여야 한다. 다만, 「전자정부법」 제36조 제1항에 따른 행정정보의 공동이용을 통하여 첨부서류에 대한 정보를 확인할 수 있는 경우에는 그 확인으로 첨부서류를 갈음할 수 있다.

   1) 공사업자의 소방시설공사업 등록증 사본 및 등록수첩

   2) 해당 소방시설공사의 책임시공 및 기술관리를 하는 기술인력의 기술자격증(자격수첩) 사본

  3) 설계도서(설계설명서를 포함하되, 「화재예방, 소방시설 설치·유지 및 안전관리에
     관한 법률」 제7조에 따른 건축허가 동의 시 제출된 설계도서가 변경된 경우에만
     첨부)
  4) 별지 제31호 서식의 소방시설공사 하도급통지서 사본(소방시설공사를 하도급하는
     경우에만 첨부)

(2) 법 제13조 제2항에서 "행정안전부령으로 정하는 중요한 사항"이란 다음의 어느 하나
   에 해당하는 사항을 말한다.
   1) 시공자
   2) 설치되는 소방시설의 종류
   3) 책임시공 및 기술관리 소방기술자

(3) 법 제13조 제2항에 따라 공사업자는 위 (2)의 어느 하나에 해당하는 사항이 변경된
   경우에는 변경일부터 30일 이내에 별지 제14호 서식의 소방시설공사 착공(변경)신고
   서[전자문서로 된 소방시설공사 착공(변경)신고서를 포함]에 제1항의 서류(전자문서
   를 포함) 중 변경된 해당 서류를 첨부하여 소방본부장 또는 소방서장에게 신고하여
   야 한다.

(4) 소방본부장 또는 소방서장은 소방시설공사 착공신고 또는 변경신고를 받은 경우에는
   2일 이내에 소방시설업 등록수첩에 소방시설공사현장에 배치되는 소방기술자의 자
   격증 번호, 성명, 시공현장의 명칭·소재지 및 현장 배치기간을 기재하여 발급하고,
   그 내용을 발급한 날부터 7일 이내에 협회 또는 영 제20조 제4항에 따라 소방기술과
   관련된 자격·학력 및 경력의 인정업무를 위탁받은 소방기술과 관련된 법인 또는 단
   체(이하 "소방기술자 인정자"라 한다)에 알려야 한다. 이 경우 소방본부장 또는 소방
   서장은 별지 제15호 서식의 소방시설 착공 및 완공대장에 필요한 사항을 기록하여
   관리하여야 한다.

(5) 소방본부장 또는 소방서장은 소방시설공사 착공신고 또는 변경신고를 받은 경우에는
   공사업자에게 별지 제16호 서식의 소방시설공사현황 표지에 따른 소방시설공사현황
   의 게시를 요청할 수 있다.

01 건축물의 사용승인 1(「건축법」 제22조)

(1) 건축주가 제11조·제14조 또는 제20조 제1항에 따라 허가를 받았거나 신고를 한 건축물의 건축공사를 완료(하나의 대지에 둘 이상의 건축물을 건축하는 경우 동(棟)별 공사를 완료한 경우를 포함)한 후 그 건축물을 사용하려면 제25조 제6항에 따라 공사감리자가 작성한 감리완료보고서(같은 조 제1항에 따른 공사감리자를 지정한 경우만 해당)와 국토교통부령으로 정하는 공사완료도서를 첨부하여 허가권자에게 사용승인을 신청하여야 한다.

(2) 허가권자는 위 (1)에 따른 사용승인신청을 받은 경우 국토교통부령으로 정하는 기간에 다음의 사항에 대한 검사를 실시하고, 검사에 합격된 건축물에 대하여는 사용승인서를 내주어야 한다. 다만, 해당 지방자치단체의 조례로 정하는 건축물은 사용승인을 위한 검사를 실시하지 아니하고 사용승인서를 내줄 수 있다.

1) 사용승인을 신청한 건축물이 이 법에 따라 허가 또는 신고한 설계도서대로 시공되었는지의 여부

2) 감리완료보고서, 공사완료도서 등의 서류 및 도서가 적합하게 작성되었는지의 여부

(3) 건축주는 위 (2)에 따라 사용승인을 받은 후가 아니면 건축물을 사용하거나 사용하게 할 수 없다. 다만, 다음의 어느 하나에 해당하는 경우에는 그러하지 아니하다.

1) 허가권자가 위 (2)에 따른 기간 내에 사용승인서를 교부하지 아니한 경우

2) 사용승인서를 교부받기 전에 공사가 완료된 부분이 건폐율, 용적률, 설비, 피난·방화 등 국토교통부령으로 정하는 기준에 적합한 경우로서 기간을 정하여 대통령령으로 정하는 바에 따라 임시로 사용의 승인을 한 경우

(4) 건축주가 위 (2)에 따른 사용승인을 받은 경우에는 다음에 따른 사용승인·준공검사 또는 등록신청 등을 받거나 한 것으로 보며, 공장건축물의 경우에는 「산업집적활성화 및 공장설립에 관한 법률」 제14조의2에 따라 관련 법률의 검사 등을 받은 것으로 본다.

1) 「하수도법」 제27조에 따른 배수설비(排水設備)의 준공검사 및 같은 법 제37조에 따른 개인하수처리시설의 준공검사

2) 「공간정보의 구축 및 관리 등에 관한 법률」 제64조에 따른 지적공부(地籍公簿)의 변동사항 등록신청

3) 「승강기시설 안전관리법」 제13조에 따른 승강기 완성검사

4) 「에너지이용 합리화법」 제39조에 따른 보일러 설치검사

5) 「전기사업법」 제63조에 따른 전기설비의 사용 전 검사

6) 「정보통신공사업법」 제36조에 따른 정보통신공사의 사용 전 검사

7) 「도로법」 제62조 제2항에 따른 도로점용 공사의 준공확인

8) 「국토의 계획 및 이용에 관한 법률」 제62조에 따른 개발 행위의 준공검사

9) 「국토의 계획 및 이용에 관한 법률」 제98조에 따른 도시·군계획시설사업의 준공검사

10) 「물환경보전법」 제37조에 따른 수질오염물질 배출시설의 가동개시의 신고

11) 「대기환경보전법」 제30조에 따른 대기오염물질 배출시설의 가동개시의 신고

(5) 허가권자는 위 (2)에 따른 사용승인을 하는 경우 위 (4)의 어느 하나에 해당하는 내용이 포함되어 있으면 관계 행정기관의 장과 미리 협의하여야 한다.

(6) 특별시장 또는 광역시장은 위 (2)에 따라 사용승인을 한 경우 지체 없이 그 사실을 군수 또는 구청장에게 알려서 건축물대장에 적게 하여야 한다. 이 경우 건축물대장에는 설계자, 대통령령으로 정하는 주요 공사의 시공자, 공사감리자를 적어야 한다.

02 건축물의 사용승인 2(「건축법 시행령」 제17조)

(1) 건축주는 법 제22조 제3항 제2호에 따라 사용승인서를 받기 전에 공사가 완료된 부분에 대한 임시사용의 승인을 받으려는 경우에는 국토교통부령으로 정하는 바에 따라 임시사용승인신청서를 허가권자에게 제출(전자문서에 의한 제출을 포함)하여야 한다.

(2) 허가권자는 위 (1)의 신청서를 접수한 경우에는 공사가 완료된 부분이 법 제22조 제3항 제2호에 따른 기준에 적합한 경우에만 임시사용을 승인할 수 있으며, 식수 등 조경에 필요한 조치를 하기에 부적합한 시기에 건축공사가 완료된 건축물은 허가권자가 지정하는 시기까지 식수(植樹) 등 조경에 필요한 조치를 할 것을 조건으로 임시사용을 승인할 수 있다.

(3) 임시사용승인의 기간은 2년 이내로 한다. 다만, 허가권자는 대형 건축물 또는 암반 공사 등으로 인하여 공사기간이 긴 건축물에 대하여는 그 기간을 연장할 수 있다.

(4) 법 제22조 제6항 후단에서 "대통령령으로 정하는 주요 공사의 시공자"란 다음의 어느 하나에 해당하는 자를 말한다.

1) 「건설산업기본법」 제9조에 따라 종합공사를 시공하는 업종을 등록한 자로서 발주자로부터 건설공사를 도급받은 건설업자

2) 「전기공사업법」·「소방시설공사업법」 또는 「정보통신공사업법」에 따라 공사를 수행하는 시공자

03 사용승인신청(「건축법 시행규칙」 제16조)

(1) 법 제22조 제1항(법 제19조 제5항에 따라 준용되는 경우를 포함)에 따라 건축물의 사용승인을 받으려는 자는 별지 제17호 서식의 (임시)사용승인 신청서에 다음의 구분에 따른 도서를 첨부하여 허가권자에게 제출하여야 한다.

  1) 법 제25조 제1항에 따른 공사감리자를 지정한 경우 : 공사감리완료보고서

  2) 법 제11조 제1항에 따라 허가를 받아 건축한 건축물의 건축허가도서에 변경이 있는 경우 : 설계변경사항이 반영된 최종 공사완료도서

  3) 법 제14조 제1항에 따른 신고를 하여 건축한 건축물 : 배치 및 평면이 표시된 현황도면

  4) 「액화석유가스의 안전관리 및 사업법」 제27조 제2항에 따라 액화석유가스의 사용시설에 대한 완성검사를 받아야 할 건축물인 경우 : 액화석유가스 완성검사필증

  5) 법 제22조 제4항 각 호에 따른 사용승인·준공검사 또는 등록신청 등을 받거나 하기 위하여 해당 법령에서 제출하도록 의무화하고 있는 신청서 및 첨부서류(해당 사항이 있는 경우로 한정한다)

  6) 법 제25조 제11항에 따라 감리비용을 지불하였음을 증명하는 서류(해당 사항이 있는 경우로 한정한다)

  7) 법 제48조의3 제1항에 따라 내진능력을 공개하여야 하는 건축물인 경우 : 건축구조기술사가 날인한 근거자료(「건축물의 구조기준 등에 관한 규칙」 제60조의2 제2항 후단에 해당하는 경우로 한정한다)

(2) 허가권자는 제1항에 따른 사용승인신청을 받은 경우에는 법 제22조 제2항에 따라 그 신청서를 받은 날부터 7일 이내에 사용승인을 위한 현장검사를 실시하여야 하며, 현장검사에 합격된 건축물에 대하여는 별지 제18호 서식의 사용승인서를 신청인에게 발급하여야 한다.

04 임시사용승인신청 등(「건축법 시행규칙」 제17조)

(1) 영 제17조 제2항의 규정에 의한 임시사용승인신청서는 별지 제17호 서식에 의한다.

(2) 영 제17조 제3항에 따라 허가권자는 건축물 및 대지의 일부가 법 제40조부터 제50조까지, 제50조의2, 제51조부터 제58조까지, 제60조부터 제62조까지, 제64조, 제67조, 제68조까지 및 제77조를 위반하여 건축된 경우에는 해당 건축물의 임시사용을 승인하여서는 아니 된다.

(3) 허가권자는 위 (1)의 규정에 의한 임시사용승인신청을 받은 경우에는 해당 신청서를 받은 날부터 7일 이내에 별지 제19호 서식의 임시사용승인서를 신청인에게 교부하여야 한다.

05 완공검사(「소방시설공사업법」 제14조)

(1) 공사업자는 소방시설공사를 완공하면 소방본부장 또는 소방서장의 완공검사를 받아야 한다. 다만, 제17조 제1항에 따라 공사감리자가 지정되어 있는 경우에는 공사감리 결과보고서로 완공검사를 갈음하되, 대통령령으로 정하는 특정소방대상물의 경우에는 소방본부장이나 소방서장이 소방시설공사가 공사감리 결과보고서대로 완공되었는지를 현장에서 확인할 수 있다.

(2) 공사업자가 소방대상물 일부분의 소방시설공사를 마친 경우로서 전체 시설이 준공되기 전에 부분적으로 사용할 필요가 있는 경우에는 그 일부분에 대하여 소방본부장이나 소방서장에게 완공검사(이하 "부분완공검사"라 한다)를 신청할 수 있다. 이 경우 소방본부장이나 소방서장은 그 일부분의 공사가 완공되었는지를 확인하여야 한다.

(3) 소방본부장이나 소방서장은 위 (1)에 따른 완공검사나 (2)에 따른 부분완공검사를 하였을 때에는 완공검사증명서나 부분완공검사증명서를 발급하여야 한다.

(4) 위 (1)부터 (3)까지의 규정에 따른 완공검사 및 부분완공검사의 신청과 검사증명서의 발급, 그 밖에 완공검사 및 부분완공검사에 필요한 사항은 행정안전부령으로 정한다.

06 완공검사를 위한 현장 확인대상 특정소방대상물의 범위(「소방시설공사업법 시행령」 제5조)

「소방시설공사업법」 제14조 제1항 단서에서 "대통령령으로 정하는 특정소방대상물"이란 특정소방대상물 중 다음의 대상물을 말한다.

(1) 문화 및 집회시설, 종교시설, 판매시설, 노유자(老幼者)시설, 수련시설, 운동시설, 숙박시설, 창고시설, 지하상가 및 「다중이용업소의 안전관리에 관한 특별법」에 따른 다중이용업소

(2) 가스계(이산화탄소·할로겐화합물·청정소화약제) 소화설비(호스릴소화설비는 제외)가 설치되는 것

(3) 연면적 $10,000m^2$ 이상이거나 11층 이상인 특정소방대상물(아파트는 제외)

(4) 가연성 가스를 제조·저장 또는 취급하는 시설 중 지상에 노출된 가연성 가스 탱크의 저장용량 합계가 1,000t 이상인 시설

07 소방시설의 완공검사 신청 등(「소방시설공사업법 시행규칙」 제13조)

(1) 공사업자는 소방시설공사의 완공검사 또는 부분완공검사를 받으려면 법 제14조 제4항에 따라 별지 제17호 서식의 소방시설공사 완공검사신청서(전자문서로 된 소방시설공사 완공검사신청서를 포함) 또는 별지 제18호 서식의 소방시설 부분완공검사신청

서(전자문서로 된 소방시설 부분완공검사신청서를 포함)를 소방본부장 또는 소방서장에게 제출하여야 한다. 다만, 「전자정부법」 제36조 제1항에 따른 행정정보의 공동이용을 통하여 첨부서류에 대한 정보를 확인할 수 있는 경우에는 그 확인으로 첨부서류를 갈음할 수 있다.

(2) 위 (1)에 따라 소방시설 완공검사신청 또는 부분완공검사신청을 받은 소방본부장 또는 소방서장은 법 제14조 제1항 및 제2항에 따른 현장확인 결과 또는 감리 결과보고서를 검토한 결과 해당 소방시설공사가 법령과 화재안전기준에 적합하다고 인정하면 별지 제19호 서식의 소방시설 완공검사증명서 또는 별지 제20호 서식의 소방시설 부분완공검사증명서를 공사업자에게 발급하여야 한다.

01 건축물의 공사감리(「건축법」 제25조)

(1) 건축주는 대통령령으로 정하는 용도·규모 및 구조의 건축물을 건축하는 경우 건축사나 대통령령으로 정하는 자를 공사감리자로 지정하여 공사감리를 하게 하여야 한다. 이 경우 시공에 관한 감리에 대하여 건축사를 공사감리자(공사시공자 본인 및 「독점규제 및 공정거래에 관한 법률」 제2조에 따른 계열회사는 제외한다)로 지정하여 공사감리를 하게 하여야 한다.

(2) 위 (1)에도 불구하고 「건설산업기본법」 제41조 제1항 각 호에 해당하지 아니하는 소규모 건축물로서 건축주가 직접 시공하는 건축물 및 분양을 목적으로 하는 건축물 중 대통령령으로 정하는 건축물의 경우에는 대통령령으로 정하는 바에 따라 허가권자가 해당 건축물의 설계에 참여하지 아니한 자 중에서 공사감리자를 지정하여야 한다. 다만, 다음의 어느 하나에 해당하는 건축물의 건축주가 국토교통부령으로 정하는 바에 따라 허가권자에게 신청하는 경우에는 해당 건축물을 설계한 자를 공사감리자로 지정할 수 있다.

1) 「건설기술 진흥법」 제14조에 따른 신기술을 적용하여 설계한 건축물
2) 「건축서비스산업 진흥법」 제13조 제4항에 따른 역량 있는 건축사가 설계한 건축물
3) 설계공모를 통하여 설계한 건축물

(3) 공사감리자는 공사감리를 할 때 이 법과 이 법에 따른 명령이나 처분, 그 밖의 관계 법령에 위반된 사항을 발견하거나 공사시공자가 설계도서대로 공사를 하지 아니하면 이를 건축주에게 알린 후 공사시공자에게 시정하거나 재시공하도록 요청하여야 하며, 공사시공자가 시정이나 재시공 요청에 따르지 아니하면 서면으로 그 건축공사를 중지하도록 요청할 수 있다. 이 경우 공사중지를 요청받은 공사시공자는 정당한 사유가 없으면 즉시 공사를 중지하여야 한다.

(4) 공사감리자는 위 (3)에 따라 공사시공자가 시정이나 재시공 요청을 받은 후 이에 따르지 아니하거나 공사중지 요청을 받고도 공사를 계속하면 국토교통부령으로 정하는 바에 따라 이를 허가권자에게 보고하여야 한다.

(5) 대통령령으로 정하는 용도 또는 규모의 공사의 공사감리자는 필요하다고 인정하면 공사시공자에게 상세시공도면을 작성하도록 요청할 수 있다.

(6) 공사감리자는 국토교통부령으로 정하는 바에 따라 감리일지를 기록·유지하여야 하고, 공사의 공정(工程)이 대통령령으로 정하는 진도에 다다른 경우에는 감리중간보

고서를, 공사를 완료한 경우에는 감리완료보고서를 국토교통부령으로 정하는 바에 따라 각각 작성하여 건축주에게 제출하여야 하며, 건축주는 제22조에 따른 건축물의 사용승인을 신청할 때 중간감리보고서와 감리완료보고서를 첨부하여 허가권자에게 제출하여야 한다.

(7) 건축주나 공사시공자는 위 (3)과 (4)에 따라 위반사항에 대한 시정이나 재시공을 요청하거나 위반사항을 허가권자에게 보고한 공사감리자에게 이를 이유로 공사감리자의 지정을 취소하거나 보수의 지급을 거부하거나 지연시키는 등 불이익을 주어서는 아니 된다.

(8) 위 (1)에 따른 공사감리의 방법 및 범위 등은 건축물의 용도·규모 등에 따라 대통령령으로 정하되, 이에 따른 세부기준이 필요한 경우에는 국토교통부장관이 정하거나 건축사협회로 하여금 국토교통부장관의 승인을 받아 정하도록 할 수 있다.

(9) 국토교통부장관은 위 (8)에 따라 세부기준을 정하거나 승인을 한 경우 이를 고시하여야 한다.

(10) 「주택법」 제15조에 따른 사업계획 승인대상과 「건설기술 진흥법」 제39조 제2항에 따라 건설사업관리를 하게 하는 건축물의 공사감리는 위 (1)부터 (9)까지, 위 (11) 및 위 (12)의 규정에도 불구하고 각각 해당 법령으로 정하는 바에 따른다.

(11) 위 (2)에 따라 허가권자가 공사감리자를 지정하는 건축물의 건축주는 제21조에 따른 착공신고를 하는 때에 감리비용이 명시된 감리계약서를 허가권자에게 제출하여야 하고, 제22조에 따른 사용승인을 신청하는 때에는 감리용역 계약내용에 따라 감리비용을 지불하여야 한다. 이 경우 허가권자는 감리계약서에 따라 감리비용이 지불되었는지를 확인한 후 사용승인을 하여야 한다.

(12) 허가권자는 위 (11)의 감리비용에 관한 기준을 해당 지방자치단체의 조례로 정할 수 있다.

02 공사감리(「건축법 시행령」 제19조)

(1) 법 제25조 제1항에 따라 공사감리자를 지정하여 공사감리를 하게 하는 경우에는 다음의 구분에 따른 자를 공사감리자로 지정하여야 한다.
   1) 다음의 어느 하나에 해당하는 경우 : 건축사
   ① 법 제11조에 따라 건축허가를 받아야 하는 건축물(법 제14조에 따른 건축신고 대상 건축물은 제외)을 건축하는 경우
   ② 제6조 제1항 제6호에 따른 건축물을 리모델링[61]하는 경우

---

61) 리모델링 : 건축물의 노후화를 억제하거나 기능향상 등을 위하여 대수선하거나 일부 증축하는 행위를 말한다.

2) 다중이용 건축물을 건축하는 경우 : 「건설기술관리법」에 따른 건축감리전문회사·종합감리전문회사(공사시공자 본인이거나 「독점규제 및 공정거래에 관한 법률」 제2조에 따른 계열회사인 건축감리전문회사·종합감리전문회사는 제외) 또는 건축사(「건설기술관리법 시행령」 제105조에 따라 감리원을 배치하는 경우만 해당)

(2) 위 (1)에 따라 다중이용 건축물의 공사감리자를 지정하는 경우 감리원의 배치기준 및 감리대가는 「건설기술관리법」에서 정하는 바에 따른다.

(3) 법 제25조 제6항에서 "공사의 공정이 대통령령으로 정하는 진도에 다다른 경우"란 공사(하나의 대지에 둘 이상의 건축물을 건축하는 경우에는 각각의 건축물에 대한 공사를 말한다)의 공정이 다음의 어느 하나에 다다른 경우를 말한다.

1) 해당 건축물의 구조가 철근콘크리트조·철골조·철골철근콘크리트조·조적조 또는 보강콘크리트 블록조인 경우에는 다음의 어느 하나에 해당하게 된 경우
   ① 기초공사 시 철근배치를 완료한 경우
   ② 지붕 슬래브배근을 완료한 경우
   ③ 5층 이상 건축물인 경우 지상 5개 층마다 상부 슬래브배근을 완료한 경우

2) 해당 건축물의 구조가 철골조인 때 다음의 어느 하나에 해당하게 된 경우
   ① 기초공사 시 철근배치를 완료한 경우
   ② 지붕철골조립을 완료한 경우
   ③ 지상 3개 층마다 또는 높이 20m마다 주요구조부의 조립을 완료한 경우

3) 해당 건축물의 구조가 제1호 또는 제2호 외의 구조인 경우에는 기초공사에서 거푸집 또는 주춧돌의 설치를 완료한 경우

(4) 법 제25조 제4항에서 "대통령령으로 정하는 용도 또는 규모의 공사"란 연면적의 합계가 5,000m^2 이상인 건축공사를 말한다.

(5) 공사감리자는 수시로 또는 필요할 때 공사현장에서 감리업무를 수행하여야 하며, 다음의 건축공사를 감리하는 경우에는 「건축사법」 제2조 제2호에 따른 건축사보(「기술사법」 제6조에 따른 기술사사무소 또는 「건축사법」 제23조 제8항 각 호의 감리전문회사 등에 소속되어 있는 자로서 「국가기술자격법」에 따른 해당분야 기술계 자격을 취득한 자와 「건설기술관리법 시행령」 제4조에 따른 건설사업관리를 수행할 자격이 있는 자를 포함한다) 중 건축 분야의 건축사보 한 명 이상을 전체 공사기간 동안, 토목·전기 또는 기계 분야의 건축사보 한 명 이상을 각 분야별 해당 공사기간 동안 각각 공사현장에서 감리업무를 수행하게 하여야 한다. 이 경우 건축사보는 해당 분야의 건축공사의 설계·시공·시험·검사·공사감독 또는 감리업무 등에 2년 이상 종사한 경력이 있는 자이어야 한다.

1) 바닥면적의 합계가 5,000m^2 이상인 건축공사. 다만, 축사 또는 작물 재배사의 건축공사는 제외한다.

2) 연속된 5개 층(지하층 포함)을 이상으로서 바닥면적의 합계가 3,000m² 이상인 건축공사

3) 아파트 건축공사

(6) 공사감리자가 수행하여야 하는 감리업무는 다음과 같다.

1) 공사시공자가 설계도서에 따라 적합하게 시공하는지 여부의 확인

2) 공사시공자가 사용하는 건축자재가 관계법령에 따른 기준에 적합한 건축자재인지 여부의 확인

3) 그 밖에 공사감리에 관한 사항으로서 국토교통부령으로 정하는 사항

(7) 위 (5)에 따라 공사현장에 건축사보를 두는 공사감리자는 다음의 구분에 따른 기간에 국토교통부령으로 정하는 바에 따라 건축사보의 배치현황을 허가권자에게 제출하여야 한다.

1) 최초로 건축사보를 배치하는 경우에는 착공예정일부터 7일

2) 건축사보의 배치가 변경된 경우에는 변경된 날부터 7일

(8) 허가권자는 위 (7)에 따라 공사감리자로부터 건축사보의 배치현황을 받으면 지체 없이 그 배치현황을 「건축사법」에 따른 건축사협회 중에서 국토교통부장관이 지정하는 건축사협회에 보내야 한다.

(9) 위 (8)에 따라 건축사보의 배치현황을 받은 건축사협회는 이를 관리하여야 하며, 건축사보가 이중으로 배치된 사실 등을 발견한 경우에는 지체 없이 그 사실 등을 관계 시·도지사에게 알려야 한다.

03 감리보고서 등(「건축법 시행규칙」 제19조)

(1) 법 제25조 제3항에 따라 공사감리자는 건축공사기간 중 발견한 위법사항에 관하여 시정·재시공 또는 공사중지의 요청을 하였음에도 불구하고 공사시공자가 이에 따르지 아니하는 경우에는 시정 등을 요청할 때에 명시한 기간이 만료되는 날부터 7일 이내에 별지 제20호 서식의 위법건축공사보고서를 허가권자에게 제출(전자문서로 제출하는 것을 포함)하여야 한다.

(2) 법 제25조 제5항에 따른 감리중간보고서·감리완료보고서 및 공사감리일지는 각각 별지 제21호 서식 및 별지 제22호 서식에 의한다.

04 공사감리업무 등(「건축법 시행규칙」 제19조의2)

(1) 영 제19조 제6항 제3호의 규정에 의하여 공사감리자는 다음의 업무를 수행한다.

1) 건축물 및 대지가 관계법령에 적합하도록 공사시공자 및 건축주를 지도

2) 시공계획 및 공사관리의 적정 여부의 확인

3) 공사현장에서의 안전관리의 지도

4) 공정표의 검토

5) 상세시공도면의 검토·확인

6) 구조물의 위치와 규격의 적정 여부의 검토·확인

7) 품질시험의 실시여부 및 시험성과의 검토·확인

8) 설계변경의 적정 여부의 검토·확인

9) 기타 공사감리계약으로 정하는 사항

(2) 영 제19조 제7항의 규정에 의하여 공사감리자의 건축사보 배치현황의 제출은 별지 제22호의2 서식에 의한다.

05 감리(「소방시설공사업법」 제16조)

(1) 제4조 제1항에 따라 소방공사감리업을 등록한 자(이하 "감리업자"라 한다)는 소방공사를 감리할 때 다음의 업무를 수행하여야 한다.

1) **적법성**

① 소방시설 등의 설치계획표의 적법성 검토

② 피난시설 및 방화시설의 적법성 검토

③ 실내장식물의 불연화(不燃化)와 방염물품의 적법성 검토

2) **적합성**

① 소방시설 등 설계도서의 적합성(적법성과 기술상의 합리성) 검토

② 소방시설 등 설계 변경사항의 적합성 검토

③ 소방용품의 위치·규격 및 사용 자재의 적합성 검토

④ 공사업자가 작성한 시공 상세도면의 적합성 검토

3) 공사업자가 한 소방시설 등의 시공이 설계도서와 화재안전기준에 맞는지에 대한 지도·감독

4) 완공된 소방시설 등의 성능시험

(2) 용도와 구조에서 특별히 안전성과 보안성이 요구되는 소방대상물로서 대통령령으로 정하는 장소에서 시공되는 소방시설물에 대한 감리는 감리업자가 아닌 자도 할 수 있다.

(3) 위 (1)에 따른 감리의 종류, 방법 및 대상은 대통령령으로 정한다.

06 소방공사감리의 종류와 방법 및 대상(「소방시설공사업법 시행령」 제9조)

법 제16조 제3항에 따른 소방공사감리의 종류, 방법 및 대상은 [별표 3]과 같다.

[별표 3]

소방공사감리의 종류, 방법 및 대상(제9조 관련) 〈개정 2016.12.30〉		
종 류	대 상	방 법
상주 공사 감리	1. 연면적 30,000m² 이상의 특정소방대상물(아파트는 제외)에 대한 소방시설의 공사. 다만, 자동화재탐지설비·옥내소화전설비·옥외소화전설비 또는 소화용수시설만 설치되는 공사는 제외한다. 2. 지하층을 포함한 층수가 16층 이상으로서 500세대 이상인 아파트에 대한 소방시설의 공사	1. 감리업자가 지정하는 감리원(이하 "책임감리원"이라 한다)은 행정안전부령으로 정하는 기간 동안 공사현장에 상주하여 법 제16조 제1항 각 호에 따른 업무를 수행하고 감리일지에 기록해야 한다. 다만, 법 제16조 제1항 제9호에 따른 업무는 행정안전부령으로 정하는 기간 동안 공사가 이루어지는 경우만 해당한다. 2. 책임감리원이 행정안전부령으로 정하는 기간 중 부득이한 사유로 1일 이상 현장을 이탈하는 경우에는 감리일지 등에 기록하여 발주청 또는 발주자의 확인을 받아야 한다. 이 경우 감리업자는 책임감리원의 업무를 대행할 사람을 감리현장에 배치하여 감리업무에 지장이 없도록 해야 한다. 3. 감리업자는 책임감리원이 행정안전부령으로 정하는 기간 중 법에 따른 교육이나 「민방위기본법」 또는 「향토예비군 설치법」에 따른 교육을 받는 경우나 「근로기준법」에 따른 유급휴가로 현장을 이탈하게 되는 경우에는 감리업무에 지장이 없도록 책임감리원의 업무를 대행할 사람을 감리현장에 배치해야 한다. 이 경우 책임감리원은 새로 배치되는 업무대행자에게 업무 인수·인계 등의 필요한 조치를 해야 한다.
일반 공사 감리	상주 공사감리에 해당하지 않는 소방시설의 공사	1. 책임감리원은 공사현장을 방문하여 법 제16조 제1항 각 호에 따른 업무를 수행한다. 다만, 법 제16조 제1항 제9호에 따른 업무는 행정안전부령으로 정하는 기간 동안 공사가 이루어지는 경우만 해당한다. 2. 책임감리원은 행정안전부령으로 정하는 기간 중에는 주 1회 이상 공사현장을 방문하여 제1호의 업무를 수행하고 감리일지에 기록해야 한다. 3. 감리업자는 책임감리원이 부득이한 사유로 14일 이내의 범위에서 제2호의 업무를 수행할 수 없는 경우에는 업무대행자를 지정하여 그 업무를 수행하게 해야 한다. 4. 제3호에 따라 지정된 업무대행자는 주 2회 이상 공사 현장을 방문하여 제1호의 업무를 수행하며, 그 업무수행 내용을 책임감리원에게 통보하고 감리일지에 기록해야 한다.

07 공사감리자 지정대상 특정소방대상물의 범위(「소방시설공사업법 시행령」 제10조)

구 분	공사의 종류	제외사항
신설·개설 또는 증설	옥내소화전설비	–
	옥외소화전설비	
신설·개설하거나 방호·방수 구역을 증설	스프링클러설비 등	캐비닛형 간이스프링클러설비
	물분무 등 소화설비	호스릴방식
신설·개설하거나 경계구역을 증설	자동화재탐지설비	–
신설·개설하거나 제연구역을 증설	제연설비	–
신설·개설하거나 송수구역을 증설	연결살수설비	–
신설·개설하거나 전용회로를 증설	비상콘센트설비	–
신설·개설하거나 살수구역을 증설	연소방지설비	–
신설 또는 개설	통합감시시설	–
	소화용수설비	
	연결송수관설비	
	무선통신보조설비	
다음의 어느 하나에 해당하는 설비의 전부 또는 일부를 개설·이전하거나 정비	수신반	–
	소화펌프	
	동력(감시)제어반	

08 소방기술자의 배치기준(「소방시설공사업법 시행령」 제3조)

법 제4조 제1항에 따라 소방시설공사업을 등록한 자(이하 "공사업자"라 한다)는 법 제12조 제2항에 따라 [별표 2]의 기준에 맞게 소속 소방기술자를 소방시설공사 현장에 배치하여야 한다.

[별표 2]

소방기술자의 배치기준(제3조 관련)	
소방기술자의 배치기준	소방시설공사 현장의 기준
1. 행정안전부령으로 정하는 특급기술자인 소방기술자(기계분야 및 전기분야)	가. 연면적 20만m^2 이상인 특정소방대상물의 공사현장 나. 지하층을 포함한 층수가 40층 이상인 특정소방대상물의 공사현장
2. 행정안전부령으로 정하는 고급기술자 이상의 소방기술자(기계분야 및 전기분야)	가. 연면적 3만m^2 이상 20만m^2 미만인 특정소방대상물(아파트는 제외한다)의 공사현장 나. 지하층을 포함한 층수가 16층 이상 40층 미만인 특정소방대상물의 공사현장

소방기술자의 배치기준	소방시설공사 현장의 기준
3. 행정안전부령으로 정하는 중급기술자 이상의 소방기술자(기계분야 및 전기분야)	가. 물분무 등 소화설비(호스릴방식의 소화설비는 제외한다) 또는 제연설비가 설치되는 특정소방대상물의 공사현장 나. 연면적 5천m^2 이상 3만m^2 미만인 특정소방대상물(아파트는 제외한다)의 공사현장 다. 연면적 1만m^2 이상 20만m^2 미만인 아파트의 공사현장
4. 행정안전부령으로 정하는 초급기술자 이상의 소방기술자(기계분야 및 전기분야)	가. 연면적 1천m^2 이상 5천m^2 미만인 특정소방대상물(아파트는 제외한다)의 공사현장 나. 연면적 1천m^2 이상 1만m^2 미만인 아파트의 공사현장 다. 지하구(地下溝)의 공사현장
5. 법 제28조에 따라 자격수첩을 발급받은 소방기술자	연면적 1천m^2 미만인 특정소방대상물의 공사현장

1. 다음의 어느 하나에 해당하는 기계분야 소방시설공사의 경우에는 소방기술자의 배치기준에 따른 기계분야의 소방기술자를 공사현장에 배치하여야 한다.
   1) 옥내소화전설비, 옥외소화전설비, 스프링클러설비 등, 물분무 등 소화설비의 공사
   2) 소화용수설비의 공사
   3) 제연설비, 연결송수관설비, 연결살수설비, 연소방지설비의 공사
   4) 기계분야 소방시설에 부설되는 전기시설의 공사. 다만, 비상전원, 동력회로, 제어회로, 기계분야의 소방시설을 작동하기 위하여 설치하는 화재감지기에 의한 화재감지장치 및 전기신호에 의한 소방시설의 작동장치의 공사는 제외한다.
2. 다음의 어느 하나에 해당하는 전기분야 소방시설공사의 경우에는 소방기술자의 배치기준에 따른 전기분야의 소방기술자를 공사현장에 배치하여야 한다.
   1) 비상경보설비, 시각경보기, 자동화재탐지설비, 비상방송설비, 자동화재속보설비 또는 통합감시시설의 공사
   2) 비상콘센트설비 또는 무선통신보조설비의 공사
   3) 기계분야 소방시설에 부설되는 비상전원, 동력회로 또는 제어회로의 공사
   4) 기계분야 소방시설에 부설되는 전기시설 중 위 1의 4)의 전기시설의 공사
3. 제1호 및 제2호에도 불구하고 기계분야 및 전기분야의 자격을 모두 갖춘 소방기술자가 있는 경우에는 소방시설공사를 분야별로 구분하지 않고 그 소방기술자 1명을 배치할 수 있다.
4. 제1호 및 제2호에도 불구하고 소방공사감리업자가 감리하는 소방시설공사가 다음의 어느 하나에 해당하는 경우에는 소방기술자를 소방시설공사 현장에 배치하지 않을 수 있다.
   1) 소방시설의 비상전원을 「전기공사업법」에 따른 전기공사업자가 공사하는 경우
   2) 소화용수시설을 「건설산업기본법 시행령」 [별표 1]에 따른 기계설비공사업자 또는 상·하수도설비공사업자가 공사하는 경우
   3) 소방 외의 용도와 겸용되는 제연설비를 「건설산업기본법 시행령」 [별표 1]에 따

른 기계설비공사업자가 공사하는 경우

　4) 소방 외의 용도와 겸용되는 비상방송설비 또는 무선통신보조설비를 「정보통신공사업법」에 따른 정보통신공사업자가 공사하는 경우

5. 공사업자는 다음의 경우를 제외하고는 1명의 소방기술자를 2개의 공사현장을 초과하여 배치해서는 안 된다. 다만, 연면적 3만m^2 이상의 특정소방대상물(아파트는 제외한다)이거나 지하층을 포함한 층수가 16층 이상으로서 500세대 이상인 아파트에 대한 소방시설 공사의 경우에는 1개의 공사현장에만 배치해야 한다.

　1) 건축물의 연면적이 5천m^2 미만인 공사현장에만 배치하는 경우. 다만, 그 연면적의 합계는 2만m^2를 초과해서는 안 된다.

　2) 건축물의 연면적이 5천m^2 이상인 공사현장 2개 이하와 5천m^2 미만인 공사현장에 같이 배치하는 경우. 다만, 5천m^2 미만의 공사현장의 연면적의 합계는 1만m^2를 초과해서는 안 된다.

09 소방공사감리원의 배치기준(「소방시설공사업법 시행령」 제11조)

법 제18조 제1항에 따라 감리업자는 [별표 4]의 기준에 맞게 소속 감리원을 소방시설공사 현장에 배치하여야 한다.

[별표 4]

▌소방공사감리원의 배치기준(제11조 관련)▌

감리원의 배치기준		소방시설공사 현장의 기준
책임감리원	보조감리원	
1. 행정안전부령으로 정하는 특급감리원 중 소방기술사	행정안전부령으로 정하는 초급감리원 이상의 소방공사감리원(기계분야 및 전기분야)	가. 연면적 20만m^2 이상인 특정소방대상물의 공사현장 나. 지하층을 포함한 층수가 40층 이상인 특정소방대상물의 공사현장
2. 행정안전부령으로 정하는 특급감리원 이상의 소방공사감리원(기계분야 및 전기분야)	행정안전부령으로 정하는 초급감리원 이상의 소방공사감리원(기계분야 및 전기분야)	가. 연면적 3만m^2 이상 20만m^2 미만인 특정소방대상물(아파트는 제외)의 공사현장 나. 지하층을 포함한 층수가 16층 이상 40층 미만인 특정소방대상물의 공사현장
3. 행정안전부령으로 정하는 고급감리원 이상의 소방공사감리원(기계분야 및 전기분야)	행정안전부령으로 정하는 초급감리원 이상의 소방공사감리원(기계분야 및 전기분야)	가. 물분무 등 소화설비(호스릴방식의 소화설비는 제외) 또는 제연설비가 설치되는 특정소방대상물의 공사현장 나. 연면적 3만m^2 이상 20만m^2 미만인 아파트의 공사현장
4. 행정안전부령으로 정하는 중급감리원 이상의 소방공사감리원(기계분야 및 전기분야)		연면적 5천m^2 이상 3만m^2 미만인 특정소방대상물의 공사현장
5. 행정안전부령으로 정하는 초급감리원 이상의 소방공사감리원(기계분야 및 전기분야)		가. 연면적 5천m^2 미만인 특정소방대상물의 공사현장 나. 지하구의 공사현장

10 소방공사감리자의 지정신고 등(「소방시설공사업법 시행규칙」 제15조)

(1) 법 제17조 제2항에 따라 특정소방대상물의 관계인은 공사감리자를 지정한 경우에는 착공신고일까지 별지 제21호 서식의 소방공사감리자 지정신고서에 다음의 서류(전자문서 포함)를 첨부하여 소방본부장 또는 소방서장에게 제출하여야 한다. 다만, 「전자정부법」 제36조 제1항에 따른 행정정보의 공동이용을 통하여 첨부서류에 대한 정보를 확인할 수 있는 경우에는 그 확인으로 첨부서류를 갈음할 수 있다.

  1) 소방공사감리업 등록증 사본 1부 및 등록수첩

  2) 해당 소방시설공사를 감리하는 소속 감리원의 감리원 등급을 증명하는 서류(전자문서 포함) 각 1부

  3) 별지 제22호 서식의 소방공사감리계획서 1부

  4) 소방시설설계계약서 사본 1부 및 소방공사감리용역계약서 사본 1부

(2) 특정소방대상물의 관계인은 공사감리자가 변경된 경우에는 법 제17조 제2항 후단에 따라 변경일부터 30일 이내에 별지 제23호 서식의 소방공사감리자 변경신고서(전자문서로 된 소방공사감리자 변경신고서 포함)에 위 (1)의 서류(전자문서 포함)를 첨부하여 소방본부장 또는 소방서장에게 제출하여야 한다. 다만, 「전자정부법」 제36조 제1항에 따른 행정정보의 공동이용을 통하여 첨부서류에 대한 정보를 확인할 수 있는 경우에는 그 확인으로 첨부서류를 갈음할 수 있다.

(3) 소방본부장 또는 소방서장은 위 (1) 및 (2)에 따라 공사감리자의 지정신고 또는 변경신고를 받은 경우에는 2일 이내에 처리하고 공사감리자의 등록수첩에 배치되는 감리원의 등급, 감리현장의 명칭·소재지 및 현장 배치기간을 기재하여 발급하여야 한다.

11 감리원의 세부 배치기준 등(「소방시설공사업법 시행규칙」 제16조)

(1) 법 제18조 제3항에 따른 감리원의 세부적인 배치기준은 다음의 구분에 따른다.

  1) 영 [별표 3]에 따른 상주 공사감리대상인 경우

    ① 기계분야의 감리원 자격을 취득한 사람과 전기분야의 감리원 자격을 취득한 사람 각 1명 이상을 책임감리원으로 배치할 것. 다만, 기계분야 및 전기분야의 감리원 자격을 함께 취득한 사람이 있는 경우에는 그에 해당하는 사람 1명 이상을 배치할 수 있다.

    ② 소방시설용 배관(전선관 포함)을 설치하거나 매립하는 때부터 소방시설 완공검사증명서를 발급받을 때까지 소방공사감리현장에 책임감리원을 배치할 것

2) 영 [별표 3]에 따른 일반 공사감리대상인 경우

① 기계분야의 감리원 자격을 취득한 사람과 전기분야의 감리원 자격을 취득한 사람 각 1명 이상을 책임감리원으로 배치할 것. 다만, 기계분야 및 전기분야의 감리원 자격을 함께 취득한 사람이 있는 경우에는 그에 해당하는 사람 1명 이상을 배치할 수 있다.

② [별표 3]에 따른 기간 동안 책임감리원을 배치할 것

③ 책임감리원은 주 1회 이상 소방공사감리현장을 방문하여 감리할 것

④ 1명의 책임감리원이 담당하는 소방공사감리현장은 5개 이하(자동화재탐지설비 또는 옥내소화전설비 중 어느 하나만 설치하는 2개의 소방공사감리현장이 최단 차량주행거리로 30km 이내에 있는 경우에는 1개의 소방공사감리현장으로 본다)로서 감리현장 연면적의 총합계가 10만m^2 이하일 것. 다만, 지하층을 포함한 층수가 16층 미만인 아파트의 경우에는 연면적의 합계에 관계없이 1명의 책임감리원이 5개 이내의 공사현장을 감리할 수 있다.

(2) 영 [별표 3] 상주 공사감리의 방법란 각 호에서 "행정안전부령으로 정하는 기간"이란 소방시설용 배관을 설치하거나 매립하는 때부터 소방시설 완공검사증명서를 발급받을 때까지를 말한다.

(3) 영 [별표 3] 일반 공사감리의 방법란 제1호 및 제2호에서 "행정안전부령으로 정하는 기간"이란 [별표 3]에 따른 기간을 말한다.

[별표 3]

❚ 일반 공사감리기간(제16조 관련) 〈개정 2010.11.1.〉 ❚

1. 옥내소화전설비·스프링클러설비·포소화설비·물분무소화설비·연결살수설비 및 연소방지설비의 경우 : 가압송수장치의 설치, 가지배관의 설치, 개폐밸브·유수검지장치·체크밸브·템퍼스위치의 설치, 앵글밸브·소화전함의 매립, 스프링클러헤드·포헤드·포방출구·포노즐·포호스릴·물분무헤드·연결살수헤드·방수구의 설치, 포소화약제 탱크 및 포혼합기의 설치, 포소화약제의 충전, 입상배관과 옥상탱크의 접속, 옥외 연결송수구의 설치, 제어반의 설치, 동력전원 및 각종 제어회로의 접속, 음향장치의 설치 및 수동조작함의 설치를 하는 기간

2. 이산화탄소소화설비·할로겐화합물소화설비·청정소화약제소화설비 및 분말소화설비의 경우 : 소화약제 저장용기와 집합관의 접속, 기동용기 등 작동장치의 설치, 제어반·화재표시반의 설치, 동력전원 및 각종 제어회로의 접속, 가지배관의 설치, 선택밸브의 설치, 분사헤드의 설치, 수동기동장치의 설치 및 음향경보장치의 설치를 하는 기간

---

3. 자동화재탐지설비·시각경보기·비상경보설비·비상방송설비·통합감시시설·유도등·비상콘센트설비 및 무선통신보조설비의 경우 : 전선관의 매립, 감지기·유도등·조명등 및 비상콘센트의 설치, 증폭기의 접속, 누설동축케이블 등의 부설, 무선기기의 접속단자·분배기·증폭기의 설치 및 동력전원의 접속공사를 하는 기간

4. 피난기구의 경우 : 고정금속구를 설치하는 기간

5. 제연설비의 경우 : 가동식 제연경계벽·배출구·공기유입구의 설치, 각종 댐퍼 및 유입구 폐쇄장치의 설치, 배출기 및 공기유입기의 설치 및 풍도와의 접속, 배출풍도 및 유입풍도의 설치·단열조치, 동력전원 및 제어회로의 접속, 제어반의 설치를 하는 기간

6. 비상전원이 설치되는 소방시설의 경우 : 비상전원의 설치 및 소방시설과의 접속을 하는 기간

[비고] 위 각 호에 따른 소방시설의 일반공사 감리기간은 소방시설의 성능시험, 소방시설 완공 검사증명서의 발급·인수인계 및 소방공사의 정산을 하는 기간을 포함한다.

12 감리원 배치통보 등(「소방시설공사업법 시행규칙」 제17조)

소방공사감리업자는 제18조 제2항에 따라 감리원을 소방공사감리현장에 배치하는 경우에는 별지 제24호 서식의 소방공사감리원 배치통보서(전자문서로 된 소방공사감리원 배치통보서를 포함)에, 배치한 감리원이 변경된 경우에는 별지 제25호 서식의 소방공사감리원 배치변경통보서(전자문서로 된 소방공사감리원 배치변경통보서를 포함)에 다음의 구분에 따른 해당 서류(전자문서 포함)를 첨부하여 감리원 배치일부터 7일 이내에 소방본부장 또는 소방서장에게 알려야 한다. 이 경우 소방본부장 또는 소방서장은 통보된 내용을 7일 이내에 소방기술자 인정자에게 통보하여야 한다.

(1) 소방공사감리원 배치통보서에 첨부하는 서류(전자문서 포함)
1) 영 [별표 1] 제3호 부표의 구분에 따른 감리원의 등급을 증명하는 서류
2) 소방공사감리계약서 사본 1부

(2) 소방공사감리원 배치변경통보서에 첨부하는 서류(전자문서 포함)
1) 변경된 감리원의 등급을 증명하는 서류(감리원을 배치하는 경우에만 첨부)
2) 변경 전 감리원의 등급을 증명하는 서류

13 감리결과의 통보 등(「소방시설공사업법 시행규칙」 제19조)

법 제20조에 따라 감리업자가 소방공사의 감리를 마쳤을 때에는 별지 제29호 서식의 소방공사감리 결과보고(통보)서[전자문서로 된 소방공사감리 결과보고(통보)서를 포함]에 다음의 서류(전자문서 포함)를 첨부하여 공사가 완료된 날부터 7일 이내에 특정소방대상물의 관계인, 소방시설공사의 도급인 및 특정소방대상물의 공사를 감리한 건축사에게 알리고, 소방본부장 또는 소방서장에게 보고하여야 한다.

(1) 별지 제30호 서식의 소방시설 성능시험조사표 1부

(2) 착공신고 후 변경된 소방시설설계도면(변경사항이 있는 경우에만 첨부하되, 법 제11조에 따른 설계업자가 설계한 도면만 해당된다) 1부

(3) 별지 제13호 서식의 소방공사 감리일지(소방본부장 또는 소방서장에게 보고하는 경우에만 첨부)

하자보수

01 공사의 하자보수 보증 등(소방시설공사업법 제15조)

(1) 공사업자는 소방시설공사 결과 자동화재탐지설비 등 대통령령으로 정하는 소방시설에 하자가 있을 때에는 대통령령으로 정하는 기간 동안 그 하자를 보수하여야 한다.

(2) 관계인은 위 (1)에 따른 기간에 소방시설의 하자가 발생하였을 때에는 공사업자에게 그 사실을 알려야 하며, 통보를 받은 공사업자는 3일 이내에 하자를 보수하거나 보수일정을 기록한 하자보수계획을 관계인에게 서면으로 알려야 한다.

(3) 관계인은 공사업자가 다음의 어느 하나에 해당하는 경우에는 소방본부장이나 소방서장에게 그 사실을 알릴 수 있다.
   1) 위 (2)에 따른 기간에 하자보수를 이행하지 아니한 경우
   2) 위 (2)에 따른 기간에 하자보수계획을 서면으로 알리지 아니한 경우
   3) 하자보수계획이 불합리하다고 인정되는 경우

(4) 소방본부장이나 소방서장은 위 (3)에 따른 통보를 받았을 때에는 「화재예방, 소방시설 설치·유지 및 안전관리에 관한 법률」 제11조의2 제2항에 따른 지방 소방기술심의위원회에 심의를 요청하여야 하며, 그 심의결과 위 (3)의 어느 하나에 해당하는 것으로 인정할 때에는 시공자에게 기간을 정하여 하자보수를 명하여야 한다.

02 하자보수 대상 소방시설과 하자보수 보증기간(「소방시설공사업법 시행령」 제6조)

법 제15조 제1항에 따라 하자를 보수하여야 하는 소방시설과 소방시설별 하자보수 보증기간은 다음의 구분과 같다.

(1) **피난기구, 유도등, 유도표지, 비상경보설비, 비상조명등, 비상방송설비 및 무선통신보조설비** : 2년 → 소방전기분야는 2년

(2) **자동소화장치, 옥내소화전설비, 스프링클러설비, 간이스프링클러설비, 물분무 등 소화설비, 옥외소화전설비, 자동화재탐지설비, 상수도소화용수설비 및 소화활동설비(무선통신보조설비는 제외)** : 3년 → 소방기계분야는 3년, 자동화재탐지설비는 전기분야임에도 불구하고 3년이다.

01 소방시설기준 적용의 특례(「화재예방, 소방시설 설치·유지 및 안전관리에 관한 법률」 제11조)

(1) 소방본부장이나 소방서장은 제9조 제1항 전단에 따른 대통령령 또는 화재안전기준이 변경되어 그 기준이 강화되는 경우 기존의 특정소방대상물(건축물의 신축·개축·재축·이전 및 대수선 중인 특정소방대상물을 포함)의 소방시설에 대하여는 변경 전의 대통령령 또는 화재안전기준을 적용한다. 다만, 다음의 어느 하나에 해당하는 소방시설의 경우에는 대통령령 또는 화재안전기준의 변경으로 강화된 기준을 적용한다(소급적용의 특례).

  1) 다음 소방시설 중 대통령령으로 정하는 것 : 소화기구·비상경보설비·자동화재속보설비 및 피난설비

  2) 지하구 가운데 「국토의 계획 및 이용에 관한 법률」 제2조 제9호에 따른 공동구에 설치하여야 하는 소방시설 등

  3) 노유자(老幼者)시설, 의료시설에 설치하여야 하는 소방시설 중 대통령령으로 정하는 것

(2) 소방본부장이나 소방서장은 특정소방대상물에 설치하여야 하는 소방시설 가운데 기능과 성능이 유사한 물분무소화설비, 간이스프링클러설비, 비상경보설비 및 비상방송설비 등의 소방시설의 경우에는 대통령령으로 정하는 바에 따라 유사한 소방시설의 설치를 면제할 수 있다.

(3) 소방본부장이나 소방서장은 기존의 특정소방대상물이 증축되거나 용도변경되는 경우에는 대통령령으로 정하는 바에 따라 증축 또는 용도변경 당시의 소방시설의 설치에 관한 대통령령 또는 화재안전기준을 적용한다.

(4) 다음의 어느 하나에 해당하는 특정소방대상물 가운데 대통령령으로 정하는 특정소방대상물에는 제9조 제1항 전단에도 불구하고 대통령령으로 정하는 소방시설을 설치하지 아니할 수 있다.

  1) 화재위험도가 낮은 특정소방대상물

  2) 화재안전기준을 적용하기 어려운 특정소방대상물

  3) 화재안전기준을 다르게 적용하여야 하는 특수한 용도 또는 구조를 가진 특정소방대상물

  4) 「위험물안전관리법」 제19조에 따른 자체소방대가 설치된 특정소방대상물

(5) 위 (4)의 어느 하나에 해당하는 특정소방대상물에 구조 및 원리 등에서 공법이 특수한 설계로 인정된 소방시설을 설치하는 경우에는 제11조의2 제1항에 따른 중앙소방기술심의위원회의 심의를 거쳐 제9조 제1항 전단에 따른 화재안전기준을 적용하지 아니 할 수 있다.

02 **강화된 소방시설기준 적용대상**(「화재예방, 소방시설 설치·유지 및 안전관리에 관한 법률 시행령」제15조의6)

다음의 소방시설의 경우에는 개·보수시(신축·개축·재축·이전 및 대수선) 대통령령 또는 화재안전기준의 변경으로 강화된 기준을 적용한다.

(1) **노유자(老幼者)시설** : 간이스프링클러설비 및 자동화재탐지설비

(2) **의료시설** : 스프링클러설비, 간이스프링클러설비, 자동화재탐지설비 및 자동화재속보설비

03 **유사한 소방시설의 설치면제의 기준**(「화재예방, 소방시설 설치·유지 및 안전관리에 관한 법률 시행령」제16조)

법 제11조 제2항에 따라 소방본부장 또는 소방서장은 특정소방대상물에 설치하여야 하는 소방시설 가운데 기능과 성능이 유사한 소방시설의 설치를 면제하고자 하는 경우에는 [별표 6]의 기준에 의한다.

[별표 6]

｜특정소방대상물의 소방시설 설치의 면제기준(제16조 관련)｜

설치가 면제되는 소방시설	설치면제 요건
1. 스프링클러설비	스프링클러설비를 설치하여야 하는 특정소방대상물에 물분무 등 소화설비를 화재안전기준에 적합하게 설치한 경우에는 그 설비의 유효범위(해당 소방시설이 화재를 감지·소화 또는 경보할 수 있는 부분을 말한다. 이하 같다)에서 설치가 면제된다.
2. 물분무 등 소화설비	물분무 등 소화설비를 설치하여야 하는 차고·주차장에 스프링클러설비를 화재안전기준에 적합하게 설치한 경우에는 그 설비의 유효범위에서 설치가 면제된다.
3. 간이스프링클러설비	간이스프링클러설비를 설치하여야 하는 특정소방대상물에 스프링클러설비, 물분무소화설비 또는 미분무소화설비를 화재안전기준에 적합하게 설치한 경우에는 그 설비의 유효범위에서 설치가 면제된다.
4. 비상경보설비 또는 단독경보형 감지기	비상경보설비 또는 단독경보형 감지기를 설치하여야 하는 특정소방대상물에 자동화재탐지설비를 화재안전기준에 적합하게 설치한 경우에는 그 설비의 유효범위에서 설치가 면제된다.
5. 비상경보설비	비상경보설비를 설치하여야 할 특정소방대상물에 단독경보형 감지기를 2개 이상의 단독경보형 감지기와 연동하여 설치하는 경우에는 그 설비의 유효범위에서 설치가 면제된다.
6. 비상방송설비	비상방송설비를 설치하여야 하는 특정소방대상물에 자동화재탐지설비 또는 비상경보설비와 같은 수준 이상의 음향을 발하는 장치를 부설한 방송설비를 화재안전기준에 적합하게 설치한 경우에는 그 설비의 유효범위에서 설치가 면제된다.
7. 피난설비	피난설비를 설치하여야 하는 특정소방대상물에 그 위치·구조 또는 설비의 상황에 따라 피난상 지장이 없다고 인정되는 경우에는 화재안전기준이 정하는 바에 따라 설치가 면제된다.

설치가 면제되는 소방시설	설치면제 요건
8. 연결살수설비	가. 연결살수설비를 설치하여야 하는 특정소방대상물에 송수구를 부설한 스프링클러설비, 간이스프링클러설비, 물분무소화설비 또는 미분무소화설비를 화재안전기준에 적합하게 설치한 경우에는 그 설비의 유효범위에서 설치가 면제된다. 나. 가스관계법령에 따라 설치되는 물분무장치 등에 소방대가 사용할 수 있는 연결송수구가 설치되거나 물분무장치 등에 6시간 이상 공급할 수 있는 수원이 확보된 경우에는 설치가 면제된다.
9. 제연설비	가. 제연설비를 설치하여야 하는 특정소방대상물에 다음의 어느 하나에 해당하는 설비를 설치한 경우에는 설치가 면제된다. 1) 공기조화설비를 화재안전기준의 제연설비기준에 적합하게 설치하고 공기조화설비가 화재 시 제연설비기능으로 자동전환되는 구조로 설치되어 있는 경우 2) 직접 외부 공기와 통하는 배출구의 면적의 합계가 당해 제연구역[제연경계(제연설비의 일부인 천장을 포함)에 의하여 구획된 건축물 내의 공간을 말한다] 바닥면적의 100분의 1 이상이고, 배출구부터 각 부분까지의 수평거리가 30m 이내이며, 공기유입이 화재안전기준에 적합하게(외부 공기를 직접 자연유입할 경우에 유입구의 크기는 배출구의 크기 이상이어야 한다) 설치되어 있는 경우
10. 비상조명등	비상조명등을 설치하여야 하는 특정소방대상물에 피난구유도등 또는 통로유도등을 화재안전기준에 적합하게 설치한 경우에는 그 유도등의 유효범위에는 설치가 면제된다.
11. 누전경보기	누전경보기를 설치하여야 하는 특정소방대상물 또는 그 부분에 아크경보기(옥내 배전선로의 단선이나 선로손상 등으로 인하여 발생하는 아크를 감지하고 경보하는 장치) 또는 전기 관련 법령에 따른 지락차단장치를 설치한 경우에는 그 설비의 유효범위에서 설치가 면제된다.
12. 무선통신보조설비	무선통신보조설비를 설치하여야 하는 특정소방대상물에 이동통신 구내 중계기 선로설비 또는 무선이동중계기(「전파법」 제58조의2에 따른 적합성평가를 받은 제품만 해당한다) 등을 화재안전기준의 무선통신보조설비기준에 적합하게 설치한 경우에는 설치가 면제된다.
13. 상수도소화용수설비	가. 상수도소화용수설비를 설치하여야 하는 특정소방대상물의 각 부분으로부터 수평거리 140m 이내에 공공의 소방을 위한 소화전이 화재안전기준에 적합하게 설치되어 있는 경우에는 설치가 면제된다. 나. 소방본부장 또는 소방서장이 상수도소화용수설비의 설치가 곤란하다고 인정하는 경우로서 화재안전기준에 적합한 소화수조 또는 저수조가 설치되어 있거나 이를 설치하는 경우에는 그 설비의 유효범위에서 설치가 면제된다.
14. 연소방지설비	연소방지설비를 설치하여야 하는 특정소방대상물에 스프링클러설비, 물분무소화설비 또는 미분무소화설비를 화재안전기준에 적합하게 설치한 경우에는 그 설비의 유효범위에서 설치가 면제된다.
15. 연결송수관설비	연결송수관설비를 설치하여야 하는 소방대상물에 옥외에 연결송수구 및 옥내에 방수구가 부설된 옥내소화전설비·스프링클러설비·간이스프링클러설비 또는 연결살수설비를 화재안전기준에 적합하게 설치한 경우에는 그 설비의 유효범위에서 설치가 면제된다.
16. 자동화재탐지설비	자동화재탐지설비의 기능(감지·수신·경보기능을 말한다)과 성능을 가진 준비작동식 스프링클러설비를 화재안전기준에 적합하게 설치한 경우에는 그 설비의 유효범위에서 설치가 면제된다.

설치가 면제되는 소방시설	설치면제 요건
17. 옥외소화전설비	옥외소화전설비를 설치하여야 하는 국보 또는 보물로 지정된 목조문화재에 상수도소화용수설비를 옥외소화전설비의 화재안전기준에서 정하는 방수압력·방수량·옥외소화전함 및 호스의 기준에 적합하게 설치한 경우에는 설치가 면제된다.
18. 옥내소화전	옥내소화전을 설치하여야 하는 장소에 호스릴방식의 미분부소화설비를 화재안전기준에 적합하게 설치할 경우에는 그 설비의 유효범위에서 설치가 면제된다.
19. 자동소화장치	자동소화장치(주거용 주방자동소화장치는 제외한다)를 설치하여야 하는 특정소방대상물에 물분무 등 소화설비를 화재안전기준에 적합하게 설치한 경우에는 그 설비의 유효범위에서 설치가 면제된다.

04 특정소방대상물의 증축 또는 용도변경 시의 소방시설기준 적용 특례(「화재예방, 소방시설 설치·유지 및 안전관리에 관한 법률 시행령」 제17조)

(1) 법 제11조 제3항에 따라 소방본부장 또는 소방서장은 특정소방대상물이 증축되는 경우에는 기존 부분을 포함한 특정소방대상물의 전체에 대하여 증축 당시의 소방시설 등의 설치에 관한 대통령령 또는 화재안전기준을 적용하여야 한다. 다만, 다음의 어느 하나에 해당하는 경우에는 기존 부분에 대해서는 증축 당시의 소방시설 등의 설치에 관한 대통령령 또는 화재안전기준을 적용하지 아니한다.

1) 기존 부분과 증축 부분이 내화구조로 된 바닥과 벽으로 구획된 경우

2) 기존 부분과 증축 부분이 「건축법 시행령」 제64조에 따른 갑종방화문(국토교통부장관이 정하는 기준에 적합한 자동방화셔터를 포함)으로 구획되어 있는 경우

3) 자동차 생산공장 등 화재위험이 낮은 특정소방대상물 내부에 연면적 $33m^2$ 이하의 직원휴게실을 증축하는 경우

4) 자동차 생산공장 등 화재위험이 낮은 특정소방대상물에 캐노피(3면 이상에 벽이 없는 구조의 캐노피를 말한다)를 설치하는 경우

(2) 법 제11조 제3항에 따라 소방본부장 또는 소방서장은 특정소방대상물이 용도변경되는 경우에는 용도변경되는 부분에 대해서만 용도변경 당시의 소방시설 등의 설치에 관한 대통령령 또는 화재안전기준을 적용한다. 다만, 다음에 해당하는 경우에는 특정소방대상물 전체에 대하여 용도변경되기 전에 해당 특정소방대상물에 적용되던 소방시설 등의 설치에 관한 대통령령 또는 화재안전기준을 적용한다.

1) 특정소방대상물의 구조·설비가 화재연소확대 요인이 적어지거나 피난 또는 화재진압활동이 쉬워지도록 변경되는 경우

2) 문화 및 집회시설 중 공연장·집회장·관람장, 판매시설, 운수시설, 창고시설 중 물류터미널이 불특정다수인이 이용하는 것이 아닌 일정한 근무자가 이용하는 용도로 변경되는 경우

3) 용도변경으로 인하여 천장·바닥·벽 등에 고정되어 있는 가연성 물질의 양이 줄
어드는 경우

4) 「다중이용업소의 안전관리에 관한 특별법」에 따른 다중이용업소, 문화 및 집회시
설, 종교시설, 판매시설, 운수시설, 의료시설, 노유자시설, 수련시설, 운동시설,
숙박시설, 위락시설, 창고시설 중 물류터미널, 위험물 저장 및 처리 시설 중 가스
시설, 장례식장이 각각 여기에 규정된 시설 외의 용도로 변경되는 경우

05 소방시설을 설치하지 아니하는 특정소방대상물의 범위(「화재예방, 소방시설 설치·유지 및 안전관리에 관한 법률 시행령」 제18조)

법 제11조 제4항에 따라 소방시설을 설치하지 아니할 수 있는 특정소방대상물 및 소방시
설의 범위는 [별표 7]과 같다.

[별표 7]

▎소방시설을 설치하지 아니할 수 있는 특정소방대상물 및 소방시설의 범위(제18조 관련)▎

구 분	특정소방대상물	소방시설
1. 화재위험도가 낮은 특정소방대상물	석재·불연성 금속·불연성 건축재료 등의 가공공장·기계조립공장·주물공장 또는 불연성 물품을 저장하는 창고	옥외소화전 및 연결살수설비
	「소방기본법」 제2조 제5호의 규정에 의한 소방대가 조직되어 24시간 근무하고 있는 청사 및 차고	옥내소화전설비, 스프링클러설비, 물분무 등 소화설비, 비상방송설비, 피난기구, 소화용수설비, 연결송수관설비, 연결살수설비
2. 화재안전기준을 적용하기가 어려운 특정소방대상물	펄프공장의 작업장, 음료수 공장의 세정 또는 충전하는 작업장, 그 밖에 이와 비슷한 용도로 사용하는 것	스프링클러설비, 상수도소화용설비 및 연결살수설비
	정수장, 수영장, 목욕장, 농예·축산·어류양식용 시설, 그 밖에 이와 비슷한 용도로 사용되는 것	자동화재탐지설비, 상수도소화용수설비 및 연결살수설비
3. 화재안전기준을 달리 적용하여야 하는 특수한 용도 또는 구조를 가진 특정소방대상물	원자력발전소, 핵폐기물처리시설	연결송수관설비 및 연결살수설비
4. 「위험물안전관리법」 제19조의 규정에 의한 자체소방대가 설치된 특정소방대상물	자체소방대가 설치된 위험물제조소 등에 부속된 사무실	옥내소화전설비, 소화용수설비, 연결살수설비 및 연결송수관설비

413

소방검정

01 개 요

(1) 소방용품의 규격 및 검정에 관하여는 그 필요한 사항과 기술상의 규격을 정하여 소방상의 목적을 달성하도록 규제하고 있다.

(2) 이는 일반 기계와는 달리 화재진화 시 긴박한 상황에서 그 목적 달성을 위한 최소한의 성능을 만족하기 위해 규제를 하고 있다고 할 수 있다.

(3) 또한 소방용품은 다양한 화재현상을 감지하고 진압하기 위하여 많은 부분이 과학적이고 기술적인 요소로 구성되어 있다. 이러한 제품의 작동 특성은 직·간접적인 화재에 노출 등을 통하여 확인이 가능하다. 결국 이는 일반인이 판단하거나 확인할 수 없는 전문성이 요구된다는 것이다. 그러므로 전문성이 요구되는 소방용품에 대한 성능 판단을 소비자의 선택과 책임으로는 일임할 수는 없게 되고, 또한 소방용품이 정상적으로 작동하지 않을 경우에는 재산 및 인명피해를 유발하므로 이를 전문기관의 시험과 판단에 의해서 안전성을 담보할 수 있다는 것이다.

02 소방용품의 법령체계

검정(형식승인 및 제품검사)/ 방염성능검사/성능시험	업무위탁
• 「화재예방, 소방시설 설치·유지 및 안전관리에 관한 법률」 － 제36조 : 소방용품의 형식승인 등 － 제13조 : 방염성능의 검사 － 제39조 : 소방용품의 성능인증 등	• 「화재예방, 소방시설 설치·유지 및 안전관리에 관한 법률」 － 제45조 : 권한의 위임과 위탁 등 • 「화재예방, 소방시설 설치·유지 및 안전관리에 관한 법률 시행령」 － 제39조 : 권한의 위임·위탁 등

대상품목의 범위

• 「화재예방, 소방시설 설치·유지 및 안전관리에 관한 법률 시행령」
 － 제37조 : 형식승인대상 소방용품
 － 제20조 : 방염대상물품 및 방염성능기준, 대통령령이 정하는 물품
• 「소방용품의 품질관리 등에 관한 규칙」
 － 제31조 : 성능시험의 대상, [별표 14]

시설기준 및 업무수행에 필요한 방법, 절차

• 「소방용품의 품질관리 등에 관한 규칙」
제1장 총칙 / 제2장 방염성능검사 / 제3장 형식승인 / 제4장 성능인증 / 제5장 제품검사 / 제6장 우수품질인증

기술기준

• 형식승인 및 검정기술기준
• 방염성능의 기준
• 성능시험기술기준

03 소방용품 형식승인

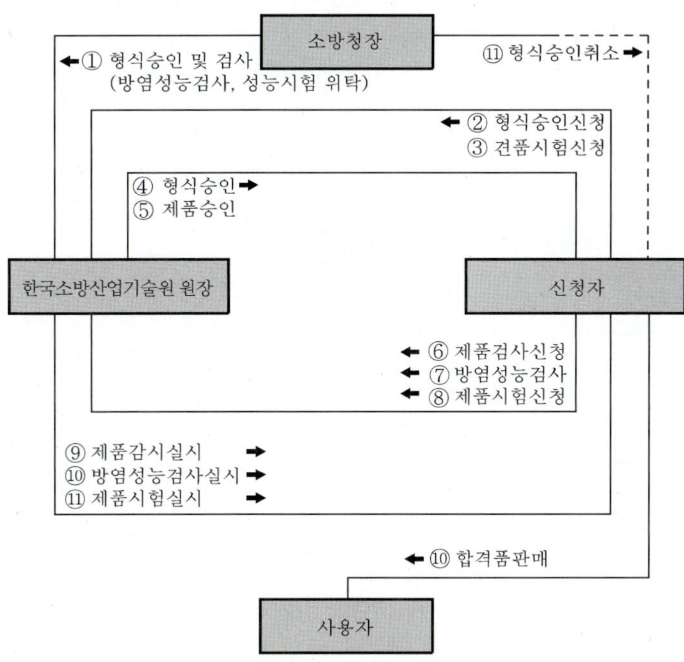

04 소방검정

대통령령에서 정하는 소방용품의 견품에 대하여 실시하는 형식승인과 형식승인을 받은 후 양산된 제품을 판매 등의 목적으로 신청한 제품에 대하여 실시하는 사전제품검사 및 사후제품검사를 말한다.

(1) 의무검정

  1) 형식승인(제품검사 포함)

    ① 형식승인

      ㉠ 정의 : 물품을 제작, 수입하여 자세히(모양, 성능) 소방산업기술원의 기준에 적합한 소정의 성능을 보유하고 있는가를 검정하는 것

      ㉡ 성분 및 성능이 규칙에서 정하는 소방용품의 품질관리기준에 적합한가 여부를 검정하는 것

      ㉢ 형식승인대상 소방용품(「화재예방, 소방시설의 설치·유지 및 안전관리에 관한 법률 시행령」 제6조 [별표 3])

분 류	대상기기
소화설비	소화기구(소화약제 외의 것을 이용한 간이소화용구는 제외)
	자동소화장치
	소화전, 송수구, 관창(管槍), 소방호스, 스프링클러헤드, 기동용 수압개폐장치, 유수제어밸브 및 가스관선택밸브
경보설비	누전경보기 및 가스누설경보기
	발신기, 수신기, 중계기, 감지기 및 음향장치(경종만 해당)
피난설비	피난사다리, 구조대, 완강기(간이완강기 및 지지대를 포함)
	공기호흡기(충전기를 포함)
	유도등 및 예비전원이 내장된 비상조명등
소화용으로 사용하는 제품 또는 기기	소화약제([별표 1] 제1호 나목부터 바목까지의 소화설비용만 해당한다)
	방염제(방염액·방염도료 및 방염성 물질을 말한다)
그 밖에 행정안전부령으로 정하는 소방 관련 제품 또는 기기	–

 **소방용품** : 소방시설 등을 구성하거나 소방용으로 사용되는 제품 또는 기기로서 대통령령으로 정하는 것을 말한다.

2) 방염성능검사

① 제조 또는 가공과정에서 방염처리(불에 잘 타지 아니하는 소재로 제조되거나 또는 가공되는 경우를 포함한다)되는 물품("선처리물품")의 방염성능검사

 **선처리물품** : 제조 또는 가공과정에서 방염처리(불에 잘 타지 아니하는 소재로 제조되거나 또는 가공되는 경우를 포함한다)되는 물품

② 설치 현장에서 방염처리되는 목재 및 합판(이하 "현장처리물품"이라 한다)에 대한 방염성능검사

(2) 자율검정

1) 성능인증 : 형식승인 대상 이외의 소방용품에 대하여 국가에서 성능기준을 고시하고 관계인의 요청에 의해 시험을 실시하여 성능기준을 만족하는 것을 인증하는 것

성능인증시험 : 성능인증 대상품목이나 소방대상물에 설치된 소방용품은 「화재예방, 소방시설 설치·유지 및 안전관리에 관한 법률」 제39조의 규정에 의거 신청인이 요청하는 경우에 성능시험을 실시하고 있다.

① 모델을 정하는 견품 성능인증시험
② 양산제품에 대하여 검사하는 제품 성능인증시험
③ 성능인증 대상품목

분 류	대상기기
소화기류	지시압력계, 가스계소화설비의 설계프로그램, 소화기가압용 가스용기, 상업용 주방자동소화장치
경보기류	비상문자동개폐장치, 축광표지(유도, 위치표지), 예비전원, 비상콘센트설비, 표시등, 탐지부, 비상경보설비의 축전지, 자동화재속보설비 속보기, 소방용 전선(내화 및 내열), 시각경보기, 피난유도선
기계류	소화전함, 스프링클러설비 신축배관, 공기안전매트, 소방용 밸브(개폐표시형, 릴리프, 푸트), 소방용 스트레이너, 소방용 압력스위치, 소방용 합성수지배관, 소화설비용 헤드(물분무, 분말, 포, 살수), 방수구, 소방용 흡수관, 분기배관, 포소화약제의 혼합장치, 자동차압·과압조절형 댐퍼, 자동폐쇄장치, 가압수조식 가압송수장치, 다수인 피난장비, 캐비넷형 간이스프링클러설비, 승강식 피난기, 미분무헤드, 압축공기포헤드, 압축공기포 혼합장치
방염류	방염제품, 방열복

2) 우수품질인증

  ① 목적 : 유통설치되는 소방용품간의 품질수준 차이를 소비자에게 알림으로써 제조업체간 품질경쟁을 할 수 있는 여건을 조성하고 우수품질제품에 대하여 다양한 지원과 혜택을 부여함으로써 제조업체의 자발적인 품질개선과 제품개발연구 등을 유도하기 위하여 도입한 제도이다.

  ② 대상품목 : 형식승인 대상물품과 동일

05 소방용품의 수집검사

생산된 소방용품의 형상 등이 이미 형식승인을 얻은 소방용 기계·기구와 동일한가 여부를 검사하는 것을 말한다.

(1) **생산제품검사** : 생산된 소방용품이 출고되기 전에 생산된 소방용품의 형상 등이 형식승인기준 또는 성능인증기준에 맞는지를 검사하는 것

(2) **품질제품검사** : 소방용품 제조과정 등의 품질관리체계를 검사(공정심사)하고 생산된 소방용품의 형상 등이 기술기준에 맞는지를 검사(정밀검사)하되, 일정한 주기를 정하여 검사하는 것

01 개 요

(1) 준공의 정의 : 준공이란 공사가 적법하게 완료되었음을 문서상으로 처리함을 말한다.

(2) 건축물에서 준공이란 건물이 사용승인을 받음과 같은 의미로 사용된다.

(3) 소방설비의 준공에는 "설비의 성능이 적합하게 설치가 되었는가"를 확인하기 위해 시운전(성능시험)계획서와 시운전 성과품에 포함된다.

02 시운전(성능시험)계획서

(1) 시운전계획 수립

1) 소방감리원은 시공자에게 대략 시운전 30일 전에 소방준공검사 대비 소방시설의 성능에 대한 시운전 계획을 수립하도록 지도한다.

2) 시운전계획서에 포함되어야 할 사항
   ① 시운전일정
   ② 시운전 항목 및 종류, 시운전 절차
   ③ 시험 장비 및 보정, 설비기구 사용계획 및 운전요원
   ④ 검사요원 선임 계획

(2) 시운전계획 검토서

1) 소방감리원은 시공자로부터 시운전계획서를 접수받아 시운전검사 20일 전에 검토하여 발주청 및 시공자에게 통보하여야 한다.

2) 소방 관련 타공종의 작업공정일정 대비 시운전일정을 확인한다. 이 경우 전기수전 일정 계획, 설비통수일정 계획, 통신전관방송설비 설치일정 및 건축방화 관련 설비 등이 포함된다.

03 시운전 성과품(종합정밀점검표)

(1) 시운전 완료 후 서류검사 : 소방감리원은 시공자가 작성한 시운전계획서에 의해 시운전 완료 후 아래의 성과품을 시공자로부터 제출받아 검토 후 발주청으로 인계하여야 한다.

1) 점검항목점검표(소방시설의 경우는 종합정밀점검표를 사용)

2) 운전지침서 또는 사용자 메뉴얼

3) 기기류 단독 시운전 방법검토 및 계획서

4) 시험계획서

5) 시험성적서

6) 성능시험성적서(성능시험보고서)

(2) 소방시설의 정상작동 여부 확인 및 재검사 실시 : 소방감리원은 소방시설 시운전 시 시공자와 함께 입회하여 소방시설의 정상작동 여부 확인 및 미진한 부분에 대해 재검사를 실시하도록 조치한다.

(3) 종합정밀점검표의 작성 : 종합정밀점검표는 소방준공검사 완료 후 관할소방서에 소방감리결과 보고 시 첨부해야 할 서식이므로 정확하게 명기하여야 한다.

수용인원 산정방법

01 개 요

「화재예방, 소방시설의 설치·유지 및 안전관리에 관한 법률 시행령」제15조(특정소방대상물의 규모 등에 따라 갖추어야 하는 소방시설 등) : 법 제9조 제1항에 따라 특정소방대상물의 관계인이 특정소방대상물의 규모·용도 및 [별표 4]에 따라 산정된 수용인원 등을 고려하여 갖추어야 하는 소방시설 등의 종류는 [별표 5]와 같다.

02 수용인원의 산정방법(「화재예방, 소방시설의 설치·유지 및 안전관리에 관한 법률 시행령」 [별표 4])

[별표 4]

▌수용인원의 산정방법(제15조 관련)▌

1. 숙박시설이 있는 특정소방대상물

　가. 침대가 있는 숙박시설 : 해당 특정소방물의 종사자의 수에 침대의 수(2인용 침대는 2개로 산정)를 합한 수

　나. 침대가 없는 숙박시설 : 해당 특정소방대상물의 종사자의 수에 숙박시설의 바닥면적의 합계를 $3m^2$로 나누어 얻은 수를 합한 수

2. 제1호 외의 특정소방대상물

　가. 강의실·교무실·상담실·실습실·휴게실 용도로 쓰이는 특정소방대상물 : 해당 용도로 사용하는 바닥면적의 합계를 $1.9m^2$로 나누어 얻은 수

　나. 강당, 문화 및 집회시설, 운동시설, 종교시설 : 해당 용도로 사용하는 바닥면적의 합계를 $4.6m^2$로 나누어 얻은 수(관람석이 있는 경우 고정식 의자를 설치한 부분은 그 부분의 의자수로 하고, 긴 의자의 경우에는 의자의 정면너비를 0.45m로 나누어 얻은 수로 한다)

　다. 그 밖의 특정소방대상물 : 해당 용도로 사용하는 바닥면적의 합계를 $3m^2$로 나누어 얻은 수

[비고]

1. 위에서 바닥면적을 산정할 때에는 복도(「건축법 시행령」제2조 제11호에 따른 준불연재료 이상의 것을 사용하여 바닥에서 천장까지 벽으로 구획한 것을 말한다)·계단 및 화장실의 바닥면적을 포함하지 않는다.
2. 계산결과 소수점 이하의 수는 반올림한다.

---

03 소방시설 등의 성능위주설계 방법 및 기준(국가안전처고시 제2016-30호)

(1) 수용인원 산정기준

[별표 1]

▌화재 및 피난시뮬레이션의 시나리오 작성기준(제4조 관련)▌

사용용도	m^2/인	사용용도	m^2/인
집회용도		상업용도	
고밀도지역 (고정좌석 없음)	0.65	피난층 판매지역	2.8
저밀도지역 (고정좌석 없음)	1.4	2층 이상 판매지역	3.7
		지하층 판매지역	2.8
벤치형 좌석	1인/좌석길이 45.7cm	보호용도	3.3
고정좌석	고정좌석 수	–	
취사장	9.3	의료용도	
서가지역	9.3	입원치료구역	22.3
열람실	4.6	수면구역(구내 숙소)	11.1
수영장	4.6(물표면)	교정, 감호용도	11.1
수영장 데크	2.8	주거용도	
헬스장	4.6	호텔, 기숙사	18.6
운동실	1.4	아파트	18.6
무대	1.4	대형 숙식주거	18.6
접근 출입구, 좁은 통로, 회랑	9.3	공업용도	
		일반 및 고위험공업	9.3
카지노 등	1	특수공업	수용인원 이상
		업무용도	9.3
스케이트장	4.6	–	
교육용도		창고용도 (사업용도 외)	수용인원 이상
교실	1.9		
매점, 도서관, 작업실	4.6	–	

위 기준은 NFPA 101에서 있는 수용인원 산정계수에서 가지고 온 것이다.

(2) NFPA 101의 수용인원(occupancy load)

1) 기준

① 임의의 층, 발코니, 관람석(계단식)의 열 또는 기타 공간이 사용하는 피난로의 총 용량은 그 곳의 수용인원을 처리하기에 충분해야 한다. 수용인원은 해당 용도에 사용하는 바닥면적을 표에 명시된 해당 용도의 수용인원계수로 나누어 산출된 사람의 수보다 적어서는 안 된다.

② 동일한 용도에 총 면적과 순면적이 함께 주어지는 경우에는 총 면적이 명시된 건물의 부분은 그 총 면적에 총 면적 수치를 적용하여 계산하고, 순면적이 명시된 건물의 부분은 순면적 수치를 적용하여 계산해야 한다.

③ 용도별 수용인원의 산정 : 위의 [별표 1]의 화재 및 피난시뮬레이션의 시나리오 작성기준(제4조 관련) 표와 동일

2) 개념
① 피난로의 피난용량산정의 주요요소이다.
② 피난로의 총 피난용량은 원칙적으로 그곳의 수용인원을 처리하기에 충분해야 한다.
③ 건축물의 용도(occupancy)가 아니라 어떻게 사용하는가(use)로 구분한다.
④ 수용인원은 건물 또는 공간의 사용 특성과 그 용도로 사용할 수 있는 가용공간의 크기에 따라 결정한다.
⑤ 피난로 시설의 크기를 결정하고 스프링클러의 의무화와 같은 추가 규정에 필요한 한계선을 결정하기 위함이다.

04 수용인원에 따른 소방시설기준

(1) 스프링클러설비
1) 문화 및 집회(동·식물원 제외), 종교, 운동 : 수용인원 100인 이상
2) 판매, 운수 및 창고시설 : 수용인원 500인 이상
3) 창고시설(물류터미널에 한정한다) 중 수용인원이 250명 이상인 것

(2) 자동화재탐지설비 : 노유자, 청소년(숙박)시설로 연면적 400m^2 이상이고 수용인원 100인 이상

(3) 인명구조용 공기호흡기 : 수용인원 100인 이상의 지하역사·백화점·전문점·할인점·쇼핑센터·지하상가·영화상영관

(4) 휴대용 비상조명등 : 수용인원 100인 이상의 지하역사·백화점·전문점·할인점·쇼핑센터·지하상가·영화상영관

(5) 제연설비 : 문화 및 집회시설 중 영화상영관으로서 수용인원 100인 이상

(6) 다중이용업소의 소방시설 설치대상
1) 학원
① 수용인원 300인 이상
② 100명 이상 300명 미만
㉠ 하나의 건축물에 학원과 기숙사가 함께 있는 학원
㉡ 하나의 건축물에 학원이 둘 이상 있는 경우로서 학원의 수용인원이 300명 이상인 학원
㉢ 하나의 건축물에 다중이용업 중 어느 하나 이상의 다중이용업과 학원이 함께 있는 경우
2) 목욕장업 : 수용인원 100인 이상

자체점검

01 개 요

(1) 소방시설은 평소에는 사용하지 않는 운휴설비로서 설치 후 시간이 경과함에 따라서 그 기능이 경화되어 주기적으로 그 기능과 상태를 점검해서 개선하지 않으면 화재 시에 적절한 사용이 곤란하다.

(2) 따라서 소방설비에 대한 법적 강제로 자체점검을 규정하여 주기적인 점검을 통해 기능을 유지하도록 하고 있다.

02 소방시설 등의 자체점검 등(「화재예방, 소방시설의 설치·유지 및 안전관리에 관한 법률」 제25조)

(1) 특정소방대상물의 관계인은 그 대상물에 설치되어 있는 소방시설 등에 대하여 정기적으로 자체점검을 하거나 관리업자 또는 행정안전부령으로 정하는 기술자격자로 하여금 정기적으로 점검하게 하여야 한다.

(2) 위 (1)에 따라 특정소방대상물의 관계인 등이 점검을 한 경우에는 그 점검결과를 행정안전부령으로 정하는 바에 따라 소방본부장이나 소방서장에게 보고하여야 한다.

(3) 위 (1)에 따른 점검의 구분과 그 대상, 점검인력의 배치기준 및 점검자의 자격, 점검장비, 점검 방법 및 횟수 등 필요한 사항은 행정안전부령으로 정한다.

(4) 위 (1)에 따라 관리업자나 기술자격자로 하여금 점검하게 하는 경우의 점검 대가는 「엔지니어링산업 진흥법」 제31조에 따른 엔지니어링사업의 대가의 기준 가운데 행정안전부령으로 정하는 방식에 따라 산정한다.

03 소방시설 등의 자체점검(화재예방, 소방시설의 설치·유지 및 안전관리에 관한 법률 시행규칙)

(1) 소방시설 등 자체점검 기술자격자의 범위(제17조) : 법 제25조 제1항에서 "행정안전부령으로 정하는 기술자격자"란 소방안전관리자로 선임된 소방시설관리사 및 소방기술사를 말한다.

(2) 소방시설 등 자체점검의 구분 및 대상(제18조)
　① 법 제25조 제3항에 따른 소방시설 등의 자체점검의 구분·대상·점검자의 자격·점검방법 및 점검횟수는 [별표 1]과 같고, 소방시설관리업자가 점검하는 경우 점검인력의 배치기준은 [별표 2]와 같다.

[별표 1]

**┃ 소방시설 등의 자체점검의 구분과 그 대상, 점검자의 자격,
점검 방법·횟수 및 시기(제18조 제1항 관련) ┃**

1. 소방시설 등에 대한 자체점검은 다음과 같이 구분한다.

　가. 작동기능점검 : 소방시설 등을 인위적으로 조작하여 정상적으로 작동하는지를 점검하는 것

　나. 종합정밀점검 : 소방시설 등의 작동기능점검을 포함하여 화재안전기준 및 건축법 등 관련 법령에서 정하는 기준에 적합한지 여부를 점검하는 것

2. 작동기능점검은 다음의 구분에 따라 실시한다.

구 분	내 용
대상	영 제5조에 따른 특정소방대상물을 대상으로 한다. 다만, 다음의 어느 하나에 해당하는 특정소방대상물은 제외한다. 가. 위험물 제조소 등과 영 [별표 5]에 따라 소화기구만을 설치하는 특정소방대상물 나. 영 제22조 제1항 제1호에 해당하는 특정소방대상물 　1) 50층 이상(지하층은 제외한다)이거나 지상으로부터 높이가 200m 이상인 아파트 　2) 30층 이상(지하층을 포함한다)이거나 지상으로부터 높이가 120m 이상인 특정소방대상물 　3) 위 2)에 해당하지 아니하는 특정소방대상물로서 연면적이 20만m² 이상인 특정소방대상물(아파트 제외)
점검자의 자격	해당 특정소방대상물의 관계인·소방안전관리자 또는 소방시설관리업자(소방시설관리사를 포함하여 등록된 기술인력)
점검방법	방수압력측정계, 절연저항계, 전류전압측정계, 열감지기시험기, 연기감지기시험기 등을 이용하여 점검한다.
점검횟수	연 1회 이상 실시한다.
점검시기	가. 종합정밀점검대상 : 종합정밀점검을 받은 달부터 6월이 되는 달에 실시한다. 나. 작동기능점검 결과를 보고하여야 하는 대상 　1) 건축물의 사용승인일이 속하는 달의 말일까지 실시한다. 　2) 신규로 건축물의 사용승인을 받은 건축물은 그 다음 해부터 실시하되, 소방시설 완공검사증명서를 받은 후 1년이 경과한 후에 사용승인을 받은 경우에는 사용승인을 받은 그 해부터 실시한다. 다만, 그 해의 작동기능점검은 위 1)에도 불구하고 사용승인일부터 3개월 이내에 실시할 수 있다. 다. 그 밖의 대상 : 연중 실시한다.

3. 종합정밀점검은 다음의 구분에 따라 실시한다.

구 분	내 용
대상	다음의 어느 하나에 해당하는 특정소방대상물을 대상으로 한다. 가. 스프링클러설비 또는 물분무 등 소화설비가 설치된 연면적 5,000m² 이상인 특정소방대상물(위험물제조소 등은 제외한다). 다만, 아파트는 연면적 5,000m² 이상, 16층 이상인 것만 해당한다. 나. 「다중이용업소의 안전관리에 관한 특별법 시행령」 제2조 제1호 나목, 같은 조 제2호(비디오물 소극장업은 제외한다)·제6호·제7호·제7호의2 및 제7호의5의 다중이용업의 영업장이 설치된 특정소방대상물로서 연면적이 2,000m² 이상인 것 다. 제연설비가 설치된 터널 라. 공공기관 중 연면적이 1,000m² 이상인 것으로서 옥내소화전설비 또는 자동화재탐지설비가 설치된 것. 다만, 소방대가 근무하는 공공기관은 제외한다.

구 분	내 용
점검자의 자격	가. 소방시설관리업자(소방시설관리사가 참여한 경우만 해당한다) 또는 소방안전관리자로 선임된 소방시설관리사·소방기술사 1명 이상을 점검자로 한다. 나. 소방시설관리업자가 점검을 하는 경우에는 [별표 2]에 따른 점검인력 배치기준을 따라야 한다. 다. 소방안전관리자로 선임된 소방시설관리사·소방기술사가 점검하는 경우에는 영 제23조 제1항부터 제3항까지의 어느 하나에 해당하는 소방안전관리자의 자격을 갖춘 사람을 보조점검자로 둘 수 있다.
점검방법	소방시설별 점검장비를 이용하여 점검한다.
점검횟수	가. 연 1회 이상(아래에 해당하는 특정소방대상물의 경우에는 반기에 1회 이상) 실시한다. 　1) 30층 이상(지하층을 포함한다)이거나 지상으로부터 높이가 120m 이상인 특정소방대상물 　2) 위 1)에 해당하지 아니하는 특정소방대상물로서 연면적이 20만m^2 이상인 특정소방대상물 나. 위 "가"에도 불구하고 소방본부장 또는 소방서장은 소방방재청장이 소방안전관리가 우수하다고 인정한 특정소방대상물에 대해서는 3년의 범위에서 소방방재청장이 고시하거나 정한 기간 동안 종합정밀점검을 면제할 수 있다. 다만, 면제기간 중 화재가 발생한 경우는 제외한다.
점검시기	가. 건축물 사용승인일(건축물관리대장 또는 건물등기사항증명서에 기록된 날)이 속하는 달까지 실시한다. 나. 소방시설 완공검사필증을 발급받은 신축 건축물은 검사필증을 받은 다음 해부터 실시한다. 　1) 건축물의 사용승인일이 속하는 달에 실시한다. 다만, 학교의 경우에는 해당 건축물의 사용승인일이 1월에서 6월 사이에 있는 경우에는 6월 30일까지 실시할 수 있다. 　2) 위 1)에도 불구하고 신규로 건축물의 사용승인을 받은 건축물은 그 다음 해부터 실시하되, 건축물의 사용승인일이 속하는 달의 말일까지 실시한다. 다만, 소방시설 완공검사증명서를 받은 후 1년이 경과한 이후에 사용승인을 받은 경우에는 사용승인을 받은 그 해부터 실시하되, 그 해의 종합정밀점검은 사용승인일부터 3개월 이내에 실시할 수 있다. 　3) 건축물 사용승인일 이후 다중이용업의 영업장이 설치된 특정소방대상물로서 연면적이 2,000m^2 이상인 것에 해당하게 된 때에는 그 다음 해부터 실시한다. 　4) 하나의 대지경계선 안에 2개 이상의 점검대상 건축물이 있는 경우에는 그 건축물 중 사용승인일이 가장 빠른 건축물의 사용승인일을 기준으로 점검할 수 있다.

[별표 2]

❙ 소방시설 등의 자체점검 시 점검인력 배치기준(제18조 제1항 관련) ❙

1. 소방시설관리사 1명과 영 [별표 9] 제1호 나목에 따른 보조기술인력(이하 "보조인력"이라 한다) 2명을 점검인력 1단위로 하되, 점검인력 1단위에 2명(같은 건축물을 점검할 때에는 4명) 이내의 보조인력을 추가할 수 있다. 다만, 제26조의2 제2호에 따른 작동기능점검(이하 "소규모점검"이라 한다)의 경우에는 보조인력 1명을 점검인력 1단위로 한다.

2. 점검인력 1단위가 하루 동안 점검할 수 있는 특정소방대상물의 연면적(이하 "점검 한도 면적"이라 한다)은 다음과 같다.

가. 종합정밀점검 : $10,000m^2$

나. 작동기능점검 : $12,000m^2$(소규모점검의 경우에는 $3,500m^2$)

3. 점검인력 1단위에 보조인력을 1명씩 추가할 때마다 종합정밀점검의 경우에는 $3,000m^2$, 작동기능점검의 경우에는 $3,500m^2$씩을 점검한도 면적에 더한다.

4. 관리업자가 하루 동안 점검한 면적은 실제 점검면적(지하구는 그 길이에 폭의 길이 1.8m를 곱하여 계산된 값을 말하며, 터널은 3차로 이하인 경우에는 그 길이에 폭의 길이 3.5m를 곱하고, 4차로 이상인 경우에는 그 길이에 폭의 길이 7m를 곱한 값을 말한다. 다만, 한쪽 측벽에 소방시설이 설치된 4차로 이상인 터널의 경우는 그 길이와 폭의 길이 3.5m를 곱한 값을 말한다. 이하 같다)에 다음의 기준을 적용 하여 계산한 면적(이하 "점검면적"이라 한다)으로 하되, 점검면적은 점검한도 면적 을 초과하여서는 아니 된다.

가. 실제 점검면적에 다음의 가감계수를 곱한다.

구 분	대상용도	가중계수
1류	노유자시설, 숙박시설, 위락시설, 의료시설(정신보건의료기관), 수련시설	1.2
2류	문화 및 집회시설, 종교시설, 의료시설(정신보건시설 제외), 교정 및 군사시설(군사시설 제외), 지하가, 복합건축물, 발전시설, 판매시설	1.1
3류	근린생활시설, 운동시설, 업무시설, 방송통신시설, 운수시설	1.0
4류	공장, 위험물 저장 및 처리 시설, 창고시설	0.9
5류	공동주택(아파트 제외), 교육연구시설, 항공기 및 자동차 관련 시설, 동물 및 식물 관련 시설, 분뇨 및 쓰레기 처리시설, 군사시설, 묘지 관련 시설, 관광휴게시설, 장례식장, 지하구, 문화재	0.8

나. 점검한 특정소방대상물이 다음의 어느 하나에 해당할 때에는 다음에 따라 계 산된 값을 위 "가"에 따라 계산된 값에서 뺀다.

1) 영 [별표 5] 제1호 라목에 따라 스프링클러설비가 설치되지 않은 경우 : 위 "가"에 따라 계산된 값에 0.1을 곱한 값

2) 영 [별표 5] 제1호 바목에 따라 물분무 등 소화설비가 설치되지 않은 경우 : 위 "가"에 따라 계산된 값에 0.15를 곱한 값

3) 영 [별표 5] 제5호 가목에 따라 제연설비가 설치되지 않은 경우 : 위 "가"에 따라 계산된 값에 0.1을 곱한 값

다. 2개 이상의 특정소방대상물을 하루에 점검하는 경우에는 나중에 점검하는 특 정소방대상물에 대하여 특정소방대상물 간의 최단 주행거리 5km마다 위 "나"

에 따라 계산된 값(위 "나"에 따라 계산된 값이 없을 때에는 위 "가"에 따라 계산된 값을 말한다)에 0.02를 곱한 값을 더한다.

5. 위의 2부터 4까지의 규정에도 불구하고 아파트(공용시설, 부대시설 또는 복리시설은 포함하고, 아파트가 포함된 복합건축물의 아파트 외의 부분은 제외)를 점검할 때에는 다음의 기준에 따른다.

가. 점검인력 1단위가 하루 동안 점검할 수 있는 아파트의 세대수는 다음과 같다.

  1) 종합정밀점검 : 300세대

  2) 작동기능점검 : 350세대(소규모점검의 경우에는 90세대)

나. 점검인력 1단위에 보조 인력을 1명씩 추가할 때마다 종합정밀점검의 경우에는 70세대, 작동기능점검의 경우에는 90세대씩을 점검한도 세대수에 더한다.

다. 관리업자가 하루 동안 점검한 세대수는 실제 점검세대수에 다음의 기준을 적용하여 계산한 세대수(이하 "점검세대수"라 한다)로 하되, 점검세대수는 점검한도 세대수를 초과하여서는 아니 된다.

  1) 점검한 아파트가 다음의 어느 하나에 해당할 때에는 다음에 따라 계산된 값을 실제 점검세대수에서 뺀다.

    (가) 영 [별표 5] 제1호 라목에 따라 스프링클러설비가 설치되지 않은 경우 : 실제 점검세대수에 0.1을 곱한 값

    (나) 영 [별표 5] 제1호 바목에 따라 물분무 등 소화설비가 설치되지 않은 경우 : 실제 점검세대수에 0.15를 곱한 값

    (다) 영 [별표 5] 제5호 가목에 따라 제연설비가 설치되지 않은 경우 : 실제 점검세대수에 0.1을 곱한 값

  2) 2개 이상의 아파트를 하루에 점검하는 경우에는 나중에 점검하는 아파트에 대하여 아파트 간의 최단 주행거리 5km마다 위 1)에 따라 계산된 값(위 1)에 따라 계산된 값이 없을 때에는 실제 점검세대수를 말한다)에 0.02를 곱한 값을 더한다.

6. 아파트와 아파트 외 용도의 건축물을 하루에 점검할 때에는 종합정밀점검의 경우 위 5에 따라 계산된 값에 33.3, 작동기능점검의 경우 제5호에 따라 계산된 값에 34.3(소규모점검의 경우에는 38.9)을 곱한 값을 점검면적으로 보고 위 2 및 3을 적용한다.

7. 종합정밀점검과 작동기능점검을 하루에 점검하는 경우에는 작동기능점검의 점검면적 또는 점검세대수에 0.8을 곱한 값을 종합정밀점검 점검면적 또는 점검세대수로 본다.

8. 위의 3부터 7까지의 규정에 따라 계산된 값은 소수점 이하 둘째자리에서 반올림한다.

② 법 제25조 제3항의 규정에 의한 소방시설별 점검장비는 [별표 2의2]와 같다.

[별표 2의2]

소방시설별 점검장비(제18조 제2항 관련)		
소방시설	**장 비**	**규 격**
공통시설	방수압력측정계, 절연저항계, 전류전압측정계	–
소화기구	저울	–
옥내소화전설비, 옥외소화전설비	소화전밸브압력계	–
스프링클러설비, 포소화설비	헤드결합렌치	–
이산화탄소소화설비, 분말소화설비, 할로겐화합물소화설비, 청정소화약제소화설비	검량계, 기동관누설시험기, 그 밖에 소화약제의 저장량을 측정할 수 있는 점검기구	–
자동화재탐지설비, 시각경보기	열감지기시험기, 연(煙)감지기시험기, 공기주입시험기, 감지기시험기 연결폴대, 음량계	–
누전경보기	누전계	누전전류측정용
무선통신보조설비	무선기	통화시험용
제연설비	풍속풍압계, 폐쇄력측정기, 차압계	–
통로유도등, 비상조명등	조도계	최소눈금이 0.1 lx 이하인 것

[비고]
종합정밀점검의 경우에는 위 점검장비를 사용하여야 하며, 작동기능점검의 경우에는 점검장비를 사용하지 않을 수 있다.

③ 소방시설관리업자는 법 제25조 제1항에 따라 점검을 실시한 경우 점검이 끝난 날부터 10일 이내에 [별표 2]에 따른 점검인력 배치상황을 포함한 소방시설 등에 대한 자체점검실적([별표 1] 제4호에 따른 외관점검은 제외한다)을 법 제45조 제6항에 따라 소방시설관리업자에 대한 평가 등에 관한 업무를 위탁받은 법인 또는 단체(이하 "평가기관"이라 한다)에 통보하여야 한다.

④ 위 ①의 규정에 의한 자체점검 구분에 따른 점검사항·소방시설 등 점검표·점검인원 및 세부점검방법 그 밖의 자체점검에 관하여 필요한 사항은 소방청장이 이를 정하여 고시한다.

(3) 점검결과보고서의 제출(제19조)

① 법 제20조 제2항 전단에 따른 소방안전관리대상물의 관계인 및 「공공기관의 소방안전관리에 관한 규정」 제5조에 따라 소방안전관리자를 선임하여야 하는 공공기관의 장은 [별표 1]에 따른 작동기능점검을 실시한 경우 법 제25조 제2항에 따라 30일 이내에 별지 제21호 서식의 작동기능점검 실시 결과보고서를 소방본부장 또는 소방서장에게 제출하여야 한다. 이 경우 소방청장이 지정하는 전산망을 통하여 그 점검결과보고서를 제출할 수 있다.

② 법 제20조 제2항 전단에 따른 소방안전관리대상물의 관계인 및 「공공기관의 소방안전관리에 관한 규정」 제5조에 따라 소방안전관리자를 선임하여야 하는 공공기관의 장은 법 제25조 제2항에 따라 [별표 1]에 따른 종합정밀점검을 실시한 경우 30일 이내에 그 결과를 적은 별지 제21호의2 서식의 소방시설 등 종합정밀점검 실시 결과보고서에 제18조 제4항에 따라 소방청장이 정하여 고시하는 소방시설 등 점검표를 첨부하여 소방본부장 또는 소방서장에게 제출하여야 한다.

③ 법 제20조 제2항 전단에 따른 소방안전관리대상물의 관계인 및 「공공기관의 소방안전관리에 관한 규정」 제5조에 따라 소방안전관리자를 선임하여야 하는 공공기관의 기관장은 법 제25조 제3항에 따라 [별표 1]에 따른 작동기능점검을 실시한 경우 그 점검결과를 2년간 자체 보관하여야 한다.

(4) 소방안전관리 업무대행 등의 대가(제20조) : 법 제20조 제10항 및 법 제25조 제4항에서 "행정안전부령으로 정하는 방식"이란 「엔지니어링산업 진흥법」 제31조에 따라 산업통상자원부장관이 인가한 엔지니어링사업대가의 기준 중 실비정액가산방식을 말한다.

(5) 우수 소방대상물의 선정 등(제20조의2)

① 소방청장은 법 제25조의2에 따른 우수 소방대상물의 선정 및 관계인에 대한 포상을 위하여 우수 소방대상물의 선정방법, 평가대상물의 범위 및 평가절차 등에 관한 내용이 포함된 시행계획(이하 "시행계획"이라 한다)을 매년 수립·시행하여야 한다.

② 소방청장은 우수 소방대상물로 선정된 소방대상물의 관계인 또는 소방안전관리자를 포상할 수 있다.

③ 소방청장은 우수 소방대상물 선정을 위해 필요한 경우에는 소방대상물을 직접 방문하여 필요한 사항을 확인할 수 있다.

④ 소방청장은 우수 소방대상물 선정 등 업무의 객관성 및 전문성을 확보하기 위하여 필요한 경우에는 다음의 어느 하나에 해당하는 사람이 2명 이상 포함된 평가위원회를 구성하여 운영할 수 있다. 이 경우 평가위원회의 위원에게는 예산의 범위에서 수당, 여비 등 필요한 경비를 지급할 수 있다.

㉠ 소방기술사(소방안전관리자로 선임된 사람은 제외)

  ⓛ 소방 관련 석사 학위 이상을 취득한 사람

  ⓒ 소방 관련 법인 또는 단체에서 소방 관련 업무에 5년 이상 종사한 사람

  ⓔ 소방공무원 교육기관, 대학 또는 연구소에서 소방과 관련한 교육 또는 연구에
   5년 이상 종사한 사람

⑤ 위의 ①부터 ④까지에서 규정한 사항 외에 우수 소방대상물의 평가, 평가위원회
 구성·운영, 포상의 종류·명칭 및 우수 소방대상물 인증표지 등에 관한 사항은
 소방청장이 정하여 고시한다.

방재센터

01 방재센터(building safety center)

(1) **정의** : 대규모 건물에서 건물 내에 설치된 각종 자동소화설비의 수신이나 감시제어 및 외부 소방기관의 연락 등을 일괄 처리하는 각종 설비나 장비가 비치되어 있고 이러한 설비를 항상 감시하는 인원이 상주하는 장소를 방재센터라고 한다.

(2) 건물의 대형화, 고층화, 지하가의 확대, 대형공장이나 각종 복합단지, 연료기지 등의 설치로 인해 이들의 방재관리방식에 대한 합리적이며 종합적인 관리시스템이 필요하게 되었다.

(3) 따라서 공장이나 건물, 구내 등 전역에 분산 설치된 각종 방재설비를 1개소에서 상시 종합·집중적으로 감시하고 여기서 입수된 정보나 장악된 상황에 대해 정확한 지령 및 조작을 하기 위한 설비와 장소가 필요하다. 그 중요한 임무는 방화관리, 방범관리, 안전관리, 발견 통보, 초기 소화, 피난유도와 연소확대 방지, 소화활동 지원, 복구이며, 통보한 뒤에는 자위·공공 소방대의 소화활동에 대하여 협력하고 소화활동 지휘의 공간 등 화재안전에 중추적인 기능을 수행하는 곳이 방재센터이다.

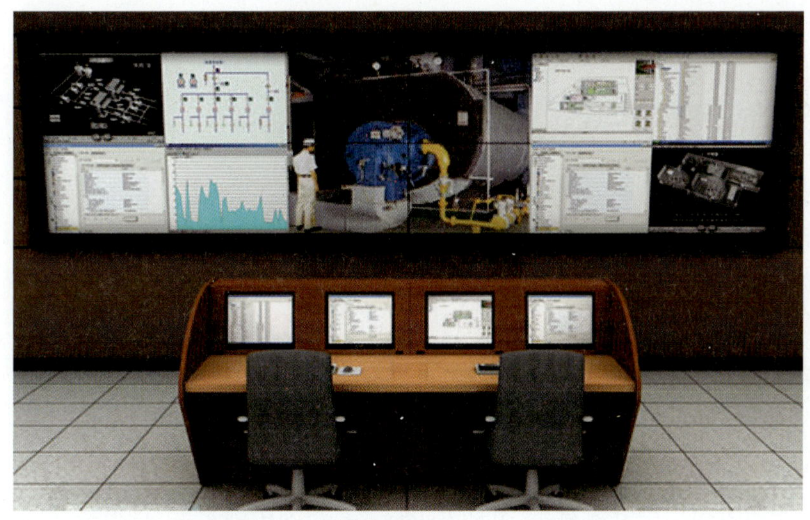

▌ 방재센터 ▌

02 기 능

(1) 평상시 : 각종 장비의 감시 및 유지 관리

(2) 화재 시
1) 화재발견을 통보
2) 초기 소화를 지휘
3) 피난유도
4) 자위 또는 공설 소방대와 협력
5) 소방대의 소화활동 지휘
6) 화재의 확산경로 감시

03 방재센터의 구조(화재안전기준의 제어반 준용)

(1) 다른 부분과 별도의 방화구획할 것

(2) 비상전원에 의한 조명설비

(3) 급・배기 설비를 할 것

(4) 무선통신보조설비 접속단자 설치(지하층에서 통신)

(5) 소방대가 제어 등 소화활동을 하기 위한 적절한 공간확보

(6) 피난층, 지하 1층에 설치

04 종합적 방재시스템

(1) 중앙처리방식
1) 장점
① 이론적 관리, 사각지대가 없다.
② 정보전달의 폭주 우려는 있으나 혼란은 없다.
2) 단점
① 영역이 넓으면 초기 대처시간이 과다소요된다.
② 백업장치가 없으면 장비 다운 시 대처가 곤란하다.

(2) 분산처리방식 : 중앙에서는 정보만 처리하고 지방에서는 관리를 한다.
1) 장점
① 정보의 효율적인 처리가 가능하다.
② 처리시간이 빠르다.

2) 단점
  ① 비용이 과다하게 소요된다.
  ② 상시 감시인력이 필요하다.

05 결 론

(1) 관련법 규정

1) 건축법 : 관련 법규정이 없다.

2) 소방법

① 제어반(「옥내소화전설비의 화재안전기준(NFSC 102)」 제9조 제3항)

② 종합방재실의 설치·운영(「초고층 및 지하연계 복합건축물 재난관리에 관한 특별법」 제16조)

  ㉠ 초고층 건축물 등의 관리주체는 그 건축물 등의 건축·소방·전기·가스 등 안전관리 및 방범·보안·테러 등을 포함한 통합적 재난관리를 효율적으로 시행하기 위하여 종합방재실을 설치·운영하여야 하며, 관리주체 간 종합방재실을 통합하여 운영할 수 있다.

  ㉡ 위 ㉠에 따른 종합방재실은 「소방기본법」 제4조에 따른 종합상황실과 연계되어야 한다.

  ㉢ 관계지역 내 관리주체는 위 ㉠에 따른 종합방재실(일반건축물 등의 방재실 등을 포함) 간 재난 및 안전 정보 등을 공유할 수 있는 정보망을 구축하여야 하며, 유사 시 서로 긴급연락이 가능한 경보 및 통신설비를 설치하여야 한다.

  ㉣ 종합방재실의 설치기준 등 필요한 사항은 행정안전부령으로 정한다.

③ 종합방재실의 설치기준(「초고층 및 지하연계 복합건축물 재난관리에 관한 특별법 시행규칙」 제7조)

  ㉠ 초고층 건축물 등의 관리주체는 법 제16조 제1항(종합방재실의 설치·운영)에 따라 다음의 기준에 맞는 종합방재실을 설치·운영하여야 한다.

구 분		내 용
종합 방재실의 개수	기준	1개
	예외	100층 이상인 초고층 건축물 등(공동주택 제외)의 관리주체는 종합방재실이 그 기능을 상실하는 경우에 대비하여 종합방재실을 추가로 설치하거나, 관계지역 내 다른 종합방재실에 보조종합재난관리체제를 구축하여 재난관리 업무가 중단되지 아니하도록 하여야 한다.

구 분		내 용
종합 방재실의 위치	기준	1층 또는 피난층
	예외	다만, 초고층 건축물 등에 특별피난계단이 설치되어 있고, 특별피난계단 출입구로부터 5m 이내에 종합방재실을 설치하려는 경우에는 2층 또는 지하 1층에 설치할 수 있으며, 공동주택의 경우에는 관리사무소 내에 설치할 수 있다.
	장소	• 비상용 승강장, 피난 전용 승강장 및 특별피난계단으로 이동하기 쉬운 곳 • 재난정보 수집 및 제공, 방재 활동의 거점(據點)역할을 할 수 있는 곳 • 소방대(消防隊)가 쉽게 도달할 수 있는 곳 • 화재 및 침수 등으로 인하여 피해를 입을 우려가 적은 곳
종합 방재실의 구조 및 면적	구획	다른 부분과 방화구획(防火區劃)으로 설치할 것
	예외	다만, 다른 제어실 등의 감시를 위하여 두께 7mm 이상의 망입(網入)유리(두께 16.3mm 이상의 접합유리 또는 두께 28mm 이상의 복층유리를 포함한다)로 된 $4m^2$ 미만의 붙박이창을 설치할 수 있다.
	구조	인력의 대기 및 휴식 등을 위하여 종합방재실과 방화구획된 부속실(附屬室)을 설치할 것
	면적	면적은 $20m^2$ 이상으로 할 것
	구조	재난 및 안전관리, 방범 및 보안, 테러예방을 위하여 필요한 시설·장비의 설치와 근무인력의 재난 및 안전관리 활동, 재난 발생 시 소방대원의 지휘활동에 지장이 없도록 설치할 것
	출입문	출입문에는 출입 제한 및 통제 장치를 갖출 것
종합방재실의 설비 등		조명설비(예비전원을 포함)
		급수·배수 설비
		상용전원과 예비전원의 공급을 자동 또는 수동으로 전환하는 설비
		급기(給氣)·배기(排氣) 설비
		냉방·난방 설비
		전력공급 상황 확인 시스템
		공기조화·냉방·난방·소방·승강기 설비의 감시 및 제어 시스템
		자료저장시스템
		지진계 및 풍향·풍속계(초고층 건축물에 한정)
		소화장비보관함
		무정전(無停電) 전원공급장치
		피난안전구역, 피난용 승강기 승강장 및 테러 등의 감시와 방범·보안을 위한 폐쇄회로텔레비전(CCTV)

ⓛ 초고층 건축물 등의 관리주체는 종합방재실에 재난 및 안전관리에 필요한 인력을 3명 이상 상주(常住)하도록 하여야 한다.

ⓒ 초고층 건축물 등의 관리주체는 종합방재실의 기능이 항상 정상적으로 작동되도록 종합방재실의 시설 및 장비 등을 수시로 점검하고, 그 결과를 보관하여야 한다.

(2) 실태와 문제점

1) 방재센터의 위치·규모·구조는 건축공간적인 차원에서 계획되고 설계되어야 하나 현행 건축법에는 이와 관련한 규정이 없으며, 「화재안전기준(NFSC 102)」 제9조 제3항에서 감시제어반(일반적으로 방재센터에 위치)에 대한 기준이 있어 이를 방재센터로 준용하여 사용하고 있다.

2) 방재센터의 중요성에도 불구하고 건축법에는 방재센터의 설치에 대한 법 규정이 적절하게 마련되어 있지 못하다.

3) 따라서 현재 기존 건축물에 설치되어 있는 방재센터의 설치위치(2층에 있는 경우, 지하층에 있는 경우, 접근이 곤란한 위치, 찾기 어려운 미로에 위치한 경우)가 건축적으로 이용빈도가 낮거나 후미진 위치 및 장소에 설치되어 있어 화재발생 시에 최후까지 지휘 및 안내를 해야 하는 방재센터 본연의 업무수행에 지장이 있는 문제점이 발생한다.

(3) 개선대책 : 초고층 건물 이외에도 일정 면적이나 일정 층 이상의 건축물에 대해서는 방재센터의 설치를 의무화하는 법률제정이 필요하다. 방재센터는 이제 선택이 아니라 필수시설로 자리매김을 하고 있는 것이다.

불을 사용하는 설비의 관리기준 등

01 불을 사용하는 설비의 관리기준 등(「소방기본법 시행령」 제5조)

(1) 법 제15조 제1항의 규정에 의한 보일러, 난로, 건조설비, 가스·전기시설 그 밖에 화재발생의 우려가 있는 설비 또는 기구 등의 위치·구조 및 관리와 화재예방을 위하여 불의 사용에 있어서 지켜야 하는 사항은 [별표 1]과 같다.

(2) 위 (1)에 규정된 것 외에 불을 사용하는 설비의 세부관리기준은 시·도의 조례로 정한다.

02 불을 사용할 때 지켜야 할 사항(「소방기본법 시행령」 [별표 1])

보일러 등의 위치·구조 및 관리와 화재예방을 위하여 불의 사용에 있어서 지켜야 하는 사항은 다음과 같다.

(1) 보일러

  1) 가연성 벽·바닥 또는 천장과 접촉하는 증기기관 또는 연통의 부분 : 규조토·석면 등 난연성 단열재로 덮어 씌워야 한다.

  2) 경유·등유 등 액체연료를 사용하는 경우

    ① 연료탱크는 보일러 본체로부터 수평거리 1m 이상의 간격을 두어 설치할 것

    ② 연료탱크에는 화재 등 긴급상황이 발생하는 경우 연료를 차단할 수 있는 개폐밸브를 연료탱크로부터 0.5m 이내에 설치할 것

    ③ 연료탱크 또는 연료를 공급하는 배관에는 여과장치를 설치할 것

    ④ 사용이 허용된 연료 외의 것을 사용하지 아니할 것

    ⑤ 연료탱크에는 불연재료로 된 받침대를 설치하여 연료탱크가 넘어지지 아니 하도록 할 것

  3) 기체연료를 사용하는 경우

    ① 보일러 설치장소에는 환기구를 설치하는 등 가연성 가스가 머무르지 아니하도록 할 것

    ② 연료를 공급하는 배관은 금속관으로 할 것

    ③ 화재 등 긴급 시 연료를 차단할 수 있는 개폐밸브를 연료용기 등으로부터 0.5m 이내에 설치할 것

    ④ 보일러가 설치된 장소에는 가스누설경보기를 설치할 것

  4) 보일러와 벽·천장 사이의 거리는 0.6m 이상 되도록 할 것

5) 보일러를 실내에 설치 시 콘크리트바닥 또는 금속 외의 불연재료로 된 바닥 위에 설치할 것

(2) 난로

1) 연통은 천장으로부터 0.6m 이상 떨어지고, 건물 밖으로 0.6m 이상 나오게 설치하여야 한다.

2) 가연성 벽·바닥 또는 천장과 접촉하는 연통의 부분은 규조토·석면 등 난연성 단열재로 덮어씌워야 한다.

3) 이동식 난로는 다음의 장소에서 사용하여서는 아니 된다. 다만, 난로가 쓰러지지 아니하도록 받침대를 두어 고정시키거나 쓰러지는 경우 즉시 소화되고 연료의 누출을 차단할 수 있는 장치가 부착된 경우에는 그러하지 아니하다.

① 「다중이용업소의 안전관리에 관한 특별법」 제2조 제1항 제1호의 규정에 의한 다중이용업소

② 「학원의 설립·운영 및 과외교습에 관한 법률」 제2조 제1호의 규정에 의한 학원

③ 「학원의 설립·운영 및 과외교습에 관한 법률 시행령」 제2조 제1항 제4호의 규정에 의한 독서실

④ 「공중위생관리법」 제2조 제1항 제2호·제3호 및 제6호의 규정에 의한 숙박업·목욕장업·세탁업의 영업장

⑤ 「의료법」 제3조 제2항의 규정에 의한 종합병원·병원·치과병원·한방병원·요양병원·의원·치과의원·한의원 및 조산원

⑥ 「식품위생법 시행령」 제21조 제8호에 따른 휴게음식점·일반음식점·단란주점·유흥주점 및 제과점 영업의 영업장

⑦ 「영화 및 비디오물의 진흥에 관한 법률」 제2조 제10호에 따른 영화상영관

⑧ 「공연법」 제2조 제4호의 규정에 의한 공연장

⑨ 「박물관 및 미술관 진흥법」 제2조 제1호 및 제2호의 규정에 의한 박물관 및 미술관

⑩ 「유통산업발전법」 제2조 제6호의 규정에 의한 상점가

⑪ 「건축법」 제20조에 따른 가설건축물

⑫ 역·터미널

(3) 건조설비

1) 건조설비와 벽·천장 사이의 거리는 0.5m 이상 되도록 하여야 한다.

2) 건조물품이 열원과 직접 접촉하지 아니하도록 하여야 한다.

3) 실내에 설치하는 경우에 벽·천장 또는 바닥은 불연재료로 하여야 한다.

(4) 수소가스를 넣는 설비

1) 연통 그 밖의 화기를 사용하는 시설의 부근에서 띄우거나 머물게 하여서는 아니 된다.

2) 건축물의 지붕에서 띄워서는 아니 된다. 다만, 지붕이 불연재료로 된 평지붕으로서 그 넓이가 기구지름의 2배 이상인 경우에는 그러지 아니하다.

3) 다음의 장소에서 운반하거나 취급하여서는 아니 된다.

　① 공연장 : 극장·영화관·연예장·음악당·서커스장 그 밖의 이와 비슷한 것

　② 집회장 : 회의장·공회장·예식장 그 밖의 이와 비슷한 것

　③ 관람장 : 운동경기관람장(운동시설에 해당하는 것은 제외)·경마장·자동차경주장 그 밖의 이와 비슷한 것

　④ 전시장 : 박물관·미술관·과학관·기념관·산업전시장·박람회장 그 밖의 이와 비슷한 것

4) 수소가스를 넣거나 빼는 때에는 다음의 사항을 지켜야 한다.

　① 통풍이 잘 되는 옥외의 장소에서 할 것

　② 조작자 외의 사람이 접근하지 아니하도록 할 것

　③ 전기시설이 부착된 경우에는 전원을 차단하고 할 것

　④ 마찰 또는 충격을 주는 행위를 하지 말 것

　⑤ 수소가스를 넣을 때에는 기구 안에 수소가스 또는 공기를 제거한 후 감압기를 사용할 것

5) 수소가스는 용량의 90% 이상을 유지하여야 한다.

6) 띄우거나 머물게 하는 때에는 감시인을 두어야 한다. 다만, 건축물 옥상에서 띄우거나 머물게 하는 경우에는 그러하지 아니다.

7) 띄우는 각도는 지표면에 대하여 45° 이하로 유지하고 바람이 초속 7m 이상 부는 때에는 띄워서는 아니 된다.

(5) **불꽃을 사용하는 용접·용단 기구** : 용접 또는 용단 작업장에서는 다음의 사항을 지켜야 한다. 다만, 「산업안전보건법」 제23조의 적용을 받는 사업장의 경우에는 적용하지 아니한다.

1) 용접 또는 용단 작업자로부터 반경 5m 이내에 소화기를 갖추어 둘 것

2) 용접 또는 용단 작업장 주변 반경 10m 이내에는 가연물을 쌓아두거나 놓아두지 말 것. 다만, 가연물의 제거가 곤란하여 방지포 등으로 방호조치를 한 경우는 제외한다.

 용접 불티는 불티가 튈 때보다는 떨어지고 난 후에 착화할 가능성이 크다. 휘발유, 신나 등과 같이 인화점이 낮은 액체나 LNG, LPG 등에는 착화하기 용이하나 등유나 경유와 같이 인화점이 높은 액체에는 착화가 어렵다.

(6) 전기시설

1) 전류가 통하는 전선에는 과전류차단기를 설치하여야 한다.

2) 전선 및 접속 기구는 내열성이 있는 것으로 하여야 한다.

(7) 노·화덕 설비

1) 실내에 설치하는 경우에는 흙바닥 또는 금속 외의 불연재료로 된 바닥이나 흙바닥에 설치하여야 한다.

2) 노 또는 화덕을 설치하는 장소의 벽·천장은 불연재료로 된 것이어야 한다.

3) 노 또는 화덕의 주위에는 녹는 물질이 확산되지 아니하도록 높이 0.1m 이상의 턱을 설치하여야 한다.

4) 시간당 열량이 30만kcal 이상인 노를 설치하는 경우에는 다음의 사항을 지켜야 한다.

  ① 주요구조부(「건축법」 제2조 제1항 제7호에 따른 것을 말한다)는 불연재료로 할 것

  ② 창문과 출입구는 「건축법 시행령」 제64조의 규정에 의한 갑종방화문 또는 을종방화문으로 설치할 것

  ③ 노 주위에는 1m 이상 공간을 확보할 것

(8) 음식조리를 위하여 설치하는 설비 : 일반음식점에서 조리를 위하여 불을 사용하는 설비를 설치하는 경우에는 다음의 사항을 지켜야 한다.

1) 주방설비에 부속된 배기덕트는 0.5mm 이상의 아연도금강판 또는 이와 동등 이상의 내식성 불연재료로 설치할 것

2) 주방시설에는 동물 또는 식물의 기름을 제거할 수 있는 필터 등을 설치할 것

3) 열을 발생하는 조리기구는 반자 또는 선반으로부터 0.6m 이상 떨어지게 할 것

4) 열을 발생하는 조리기구로부터 0.15m 이내의 거리에 있는 가연성 주요구조부는 석면판 또는 단열성이 있는 불연재료로 덮어씌울 것

초고층 건축물 방재대책

01 초고층의 정의

(1) **국제 초고층 도시 주거협의회(CTBUH ; Council on Tall Buildings and Urban Habitat)**

   1) 높이 220m 이상 또는 50층 이상

   2) 밑변과 높이 비율이 1 : 5 이상

   3) 횡력 저항시스템 유무에 따라서 판단한다.

(2) **IBC(International Building Code)** : 128m 이상

   꼼꼼체크 High-rise : 23m → 128m 조정(2009년 판, "Fire resistance rating")

(3) **국내 법규에서의 고층 건축물**

   1) 용어의 정의(「건축법」 제2조) : "고층 건축물"이란 층수가 30층 이상이거나 높이가 120m 이상인 건축물을 말한다.

   2) 용어정의(건축법 시행령 제2조)

   ① "초고층 건축물"이란 층수가 50층 이상이거나 높이가 200m 이상인 건축물을 말한다.

   ② "준초고층 건축물"이란 고층 건축물 중 초고층 건축물이 아닌 것을 말한다.

   3) 공동소방안전관리(「화재예방, 소방시설 설치·유지 및 안전관리에 관한 법률」 제21조) : 고층 건축물(지하층을 제외한 층수가 11층 이상인 건축물에 한한다)

   4) 정의(「초고층 및 지하연계 복합건축물 재난관리에 관한 특별법」 제2조) : "초고층 건축물"이란 층수가 50층 이상 또는 높이가 200m 이상인 건축물을 말한다(「건축법」 제84조에 따른 높이 및 층수).

   5) 고층 건축물의 화재안전기준(NFSC 604) : "고층 건축물"이란 「건축법」 제2조 제1항 제19호 규정에 따른 건축물을 말한다.

02 초고층의 필요성

(1) **장점**

   1) 도시의 상징성으로서 도시의 이미지 제고 및 건물의 관광자원화

   2) 부족한 토지자원의 효율적 공간개발 가능

   3) 새로운 업무, 상권 형성으로 지역경제 활성화 및 대규모 공사에 따른 고용창출

   4) 건설기술 및 관련 기술의 발달

(2) **단점**
1) 역사, 문화 자원 등의 도시경관 침해
2) 안전, 방재 대책 등에 취약으로 재난 시 대형피해유발
3) 교통량 증가로 인한 교통장애
4) 에너지 과소비

03 초고층 건물의 화재 특성

초고층·대형 건축물에서 발생할 수 있는 화재로 인한 재난의 양상은 테러, 화재, 폭발, 자연재해 등 다양한 원인을 갖고 있어서 구체적으로 이를 예측할 수는 없다. 하지만 초고층 건물은 다수의 재실자가 거주하고 있고 다량의 가연물이 있으며, 다양한 용도로 활용을 하고 있어서 재난발생 시 인적·물적 피해가 확대될 수밖에 없는 필연성을 가지고 있는 건축물로 이에 대한 적절한 대응이 필요하다.

(1) **연소 특성**
1) 고층 업무용 사무실의 경우에는 공간마다 화재하중이 매우 높으며 특히 종이나 가구류 등은 가연물 연소 특성상 연소확대 속도가 매우 빠르다. 왜냐하면 물질 자체의 열용량이 커서 발화하게 되면 많은 열을 방출하기 때문이다.
2) 엘리베이터, 전기, 공조, 배관 등의 수직연결공간은 초고층 건물의 높이에 비례하여 연돌효과(stack effect)를 발생시켜 연소범위와 인명피해의 확대를 유발한다.
   ① 건물이 높아 연돌과 바람의 영향을 많이 받는다. 연돌효과가 클 경우에는 계단 가압을 통한 연기제어방법의 효과가 낮다.
   ② 저층부에서 계단실은 압력이 매우 낮아 화재발생 시 연기의 유입을 촉진시키고, 개방된 문의 폐쇄를 방해하여 계단실로의 연기유입을 지속시킨다. 따라서 저층부의 배연창 개방은 저층부의 부압효과로 인해 오히려 화재실에서 계단실 내부로의 연기의 유입을 가속화시킬 수도 있고, 배연효율도 기대하기 어려운 문제점이 있다.
   ③ 상층부는 계단실의 압력이 연돌효과로 과도하게 상승하여, 옥내에서 계단실로의 진입 시 차압에 의한 문의 개방에 어려움이 발생할 수도 있다.
3) 공조시스템(AHV)에 덕트에 의하여 연기와 유독가스가 급속도로 확산될 위험이 있다.
4) 전실화재(flashover) 등이 발생하게 되면 고온의 열과 압력에 의하여 비교적 구조체에 비해 강도가 낮은 창문이 파괴되며, 이때 분출되는 화염과 고온의 연기는 코안다 효과와 부력에 의해 상승하여 상층 창을 파괴하고 발화시켜 화재를 상층 방향으로 전파시킨다.

5) 고층부에서의 강풍이 역풍일 경우는 화염과 연기를 건축물 내부로 밀어내 오히려 연소확대가 이루어질 가능성이 높다.

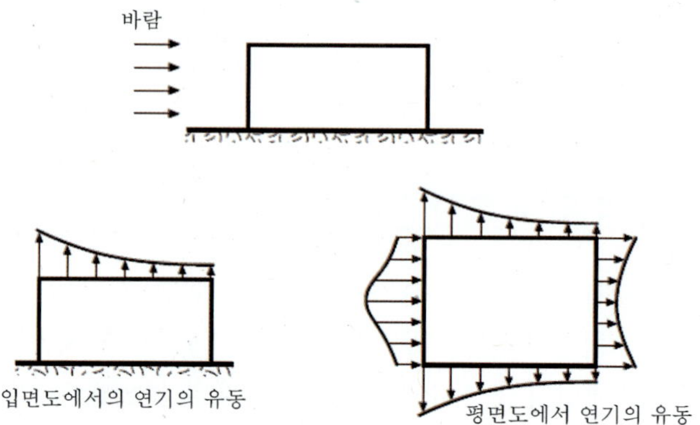

▌ 빌딩에서의 연기의 유동[62] ▌

① 바람에 의한 영향(wind effect)

   ㉠ 화재가 발생하면 화재실의 창문이 파손되는 경우가 많으며 이 경우 파손된 창문이 바람이 부는 방향을 향하고 있다면 외부의 바람은 건물 내부의 연기 이동에 큰 영향을 줄 수 있다.

   ㉡ 이 경우 바람에 의해 형성된 압력은 실내의 화재나 기계적인 힘에 비해 매우 큰 관계로 건물 전체의 연기이동의 주요한 원인이 될 수 있다.

② 바람으로 인해 표면에 작용하는 압력은 다음 식으로 표현할 수 있다.

$$p_w = c_w \rho \frac{v^2}{2}$$

여기서, p_w : 풍압(Pa), c_w : 압력계수, ρ : 외부 공기밀도(kg/m^3), v : 풍속(m/s)

6) 계단실 등의 Draft(틈새바람) 효과가 커서 상승기류에 의하여 방화문 등의 개폐 및 연기의 제어상 장애가 일어난다.

7) 화재로 인한 Life-line의 기능상실(건축물의 코어에 기간시설이 설치되어 있는데 이곳이 화재로 기능상실 우려가 크기 때문이다)

꼼꼼체크 Life-line : 전기, 설비, 통신 등 생활에 필수적인 배관 등이 지나가는 공간

8) 다양한 용도로 사용되므로 점화원이 다양하고 도처에 산재되어 있다.

9) 커튼월 형태의 구조물로 스팬드럴이나 캔틸레버와 같이 상층의 연소확대를 방지하는 설비의 설치가 곤란하다.

---

62) FIGURE 18.3.8 Air Pressure Distribution Along the Four 18-49 FPH 18-03 Smoke Movement in Buildings

(2) 피난의 특성

1) 다수인 동시피난의 어려움 : 재해의 발생 시 피난자가 일시에 대피를 할 경우에 피난 한계 용량을 초과하여 적체현상, 피난로의 혼잡 등이 발생하여 피난이 어려워진다.

2) 거주자들의 심각한 패닉(panic)현상 발생 : 피난동선이 길고 복잡해 심리적 불안감 및 경쟁으로 패닉현상 발생 우려가 더 크다.

3) 사무용 빌딩은 주거인원의 다수가 피난경로를 알고 있으나, 불특정 다수가 이용하는 호텔, 백화점과 같은 용도의 인원은 피난로를 인식하지 못하고 피난시간이 지체되면서 다수의 인명피해가 우려된다.

4) 일상적인 방재교육과 훈련부족으로 화재 시 엘리베이터(E/V)를 사용하여 피난함으로써 피해발생이 증가하는 경향이 있다.

5) 엘리베이터(E/V)를 이용한 피난 고려 : 피난약자(노유자, 신체약자)의 피난을 위해서는 제한적으로 엘리베이터(E/V)를 이용한다. 국내에도 고층 건축물에는 피난용 승강기를 설치하도록 되어 있다.

6) **고층빌딩에서 상·하 대피의 어려움**

① 불과 연기의 확산속도는 일반적으로 수평방향으로는 0.5~1m/s이므로 수평대피를 할 경우 빠른 걸음으로 보행을 하면 불과 연기로부터 대피하는 것이 가능하다. 그러나 문제는 수직통로의 대피이다. 연기는 상승확산속도가 3~5m/s로 인간의 계단강하속도(0.25m/s)의 약 12~20배의 속도로 크게 상승하여 아무리 빠르게 움직인다고 해도 연기의 위험에 노출될 수 밖에 없다.

② 화재층보다 상층부에 위치한 경우에 하층으로 피난 시에는 계단을 내려갈 경우 상승하는 연기로 가득 찬 옥내계단을 내려가기가 곤란해진다. 그리고 화재층과 가까워지면서 열에도 추가로 노출되게 된다. 이러한 현실에서는 옥내계단으로 대피한다는 것은 상당한 어려움에 봉착하게 된다.

7) **피난경로의 안정성 확보**

① 피난계단 이용의 어려움 : 초고층 건물의 저층부에서 화재가 발생한 경우 연기를 화재실내로 구획화할 수 없게 되는 경우는 건물의 연돌효과(stack effect) 및 바람의 영향(wind effect) 등으로 인해서 연기가 급속히 상층으로 상승하여 피난계단까지 오염시키게 되므로 피난계단 또는 특별피난계단을 이용한 피난이 곤란해지기가 쉽다.

② 특별피난계단의 신뢰성 저하

㉠ 건축물의 내부와 계단실을 노대를 통해서 연결하거나 외부를 향해 열 수 있는 창문 또는 배연설비가 있는 부속실을 통해서 연결하는 구조로 하도록 되어 있는데, 초고층 건물에서는 노대나 외부를 향해 열 수 있는 창문이 없으므로 배연설비에 의존할 수밖에 없는 형편이다.

㉡ 그러나 배연설비와 같은 인공적인 설비는 언제라도 전원이 차단되거나 고장

의 가능성이 있으므로 신뢰성이 떨어지게 되며, 고층 건축물은 외부 바람의 영향에 의하여 옥외피난계단의 설치도 곤란하다.

③ 또한 피난동선이 길어서 피난시간이 장시간 소요되기 때문에 피난통로의 연기 유입을 방지하는 방연설비가 필요하다.

④ 전실화재 이후에 급격한 화재의 성장의 영향에도 피난경로는 장시간 화열로부터 안전해야 하며 구조적 안전성도 보장되어야 한다.

8) 피난기구 사용이 불가능

① 초고층 건물이 되면 피난기구는 무용지물이 된다. 왜냐하면 고층에서 피난층에 도달하도록 설치가 곤란하고 외부 바람 및 공포 등으로 이용 자체가 곤란하기 때문이다.

② 따라서 「화재예방, 소방시설 설치·유지 및 안전관리에 관한 시행령」 [별표 5]의 특정소방대상물의 관계인이 특정소방대상물의 규모·용도 및 수용인원을 고려하여 갖추어야 하는 소방시설의 종류에서도 11층 이상의 건물에서 11층 이상의 층은 피난기구 설치대상에서 제외하고 있는 것이다.

9) 옥상으로 피난 시 구조의 어려움

① 피난계단이나 피난기구를 이용하여 지상의 안전지대로 피난할 수 없는 경우 아래층으로 피난도 곤란하다면 유일한 피난처는 상층으로 피난하는 건물의 옥상이다.

② 다수의 피난군중이 옥상에 피난하여 있는 경우 화재가 건물의 최상층까지 확대되거나 건물이 붕괴될 우려가 있는 경우에는 옥상의 피난자를 인명구조용 헬리콥터를 이용하여 구조하는 방법 밖에는 없는데, 이 또한 화재로 인한 연기와 열기류 때문에 운행에 상당한 지장을 받게 된다.

(3) 소방활동상의 특성

1) 소방대 구조용 사다리차의 도달 한계상 외부에서의 진압과 구조, 창쪽의 연소확대 방지 및 소화작업에는 많은 제약이 있다.

① 우리나라의 소방서에서 보유하고 있는 고가 사다리차가 이를 수 있는 최고 높이는 45m 정도로 이는 약 15층 건물의 높이에 해당된다.

② 따라서 이 정도의 사다리로는 보편적인 건물의 11층 이상에서 화재가 발생한 경우는 소방 사다리차를 통한 소화활동이 곤란해진다.

③ 사다리차의 접근을 곤란하게 하는 요소

    ㉠ 절단면

    ㉡ 사면

    ㉢ 담장

    ㉣ 장애물 및 요철

    ㉤ 입체적인 형상(탑 모양)

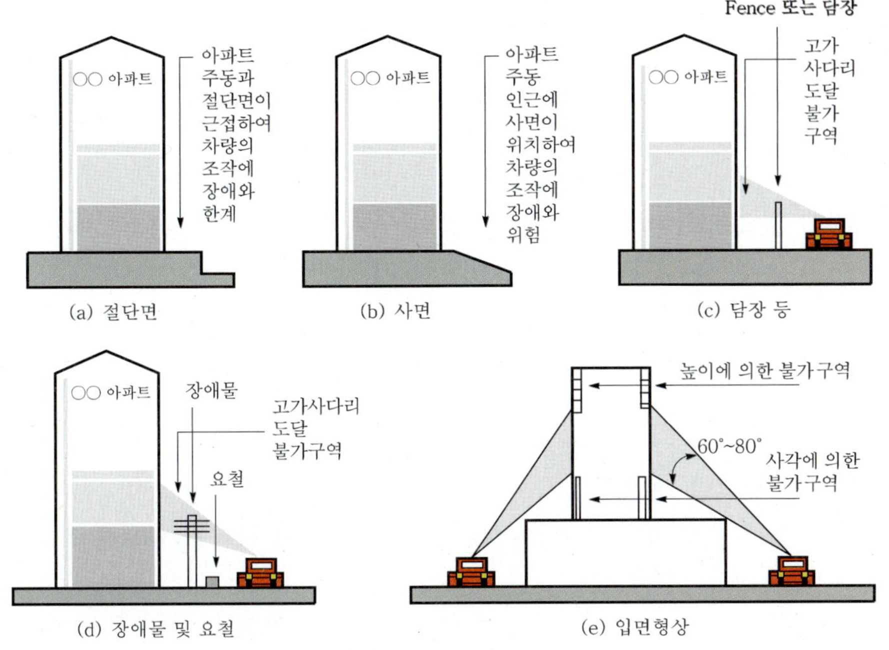

┃ 사다리차의 조작한계 ┃

2) 건축물에 근접 동선이 매우 길어 화재통보와 방수개시가 늦어지는 경향이 있다.

3) 소방대원의 소화작업의 어려움

① 11층 이상에서 화재가 발생한 경우 건물 자체에 설치된 스프링클러설비나 옥내소화전설비에 의해 소화되지 않고 소방대원이 소화해야 하는 경우 소방대원은 비상용 엘리베이터나 비상계단을 통해서 화재층의 연결송수구 등까지 진입해야 하므로 소방대원의 피로도 증가 및 진입의 어려움이 발생한다.

② 또한 상층 연소확대가 빨라 내부 투입 소방대의 인명손실 위험이 커 내부대응도 한계에 봉착할 가능성이 크다.

4) 유리파괴의 위험성 : 11층 이하의 저층에서 화재가 발생했다고 하더라도 소방대원이 건물 외부로부터 화재실 내로 물을 분사하기 위해서는 건물 외부의 유리를 파괴해야 하는데 이때 유리파편 등에 의한 위험이 수반된다.

5) 고층부의 무선통신에 어려움이 있다.

(4) 건축물 특성

1) 대부분 유리로 마감되어 있다.

2) 밀폐시공

① 축연, 축열

② 인공환기, 자연채광에 의존

3) 외부에서 진입이 곤란한 탑구조로 되어 있는 경우가 많다.

4) 재질이 철근콘크리트 또는 철골콘크리트로 구성되어 있다. 따라서 화재에 일반건축물보다 취약하다.

5) 커튼월의 구조로 되어 있는 경우가 많다.

(5) 소화시설 특성

1) 제연설비

① 창이 없으므로 배연창에 의한 자연배연은 불가능하고 별도의 배연덕트를 설치하거나 냉·난방용 덕트를 겸용하여 기계제연방식으로 할 수밖에 없다.

② 이 경우 제연덕트를 통해서 오히려 연기가 비화재실 또는 비화재층까지 확산될 우려가 있다.

2) 수압의 차이

① 옥내소화전설비, 스프링클러설비 등을 설치함에 있어 고가수조 또는 가압송수장치를 사용할 때 가압송수장치에 근접 설치된 하층부 설비의 수압이 상층부보다 매우 높을 수밖에 없는 구조이다. 따라서 수압이 규정보다 높은 스프링클러헤드 또는 옥내소화전에서는 유량 $Q = k\sqrt{P}$[여기서, k : 상수, P : 압력(kg/cm^2)]의 공식에 의해 더 많은 수량이 방출되므로 수원의 물이 규정시간보다 일찍 소진될 우려가 있다. 따라서 수압이 높은 저층부에는 감압밸브 등을 설치하여 적정 수압을 유지시켜야 한다.

② 중간 가압송수장치 : 연결송수구 가압송수장치 설치위치로부터 높이가 70m 이상이 되면 소방차의 가변펌프(최대 1MPa)로 가압을 하는 데 한계가 있으므로 건물의 중간층에 중간 가압송수장치를 설치하여 압력을 보강해야 한다.

3) 피난기구 : 11층 이상의 건물에는 피난기구가 목적에 적합하게 사용될 수 없으므로 피난기구를 설치하는 것이 무의미하다.

(6) 거주자 특성

1) 용도가 다양하므로 다양한 거주자의 집합을 이룬다. 따라서 교육이나 훈련이 어렵고, 통제가 곤란하다.

2) 한 건물에 수많은 사람이 거주하므로 바닥면적에 비해 거주밀도가 높아 일시에 피난이 발생할 경우 피난경로에 병목현상이 나타날 우려가 크다.

3) 고층부에서 피난층까지 피난거리가 길어 피난약자의 경우에는 피난의 피로 때문에 피난 자체가 곤란할 수 있다.

(7) 고층 건축물의 화재안전기준(NFSC 604)

1) 옥내소화전(제5조)

① 수원의 증가 : 옥내소화전설비의 수원은 그 저수량이 옥내소화전의 설치개수가 가장 많은 층의 설치개수(5개 이상 설치된 경우에는 5개)에 $5.2m^3$(호스릴옥내소화전설비를 포함)를 곱한 양 이상이 되도록 하여야 한다. 다만, 층수가 50층 이상인 건축물의 경우에는 $7.8m^3$($2.6m^3 \times 3$배)를 곱한 양 이상이 되도록 하여야 한다.

② 옥상수조의 설치 : 수원은 위 ①에 따라 산출된 유효수량 외에 유효수량의 1/3 이상을 옥상(옥내소화전설비가 설치된 건축물의 주된 옥상)에 설치하여야 한다. 다만, 「옥내소화전설비의 화재안전기준(NFSC 102)」 제4조 제2항 제3호 또는 제4호에 해당하는 경우에는 그러하지 아니하다.

> **꼼꼼체크** 「옥내소화전설비의 화재안전기준(NFSC 102)」 제4조 제2항
> - 제5조 제2항에 따른 고가수조를 가압송수장치로 설치한 옥내소화전설비
> - 수원이 건축물의 지붕보다 높은 위치에 설치된 경우

③ 전동기 또는 내연기관을 이용한 펌프방식의 가압송수장치 : 옥내소화전설비 전용으로 설치하여야 하며, 옥내소화전설비 주펌프 이외에 동등 이상인 별도의 예비펌프를 설치하여야 한다.

④ 배관 등

　㉠ 급수배관은 전용으로 하여야 한다. 다만, 옥내소화전설비의 성능에 지장이 없는 경우에는 연결송수관설비의 배관과 겸용할 수 있다.

　㉡ 50층 이상인 건축물의 옥내소화전 주배관 중 수직배관은 2개 이상(주배관 성능을 갖는 동일호칭배관)으로 설치하여야 하며, 하나의 수직배관의 파손 등 작동불능 시에도 다른 수직배관으로부터 소화용수가 공급되도록 구성하여야 한다.

⑤ 비상전원

비상전원의 종류	구 분	비상전원의 용량
자가발전설비	30층 이상 50층 미만	40분 이상
축전지설비	50층 이상	60분 이상
전기저장장치	–	–

2) 스프링클러(제6조)

① 수원의 증가 : 층수가 30층 이상의 특정소방대상물의 수원은 스프링클러헤드의 기준개수에 다음을 곱한 양 이상이 되도록 한다.

　㉠ 층수가 30층 이상 49층 이하 : $3.2m^3(1.6m^3 \times 2$배$)$

　㉡ 50층 이상 : $4.8m^3(1.6m^3 \times 3$배$)$

② 옥상수조의 설치 : 스프링클러설비의 수원은 위 ①에 따라 산출된 유효수량 외에 유효수량의 1/3 이상을 옥상(스프링클러설비가 설치된 건축물의 주된 옥상)에 설치하여야 한다. 다만, 「스프링클러설비의 화재안전기준(NFSC 103)」 제4조 제2항 제3호 또는 제4호에 해당하는 경우에는 그러하지 아니하다.

> **꼼꼼체크** 「스프링클러설비의 화재안전기준(NFSC 103)」 제4조 제2항 제3호, 제4호
> - 제5조 제2항에 따른 고가수조를 가압송수장치로 설치한 옥내소화전설비
> - 수원이 건축물의 지붕보다 높은 위치에 설치된 경우

③ 전동기 또는 내연기관을 이용한 펌프방식의 가압송수장치 : 스프링클러설비 전용으로 설치하여야 하며, 스프링클러설비 주펌프 이외에 동등 이상인 별도의 예비펌프를 설치하여야 한다.

④ 배관
  ㉠ 급수배관은 전용으로 설치하여야 한다.
  ㉡ 50층 이상인 건축물의 스프링클러설비 주배관 중 수직배관은 2개 이상(주배관성능을 갖는 동일호칭배관)으로 설치하고, 하나의 수직배관이 파손 등 작동불능 시에도 다른 수직배관으로부터 소화용수가 공급되도록 구성하여야 하며, 각각의 수직배관에 유수검지장치를 설치하여야 한다.
  ㉢ 50층 이상인 건축물의 스프링클러헤드에는 2개 이상의 가지배관 양방향에서 소화용수가 공급되도록 하고, 수리계산에 의한 설계를 하여야 한다.

⑤ 음향장치 : 층수가 30층 이상의 특정소방대상물은 다음에 따라 경보를 발할 수 있도록 하여야 한다.
  ㉠ 2층 이상의 층에서 발화한 때에는 발화층 및 그 직상 4개층에 경보를 발할 것
  ㉡ 1층에서 발화한 때에는 발화층·그 직상 4개층 및 지하층에 경보를 발할 것
  ㉢ 지하층에서 발화한 때에는 발화층·그 직상층 및 기타의 지하층에 경보를 발할 것

⑥ 스프링클러 전원

비상전원의 종류	구 분	비상전원의 용량
자가발전설비	30층 이상 50층 미만	40분 이상
축전지설비	50층 이상	60분 이상
전기저장장치	–	–

3) 비상방송설비(제7조)
  ① 비상방송설비의 음향장치는 다음의 기준에 따라 경보를 발할 수 있도록 하여야 한다.
    ㉠ 2층 이상의 층에서 발화한 때에는 발화층 및 그 직상 4개층에 경보를 발할 것
    ㉡ 1층에서 발화한 때에는 발화층·그 직상 4개층 및 지하층에 경보를 발할 것
    ㉢ 지하층에서 발화한 때에는 발화층·그 직상층 및 기타의 지하층에 경보를 발할 것
  ② 비상방송설비에는 그 설비에 대한 감시상태를 60분간 지속한 후 유효하게 30분 이상 경보할 수 있는 축전지설비(수신기에 내장하는 경우 포함) 또는 전기저장장치(외부 전기에너지를 저장해 두었다가 필요한 때 전기를 공급하는 장치)를 설치해야 한다.

4) **자동화재탐지설비(제8조) : 성능의 강화**

① **감지기는 아날로그방식의 감지기**로서 감지기의 작동 및 설치지점을 수신기에서 확인할 수 있는 것으로 설치하여야 한다. 다만, 공동주택의 경우에는 감지기별로 작동 및 설치지점을 수신기에서 확인할 수 있는 아날로그방식 외의 감지기로 설치할 수 있다.

② 자동화재탐지설비의 음향장치는 다음의 기준에 따라 경보를 발할 수 있도록 하여야 한다.

   ㉠ 2층 이상의 층에서 발화한 때에는 발화층 및 그 직상 4개층에 경보를 발할 것

   ㉡ 1층에서 발화한 때에는 발화층·그 직상 4개층 및 지하층에 경보를 발할 것

   ㉢ 지하층에서 발화한 때에는 발화층·그 직상층 및 기타의 지하층에 경보를 발할 것

③ 50층 이상인 건축물에 설치하는 **통신·신호 배선은 이중배선을 설치**하도록 하고 **단선(斷線) 시에도 고장표시가 되며 정상작동할 수 있는 성능**을 갖도록 설비를 하여야 한다.

   ㉠ 수신기와 수신기 사이의 통신배선

   ㉡ 수신기와 중계기 사이의 신호배선

   ㉢ 수신기와 감지기 사이의 신호배선

④ 자동화재탐지설비에는 그 설비에 대한 감시상태를 60분간 지속한 후 유효하게 30분 이상 경보할 수 있는 축전지설비(수신기에 내장하는 경우를 포함) 또는 전기저장장치(외부 전기에너지를 저장해 두었다가 필요한 때 전기를 공급하는 장치)를 설치하여야 한다. 다만, 상용전원이 축전지설비인 경우에는 그러하지 아니하다.

5) **특별피난계단의 계단실 및 부속실 제연설비(제9조)** : 특별피난계단의 계단실 및 그 부속실 제연설비의 화재안전기준(NFSC 501A)에 따라 설치하되, 비상전원은 자가발전설비 등으로 하고 제연설비를 유효하게 40분 이상 작동할 수 있도록 할 것. 다만, 50층 이상인 건축물의 경우에는 60분 이상 작동할 수 있어야 한다.

6) **피난안전구역의 소방시설(제10조)** :「초고층 및 지하연계 복합건축물 재난관리에 관한 특별법 시행령」제14조 제2항에 따라 피난안전구역에 설치하는 소방시설은 [별표 1]과 같이 설치하여야 하며, 이 기준에서 정하지 아니한 것은 개별 화재안전기준에 따라 설치하여야 한다.

[별표 1]

▌피난안전구역에 설치하는 소방시설 설치기준(제10조 관련) ▌	
구 분	**설치기준**
1. 제연설비	피난안전구역과 비제연구역 간의 차압은 50Pa(옥내에 스프링클러설비가 설치된 경우에는 12.5Pa) 이상으로 하여야 한다. 다만, 피난안전구역의 한쪽 면 이상이 외기에 개방된 구조의 경우에는 설치하지 아니할 수 있다.

구 분	설치기준
2. 피난유도선	피난유도선은 다음의 기준에 따라 설치하여야 한다. 가. 피난안전구역이 설치된 층의 계단실 출입구에서 피난안전구역 주 출입구 또는 비상구까지 설치할 것 나. 계단실에 설치하는 경우 계단 및 계단참에 설치할 것 다. 피난유도 표시부의 너비는 최소 25mm 이상으로 설치할 것 라. 광원점등방식(전류에 의하여 빛을 내는 방식)으로 설치하되, 60분 이상 유효하게 작동할 것
3. 비상조명등	피난안전구역의 비상조명등은 상시 조명이 소등된 상태에서 그 비상조명등이 점등되는 경우 각 부분의 바닥에서 조도는 10 lx 이상이 될 수 있도록 설치할 것

4. 휴대용 비상조명등	가. 피난안전구역에는 휴대용 비상조명등을 다음의 기준에 따라 설치하여야 한다.
	  1) 초고층 건축물에 설치된 피난안전구역 : 피난안전구역 위층의 재실자수(「건축물의 피난·방화구조 등의 기준에 관한 규칙」 [별표 1의2]에 따라 산정된 재실자 수)의 10분의 1 이상
	  2) 지하연계 복합건축물에 설치된 피난안전구역 : 피난안전구역이 설치된 층의 수용인원(영 [별표 2]에 따라 산정된 수용인원)의 10분의 1 이상
	나. 건전지 및 충전식 건전지의 용량은 40분 이상 유효하게 사용할 수 있는 것으로 한다. 다만, 피난안전구역이 50층 이상에 설치되어 있을 경우의 용량은 60분 이상으로 할 것

5. 인명구조기구	가. 방열복, 인공소생기를 각 2개 이상 비치할 것 나. 45분 이상 사용할 수 있는 성능의 공기호흡기(보조마스크를 포함한다)를 2개 이상 비치하여야 한다. 다만, 피난안전구역이 50층 이상에 설치되어 있을 경우에는 동일한 성능의 예비용기를 10개 이상 비치할 것 다. 화재 시 쉽게 반출할 수 있는 곳에 비치할 것 라. 인명구조기구가 설치된 장소의 보기 쉬운 곳에 "인명구조기구"라는 표지판 등을 설치할 것

7) 연결송수관설비(제11조)

① 연결송수관설비의 배관은 전용으로 한다. 다만, 주배관의 구경이 100mm 이상인 옥내소화전설비와 겸용할 수 있다.

② 비상전원

  ㉠ 종류 : 자가발전설비, 축전지설비, 전기저장장치

  ㉡ 용량

구 분	비상전원의 용량
30층 이상 50층 미만	40분 이상
50층 이상	60분 이상

04 초고층 건물의 방재대책

(1) 비상방송 및 경보설비

1) 초고층 건축물의 화재경보시스템은 건물규모나 내부 기능의 복잡성 등 건축적인 요구와 교통체증에 따른 관할 소방대의 대응시간이 지연되는 등의 이유로 최첨단의 종합적인 방재시스템을 구성하게 된다.

2) 화재경보시스템은 비상 시에도 항상 경보를 발생할 수 있도록 예비회로를 구축해야 한다.

3) 화재사례를 보면 비상방송설비를 통하여 거주자는 그 장소에 머물러 있어야 하는지 피난해야 하는지를 알게 되며 이와 같은 비상방송을 통하여 혼란을 감소시킬 수 있다. 만일 방송설비가 없다면 고층 건물의 피난활동은 혼란과 무질서로 매우 큰 지장을 받게 된다.

4) 초기 비용을 절감하기 위하여 코어 부분을 우선 설계하는 경우에도 장래 증설을 고려하여 60~70%의 설비용량을 유지하며, 전선 등도 추후에 연장 또는 증설되는 환경을 예상하여 배치한다. 즉, 충분한 여유율을 고려하는 설계이어야 한다.

5) 음성통신은 단계적 또는 부분적 피난과 전 층의 전체 피난을 안내할 수가 있다. 이는 용도분류와 건물의 높이에 따라 결정된다.

6) 양방향 통신설비를 소방대용으로 설치해야 한다. 이 설비는 화재안전기준 또는 NFPA 72(National Fire Alarm Code)에 따라야 한다. 이 통신설비는 소화활동의 장소와 지휘소 간에 통화할 수 있어야 한다.

(2) 소화설비

1) 스프링클러설비와 옥내소화전설비로 방호구역 전체가 보호(유수검지장치 등은 각 층마다 별도의 방호구획으로 설치)되도록 설치한다.

2) 옥내소화전설비

① 초기 소화대응용으로 거주자 또는 점유자가 혼자서도 작동시킬 수 있는 '호스릴 옥내소화전설비'가 옥내소화전설비보다는 더 효율적이다.

② 소방차에서 급수가 곤란하므로 연결송수관설비와 겸용하거나 층마다 연결송수구를 규정에 적합하게 설치하여야 한다.

3) 스프링클러설비

① 화재에 반응이 빠르고 신속히 화재를 제어할 수 있는 '습식 스프링클러설비'를 설치하여야 한다.

② 전산실·문서고 등과 같은 수피해가 큰 장소에는 피해를 최소화하기 위해 준비작동식 스프링클러설비 또는 미세물분무설비, 가스계 소화설비의 설치를 고려하여야 한다.

③ 배관이 길어 공기가 찰 우려가 있는 배관에는 배관의 방향이 바뀌는 곳마다 잔류공기를 빼줄 수 있는 '에어벤트'를 설치하여 에어록 현상을 방지하여야 한다.

4) 펌프나 수조 등 장비의 신뢰성을 확보하기 위해서는 주설비의 고장 등에 대비한 예비용의 설치가 필요하다.

5) 정전 시나 전원차단 시를 대비하여 비상전원을 설치하고, 방화구획된 별도의 장소에 비상전원설비를 설치한다.

(3) 제연

1) 고층 건축물은 피난경로가 길어 피난시간(RSET)이 늘어나 연기가 피난자에게 노출될 수 있는 높이까지 하강시킴으로써 피난경로 및 피난시간을 확보할 수 있는 제연설비가 필수적이다.

2) 초고층 건물의 제연설비 설계는 먼저 화재가 발생한 층의 배연설비를 작동하게 하여 화재층의 연기를 배출하며 화재실에 부압이 발생하게 한다. 화재층 이외의 건물 각 층은 급기가압을 한다. 이를 통하여 화재층에서 상대적으로 낮은 압력을 유지함으로써 압력구배로 인하여 연기가 인접 층으로 확산되지 않도록 할 수 있다.

3) 화재층에 연기를 국한하고 건물 외부로 연기를 배출하며, 연기에 영향을 받지 않는 다른 층의 거주자는 대피가 필요한 시점에 도달하기 이전에는 피난하지 않도록 하고, 특히 화재층의 특별피난계단은 급기가압을 유지하여 안전성을 담보할 수 있어야 한다.

① 전실제연 : 초고층의 전 층 가압은 경제적, 기술적인 이유로 사실상 곤란하다. 따라서 구역별 가압을 검토해 볼 필요가 있다.

　㉠ 과도한 연돌효과로 제연설비의 성능을 기대하기가 어렵다. 따라서 계단실의 수직분할, 일정한 높이마다 피난안전공간의 설치가 필요하다.

　㉡ 배연창은 화재 시 연기의 배출이 유효하게 중성대 상부 층에 한하여 적용되고, 외기 바람에 의해 역류할 경우에는 자동적으로 폐쇄가 가능한 구조로 설치한다.

② 거실제연

　㉠ 자연배연 불가능

　㉡ 기계배연 시 급기 필요성 : 거실제연(sandwich pressure)

4) 또한 초고층 건물에는 풍압으로 인하여 배연구의 개폐가 힘들며, 풍압에 의해 화재 및 연기의 확산 등의 안전성 문제가 발생할 수 있으므로 풍압에 대한 대책이 필요하다.

(4) 소방대 활동

1) 초고층 건물 화재 시 화재가 발생한 장소보다 상부 층에 거주자가 체류하는 경우에 인명보호를 위한 최선의 대책은 신속하게 화재를 진압하는 것이다. 왜냐하면 피난경로가 오염된다면 피난경로가 상부 옥상으로 국한될 수 밖에 없기 때문이다.

2) 따라서 고층 건물에는 스프링클러 설치를 통한 초기 소화, 또는 화재억제 그리고 건물의 내화구조를 통한 내화시간 확보가 필수적이다.

3) 소방관의 개인장비나 소화활동장비 등을 갖추고 화재층까지 접근하는 경우에 특히 승강기를 이용할 수 없다면 상당한 이동시간이 소요되고 피로도 역시 증가되어 효과적인 소화활동을 기대하기가 어렵다. 따라서 국내법에서는 비상용 승강기를 설치토록 하여 소화활동을 돕고 있다.

4) 화재가 고층에서 발생할수록 연결송수관설비의 필요성은 높아진다. 연결송수관이 없는 건물에서는 화재층에 소방호스를 운반하고 설치하는 것이 쉽지 않고, 준초고층이나 초고층의 상황인 경우에는 더욱더 곤란할 것이다.

5) 대도시는 교통체증으로 인해 비상 시 인근 소방대의 출동 및 대응 시간이 지연된다. 따라서 초고층 건물의 화재안전시스템은 근본적으로 자체소방력을 강화하여 주된 소화수단으로 하며 관할 소방대의 지원은 보조적 수단으로 접근하여야 한다.

6) 고층 건물의 경우에는 소방대 간의 연락 및 지휘를 위해 무선통신보조설비를 설치하여야 한다.

> **꼼꼼체크** 특정소방대상물의 관계인이 특정소방대상물의 규모·용도 및 수용인원 등을 고려하여 갖추어야 하는 소방시설 등의 종류[「화재예방, 소방시설 설치·유지 및 안전관리에 관한 법률 시행령」 [별표 5] (제15조 관련)]
> 무선통신보조설비를 설치하여야 하는 특정소방대상물(위험물 저장 및 처리 시설 중 가스시설은 제외한다)은 다음의 어느 하나와 같다.
> 가.~라. 생략
> 마. 층수가 30층 이상인 것으로서 16층 이상 부분의 전 층

(5) 피난계획

1) 건축물에서 인명을 보호하기 위한 피난계획의 가장 중요한 사항은 화재의 위험으로부터 최단시간 내에 건축물의 외부와 같은 안전한 구역으로 인명을 대피시키는 것이라 할 수 있다.

2) 일반적인 건축물의 경우 화재발생 시 건물의 외부로 나가게 되는 것을 화재로부터 안전한 환경에 도달하는 것이라 할 수 있다.

① 피난층의 일반적 정의 : 직접 지상에 통하는 출입구가 있는 층 또는 저층부의 옥상이나 데크(deck)와 연결되는 층이다.

② 하지만 고층 건축물은 피난층까지 피난하기에는 많은 피난시간이 요구되므로 지면에 접하지 않더라도 쉽게 피난할 수 있는 대피공간(피난안전공간)을 피난층으로 인정하는 것이 초고층 건축물에서는 효율적인 방재계획을 수립하는 데 바람직하다.

③ 중간층에 대피층(공간) 설치(피난안전공간)

　㉠ 대피층을 피난층으로 간주하여 효율적인 방재계획 수립 가능

　㉡ 피난약자를 위한 1차적인 안전대피장소

　㉢ 소화활동을 위한 베이스캠프 기능

> **꼼꼼체크** 베이스캠프(base camp) : 등산이나 탐험 시에 근거지로 삼기 위한 막사

  ⓔ 상·하층으로의 화재확산을 확실하게 차단하는 공간차단효과로 이를 "중간
    절연층"이라고도 한다.

3) 외국의 피난안전공간
  ① 일본 : 대규모 개방공간이 있는 경우 조건에 따라 피난층으로 인정하고 있다.
  ② 미국 : NFPA 규정 등에서 건물 내에 피난안전공간(refuge area)의 설치를 권
    장하고 있다.

4) 고층 건물의 피난계획은 해당 건축물의 건축적인 공간구성, 감지 및 경보 시스템
  구성, 거주밀도 그리고 피난수단의 개수와 배치 등 여러 가지 설계조건을 고려하여
  수립해야 한다. 이 경우, 각 층은 별도의 피난구역으로 보고 독립적으로 대피가 되
  도록 한다. 초고층 건축물의 피난경로는 상황에 따라 거주자를 수평적 또는 수직적
  으로 대피시키고, 대피공간을 제공할 수 있도록 설계되어야 한다.

5) 빌딩의 설계 시 방화·피난상 안전성을 고려하여야 한다.
  ① 수직관통부와 같이 상하로 연결된 연소위험공간을 빌딩 내부에서 배제한다. 즉,
    연소확대 위험이 있는 장소를 빌딩 내부에서 외부로 이동 배치한다.
    ㉠ 빌딩 외부 공간에 계단을 설치하는 옥외계단방식을 채용한다.
    ㉡ 계단형태는 외부 환경과 통하는 완전개방형, 일부개방형으로 한다.
  ② 옥내 측의 수직연소확대를 형성하는 공간을 없앰으로써 각 층에서 발생하는 화
    재에 의한 층간 연소확대, 연기의 확산, 대피장애 등을 없앨 수 있다.
    ㉠ 피난안전공간 설치
    ㉡ 건축물의 코어부분의 위치를 동일 직선상에 배치하지 않고 중간마다 끊어서
      배치한다.
  ③ 발코니의 효용이 크므로 설치를 고려한다.
    ㉠ 빌딩 외주부에 발코니 설치는 아래층에서 상층부로의 열방사를 차단한다.
    ㉡ 화염의 상층부로의 이동을 방지함으로써 연소방지 효과가 있다.
    ㉢ 단기간 피난의 공간이다.
  ④ 상층으로의 연소확대를 방지하기 위해 캔틸레버, 스팬드럴의 설치를 고려한다.

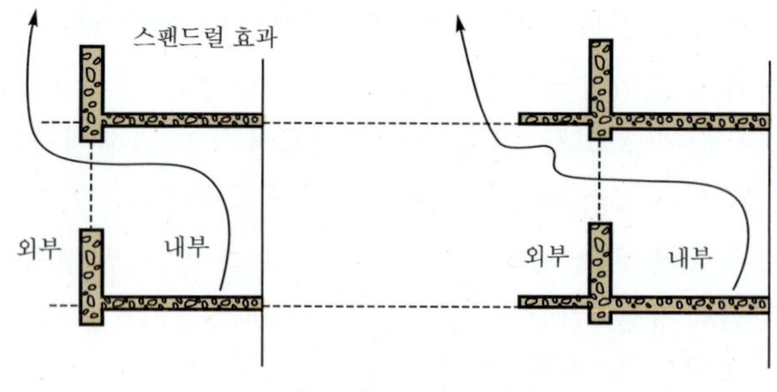

❚ 스팬드럴의 효과 ❚

6) 전 층 동시피난의 대응

① 종래의 화재층, 직상층 우선 피난이 원칙이지만 위험이 급속하게 건물 전체에 미치는 경우, 전 층 동시피난이 일어나게 된다.

② 문제점 : 건축법에 의해 설치가 요구되는 계단만으로는 일시에 발생되는 피난을 수용할 시에는 병목과 혼란이 발생할 수 있다.

③ 대책

　㉠ 건축물을 수직으로 분할하여 중간층에 피난안전공간을 설치한다.

　㉡ 각 층을 여러 방화구획으로 분할해 상호 수평방화구획하여 수평피난을 하도록 설치한다.

　㉢ 노약자는 피난용 승강기(E/V)를 이용하여 피난하도록 한다.

　㉣ 비상방송설비 또는 피난유도표지를 통해 피난자에 대한 적절한 정보제공, 피난지시, 피난유도를 통하여 효율적인 피난을 도모할 수 있도록 한다.

　㉤ 양방향 정보전달시스템 : 건물사용자가 방재센터 등으로 정보제공이나 확인 또는 피난지시 등을 문의할 수 있는 양방향 정보전달시스템이 필요하다.

　㉥ 피난용량에 적합한 통로폭, 피난로 수, 피난로 입구의 폭을 가질 수 있도록 설계한다.

7) 헬리포트

① 옥상광장 등의 설치(「건축법 시행령」 제40조) : 층수가 11층 이상인 건축물로서 11층 이상인 층의 바닥면적의 합계가 1만m² 이상인 건축물의 옥상에는 다음의 구분에 따른 공간을 확보하여야 한다.

　㉠ 건축물의 지붕을 평지붕으로 하는 경우 : 헬리포트를 설치하거나 헬리콥터를 통하여 인명 등을 구조할 수 있는 공간

　㉡ 건축물의 지붕을 경사지붕으로 하는 경우 : 경사지붕 아래에 설치하는 대피공간

② 문제점

　㉠ 도시 미관 : 헬리포트를 설치 시 건축물의 옥상이 평면적인 디자인을 가질 수밖에 없다.

　㉡ 강한 기류로 헬기 이착륙에 어려움이 있다.

8) 피난용 승강기 설치 : 일반인의 피난용이 아니라 노약자의 피난을 지원하기 위한 설비이다.

(6) 비상조명과 비상전원

1) 비상전원은 필요한 모든 설비에 각기 공급하기 충분한 용량과 정격을 갖추어야 한다.

2) 화재안전기준에 적합한 비상전원을 갖추어야 한다.

(7) 피뢰설비 : 고층 건축물은 낙뢰뿐만 아니라 건축물의 측면에 발생할 수 있는 측뢰도 고려하여야 한다.

(8) **댐핑 탱크(damping tank)의 이용** : 초고층 빌딩 최상부에 설치하여 빌딩의 흔들림을 방지하기 위해 많은 물의 양을 저장하는 물탱크로 건물의 자중을 변화시켜 고유진동수를 변화시켜 줌으로써 공진으로 인해 발생할 수 있는 피해를 방지한다.

(9) **컬럼 쇼팅(column shorting)** : 부재 자체의 수직중량에 의해 기둥이 부등축소하는 현상, 보통 초고층 빌딩의 누적하중에 축하중에 의한 기둥 축소량을 말한다. 컬럼 쇼팅을 만드는 축소는 크게 아래의 세 가지로 구분할 수 있다.

1) 탄성축소
2) 크리프에 의한 축소
3) 건조수축에 의한 축소

(10) **종합방재실의 설치**

1) 종합방재실은 모든 시설의 작동상태 등을 확인할 수 있어야 하고, 화재안전기준에 적합한 위치에 설치하여야 한다.
2) 종합방재실에는 다음의 장치 등을 갖추어야 한다.
    ① 소방설비와 경보설비 제어반
    ② 엘리베이터의 작동표시와 층 위치
    ③ 비상전원, 자동폐쇄장치 및 소방펌프의 상태표시기
    ④ 자동폐쇄장치의 상태표시기
    ⑤ CCTV 종합감시장치
    ⑥ 자동제어반
    ⑦ 기타 각종 설비의 작동 여부 등을 확인할 필요가 있는 경우 그 설비의 상태표시기

(11) **공사장에 임시소방시설 설치**

1) 「화재예방, 소방시설 설치·유지 및 안전관리에 관한 법」 제10조의2 특정소방대상물의 공사현장에 설치하는 임시소방시설의 유지·관리 등에 따라 임시소방시설을 설치하도록 하고 있다.
2) 임시소방시설을 설치하는 공사장의 범위 : 특정소방대상물을 설치 또는 변경하는 공사장
3) 임시소방시설 : 소화기, 간이옥내소화전, 피난유도선, 비상경보장치

05 초고층 및 지하연계 복합건축물 재난관리에 관한 특별법

(1) **사전 재난영향성 검토협의(제6조)** : 허가 등을 하기 전에 「재난 및 안전관리 기본법」 제16조에 따른 시·도 재난안전대책본부장(이하 "시·도 본부장"이라 한다)에게 재난영향성 검토에 관한 사전협의(이하 "사전 재난영향성 검토협의"라 한다)를 요청하여야 한다.

(2) 사전 재난영향성 검토협의 내용(제7조)

1) 사전 재난영향성 검토협의의 내용은 다음과 같다.
   ① 종합방재실 설치 및 종합재난관리체제 구축계획
   ② 내진설계 및 계측설비 설치계획
   ③ 공간 구조 및 배치 계획
   ④ 피난안전구역 설치 및 피난시설, 피난유도 계획
   ⑤ 소방설비·방화구획, 방연·배연 및 제연 계획, 발화 및 연소확대 방지계획
   ⑥ 관계지역에 영향을 주는 재난 및 안전관리 계획
   ⑦ 방범·보안, 테러대비시설 설치 및 관리 계획
   ⑧ 지하공간 침수방지계획
   ⑨ 그 밖에 대통령령으로 정하는 사항
2) 위 1)의 사항을 검토하기 위하여 필요한 사항은 대통령령으로 정한다.

(3) 재난예방 및 피해경감계획의 수립·시행 등(제9조)

1) 초고층 건축물 등의 관리주체는 그 건축물 등에 대한 재난을 예방하고 피해를 경감하기 위한 계획(이하 "재난예방 및 피해경감계획"이라 한다)을 수립·시행하여야 한다.
2) 위 1)에 따른 재난예방 및 피해경감계획에는 다음의 내용을 포함하여야 한다.
   ① 재난유형별 대응·상호응원 및 비상전파 계획
   ② 피난시설 및 피난유도계획
   ③ 재난 및 테러 등 대비 교육·훈련 계획
   ④ 재난 및 안전관리 조직의 구성·운영
   ⑤ 시설물의 유지 관리계획
   ⑥ 소방시설 설치·유지 및 피난계획
   ⑦ 전기·가스·기계·위험물 등 다른 법령에 따른 안전관리계획
   ⑧ 건축물의 기본현황 및 이용계획
   ⑨ 그 밖에 대통령령으로 정하는 필요한 사항
3) 위 1)에 따라 재난예방 및 피해경감계획을 수립한 때에는 「화재예방, 소방시설 설치·유지 및 안전관리에 관한 법률」 제20조 제6항의 소방계획서, 「자연재해대책법」 제37조 제1항의 비상대처계획을 작성 또는 수립한 것으로 본다.
4) 재난예방 및 피해경감계획의 수립 및 시행에 필요한 사항은 대통령령으로 정한다.

(4) 재난 및 안전관리협의회의 구성·운영(제11조)

1) 관계지역 안에 관리주체가 둘 이상인 경우 이들 관리주체는 재난 및 안전관리협의회(이하 "협의회"라 한다)를 구성·운영하여야 한다. 이 경우 각 관리주체는 소속 임원 중에서 대리인을 선임할 수 있다.

2) 협의회는 다음의 사항을 협의·조정한다.
① 제16조에 따른 종합방재실(일반건축물 등의 방재실 등을 포함) 간 정보망 구축, 경보 및 통신설비 설치에 관한 사항
② 공동방화관리, 종합재난관리체제 구축 등 안전 및 재난관리에 관한 사항
③ 실무협의회를 대표하는 대표총괄재난관리자의 선임·해임에 관한 사항
④ 제9조 및 제10조에 따른 재난예방 및 피해경감계획의 수립·시행 및 제출에 관한 사항
⑤ 재난발생 시 유관기관과 협조할 사항
⑥ 제14조 및 제15조에 따른 재난 및 테러 등 대비 교육·훈련 및 홍보에 관한 사항
⑦ 관계지역 안의 재난관리를 위하여 시·도 본부장 또는 시·군·구 본부장이 협의를 요청한 사항
⑧ 협의회 운영 및 실무협의회의 구성·운영에 관한 사항
⑨ 제13조에 따른 통합안전점검의 실시 및 요청에 관한 사항
⑩ 그 밖에 협의회에서 필요하다고 인정한 사항

(5) 총괄재난관리자의 지정 등(제12조)

1) 초고층 건축물 등의 관리주체는 다음의 업무를 총괄·관리하기 위하여 총괄재난관리자를 두어야 한다. 다만, 총괄재난관리자는 다른 법령에 따른 안전관리자를 겸직할 수 없다.
① 재난 및 안전관리계획의 수립에 관한 사항
② 제9조에 따른 재난예방 및 피해경감계획의 수립·시행에 관한 사항
③ 제13조에 따른 통합안전점검 실시에 관한 사항
④ 제14조에 따른 교육 및 훈련에 관한 사항
⑤ 제15조에 따른 홍보계획의 수립·시행에 관한 사항
⑥ 제16조에 따른 종합방재실의 설치·운영에 관한 사항
⑦ 제17조에 따른 종합재난관리체제의 구축·운영에 관한 사항
⑧ 제18조에 따른 피난안전구역 설치·운영에 관한 사항
⑨ 제19조에 따른 유해·위험물질의 관리 등에 관한 사항
⑩ 제22조에 따른 초기 대응대 구성·운영에 관한 사항
⑪ 제24조에 따른 대피 및 피난 유도에 관한 사항
⑫ 그 밖에 재난 및 안전관리에 관한 사항으로서 행정안전부령으로 정한 사항
2) 총괄재난관리자는 해당 초고층 건축물 등의 시설·전기·가스·방화 등의 재난·안전관리 업무 종사자를 지휘·감독한다.
3) 총괄재난관리자는 행정안전부령으로 정하는 바에 따라 소방청장이 실시하는 교육을 받아야 한다.
4) 시·도지사 또는 시장·군수·구청장은 총괄재난관리자가 위 3)에 따른 교육을 받지 아니하면 교육을 받을 때까지 그 업무의 정지를 명할 수 있다.

5) 총괄재난관리자의 자격, 교육, 등록, 그 밖에 필요한 사항은 행정안전부령으로 정한다.

(6) 통합안전점검의 실시(제13조)

1) 초고층 건축물 등의 관리주체는 다음의 안전점검을 통합안전점검으로 시행하고자 하는 경우 계획을 수립하여 시·도 본부장 또는 시·군·구 본부장에게 시행을 요청할 수 있다.

① 「고압가스 안전관리법」 제16조의2에 따른 정기검사

② 「도시가스사업법」 제17조에 따른 정기검사

③ 「전기사업법」 제65조에 따른 정기검사와 같은 법 제66조의2에 따른 여러 사람이 이용하는 시설 등에 대한 전기안전점검

④ 「승강기시설 안전관리법」 제13조에 따른 정기검사

⑤ 「에너지이용 합리화법」 제39조에 따른 검사

⑥ 「어린이놀이시설 안전관리법」 제12조 제2항에 따른 정기시설검사

2) 시·도 본부장 또는 시·군·구 본부장은 관리주체로부터 위 1)에 따라 통합안전점검 시행요청이 있는 경우 관계기관과 협의·조정을 거쳐 관리주체에게 통보하여야 한다. 이 경우 관계기관은 특별한 사유가 없는 한 통합안전점검에 응하여야 한다.

3) 통합안전점검의 범위, 실시방법, 그 밖에 필요한 사항은 행정안전부령으로 정한다.

(7) 홍보계획의 수립·시행(제15조) : 초고층 건축물 등의 관리주체는 그 건축물 등의 상시근무자, 거주자 및 이용자에 대한 재난예방 및 피난유도를 위한 홍보계획을 수립·시행하여야 한다.

(8) 종합방재실의 설치·운영(제16조)

1) 초고층 건축물 등의 관리주체는 그 건축물 등의 건축·소방·전기·가스 등 안전관리 및 방범·보안·테러 등을 포함한 통합적 재난관리를 효율적으로 시행하기 위하여 종합방재실을 설치·운영하여야 하며, 관리주체 간 종합방재실을 통합하여 운영할 수 있다.

2) 위 1)에 따른 종합방재실은 「소방기본법」 제4조에 따른 종합상황실과 연계되어야 한다.

3) 관계지역 내 관리주체는 위 1)에 따른 종합방재실(일반건축물 등의 방재실 등을 포함) 간 재난 및 안전정보 등을 공유할 수 있는 정보망을 구축하여야 하며, 유사시 서로 긴급연락이 가능한 경보 및 통신설비를 설치하여야 한다.

4) 종합방재실의 설치기준 등 필요한 사항은 행정안전부령으로 정한다.

5) 시·도지사 또는 시장·군수·구청장은 종합방재실이 위 4)에 따른 설치기준에 적합하지 아니할 때에는 관리주체에게 보완 등 필요한 조치를 명할 수 있다.

(9) 종합재난관리체제의 구축(제17조)

1) 초고층 건축물 등의 관리주체는 관계지역 안에서 재난의 신속한 대응 및 재난정보 공유·전파를 위한 종합재난관리체제를 종합방재실에 구축·운영하여야 한다.

2) 위 1)에 따른 종합재난관리체제의 구축 시 다음의 사항을 포함하여야 한다.
  ① 재난대응체제
    ㉠ 재난상황 감지 및 전파 체제
    ㉡ 방재의사결정 지원 및 재난유형별 대응체제
    ㉢ 피난유도 및 상호응원 체제
  ② 재난·테러 및 안전 정보관리체제
    ㉠ 취약지역 안전점검 및 순찰정보 관리
    ㉡ 유해·위험물질 반출·반입 관리
    ㉢ 소방 시설·설비 및 방화관리 정보
    ㉣ 방범·보안 및 테러대비 시설관리
  ③ 그 밖에 관리주체가 필요로 하는 사항

(10) 피난안전구역 설치(제18조)

1) 초고층 건축물 등의 관리주체는 그 건축물 등에 재난발생 시 상시근무자, 거주자 및 이용자가 대피할 수 있는 피난안전구역을 설치·운영하여야 한다.
2) 위 1)에 따른 피난안전구역의 기능과 성능에 지장을 초래하는 폐쇄·차단 등의 행위를 하여서는 아니 된다.
3) 피난안전구역의 설치·운영 기준 및 규모는 대통령령으로 정한다.

(11) 유해·위험물질의 관리 등(제19조)

1) 초고층 건축물 등의 관리주체는 그 건축물 등의 유해·위험물질 반출·반입 관리를 위한 위치정보 등 데이터베이스를 구축·운영하여야 한다.
2) 위 1)에 따른 관리주체는 유해·위험물질의 방치 등으로 재난발생이 우려될 경우에는 즉시 제거하거나 반출을 명할 수 있다. 또한 유해·위험물질을 이용한 테러 등이 예상될 경우 차량 등에 대한 출입제한을 할 수 있다.
3) 위 1)에 따른 관리주체가 위 2)에 따른 조치를 취하였을 경우 관할지역의 시장·군수·구청장 또는 소방서장에게 신고하여야 한다.
4) 위 1)에 따른 관리주체는 지하공간에 화기를 취급하는 시설이 있을 때에는 유해·위험물질의 누출을 감지하고 자동경보를 할 수 있는 설비 등을 설치하여야 한다.
5) 유해·위험물질의 관리 등에 필요한 사항은 행정안전부령으로 정한다.

(12) 초기 대응대 구성·운영(제22조)

1) 초고층 건축물 등의 관리주체는 신속한 초기 대응을 위하여 초기 대응대를 구성·운영하여야 한다.
2) 초기 대응대의 구성·운영, 교육·훈련 및 장비 등에 관하여 필요한 사항은 행정안전부령으로 정한다.

06 결 론

(1) 초고층 건축물의 경우는 일반 건축물과 비교해서 여러 가지 차이점이 있는 관계로 현 법규 및 코드를 그대로 적용하기에는 많은 문제점이 있다. 왜냐하면 재난발생 시 일반 건축물에 비해서 피해가 엄청나게 크기 때문이다.

(2) 초고층 건축물에 있어서 완화할 부분은 완화하고 강화해야 할 부분은 강화하는 방법으로 법규에 대한 검토 및 성능위주의 설계가 이루어져야 할 것이다.

인텔리전트 빌딩
(intelligent building)

01 개 요

(1) 인텔리전트 빌딩(intelligent building)은 미국에서 처음으로 등장한, 사무자동화에 대응한 빌딩을 말한다.

(2) **정의** : 인텔리전트 빌딩은 사무자동화에 대응하여 충실한 통신회선, 사무기기의 무게를 견디는 바닥의 강화, 용량이 큰 전원 등을 갖춘 빌딩을 지칭한다.

(3) 이 밖에 공기조절, 조명, 방재 등 자동제어가 가능한 '빌딩 오토메이션' 등의 기능을 포함한다.

02 인텔리전트 빌딩의 내용

(1) **고도의 통신망** : 다기능 전자교환기를 설치하고 고도의 통신시스템이 구축되어 있다.

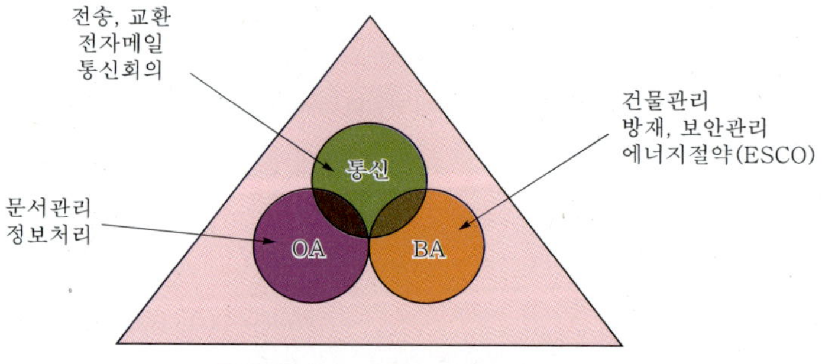

❙ 인텔리전트 빌딩 구성도 ❙

(2) **사무자동화** : 건물 내에 워크스테이션(work station), 개인용 컴퓨터(PC), 근거리 통신망 등이 완비되어 있다.

(3) **건물자동화** : 건물의 HVAC, 방재·방범 관리, 에너지절약 등을 다른 기능과 연계시켜 효율적으로 운용한다.

03 인텔리전트 빌딩의 특성

(1) 인텔리전트 빌딩은 대부분 초고층 건물이 많다. 따라서 앞의 초고층 건축물의 방재적 특성을 모두 가지고 있다.

(2) 이러한 초고층 건물의 창은 커튼월(curtain wall) 방식으로 시공하여 창문이 아니라 벽의 개념으로 시공하고, 냉·난방 및 환기는 인공적인 HVAC에 의존한다.

- 커튼월(curtain wall) : 유리, 알루미늄, 석재, 철재, PC 등의 재료를 사용하여 창, 마감재, 부속품 등의 벽을 구성하는 구성부재를 공장에서 제조하여 현장에서 볼트 등을 이용하여 취부하는 비내력 외주 벽을 커튼월이라 한다.
- HVAC(냉·난방 공조) : Heating, Ventilation, Air conditioning. 즉 난방, 통풍, 공기조화

(3) 인텔리전트 빌딩에는 대부분 방재센터가 설치되어 평상시에는 각종 방재시설 및 유관설비의 작동 상황을 감시하고 해당 설비들의 기능을 유기적으로 제어관리하여 방재관리 운영의 일원화를 도모하고, 재해발생 시 또는 비상 시에는 그 상황을 정확히 파악하여 초기 소화활동이나 피난을 돕고 소방대가 도착해서는 화재진압작전을 효율적으로 수행하는 지휘장소로 활용된다.

BIM

01 개 요

(1) BIM(Building Information Model(s))의 개념

  1) 광의의 BIM이란 다차원 가상공간에 기획, 설계, 엔지니어링(구조, 설비, 전기 등), 시공, 더 나아가 유지 관리 및 폐기까지 가상으로 시설물을 모델링해 보는 과정을 말한다.

  2) 특히 최근의 이슈가 되고 있는 최첨단 디자인 및 친환경 에너지저감형 건축물 설계 및 시공을 할 수 있게 해주며 다차원 가상설계건설(VDC ; Virtual Design Construction)과도 유사한 개념이다.

(2) ISO/DIS 29481-1 "Building information models-Information delivery manual" : 건물, 교량, 도로, 공정 플랜트 등의 설계 시에 의사결정에 대한 신뢰할 수 있는 정보를 제공하는 모든 기본 개체의 물리적 및 기능적 특성을 공유하는 디지털 표현(A shared digital representation of physical and functional characteristics of any built object including buildings, bridges,roads, process plants etc. forming a reliable basis for decisions)

(3) 2009년 국토교통부의 "건축분야 BIM적용 가이드(안)" : 건축, 토목, 플랜트를 포함한 건설 전 분야에서 시설물 객체의 물리적 혹은 기능적 특성으로서 의사결정을 하는 데 신뢰할만한 근거를 제공하도록 공유된 디지털 표현을 말한다.

(4) 즉, BIM은 건설 프로세스상에 발생하는 정보를 표준적인 모델안에 체계적으로 관리해 필요한 이해 당사자들이 그 정보를 추출해 사용할 수 있도록 하는 개념이나 시스템이다.

(5) 협의의 BIM(Building Information Modeling) : 건축물을 표현하는 2차원 설계의 한계를 극복한 것으로 객체기반 3차원 설계를 통해 건축과 관련된 모든 정보를 데이터베이스화해서 연계하는 시스템을 말한다. 따라서 정보의 입출력과 가공이 용이하여 정보의 인지성, 활용성, 연계성이 뛰어나다.

  1) B(Building) : 건축물의 기획, 설계, 시공, 유지 단계의 전 생애주기

  2) I(Information) : 생애주기 동안 생성되고 관계되는 정보

  3) M(Modeling) : 정보활용이 용이한 디지털 모델

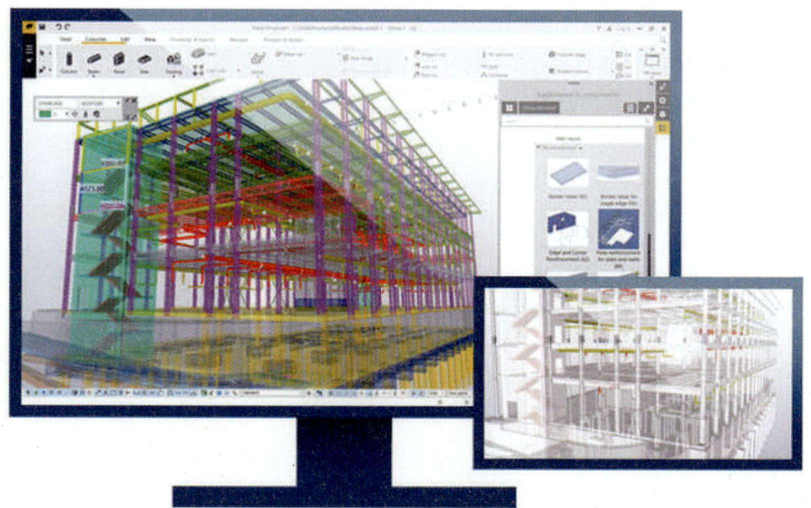

▌BIM의 예▐

02 BIM의 필요성

(1) 원활한 협업체계 구축 및 계획성, 생산성 향상

1) 기존의 2D 캐드 방식

① 각 분야별 개별적인 도면과 자재관리를 함으로써 복잡한 의사소통체계를 가진다.

② 단편적 정보전달방식으로 작업의 효율성이 저하된다. 즉 건축, 기계, 전기, 소방, 통신 등이 모두가 개별적이어서 각 요소를 개별적으로 수정하여야 한다.

③ 여러 분야의 합동작업 시 발생한 요구사항 반영이 어렵다.

④ 개념설계, 기본설계, 실시설계 단계를 거치면서 생성된 2D 도면은 발주자와 관계자들의 요구사항이 반영됨에 따라 수많은 설계변경을 거치게 되며, 이때 변경된 도면들은 캐드 수작업으로 수정됨에 따라 착오나 과실로 인한 도면불일치 및 오류가 많이 발생하게 된다.

2) BIM방식

① 통합정보체계인 BIM으로 원활한 의사소통이 가능하다.

② 하나의 데이터를 수정하면 다른 데이터도 연동 수정이 가능하다.

③ 합동작업현장에서 즉시 수정사항을 반영할 수 있다. 또한 한 번의 수정으로 연계되어 있는 모든 것이 수정된다.

④ 참여자들의 합동작업이 가능하고, 설계변경 시 관련 수정사항이 모델에 즉시 반영됨으로써 설계변경에 빠르게 대응할 수 있는 장점을 가지고 있으며, 설계오류 검토가 쉬워 설계의 품질을 향상시킬 수 있게 된다.

⑤ 여러 공법의 대안 비교도 손쉽게 할 수 있으며, BIM을 활용하여 효율적인 도면 생산이 가능해진다.

(2) 시공성 및 경제성 향상

1) 기존의 2D 캐드 방식

① 설계단계와 시공단계에 사용되는 도면의 일관성 유지가 어렵다.

② 설계자와 시공자가 협의를 할 수 있는 별도의 도구가 없어, 그로 인한 설계 오류의 발견 및 변경이 어렵다.

2) BIM방식

① 시공단계에 BIM도입 시 설계단계와 시공단계에 사용되는 도면의 일관성을 유지할 수 있다.

② 3차원 도면으로 공간에다 구조체 건축, 전기, 통신 설비를 모두 표현할 수 있으므로 시공상세도가 필요 없을 정도의 세밀한 정보의 제공이 가능하다. 따라서 이를 통해 설계자와 시공자가 협의를 할 수 있는 유용한 의사소통의 도구를 제공하며, 그로 인한 설계 오류 및 변경을 감소시킬 수 있다.

③ 시공과정, 비용절감, 법적 분쟁의 가능성 최소화, 전체 프로젝트의 원활한 수행을 지원한다.

④ 예정공정계획의 BIM 시뮬레이션을 통해 사전검증을 할 수 있고 이를 통해서 공정 간 간섭배제 및 작업일정 조정을 통해 생산성을 향상시킬 수 있다.

⑤ BIM 데이터를 활용한 공정 및 물량 정보를 관리해 자원절약이 가능하며, 단위부재에 대한 정확한 물량정보를 제공함으로써 전체 수량의 오차범위를 최소화하고 실행내역의 신뢰성을 제공한다.

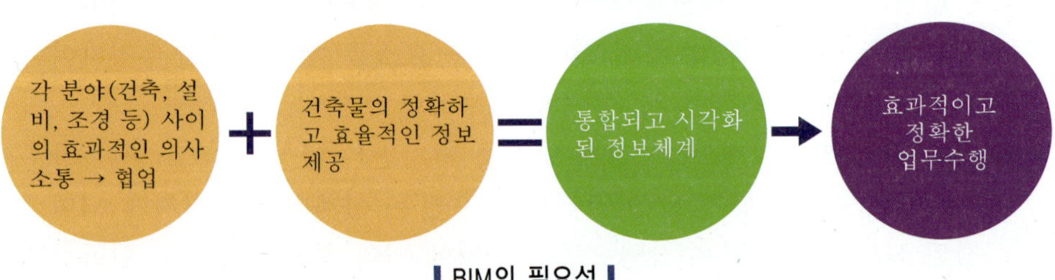

❚ BIM의 필요성 ❚

03 　개방형 BIM(open BIM)

(1) 다차원설계시공 방식에서 활용되는 소프트웨어는 무수히 많다.

(2) BIM 소프트웨어는 초기의 기획 및 공간 계획, 다양한 측면의 설계계획, 엔지니어링(구조, 설비, 전기, 기계 등) 설계, 시공계획 등에 다양하게 활용될 수 있다. 그러므로 다양한 기능을 하는 수십 개 또는 수백 개 이상의 BIM 소프트웨어들이 하나의 프로젝트에 쓰이게 되는 것이다.

(3) 이때 개방형 BIM형식을 통하여 그 데이터가 호환되어야만 실제적인 BIM의 기능을 유지할 수 있는 것이다.

(4) 하나의 소프트웨어군에서 데이터가 호환되는 것을 스몰(small) BIM이라고 한다면 어떤 소프트웨어와도 호환될 수 있도록 하는 것은 빅(big) BIM이라 하고 이것이 개방형 BIM이다.

(5) 개방형 BIM이란 국제표준인 IFC와 같은 중립포맷을 통하여, 소프트웨어 간 호환이 되는 것을 말한다. 따라서 BIM의 다양한 활용을 위해서는 개방형 BIM으로 가야 한다.

04 BIM의 기능(건축물을 기획, 설계, 시공, 유지 관리를 가상으로 모델링하는 것[63])

(1) 건축 BIM

1) 정보의 시각화 및 의사결정을 위한 설계대안을 제시하고 비정형의 자유로운 디자인을 구현할 수 있다.

2) IFC모델을 통하여 설계자 간의 데이터를 원활하게 전송할 수 있어 정보의 교류강화 및 오류를 최소화할 수 있다.

 **IFC(Industry Foundation Classes)** : IAI에서 정의된 IFC는 AEC/FM 산업에서 정보공유를 위한 방법을 제공한다. IFC모델은 건설정보 호환을 위한 표준통합모델로서, 기획에서부터 디자인, 시공, 운영, 유지 관리 등 생명주기에 걸쳐 건설 프로젝트에 참여하는 여러 조직체들이 사용하는 어플리케이션들 간에 정보가 원활하게 유통되고 또 업무들 간의 상호관계가 유기적으로 관리되게 함으로써 단위프로젝트, 나아가서는 국가별, 국제적 범위의 AEC/FM 산업 전체의 생산성과 품질을 향상시키기 위한 것이다. 이를 위하여 IFC모델은 건축프로젝트 전 과정에서 처리되는 모든 정보를 단일의 구조화된 뼈대(framework)에 체계적으로 표현하고, 프로젝트의 진행에 따라 참가자들이 공통적으로 활용하고 갱신(update)할 수 있는 정보공유 및 상호 연동을 위한 기반을 제공한다.

(2) 구조 BIM

1) 구조시스템을 시각화하여 안정성 및 계획성, 시공성을 검토할 수 있다.

2) 작성된 3D 모델로 3D 이중곡률부재를 제작할 수 있고 따라서 구조부재의 모듈화가 가능하다.

(3) 설비 BIM

1) 건축, 구조 데이터를 활용하여 설비 조닝(zoning)계획에 시각적으로 활용할 수 있고 기계, 전기·통신, 소방 등 상호간 도면을 한 공간에 나타낼 수 있으므로 협업을 통해 효과적으로 설비시스템을 구축할 수 있다.

2) 건축구조와 설비시스템 간의 간섭체크를 통해 설계오류 및 재시공을 막을 수 있다.

(4) 시공 BIM : 시공 시뮬레이션을 통하여 시공과정에 대한 사전검토를 수행함으로써 공정관리, 품질관리, 원가관리, 안전관리까지 효율적으로 수행할 수 있다.

---

63) BIM의 활성화를 위한 제언. BIM의 이해와 활성화 방안. 김재준 한양대학교 건축공학부 교수(2009.10)에서 발췌

(5) 견적 BIM

1) 컴퓨터를 하는 설계는 BIM모델을 통하여 정확한 물량산출이 가능하고 따라서 정확한 예산수립과 집행이 가능하다.

2) 견적 라이브러리를 통하여 자동으로 물량산출이 가능함으로써 물량산출 시간을 단축시킬 수 있다.

(6) 유지 관리 BIM

1) 전 생애에 걸친 건축물의 자료 데이터베이스를 통하여 보다 효율적인 건축물의 유지관리를 할 수 있다.

2) 시스템의 개·보수 시 언제든지 원하는 도면을 추출할 수 있다.

05 BIM의 효과 [64]

(1) 기술혁신

1) 건설산업이 첨단 IT산업과 결합된 고부가가치형 지식기반산업으로 발전할 수 있다.

2) 건설산업의 세계적인 기술경쟁력이 향상될 수 있다.

(2) 예산절감

1) BIM 적용을 통해 기획단계부터 시공단계까지 프로젝트의 범위와 비용을 명확히 설정하여 프로젝트관리를 효율적으로 할 수 있다.

2) 정확한 데이터와 자동화에 따른 설계 및 시공 기간단축으로 정확한 예산수립과 집행이 이루어져 예산을 줄일 수 있다.

(3) 투명성 확보

1) 건설프로젝트 전 생애주기의 업무를 수행함으로써, 효율성을 극대화하고 업무의 단계별 검증과 이력추적에 따른 책임소재 명확화로 전반적인 건설산업의 투명성이 확보된다.

2) 공공프로젝트 발주 시 발주자 입장에서 합리적인 사업예산을 수립할 수 있어 입찰 시에도 정량적인 평가지표를 마련할 수 있다.

(4) 자원절감

1) AEC/FM 분야에서 전세계적인 천연자원(에너지 포함)의 40%를 쓰고 있고, 전 세계 쓰레기의 40%를 방출한다.

2) BIM은 이러한 문제를 지연시키거나 예방할 수 있는 미래의 핵심기술이다.

> **꼼꼼체크** **AEC/FM**(Architectural Engineering Construction and Facility Management) : 건축, 엔지니어링, 건설 및 시설 관리

---

64) BIM의 활성화를 위한 제언. BIM의 이해와 활성화 방안, 김재준 한양대학교 건축공학부 교수(2009.10)에서 발췌

06 BIM의 활성화 방안

(1) 일정 규모 이상의 공공발주 사업에 대한 BIM 의무적용을 규정화(2012년부터 조달발주 금액 500억 이상은 BIM 의무화)하고 있다.

(2) 민간부분은 BIM 활성화를 위하여 인센티브 제도를 도입하고 있다.

아트리움(atrium)

01 개 요

(1) **정의** : 중정이 있어 2~3개 층 이상이 개방되어 있는 넓은 공간

(2) **NFPA의 정의** : 방호구획된 계단, 승강로, 에스컬레이터 통로 또는 배관, 전기, 냉·난방 또는 통신시설용으로 사용되는 샤프트 이외 목적의 대규모 공간으로서 층과 층 사이의 개구부 또는 상부가 막힌 복수층들 사이의 개구부에 의해서 형성된 공간

(3) **아트리움 공간을 선호하는 이유**
 1) 태양광선을 건물 중앙으로 끌어들임으로써 일정량의 조도가 확보된다.
 2) 시원한 전망확보 및 개방성을 가진다.
 3) 환기력이 강화된다.

(4) 그러나 아트리움 공간은 화재 시 일반 건축물과는 다른 형태임에도 현행 소방관계법규는 무시설공간으로 방치해두는 실정이다.

02 방재 특성과 문제점

(1) **건축 특성**
 1) 중정은 개방되는 공간으로 화재의 구획화(confinement of fire)가 곤란하다.
 2) 아트리움은 중정으로 연결되어 있어 제연계획이 적절치 못하면 건물 전체가 연기에 오염될 위험이 있다.
 3) 중정의 천장이 높아 자동화재탐지설비나 스프링클러설비의 동작지연 또는 미동작 우려가 있다.
  ① 천장 상층부에 빠른 기류를 형성하여 화재감지 및 스프링클러의 동작에 어려움이 있다.
  ② 천장이 너무 높아 연기의 하강시간이 많이 소요되고, 시각적인 장애요인이 적은 편이다.
 4) 층고가 높아 스프링클러를 설치하여도 물방울이 증발되어 효과가 낮다. 초기 소화설비인 스프링클러 등의 효과가 적다. 헤드에서 방사된 물방울이 화재표면에 도달하는 경우 증발하거나 작아져 소화효과가 저하된다. 스프링클러헤드를 바닥으로부터 8m 이상의 천장에 설치한 경우 소화효과가 현저히 저하된다.
 5) 면적별 구획은 어려우나 내부 진입이 원활하여 방화 및 구조 활동은 다른 공간에 비해 유리하다.

6) 층고가 높아 단층화가 발생할 수 있다.

　① 단층화(stratification) : 층고가 높은 경우(30ft 이상) 연기가 상승하여 주변 공기와 섞이면서 온도가 하강하고 결국에는 상승기류가 실내 공기와 온도가 같아지면 더 이상 상승하지 못하고 정체되어 단층을 이루는 현상을 말한다.

　② 단층화의 문제점

　　㉠ 연기나 열이 감지기 설치높이까지 도달하지 못해 감지기가 화재를 감지할 수가 없다.

　　㉡ 스프링클러의 자동동작이 곤란하다.

　　㉢ 단층화된 높이에서 수평으로 연기가 확산되어 피해가 발생한다.

7) 아트리움 지붕 등의 구조체 파괴로 인해 유리 등의 낙하 우려가 있다.

(2) 거주자 특성

1) 화재발생이 여러 층에 알려져 재실자 전원이 동시에 피난하게 되어 혼잡에 의한 2차 피해 우려가 있다. 따라서 불특정 다수인을 수용하는 공간으로 동시에 피난이 이루어져야 하므로 피난계획에 대한 충분한 고려가 필요하다.

2) 다양한 용도로 이용됨에 따라 거주자군이 다양한 특성을 가지고 있어 교육 및 훈련에 어려움이 있다.

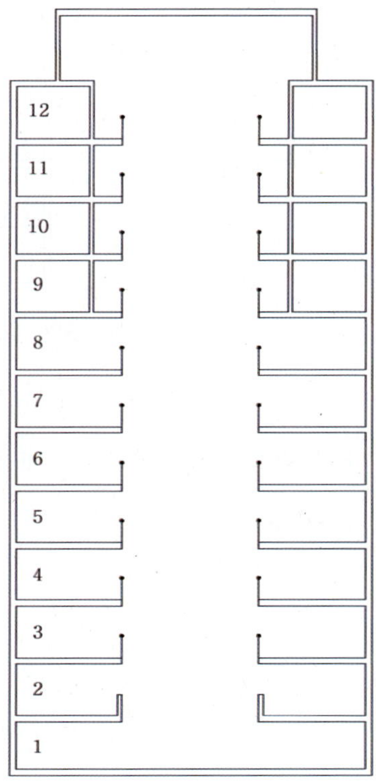

▌ 아트리움의 입면도 ▌

(3) 연소 특성

1) 넓은 중정은 외부에 가까운 화재환경 조건을 제공함으로써 연료지배형 연소에 가깝게 되어 화재의 급속한 성장, 확대 위험성이 크다. 이는 대공간으로 공기가 충분하기 때문이다.

2) 신선한 공기가 하부에서 지속적으로 유입된다.

3) 위와 같은 요인에 의해 일반구획화재와 달리 연료지배형 다음에 환기지배형으로 가지 않고 지속적으로 연료지배형 화재를 유지할 수 있다.

03 설치기준(NFPA 기준)

(1) 연결(관통)공간이 인접한 4개 이상의 층을 연결하지 않는다. 즉, 최대 3개 층만을 연결한다.

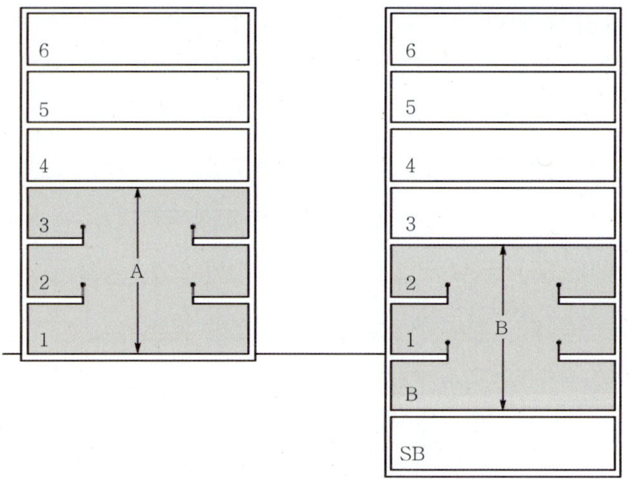

❙ 3개층 수직개구부가 허용되는 위치 ❙

(2) 연결(관통)공간의 최저층이나 최저층 다음 층이 피난층이다. 이는 최소한 중정이 피난층이거나 피난층의 바로 위층이어야 한다는 내용이다.

(3) 위험한 상황으로 발전되기 전에 점유자가 쉽게 알아볼 수 있도록 연결(관통)공간의 전체 바닥면적이 개방되고 막힘이 없어야 한다. 중정에 대한 시야확보를 통해 화재상황을 쉽게 인지할 수 있어야 한다는 내용이다.

(4) 연결공간이 1시간 이상의 내화성능이 있는 비내력 방화벽에 의해서 건물의 다른 부분으로부터 구획되어야 한다. 중정과 연결된 공간을 통해 타구역으로 화재가 확산되는 것을 방지하기 위함이다.

1) 건물 전체가 스프링클러설비로 방호되는 경우에는 벽에 대한 내화성능 면제가 허용되나 그 벽은 방연벽의 성능을 만족시킬 수 있도록 연기의 통과를 저지해야 한다.

2) 왜냐하면, 스프링클러설비가 화재를 제어하기 때문에 내화성능을 완화할 수 있기 때문이다. 방연벽은 스프링클러설비 방호기준에서 어느 정도의 연기유동을 제어함으로써 피난로 통로의 방어능력을 유지하는 데 도움을 준다.

(5) 연결(관통)공간에 경급 수용품만 수용하여야 한다. 단, 스프링클러(S/P)로 방호 시 중급 위험 수용품 수용이 가능하다. 하지만 어떠한 경우에도 상급 위험성의 수용품 수용은 금지된다.

(6) 모든 층의 점유자들이 전체 연결(관통)공간을 단일층으로 가정하여 산출한 피난용량 기준으로, 연결공간을 동시에 피난하기에 충분한 피난용량의 피난통로를 확보하여야 한다. 화재를 동시에 인지하는 것이 가능하므로 전 층의 피난자가 일시에 피난할 수 있는 피난용량을 보유하여야 한다는 내용이다.

(7) 연결(관통)공간 내의 각 점유자들이 그 연결공간 내의 다른 층을 거치지 않고 1개 이상의 피난통로에 접근할 수 있다. 즉, 연결공간과 연결되지 않는 통로가 1개 이상 있어야 된다. 왜냐하면 연결공간은 일시에 위험에 노출될 수 있기 때문에 위험요인을 분산하고자 함이다.

(8) 연결(관통)공간 내에 머물지 않는 각 점유자들이 연결(관통)공간에 들어가지 않고, 1개 이상의 피난통로에 접근할 수 있다.

연결(관통)공간 : 화재층과 다른 층에서 화재상태를 즉시 발견할 수 있도록 수직개구부에 충분히 개방된 공간으로 중정을 말한다.

04 방호대책

(1) 제연설비

(2) 자동화재탐지설비 : 공기흡입형, 광전식 분리형, 불꽃감지기

(3) 소화설비

1) 아트리움 천장에 개방형 스프링클러헤드를 설치, 감지기에 의해 기동한다.

2) 측벽형 헤드를 설치하여 수평방수로 화재제어를 한다.

3) 아트리움 유리창에 설치되는 스프링클러설비의 경우, 방수량에 관한 내용을 언급함 없이 화재에 노출된 유리를 적셔서 유리를 보호하여야 한다. 그러므로 좁은 간격의 스프링클러헤드 설치 라인과 유리 사이에는 유리가 젖는 것을 막는 창문 블라인더나 커튼을 설치해서는 안 된다. 1시간 내화성능의 방호구역 벽 대신에 유리벽을 설치한 경우에는 유리벽이 아트리움 쪽 바닥에 가연물이 존재할 수 있기 때문에 그 층에 대해서는 유리벽 양쪽에 스프링클러헤드를 설치해야 한다.

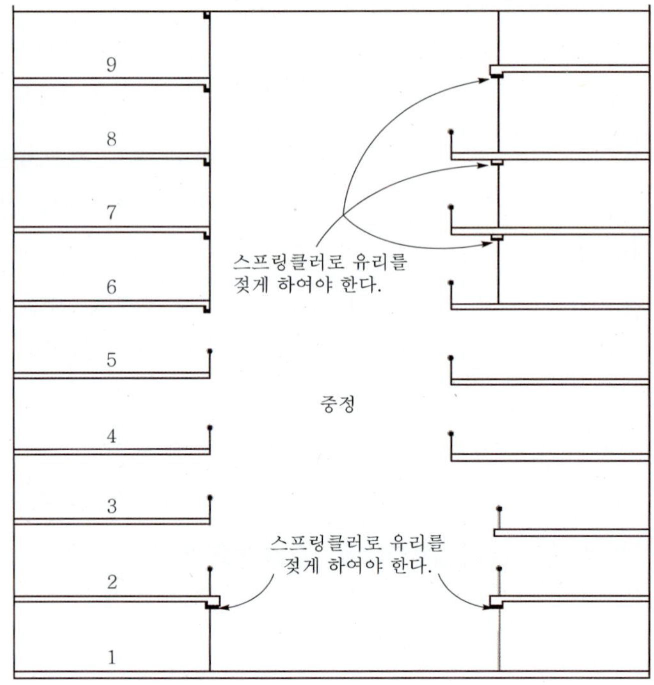

▌ 아트리움에 설치되는 스프링클러 ▌

4) 초기 화재발견 시 수동진화를 위한 소화기 및 옥내소화전을 연결공간 근처에 집중
   배치하여야 한다.

5) 방수총 System(water cannon system)

6) 이동형 스프링클러

① 건축구조물 화재의 소화설비 중 스프링클러소화설비가 대단히 효과적이나, 아
   트리움에는 층고가 대단히 높기 때문에 일반 스프링클러는 효과가 떨어진다.

② 따라서 화재진압의 효율을 높이기 위하여 일정 거리까지 이동하여 화원에 접근
   후 분무하여 소화효율을 증대시키는 이동형 스프링클러가 필요하다. 이는 안정
   성을 높이기 위한 방법으로 백업용으로 천장면에 종래형의 헤드를 설치하고 이
   동형 스프링클러를 설치한다.

③ 종류

㉠ 승강형 : 상하로 스프링클러헤드의 설치면을 이동하는 방식으로 전체 이동
   방식과 부분 이동방식이 있다.

㉡ 상하좌우 자유이동형 : 유압방식으로 헤드가 화원방향으로 자유자재로 이동
   하는 방식이다.

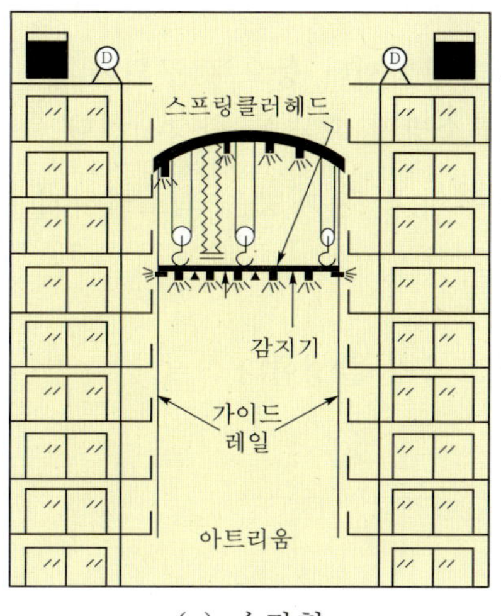

(a) 승강형

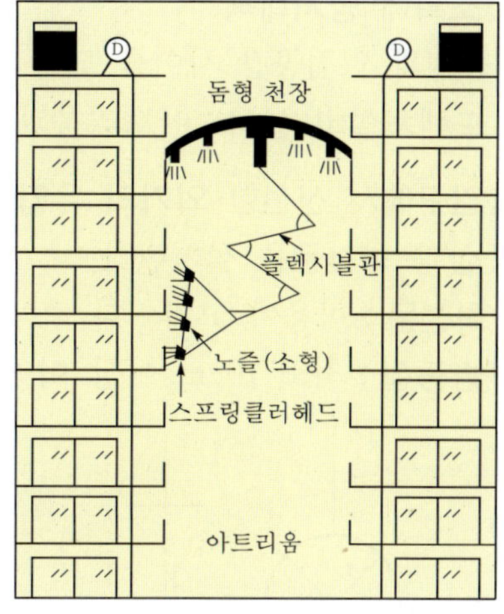

(b) 상하좌우 자유이동형

▌이동형 스프링클러[65] ▌

7) **고감도 스프링클러** : 감도가 높은 스프링클러를 설치하여야 중정의 높은 공간 내에서 발생하는 화재를 유효하게 감지할 수 있기 때문이다.

8) **개방형 스프링클러** : 단층화로 스프링클러 동작이 지연되거나 동작하지 않을 수 있기 때문에 고감도 감지기를 설치하고 이에 의해 동작할 수 있는 시스템의 구축이 필요하다.

(4) 피난

1) 전체 중정을 단일층으로 가정하여 중정 내 재실자가 동시에 피난할 수 있는 용량 이상을 설치하여야 한다. 따라서 피난용량 산정 시 타건물에 비해서 용량이 크게 증대한다.

2) 아트리움 공간 내의 개방된 연결통로는 위험지역으로 간주하여 피난계단으로의 이동은 이곳을 지나지 않고 피난할 수 있도록 설계하여야 한다. 즉, 아트리움의 개방된 공간과 피난통로를 연결하지 않아야 한다.

(5) 내화구조

1) 아트리움 철골의 트러스재는 내화재로 보호하여야 한다. 왜냐하면 철골은 열전도가 높아 이로 인해 팽창이 되면서 강도의 저하가 발생하여 붕괴 우려가 있기 때문이다.

2) 유리지붕의 파손대책 및 스프링클러 등을 통해 열을 식히는 대책을 마련하여야 한다.

---

65) ATRIUM 방재의 첨단기술에서 발췌. 서울산업대 이수경 교수

(6) 연소확대 방지대책

  1) 중정과 인접공간 사이를 고정식 망입유리창과 방화셔터 등으로 구획한다.

  2) 드렌처설비 설치 : 아트리움과 인접공간의 연소방지 효과를 향상시킨다.

(7) 출입구에서 신선한 외기의 유입을 방지 : 출입구의 잦은 개방을 최소화하기 위해 방풍실과 회전문을 설치한다.

  1) 회전문 : 비용이 고가이다.

  2) 방풍실 : 최소 10cm 이상 이격해야 방풍의 효과가 발생한다.

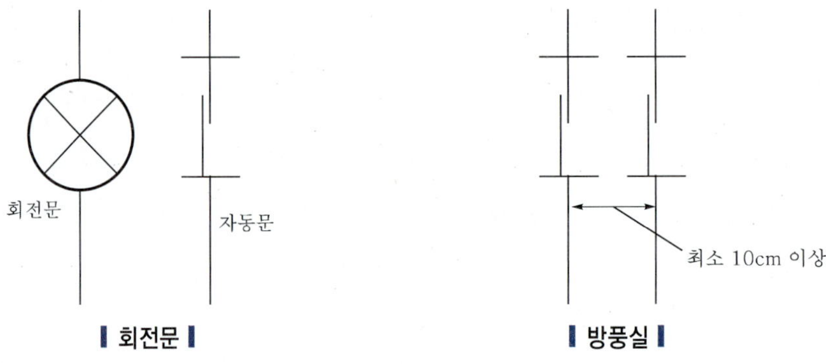

(8) CCTV 시스템

  1) 감시와 방수총 장치의 조작을 도와주는 목적으로 설치하며, 화재감지시스템에 의한 화재신호 또는 방수총 장치의 조작신호에 연동하여 작동할 수 있도록 설치한다.

  2) 연동 카메라를 방수총 본체에 설치하고 방수총의 회전에 연동하여 모니터 수상기의 영상으로 해서 원격조작을 행할 수 있어야 한다.

05 결 론

우리나라에는 아트리움에 대한 방화규정이 아직 제정되어 있지 않으며, 법규로 제정되었다 하더라도 이는 최소한의 규제일 수밖에 없으므로 건물형태, 내부의 다양한 용도에 대하여 인명안전을 최우선으로 하여 방화대책의 수립과 성능위주의 최적 설계가 되어야 한다.

방수총 시스템
(water cannon system)

01 개 요

(1) 대규모의 중앙홀 또는 아트리움, 실내 체육관 등 드넓은 공간을 방호할 수 있는 설비로 화재발생 시 불꽃감지기가 신속히 감지하여 화재를 파악, 컴퓨터 시스템에 의해 정확하게 "각도, 방수거리" 등을 계산, 발사하여 화재를 진화할 수 있는 설비이다.

(2) 즉, 방수총 소화시스템과 인텔리전트 화재검출시스템으로 정확한 화재위치 검출에서 소화까지 동작을 일체화한 시스템을 방수총 시스템이라 한다.

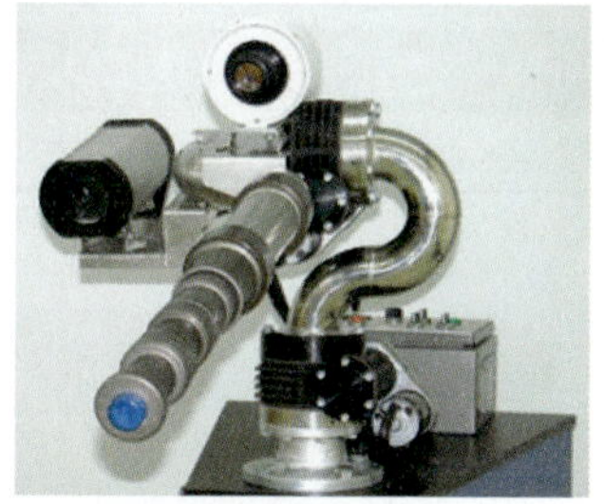

▌방수총(water cannon)▐

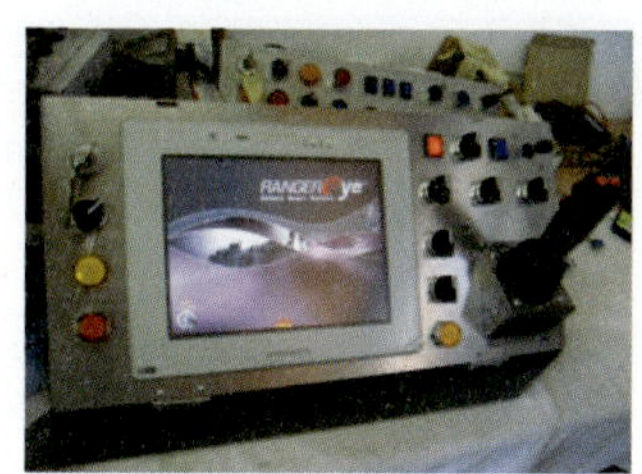

▌제어반(control system)▐

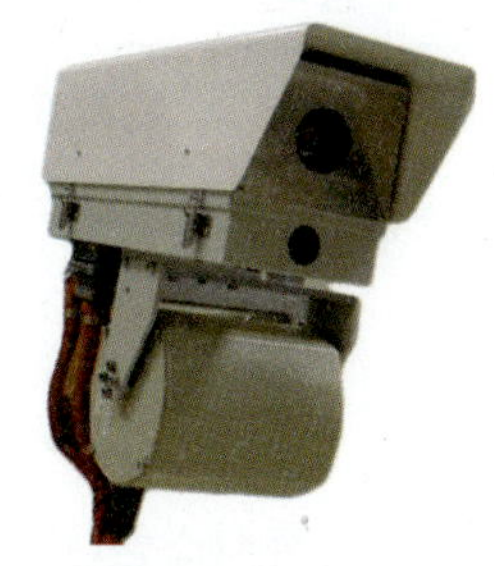

▌주사선형 감지기(scanning type fire detector)▐

02 적용 대상

(1) 천장공간이 높아 스프링클러설비의 소화효과를 기대하기 어려운 장소

(2) 천장이 높아 기존의 화재감지기로는 감지가 어려운 장소

(3) 건축구조상 스프링클러배관을 시공하기 어려운 장소(중량으로 작용)

03 방수총 시스템의 특징

(1) 방수총 소화시스템은 스프링클러헤드의 소화효과가 그다지 기대될 수 없는 높은 천장공간에 대해 저방수압력의 소량 방수량을 기본개념으로 한 화재목표지점에 대해 확실하게 화재를 진압할 수 있는 시스템이다.

(2) 소화수를 위에서 특정지역을 향해 포를 쏘듯이 살수함으로써 화재대상 외의 사람이나 재산에 피해를 줄 우려가 적다.

477

(3) 최소한의 살수분포영역으로 화재를 단시간에 소화시킬 수 있으며, 최소한의 방수량으로 화재를 진압하여 수손피해를 줄일 수 있다.

(4) 제어시스템으로는 인텔리전트 화재검출시스템이 이용되어 화재검출과 소화시스템을 통합하여 퍼스널 컴퓨터로 제어한다. 화재검출시스템에서 얻어진 화재위치정보의 연산처리, 화재경보의 지시, 화재위치의 표시 및 방수총의 제어 등이 가능하며 이들을 모니터 화면을 통해 마우스나 키보드를 통하여 수동조정이 가능하다.

(5) 화재확산 방지를 통해 인력, 장비의 고장이나 운행정지 시간 및 복구비용을 최소화할 수 있다.

(6) 자동화된 프로세스는 비용과 사람, 시간의 낭비를 최소화한다.

(7) 24시간 자동감시로 상시 안전성을 확보해 준다.

(8) 저장물질의 안전에 높은 신뢰성을 제공한다.

(9) 방수총의 소화능력의 예(제조사마다 상이)

구 분	방수압력	최대방수량	유효사거리	수평·선회 정렬	선회시간
방수총	0.98MPa	20L/s	반경 50m	180°	20초

04 시스템의 구성

(1) 화재검출시스템(주사형 화재감지기)

1) 화염감지기가 레이더(radar)처럼 해당 공간을 상하좌우로 주사(走査, scanning)하도록 설치한 불꽃감지기이다.

2) 공간의 화재상황을 감시하고 화재를 검출한다. 보통 정기적인 점검이나 만일의 사고에 대비하여 거리를 두어 최저 2대 이상을 설치한다.

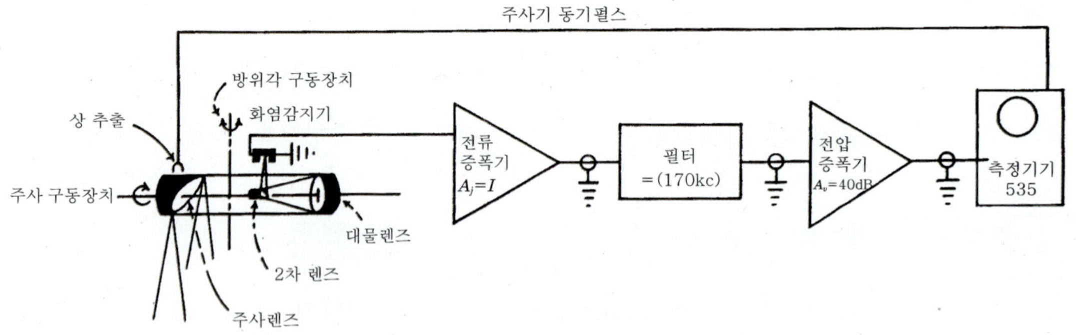

∥ 주사형 감지기의 개념도[66] ∥

---

66) PROJECT FIRE SCAN FIRE DETECTION INTERIM REPORT 20page

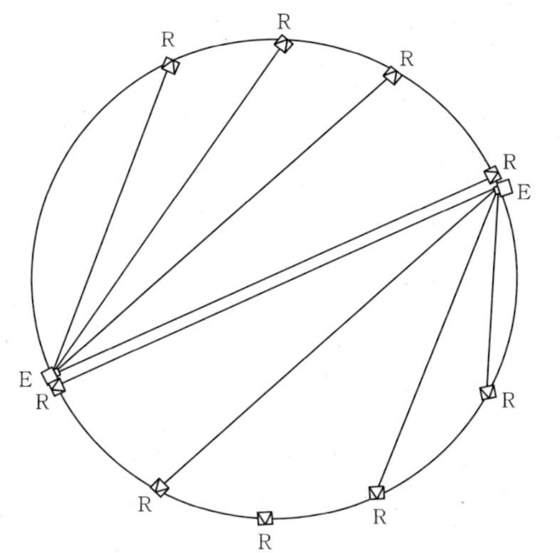

‖ **감지기 배치의 예** ‖

(2) 방수총 소화시스템

1) **방수총** : 압력과 유량에 따른 구분
   ① 중규모 방수총
   ② 대규모 방수총

2) **방수총 제어반** : 방수총의 선회나 사정거리 등을 제어한다.

3) **현장 조작반** : 방수총을 현장에서 조작할 때 사용한다.

4) **방수총 펌프** : 방수총에 필요한 압력과 유량의 소화수를 공급한다.

5) **펌프제어반** : 시스템제어반에서의 제어에 의해 방수총 펌프를 작동시킨다.

6) **공기압축기** : 대규모 방수총에 압축공기를 공급한다(중규모 방수총에는 설치할 필요가 없다).

(3) 제어시스템

1) **시스템감시제어반** : 화재검출시스템과 방수총 소화시스템을 통합하여 퍼스널 컴퓨터로 제어한다.

2) **중앙조작반** : 주사형 화재검출기의 각종 제어와 방수총의 원격수동조작을 행할 수 있으며, 마우스나 모니터의 라이트펜(일종의 터치펜)으로 검출기의 감도설정이나 자기진단 등의 조작을 할 수 있다.
   ① 모니터 : 모든 감시와 제어상황을 화면으로 표시한다.
   ② 프린터 : 모든 시스템의 작동 및 경보상태를 인쇄한다.

3) **화재수신기** : 시스템제어반에서 보내는 화재경보를 표시한다.

(4) 기타 설비 : 비상전원, 수원

479

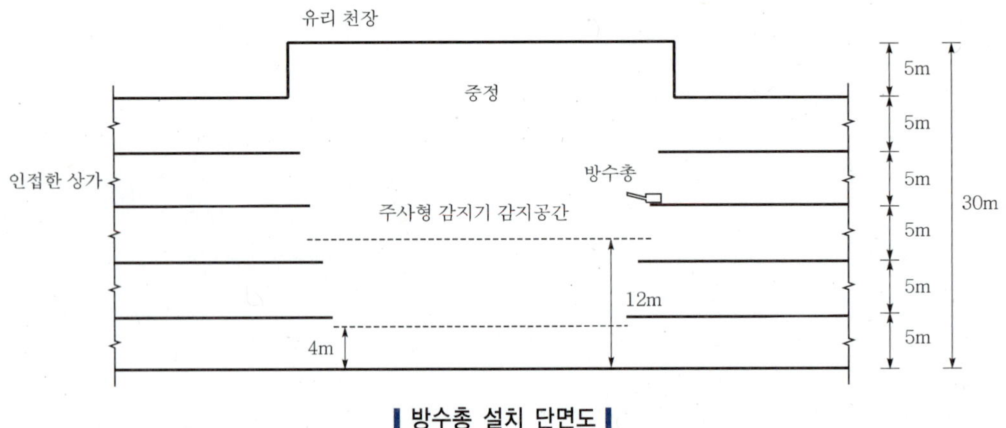

┃ 방수총 설치 단면도 ┃

05 방수총의 작동 메커니즘

(1) 화재발생

1) 주사형 화재검출기는 방호공간을 감시한다.

2) 감지기는 화재를 감지하면 감지의 대표신호와 화재 위치정보를 시스템감시제어반에 송신한다.

(2) 방수준비

1) 시스템제어반은 수신된 화재 위치정보를 처리하여 화재위치를 방재실의 모니터 화면에 표출한다.

2) 해당 방수총은 제어반의 명령에 의해서 자동적으로 화재 발생위치를 향하여 조준하게 된다.

(3) 방수개시

1) 관계자가 감시할 경우는 방수개시 시 화재상황을 확인하고 방재요원의 판단에 따라 행해질 수 있다.

2) 방수총에 의한 소화가 필요하다고 판단되면 중앙조작반에서 수동으로 작동이 가능하다.

3) 야간이나 사람이 상시 거주하지 않는 장소의 경우에는 프로그램에 의하여 자동으로 동작하여 방수가 시작된다.

(4) 소화 및 복구

1) 소화완료가 확인되면 수동으로 방수를 정지하는 것이 가능하다.

2) 방수총 펌프는 펌프제어반을 조작하여 정지한다.

3) 방수정지 후 시스템의 복구를 실시하여 평상시의 감시상태를 유지하여야 한다.

지하공간 화재

01 개 요

(1) 도시에서의 지하공간의 이용은 '효율적인 도시공간의 구축'과 '도시경관 및 환경문제 해결'이라는 두 가지 측면에서 개발되어 왔다.

(2) 대규모 지하상가에는 철도 등과 지상시설들을 연결하는 지하보도와 환승주차장, 휴식시설, 상업용도 등의 시설들이 갖추어져 있다.

(3) 창이 없고 출입구가 한정된 지하공간에서 화재발생 시 안전을 확보하기 위해서는 소화 및 피난 등을 위한 소방시설이 더욱 중요하다. 왜냐하면 미로형태로 구성되어 공간 및 위치에 대한 지각이 어렵고, 무창구조로 되어 있어 밖을 볼 수 없다는 불안감으로 폐쇄공포증이 유발되기 쉬우며, 화재나 재해 시에 붕괴나 고립 등에 대한 공포로 쉽게 패닉(panic)상태가 유발되기 때문이다.

(4) 따라서 지하공간은 지상보다 화재가 발생했을 때 중대 재해로 이어져 막대한 인명피해와 재산손실을 가져올 수 있다.

(5) 대도시의 부족한 토지로 인해 지하공간은 새로운 도시공간 창출의 수단으로써 활용되고 있다. 이렇게 활용도가 높은 지하시설은 이용자의 심리를 토대로 한 방재계획이 필요하다.

02 공간적 특성 및 위험성

(1) 건축적 특성

1) **무창공간** : 인공채광, 인공환기가 필요하다.
   ① 정전 시 주간에도 암흑상태가 되어 피난장애가 발생한다.
   ② 창이 없으므로 내부에서 외부로 인지가 곤란[피난의 어려움, 패닉(panic)]하다.
   ③ 창이 없으므로 외부에서 내부로 인지가 곤란(소화활동의 어려움)하다.
   ④ 외부 바람이나 기온에 의한 영향이 적다.

2) **지상보다 낮은 위치** : 피난방향과 연기흐름의 방향이 동일하다.
   ① 소화활동을 위해 화염이나 연기가 분출하는 계단으로 진입해야 하므로 진입 시 피로가 증대되어 소화활동 능력이 저하된다.
   ② 지하 내부와 지상의 지휘대와의 무선연락이 곤란하다. 따라서 무선통신보조설비가 필요하다.

③ 소화수의 자연배수가 불가능하여 수피해가 크다. 따라서 수계 소화시스템을 사용 시에는 배수설비의 설치를 고려하여야 한다.

④ 소방대의 진입방향과 피난방향이 충돌하여 진입에 장애요인이 발생한다.

⑤ 소방대의 진입방향과 연기의 이동방향이 충돌하여 진입에 장애요인이 발생한다.

⑥ 피난자의 피난방행과 연기의 이동방향이 일치해서 연기가 피난자를 추적하는 형상이 된다. 따라서 연기가 피난자에게 더욱더 치명적일 수가 있다.

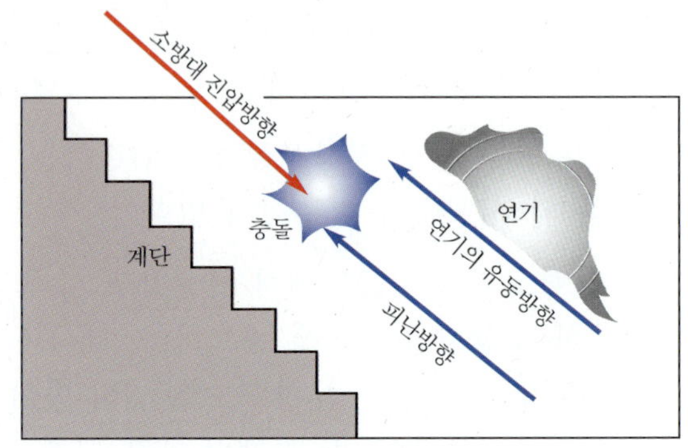

❚ 지하공간의 피난과 소화활동의 동선 ❚

3) 한정된 출입구로 인해 피난 및 소화활동이 곤란(출입구가 적고 용량도 적다)하다.

4) 규모가 방대하면 내부 통로가 미로가 되기 쉽고, 전체 상황이나 자신이 있는 위치를 인식하기 어려워 비상 시에 적절한 대응이 어렵다. 이는 피난로가 길고 미로처럼 통로가 형성되어 방향감각이 상실될 우려가 있기 때문이다.

5) 지상건축물과는 달리 상단부에서 외기와 면하고 하단부에서 외기와의 접속이 없기 때문에 건축물 내부 전체에서 자연적으로 큰 순환류가 발생하여 복잡한 내부 기류 성상이 발생한다.

(2) 거주자 특성

1) 불특정 다수가 이용하게 되므로 군중제어 및 소방훈련, 방화관리의 어려움이 발생한다.

2) 외부로의 시각적인 정보부족으로 인한 폐쇄감, 불안감 등 심리적 측면에서 문제점(패닉 유발)이 발생한다. 이로 인해 피난에 악영향을 미친다.

3) 계단을 올라가야 하므로 피난능력 및 환경이 악화된다.

4) 전원이 끊어지면 미로형 통로로 피난하는 데 방향감각을 잃어버려 혼란에 빠지기 쉽다.

(3) 연소 특성

1) 연소 특성이 환기지배형 화재, 불완전연소로 훈소가 발생하여 짙은 연기와 일산화탄소(CO)가 다량 발생한다.

2) 열배출이 어려워 열이 축적되어 전실화재의 발생 우려가 크다.

3) 지하상가의 경우 가연물이 많은 의류점이나 화기를 주로 취급하는 음식점이 많아 화재발생 위험 및 연소확대 위험성이 크다(가연물이 많음 → 지속시간이 길어짐 → 단열의 공간으로 축열이 이루어짐).

4) 인공환기를 위해 수평덕트를 설치함에 따라 덕트를 통한 인접구역으로의 연소 및 연기 확산 위험이 크다.

5) 자연적으로 연기배출이 곤란하여 축연이 된다.

6) 축적된 가연성 가스로 폭발 우려가 있다.

7) 지하역사나 연계된 지하공간에서는 지하철 열차의 바람으로 인한 영향(열차풍, 피스톤 효과) 등 내부에 생기는 기류의 복잡성으로 연기의 발생원 및 발생지점의 확인이 늦어져 공간 전체에 연기가 충만할 위험이 있다.

03 지하공간의 화재안전대책

(1) 예방 : 가연물을 많이 취급하는 곳이나 화기를 많이 취급하는 곳에는 화재예방교육 및 철저한 방화관리가 필요하다.

1) **예방의 3E** : Education, Engineering, Enforcement

2) **점화원 안전관리** : 화기사용 제한, 화기설비의 점검 및 관리체계의 강화, 화기사용설비의 집중화를 통한 관리의 강화

3) **가연물 안전관리** : 내장재의 불연화·난연화, 가연물의 종류와 수량의 제한

(2) 조기 감지 및 경보

1) 화재 초기에 감지하도록 고성능의 감지시스템을 구축한다.

2) 먼지 등에 의한 비화재보를 고려한다.

3) 방재센터와 여러 대피장소, 주요공간 사이에 양방향 통신시스템을 구축한다.

4) CCTV와 내열카메라를 설치하여 모니터링을 통한 화재의 감시가 가능하고 화재의 진행방향도 파악이 가능하다.

(3) 소화 : 스프링클러설비와 옥내소화전으로 전 공간이 방호될 수 있도록 설치한다.

(4) 연기제어(감압방식) : Dynamic smoke control

1) 화재 시 HVAC는 연기의 순환을 막기 위해 급·배기구를 폐쇄하여야 한다.

2) 연기는 화재발생 구역에서 직접 외부로 제연설비를 이용하여 배출한다.

3) 화재발생 인접지역은 정압을 유지하기 위해 100% 외부 공기를 공급한다.

4) 가급적 제연전용설비를 적용하여 설비의 신뢰도를 증가시키는 것이 바람직하다.

(5) 공간계획

1) **명확한 내부 공간구성** : 안전하고 단순한 피난로를 확보하여야 한다.

2) 채광, 배연용의 대규모 중정과 다수의 소규모 중정을 가진 광장을 설치하여 화재 시 채광과 배연을 강화하며 피난자들이 거주할 공간을 확보한다.

3) 공간의 **구획화**, 지상으로 통하는 직통계단의 설치, 탁 트인 전망으로 시야확보
  ① 공간을 구획하는 경우에는 방화셔터보다는 상시 개방식 방화문으로 구획을 설치하고, 불가피하게 셔터에 의해 구획하는 경우에는 일체형 셔터보다는 고정식 상시 폐쇄식 방화문과 셔터가 병행설치된 형식으로 설치하는 것이 더 안전하다.
  ② 천장과 반자 사이의 은폐된 공간 등의 방화구획을 철저히 하여야 한다.

4) **수평덕트의 방화구획 철저**
  ① 공조덕트의 블록화 : 화재의 확산을 방지하고 수평피난을 가능하게 한다.
  ② 공조덕트의 전용화 : 위험성이 높은 장소의 경우는 덕트를 단독화, 전용화하여야 한다.

5) 타건축물과 연결된 경우 방화구획과 접속통로 사이에 중정을 설치하여 인접 건물로의 화재확산을 방지한다.

(6) 피난

1) 피난용량을 늘리기 위해서 출입구 수 증가 및 공간확대가 필요하다.
2) 대규모 인원이 거주하는 장소인 경우에는 일시적 대피장소로 구비한다(수평적 피난).
3) 선큰가든(sunken garden)을 설치한다.
4) **자연채광** : 광덕트 등을 이용할 수 있다.

> **꼼꼼체크** **광덕트** : 반사경과 덕트를 이용하여 태양광을 건물 내부로 끌어오는 덕트

5) 드라이 에어리어(dry area)를 설치한다.

> **꼼꼼체크** **드라이 에어리어(dry area)** : 지하층의 환기 또는 채광을 목적으로 만들어 놓은 도랑

6) 신뢰성 있고 명확한 유도표지와 비상조명등을 설치한다.
7) 음성을 이용한 비상방송으로 화재에 대한 적절한 정보제공 및 피난요령 안내방송을 한다.
8) 심층공간의 경우에는 승강기(E/V)를 이용한 피난을 고려한다.
9) 막다른 복도를 최소화하고 어느 위치에서도 2방향 피난이 가능하도록 한다.
10) 연기유동, 소방활동방향을 고려한 피난계획을 수립한다.

(7) 소방 및 구조를 위한 대책

1) 조기감지, 조기소화 시스템 구축
2) 소화활동의 거점 확보
3) 무선통신보조설비 설치
4) 인명구조장치 설치

04 지하공간의 연결의 문제

(1) 지하역사와의 연결

1) 지하역사와 접속되어 있는 지하공간의 경우는 이동하는 불특정 다수인에 의한 통행량의 증가, 불특정 다수인의 발생으로 피난과 화재에 큰 영향을 미치게 된다.

2) 또한 지하역사부분과 지하공간의 일체화가 되어 열차풍이나 지하역의 공조의 영향을 받아 지하공간의 기류가 복잡하고 설계와는 상이하게 나타날 수 있다.

3) 화재 시에는 지하역사와 연결된 공간의 구획화가 지연되거나 충분히 구획화를 달성하지 못하는 경우에는 지하역사와 지하공간 모두가 화재의 확산공간이 될 수 있다.

4) 따라서 지하역사와 지하공간의 연계된 부분의 화재시뮬레이션을 통해 소방시스템을 보완하고 두 장소 간 소방정보를 공유하여 신속하게 대처할 수 있도록 하여야 한다.

(2) 지하주차장과 연결

1) 지하주차장에서 발생하는 화재는 일반건축물과는 달리 유류를 촉진재로 하는 화재일 가능성이 높아 화재하중과 확산속도가 빠르기 때문에 충분히 구획을 하지 않으면 안 된다.

2) 화재 시 연기나 화재의 전파, 또는 피난과 서로 영향을 받지 않도록 건축물의 지하부분을 지하가와 동등한 성능을 가지도록 구획화나 설비를 갖추어야 한다.
   ① 연결공간의 계단은 모두 외부와 직접 연결되도록 설치한다.
   ② 연결공간은 통행의 전용으로만 사용되어야 한다.
   ③ 연결공간은 방화구획으로 구획되어야 한다.
   ④ 연소확대 방지를 위한 충분한 거리를 확보하여야 한다.
   ⑤ 연결공간에는 스프링클러설비 또는 드렌처설비를 설치한다.
   ⑥ 연계되는 곳의 방재센터와는 서로 정보를 공유할 수 있도록 하여야 한다.

05 결 론

(1) 지하공간의 화재는 다른 공간보다 심리적, 공간적으로 더 위험하므로 화재예방, 감지, 진압 및 피난 등 방재시스템의 고도화된 인명안전대책이 요구된다.

(2) 지하공간의 화재안전에 관한 기준은 지상공간보다 더 강화된 규정이 요구된다.

(3) 지하공간에 있어서 톱 라이트(top light)를 확장하고 선큰가든(sunken garden) 등을 이용하여 인간의 공간인지와 심벌을 배려한 방재계획이 필요하다.

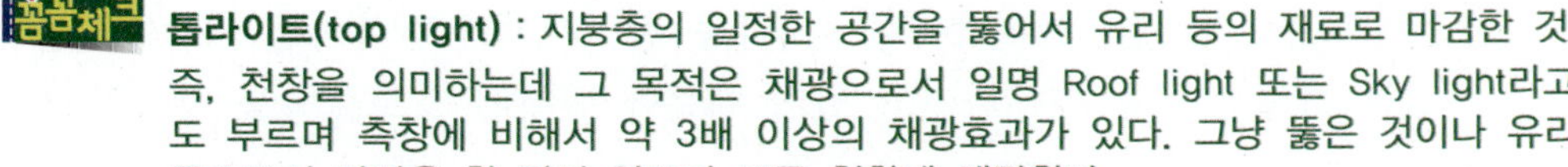 **톱라이트(top light)** : 지붕층의 일정한 공간을 뚫어서 유리 등의 재료로 마감한 것. 즉, 천창을 의미하는데 그 목적은 채광으로서 일명 Roof light 또는 Sky light라고도 부르며 측창에 비해서 약 3배 이상의 채광효과가 있다. 그냥 뚫은 것이나 유리 등으로서 마감을 한 것이 있으며 모두 천창에 해당한다.

485

지하공동구

01 개 요

(1) 지하공동구 또는 지하구라 불리는 시설은 도시에 전기, 수도, 가스, 냉·난방 등의 도시기반시설을 공급해 주므로 "생명선(life–line)"이라고도 불린다. 이러한 지하구에서 화재발생 시 화재로 인한 지하구 시설물의 1차 피해뿐만 아니라 전기, 가스 등의 국가기간산업의 공급중단으로 인한 2차 피해가 더 크다.

(2) 그러므로 화재를 신속하게 감지하고 발화 즉시 제어 및 진압할 수 있는 시스템이 필요하다.

02 지하구의 정의

(1) 전력·통신용의 전선이나 가스 냉·난방용의 배관 또는 이와 비슷한 것을 집합 수용하기 위하여 설치한 지하공작물이다.

(2) 사람이 점검 또는 보수하기 위하여 출입이 가능하여야 한다.

(3) 폭 1.8m, 높이 2m, 길이 50m 이상(전력 통신사업용 500m)이다.

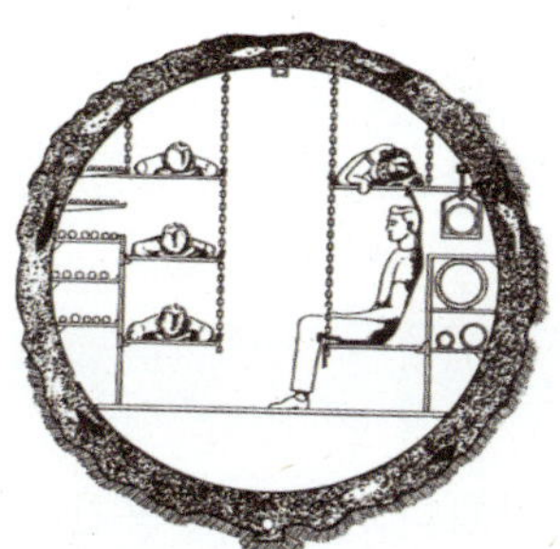

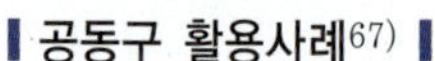

┃ 공동구 활용사례[67] ┃

03 지하구의 기능

(1) 도로교통 장애요인의 제거

   1) 상수도관, 가스관, 통신케이블 등 각종 편의시설의 반복적인 지중매설을 피할 수 있는 기능을 공동구가 가지고 있기 때문에 반복된 도로굴착을 방지할 수 있다.

---

67) 인터넷 한겨레 2005년 1월 16일자

2) 따라서 잦은 공사로 인한 유지 관리비용의 절감은 물론이며, 교통혼잡을 사전에 방지함으로써 이로 인한 사회간접비용을 절감할 수 있다.

(2) 도시정비 : 뒤얽힌 도시기간 공급처리시설을 정리하고 도시미관을 증진한다.

(3) 지하공간의 효과적인 활용

(4) 재해 방지

1) 태풍이나 화재, 지진 등의 재해에 대해 능동적인 대처가 가능하다.
2) 수용시설의 수요 현황을 육안으로 쉽게 식별하고 훼손이나 누설로 인한 취약부분도 쉽게 파악이 가능하기 때문에 유지 관리가 용이하다.

(5) 도로 공간활용의 극대화

04 지하구 화재의 원인

(1) 흡연, 부주의한 작업 등에 의한 발화

(2) 단선, 지락 등에 의한 과전류 및 스파크(spark)에 의한 발화

(3) 전선, 케이블의 과부하로 인한 온도상승에 의한 발화

(4) 절연물의 손상, 열화 등 절연파괴에 의한 발화

(5) 시공 및 접속 불량에 의한 발화

05 지하구 화재의 특징

(1) 건축물 특징

1) 출입구가 제한적으로 설치되어 출입구와 출입구 간 간격이 길다.
2) 따라서 사람이 진입하기 힘들어 소화활동이 매우 취약하다(조명, 통신 불량).
3) 외부 개구부의 미비로 농축열과 농연에 의한 피해가 발생한다(무창의 밀폐공간).

(2) 거주자 특징

1) 일반인의 출입이 제한되므로 전문보수인력이나 관리자 외에는 통행이 곤란하다. 따라서 교육이나 훈련의 성과를 최대한으로 얻을 수 있다.
2) 원칙적으로는 사람의 비거주공간이다.

(3) 연소 특징

1) 케이블이나 보온재의 불완전연소에 의해 유독가스가 다량 배출된다.
2) 무창의 공간으로 화재지점의 파악이 어렵다.
3) 할로겐화합물이 포함된 난연화 재료는 독성, 부식성 가스가 발생하여 2차 피해를 유발한다.

(4) 사회기반시설로서 간접피해가 크고 복구에 많은 시간이 소요(현재는 루프로 구성됨으로써 간접피해를 최소화하고 긴급복구로 복구시간 단축)된다.

06 지하구의 법정 소방시설

(1) 자동화재탐지설비
1) 길이와 관계없이 설치되며, 하나의 경계구역의 길이는 700m 이하
2) 감지기 : 정온식 감지선형, 광센서형

(2) 연소방지설비
1) 헤드는 천장 또는 벽면에 설치
2) 수평거리
　① 연소방지전용 헤드 : 2m 이하
　② 스프링클러헤드 : 1.5m 이하
3) 살수구역
　① 지하구 길이 350m 이하마다 또는 환기구 등을 중심으로 1개 이상
　② 하나의 살수구역은 3m 이상

(3) 연소방지 도료의 도포
1) 도포길이 : 양쪽 방향
　① 전력용 케이블 : 20m
　② 통신케이블 : 10m
2) 장소
　① 지하구와 교차된 수직구 또는 분기구
　② 집수정 또는 환풍기가 설치된 부분
　③ 지하구로 인입 및 인출된 부분
　④ 분전반, 절연유 순환펌프 등이 설치된 부분
　⑤ 케이블이 상호 연결된 부분
　⑥ 기타 화재발생이 우려되는 부분

(4) 방화벽
1) 내화구조로서 홀로 설 수 있는 구조일 것
2) 방화벽에 출입문을 설치하는 경우에는 방화문으로 할 것
3) 방화벽을 관통하는 케이블·전선 등에는 내화성이 있는 화재차단재로 마감할 것
4) 방화벽의 위치는 분기구 및 환기구 등의 구조를 고려하여 설치할 것

(5) 통합감시시설 구축

1) 소방관서와 공동구의 통제실 간에 화재 등 소방활동과 관련된 정보를 상시 교환할 수 있는 정보통신망을 구축할 것

2) 위 1)의 규정에 따른 정보통신망은 광케이블 또는 이와 유사한 성능을 가진 선로로서 원격제어가 가능할 것

3) 주수신기는 공동구의 통제실에, 보조수신기는 관할소방관서에 설치하여야 하고, 수신기에는 원격제어기능이 있을 것

4) 비상 시에 대비하여 예비선로를 구축할 것

07 문제점

(1) 초기 자동식 소화시설이 없다.

(2) 전력, 통신구 트레이 내 전선이 과밀상태이다.

(3) 환기 및 배수 시설이 부족하다.

(4) 장비휴대 시 출입에 어려움이 있다.

(5) 인접 건물과의 관통부위 방화구획이 부실하다.

(6) 소화활동을 위한 조명시설이 부족하다.

(7) 아직까지도 전력케이블의 일부가 OF(Oil Field) Cable로 화재 시 연소확대의 우려가 크다.

(8) 대부분의 지하구 내부가 포화상태로 통로폭이 협소하다.

08 결 론

(1) 지하구 화재는 발생 시 사회기반시설의 피해가 크므로 화재예방 및 진압대책을 철저하게 세워야 한다.

(2) 초기 소화시설의 확보가 중요한데, 냉각 및 질식 효과가 뛰어난 미세물분무(water mist)의 설치를 검토해 볼 필요가 있다.

(3) 또한 공동구 내의 상수도와 연결하여 설치할 수 있는 자동식 소화설비를 설치한다면 효과적일 것이다.

무창층

01 정 의

소방에서 무창층이란 "지상층 중에 개구부 면적의 합계가 그 층 바닥면적의 1/30 이하가 되는 층"으로 일반적인 의미의 창이 없는 무창층과는 개념이 다르다. 즉, 창이 없는 것이 아니라 피난할 수 있는 창이 없는 것이다.

02 개구부의 조건

(1) 크기

1) 50cm 이상의 원에 내접할 수 있는 크기일 것
2) 화재 시 쉽게 피난할 수 있도록 창살, 그 밖의 장애물이 설치되지 아니할 것
3) 내부 또는 외부에서 쉽게 부수거나 또는 열 수 있는 것

> **꼼꼼체크** **쉽게 부술 수 있는 유리의 종류**
> - 일반유리 : 두께 6mm 이하
> - 강화유리 : 두께 5mm 이하
> - 복층유리 : 유리 2장을 겹치고 그 사이에 공기 등 절연체를 넣은 유리
>   - 일반유리 두께 6mm 이하 + 공기층 + 일반유리 두께 6mm 이하
>   - 강화유리 두께 5mm 이하 + 공기층 + 강화유리 두께 5mm 이하
> - 기타 소방서장이 쉽게 파괴할 수 있다고 판단되는 것

(2) 높이 : 그 층의 바닥으로부터 개구부 밑부분까지가 1.2m 이하일 것

(3) 위치 : 도로 또는 차량의 진입이 가능한 공지에 면할 것

> **꼼꼼체크** **차량진입이 가능한 도로기준** : 일반도로 4m, 막다른 도로 2m 이상의 폭

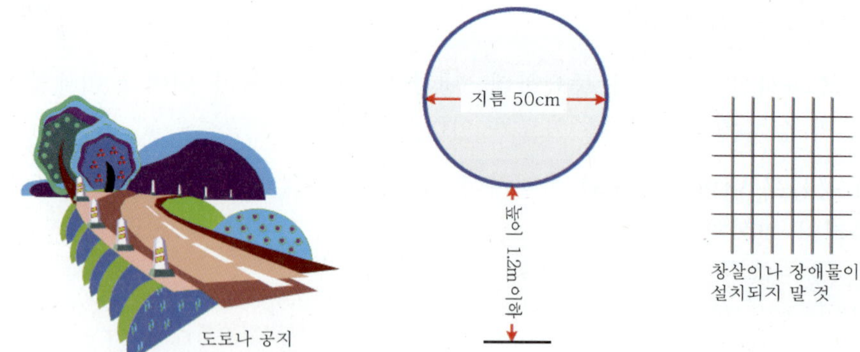

(4) **NFPA의 비상접근 개구부(emergency access opening)** : 창문, 패널 또는 이와 유사한 출입구로서 다음과 같을 것

  1) 폭 22in.(55.9cm) 이상, 높이 24in.(61cm) 이상이며, 통풍이 막히지 않고 옥외로부터의 구조작업에 방해가 되지 않을 것

  2) 바닥으로부터 개구부 하단까지의 높이가 44in.(112cm) 이하일 것

  3) 옥내와 옥외에서 쉽게 식별할 수 있을 것

  4) 옥외와 옥내에서 쉽게 열 수가 있을 것

03 무창층의 문제점

(1) 외부로부터 구조 및 피난이 곤란하다.

(2) 지하공간의 무창층은 피난에 필요한 빛이 조명설비에 의존된다.

(3) 연기의 배출이 곤란해져 축적된 연기로 조명설비의 기능저하 및 가시거리가 줄어들어 피난이 지체된다.

(4) 무창의 공간은 창을 이용한 자연환기보다 공조덕트를 이용한 강제환기에 의존하므로 이러한 공조설비의 덕트 등을 통해 연소 및 연기 확산이 우려된다.

터널화재

01 개 요

(1) 터널(tunnel)은 땅속을 뚫어 만든 통로이다. 도로, 철도, 수로, 전선, 송유관 등의 건설, 광산의 채굴 등을 목적으로 건설된다.

(2) 터널화재 시 터널 내부는 외부와의 통로가 한정되고, 고립된 공간 특성을 가지기 때문에 화재로부터 발생하는 연기와 열은 터널이용자와 구조체의 안전에 심각한 문제를 야기한다.

(3) 특히 요즘 많이 건설된 장대터널의 경우 화재발생 시 더 큰 피해가 예상된다.

02 방재 특성

(1) 공간적 특성

1) 무창의 폐쇄공간이다.
2) 방화·방연 구획이 곤란하다.
3) 연기확산이 빠르고 급격히 온도가 상승한다.
4) 매연 등에 의해 소방시설의 노후화가 급속하게 진행된다.

(2) 지리적 특수성

1) 도심지에서 멀리 떨어진 산악지형에 많이 설치되어 있다.
2) 소방대의 접근이 용이하지 못하다.

(3) 구조적 특수성

1) 피난거리가 상당히 길어 피난에 장시간이 소요되고, 소방대의 호흡장비로 진입하기에도 많은 한계를 가지고 있다.
2) 입구, 출구가 막히면 진입이 어렵다.

(4) 연소 특성

1) 인화성 액체, 가연성 가스의 가연물이 존재한다.
2) 열, 연기로 인하여 발화점의 확인이 어렵다.

(5) 기류 특성

1) 피스톤 효과(piston effect)에 의해 최대 10m/sec의 풍속까지 증대될 수 있다.
2) 풍속에 의해 대류 열전달이 용이하지 않아 일반적인 열·연기 감지기의 적응성이 떨어진다.

3) 따라서 복사의 열전달에 의해 동작하는 불꽃감지기나 광센서 같은 감지기가 필요하다.

(6) 거주자 특성

1) 사람이 거주하는 장소가 아니라 이동하는 장소이다.

2) 이용객은 대부분이 불특정다수로 교육이나 훈련이 불가능하다.

3) 주로 교통수단(차량)을 이용하여 통행하므로 현장시설을 인지하지 못한다.

03 터널 방재의 설계목적

(1) 연소가스의 냉각, 연무의 세척을 통한 터널 내의 위험구역에 있는 개인과 소방관의 생명보호

(2) 터널의 기반시설을 포함한 재산의 보호 및 구조물 붕괴 방지

(3) 통제불능의 화재확산을 방지하여 재난의 피해를 최소화

04 터널 방재등급의 구분[68]

(1) 국내·외 터널길이에 따른 방재등급 구분

국 가	방재등급				비 고
	1등급	2등급	3등급	4등급	
한국	$L>3,000m$	$3,000m \geq L$ $1,000m \geq L$	$1,000m \geq L$ $>500m$	$L \leq 500m$	위험도지수(X) 기준등급을 고려하여야 한다.
일본	$L>3,000m$	$3,000m \geq L$ $1,000m \geq L$	$1,000m \geq L$ $>500m$	$L \leq 500m$	10km 이상 AA급, AADT/tube당 4,000 이상은 등급 상향조정
유럽연합	$L>3,000m$	$3,000m \geq L$ $1,000m \geq L$	$1,000m \geq L$ $>500m$	$L \leq 500m$	차선당 통행량이 2,000대 이하인 경우 방재설비 설치기준 강화

여기서, L : 터널의 길이

(2) 터널연장기준 방재등급의 범위

등 급	터널연장(L) 기준등급	위험도지수(X) 기준등급
1	3,000m 이상($L \geq 3,000m$)	$X>29$
2	1,000m 이상, 3,000m 미만($1,000 \leq L<3,000m$)	$19<X \leq 29$
3	500m 이상, 1,000m 미만($500 \leq L<1,000m$)	$14<X \leq 19$
4	500m 미만($L<500$)	$X \leq 14$

---

68) 도로터널 방재시설 설치지침에서 발췌

터널 위험도지수는 주행거리계(터널연장×교통량), 터널제원(종단경사, 터널높이, 곡선반경), 대형차혼입률, 위험물의 수송에 대한 법적 규제(대형차통과대수, 위험물수송차량에 대한 감시시스템, 위험물수송차량에 대한 유도시스템), 정체 정도(터널 내 합류·분류, 터널전방 교차로·신호등/TG), 통행방식(대면통행, 일방통행)을 잠재적인 위험인자로 하여 산정한다.

❚ 터널 위험도지수(X) 평가기준 ❚

세부평가항목			범 위	위험도지수
사고확률	주행거리계 (교통량×연장) (Veh·km/tube·day)		8,000 미만	1.5
			8,000 이상 16,000 미만	2.5
			16,000 이상 32,000 미만	5.0
			32,000 이상 64,000 미만	7.5
			64,000 이상	10.0
터널 특성	표고차 및 경사도	입출구 표고차(m)	10 미만	0.5
			10 이상 20 미만	1.0
			20 이상 30 미만	1.5
			30 이상	2.0
		진입부 경사도(%)	3.0 미만	0.5
			3.0 이상	1.0
	터널높이(m)		7.5 이상	1.0
			5.0 이상 7.5 미만	2.0
			5.0 미만	3.0
	터널곡선반경(m)		1,800m 이상	0.5
			1,800m 미만	1.0
대형 차량	위험물 수송 관련	대형차 혼입률(%)	10 미만	0.5
			10 이상 17.5 미만	1.0
			17.5 이상 25 미만	1.5
			25 이상	2.0
		대형차 주행거리계 (대·km/tube·day)	500 미만	0.5
			500 이상 1,000 미만	1
			1,000 이상 2,500 미만	2
			2,500 이상 5,000 미만	4
			5,000 이상	6
		감시시스템	있음	0
			없음	1
		유도시스템	있음	0
			없음	1

세부평가항목		범 위	위험도지수
정체 정도	서비스 수준	LOS A~LOSC	1
		LOS D	2
		LOS E~LOS F	3
		대면통행	3
	터널 내 합류 및 분류	없음	0
		있음	2
	교차로·신호등·TG 등	없음	0
		있음	2
통행방식	구분	갓길(길어깨)	–
	일방통행	○	1
		×	2
	대면통행	○	5
		×	6

(3) 외국의 터널길이에 따른 방재등급 구분표

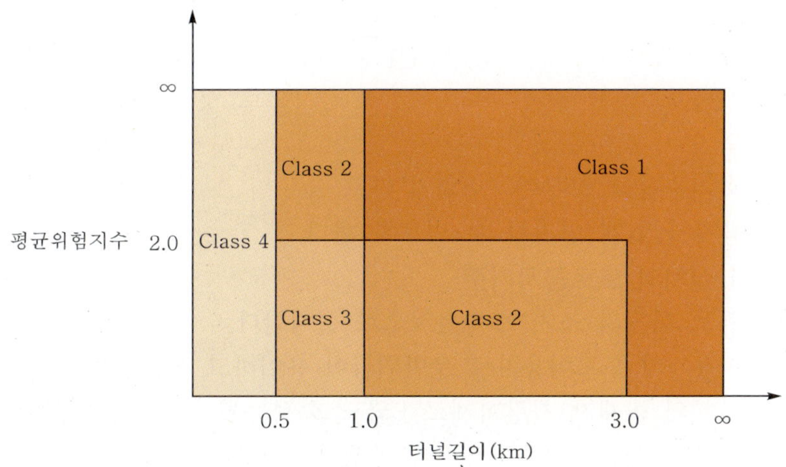

05 일반적 대책

(1) 제연설비

(2) 비상대피소(외부와 통할 것) 및 피난통로 확보

(3) 단방향 통행

(4) 정기적이고 통합된 훈련

(5) 비상통보체계 확립

(6) 연기 속에서 작업 가능한 특수장비 보강

(7) CCTV 등을 설치하여 24시간 감시

(8) 운전안전교육 시 소방교육 실시

(9) 교통통제, 중장비 · 구급 지원 등 관계기관의 협조체계

(10) 위험물질 적재차량의 장대터널 통과규제

06 터널에 설치하는 소방설비(도로터널 방재시설 설치 및 관리지침 포함)

(1) 소화기구

1) **수동식 소화기**

① 소화기의 능력단위(「소화기구의 화재안전기준(NFSC 101)」 제3조 제6호에 따른 수치)는 A급 화재는 3단위 이상, B급 화재는 5단위 이상 및 C급 화재에 적응성이 있는 것으로 한다.

② 수동식 소화기의 총 중량은 사용 및 운반의 편리성을 고려하여 7kg 이하로 한다.

③ 수동식 소화기는 주행차로의 우측 측벽에 50m 이내의 간격으로 2개 이상을 설치하며, 편도 2차선 이상의 양방향 터널과 4차로 이상의 일방향 터널의 경우에는 양쪽 측벽에 각각 50m 이내의 간격으로 엇갈리게 2개 이상을 설치한다.

④ 바닥면(차로 또는 보행로)으로부터 1.5m 이하의 높이에 설치한다.

⑤ 소화기구함의 상부에 "소화기"라고 조명식 또는 반사식의 표지판을 부착하여 사용자가 쉽게 인지할 수 있도록 한다.

2) 소화기 설치의 도로공사기준

① 소규모 화재의 조기 소화목적으로 설치한다.

② 주사용자가 도로이용자로 운반취급이 용이하고 접근성을 고려하여 설치한다.

③ 대부분의 화재가 차량화재로 B급 소화성능이 큰 것으로 선정한다.

④ 소화기구 사용 시 유독가스가 발생하지 않아야 한다.

⑤ 설치기준

㉠ 분말소화기로서, 소화능력이 A급 화재에 대해서는 3단위 이상 설치한다.

㉡ 2개를 1개조로 50m 이내마다 설치한다.

(2) 옥내소화전

1) 설치대상 : 길이 1,000m 이상의 터널에 설치한다.

2) 설치기준

① 소화전함과 방수구는 주행차로 우측 측벽을 따라 50m 이내의 간격으로 설치하며, 편도 2차선 이상의 양방향 터널이나 4차로 이상의 일방향 터널의 경우에는 양쪽 측벽에 각각 50m 이내의 간격으로 엇갈리게 설치한다.

② 수원은 그 저수량이 옥내소화전의 설치개수 2개(4차로 이상의 터널의 경우 3개)를 동시에 40분 이상 사용할 수 있는 충분한 양 이상을 확보한다.

③ 가압송수장치는 옥내소화전 2개(4차로 이상의 터널인 경우 3개)를 동시에 사용할 경우 각 옥내소화전의 노즐선단에서의 방수압력은 0.35MPa 이상이고 방수량은 190L/min 이상이 되는 성능의 것으로 할 것. 다만, 하나의 옥내소화전을 사용하는 노즐선단에서의 방수압력이 0.7MPa을 초과할 경우에는 호스접결구의 인입측에 감압장치를 설치하여야 한다.

④ 압력수조나 고가수조가 아닌 전동기 및 내연기관에 의한 펌프를 이용하는 가압송수장치는 주펌프와 동등 이상인 별도의 예비펌프를 설치한다.

⑤ 방수구는 40mm 구경의 단구형을 옥내소화전이 설치된 벽면의 바닥면으로부터 1.5m 이하의 높이에 설치한다.

⑥ 소화전함에는 옥내소화전 방수구 1개, 15m 이상의 소방호스 3본 이상 및 방수노즐을 비치한다.

⑦ 옥내소화전설비의 비상전원은 40분 이상 작동할 수 있도록 한다.

(3) 물분무설비

1) 설치대상 : 지하가 중 예상 교통량, 경사도 등 터널의 특성을 고려하여 행정안전부령으로 정하는 터널(물분무소화설비(미분무소화설비 포함)는 방재등급 1등급 이상 터널에 설치)

2) 설치기준

① 물분무헤드 : 도로면에 $1m^2$당 6L/min 이상의 수량을 균일하게 방수할 수 있도록 할 것

② 물분무설비의 하나의 방수구역 : 25~50m

③ 수량 : 3개 방수구역(75m 이상)을 동시에 40분 이상 방수할 수 있는 수량

④ 비상전원 : 40분 이상

⑤ 물분무소화설비(미분무소화설비 포함) 작동 : 관리자가 CCTV에 의해서 방수구역에 대피자가 없는 것을 확인하고 방수함을 원칙으로 한다. 다만, 급격한 화재의 확산으로 조기에 방수하는 경우에는 3회 경고방송을 시행한 후에 방수할 수 있다.

3) 도로공사의 물분무 설계기준

① 대피자가 완전히 대피한 것을 CCTV를 통해 확인한 후 방사함을 원칙으로 한다.

② 4~5m 간격으로 설치하며 살수구역은 25m 이내로 한다.

③ 3개 구역을 동시에 방사 시 $6L/min \cdot m^2$ 이상으로 방수가 될 수 있어야 한다.

(4) 비상경보설비

1) 설치대상 : 길이 500m 이상(연장등급 3등급 이상)의 터널에 설치한다.

2) 설치기준

① 발신기는 주행차로 한쪽 측벽에 50m 이내의 간격으로 설치하며, 편도 2차선

이상의 양방향 터널이나 4차로 이상의 일방향 터널의 경우에는 양쪽의 측벽에 각각 50m 이내의 간격으로 엇갈리게 설치한다.

② 발신기는 바닥면으로부터 0.8m 이상 1.5m 이하의 높이에 설치한다.

③ 음향장치는 발신기 설치위치와 동일하게 설치할 것. 다만, 「비상방송설비의 화재안전기준(NFSC 202)」에 적합하게 설치된 방송설비를 비상경보설비와 연동하여 작동하도록 설치한 경우에는 비상경보설비의 지구음향장치를 설치하지 아니할 수 있다. 내연기관에 의한 펌프를 이용하는 가압송수장치는 주펌프와 동등 이상인 별도의 예비펌프를 설치한다.

④ 음량장치의 음량은 부착된 음향장치의 중심으로부터 1m 떨어진 위치에서 90dB 이상이 되도록 한다.

⑤ 음향장치는 터널 내부 전체에 동시에 경보를 발하도록 설치한다.

⑥ 시각경보기는 주행차로 한쪽 측벽에 50m 이내의 간격으로 비상경보설비 상부 직근에 설치하고, 전체 시각경보기는 동기방식에 의해 작동될 수 있도록 한다.

(5) 자동화재탐지설비

1) 설치대상

① 1,000m 이상(연장등급 2등급 이상) 길이의 터널에 설치한다.

② 2,000m 이상 : 가시도 측정장치, CCTV 및 영상유고감지설비를 화재감시시스템으로 병용 설치한다(권장).

③ 연장등급이 2등급이지만 방재등급이 3등급인 터널 : 관할소방서와 협의하여 CCTV 또는 영상유고감지설비로 자동화재탐지설비를 대체할 수 있다.

 **영상유고감지설비** : 도로터널에서 카메라가 실시간으로 제공하는 영상을 분석하여 터널 내 유고상황을 자동으로 구분하고 이를 운영자에게 경보하는 장치

④ 연장등급이 3등급인 터널에 방재등급에 따라 제연설비를 설치하는 경우 : 자동화재탐지설비를 CCTV나 영상유고감지기로 대체할 수 있다.

2) 설치대상 감지기

① 차동식 분포형 감지기

② 정온식 감지선형 감지기(아날로그식에 한한다)

③ 중앙기술심의위원회의 심의를 거쳐 터널화재에 적응성이 있다고 인정된 감지기

3) 설치기준

① 하나의 경계구역의 길이는 100m 이하로 하여야 한다.

② 감지기 설치기준

   ㉠ 감지기의 감열부(열을 감지하는 기능을 갖는 부분을 말한다)와 감열부 사이의 이격거리는 10m 이하로, 감지기와 터널 좌우측 벽면과의 이격거리는 6.5m 이하로 설치한다.

    ⓛ 위 ㉠의 규정에도 불구하고 터널천장의 구조가 아치형인 터널에 감지기를 터널 진행방향으로 설치하고자 하는 경우에는 감열부와 감열부 사이의 이격거리를 10m 이하로 하여 아치형 천장의 중앙 최상부에 1열로 감지기를 설치하여야 하며, 감지기를 2열 이상으로 설치하고자 하는 경우에는 감열부와 감열부 사이의 이격거리는 10m 이하로, 감지기 간의 이격거리는 6.5m 이하로 설치한다.

    ⓒ 감지기를 천장면(터널 안 도로 등에 면한 부분 또는 상층의 바닥하부면)에 설치하는 경우에는 감기기가 천장면에 밀착되지 않도록 고정금구 등을 사용하여 설치한다.

    ⓔ 형식승인 내용에 설치방법이 규정된 경우에는 형식승인 내용에 따라 설치할 것. 다만, 감지기와 천장면과의 이격거리에 대해 제조사의 시방서에 규정되어 있는 경우에는 시방서의 규정에 따라 설치할 수 있다.

    ⓜ 자동화재탐지기 성능 : 화재강도가 1.5MW의 화재 시 터널 내 종방향의 풍속이 3m/s인 상황에서 화재발생 후 1분 이내에 화재를 탐지할 수 있는 능력의 것을 표준으로 한다.

    ⓗ 화재지점에 대한 인지능력은 환기방식에 따라서 고려한다. 즉, 종류환기방식에서는 화재부근의 제트팬의 가동은 연기의 성층화를 교란하여 대피에 악영향을 주게 되므로 제트팬의 가동에 필요한 범위 내에서 화재지점을 인지할 수 있는 능력을 갖추어야 한다.

    ⓢ (반)횡류 환기방식을 적용하는 터널 : 배연을 위한 구역을 구분하는 경우에는 구역제어를 위해서 필요한 범위에서 화재지점을 인지할 수 있도록 한다.

    ⓞ 대배기구방식 : 화재지점의 원격제어 댐퍼의 개폐 조작을 위해서 댐퍼의 설치간격 이내로 화재지점을 인지할 수 있는 감지능력이 있어야 한다.

    ⓩ 자동화재탐지설비는 자동차의 배기가스에 의한 열기류 및 입출구부의 태양광에 의한 온도상승에 따라 영향을 받지 않아야 한다.

  ③ 위 ①의 규정에도 불구하고 감지기의 작동에 의하여 다른 소방시설 등이 연동되는 경우로서 해당 소방시설 등의 작동을 위한 정확한 발화위치를 확인할 필요가 있는 경우에는 경계구역의 길이가 해당 설비의 방호구역 등에 포함되도록 설치하여야 한다.

  ④ 발신기 및 지구음향장치는 「도로터널의 화재안전기준(NFSC 603)」 비상경보설비의 규정을 준용하여 설치하여야 한다.

  ⑤ 자동화재탐지설비가 작동하면 CCTV와 연동하여 CCTV에 의해서 화재구역에 대한 감시가 자동적으로 이루어질 수 있도록 한다.

4) 도로공사기준

  ① 환경조건 : 화재강도(설계화재) 1.5MW, 종방향 풍속 3m/s

  ② 성능기준 : 화재발생 1분 이내에 화재를 감지할 수 있어야 한다.

(6) 비상방송설비

1) 설치대상 : 방재등급이 3등급 이상으로 제연설비나 피난·대피 시설이 설치되는 터널 내부 및 터널입구 전방에 설치한다.

2) 설치기준

① 화재 시 화재수신기와 연동하여 자동으로 비상방송이 가능하도록 하여야 한다.

② 비상방송설비는 60분 이상 기능을 유지할 수 있도록 무정전전원을 공급한다.

③ 비상방송설비와 재방송설비는 상호 연동하여 비상 시 터널 내 라디오방송 채널, DMB 방송에서도 비상방송이 동시에 송출되도록 구성한다.

④ 터널 내 소음을 고려하여 스피커 음압은 90dB/W/m 이상으로 한다.

⑤ 스피커는 유선 또는 무선스피커를 사용할 수 있으며, 검사원통로 또는 주행차로 측벽 상부에 설치한다.

⑥ 피난·대피시설(비상주차대, 피난·대피터널)에는 비상방송설비를 설치한다.

⑦ 스피커는 습도 및 먼지 등의 영향이 많은 터널 특성을 고려하여 방수용 옥외설치형을 기본으로 한다.

⑧ 마이크를 통해서 직접 방송하거나, 녹음된 내용을 방송할 수 있도록 한다.

⑨ 스피커는 구역별로 작동할 수 있도록 한다.

⑩ 터널입구 전방에 설치되는 스피커는 정차한 차량의 운전자가 창문을 열고 알아들을 수 있도록 터널입구에서 부터 전방 200m까지 50m 이내의 간격으로 설치하며, 옥외가로등 시설등과 병설하여 설치할 수 있다.

(7) 비상조명등

1) 설치대상 : 500m 이상의 터널길이에 설치한다.

2) 설치기준

① 상시 조명이 소등된 상태에서 비상조명등이 점등되는 경우 터널 안의 차도 및 보도의 바닥면의 조도는 10 lx 이상, 그 외 모든 지점의 조도는 1 lx 이상이 될 수 있도록 설치한다.

② 비상조명등은 상용전원이 차단되는 경우 자동으로 비상전원으로 60분 이상 점등되도록 설치한다.

③ 비상조명등에 내장된 예비전원이나 축전지설비는 상용전원의 공급에 의하여 상시 충전상태를 유지할 수 있도록 설치한다.

(8) 유도등

1) 설치대상 : 방재등급이 3등급 이상(500m 이상)의 터널 및 피난·대피 시설이 설치되는 터널에 설치한다.

2) 설치기준

① 유도등의 종류

㉠ 유도등 A : 피난·대피시설(피난연결통로, 피난·대피터널, 격벽분리형 피

난·대피통로, 비상주차대)의 위치표시를 위한 유도등
- 용도에 따른 종류 : 갱문형, 벽부형, 천장형
- 원거리에서 식별이 가능하도록 연기에 의해서 빛이 차단되지 않는 피난·대피시설의 근접한 지점에 돌출형으로 설치
ⓛ 유도등 B : 터널 측벽에 일정 간격으로 설치하여 피난·대피시설(피난연결통로등)과 안전지역까지의 거리와 방향을 지시하는 유도등
- 피난·대피시설의 방향 및 거리를 표시하여 근접한 안전지역으로 대피를 유도할 수 있도록 한다.
- 피난·대피시설이 설치되는 방향의 측벽에 설치함을 원칙으로 하며, 설치높이는 차도면에서 1.5m 정도로 한다.
- 피난·대피시설의 피난연결통로 간에 50m 정도의 간격으로 설치하는 것을 표준으로 한다.
② 비상전원시설 용량 : 60분 이상
③ 유도등 A는 녹색바탕에 백색표지로 하며, 유도등 B는 백색바탕에 녹색표지를 사용한다.
④ 유도등은 경년변화가 적고 비상조명 조건에서 최대 30m의 거리에서 문자 및 색채를 식별할 수 있어야 한다.

(9) 제연설비

1) 설치대상 : 길이 500m 이상의 터널에 설치한다.

2) 설치기준

① 제연설비는 다음 사양을 만족하도록 설계하여야 한다.

㉠ 설계화재강도 20MW를 기준으로 하고, 이때 연기발생률은 $80m^3/s$로 하며, 배출량은 발생된 연기와 혼합된 공기를 충분히 배출할 수 있는 용량 이상을 확보한다.

꼼꼼체크 설계화재강도 : 터널화재 시 소화설비 및 제연설비 등의 용량산정을 위해 적용하는 차종별 최대열방출률(MW)을 말한다.

㉡ 위 ㉠의 규정에도 불구하고 화재강도가 설계화재강도보다 높을 것으로 예상될 경우 위험도분석을 통하여 설계화재강도를 설정하도록 한다.

② 제연설비는 다음의 기준에 따라 설치하여야 한다.

㉠ 종류환기방식의 경우 제트팬의 소손을 고려하여 예비용 제트팬을 설치하도록 한다.

㉡ 횡류환기방식(또는 반횡류환기방식) 및 대배기구방식의 배연용 팬은 덕트의 길이에 따라서 노출온도가 달라질 수 있으므로 수치해석 등을 통해서 내열온도 등을 검토한 후에 적용하도록 한다.

ⓒ 대배기구의 개폐용 전동모터는 정전 등 전원이 차단되는 경우에도 조작상태를 유지할 수 있도록 한다.

 **대배기구방식** : 횡류환기방식의 일종으로 배기구에 개방 및 폐쇄가 가능한 전동댐퍼를 설치하여 화재 시 화재지점 부근의 배기구를 개방하여 집중적으로 배연할 수 있는 제연방식을 말한다.

ⓔ 화재에 노출이 우려되는 제연설비와 전원공급선 및 제트팬 사이의 전원공급장치 등은 250℃의 온도에서 60분 이상 운전상태를 유지할 수 있도록 한다.

③ 제연설비의 기동은 다음 중 어느 하나에 의하여 자동 또는 수동으로 기동될 수 있도록 하여야 한다.

㉠ 화재감지기가 동작되는 경우

㉡ 발신기의 스위치 조작 또는 자동소화설비의 기동장치를 동작시키는 경우

㉢ 화재수신기 또는 감시제어반의 수동조작스위치를 동작시키는 경우

④ 비상전원은 60분 이상 작동할 수 있도록 하여야 한다.

(10) 연결송수관설비

1) 설치대상 : 길이 1,000m 이상(연장등급 2등급 이상)의 터널에 설치한다.

2) 설치기준

① 방수압력은 0.35MPa 이상, 방수량은 400L/min 이상을 유지할 수 있도록 한다.

② 방수구는 50m 이내의 간격으로 옥내소화전함에 병설하거나 독립적으로 터널출입구 부근과 피난연결통로에 설치한다.

③ 방수기구함은 50m 이내의 간격으로 옥내소화전함 안에 설치하거나 독립적으로 설치하고, 하나의 방수기구함에는 65mm 방수노즐 1개와 15m 이상의 호스 3본을 설치하도록 한다.

(11) 무선통신보조설비

1) 설치대상 : 길이 500m 이상(연장등급 3등급 이상)의 터널에 설치한다.

2) 설치기준

① 무선통신보조설비의 무전기 접속단자는 방재실과 터널의 입구 및 출구, 피난연결통로에 설치하여야 한다.

② 재방송설비가 설치되는 터널의 경우에는 무선통신보조설비와 겸용으로 설치할 수 있다.

(12) 비상콘센트

1) 설치대상 : 길이 500m 이상(연장등급 3등급 이상)의 터널에 설치한다.

2) 설치기준

① 비상콘센트설비의 전원회로는 단상교류 100V 또는 220V인 것으로서, 그 공급용량은 1.5kVA 이상인 것으로 한다.

② 전원회로는 주배전반에서 전용회로로 한다. 다만, 다른 설비의 회로의 사고에 따른 영향을 받지 아니하도록 되어 있는 것에 있어서는 그러하지 아니하다.

③ 콘센트마다 배선용 차단기(KS C 8321)를 설치하여야 하며, 충전부가 노출되지 아니하도록 한다.

④ 주행차로의 우측 측벽에 50m 이내의 간격으로 바닥으로부터 0.8m 이상 1.5m 이하의 높이에 설치한다.

(13) 기타 도로공사기준

1) 경보설비

① 비상전화
   ㉠ 중앙감시실에서 비상전화를 설치한다.
   ㉡ 250m 이내 간격으로 설치한다.

② CCTV
   ㉠ 화재감지기, 소화전개폐함 등과 연동하도록 설치 또는 발견자가 수동조작 시에도 사고위치를 확인할 수 있게 설치한다.
   ㉡ 200~400m 간격으로 설치한다.

③ 재방송설비
   ㉠ 차량 내에서 라디오를 청취하는 이용자에게 화재상황을 통보한다.
   ㉡ 터널 전 구간에서 청취가 가능하도록 설치한다.

④ 정보표지판(VMS)
   ㉠ 터널 내 상황을 문자로 터널 진입차량에 통보해야 한다.
   ㉡ 터널 전방 500m 이내에 설치한다.

2) 피난설비

① 피난연결통로 : 쌍굴터널에서 상대터널을 연결하는 통로, 본선터널과 피난·대피터널을 연결하는 통로, 격벽분리형 피난·대피통로와 본선터널을 연결하기 위한 통로(또는 문) 등(인도용과 차량용)
   ㉠ 인도용 : 250m
   ㉡ 차량용 : 750m

② 피난·대피터널 : 대면통행터널에서 화재 시 터널로부터 안전지역으로 대피자를 탈출시키기 위한 터널로 본 터널과 평행한 서비스 터널이나 사갱 및 수직갱 등

③ 격벽분리형 피난·대피통로 : 본선 터널 내에 터널과 격벽에 의해서 분리하여 화재연기 및 열을 차단할 수 있는 통로

④ 비상주차대는 터널 내 고장 또는 사고차량이 2차 사고를 유발하지 않도록 정차하기 위한 지역

⑤ 차단문 : 피난연결통로를 통한 연기의 유출입 방지 및 평상시 환기의 신뢰성 확보를 위해서 설치하는 문으로 방화문 역할을 수행할 수 있도록 하며, 정전 시에도 동작이 용이한 무동력 자동닫힘기능을 보유한 문

⑥ 비상조명등

　㉠ 상용전원 차단 시 비상전원에 의한 조명설비가 동작되어야 한다.

　㉡ 전 구간(15 lx)에 걸쳐 설치한다.

⑦ 유도표시판(비상구표시등)

　㉠ 피난연결통로 등 피난·대피시설의 위치를 알리기 위한 표지판을 설치하여야 한다.

　㉡ 피난대피시설 부근에 설치한다.

⑧ 유도표시등

　㉠ 피난·대피시설의 방향 및 거리를 표시하여 대피를 유도한다.

　㉡ 피난·대피시설 간 최소 4개소 이상 설치한다.

(14) 방재시설 적용기준표[69]

　1) 등급별 방재시설 설치기준

방재시설	터널등급		1등급	2등급	3등급	4등급	비 고
소화 설비	소화기구		●	●	●	●	–
	옥내소화전설비		●○	●○			연장등급, 방재등급 병행
	물분무설비		○				–
경보 설비	비상경보설비		●	●	●		–
	자동화재탐지설비		●	●			–
	비상방송설비		○	○	○		–
	긴급전화		○	○	○		–
	CCTV		○	○	○	△	△ : 200m 이상
	영상유고감지설비		△	△	△		–
	재방송설비		○	○	○	△	△ : 200m 이상
	정보표시판		○	○			–
	진입차단설비		○	○			–
피난 대피 설비 및 시설	비상조명등		●	●	●	△	△ : 200m 이상
	유도표지등		○	○	○		–
	피난 대피 시설	피난연결통로	●	●	●		–
		피난·대피터널[①]	●	△			• 1등급 : 피난·대피터널을 우선적용 • 2등급 : 격벽분리형 피난 대피통로를 우선적용
		격벽분리형 피난·대피통로[①]	△	●	●		
		피난·대피소[①]	삭제				
		비상주차대	○	○			–

___

69) 도로터널 방재시설 설치지침에서 발췌

방재시설 / 터널등급		1등급	2등급	3등급	4등급	비 고
소화 활동 설비	제연설비	○	○			–
	무선통신보조설비	●	●	●	△[2]	–
	연결송수관설비	●○	●○			연장등급, 방재등급 병행
	비상콘센트설비	●	●	●		–
비상 전원 설비	무정전전원설비	●	●	●	△[3]	–
	비상발전설비	●○	●○	△		연장등급, 방재등급 병행

[범례] ● 기본시설 : 연장등급에 의함
　　　　○ 기본시설 : 방재등급에 의함
　　　　△ 권장시설 : 설치의 필요성 검토에 의함
　　　　① 피난연결통로의 설치가 불가능한 터널에 설치
　　　　② 4등급 터널의 경우, 재방송설비가 설치되는 경우에 병용하여 설치
　　　　③ 4등급 터널은 방재시설이 설치되는 경우에 시설별로 설치

2) 방재시설 설치위치 및 설치간격

	방재시설	설치위치와 설치방법	설치간격
소화 설비	수동식 소화기	• 일방통행터널 : 4차로 미만의 일방통행터널은 주행차로 우측 측벽, 4차로 이상의 터널은 양쪽 측벽에 설치 • 대면통행터널 : 양쪽 측벽에 교차하여 설치, 격납상자를 설치하여 내부에 2개 1조로 비치	50m 이내
	옥내소화전설비	• 4차로 미만의 일방통행터널은 주행차로 우측 측벽 • 편도 2차로 미만의 대면통행터널은 한쪽 측벽 • 4차로 이상 일방통행터널 및 편도 2차로 이상의 대면통행터널은 양쪽 측벽	50m 이내
	물분무설비	측벽 설치(도로면 전체에 균일하게 방수되도록 한다)	방수구역 : 25~50m
경보 설비	비상경보설비	수동식 소화기 또는 옥내소화전함에 병설	50m 이내
	자동화재탐지설비	최적 성능을 확보할 수 있는 위치	환기방식별 필요인식 범위
	비상방송설비	터널 측벽과 피난·대피시설(피난·대피터널, 피난·대피소, 비상주차대)에 설치	50m 이내
	긴급전화	터널입구와 출구부, 터널 측벽과 피난·대피시설(피난·대피터널, 격벽 분리형 피난·대피통로, 비상주차대)에 설치	250m 이내

방재시설			설치위치와 설치방법	설치간격
경보 설비	CCTV		터널 측벽 설치(피난·대피시설 및 터널 전 구간 감시가 가능하도록 설치함)	• 터널 내부 : 200~400m 간격 • 터널 외부 : 500m 이내
	영상유고 감지설비		터널 전 구간 감시가 가능하도록 설치간격을 정함	100m 간격
	재방송설비		터널 전 구간에서 청취 가능하도록 설치	–
	정보 표시판	터널입구 정보표지판	터널 전방 500m 이내	–
		터널진입 차단설비	터널 전방 500m 이내	–
		차로이용 규제신호등	터널 외부는 터널입구 정보표지판과 터널진입 차단설비 사이에 설치	• 터널 내부 : 400~500m 간격 • 터널 외부 : 500m 이내
피난 대피 설비 및 시설	비상조명등		야간점등회로를 병용하여 설치	–
	유도 표지등	A	대피시설 부근	–
		B	대피시설이 설치된 측벽설치	약 50m 간격
	피난 대피 시설	피난 연결통로	쌍굴터널, 피난·대피터널, 격벽분리형 피난·대피통로(차단문 설치)	250~300m 이내
		피난 대피터널	본선터널과 평행하게 설치하는 것을 원칙으로 함	–
		격벽분리형 피난·대피 통로	본선 터널 내 측벽에 설치	–
		비상 주차대	주행차선 갓길(길어깨), 대면통행 터널은 양측벽	750m 이내
소화 활동 설비	제연설비		환기설비와 병용	–
	무선통신 보조설비		재방송설비와 병용할 수 있음	• 터널 내부 : 터널연결통로 (250m 이내) • 터널 외부 : 10m 이내 • 터널관리소 : 10m 이내
	연결송수관설비		• 송수구 : 터널 입출구부 • 방수구 : 옥내소화전설비와 병설	50m 이내
	비상콘센트설비		소화전함에 병설	50m 이내
비상 전원 설비	무정전전원설비		시설별 설치	시설별
	비상발전설비		별도로 구획된 실내 또는 함체에 설치	–

(15) 대피소요시간 : 터널화재 시 화재를 인지한 후에 안전지역까지 대피하는 데 필요한 시간으로 화재인지시간을 포함하며, 일반적으로 6분 정도로 본다.

1) 위 시간을 사람의 피난속도 0.85m/sec를 고려한 거리로 환산할 경우 피난 가능한 거리는 최대 306m이다.

2) 현 실태 : 250~300m

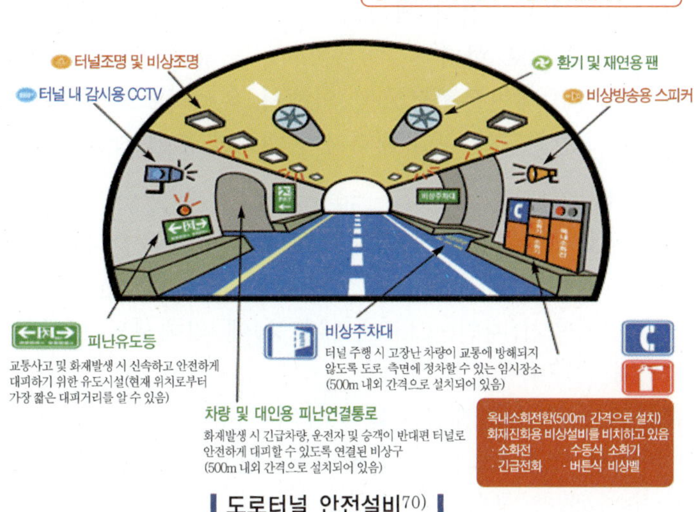

┃ 도로터널 안전설비[70] ┃

07 도로터널 방재시설 설치 및 관리지침

(1) **목적** : 사고예방, 초기 대응, 피난·대피, 소화 및 구조 활동, 사고확대 방지

(2) **사고예방계획** : 도로의 적정 설계속도의 계획, 도로의 선형 및 구조, 비상주차대나 비상차로 등

(3) **초기 대응계획** : 비상경보설비 및 감시체계, 대피유도 및 피난·대피 시설, 초기 소화설비, 제연설비 등

> **꼼꼼체크** 초기 대응계획은 화재초기 자기구조단계에서 위험상황에 처한 인명의 손상을 최소화하기 위한 수단이란 측면에서 신속한 대피 및 대피유도에 중요성을 두어 계획하여야 한다.

(4) **소화 및 구조 활동계획** : 사고의 확대 방지를 위해서 소방대의 접근성을 우선적으로 고려하여 계획하여야 하며, 소화활동을 원활하게 수행할 수 있도록 소화활동설비의 적절한 배치 및 운영계획이 수립되어야 한다.

(5) **피난·대피 시설의 계획** : 화재 및 기타 재해 등의 비상 시 생명을 보존하기 위해 안전지역으로 이동하는 행위이며, 터널의 경우에는 기본적으로 도로 이용자가 현장 상황을 스스로 판단하여 대피 여부를 결정해야 하는 경우가 많다는 점을 인식하여 피난유도시설 및 피난·대피 시설을 적절히 계획하여야 한다.

---

70) 한국도로공사 홈페이지에서 발췌

(6) 방재시설 운용계획

1) 제연설비

① 관리자 상주 : 자동운전이 가능하나 관리자가 상황을 파악한 후에 수동운전을 하는 것을 기본으로 한다.

② 관리자 비상주 : 제연운전모드에 의해서 우선적으로 자동운전을 한다.

2) 물분무소화설비 : 방수구역 내의 대피자가 대피한 후에 작동하는 것을 원칙으로 한다.

(7) 화재 시 대응계획

1) 화재감지 : 자동화재탐지설비에 의해서 수행되는 것을 기본으로 하지만, 초기 감시 능력의 강화를 위해 소화전함 문의 개방감지, CCTV, 영상유고감지설비 및 주행속도감지기, 환경계측기(매연, CO 계측기 등)에 의해서도 이상상황을 감지할 수 있도록 감시체계를 구축

2) 경보설비의 구성 : 자동화재탐지설비 등의 이상신호가 수신반에 수신되면, 비상경보설비에 의해서 자동으로 경보를 발하고, 신호발신구역의 CCTV가 연동하여 집중감시가 될 수 있도록 구성

3) 경보설비

① 관리자가 상주하는 터널 : 관리자에 의해서 확인할 수 있도록 설치

② 원격관리를 수행하는 터널 : 해당 통합관리센터 또는 관리기관에 자동으로 통보될 수 있도록 설치

4) 관리자 대응

① 터널 내 비상상황이 인지되면 터널진입차단설비나 입구정보표지판에 의해서 차량의 진입을 차단

② 재방송설비, 비상방송설비, 차로이용규제신호등의 통보수단을 이용하여 터널 내 이상상황을 통보

③ 전원이 정상적으로 공급되고 있는 상황에서는 터널 내 조명을 모두 점등하여 최대한의 조도를 확보

08 향후 터널의 안정성 확보를 위한 조치

(1) 터널에서 발생할 수 있는 화재의 크기를 결정하고 시스템이 설정되어야 한다.

(2) 터널의 제연설비는 실물 화재시험을 통하여 안전성을 확인하거나 다양한 수치해석을 활용하여 적정한 설계가 이루어지도록 해야 한다.

(3) 피난로의 설치와 임시대피소를 설치하고 신선한 공기를 공급하는 방식이어야 한다.

(4) 기존의 터널 등은 성능개선을 통하여 소방시설을 보강하여야 한다.

(5) 터널군 통합관리(TGMS ; Tunnel Group Management System)

1) 인접한 여러 터널을 중앙집중적인 통합센터에서 통합 관리·운영하는 시스템이다.

2) **목적** : 개별 터널관리의 개념을 확장하여 여러 터널을 안전하고 효율적으로 통합하여 관리하는 시스템이다.

3) **장점**

　① 터널 운영관리의 안정성과 신뢰성을 확보하여 도로이용자에게 안전하고 쾌적한 도로 이용환경을 제공한다.

　② 개별적 관리에서 종합적 관리를 통해서 효율적인 시설물 운영을 통한 유지 관리로 비용을 절감할 수 있다.

4) **통합관리의 조건** : 터널에 설치된 환기, 조명, 방재, 전력 등의 제반설비를 효율적으로 감시·제어하는 시스템 모니터링 및 운영시스템 등의 하드웨어와 소프트웨어 통합, 그리고 이러한 단위 터널들을 통합하기 위한 개방적인 구조가 요구되며, 이를 네트워크로 연결시켜 유기적으로 정보가 교류될 수 있고 제어가 가능하도록 설치되어야 한다.

(6) 교통지능화 정보체계(FTMS, ITS)

1) FTMS(Freeway Traffic Management System) : 도로상의 CCTV, 차량검지기(VDS ; Vehicle Detection System) 등을 설치하여 교통정보를 수집, 전송하고, 교통정보센터에서 수집된 교통상황을 종합 분석하여 도로상에 설치된 도로전광표시(VMS ; Variable Message Sign)와 인터넷, 휴대폰, 개인휴대단말기(스마트폰, 내비게이션) 및 방송 등을 통해서 실시간 교통정보를 제공하는 시스템이다.

2) ITS(Intelligent Transport System) : 지능형 교통시스템은 기존의 교통체계에 전자, 정보통신, 제어 등의 기술을 접목해 실시간으로 교통정보를 제공함으로써 교통의 흐름을 원활하게 하고, 도로이용의 효율성을 향상시킨다.

(7) 유비쿼터스(ubiquitous)

1) 라틴어로 "편재하다(보편적으로 존재하다)"라는 의미이다. 즉, 모든 곳에 존재하는 컴퓨터 네트워크라는 것은 지금처럼 책상 위 PC의 네트워크뿐만 아니라, 휴대전화, TV, 게임기, 휴대용 단말기, 카 내비게이션 등 PC가 아닌 모든 지능형 기기가 네트워크로 연결되어 언제 어디서나 누구든지 대용량의 통신망을 사용할 수 있고 낮은 요금으로 자유롭게 정보를 주고 받을 수 있는 것을 뜻한다.

2) 유비쿼터스의 효과가 가장 큰 분야는 재해예방 및 구조활동 분야로 방재시스템의 연동은 필수적인 요소이다. 첨단 통신 인프라와 유비쿼터스 정보서비스를 도시나, 국가 전체에 융합하여 생활의 편익 증대, 삶의 질 향상, 체계적인 도시관리, 안전과 주민복지 증진 등을 위한 유비쿼터스 사회의 한 부분 역할을 ITS가 담당하고 있다. 터널 방재시설도 유비쿼터스의 한 부분을 차지하고 있는 것이다.

509

터널 제연설비

01 개 요

(1) 터널화재는 반밀폐구조로 인해 배연에 많은 어려움이 있으며, 고온의 유독성 연기로 인해 호흡과 시야에 장애를 주고, 심리적인 공포감으로 패닉(panic)에 빠져 대형 재해를 초래할 수 있다.

(2) **터널 제연방식의 구분**
   1) 희석(dilution)
   2) 배출(extraction)
   3) 방연풍속(longitudinal airflow)

02 터널의 특징

(1) 전후에 전체 용적에 비해 앞, 뒤로 작은 구멍을 가지고 있어 거의 무창층(폐쇄공간)과 같은 특성을 가지고 있다.

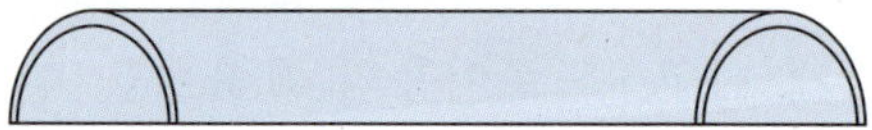

   1) 산소농도가 낮아서 불완전연소의 발생 우려가 높고 이로 인해 다량의 유독가스 방출 및 가연성 가스를 발생시킨다.
   2) 시계확보가 곤란(무창의 공간, 인공조명에 의존)하다. 이로 인해 패닉(panic)의 우려가 있다.
   3) 고열의 연기가 빠르게 전파된다.

(2) 피난경로가 앞, 뒤 단 두 개이고, 화재 시에는 그 중 하나는 사용이 불가(화재 때문에)하다.

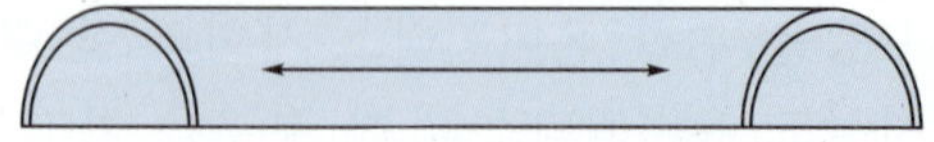

(3) 차량(유류)화재 우려가 있고, 차량진행 역방향으로 피난이 곤란하다. 다양한 차량(유조차 등)의 종류와 터널의 크기에 따라 진압방법의 차이가 발생한다.

(4) 산속에 굴을 파 놓은 것이라 온도변화가 적고 축열, 축연 공간이 된다. 축열효과에 의해 온도가 매우 높고 따라서 복사열에 의한 손상이 매우 크다.

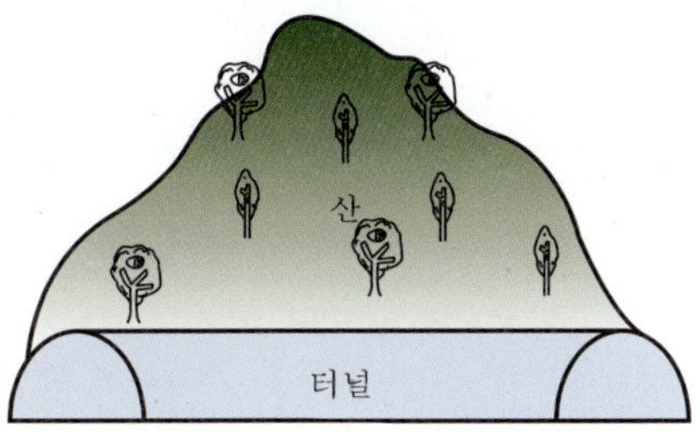

03 터널 특성별 권장 환기방식

▌ 터널 특성별 권장 환기방식 [71] ▌

지역 및 통행방식	터널길이(연장등급)	화재 시 적용 제연방식 및 방법
대면통행 터널 및 도시지역	500m 이하 (4등급)	자연환기에 의한 제연
	500~1,000m 미만 (3등급)	방재등급 2등급 이상의 터널은 기계환기방식
	1,000m 이상 (2등급)	방재등급 1등급 이상의 터널은 대배기구방식의 횡류방식 또는 반횡류식
지방지역의 일방통행	500m 미만 (4등급)	자연환기에 의한 제연
	500~1,000m 미만 (3등급)	방재등급 2등급 이상의 터널은 기계환기방식
	1,000~3,000m 미만 (2등급)	
	3,000m 이상 (1등급)	수직구, 집중배기, 대배기구 방식 등 배연능력을 향상하기 위한 구간배연시스템 권장

---

71) 한국의 도로터널 현황 및 방재시설 설치기준에서 발췌(2007)

04 터널의 환기방법

(1) 구분

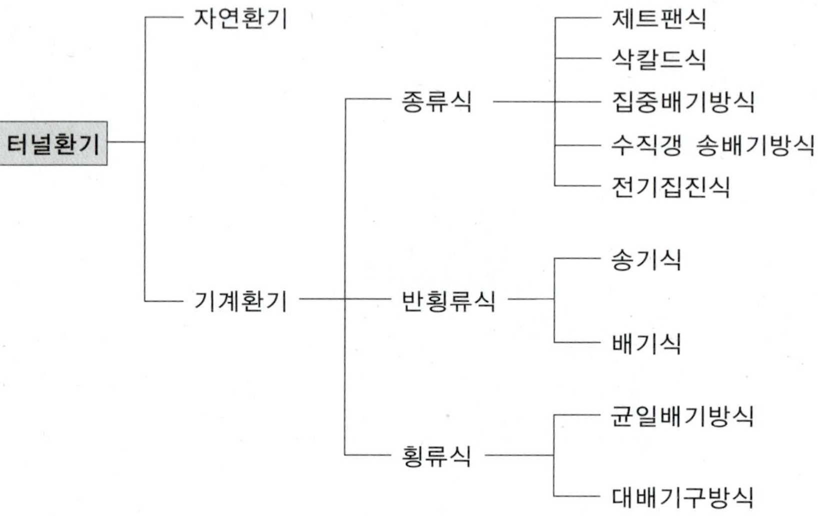

(2) 자연환기 가능여부 판단 : $\Delta P_r($환기저항$) + \Delta P \leq \Delta P_t($교통환기력$)$일 경우에는 자연환기가 가능하다.

(3) 종류식 환기방법

1) 제트팬방식과 삭칼드방식

구 분	제트팬(jet fan)방식	삭칼드(saccardo)방식
개요도	축류팬	
특징	• 터널 내 종방향으로 축류팬을 설치하여 팬의 기류와 차량의 피스톤 효과를 이용하는 환기방식 • 환기력 : 축류팬 + 교통환기력(차량의 피스톤 효과)	• 터널입구부의 환기소에서 대형 송풍기로 깨끗한 공기를 급기시켜 발생시킨 유인풍속과 차량의 피스톤 효과를 이용하는 방식 • 환기력 : 송기노즐에 의한 송기압 + 교통환기력

구 분	제트팬(jet fan)방식	삭칼드(saccardo)방식
장점	• 교통환기력을 유효하게 이용할 수 있다. • 개통 후에도 추가로 환기설비 설치가 가능하다. • 덕트가 없으므로 경제성이 우수하다.	• 교통환기력을 유효하게 이용할 수 있다. • 일반적인 특성은 제트팬 방식과 동일하다. • 환기소에 팬을 설치함으로써 정비가 용이하다.
단점	• 오염물질 전량 배출이 가능하다. • 터널 내 축류팬을 장착하므로 미관상 불량하다.	• 오염물질 전량의 배출이 가능하다. • 입구부에 대형 분류장치를 설치함으로써 굴착단면이 확대된다.
배출방향	차량진행방향의 출구쪽으로 배출한다.	차량진행방향의 출구쪽으로 배출한다.
적용사례	• 경부고속도로 마성터널(1.5km) • 중부고속도로 상주터널(1.7km)	국내 적용사례가 없다.

2) 수직갱방식과 집중배기방식

구 분	수직갱방식	집중배기방식
개요도		
특징	터널 중간부에 수직갱을 설치하여 배기와 급기를 시키는 방식으로 장대터널과 같은 터널에 유리한 방식이다.	터널 출구쪽으로 배출되는 오염된 공기를 정화시켜 배출시키는 방식이다. (대도심지 환경보호용 환기방식)
장점	• 신선한 외기를 공급함으로써 오염물질 농도조절이 가능하다. • 화재 시 대처가 용이하다. • 이론적으로 터널길이에 대한 제한은 없다.	• 출구부 오염물질의 방향을 조절할 수 있다. • 도심지에 적합하다. • 환기소에 팬을 설치하기 때문에 정비가 용이하다.
단점	• 다른 종류식에 비해 공사비가 크다. • 자연훼손이 크다.	교통환기력을 유효하게 이용할 수 있으나, 오염물질을 전량 제거하기 힘들다(교통량 및 자연풍의 적정한 운용이 비교적 곤란하다).
배출방향	출구측 갱구를 향해 배출한다.	출구측 갱구 + 집중배기구를 통해 배출한다.
적용사례	• 영동고속도로 둔내터널(3.3km) • 중앙고속도로 죽령터널(4.5km)	황령산 제3터널(1.8km)

3) 전기집진기 방식

구 분	전기집진기 방식(바이패스형)	전기집진기 방식(천장형)
개요도		
특징	터널 중간부에 전기집진기를 설치하여 정전기 원리를 이용하는 것으로 터널 내 발생 매연을 집진시켜 깨끗한 공기를 만들어 공기를 재이용하는 환기방식이다.	
장점	• 천장형에 비하여 대용량 처리가 가능하다. • 출구부 오염물질 환경개선효과가 뚜렷하다. • 시공사례가 많다.	• 바이패스 방식에 비해 공기의 순환효율이 좋다. • 환기저항이 적어 동력비가 절감된다. • 출구부 오염물질 환경개선 효과가 뚜렷하다.
단점	• 화재 시에는 전기집진설비의 운전이 정지된다. • 별도의 바이패스갱 설치비가 든다.	• 화재 시에는 전기집진설비의 운전이 정지된다. • 본선 확대구간이 필요하다. • 바이패스 방식에 비해 설치용량이 작으며, 전문적인 시공기술이 요구된다.
제연	기능정지	기능정지
적용 사례	• 영동고속도로 진부터널(2.0km) • 우면산터널(1.6km)	국내 적용사례가 없다.

(4) 반횡류식 환기방법 : 송기식과 배기식

구 분	송기식	배기식
개요도		
특징	터널입구에 설치된 환기소에서 터널단면에 설치된 별도의 환기덕트에 깨끗한 공기를 송기하여 환기시키는 방법(급기 반횡류)이다.	터널입구에 설치된 환기소에서 터널단면에 설치된 별도의 환기덕트에 배기하여 터널 내 부압을 걸어 자연급기를 통해 환기시키는 방법(배기 반횡류)이다.

구 분	송기식	배기식
장점	• 터널 내 신선한 공기가 급기되어 오염물질이 희석된다. • 배기식에 비해 송기식이 터널 내 환경이 양호하다.	• 에너지효율이 더 우수하다. • 제연설비로 즉시 동작이 가능하다.
단점	• 오염물질은 입출구측으로 배출되고 에너지 효율이 떨어진다. • 제연을 위한 역회전운전 시 시간지연(time delay)이 필요하다.	말단지점에서 오염물질의 농도는 이론적으로 크게 증가한다.
제연	환기기기의 조합에 의하여 터널구간의 배기와 송기가 자유로워 화재대응력이 좋다.	
적용 사례	• 구룡터널(1.6km) • 박달재터널(2.3km)	북악터널

(5) **횡류식 환기방법** : 대배기구식과 균형배기구식

구 분	대배기구식	균형배기구식
개요도	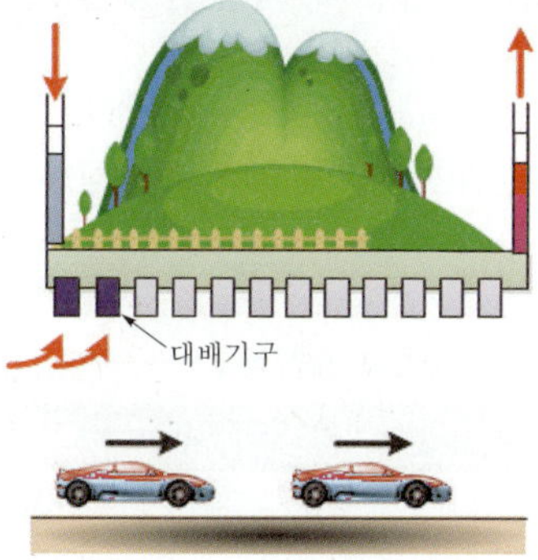 대배기구	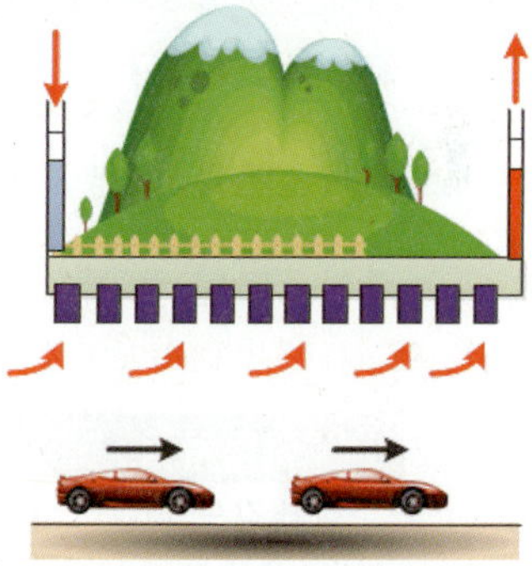
특징	• 터널 입출구에 설치된 환기소에서 터널단면에 설치한 별도의 급·배기 덕트를 이용하여 깨끗한 공기는 급기시키고, 오염된 공기는 배기시키는 환기방식이다. • 횡류식의 일종으로 배기구에 개방·폐쇄가 가능한 전동댐퍼를 가지고 있는 방식으로 화재지점 부근의 배기구를 집중적으로 개방, 배연할 수 있는 제연방식이다.	• 터널 입출구에 설치된 환기소에서 터널단면에 설치한 별도의 급·배기 덕트를 이용하여 깨끗한 공기는 급기시키고, 오염된 공기는 배기시키는 환기방식이다. • 천장에 설치된 덕트를 통해서 배연을 수행하는 횡류환기방식 중에서 배기구나 급기구를 일정한 간격으로 설치하여 터널 전체에 균일하게 급기 또는 배기가 이루어지도록 하는 방식이다.
장점	화재 시 효율적인 배연을 할 수 있다.	종합적으로 볼 때 가장 신뢰성 있는 환기가 가능하다.
단점	• 덕트공간이 커서 내부 단면적이 가장 크다. • 설비동력이 반횡류식에 비해 고가이다. • 공사비가 가장 크다. • 설치비가 균형배기구 방식에 비해 크다.	• 덕트공간이 커서 내부 단면적이 가장 크다. • 설비동력이 반횡류식에 비해 고가이다. • 공사비가 가장 크다. • 배연에는 대배기구 방식에 비해 효율이 낮다.
제연	화재발생지점 부근의 배기구를 개방하여 집중 배기한다.	급기와 배기를 병행하여 효율적으로 연기를 배출한다.
적용 사례	• 남산 1호 터널(1.5km) • 대전-진주 고속도로 간 육십령터널(3.2km)	

05 종류식과 횡류식 제연방식

(1) 종류식 제연방식

1) 정의

① 터널 안의 배기가스와 연기 등을 배출하는 환기설비로서 기류를 종방향(출입구 방향)으로 흐르게 하여 제연하는 방식이다.

② 터널 천장에 제트팬(jet fan) 등을 설치하여 차량 진행방향으로 바람을 불어넣어 피난방향으로의 연기유동을 막는 방식이다.

③ 터널 입구 또는 수직갱, 사갱 등으로부터 신선한 공기를 유입하여 종방향 기류를 형성하고 터널출구 또는 수직갱, 사갱 등을 이용하여 환기하는 방식이다.

2) 임계풍속

① 화재 시 연기가 피난자의 대피방향으로 역류하지 않도록 하는 풍속을 말한다.

② 화재 시 성층화를 유지하면서 열(연)기류의 역류현상을 억제하기 위한 최소한의 풍속을 말한다.

> **꼼꼼체크** 성층화 : 화재 시 연기가 온도차에 의한 부력에 의해 터널 상층부에 연기층을 이루는 현상

③ 경사, 터널 높이, 열방출률, 개구부 크기 등을 고려하여 계산한다.

┃ 임계풍속 계산식 ┃

적용차종	승용차	버 스	트 럭	탱크로리
화재강도(MW)	5 이하	20	30	100
연기발생량(m^3/s)	20	60~80	80	200

임계풍속 계산식 (Kennedy의 준경험식)	$V_r = K_g F_{rc}^{-\frac{1}{3}}\left(\dfrac{gHQ}{\beta\rho_0 C_p A_r T_f}\right)^{\frac{1}{3}}, \quad T_f = \dfrac{Q}{\beta\rho_0 C_p A_r V_{rc}} + T_0$ 여기서, β : Tetzner의 보정계수 K_g : 경사보정계수 Y.Wu(2000) 등의 실험식을 이용 $$K_g = \left[1 + 0.01\tan - 1\left(\frac{\text{grade}}{100}\right)\right]$$ F_{rc} : 임계프루드수로, 보통 임계풍속에는 4.5를 적용 H : 화점에서 터널 천장까지의 높이 T_f : 화재 시 온도, A_r : 단면적, V_{rc} : 속도 C_p : 비열, Q : 열방출량

위 표의 식을 단순화시킨 식으로는 $V = 0.292 \cdot \left(\dfrac{Q}{w}\right)^{\frac{1}{3}}$ (여기서, V : 방연풍속, Q : 열방출률, w : 터널폭)로 나타낼 수 있다.

④ 방재용 제트팬의 설치

㉠ 방재용 제트팬은 화재 시 가압 및 화재 안전성을 위해서 터널의 입출구부에 분산하여 설치

      ⓛ 분산설치가 곤란한 경우에는 성층화 교란방지 및 제트팬의 소손을 최소화할 수 있도록 설치위치를 정하며, 이를 검증한 후에 설치

3) 장점

  ① 횡류식에 비하여 설치가 간단하다.

  ② 양쪽 방향으로 연기를 모두 뺄 수가 있다. 역회전운전이 가능한 축류형(axial fan)에 한한다.

  ③ 횡류식에 비해 경제성이 우수하다.

4) 단점

  ① 임계풍속 계산의 어려움

      ㉠ 느리면 연기의 역류(back layering)가 발생한다.

      ⓛ 빠르면 아래쪽 연기가 역류할 수 있다.

  ② 외기의 영향을 많이 받는다. 특히 역풍이 부는 경우 연기의 제어가 어렵다.

  ③ 연기를 차량 이동방향으로 보내므로 차량정체 시 위험 : 도심의 터널에는 사용이 어렵다. 왜냐하면 제트팬 가동으로 연기층이 흐트러져서 청결층이 오염되기 때문이다.

  ④ 단방향 터널에만 적용이 가능하다.

  ⑤ 화재 시 제트팬의 소손을 고려하여 예비형 제트팬을 설치하여야 한다.

5) 최근의 경향

  ① 입구와 출구에 축류형 팬을 설치

      ㉠ 평상시 : 한쪽 방향으로 환기

      ⓛ 화재 시

        • 화재가 발생한 터널에서는 평상시와 동일하게 한쪽 방향으로 공기를 불어넣고 빼준다. 따라서 터널 내에는 양압이 걸리지 않도록 한다.

        • 화재가 발생하지 않은 터널은 급기쪽은 그대로 급기, 배기쪽은 급기를 가하여서 터널 내에 양압을 형성하여 연기가 들어오지 못하도록 한다.

  ② 집중 배기구 방식을 활용

(2) 횡류환기방식

1) 정의

  ① 터널 안의 배기가스와 연기 등을 배출하는 환기설비로서 기류를 횡방향(바닥에서 천장)으로 흐르게 하여 환기하는 방식이다.

  ② 연기를 배기하면서 동시에 급기하여 청결층과 연기층을 분리하면서 제연하는 방식이다.

2) 긴 양방향 터널과 교통량이 많아 빈번한 지·정체가 예상되는 장대터널에 적합하다.

3) **대배기구방식** : 횡류식의 일종으로 배기구에 개방·폐쇄가 가능한 전동댐퍼를 가지고 있는 방식이다. 화재지점 부근에 배기구를 집중적으로 개방, 배연할 수 있는 제연방식이다.

4) **균일배기방식** : 천장에 설치된 덕트를 통해서 배연을 수행하는 횡류환기방식 중에서 배기구나 급기구를 일정한 간격으로 설치하여 터널 전체에 균일하게 급기 또는 배기가 이루어지도록 하는 방식이다.

> **꼼꼼체크** **배기구** : 오염물, 연기 등을 배기하기 위한 개구부를 말한다.

5) **(반)횡류식 및 대배기구방식 설계기준**
① 터널 갱구부근에서의 배연은 일반적으로 효과적이지 못하다. 그러므로 터널 진출입부와 배기구 사이의 거리는 50~100m 정도 이격하여야 한다.
② 배기구의 형상은 배연효율을 향상하기 위해서 종횡비를 정한다.
③ 배기 덕트 내 풍속은 20m/s 이하로 한다.
④ 대배기구방식에서 댐퍼는 개별적으로 개폐가 가능해야 한다.
⑤ 대배기구방식에서 배기구 설치간격은 50~100m 정도로 하며, 터널 특성에 따라서 조정한다.
⑥ 대배기구 방식에서 댐퍼는 충분한 밀폐성이 확보되어야 하며, 배연팬 용량 산정 시 댐퍼 및 덕트의 누기를 고려하여야 한다.

6) **종방향 풍속제어**
① 배기구를 통한 배연은 종방향 풍속이 작을수록 효과적이다. 따라서, 터널연장이 2,000m 이상인 터널에서는 종방향 풍속을 제어하기 위한 조치를 강구할 것을 권장한다.
② 종방향 풍속제어 방법 : 구간풍량제어, 제트팬, 제연보조설비(연기확산을 차단·지연 설비) 등이 있다.
③ 종방향 풍속제어 방법의 적정성 여부는 시뮬레이션이나 모형실험을 통해서 검증하여야 한다.

7) **장점**
① 종류식에 비하여 배연이 용이(환기성능이 우수)하다.
② 양방향 터널에 적용 가능하다.
③ 외기의 영향이 적다.

8) **단점**
① 급·배기 설비 등 설비비가 많이 든다.
② 송풍기가 다익형으로 공기의 흐름이 일방향으로 고정된다.
③ 화재발생이 배기방향과 반대일 경우 먼 구간의 연기유동이 발생하는 문제가 있다.

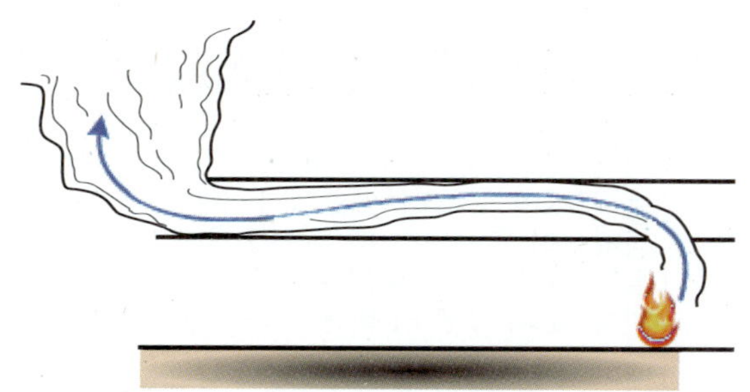

▌ 횡류방식의 연기의 흐름 ▌

④ 터널 전체에서 급·배기하는 것이 아니라 일부분에서 급·배기하는 시퀀스가 필요(대비기구방식)하다.

> **꼼꼼체크** **시퀀스(sequence)** : 장비의 기동버튼을 누르면 전기적으로 결정되어 있는 순서를 거쳐 운전한다. 이 일정한 순서를 표현한 전기회로도를 시퀀스도 또는 시퀀스라고 한다.

(3) 반횡류환기방식

1) 터널 안의 배기가스와 연기 등을 배출하는 환기설비로서 터널에 수직배기구를 설치해서 횡방향과 종방향으로 기류를 흐르게 하여 환기하는 방식을 말한다.

2) 터널에 급기 또는 배기 덕트를 시설하여 급기 또는 배기만을 수행하는 환기방식이다.

(4) 종류식과 횡류식의 비교

구 분	횡류식	종류식
연기제어 개념	• 연기배출(exhaust smoke) • 큰 화재적용 시 성능이 저하 • 기류를 바닥에서 천장으로 흐르게 하는 방식(기류방향이 횡류방향)	• 연기제어(smoke control) • 유동방향 제어가 용이 • 기류를 출입구 방향으로 흐르게 하는 방식(기류방향이 종류방향)
환기팬의 운전제어	급기 반횡류식의 경우, 화재 시 배연모드로 전환하기 위한 대기시간과 역전운전 후에 정상가동에 필요한 시간지연이 길다.	일반적으로 30초에서 1분 이내에 제트팬은 정상운전속도에 도달하지만, 터널 내 풍속이 정상상태에 도달하기 위해서는 시간지연이 필요하다.
배연을 위한 환기용량 산정	$Q_b = A_r \cdot V_r + Q_s$ 화재강도에 따른 연기발생량 및 연기의 확산을 억제할 수 있도록 최소한의 풍속을 얻기 위한 풍량에 의해서 배연량을 결정한다.	$V_r = K_g F_{rc}^{-\frac{1}{3}} \left(\dfrac{gHQ}{\beta \rho_0 C_p A_r T_f} \right)^{\frac{1}{3}}$ 연기의 역류를 억제하기 위한 임계풍속을 유지할 수 있도록 제트팬 설치대수를 결정한다.
통행방식에 따른 적용	• 일방통행 터널의 경우에는 차량의 운행에 의해서 발생하는 피스톤효과에 의한 풍속이 상시 존재하므로 열기류의 방향성 제어가 곤란하며, 일방통행 터널보다는 대면통행 터널에 대한 적용성이 우수하다. • 도시지역	• 대면통행보다는 일반통행과 지방터널에 대한 적용성이 우수하다. • 교통정체 시에는 연기가 화재하류지역의 차량이나 대피자를 덮칠 수 있다. • 이와 같은 이유로 외국에서는 단순히 제트팬에 의한 종류식은 정체빈도가 높은 도시지역의 터널과 대면통행 터널에 대한 적용을 금지하는 경우도 있다.

구 분	횡류식	종류식
기능향상방안	대배기구방식에 의해서 화재지점에서 집중적으로 연기를 배기할 수 있는 시스템 구축이 필요하다. 제어의 정확성이 요구되며 배기구의 개폐 조절을 위한 전동댐퍼의 설치로 인하여 설치 및 유지 관리 비용이 증대한다.	연기가 전구간으로 확산되는 것을 억제하기 위해서 일정 간격으로 수직갱 또는 배기덕트를 설치하여 구간배연을 통해 연기의 배기능력을 증대할 필요가 있다.
비상전원	배기 또는 급기 목적의 대형 축류팬은 비상전원시설에 의한 가동이 가능하나 발전실 규모와 용량이 증대된다.	종류식의 주제연설비인 제트팬은 비상발전기에 의해서 가동되도록 시설하고 있어, 정전 등의 비상 시 제연이 가능하다.

06 배연 및 제연 용량 산정식

(1) 배연 및 제연 용량

구 분	(반)횡류식(환기량)		종류식(방연풍속)
방재용량 계산식	$Q_b = A_r \cdot V_r + Q_s$ 여기서, Q_s : 연기발생량 　　　　V_r : 방연풍속 　　　　A_r : 터널개구면적		$V_r = K_g F_{rc}^{-\frac{1}{3}} \left(\dfrac{gHQ}{\beta \rho_0 C_p A_r T_f} \right)^{\frac{1}{3}}$
	균일배기방식 $Q_E = 80 + 3.0 A_r$ 이상	대배기구방식 $Q_E = 80 + 1.0 A_r$ 이상	
정체차량 수 (일방향 기준)	$n = \dfrac{N \cdot L}{V_t} + N \cdot \dfrac{3}{60}$ 여기서, N : 시간당 교통량 　　　　L : 터널연장 　　　　V_t : 주행속도		−

(2) 배기구의 설치간격 : 약 100m 정도를 이격하여 설치한다.

(3) 배연구역은 화재발생지점을 중심으로 200~300m 정도를 설정한다.

(4) 배기구에서 풍속은 15m/s 이하를 유지한다.

(5) 댐퍼(damper)는 충분한 밀폐성능을 확보하여야 한다.

07 고려사항

(1) 제연설비와 자동소화설비와의 관계를 고려한다.

(2) 화재 시 진입금지 표시를 한다.

(3) 제연설비 설계 시 기준에 교통량을 고려하여야 한다.

(4) CFD, Scale 모델링이 필요하다.

(5) **터널의 가연물** : 차량(유류), 전선 등 전기설비

(6) **터널의 점화원** : 차량사고, 정전기, 케이블 화재

(7) 피스톤 효과를 고려하여야 한다. 이를 교통환기력이라고도 한다.

> **꼼꼼체크 교통환기력** : 차량이동에 따라 차량이 공기를 밀어서 발생하는 환기력

  1) **피스톤 효과** : 터널을 운행하는 차량의 공기저항에 의해 기류를 형성하는 효과로 교통환기력을 발생시켜 외부 자연풍 외에 자연환기를 유도하는 역할을 한다.

  2) **차도 내의 한계풍속**

    ① 인명안전 측면 : 보행자나 운전자에게 이동을 곤란하게 하고 사고를 유발시킬 수 있다.

    ② 환기시스템 측면 : 승압이 증가하면 환기시스템의 효율이 감소한다.

    ③ 따라서, 일방향 터널의 경우 10m/s, 양방향 터널의 경우 8m/s 이상이 되면 기계식 팬의 설치가 곤란하다. 왜냐하면 교통환기력이 기계환기력을 초과하기 때문이다.

08 역기류(back layer)

(1) 화재가 발생하면 생성된 연기가 부력에 의해 수직으로 상승한 뒤 터널의 길이방향으로 전파된다.

(2) 피난방향으로 연기가 전파되지 못하도록 피난방향의 외부에서 공기(기류)가 공급되는데 이 기류를 이기고 연기가 전파되는 것을 역기류라 한다.

(3) **역기류의 발생이유**

  1) 터널 내 배연설비의 용량이 부족할 때 발생한다.

  2) 피난방향의 반대방행으로 바람이 부는 경우에 발생한다.

(4) 역기류가 발생하지 않도록 불어주는 최소한의 유속을 임계유속(critical velocity)이라고 한다. 임계유속은 앞에서 기술한 바와 같이 아래의 약식을 많이 사용한다.

$$V = 0.292 \cdot \left(\frac{Q}{w}\right)^{\frac{1}{3}}$$

여기서, V : 임계유속[m/s], Q : 열방출률[kW], w : 개구부 폭[m]

  1) **임계유속의 영향인자**

    ① 터널의 높이

    ② 면적

    ③ 화재하중

④ 화재강도
⑤ 터널의 길이
⑥ 터널의 경사도
⑦ 팬(fan)의 용량
⑧ 바람의 방향

2) 동일 화재하중일 경우 터널의 높이와 면적이 클수록 임계유속이 감소하고 화재하중이 클수록 임계유속은 커진다. 따라서 터널의 단면이 커지면 연기가 체류할 수 있는 용량이 커지고 연기가 냉각되므로(터널 내벽과 접촉하여 열을 빼앗김) 확산속도가 감소한다.

3) 화재하중 및 가혹도 등은 화재시뮬레이션에 의해 설계된다.

09 결 론

(1) 일반적으로 횡류환기방식의 경우 배연은 용이하나 연기흐름을 제어하는 능력이 떨어지며, 종류환기방식의 경우 제어능력은 우수하나 배연능력이 떨어진다.

(2) 적절한 화재시나리오에 따른 최적의 제연설비 설계 및 설치는 인명안전 및 구조물 보호에 매우 중요한 요소이다.

(3) 터널에서 화재 등 재난이 발생할 경우 효과적으로 연기를 배출할 수 있도록 터널길이, 교통량, 통행방식 등의 상황에 맞는 설계기준이 필요하다.

 • 스로틀링(throttling) 효과
  – 화재점을 지나는 공기의 팽창과 가속 때문에 공기유동이 방해받는 현상이다.
  – 고온공기의 빠른 유동으로 인하여 화재 하류지점에서는 점성손실이 증가한다.
  – 고온의 가스와 외부 공기의 밀도차에 의하여 터널 내 공기속도는 커지기도 하고 작아지기도 한다.
  – 화재점 화류에 있는 배기팬은 달라진 공기밀도로 인하여 성능 특성이 저하된다.
• 가압운전모드 : 양방향 터널에서 화재터널보다 대피터널의 압력을 상승시켜 화재터널의 연기가 대피터널로 침입하는 것을 방지하기 위한 운전모드이다.

터널 자동소화시설

01 개 요

(1) 터널에서 발생하는 강력한 화재는 다른 차량들을 발화시켜 터널구조 및 인명안전에 큰 위험이 된다.

(2) 따라서 화재발견 시 자동으로 조기에 소화 및 연소확대를 방지하는 대책이 요구된다.

02 목 적

(1) 연소확대(화재전파) 방지

(2) 인명보호

(3) 구조물 안정성(내화성능 확보)

03 화재확산 메커니즘

(1) 근거리 차량은 화염에 직접 닿아서 접염에 의한 화재가 발생할 수 있다.

(2) 열기류에 의하여 원거리 차량 간 건너뛰기 화재(jumping fire)가 발생할 수 있다.

(3) 가솔린 등의 액체유동에 의한 전파가 발생할 수 있다.

(4) 아스팔트 도료에 의한 화염전파가 발생할 수 있다.

04 적용 System 검토

(1) 스프링클러설비

1) 많은 양의 저수량 및 배수시설이 필요하다.

2) 유류 유출에 의한 화재 시 연소면 확대의 우려가 있다.

3) 터널 전체에 설치 시 과다한 비용으로 인해 설치가 곤란하다.

(2) 포소화설비

1) 유류화재에 적응성이 있다. 저팽창포를 이용한 2차원 소화가 가능하다.

2) 합성계면활성제포를 이용한 고팽창포를 사용 시에는 발포를 함으로써 단시간에 공간을 채워서 3차원 소화가 가능하다.

3) 포의 특성에 의해 미끄럽고, 호흡곤란 등의 문제가 발생하여 피난에 악영향을 줄 우려가 있어 설치가 곤란하다.

(3) 물분무설비

1) 현재 우리나라에서 주로 적용하는 시스템으로 방수밀도 $6L/m^2 \cdot min \times 40$분을 요구하고 있다.

2) 3,000m 이상의 방재등급 1등급 터널에 적용한다.

3) 물분무시스템의 장점

① 환경친화적 소화시스템이다.

② 인체에 무해하다.

③ 매우 작은 직경의 파이프를 이용한 간편하고 저렴한 설비비용을 가진다.

④ 기존의 스프링클러시스템보다 획기적 소량의 물을 사용(90% 절감)한다.

⑤ 화재진압의 효율성이 높다.

⑥ 화재진압을 위한 진입 시 온도하강 효과의 탁월한 성능을 발휘한다.

⑦ 소화 후 잔여 오염물로 인한 환경피해가 최소화된다.

⑧ 화재진압 과정에서 발생하는 물로 인한 2차적 피해가 최소화된다.

4) 물분무시스템의 단점

① 유류화재 시 스프링클러에서 분사된 물이 기름을 넓은 지역으로 확산시키는 역효과로 화재확산의 우려가 있다.

② 특정 물질과 물이 접촉하여 화학반응에 의해서 위험한 반응을 할 수 있다.

③ 증발증기가 가시거리를 저해할 가능성이 있으며, 연기의 냉각으로 성층화를 파괴하고 연기층을 강하 및 교란시켜 피난시간의 축소를 가져올 수 있다.

④ 차량 밖의 화재는 진압이 가능하나, 엔진룸이나 차량 내부의 화재에는 효과적이지 못하다.

⑤ 유류 증발가스가 폭발적인 혼합물을 구성할 수 있으며, 이로 인해서 폭발적인 재발화가 발생할 수 있다.

⑥ 설치비용 및 유지 관리비가 고가이다.

⑦ 터널과 같이 기류가 상시 존재하는 터널에서의 효과에 대한 신뢰성 평가가 미흡하다.

5) 해외 사례

① 일본 : 물분무소화설비의 설치를 적극적으로 활용하고 있다.

② 유럽 : 물분무소화시스템에 대한 실험적인 연구는 활발히 이루어지고 있으나, 터널 내 설치기준의 제정에 있어서는 소극적 자세로 인해 터널에의 적용이 미미한 실정이다.

③ 해외 사례 비교표

국 가	적용대상	비 고
국내	3,000m 이상 + 행정안전부령이 정한 위험등급 이상	–

일본	AA등급은 1,000m 이상, A등급은 3,000m 이상, 교통량 4,000대/일 이상의 양방향 통행터널에 설치	• 한쪽 벽에 설치
		• 물분무헤드의 설치간격 4~5m 정도
		• 차도 위 6m 정도
		• 화재통보에 의한 방수타이머 기동 후 아래의 시간 경과 후 자동으로 방수하는 것을 원칙으로 한다.
		  – 일방 통행 터널 : 3분
		  – 양방 통행 터널 : 10분
		• 방수압 0.29MPa 이상으로 차선폭 범위 내의 도로면 $1m^2$에 6L/min 이상 한번에 방수
		• 방수구간은 75m 이상으로 하고 구간경계의 화재에 대해서는 2~3구간 동시 방수
		• 물분무방수의 예고방송은 3회 이상

미국	일반적으로 적용하지 않고, 위험물수송이 허용된 3개의 터널에서 특정 형태의 물분무설비를 갖추고 있다.	
유럽	모든 터널에 물공급설비가 필요하며, 물분무설비에 대한 규정은 없다.	

6) 터널모형 화재실험을 통한 방수량 측정 및 온도측정 결과 물분무소화설비의 특징

① 화재진압효과는 거의 없으나, 화재의 제어효과는 뚜렷하다.

② A급 화재 및 B급 화재에도 화점의 근거리를 제외한 터널 대부분 공간에서 물분무시스템에 의한 온도강화 효과가 뚜렷하며, 강하된 온도를 유지한다.

③ 터널 내 풍속이 있을 경우는 온도강하의 시간이 지연되나, 일정 시간이 지나면 온도강하의 경향을 나타낸다.

(4) 미분무수(water mist)

1) 현재 터널에 적용한 사례는 거의 없지만 활발한 연구가 진행되고 있다.

2) 소화효과

① 기상 냉각 및 질식 효과가 있다.

② 가연물을 미리 적신다.

③ 복사열을 차단한다.

3) 문제점 : 터널 내 발생하는 기류에 의한 날림이 가장 큰 문제점이다. 따라서 이를 개선하기 위해서는 Class Ⅲ 크기 이상이어야 한다.

05 검 토

(1) 국토교통부 "도로터널 방재시설 설치 및 관리지침"에서는 자동소화시설의 경우 3,000m 이상의 방재등급이 1등급 이상인 장대터널에 설치할 것을 권장하고 있는데, 위험물수송 차량의 통과가 허용되거나 차량운행 수가 많아 위험성이 증대되는 경우에는 적용대상의 확대적용이 필요하다.

(2) 내화성능이 있는 자재에 의해 방호되지 않는 터널에는 자동식 소화설비의 설치가 필수적이다. 왜냐하면 물분무 등 소화설비를 통한 화재제어로 터널의 온도를 제한함으로써 붕괴를 방지할 수 있기 때문이다.

(3) 도로터널에 자동식 소화설비를 설치할 경우 발생할 수 있는 문제점은 아무래도 설치비용과 관련되어 있다. 그러나 화재발생 시 엄청난 피해(예 몽블랑터널화재 약 500억)가 발생하므로 일정 규모 이상의 터널에는 자동식 소화설비의 설치가 필수이다.

차량화재(vehicle fires)

01 개 요

2010년을 기준으로 차량화재는 총 화재 41,862건 중 5,783건으로 전체 화재의 13.81%를 차지하고 있고, 그 결과로 18명의 사망자, 109명의 부상자가 발생했다. 따라서 화재 빈도가 높고 날로 증가되는 추세이므로 이에 대한 분석과 이해를 통해 대비책과 개선방안을 도출하고자 한다.

02 차량화재의 분류

(1) 차량 외부 또는 내부에서 가연물을 이용하여 발화시키는 방화

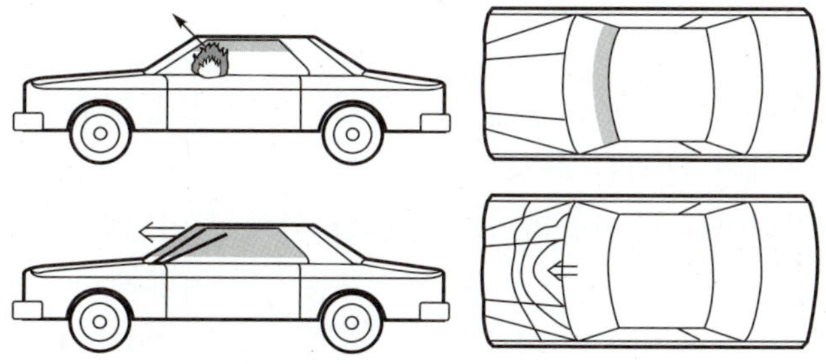

▌ 차량 내부에서 발화된 화재[72] ▌

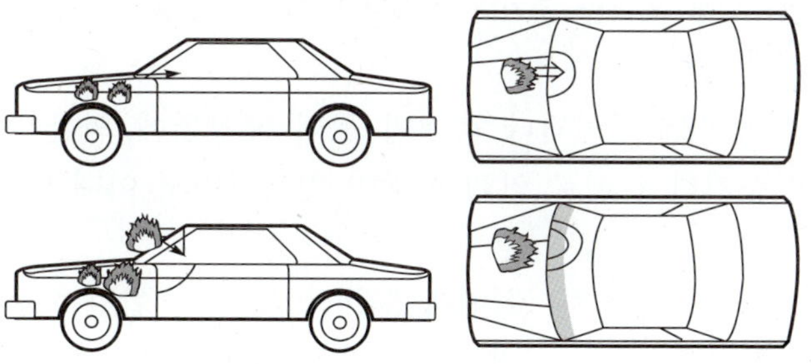

▌ 엔진에서 발화된 차량화재[73] ▌

(2) 충돌사고의 영향에 의한 화재

(3) 차량의 구조적 결함에 의한 화재

---

72) NFPA 921 FIGURE 25.8.1.1(a) Fire Pattern Development from an Interior Origin.
73) NFPA 921 FIGURE 25.8.1.1(b) Fire Pattern Development from an Engine Compartment Origin.

03 차량구조상 주요가연물과 발화원[74]

(1) 차량구조상의 가연물 : 급속한 연소반응이 일어나는 가연물로서 차량연료로 사용되는 가솔린(gasoline), 경유(diesel), 액화석유가스(LPG) 등이 있으며, 그 외 차량에서 사용되는 엔진오일, 브레이크유, 변속기오일, 차체의 도장페인트, 전기배선, 차·흡음재, 시트 및 내장재, 타이어, 범퍼 등이 있다.

1) 엄청나게 다양한 요소와 물질이 차량화재의 최초 착화물(first materials ignited)로 작용할 수 있다.

2) 또한 일단 화재가 발생하면 위 물질은 화재의 2차 연료로 작용하여 화재성장과 크기에 큰 영향을 미친다.

(2) 차량구조상의 발화원 : 차량구조상의 열 또는 불꽃발생 요소가 점화원이 될 수 있는데 여기에는 기관과열, 엔진 역화(back fire), 배기과열, 베어링 및 바퀴(타이어)의 발열, 점화계통, 충전·시동 장치, 기타 각종 전기장치의 누설, 단락, 합선, 피복 손상 등이 있다.

1) **화염 노출(open flames)**

① 카뷰레터 차량(carbureted vehicle)의 화염노출은 카뷰레터(carburetor)를 통한 역화(backfire)에 의해 발생한다. 여기서의 역화는 혼합가스가 실린더실에서 폭발하여 발생한 화염이 다시 기화기 쪽으로 전파되는 현상을 말한다. 하지만 화염전파는 에어클리너가 적절한 위치에 있으면 가연성 가스 농도가 희박해져서 발생가능성이 낮다. 현재의 자동차는 카뷰레터를 사용하지 않고 연료분사 시스템을 사용하므로 이로 인한 화재발생은 점차 감소하는 추세이다.

> **꼼꼼체크 카뷰레터(carbureter)** : 엔진의 상태와 도로상태 그리고 대기의 상태에 따라 에어클리너를 통과한 공기와 가솔린을 적절한 비율로 혼합하는 기화기를 카뷰레터라고 한다.

② 차량에 놓아둔 라이터나 충전지 등이 태양열에 의한 과열로 증기가 발생하여 압력이 증가하고 이로 인해 폭발이 일어나면서 이때 발생한 에너지가 발화원이 된다.

③ 후화(after fire) : 실린더실에서 불완전연소된 혼합가스가 배기배관으로 들어가서 고온의 배기가스와 섞이면서 고온의 에너지에 의해서 발화를 일으키는 현상이다.

2) **전기에 의한 발화원(electrical sources)**

① 엔진이 가동되지 않는 상태에서는 차량의 주된 발화원은 배터리가 될 수 있다. 배터리 폭발사고는 배터리 종류 및 사용환경에 따라 다르다. 일반적으로 자동차 배터리는 연축전지로 보수형과 무보수 밀폐형으로 구분된다. 보수형은 증류

---

74) NFPA 921(2011 Edition)에서 주요내용 번역·발췌하여 정리

528

　　수를 보충하는 방식이고 무보수형은 보충하지 않는 방식이다.

　　㉠ 보수형 : 과충전으로 인하여 전해액이 고갈되고, 극판에 고열 등이 발생할 경우 내부의 수소가스에 인화원이 되어 폭발이 발생할 수 있다. 연축전지는 전기를 생성시키는 화학적 과정에서 수소가스가 발생하지만, 이 수소가스는 배터리 내부에서 다시 흡수되고 환원되는 과정을 거치므로 외부로 방출되는 수소가스의 양은 매우 적다. 그러나 밀폐되고 협소한 공간에서는 적은 양의 수소가스라도 폭발의 위험을 가질 수 있으므로, 배터리를 설치하거나 사용하는 장소는 환기가 원활히 이루어져야 한다. 따라서 가수하는 보급수가 빠져 나오는 구멍이 먼지 등으로 막혀 있는 상태에서 계속 과충전을 시키면 내부 압력이 증가하여 폭발할 수 있다. 또한 청소 시 정전기로 인하여 폭발할 수 있으며, 배터리 단자가 느슨한 상태에서 시동을 걸 경우 대전류에 의한 스파크가 가스를 점화시켜 폭발이 발생할 수도 있다. 기타 증류수가 부족하여 극판이 공기 중에 노출되거나 불량 증류수를 보충하여 극판의 변형이 발생할 경우에도 극판 간 단락에 의한 폭발사고가 발생할 수 있다.

　　㉡ 무보수형 : 전해액의 유출과 수분증발로 인한 보수의 불편함을 배터리의 설계에서 보완하여 전해액의 유지 관리가 필요 없는 배터리이다.

② 주행 중인 차량은 아래와 같이 전기설비에 의한 다양한 점화원을 가지게 된다.

　　㉠ 배선 과부하(overloaded wiring) : 특히 과전류에 의해서 발생한 열이 즉시 방산되지 않는 구조의 자동차용 배선이나 대시패널(dash panel) 아래에 있는 액세서리 배선의 경우는 케이블이 다발로 묶여 있는 구조로 온도가 다른 장소에 비해 더 상승할 수밖에 없다. 따라서 그만큼 위험성이 증대된다.

꼼꼼체크　대시패널(dash panel) : 자동차의 엔진룸과 실내 사이에 있는 패널

　　㉡ 전기적 단락과 아크 발생(electrical short circuits and arcs) : 전도체의 절연이 약화되고(worn) 깨지고(brittle) 금이 가거나(crack) 손상될(damage) 경우에는 접지된 표면에 접촉하면서 아크가 발생할 수 있다. 특히 자동차는 오일이나 가스를 연료로 사용하기 때문에 아크로 인하여 발생한 작은 열이라도 오일이나 가스의 발화원이 될 수 있는 충분한 에너지를 가지게 된다.

　　㉢ 차량에 사용되고 있는 외부 전원(external electrical sources used in vehicles)

3) **고온표면(hot surfaces)** : 배기계통, 촉매변환기는 약 700℃(1,300℉)로 운전됨에 따라 이들 고온표면과 미연소 배기가스의 직접적인 접촉을 통해 착화가 가능하다.

4) **기계적인 불꽃(mechanical sparks)** : 금속 대 금속 간의 접촉(강철, 철 또는 마그네슘)이나 금속 대 포장도로 간의 접촉 시 발생하는 기계적인 불꽃은 가연성 가스·증기 또는 분무상태의 액체에 착화시킬 수 있는 충분한 에너지를 가지게 된다.

5) **담배(smoking materials)** : 담뱃불이 재떨이나 시트 물질에 옮겨 붙어 훈소화재를 발생시킬 수 있다.

04 차량화재의 특징

(1) 유류나 가연성 가스를 사용하고 폐쇄공간이 아닌 노출공간에서 발생하므로 순식간에 전소로 이어져 차량 전부를 잃는 재산피해로 이어질 수 있다.

(2) 대다수가 도로에서 발생하므로 사고 규모를 떠나 차량정체로 이어져 소방차 접근이 지연된다. 따라서 공공소방대에 의한 초기 진압이 사실상 불가능하다.

(3) **자동차화재의 유형** : 화재발생을 원인별로 분석하면 전기로 인한 화재가 가장 많고 그 다음으로 연료, 배기계통 순으로 발생한다.
 1) 기계적 요인 : 엔진과열, 정비불량, 축베어링 마모, 팬벨트 마모
 2) 전기적 요인 : 과부하, 배선절연손상, 접촉불량
 3) 연료계통의 요인 : 연료라인의 결함, 윤활유 누출, 맞불
 4) 교통사고
 5) 방화 : 내부 방화, 외부 방화

(4) 유류나 가스를 사용하기 때문에 화재발생 시에 이들 연료를 가열하거나 착화시켜 유류나 가스화재가 될 수 있다.

05 차량화재 예방의 문제점

(1) **도로교통법의 소화기 비치 의무차량**
 1) 위험물 운송차량
 2) 가스운송화물차
 3) 7인 이상의 승합차

(2) 위 차량 외에는 소화기 비치 의무에서 제외되므로 제외된 차량의 경우 소화기 미비치로 초기 화재진압에 어려움이 있다.

(3) 차량 유리가 통유리로 설치되어 있어 피난에 지장이 발생할 수 있다.

(4) 교통사고로 인하여 문 등이 파손되어 피난에 지장이 있을 수 있다.

(5) 차량의 연료로 휘발유, 경유, LPG 등이 이용됨으로써 이를 통한 급격한 화재확산의 우려가 있다.

(6) 차량이 밀폐구조로 되어 있어 차량 내부 화재 시에 외부에서 소화가 곤란한 문제점이 있다.

06 차량화재 예방을 위한 대책

(1) 차량에 대한 일상점검과 정기점검을 생활화한다.

(2) LPG 차량의 경우에는 가스누출 점검을 주기적으로 하고 타르 제거방법, 각종 밸브의 종류와 기능 등의 취급요령을 숙지한다.

(3) 인화성 물질 또는 가연성 물질을 트렁크 또는 실내에 싣고 다니지 않는다.

(4) 연료장치나 전기장치에 대한 불법개조는 절대금지한다.

(5) 차량 주변에서의 흡연을 금지한다. 특히 주유 중에 위험하다.

(6) 차량에는 반드시 휴대용 소화기를 비치하여 화재피해에 대비한다.

(7) 차량 내에 라이터나 축전지를 넣어두지 않는다.

공동주택 화재(apartment fire)

01 개 요

(1) 정의 : 하나의 건물 내에 서로 독립적인 여러 세대가 공동으로 거주하는 주거의 형태이다.

(2) 종류와 범위

1) **아파트** : 주택으로 쓰이는 층수가 5개층 이상인 주택

2) **연립주택** : 주택으로 쓰이는 1개 동의 연면적(지하주차장 면적 제외)이 660m^2를 초과하고, 층수가 4개층 이하인 주택

3) **다세대 주택** : 주택으로 쓰이는 1개 동의 연면적(지하주차장 면적 제외)이 660m^2 이하인 4개층 이하인 주택

4) **기숙사** : 학교 또는 공장 등의 학생 또는 종업원 등을 위해 사용되는 것으로서 공동 취사 등을 할 수 있는 구조이되, 독립된 주거 형태를 갖추지 않은 것

(3) 공동주택의 화재는 전체 화재의 10% 이상이고 화재로 인한 인명피해가 심하므로 특성에 적합한 방호대책을 수립하여야 한다.

02 특 성

(1) 건축 특성

1) 이웃세대와 인접되어 연소확대의 우려가 있다. 한 가구에서 주변 타가구로 확대(발코니 등 확장)가 용이하다.

2) 단열이 우수하고 세대별 폐쇄구조로 전실화재의 발생 가능성이 높다.

3) 세대별 칸막이가 된 폐쇄구조이다.

① 장점 : 방호구획으로 구획되어 인접한 집으로의 연소확대 방지에 유리하다.

② 단점

㉠ 폐쇄구조로 복도의 비상방송이나 경보가 잘 들리지 않는다.

㉡ 피난자가 집 안에 갇히기가 쉽다.

㉢ 소방대의 진입이 어렵다.

4) 외부로 통하는 현관문이 하나로 되어 있어 피난조건이 불량하다.

5) 초고층 아파트는 탑 형태(타워형)로 공간적으로 폐쇄된 형태를 가진다.

① 단점

㉠ 고층 특유의 바람의 영향을 받기 쉬워 드래프트 효과에 의한 영향이 크다.

   ⓛ 층이 높을수록 상층 연소확대 우려가 크다.

   ⓒ 소방대가 화재층으로 접근하는데 시간적, 공간적 제약을 많이 받는다.

6) 계단이나 복도를 여러 세대가 공용하여 피난에 장애가 있다.

7) 창에 발코니가 설치되어 있다.

  ① 장점 : 발코니는 상층 연소확대 방지 또는 피난공간으로 활용할 수 있다.

  ② 단점 : 발코니에 가연물을 적재한 경우는 피난장해를 유발하고 연소확대매체가

   되어 오히려 화재를 확산시킨다.

(2) 거주자 특성

1) 사적공간이다.

  ① 장점 : 외부로 부터의 방화나 침입에 대해서는 안전성이 높다.

  ② 단점

   ⊙ 사적공간으로 소유자 이외에는 내부에서 벌어지는 정보를 알수가 없다.

   ⓛ 관리자도 쉽게 내부로 들어갈 수 없다.

2) 생활의 용도로 화원을 사용하므로 피할 수가 없다.

  ① 단점

   ⊙ 가연성 가스와 가연물이 존재한다.

   ⓛ 주방, 난방 등의 목적으로 각종 불씨와 연료가 존재한다.

3) 노약자, 어린이 등의 비율이 높아서 화재 시 피난능력이 낮다.

  ① 단점

   ⊙ 피난속도가 성인에 비해서 느리다.

   ⓛ 상황 대처능력이 떨어진다.

4) 취침 중 화재 시 피난감지 및 준비시간이 길다.

  ① 단점

   ⊙ 호텔이나 숙박업소와 마찬가지로 야간에는 숙면 때문에 화재의 발견이 늦어

   진다.

   ⓛ 피난개시가 늦어지는 경우가 많다.

(3) 연소 특성

1) 화기시설(주방, 보일러실)과 가전기기 등의 사용이 많아 화재발생의 위험이 크다.

2) 내장재에 대한 제한이 없으므로 화재발생 시 연소속도가 빠르다.

03 대응책

(1) 기본적인 내장재는 불연재를 사용하거나 방염처리하여 화재의 발생을 예방할 것

(2) 발화한 경우 가연물에 의해 화재 확산속도가 빠르므로 초기 소화에 신뢰도가 높은
주거형(조기반응) 스프링클러헤드를 사용할 것

(3) 고층 아파트의 경우는 강풍 또는 드래프트 효과에 의해 창에서 불출화염으로 상층으로 연소확대 우려가 크므로 가연물이 없는 발코니, 캔틸레버, 스팬드럴 등을 설치할 것

(4) 노약자 및 취침에 의한 피난능력 약화를 고려한 피난계획과 방호대책을 수립할 것

(5) 고층 아파트는 소방대의 접근 또는 피난경로 및 구출경로를 확보할 것

04 아파트에 설치해야 하는 법정(NFSC) 소방시설

(1) 소화설비

1) 소화기구
   ① 수동식 소화기 : 각 세대별로 1대 이상 설치
   ② 자동확산 소화기 : 각 세대별 보일러실

2) **자동식 소화기** : 주방

3) **옥내소화전** : 연면적 3,000m^2 이상

4) **옥외소화전** : 1, 2층 바닥면적 9,000m^2 이상

5) **스프링클러(S/P)** : 11층 이상인 층의 전 층

(2) 경보설비

1) **자동화재탐지설비** : 1,000m^2 이상

2) **단독경보형 감지기**

3) **비상경보설비** : 400m^2 이상

(3) 피난설비

1) 유도등

2) **비상조명등** : 지하층을 포함한 층수가 5층 이상이고 연면적 3,000m^2 이상

(4) 소화활동설비

1) **제연설비** : 16층의 아파트에 부설된 특별피난계단

2) **비상콘센트**
   ① 지하층을 포함한 11층 이상인 APT의 11층 이상인 층
   ② 지하층의 층수가 3층 이상이고 지하층의 바닥면적 합계가 1,000m^2 이상인 것은 지하 전 층

3) **무선통신보조설비**
   ① 지하층의 바닥면적 합계가 3,000m^2 이상
   ② 지하층의 층수가 3개층 이상이고 지하층의 바닥면적 합계가 1,000m^2 이상 전 층

4) **연결살수설비** : 「주택법 시행령」 제21조 제4항에 따른 국민주택규모 이하인 아파트의 지하층(대피시설로 사용하는 것만 해당한다)과 교육연구시설 중 학교의 지하층에 있어서는 700m^2 이상인 것

5) **연결송수관설비** : 연면적 6,000m^2 이상, 지하층 포함 층수가 7층 이상

(5) 상수도 소화용수설비 : 연면적 5,000m^2 이상

05 결 론

아파트는 화재발생 시 인명피해 비율이 타화재에 비해 높아서 생명안전(life safety)에 의한 확실한 방재계획의 수립과 실행이 필요하다.

01 개 요

(1) 다중이용업소의 정의(「다중이용업소의 안전관리에 관한 특별법」 제2조 제1항 제1호) : "다중이용업"이란 불특정 다수인이 이용하는 영업 중 화재 등 재난발생 시 생명·신체·재산상의 피해가 발생할 우려가 높은 것으로서 대통령령으로 정하는 영업을 말한다.

(2) 다중이용업(「다중이용업소의 안전관리에 관한 특별법 시행령」 제2조) : 위 (1)에서 "대통령령으로 정하는 영업"이란 다음의 어느 하나에 해당하는 영업을 말한다.

1) 「식품위생법 시행령」 제21조 제8호에 따른 **식품접객업** 중 다음의 어느 하나에 해당하는 것

① **휴게음식점영업·제과점영업** 또는 **일반음식점영업**으로서 **영업장**으로 사용하는 바닥면적(「건축법 시행령」 제119조 제1항 제3호에 따라 산정한 면적을 말한다)의 합계가 $100m^2$(영업장이 **지하층**에 설치된 경우에는 그 영업장의 바닥면적 합계가 $66m^2$) 이상인 것. 다만, 영업장(내부 계단으로 연결된 복층구조의 영업장을 제외)이 **지상 1층 또는 지상과 직접 접하는 층에 설치되고 그 영업장의 주된 출입구가 건축물 외부의 지면과 직접 연결되는 곳에서 하는 영업을 제외**한다.

② **단란주점영업과 유흥주점영업**

2) 「영화 및 비디오물의 진흥에 관한 법률」 제2조 제10호, 같은 조 제16호 가목, 나목 및 라목에 따른 **영화상영관·비디오물감상실업·비디오물소극장업 및 복합영상물제공업**

3) 「학원의 설립·운영 및 과외교습에 관한 법률」 제2조 제1호에 따른 **학원**으로서 다음의 어느 하나에 해당하는 것

① 「화재예방, 소방시설 설치·유지 및 안전관리에 관한 법률 시행령」 [별표 4]에 따라 산정된 수용인원이 **300인 이상**인 것

② 수용인원 **100명 이상 300명 미만**으로서 다음의 어느 하나에 해당하는 것. 다만, 학원으로 사용하는 부분과 다른 용도로 사용하는 부분(학원의 운영권자를 달리하는 학원과 학원을 포함)이 「건축법 시행령」 제46조에 따른 방화구획으로 나누어진 경우는 제외한다.

㉠ 하나의 건축물에 **학원과 기숙사가 함께** 있는 학원

㉡ 하나의 건축물에 **학원이 둘 이상 있는 경우**로서 학원의 **수용인원이 300명 이상**인 학원

ⓒ 하나의 건축물에 위 1), 2) 및 아래의 4)부터 7)까지, 8)부터 11)까지 및 12) 의 다중이용업 중 어느 하나 이상의 다중이용업과 학원이 함께 있는 경우

4) 목욕장업으로서 다음에 해당하는 것

① 하나의 영업장에서 「공중위생관리법」 제2조 제1항 제3호 가목에 따른 목욕장업 중 맥반석이나 대리석 등 돌을 가열하여 발생하는 열기나 원적외선 등을 이용 하여 땀을 배출하게 할 수 있는 시설을 갖춘 것으로서 수용인원(물로 목욕을 할 수 있는 시설부분의 수용인원은 제외)이 100명 이상인 것

 **「공중위생관리법」 제2조 제1항 제3호 가목**
물로 목욕을 할 수 있는 시설 및 설비 등의 서비스

② 「공중위생관리법」 제2조 제1항 제3호 나목의 시설을 갖춘 목욕장업

「공중위생관리법」 제2조 제1항 제3호 나목
맥반석·황토·옥 등을 직접 또는 간접 가열하여 발생되는 열기 또는 원적외선 등 을 이용하여 땀을 낼 수 있는 시설 및 설비 등의 서비스

5) 「게임산업진흥에 관한 법률」 제2조 제6호·제6호의2·제7호 및 제8호의 게임제공 업·인터넷 컴퓨터 게임시설제공업 및 복합유통게임제공업. 다만, 게임제공업 및 인터넷 컴퓨터 게임시설제공업의 경우에는 영업장(내부 계단으로 연결된 복층구조 의 영업장은 제외)이 지상 1층 또는 지상과 직접 접하는 층에 설치되고 그 영업장의 주된 출입구가 건축물 외부의 지면과 직접 연결된 구조에 해당하는 경우는 제외한다.

6) 「음악산업진흥에 관한 법률」 제2조 제13호에 따른 노래연습장업

7) 「모자보건법」 제2조 제12호에 따른 산후조리업

8) 고시원업[구획된 실(室) 안에 학습자가 공부할 수 있는 시설을 갖추고 숙박 또는 숙식을 제공하는 형태의 영업]

9) 「사격 및 사격장 안전관리에 관한 법률 시행령」 제2조 제1항 및 [별표 1]에 따른 권총사격장(실내사격장에 한정하며, 같은 조 제1항에 따른 종합사격장에 설치된 경우를 포함)

10) 「체육시설의 설치·이용에 관한 법률」 제10조 제1항 제2호에 따른 골프연습장업 (실내 구획된 실을 만들어 스크린과 영사기 등의 시설을 갖추고 골프를 연습할 수 있도록 공중의 이용에 제공하는 영업에 한정)

11) 「의료법」 제82조 제4항에 따른 안마시술소

12) 법 제15조 제2항에 따른 화재위험평가결과 위험유발지수가 제11조 제1항에 해당 하거나 화재발생 시 인명피해가 발생할 우려가 높은 불특정다수인이 출입하는 영 업으로서 소방방재청장이 관계 중앙행정기관의 장과 협의하여 행정안전부령으로 정하는 영업

• 화재위험유발지수(「다중이용업소의 안전관리에 관한 특별법 시행령」 제11조)
법 제15조 제2항에 따른 "위험유발지수가 대통령령으로 정하는 기준 이상인 경우" 라 함은 [별표 4]의 D등급 또는 E등급인 경우를 말한다.

> **· 다중이용업(「다중이용업소의 안전관리에 관한 특별법 시행규칙」 제2조)**
> 「다중이용업소의 안전관리에 관한 특별법 시행령」 제2조 제8호에서 "행정안전부령으로 정하는 영업"이란 다음의 어느 하나에 해당하는 영업을 말한다.
> - 전화방업·화상대화방업 : 구획된 실(室) 안에 전화기·텔레비전·모니터 또는 카메라 등 상대방과 대화할 수 있는 시설을 갖춘 형태의 영업
> - 수면방업 : 구획된 실(室) 안에 침대·간이침대 그 밖에 휴식을 취할 수 있는 시설을 갖춘 형태의 영업
> - 콜라텍업 : 손님이 춤을 추는 시설 등을 갖춘 형태의 영업으로서 주류 판매가 허용되지 아니하는 영업

02 다중이용시설의 특징

(1) 건축물 특성

1) 인테리어의 잦은 교체로 내부 구조의 빈번한 변경이 발생한다.

2) 지하층에 설치된 시설이 많다.

3) 강화유리를 사용 시 파괴가 어렵다(피난에는 장애요인).

(2) 거주자 특성

1) 건물구조에 익숙하지 않은 불특정 다수인이 출입한다.

2) 이용자들이 비정상적인 상태(음주 또는 수면상태)에 처해 있는 경우가 많다.

3) 업주와 이용자의 안전의식이 부족하다.

4) 종업원이 빈번하게 교체되어 교육 및 훈련에 어려움이 있고, 전반적으로 안전의식이 낮다.

(3) 연소 특성

1) 다양한 유형의 가연물과 실내장식물 사용으로 유독가스의 발생 우려가 크다.

2) 지하층 등에 위치하는 경우가 많아 산소부족으로 훈소 등이 발생할 우려가 높다.

(4) 신종업종의 출현에 따른 제도적 관리가 미흡하다.

(5) 소규모 자영업자들이 영업을 하므로 소방시설에 대한 준비 및 투자가 부족하다.

03 다중이용업소에 설치해야 하는 소방시설

(1) 다중이용업소의 안전관리기준 등(「다중이용업소의 안전관리에 관한 특별법」 제9조)

① 다중이용업주 및 다중이용업을 하려는 자는 영업장에 대통령령으로 정하는 안전시설 등을 행정안전부령으로 정하는 기준에 따라 설치·유지하여야 한다. 이 경우 다음의 어느 하나에 해당하는 영업장 중 대통령령으로 정하는 영업장에는 소방시설 중 간이스프링클러설비를 행정안전부령으로 정하는 기준에 따라 설치하여야 한다.

  ㉠ 숙박을 제공하는 형태의 다중이용업소의 영업장

  ㉡ 밀폐구조의 영업장

② 소방본부장이나 소방서장은 안전시설 등이 행정안전부령으로 정하는 기준에 맞게 설치 또는 유지되어 있지 아니한 경우에는 그 다중이용업주에게 안전시설 등의 보완 등 필요한 조치를 명하거나 허가관청에 관계 법령에 따른 영업정지 처분 또는 허가 등의 취소를 요청할 수 있다.

③ 다중이용업을 하려는 자(다중이용업을 하고 있는 자를 포함)는 다음의 어느 하나에 해당하는 경우에는 안전시설 등을 설치하기 전에 미리 소방본부장이나 소방서장에게 행정안전부령으로 정하는 안전시설 등의 설계도서를 첨부하여 행정안전부령으로 정하는 바에 따라 신고하여야 한다.

　㉠ 안전시설 등을 설치하려는 경우
　㉡ 영업장 내부 구조를 변경하려는 경우
　　• 영업장 면적의 증감
　　• 영업장의 구획된 실(室)의 증감
　　• 내부 통로구조의 변경을 말한다.
　㉢ 안전시설 등의 공사를 마친 경우

④ 소방본부장이나 소방서장은 제3항 제1호 및 제2호에 따라 신고를 받았을 때에는 설계도서가 행정안전부령으로 정하는 기준에 맞는지를 확인하고, 그에 맞도록 지도하여야 한다.

⑤ 소방본부장이나 소방서장은 위 ③의 ㉢에 따라 공사완료의 신고를 받았을 때에는 안전시설 등이 행정안전부령으로 정하는 기준에 맞게 설치되었다고 인정하는 경우에는 행정안전부령으로 정하는 바에 따라 안전시설 등 완비증명서를 발급하여야 하며, 그 기준에 맞지 아니한 경우에는 시정될 때까지 안전시설 등 완비증명서를 발급하여서는 아니 된다.

(2) 소방시설과 영업장 내부 피난통로(「다중이용업소의 안전관리에 관한 특별법 시행령」 제9조)

법 제9조 제1항에 따라 다중이용업소의 영업장에 설치·유지하여야 하는 "안전시설 등"은 다음 [별표 1의2]와 같다.

[별표 1의2]

▌안전시설 등(제9조 관련) ▌

1. 소방시설
　가. 소화설비
　　1) 소화기, 자동확산소화장치
　　2) 간이스프링클러설비(캐비닛형 간이스프링클러설비를 포함). 다만, 다음의 영업장에만 설치한다.
　　　가) 지하층에 설치된 영업장

나) 무창층(「화재예방, 소방시설 설치·유지 및 안전관리에 관한 법률 시행령」 제2조 제1호에 따른 무창층(無窓層)을 말한다. 이하 이 표에서 같다)에 설치된 영업장

다) 제2조 제7호에 따른 산후조리업(이하 이 표에서 "산후조리업"이라 한다) 및 같은 조 제7호의2에 따른 고시원업(이하 이 표에서 "고시원업"이라 한다)의 영업장. 다만, 무창층에 설치되지 않은 영업장으로서 지상 1층에 있거나 지상과 직접 맞닿아 있는 층(영업장의 주된 출입구가 건축물의 외부의 지면과 직접 연결된 경우를 포함한다)에 설치된 영업장은 제외한다.

라) 제2조 제7호의3에 따른 권총사격장의 영업장

나. 경보설비

1) 비상벨설비 또는 자동화재탐지설비. 다만, 노래반주기 등 영상음향장치를 사용하는 영업장에는 자동화재탐지설비를 설치하여야 한다.

2) 가스누설경보기. 다만, 가스시설을 사용하는 주방이나 난방시설이 있는 영업장에만 설치한다.

다. 피난설비

1) 피난기구

가) 미끄럼대

나) 피난사다리

다) 구조대

라) 완강기

2) 피난유도선. 다만, 영업장 내부 피난통로 또는 복도가 있는 다음의 영업장에만 설치한다.

가) 제2조 제1호 나목에 따른 단란주점영업(이하 이 표에서 "단란주점영업"이라 한다)과 유흥주점영업(이하 이 표에서 "유흥주점영업"이라 한다)의 영업장

나) 제2조 제2호에 따른 영화상영관, 비디오물감상실업(이하 이 표에서 "비디오물감상실업"이라 한다) 및 복합영상물제공업(이하 이 표에서 "복합영상물제공업"이라 한다)의 영업장

다) 제2조 제6호에 따른 노래연습장업(이하 이 표에서 "노래연습장업"이라 한다)의 영업장

라) 산후조리업의 영업장

마) 고시원업의 영업장

3) 유도등, 유도표지 또는 비상조명등

4) 휴대용 비상조명등

2. 비상구. 다만, 다음의 어느 하나에 해당하는 영업장에는 비상구를 설치하지 않을 수 있다.

가. 주된 출입구 외에 해당 영업장 내부에서 피난층 또는 지상으로 통하는 직통계단이 주된 출입구로부터 영업장의 긴 변 길이의 2분의 1 이상 떨어진 위치에 별도로 설치된 경우

　나. 피난층에 설치된 영업장(영업장으로 사용하는 바닥면적이 $33m^2$ 이하인 경우로서 영업장 내부에 구획된 실(室)이 없고, 영업장 전체가 개방된 구조의 영업장을 말한다)으로서 그 영업장의 각 부분으로부터 출입구까지의 수평거리가 10m 이하인 경우

3. 영업장 내부 피난통로. 다만, 구획된 실(室)이 있는 다음의 영업장에만 설치한다.

　가. 단란주점영업과 유흥주점영업의 영업장

　나. 비디오물감상실업의 영업장과 복합영상물제공업의 영업장

　다. 노래연습장업의 영업장

　라. 산후조리업의 영업장

　마. 고시원업의 영업장

4. 삭제 〈2014.12.23.〉

5. 그 밖의 안전시설

　가. 영상음향차단장치. 다만, 노래반주기 등 영상음향장치를 사용하는 영업장에만 설치한다.

　나. 누전차단기

　다. 창문. 다만, 고시원업의 영업장에만 설치한다.

[비고]

1. "피난유도선(避難誘導線)"이란 햇빛이나 전등불로 축광(蓄光)하여 빛을 내거나 전류에 의하여 빛을 내는 유도체로서 화재발생 시 등 어두운 상태에서 피난을 유도할 수 있는 시설을 말한다.

2. "비상구"란 주된 출입구와 주된 출입구 외에 화재발생 시 등 비상 시 영업장의 내부로부터 지상·옥상 또는 그 밖의 안전한 곳으로 피난할 수 있도록 「건축법 시행령」에 따른 직통계단·피난계단·옥외피난계단 또는 발코니에 연결된 출입구를 말한다.

3. "구획된 실(室)"이란 영업장 내부에 이용객 등이 사용할 수 있는 공간을 벽이나 칸막이 등으로 구획한 공간을 말한다. 다만, 영업장 내부를 벽이나 칸막이 등으로 구획한 공간이 없는 경우에는 영업장 내부 전체 공간을 하나의 구획된 실(室)로 본다.

4. "영상음향차단장치"란 영상 모니터에 화상(畵像) 및 음반 재생장치가 설치되어 있어 영화, 음악 등을 감상할 수 있는 시설이나 화상 재생장치 또는 음반 재생장치 중 한 가지 기능만 있는 시설을 차단하는 장치를 말한다.

❚ 다중이용업소에 설치하는 소방시설 및 안전시설 ❚

구 분		내 용
소방 시설	소화설비	소화기, 자동확산소화기
		간이스프링클러설비(캐비닛형 간이스프링클러설비를 포함) • 지하층에 설치된 영업장 • 무창층에 설치된 영업장 • 산후조리업, 고시원업의 영업장. 다만, 무창층에 설치되지 않은 영업장으로서 지상 1층에 있거나 지상과 직접 맞닿아 있는 층(영업장의 주된 출입구가 건축물의 외부의 지면과 직접 연결된 경우를 포함)에 설치된 영업장은 제외한다. • 권총사격장의 영업장

구 분		내 용
소방 시설	경보설비	비상벨설비 또는 자동화재탐지설비. 다만, 노래반주기 등 영상음향장치를 사용하는 영업장에는 자동화재탐지설비를 설치하여야 한다.
		가스누설경보기. 다만, 가스시설을 사용하는 주방이나 난방시설이 있는 영업장에만 설치한다.
	피난설비	피난기구 • 미끄럼대 • 피난사다리 • 구조대 • 완강기
		피난유도선. 다만, 영업장 내부 피난통로 또는 복도가 있는 다음의 영업장에만 설치한다. • 단란주점영업과 유흥주점영업의 영업장 • 영화상영관, 비디오물감상실업 및 복합영상물제공업의 영업장 • 노래연습장업의 영업장 • 산후조리업의 영업장 • 고시원업의 영업장
		유도등, 유도표지 또는 비상조명등
		휴대용 비상조명등
방화시설		비상구
영업장 내부 통로		• 단란주점영업과 유흥주점영업의 영업장 • 비디오물감상실업의 영업장과 복합영상물제공업의 영업장 • 노래연습장업의 영업장 • 산후조리업의 영업장 • 고시원업의 영업장
안전 시설	영상음향차단장치	노래반주기 등 영상음향장치를 사용하는 영업장
	누전차단기	–
	창문	고시원업의 영업장

04 다중이용업소에 설치하는 소방시설 등의 설치기준(「다중이용업소의 안전관리에 관한 특별법 시행규칙」 [별표 2])

[별표 2]

안전시설 등 종류	설치·유지 기준
1. 소방시설	
가. 소화설비	
1) 소화기 또는 자동확산 소화장치	영업장 안의 구획된 실마다 설치할 것
2) 간이스프링클러설비	「화재예방, 소방시설 설치·유지 및 안전관리에 관한 법률」 제9조 제1항에 따른 화재안전기준에 따라 설치할 것. 다만, 영업장의 구획된 실마다 간이스프링클러헤드 또는 스프링클러헤드가 설치된 경우에는 그 설비의 유효범위 부분에는 간이스프링클러설비를 설치하지 않을 수 있다.

안전시설 등 종류	설치·유지 기준
나. 비상벨설비 또는 자동화재탐지설비	가) 영업장의 구획된 실마다 비상벨설비 또는 자동화재탐지설비 중 하나 이상을 「화재예방, 소방시설 설치·유지 및 안전관리에 관한 법률」 제9조 제1항에 따른 화재안전기준에 따라 설치할 것 나) 자동화재탐지설비를 설치하는 경우에는 감지기와 지구음향장치는 영업장의 구획된 실마다 설치할 것. 다만, 영업장의 구획된 실에 비상방송설비의 음향장치가 설치된 경우 해당 실에는 지구음향장치를 설치하지 않을 수 있다. 다) 영상음향차단장치가 설치된 영업장에 자동화재탐지설비의 수신기를 별도로 설치할 것
다. 피난설비	
1) 「화재예방, 소방시설 설치·유지 및 안전관리에 관한 법률 시행령」 [별표 1] 제3호 가목에 따른 피난기구(간이완강기 및 피난밧줄은 제외한다)	4층 이하 영업장의 비상구(발코니 또는 부속실)에는 피난기구를 「화재예방, 소방시설 설치·유지 및 안전관리에 관한 법률」 제9조 제1항에 따른 화재안전기준에 따라 설치할 것
2) 피난유도선	가) 영업장 내부 피난통로 또는 복도에 「화재예방, 소방시설 설치·유지 및 안전관리에 관한 법률」 제9조 제1항에 따라 소방청장이 정하여 고시하는 유도등 및 유도표지의 화재안전기준에 따라 설치할 것 나) 전류에 의하여 빛을 내는 방식으로 할 것
3) 유도등, 유도표지 또는 비상조명등	영업장의 구획된 실마다 유도등, 유도표지 또는 비상조명등 중 하나 이상을 「화재예방, 소방시설 설치·유지 및 안전관리에 관한 법률」 제9조 제1항에 따른 화재안전기준에 따라 설치할 것
4) 휴대용 비상조명등	영업장 안의 구획된 실마다 휴대용 비상조명등을 「화재예방, 소방시설 설치·유지 및 안전관리에 관한 법률」 제9조 제1항에 따른 화재안전기준에 따라 설치할 것
2. 비상구	가. 공통 기준 1) 설치 위치 : 비상구는 영업장(2개 이상의 층이 있는 경우에는 각각의 층별 영업장을 말한다. 이하 이 표에서 같다) 주된 출입구의 반대방향에 설치하되, 주된 출입구로부터 영업장의 긴 변 길이의 2분의 1 이상 떨어진 위치에 설치할 것. 다만, 건물구조로 인하여 주된 출입구의 반대방향에 설치할 수 없는 경우에는 영업장의 긴 변 길이의 2분의 1 이상 떨어진 위치에 설치할 수 있다. 2) 비상구 규격 : 가로 75cm 이상, 세로 150cm 이상(비상구 문틀을 제외한 비상구의 가로길이 및 세로길이를 말한다)으로 할 것 3) 비상구 구조 가) 비상구는 구획된 실 또는 천장으로 통하는 구조가 아닌 것으로 할 것. 다만, 영업장 바닥에서 천장까지 준불연재료(準不燃材料) 이상의 것으로 구획된 부속실(전실)은 그러하지 아니하다. 나) 비상구는 다른 영업장 또는 다른 용도의 시설을 경유하는 구조가 아닌 것이어야 하고, 층별 영업장은 다른 영업장 또는 다른 용도의 시설과 불연재료·준불연재료로 된 차단벽이나 칸막이로 분리되도록 할

안전시설 등 종류	설치·유지 기준
2. 비상구	것. 다만, 둘 이상의 영업소가 주방 외에 객실부분을 공동으로 사용하는 등의 구조 또는 「식품위생법 시행규칙」 [별표 14] 제8호 가목 5) 다)에 따라 각 영업소와 영업소 사이를 분리 또는 구획하는 별도의 차단벽이나 칸막이 등을 설치하지 않을 수 있는 경우는 그러하지 아니하다. 4) 문이 열리는 방향 : 피난방향으로 열리는 구조로 할 것. 다만, 주된 출입구의 문이 「건축법 시행령」 제35조에 따른 피난계단 또는 특별피난계단의 설치 기준에 따라 설치하여야 하는 문이 아니거나 같은 법 시행령 제46조에 따라 설치되는 방화구획이 아닌 곳에 위치한 주된 출입구가 다음의 기준을 충족하는 경우에는 자동문[미서기(슬라이딩)문을 말한다]으로 설치할 수 있다. 가) 화재감지기와 연동하여 개방되는 구조 나) 정전 시 자동으로 개방되는 구조 다) 수동으로 개방되는 구조 5) 문의 재질 : 주요구조부(영업장의 벽, 천장 및 바닥을 말한다. 이하 이 표에서 같다)가 내화구조(耐火構造)인 경우 비상구와 주된 출입구의 문은 방화문(防火門)으로 설치할 것. 다만, 다음의 어느 하나에 해당하는 경우에는 불연재료로 설치할 수 있다. 가) 주요구조부가 내화구조가 아닌 경우 나) 건물의 구조상 비상구 또는 주된 출입구의 문이 지표면과 접하는 경우로서 화재의 연소확대 우려가 없는 경우 다) 비상구 또는 주출입구의 문이 「건축법 시행령」 제35조에 따른 피난계단 또는 특별피난계단의 설치 기준에 따라 설치하여야 하는 문이 아니거나 같은 법 시행령 제46조에 따라 설치되는 방화구획이 아닌 곳에 위치한 경우 나. 복층구조(複層構造) 영업장(각각 다른 2개 이상의 층을 내부 계단 또는 통로가 설치되어 하나의 층의 내부에서 다른 층으로 출입할 수 있도록 되어 있는 구조의 영업장을 말한다)의 기준 1) 각 층마다 영업장 외부의 계단 등으로 피난할 수 있는 비상구를 설치할 것 2) 비상구의 문은 가목 5)에 따른 재질로 설치할 것(방화문) 3) 비상구의 문이 열리는 방향은 실내에서 외부로 열리는 구조로 할 것 4) 영업장의 위치 및 구조가 다음의 어느 하나에 해당하는 경우에는 위 1)에도 불구하고 그 영업장으로 사용하는 어느 하나의 층에 비상구를 설치할 것 가) 건축물 주요구조부를 훼손하는 경우 나) 옹벽 또는 외벽이 유리로 설치된 경우 등 다. 영업장의 위치가 4층(지하층은 제외한다) 이하인 경우의 기준 : 피난 시에 유효한 발코니(가로 75cm 이상, 세로 150cm 이상, 높이 100cm 이상인 난간을 말한다) 또는 부속실(준불연재료 이상의 것으로 바닥에서 천장까지 구획된 실로서 가로 75cm 이상, 세로 150cm 이상인 것을 말한다)을 설치하고, 그 장소에 적합한 피난기구를 설치할 것

안전시설 등 종류	설치·유지 기준
2. 비상구	라. 영업장의 위치가 4층(지하층은 제외한다) 이하인 경우의 기준 　1) 피난 시에 유효한 발코니(가로 75cm 이상, 세로 150cm 이상, 높이 100cm 이상인 난간을 말한다) 또는 부속실(준불연재료 이상의 것으로 바닥에서 천장까지 구획된 실로서 가로 75cm 이상, 세로 150cm 이상인 것을 말한다. 이하 이 목에서 같다)을 설치하고, 그 장소에 적합한 피난기구를 설치할 것 　2) 부속실을 설치하는 경우 부속실 입구의 문과 건물 외부로 나가는 문의 규격은 가목 2)에 따른 비상구 규격으로 할 것(준불연 이상) 　3) 추락 등의 방지를 위하여 다음 사항을 갖추도록 할 것 　　가) 발코니 및 부속실 입구의 문을 개방하면 경보음이 울리도록 경보음 발생장치를 설치하고, 추락위험을 알리는 표지를 문(부속실의 경우 외부로 나가는 문도 포함한다)에 부착할 것 　　나) 부속실에서 건물 외부로 나가는 문 안쪽에는 기둥·바닥·벽 등의 견고한 부분에 탈착이 가능한 쇠사슬 또는 안전로프 등을 바닥에서부터 120cm 이상의 높이에 가로로 설치할 것
3. 영업장 내부 피난통로	가. 내부 피난통로의 폭은 120cm 이상으로 할 것. 다만, 양 옆에 구획된 실이 있는 영업장으로서 구획된 실의 출입문 열리는 방향이 피난통로 방향인 경우에는 150cm 이상으로 설치하여야 한다. 나. 구획된 실부터 주된 출입구 또는 비상구까지의 내부 피난통로의 구조는 세 번 이상 구부러지는 형태로 설치하지 말 것
4. 창문	가. 영업장 층별로 가로 50cm 이상, 세로 50cm 이상 열리는 창문을 1개 이상 설치할 것 나. 영업장 내부 피난통로 또는 복도에 바깥 공기와 접하는 부분에 설치할 것(구획된 실에 설치하는 것을 제외한다)
5. 영상음향차단장치	가. 화재 시 감지기에 의하여 자동으로 음향 및 영상이 정지될 수 있는 구조로 설치하되, 수동(하나의 스위치로 전체의 음향 및 영상장치를 제어할 수 있는 구조를 말한다)으로도 조작할 수 있도록 설치할 것 나. 영상음향차단장치의 수동차단스위치를 설치하는 경우에는 관계인이 일정하게 거주하거나 일정하게 근무하는 장소에 설치할 것. 이 경우 수동차단스위치와 가장 가까운 곳에 "영상음향차단스위치"라는 표지를 부착하여야 한다. 다. 전기로 인한 화재발생 위험을 예방하기 위하여 부하용량에 알맞은 누전차단기(과전류차단기를 포함한다)를 설치할 것 라. 영상음향차단장치의 작동으로 실내 등의 전원이 차단되지 않는 구조로 설치할 것
6. 보일러실과 영업장 사이의 방화구획	보일러실과 영업장 사이의 출입문은 방화문으로 설치하고, 개구부(開口部)에는 자동방화댐퍼(damper)를 설치할 것

[비고]
1. "방화문(防火門)"이란 「건축법 시행령」 제64조에 따른 갑종방화문 또는 을종방화문으로서

언제나 닫힌 상태를 유지하거나 화재로 인한 연기의 발생 또는 온도의 상승에 따라 자동적으로 닫히는 구조를 말한다. 다만, 자동으로 닫히는 구조 중 열에 의하여 녹는 퓨즈[도화선 (導火線)을 말한다]타입 구조의 방화문은 제외한다.

2. 법 제15조 제4항에 따라 소방청장·소방본부장 또는 소방서장은 해당 영업장에 대해 화재위험평가를 실시한 결과 화재위험유발지수가 영 제13조에 따른 기준 미만인 업종에 대해서는 소방시설·비상구 또는 그 밖의 안전시설 등의 설치를 면제한다.

3. 소방본부장 또는 소방서장은 비상구의 크기, 비상구의 설치 거리, 간이스프링클러설비의 배관 구경(口徑) 등 소방청장이 정하여 고시하는 안전시설 등에 대해서는 소방청장이 고시하는 바에 따라 안전시설 등의 설치·유지 기준의 일부를 적용하지 않을 수 있다.

> **꼼꼼체크** • **안전시설 등의 설치 일부 면제(「건축법 시행령」 제13조)**
>
> 법 제15조 제4항에서 "대통령령으로 정하는 기준 미만인 다중이용업소"란 [별표 4]의 A등급인 다중이용업소를 말한다.
>
> • **유도등 및 유도표지의 화재안전기준(NFSC 303)**
>
> 제8조의2(피난유도선 설치기준)를 각각 다음과 같이 신설한다.
>
> ① 축광방식의 피난유도선은 다음의 기준에 따라 설치하여야 한다.
> > 1. 구획된 각 실로부터 주출입구 또는 비상구까지 설치할 것
> > 2. 바닥으로부터 높이 50cm 이하의 위치 또는 바닥면에 설치할 것
> > 3. 피난유도 표시부는 50cm 이내의 간격으로 연속되도록 설치할 것
> > 4. 부착대에 의하여 견고하게 설치할 것
> > 5. 외광 또는 조명장치에 의하여 상시 조명이 제공되거나 비상조명등에 의한 조명이 제공되도록 설치할 것
>
> ② 광원점등방식의 피난유도선은 다음의 기준에 따라 설치하여야 한다.
> > 1. 구획된 각 실로부터 주출입구 또는 비상구까지 설치할 것
> > 2. 피난유도 표시부는 바닥으로부터 높이 1m 이하의 위치 또는 바닥면에 설치할 것
> > 3. 피난유도 표시부는 50cm 이내의 간격으로 연속되도록 설치하되 실내장식물 등으로 설치가 곤란할 경우 1m 이내로 설치할 것
> > 4. 수신기로부터의 화재신호 및 수동조작에 의하여 광원이 점등되도록 설치할 것
> > 5. 비상전원이 상시 충전상태를 유지하도록 설치할 것
> > 6. 바닥에 설치되는 피난유도 표시부는 매립하는 방식을 사용할 것
> > 7. 피난유도 제어부는 조작 및 관리가 용이하도록 바닥으로부터 0.8m 이상 1.5m 이하의 높이에 설치할 것
>
> ③ 피난유도선은 법 제39조에 따라 제품검사에 합격한 것으로 설치하여야 한다.

05 다중이용업의 실내장식물

(1) 다중이용업의 실내장식물(「다중이용업소의 안전관리에 관한 특별법」 제10조)

1) 다중이용업소에 설치하거나 교체하는 실내장식물(반자돌림대 등의 너비가 10cm 이하인 것은 제외)은 불연재료(不燃材料) 또는 준불연재료로 설치하여야 한다.

2) 위 1)에도 불구하고 합판 또는 목재로 실내장식물을 설치하는 경우로서 그 면적이 영업장 천장과 벽을 합한 면적의 10분의 3(스프링클러설비 또는 간이스프링클러설

비가 설치된 경우에는 10분의 5) 이하인 부분은「화재예방, 소방시설 설치·유지 및 안전관리에 관한 법률」제12조 제3항에 따른 방염성능기준 이상의 것으로 설치할 수 있다.

> **꼼꼼체크** 소방대상물의 방염 등(「화재예방, 소방시설 설치·유지 및 안전관리에 관한 법률」제12조)
> ① 대통령령으로 정하는 특정소방대상물에서 사용하는 실내장식물(「다중이용업소의 안전관리에 관한 특별법」제2조 제1항 제3호의 실내장식물을 말한다)과 그 밖에 이와 유사한 물품으로서 대통령령으로 정하는 물품(이하 "방염대상물품"이라 한다)은 방염성능기준 이상의 것으로 설치하여야 한다.
> ② 소방본부장이나 소방서장은 방염대상물품이 위 ①에 따른 방염성능기준에 미치지 못하거나 제13조 제1항에 따른 방염성능검사를 받지 아니한 것이면 소방대상물의 관계인에게 방염대상물품을 제거하도록 하거나 방염성능검사를 받도록 하는 등 필요한 조치를 명할 수 있다.
> ③ 위 ①에 따른 방염성능기준은 대통령령으로 정한다.

3) 소방본부장이나 소방서장은 다중이용업소의 실내장식물이 위 1) 및 2)에 따른 실내장식물의 기준에 맞지 아니하는 경우에는 그 다중이용업주에게 해당 부분의 실내장식물을 교체하거나 제거하게 하는 등 필요한 조치를 명하거나 허가관청에 관계 법령에 따른 영업정지 처분 또는 허가 등의 취소를 요청할 수 있다.

(2) 실내장식물(「다중이용업소의 안전관리에 관한 특별법 시행령」제3조) : 법 제2조 제3호에서 "대통령령이 정하는 것"이라 함은 건축물 내부의 천장이나 벽에 붙이는(설치하는) 것으로서 다음의 어느 하나에 해당하는 것을 말한다. 다만, 가구류(옷장, 찬장, 식탁, 식탁용 의자, 사무용 책상, 사무용 의자 및 계산대, 그 밖에 이와 비슷한 것)와 너비 10cm 이하인 반자돌림대 등과「건축법」제52조에 따른 내부 마감재료는 제외한다.

1) 종이류(두께 2mm 이상인 것)·합성수지류 또는 섬유류를 주원료로 한 물품

2) 합판이나 목재

3) 공간을 구획하기 위하여 설치하는 간이 칸막이(접이식 등 이동 가능한 벽체나 천장 또는 반자가 실내에 접하는 부분까지 구획하지 아니하는 벽체를 말한다)

4) 흡음(吸音)이나 방음(防音)을 위하여 설치하는 흡음재(흡음용 커튼 포함) 또는 방음재(방음용 커튼 포함)

06 피난안내도의 비치 또는 피난안내영상물의 상영

(1) 피난안내도의 비치 또는 피난안내영상물의 상영(「다중이용업소의 안전관리에 관한 특별법」제12조)

1) 다중이용업주는 화재 등 재난이나 그 밖의 위급한 상황의 발생 시 이용객들이 안전하게 피난할 수 있도록 피난계단·피난통로, 피난설비 등이 표시되어 있는 피난안내도를 갖추어 두거나 피난안내에 관한 영상물을 상영하여야 한다.

2) 위 1)에 따라 피난안내도를 갖추어 두거나 피난안내에 관한 영상물을 상영하여야 하는 대상, 피난안내도를 갖추어 두어야 하는 위치, 피난안내에 관한 영상물의 상영시간, 피난안내도 및 피난안내에 관한 영상물에 포함되어야 할 내용과 그 밖에 필요한 사항은 행정안전부령으로 정한다.

(2) 피난안내도의 비치 등(「다중이용업소의 안전관리에 관한 특별법 시행규칙」 제12조)

1) 법 제12조 제2항에 따른 피난안내도 비치대상, 피난안내영상물 상영대상, 피난안내도 비치위치 및 피난안내영상물 상영시간 등은 [별표 2의2]와 같다.

[별표 2의2]

▌피난안내도 비치대상 등(제12조 제1항 관련) ▌

1. 피난안내도 비치 대상 : 영 제2조에 따른 다중이용업의 영업장. 다만, 다음의 어느 하나에 해당하는 경우에는 비치하지 않을 수 있다.

　가. 영업장으로 사용하는 바닥면적의 합계가 33m² 이하인 경우

　나. 영업장 내 구획된 실이 없고, 영업장 어느 부분에서도 출입구 및 비상구를 확인할 수 있는 경우

2. 피난안내 영상물 상영 대상

　가. 「영화 및 비디오물 진흥에 관한 법률」 제2조 제10호 및 제16호 나목의 영화상영관 및 비디오물소극장업의 영업장

　나. 「음악산업 진흥에 관한 법률」 제2조 제13호의 노래연습장업의 영업장

　다. 「식품위생법 시행령」 제21조 제8호 다목 및 라목의 단란주점영업 및 유흥주점영업의 영업장. 다만, 피난안내 영상물을 상영할 수 있는 시설이 설치된 경우만 해당한다.

　라. 삭제 〈2015.1.7.〉

　마. 영 제2조 제8호에 해당하는 영업으로서 피난안내 영상물을 상영할 수 있는 시설을 갖춘 영업장

3. 피난안내도 비치 위치 : 다음 각 목의 어느 하나에 해당하는 위치에 모두 설치할 것

　가. 영업장 주출입구 부분의 손님이 쉽게 볼 수 있는 위치

　나. 구획된 실의 벽, 탁자 등 손님이 쉽게 볼 수 있는 위치

　다. 「게임산업진흥에 관한 법률」 제2조 제7호의 인터넷 컴퓨터 게임시설제공업 영업장의 인터넷 컴퓨터 게임시설이 설치된 책상. 다만, 책상 위에 비치된 컴퓨터에 피난안내도를 내장하여 새로운 이용객이 컴퓨터를 작동할 때마다 피난안내도가 모니터에 나오는 경우에는 책상에 피난안내도가 비치된 것으로 본다.

4. 피난안내 영상물 상영시간 : 영업장의 내부 구조 등을 고려하여 정하되, 상영시기(時期)는 다음과 같다.

　가. 영화상영관 및 비디오물소극장업 : 매 회 영화상영 또는 비디오물 상영시작 전

　　나. 노래연습장업 등 그 밖의 영업 : 매 회 새로운 이용객이 입장하여 노래방 기기 (機器) 등을 작동할 때

5. 피난안내도 및 피난안내 영상물에 포함되어야 할 내용

　　가. 화재 시 대피할 수 있는 비상구 위치

　　나. 구획된 실 등에서 비상구 및 출입구까지의 피난동선

　　다. 소화기, 옥내소화전 등 소방시설의 위치 및 사용방법

　　라. 피난 및 대처 방법

6. 피난안내도의 크기 및 재질

　　가. 크기 : B4(257mm×364mm) 이상의 크기로 할 것. 다만, 각 층별 영업장의 면적 또는 영업장이 위치한 층의 바닥면적이 각각 400m^2 이상인 경우에는 A3(297mm ×420mm) 이상의 크기로 하여야 한다.

　　나. 재질 : 종이(코팅처리한 것을 말한다), 아크릴, 강판 등 쉽게 훼손 또는 변형되지 않는 것으로 할 것

7. 피난안내도 및 피난안내 영상물에 사용하는 언어 : 피난안내도 및 피난안내 영상물은 한글 및 1개 이상의 외국어를 사용하여 작성하여야 한다.

07 화재위험평가

(1) 다중이용업소에 대한 화재위험평가 등(「다중이용업소의 안전관리에 관한 특별법」 제15조)

　1) 소방청장, 소방본부장 또는 소방서장은 다음의 어느 하나에 해당하는 지역 또는 건축물에 대하여 화재를 예방하고 화재로 인한 생명·신체·재산상의 피해를 방지하기 위하여 필요하다고 인정하는 경우에는 화재위험평가를 할 수 있다.

　　① 2,000m^2 지역 안에 다중이용업소가 50개 이상 밀집하여 있는 경우

　　② 5층 이상인 건축물로서 다중이용업소가 10개 이상 있는 경우

　　③ 하나의 건축물에 다중이용업소로 사용하는 영업장 바닥면적의 합계가 1,000m^2 이상인 경우

　2) 소방청장, 소방본부장 또는 소방서장은 화재위험평가 결과 그 위험유발지수가 대통령령으로 정하는 기준 이상인 경우에는 해당 다중이용업주에게 「소방시설 설치·유지 및 안전관리에 관한 법률」 제5조에 따른 조치를 명할 수 있다.

　　꼼꼼체크 제5조(소방특별조사 결과에 따른 조치명령)

　3) 소방청장, 소방본부장 또는 소방서장은 위 2)에 따른 명령으로 인하여 손실을 입은 자가 있으면 대통령령으로 정하는 바에 따라 이를 보상하여야 한다. 다만, 법령을 위반하여 건축되거나 설비된 다중이용업소에 대하여는 그러하지 아니하다.

4) 소방청장, 소방본부장 또는 소방서장은 화재위험평가의 결과 그 위험유발지수가 대통령령으로 정하는 기준 미만인 다중이용업소에 대하여는 안전시설 등의 일부를 설치하지 아니하게 할 수 있다.

5) 소방청장, 소방본부장 또는 소방서장은 화재위험평가를 제16조 제1항에 따른 화재위험평가 대행자로 하여금 대행하게 할 수 있다.

(2) 화재위험유발지수(다중이용업소의 안전관리에 관한 특별법 시행령)

[별표 4]

화재위험유발지수(제11조 제1항 및 제13조 관련)		
등 급	평가점수	위험수준
A	80 이상	20 미만
B	60 이상 79 이하	20 이상 39 이하
C	40 이상 59 이하	40 이상 59 이하
D	20 이상 39 이하	60 이상 79 이하
E	20 미만	80 이상

[비고]

1. 평가점수
   ① 영업소 등에 사용되거나 설치된 가연물의 양, 소방시설의 화재진화를 위한 성능 등을 고려한 영업소의 화재안정성을 100점 만점 기준으로 환산한 점수를 말한다.
   ② 수방시설의 화재진압성능으로 화재에 대한 안전성이 기준

2. 위험수준
   ① 영업소 등에 사용되거나 설치된 가연물의 양, 화기취급의 종류 등을 고려한 영업소의 화재발생가능성을 100점 만점 기준으로 환산한 점수를 말한다.
   ② 가연물의 양, 화기취급종류로 화재발생 가능성이 기준

(3) 화재위험평가 대행자의 기준(다중이용업소의 안전관리에 관한 특별법 시행령)

[별표 5]

화재위험평가 대행자가 갖추어야 할 기술인력 · 시설 · 장비 기준(제14조 관련)

1. 기술인력 기준 : 다음의 기술인력을 보유할 것

   가. 소방기술사 자격을 취득한 사람 1명 이상

   나. 다음 1) 또는 2)의 어느 하나에 해당하는 사람 2명 이상

   1) 소방기술사, 소방설비기사 또는 소방설비산업기사 자격을 가진 사람

   2) 「소방시설공사업법」 제28조 제1항에 따라 소방기술과 관련된 자격·학력 및 경력을 인정받은 사람으로서 같은 조 제2항에 따른 자격수첩을 발급받은 사람

　다. 삭제 〈2016.12.30.〉
2. 시설 및 장비 기준 : 다음 각 목의 시설 및 장비를 갖출 것
　가. 화재모의시험이 가능한 컴퓨터 1대 이상
　나. 화재모의시험을 위한 프로그램
　다. 삭제 〈2014.12.23.〉
[비고]
1. 두 종류 이상의 자격을 가진 기술인력은 그 중 한 종류의 자격을 가진 기술인력으로 본다.
2. 화재위험평가 대행자가 화재위험평가 대행업무와 소방시설공사업법 및 같은 법 시행령에 따른
　전문 소방시설설계업 또는 전문 소방공사감리업을 함께 하는 경우에는 전문 소방시설설계업 또는
　전문 소방공사감리업 보유 기술인력으로 등록된 소방기술사는 위 1)의 가목에 따라 갖추어야 하는
　소방기술사로 볼 수 있다.

08　다중이용업주의 안전시설 등에 대한 정기점검 등(「다중이용업소의 안전관리에 관한 특별법」 제13조)

(1) 개요
　1) 다중이용업주는 다중이용업소의 안전관리를 위하여 정기적으로 안전시설 등을 점검하고 그 점검결과서를 1년간 보관하여야 한다.
　2) 다중이용업주는 정기점검을 소방시설관리업자에게 위탁할 수 있다.

(2) 안전점검의 대상, 점검자의 자격, 점검주기, 점검방법(시행규칙 제14조)
　1) 안전점검 대상 : 다중이용업소의 영업장에 설치된 시행령 제9조의 안전시설 등
　2) 안전점검자의 자격
　　① 해당 영업장의 다중이용업주 또는 다중이용업소가 위치한 특정소방대상물의 소방안전관리자(소방안전관리자가 선임된 경우에 한한다)
　　② 해당 업소의 종업원 중 소방안전관리자 자격을 취득한 자, 소방기술사·소방설비기사 또는 소방설비산업기사 자격을 취득한 자
　　③ 소방시설관리업자
　3) 점검주기 : 매 분기별 1회 이상 점검. 다만, 「화재예방, 소방시설 설치·유지 및 안전관리에 관한 법률」에 따른 자체점검을 실시한 경우에는 자체점검을 실시한 그 분기에는 점검을 실시하지 아니할 수 있다.
　4) 점검방법 : 안전시설 등의 작동 및 유지·관리 상태를 점검한다.

09　피난시설 및 방화시설의 유지·관리(「다중이용업소의 안전관리에 관한 특별법」 제11조)

다중이용업주는 해당 영업장에 설치된 「건축법」 제49조에 따른 피난시설, 방화구획과 같은 법 제50조부터 제53조까지의 규정에 따른 방화벽, 내부 마감재료 등을 「화재예방,

소방시설 설치·유지 및 안전관리에 관한 법률」 제10조 제1항[아래의 (1)~(4)]에 따라 유지하고 관리하여야 한다.

(1) 피난시설, 방화구획 및 방화시설을 폐쇄하거나 훼손하는 등의 행위

(2) 피난시설, 방화구획 및 방화시설의 주위에 물건을 쌓아두거나 장애물을 설치하는 행위

(3) 피난시설, 방화구획 및 방화시설의 용도에 장애를 주거나 「소방기본법」 제16조에 따른 소방활동을 하는 데 지장을 주는 행위

> **꼼꼼체크 소화활동(「소방기본법」 제16조)**
> ① 소방방재청장, 소방본부장 또는 소방서장은 화재, 재난·재해, 그 밖의 위급한 상황이 발생하였을 때에는 소방대를 현장에 신속하게 출동시켜 화재진압과 인명구조·구급 등 소방에 필요한 활동을 하게 하여야 한다.
> ② 누구든지 정당한 사유 없이 위 ①에 따라 출동한 소방대의 화재진압 및 인명구조·구급 등 소방활동을 방해하여서는 아니 된다.

(4) 그 밖에 피난시설, 방화구획 및 방화시설을 변경하는 행위

10 다중이용업에 대한 소방 관련 규정

(1) 소방시설 완비증명 대상

(2) 소방시설공사 착공신고 대상

(3) 방염대상의 특수 장소

(4) 방화관리를 하여야 할 특수 장소

(5) 2급 방화관리 대상물(지하층 영업장의 바닥면적이 150m^2 이상에 한한다)

(6) 소방훈련과 교육 대상물(2급 방화관리 대상물에 해당되는 때)

(7) 소방안전교육 대상

(8) 실내장식물을 원칙적으로 불연 또는 준불연 재료로 하여야 할 대상

(9) 소방특별조사 결과에 따른 조치명령 대상

냉각탑(cooling tower)화재

01 개 요

냉각탑화재는 빈번하게 발생하고 있으나, 적절한 대응책이 없이 해마다 반복적으로 발생하고 있다. 특히, 대부분의 화재가 보수나 해체 시 용접 또는 산소절단 불티 등과 같은 공사 중 부주의로 인해 발생하고 있다. 냉각탑의 화재는 냉각탑 보온재 재료의 대부분이 저렴한 가연성 물질로 제작되는 경우가 많아 화재위험이 높고 피해도 크다. 또한 일단 발화가 되면 냉각탑 구조는 공기유동이 매우 쉽도록 미리 설계되어 있기 때문에 화재의 소화가 어렵다.

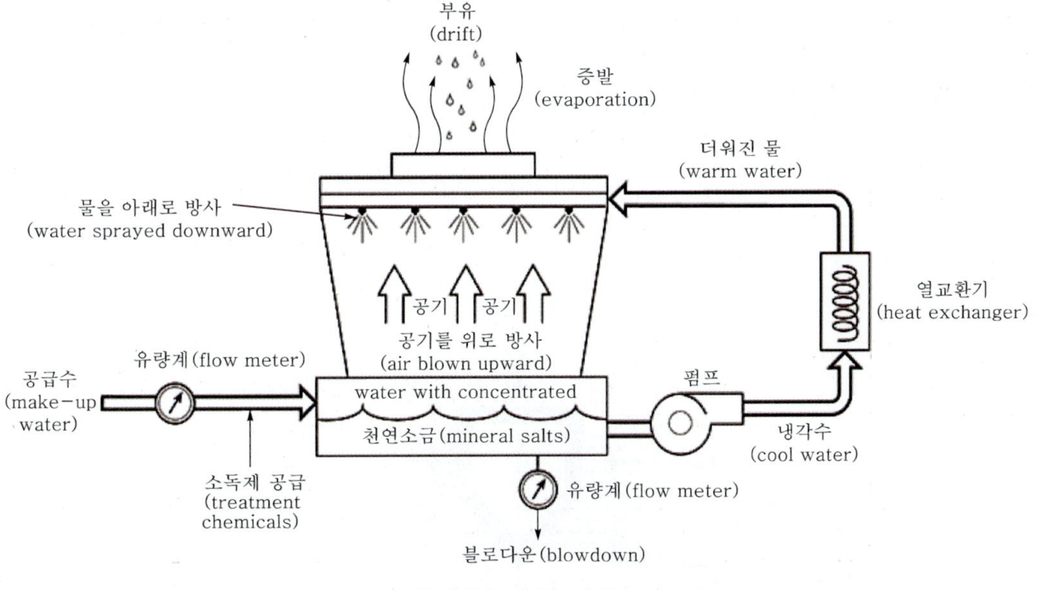

‖ 냉각탑 개념도[75] ‖

02 종 류

(1) 대향류형(counter flow) : 가장 보편적으로 사용

　1) 공기는 하부 수조 상단부 양측에 있는 루버로 들어가서 충진제와 엘리미네이터를 수직으로 이동하여 밖으로 토출된다.

---

75) Figure 1. Schematic diagram of a cooling water system(Pacific Northwest National Laboratory, 2001). Electrical Energy Equipment : Cooling Towers. 1page

2) 물은 냉각탑 중간에 있는 분배관에 저압으로 흘러서 다수의 노즐로 분사되며 충진 제를 거쳐 하부 수조로 떨어진다. 공기는 수직으로 올라가고 물은 수직으로 떨어지 는 것을 대향류형 냉각탑이라 한다.

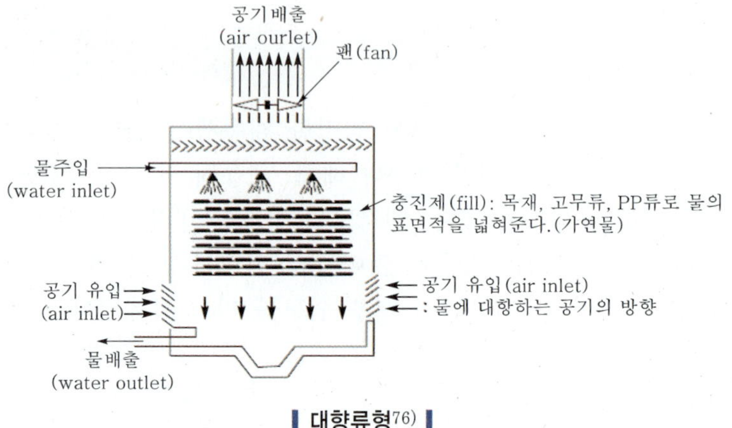

▌ **대향류형**[76] ▌

(2) **직교류형 냉각탑(cross dlow)**

1) 공기는 냉각탑 하부 수조에서부터 상부 분배수조까지 양측에 설치되어 있는 루버 로 들어가서 충진제와 엘리미네이터를 수평으로 이동하고 팬을 향하여 수직으로 이동하여 밖으로 토출된다.

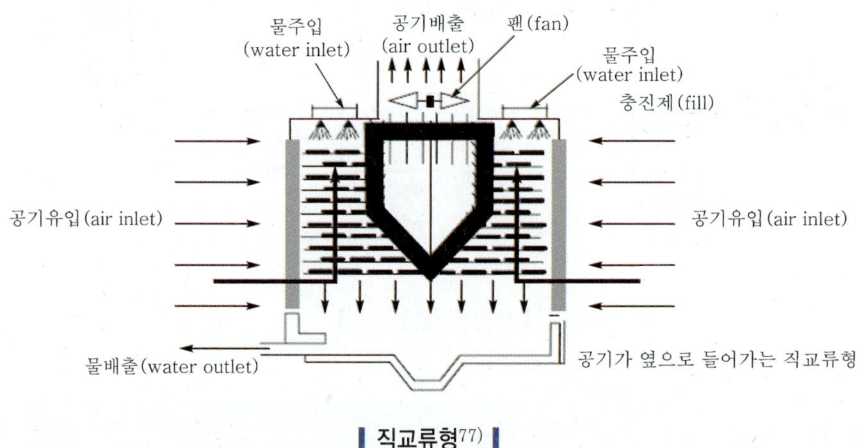

▌ **직교류형**[77] ▌

2) 물은 냉각탑 상단부 양편에 있는 수조에서 분배되어 충진제를 거쳐 하부 수조로 떨어진다. 공기는 수평으로 이동하고 물은 수직으로 흐르는 것을 직교류형 냉각탑 이라 한다.

---

76) Figure 13.4-2. Mechanical draft cooling towers. Miscellaneous Sources 13.4 Wet Cooling Towers
77) Figure 13.4-2. Mechanical draft cooling towers. Miscellaneous Sources 13.4 Wet Cooling Towers

03 대향류형과 직교류형의 비교

항 목 \ 종 류	대향류형 냉각탑	직교류형 냉각탑
효율	물과 공기가 향류 접촉하면서 열교환을 하므로 효율이 좋다.	같은 수량일 때 열교환계수(K_a)가 동일하다고 판정하면 전자에 비하여 탑체적이 약 20% 증가한다.
산수장치	기류 중의 저항이 크므로 송풍기의 마력이 커지며 보수 점검이 불편하다.	송풍기의 동력은 전자에 비하여 작고 보수점검이 용이하다.
급수압력	높다.	대향류형보다 낮다.
탑 내 기류분포	수적(물방울)과 공기의 상대속도가 향류이므로 공기측의 저항이 커진다.	대향류형에 비하여 적다.
탑높이	입구(in-let), 루버(louver), 엘리미네이터(eliminator) 등으로 인하여 전체적으로 높다.	충진물의 층은 높으나 탑의 높이는 낮다.
단면적	탑의 단면적은 열교환부의 유효면적과 같다.	탑의 단면적은 송풍기의 부분을 포함하므로 전자보다 크다.
수조	수조 내의 수온은 일정하다.	수조 내의 수온은 일정하지 않으며, 끝부분에서 중심으로 이동할수록 수온은 높다.
토출공기의 재순환	적다.	양측면이 흡입구이므로 고온다습한 토출공기의 흡입률이 대향류형보다 많다.

 **엘리미네이터(eliminator)** : 냉각탑의 비산량을 줄이기 위한 장치

04 공조용과 공업용 냉각탑의 비교

항 목 \ 종 류	공조용 냉각탑	공업용 냉각탑
설계조건	어프로치(approach)를 약 5℃로 결정한다.	사용온도에 따라 다르나 어프로치(approach)는 3℃ 이상이어야 하며 냉각범위는 5~20℃ 정도로 크다.
취급수온	공업용에 비하여 적고 보통 200R/T 한도를 1기로 고려한다.	대용량이 많으므로 500m^3/hr 한도를 1기로 한다.
설치장소	일반건물의 옥상에 설치한다.	공장부지 내에 설치한다.
운전시간	1일 약 10시간 정도, 연간 1,500시간	1일 24시간 운전하며 연간 8,000시간 운전하는 것으로 고려하여야 한다.
구조	경량 소형이어야 하며 수조도 작아야 하고 철골 FRP로 제작한다.	콘크리트 수조로 하고 탑 몸체도 콘크리트나 목재 또는 철재로 한다.
호칭	대상의 냉동기의 냉동능력(냉동 TON, R/T)으로 규정한다. 예 200R/T용	1시간의 처리수량으로 규정한다. 예 500m^3/hr

Approach : 출구온도와 습구온도의 차

05 냉각탑의 설치장소

(1) 옥상 : 화재발생 사실 인지가 곤란한 문제가 발생한다.

(2) 지상층 : 화재발생 사실 인지 및 유지 관리가 용이하나 주변인들에게 불편을 초래할 수 있다.

06 냉각탑화재의 특성

(1) 건축 특성

　1) 냉각탑 충진제를 값싼 가연성 재질을 사용하는 경우가 많아서 연소 시 확대가 빠르고 열방출률이 크다.

　2) 냉각탑 내부에서 화재가 발생 시에는 소화수의 침투가 곤란하므로 소화하기가 어렵다.

　3) 설치장소가 옥상이 많아서 화재 초기에 발견이 곤란하다.

(2) 거주자 특성 : 거주자는 없고 대부분이 정비나 보수를 위한 작업자이다.

(3) 연소 특성

　1) 용접 등 시공이나 보수작업 중 화재발생이 대부분이다.

　2) 공기의 흐름이 좋게 설계를 하기 때문에 일단 발화 시 외기의 공급이 원활하여 화재의 제어가 곤란하다.

07 냉각탑화재의 예방대책

(1) 냉각탑의 충진제(filler) 재질은 PVC를 사용한다. 가연성 충진제인 PP(polypropylene)나 PS(poly sthylene) 등은 화재의 위험이 있으므로 사용해서는 안 된다. 하지만 실제로는 가장 저렴한 충전제인 PP를 가장 많이 사용하고 있다.

(2) 냉각탑 주변 5m 이내에서는 용접 및 산소절단 등 화기취급을 금한다.

(3) 부득이한 경우, 가연성 자재는 미리 철거하고 불연성 또는 난연성 재료로 차단시키며 소화기와 소화인력과 안전요원을 배치시킨 후 작업한다.

(4) 제조업체 및 시공업체의 기술수준과 경험을 고려하여 발주한다.

선박화재

01 개 요

(1) 최근 5년간(2005년부터 2009년까지) 해상에서 발생된 3,084건의 사고 가운데 화재·폭발이 208건으로 6.8%를 차지한 것으로 조사되었다. 또한 화재·폭발사고가 발생한 선박유형들을 살펴보면 어선이 202척으로 가장 많았고 화물선 11척, 유조선과 예선이 각각 9척, 여객선 3척, 기타 5척 순으로 나타났다. 화재·폭발에 의한 인명피해는 사망 23명, 실종 24명, 부상 43명으로 90명의 사상자가 발생하였고 사고의 주요 원인으로는 화기취급 불량, 전선노후, 합선 등이 전체의 79%를 차지했으며 기관설비 취급 불량과 당직자의 근무태만, 기상 등 불가항력적인 요인들이 일부 작용한 것으로 나타났다.

(2) 선박화재는 외부로 피난할 장소가 없고 공공의 소방대에 도움을 받기가 곤란해 소화에 실패할 경우 결국에는 선박의 승객 및 승무원이 큰 위험에 처하게 된다는 특징을 가지고 있어서 다른 화재와 구별된다.

02 선박화재의 특징

(1) 선박 특성

1) 물건이나 사람을 싣는 것이 목적(따라서 무게는 최소한)이다. 수원을 충분히 확보하기가 곤란하다.

2) 외부에서 지원이 곤란하다. 따라서 선박 자체 내에서 확실한 소화가 필요하다.

3) 소규모 어선 대부분이 FRP로 건조되므로 화재에 취약성을 가진다.

(2) 거주자 특성

1) 승무원이나 승객이 선박의 거주자이다.

2) 피난할 장소가 없다. 바다에 오래 체류 시에는 수온에 의해 저체온 사망 우려가 있고 소규모 구명정으로는 조난의 우려가 있다.

(3) 연소 특성

1) 대부분의 재질이 금속재로 되어 있으므로 전도에 의한 열전달로 인해 화재전파의 우려가 있다.

2) 인화성 물질을 사용하는 동력부분이나 주방의 사고가 화재로 확대될 우려가 높다.

3) 인화성 물질을 다량 보유하고 있으므로 이곳에 화재가 확대되면 연소가 곤란하다.

03 국제안전관리규약(ISM Code ; International Safety Management Code)

(1) 인적과실로 인한 해난사고를 방지하기 위해 선사의 사업장 및 선박에 일정기준의 안전관리조직/인력을 확보하고, 안전업무처리절차의 문서화로 선박의 안전운항을 위하여 1994년 국제해사기구(IMO)에서 제정한 선박안전관리규약이다(발효 : 1998년 7월).

(2) ISM Code 도입의 배경은, 1987년 3월 188명의 사망자를 낸 여객선 Herald of Free Enterprise호의 전복사고, 1989년 3월의 유조선 Exxon Valdez호의 좌초사고로 원유 4만 톤 유출, 1990년 4월 여객선 Scandinavian Star호 화재로 159명 사망 등 대형 해난사고가 발생한 데 대해 향후 이와 같은 해난사고를 미연에 방지하고자 함이다.

(3) 1995년 IMO 해사안전위원회에서 심의된 ISM Code의 적용원칙을 보면, 모든 선박은 자발적으로 ISM Code를 적용하되 일부 선박은 강제 적용하도록 되어 있다.

(4) ISM Code 시행 후 선박의 안전관리체제가 본 규약기준에 적합한 경우에는 협약증서를 교부하며 따라서 유효한 증서를 소지하고 있지 않을 경우 각국 항만으로부터 출입통제를 받게 되기 때문에 선박의 운항을 위해서 ISM Code 준수는 필수적이라 할 수 있다.

04 선박소방설비기준(해양수산부고시 제2016-345호)

(1) 물분사소화장치(옥내소화전과 유사)
  1) 소화펌프
     ① 독립된 동력으로 작동될 것
     ② 어떠한 경우에도 노즐에서 사정거리 12m 이상의 2개의 물줄기를 분사시킬 수 있을 것
     ③ 소화펌프에 연결된 송수관의 모든 부분에 있어서 과압을 방지할 수 있도록 배치되고 조정된 안전밸브가 설치되어 있을 것(송수관, 소화전 및 소화호스의 설계압력을 넘는 압력을 발생할 수 있는 소화펌프에 한한다)
  2) 노즐 : 노즐 선단의 안지름은 아래 ①, ②의 크기에 적합하여야 한다. 다만 거주구역 및 업무구역용은 12mm, 기관구역 및 노출된 장소용은 19mm보다 큰 치수의 노즐을 사용할 필요는 없다.
     ① 12mm, 16mm, 19mm
     ② 위 ①의 치수보다 큰 치수의 노즐은 국토교통부장관이 승인한 치수
  3) 물분무방사기
     ① 금속제로 된 L형의 관으로서 긴 부분의 길이는 2m 정도이고 짧은 부분의 길이는 250mm 정도일 것

② 긴 부분은 소화호스에 연결할 수 있고 짧은 부분은 분무노즐이 부착된 것이거
나 분사노즐의 부착이 가능한 것일 것

③ 사용압력에 대하여 충분한 강도를 가질 것

4) 국제육상시설 연결구

① 1.0MPa의 사용압력에 대한 충분한 강도를 가질 것

② 규격은 아래 그림에 의한 것일 것

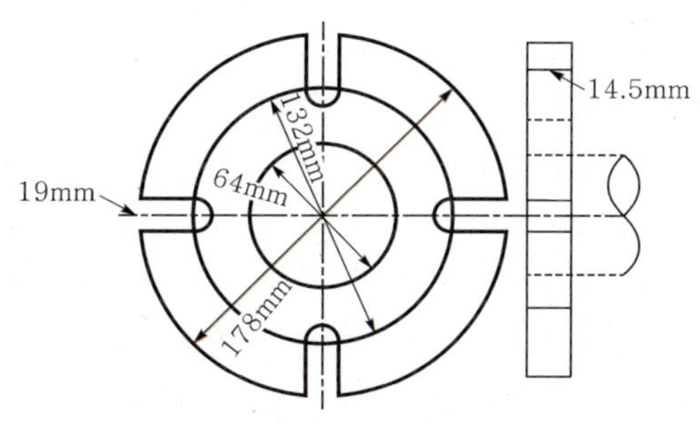

❚ 국제육상시설 연결구 ❚

③ 플랜지의 한쪽 면은 평면으로 되어 있고, 다른 쪽 면에는 선박에 비치한 소화전
및 소화호스에 맞는 이음쇠가 부착되어 있을 것

(2) 탄산가스를 소화제로 사용하는 고정식 가스소화장치(이산화탄소 소화설비와 유사)

1) 재료는 한국산업규격 "고압배관용 탄소강관"(KS D 3564), "압력배관용 탄소강
관"(KS D 3562)으로서 압력을 받는 부분에 사용되는 것은 Sch.80 이상의 것 또는
12.7MPa의 압력에 견딜 수 있는 것일 것. 다만, 탄산가스용기와 매니폴드 사이의
플렉시블호스는 12.7MPa 이상의 시험압력에 견딜 수 있는 동관 또는 금속망으로
보강된 것이어야 한다.

2) 보호되는 장소로 공기가 유입될 수 있는 모든 개구 또는 가스를 유출할 수 있는 모
든 개구는 보호되는 장소의 밖에서 닫을 수 있는 폐쇄수단을 갖추어야 한다.

3) 보호된 구역에서의 탄산가스를 방출하고 그 방출 경보의 작동을 위한 2개의 독
립된 제어장치가 대상구역을 명확히 표기한 방출제어함 내에 설치되어 있을 것.
이 경우 1개는 저장용기로부터의 탄산가스배출용, 다른 1개는 탄산가스이송관의
밸브 개방용의 것이어야 하며, 방출제어함이 자물쇠로 채워져 있는 경우에는 눈
에 잘 보이는 인접한 장소에 유리를 깨트리는 형태의 상자에 열쇠를 보관하여야
한다.

4) 자연적으로 작동하지 아니할 것

5) 가스저장용기 및 밸브 기타 부속의 압력부품은 설치장소의 최고주위온도를 고려하
여 −20〜40℃의 온도범위 내에서 작동되도록 설계된 것일 것

6) 모든 용기의 파괴봉판(기동용의 것 및 패킹을 포함), 모든 용기의 1/3의 안전봉판 (기동용의 것 및 패킹을 포함), 전용기의 1/10을 재충전하는 데 필요한 패킹, 오링 류 및 보수점검을 위한 공구류 등 예비품을 적당한 위치에 비치할 것

7) 소화제로 사용하는 탄산가스는 한국산업규격 "액화이산화탄소"(KSI 2017)의 제 2호 또는 제3호의 요건에 적합한 것이거나 이와 동등 이상의 효력을 가지는 것 일 것

8) 보호구역 내의 모든 배출 배관, 부착품 및 노즐의 용융점이 925℃를 초과할 것

9) A급 구획등급으로 격리되지 아니하고 독립적인 환기장치를 가진 인접한 구역은 동 일한 구역으로 간주할 것

10) 탄산가스의 양

① 화물구역에서 소화제로 사용하는 탄산가스의 양 : 최상층 갑판의 개구를 강제 덮개로 밀폐할 수 있는 최대의 화물구획실 총 용적의 30%(특수분류구역이 아 닌 차량구역 또는 로로구역으로서 밀폐할 수 있는 화물구역에 있어서는 45%) 이상의 유리가스를 공급하기에 충분한 것이어야 한다.

② 기관구역 또는 펌프실에서 소화제로 사용하는 탄산가스의 양

㉠ 최대장소의 총 용적에 케이싱의 수평면적이 당해 장소의 탱크 상부에서 케 이싱의 최하단까지 높이의 중앙 위치에 있어서의 수평면적의 40% 이하가 되는 높이까지의 용적을 더한 용적의 40%(제1종선 외의 선박으로서 총 톤 수 2,000t 미만의 것에 대하여는 35%)

㉡ 최대장소의 총 용적에 케이싱 용적을 더한 용적의 35%(제1종선 이외의 선박 으로서 총 톤수 2,000t 미만의 것에 대하여는 30%)

③ 탄산가스가 방출되는 구역 내의 공기탱크의 공기가 화재 시 그 구역에 방출되는 양이 당해구역 용적의 10%를 초과하는 경우에는 방출되는 공기용적의 40%(총 톤수 2,000t 미만의 선박에서는 35%) 이상에 해당하는 탄산가스 양을 추가로 비치하여야 한다. 다만, 화재 시 공기탱크 내의 공기가 당해구역 외의 구역으로 방출되도록 조치되어 있는 경우에는 추가의 탄산가스를 비치하지 아니할 수 있다.

④ 화물구역, 기관구역 및 펌프실 중 2개 이상의 구역 또는 구획실에서 소화제로 사용하는 탄산가스의 양은 위 ① 내지 ③의 규정에 의한 양 중 큰 것을 초과하 지 아니할 수 있다.

⑤ 위 ① 내지 ④의 규정에 의한 탄산가스의 양은 질량 $1kgf$을 $0.56m^3$로 계산한 것으로 한다.

(3) 연료연소로 생산된 가스를 소화제로 사용하는 고정식 가스소화장치 : UFL 이상을 유지하여 불활성화한다.

1) 가스발생기는 매시 가스를 소화제로 사용하는 장소 중 최대장소 총 용적의 25% 이 상의 유리가스를 72시간 동안 발생할 수 있을 것

2) 위 1)의 규정에 의한 유리가스는 산소함유량·일산화탄소함유량·부식성 성분 및 고형가연성 성분이 허용치보다 적은 것으로서 소화에 적당한 연료연소의 가스상태의 생성물일 것

(4) 고정식 저팽창 포말소화장치

1) 저팽창 포말소화장치의 포말원액은 형식승인된 제품이어야 하며, 다른 형식의 포말원액과 혼합되지 않을 것. 다만, 국토교통부장관으로부터 상호 호환성을 승인받은 경우에는 제조자가 다른 동일한 형식의 포말원액과 혼합하여 사용할 수 있다.

2) 연료유가 퍼질 수 있는 가장 넓은 단일구역 전반에 고정식 방출구를 통하여 효과적으로 포말 블랭킷을 형성할 수 있는 충분한 포말용량을 5분 이내에 방출할 수 있을 것

3) 상설관계통 및 제어밸브 또는 제어콕을 통하여 적당한 방출구로 포말을 효과적으로 배분할 수 있을 것

4) 고정식 저팽창 포말소화장치의 제어장치는 신속히 접근할 수 있고, 간단히 조작할 수 있는 것이어야 하며, 보호된 장소가 화재에 의하여 차단될 우려가 없는 가능한 한 좁은 장소에 일괄 배치할 것

5) 포말의 팽창률(공급된 포말용액의 용적에 대한 방출된 포말용액의 용적의 비율을 말한다)은 12배 이하일 것

6) 포말원액은 청수 또는 해수와 혼합하는 경우 유해한 양의 침전물이 생기지 아니하고 장기간 저장하여도 안전성을 가지는 것일 것

7) 동력원은 독립동력펌프, 축압탱크 또는 이들을 조합한 방식의 것일 것

8) 포말원액의 저장탱크에는 포말원액의 성상을 조사하기 위한 시험밸브 또는 콕이 설치되어 있을 것

9) 공기포말방식의 포말원액은 포말의 적응성에 따라 다음의 요건에 적합한 것일 것
　① 탄화수소계 가연성 액체에 사용하는 것에 있어서는 [별표 1]의 요건
　② 알코올계 가연성 액체에 사용하는 것에 대하여는 [별표 2]의 요건
　③ 탄화수소계 가연성 액체 또는 알코올계 가연성 액체의 어느 것에도 사용할 수 있는 것에 대하여는 [별표 3]의 요건

10) 위 9)의 ② 또는 ③의 포말원액을 사용하는 포말소화장치에는 포말원액을 혼합기에 보내기 위한 전용의 펌프 및 관을 설치할 것

11) 장치의 사용장소에는 사용설명서가 게시되어 있을 것

(5) 고정식 고팽창 포말소화장치

1) 수동방출이 가능해야 하며, 방출 후 1분 이내에 요구되는 적용률의 포말을 생성할 수 있을 것

2) 자동방출은 국제해상인명안전협약(SOLAS)에서 요구하는 국부소화장치의 작동에 영향을 주지 않도록 적절한 작동수단 또는 안전장치가 설치된 경우에만 허용될 것

3) 고팽창 포말소화시스템 및 포말원액은 [별표 4]의 요건에 적합한 제품이어야 하며, 하나의 고팽창 포말시스템에 서로 다른 종류의 포말원액을 혼합하지 않을 것

4) 고팽창 포말소화시스템 및 그 부속품들은 선박에서 발생할 수 있는 주변의 온도변화, 진동, 습도, 충격, 막힘 및 부식에 견딜 수 있어야 하며, 보호구역 내의 배관, 부착품 및 관련 부속품들(패킹제외)은 925℃에 견딜 수 있을 것

5) 포말원액과 접촉하는 배관부속품 및 시스템 배관, 포말원액 저장탱크 등은 포말원액과 함께 사용 가능해야 하며, 스테인레스강 또는 그와 같은 수준의 재료로서 부식에 저항성이 있는 것일 것. 기타의 시스템 배관 및 포말발생장치들은 전체가 아연도금강 또는 그와 같은 수준의 것이어야 하며, 분배관은 자체 드레인 기능을 갖춘 것일 것

6) 시스템의 작동을 시험하고, 요구되는 압력 및 유량을 확인할 수 있는 수단으로서 양쪽 흡입구(물 및 포말원액 공급측) 및 포말배율기의 토출구측에 압력계가 설치되어야 하며, 시험밸브는 포말배율기의 분배관의 아래쪽에 해당 시스템의 계산된 압력저하를 반영한 오리피스와 함께 설치할 것

7) 배관의 모든 지관들은 플러싱, 드레인 및 공기 퍼징을 위한 연결부를 갖추어야 하며, 모든 노즐은 내부 검사를 위해 분해될 수 있을 것

8) 포말원액의 양을 점검하고 시료를 채취할 수 있는 수단을 갖출 것

9) 시스템 작동지침을 각 작동위치마다 게시할 것

10) 예비품은 제조자의 지침에 따라 본선에 비치할 것

11) 시스템의 해수펌프 원동기로 내연기관이 사용되는 경우에는 원동기의 연료탱크는 해당 펌프의 최대부하 상태에서 3시간 동안 작동하기에 충분한 연료를 가지고 있어야 하며, 최대부하 상태에서 추가로 15시간 동안 운전하기에 충분한 양의 예비연료를 A류 기관구역 외부에서 사용 가능할 것. 연료탱크가 다른 내연기관에도 동시에 연료를 공급하는 것일 경우에는 연료유 탱크의 총 용량은 해당 탱크에 연결된 모든 엔진에 충분한 것일 것

12) 보호구역 내의 포말발생장치 및 배관은 설치된 기기의 통상적인 정비를 위한 출입을 방해하지 않도록 배치할 것

13) 시스템의 동력원, 포말원액 공급 및 제어수단은 쉽게 접근 가능하고 간단하게 조작할 수 있어야 하며, 보호구역의 화재에 의하여 차단될 우려가 없도록 보호구역의 바깥에 설치할 것. 포말발생장치에 직접 연결되는 모든 전기부품의 보호등급은 최소한 IP 54 이상일 것

14) **배관의 형식계수** C : 배관시스템은 요구되는 유량 및 압력을 확보할 수 있도록 유체계산법에 따라 그 크기를 결정하여야 하며, 하젠-윌리엄스 공식을 사용하는 경우에는 사용될 수 있는 배관의 형식에 따라 다음과 같은 값의 마찰계수를 적용할 것

① 흑철 또는 아연도금강 : 100

② 동 또는 동합금 : 150

③ 스테인리스강 : 150

15) 보호구역은 해당 구역이 포말에 의해 채워지는 경우에 통풍이 되도록 배치하여야 하며, 화재 시에 상부에 위치한 댐퍼, 문 및 기타 개구들이 열린 상태가 유지되도록 하는 절차를 비치할 것. 다만, 내부 공기식 포말시스템이고, 해당 구역의 부피가 $500m^3$ 미만인 경우에는 해당되지 않는다.

16) 소화시스템 방출 후에 해당 구역으로 진입할 경우에는 산소가 부족한 내부 공기 및 발포된 포말 내부에 갇혀 있는 연소생성물로부터 출입자를 보호할 수 있도록 호흡구 착용을 요구하는 선내절차를 수립할 것

17) 설치도면 및 작동설명서를 본선에 비치하여야 하며, 즉시 이용 가능할 것

18) 보호되는 구역 및 각 분할구역에 대한 지역(zone)의 위치를 보여주는 목록 또는 도면이 게시되어야 하며, 시험과 유지보수를 위한 지침이 본선에서 이용 가능할 것

19) 시스템에 대한 설치, 작동 및 유지보수에 관한 모든 지침 또는 도면은 국 · 영문 혼용으로 작성할 것

20) 포말발생장치실은 과압방지를 위한 통풍시설과 동결방지를 위한 난방시설을 갖출 것

21) 포말원액의 양은 공칭팽창률에서 다음 중에서 큰 쪽의 경우에 해당하는 양을 적재할 것

① 강구조의 격벽으로 둘러싸인 보호되는 구역 중 가장 큰 구역에 대비하여 최소한 5배 부피를 채울 수 있는 양

② 가장 넓은 보호구역을 30분 동안 채우기 위해 필요한 포말을 발생시키는 데 소요되는 포말원액의 양

22) 기관구역, 화물펌프실, 차량구역, 로로구역 및 특수분류구역에는 포말의 방출을 알리기 위한 가시가청경보를 설치하여야 하며, 경보는 해당 구역으로부터 탈출하는 데 소요되는 시간 동안 작동되어야 하고, 어떠한 경우에도 20초 이상 지속될 것

23) 내부 공기식 포말시스템은 다음의 요건에 적합하여야 한다.

① 기관구역 및 화물펌프실의 보호를 위한 시스템

㉠ 시스템은 주동력원 및 비상동력원 양쪽으로부터 동력이 공급되어야 하며, 비상동력원은 보호구역 외부에 위치할 것

㉡ 포말생성능력은 시스템의 최소설계충진율을 만족하고, 이에 추가하여 가장 넓은 보호구역을 10분 이내에 완전히 채울 수 있을 것

㉢ 포말발생장치는 일반적으로 승인시험에 근거하여 배치하여야 하며, 엔진, 보일러, 청정기 및 이와 유사한 장비가 설치된 각 구역마다 최소한 2개의 포말발생장치를 설치할 것. 다만, 작은 작업실 등은 1개의 포말발생장치를 설치할 수 있다.

ⓓ 포말발생장치는 엔진케이싱을 포함한 보호구역의 가장 높은 천장 하부에 균등하게 배치되어야 하며, 포말발생장치의 수량 및 위치는 고위험지역 내 모든 부분 및 높이에서 적절히 보호되어야 하고, 장애물이 있을 경우에는 추가의 포말발생장치를 설치할 것

ⓜ 포말발생장치는 더욱 좁은 간격을 두고 시험되지 않은 한, 포말방출구 앞 최소 1m의 여유공간을 두고 배치하여야 하며, 폭발로 인해 손상이 발생하지 않도록 엔진과 보일러로부터 떨어진 위치 또는 윗부분, 주 구조물 뒤에 배치할 것

② 차량구역, 로로구역, 특수분류구역 및 화물구역의 보호를 위한 시스템

ⓖ 동력원으로 선박의 주전원이 공급될 것(비상전원은 요구되지 않음)

ⓛ 포말생성능력은 최소설계충진율(minimum design filling rate)을 만족하고, 가장 넓은 보호구역을 10분 이내에 완전히 채울 수 있을 것. 다만, 가스밀이 되고 3m 이하의 높이를 가진 갑판의 차량구역, 로로구역 및 특수분류구역을 보호하는 시스템에서는 설계충진율의 $\frac{2}{3}$ 이상이면서 가장 넓은 보호구역을 10분 이내로 채울 수 있는 것이어야 한다.

ⓒ 시스템의 용량 및 설계는 가장 많은 포말이 요구되는 보호구역을 기준으로 배치되어야 하고, 격벽이 A급 구획으로 격리된 경우에는 인접한 보호구역과 동시에 공급할 필요는 없다.

ⓓ 포말발생장치는 일반적으로 승인시험에 근거하여 배치되어야 하며, 승인시험 동안 결정된 최소설계충진율을 제공할 수 있을 경우에는 포말발생장치의 수는 증감할 수 있다.

ⓜ 모든 구역에 최소한 2개의 포말발생장치를 설치하여야 하며, 보호되는 구역에 포말을 균일하게 분배할 수 있도록 배치하고, 화물선적 후 생길 수 있는 방해물을 고려하여 배치할 것

ⓗ 포말발생장치는 이동식 갑판을 포함하여 2개 층의 갑판당 어느 하나의 갑판에 설치하여야 하며, 포말발생장치 간의 수평거리는 실물시험을 기초로 보호되는 구역 전반에 포말을 신속히 공급할 수 있도록 배치할 것

ⓢ 포말발생장치는 더욱 좁은 간격으로 시험되지 않은 한, 포말방출구 앞 최소 1m의 여유 공간을 두고 배치할 것

24) 외부 공기식 포말시스템은 다음의 요건에 적합하여야 한다.

① 기관구역 및 화물펌프실의 보호를 위한 시스템

ⓖ 위 23) ① ⓖ의 요건

ⓛ 위 23) ① ⓛ의 요건

ⓒ 포말이송덕트의 배치는 위 23) ① ⓒ의 요건 및 23) ② ⓓ의 요건을 준용한다. 이 경우, "포말발생장치"는 "포말이송덕트"로 본다.

　　ⓔ 포말이송덕트는 위 23) ① ㉣, ㉤의 요건을 준용한다. 이 경우, "포말발생장치"는 "포말이송덕트"로 본다.

　　ⓜ 포말이송덕트는 보호구역 내의 화재가 포말발생장치에 영향을 주지 않도록 배치하여야 하며, 포말발생장치가 보호구역과 인접한 곳에 위치하는 경우에는 포말이송덕트는 포말발생장치와 보호되는 구역을 450mm 이상 격리하도록 설치하여야 하고, 이 구획은 A-60급 구획이어야 한다.

　　ⓑ 포말이송덕트는 최소 5mm 이상 두께의 강(steel)으로 제작되어야 하며, 또한 포말발생장치와 보호되는 구역 사이의 경계격벽 또는 경계갑판에 있는 개구에는 최소 3mm 이상의 두께를 가진 스테인리스강 댐퍼(단수 또는 복수의 블레이드를 가짐)를 설치할 것. 이 댐퍼는 이와 관련된 포말발생장치의 원격조정에 의하여 자동적(전기식, 공기식 또는 유압식)으로 작동되어야 하며, 포말발생장치가 작동하기 전에는 닫혀 있을 것

　　ⓢ 포말발생장치는 신선한 공기가 유입되는 곳에 배치할 것

　② 차량구역, 로로구역, 특수분류구역 및 화물구역의 보호를 위한 시스템

　　㉠ 위 23) ② ㉠의 요건

　　㉡ 위 23) ② ㉡의 요건

　　㉢ 위 23) ② ㉢의 요건

　　㉣ 포말이송덕트의 배치는 위 23) ② ㉣, ㉤ 및 ㉥의 요건을 준용한다. 이 경우, "포말발생장치"는 "포말이송덕트"로 본다.

　　㉤ 포말이송덕트는 위 23) ② ㉦의 요건을 준용한다. 이 경우, "포말발생장치"는 "포말이송덕트"로 본다.

　　㉥ 위 24) ① ㉤, ㉥ 요건

　　㉦ 위 24) ① ㉧의 요건

25) 시스템 설치 후 전원 및 제어 시스템, 급수펌프, 포말펌프, 밸브, 원격 및 국부방출장소 및 경보장치의 기능시험을 포함하여 파이프, 밸브 및 시스템 부착품 등에 대한 시험을 시행하고, 요구되는 압력에서의 유량은 분배관에 설치된 오리피스를 사용하여 확인할 수 있을 것. 또한, 모든 분배관을 청수로 씻고 공기로 불어 분배관 내부에 이물질이 없도록 할 것

26) 모든 포말배율기 또는 기타의 포말혼합장치는 포말원액을 사용하여 혼합비율 허용오차가 시스템 승인 시 정의된 공칭 혼합비율의 +30%에서 0%까지 되는지 확인할 것. 다만, 0℃에서 동점도가 100센티스토크(cSt) 이하이거나 이와 같은 수준이고, 밀도 1,100kg/m^3 이하인 뉴톤형식 포말원액을 사용하는 포말배율기는 포말원액 대신 물로 시험할 수 있다.

27) 보호구역 내에 설치된 포말발생장치에 덕트를 통해 외부 공기를 공급하는 시스템이 위 24)의 외부 공기식 포말시스템에 명시된 것과 같은 수준의 성능과 신뢰성

이 있다고 인정될 경우에는 국토교통부장관은 다음의 최소 설계요소들을 고려하여 이러한 시스템을 승인할 수 있다.

① 공급관로 내에서의 최대 최소 허용 공기압 및 유량

② 댐퍼 배치의 기능과 신뢰성

③ 포말방출구를 포함한 공기이송덕트의 배치와 분배

④ 보호되는 구역으로부터 공기이송덕트의 분리

(6) 고정식 가압수 분무소화장치

1) 노즐은 바닥면적 $1m^2$당 매분 5L 이상의 물을 분사할 수 있을 것. 다만, 분사량을 증대할 필요가 있다고 국토교통부장관이 인정하는 경우에는 국토교통부장관이 정하는 바에 따른다.

2) 물을 분사하는 장소의 화재로 인하여 작동불능이 되지 아니할 것

3) 수중의 불순물 또는 관, 밸브 및 펌프의 부식으로 인하여 분무노즐이 막히지 아니하도록 특별히 예방조치가 되어 있을 것

4) 분무노즐은 다음의 요건에 적합한 것일 것

① 재료는 청동·녹슬지 아니하는 강 또는 기타 내·외부에 내식처리가 되어 있는 금속제의 것일 것

② 선단의 안지름이 6mm 이상이며, 분사각도는 120° 이하일 것

5) 장치를 구분하여 사용하는 경우에 있어서 분배밸브(manifold)는 물을 분사할 장소의 외부에 쉽게 접근할 수 있고, 화재발생으로 인하여 쉽게 차단되지 아니하는 위치에서 조작할 수 있는 것일 것

(7) 스프링클러장치

1) 습관식의 것으로서 필요한 압력으로 물이 충만되어 있을 것. 다만, 사우나실 또는 외부에 노출된 작은 계통으로서 스프링클러 작동에 지장이 없는 경우에 건관식의 것으로 할 수 있다.

2) 다음의 요건에 적합한 스프링클러헤드가 천장위치에 부착되어 있을 것

① 스프링클러헤드의 작동온도는 거주구역 및 업무구역에 부착되는 경우 60℃와 79℃ 사이의 범위 안에서, 사우나실의 경우 최대 140℃에서 작동하는 것일 것. 다만, 건조실 등 그 내부의 온도가 높은 장소에 부착되는 것은 국토교통부장관이 지장이 없다고 인정하는 경우에 한하여 천장의 최고온도에 30℃를 더한 온도 이내에서 작동하는 것으로 할 수 있다.

② 해상환경에 의하여 부식되지 아니하는 것일 것

3) 바닥면적 $1m^2$당 매분 평균 5L 이상의 물을 분사할 수 있을 것. 다만, 이와 동등 이상의 효과가 있다고 국토교통부장관이 인정하는 경우에는 그러하지 아니하다.

4) 다음의 요건에 적합한 계통으로 구분되어 있을 것

① 한 계통의 스프링클러헤드의 수가 200개 이하일 것

② 1개의 정지밸브만으로 다른 계통과 분리할 수 있을 것

③ 위 ②의 규정에 의한 각 계통의 정지밸브는 해당 구역 밖 또는 계단 폐위구역 내의 캐비닛에 위치하고 쉽게 접근할 수 있는 것이어야 하며, 또한 관계자 외의 자는 이를 조작할 수 없도록 특별한 조치가 강구되어 있을 것

④ 여객선의 스프링클러관장치는 2개를 초과하는 갑판 또는 1개를 초과하는 주수직구역에 걸쳐 설치되지 아니할 것. 다만, 소화능력이 저하되지 아니한다고 인정되는 경우에는 2개의 갑판 및 1개의 주수직구역을 초과하여 설치할 수 있다.

(8) 고정식 갑판 포말소화장치

1) 포말공급장치는 화물탱크 위의 갑판 전역에 포말을 방출할 수 있고, 화물탱크의 갑판이 파손된 경우에도 화물탱크 내부에 포말을 방출할 수 있을 것

2) 모니터(방출구를 임의의 방향으로 조작할 수 있고 고정시킬 수 있는 것) 및 휴대식 발포노즐에 의하여 포말이 방출되는 것일 것. 다만, 재화중량톤수 4,000t 미만의 탱커로서 아래 7)의 규정에 의한 포말용액 공급률에서의 포말방출률이 25% 이상인 휴대식 발포노즐을 설치한 경우에는 모니터를 설치하지 아니할 수 있다.

3) 각 모니터는 아래 7)의 규정에 의한 포말용액 공급률에서의 포말방출률의 50% 이상의 방출률로 포말을 방출할 수 있는 것일 것

4) 휴대식 발포노즐은 다음의 요건에 적합한 것일 것

① 작업하기 쉬운 것으로서 모니터에서 방출하는 포말이 미치지 아니하는 곳에 포말을 방출할 수 있을 것

② 매분 400L의 포말용액 공급률에서의 포말방출률(위 2)의 경우 제외) 이상의 방출률로 포말을 방출할 수 있을 것. 다만, 연해구역 이하를 항해구역으로 하는 총 톤수 2,000톤 미만의 제4종선으로서 아래 7)의 규정에 의한 포말용액 공급률이 매분 500L 이하인 선박에 있어서는 7)의 ②의 규정에 의한 포말용액 공급률에서의 포말방출률로, 매분 250L의 포말용액 공급률에서는 방출률 이상의 방출률로 포말을 방출할 수 있는 것으로 할 수 있다.

5) 무풍상태에 있어서의 포말의 방출거리가 15m 이상일 것

6) 포말의 팽창률[발생한 포말용액/(공급된 물+포말원액)]이 12배 이하일 것

7) 포말용액 공급률은 다음의 것 중 가장 큰 것 이상일 것

① 화물갑판면적(선박의 최대너비에 화물탱크갑판구역의 선수미 방향의 합계길이를 곱한 것) $1m^2$당 매분 0.6L

② 최대의 수평단면적을 가지는 화물탱크의 수평면적 $1m^2$당 매분 6L

③ 포말의 방출률이 최대인 모니터의 전방에 있는 포말이 방출되는 장소의 갑판면적 $1m^2$당 매분 3L 이상으로서 당해 장소에 방출되는 전체 포말의 양이 매분 1,250L 이상

8) 포말용액의 양은 위 7)의 규정에 의한 포말용액 공급률로 30분(연해구역 이하를 항해구역으로 하는 총 톤수 2,000t 미만의 제4종선 또는 제65조의 규정에 의한 고정식 불활성 가스장치를 비치하는 선박에 있어서는 20분) 이상 포말을 발생할 수 있는 충분한 것일 것

(9) 고정식 불활성 가스장치(보일러로부터 연소가스를 이용)

1) 화물탱크 내의 가스의 상태가 불활성이 되도록 산소함유율이 통상 용적으로 5% 이하인 불활성 가스를 필요에 따라 화물탱크에 공급할 수 있을 것
2) 당해 화물탱크 내의 가스를 제거할 필요가 있는 경우를 제외하고 화물탱크 내의 가스의 산소함유율이 용적으로 8%를 초과하지 아니하도록 할 수 있고 화물탱크 내의 압력을 대기압보다 높은 압력으로 유지할 수 있을 것
3) 당해 화물탱크 내의 가스를 제거할 필요가 있는 경우를 제외하고는 신선한 공기를 화물탱크에 주입할 필요가 없는 것일 것
4) 시동 시에 있어서 산소농도가 높은 가스를 외부에 방출하는 장치 또는 당해 가스를 재순환시키는 장치가 부착되어 있을 것
5) 화물펌프 정격합계용량의 125% 이상의 비율로 불활성 가스를 공급할 수 있을 것
6) 연소가스세정장치(불활성 가스를 유효하게 냉각할 수 있을 것)가 부착되어 있을 것
7) 연소가스 차단밸브가 부착되어 있을 것
8) 2대 이상의 송풍기 비치

(10) 무인기관실용(기관실 외부에서 원격으로 조종되는 주기관을 설치한 선박으로서 기관운전 중 선원이 계속적으로 배치되지 아니하는 기관실) 자동소화장치

1) 90℃ 이상 110℃ 이하의 온도에서 작동될 것
2) 폐위된 장소에 있어서의 유효진화용적이 $8m^3$ 이상일 것
3) 방출유도관을 사용하여 소화제를 방출하는 경우에 방출유도관은 고압용 동관을 사용하거나 동등 이상의 내열, 내식 및 강도를 가지는 관을 사용할 것
4) 감지기가 분리형일 경우 전기배선, 밸브작동장치 등은 열기나 화염으로부터 보호되거나 내화 및 내열성능이 있을 것
5) 유효소화용적을 기준으로 다음 사항을 정하고, [별표 8]에 의한 소화시험 방법 및 절차에 따라 방사노즐 최소 설치높이 및 최대 설치높이에서 각각 3회의 화재시험을 하여 각각 3회 모두 점화 후 2분 이내에 소화기가 작동되고, 소화기 작동종료 1분 경과 후에 잔여 불꽃이 없으며, 소화기 작동종료 2분 경과 후에도 재발화되지 않을 것
   ① 유효소화용적
   ② 소화약제량
   ③ 방사노즐 최소 및 최대 설치높이
   ④ 소화제 방출을 위하여 유도배관을 사용할 경우 최대 꺾임수 및 배관방식
   ⑤ 방사노즐 사양

(11) 소화기

1) 액체소화기

2) 포말소화기

3) 탄산가스소화기

4) 분말소화기

(12) 화재탐지장치 : 탐지기는 열, 연기 또는 기타 연소물, 화염 또는 이들이 혼합된 요인에 의하여 자동적으로 작동할 수 있는 것일 것. 이 경우, 화염탐지기는 연기 또는 열 탐지기에 추가적으로만 사용될 것

(13) 수동화재경보장치(비상경보설비)

(14) 방호구획 기준

1) A등급 구획(A Class boundary) : AS1M E 119, Standard Test Methds for Fire Tests of Building Construction and Materials에 따라 시험한 경우, 1시간 동안 연기와 화염이 통과할 수 없도록 설계된 구획

2) B등급 구획(B Class boundary) : AS1M E 119, Standard Test Methds for Fire Tests of Building Construction and Materials에 따라 시험한 경우, 0.5시간 동안 연기와 화염이 통과할 수 없도록 설계된 구획

광산화재

01 개 요

(1) 국내에서는 석탄의존도가 낮아 탄광에 의한 화재가 최근에는 거의 발생하지 않고 있으나, 중국 등 아직도 석탄에 대한 의존도가 높은 여러 나라의 경우에는 광산화재로 인한 대규모의 사망, 재산피해, 환경오염 등이 발생하고 있다.

(2) 광산화재는 지하의 심층공간에서 발생하는 화재로 발견이나 진화가 어렵고 피난도 곤란하므로 화재발생 시 다량의 인명피해를 유발할 우려가 있다.

02 특징(무창층, 지하공간 화재의 최고봉)

(1) 건축물 특성
1) 무창의 지하공간
2) 심층의 공간

(2) 거주자 특성
1) 거주자는 대부분이 광산 근로자이다.
2) 화재발생 시 자의적인 피난경로가 없어 광산 근무자의 생존율이 타 화재에 비해 현저히 낮다.

(3) 연소 특성
1) 메탄가스 등 가연성 가스가 체류할 우려가 높다.
2) 다량의 폭발성 분진이 체류할 우려가 높다.
3) 갱부목 등 다량의 가연물이 존재한다.
4) 전기설비 등 점화원이 존재한다.
5) 지하 및 지상 작업 시 사용되는 채굴차량 및 기타 중장비는 대개 디젤엔진을 사용하므로 연소의 확대가 빠르다.

(4) 일단 진압되더라도 타고 남은 석탄의 조성이 변화하기 때문에 광물 전체의 이용가치가 현저하게 떨어져서 경제적 손실이 커진다.

(5) 화재가 발생하면 이산화탄소는 물론 아황산가스 등 유해물질이 대량으로 방출된다. 중국의 경우 광산화재로 인한 유해물질 배출량은 연간 약 105만 톤으로 중국 전체에서 대기로 배출하는 유해물질의 10%가 광산화재로부터 배출된다.

03 광산화재의 점화원인

구 분	점화원인	비 고
1	나화(open flames)	용접
2	전기아크(arcs from electrical equipments)	접촉기(contactor), 위치(switch)
3	고온표면(hot surfaces)	모터, 베어링
4	정전기(static electricity)	수송관
5	마찰불꽃(frictional spark)	금속면 마찰
6	화학반응열(chemical reaction)	화학제품

04 화재발생 시 가능한 위험

구 분	발생위험	구 분	발생위험
1	열	8	화재지역 접근제한
2	연기흡입	9	비상대피
3	유독 가스 및 증기	10	산소결핍
4	밀폐공간	11	통기영향
5	가연성 가스폭발(explosion)	12	화재
6	공기 내 분진폭발(dust explosion)	13	사망
7	고열의 물체로부터 상해	14	기타

05 소화활동상 특성

(1) 지상에서 볼 수 없는 지하에서의 화재이기 때문에 더욱더 진화에 어려움이 있다.

(2) 지하의 심층공간으로 소방대의 접근이 곤란하다.

(3) 산속, 긴 공간으로 소방대의 지원이 어렵다.

(4) 폭발의 우려가 높다.

06 화재대응 개선방안

(1) 개인휴대장비(PED ; Personal Emergency Device) 보강

 1) 광산모자(cap lamp)에 단방향 또는 쌍방향 통신장치가 내장되고 표시되어 위급상황 전달 및 입갱자 개개인별 갱내 위치를 확인하도록 한다.

2) **형광 안내표시** : 매 15m 간격마다 빨강/녹색(red/green)의 화살표시로 피난방향을 제시하며 조명이 없는 상황에서 화살표시 색깔을 확인하여 대피가 가능하도록 한다.

(2) 다수의 대피로 확보(multiple escape ways) : 위급상황 시 수송로, 컨베이어 벨트라인(conveyor belt line), 기타 대피로 등 최소 3개의 대피로 확보가 필요하다. 이를 통해 사고발생 시 신속하고 안전하게 대피하도록 할 수 있다.

(3) 기본시설 안내(guidance infrastruction)

1) **촉각선(tactile lines)** : 각 대피로에 안전시설 이동밧줄을 설치하고 원뿔모양의 진로방향을 제시하여 시야확보가 되지 않거나 갱내환경을 모르는 인원에게 방향을 제시할 수 있다.

2) 피난유도선

3) **어두운 곳에서 사용하는 막대기(blind men' sticks)** : 갱내에 비치하여 위급상황 시 갱내 벽면을 직접 만지지 않고 막대기(stick)로 확인하여 이동방향을 결정한다.

(4) 대피장치(escape apparatus)

1) **마스크** : 갱내로 입장하는 모든 사람이 착용한다.

2) **공기호흡기(CABA ; Compressed Air Breathing Apparatus)** : 채광막장 및 중간마다 설치한다.

3) **공기보충 압력기(refill station)** : 장거리 대피 시 공기호흡기(CABA) 공기량이 최소치에 도달하기 전 압축공기를 보충하기 위해 설치되어 있으며 공기호흡기(CABA) 압축공기통의 분리 없이 충전이 가능하여 대피시간을 절약시킨다.

(5) 화재예방 대책

1) 사용되는 갱부목을 난연 처리한다.

2) 자동화재탐지설비의 설치를 통한 화재 조기감지 및 신속한 소화를 가능하게 한다.

(6) 효과적인 화재억제 대책

1) 고팽창포를 통해 방호구역 공간을 효과적으로 질식한다.

2) 위험관리(risk management)를 통해 화재나 폭발발생을 최소화한다.

3) 갱내(석탄광) 폭발억제(explosion suppression) 방법

구 분	억제방법
갱내 석탄광	• 천반, 벽면, 바닥에 석분 살포 • 차도상에 살수시설 설치 • 수막(water barrier) 설치 • 돌가루 막(stone dust barrier) 설치

98 창고화재

01 개 요

(1) 창고화재의 경우 다량의 가연물이 존재하기 때문에 화재성장속도가 빠르고 화재강도가 크다. 또한 상시 감시인이 거주하지 않아 화재의 조기감지 및 화재진압이 어려우므로 화재예방부터 조기 화재진압에 이르기까지 유기적인 계획이 필요하다.

(2) 창고시설의 화재위험은 용도별 위험등급에서는 저장된 물품의 종류, 높이 및 창고 높이가 가장 중요한 요소이다.

02 방재 특성

(1) 건축물 특성

1) 운송기 및 물품적재 등으로 방화구획이 어려운 대규모의 개방공간이다.

2) 건축자재로 샌드위치 패널(복합자재) 등을 사용하는 경우가 많다.

(2) 거주자 특성 : 사람이 거주하지 않으므로 화재발견이나 조치가 지연된다.

(3) 연소 특성

1) 층고가 높아 화재감지 및 스프링클러(S/P)의 작동시간이 길어진다.

2) 화재하중이 크고, 연소속도가 빠르다.

3) 초기 화재 단계를 지나 심부화재로 발전되면 화재진압이 어렵다.

4) 화재의 60%가 오후 6시 이후에서 오전 6시로 관계자의 부재중에 많이 발생한다.

03 고려사항

(1) 저장물질의 화재성상

1) 발화의 난이도

2) 화염전파속도

3) 열방출률(HRR)

(2) 적재방법

1) 적재높이

2) 통로폭

3) 적재상태

(3) 건축물 구조

04 대 책

(1) 예방

1) 물품의 저장 및 관리 철저

① 저장물품의 양과 종류, 위험성을 파악(물질안전데이터표(MSDS), 위험물질명세서)한다.

② 상호 혼합에 의해 위험해질 수 있는 물품은 별도로 분리하여 저장한다.

2) 발화원 관리 철저

① 용접, 전기적 단락, 나화, 자연발화 등의 점화원 관리를 철저히 한다.

　㉠ 용접불똥의 온도 : 400~500℃

　㉡ 1m의 높이에서 용접불똥의 이동거리 : 수평반경 1.5m

② 난방용 덕트 또는 조명설비와는 안전거리를 유지한다.

③ 과열차단장치, 가스차단장치를 설치한다.

④ 방화에 대비한 CCTV, 보안시설을 설치한다.

⑤ 흡연을 금지한다.

3) 유휴 팰릿(pallet) 방호

① 연소하기 좋게 표면적이 크고 공기를 원활하게 공급한다.

② 조그마한 발화원에 의해서도 쉽게 착화한다.

③ 닳고 쪼개진 가장자리와 잘 마른 상태로 인하여 쉽게 발화한다.

④ 방수가 차폐된다.

⑤ 따라서 가능한 한 옥외에 저장하여야 한다.

(2) 경보설비

1) 조기감지, 초기 소화를 위해 연기감지기를 설치한다.

2) 20m 이상의 높이인 경우에는 불꽃감지기를 설치하여야 한다.

(3) 소화설비(ESFR, 고팽창포)

1) 현재 적용 가능한 창고 천장높이는 13.7m, 천장경사도는 2/12 이하이다.

2) 최소작동압력 – 최소개수 설계방식에서의 저수량

$$12 \times 60 \times K\sqrt{10p}$$

여기서, K : 상수$(\mathrm{L/min \cdot MPa}^{\frac{1}{2}})$

3) 습식만 가능하다.

4) ESFR은 코드(code)에 적합한 설계가 절대적으로 필요하다. 만일 규정에 벗어나는 설치를 한 경우에는 설치목적인 화재진압은 고사하고 화재제어도 기대하기 어렵다.

5) 고려사항

① 충분한 살수밀도 유지

② 헤드 간 충분한 간격 유지

③ 천장높이에는 충분한 냉각상태 유지

6) **수동사용이 가능한 호스 접결구** : 배관에 설치된 접결구에 호스를 연결하여 차폐된 곳을 잔화 진화에 사용한다.

7) 랙크식 창고의 천장 헤드는 랙크 내 헤드보다 먼저 작동할 가능성이 있다. 따라서 NFPA에서는 천장에 설치하는 헤드는 랙크 내 헤드에 비해 높은 온도의 것을 설치하도록 권장하고 있다.

8) 천장면 헤드가 먼저 동작하면 랙크 내 헤드가 물에 젖어 작동되지 않을 수 있으므로 차폐판(water shield)을 설치하도록 권장하고 있고, 차폐판이 설치된 헤드는 랙크식 스프링클러(intermediate level sprinkler)라고 부른다.

(4) 배연구(venting) 설치 제한

1) ESFR의 경우(NFSC)

① 공기의 유동으로 인하여 헤드의 작동온도에 영향을 주지 않는 구조일 것

② 화재감지기와 연동하여 동작하는 자동식 환기장치를 설치하지 아니할 것. 다만, 자동식 환기장치를 설치할 경우에는 최소작동온도가 180℃ 이상일 것

2) NFPA 13의 기준

① 스프링클러헤드보다 높은 온도를 가지는 수동식 또는 자동식 배기구는 사용이 가능하다.

② 스프링클러헤드의 방호기준은 지붕 배기구와 방연커튼이 화재 시에는 작동되지 않는다는 가정에서 설계된 것이다.

③ ESFR은 고온등급, 표준반응형 작동방식인 경우에 자동식 열 또는 연기 배기구가 설치된 건물에 사용이 가능하다.

④ ESFR의 경우는 방연커튼이 설치된 장소에는 설치하면 안된다. 왜냐하면 방연커튼이 ESFR의 작동을 왜곡시킬 수 있기 때문이다.

(5) 방화구획

1) 저장부분과 기타부분 구획

2) 위험물품 저장소는 별도로 구획

3) 창고의 폭이 큰 경우는 승강기(stock car crane)의 주행방향과 평행하게 방화구획

4) 다층의 물류센터인 경우에는 스팬드럴의 설치

5) 방화셔터를 사용하여 구획

6) 수막설비를 이용하여 구획

7) 드래프트(draft) 커튼을 이용하여 방연구획

(6) 기타

1) 수손피해가 우려될 때는 배수시설 및 받침대 등으로 바닥에서 10cm 이상 이격한다.

2) 통로는 연소확대 방지, 소화활동, 물품반출 등을 위하여 충분한 공간을 확보해야 한다(NFPA에서는 최소 2.4m 이상).

3) 물을 흡수하여 팽창하는 물품은 벽과 이격하여야 한다.

4) 성능 내화시간을 기준으로 철저한 내화구조를 실현하여야 한다.

꼼꼼체크
- 고무 타이어 창고
  - 화재위험이 대단히 크다.
  - 빈 공간이 많아 연소 시 충분한 공기가 공급될 수 있다.
  - 타이어 내부 표면에서 연소되는 화재는 보통 스프링클러(S/P)헤드의 방수로부터 차폐된다.
  - 적재높이 및 적재 형태가 중요하다.
- 면포, 두루마리 창고
  - 급속한 화재확산, 높은 가연물 하중을 가지고 있다.
  - 빠르게 확산하는 전실화재 가능성으로 넓은 설계면적이 요구된다.
  - 심부화재를 진압할 수 있는 지속적인 소화용수 공급이 필요하다.
  - 고온도등급 헤드를 사용한다. 속동형 헤드는 사용할 수 없다.
- 고소의 화재위험(high challenge fire hazard)
  - 높게 적재된 가연성 창고 내에서 발생하는 화재위험이다.
  - 여기서 고소(高所)라는 용어는 일반적인 화재제어 또는 화재진압을 위해 경·중·상급 위험 용도에 필요한 것 이상의 강화된 규정이 필요하다는 의미를 내포하는 것이다.
  - 높게 쌓아서 저장(high-piled storage)하는 높이가 3.7m를 초과하는 밀집 적재 창고를 말한다.

랙크식 창고 (rack warehouse)

01 개 요

(1) 중·고층 선반을 입체적으로 배치하고 선반 사이를 주행하는 승강기와 짐차를 이용하여 자동적으로 입·출고할 수 있는 창고로서 팰릿(pallet)과 팰릿(pallet) 사이에 공간이 있어 가연물과 공기가 아주 적절하게 섞인 위험물 창고를 랙크식 창고라고 한다.

(2) 「화재예방, 소방시설 설치·유지 및 안전관리에 관한 법 시행령」[별표 4]에 랙크식 창고는 반자(반자가 없는 경우에는 지붕의 옥내에 면하는 부분)까지의 높이가 10m를 넘는 것으로 선반 또는 이와 유사한 것을 설치하고 승강기 등에 의하여 수납물을 운반하는 장치를 갖춘 창고를 말한다. 즉, 바닥으로부터 창고의 처마까지의 높이가 10m 이상이며 운반장치를 갖춘 창고가 랙크식 창고이다.

❚ 랙크식 창고[78] ❚

---

78) STRATEGIC OUTCOMES PRACTICE, October 2011 www.willis.com에서 발췌

02 종 류

(1) 빌딩식

(2) 유닛식

03 특성(화재의 성장을 촉진시키기에 적합한 구조)

(1) 건축물 특성

1) 건축물 설치목적상 방화구획이 어렵다.
2) 내화피복이 되지 않은 가구식 철골구조인 경우에는 내열성이 취약해서 적은 열로도 붕괴 우려가 크다.
3) 팰릿(pallet)이 사용되는데 팰릿(pallet)의 재질은 대부분 목재이다.
4) 팰릿(pallet)의 사용으로 더 많은 물건을 쌓을 수 있고, 공기의 유동이 좋아 연소확대 및 연소속도가 빠르다.
5) 층고가 높아 화재의 감지가 지연되고 축연이 용이하다.

(2) 연소의 특성

1) 모든 측면에서 화재에 공기의 유입이 가능한 구조이다.
2) 속이 가득 찬 적재더미와 같이 적재된 물품은 전복되지 않고 가연물의 지속적인 공급이 가능하다.
3) 연소확대속도가 빠르다.

(3) 소화의 특성

1) 인력소화가 거의 불가능하다.
2) 외부에서 주수가 어렵다. 도난방지 목적으로 외부에 창이 없기 때문이다.
3) 헤드의 방수로부터 차폐되는 구역이 많다.
4) 저장물 때문에 화재지점에 정확한 주수가 곤란하다.
5) 건너뛰기(skipping)가 발생할 우려가 있다.

(4) 거주자 특성

1) 사람이 상주하지 않는다.
2) 사람의 이동이나 피난경로에 대한 고려가 상대적으로 적다.

04 스프링클러 설치(국내 기준)

(1) 특수가연물을 저장 또는 취급하는 것에 있어서는 랙크높이 4m 이하마다 설치한다.

(2) 그 밖의 것을 취급하는 것에 있어서는 랙크높이 6m 이하마다 설치한다.

(3) 인랙(in lack)형을 설치한다.

(4) 다만, 랙크식 창고의 천장높이가 13.7m 이하로서 화재조기진압용(ESFR) 스프링클러설비의 화재안전기준(NFSC 103B)의 규정에 따라 설치하는 경우에는 천장에만 스프링클러헤드를 설치할 수 있다.

05 스프링클러 설치[NFAPA 13(2010)]

(1) 랙크식 창고에 스프링클러 설치 시 기준[79]

▌속이 찬 선반 없이 적재높이 25ft(7.6m)를 초과하는 플라스틱 물품의 1열, 2열 및 다열 랙크용 CMSA 스프링클러헤드의 설치기준 ▌

배치 형태	저장상품	최대저장 높이		최대 천장/ 지붕 높이		K-변수/ 설치 형태	설치별 종류	스프링 클러헤드 개수	최소작동 압력	연결호스의 허용유량	급수시간
		ft	m	ft	m						
속이 찬 선반이 없는 1열, 2열 및 다열 랙크	플라스틱 물품	30	9.1	35	10.6	19.6(280)/ 하향형	습식	15	25psi (1.7bar)	500gpm (1,900L/min)	$1\frac{1}{2}$
		35	10.6	40	12.1	19.6(280)/ 하향형	습식	15	30psi (2.1bar)	500gpm (1,900L/min)	$1\frac{1}{2}$

(2) 랙크식 창고에 ESFR 설치 시 기준[80]

▌속이 찬 선반 없이 적재높이 25ft(7.6m)를 초과하는 플라스틱 물품의 랙크식 창고용 ESFR 설치기준 ▌

배치 형태	저장상품	최대저장 높이		최대 천장/ 지붕 높이		K-변수	설치 형태	최소작동압력		인랙 스프링클러 의 설치상태 여부	연결호스의 허용유량	
		ft	m	ft	m			psi	bar		gpm	L/min
속이 찬 선반이 없는 1열, 2열, 다열 랙크	플라스틱 물품	–	–	–	–	22.4 (320)	하향형	40	2.8	No	250	946
						25.2 (360)	하향형	40	2.8	No		
		35	10.7	40	12.2	14.0 (200)	하향형	75	5.2	No		
						16.8 (240)	하향형	52	3.6	No		
						25.2 (360)	하향형	25	1.7	No		

---

79) Table 17.3.3.1 ESFR protection of Rack Storage Without Solid Shelves of plastics Commodidies Stored Over 25ft(7.6m) in Height

80) Table 17.3.2.1 CMSA Sprinkler Design Criteria for Single-, Double-, and Multiple-Row Racks Without solid Shelves of plastics Commodidies Stored Over 25ft(7.6m) in Height

배치 형태	저장상품	최대저장 높이		최대 천장/ 지붕 높이		K-변수	설치 형태	최소작동압력		인랙 스프링클러의 설치상태 여부	연결호스의 허용유량	
		ft	m	ft	m			psi	bar		gpm	L/min
속이 찬 선반이 없는 1열, 2열, 다열 랙크	플라스틱 물품	35	107	45	13.7	14.0 (200)	하향형	90	6.2	Yes	250	946
						16.8 (240)	하향형	63	4.3	Yes		
						22.4 (320)	하향형	40	2.8	No		
						25.2 (320)	하향형	40	2.8	No		
		40	12.2	45	13.7	14.0 (200)	하향형	90	6.2	Yes		
						16.8 (240)	하향형	63	4.3	Yes		
						22.4 (320)	하향형	40	2.8	No		
						25.2 (320)	하향형	40	2.8	No		

냉동창고(cold storage warehouse)

01 개 요

(1) 냉동창고는 야채나 과일, 생선 등의 신선도를 유지하기 위해 냉동기에 의해 일정온도 이하로 유지하는 창고를 말한다. 최근에 대단위 인명피해를 발생시킨 이천 냉동창고화재에서 보듯이 화재발생 시 큰 피해를 유발한다.

(2) 왜냐하면 냉동창고에서 단열을 구성하는 중요재료로 쓰이는 우레탄폼은 가격대비 성능이 우수하지만 화재 시에는 화재확산이 빠르고 독성물질이 다량 방출되기 때문이다. 냉동창고는 우레탄 뿜칠과 우레탄 패널로 구성되어 있으며 저장온도에 따라 우레탄의 두께가 결정된다. 문제는 공사비를 줄이는 차원에서 스티로폼이 들어있는 건축용 샌드위치 패널에 우레탄 뿜칠과 패널을 연결하는 공사에서 발생한다. 이천 화재의 원인도 공사비를 절약하기 위한 샌드위치 패널에 불이 붙어 내부의 우레탄으로 옮겨지면서 화재가 확대된 것이다.

(3) 그러나 현행법에서 창고는 거실의 용도에 해당되지 아니하므로 불연재료, 준불연재료, 난연재료의 마감기준을 갖추지 않더라도 건축법상의 문제가 되지 않는다. 다만 최근에 대형창고화재로 인해 바닥면적 $3,000\text{m}^2$ 이상의 창고는 내부 마감재료를 난연등급 이상으로 사용하도록 되어 있으나, 이러한 난연재질을 사용하는 창고는 비용 때문에 전체 창고의 극히 일부분(3%)에 지나지 아니한다. 특히, 우레탄 패널 및 뿜칠은 그 자체가 바로 불에 착화되는 성질을 가지고 있으며 스티로폼과 같이 불에 잘 타는 재료와 연접하여 시공하면 스티로폼에 의해 불씨가 우레탄까지 전달되어 대형화재를 일으키게 된다.

02 검토사항

(1) 차가운 창고로 창고화재와 유사한 특성을 가진다.

(2) 우레탄폼 등 단열재에 의한 화재의 확산과 유독가스에 의한 인명피해 증가의 우려가 크다.

(3) 냉동기 등 기계, 전기설비에 의한 화재발생 우려가 있다.

(4) 냉동기 내는 동파로 습식 설비의 설치가 곤란하다.

03 냉동창고화재의 특징

(1) 건축물 특징

1) 운송기 및 물품적재 등으로 방화구획이 어려운 대규모의 개방공간이다.
2) 샌드위치 패널(복합자재) 등을 사용하는 경우가 많다.
3) 단열이 필수이므로 단열재의 사용량이 타장소에 비해서 많다.

(2) 거주자 특성 : 사람이 거주하지 않으므로 화재발견이나 조치가 늦다.

(3) 연소 특성

1) 층고가 높아 화재감지 및 스크링클러(S/P)의 작동시간이 길어진다.
2) 화재하중이 크고, 연소속도가 빠르다.
3) 초기 화재 단계를 지나 심부화재로 발전되면 화재진압이 어렵다.
4) 화재의 60%가 오후 6시 이후부터 오전 6시 사이로 관계자의 부재 중에 발생한다.
5) 다량의 단열재로 독성물질의 발생 우려가 있다.

04 냉동창고화재의 문제점

(1) 안전관리 : 일당 인부, 소방시설이 사용불능 상태로 관리된다.

(2) 화재진압 : 유독성 가스와 화염분출로 소화작업이 곤란하다.

(3) 제도 및 행정관리 : 작업장에 대한 관리감독이 부실하고, 다단계 하청이 발생하고 있다.

(4) 미국 화재보고서에 의한 냉동창고의 문제점[81]

1) 버려진 건물 : 보호하고 보안되지 않은 상태로 노숙자나 청소년, 사회 불만세력에 의해서 방화 등에 노출되어 있다(Abandoned building left unprotected and unsecured).
2) 구획이 되지 않은 넓은 공간으로 화재와 연기의 확산을 방지하기 위해 장벽이 없다(No barriers to prevent the spread of fire and smoke in a large space).
3) 가연성 인테리어 마감재를 통한 화재의 확산(fire spread via combustible interior finishes) : 냉동저장창고의 대부분의 벽과 천장은 코르크, 타르, 발포 폴리스티렌 거품, 폴리우레탄 폼, 스프레이-온 등 가연성 단열재로 덮여 있다.
4) 화재신고의 지연(delayed fire reporting)
5) 구조상 화재진압 및 구조에 대한 진입의 제한(access limitations for fire suppression and rescue)
6) 비정상적인 이동거리(unusually long interior travel distances) : 소방관들의 적정 이동거리는 50발자국 내외이고, 공기호흡기의 유효시간은 30분 내외임에도 불구하고 냉동창고의 경우는 이동거리가 길다는 문제점이 있다.

---

81) December 1999 Massachusetts주의 화재보고서에서 발췌

05 적용 가능한 소방설비

공간의 특성상 동파방지 설비가 필요하다.

(1) 더블인터록 준비작동식 소화설비를 사용한다.

(2) 스프링클러헤드를 드라이 펜던트형으로 사용한다.

(3) 습식 설비에 부동액을 넣어 사용한다.

06 냉동창고화재의 개선사항

(1) 소방시설공사업의 자격과 권한을 강화한다.

(2) 감리의 독립성을 보장할 수 있도록 개선한다.

(3) **공사장 안전관리 강화** : 상수도를 활용한 임시 소화전, 소방시설물 작동상태를 제한하는 경우 처벌 강화
   1) 용접공이나 현장관리자의 안전관리를 철저히 한다.
   2) 밀폐된 공간에서 현장용접 등과 같은 위험요소가 있을 때 현장책임자, 안전관리자, 방화관리자 등이 현장 안전관리의 교육을 한 후 작업종료 시까지 현장에 상주하는 것을 원칙으로 해야 한다.

(4) **건축자재 화재안전성 확보**
   1) **기술개발** : 냉동창고에 쓰이는 우레탄 단열재 및 패널에 대해 난연재료등급을 적용할 수 있는 기술개발이 필요하다.
   2) **법제도의 개선** : 보다 강화된 기준의 적용이 필요하다.

(5) 건축계획 설계 시 지하공간에 선큰 등을 두어 환기 및 채광 피난이 용이하도록 설계해야 한다.

샌드위치 패널

01 개 요

(1) 정의 : 샌드위치 패널은 외부 마감재(0.5mm 아연도강판 위 실리콘폴리에스터 코팅 또는 불소코팅)와 내부 마감재 사이에 중간재(심재에 따라 글라스울, 미네랄울 등)를 넣고 압착한 것을 말한다.

(2) 가격이 저렴하고, 시공이 간편하며, 단열성능이 우수하여 창고나 가설 건축물의 설치에 많이 사용되나 화재 시 중간재에 따라 각종 연소생성물을 발생시키고 연소확대가 대단히 빨라 큰 피해를 발생시키는 문제점이 있다.

(3) 국내 법규에서는 샌드위치 패널을 복합자재라고 하여 공장 등에 사용이 가능하도록 완화하고 있어 사고 시 큰 문제를 일으키고 있다.

02 심재에 의한 샌드위치 패널의 종류

구 분	발포 폴리스티렌폼(EPS) 패널	우레탄폼 (PUR) 패널	PIR패널	글라스울 패널	미네랄울 패널
외부 표면재	상하 양면에 착색 아연도금강판				
내부 심재	발포 폴리스티렌폼	우레탄폼	우레탄의 이소시아누레이트(Isocyanurate) 비율을 높여 개질한 폼	글라스울	규산칼슘계 광물섬유
심재의 난연 특성	극심한 가연성	극심한 가연성	난연성능	불연성	불연성
난연등급	등급 외	등급 외	난연 2급, 3급	난연 1급	난연 1급
유독가스 발생	극심하다.	가장 극심하다.	매우 극심하다.	매우 적거나 없다.	매우 적거나 없다.
단열성능	양호	가장 우수	가장 우수	우수	우수
차음성능	양호	양호	양호	양호	우수
생성	유기질 원료를 발포하여 생성, 스티렌이 중합반응한다.	폴리우레탄+휘발성 용제(유기질)를 사용하여 발포한다.	−	광물을 용융하여 고압 분사하고 섬유화하여 일정 형태로 성형(무기질)한다.	광석과 제철을 섞어서 섬유화한 것(무기질)이다.

구 분	발포 폴리스티렌폼(EPS)패널	우레탄폼(PUR)패널	PIR패널	글라스울 패널	미네랄울 패널
물성	100℃ 이상에서 부드럽게 되고 185℃에서 점성액체가 된다.	가연성	–	고온에서 견딘다.	650℃ 이상에서 사용 가능하다.
장점	• 단열성 • 가볍다. • 기계적 강도가 좋다. • 내구성이 좋다. • 경제성이 좋다.	• 단열성 • 구조성능 • 내열성 • 절연성	• 단열성 • 구조성능 • 우레탄폼보다 강화된 난연성 • 내열성 • 절연성 • 자기접착성으로 시공이 용이	• 단열성 • 무독성(연소 시) • 내화성능 • 방화성능 • 내열성능	• 단열성 • 무독성 • 내화성능 • 가벼움 • 흡음효과가 높음 • 방화성능 • 내열성능 • 환경성
단점	• 독성 Gas가 발생한다. • 화염전파가 신속하다. • 열에 약하다.	• 유독가스 생성 • 화염전파가 신속하다.	가격이 우레탄 폼에 비해 비싸다.	• 미세 유리가루 비산 우려가 있다. • 습기나 물에 취약하다.	미세먼지 발생 우려가 있다.
특징	열가소성에 해당된다.	폼의 겉보기밀도를 자유롭게 조절 가능하다.	우레탄폼의 장점을 모두 가지고 난연성능을 향상시킨다.	• t =50mm 이상 30분 내화성능 • t =100mm 이상 1시간 내화성능	사용 가능 온도가 650℃ 이상으로 내화성이 좋다.

03 스티로폼

(1) 스티로 : 폴리스티렌(PS ; PolyStyrene)

(2) 폼(foam) : 기포

(3) 기포가 들어가는 기포구조(closed-cell foam)

1) 공기가 포 안에 갇혀 움직이지 못하는 구조이다.

2) 따라서 탄성력이 떨어진다. 또한 폴리스티렌의 구조로 분자수가 적다.

3) 구성성분의 97~98%가 공기이다. 따라서 열전도를 위한 자유전자가 공기가 존재하는 공간을 통해서 에너지를 전달해야 하므로 열전달이 적다.

4) 무색투명한 열가소성 물질로, 100℃ 이상에서 부드러워지고 185℃ 정도가 되면 점성의 액체가 된다.

5) 검댕이(soot)가 많이 발생한다. 이는 다시 말하면 독성물질(CO)이 많이 발생하고 복사열이 증가(흑체에 가까워진다)한다는 것이다. 왜냐하면 검댕이가 많이 발생한다는 말은 탄소함량이 많다는 것이기 때문이다.

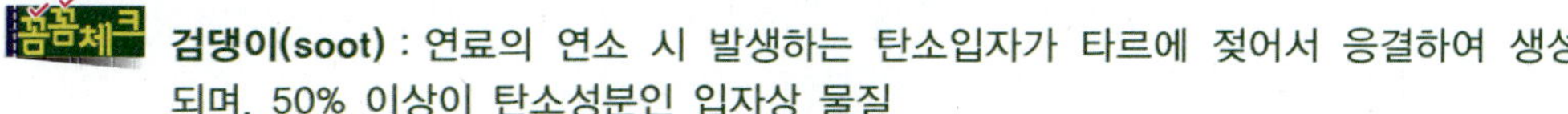 **검댕이(soot)** : 연료의 연소 시 발생하는 탄소입자가 타르에 젖어서 응결하여 생성되며, 50% 이상이 탄소성분인 입자상 물질

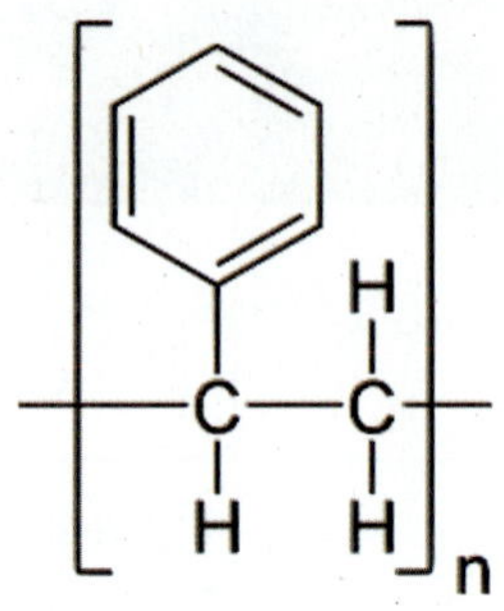

▌폴리스티렌의 구조식 ▌

04 우레탄폼

(1) 아이소사이안산염화합물과 글리콜의 반응으로 얻어지는 폴리우레탄을 구성재료로 하고, 구성성분인 아이소사이안산염과 다리결합제로 쓰는 물과의 반응으로 생기는 이산화탄소와 프레온과 같은 휘발성 용제를 발포제로 섞어서 만드는 발포제품을 우레탄폼이라고 한다. 우레탄폼의 겉보기 밀도를 비교적 자유롭게 조절할 수 있으며, 쉽게 현장에서 간단히 발포시켜 사용한다.

(2) 폴리우레탄의 구조

1) 구조

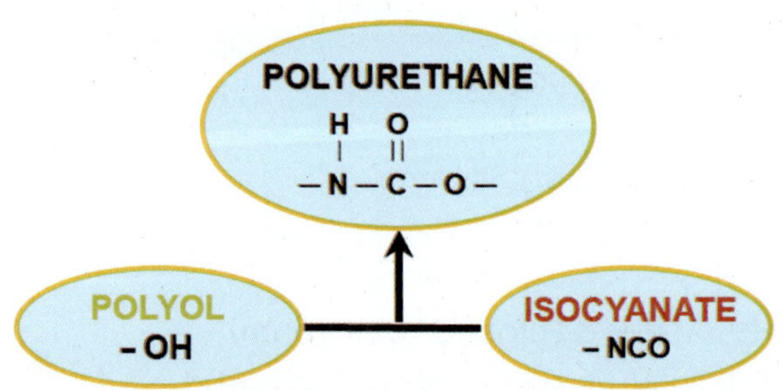

2) 연소 특성

① 350~400℃ 부근에서 80~90% 급격한 무게감량

② 발화 시까지 115초(KS F ISO 5660-1)

③ 일정 온도(100~200℃) 이상이 되면 우레탄의 착화로 시안화수소 등 다량의 유해가스가 발생

(3) PIR패널

1) 우레탄의 이소시아누레이트 비율을 높여 개질한 폼으로 화재 시 손상 및 변형에 강하고 발연성을 감소시켜 화재 저항성을 강화시킨 패널로서 난연성능을 가진다.

2) 하지만 우레탄폼에 비해서 가격이 비싸다.

05 샌드위치 패널의 문제점(스티렌폼, 우레탄폼)과 대책

(1) 문제점

1) 불연재질의 표면재와 가연성재질의 심재가 결합
   ① 표면은 열에 일정 시간 견디지만 열이 전달되어 내부 심재는 지속적으로 연소한다.
   ② 표면이 견디는 관계로 소화수나 약제의 심재침투에 어려움이 있다.
2) 심재가 가연성 물질이므로 급격한 연소확대로 진압이 어렵다.
3) 화재 시 열에 의해 강판이 벌어져 화염이 지속적으로 확산된다.
4) 화재 시 다량의 유독가스가 발생하여 화재의 크기에 비해 인명피해가 크다.
5) 잔염이 남아 추가 재발화위험이 크다.
6) 심재의 연소에 따른 형상 및 기능 상실로 붕괴된다.

(2) 대책

1) 패널은 단순한 내장재가 아니라 벽과 지붕 등과 같은 구조를 담당하는 자재이다. 따라서 종합적인 화재시험을 통해서 난연성능이 확보된 자재로 사용을 제한해야 한다.
   ① 소규모 시편시험인 콘칼로리미터를 이용한 시험은 실제 화재를 규명하기에는 한계가 있다.
   ② 따라서 실규모의 화재성능평가(라지 스케일 칼로리미터)를 통하여 화재안전등급을 평가할 필요가 있다.
2) 패널의 전용소화설비의 설치 : 패널상부에 수막설비를 설치하여 화재 시 초기소화한다.

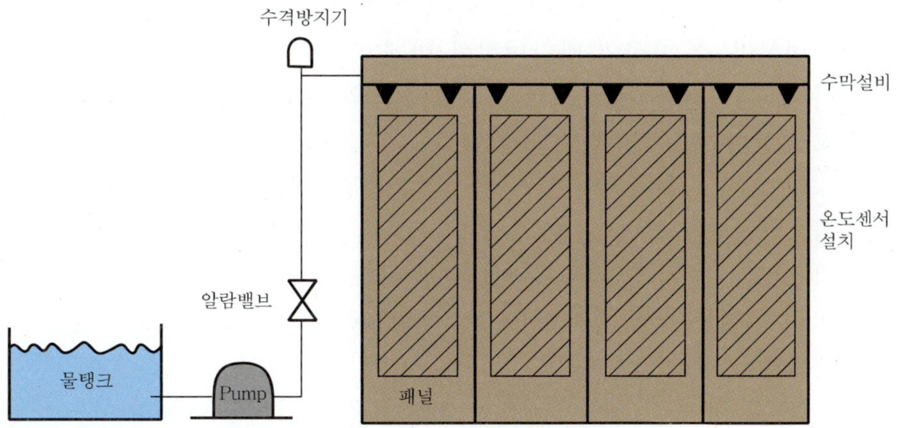

▌ 샌드위치 패널 소화설비 ▐

587

06 법에 나타난 샌드위치 패널

(1) 건축물의 마감재료(「건축법 시행령」 제61조)

1) 법 제52조 제1항에서 "대통령령으로 정하는 용도 및 규모의 건축물"이란 다음의 어느 하나에 해당하는 건축물을 말한다. 다만, 그 주요구조부가 내화구조 또는 불연재료로 되어 있고 그 거실의 바닥면적(스프링클러나 그 밖에 이와 비슷한 자동식 소화설비를 설치한 바닥면적을 뺀 면적) 200m² 이내마다 방화구획이 되어 있는 건축물은 제외한다.

   ① 단독주택 중 다중주택·다가구주택

   ② 공동주택

   ③ 제2종 근린생활시설 중 공연장·종교집회장·인터넷 컴퓨터 게임시설제공업소·학원·독서실·당구장·다중생활시설의 용도로 쓰는 건축물

   ④ 위험물 저장 및 처리 시설(자가난방과 자가발전 등의 용도로 쓰는 시설을 포함한다), 자동차 관련 시설, 방송통신시설 중 방송국·촬영소 또는 발전시설의 용도로 쓰는 건축물

   ⑤ 공장의 용도로 쓰는 건축물. 다만, 건축물이 1층 이하이고, 연면적 1,000m² 미만으로서 다음의 요건을 모두 갖춘 경우는 제외한다.

   ㉠ 국토교통부령으로 정하는 화재위험이 적은 공장용도로 쓸 것

   ㉡ 화재 시 대피가 가능한 국토교통부령으로 정하는 출구를 갖출 것

   ㉢ 복합자재[불연성인 재료와 불연성이 아닌 재료가 복합된 자재로서 외부의 양면(철판, 알루미늄, 콘크리트박판, 그 밖에 이와 유사한 재료로 이루어진 것을 말한다)과 심재(心材)로 구성된 것]를 내부 마감재료로 사용하는 경우에는 국토교통부령으로 정하는 품질기준에 적합할 것

   ⑥ 5층 이상인 층 거실의 바닥면적의 합계가 500m² 이상인 건축물

   ⑦ 문화 및 집회시설, 종교시설, 판매시설, 운수시설, 의료시설, 교육연구시설 중 학교(초등학교만 해당한다)·학원, 노유자시설, 수련시설, 업무시설 중 오피스텔, 숙박시설, 위락시설(단란주점 및 유흥주점은 제외한다), 장례시설, 「다중이용업소의 안전관리에 관한 특별법 시행령」 제2조에 따른 다중이용업(단란주점영업 및 유흥주점영업은 제외한다)의 용도로 쓰는 건축물

   ⑧ 창고로 쓰이는 바닥면적 600m²(스프링클러나 그 밖에 이와 비슷한 자동식 소화설비를 설치한 경우에는 1,200m²) 이상인 건축물

2) 법 제52조 제2항에서 "대통령령으로 정하는 건축물"이란 다음의 어느 하나에 해당하는 것을 말한다.

   ① 상업지역(근린상업지역은 제외)의 건축물로서 다음의 어느 하나에 해당하는 것

   ㉠ 「다중이용업소의 안전관리에 관한 특별법」 제2조 제1항 제1호에 따른 다중

이용업의 용도로 쓰는 건축물로서 그 용도로 쓰는 바닥면적의 합계가 2,000m² 이상인 건축물

   © 공장(국토교통부령으로 정하는 화재위험이 적은 공장은 제외)의 용도로 쓰는 건축물로부터 6m 이내에 위치한 건축물

② 고층 건축물

(2) 소규모 공장용도 건축물의 마감재료(「건축물의 피난·방화구조 등의 기준에 관한 규칙」 제24조의2)

1) 영 제61조 제1항 제4호 가목 및 제2항 제1호 나목에서 "국토교통부령으로 정하는 화재위험이 적은 공장"이란 각각 [별표 3]의 업종에 해당하는 공장을 말한다. 다만, 공장의 일부 또는 전체를 기숙사 및 구내 식당의 용도로 사용하는 건축물을 제외한다.

2) 영 제61조 제1항 제4호 나목에서 "국토교통부령으로 정하는 출구"란 건축물 내부의 각 부분으로부터 출구(가장 가까운 거리에 있는 출구)에 이르는 보행거리가 30m 이하가 되도록 설치된 유효너비 1.5m 이상의 출구를 말한다.

3) 영 제61조 제1항 제4호 다목에서 "국토교통부령으로 정하는 성능을 구비한 복합자재"란 자재의 철판과 심재(心材)가 산업표준화법에 따른 한국산업규격이 정하는 바에 따라 다음의 품질기준을 갖춘 경우를 말한다.

   ① 철판 : 도장 용융 아연도금강판 중 일반용으로서 전면도장의 횟수는 2회 이상이고 두께는 0.5mm 이상인 것

   ② 심재

      ㉠ 발포 폴리스티렌 단열재로서 비드보온판 4호 이상인 것

> **꼼꼼체크** **발포 폴리스티렌의 제조방법**
>
> - 압출법 : 재료를 용융시킨 후 그대로 압출하면서 생산하는 방식이다. 따라서 전체가 하나의 판으로 구성되어 있다. 흔히 이것을 핑크색을 띠고 있어서 '아이소핑크'라고 부른다.
> - 비드법 : 재료를 알갱이 형태로 제조한 후 숙성과정을 거쳐 제조된다. 이것이 흔히 볼 수 있는 일반적인 스티로폼이다.

      ㉡ 경질 폴리우레탄폼 단열재로서 보온판 2종 2호 이상인 것

      ㉢ 그 밖의 심재는 불연재료·준불연재료 또는 난연재료인 것

(3) 건축물의 내부 마감재료의 난연성능기준 : 방화상 유해한 균열, 구멍 및 용융(복합자재의 경우 심재가 전부 용융, 소멸되는 것을 포함)이 있는 것은 부적합하다. 또한, 복합자재의 경우에는 심재가 관통하는 경우(한쪽 면 강판을 제거하였을 경우 심재가 관통되어 다른 한쪽 면 강판이 육안으로 관찰되는 경우)에도 위와 같이 부적합으로 판단하고 있다.

(4) 난연재료(건축물 마감재료의 난연성능 및 화재확산 방지구조 기준 제4조) : 난연재료
는 다음에 적합하여야 한다. 다만「건축물의 피난·방화구조 등의 기준에 의한 규칙」
제24조의2의 규정에 의한 복합자재로서 건축물의 실내에 접하는 부분에 12.5mm 이
상의 방화석고보드로 마감하거나, 한국산업규격 KS F 2257-1(건축부재의 내화시험
방법)에 따라 내화성능시험한 결과 15분의 차염성능 및 이면온도가 120K 이상 상승하
지 않는 재료로 마감하는 경우 그러하지 아니하다.

1) 한국산업규격 KS F ISO 5660-1에 따른 가열시험 개시 후 5분간 총 방출열량이
   $8MJ/m^2$ 이하이며, 5분간 최대 열방출률이 10초 이상 연속으로 $200kW/m^2$를 초과
   하지 않으며, 5분간 가열 후 시험체를 관통하는 방화상 유해한 균열, 구멍 및 용융
   (복합자재의 경우 심재가 전부 용융, 소멸되는 것을 포함) 등이 없어야 한다.

2) 한국산업규격 KS F 2271 중 가스유해성 시험 결과, 실험용 쥐의 평균행동정지 시
   간이 9분 이상이어야 한다.

3) 철판과 심재로 이루어진 복합자재의 경우 철판은 도장용융 아연도금강판 중 일반
   용으로서 전면도장의 횟수는 2회 이상, 도금량은 제곱미터당 180g 이상이고, 철판
   두께는 도금(鍍金) 후 도장(塗裝) 전을 기준으로 0.5mm 이상이어야 한다.

(5) 시험체 및 시험횟수 등(건축물 마감재료의 난연성능 및 화재확산 방지구조 기준 제5조)

1) 제2조의 규정(불연재료)에 의하여 한국산업규격 KS F ISO 1182에 따라 시험을 하
   는 경우에 다음에 의하여야 한다.
   ① 시험체는 실제의 것과 동일한 구성과 재료로 되어야 한다.
   ② 시험은 시험체에 대하여 총 3회 실시하여야 한다.
   ③ 복합자재인 경우에는 시험체의 각 단면에 별도의 마감을 하지 않아야 한다.

2) 제3조(준불연재료) 및 제4조(난연재료)에 따라 한국산업규격 KS F ISO 5660-1의
   시험을 하는 경우에는 다음에 따라야 한다.
   ① 시험체는 실제의 것과 동일한 구성과 재료로 되어야 한다.
   ② 시험은 시험체가 내부 마감재료의 경우에는 실내에 접하는 면에 대하여 3회 실
      시하며, 외벽 마감재료의 경우에는 외기(外氣)에 접하는 면에 대하여 3회 실시
      한다.
   ③ 복합자재인 경우에는 시험체의 각 단면에 별도의 마감을 하지 않아야 한다.
   ④ 가열강도는 $50kW/m^2$로 한다.

3) 제2조(불연재료)부터 제4조(난연재료)까지에 따라 한국산업규격 KS F 2271 중 가
   스유해성 시험을 하는 경우에는 다음에 따라야 한다.
   ① 시험은 시험체가 내부 마감재료인 경우에는 실내에 접하는 면에 대하여 2회 실
      시하며, 외벽 마감재료인 경우에는 외기(外氣)에 접하는 면에 대하여 2회 실시
      한다.

② 시험은 시험체가 실내에 접하는 면에 대하여 2회 실시한다.

③ 복합자재인 경우에는 시험체의 각 단면에 별도의 마감을 하지 않아야 한다.

07 결 론

(1) 샌드위치 패널도 내부 보온재가 불연재(유리솜이나 암면)일 경우에는 화재의 확산 우려가 크게 감소하는 데 반해 비용적 측면이 크게 증가하게 된다. 이에 따라 업체의 요청에 의해서 법규가 완화되었다.

(2) 하지만 씨랜드 및 각종 창고화재에서 대규모 인명피해를 경험한 우리로서는 경제적 이익 때문에 안전을 포기하는 일은 심각하게 고민할 수밖에 없다.

(3) 따라서 경제적인 손실을 고려하더라도 국민의 안전을 보장하는 방향으로 법이 개정되는 것이 바람직하겠다.

복합상영관(multiplex) 시설의 방재대책

01 개 요

(1) 복합상영관(multiplex)은 보통 6개 이상의 스크린을 복합적으로 운영하고 디지털상영시스템(DTS ; Digital Theater System)과 3차원 첨단상영장비 등을 갖추고 부대시설로 대형 주차장, 식당, 카페, 쇼핑타운, 각종 전시장 등을 갖춘 건축물로서 우리나라에서는 1990년대부터 극장 불황의 타개책으로 생겨나기 시작하였으며 원스톱 엔터테인먼트(one-stop entertainment)를 제공하는 복합화된 시설을 의미한다.

(2) 복합상영관은 불특정 다수인이 이용하는 공간으로 화재 시 많은 인명피해가 예상된다.

(3) 대부분 대형 지하공간이나 고층 건축물의 상층부에 위치하여 위치상 재난에 취약한 형태이고 일시에 수많은 인파가 몰리는 대표적 다중이용시설이다.

02 화재위험성 및 공간 특성

(1) **영화관 화재의 위험성** : 영화관은 밀집, 밀폐된 공간으로 개구부가 없거나 있어도 매우 적은 무창층 구조이다. 또한 방재상 특이성과 연기의 배출이 용이하지 못한 점 등 아래와 같은 화재 특성을 가진다.

1) **건축물 특성**

① 영화관 내부는 많은 내장재(커튼류, 의자 및 카펫 등)로 인하여 발생 초기부터 다량의 연기가 발생한다.

② 따라서 일정 시간이 지남에 따라 밀폐된 구조에 공기의 흐름이 거의 없기 때문에 나중에는 훈소로 인한 농연의 발생은 한층 심해진다. 발생된 농연은 외부로 쉽게 빠져나오지 못할 뿐 아니라 유독성을 띠고 있다.

③ 농연은 그 공간적 한계로 인하여 열기와 함께 내부에 축적되게 된다. 이러한 농연은 일산화탄소(CO), 시안화수소(HCN), 포스겐($COCl_2$) 등과 같은 맹독성 가스를 함유하고 있어 치명적이며 농연의 밀도가 높으면 조명효과가 낮아 시각적 장애가 발생한다.

④ 기계환기조건이 아닌 경우 연기의 이동속도는 비교적 느리다고 본다.

⑤ 층고가 높아 화재감지의 어려움이 있으므로 조기감지 및 조기소화가 곤란하다.

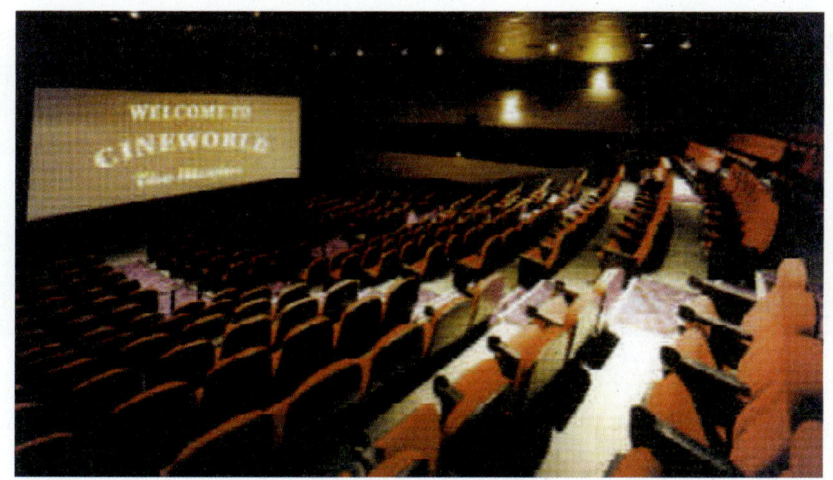

▌ 극장 내부 전경 ▌

2) 거주자 특성

① 영화관은 밀집, 밀폐된 공간으로 불특정 다수의 사람들이 이용하며 화재 및 정전 시 공포감을 강하게 느끼고, 패닉(panic)에 빠질 우려가 크다.

② 그러므로 군중 심리적 현상이 발생하고 일시적으로 수많은 사람들이 피난을 시도하여 2차적인 재해요인(넘어져서 압사사고 등 발생)이 발생하기도 한다.

③ 또한 연기의 확산으로 농연 등이 여러 곳에 미치기 때문에 발화장소의 오인이 쉽고, 화점 및 연소 범위의 파악이 곤란하다.

④ 복합상영관(multiplex)의 경우에는 다수의 극장이 미로형태로 배치됨으로써 심리적인 패닉현상을 증대시킨다.

3) 연소 특성

① 영화관에서의 연소는 공기의 공급조건에 의해 지배적인 영향을 받는 환기지배형 화재가 된다. 왜냐하면 보안의 목적과 음향문제로 영화관의 공간은 외부와는 거의 차단되어 있어 공기의 유입이 쉽지 않고 따라서 공기의 흐름이 거의 없거나 적기 때문이다.

② 이와 같이 내부의 공간적 한계로 인하여 연소열이 축적되기 쉽고 이로 인하여 피해의 위험성이 예상보다 클 수도 있다.

③ 발화위험 : 영사실, 식당, 스낵바 등의 화기 및 인화성 위험물의 사용

　㉠ 과거에 필름을 사용하는 경우 필름의 인화성 및 세척을 위한 각종 인화물질이 다량 배치되어 화재위험이 컸으나, 최근에는 디지털 영상이 대부분이어서 필름이나 약품에 의한 발화 및 연소확대 우려는 크게 감소하였다.

　㉡ 하지만 팝콘 등 스낵바의 증가로 인한 화재의 위험은 과거보다 크게 증가하였다.

④ 좌석이나 스크린, 바닥재 등 다량의 가연물이 존재하여 화재하중이 크다.

❚ 영사실 ❚

❚ 스낵바 ❚

(2) 복합상영관의 구성 및 공간 특성

1) **상영관** : 복합상영관은 스크린의 크기를 줄여 적은 관람석 수를 갖는 상영관으로 운영을 하고 있기 때문에 다양한 크기와 여러 형태의 공간구조를 적용하고 있다.

2) **영사실** : 복합상영관의 영사실은 보통 영사기 1대를 기준으로 하는 것이 아니고 최소 2대 이상, 많은 경우는 열두세 대의 영사기를 기준으로 시설을 구성하고 있으며, 수평형 공간구조를 가질 경우에는 다량의 영사기를 운영할 수 있다. 그 외의 환등영사기, 스포트라이트 등을 갖춘다. 기타 전동기, 축전지, 세면소, 필름보관실, 기사대기실 등의 공간이 필요하다.

3) **기타 부대시설** : 상영관과 영사실을 제외한 음향시설과 매표시설 그리고 구내 매점을 포함한 카페, 게임룸, 캐릭터 숍, 스낵바 등이 있다.

4) **상영관의 단면상 배치유형**

유 형	특 징	사 례
1층형	건축물의 1층 또는 2층의 일부를 사용하는 형태	CGV 상암
지상+지하형	지하와 지상에 두는 형태	대한극장
지상형	건물의 중간에 영화관을 두는 형태	메가박스 동대문, 서울극장
최상층형	대규모 건물의 최상층에 두는 형태	강변 CGV11
지하형	최근에 나타난 지하쇼핑몰의 대규모 공간을 활용하는 형태	메가박스, 센트럴시티, 하이페리온, 피카디리(롯데시네마)

5) **공간상의 배치유형**

① **수직형** : 영화관을 수직으로 배치하는 방법으로 국내에서는 대표적인 형태가 대한극장이다.

② **수평형** : 영화관을 동일한 수평면에 배치하는 방법으로 대부분의 쇼핑센터와 연계된 극장이 여기에 해당되고 대표적인 형태가 삼성동 메가박스이다.

③ **조합형** : 수직형과 수평형의 조합 형태로 현재 대부분의 전용 복합상영관의 형태이다.

(3) 공간 특성에 따른 문제점

1) 고층의 공간

① 고층화재 시 사람은 연기에 대한 공포심으로 신속히 대피하려는 행동을 보인다. 따라서, 계단, 엘리베이터와 같은 한정된 피난시설을 동시에 사용하기 때문에 병목현상이 발생하여 출구 및 계단 앞에서 일시 지체하게 된다.

② 또한 위험에 노출되거나 정보의 부재로 패닉상태가 되어 비이성적, 비상식적인 행동이 발생하기도 한다.

③ 특히 복합상영관과 같은 불특정 다수인이 다량으로 거주와 이동을 하는 장소에서는 외부 및 지상으로의 피난을 위한 피난로와 동선이 한정되어 있어 많은 인원이 피난하기는 곤란한 문제점을 가지고 있다. 이로 인한 지체와 혼란으로 화재와 연기에 의한 피해뿐만 아니라 피난에 따른 2차 피해가 우려된다.

2) 무창의 폐쇄된 공간

① 건물의 전체 모양과 형태를 볼 수 없으며, 창의 결핍으로 외부에 대한 식별이 곤란하여 방향감각 상실의 우려가 있다.

② 복합상영관은 창이 없는 폐쇄된 공간이기 때문에 산소공급의 불충분으로 불완전연소가 되어 연기 및 일산화탄소의 발생량이 많다. 그리고 화재발생 시 전원공급이 차단됨으로써 배연설비 등이 작동되지 않는 경우가 많으며, 더욱이 창이 없기 때문에 외부로의 자연배연도 불가능하여 결국에는 내부로 연기가 확산되어 충만하게 된다.

③ 연소열 축적 가능성 : 전실화재의 발생 가능성이 증가한다.

3) 지하공간

① 일반적으로 지하공간은 화재, 침수 또는 지진으로 인해 감금될 수 있다는 심리적 두려움이 존재한다.

② 지하공간은 지상보다 낮은 위치에 있기 때문에 자연적인 원인 또는 화재 시 작동한 소화설비의 소화수에 의한 침수가 발생 시 건물 외부로의 자연배수가 불가능하다.

③ 화재 시 피난방향과 연기의 이동방향이 같아지므로 피난자가 연기로부터 떨어진 곳에 위치하는 것이 아니라 상승하는 연기 속에 노출될 우려가 크다. 따라서 피난능력과 피난환경이 크게 악화된다.

4) 대규모로 연결된 지하가

① 지하상가, 지하철 및 인접건물의 지하층이 서로 연결된 대규모 지하생활공간은 무질서하고 부정형의 미로와 같은 거대한 공간이 형성된다.

② 이러한 지하공간에 화재가 발생할 경우 지하보도를 통하여 전체 지하공간으로 화재가 확산됨은 물론 인접 건물의 지하층에까지 확대될 가능성이 높다.

③ 또한, 그러한 부정형의 미로와 같은 지하공간에서는 방향감각을 상실하게 되어 피난에 큰 지장을 초래하게 된다. 그리고 지상으로 통하는 계단과 인접 건물의 내부로 통하는 계단의 구별이 분명하지 않기 때문에 피난상 중요한 문제점이 야기될 수 있다.

03 방재대책

(1) 피난대책
1) 안전한 피난을 확보하기 위해 1인당 점유면적 및 출입구의 폭과 수를 적정하게 산정하여야 한다.
2) 피난경로는 가급적 짧게 구성하고, 피난수단은 단순하게 배치하여야 한다.
3) 객석부의 피난에서 가장 중요한 것은 객석의 간격과 통로의 배열과 피난동선이다.
4) 층별 순차적 피난을 위한 비상경보설비 및 비상방송설비를 체계적으로 계획하여야 한다.
5) 피난동선상에 유도등 및 비상조명등을 설치하여야 한다.
6) 직원 및 관계자를 대상으로 한 소방 훈련 및 교육을 철저하게 진행하여야 한다.
7) 영화상영 전에 피난안내영상을 상영하여 피난 시 조치요령을 관객들에게 숙지시켜야 한다.

(2) 발화방지 및 초기 소화
1) 전기 및 화기 사용제한, 영사실 등에 용도별 누전차단기 설치, 흡연관리를 철저하게 하여야 한다.
2) 스크린, 커튼류, 의자 및 카펫 등의 철저한 방염처리를 하여야 한다.
3) 속동형 스프링클러헤드를 설치하여 화재를 조기에 감지하고 소화할 수 있어야 한다.
4) 높은 천장에는 천장높이에 적응성이 있는 감지기를 설치하여야 한다.
5) 스낵바나 식당에 기름을 사용하는 경우는 강화액을 이용한 자동식 소화기를 설치하여 K급 화재에 대한 대응력을 갖추어야 한다.
6) 영사실에 가스계 소화약제 등을 설치하여 화재발생 시 조기에 소화가 가능하도록 하여야 한다.

(3) 연소확대 방지
1) 영사실과 상영관 사이에 설치된 투과창은 내화, 내열등급을 가진 유리를 사용하고 감지기 연동에 의한 방화셔터, 갑종방화문을 설치하여 연소확대를 방지한다.
2) 방화구획
① 공간의 특성상 건축적인 방화구획에 한계가 있는 관계로 설비적인 시설로 보충할 수 있다.
⑩ 수막설비

② 특히 에스컬레이터 주변의 경우 방화셔터를 사용하면 피난에 악영향을 줄 가능성이 있으므로 스프링클러 + 방연커튼 방식을 고려할 필요가 있다.

(4) 제연 : 화재 시 인명피해 가능성이 크므로 신뢰도가 높은 전용의 제연설비를 설치하여야 한다.

04 결 론

(1) 복합상영관의 화재는 다수의 인명피해가 발생할 수 있는바 적정한 피난을 위한 피난통로의 폭과 수를 확보하고 피난동선상의 비상조명을 확보하여야 한다. 또한 발화방지와 초기 소화를 위해서는 전기 및 화기 사용을 제한하고 내장재의 방염처리 및 속동형 헤드를 이용한 스프링클러를 설치하며, 화재발생 우려 지역인 영사실에 대해서는 청정소화약제설비 및 전용의 배연설비를 설치하여야 한다.

(2) 화재발생 시 연소확대를 방지하기 위하여 용도와 면적에 따른 철저한 방화구획과 영사실과 상영관을 통하는 개구부를 포함한 각종 개구부에 방화셔터 또는 방화문을 설치한다. 상영관에는 제연설비를 설치함으로써 다량의 인명피해의 원인이 되는 연기를 제어하여야 한다.

(3) 불특정 다수가 거주하는 복합상영관의 경우는 가연물이 많고 거주밀도도 높아 화재 등 재해발생 시에는 큰 피해를 유발할 수 있으므로 이에 대한 다양한 연구와 대응책 수립이 필요하다.

목조건축물 문화재 화재

01 개 요

(1) 문화재란 대체가 곤란한 것으로 화재가 발생해서 한번 소실되면 그 가치를 재산상 금액으로 산출하기가 곤란한 것이다.

(2) 우리나라에 현존하는 문화재의 대부분은 목조건축물로 화재 시 연소가 빠르고, 그 구조상 소방설비의 설치가 곤란하며, 소방대의 진압활동이 곤란한 장소나 지점에 위치하여 있어 화재나 재해에 취약한 실정이다.

(3) 따라서 문화재 화재와 연소 특성, 법적 소방시설 및 외국의 소방시설 설치사례 등을 살펴보고 효율적인 예방, 소방, 방화 대책을 검토함으로써 재난에 유효한 대응을 할 수 있을 것이다.

02 문화재 화재의 특징

목조문화재의 화재 취약원인으로 아래에서 나열하는 취약원인들은 단독으로 존재하는 것이 아니라 복합적으로 작용하며, 이러한 복합성으로 인해 화재 시 어려움이 있다. 따라서 문화재 주변에 진화 및 확산방지를 위한 종합적인 소방시설을 구축하는 것이 필요하다.

(1) 건축물 특성
   1) 화재에 취약한 목조양식 및 기와조로 건축된 문화재는 화재 시 문화재의 가치와 보존의 특성상 적극적인 진화작업이 곤란한 실정이다. 또한 특성상 내부에 소화설비 설치가 곤란해 초기 진화에 어려움이 있다.
   2) 도심에서 떨어져 있을 뿐만 아니라 문화재 특성상 진입로가 협소하여 소방차의 접근이 어렵고, 상수도 설치 등이 곤란한 장소가 많아 소방용수 확보에도 많은 어려움이 있다.
   3) 주로 산속 등에 위치하고 있어 소방차 진입이 어렵거나 거리가 멀어 소방기관에 의존할 수 없는 실정이라 자체적인 소방진화능력이 요구된다.

(2) 거주자 특성 : 문화재 내에 상주하는 관계자 및 관광객 등 항상 다수의 이용자들이 거주 및 왕래하고 있어 인명피해 위험이 크다.

(3) 연소 특성

1) 목조문화재는 주요부재가 목재(육송)로 되어 있어 연소성이 강하고, 오랜 기간, 길게는 수백 년간 잘 건조된 상태라 발화원에 의해 쉽게 착화되고 빠른 속도로 화염이 전파되기 때문에 초기 진화에 실패하면 대부분 전소의 위험이 있다.

2) 사찰화재는 주변 산불로 이어져 대형 재난으로 확대될 수 있고, 또한 주변의 산불로부터 피해를 볼 수 있는 환경적인 위험요소를 안고 있다.

3) 지붕 내부 적심 : 적심목은 지붕에 넣은 원목으로 보통 나무가 탈 때에는 수증기가 증발하여 발생하는 백연이 나지만 진흙 등에 덮여 있는 적심목이 탈 때에는 산소가 부족해 불완전연소하면서 노란색 등의 연기가 발생한다.

4) 목조문화재 내에 있는 소조불(흙), 탱화, 전적류 등으로 인해 화재소화진압 시 어려움이 있고, 낙하와 붕괴로 인한 사고발생 가능성도 높다.

> **꼼꼼체크 전적류** : 기록정보 가운데 각 학문분야에 있어 학술적 혹은 예술적 가치가 있는 기록자료

(4) 관리실태의 이원화

1) 운영관리가 국가(문화재청)와 지방자치단체로 이원화되어 있다.
2) 방화관리가 문화재청과 소방방재청으로 이원화되어 있다.

(5) 관리인력의 부족 : 40% 정도는 관리인력이 미배치되어 있다.

(6) 최근 5년간의 문화재 화재(지정문화재) 분석

1) 방화 : 40%
2) 부주의 : 40%
3) 전기 과열 및 미상 : 20%

▌ 최근 5년간 발생한 주요문화재 화재[82] ▌

연 도	소재지	피해대상	내 용	화재원인
2006	서울 종로	창경궁 문정전	정면 어칸 외쪽 문짝 소실	방화
	경기 수원	화성	서장대 2층 소실	방화
2007	강원 고성	고성왕곡마을	가옥 본채, 행랑채 소실	아궁이 불씨
	경북 경주	월성양동마을	초가 1동 소실	아궁이 불씨
2008	서울 중구	서울 숭례문	2층 누각 소실	방화
	전북 부안	미선나무군락지	면적 0.3ha 훼손	쓰레기 소각
2009	대구 달성	달성 삼가헌	안채 훼손	미상
	전남 여수	여수 상벽도하백도	동백나무 등 나무 130주 소실	낚시꾼의 실화
2010	강원 고성	고성왕곡마을	안채, 부속채 일부 소실	아궁이 관리부주위
	경북 안동	안동하회마을	고책 안채 훼손	미상

---

82) 2010년 통계자료

(7) 문화재 소방시설 설치현황(2012년 기준)

1) CCTV가 설치된 곳은 40%에 불과하다.

2) 스프링클러설비가 설치된 곳은 없는 실정이다.

03 목재의 물리화학적 특징

(1) 목재의 원소조성

1) 목재의 주요성분

① 섬유소(cellulose, $C_6H_{10}O_5$) : 목질 건조중량의 60%

② 리그닌(lignin, $C_{18}H_{24}O_{11}$과 $C_{40}H_{45}O_{18}$ 사이라고 추정) : 20~30%

2) 탄소 50%, 산소 44%, 수소 5%, 질소 1% 정도, 회분·석회·칼슘·마그네슘·나트륨·망간·알루미늄·철 등이 미량으로 함유되어 있다.

(2) 목재의 물리적 특징

1) **목재 종류별 인화점** : 열분해는 온도가 높을수록 증가하고 생성된 가스는 공기와 혼합되어 화원을 가까이 하면 인화하는데 이때의 온도는 목재의 인화점 온도로 260℃이다.

2) **발화점** : 화원을 가까이 하지 않아도 자발적으로 불이 붙게 되는데 이때의 온도는 450℃이다.

(3) 밀도 영향 : 고비중(밀도)의 목재일수록 그들의 세포벽에 많은 양의 수분이 포함될 수 있기 때문에 발화 및 연소의 확대가 어려운 화재 특성과 밀접한 연관성이 있고, 비중이 높을수록 강도가 증가한다.

(4) 목재의 발열량

1) 대략 목재는 4,500kcal/kg의 발열량을 가지고 있으며, 활엽수보다는 침엽수의 발열량이 높다.

2) 또한 수지(송진)는 발열량이 8,500kcal/kg 정도로서 높은 편이기 때문에 소나무류와 같이 수지(송진)를 지니는 침엽수재는 높은 발열량을 지니게 되어 화재에 취약하다. 수지는 산림화재 시 비화의 주요요인이 된다.

(5) 목재 열전도율

1) 목재의 열전도율은 비중에 따라 좌우되는데 이것은 공극 중에 존재하는 건조공기의 열전도율이 세포벽의 열전도율에 비해 작기 때문이다. 이러한 공극 중의 건조공기가 단열재의 역할을 하게 된다.

2) 따라서 비중이 작을수록 열전도율은 낮아져 화재에 유리하게 된다.

3) 목재에 있어서 열전도율이 섬유방향과 같은 경우는 반대방향에 비해 대략 2~2.5배 정도 큰 편이어서 화재 시 목재는 안으로 타들어가지 않고 표면 쪽으로 화재가 빠르게 진행된다.

4) 목재는 탄화층으로 인해 열전도가 낮아져 연소가 느려진다. 따라서 탄화층이 단열 기능을 하여 어느 일정 깊이 이상 침투가 어렵게 된다(횡방향으로 보통 1분에 0.6mm 정도 탄다).

(6) 함수율

1) 목재의 종류에 따라 조금씩 다르지만 통상 생목재는 함수율 25% 정도로 추정된다.

2) 비중 0.9 이상이며 건재의 함수율은 12% 이하이다.

3) 수분함량이 15% 이상이면 비교적 고온에서 장시간 접촉해도 착화하기 어렵다. 그 이유는 목재에서 가연성 기체가 발생할 때까지 가열되어 열분해해야 불이 붙는 연소를 할 수 있으나 목재가 타면서 발생하는 열량이 목재의 수분을 증발시키는 데 거의 소진되므로 목재가 계속 에너지의 공급을 받지 못하기 때문이다.

4) 대기 중에서의 목재의 평형 함수율(equilibrium moisture content)
   ① 주변 대기의 온도 및 상대습도에 따라 목재의 수분이 증가 또는 감소하는데, 온도의 변화보다는 상대습도 변화에 따라 더 크게 변한다.
   ② 따라서 상대습도가 낮은 겨울에 목재의 함수율이 타계절에 비해 낮아져 화재에 더욱 취약해진다. 예를 들어, 온도 15℃, 습도 50%일 때 평형 함수율은 약 10% 정도이며, 온도 30℃, 습도 75%일 때 평형 함수율은 약 15% 정도이다.

(7) 화염전파방향이 목재의 나뭇결과 평행

1) 열전도도가 수직인 경우에 비해 2배가 되고 가스 침투성에도 차이가 발생한다.

2) 휘발분이 나뭇결을 따라 이동하므로 화염전파도 나뭇결을 따라 진행하게 된다. 따라서 화염전파방향은 나뭇결과 평행하게 된다.

04 목재의 연소진행

(1) **목재의 발화과정** : 크게 4단계로 나누어 설명할 수 있다. 목재의 착화는 가열에 의해 열분해, 인화, 숯의 발생, 발화, 연소의 과정으로 진행된다.

1) 1단계 : 열분해
   200℃ 이하에서 목재가 방사열, 고온공기에 의해서 가열될 때 수증기, 이산화탄소 등 가연성 가스가 발생하기 시작하는 단계이다. 이 단계에서는 탈수가 완료된다.

2) 2단계 : 인화
   200~280℃ 사이로 수증기 발생이 적고 이산화탄소가 발생하기 시작하여 아직 1차적인 흡열반응상태이며 점점 인화점(260℃)에 도달하게 된다.

3) 3단계 : 숯의 발생
   280~450℃ 사이로 가연성 가스와 입자들의 발열반응으로 탄화물질로부터 숯이 되는 2차적인 반응단계이다.

4) 4단계 : 발화

450℃ 이상으로 현저한 촉매활동으로 목탄이 생성되어 지속적인 연소(발화점)가 되는 단계로서 발화점에 도달하게 된다.

(2) **목조건축물의 화재진행과정** : 목조주택에서의 화재진행은 보통 5단계로 나눌 수 있다. 일반적인 건축물(내화구조)보다 연소진행속도가 빠르고, 연소진행시간이 짧으며, 화재 최고온도는 높지만 유지시간은 짧은 등의 특징이 있다.

1) 1단계 : 무염착화

발화원에 의해 무염착화하는 단계로서 발화원과 주변 환경에 따라 차이가 나며 유류 등의 인화는 발염착화하지만 자연발화의 경우는 장시간 무염착화한다.

2) 2단계 : 발염착화

무염착화에서 발염착화로 옮겨지는 단계로 화재원인과 발생장소에 따라 차이가 나타난다.

3) 3단계 : 발화

발염착화에서 계속 발화가 진행되는 단계로 보통 발화하는 것은 가연물의 일부가 발염착화한 상태가 아니라 천장에 불이 닿았을 시기를 말한다. 이 시기를 보통 일본에서는 초기 화재라고 정의한다.

4) 4단계 : 최성기

발화에서 최성기로 발전하는 단계로 화재진행(연소속도)이 빨라지고 연기의 색깔은 백색에서 흑색(다량의 검댕이 발생)으로 변하며, 창문 등으로 화염이 분출된다. 최성기에 이르면 천장, 지붕 등이 붕괴되며, 화염, 흑연, 불꽃이 강한 복사열을 발생하여 최고 1,300℃까지 도달한다.

5) 5단계 : 연소낙하

최성기에서 연소가 낙하하는 단계로 최성기까지의 소요시간은 평균 10분 내외이다.

(3) **목조건축물의 화재진행시간**

1) **출화에서 최성기까지** : 풍속은 초속 2~3m 이하이며, 소규모 목조건축물에서의 일반적인 화재진행상황은 4~14분이 소요된다.

2) **최성기에서 연소낙하(붕괴)까지** : 6~19분 정도 소요된다.

3) 보통 최성기까지 10분 정도 소요되며 30분 이내에 전체 목조건축물로 화재가 전이된다.

4) 화재지속시간은 30분 이상이므로 이 점을 고려하면 인접 가연물로의 화재확산 방지를 위해 문화재 소화설비의 방사시간도 최소 30분 이상은 되어야 할 것이다.

5) 이처럼 빠른 시간 내에 고온으로 상승하고 화재가 진행하므로 목조건축물은 고온단기형 화재라고 할 수 있다.

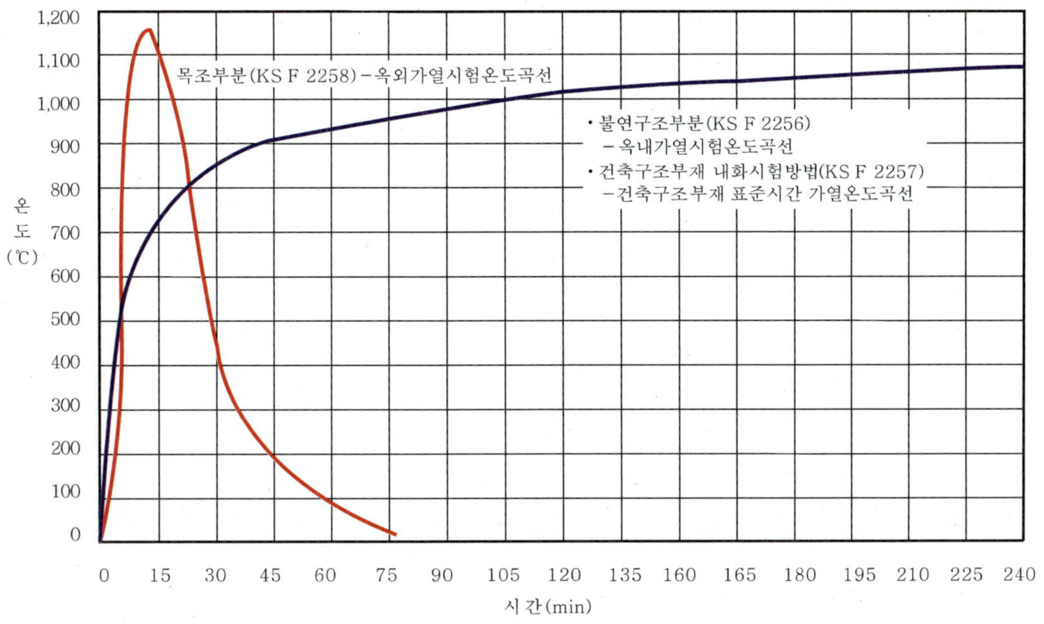

❙ 목조건축물과 일반내화건축물의 표준화재온도곡선 ❙

05 목조문화재 화재 시 특성

(1) 훈소

1) 훈소는 저온 무염연소로 온도가 낮고 산소의 공급이 적어 열분해 시 충분한 열과 가연성 증기를 만들지 못하고 불완전연소와 낮은 온도의 연기 및 다량의 수증기(백연) 등을 유발한다.

2) 이때 외부에서 신선한 공기가 다량으로 공급되면 연소의 화학반응이 촉진되며 목재가 착화되어 연소가 갑자기 확대된다.

3) 목조문화재 화재의 경우 천장 내부 적심(한옥에서 기와를 올리기 전에 설치하는 톱밥이나 흙, 강회)에서 화재의 열기로 인해 천천히 숯으로 변하며 가연성 가스가 발생하면서 갑자기 화재가 확대된다.

4) 특징

① 목탄, 담배 등이 타는 현상처럼 산소와 고체연료 사이에서 발생하는 비교적 느린 연소과정으로 화재 초기에 고체 가연물에서 많이 발생한다.

② 훈소가 지속되는 중에 외부 공기가 유입될 때는 급격히 연소가 발생하며 유염연소로 화재가 성장한다.

③ 진행과정이 느려 공기가 많이 필요하지 않으며 훈소 반응속도는 1~5mm/min 정도이다. 불완전연소에 의해 이산화탄소 대신에 일산화탄소의 발생이 많으며, 적은 양의 공기로 계속적으로 연소되는 현상이다.

(2) 백드래프트(back draft) 현상

1) 화재가 발생한 공간에서 연소에 필요한 산소가 부족하여 훈소 상태(smoldering)에 있는 공간(적심공간)이 개방이나 파괴로 인하여 산소가 갑자기 다량 공급될 때(숭례문의 경우 어느 일부분이 붕괴되면서) 연소가스가 순간적으로 압력의 증가와 급속한 연소가 발생하는 현상을 말한다.

2) 목조문화재의 경우, 지붕 내화재료인 기와(보토, 강회)는 화염과 열기가 외부로 방출되는 것을 막는 단열재의 기능을 한다. 따라서 일정 시간이 경과하게 되면 축열량이 적심 전체로 번져 나중에는 건물 전체로 화재가 확대되는 역할을 한다.

3) 역화현상이 발생하게 되면 화염이 폭풍을 동반하여 산소가 유입된 곳으로 갑자기 분출되기 때문에 강한 폭발력을 지니게 된다.

06 목조문화재 소방시설

(1) 소방법에 의한 소방시설

1) **소화기** : 바닥면적 $33m^2$ 미만일 경우에도 설치

2) **물분무소화설비** :「문화재보호법」제2조 제2항 제1호 및 제2호에 따른 지정문화재 중 소방방재청장이 문화재청장과 협의하여 정하는 것

3) **비상경보설비** : 연면적 $400m^2$ 이상

4) **옥외소화전**

   ① 연면적 $1,000m^2$ 이상

   ②「문화재보호법」제23조에 따라 국보 또는 보물로 지정된 목조건축물

5) **자동화재속보설비** :「문화재보호법」제23조에 따라 국보 또는 보물로 지정된 목조건축물

6) **자동화재탐지설비** : 연면적 $1,000m^2$ 이상

   ① 소방관계법령에 의한 화재안전기준(NFSC 203)을 바탕으로 하여 목조문화재의 주변 환경과 특성을 고려하여 설치하여야 한다.

   ② 감지기의 종류는 재료와 문화재의 특성을 고려한 연기감지기가 우선설치 대상이다.

   ③ 중층 또는 반자가 없어 천장이 높은 건물은 공기흡입형 감지기, 광전식 분리형 감지기, 불꽃감지기의 설치를 검토하여야 한다.

   ④ 건물 내부에 기류가 통하거나 외부에 노출되어 있을 때에는 내부에 불꽃감지기를 설치하는 것도 검토하여야 한다.

   ⑤ 화재안전기준의 설치면적에 따른 감지기의 설치방법은 목조문화재 천장면 구조상 맞지 않는 부분이 많아 감지성능이 좋고 최소감지면적 이하 건물마다 2개 이상 설치하되 천장에 구획이 되어 있을 때에는 면적에 관계없이 구획마다 설치하도록 하여야 한다.

⑥ 발화지점을 신속히 파악하기 위해 건물 내부를 몇 개의 구획으로 나누어 별도의 회로를 구성하거나 주소형 감지기를 설치하면 화재지점을 보다 쉽고 신속하게 알아낼 수 있다.

⑦ 중요 목조문화재 내에 훼손문제 때문에 화재감지기를 설치할 수 없을 경우에는 외부에 불꽃감지기를 설치하거나, 영상감지시스템을 설치하면 문화재의 훼손 없이 화재의 감시가 가능하다.

(2) 문화재보호법에 의한 소방시설

1) 화재 등 방지시책 수립과 교육 훈련·홍보 실시(제14조)

① 문화재청장과 시·도지사는 지정문화재 및 등록문화재의 화재, 재난 및 도난(화재 등) 방지를 위하여 필요한 시책을 수립하고 이를 시행하여야 한다.

② 문화재청장과 지방자치단체의 장은 문화재 소유자, 관리자 및 관리단체 등을 대상으로 문화재 화재 등에 대한 초기 대응과 평상시 예방관리를 위한 교육훈련을 실시하여야 한다.

③ 문화재청장과 지방자치단체의 장은 문화재 화재 등의 방지를 위한 대국민 홍보를 실시하여야 한다.

2) 화재 등 대응매뉴얼 마련 등(제14조의2)

① 문화재청장 및 시·도지사는 지정문화재 및 등록문화재의 특성에 따른 화재 등 대응매뉴얼을 마련하고, 이를 그 소유자, 관리자 또는 관리단체가 사용할 수 있도록 조치하여야 한다.

② 위 ①에 따른 매뉴얼에 포함되어야 할 사항, 매뉴얼을 마련하여야 하는 문화재의 범위 및 매뉴얼의 정기적 점검·보완 등에 필요한 사항은 대통령령으로 정한다.

3) 화재 등 방지시설 설치 등(제14조의3)

① 지정문화재의 소유자, 관리자 및 관리단체는 지정문화재의 화재예방 및 진화를 위하여 화재예방, 소방시설 설치·유지 및 안전관리에 관한 법률에서 정하는 기준에 따른 소방시설과 재난방지를 위한 시설을 설치하고 유지·관리하여야 하며, 지정문화재의 도난방지를 위하여 문화체육관광부령으로 정하는 기준에 따라 도난방지장치를 설치하고 유지·관리하도록 노력하여야 한다.

② 위 ①의 시설을 설치하고 유지·관리하는 자는 해당 시설과 역사문화환경보존지역이 조화를 이루도록 하여야 한다.

③ 문화재청장 또는 지방자치단체의 장은 다음의 어느 하나에 해당하는 시설을 설치 또는 유지·관리하는 자에게 예산의 범위에서 그 소요비용의 전부나 일부를 보조할 수 있다.

　㉠ 위 ①에 따른 소방시설, 재난 방지시설 또는 도난 방지장치

　㉡ 아래 4)의 ②에 따른 금연구역과 흡연구역의 표지

4) 금연구역의 지정 등(제14조의4)

① 지정문화재 및 등록문화재와 그 보호물·보호구역 및 보관시설(지정문화재 등)의 소유자, 관리자 또는 관리단체는 지정문화재 등 해당 시설 또는 지역 전체를 금연구역으로 지정하여야 한다. 다만, 주거용 건축물은 화재의 우려가 없는 경우에 한정하여 금연구역과 흡연구역을 구분하여 지정할 수 있다.

② 지정문화재 등의 소유자, 관리자 또는 관리단체는 위 ①에 따른 금연구역과 흡연구역을 알리는 표지를 설치하여야 한다.

③ 시·도지사는 위 ②를 위반한 자에 대하여 일정한 기간을 정하여 그 시정을 명할 수 있다.

④ 위 ②에 따른 금연구역과 흡연구역을 알리는 표지의 설치 기준 및 방법 등은 문화체육관광부령 또는 시·도조례로 정한다.

⑤ 누구든지 위 ①에 따른 금연구역에서 흡연을 하여서는 아니 된다.

5) 관계기관 협조요청(제14조의5)

문화재청장 또는 지방자치단체의 장은 화재 등 방지시설을 점검하거나, 화재 등에 대비한 훈련을 하는 경우 또는 화재 등에 대한 긴급대응이 필요한 경우에 다음의 어느 하나에 해당하는 기관 또는 단체의 장에게 필요한 장비 및 인력의 협조를 요청할 수 있으며, 요청을 받은 기관 및 단체의 장은 특별한 사유가 없으면 이에 협조하여야 한다.

① 소방관서

② 경찰관서

③ 「재난 및 안전관리 기본법」 제3조 제5호의 재난관리책임기관

④ 그 밖에 대통령령으로 정하는 문화재 보호 관련 기관 및 단체

6) 정보의 구축 및 관리(제14조의6)

① 문화재청장은 화재 등 문화재 피해에 대하여 효과적으로 대응하기 위하여 문화재 방재 관련 정보를 정기적으로 수집하고 이를 데이터베이스화하여 구축·관리하여야 한다. 이 경우 문화재청장은 구축된 정보가 항상 최신으로 유지될 수 있도록 하여야 한다.

② 위 ①에 따른 정보의 구축범위 및 운영절차 등 세부사항은 대통령령으로 정한다.

7) 문화재 방재의 날(제85조)

① 문화재를 화재 등의 재해로부터 안전하게 보존하고 국민의 문화재에 대한 안전관리의식을 높이기 위하여 매년 2월 10일을 문화재 방재의 날로 정한다.

② 국가 및 지방자치단체는 문화재 방재의 날 취지에 맞도록 문화재에 대한 안전점검, 방재훈련 등의 사업 및 행사를 실시한다.

③ 문화재 방재의 날 행사에 관하여 필요한 사항은 문화재청장 또는 시·도지사가 따로 정할 수 있다.

(3) 목조문화재 소방시설 가이드라인(2013)[83]

1) 소화기

① 소화기는 A급 화재에 적응성이 있는 소화기를 사용하여야 한다.

② 목조건축 문화재의 내부에 설치하는 소화기는 출입구에 설치하되, 보행거리가 20m가 넘는 경우에는 추가하여 설치하여야 하며, 구획된 실이 $20m^2$를 초과하는 경우에도 구획된 실의 출입구에 추가하여 설치하여야 한다.

 소화기의 배치는 사람의 출입이 잦고 소화기를 쉽게 찾을 수 있도록 내부 출입구로부터 3m 이내에 배치하도록 한다.

③ 목조건축 문화재의 내부에 설치되는 소화기는 A급 3단위 이상의 분말소화기와 A급 1단위 이상의 청정소화기를 각각 1개씩 동시에 설치하되 문화재를 훼손시키지 아니하여야 하며, 문화재의 경관도 훼손시키는 것을 최소로 하여 설치되어야 한다.

- NFPA(NFPA code 10 : standard for portable fire extinguishers)에서 목조재질의 화재에 대하여 최소 A급 2단위 이상의 소화성능을 가진 소화기를 배치하도록 하고 있어, 이를 차용하고 문화재의 가치적인 특징을 감안하여 3단위 이상의 성능을 가진 소화기를 배치하도록 기준을 마련한 것이다.
- 제3종 분말소화기의 2차 피해(문화재 표면에 분말이 붙어서 문화재의 보존가치를 저하시킨다)를 방지하기 위하여 화학적 소화방식인 청정소화기(목조문화재에 적용 시 2차 피해발생이 없다)를 동시에 배치하여 소규모 화재의 경우 청정소화기로 우선 소화하는 방식을 위해서 두 대를 설치하는 것이다.

④ 목조건축 문화재의 외부에 설치하는 소화기는 보행거리 20m마다 설치하여야 한다.

⑤ 목조건축 문화재의 외부에 설치하는 소화기는 보호함을 설치하여 직사광선 및 빗물로부터 영향을 받지 아니하도록 설치하여야 한다.

⑥ 소화기구(자동소화장치를 제외)는 거주자 등이 손쉽게 사용할 수 있는 장소의 바닥에 설치할 것. 단, 문화재 훼손이 되지 아니하는 경우에는 바닥으로부터 높이 1.5m 이하의 곳에 설치할 수 있다.

⑦ 보일러실에는 자동확산소화장치를 추가로 설치하여야 한다.

⑧ 주방용 자동소화장치는 문화재 및 문화재와 인접한 건축물의 주방에 다음의 기준에 따라 추가하여 설치하여야 한다.

    ㉠ 소화약제 방출구는 환기구(주방에서 발생하는 열기류 등을 밖으로 배출하는 장치)의 청소부분과 분리되어 있어야 하며, 형식승인 받은 유효설치 높이 및 방호면적에 따라 설치할 것

    ㉡ 감지부는 형식승인 받은 유효한 높이 및 위치에 설치할 것

    ㉢ 가스차단장치는 주방배관의 개폐밸브로부터 2m 이하의 위치에 설치하되, 상시 확인 및 점검이 가능하도록 설치할 것

---

83) 목조문화재 소방시설 가이드라인 해설판 문화재청(2013)

   ⓔ 탐지부는 수신부와 분리하여 설치하되, 공기보다 가벼운 가스를 사용하는 경우에는 천장면으로부터 30cm 이하의 위치에 설치하고, 공기보다 무거운 가스를 사용하는 장소에는 바닥면으로부터 30cm 이하의 위치에 설치할 것

   ⓜ 수신부는 주위의 열기류 또는 습기 등과 주위온도에 영향을 받지 아니하고 사용자가 상시 볼 수 있는 장소에 설치할 것

  ⑨ 자동소화장치는 다음의 기준에 따라 설치하여야 한다.

   ㉠ 소화약제 방출구는 형식승인 받은 유효설치범위 내에 설치할 것

   ㉡ 자동소화장치는 방호구역 내에 형식승인된 1개의 제품을 설치할 것. 이 경우 감지부는 형식승인된 유효설치범위 내에 설치하여야 하며 설치장소의 평상시 최고주위온도에 따라 다음 표에 따른 표시온도의 것으로 설치할 것

설치장소의 최고주위온도	표시온도
39℃ 미만	79℃ 미만
39℃ 이상 64℃ 미만	79℃ 이상 121℃ 미만
64℃ 이상 106℃ 미만	121℃ 이상 162℃ 미만
106℃ 이상	162℃ 이상

  ⑩ 할로겐화합물(할론 1301과 청정소화약제를 제외)을 방사하는 소화기는 지하층이나 무창층 또는 밀폐된 거실로서 그 바닥면적이 $20m^2$ 미만의 장소에는 설치할 수 없다. 다만, 배기를 위한 유효한 개구부가 있는 장소인 경우에는 그러하지 아니하다.

 2) **옥외소화전설비**

  ① 옥외소화전설비의 최소 유효수량은 하나의 목조건축 문화재의 화재방호를 위해 설치된 옥외소화전의 설치개수(옥외소화전이 3개 이상 설치된 경우에는 3개)에 $7m^3$을 곱한 양 이상이 되어야 한다. 다만, 소방대 도착시간이 10분 이상이면 설치개수에 $10.5m^3$을 곱한 양으로 하고, 소방대 도착시간이 20분 이상이면 설치개수에 $17.5m^3$을 곱한 양 이상으로 하는 것을 권장한다.

  ② 하나의 목조건축 문화재에 설치된 옥외소화전(3개 이상 설치된 경우에는 3개의 옥외소화전)을 동시에 사용할 경우 각 옥외소화전의 노즐선단에서의 방수압력이 0.25MPa 이상이고, 방수량이 350L/min 이상이 되는 성능의 것으로 할 것. 이 경우 하나의 옥외소화전을 사용하는 노즐선단에서의 방수압력이 0.4MPa을 초과할 경우에는 호스접결구의 인입측에 감압장치를 설치하여야 한다.

꼼꼼체크 **0.4MPa로 제한한 이유** : 옥외소화전의 압력이 0.7MPa에 이르는 경우에는 호스 및 관창에서 작용하는 반동력이 40kgf에 해당하여 사용자가 소화활동하는 데 어려움이 있으므로 반동력을 $20kgf/cm^2$로 낮추기 위함이다.

 • $R = 0.015 \times d^2 \times P_{nozzle}$
  d : Nozzle 구경(옥외소화전노즐 : 19mm), P_{nozzle} : 노즐압력(kgf/cm^2)
  R : 노즐반동력(kgf)

- R값이 20kg일 경우 대입하여 풀이하면 다음과 같다.
  $$20 = 0.015 \times 19^2 \times P_{nozzle}$$
  $$P_{nozzle} \fallingdotseq 3.69$$
- 소화인력 1인당 반동력 20kgf으로 제한하고 있으므로 이에 근접하도록 방사압을 0.4MPa로 낮추었다.

③ 호스접결구에는 앵글밸브를 설치하고, 특정소방대상물의 각 부분으로부터 하나의 호스접결구까지의 수평거리가 25m 이하, 보행거리가 40m 이하가 되도록 설치하여야 한다.

④ 함 내에는 호스접결구와 호스 및 관창이 결착된 상태로 보관하여야 하며, 호스는 구경 65mm의 것으로 하고, 호스의 길이는 목조건축 문화재의 각 부분에 물이 유효하게 뿌려질 수 있는 길이로 설치하여야 한다.

⑤ 옥외소화전설비의 함은 다음의 기준에 따라 설치하여야 한다.

   ㉠ 함의 재질은 두께 1.5mm 이상의 강판 또는 두께 4mm 이상의 합성수지재로 하고, 문짝의 면적은 $0.5m^2$ 이상으로 하여 밸브의 조작, 호스의 수납 등에 충분한 여유를 가질 수 있도록 할 것

   ㉡ 함의 재질이 강판인 경우에는 염수분무시험방법(KS D 9502)에 따라 시험한 경우 변색 또는 부식되지 아니하여야 하고, 합성수지재인 경우에는 내열성 및 난연성의 것으로서 80℃의 온도에서 24시간 이내에 열로 인한 변형이 생기지 아니하는 것으로 할 것

⑥ 옥외소화전설비의 소화전함 표면에는 "옥외소화전"이라고 표시한 표지와 그 사용요령을 기재한 표지판(외국어 병기)을 부착하고, 가압송수장치의 조작부 또는 그 부근에는 가압송수장치의 기동을 명시하는 적색등을 설치하여야 한다.

⑦ 옥외소화전 방수구·호스릴소화전 및 방수총을 하나의 함 내에 동시에 설치할 수 있다.

⑧ 표시등은 다음의 기준에 따라 설치하여야 한다.

   ㉠ 옥외소화전설비의 위치를 표시하는 표시등은 함의 상부에 설치하되, 그 불빛은 부착면으로부터 15° 이상의 범위 안에서 부착지점으로부터 10m 이내의 어느 곳에서도 쉽게 식별할 수 있는 적색등으로 할 것

   ㉡ 가압송수장치의 시동을 표시하는 표시등은 옥외소화전함의 상부 또는 그 직근에 설치하되 적색등으로 할 것

   ㉢ 위 ㉠에 따른 적색등은 사용전압의 130%인 전압을 24시간 연속하여 가하는 경우에도 단선, 현저한 광속변화, 전류변화 등의 현상이 발생되지 아니할 것

3) 호스릴소화전설비

① 호스릴소화전설비의 유효수량은 하나의 목조건축 문화재의 화재방호를 위해 설치된 호스릴소화전의 설치개수(호스릴소화전이 3개 이상 설치된 경우에는 3개)

에 개당 분당 방사량을 소방대 도착시간에 1.5배를 곱한 시간 동안 방사할 수 있어야 한다. 이 경우 최소 유효수량은 호스릴소화전의 설치개수에 6.5m^{3}를 곱한 양 이상이 되어야 하며, 최대 수원은 호스릴소화전의 설치개수가 50분 이상 방사될 수 있는 수량을 확보하여야 한다.

② 하나의 목조건축 문화재에 설치된 호스릴소화전(3개 이상 설치된 경우에는 3개의 호스릴소화전)을 동시에 사용할 경우 각 호스릴소화전의 노즐선단에서의 방수압력이 0.25MPa 이상이고, 방수량이 130L/min 이상이 되는 성능의 것으로 할 것. 이 경우 하나의 호스릴소화전을 사용하는 노즐선단에서의 방수압력이 0.7MPa을 초과할 경우에는 호스접결구의 인입측에 감압장치를 설치하여야 한다.

③ 호스접결구에는 앵글밸브를 설치하고, 특정소방대상물의 각 부분으로부터 하나의 호스접결구까지의 수평거리가 25m 이하, 보행거리가 40m 이하가 되도록 설치하여야 한다.

④ 함 내에는 호스접결구와 호스 및 관창이 결착된 상태로 보관하여야 하며, 호스는 구경 25mm의 것으로 하고, 호스의 길이는 목조건축 문화재의 각 부분에 물이 유효하게 뿌려질 수 있는 길이로 설치하여야 한다.

⑤ 호스릴소화전설비의 함은 다음의 기준에 따라 설치하여야 한다.
  ㉠ 함의 재질은 두께 1.5mm 이상의 강판 또는 두께 4mm 이상의 합성수지재로 하고, 문짝의 면적은 0.5m^2 이상으로 하여 밸브의 조작, 호스의 수납 등에 충분한 여유를 가질 수 있도록 할 것
  ㉡ 함의 재질이 강판인 경우에는 염수분무시험방법(KS D 9502)에 따라 시험한 경우 변색 또는 부식되지 아니하여야 하고, 합성수지재인 경우에는 내열성 및 난연성의 것으로서 80℃의 온도에서 24시간 이내에 열로 인한 변형이 생기지 아니하는 것으로 할 것

⑥ 호스릴소화전설비의 소화전함 표면에는 "호스릴소화전"이라고 표시한 표지를 하고, 가압송수장치의 조작부 또는 그 부근에는 가압송수장치의 기동을 명시하는 적색등을 설치하여야 한다.

⑦ 호스릴소화전 방수구ㆍ호스릴소화전 및 방수총을 하나의 함 내에 동시에 설치할 수 있다.

⑧ 표시등은 다음의 기준에 따라 설치하여야 한다.
  ㉠ 호스릴소화전설비의 위치를 표시하는 표시등은 함의 상부에 설치하되, 그 불빛은 부착면으로부터 15° 이상의 범위 안에서 부착지점으로부터 10m 이내의 어느 곳에서도 쉽게 식별할 수 있는 적색등으로 할 것
  ㉡ 가압송수장치의 시동을 표시하는 표시등은 호스릴소화전함의 상부 또는 그 직근에 설치하되 적색등으로 할 것
  ㉢ 위 ㉠에 따른 적색등은 사용전압의 130%인 전압을 24시간 연속하여 가하는 경우에도 단선, 현저한 광속변화, 전류변화 등의 현상이 발생되지 아니할 것

4) 방수총설비

① 방수총은 산불화재에 대한 목조건축 문화재의 화재방호용으로 설치하며, 소방 대상물이 산과 접하고 있는 길이 방향의 각 부분으로부터 25m 이내가 되도록 설치하여야 한다.

② 수원은 그 저수량이 목조건축 문화재의 화재방호를 위해 설치된 방수총의 설치 개수에 개당 분당방사량을 소방대 도착시간에 1.5배를 곱한 시간 동안 방사할 수 있어야 한다(최소 수량은 목조건축 문화재의 화재방호를 위해 설치된 방수 총의 설치개수에 개당 분당방사량을 20분 동안 방사할 수 있어야 한다).

③ 380V의 3상 동력전원을 공급하기 어렵거나, 발전설비가 없는 경우에는 내연기 관을 이용한 펌프방식의 가압송수장치를 방수총설비 전용으로 설치하여야 한 다. 다만, 방수총설비의 기능에 이상이 없도록 설치하는 경우에는 기타의 설비 와 겸용할 수 있다.

④ 급수배관은 전용으로 설치하여야 한다. 다만, 방수총설비의 성능에 지장이 없 는 경우에는 기타의 설비 배관과 겸용할 수 있다.

⑤ 하나의 방수총은 방사압이 0.7MPa 이상이 되도록 하고, 방수량은 700Lpm 이 상이 되도록 설치하여야 한다.

⑥ 가압송수장치로 기동용 수압개폐방식을 이용하는 펌프의 기동은 수신기에 전원 이 차단되는 경우에도 자동으로 펌프의 기동이 이루어져야 한다.

⑦ 내연기관에 따른 펌프를 기동하기 위한 제어용 축전지는 수신기에서 정상 여부 를 확인할 수 있도록 설치하여야 한다.

• 가압송수장치로 펌프를 사용하는 경우 방수총은 분당 방사량이 크기 때문에 펌프의 용량이 대용량이 될 수 있다. 따라서 다른 소화설비와 분리하여 전용으로 설치하도록 한다.
• 방수총이 다수 설치되어 펌프의 분당 방사량이 3,000Lpm 이상이 되는 경우에는 2대로 분리하여 설치하도록 한다.

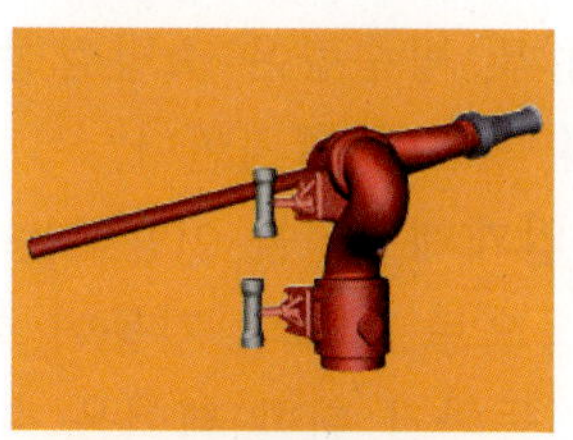
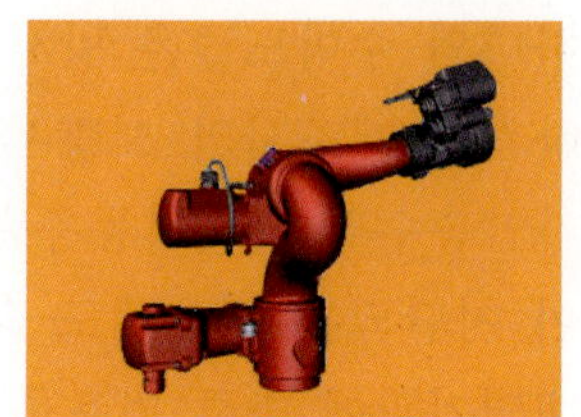

❚ 방수총[84] ❚

---

84) www.elkhartbrass.com에서 발췌

- 방수총
  - 위험물저장소, 옥외유류탱크, 가스저장고, 화학공장, 문화재시설 등의 화재 시 사람이 접근하기 곤란한 장소에 설치하고 소방차 등에 부착하여 화재를 진압하는 장비이다.
  - 방수총의 종류

설치방법에 따른 구분	조작방법에 따른 구분
• 이동식(portable type) • 고정식(fixed type)	• 수동식 : 레버작동식, 기어작동식 • 자동식 : 전동식과 유압식

5) 수막설비(water spray curtains)

① 인접 건물이나 산불로의 화재피해가 우려되는 곳에 극히 제한적으로 설치한다.

② 수막헤드는 산불화재 및 인접한 목조건축물의 화재에 대한 목조건축 문화재의 방호용으로 설치하며, 소방대상물이 산과 접하고 있는 길이 방향 또는 인접한 목조건축물과 접하고 있는 길이 방향의 각 부분에 설치하되, 수막헤드의 방호반경(소방검정기준에 의하여 형식승인 받은 방호반경, 형식승인이 없으면 제조사 시방서의 방호반경) 이내가 되도록 설치하여야 한다.

③ 수원은 그 저수량이 목조건축 문화재의 화재방호를 위해 설치된 수막노즐의 설치개수에 개당 분당방사량을 소방대 도착시간에 1.5배를 곱한 시간 동안 방사할 수 있어야 한다(최소 수량은 목조건축 문화재의 화재방호를 위해 설치된 수막헤드의 설치개수에 개당 분당방사량을 20분 동안 방사할 수 있어야 한다).

④ 380V의 3상 동력전원을 공급하기 어렵거나, 발전설비가 없는 경우에는 내연기관을 이용한 펌프방식의 가압송수장치를 수막설비 전용으로 설치하여야 한다. 다만, 수막설비의 기능에 이상이 없도록 설치하는 경우에는 기타의 설비와 겸용할 수 있다.

⑤ 급수배관은 전용으로 설치하여야 한다. 다만, 수막설비의 성능에 지장이 없는 경우에는 기타의 설비배관과 겸용할 수 있다.

⑥ 하나의 수막노즐은 방사압 및 방수량은 소방검정기준에 의하여 형식승인에 의하거나 제조사의 시방서에 의하여 설치한다.

⑦ 가압송수장치로 기동용 수압개폐방식을 이용하는 펌프의 기동은 수신기에 전원이 차단되는 경우에도 자동으로 펌프의 기동이 이루어져야 한다.

⑧ 내연기관에 따른 펌프를 기동하기 위한 제어용 축전지는 수신기에서 정상 여부를 확인할 수 있도록 설치하여야 한다.

❚ 처마 밑 드렌처 설비 ❚

❚ 드렌처 수막설비 동작 ❚

6) 자동화재탐지설비

① 수신기와 감지기 사이의 신호배선은 이중배선을 설치하도록 하고 단선(斷線) 시에도 고장표시가 되며 정상 작동할 수 있는 성능을 갖도록 설비를 하여야 한다.

② 전선관은 목조건축 문화재의 외관과 조화되도록 표면의 색상을 보완할 수 있다.

③ 자동화재탐지설비의 수신기는 목조건축 문화재에 가스누설탐지설비가 설치된 경우, 가스누설탐지설비로부터 가스누설신호를 수신하여 가스누설경보를 할 수 있는 수신기를 설치하여야 한다(가스누설탐지설비의 수신부를 별도로 설치한 경우에는 제외).

④ 수신기는 낙뢰의 유도뢰로부터 보호되는 구조로 시공할 것

  ㉠ 수신기로 이어지는 배선에는 유도뢰로부터 영향이 방지되도록 수신기 인입 배선에 내뢰변압기를 설치하고 SPD(Surge Protector Device)를 설치한다.

  ㉡ 내뢰변압기는 자체 성능이 서지에 대한 내성이 클뿐 아니라, 전원단 유입의 서지를 공통모드(common mode)에 대하여 1/1,000의 비율로 감소시키며, 정상모드(normal mode)에 대하여 1/100 정도로 감소시키므로 충분히 감소된 서지 및 노이즈 레벨을 유지하게 된다.

  ㉢ 내뢰변압기의 특징

    • 유입서지의 감쇠

    • 저용량의 SPD와 보호협조로 완벽한 전원측 유입보호

    • 노이즈 컷 효과

    • 전위차 손상방지 효과

⑤ 설치대상 감지기

  ㉠ 불꽃감지기

  ㉡ 정온식 감지선형 감지기

  ㉢ 광전식 분리형 감지기

  ㉣ 아날로그방식의 감지기

  ㉤ 광센서식 선형 감지기

⑥ 감지기의 종류에 따른 부착높이 및 구조

구 분	부착높이 및 구조	감지기의 종류
옥내	부착높이 8m 미만	연기감지기(분리형, 아날로그형), 불꽃감지기, 광센서식 선형 감지기
	부착높이 8m 이상	불꽃감지기, 광센서식 선형 감지기
옥외	개방구조, 외벽면, 처마하부	불꽃감지기, 정온식 감지선형 감지기, 광센서식 선형 감지기
	루밑	불꽃감지기, 정온식 감지선형 감지기

[비고]
1. 감지기별 부착높이 및 구조 등에 대하여 별도로 형식승인 받은 경우에는 그 성능 인정범위 내에서 사용할 수 있다.
2. 부착높이 8m 이상에 설치되는 광전식 중 아날로그방식의 감지기는 공칭감지 농도 하한값이 감광률 5%/m 미만인 것으로 사용한다.
3. 루(樓) : 지면에서 바닥을 높여 마루를 설치한 건물을 말한다.

⑦ 목조건축 문화재의 외부에는 불꽃감지기를 설치하되, 마루 또는 루의 하부가 바닥으로부터 1.5m 이하인 경우(단, 마루 또는 루의 하부가 바닥으로부터 0.3m 미만인 경우에 방화방지용 망을 설치한 경우에는 감지기를 설치하지 아니할 수 있다)와 불꽃감지기의 설치 시 부분적으로 사각이 발생하는 지점에는 정온식 감지선형 감지기를 설치할 수 있다.

⑧ 불꽃감지기 설치기준(NFSC와 달리하는 기준만 제시)
　㉠ 옥외에 설치하거나 수분이 많이 발생할 우려가 있는 장소에는 방수형으로 설치할 것
　㉡ 목조건축 문화재의 처마 하부에 설치하여 옥외화재감지에 사용하는 경우에는 외벽면을 감시하도록 설치할 것
　㉢ 목조건축 문화재의 옥외에 설치하는 경우에는 지지대를 설치하고 그 곳에 불꽃감지기를 설치할 것. 지지대는 낙뢰에 영향을 받지 아니하거나 최소화할 수 있는 구조로 시공할 것

7) 자동화재속보설비

8) 방범설비
① 목조건축 문화재의 내부 또는 외부에는 사람의 침입 및 화재를 감시할 수 있도록 영상감시장치 또는 적외선감지장치를 설치하여야 한다.
② 영상감시장치는 감시사각이 발생하지 않아야 하며, 모션디텍션 기능을 가지고, 비상 시 경보기, 경광등 또는 조명등과 연동하여 작동하도록 한다.
③ 영상감시장치는 낙뢰로부터 장비가 보호되도록 조치하고, 상용전원이 차단되는 경우에도 1시간 이상 작동될 수 있는 예비전원을 확보하도록 설치하여야 한다.

④ 목조건축 문화재의 내부 또는 외부에 사람의 침입을 제한하는 위치에는 적외선 감지장치를 설치하여 외부 침입을 방지하고 경보기, 경광등 또는 조명등과 연동하여 작동하도록 한다.

(4) 개선방안

1) **방염제 도포** : 발화지연 목적

2) **전기시설정비 및 누전차단기** : 화재발생 방지 목적

3) **방범설비(CCTV카메라, 침입센서 등)** : 화재의 조기발견과 신속한 대응 및 방화예방 목적

4) **미분무소화설비와 기타 소화설비** : 화재발생 시 신속한 진압 목적

   ① 미분무소화설비

      ㉠ 문화재의 수피해를 최소화한다.

      ㉡ 소량의 수원으로도 화재의 진압이 가능하다.

      ㉢ 전기·유류화재에도 사용 가능하다.

   ② 기타 분말소화설비와 가스계 소화설비(이산화탄소, 할로겐, 청정소화약제)

      ㉠ 소화약제의 특성에 따른 설비로 별도 시설을 설치해야 하는 어려움이 있다.

      ㉡ 가스계는 건물이 밀폐되어야 하고 방사시간이 짧다.

      ㉢ 일반화재에 적응성이 떨어지는 단점이 있어 목조문화재 설비에는 사용이 잘 되지 않는다.

5) 소화수조 별도 설치 및 용수공급

6) 산림화재 대비 내화수림대를 조성

7) 산림화재의 복사열에 대비 방화선 및 안전선 설치

8) 산림화재 진화용 진입도로 시설공사

꼼꼼체크 | 사찰화재의 원인 분석

연 도	합 계	전 기	기 계	부주의	자연요인	기 타	미 상	방 화
2010	66	21	5	19	4	3	10	4
2009	41	13	1	13	1	0	9	4
2008	41	12	0	17	0	1	10	1
2007	68	20	1	23	2	6	15	1
합계		66	7	72	7	10	44	10

산림화재(wild fire, brush fire)

01 개 요

(1) 산불은 산림지역을 파괴하는 자연재해일 뿐만 아니라 야생동물과 산림에 사는 사람들에게 큰 위험이 될 수 있다.

(2) 삼림화재는 일반적으로 낙뢰에 의해 시작되고, 또한 인간의 부주의 또는 방화에 의해 수천 평방킬로미터의 산림을 태울 수 있고 이로 인해 인명피해, 재산피해, 환경피해 등을 유발할 수 있다.

(3) 다른 화재에 비해 환경적인 영향에 커서 인간의 능력으로는 화재의 제어와 진압이 어렵다. 따라서 그 종류와 발생원인, 영향인자, 대책을 살펴봄으로써 효과적인 산림화재에 대한 대응력을 향상시킬 수가 있을 것이다.

02 화재의 종류

(1) **수관화재(樹冠火災, crown fire)** : 서있는 나무의 가지와 잎을 태운다. 나무의 윗부분(수관)에 불이 붙어 연속해서 번진다. 한국에서 발생하는 대부분의 산불이 수관화재이며, 산불 중에서 가장 큰 피해를 준다. 보통 산 정상을 향해 바람을 타고 올라가며 바람이 부는 방향으로 V자 패턴을 그린다. 일반적으로 활엽수보다 침엽수림에서 잘 발생한다. 여기에서 V자 패턴은 구획화재의 벽에서 보이는 화재패턴과 달리 수평면으로 확산되는 패턴을 말한다.

  1) 능동적 상부층 화재(active crown fire) : 표면화재에서 분출된 화염이 캐노피 연료(canopy fuel)에 확산되는 화재

  2) 수동적 상부층 화재(passive crown fire) : 표면화재에서 나뭇가지를 타고(사다리꼴 연료) 화염이 개별적인 캐노피 연료(canopy fuel)에 확산되지만 다른 캐노피 연료(canopy fuel)에는 확산되지 않는 수간적 성격의 화재

  3) 독립적 상부층 화재(independent crown fire) : 표면화재와는 무관하게 캐노피 연료(canopy fuel)를 독립적으로 연소하는 화재

∥ 산림의 연료의 구분[85] ∥

(2) 수간화(樹幹火, stem fire)

1) 나무의 줄기(수간)가 연소, 불이 강해져서 다시 지표화재나 수관화를 일으킬 수 있다.

2) 나무 줄기부분의 높이에 있는 나무덤불, 잘라진 간벌나무 등에서 발생하는 화재로 서 나무 아래에서 상부로 확산시키는 사다리 화재(ladder fire)도 포함된다.

3) 줄기가 마치 관처럼 둘러쌓인 공동을 형성하면 굴뚝효과가 발생하여 화재의 성장 과 전파가 더 빠르다.

(3) 지표화재(surface fire)

1) 지표면에 축적된 초본, 관목, 낙엽, 낙지, 고사목 등의 연료를 태우며 확산되는 산 불로서 주로 화염연소(flaming combustion) 반응을 일으키는 산림화재이다.

2) 초기 단계의 불로 가장 흔하게 일어난다.

3) 지표화가 유령(young)림 내에 발생하게 되면 반드시 수관화를 유발시켜 전멸하나, 장령림이나 노령(old)림은 잘 고사하지 않는다.

4) 화재가 발생하면 원형으로 전파되어 나간다. 하지만 바람이 불면 바람이 부는 방 향으로 편향적인 타원 형태로 전파되어 나간다.

(4) 지중화(ground fire)

1) 지표화로부터 시발되어 주로 낙엽층 아래의 부식층에 축적된 유기물들을 태우며 확산되는 산불 형태이다.

2) 훈소(smoldering) 연소반응에 의해 확산되므로 확산속도가 느리지만, 화염이나 연 기가 적어서 눈에 잘 띄지 않기 때문에 진화하기가 매우 어려운 산불 형태이다.

---

85) Fig. 1. Screen of the Canopy Fuel Stratum Characteristics Calculator tab. Proceedings of 3rd Fire Behavior and Fuels Conference, October 25-29, 2010, Spokane, Washington, USA

3) 연료

    ① 토양 유기물층, 썩은 낙엽더미

    ② 이끼, 쓰레기류

    ③ 목재연료류

4) 지중화의 영향

    ① 하부줄기의 신생조직을 죽여 나무에 큰 상처를 준다.

    ② 유기물질을 감소시킨다.

    ③ 질소를 증발시켜 토양을 떨어트린다.

5) 지하의 미탄질 또는 연소하기 쉬운 유기퇴적물이 연소하는 불로 한번 불이 붙으면 오랫동안 연소한다. 나무뿌리가 피해를 받으면 나무 전체가 말라 죽으며 대면적에서 발생하나 우리나라에서는 극히 드물다. 바람에 의한 확산은 없으나, 화열과 연소가 오래 지속되므로 특히 주의가 필요하다.

(5) 비산화(spotting)

1) 비산화는 불에 붙은 연료의 일부가 상승하는 기류를 타고 올라가서 산불이 확산되고 있는 지역 밖으로 날아가 떨어지는 현상이다.

2) 이 현상은 화염으로부터 발산되는 열에너지의 파장과 밀접한 관련이 있는데, 주로 산불이 개별 입목을 태우며 위로 솟아오를 때나, 혹은 낙엽이나 잔가지 등의 퇴적물을 태울 때 발생하기 쉬우며, 방화선을 무력화시킬 정도로 먼 지역까지 비산화에 의해 화재가 확대되고, 이로 인해 소방대나 산림화재 진화팀이 위험에 빠질 수가 있다.

3) 조건

    ① 나무에서 분리

    ② 가연물

    ③ 바람

4) 비화로 인해 불 붙은 연료의 이동거리 : 50~70m까지 날아갈 수 있다.

5) 비화로 인한 문제점

    ① 소방관의 고립(소방관의 인명안전에 중요한 요인)

    ② 소방차의 소실

    ③ 방화림의 무력화

03 특 징

(1) 대형화재로 발전되기 때문에 산림으로 인한 피해가 크다.

1) 귀중한 문화재, 보물 등이 불에 의해 소실된다.

2) 수십 년생 나무들이 가득한 임야와 가옥을 태우는 등 큰 재산피해 및 이재민을 발생시킨다.

(2) 인간의 힘으로는 불가항력적인 지진이나 태풍, 해일 등과는 달리 예방과 피해 최소화가 가능한 천재와 인재의 복합적인 성격을 가지고 있다.

(3) 산불의 확대 : 산불은 다음 3개의 요인이 산불의 강도, 진행방향, 진행속도에 커다란 영향을 미친다.

  1) **연료** : 연료 형태, 크기, 배열, 밀도, 건조 상태는 산불의 강도에 영향을 미친다.

    ① 공간적 나뭇가지 상부(canopy)의 연속성 : 사다리꼴 연료

    ② 밀도

  2) **지형** : 경사도, 골짜기의 형세 등 지형은 산불의 진행방향과 불의 확산속도에 중요한 영향을 미친다.

  3) **기상조건** : 불의 확산속도에 중요한 영향을 미친다.

    ① 강우량 : 가연물의 연료습도를 좌우하는 직접적인 요인이 된다.

    ② 바람 : 풍속은 연소속도를 좌우하며 풍향은 연소방향을 좌우한다.

      ㉠ Thomas의 다공성 물질의 순풍확산화염

$$V = \frac{(1 + V_\infty)C}{\rho_b}$$

    여기서, V : 화염전파속도(m/s)

        C : 가공되지 않는 연료 약 0.07kg/m^3

          직경이 3cm인 나무토막 약 0.05kg/m^3

        V_∞ : 바람의 풍속(m/s)

        ρ_b : 밀도(kg/m^3)

      ㉡ 일주풍

        • 낮에는 공기가 햇빛에 의하여 가열되어 팽창하여 위로 상승하므로 산 위쪽으로 바람이 분다.

        • 밤에는 공기가 냉각되어 산 정상에서 산 아래의 방향으로 바람이 분다.

      ㉢ 화재풍 : 화재에 의한 부력으로 발생하는 바람이다.

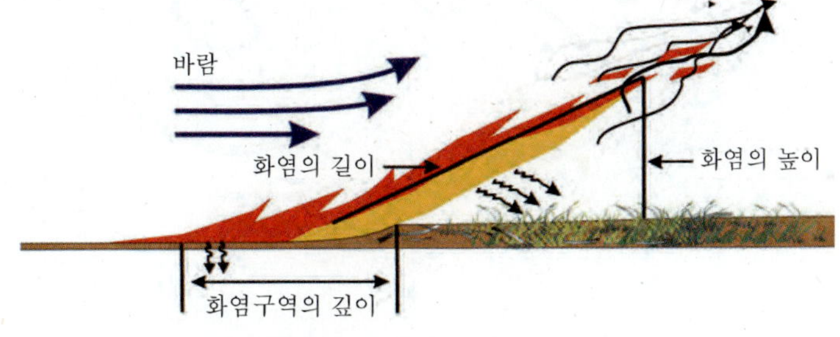

┃ 산림화재에서 바람의 영향 [86] ┃

---

86) Figure 2-2-Stylized flame zone characteristics. adapted from Rothermel 1972 ; Pyne and others 1996 ; Cochrane and Ryan 2009. Wildland Fire in Ecosystems Effects of Fire on Cultural Resources and Archaeology

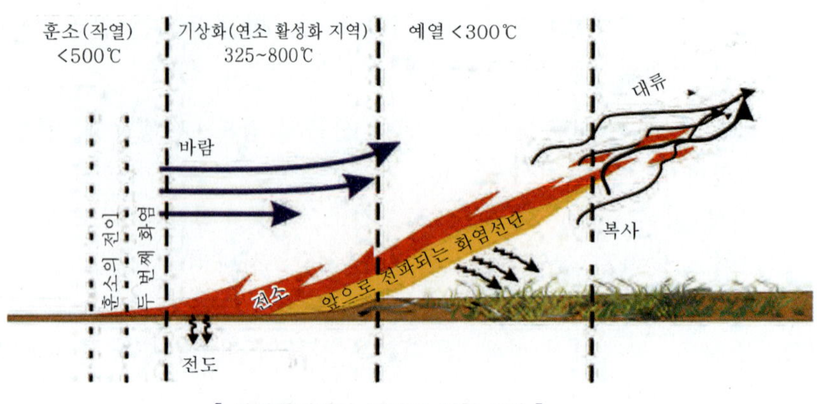

▌ 산림화재에서 바람의 영향 2[87] ▌

③ 습도 : 산림 내 가연물의 건조도 및 산불의 연소진행속도에 영향을 미친다. 풍상에서 풍하쪽으로 번진다.

  ㉠ 산림 내의 가연물질은 식물성으로 고체성 연료이며 습도 60% 이하에서 쉽게 불이 붙고 건조한 상태일수록 잘 연소된다. 습도가 60% 이상이면 산불은 발생하지 않는다.

  ㉡ 우리나라는 봄철에 공기 중의 수분함량을 나타내는 상대습도와 물체의 건조도를 나타내는 실효습도가 50% 미만인 날의 발생일수가 다른 계절보다 많아 산불발생 건수의 80%가 봄에 발생한다.

④ 온도 : 연료의 건조도 및 기류형성의 원인이 된다. 10℃ 증가할 때마다 반응속도는 2배 증가한다.

(4) 산불의 화염의 형태[88]

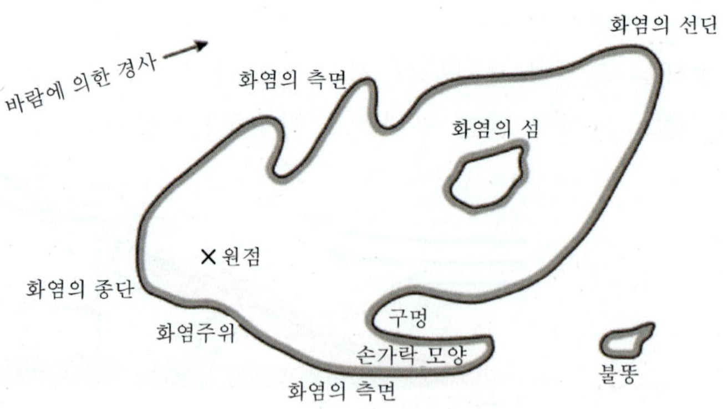

---

87) Figure 2-2-combustion phases, and dominant heat transfer mechanism. adapted from Rothermel 1972 ; Pyne and others 1996 ; Cochrane and Ryan 2009. Wildland Fire in Ecosystems Effects of Fire on Cultural Resources and Archaeology

88) NFPA 921 FIGURE 26.5 Anatomy of Fire Showing Fire Head and Heel (Rear).

04 산림화재의 원인

(1) 인위적 원인

1) 방화 : 고의적으로 타인 또는 자기의 소유림에 방화하는 것으로 의도적이거나 장난, 정신이상 등에 의해서 일어난다.

2) 실화 : 논·밭두렁 또는 농산폐기물 소각 중 실화, 등산객의 부주의에 의한 실화, 담배꽁초 및 성냥개비의 여진, 성묘객들의 부주의, 어린이들의 불장난, 비화 등에 의해 일어난다.

(2) 자연적 원인

1) 화산의 폭발

2) 낙뢰

3) 자연발화

05 산림화재의 소화활동상 문제점

(1) 산림화재는 지형적인 이유로 인해 일반 소방장비의 접근이 용이하지 않다.

(2) 건조한 기후와 강한 바람 등은 피해확산의 주요인이며 소화 및 진압 활동이 매우 어렵다.

(3) 산림소방 대책의 문제점

1) 대국민 홍보 및 산림자원 중요성에 대한 인식부족

2) 감시체계의 낙후성 : 주민신고, 산림순찰 등 인력에 의존하는 감시체계

3) 비합리적인 진압체계 : 전문인력의 부족으로 공무원, 마을주민, 군인 등 비전문 인력을 동원한 진압체계

4) 지휘체계가 일원화되지 못하고 다원화
   ① 산불진화 : 산림청, 지방산림청
   ② 경방활동 사무 : 시·군·구청

5) 예방장비의 전근대성 : 등진펌프, 갈고리, 삽, 솔가지 등의 단순진압장비가 대다수를 차지

6) 산불진화용 수원부족

06 산림화재의 소화 및 진압 활동

(1) 소화약제

1) Class A foam

2) 산림화재에 유효한 첨가제
　① 증점제(viscosy agent) : 헬리콥터에서 낙하 시 물입자가 흩어지는 것을 방지하고 나뭇가지 등에 부착력을 강화시킨다.
　② 침투제(class A foam, MAP, CAP) : MAP(제1인산암모늄) → 3종 분말+고무풀(나무의 접착성 강화)
　③ 적색안료 : 색을 입혀서 약제를 균일하게 뿌린다.

▌ 항공기에서 적색안료를 섞은 소화약제 투약 사진 ▌

3) 워터 슬러리(water slurry)
　① 보통 미국에서는 "Fire break"라고 부른다.
　② 물 슬러리라고 부르는 특수 소화약제로 산림화재 전용이라고 할 만큼 탁월한 소화능력을 가지고 있다.
　③ 물과 모래를 혼합하여 화점에 뿌리는 것으로 뿌린 후에 남은 고체가 공기차단 효과를 발휘하며, 물에 의한 냉각효과와 질식효과를 발휘한다.

(2) 소방설비
　1) 드렌처(drencher) 설비
　2) 옥외소화전
　3) 방수총 설치
　4) 헬리콥터를 이용한 공중 소화활동 : 가장 효과적이다.

(3) 직접소화(두들김 및 흙으로 덮는 소화) : 산세 등이 험하고 소방용수가 부족한 경우에 유효한 방법이지만 완전진화 시까지는 장시간을 요하고 체력소모가 많으며 위험 정도가 높다.
　1) 두들김 : 지표면에서 화세가 약할 때 타기 어려운 침엽수가지 또는 두들김 도구를 사용하여 직접 두들겨서 진화하는 방법이다.
　2) 흙으로 덮음 : 삽 등을 사용하여 연소부위에 직접 흙을 덮어 소화하거나 또는 가연물을 흙으로 덮는다.

(4) 방화선 설정 : 화세가 강하고 연소확대가 빨라 직접소화가 불가능한 경우

  1) 방화림(firebreak forest)

   ① 내화수림대라고도 한다.

   ② 나무 높이에 따라 큰 영향을 받는다. 화재로 나무가 쓰러져서 연결고리로 타기 때문이다.

   ③ 방화대 역할을 한다.

   ④ 나무의 키가 클수록 안쪽에서는 바람 등의 영향을 적게 받는다.

   ⑤ 방화림에 사용되는 나무는 나무의 표피가 내화성능이 있는 코르크 재질을 사용한다.

   ⑥ 방화림에 사용되는 나무는 수분함유율이 높고 밀도가 높은 나무가 유리하다.

❚ 방화림 ❚

  2) 흙을 이용한 방화선(forest fire break) : 50cm 이상

  3) 물을 이용한 방화선(fire fighting reservoir)

❚ 흙을 이용한 방화선[89] ❚

❚ 물을 이용한 방화선[90] ❚

---

89) Fig. 1 : Forest fire break with harrowed fuel break(Photo : N. Kessner). Forest fire prevention. Susanne Kaulfuß
90) Fig. 2 : Fire fighting reservoir(Photo : N. Kessner). Forest fire prevention. Susanne Kaulfuß

(5) 맞불 : 화세가 강하여 계속해서 연소확대되고 다른 적당한 소화수단이 없을 경우에 연소 진행방향의 앞쪽에 불을 놓아서 미리 태움으로써 화재를 진압한다.

07 산림화재의 방지대책

산불방지대책의 추진방향은 크게 2가지로 구분할 수 있다. 첫째, 산불발생 요인을 근원적으로 차단하여 산불발생을 최소화하는 것이다. 둘째, 불가피하게 발생하는 산불에 대하여는 조기에 발견하여 초동진화함으로써 산림피해를 최소화하는 것이다. 이러한 기본방향에 따라 산불방지대책은 사전준비, 산불예방대책, 진화대책으로 대별하여 볼 수 있다.

(1) 사전준비단계

1) 산불조심기간 설정 및 산불방지대책본부 설치·운영
2) 유관기관과의 공조체계 구축
3) 인터넷을 이용한 산불위험예보제 실시
4) 산불진화대 편성 및 진화장비 점검

(2) 산불예방대책

1) 다양한 산불예방 홍보로 국민의 산불경각심 고취
2) 산불위험기간 입산통제 및 등산로 폐쇄
3) 산림 내 취사행위 및 화기소지 금지 등
4) 산불요인 사전제거사업
5) 산림학적 희박화[91]
  ① 목적 : 연료하중을 경감시키고 궁극적으로 산림화재의 양상을 개선하기 위함이다.
  ② 상부층 희박화 : 큰 나무를 제거하거나 지배수종을 제거함으로써 상부층 화재가 발생하지 못하게 하나, 표면화재에는 효과가 없다.
  ③ 하부층 희박화 : 작은 나무를 제거함으로써 표면화재에는 효과가 있으나 상부층 화재에는 효과가 없다.
  ④ 자유 희박화 : 선택적으로 개별 나무들을 제거하고 나머지는 남겨둠으로써 밀도를 낮추는 방법으로 상부층 화재 및 표면화재 완화에 약간씩 효과가 있다.
  ⑤ 선택적 희박화 : 큰 나무를 제거하여 작은 나무의 성장을 도모하는 산림 프로그램에서 제한적으로 활용하는 방법으로 상부층 화재 및 표면화재 완화에 약간씩 효과가 있다.
  ⑥ 다양한 밀도에 의한 희박화 : 동일한 밀도가 아닌 다양한 밀도를 둠으로써 이것이 방화수림의 역할을 할 수 있게 하는 방식으로 밀도조정을 통해 연속성을 감소시키는 방법이다.

---

91) 119 매거진 2005년 7월호 산림화재 경감을 위한 산림학적 대책, 이창욱 소방기술사

6) 산불감시대 설치(fire watchtower)

▌ 산불감시대[92] ▌

(3) 산불진화대책

1) 산불진화 현장 지휘체계의 확립

2) 산림헬기에 의한 초동진화

3) 첨단장비를 이용한 산불 조기발견체계 구축(GPS 등)

4) 산림무선통신 종합시스템의 구축

5) 진화인력에 의한 초동진화 및 진화정리

6) **지휘체계 일원화** : 소방서장, 본부장 지휘운영

7) 소화용수 확보

8) 인공강우

 • **화재폭풍(fire storm)** : 나무가 바짝 마른 경우와 같이 가연물의 연소환경이 좋은 상태에서 발생할 우려가 있다. 보통의 경우 나무보다는 인화성 액체나 가연성 가스가 많이 체류하는 장소에서 발생위험이 더 크다.
  – 장소 : 크고 건조한 나무가 밀집된 넓은 숲속
  – 환경 : 한꺼번에 연소가 발생하여 이로 인해 불기둥이 급격하게 상승한다.
  – 현상 : 화재플럼이 생성되어 주변 공기를 매우 빠른 속도로 상부로 밀어낸다.
  – 결과 : 중심부는 밀어낸 공기로 인하여 진공에 가까워진다. 따라서 부압이 형성되어서 주변과의 압력차로 인하여 주변 공기가 수십에서 수백 km/s 속력으로 밀려 들어온다.
• **수렴화재(convergence fire)** : 렌즈상이 될 수 있는 볼록면, 구면, 오목면상 물질을 매개로 하여 태양광선의 굴절 또는 반사가 지속되어 출화에 이르게 되는 화재이다.

---

92) Fig. 3 : Fire watchtower(Photo : D. Spörck). Forest fire prevention. Susanne Kaulfuß

01 습 도

(1) 고체 가연물이 발화하기 위해서는 일단 외부로부터 가해지는 열에너지에 의해서 열 가소성 고체인 경우는 용융증발이 발생하며, 열경화성인 경우는 열분해가 선행하여 발생하고 가연성 증기가 발생한다. 이로 인해 가연성 증기가 산소와 혼합하여 가연성 혼합기를 형성하고, 이 가연성 혼합기가 연소(폭발)범위 내에 들어오면 발염연소를 시작한다.

(2) 그런데 고체 가연물이 수분을 흡수하여 내부에 다량의 수분을 함유하고 있는 경우에는 가연물이 건류되거나 열분해되기 전에 먼저 함유하고 있는 수분을 증발시켜야 하기 때문에 그 가연물이 고온으로 가열되거나 착화원에 접촉해도 발화하는 것이 용이하지 않으며 발화한다 해도 발화지체시간이 길어지게 된다.

  1) **발화지체시간** : 발화점 측정 시에 가연물의 온도가 상승하는 시각부터 발화할 때까지 경과되는 시간을 말하는 것으로 발화지체시간(t)과 절대온도(T) 및 활성화에너지(E) 사이에는 다음과 같은 세메노프의 식이 보고되어 있다.

$$\log J = \frac{52.55\,E}{T} + B$$

    여기서, J : 발화지연시간, E : 외부 활성화에너지
           T : 절대온도, B : 상수

  2) **화염전파속도** : 발화시간이 지연되면 화염전파속도도 낮아진다.

$$V = \frac{\delta_f}{t_{ig}}$$

(3) 따라서 습도가 높으면 화재의 위험은 그만큼 작아지고 습도가 낮으면 위험은 커진다. 우리나라에서 겨울철에 화재가 집중적으로 많이 발생하는 것은 겨울철에 불을 많이 사용하는 이유도 있지만, 여름철에는 습도가 높고 겨울철에는 습도가 매우 낮은 것도 큰 이유 중의 하나이다.

(4) 화재예방의 견지에서 실효습도라는 용어를 사용하는데 이는 며칠 동안 측정한 습도를 고려한 습도를 말한다. 목재가 건조한 정도를 나타내며, 화재의 발생 가능성을 말해 준다. 이 실효습도가 50%를 밑돌면 성냥개비 한 개로 기둥에 불이 붙는다고 한다. 건조특보를 발표할 때에는 최소습도와 실효습도를 기반으로 발표한다. 실효습도를 구하는 식은 다음과 같다.

$$H_e = (1-r)(H_0 + rH_1 + r^2 H_2 + r^3 H_3 + r^4 H_4)$$

여기서, H_e : 실효습도, r : 0.7, H_0 : 당일의 상대습도, H_1 : 1일 전의 상대습도

H_2 : 2일 전의 상대습도, H_3 : 3일 전의 상대습도, H_4 : 4일 전의 상대습도

02 온 도

(1) 온도가 높아지면 우선 세메노프의 식으로부터 발화지체시간이 짧아진다.

(2) 발화지체시간이 짧아지면 그만큼 화염전파속도는 커진다.

(3) 연소현상은 화학반응의 하나인데 모든 반응은 그것이 발열반응이든 흡열반응이든, 온도가 높아질수록 그 속도가 빨라진다.

  1) 아레니우스는 어떤 반응의 온도의존성은 다음 식으로 주어짐을 발견하였다.

$$k = A_e^{\frac{-E_a}{RT}} = A_{\exp}\left[\frac{-E_a}{RT}\right]$$

여기서, k : 반응속도상수

R : 기체상수(J/mol·K), T : 절대온도(K)

E_a : 활성화에너지(J/mol), A : 빈도계수

  2) 따라서 온도가 높아질수록 연소속도가 증가하게 된다.

(4) 가연성 증기의 연소 상하한계, 상부 및 하부 인화점 등과의 상호관계를 그림으로 보면 아래와 같다. 아래 그림에서 연소상한계와 포화증기압 곡선의 교점이 상부인화점이고, 연소하한계와 포화증기압 곡선의 교점이 하부인화점임을 알 수 있는데 상부인화점과 하부인화점의 온도차는 대개 30℃ 정도이다. 그림에서 온도가 높아질수록 연소범위가 넓어지므로 화재위험성이 그만큼 커진다는 것을 알 수 있다.

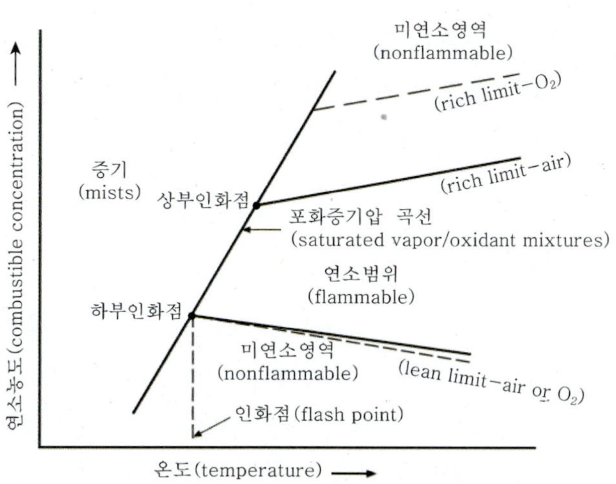

627

(5) 온도가 높아지면 기체분자의 운동이 증가하므로 반응이 활발해진다. 일반적으로 화학반응은 온도가 10℃ 상승하면 반응속도가 2배로 되고 폭발범위도 온도상승에 따라 확대되는 경향이 있다. 이것은 전이상태 이론에서 활성화된 분자수가 2배 이상 증가함에 따라서 화학반응이 증가하므로 반응속도가 약 2배 정도 증가하는 것이다.

(6) 일반적으로 연소범위는 온도에 따라 증가한다. 이를 온도의존성이라고 하고 아래와 같은 온도의존식이 있다.

$$LFL_T = LFL_{25} \times \left[1 - \frac{0.75(T-25)}{\Delta H_C}\right], \quad UFL_T = UFL_{25} \times \left[1 - \frac{0.75(T-25)}{\Delta H_C}\right]$$

여기서, ΔH_C : 유효연소열(kcal/mol), T : 온도(℃)

(7) 다른 또 하나의 계산방법이 있는데 이는 연소하한계는 온도가 100℃ 올라가는 데 따라서 8% 정도가 감소하고 상한계 역시 온도가 100℃ 올라가는 데 따라서 8% 정도가 증가한다는 온도의존식을 아래와 같이 나타낼 수 있다.

$$LFL_T = LFL_{25} - (0.8 LFL_{25} \times 10^{-3})(T-25)$$
$$UFL_T = UFL_{25} + (0.8 UFL_{25} \times 10^{-3})(T-25)$$

03 풍량과 풍속

(1) 연소가 발생하기 위해서는 가연성 물질(가연물 혹은 연료), 산화제(공기 또는 산소), 착화원(에너지원)의 3가지 요소가 필요하다. 이 3가지를 연소의 3요소라고 한다. 이 가운데 어느 하나라도 없을 경우 연소는 발생하지 않는다.

(2) 그런데 풍량이 많고 풍속이 높으면 공기, 즉 산소의 공급이 많아지게 되므로 일단 화재가 발생하면 연소속도가 빨라져서 화세는 강해지게 된다. 이는 전에 언급한 토마스의 바람에 의한 화염전파식을 보면 알 수 있다.

(3) 또한 화염전파식 $V = \dfrac{\delta_f}{t_{ig}}$ 에서는 δ_f(화염이 영향을 미치는 거리)가 바람에 의해서 커짐으로써 화염전파속도가 증가하게 된다.

(4) 건물 외부의 화재이거나 또는 건물 내부의 화재라도 화재양상이 연료지배형 화재이고 개구부의 방향이 풍향과 일치하면 연소속도는 더욱더 커진다.

(5) 바람으로 인해 표면에 작용하는 압력은 아래의 식으로 나타낼 수 있다. 이러한 압력이 플럼의 이동을 유발하여 화재의 확산에 관여한다.

$$P_w = c_w \rho \frac{v^2}{2}$$

여기서, P_w : 풍압(Pa)

c_w : 압력계수

ρ : 외부 공기밀도(kg/m^3)

v : 풍속(m/s)

(6) 액면화재의 경우 바람에 의해서 화염은 경사지게 되고 그에 따라 화염과 액면 사이의 거리가 짧아져서 화염으로부터 액면으로의 열전달이 용이해지기 때문에 예열형 화염전파에서는 그 전파속도가 빨라지게 된다.

(7) 삼림화재의 경우 풍량과 풍속은 치명적이다. 풍속이 높고 거기다 풍향이 화재의 진행방향과 일치한다면 운이 좋게 비가 와주지 않는 한 삼림화재는 진화가 불가능한 상태에까지 이를 수 있다.

방화(incendiary fire)

01 개요

(1) 정의

1) 자신의 소유를 포함한 주거지, 건물, 구조물, 기타 자산 등에 의도적으로 불을 지르는 범죄행위이다.[93]

2) NFPA 921 Code에서는 방화성 화재(incendiary fire)란 발화하지 않아야 했을 화재로 인식된 상황하에 고의로 발생된 화재이다.

(2) 전 세계적으로 방화가 큰 사회문제로 대두되고 있다.

(3) 방화는 인명 및 재산상의 손실을 초래할 뿐만 아니라, 심리적으로 불안감을 조성하는 등 사회에 많은 악영향을 미친다.

(4) 선진국의 경우 방화가 화재의 첫 번째 원인인 경우가 많고, 그로 인한 피해액도 전체 화재피해의 1/3 정도에 이르고 있으며 점차적으로 증대되고 있는 추세이다. 더욱이 방화범죄의 60% 가량은 주택을 대상으로 발생한다(미연방소방국 통계).

02 방화의 특징

(1) 은폐장소에서 발생하므로 발견이 늦고 피해가 크다. 왜냐하면 의도적이기 때문에 화재의 발견이 곤란하고 후미진 장소를 선택하여 화재를 발생시키기 때문이다.

(2) 비계절적, 비주기적이다. 발생사례를 분석 시 계절적, 주기적 연관관계가 적다.

(3) 범죄증거의 소멸로 범죄은폐 목적으로 사용된다.

(4) 방화동기가 다양하다.

(5) 색다른 촉진제(exotic accelerant)의 사용 : 인화성 액체 등을 사용한다.

(6) 확산도구의 존재(trailers) : 방화화재 후 연료가 고의적으로 뿌려졌거나 한 곳에서 다른 곳으로 '연소의 흔적이 꼬리에 꼬리를 물고 이어지도록 했을 때(trailed)'에는 화재가 확산된 형태가 뚜렷하다. '트레일러'라고 불리는 이러한 화재패턴은 바닥을 따라 독립된 화재의 연결이나 층계(계단)로의 상승, 건축물 내부의 한 층에서 다른 층으로 화재가 확산됨을 나타내준다. 트레일러의 연료로는 인화성 액체, 고체, 또는 이러한 것의 조합이 사용된다.

---

93) 한국화재보험협회, 「영·한 방재용어사전」, 1998, P.26

(7) 다수 발화지점의 존재(multiple fires) : 다수 발화지점의 화재는 둘이나 그 이상 분리되어, 연관되지 않고 동시에 타오르는 화재이다. 의도적인 화재이므로 타화재와는 달리 다수의 발화지점이 존재할 수 있다.

(8) 화재의 진화를 방해하는 장치가 설치될 수 있다.

  1) 소방대의 진입 방해

  2) 소방설비의 고장

  3) 방화구획의 파괴

  4) 방화문 개방

(9) 낮은 연소패턴(low burn pattern) : 인화성 촉진제를 사용하는 경우에는 일반화재와는 달리 살포한 곳이 바닥인 경우가 많아서 낮은 지점의 소실이 심하게 된다. 이를 보고 의도된 화재인 방화로 추정할 수 있다.

(10) 모방성과 연쇄성이 강하다. 따라서 모방방화나 연쇄방화가 많이 발생한다.

(11) 지연착화가 있다. 방화범이 도주를 하거나 알리바이를 만들기 위하여 일정 시간을 지연하여 화재가 발생하도록 한다.

(12) 연속이나 연쇄방화 우려가 있다.

  1) **단일방화** : 단발적으로 불을 지르는 방화

  2) **연속방화** : 동일인이나 동일 집단이 2건 이상의 불을 지르는 방화

  3) **연쇄방화** : 방화범이 3번 이상 불을 지르고 각 방화시점과 시점 사이의 일정 시간이 경과한 후 저지르는 방화 형태

03 방화의 6가지 동기

(1) 계획적인 방화

  1) 경제적 이익(profit) 추구

  2) 다른 범죄증거, 범죄의 은폐(evidence of other crimes, crime concealment)

  3) 원한, 복수(revenge)

  4) 고의적 파괴행위(기물파괴, vandalism)

(2) 우발적인 방화

  1) 음주, 약물중독과 같은 흥분(excitement)

  2) 과격주의(extremism)

04 방화판정의 10대 조건[94]

(1) 여러 곳에서 발화(multiple fires)

  1) 발화점이 2개소 이상인 경우에는 방화로 추정이 가능하다. 왜냐하면 화재가 동시에 2개소 이상에서 발생할 확률은 매우 낮기 때문이다.

  2) 이 경우 제2의 발화로 추정되는 것의 원인이 최초의 발화와 연관된 것이 아니어야 한다.

(2) 화재현장에 타범죄 발생증거(evidence of other crimes) : 화재현장에 타범죄의 발생증거가 있는 경우에는 범죄를 은폐하거나 용이하게 저지르기 위한 방화로 판정할 수 있다.

(3) 화재발생 위치(location of the fire) : 화재발생 위치가 사고로 인한 화재가 발생할 원인이 없는 장소일 때에는 방화로 판정할 수 있다.

(4) 연소촉진물질의 존재(presence of flammable accelerant)

  1) 화재의 빠른 확대를 위해서 가연성 액체와 같은 연소촉진물질이 존재하거나 사용한 흔적이 있는 경우이다.

  2) 연소촉진물질을 거주자가 필요에 의해 비치한 것이라도 이것이 화재에 이용될 수 있는 장소로 이동되어 있거나 화재발생 지역의 전체나 부분에 산재되어 있으면 방화로 판정할 수 있다.

(5) 화재 이전에 건물의 손상(structural damage prior to fire) : 화재가 발생하기 전에 건축물의 일부가 화재가 확산되기 용이하도록 인위적인 손상되어 있는 경우는 의도적인 손상으로 방화로 판정할 수 있다.

(6) 사고 화재원인 부존재(absence of all accidental fire causes) : 화재의 원인을 자연적인 원인이나 실화 등으로 추정할 수 없는 경우에는 방화로 판정할 수 있다.

(7) 귀중품 반출 등(contents out of place or contents not assemble) : 평상시 귀중품 또는 중요서류의 보관장소에 있는 물품이 화재발생 전에 안전한 장소나 외부로 반출, 대체품이나 유사품으로 교체되었으면 방화로 판정할 수 있다.

(8) 수선 중의 화재(fires during renovations) : 건물의 보수공사 중에는 인화성 액체나 가연물 등이 빈번하게 사용되므로 사고화재의 가능성이 높아진다. 따라서 화재가 확산되도록 자재를 배치하거나 사용한 경우에는 방화로 판정할 수 있다.

(9) 동일 건물에서의 재차화재(second fire in structure)

  1) 동일한 건물 또는 동일 장소에 연속해서 화재가 발생하기는 확률상으로 어렵다. 그럼에도 불구하고 반복해서 화재가 발생한 경우에는 방화로 판정할 수 있다.

  2) 단, 최초화재의 재발화가 아니어야 한다.

---

94) NFPA 921 Code 2005(17-1)

(10) **휴일 또는 주말화재(fire occuring on holidays or weekend)** : 휴일 또는 주말의 경우에는 화재의 인지와 대응이 어려워서 이를 노리고 방화하는 사례가 있으므로 휴일 또는 주말의 화재는 방화로 판정할 수 있다.

05 대 책

(1) 제도적 보완 : 방화범죄에 대한 처벌 강화

(2) 교육 강화
　1) 방화는 사회의 질서와 안녕을 파괴하는 범죄라는 인식을 널리 교육시켜야 한다.
　2) 물질만능주의에 대한 잘못된 인식과 사고를 없애도록 교육을 강화하여야 한다.

(3) 환경적 보완책
　1) 범죄예방환경설계(CPTED ; Crime Prevention Through Environmental Design) : 범죄예방환경설계는 건축환경(built environment) 설계를 통해서 범죄를 예방하고자 하는 개선전략으로 셉테드라고 한다. 이는 범죄학, 건축학, 도시공학이 결합된 응용공학의 한 분야이다. 이 이론은 범죄가 발생하는 장소적 특징과 환경에 중점을 두어 범죄가 발생하기 쉬운 어두운 곳, 감시가 어려운 곳, 범죄자 접근이 쉬운 곳, 인적이 드문 곳을 밝고, 깨끗하고, 사람들이 모일 수 있는 환경으로 개선함으로써 범죄의 기회를 차단하자는 범죄예방전략이다.
　2) 깨진 유리창 이론(broken windows theory)
　　① 미국의 범죄학자인 제임스 윌슨과 조지 켈링이 1982년 3월에 공동 발표한 깨진 유리창(Fixing Broken Windows : Restoring Order and Reducing Crime in Our Communities)이라는 글에 처음으로 소개된 사회 무질서에 관한 이론이다.
　　② 깨진 유리창 하나를 방치해 두면, 그 지점을 중심으로 범죄가 확산되기 시작한다는 이론으로, 사소한 무질서를 방치하면 큰 문제로 이어질 가능성이 높다는 의미를 담고 있다.
　3) 주변을 정리하여 깨끗하게 관리한다.
　4) 어둡지 않게 조도를 개선한다.
　5) 시건장치를 강화하여 관계자 외에는 가연물이나 중요시설에 접근을 제한하여야 한다.
　6) 쓰레기 등은 지정일에 배출수거한다(가연물의 최소보유원칙).
　7) CCTV를 설치하여 감시를 강화하여야 한다.
　8) 순찰을 강화하여야 한다.

(4) 범죄분류 매뉴얼(CCM ; Crime Classification Manual)에 의한 범죄의 분석을 통해 많은 정보를 제공 : 범죄자와 피해자의 중요한 특징을 구분하기 위해 의도된 진단시스템을 이용해서 분석함으로써 범죄를 사전에 예방할 수 있다.

(5) 전문 화재조사인력을 강화하고 조사기관 간의 업무공조를 강화하여 방화범이 어떠한 이익도 영유하지 못한다는 인식을 심어주어야 한다.

06 위험성과 문제점

(1) 방화의 위험성
1) 은폐된 공간에서 시작되는 경우 화재발견이 늦다.
2) 휘발유와 같은 인화성 물질이 촉매제로 사용되는 경우가 많아 화재성장속도가 빠르다.
3) 방재계획 시 안전구획으로 계획되는 복도나 피난계단 등에서 발생하므로 인명피해가 크다.
4) 설계 시 방화에 대한 방호대책은 제외되어 있다.

(2) 문제점
1) 우리나라는 주택가나 차량 등의 연쇄방화로 가끔씩 사회적인 관심을 불러일으키고 있으나 아직까지는 그 심각성을 깨닫지 못하고 있다.
2) 모든 사회현상이 서구화되고 있는 것과 가까운 일본의 방화 발생현황으로 볼 때 우리나라도 곧 선진국 수준에 도달하지 않을까 우려된다.

07 결 론

(1) 현 사양 위주의 소방설계에는 방화의 개념이 고려되지 않고 있다.

(2) 화재감지와 소화 및 피난 측면에서 완벽한 방재계획을 수립하기 위해서는 방화의 개념을 포함하는 화재시나리오를 기초로 한 성능위주의 소방설계(PBD)를 통해 방화로 인한 피해를 줄이도록 한다.

지진해일(tsunami, 쓰나미)

01 정 의

(1) 지진해일(地震海溢)은 지진에 의해서 발생하는 해일이다. 해일로 인해 수 미터 혹은 수십 미터의 일련의 파도를 일으켜서 해안가 주변의 도시나 시설물을 파괴시키는 자연현상이다.

(2) 물기둥을 수직방향으로 이동시키는 강력한 교란이 거대한 규모로 물에 발생하였을 때 나타나는 파도 또는 파동을 뜻한다.

02 발생원인

(1) 대형 해저나 해안 지진

(2) 해저 산사태(지진이나 화산활동으로 촉발 가능)

(3) 해안절벽 또는 호반의 대규모 산사태

(4) 해저나 해안 화산폭발

03 특 성

(1) 모든 물의 파동에서 파동에너지가 진행하는 깊이는 파장의 절반과 같다.

(2) 일반적인 파도의 파장은 150m 미만인데, 쓰나미의 파장은 100km나 되는 것도 있고 또는 그 이상으로 긴 것도 있다.

(3) 따라서 그 파장의 절반인 50km가 파동에너지에 영향을 주어 물기둥 상부에만 국한되지 않고 전체 물기둥에 영향을 미치게 된다.

(4) 쓰나미의 진행속도는 약 800km/h로 매우 빠르게 진행한다.

04 발생 메커니즘[95]

(1) 지층과 지층의 운동에너지가 위치에너지로 변화하면서 파도를 형성한다.

---

95) https://commons.wikimedia.org/wiki/File:Tsunami.svg에서 발췌

(2) 육지에 가까이 갈수록 해수면의 높이가 낮아지므로 동일 위치에너지라도 파도는 더욱더 상승하는 것처럼 보인다.

1) 지진 발생 : 지층과 지층이 부딪쳐 운동에너지가 충돌한다.

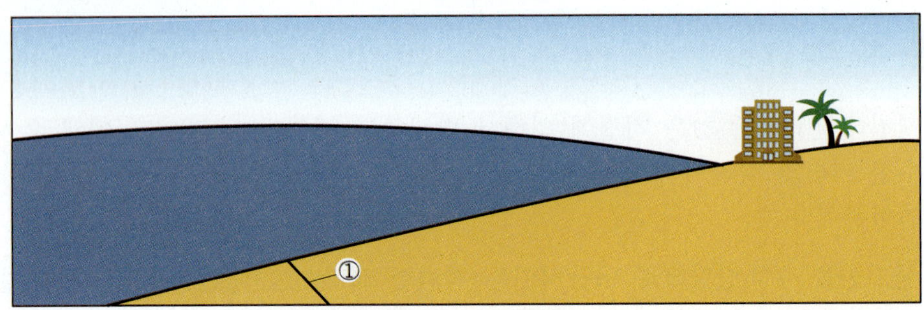

❙ ①에서 지층과 지층의 충돌 ❙

2) 운동에너지가 위치에너지로 변환된다. 위치에너지는 지면 상부로 형성되거나 지면 하부로 형성되는 2가지 경우가 있다.

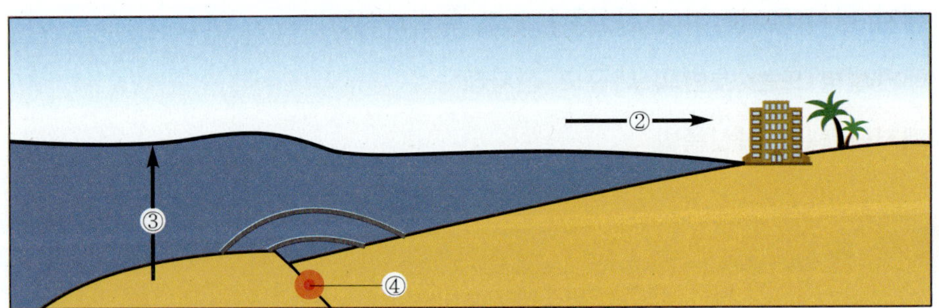

❙ 위치에너지가 지면 상부 ③으로 형성 ❙

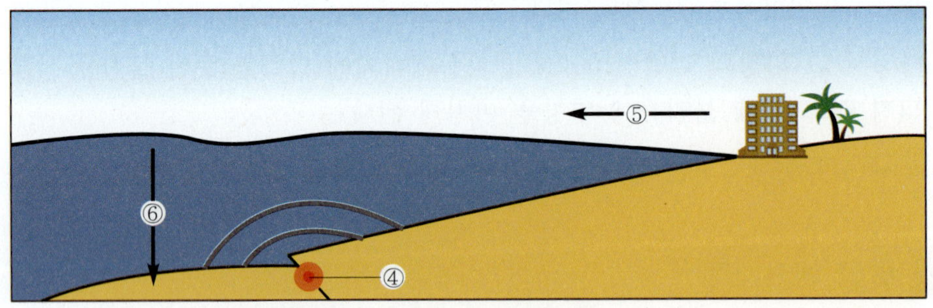

❙ 위치에너지가 지면 하부 ⑥으로 형성 ❙

3) 운동에너지가 발생지점에서 좌우로 퍼져나간다.

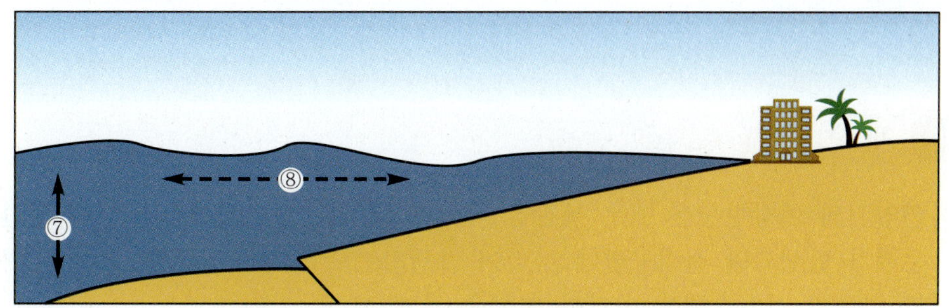

▌ 운동에너지가 발생지점 ⑧에서 좌우로 전파 ▌

4) 해면에서 지면으로 운동에너지가 이동할수록 해수면의 깊이가 낮아지므로 상대적
으로 파도는 크게 상승한다.

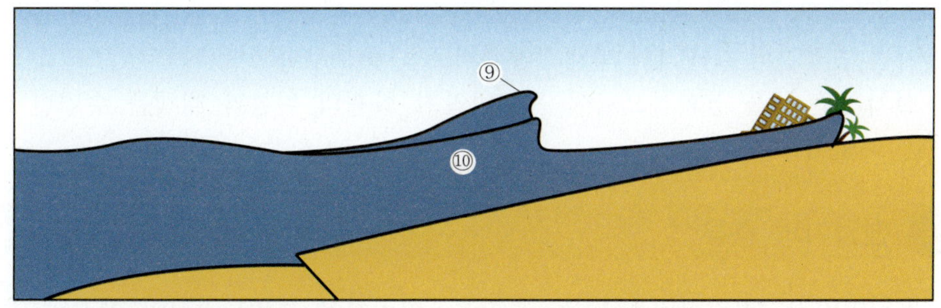

▌ 해수면 깊이가 낮아짐(해안가에 도달할수록)에 따라 파도가 상승 ▌

05 쓰나미의 종류

(1) **원거리 쓰나미(distant tsunami)** : 먼 거리에서 발생하는 쓰나미로 도달시간이 3시간
이상 소요되는 쓰나미이다.

(2) **광역 쓰나미(regional tsunami)** : 도달시간이 1~3시간 정도 소요되는 쓰나미이다.

(3) **근거리 쓰나미(local tsunami)** : 도달시간이 단 몇 분 정도 소요되는 쓰나미로 가장
위험하다.

옥외변압기 화재의 위험과 대책

01 개 요

(1) 변압기의 이상현상은 매우 복잡한 과정과 다양한 원인에서 기인되나 일단 변압기에 문제가 발생되면 전력공급에 차질이 발생하므로 엄청난 재산적 손실을 가져오게 되고 아울러 사업수행에 심각한 영향을 주게 된다.

(2) 변압기는 건식 변압기와 액체절연유 봉입변압기가 있는데 건식 변압기는 동일한 용량의 액체절연유 봉입변압기에 비하여 환경적 요인과 전력품질의 저하로부터 상당히 민감하여 이상현상을 나타낸다. 따라서 보통 대용량의 변압기는 액체절연유가 봉입된 변압기를 사용하는데 이 경우에도 아래와 같은 여러 가지 원인에 의하여 화재 및 폭발의 위험이 있다.

(3) 이런 변압기의 효율적인 화재진압설비로는 물분무가 이용되고 있으므로 소화원리 및 설치기준 등을 살펴봄으로써 옥외변압기 화재의 위험과 대책을 수립할 수 있다.

02 변압기의 종류

(1) **유입변압기** : 전기절연유(광유, 혼합유, 실리콘유 등)에 권선이 합침된 변압기

> **꼼꼼체크** **합침** : 다공성 물체에 기체 또는 액체 상태의 물질을 침투시켜 그 물체의 특성을 사용목적에 따라 개선하는 일

(2) **건식 변압기**

  1) **몰드변압기** : 권선을 에폭시(epoxy) 등의 수지로 사용하여 고체 절연화시킨 변압기

    ① 종래의 유입식 및 건식 변압기의 문제점을 해결하기 위해 코일을 에폭시수지로 몰드(mold)한 고체 절연방식의 변압기를 말한다.

    ② 에폭시 수지의 특성

      ㉠ 열경화 시 가스 발생이 없고 반응수축이 적다.

      ㉡ 기계적, 전기적 특성이 우수하다.

      ㉢ 금속에 대한 접착성이 매우 강하다.

      ㉣ 내약품성, 내열성, 내수성, 내진성이 우수하다.

    ③ 충전제 : 주형수지로는 보통 에폭시수지와 무기물 충전제를 배합하여 사용한다.

  2) **일반 건식 변압기** : 권선을 절연제로 절연하여 바니시 등에 합침시킨 변압기

  3) **가스변압기** : 육불화황(SF_6) 가스를 사용하여 절연한 변압기

03 내부 요인에 의한 위험

(1) 1차 위험

1) 열적, 전기적 응력에 의한 열화
2) 심한 전압변동(voltage surge)
3) 변압기 애자표면의 오염

(2) 2차 위험

1) 아크
2) 절연유 유출
   ① 절연유의 발화온도가 낮고 연소성이 있다. 따라서 대용량 변압기의 경우는 별도의 안전장치가 필요하다.
   ② 절연물의 내열온도가 A종(105℃)으로 과부하 사용 시 열화되기가 쉽다.

04 외부 요인에 의한 위험

(1) 낙뢰

(2) 외부 화재 등

05 변압기의 방호를 위한 물분무설비의 기술

(1) 물분무설비의 옥외변압기 방호의 메커니즘

1) 표면냉각(surface cooling) : 인화점이 125℉(52℃) 이상인 액체 위험물은 물의 주수로 냉각효과를 얻을 수 있다. 즉, 표면의 냉각에 의해 점화원이 제거되거나 화염이 전파될 수 없는 온도로 낮출 수 있다.
2) 증기질식(steam smothering) : 화재에 의해 주수된 물방울이 증발하는 동안 증기는 몰(mole)당 약 9.72kcal의 열을 흡수한다.
3) 희석(dilution) : 만일 인화성 액체 위험물이 수용성인 경우에는 주수된 물과 혼합되어 희석된다.
4) 코팅(coating) : 물분무설비는 시스템이 동작하는 동안 변압기의 수평면 또는 수직면에 아주 얇은 물의 코팅을 형성하여 연소를 억제한다.
5) 재방향(redirection) : 압력을 가진 물은 변압기 표면에 흘러있는 물과 인화성 액체를 미리 설계된 집수정과 같이 위험이 적은 장소로 이동시킬 수 있다.
6) 가연성 증기배출(vapor exhaust) : 변압기 위의 가연성 증기를 물분무 방사압으로 흩어 놓는다.

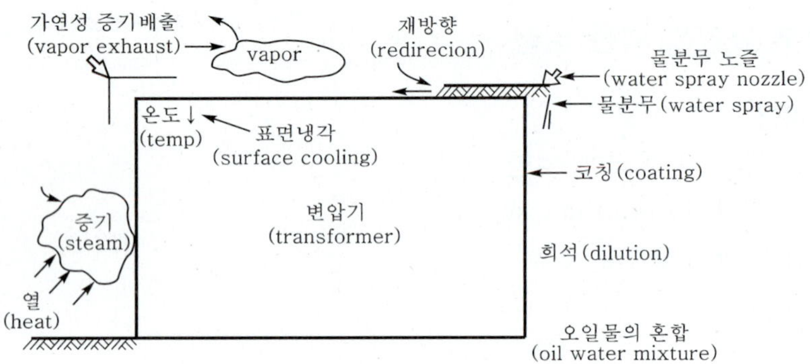

❙ 물분무설비의 변압기 방호 메커니즘 ❙

(2) 물분무설비의 설치기준

1) 방사밀도(discharge density) : 노출방호를 위하여 변압기에 방사되어야 하는 물의 단위면적당 유량(방사밀도)은 일반적으로 코드(code)와는 관계없이 $10.2Lpm/m^2$ $(0.25gpm/ft^2)$이다.

① NFPA 15 4-5.4(Transformers).2 : $10.2Lpm/m^2$

② FM 5-4.2.3.2.1 Active Protection for Outdoor Transformers : $12Lpm/m^2(0.30gpm/ft^2)$

> **꼼꼼체크** • 수원(「물분무소화설비의 화재안전기준(NFSC 104)」 제4조 제3항)
> 절연유 봉입변압기에 있어서는 바닥부분을 제외한 표면적을 합한 면적 $1m^2$에 대하여 10L/min로 20분간 방수할 수 있는 양 이상으로 할 것
> • 가압송수장치(「물분무소화설비의 화재안전기준(NFSC 104)」 제5조 제2항 다목)
> 펌프의 1분당 토출량은 다음의 기준에 따라 설치할 것
> – 절연유 봉입변압기에 있어서는 바닥면적을 제외한 표면적을 합한 면적 $1m^2$당 10L를 곱한 양 이상이 되도록 할 것

2) 방사압력(discharge pressure)

① 변압기의 외부 노출방호를 위한 물분무설비 노즐에서의 방사압력은 바람이 있는 상태에서도 속도를 유지하려면 20psi(0.14MPa) 이상의 압력이 필요하며 보통은 30psi(0.21MPa) 이상의 압력으로 유지되도록 설치하는 것이 바람직하다.

② 그러나 압력이 50psi(0.35MPa) 이상으로 너무 높으면 물입자가 너무 작아져서 변압기의 표면은 코팅하고 냉각하기 전에 바람에 의해 날아가거나 증발한다. 또한 열기류에 의해서 상부로 날아가거나 증발하게 되어 소화능력을 발휘하기가 곤란하다.

㉠ 최소압력 : 20psi(0.14MPa)

㉡ 최대시간 : 50psi(0.35MPa)

3) 수원확보시간(water supply duration)

① NFPA 15. 15 4-5.4(transformers).2.3 : 250gpm(946L/min)로 1시간 이상

② FM 5-4.2.3.(fire protection for outdoor transformers) 1.4.3 : 60분

③ 수원(「물분무소화설비의 화재안전기준(NFSC 104)」 제4조) : 20분

┃ 변압기에 물분무설비의 동작 시 상태 ┃

(3) 물분무설비의 기동을 위한 감지설비

　1) 전기적인 감지설비(electric detection system)

　　① 정온식 열감지기(fixed temperature detectors)

　　② 보상식 열감지기(rate compensated detectors)

　　③ 정온식 감지선형 열감지기(linear heat detection system)

　2) 스프링클러설비를 이용한 감지설비(pilot head detection system)

　　① 건식 방식(dry pilot system)

　　② 습식 방식(wet pilot system)

　3) 감지설비별로 장단점은 있으나 옥외 변압기의 방호용으로는 외기에 노출된 상태에서의 설치조건과 우리나라의 기후조건에서의 적응성 등을 고려하면 정온식 감지선형 열감지기가 적합하다고 할 수 있다.

06 변압기의 방호를 위한 방호벽 설비[96]

(1) 변압기와 변압기 사이에는 2시간 이상 버틸 수 있는 방호벽을 설치한다.

(2) 방호벽의 크기는 수직으로 1ft(0.3m) 이상, 수평으로는 2ft(0.6m) 이상의 벽을 설치하여야 한다.

---

96) FM5-4.2.3.(Fire Protection for Outdoor Transformers).1.3.2

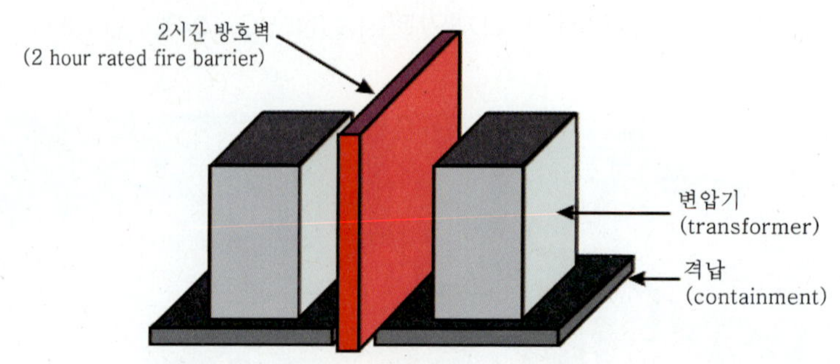

❚ 변압기에 방호벽 설치 예[97] ❚

07 결 론

선진국에 비하여 우리나라에서는 아직 사용이 활성화되지 않는 물분무소화설비는 설비의 특성상 석유화학공장, 전기시설 또는 통신시설 등 다양한 용도에 적용이 가능하다. 물분무설비는 그 대상물과 용도에 따라서 그에 적합한 압력, 살수밀도 또는 물입자 크기 등을 적용하여야만 원하는 효과를 얻을 수 있다. 따라서 사양위주의 일괄적인 설계의 적용보다는 건별로 성능위주의 설계가 이루어져야 하고 이를 위한 자료와 실험치를 얻기 위해서 다양한 연구와 실험이 필요하다.

---

97) Fig. 2e. Fire barriers for multiple outdoor transformers. FM 5-4. 24page

원자력(nuclear power)

01 원자력 시설

(1) 원자로의 정의 : 1g의 ^{235}U가 방출하는 열은 석탄 3t 또는 석유 2,000L에 상당하는 양이 되므로 연쇄반응을 이용하여 ^{235}U의 핵분열을 조금씩 일으키게 해주면 아주 작은 양의 우라늄이라도 많은 열을 발생시킬 수 있으며 이를 위한 장치가 원자로이다.

(2) 원자로의 구조

  1) 노심 : 원자로의 중심부로 핵분열의 연쇄반응을 일으키게 하는 곳이다.

    ① 연료체 : 우라늄을 가공한 것이다.

    ② 감속재 : 중성자를 느리게 하여 반응속도를 제한한다.

      ㉠ 핵분열과정에서 방출되는 중성자는 빠른 중성자이다.

      ㉡ 이러한 중성자는 ^{235}U에 흡수단면적이 작기 때문에 흡수단면적이 큰 느린 중성자로 바꿔 줄 필요가 있다. 이 역할을 하는 것이 감속재이다.

      ㉢ 감속재의 조건

        • 중성자의 속도를 떨어뜨리려면 어떤 원자핵에 부딪치게 하는 상대로 수소와 같은 가벼운 원자일수록 유리하다. 즉 부딪치는 상대가 가벼운 원자일 때 중성자는 부딪친 힘으로 상대의 원자를 움직이게 하므로 그만큼은 속도가 떨어지게 되는 것이다.

        • 같은 체적 속에 원자가 많이 있을수록 부딪치는 기회가 많게 되므로 감속재로 기체는 적합하지 않고 액체나 고체가 더 적합하다.

        • 중성자를 흡수하지 않아야 한다(중수 > 흑연 > 경수).

      ㉣ 감속재의 종류

        • 수소를 함유한 액체로서 경수(보통의 물)

        • 중수소를 함유한 중수(D_2O)

        • 탄소를 함유한 흑연

  2) 냉각재 : 핵분열로 에너지가 방출되어 열로 변하여 노심에 계속 쌓이게 된다. 이 열을 밖에 뽑아 내지 않으면 노심의 온도가 높아져 결국은 연료가 녹아 버린다. 따라서 열을 밖으로 뽑아내는 역할을 하는 것이 냉각재이다.

    ① 냉각재는 열을 전달하기 쉬운 물질로서 중성자를 흡수하지 않는 물질이어야 한다. 그것은 노심 안을 계속 흐르고 있기 때문에 중성자를 흡수하기 쉬운 물질은 연쇄반응에 장애가 된다.

② 보통 중수를 감속재로 사용하고 있는 원자로는 그 중수를 사용하며, 경수를 사용하고 있는 원자로는 그 경수를 그대로 이용하고 있다.

③ 그러나 흑연을 감속재로 쓰고 있는 원자로에서는 공기나 이산화탄소 또는 헬륨 등을 이용하고 있다.

3) 제어봉

① 기능

㉠ 노심에 연료체를 출입시켜 핵분열의 비율, 즉 원자력의 출력을 조정한다.

㉡ 원자로에 어떤 원인이든 조금이라도 이상이 생기면 자동적으로 노심에 삽입되어 원자로의 운전을 멈추게 한다.

② 성분 : 카드비늄, 붕소, 하프늄 등 중성자를 잘 흡수하는 원소가 함유된 것을 사용한다.

4) 반사벽

① 노심에서 달아나는 중성자를 노심으로 되돌려 보내는 역할을 한다.

② 목적 : 중성자의 낭비를 막을 수 있으므로 그만큼 연쇄반응이 일어나기 쉬워진다.

③ 재질 : 반사벽에 사용되는 것은 흑연, 중수, 경수, 베릴륨 등 감속재로 사용할 수 있는 것은 무엇이든 된다.

④ 감속이 되는 것은 중성자가 이쪽저쪽으로 원자에 부딪쳐서 그런 것이다. 그 원자로부터 도로 튀는 경우도 있게 마련이므로 그것을 다시 노심으로 돌려보내는 역할을 한다.

5) 차폐벽

① 노심에서 나오는 방사선을 가로막아 인체를 보호한다.

② 핵분열에 수반하여 중성자와 감마선이 튀어 나오고 핵분열의 재에 상당하는 핵분열 생성물은 베타선이나 감마선을 내며, 중성자나 감마선은 물체를 관통하는 힘이 세다.

③ 반사벽이 있어도 완전히 중성자 전부를 반사시킬 수는 없어서 일부는 밖으로 나온다. 그래서 이 중성자나 감마선을 막아서 사람이 가까이 가도 안전하게 할 필요가 있으며 그 역할을 하는 것이 차폐벽이다.

④ 재질 : 특별한 콘크리트(1.5m 이상)로 만든다. 그런데 감마선은 보통의 콘크리트로는 그다지 흡수되지 않는다. 그래서 콘크리트 속에 감마선을 흡수하도록 철 등을 혼합하여 사용한다.

(3) 원자로의 반응원리

1) 우라늄 235의 원자핵은 중성자를 흡수하면 2개의 다른 원자핵으로 분열한다(핵분열).

2) 이 핵분열로 우라늄은 전혀 다른 물질(요오드나 세슘 등)로 변하며, 엄청난 열이 발생한다.

3) 이 열을 이용하여 물을 끓여 터빈을 기동하고 터빈이 다시 전기를 발생시킨다.

644

4) 그런데 원자로에서 1개의 우라늄이 핵분열의 열을 이용하기 위해서는 너무 갑작스러운 열의 증가가 발생하면 관리가 곤란하므로 1개의 핵분열이 1개의 핵분열을 일으킬 수 있도록 조정한다. 이를 임계라고 하고 여기에 이용되는 것이 제어봉과 감속재이다.

  ① 제어봉 : 중성자를 흡수하여 핵분열 양을 조정[Hf(하프늄), Cd(카드늄)으로 중성자를 흡수]하는 봉을 말한다.

  ② 감속재 : 물, 중수, 흑연블록 속에서 중성자가 감속되어 핵분열속도를 조절(중성자 이동속도를 저하)하는 것을 말한다.

(4) 방사선 붕괴(radioactive decay) : 불안정한 상태의 원자핵이 방사선을 방출하고 새로운 원소의 원자핵으로 바뀐다.

1) 핵분열이 중지되어도 열이 계속 발생한다. 왜냐하면 방사능 물질은 시간이 지나면 방사능을 내보내고 다른 물질로 변하는데 이를 "방사선 붕괴"라고 한다. 방사선 붕괴가 일어날 때 열이 발생한다.

2) $U^{238} \rightarrow$ 중성자 흡수 $\rightarrow U^{239} \rightarrow \beta$전자를 내보냄 $\rightarrow$ 냅토늄$^{239} \rightarrow \beta$전자를 내보냄 $\rightarrow$ 플루토늄^{239}

3) $_0n^1 + U^{235} \rightarrow Ba^{142} + Kr^{91} + 3_0n^1$: 하나의 중성자가 3개의 중성자로 연쇄반응을 일으킨다.

4) 따라서 냉각되지 않으면 "방사선 붕괴"열로 연료봉의 온도가 올라간다.

5) 온도가 올라가면 연료필렛이 녹거나, 피복관이 녹아(노심용융) 다량의 방사선 물질이 용기 안에 유출된다.

6) 방사선 붕괴열은 1분 후 1/2, 1일 후 1/3, 1개월 후 1/10이 되며, 완전정지되는 데 10년이 소요된다.

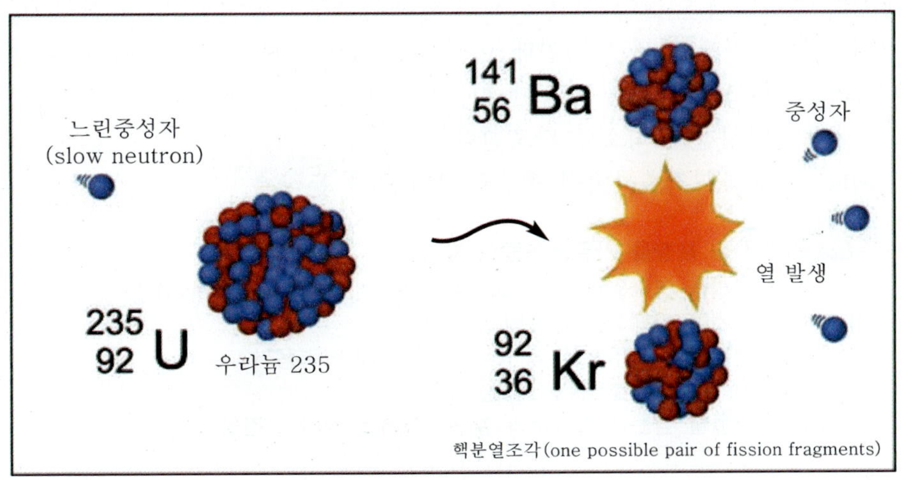

❚ **방사선 붕괴**[98] ❚

---

98) http://www.arpansa.gov.au/radiationprotection/basics/other.cfm에서 발췌

02 방사능의 반감기

(1) 정의 : 방사성 원자의 수가 시간이 지남에 따라 점차 감소하는 현상이다.

(2) 지수감쇠법칙

$$A = A_0 e^{-\lambda t}$$

여기서, A_0 : 초기($t=0$)의 방사능
A : 시간 t 경과 후 잔류 방사능
지수항의 λ : 붕괴상수로서 "하나의 방사성 원자가 단위시간(예 1초)당 붕괴할 확률"
을 의미하며 방사성 핵종의 종류에 따라 고유한 값을 갖는 물리상수
t : 경과시간

(3) 붕괴상수 λ와 경과시간 t는 서로 반대 단위를 가진다.

(4) 붕괴법칙을 반감기 T를 사용해 나타내면 다음과 같다.

$$A = A_0\left(\frac{1}{2}\right)^{\frac{t}{T}}$$

(5) 잔류 방사능은 매 반감기 경과에 따라 반감하므로 한 반감기 후에는 1/2, 두 반감기 후에는 1/4, 세 반감기 후에는 1/8로 된다.

03 피폭에 대한 방어

(1) 외부 피폭에 대한 방어 : 외부 피폭으로부터 문제가 되는 핵종은 베타선, 감마선, X선, 중성자 선원이며 이들에 대한 방사선 방어는 외부 피폭의 3대 원칙이 적용된다. 즉 거리, 시간, 차폐의 세 가지인데 이를 구체적으로 나열하면 다음과 같다.

1) 거리 : 선원으로 거리를 가능한 한 멀리한다.

2) 시간 : 작업시간을 최소로 단축한다.

3) 차폐 : 선원과 사람 사이에 적절한 차폐체를 둔다.

꼼꼼체크 방사성 물질을 가두는 5중의 방벽
- 우라늄 연료를 구워서 고체로 만든 연료펠릿(fuel pellet)
- 그것을 밀폐하는 금속의 피복관
- 연료를 넣어두는 두께 16cm의 강철제 압력용기
- 압력용기를 넣어두는 격납용기
- 그들을 덮는 두께 2m의 철근콘크리트 원자로 건물

(2) 내부 피폭에 대한 방어

  1) 내부로 방사능 물질이 들어오는 경로

    ① 호흡기를 통한 섭취(inhalation)

    ② 입이나 소화계를 통한 섭취(ingestion)

    ③ 피부 및 상처를 통한 섭취(injection)

  2) 내부 피폭에 대한 방어

    ① 방사성 물질을 격납하여 외부 누출을 방지한다.

    ② 사람이 접촉하는 환경의 방사성 물질의 농도를 낮게 유지한다(희석).

    ③ 방사성 물질의 섭취경로를 차단한다.

04 원자로의 종류

(1) 흑연감속 가스냉각로(예 체르노빌 원자력발전소)

(2) 경수로 : 경수로는 미국에서 개발된 것으로 농축우라늄을 연료로 하고 감속재와 냉각재로 모두 경수를 사용하며, 가압수형과 비등수형이 있다.

  1) 가압수형 경수로(PWR ; Pressurized Water Reactor)

    ① 압력용기 안에서 가열되는 물과 터빈으로 보내는 물(수증기)을 분리한다.

    ② 압력용기 안의 물을 100기압 이상으로 가압함으로써 물을 끓이지 않고 300℃ 이상으로 가열한다.

    ③ 그 열로 다른 배관을 지나는 물을 끓여 증기를 만든다. 이 증기로 터빈을 돌려 전기를 발생시킨다.

    ④ 구조는 복잡하지만 방사선 관리상 유리해서 최근에는 대부분이 가압수형을 사용한다.

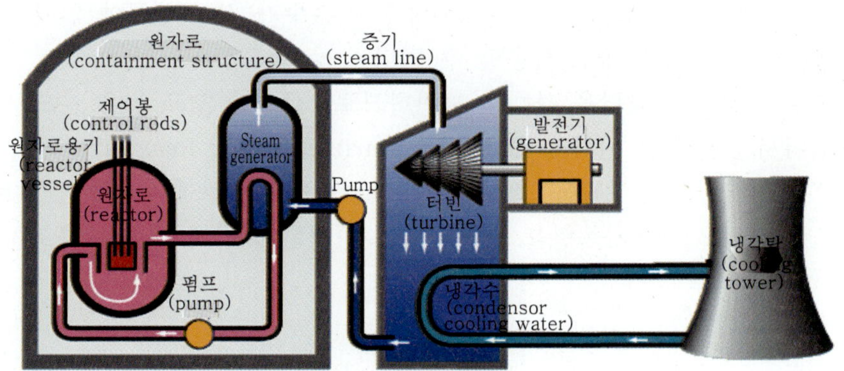

❙ 가압수형 경수로[99] ❙

---

99) http://www.nucleartourist.com/type/pwr.htm에서 발췌

2) 비등수형 경수로(BWR ; Boiling Water Reactor)
  ① 압력용기 안에서 물을 끓이고 이때 발생한 수증기를 터빈으로 보내 터빈을 돌려 전기를 발생시킨다.
  ② 따라서 방사능을 가진 수증기가 터빈으로 향하기 때문에 터빈이 설치된 건물에도 방사능 관리를 해야 한다. 따라서 경수로형에 비해서 비용은 절감되지만 위험성이 크다.
  ③ 원자로 구조가 비교적 단순하다.
    예 후쿠시마 원자로

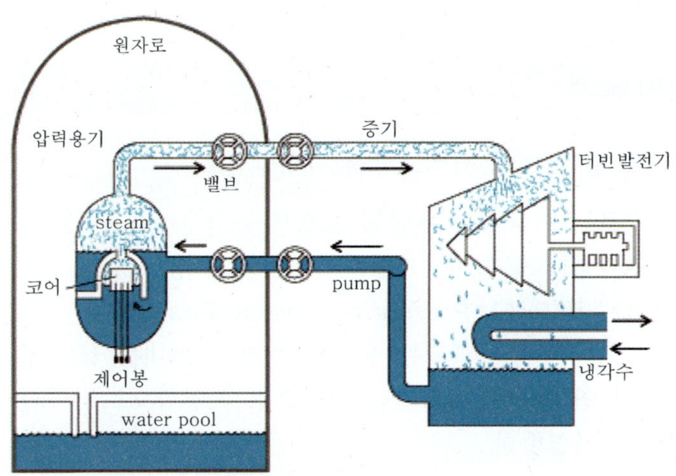

▌ 비등수형 경수로 ▐

(3) 중수로(HWR ; Heavy Water Reactors)
  1) 중수를 감속재로 사용하는 원자로를 중수로라고 한다.
  2) 일반적으로 감속재로는 경수를 사용하는데, 경수는 중성자를 흡수하기 때문에 U^{235}를 농축시켜야 한다. 그러나 중수는 중성자 흡수가 적기 때문에 일반 천연 우라늄을 농축하지 않고 그대로 사용할 수 있다.
  3) 중수 냉각재는 압력을 가해서 보관하므로, 끓이지 않고 높은 온도로 상승시킬 수 있어서 가압수형 원자로(PWR ; Pressurized Water Reactor)에 쓸 수 있다.
  4) 중수로는 천연 우라늄을 그대로 사용함으로써 경수로에 비해서 플루토늄을 다량으로 생산하므로 원자폭탄을 만들 수 있기 때문에 이에 대한 대응조치가 필요하다.

원자력 발전소 [100]

01 개 요

(1) 원자력 발전소의 사고빈도는 낮지만 발생 시 피해가 상당히 심각하므로 위험(risk)이 매우 크다.

(2) 핵심은 비상 시 코어를 어떻게 정지시키고 보호하느냐이다.

(3) 현재 NFPA의 경우 원자력 발전소는 성능위주의 설계이다.

02 용어 정리

(1) 원자로(原子爐, nuclear reactor) : 제어된 핵 연쇄반응을 시작하고 관리하기 위한 장치 (device for initiating and maintaining a controlled nuclear chain reactor)이다.

(2) 심층방호(defense-in-depth)

1) 원전의 설계목적을 달성하기 위한 기본 개념이다.

2) 구성요소

① 시작부터 화재를 예방한다(preventing fires from starting).

② 빠른 화재 감지 및 소화를 함으로써 화재로 인한 피해발생을 최소화한다.

③ 즉시 소멸되지 않은 화재의 경우에는 화재의 진행에도 불구하고 필수 설비의 안전기능을 정지시키지 못하도록 하여야 한다.

④ 구조물, 시스템 및 안전에 중요한 구성요소에 대한 화재방지의 적절한 수준을 제공할 수 있는 다중방호체계의 확립이 필요하다(구획화).

‖ 구획화의 심층방호의 예 ‖

구 분	위 치	재 료
제1차 방호벽	연료 펠릿	산화우라늄 금속
제2차 방호벽	연료 피복관	지르코늄합금 금속관
제3차 방호벽	원자로 용기	강철
제4차 방호벽	원자로 건물 내벽	6cm 내부 철판
제5차 방호벽	원자로 건물 외벽	120cm 철근콘크리트

---

100) 한국원자력안전기술원의 자료에서 발췌

3) **수직적(직렬적) 개념으로 화재예방** : 화재 감지 및 소화 → 구조 및 시스템(nuclear reactor)의 보호

4) **화재방호계획의 수립 및 이행에 관한 규정** : "심층방어개념"이란 화재의 발생을 미연에 방지하고, 발생한 화재를 신속하게 감지, 진압하여 피해를 경감시키며, 진압되지 않은 화재의 경우 이의 확대를 방지하여 발전소의 필수 기능에 미치는 영향을 최소로 하는 방안을 말한다.

(3) 다중방호(redundancy safety system)

1) 원전의 경우 사회적 위험(risk)이 상당히 크므로 일반적인 건축물의 방호에서 요구하지 않는 다중방호(redundancy protection) 개념을 도입하여 설계한다. 이 개념은 일반적인 예비용보다 더 강화된 기준으로 평상시에 쓸모가 없음에도 대비를 위하여 설치한다는 개념이다.

2) 장치나 회로의 중복성을 나타낸다. 즉 예비펌프가 있음에도 불구하고 추가 예비펌프를 더 설치한다든지 여유로운 설계를 통해 안전성을 강화시킨다는 개념이다.

3) **수평적(병렬적) 개념으로 화재예방** : 펌프 고장 → 1차 예비펌프 → 2차 예비펌프

03 원자력 화재방호

(1) 목적

1) 원전의 안전한 유지
2) 핵물질 누출 방지
3) 인명안전
4) 중단 없는 운전

(2) 목표

1) 원자로의 안전한 반응 종료
2) 원자로에서 잔류 열을 제거
3) 방사능의 방출을 최소화

(3) 원전안전의 개념[101]

1) 다중성(redundancy)
2) 독립성(independence)
3) 다양성(diversity)
4) 견고성(durability)
5) 운전 중 상시 점검기능(testability)
6) 고장 시 안전한 방향으로 작동(fail to safe)
7) 연동기능(interlock)

---

101) 원자력 발전소 안전관리 체계, 2003.11. 한국수자원원자력, 품질보증실 운영품질팀장 김원동

04 소방 측면에서 원전시설의 특징

(1) 높고, 넓고, 폐쇄적인 비연소성의 대규모 집단시설이다.

(2) 방사능 폐기물 저장 및 기타 지원시설 등 다양한 기능의 시설 복합체로 다양한 화재 형태가 발생할 우려가 있다.

   1) 터빈이 설치된 건물에서 많이 발생한다.

     ① 발전기에 사용되는 수소 누출로 폭발로 확대된다.

     ② 소화수와 냉각수가 넘쳐서 피해가 확대된다.

   2) 케이블 화재 : 물에 의해 신속히 소화할 수 없고, 연소에 의해 다수의 구역으로 확산된다.

(3) 기존 소방시설 및 대응장비로는 한계에 노출된다.

   1) 소방의 일반개념은 일상적 활동 거주공간에 대한 화재예방, 방호시설(주로 수계소화설비, 낮은 천장구조 적합)인데 반해 원자력 발전소의 공간적 특성은 크게 상이하여 일반소방설비를 그대로 적용하기가 곤란하다.

   2) 작은 사고에도 국민적 관심이 고조된다(방사능 유출로 피해규모가 크다).

(4) 화재방호 측면에서 원전의 특징 : 화재로 인한 위해로부터 공공의 안전, 환경 및 발전소 종사자를 보호하고 원자로의 안전운전에 미치는 잠재적 위해요소로부터 보호한다(심층방어의 개념).

   1) 화재발생 가능성을 차단한다.

   2) 연소를 억제한다.

   3) 최소한의 소화약제를 사용한다.

   4) 화재로 인한 손실보호보다 방사능 누출차단이 우선이다.

(5) 일반화재와 원자력 화재의 비교

구 분	일반화재	원자력화재
사고발생률	원자력에 비해 크다.	일반화재에 비해서는 극히 적다.
피해심각도	낮다.	높다.
피해대상	시설물 종사자 등 소수의 관련자	종사자 및 다수의 일반대중
환경피해	국지적	광역적
피해효과	단기간에 걸쳐 피해가 발생한다.	장기간에 걸쳐 피해가 발생한다.

(6) 원자력 재난의 특수성

   1) 광범위한 피해

     ① 방사성 물질이 환경에 다량 방출될 경우, 방사선 피폭 크기에 따라 급성 방사성 증후군 등 인체에 심각한 피해를 유발한다.

     ② 비산된 낙진, 방사성 구름에 의해 광범위한 영향을 미친다.

③ 인위적 조작 제거가 곤란하다. 또한 소량의 방사능 물질에서 강력한 방사선을 방출한다.

④ 방사성 물질, 방사선의 존재를 인간이 느낄 수 없고 피폭 정도를 판단하기가 곤란하다.

2) 신속하고 단호한 조치요구

① 즉각적인 방사선 비상상황을 전파한다.

② 긴급한 주민보호 및 음식물 섭취 제한조치가 필요하다.

③ 방사능 재난 처리절차에 의한 초기 비상대응이 요구된다.

④ 비상대응 시설 및 장비 등의 유지 관리가 필요하다.

⑤ 주기적인 방재 교육·훈련이 필요하다.

3) 대응의 전문성 필요

① 원자력에 관한 전문지식을 소유한 기관사고처리 담당자를 배치하여야 한다.

② 일반적인 재난과 달리 방사선 등에 관한 전문지식이 필요하다.

③ 원자력시설 사고는 원자력 사업자가 예방, 대비, 대응 및 복구 임무를 수행하여야 한다.

④ 방사선 모니터링 등 전문가의 기술적 평가, 핵의학 의료진에 의한 전문적인 대응체제 구축이 필요하다.

05 원전시설 화재방호의 문제점과 개선방안

(1) 국내 소방법 및 원자력법 적용의 문제점

1) 원자력 안전 측면

① 스프링클러설비 등 수계설비 동작 시 분무된 소화용수에 의한 안전계통의 계전설비 손상 및 안전기능 상실 가능성이 증가한다.

② 원자로 안전정지 기기에 대한 침수방호(flooding protection) 문제가 발생한다.

③ 방사능물질 외부 누출 가능성 증가 및 방사성 오염물질 처리에 어려움이 있다.

④ 무선통신(고주파)에 의한 안전설비 오동작 가능성이 존재한다.

⑤ 불필요한 자동소화설비와 같은 Active 설비의 오동작 가능성 및 발전소 운전 불안전성이 증가한다.

2) 원자력 설계 측면

① 2017.02.03.「건축법 시행령」[별표 1]에서 원전은 발전시설로 분류되고, 화력, 수력 및 풍력 발전소 등이 포함되었으나, 원전의 특수성이 반영된 특화된 화재안전 규제요건은 없다.

② 원자력법과 소방법의 목적, 설계 접근방법의 차이로 인해 설계기준의 통일성 및 일관성 확보가 곤란하다.

③ 원전의 안전설계에 불필요한 소화설비의 설계 및 설치로 과다한 추가비용이 발생한다.

④ 원전 화재방호계통의 국제적 표준설계기준과 불일치한다(해외 원전 선진국의 원전기술과 경험이 반영된 최적화 기준과 상이하다).

3) 소방기관과 원전 관련 기관과의 상호 협조체제 미흡

① 원자력시설 대응에 대한 법적 규제 등에 대한 제한(출입통제)

② 소방관서의 역할 및 진압대응 등 원전사업소와 협조체제 미흡

③ 화재진압대원이 현장에 출입 시 원자력시설 등에 대한 정보 부족

④ 주관기관의 사전협의를 통한 단계별 대응방안 구축 미흡

⑤ 국가보안시설로서 보안상 출입통제로 사전정보 파악 불가

⑥ 보안상 문제로 출동분대 진입통제 및 내부 시설 등에 대한 확인 장애

(2) 화재방호 설계상 문제점 노출 사례

1) 중저준위 방사성 폐기물 저장시설(스프링클러 혹은 물분무 등 소화설비 설치 대상) : 가연성 물질이 없고, 외부인 출입통제구역인 중저준위 방사성 폐기물 저장시설에 스프링클러설비나 물분무 등 소화설비 설치기준은 해외 원전국가에도 없는 규정으로, 불필요 소화설비의 오작동 위험과 방출된 물, 가스의 방사성 물질 처리에도 어려움이 있다.

2) 최초 저장과정에서 발생할 수 있는 화재위험성 경감을 위해 소화기 또는 옥내소화전 설치가 고려되어야 한다.

3) 문제해결 의지 및 실행력 부족 : 문제를 지속적으로 방치함으로써 갈등, 혼선을 증폭시킨다.

(3) 원전시설 화재방호 개선방향

1) 화재방호시설을 원전관계법으로 일원화

① 원전의 특수성을 반영하기에는 소방법이 미흡하다.

② 소방관계법령에 규정 : 소방현장 경험, 현장활동 대책을 반영하는 소화활동 및 방화관리에 국한된다.

2) 시설 설치 : 원전시설은 2가지로 구분된다.

① 원전업무 지원시설 : 일반 소방법령의 적용이 가능하다.

② 원자로 관련 시설 : 원자로, 발전시설 및 연계시설은 일반건물과 달리 특수성이 있으므로 소방법상 성능위주설계 대상으로 지정하여야 한다.

3) 안전 관리

① 원전 특성에 따른 원전 소방시설 화재안전관리기준 고시 제정

② 자체 소방안전관리의 합리적 개선

㉠ 원전시설을 특급소방안전관리 대상으로 격상(현재 1급 대상)하여야 한다.

㉡ 소방계획서 작성 시 관할 소방본부장의 사전검토 승인을 받도록 하여야 한다.

ⓒ 자체 소방대의 합리적 운영체계 모색(인력·장비 기준 명시) : 원전시설마다 화학소방차를 자체 운영하고 있으나 인력기준에 대한 규정이 없다. 최소한의 제한이나 지침을 마련할 필요가 있다.

③ 원전시설의 건축허가 동의 시 중앙·지방 합동 소방기술심의회의 개최를 검토할 필요가 있다.

4) 현장 대응

① 시·도별, 소방본부별 「특수화재진압 전문소방대」 신설 운영

② 원자력안전위원회, 원전사업자, 전담소방대(중앙 119구조단 등), 군·경 유관기관 전국단위 합동훈련(방법, 규모, 횟수 등 개선)

③ 각 원전별, 원전 내 단위시설별 대응매뉴얼 구축

④ 사고상황에 따른 전국 소방대 단계별 동원체계 및 대응방법 구축

ⓐ 전문교육 강화 및 검측·대응 장비 보강

ⓑ 원전 보유 전문장비 등 공동활용방안 강구

ⓒ 유관기관 유기적 협력체계 구축 강화 협의회 개최(수시)

06 원전시설 화재방호의 절차

(1) 화재방호계획 : 원전을 설계 및 건설하거나 운영 또는 폐기하고자 하는 모든 원전사업자는 「원자로기술규칙」 제14조(화재방호에 관한 설계기준 등) 제1항에 따라 원전의 화재방호 활동을 수행하는 데 필요한 기기나 절차, 종사원 등을 포괄하는 화재방호계획을 수립하여야 한다. 화재방호계획에는 계통이나 기기의 설계, 화재예방, 화재감지, 경보, 제한조치, 화재진압, 행정관리, 소방대조직, 검사 및 보수, 훈련, 품질보증 등의 내용이 포함되어야 한다.

1) 화재방호계획은 다음과 같은 심층방어 개념을 통하여 화재발생 가능성 및 화재의 영향을 최소화하여야 한다.

① 화재를 예방

② 화재를 신속 감지하여 제어 및 진화

③ 안전정지 기능을 방해하지 않도록 안전에 중요한 구조물, 계통 및 기기들을 보호

2) 화재방호계획은 다음과 같은 사항이 기술되어야 한다.

① 화재예방 및 화재진압 활동을 위한 행정관리 사항 및 인적 요건

② 자동 및 수동 화재감지 및 진압계통

③ 안전에 중요한 구조물, 계통 및 기기들은 화재발생 시 발전소를 안전하게 정지할 수 있도록 화재로부터의 손상이 제한되도록 방호기기나 방호대책을 수립하여야 한다. 그래야 방사능 유출과 같은 최악의 사태를 방지할 수 있기 때문이다.

(2) 화재방호계획 성능목표

1) 안전정지에 중요한 구조물, 계통 및 기기들에 대한 화재방호 방안이 제공되어야 한다.

① 고온정지를 위해 적어도 하나의 계통을 구성하는 구조물, 계통 및 기기들은 화재에 의한 피해를 입지 않아야 한다.

② 상온정지를 달성하고 유지하기 위해 필요한 하나의 계통을 구성하는 구조물, 계통 및 기기들은 발전소 자체의 능력으로 규정된 시간(72시간) 내에 보수 또는 운전이 가능한 상태로 복구할 수 있어야 한다.

③ 하나의 방화지역(주제어실과 원자로격납건물은 제외)에서 모든 장비가 화재에 의해 운전 불가능한 것으로 간주하고, 보수나 운전원 조치를 위하여 그 방화지역으로 재진입이 불가능한 것으로 가정한 상태에서도 안전정지를 달성할 수 있음을 입증하여야 한다.

2) 설계기준 사고를 대비하는 계통에 대한 화재손상한도보다 화재 이후 안전정지 조건을 달성하고 유지하는 계통에 대한 화재손상한도를 보수적으로 설정하여야 한다.

3) 화재방호계획은 발전소가 화재사고 시 외부 환경으로의 방사성 물질 누출 가능성을 최소화할 수 있는 능력을 가지고 있음을 입증하여야 한다.

(3) 국내 규정의 화재위험도 분석

1) 화재위험도 분석의 목적

① 원래 존재하거나 또는 일시적인 화재위험의 파악

② 발전소 전 지역에서 발생하는 원자로 안전정지능력이나 환경으로의 방사능물질 방출을 최소화할 수 있는 능력에 대한 화재영향평가

③ 안전에 중요한 구조물, 계통 및 기기가 설치된 방화지역에 필요한 화재예방, 감지, 진압, 확산방지 및 대체 정지성능을 위한 방안을 평가

2) 화재위험도 분석은 원자력안전위원회 고시 제2015-11호 화재위험도 분석에 관한 기술기준에 따라 수행하여야 하며, 세부사항은 관련 규제지침을 참조한다.

> **꼼꼼체크 화재위험도 분석에 관한 기술기준**
>
> - 화재위험성 평가(제15조): 화재위험성 평가에서는 화재하중 및 화재 특성에 대한 분석을 위하여 실제 경험과 공학적 판단에 의한 평가, 실험식이나 도표에 의한 수계산 및 화재모델링 등을 사용할 경우 다음의 사항을 제시하여야 한다.
>   - 분석에 사용된 가정이나 제한값의 보수성을 입증할 수 있는 자료
>   - 입력자료에 대한 민감도와 분석결과의 신뢰도
> - 소방시설 등(제16조) : 화재위험도 분석보고서에는 소방시설 등에 대하여 다음의 사항을 포함하여야 한다.
>   - 선정의 적절성에 대한 평가
>   - 용량 및 성능의 적합성에 대한 평가
>   - 소방시설 등에 적용된 설계기준
>   - 소방시설 등의 종류 및 위치

- 설계기준화재의 범주(제17조) : 화재위험도 분석 시 고려해야 하는 설계기준화재의 범주는 다음과 같다.
  - 동일 부지 내 2개의 원자로시설 사이에 공유된 설비의 화재와 하나 이상의 원자로시설에 영향을 줄 수 있는 항공기 충돌과 같은 인위적인 부지 관련 사고를 고려하여야 한다.
  - 안전에 중요한 구조물·계통 및 기기의 비화재 관련 고장, 발전소 사고 또는 심각한 자연재해 등과 동시에 발생하는 최악의 화재와 각 원자로시설에서 서로 관련되지 않은 화재의 동시 발생은 고려하지 않는다.
  - 방화지역별로 설계기준화재를 설정하고, 설계기준화재가 안전에 중요한 구조물·계통 및 기기에 미치는 잠재적 영향을 평가하여야 한다.
  - 방화지역별 설계기준화재의 특성 및 시나리오가 파악되어야 하며, 이에 대한 방호대책을 기술하여야 한다.

(4) 화재위험도 분석(FHS ; Fire Hazard Analysis)의 개요

1) 화재발생 시 원자로의 안전정지능력을 확보하고 환경으로의 방사성 물질 누출가능성이 최소화됨을 입증하기 위하여 각 방화지역별 가상 화재에 대한 위험성을 검토하고 화재예방 및 화재방호조치가 적합한지 평가하기 위한 정량적 또는 정성적인 위험도분석을 말한다.

- 정량적 : 숫자 또는 데이터를 가지고 있어 상호간의 크기를 비교할 수 있는 상태를 말한다. 즉, A는 B의 몇 배가 된다는 분석이 가능하다.
- 정성적 : 숫자 또는 데이터를 갖지 않고 물리법칙이 적용되는 경향성이나 양상을 통해 상대적인 순위의 비교는 가능하지만 상호간 몇 배가 크다든지 작다든지의 비교는 곤란한 상태를 말한다.

2) 화재구역 정의 : 화재구역, 화재소구역으로 구분

3) 구역별 내화등급평가
   ① 가연성 물질 분석(종류, 양) : 케이블, 윤활유, 임시가연성 물질(목재, 고무, 필터 등)
   ② 화재하중(열하중, 바닥면적), 내화등급 계산

4) 화재방호설비 평가 : 화재감지, 경보, 진압, 대피 설비의 적합성 평가

5) 화재구역평가
   ① 화재로 인한 발전소설비 영향 평가
   ② 개선방안 도출

(5) 화재안전정지 분석(SSA ; Safe Shutdown Analysis)

1) 안전정지 기기 선정
   ① 안전정지 기능 정의(고온정지, 저온정지) 및 계통 선별
   ② 안전정지 기기 목록 선정(약 400~500개)

2) 안정정지 기기, 케이블 경로 파악
   ① 동력, 제어, 지시, 계측의 연동, 연계회로
   ② 도면확인, 현장조사 필요

3) 격리요건평가 : 다중계열기기, 케이블의 격리요건(격납건물 외부 및 내부)

4) 간섭영향평가 : 공통전원 분석, 공통배선함 분석, 오동작 분석

5) 안전정지영향 평가

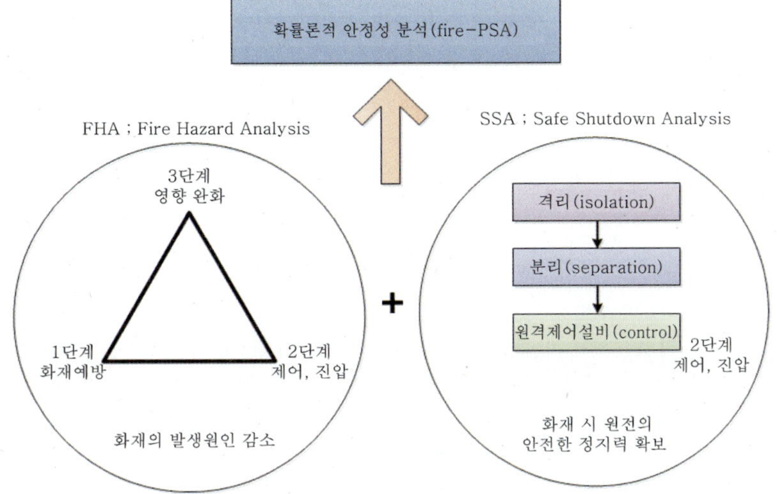

▌ 원전시설의 화재위험성 평가 ▌

(6) 확률론적 안전성 평가(PSA ; Probabilistic Safety Assessment)

1) **정의** : 기기의 신뢰도, 사고추이 분석, 계통 모델링 및 열수력학적 분석기술을 활용하여 원자력 발전소에서 발생 가능한 모든 중대사고 시나리오에 대해 확률론적인 방법으로 노심손상빈도 및 격납건물 손상확률을 정량화하고 또한 방사능 누출로 인한 주민건강, 재산피해 및 주변 환경에 미치는 결과를 종합적으로 분석하고 원자력 발전소의 안전성 향상을 위한 실질적 방안을 도출하는 평가방법이다.

2) **추진단계** : 국내에서는 2단계를 인허가 요건으로 규정한다.

① 1단계 : PSA에서는 발전소의 계통을 분석하여 중대사고에 대한 사고경위를 추적하고 최종적으로 노심(원자로)손상 빈도를 정량적으로 산출하는 단계

② 2단계 : PSA에서는 원자로 격납건물 파손확률과 방사성 물질 방출 및 이동 특성을 정량화함으로써 격납건물 성능을 분석하는 단계

③ 3단계 : 방사능 누출로 인한 주민건강 영향, 재산손실 정도 및 주변 환경영향을 평가하는 등의 외부 피해분석을 수행하는 단계

3) **화재로 인한 위험정도의 정량적 평가의 결과**

① 화재영향 최소화

② 화재피해범위 제한

③ 공공의 피해 최소화

| 핵분열생성물(FP)의 방출이행 거동에 대한 안전평가 |

등급 \ 원인사건	내적 원인	외적 원인			
		지 진	화 재	침 수	비래물 등
1등급	고장평가	위험도 평가			
		응답, 손상 평가			
2등급		사고발생빈도 평가			
		사고진전 평가			
		사고사 선원항 평가			
3등급		환경 중 FP이행 해석			
		대중의 리스크 평가			

4) 원자력 발전소의 확률론적 안전평가의 순서

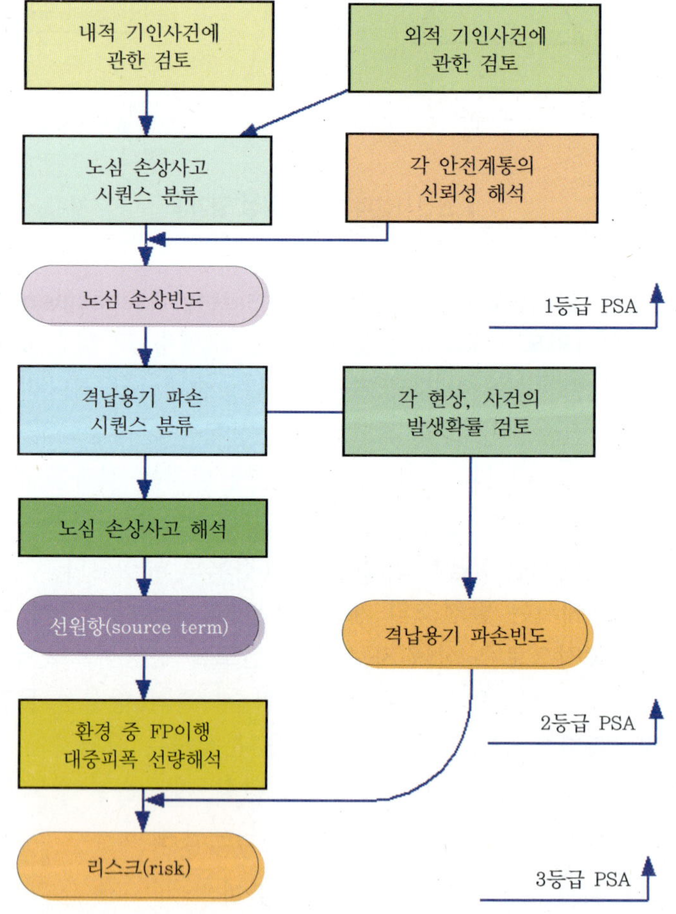

- 비래물 : "날아서 온 물건"이라는 뜻으로 보통 현장에서는 높은 곳에 있는 자재 등이 비래 후 낙하해서 발생한 재해를 말한다.
- 선원항 평가(source-term) : 방사선원에 대한 평가이다.

지진방재

01 개 요

(1) 지진이란 지표면 아래의 암석이 깨지면서 발생하는 지면의 흔들림 또는 떨림을 말한다. 지진의 진동에 의한 피해의 직접적 원리는 질량에 의해서 결정되는 관성운동에 의한 공진의 발생으로 충격에너지에 의하여 충격, 낙하, 파손 등이 발생하여 물리적, 전기적 재해를 유발시킨다.

(2) 광의적 대책으로 내진설계, 면진, 제진이라는 3종류가 있으며 면진, 제진은 예방적인 대책으로 관성운동에 의한 공진현상을 최대한 감소시키는 대책이다.

(3) 내진설계의 중요성은 지진에 의한 건축물의 충격으로 소방설비가 파손되어 그 기능을 잃고, 또한 예상치 못한 물리적, 전기적 원인에 의한 화재가 발생한 경우 소방설비가 기능을 하지 못하여 2차적인 피해가 발생하여 더욱더 큰 재해로 발전할 수 있기 때문이다.

02 지진의 특징과 국내 내진의 취약부

(1) 지진의 특징
1) 동시 다발적으로 발생한다.
2) 대형 화재로 발전할 우려가 크다.
3) 화재로 인해 기반시설의 파괴 우려가 크다.
4) 접근, 소화활동이 어렵다.
5) 연소되기 쉬운 불완전한 상태가 되기 쉽다.

(2) 국내 내진 취약부
1) 국내 건물은 중량이 무거운 콘크리트를 과다 사용하여 횡변위에 대한 안정성이 떨어진다.
2) 다세대 등 소규모 주택은 건물이 비대칭적으로 건축되어 한쪽에 과도하게 하중이 부과됨으로써 작은 횡변위에도 붕괴위험이 있다.
3) 지진 후 2차 피해발생
   ① 화재
   ② 가스폭발
   ③ 교통수단 마비

03 지진파의 종류

(1) 지진파(지진으로 인해 생기는 파동)는 횡파로 전달되고 주요매개체는 지반이다.

1) 파동의 속력은 기체보다는 액체에서, 액체보다 고체에서 더 빠르다. 따라서 지진파의 속력은 통과하는 매질의 특성에 의존한다. 즉, 암석의 특성에 따라 달라진다. 암석의 밀도와 탄성이 크면 증가하고, 반대로 밀도와 탄성이 작으면 감소하게 된다.

2) 지진파는 실체파와 표면파의 2가지로 구분된다.

(2) **실체파(body waves)** : 지구 내부에서 퍼져 나가는 지진파

1) 1차 파동 : P파(종파, P waves)

① P파는 암석을 통과하면서 암석을 압축시키거나 팽창시킨다. 또한 P파는 종의 진동처럼, 진원지로부터 모든 방향으로 퍼져나간다.

② 따라서 P파는 지진파 중 가장 빠르다.

③ 매질을 압축하거나 팽창하기 때문에 고체, 액체, 기체의 모든 매질을 통과하여 진행하며, 진폭이 짧다.

④ Primary 또는 Push의 앞글자를 따서 P파라고 한다.

2) 2차 파동 : S파(횡파, S waves)

① S파는 매질의 입자를 상하좌우로 진동시키며, 진동방향은 횡파로 진행하는 방향에 수직한다.

② S파는 유체를 통과하지 못하고 고체만 통과한다. 따라서 지구의 외핵 또는 내핵을 통과할 수 없다.

③ S파는 통과 시 매질의 부피변화는 일으키지 않으나 전단변형을 수반하게 되며, 일반적으로 P파의 진폭보다 크게 나타나게 된다. 따라서 상하진동에 의해 큰 피해를 준다.

④ Secondary 또는 Shake의 앞글자를 따서 S파라고 한다.

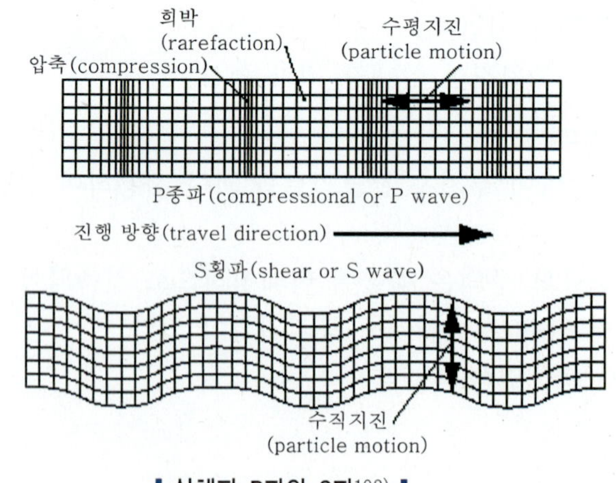

❙ 실체파 P파와 S파[102] ❙

102) http://crack.seismo.unr.edu/ftp/pub/louie/class/100/seismic-waves.html

(3) **표면파(surface waves)** : 주로 얕은 지진이 발생하였을 때 발생하는 것으로 지표면을 따라 진행하는 지진파로 지진파 중에는 가장 늦다. 하지만 지표면을 따라 진행하기 때문에 가장 큰 피해를 발생시키는 지진파이다.

　1) 레일리파(rayleigh wave) : 횡파와 종파의 성질을 동시에 가진 파로 P파와 S파의 수직운동 성분인 SV파가 조합된 성질을 가진다. 지표에서는 수평축이 긴, 후 방향 타원운동형 진동 형태를 보인다.

　2) 러브파(love wave) : S파의 수평운동 성분인 SH파로서 레일리파보다 빠르게 전파되고, 매질의 운동이 수평성분만을 가지므로 수직성분 지진계에는 거의 기록되지 않는 특징이 있다. 좌우로 움직이면서 진행한다.

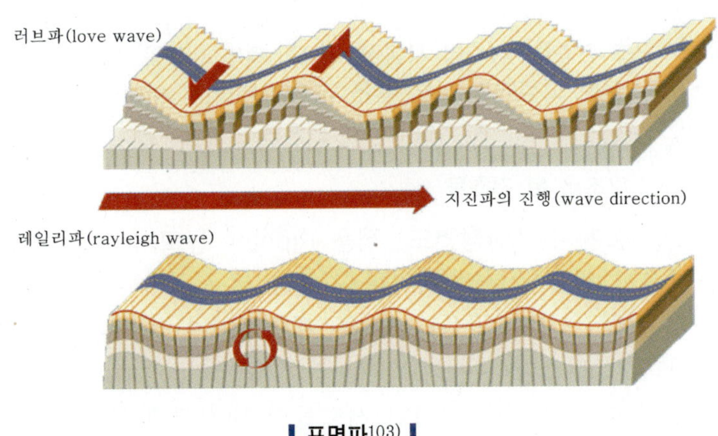

❙ 표면파[103] ❙

04 국내 내진설계 대상 및 위험도 결정

(1) 내진설계 대상

　1) 「건축법 시행령」 제32조 및 「건축물의 구조기준 등에 관한 규칙」 제56조(적용범위), 제58조(구조안전확인서 제출)

　　① 층수가 2층(주요구조부인 기둥과 보를 설치하는 건축물로서 그 기둥과 보가 목재인 목구조 건축물의 경우에는 3층) 이상인 건축물

　　② 연면적이 500m^2 이상인 건축물. 다만, 창고, 축사, 작물재배사 및 표준설계도서에 따라 건축하는 건축물은 제외한다.

　　③ 높이가 13m 이상인 건축물

　　④ 처마높이가 9m 이상인 건축물

　　⑤ 기둥과 기둥 사이의 거리 : 10m 이상인 건축물

---

103) http://whs.moodledo.co.uk/mod/resource/view.php?inpopup=true&id=13694

⑥ 국토교통부령으로 정하는 지진구역 안의 건축물

 "국토교통부령이 정하는 지진구역 안의 건축물"이란 [별표 10]에 따른 지진구역 Ⅰ의 지역에 건축하는 건축물로서 [별표 11]에 따른 중요도 특 또는 중요도 1에 해당하는 건축물을 말한다.

⑦ 국가적 문화유산으로 보존할 가치가 있는 건축물로서 국토교통부령으로 정하는 것

 "국가적 문화유산으로 보존할 가치가 있는 건축물로서 국토교통부령이 정하는 것"이란 국가적 문화유산으로 보존할 가치가 있는 박물관·기념관 그 밖에 이와 유사한 것으로서 연면적의 합계가 5,000m^2 이상인 건축물을 말한다.

⑧ 「건축법 시행령」 제2조 제18호 가목 및 다목의 건축물

 특수구조 건축물(「건축법 시행령」 제2조 제18호 가목, 다목)
- 한쪽 끝은 고정되고 다른 끝은 지지(支持)되지 아니한 구조로 된 보·차양 등이 외벽의 중심선으로부터 3m 이상 돌출된 건축물
- 특수한 설계·시공·공법 등이 필요한 건축물로서 국토교통부장관이 정하여 고시하는 구조로 된 건축물

2) 시설물별 내진설계기준(제정연도, 적용 Richter 규모) : 시설물의 용도 및 규모별 중요도와 중요도 계수에 따라 지진하중 산정 시 시설물별로 적용하는 지진 재현주기가 달라지는데, 중요도가 올라갈수록 재현주기가 늘어난다. 그리고 재현주기가 늘어남에 따라 그에 해당하는 최대 지진값이 커지며, 결국 각 시설물별로 적용하는 최대 지진값에 따라 아래에 명기된 시설물별 내진설계기준의 리히터 규모값이 산출되는 것이다.

① 건축물 : 1988년 − 5.5~6.5, 2005년 이후 − 6.0~7.0
② 터널 : 1985년 − 5.7~6.3
③ 지중구조물 : 2000년 − 5.5~6.0
④ 지하철 : 2005년 − 5.7~6.3

(2) 내진등급 : 지역계수 및 중요도계수에 따라서 결정한다.

1) **지역계수**

지진지역	행정구역	지역계수(A)
1	지진지역 2를 제외한 전 지역	0.11
2	강원도 북부, 전라남도 남서부, 제주도	0.07

 • 강원도 북부(군, 시) : 홍천, 철원, 화천, 횡성, 평창, 양구, 인제, 고성, 양양, 춘천시, 속초시
• 전라남도 남서부(군, 시) : 무안, 신안, 완도, 영광, 진도, 해남, 영암, 강진, 고흥, 함평, 목포시

2) 내진등급과 중요도계수

내진등급		용도 및 규모	중요도계수(I_E)	
			도시계획 구역	그 외 지역
특	지진 후 피해복구에 필요한 중요시설을 갖추고 있거나 유해물질을 다량 저장하고 있는 구조물	연면적이 1,000m^2 이상인 위험물 저장 및 처리 시설, 병원, 방송국, 전신전화국, 소방서, 발전소, 국가 또는 지방자치단체의 청사, 외국공관, 아동 관련 시설, 노인복지시설, 사회복지시설 및 근로복지시설, 15층 이상 아파트 및 오피스텔	1.5	1.2
Ⅰ	지진으로 인한 피해를 입을 경우 대중에게 큰 위험을 초래할 수 있는 구조물	• 연면적이 5,000m^2 이상인 공연장, 집회장, 관람장, 전시장, 운동시설, 판매 및 영업시설 • 5층 이상인 숙박시설, 오피스텔, 기숙사 및 아파트 • 3층 이상의 학교	1.2	1.0
Ⅱ	내진등급 '특'이나 'Ⅰ' 어디에도 해당되지 않는 구조물	내진등급 '특' 및 'Ⅰ'에 해당하지 않는 건축물	1.0	0.8

(3) 지진하중[104]

1) 지진하중이 작용하는 원리는 정지해 있던 물체가 갑자기 움직이게 되면 작용하는 관성의 법칙을 연상하면 쉽게 이해할 수 있다. 버스나 기차 위에 사람이 서 있으면 버스나 기차가 출발할 때 반대방향으로 관성력이 작용하게 되어 뒤로 넘어지게 된다. 건물에 작용하는 지진하중도 마찬가지의 원리로 작용한다고 볼 수 있다. 버스나 기차를 지반으로, 사람을 건물로 가정하면 갑자기 지진이 발생할 때 관성력에 의해 건물을 미는 힘이 작용하게 되고 이것이 지진하중을 발생시키게 되는 것이다.

2) 지진하중은 무게와 건물에 작용하는 가속도의 곱으로 나타낼 수 있고, 무거운 건물일수록, 건물에 작용하는 가속도가 클수록 큰 지진하중이 작용하게 된다. 건물이 진동하면서 지반보다 가속도가 더 증폭될 수 있으며, 건물에 따라서는 지반에 비해 두 배 이상으로 증폭될 수도 있다.

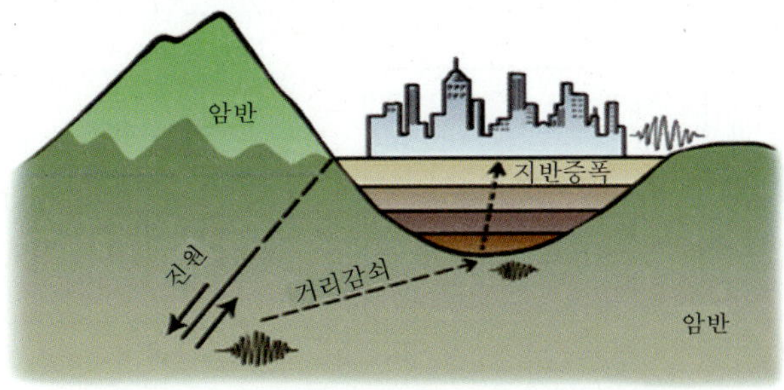

❚ 지진의 거리감쇠와 지반증폭 효과 ❚

---

104) 서울특별시 홈페이지의 건축물 내진성능 자가점검에서 발췌

3) 건물의 무게는 재료와 치수 등에 따라 계산하여 정하게 된다. 반면에 가속도는 지반의 가속도로부터 지진해석 및 내진설계 분야의 전문이론을 적용하여 결정하게 된다. 지진하중에 있어서 가속도의 크기는 일반적으로 중력가속도(g)를 이용하여 나타낸다. 중력가속도는 물체가 자유낙하할 때 작용하는 가속도로서 만약에 번지점프를 한다고 가정하면 이때 느끼는 가속도가 $1g$이다. 예를 들어 지진에 의해 $1g$의 지진하중이 작용한다면 건물을 90°로 누여놓고 자유낙하시킬 때 작용하는 힘이라고 할 수 있다.

4) 우리나라의 현행 내진설계기준(KB C 2009)에서 가정하는 설계지진의 지반가속도는 $0.22g$의 $\dfrac{2}{3}$ 수준인 $0.15g$이다. 그러나 이것은 지반이 암반인 경우이고 암반 위에 연약한 흙이 덮여 있다면 흙을 통해서 가속도가 2~3배 증폭될 수가 있다. 이는 같은 건물이라도 건물이 서있는 지반이 연약하면 더 위험하다는 것을 의미한다. 또한 건물이 진동하면서 가속도가 더욱 증폭되어 결과적으로 건물에 발생하는 진동가속도는 암반에서의 지반가속도에 비해 약 5배 수준까지 증폭될 수도 있다고 보고 있다.

5) 지진하중을 정의하는 데 있어서는 재현주기라는 표현을 사용한다. 예를 들어서 500년 재현주기라고 하면 500년에 한 번 꼴로 발생하는 지진이며, 2,400년 재현주기라고 하면 2,400년에 한 번 정도 발생하는 드문 지진이라는 의미이다. 재현주기가 클수록, 다시 말해서 드물게 발생하는 지진일수록 지진의 세기는 강하다고 할 수 있다.

6) 현행 우리나라 내진설계기준에서는 한반도에서 2,400년에 한 번 정도 발생할 것으로 예상되는 지진을 기준으로 지진하중을 산출하고 있다. 이와 같은 지진의 세기는 MM진도 VII~VIII 수준으로 볼 수 있으며, 해외의 통계를 참조할 때 규모로는 대략 6.0 정도가 된다고 할 수 있다.

(4) 가속도 시간이력[105]

1) 가속도 시간이력이란 실제 지진파와 유사한 형태로서, 기준의 요건을 만족하도록 인공적으로 작성한 지진파를 말하며, 아래의 그림과 같다.

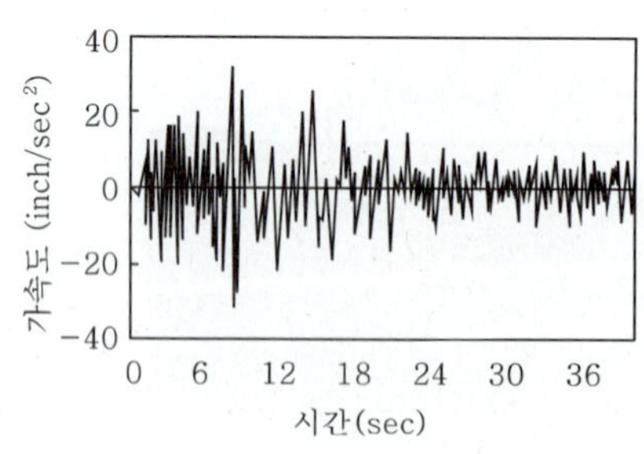
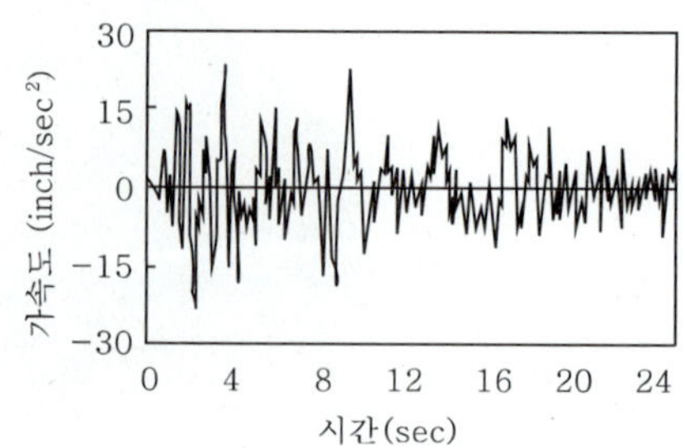

┃ 인공지진의 시간이력 형태 ┃

---

105) 「소방시설 내진설계기준 마련」에 관한 연구. 2007.12. 호서대학교에서 발췌

2) 가속도 시간이력은 두 수평방향과 수직방향의 3개 시간이력을 한 조로 작성하게 되며, 시간이력 해석 시 입력자료로 사용한다. 가속도 시간이력을 작성하는 방법은 실제 기록된 지진파를 수정하여 작성하거나, 임의의 진동수를 갖는 정현파를 합성하여 작성하게 된다.

(5) 내진성능[106] : 건축물이 지진에 저항할 수 있는 능력을 총체적으로 표현한 것이 내진성능이다. 건축물의 내진성능은 평가를 위한 대상 지진의 세기와 그에 대한 건물의 피해수준에 의해 정의할 수 있다. 일반적으로 통용되는 건축물의 내진성능은 다음과 같이 4단계로 구분할 수 있다.

1) **기능수행** : 대상 지진발생 후에도 이전과 동일하게 정상적으로 건물을 사용할 수 있다.

2) **즉시거주** : 대상 지진발생 후에도 건물에 계속 거주할 수 있으며, 정상적으로 사용하기 위해 경미한 보수가 필요할 수 있다.

3) **인명안전** : 대상 지진에 의해 건물 및 설비에 상당한 손상이 발생하여 재사용을 위해서는 상당한 복구비용이 소요된다.

4) **붕괴방지** : 대상 지진에 의해 건물이 붕괴되지는 않으나 여진발생 시 붕괴 가능성이 크고 보수에 의한 건물의 재사용은 거의 불가능하다.

┃ 건축물의 내진성능과 지진 시 피해 ┃

성능수준	구조 및 비구조재	설비 및 장비	여진에 대한 위험도	건물 재사용	거주자 이주
기능수행 (OPerational Level, OP)	손상 없음	정상가동	–	즉시 가능	불필요
즉시거주 (Immediate Occupancy Level, IO)	경미한 손상	일부 기능 정지	–	경미한 보수 필요	불필요
인명안전 (Life Safety Level, LS)	중요한 손상	손상발생	인명피해 발생 가능	상당한 복구비용 소요	보수 완료까지
붕괴방지 (Collapse Prevention Level, CP)	심각한 손상	손상발생	붕괴 가능성 높음	불가능	필요

1) 기능수행   2) 즉시거주   3) 인명안전   3) 붕괴방지

┃ 건물의 내진성능 수준별 피해정도 ┃

---

106) 서울특별시 홈페이지의 건축물 내진성능 자가점검에서 발췌

(6) 소방시설의 내진해석방법[107]

1) **동적 해석방법** : 구조물을 계산이 편리한 형태로 간단하게 모델화하여 모드 해석을 수행한 다음, 지진 가진력의 동적 영향을 고려하여 지진응답을 구하는 방법이다. 시설물의 동적 특성과 건물과의 상호관계 등을 고려하여 해석할 수 있으므로 해석의 정확성과 신뢰성이 높을 수 있지만 해석을 위하여 시간, 비용 및 전문성 등이 요구되는 단점이 있다. 동적 내진해석으로 부재력, 변위, 층응답스펙트럼(FRS ; Floor Response Spectrum) 등과 같은 구조물에서의 지진응답을 얻을 수 있다. 이때 구한 부재력은 축력, 전단력, 휨모멘트, 비틀림모멘트 등으로서 구조물의 내진설계 시 사용하게 된다. 변위는 인접 구조물 간의 간섭사항 검토, 구조물 간에 연결된 부계통의 안전성 검토 등에 이용된다.

① 응답스펙트럼해석법(response spectrum analysis method)

㉠ 응답스펙트럼(response spectrum) : 과거의 지진자료나 인위적으로 만든 지진시간이력을 고유진동수 값이 서로 다른 여러 개의 1차 유도계에 작용시켰을 때 나타나는 최대응답을 그래프로 나타낸 것이다. 특정 지진하중에 대한 동적 평형방정식의 해를 이용하여 작성한다.

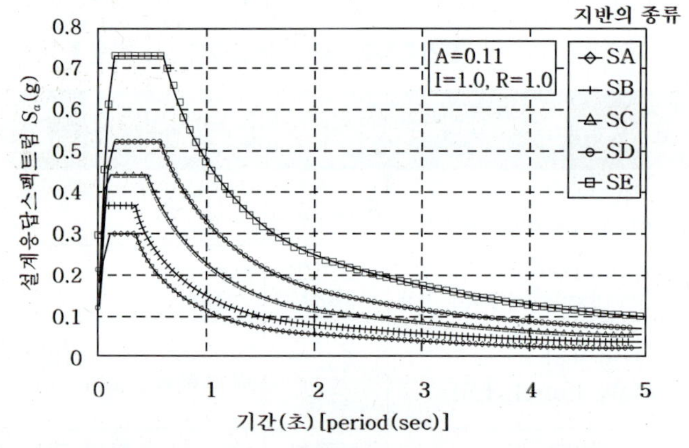

▌ 지반조건별 설계응답스펙트럼의 예(KB C 2005) ▌

㉡ 응답스펙트럼법을 이용하여 소방배관과 같은 내부구조물을 해석하기 위해서는 건물 내 구조물이 놓여 있는 층의 층응답스펙트럼 입력자료가 필요하다. 층응답스펙트럼이란 구조물의 지반에 어떤 지진이 발생할 때 구조물 내의 어느 층에 놓인 단일 자유도를 갖는 진동체(예 장비 등의 설비)의 최대응답을 진동체의 고유진동수와 감쇠비의 함수로 나타낸 것이며 이 층응답스펙트럼은 주 구조물 내에 설치될 기기나 설비의 내진설계를 위한 입력하중이 된다. 따라서 층응답스펙트럼은 응답스펙트럼과는 달리 주 구조물의 특성, 설비위치 등에 크게 좌우된다.

---

107) 「소방시설 내진설계기준 마련」에 관한 연구, 2007.12, 호서대학교에서 발췌

   ⓒ 층응답스펙트럼 계산방법
- 시간이력해석 결과 얻어진 구조물의 특정 위치(층)에서의 응답시간이력으로부터 작성한다.
- 구조물의 동적 특성(고유진동수, 모드형태)과 설계지반 응답스펙트럼을 입력하여 구조물 특정위치에서의 층응답스펙트럼을 직접 계산한다.

   ⓓ 배관설비의 경우에는 지진 시 동적해석방법으로 응답스펙트럼해석법을 주로 활용하고 있다.

   ⓔ 응답스펙트럼해석법은 구조물의 거동에 대한 시간이력은 알아낼 수 없지만 최대응답은 계산해 낼 수 있기 때문에 내진설계 목적에 잘 맞고, 주로 선형거동을 보이는 구조물에서는 계산오차가 아주 적기 때문에 배관설비 등과 같이 지진 시 주로 선형거동을 보이는 구조물의 지진해석에 많이 사용되고 있다.

② 시간이력해석법(time history analysis method)

   ㉠ 실제 지진과 가까운 조건을 적용하여 동적 해석을 수행하기 위하여 설계용 지진시간기록을 직접 입력으로 활용하는 해석방법으로서 설계용 지진기록이 실제의 지진에 가깝게 만들어졌다면 가장 정확한 해석결과를 얻을 수 있는 방법이다.

   ㉡ 그러나 앞으로 발생할 지진을 정확히 예측하는 것은 불가능하기 때문에 국내와 같이 역사지진기록이 부족한 경우에는 주로 보수적인 관점에서 인공적으로 합성하여 작성되는 인공지진시간기록을 활용한다.

   ㉢ 종류
- 모드중첩법(modal superposition method) : 여러 개의 연계된 운동방정식을 모드 해석결과를 이용하여 각각의 독립된 방정식으로 분리하여 적분한 다음, 이들 방정식의 해석결과를 중첩하여 응답을 계산하는 방법이다.
- 직접적분법(direct integration method) : 여러 개의 연계된 운동방정식을 직접적분하여 응답을 구하는 방법으로 중앙차분법, Houbolt법, Wilson$-\theta$법, Newmark$-\beta$법 등이 이용된다.

   ㉣ 시간이력해석법은 모델이 크기에 따라 해석이 다소 복잡해질 수 있고 시간과 비용이 많이 소요될 수 있는 단점이 있으므로 기울어짐 해석, 미끄러짐 해석, 탄소성 해석 등의 비선형 해석이나 층응답스펙트럼의 작성 등의 꼭 필요한 경우에만 제한적으로 사용된다.

③ 복소진동수응답해석(complex frequency response analysis) : 입력시간이력을 푸리에(Fourier) 변환을 통하여 단일진동수를 갖는 조화진동의 조합으로 변화시켜 진동수 영역해석을 수행하는 방법이다.

2) **정적 해석방법** : 동적 해석을 생략하고 대신 보수적인 계수를 고려하여 간단하게 해석하는 방법이다. 확실성을 고려하기 위하여 때로는 지나치게 보수적일 수 있다는 단점은 있으나 계산상의 간편함과 해석에 소요되는 시간과 비용이 적게 들기 때문에 상대적으로 다소 복잡한 동적 해석법의 대용으로 많이 활용되고 있다.

  ① **등가정적 해석법(quasi-static analysis method)** : 구조물에 대한 지진의 영향을 등가의 정적하중으로 환산한 다음 이를 이용하여 정적해석을 수행하는 방법이다. 이 방법에서는 기초에서의 전단력을 계산하기 위하여 계의 고유진동수를 잘 모르거나 다자유도계 모델의 경우 입력응답스펙트럼 최대가속도 값의 1.5배를 계의 질량에 곱하여 구한다.

  ② **지진하중계수법(seismic load coefficient method)** : 등가정적 해석법이 너무 보수적인 문제점을 해결하기 위해 나온 방법으로 지진 시 배관계의 응답을 계산할 때 층응답스펙트럼의 최대값에 0.4~1.0의 계수를 곱한 값을 활용한다.

    ㉠ 가정적 해석방법에서 사용해 오던 계수 1.5보다 작은 값을 사용한다.

    ㉡ 배관 지지부의 강성도나 처짐을 조정할 필요가 없기 때문에 지지부의 크기와 비용을 크게 줄일 수 있다.

(7) 소방법의 내진설계

1) **소방시설의 내진설계기준**(「화재예방, 소방시설 설치·유지 및 안전관리에 관한 법률」 제9조의2) :「지진·화산재해대책법」 제14조 제1항의 시설 중 대통령령으로 정하는 특정소방대상물에 대통령령으로 정하는 소방시설을 설치하려는 자는 지진이 발생할 경우 소방시설이 정상적으로 작동될 수 있도록 소방청장이 정하는 내진설계기준에 맞게 소방시설을 설치하여야 한다.

2) **소방시설의 내진설계**(「화재예방, 소방시설 설치·유지 및 안전관리에 관한 법률 시행령」 제15조의2)

  ① 법 제9조의2에서 "대통령령으로 정하는 특정소방대상물"이란 「건축법」 제2조 제1항 제2호에 따른 건축물로서 「지진·화산재해대책법 시행령」 제10조 제1항 각 호에 해당하는 시설을 말한다.

  ② 법 제9조의2에서 "대통령령으로 정하는 소방시설"이란 소방시설 중 옥내소화전설비, 스프링클러설비, 물분무 등 소화설비를 말한다.

(8) 성능기반의 설계

1) 요구성능(demand)과 능력성능(capacity)의 비교변수들에 대한 선택 및 정의

  예 변위, 소성힌지부의 회전, 단면의 곡률, 전단강도 등

2) 힘(force)과 변형(deformation) 성능의 계산

  ① 강도 : 각 국의 공인된 설계기준에 의한 계산

  ② 변형 : 각 국의 공인된 설계기준에 의한 계산 혹은 실험결과 인용

3) 힘과 변형에 대한 요구성능(demand)의 산출 : 다양한 구조해석을 수행

4) 요구성능/능력성능(Demand/Capacity, D/C)에 대한 비교
① D/C 비율이 1보다 작을 경우에는 설계 타당
② D/C 비율이 1보다 클 경우에는 요구성능(demand) 혹은 능력성능(capacity)을 변화시켜 설계 변경

05 건축 및 설비적 지진대책의 설계 종류와 기본원리

(1) 내진설계(능동적, seismic design)

1) 내진설계란 지진의 고유진동으로 인하여 흔들리는 힘에 직접적으로 대항하는 것으로 건물의 자체 무게의 10~20%의 횡방향의 하중이 작용할 때 기초부터 부재까지 취약부가 파괴 및 붕괴되지 않도록 적절한 보강을 한 설계이다. 즉, 내진이란 구조물을 아주 튼튼하게 지어서 지진의 지진력이 작용해도 구조내력에 의해 대항하게 하겠다는 개념이다.
2) **방법** : 부재구조물에 작용하는 부재강도, 인장력 등을 강하게 한다.
3) **소방에서 적용** : 용접배관 등의 건축구조물에 'ㄱ'자 형강으로 고정하거나 배관행거를 설치한다.
4) **문제점** : 부재의 단면 증대(지진발생 시 지진하중에 저항 증대), 비경제적 설계, 건축물의 중량 증가 등이 있다.

(2) 제진설계(능동적, vibration control)

1) 진동을 제거하는 방법으로 외력에 의한 진동, 흔들림으로 건축구조물 및 설비가 받는 진동을 감소시키는 방법이다. 즉 지진력을 흡수하여 감소시키는 방법이다. 제진(制震)구조란 문자 그대로 진동을 제어하는 구조이고 진동을 제어하기 위한 특별한 장치나 기구를 구조물에 설치하는 것을 말한다. 이렇게 장치나 구조를 이용해 구조물의 고유진동 특성을 바꾸는 설계방법을 제진이라 한다.

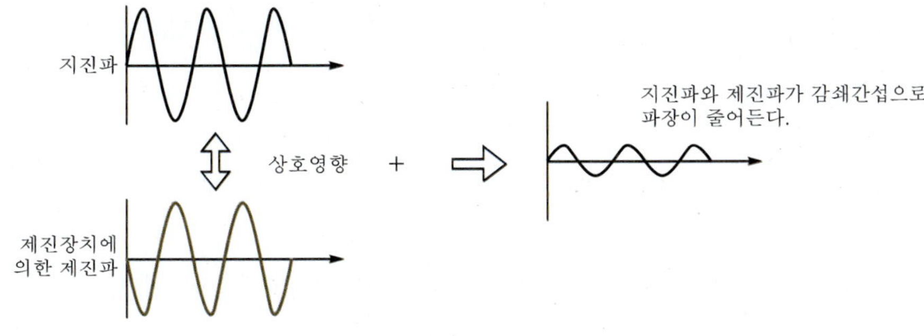

‖ 제진의 감쇄효과 ‖

2) 초고층 건물 상부에 수조를 설치하여 물의 관성력을 이용하여 건축물의 흔들림의 방향과 반대방향으로 그 무게중심을 이동하여 흔들림을 제거한다. 건축물의 경우에는 지진이나 강풍 등에 의한 횡하중에 대하여 발생하는 진동을 제어하는 데 주로 이용된다. 지진발생 시 구조물로 전달되는 지진력을 상쇄하여 간단한 보수만으로 구조물을 재사용할 수 있게 하는 시스템으로 중규모 이상의 지진발생 시 손상수위를 제어할 수 있는 설계이다.

3) 제진구조의 목적

① 거주성의 향상 및 확보 : 지진이나 강풍 시의 진동에 대하여 건물 내부에 있는 사람이 불쾌감을 느끼지 않도록 하는 등 구조물의 사용성(serviceability)을 향상시킨다.

② 기능성의 향상 및 확보 : 건물 내부의 기능이 지진이나 강풍에 의하여 손상되지 않도록 한다.

③ 안정성의 향상 및 확보 : 구조물의 골조 혹은 내부의 비구조 부재가 손상되는 것에 따라 건물 내·외부에 있는 사람이 위험하게 되지 않도록 하며, 구조물의 자산가치를 보존한다.

④ 경제성의 향상 : 위와 같은 성능을 확보함으로써 구조물에 대한 건설비용을 낮게 한다.

4) 내진구조와 제진구조의 비교 : 일반적인 내진구조에서는 골조의 강도를 높이거나 소성화시켜, 즉 연성을 고려함으로써 골조 자체에서 진동에너지를 흡수하는 것으로 건물의 안전성을 확보할 수 있었지만, 이러한 경우에는 구조물을 손상시키지 않고 진동 그 자체를 저감시킬 수는 없다. 이에 비하여 제진구조는 구조물을 지진하중에 대하여 손상시키는 것이 아니라 특별한 장치를 사용해 에너지를 흡수함으로써 앞에서 말한 목적을 달성하는 것으로 최근 주목받고 있는 고급기술이라고 할 수 있다.

5) 소방에서 적용 : 방진스프링, 플렉시블 조인트

6) 문제점 : 건축물 내부 설치물의 안전보호에는 한계가 있다.

(3) 면진설계(수동적)

1) 지반과 건축구조물을 격리(base isolation), 분리시켜 지반과 구조물이 따로 움직이도록 하는 것, 즉 지진력의 전달을 줄이는 방법으로 공진을 줄여 지진력을 약화시키는 설계방법이다.

2) 공진이 일어날 주파수를 간섭하여 건축물에 상대적으로 적은 진동수로 전달하도록 한다.

3) 면진장치의 기능
  ① 하중응답을 감소시키기 위해서 전체 시스템의 주기를 길게 하기 위한 유연성
  ② 구조물과 지반 사이의 상대변위를 조절하기 위한 에너지 소산능력
  ③ 풍하중이나 상시 진동 또는 미소한 지진같이 작은 하중하에서의 강성

4) 다른 구조와 면진구조의 비교 : 다른 구조물에 비하여 면진구조물은 강도가 낮지만 변형능력이 큰 것이 특징이다. 지진발생 시 응답이 같은 경향을 나타내는 것으로 고층 건물이 있지만 면진구조물에서는 큰 변형이 면진장치에만 집중하는 것에 비하여 고층 건물은 상부 각 층에서 거의 균등하게 나타난다는 점이 다르다.

5) 소방에서 적용 : 입상배관 사이의 신축배관, 그루브 조인트, 플렉시블 조인트 펌프, 방진스프링 사용

6) 문제점 : 비용이 크게 증가하기 때문에 설계 당시부터 고려가 되어야 하지 추후에 적용은 불가능하다.

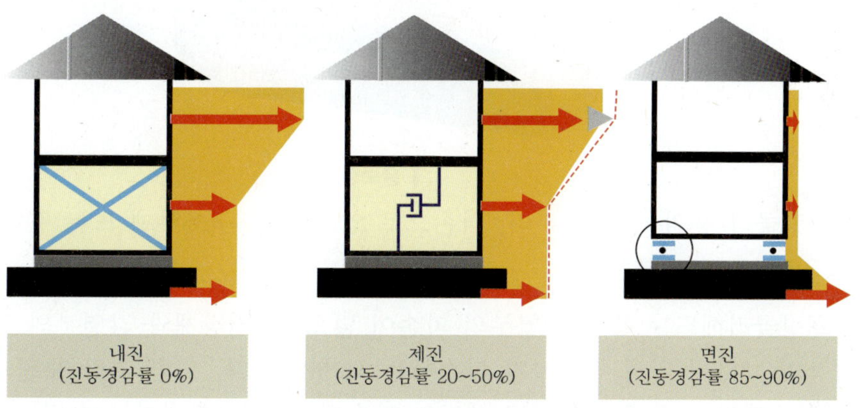

┃ 내진 · 제진 · 면진 구조 ┃

06 지진으로 인한 화재의 원인

지진이 건축물 내부의 설비, 전기적 시설에 직접 전달하여 물리적 이상현상을 발생시키고 그것이 화재의 원인이 된다.

(1) 보일러 가동 중 파손에 의한 화재

(2) 산업플랜트의 고온, 고압 등의 냉각장치 등을 제어하는 장치의 고장으로 이상반응의 물리적 현상인 폭발

(3) 전기 분전반, 배전반 등의 전기설비 접속부위의 탈락이나 신장으로 인한 단선, 단락, 누전

(4) 유류 및 가스 배관 또는 탱크파손으로 인한 가스의 누출

07 지진으로 인한 소방시설의 피해분석

소방시설은 화재의 진압이 아니면 실패의 개념으로 어느 하나의 요건이라도 적용이 되지 않으면 시스템 작동이 원활하지 않아서 화재를 유효하게 제어, 진압하는 것이 곤란하다. 즉 중간이나 어느 정도의 진압이 없는 설비이다. 따라서 지진발생 시 아래와 같은 소방시설의 피해발생이 우려된다.

(1) 배관, 물탱크 등의 파괴로 인한 수손피해 및 소화수의 손실로 소화작업 불능이 된다.

> **꼼꼼체크** **슬로싱(sloshing) 현상** : 지진발생으로 인하여 수면이 출렁거리며 물이 담겨있는 용기의 경계(수조, 벽, 뚜껑 등)를 때리는 현상을 말한다. 이로 인하여 수원을 담고 있는 구조물이 파손될 시 담겨있던 물이 외부로 유실되어 필요한 수량을 유지할 수 없게 된다.

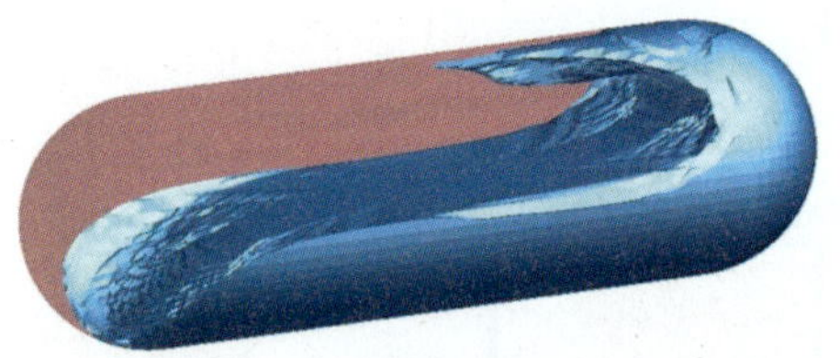

┃ 슬로싱 ┃

(2) 스프링클러 등의 배관의 분리, 파손으로 인해 부근 구조부재 또는 장비에 충격을 줄 수 있다.

(3) 스프링클러헤드는 특히 감열부의 파손이 많으며, 천장재와 감열부의 접속에 있어서 천장의 낙하에 의해 감열부가 파손하는 사례가 많다. 또한 가장 보편적인 스프링클러 시스템인 습식에 있어서도 헤드의 파손에 의해 방화수가 살수되는 2차적인 패해가 발생할 우려가 있다.

(4) 제어반의 기동회로 및 표시회로의 단선이 발생하고 표시등 등의 부착물의 탈락으로 인한 파손의 발생우려가 있다.

(5) 발전소 등 산업플랜트 등의 소방시설 파손 고장으로 고온, 고압, 위험물, 이상반응 폭발, 변압기 등의 화재로 소화불능 상태가 될 수도 있다.

(6) 소화전 박스의 변형이나, 진동에 의한 호스의 탈락, 밸브의 파손으로 인한 개폐불량의 우려가 있다.

(7) 감지기의 배관파손에 의한 오동작 또는 천장파손에 의한 낙하의 우려가 있다.

(8) 천장이나 벽의 손상에 의해 배선이 단선 또는 단락되거나 절연, 파괴될 우려가 있다.

(9) 중계기나 수신기 등의 장치는 천장, 벽의 손상에 의한 탈락, 전도에 의한 파손의 우려가 있다.

(10) 가스계 소화설비 용기의 전도에 의한 파손 또는 방출의 우려가 있다.

(11) 자가발전설비의 경우는 냉각수관, 연료용 배관의 파손에 의해 기능의 저하나 동작불능이 될 우려가 있다.

(12) 소방설비 파손으로 인한 2차 피해

1) 스프링클러설비 헤드의 파손으로, 화재가 발생하지 않았음에도 소화수가 방사되어 내부 마감재, 가구 등이 방사된 물에 의해 손상 또는 훼손될 우려가 있다. 대책으로는 부압식 스프링클러를 설치하거나 제어계통에서 살수 정지 조치를 강구함으로써 피해확산을 막는 것이 필요하다.

2) 가스계 소화설비에 있어서는 오작동 또는 소화약제 용기의 파손에 의해서 소화약제가 방출하게 된다. 특히 이산화탄소와 같은 질식성 가스를 사용하는 소화설비의 경우는 이로 인해 인명피해를 유발할 수 있다.

3) 상용전원이 정전된 후 자가발전설비가 자동으로 기동하여, 당장 필요가 없는 설비 기기 등에 전기를 공급하면, 결국에는 연료가 바닥나 정지함으로써 실제 필요한 기동을 할 수 없는 경우가 발생할 수 있다.

08 지진에 대한 시설보호의 기본방법[108]

(1) 지지(능동적)

1) 배관, 장비가 횡축이동을 최소화하도록 지지하여야 한다.
2) 지지하는 지지대는 지진의 변위를 견딜 수 있는 구조로 하여야 한다.
3) 중요한 기기는 가능한 한 콘크리트 기초에 고정하여 변위에 대응할 수 있도록 설치하여야 한다.

(2) 유연성 보유(수동적)

1) 신축이음 등을 이용하여 진동의 변위를 흡수할 수 있는 방안을 강구하여야 한다.
2) 장비에는 방진스프링, 방진패드를 설치하여 지진변위에 대응할 수 있어야 한다.
3) 유격이 있는 배관을 사용하여 변위에 대응할 수 있어야 한다.
4) 특히 입상관은 배관의 이음부분과 층간변형에 대응할 수 있는 신축성이 있는 재료의 이음을 사용한다.

(3) 이격(수동적) : 장비, 배관 등과 부재부 사이에 안전거리를 확보한다. 특히 배관의 말단부의 스프링클러헤드의 경우 주변에 보나 벽에 의해서 오작동이 발생하지 않도록 견고하게 고정하여야 한다.

(4) 고정성 부여(능동적) : 미끄러지고 뒤집힘, 장비의 고정위치의 이탈로 인한 피해가 우려되므로 그러한 가능성을 최소화하도록 견고히 고정하여야 한다.

---

108) 「소방시설 내진설계기준 마련」에 관한 연구. 2007.12. 호서대학교에서 발췌하여 재구성한 것

(5) 접합방법

1) 그루브 조인트 또는 신축이음이 있다.

2) 용접 시에는 비파괴검사 등으로 인한 균일한 접합 여부를 확인하여야 한다.

(6) 설계의 적합성 입증(지진에 의한 대항설계)

1) 구조계산서 등의 입증이 필요하다.

2) 성능위주의 설계를 통한 입증이 필요하다.

3) 각종 행거 위치 가대작업의 상세도, 펌프의 주위배관 등의 상세도의 분석이 필요하다.

(7) 안전한 설치위치

1) 건축물 신축이음부를 배관이나 덕트가 횡단하는 경우에는 가능한 한 지반이나 건축물의 낮은 위치에 설치하도록 한다.

2) 상부 천장에 달대로 매달린 배관 또는 덕트는 가능한 한 상부 슬래브에 붙여서 설치하여 달대길이가 최소한이 될 수 있도록 설치한다. 만약 달대의 길이가 길어서 지진 등에 의한 진동의 발생 우려가 있는 경우에는 브레이스를 설치하여 진동을 잡아준다.

3) 연약지반에 배관하는 경우에는 지반의 부등침하가 예상되기 때문에 충분한 지반계량을 실시한다.

09 NFPA 13의 지진에 대한 소방시설의 보호[109]

(1) 배관의 보호방법(미국)

1) 커플링(coupling) : 주요부품 사이의 유연성을 증가시켜 손상을 방지하여야 한다.

① 설치기준

㉠ 입상관의 최상부로부터 24in(610mm) 이내로 설치한다.

㉡ 입상관의 최하부로부터 12in(305mm) 이내로 설치한다. 단, 3ft 이내에는 생략이 가능하다. 3~7ft인 경우에는 1개 이상을 설치한다.

㉢ 벽이나 바닥 등을 관통하는 배관의 틈새 이격거리를 유지하지 않을 경우 1ft 이내로 설치한다.

㉣ 건물 신축이음으로부터 24in 이내로 설치한다.

㉤ 배관구경에 관계없이 두 개 이상의 스프링클러(S/P)헤드에 급수하는 배관으로 길이 15ft를 초과하는 하향 배관의 최상부에서 24ft 이내로 설치한다.

㉥ 입상관 또는 다른 수직배관의 중간 지지부의 위와 아래에 설치한다.

② 스프링클러의 내경 64mm 이상 배관에 대해서는 건물의 과도한 변형을 흡수하기 위한 가요성(flexible) 배관 커플링을 사용하여야 한다.

③ 스프링클러 수직배관에는 1개 이상의 지점에 가요성 커플링을 사용해야 한다.

---

109) 「소방시설 내진설계 기준 마련」에 관한 연구. 2007.12. 호서대학교에서 발췌 + NFPA13(2010) 내용을 발췌하여 재구성한 것

2) 내진브레이스(sway bracing)

① 지진 시 움직일 것으로 예상되는 천장 등의 건물요소에 배관이 지지되고 있을 경우 내진브레이스를 사용하여 배관이 움직이지 않도록 해야 한다.

② 내진브레이스는 인장력과 압축력에 효과적으로 저항할 수 있도록 설계되어야 한다.

③ 배관의 말단, 교차배관 및 급수배관의 말단은 횡방향 브레이스를 설치해야 한다.

④ 횡방향의 마지막 브레이스와 배관 말단부의 간격은 6.1m를 초과하지 않아야 한다.

⑤ 종방향 내진브레이스의 최대간격은 24m로 교차배관 및 급수배관에 설치하여야 한다.

⑥ 종방향 배관의 단부와 마지막 브레이스의 간격은 12.2m를 초과할 수 없다.

▌ 내진브레이스 ▌

3) 지진분리장치(seismic separation assembly)

① 배관구경에 관계없이 배관이 지상의 건물 지진분리이음과 교차하는 부분에는 가요성 관 부속품(⑩ 그루브 조인트)이 있는 지진분리장치 설치하여야 한다.

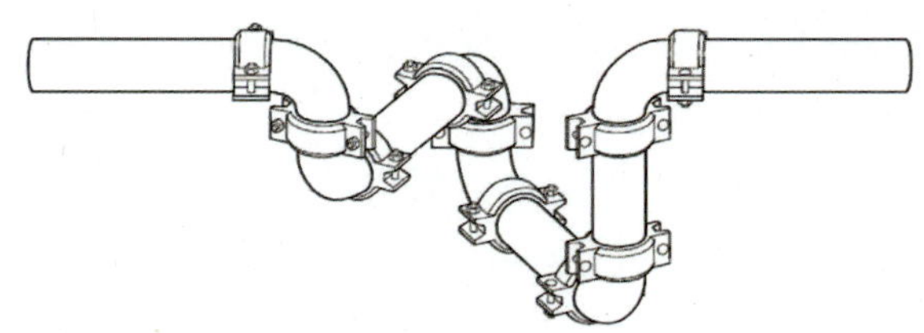

▌ 지진분리장치 그림[110] ▌

---

110) FIGURE A.9.3.3(a) Seismic Separation Assembly. Shown are an 8 in. (203mm) Separation Crossed by Pipes up to 4 in. (102mm) in Nominal Diameter. For other separation distances and pipe sizes, lengths and distances should be modified proportionally. NFPA13(2010)

┃ 지진분리장치 사진 ┃

② 지상 건물의 신축이음부를 가로지르는 곳에서는 지진분리배관을 사용하여야 한다.

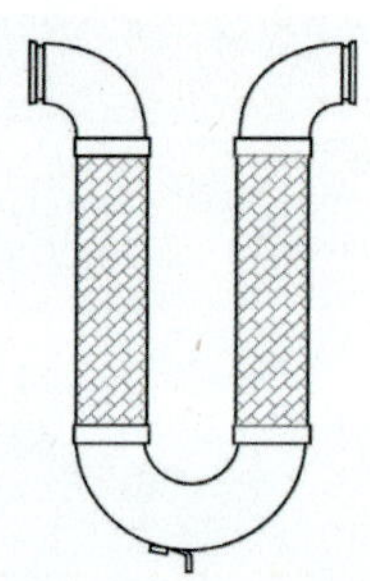

┃ 가요성 배관을 사용한 지진분리대[111] ┃

4) **틈새(clearance)**

① 지진으로 인해 피해를 방지하기 위해서는 벽, 바닥, 기초를 관통하는 모든 배관 주위에는 틈새가 있어야 한다. 틈새가 응력을 받아주는 역할을 한다.

② 하지만 틈새에는 물, 연기, 화염 등의 전파를 방지할 수 있는 내화충진재를 설치하여야 한다. 이때의 내화충진재는 신축성이 있는 재질을 선택해야 응력을 받아줄 수 있다.

③ 구조부재의 양측 면에서 1ft 이내에 구형 가요성 커플링을 설치할 경우에는 틈새를 없앨 수 없는 관계로 신형 커플링으로 바뀌는 추세이다.

5) **흔들림 방지 버팀대** : 종, 횡, 수직방향의 움직임을 방지하도록 배관에는 버팀대를 설치해야 한다.

① 배관의 과도한 응력발생을 최소화하기 위하여 이를 흡수할 수 있는 가요성 이음(그루브 조인트)을 사용하여 건물과 적당한 간격을 유지하여야 한다. 그루브 조인트는 연결부위에 유격이 있어 응력의 일부를 흡수할 수가 있다.

② 적절한 위치마다 내진용 지지대를 설치하여 배관의 과도한 변위를 예방한다.

③ 관성 작용으로 배관이 손상가지 않도록 중량에 적합한 지지력을 갖도록 설계하여야 한다.

---

111) FIGURE A.9.3.3(b) Seismic Separation Assembly Incorporating Flexible Piping. NFPA 13(2010)

6) 가요성 이음장치

① 설비 주요부품 사이의 유연성을 증가시켜 손상을 방지한다.

② 내경 80mm 이하인 경우 길이 0.5m 이상, 내경 80mm 이상 시 내경의 10배 이상의 길이에 해당하는 가요성 이음장치를 사용하여야 한다.

7) 이격 : 벽, 바닥, 플랫폼, 기초, 드레인 포함, 소방관련 접합부, 또는 기타 배관 등을 통과하는 모든 배관은 1~2in의 이격을 두어야 하고, 수직배관 주변의 이격된 틈새는 화염 차단을 위해 무기섬유나 유연한 재료로 충진해야 한다.

(2) 가압송수장치의 보호

1) 흡입관, 토출관, 수조와의 사이에 과도한 상태변위를 흡수할 수 있는 가요성 이음을 사용하여야 한다.

2) 장비에는 중량에 적합한 방진스프링과 방진패드를 사용하여야 한다.

(3) 수조의 보호

1) 수조는 건물과 일체형이 아닌 분리형 수조를 설치하여야 한다.

2) 벽이나 바닥에 견고하게 고정하여야 한다.

3) 소화설비용 물탱크 기준(NFPA 22)의 경우 주요구조물의 설계는 독립적으로 용수 저장용 코팅 처리된 볼트체결용 강철탱크(AWWA, D103)의 지진설계규정을 따르도록 요구하고 있다. 내진브레이스에 관하여서도 고려하여야 한다.

(4) 예비전원의 보호

1) 발전기 축 중심에 작용하는 변위를 제한하는 스토퍼를 설치하여야 한다.

2) 연결된 배관 등에 가요성 이음장치를 설치하여야 한다.

(5) 엘리베이터의 보호

1) 지진 시 로프나 케이블이 승강로의 돌출된 부위에 걸리지 않도록 설계하여야 한다.

2) 정전이나 기타 외부 요인에 의해 운행에 지장이 있을 경우 가능한 신속하게 정지시킬 수 있는 관제 운전장치가 필요하다.

(6) 기타

1) 지진대책의 기본은 상정되는 지진력에 설비기기, 배선 등이 손상, 이동, 전도에 의한 이상을 일으키지 않도록 하는 것이다.

2) 지진력에 의한 영향은 층수가 높아질수록 증가되기 때문에 고층 건물은 보다 충분한 대책이 필요하다.

10 소방시설의 내진설계 화재안전기준[112)]

 • 구조부재 : 건축설계에 있어 구조계산에 포함되는 하중을 지지하는 부재를 말한다.
• 지진하중 : 지진에 의한 지반운동으로 구조물에 작용하는 하중을 말한다.
• 편심하중 : 하중의 합력방향이 그 물체의 중심을 지나지 않을 때의 하중을 말한다.

(1) 수원

1) 소화수조 및 저수조는 슬로싱(sloshing) 현상을 방지하기 위하여 수조 내부에는 다음에 따라 방파판을 설치하여야 한다.

① 두께 1.6mm 이상의 강철판 또는 이와 동등 이상의 강도·내열성 및 내식성이 있는 금속성의 것으로 할 것

② 하나의 구획부분에 2개 이상의 방파판을 설치하는 경우 수직방향의 움직임을 방지할 수 있는 버팀대를 설치할 것

2) 건축물과 일체로 타설되지 아니한 소화수조 및 저수조는 지진에 의하여 손상되거나 과도한 변위가 발생하지 않도록 하여야 한다.

 • 방파판 : 지진발생 시 소화수조 및 저수조의 슬로싱 현상을 방지하기 위하여 수조 내부에 설치하는 장치
• 수조가 파괴되는 원인
  − 슬로싱에 의한 충격 → 방파판으로 충격을 완화한다.
  − 수조가 견고하게 설치되지 못해 지진동에 의해 이탈되거나 파괴 → 지진에 의해 손상되거나 과도한 변위가 발생하지 않도록 하여야 한다.

‖ 수조의 고정방법 ‖

구 분		내 용
기초	수조	수조의 중량을 지지하는 구조체에 결합시켜 강성을 유지하는 콘크리트 구체이다.
앵커 볼트	수조	건축물에 수조를 지지하기 위해 볼트를 구체에 매입하여 구체와 수조를 결합시키는 볼트. 종류에 따라 매립형과 후시공형이 있다.

---

112) 소방시설의 내진설계 화재안전기준 해설서(2016, 중앙소방본부)를 발췌하여 정리한 것

구 분	내 용
스토퍼	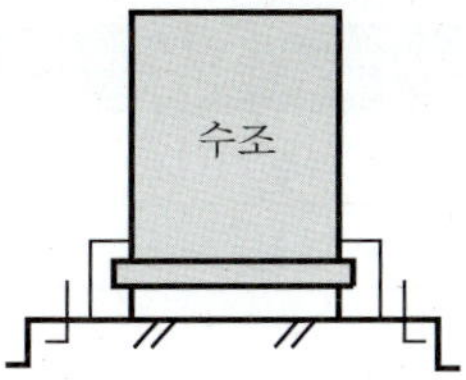 방진고무 등의 방진재를 끼워 설치한 수조에 있어서 지진 시의 진동으로 인한 전도나 이동을 방지하기 위한 철물을 말한다.
받침대	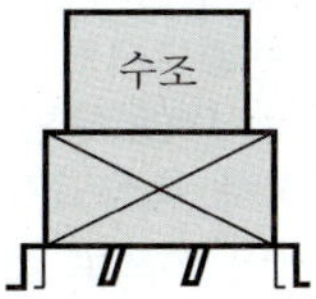 구체에 직접적으로 수조를 연결할 수 없는 경우에 받침대를 설치하여 수조와 구체를 결합시키는 방법이다.
배면지지	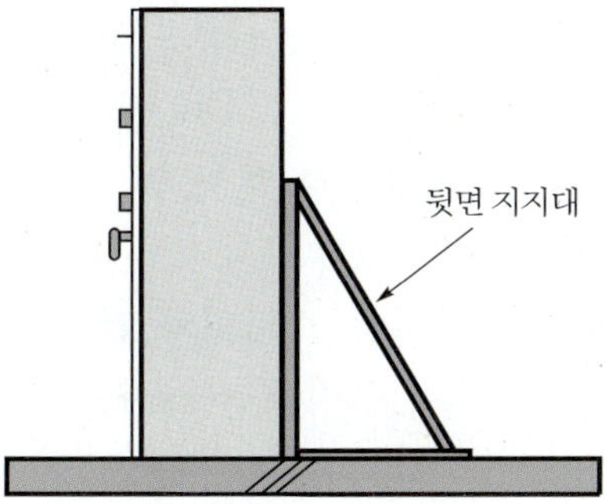 자립형 수조에서 지진의 진동을 방지하기 위해 뒷면에 지지대를 설치하여 구체와 결합시키는 방법. 이때 뒷면 지지대는 앵커볼트를 사용하여 지지한다.
상단지지	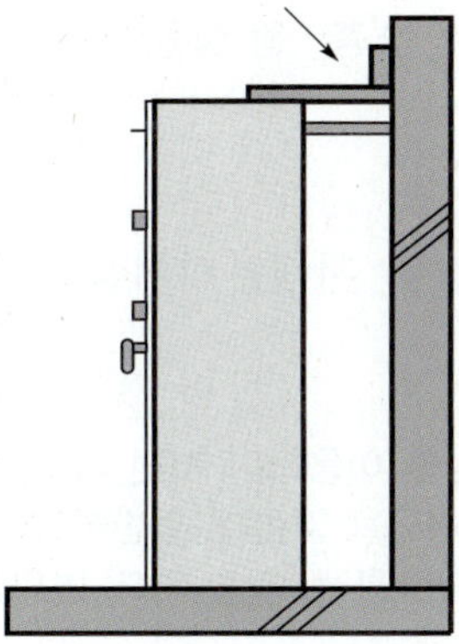 수조의 상부를 벽체의 지지대에 결합시키는 방법. 벽면에 앵커볼트로 결합시키고 지지대를 이용하여 구체와 결합시킨다.

679

(2) 가압송수장치

1) 가동중량에 따른 앵커볼트 설치

가동중량	고정 앵커볼트 직경	앵커볼트의 근입 깊이
1,000kg 이하	12mm 이상	10cm 이상
1,000kg 이상	20mm 이상	10cm 이상

- **가동중량** : 지진발생 시 진동을 일으킬 수 있는 배관, 가압송수장치, 배관 내 용수, 기타 부속품들의 중량의 합으로 **버팀대의 수평지진하중 산정 시 기준**이 되는 중량이다. 그러나 모든 부품의 중량을 합할 수 없으므로 실제 적용 시에는 **용수가 충전된 배관무게의 1.15배**의 중량으로 근사한다. 이는 일반적인 경우 배관 및 용수를 제외한 부속장치들의 중량의 합은 15% 이하로 측정되기 때문이다.
- **근입 깊이** : 앵커볼트가 벽면 또는 바닥면 속으로 들어가 인발력에 저항할 수 있는 구간의 길이를 말한다.

2) 가압송수장치의 펌프와 연결되는 입상배관과의 연결부는 배관에 대한 내진설계방법을 따른다.

3) 가압송수장치에 방진지지장치가 있어 앵커볼트로 지지 및 고정을 할 수 없는 경우에는 다음에 따라 내진스토퍼를 설치하여야 한다.

① 설치위치 : 정상운전 중에 접촉하지 않도록 스토퍼와 본체 사이에 설치한다.

② 스토퍼는 제조사에서 제시한 허용하중이 설비에 가해지는 수평지진하중 이상을 견딜 수 있는 것으로 설치하여야 한다.

- 내진스토퍼 : 지진하중에 의해 과도한 변위가 발생하지 않도록 제한하는 장치를 말한다.
- 수평지진하중 : 건축물 평면상 2방향(종·횡 방향)으로 작용하는 지진하중이다.

(3) 배관

1) 배관 내진설계 설치기준

① 배관에 대한 내진설계를 실시할 경우 지진분리이음은 배관의 수평지진하중을 산정하여야한다.

지진분리이음 : 배관의 차등 움직임을 이용하여 지진 시 발생하는 진동에 의한 구조물 또는 비구조물의 파손을 방지하는 이음을 말한다. 일반적으로 신축이음쇠(그루브형 커플링)가 해당되며 배관의 축방향 변위, 회전, 일정 각도 변위를 허용하는 관부속품이다.

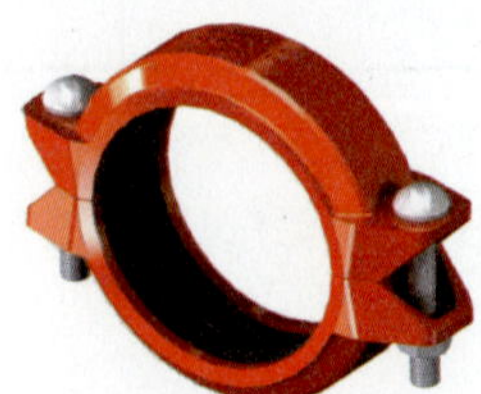

┃ 그루브형 커플링 ┃

② 배관의 변형을 최소화하고 소화설비 주요부품 사이의 유연성을 증가시킬 수 있는 것으로 설치하여야 한다.

> **꼼꼼체크** 배관의 파손을 방지하기 위해서는 가요성이 있는 신축배관을 사용하여 배관의 상대적인 변위를 흡수하거나 흔들림 방지 버팀대와 고정대를 사용하여 배관을 단단히 고정하여 배관이 파손될 정도의 움직임이 발생하는 것을 예방한다.

③ 건물구조 부재 간의 상대 변위에 의한 배관의 응력을 최소화시키기 위하여 신축배관을 사용하거나 적당한 이격거리를 유지하여야 한다.

> **꼼꼼체크** 건축물의 바닥 또는 벽을 관통하는 경우에는 배관에 신축이음쇠를 설치하거나 배관과 건축물의 구조물(바닥 또는 벽 등)과 아래에서 규정한 이격거리를 두고 설치하여야 한다.
> 관통구 및 배관 슬리브의 구경은 다음과 같다.
> • 배관구경 25mm 내지 10mm 미만인 배관의 경우 5cm 이상 커야 한다.
> • 배관구경 100mm 이상의 경우는 배관구경보다 10cm 이상 커야 한다.

④ 건물의 지진분리이음이 설치된 위치의 배관에는 직경과 상관없이 지진분리장치를 설치하여야 한다.

> **꼼꼼체크** • 지진분리장치 : 지진발생 시 건축물을 통해 전달되는 지진력이 소방시설에 전달되지 않도록 지진동을 격리시키고, 지진력을 흡수, 감소, 소멸시킨다. 스프링 내장형 소방용 행거, 내진스프링행거, 내진체인스프링가대, 내진인서트, 면진지지장치, 면진랙, 면진가대 등의 지지장치 등이 있다.
> • 지진분리장치는 건물의 상대적인 움직임으로 인한 배관의 파손을 방지하기 위함이다.

⑤ 천장과 일체 거동을 하는 부분에 배관이 지지되어 있을 경우 배관을 단단히 고정시키기 위해 버팀대를 사용하여야 한다.

⑥ 배관의 흔들림을 방지하기 위하여 흔들림 방지 버팀대를 사용하여야 한다.

⑦ 버팀대와 고정장치는 소화설비의 동작 및 살수를 방해하지 않아야 한다.

2) 배관의 수평지진하중의 산정은 다음에 따라서 계산하여야 한다.

① 버팀대의 수평지진하중 산정 시 배관의 중량(W_p)은 가동중량으로 산정한다.

> **꼼꼼체크** 가동중량은 버팀대의 수평지진하중 산정 시 기준이 되는 중량이다. 그러나 실제 적용 시에는 모든 부품의 중량을 합할 수 없으므로 용수가 충전된 배관무게의 1.15배의 중량으로 근사한다.

② 버팀대에 작용하는 수평력 $F_{pw} = 0.5\,W_p$로 계산한다.

> **꼼꼼체크** • "수평력(F_{pw})"이란 지진 시 버팀대에 전달되는 배관에 작용하는 동적 지지하중을 같은 크기의 정적 하중으로 환산한 값을 말한다.
> • 버팀대에 작용하는 수평력은 $F_{pw} = C_p \cdot W_p$로 계산한다. 여기서 C_p는 지진계수로 짧은 시간의 반응지수(S_s)를 사용하여 선택할 수 있다. 일반적으로 반응지수값은 국가에서 발행하는 지진위험지도 또는 관계기관으로부터 얻을 수 있다. 국가지진위험

지도 공표에서 공고한 사항으로, 국가지진위험지도 및 지진구역, 지진구역계수 등을 포함하여 이 전체의 값을 0.5로 단순화시킨 값이다.

③ F_{pw}는 배관의 길이방향과 직각방향에 각각 적용되어야 한다.

 배관에 작용하는 수평지진하중(F_{pw})의 길이방향은 배관이나 축과 평행한 방향으로 종방향을 의미하고 직각방향은 배관의 축과 수직한 방향으로 작용하는 하중으로 횡방향을 의미한다.

3) 배수관, 송수구 그리고 다른 기타 배관을 포함하여 벽, 바닥 또는 기초를 관통하는 모든 배관 주위에는 충분한 이격이 있도록 다음의 기준에 따라 설치하여야 한다. 다만, 내화성능이 요구되지 않는 석고보드나 이와 유사한 부서지기 쉬운 부재를 관통하는 배관과 벽, 바닥 또는 기초의 각 면에서 30cm 이내에 신축이음쇠가 있으면 그러하지 아니하다.

① 관통구 및 배관 슬리브의 구경

구 분	배관구경	관통구 및 배관 슬리브의 구경보다 커야하는 크기
관통구 및 배관 슬리브의 구경	25mm 내지 100mm 미만인 배관	5cm
	100mm 이상	10cm 이상

② 필요에 따라서 이격면에는 방화성능이 있는 신축성 물질로 충진하여야 한다.

 • 소방시설의 내진설계기준에서는 배관의 경우 다른 부품과의 충돌에 의한 파손을 방지하기 위해 충분한 이격거리를 확보하도록 하고 있다.
• 이격거리 확보 시에는 관통구가 화재확산의 연결통로로 작용할 수 있으므로 배관과 관통구 또는 슬리브 사이에는 방화성능 물질로 충진하여야 하며, 지진발생으로 인한 배관파손을 방지하기 위해서는 충진물질은 배관에 영향을 주지 않는 신축성 재질을 사용하여야 한다.
• 건물 바닥면, 벽면 등으로부터 각각 0.3m 이내에 지진분리이음이 설치된 경우에는 이격거리를 유지하지 않을 수 있다.

4) 배관의 정착은 다음에 따라 설치하여야 한다.
① 배관과 타소방시설 연결부에 작용하는 하중은 제2항의 기준에 따라 결정하여야 한다.
② 소방시설의 배관이 팽창성·화학성 정착물 또는 현장타설 정착물에 의해서 얕게 정착될 경우에는 수평력(F_{pw})을 1.5배 증가시켜 사용한다.

 소방시설의 배관은 구조부재에 견고하게 정착되어야 한다. 그럼에도 불구하고 구조부재에 견고하게 정착할 수 없는 경우 또는 팽창성, 화학성 정착물 또는 현장타설 정착물에 의하여 얕게 정착되는 경우에는 수평지진하중(=수평력)을 1.5배 증가시켜 버팀대에 의한 고정력을 증가시켜야 한다. 이는 행거에 의해 지지되고 있는 일부 하중이 배관의 얕은 정착으로 인해 의미가 없거나 약하게 지지하여 지진발생 시 제 기능을 발휘하지 못하기 때문에 더 안전율을 높게 해서 강성을 높이는 것이다.

(4) 지진분리이음(신축이음쇠) 설치기준

1) 배관의 변형을 최소화하고 소화설비 주요부품 사이의 유연성을 증가시킬 필요가 있는 위치에 설치하여야 한다.

 신축이음쇠는 지진분리이음의 대표적인 제품이다.

2) 배관구경 65mm 이상의 배관에는 신축이음쇠로 다음과 같은 위치에 설치하여야 한다.

대 상	설치위치	예 외	신축이음쇠
모든 입상관	상하 단부의 0.6m 이내	입상배관 길이가 0.9m 미만	설치생략 가능
		입상배관 길이가 0.9~2.1m 사이	1개 설치
2층 이상의 건물	바닥으로부터 0.3m 및 천장으로부터 0.6m 이내	천장 아래의 신축이음쇠는 입상관의 연결부보다 높이 있고, 연결부가 수평인 경우는 0.6m 이내의 수평부에 설치	–
입상관 또는 기타 수직배관의 중간 지지부가 있는 경우	지지부의 윗부분 및 아랫부분으로부터 0.6m 이내	–	–

(5) 지진분리장치 설치기준

1) 지진분리장치는 전후좌우 방향의 변위를 수용할 수 있도록 설치하여야 한다.
2) 지진분리장치 1.8m 이내에는 4방향 버팀대를 설치하여야 한다.
3) 버팀대는 지진분리장치 자체에 설치할 수 없다.

- 지진분리장치는 전후좌우 4방향 변위를 수용할 수 있는 장치이므로 양 끝단에 연결되어 있는 배관이 고정되지 않을 경우 변위흡수의 기능을 상실할 수 있다. 따라서 지진분리장치를 설치할 경우 전후에 전후좌우 방향 버팀대를 설치하도록 규정하고 있다.
- 지진분리장치는 일반적으로 관부속품, 배관과 커플링 장치 등을 이용한 집합체 장치를 사용하거나 모든 방향으로 움직임이 가능한 배관과 커플링 장치를 이용하는 집합체 장치이므로 자체에 버팀대를 설치할 경우 기능을 상실하므로 버팀대의 설치를 금지하고 있다.

(6) 흔들림 방지 버팀대 설치기준

1) 흔들림 방지 버팀대는 내력을 충분히 발휘할 수 있도록 견고하게 설치하여야 한다.
2) 배관에는 제6조 제2항에서 산정된 횡방향 및 종방향의 수평지진하중에 모두 견디고, 지진하중에 의한 수직방향 움직임을 방지하도록 버팀대를 설치하여야 한다.
3) 버팀대가 부착된 구조부재는 배관설비에 의해 추가된 지진하중을 견딜 수 있어야 한다.
4) 버팀대의 세장비 $\left(\dfrac{L}{r}\right)$는 300을 초과해서는 안 된다. 여기서, L은 버팀대의 길이, r은 최소회전반경이다.

- 세장비(L/r) : 버팀대의 길이(L)와, 최소회전반경(r)의 비율을 말하며, 세장비가 커질수록 좌굴(buckling)현상이 발생하여 지진발생 시 파괴되거나 손상을 입기 쉽다.
- 버팀대는 지진 시 파손 및 변형이 발생하지 않도록 설계된 지지대이다. 일반적으로 사용되는 버팀대의 변형 중 가장 일반적인 현상은 좌굴현상이다. 이러한 좌굴현상은 세장비가 커질수록 발생하기 쉬운데 지진동 발생 시 순간 모멘트로 인해 버팀대의 휨현상이 발생하기 때문이다.
- 좌굴현상은 기둥의 길이가 그 횡단면 치수에 비해 클 때, 기둥의 양단에 압축하중이 가해졌을 경우 하중이 어느 크기에 이르면 기둥이 갑자기 휘는 현상을 말한다.
- 지진동 : 지진 시 발생하는 진동을 말한다.
- 버팀대는 기둥의 역할을 하므로 긴 기둥의 경우 지진의 힘을 일부 흡수할 수 있다. 그러나 지나치게 길면 좌굴에 견디는 기둥의 힘을 감소시키고 시간이 흐름에 따라 피로 파괴를 유발한다. 그러므로 소방시설 내진설계기준에서는 버팀대 세장비의 최대값을 300으로 한정하고 있다.

5) 4방향 버팀대는 횡방향 및 종방향 버팀대의 역할을 동시에 할 수 있어야 한다.

 **버팀대 사용장소**
- 설비 입상관의 최상부
- 배관구경에 관계없이 모든 주급수관 및 교차배관
- 구경 65A 이상의 가지배관(이 경우에는 횡방향 버팀대에 한한다)

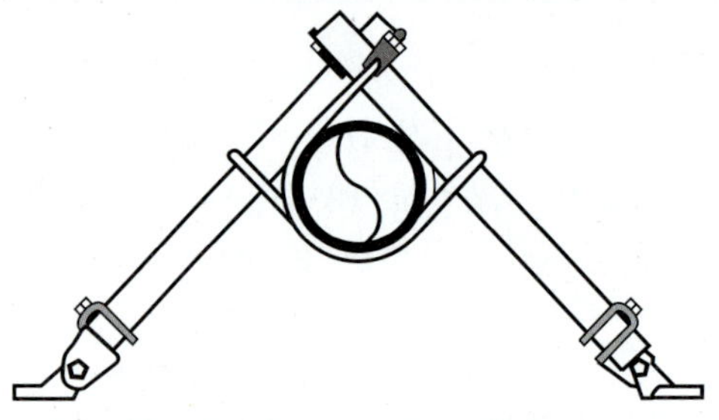

┃ 4방향 흔들림 배관 버팀대 ┃

(7) 수평배관 흔들림 방지 버팀대 설치기준

1) 횡방향 흔들림 방지 버팀대 설치기준

① 설치대상

　㉠ 배관구경과 무관 : 주배관, 교차배관

 주배관과 교차배관은 인접한 가지배관의 하중까지 받고 있으므로 배관의 구경과는 무관하게 횡방향 흔들림 방지 버팀대를 설치하여야 한다.

　㉡ 배관구경 65mm 이상인 배관 : 지배관 및 기타 배관

 65mm 미만인 배관(즉, 50mm 이하)은 배관이 작아서 자체적으로 신축이 된다고 보고 이에 대한 버팀대 설치기준을 제시하지 않고 있는 것이다.

② 횡방향 흔들림 방지 버팀대의 설계하중은 설치된 위치의 좌우 6m를 포함한 12m 내의 배관에 작용하는 횡방향 수평지진하중으로 산정한다.

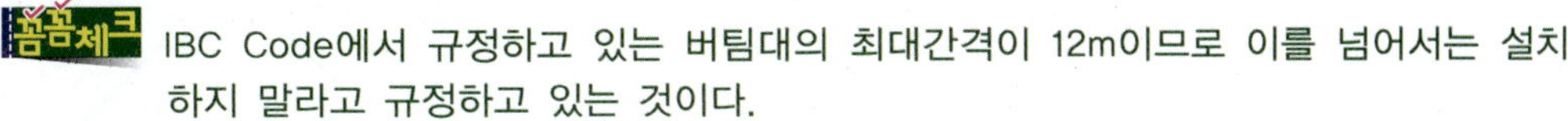

③ 버팀대의 간격은 중심선 기준으로 최대간격이 12m를 초과하지 않아야 한다.

 IBC Code에서 규정하고 있는 버팀대의 최대간격이 12m이므로 이를 넘어서는 설치 하지 말라고 규정하고 있는 것이다.

④ 마지막 버팀대와 배관 단부 사이의 거리는 1.8m를 초과하지 않아야 한다.

- 마지막 버팀대와 배관 끝부분 사이에 가지배관이 분기되어 사용될 경우 마지막 부분은 외팔보와 같은 형태가 되며 캔틸레버 하중을 받게 되므로 이를 지지하기 위해서 최대거리를 제한을 두는 것이다.
- 캔틸레버(cantilever) : 한쪽만 고정시키고(고정단) 다른 쪽은 돌출시켜(자유단), 그 위에 하중이 실리도록 하는 보이다. 캔틸레버는 고정단에 발생하는 휨모멘트와 전단력을 통해 하중을 지지한다. 이러한 외팔보의 위쪽의 반은 인장응력을 받으며, 아래쪽의 반은 압축응력을 받는다.

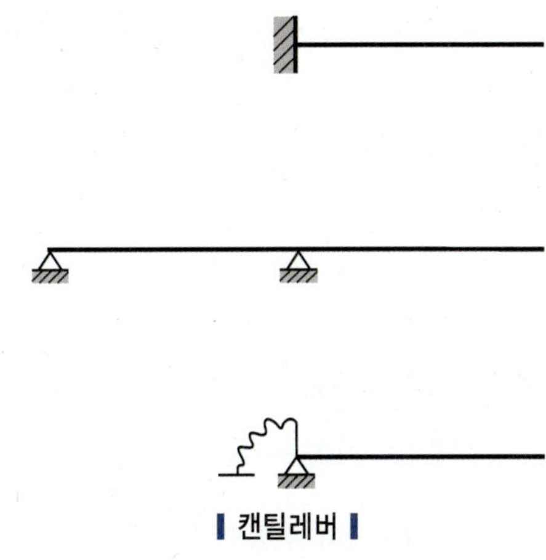

❙ 캔틸레버 ❙

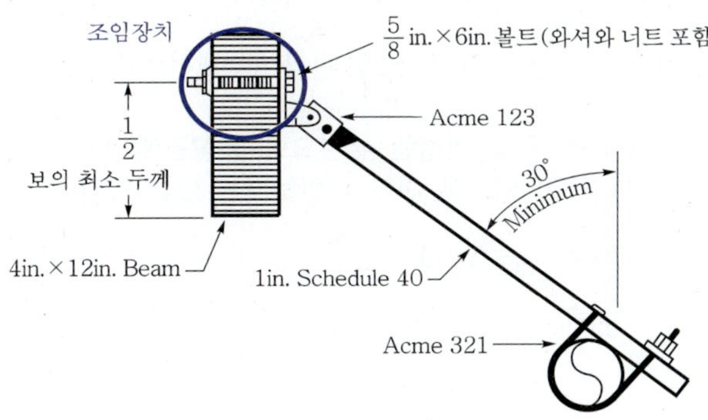

❙ 횡방향 흔들림 방지 버팀대 ❙

2) 종방향 흔들림 방지 버팀대의 설치기준
① 종방향 흔들림 버팀대의 수평지진하중 산정 시 버팀대의 모든 가지배관을 포함하여야 한다.

685

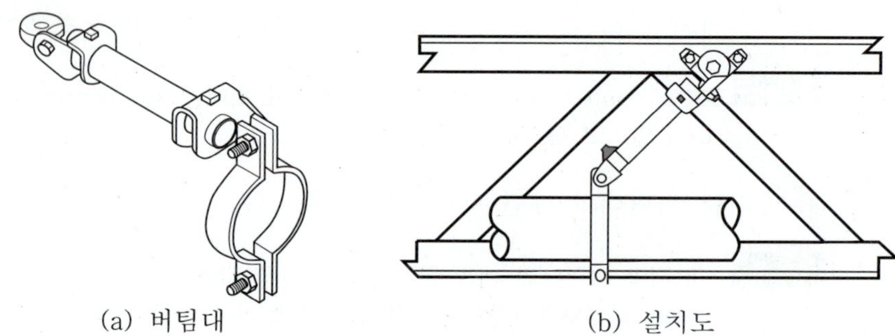

(a) 버팀대   (b) 설치도

▎ 종방향 흔들림 방지 버팀대 ▎

② 종방향 흔들림 방지 버팀대의 설계하중은 설치된 위치의 좌우 12m를 포함한 24m 내의 배관에 작용하는 수평지진하중으로 산정한다.

> **꼼꼼체크** 종방향 흔들림 방지 버팀대의 경우는 횡방향보다 흔들림이 적기 때문에 설치간격을 횡방향의 2배인 24m까지 완화하여 적용하고 있다.

③ 주배관 및 교차배관에 설치된 종방향 흔들림 방지 버팀대의 간격은 24m를 넘지 않아야 한다.

④ 마지막 버팀대와 배관 단부 사이의 거리는 12m를 초과하지 않아야 한다.

⑤ 4방향 버팀대는 횡방향 및 종방향 버팀대의 역할을 동시에 할 수 있어야 한다.

(8) 입상관 흔들림 방지 버팀대 설치기준

1) 길이 1m를 초과하는 주배관의 최상부에는 4방향 버팀대를 설치하여야 한다.

> **꼼꼼체크** 입상관은 수평주관과 연결되며 수평주관은 수직, 수평 모든 방향의 진동을 받을 수가 있다. 따라서 입상관의 흔들림 방지 버팀대는 4방향 버팀대를 설치하여야 한다. 하지만 1m 이하의 작은 입상관의 경우는 진동을 적게 받고 완화 차원에서 제외한 것이다.

2) 입상관상의 관연결부위는 4방향 버팀대를 생략하여도 된다.

> **꼼꼼체크** 관의 연결부위는 관과 연결된 부분으로 입상관에 4방향 버팀대가 설치되어 있으므로 설치 시 이중이 되므로 이를 제한하지는 않고 있다.

3) 입상관 최상부의 4방향 버팀대가 수평배관에 부착된 경우 입상관의 중심선으로부터 0.6m 이내이어야 하며 버팀대의 하중은 수직 및 수평 방향의 배관을 모두 포함하여야 한다.

> **꼼꼼체크** 버팀대가 입상관에서 멀어지면 멀어질수록 입상관을 지지하는 지지력이 약화되므로 최소한 중심선에서 0.6m 이내에 위치하도록 하고 있다.

4) 입상관 4방향 버팀대 사이의 거리는 8m를 초과하지 않아야 한다.

> **꼼꼼체크** 횡방향 버팀대가 12m, 종방향 버팀대가 24m의 거리제한을 하고 있고, 그보다 하중을 더 받는 입상관은 8m 이내로 거리제한을 받고 있다.

(9) 버팀대 고정장치 설치기준

1) 버팀대 고정장치에 작용하는 수평지진하중은 허용하중을 초과해서는 아니 된다.

2) 길이 3.7m 미만의 배관은 인접한 버팀대로 지지할 수 있다.

 배관의 길이가 짧으면 받는 하중도 적기 때문에 인접한 버팀대로 지지하도록 완화하고 있다.

(10) 헤드

1) 가지배관상의 말단 헤드는 수직 및 수평으로 과도한 움직임이 없도록 다음에 따라 설치하여야 한다.

① 고정 와이어는 행거로부터 0.6m 이내에 위치해야 한다. 와이어 고정점에 가장 가까운 행거는 가지배관의 상방향 움직임을 지지할 수 있는 유형이어야 한다.

가지배관의 헤드를 고정하는 고정 와이어의 경우 횡방향 흔들림만을 방지하는 역할을 하기 때문에 수직방향 흔들림에 대한 방지를 할수 있는 행거가 설치되어야 한다.

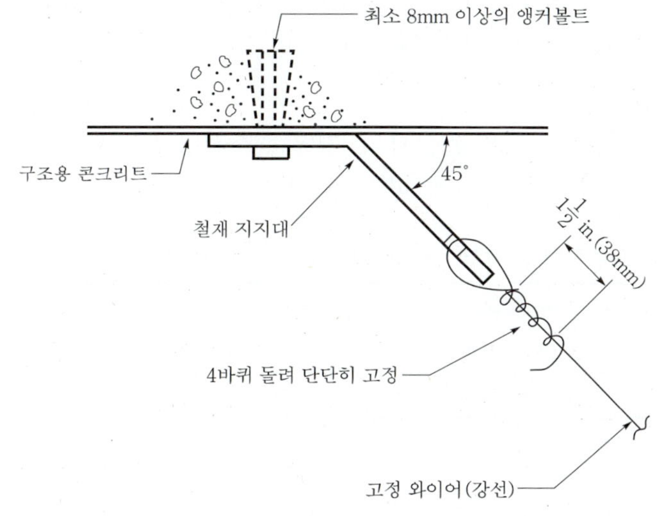

❙ 고정 와이어의 설치 ❙

② 가지배관상의 말단 헤드는 수직 및 수평으로 과도한 움직임이 없도록 고정하여야 한다.

③ 가지배관에 설치되는 행거는 「스프링클러설비의 화재안전기준(NFSC 103)」 제8조 제13항에 따라 설치한다.

2) 헤드는 지진 시 천장이나 보 등과 충돌하지 않도록 10cm 이상의 이격거리를 확보하여야 한다.

지진에 의한 헤드의 파손은 대부분 배관이나 부속품 또는 건물에 부딪히는 경우가 많다. 특히 배관의 흔들림이 상하 방향으로 발생할 때 헤드는 천장 또는 보와 충돌할 수 있다. 따라서 이를 방지하기 위해 최소 10cm 이상의 이격거리를 확보하여야 한다.

(11) 제어반 설치기준

1) 벽면에 설치하는 경우 직경 8mm 이상의 고정용 볼트를 4개 이상 고정하여야 한다.

 벽면에 상단지지를 통해서 지진으로부터 제어반을 보호하기 위함이다.

2) 바닥에 설치하는 경우 지진하중에 의해 전도가 발생하지 않도록 설치하여야 한다.

3) 수계소화설비에 사용되는 수신기 및 중계기는 지진발생 시 전도되지 않도록 설치하여야 한다.

(12) 유수검지장치 설치기준 : 유수검지장치는 지진발생 시 기능을 상실하지 않아야 하며, 연결부위는 파손되지 않아야 한다.

(13) 함의 설치기준

1) 함은 지진 시 개폐에 장애가 발생하지 않아야 한다.

2) 노출형 함이 설치되는 벽면은 충분한 강도를 가져야 하고, 노출형 함은 중량 1,000kg 이하인 설비로 분류하여 제5조 제1항에 따라 바닥면에 고정하여야 한다.

3) 비내력벽에는 함을 설치하지 않는다.

(14) 비상전원 설치기준

1) 비상전원을 위한 비상발전장치의 경우 「스프링클러설비의 화재안전기준(NFSC 103)」 제5조 제1항의 기준에 따라 설치하여야 한다.

가압송수장치의 지지[「스프링클러설비의 화재안전기준(NFSC 103)」 제5조 제1항]

가동중량	고정 앵커볼트 직경	앵커볼트의 근입 깊이
1,000kg 이하	12mm 이상	10cm 이상
1,000kg 이상	20mm 이상	10cm 이상

2) 예비전원은 지진발생 시 전도되지 않도록 설치하여야 한다.

(15) 가스계 및 분말소화설비

1) 이산화탄소 소화설비, 할로겐화합물 소화설비, 청정소화약제 소화설비 및 분말소화설비의 저장용기는 지진하중에 의해 전도가 발생하지 않도록 하여야 한다.

2) 이산화탄소 소화설비, 할로겐화합물 소화설비, 청정소화약제 소화설비 및 분말소화설비의 제어반은 제어반의 설치기준에 따라 설치하여야 한다.

3) 이산화탄소·할로겐화합물·청정소화약제 소화설비 및 분말소화설비의 기동장치와 비상전원은 지진으로 인한 오동작이 없도록 설치하여야 한다.

• 면진지지장치 : 지진격리장치로서 지진발생 시 건축물을 통해 소방시설에 전달되는 지진력을 흡수, 감소, 소멸시키는 장치
• 내진스프링행거 : 지진격리장치로서 지진발생 시 건축물을 통해 전달되는 지진력이 소방시설 및 배관에 전달되지 않도록 내진용 스프링이 내장된 행거로 좌우·전후

・상하 360° 3차원의 지진력을 흡수·감소·소멸시키는 배관지지행거장치로 스프링 내장형 행거
- 내진체인스프링가대 : 지진격리장치로서 지진발생 시 건축물을 통해 전달되는 지진력이 소방시설 및 배관에 전달되지 않도록 내진용 체인과 내진용 스프링이 장착된 내진 및 면진배관용 지지장치
- 내진인서트 : 지진격리장치로서 소방용 행거를 설치하기 위하여 건축물의 바닥 콘크리트에 매설하는 연결용 삽입물로 스프링 내장형 행거에 행거로드로 연결하여 소방배관을 지지하도록 하고 지진동을 흡수, 감소, 소멸하도록 내진용 스프링이 내장된 연결지지장치
- 면진랙 : 지진격리장치로서 건축물을 통해 입형 제어반에 전달되는 지진력을 흡수·감소·소멸시키는 장치

10 결 론

(1) 지진 시에 지진에 의한 피해보다 지진 이후에 2차적 피해인 화재에 의한 피해가 더 크다고 보고되고 있는데, 우리나라는 현재까지 소방설비의 내진설계에 많은 신경을 쓰지 않고 있었다.

(2) 그러나 도심에서 지진이 발생하면 화재가 동반되고 이때 소화설비가 지진으로 파손된다면 많은 인적, 물적 피해를 입게 된다.

(3) 20세기 초 미국 샌프란시스코와 일본 관동대지진 때 조사결과를 보면 지진 자체에 의한 피해보다 화재에 의한 피해가 더욱 큰 것으로 나타났다. 왜냐하면 건물이 점차 고층화, 대형화되고 있기 때문에 지진에는 오히려 더 취약해지고 피해가 증가하기 때문이다.

(4) 최근에는 우리나라도 지진의 안전지대가 아니라는 징후가 곳곳에서 감지되고 있으므로 그에 대한 적절한 대응책을 마련하기 위하여 소방시설의 내진설계기준이 제정된 것이다.

클린룸(clean room)

01 개 요

(1) 정의 : 오염제어(contamination control)를 하고 있는 한정된 공간에서 공기 중에서의 부유 미소입자, 부유 미생물이 한정된 청정도 레벨 이하로 관리되고, 또 그 공간에 공급되는 재료, 약품, 물 등에 대해서도 요구되는 청정도가 유지되어 필요에 따라서 온도, 습도, 압력 등의 환경조건에 대해서도 관리를 하고 있는 공간을 의미한다.

(2) 우리나라는 IT 강국으로 관련 부품 등을 생산하기 위한 클린룸(clean room) 시설이 기하급수적으로 증가하고 있으나, 열·연기 확산에 대한 과학적인 분석이 멀티플렉스, 할인점, 고층빌딩 등에만 국한되어 있고 생산시설에 대한 적극적 검증이 이루어지지 않고 있다. 또한 클린룸(clean room) 시설이 가장 많은 국가로는 우리나라와 더불어 미국, 일본, 대만 정도에 지나지 않아 국제적으로 클린룸(clean room)에 대한 방재기준 제정 및 연구가 미흡한 실정이다.

(3) 일반적으로 화재 시 열·연기 기류이동은 상부와 하부의 온도차에 의해 수직이동 및 수평이동을 하여 실내 전체가 연소에 의한 열·연기로 충만하게 된다. 이에 반해 클린룸은 위 일반적 건물의 인자에 더불어 외부보다 30% 이상 높은 내부 압력과 탑다운(top-down) 방식의 고풍량 공조시스템으로 인해 열·연기 확산 형태가 상이하게 발생할 수 있다.

> **꼼꼼체크** **탑다운(top-down)** : 상부에서 하부로 기류를 발생시켜 환기하는 방식

(4) 클린룸은 청정도에 관련된 공조시설로만 구성되어 있고, 가스누설 및 연기발생 시에 작동하는 긴급배출시설이 일부 설치되어 운영되고 있으나 감지기에 의한 동작에 제품불량 발생이 많아 잘 사용되지 않고 있는 실정이다.

(5) 따라서 클린룸에서의 화재발생 시에 열유동 및 기류에 의한 연기유동을 파악하고, 공조시설의 활용을 통한 재실자의 피난방안 제시를 통해 클린룸에 대한 안전성을 확보하고자 한다.

02 공기의 청정도에 따른 등급(class)

(1) JIS나 ISO의 기준 : $1m^3$의 공기 중에 포함되는 입경 $0.1\mu m$ 이상의 미립자수를 10의 제곱으로 나타낸다.

예 입경 $0.1\mu m$ 이상의 미립자수가 10^1이면 클래스 1, 10^5이면 클래스 5, 10^{10}이면 클래스 10이다.

(2) 국내 기준 : $1m^3$의 공기 속에 $0.3\mu m$ 입경을 기준으로 하여 클래스 1이면 1개, 10이면 10개를 의미한다.

03 클린룸의 환기방식

(1) 산업용 클린룸(ICR ; Industrial Clean Room) : 공산품의 제조공정으로 사용하는 클린룸이며, 주로 공기 중에 있어서의 부유 미립자가 관리되는 공간으로 ICR은 반도체 등의 전자 디바이스로부터 고순도 재료까지 광범위한 공업제품의 제조나 연구개발 장소에서 사용된다.

1) **층류식** : JIS 클래스 5(FED Class 100) 이상의 높은 청정도를 요구하는 클린룸에 채용되어 천장 전면에서 하부로 청정한 공기를 급기하고 마루 전면에서 흡기하는 방식으로 실내에서 발생한 먼지는 이 기류에 의해 신속하게 클린룸 밖으로 배기된다.

2) **난류식** : JIS 클래스 6(FED Class 1,000) 이하의 낮은 청정도의 클린룸에 채용되며 청정한 공기에 의해 실내에서 발생한 먼지를 희석하는 것으로써 청정도를 유지한다.

유동 방식	수직층류방식 (vertical laminar airflow)	수평층류방식 (horizontal laminar airflow)	난류방식 (turbulent airflow)	혼류방식 (mixed)	터널방식 (tunnel)
등급	Class 1~100	Class 100	Class 1,000 ~100,000	Class 1,000 ~100,000	Class 1~100
청정 상태	실내의 미립자를 바로 하류에 이동하여 배출하므로 청정도가 높다.	HEPA 필터층의 바로 옆은 청정도가 우수하나 하류는 상류에서의 오염물의 영향으로 불량하다.	실내의 미립자가 공기 중으로 날려 희석되어 배출되므로 전체적으로 청정도가 낮다.	일정 공간은 높은 청정도를 얻고 그 외 공간은 청정도가 낮다.	터널을 만들어 원하는 청정도를 만드는 방식으로 청정도가 높다.
초기 투자비	고	중	저	–	–
운전비	고	중	저	중	중
Layout 변경	쉽다.	어렵다.	쉽다.	쉽다.	어렵다.
정밀 기류 제어	실 전체 제어를 위해 실내의 불균형이 약간 있다.	상류의 발진이 하류에 영향을 미친다.	불균형이 있다.	불균형이 있다.	작업부마다 고정 밀도 작업제어가 가능하다.
System	SA / RA	SA / RA	SA / RA	SA / RA	SA / RA

3) 슈퍼 클린룸(super clean room)에 적용되는 방식 : 기본적으로 수직층류형태(vertical laminar flow)를 갖추고 있고, 공기의 순환형태 및 온습도제어의 방식에 따라 몇 가지 시스템이 적용되고 있다. 근래 국내·외적으로 가장 많이 채택되고 있는 Super clean room 방식으로는 Open bay 방식, Fan filter unit 방식, Clean tunnel module 방식 등이 있다.

① Open bay 방식

㉠ 초기 투자비가 많이 든다(기준 100).

㉡ 운전비가 중간 정도이다(기준 100).

㉢ 유지 관리가 용이하다.

㉣ 기계실 면적이 크다.

㉤ 층고가 작아도 된다.

② Fan filter unit 방식 : 국내의 클린룸에서 대부분 사용하고 있는 방식

㉠ 초기 투자비가 중간 정도이다(기준 95).

㉡ 운전비가 많이 발생한다(기준 128).

㉢ 유지 관리가 곤란하다.

㉣ 기계실 면적이 대단히 적다.

㉤ 층고가 높아야 한다.

㉥ 천장에 음압이 걸려 오염의 우려가 있다.

③ CTM(Clean Tunnel Module) 방식

㉠ 초기 투자비가 가장 적다(기준 85).

㉡ 운전비가 가장 적다(기준 75).

㉢ 유지 관리가 비교적 곤란하다.

㉣ 기계실 면적이 크다.

㉤ 층고가 낮아도 된다.

(2) 바이오 클린룸(BCR ; Biological Clean Room) : ICR은 먼지입자를 제어대상으로 하는 데 반하여 BCR은 미생물의 제어를 제1의 목적으로 한다. 무균수술실, 제약공장, 식품공장, 동물실험실에서 주로 사용된다.

(3) 클린룸의 청결 환기 원칙

1) 먼지가 외부에서 들어오지 못하게 한다.

2) 먼지가 내부에서 생기지 못하게 한다.

3) 생기거나 들어온 먼지는 빨리 배출한다. 일반 건물에 비해 공기량이 4~5배 이상이다.

(4) 클린룸의 배기덕트의 특징

1) 덕트크기(duct size)가 크다. 따라서 스프링클러(S/P)설비 등의 설치가 유효하다.

2) 산성, 알칼리성, 독성 가스 등이 유통될 우려가 있다. 부식을 방지하기 위해 PVC 또는 STS의 덕트를 사용한다.

3) 따라서 가요성 덕트는 배기덕트에 사용이 곤란하고 건물의 일부를 덕트로 사용하면 안 된다.

04 클린룸 설비의 특징

(1) 중요도 : 클린룸 시설의 가동 중에 고장이 발생하는 경우 생산라인의 제품 전부가 불량품이 되거나 품질이 떨어지게 된다. 또한 각 장치에 공급되던 원자재를 모두 교체할 필요성이 있음은 물론 파괴된 클린룸의 실내 환경을 복구하려면 많은 시간을 요구하게 되어 막대한 생산차질이 발생할 수 있으므로 중요도가 매우 높은 시설이다.

(2) 위험성

1) 클린룸은 외부와 완전 밀폐된 공간으로 다량의 유독가스나 폭발성 가스, 정전기가 축적될 수 있다.
2) 화재가 발생한 경우에도 실내공기의 제어방향에 따라 감지설비가 초기에 동작하지 않을 수 있다.
3) 따라서 작업자 및 시설물의 관리상 위험성이 매우 높은 시설이다.

(3) 작업환경의 특수성 : 클린룸은 외부 환경의 영향을 차단하기 위하여 완전밀폐구조의 작업공간을 제공하고 있다. 따라서 자연채광이 전혀 되지 않는 시환경(示環境) 및 제한된 청환경(聽環境)을 가지며, 외부와의 모든 정보전달이 직접 이루어지지 않는 매우 불안전한 작업환경이다.

(4) 대전력 소비 : 클린룸은 다량의 공조된 공기를 사용하여 청정도를 향상시키기 때문에 많은 동력설비를 사용하는 에너지소비가 매우 큰 시설이다. 에너지 밀도(일반 공조의 5배)가 높아 재해위험이 크다.

05 일본의 클린룸 사고사례의 분석

(1) 사고사례

사고 종류	건 수	백분율(%)
누설발화	17	42.5
폭발	8	20
누설화재	7	17.5
누설폭발	2	5
누설중독	2	5
자연발화	2	5
산소결핍	1	2.5
발화	1	2.5
합계	40	100

(2) 사고분석

1) 위의 거의 모든 사고에서 인명피해가 발생한 것으로 알려지고 있다. 또한 제품의 불량 발생으로 인한 기업의 손실은 상당한 수준인 것으로 알려져 있다.

2) 클린룸에서의 사고는 외부와의 밀폐로 전원이 차단되면 피난방향을 찾기가 어렵고, 사고의 원인이 일반 생산시설보다 다양하고 치명적이다.

3) 유독성, 발화성, 가연성 화학물질을 다량 사용, 저장하고 있으며, 내실자는 모두 방진복을 착용하며, 작업자가 상주 관리하는 장비가 아니라 화재 사고 등 사고 발생에 대한 감지가 늦어져 대형 참사를 발생할 수 있는 요인이 있다.

(3) 사고원인별 분류

사고 종류	건 수	백분율(%)
인간의 실수(human error)	13	32.5
설비불량	13	32.5
혼합반응	5	12.5
조작불량	5	12.5
자기분해반응	2	5
자연발화	2	5
합계	40	100

1) 반도체 관련 분야에 참여하는 기업의 대부분의 작업자들은 가스와 약품의 취급에 익숙하지 않다.

2) 작업자들도 경험이 적은 사람이 많기 때문에, 이 분야에서 사용되는 다수의 종류의 물질을 취급하는 현장에서 작업자의 경험 및 지식의 부족, 즉 인간의 실수가 사고의 중요원인으로 지적되고 있다.

06 클린룸 규정, 기준의 비교 분석

(1) 클린룸에 대한 국내 법규는 산업시설군의 공장, 연구시설에 포함되어 있으며, 소방법에서의 화재 제어시설로는 일반건축물과 똑같은 규정을 적용받고 있는 상황이다.

(2) 국외의 기준은 미국의 FM(Factory Mutual loss prevention data sheet), NFPA와 국제 반도체기준인 Semi-codes에서 안전에 대한 시설기준이 제시되고 있으나, 상세한 기술기준은 제공되지 않고 있다. 가장 상세한 기준을 제시하고 있는 기준은 FM으로서 안전에 관련된 기준의 요약은 아래의 표와 같다.

▌FM에서의 안전 관련 기준▐

구 분	내 용
화재방호 측면	• 가스계 소화설비 • 스프링클러 소화설비 • 가연성 물질 취급 덕트 내 소화설비 • 소화기 • 옥내소화전설비
소음, 진동 방호 측면	65dB 이하 유지 관리
연기제어시스템 측면 (Fume/Smoke)	• 제연설비의 설치 유무 • 제연설비가 설치되지 않았을 경우 화재실 주변은 60Pa 유지
환경제어 측면	• 온도, 습도, 압력차 및 먼지 관리 • 가연성, 유독성 가스의 배출 유효성
전원공급에 관한 사항	UPS(무정전 전원장치) 설치 유무
건축구조 측면	• 내화구조, 방화구획, 안전구획 • 내장재의 불연성(FPI≤6, SDI≤0.4)[113]

(3) 각 국의 기준에서는 연기감지기 및 가스누설감지기로 인하여 가스공급을 차단하는 비상정지스위치를 사용하도록 제시하고 있으나, 현실적으로 연동하여 사용하는 것은 용이하지가 않다. 그 이유로는 감지기의 오동작 발생의 건수가 적지 않으며, 공정의 중지로 인해 발생하는 피해는 상상을 초월하기 때문이다.

07 연기, 열 유동에 따른 피난분석

(1) 훈연(fume)과 연기(smoke)는 구조로만 본다면 차이점이 있지만, 성상은 유사하다고 볼 수 있으며 실내에서 발생한 경우에는 사람이 투과할 수 있는 가시거리를 급격히 줄이는 역할을 한다.

> **꼼꼼체크 훈연(fume)** : 용융된 물질이 승화, 휘발하여 생긴 기체가 응축할 때 생긴 1μm 이하의 상호 응집하기 용이한 고체상 입자

(2) 클린룸에서의 기류는 그림과 같이 상부 급기, 하부 순환으로 되어 있어 연기 발생 및 가스 누출의 경우에는 일반실보다 빠른 시간에 내실자의 호흡기에 도달하게 된다.

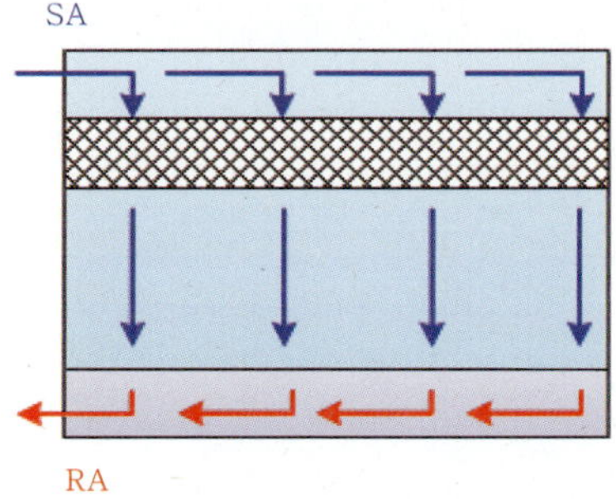

▌클린룸의 일반적인 공조방식(수직층류형)▐

---

113) ANSI/FM approvals 4910 June 2004 15page

(3) 일반적으로 화재감지시간은 50~70초 가량의 시간으로 하고 있으며, 이를 감안했을 때 화재발생으로부터 피난완료시간은 168~188초로 예상됨에 따라 기타의 조건을 제외하더라도 피난이 어렵다는 것을 알 수 있다.

┃ 클린룸의 피난시뮬레이션 결과 ┃

대상공간	피난인원	피난완료시간	연기층 도달시간
클린룸	70명	118초(화재감지시간 제외)	170초

(4) 또한 클린룸의 경우 상층부로부터의 급기속도가 0.25~0.4m/s로 운영되고 있으며, 액세스 플로어(access floor)의 그레이팅(grating)을 통해 연기는 하부 또는 그레이팅 아래로 이동하여, 부력에 의한 연기의 상승기류와 공조의 수직하강기류가 충돌하여 섞임으로 인하여 청결층의 확보 측면에서는 일반건축물에 비해 불리한 조건이다.

08 결 론

(1) 클린룸의 경우 상주하여 근무하는 인원이 공간면적에 비해 적으며, 공간 상황을 모르는 외부인의 출입이 거의 없다는 점 등 비상시 피난에 유리한 점들이 있다.

(2) 그러나 많은 장비 및 기기들로 인한 피난동선의 혼잡 및 피난장애는 피난효율을 떨어뜨릴 수 있는 요인이며, 작업장별로 형성된 구획은 피난 시 동선을 길게 하여 피난 시 피난시간이 늦어지는 원인이 된다.

(3) 또한 많은 위험물질을 사용함에 따라 타 화재보다 다량의 유독성 연기가 발생할 우려가 크다. 시설물이 대규모이고 비용이 커서 재해발생 시에 큰 피해를 유발한다. 따라서 향후 클린룸의 공조에 대한 시스템과 연기제어를 위한 시스템을 동시에 적용하는 방안을 제시하고, 연기관리에 대한 지속적인 연구가 필요하다.

01 개 요

(1) 주택화재의 경우, 사고조사 결과 어느 화재보다도 더 인명피해가 발생할 가능성이 크다.

(2) 이는 야간 취침시간대에 발생하는 경우 화재사실을 조기에 인지하기가 어렵고, 화재를 소화할 수 있는 설비가 부족하고, 농촌과 외곽지역의 경우 노후화된 주거시설, 고령화 및 독거노인들의 나홀로 주택 증가, 아궁이 및 화목보일러 사용증가, 소방서로부터 원거리 위치, 농촌지역 소방용수 확보 곤란 등의 이유로 화재에 취약한 환경에 노출되어 있어 초기대응이 어렵기 때문이다.

(3) 또한 주택의 경우는 개인의 책임으로 발생한 화재는 개인인 책임지도록 함으로써 사회적 안전성을 확보하기 위하여 법적으로 강제하지 않고 있기 때문에 소방설비의 설치 등이 간과되고 있기 때문이다.

02 주택화재의 특징

(1) 건축물 특성
  1) 화기 취급장소(例 주방, 보일러실)가 있어 화재위험이 크다.
  2) 소규모실로 구획되어 있다.
  3) 피난로가 하나이다.

(2) 거주자 특성
  1) 노유자가 거주함으로써 재난 시 인명피해가 크다.
  2) 거주자가 비전문가이므로 소방시설의 관리가 어렵다.

(3) 연소 특성
  1) 화재가 주로 취침시간대에 발생한다.
  2) 내장재 등에 대한 제한을 두지 않아 연소확산이 빠르다.

(4) 자동식 경보 또는 소화설비가 없는 경우가 대부분이다.

03 개선방안

(1) 주택형 스프링클러설비 개발 및 설치

1) 주거시설에서 수면 중 급격 연소, 대피능력 부족 등의 피해유발요인을 효과적으로 제어할 수 있는 것이 스프링클러설비이다.

2) 미국 에너지부의 "스프링클러가 설치된 건물에서는 인명피해가 한 건도 없었다." 라는 연구결과가 나타내주듯이 스프링클러설비가 화재 초기 완벽히 화재진압에 성공한다면 폭발, 자살·타살 방화 등의 특이성 요인에 의한 화재를 제외한 건물화재에서 인명피해를 완벽하게 방지할 수가 있다.

3) 이러한 스프링클러설비의 유효성과 장점에도 불구하는 문제는 설비를 설치하는 데 따른 비용상승이 설치에 장애요인으로 작용한다는 점이다.

4) 따라서 법제화를 통하여 설치를 강제하는 것이 인명피해를 저감하는 데 최고의 효과를 발휘할 수 있을 것이다.

(2) 단독경보형 감지기 설치 및 보급

1) 화재발생 시 신속한 통보를 통한 화재인지는 인명피해 발생을 완화시키는 가장 중요한 인자 중 하나이다.

2) 하지만 주거시설 중 아파트만 '특정소방대상물'로 분류되어 일반 개인주택에서는 감지설비가 설치되는 데 한계가 있다.

3) 따라서 이를 법제화할 필요성이 있다.

(3) 시민 소방안전교육의 강화 : 소방안전교육의 최우선 목표는 화재 시 가장 중요한 것은 사람의 안전과 대피이며 초기 소화는 가장 안전하고 피난이 유효한 상태에서 시행되어야 한다는 것이다.

기타 건축물의 화재

01 병원의 화재

(1) 건축물 특성

1) 병원의 공간구성
   ① 외래부(out-patient department) : 내과, 외과, 소아과, 이비인후과, 안과, 피부비뇨기과, 치과, 산부인과 등과 같이 매일 환자들의 출입이 빈번한 공간
   ② 중앙진료부(adjunct diagnostic treatment facilities) : 검사부, 수술부, 방사선실, 물리치료부, 혈액은행, 약국 등과 같이 입원환자와 외래환자가 진료 및 치료를 받는 공간
   ③ 병동부(in-patient department) : 병실, 간호사 대기실, 의사실, 면회실 등 장기입원환자를 치료하는 공간
   ④ 서비스부(services department) : 조리관계시설, 세탁관계시설, 설비관계시설, 기타(장례식장, 매점 등)로 환자들에게 서비스를 공급하기 위한 공간
   ⑤ 관리부
      ㉠ 환자공간 : 출입구, 주차장, 로비, 접수실, 면회실 등
      ㉡ 직원공간 : 원무과, 의사실, 간호사실, 사무실 등

2) 전기시설
   ① 안정적으로 전원공급이 필요한 공간 : 병동, 수술실, 검사실
   ② 의료용 전자기기(medical electromic)가 사용되는 곳에서는 전원의 안정공급과 함께 전원의 질(전압, 주파수, 노이즈)이 중요하다.

3) 공조시설 등이 발달 : 오염에 대한 대책이 필요하다.

4) 병실이나 진료실 등 작은 실의 집합체인 공간으로 비교적 칸막이가 많고 통로가 길어서 1차 안전구역을 보호하기가 어렵다.

5) 각종 설비배관, 덕트, 배선 등이 많이 설치되어 있어 구획 간의 관통부와 샤프트가 많아 구획화가 어렵다.

(2) 거주자 특성

1) 거주자를 분류할 경우 보통 1/3은 자체 피난가능자, 1/3은 부축을 받아야 피난이 가능한 자, 1/3은 피난무능력자(외부인의 도움 없이는 피난이 곤란)로 구분한다.

2) 상시 근무자가 근무하고 있어 화재발견 등이 용이하고, 피난에 조력자가 있다. 하지만 야간에는 조력자의 수가 급감하므로 이를 고려한 피난계획의 수립이 필요하다.

3) 피난조력자 중 여성의 비율이 높다(남성에 비해 능률저하).

4) 피난무능력자와 부축을 받아야 피난이 가능한자를 위하여 수평피난이 고려되어야 한다.

5) 병원의 재실자는 환자, 직원, 내방자 등으로 매우 다양하다. 따라서 연령대도 영유아부터 노인까지 다양하다.

(3) 연소 특성

1) 산소, 약품 등의 액체 가연물이 다수 존재한다.

2) 침대보, 커튼 등의 고체 가연물이 다수 존재한다.

3) 주방, 검사소 등에서 화기를 취급한다.

(4) 화재의 2차 피해 : 병원의 인식, 이미지가 실추되는 등 2차 피해가 크다.

(5) 병원의 피난방식

1) 수평피난방식 : 하나의 층을 여러 개(최소 2개 이상)의 방화구획으로 구획하고 어느 하나의 구획에 화재가 발생한 경우 우선 다른 구획으로 수평이동하여 안전을 확보할 수 있어야 한다. 이후 상황에 따라 순차적으로 지상까지 피난을 유도할 수 있는 피난방식을 말한다.

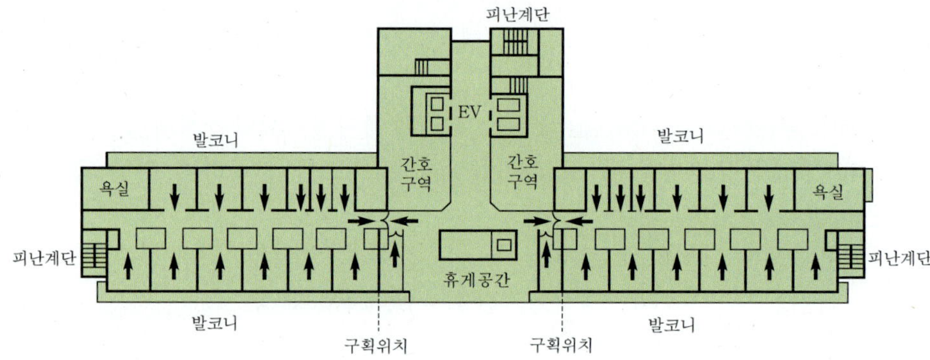

❙ 병원의 수평피난방식 ❙

2) 발코니피난방식 : 화재 시 우선 환자를 안전한 발코니로 피난시키고 이후에 순차적으로 계단이나 경사로로 피난을 유도하여 외부로 대피시키는 방식이다.

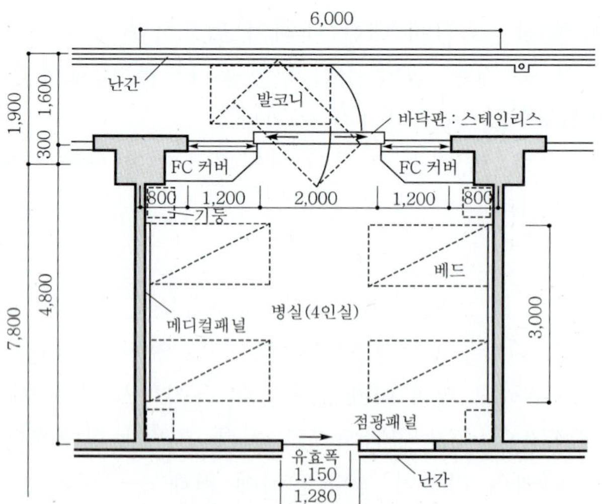

❙ 병원의 발코니피난방식 ❙

(6) 수평피난방식의 구획의 고려사항

1) 전 층 모두 수평계획상 동일한 위치에 구획을 설치할 것. 만일, 아래 층에 구획이 다르거나 없다면, 불완전한 수직관통부 등을 통해 상층으로 연기나 연소확대 우려가 있다.

2) 층별 구획은 구획의 신뢰성이 높게 설치할 것. 환자들이 이동이므로 수평이동으로도 많은 시간이 필요하므로 층별 구획의 신뢰성이 강조된다.

3) 구획된 공간의 샤프트나 수평관통하는 배관, 덕트 등은 내화충진구조로 기밀성이 있게 설치할 것

4) 구획된 각 구획 공간 내에 접근할 수 있는 계단을 적어도 1개소 이상 설치할 것

5) 피난자의 대기장소는 침대, 휠체어 등을 고려하여 충분한 공간을 확보할 것

6) 피난경로상의 방화문과 통로는 침대의 통행을 고려하며 개폐방향도 피난방향일 것. 특히 침대를 가지고 이동 시 문의 개폐가 곤란한 경우가 많으므로 충분한 문의 가동거리를 확보해야 한다.

02 호텔, 여관의 화재

(1) 건축물 특성

1) 카지노, 로비, 나이트클럽, 식당, 오락시설 등이 존재한다.

2) 문을 닫으면 혼자만의 공간으로 통제나 관리가 어렵다.

(2) 거주자 특성

1) 취침의 공간이다.

2) 피난에 조력자 역할을 하는 근무자의 근무시간과 투숙객의 투숙시간이 반대이다. 근무자는 주간에 대부분의 인원이 근무하고 투숙객은 저녁에 대부분의 인원이 투숙한다.

3) 음주 등으로 인해 정상적인 피난행동능력을 보유하지 못하는 경우가 많다.

4) 단기간 불특정 다수인이 투숙을 함으로써 교육이나 훈련이 어렵다(안전의식이 매우 낮다).

(3) 연소 특성

1) 침대보, 커튼 등 가연물이 다수 존재한다.

2) 소규모로 구획된 구획실 화재의 발생우려가 크다.

(4) 화재의 2차 피해 : 호텔의 인식, 이미지가 실추되는 등 2차 피해가 크다.

03 박물관의 화재

(1) 건축물 특성

1) 물건의 전시공간이므로 물건보호가 중요하다. 따라서 수계설비 설치가 곤란한다.

2) 수장공간이 있다(전시물은 1/10도 안 되는 경우가 많다).

3) 청동 등 부식이 우려되는 경우에는 불활성가스 청정소화약제를 사용한다.

4) 방화구획이나 제연구획이 곤란하다.

5) 전시를 하다 보니 피난거리가 길어진다.

(2) 거주자 특성

1) 불특정 다수인이다.

2) 평상시는 인구밀도가 낮으나 단체관람 시에는 일시에 인구밀도가 증가한다.

(3) 연소 특성

1) 수장공간에 문화재 등 가연물이 다수 존재한다.

2) 전시공간의 화재하중은 비교적 낮다.

(4) 대체재가 없다. 따라서 문화적 가치가 높으며 경제적 비용으로 환산하기가 곤란하다.

04 덕트화재

(1) 정의

1) 덕트 내에서 먼지 등에 의해서 출화한 화재

2) 덕트 내로 연소가 확대된 화재

(2) 특징

1) 기류의 속도가 빨라 화재의 전파가 빠르다.

2) 화원의 위치 파악이 곤란하다.

3) 덕트를 타고 건물 전체로 화재가 확대될 수 있다.

4) 진압에 많은 시간이 소요된다.

(3) 덕트의 주원인

1) 기름찌꺼기

2) 진애(티끌과 먼지를 통틀어 이르는 말) : 섬유성분과 카본입자

3) 목모텍스(나무의 섬유성분과 같이 가공하여 텍스로 사용하는 나무부스러기)나 우레탄폼

(4) 착화원

1) 배기가스의 온도상승

2) 흡입구 등에 담배꽁초 등의 유입

3) 용접 및 불티

(5) 대책

1) 덕트 내에 스프링클러(S/P)를 설치한다.

2) 덕트의 크기가 작고, 반사판도 작으며, 공기저항이 작고, 공기 중에 이물질이 반사판 등에 잘 붙지 않는 구조이어야 한다.

3) 덕트 내에는 물을 유효하게 배출할 수 있는 배출구 등이 필요하다.

4) 수직관통부의 길이는 가급적 작게 한다.

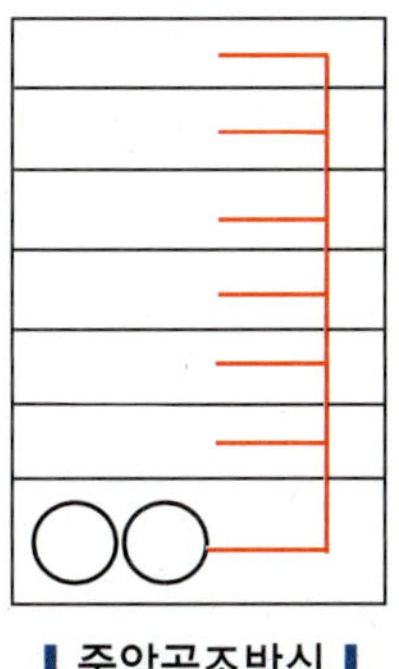
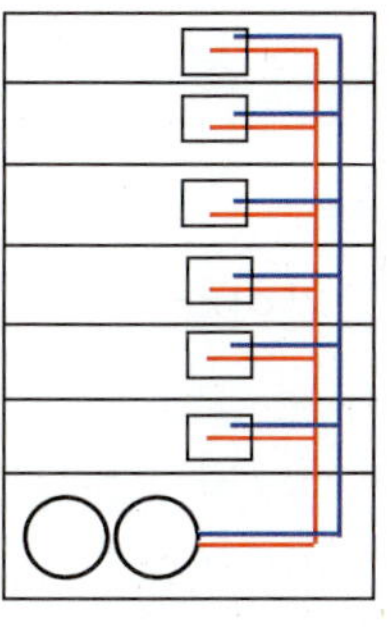

∥ 중앙공조방식 ∥　　　　∥ 각 층 유닛방식 ∥

 **공조환기설비와 방재계획과의 관계** : 공조설비의 발달로 무창층이 증가하고 덕트수나 천장고가 낮아진다.

05 석유화학공장의 화재

(1) 특성

1) 건축물 특성

① 대규모 플랜트 설비 : 가동 중단 시 2차 피해가 크다.

② 구조가 복잡한 고도의 자동제어시스템이 구성되어 있다.

2) 거주자 특성

① 상시 거주자가 있고 전문가가 상근한다.

② 교육 및 훈련의 상태가 양호하다.

3) 연소 특성

① 다량의 화학물질(독성 물질, 가연성 물질)을 보유하고 있다. 보유 에너지가 커서 위험이 크다.

② 환경오염의 우려가 크다.

③ 다량의 가연성 물질에 의해서 연소확대가 대단히 빠르고 진압이 곤란하다.

(2) 대책

1) 인간의 실수(human error)를 최소화하여야 한다.

2) 연소가스의 발생을 억제한다.

3) 공기와의 섞임을 방지(불활성화)한다.

4) 압력을 효율적으로 배출한다.

5) 방폭기기를 적용한다.

6) 봉쇄한다.

7) 차단한다.

8) 화염방지기(flame arrest)를 설치한다.

06 할인마트의 화재

(1) 건축물 특성

1) 대규모 공간이다.

 ① 고객부문

  ㉠ 동선부분 : 출입구, 통로, 계단, 엘리베이터, 승강기 등

  ㉡ 서비스 부분 : 화장실, 식당, 휴게실 등

 ② 상품부문 : 보관시설, 보급시설, 검수시설, 운반시설 등

 ③ 업무부문 : 사무공간, 후생시설, 전용 출입구, 통로, 계단 등

 ④ 판매부문 : 진열대, 홍보시설, 전시시설, 안내시설 등

2) 무창의 공간으로 공조환기시설이 많다(쇼핑을 유도하기 위해 쾌적성을 강화).

3) 지하층에 점포가 많다(지상에는 주차장).

4) 식료품매장에는 조리를 위한 화기사용이 다수 분산되어 방화관리상 어려움이 많다.

5) 판매시설의 확대에 따른 문제점

 ① 판매시설은 매장의 면적을 가급적이면 넓게 하기 위해 고객부문에 동선을 줄이게 되므로 박스 등이 어수선하게 놓이게 되어 방화의 사각지대가 형성된다.

 ② 또한 이렇게 되면 상품이나 박스 등이 피난경로에 노출되어 피난에 지장을 주고 방화문이나 방화셔터로 인한 구획이 곤란해진다.

(2) 거주자 특성

1) 불특정 다수의 거주자가 많아 피난 경로 및 방법을 숙지시키는 게 곤란하다.

2) 인구밀도가 높다.

3) 여성과 유아가 많다.

4) 종업원의 교육 및 안전의식 고취가 가능하다. 하지만 불특정 다수는 곤란하다.

(3) 연소 특성

1) 전기적 점화원이 많다.

2) 대단위 공간에 대단위 가연물이 존재해서 화재 1건당 소손면적과 손해가 크다.

(4) 대책

1) ESFR이나 인랙형의 스프링클러 설치를 검토하여야 한다.

2) 다수의 피난로와 출입구를 확보하여야 한다.

3) 교육을 통하여 점원들을 피난유도자로 활용하여 대피유도를 시킬 수 있도록 한다.

4) CCTV를 이용하여 피난 및 소화활동에 이용할 수 있도록 하여야 한다.

5) 안내방송을 통하여 피난유도를 하고 거주자에게 신뢰를 심어줄 수 있어야 한다.

6) 다수의 피난자의 안전을 위해서 조기에 배연설비가 동작할 수 있어야 한다.

7) 판매부분과 상품부분을 라인이나 난간 등으로 명확히 하여 방화 등으로 인한 재해를 예방해야 한다.

07 백화점의 화재

(1) **특성** : 할인점 + 고층 건물

(2) **대책** : 위 할인마트 대책 + 고층 건물의 대책

08 재래시장의 화재

(1) 건축물 특성

1) 영세한 점포가 다수 배치(밀집된 구조)되어 있다.

2) 노후시설이 많다. 특히 전기화재 위험이 크다.

3) 점포 간 방화구획이 거의 없다. 따라서 화재확산의 우려가 크다.

4) 도로가 협소(자연발생적으로 생긴 경우가 많다)하다. 따라서 소방차의 접근이 용이하지 못하다.

5) 경비원의 방화 순찰에 의존한다(전체적인 자동화재탐지설비나 자동소화설비의 부재).

(2) 거주자 특성

1) 안전의식이 낮다.

2) 불특정 다수인의 출입이 많다. 따라서 교육 및 훈련이 곤란하다.

3) 관리감독이 곤란하다(다수의 소유주).

(3) 연소 특성

1) 전기코일, 난방, 화로 등(위험물건 취급)이다.

2) 스티로폼, 경량철골 등을 이용하여 임시로 가설한 건축물이 많다.

3) 가연물(상품)이 많다.

(4) 대책

1) 피난로를 확보하여야 한다.

2) 보험을 통하여 화재피해로 인한 손실을 보존한다.

3) 공용 소화설비(옥외소화전, 소화용수설비)를 설치해야 한다.

4) 잦은 순찰로 인하여 화재발생요인을 사전에 제거하여야 한다.

09 사회복지시설의 화재

(1) 개요

1) 노인, 아동, 장애인 복지시설
2) 행동, 판난 능력에 약점을 가지고 있는 사람들(사회적 약자)의 거주시설
3) 종류
① 의학적 시설 : 의학요법, 운동치료요법, 작업요법(놀이, 스포츠) 등
② 직업적 시설 : 직업훈련, 직업안내 등
③ 교육적 시설 : 교육기관, 훈련기관 등
④ 사회적 시설 : 상담시설, 보호시설 등

(2) 특성

1) 건축물 특성
① 피난로의 문이 잠긴 경우가 많다(관리를 위해 잠가 놓는 경우가 많다).
② 소화시설 및 경보시설이 미비하다.
2) 거주자 특성
① 취침을 하는 생활환경의 공간이다.
② 조력자가 부족하다.
③ 행동능력 및 판단능력 부족으로 자력피난이 곤란하다.
④ 판단능력 부족으로 이상행동(방화 등)이 나타날 수 있다.
⑤ 시각, 청각 장애로 경보 인지능력이 떨어진다.
⑥ 휠체어(wheel chair)나 목발 등을 이용해서 이동해야 한다.
3) 연소 특성
① 취침용품 등이 있어 이를 통해 화염전파 우려가 크다.
② 거주자의 이상행동으로 인한 방화의 우려가 있다.

(3) 대책

1) 휠체어나 전동차가 이동할 수 있어야 한다.
① 문에 단, 즉 문턱이 되어 있는 경우는 피난에 장애가 되므로 무장애공간으로 만들어야 한다.
② 통로나 출입구는 휠체어나 전동차를 이용할 수 있는 폭과 공간을 가져야 한다.
③ 계단을 우회할 수 있는 경사로의 설치가 필요하다.
2) 소수자를 위한 배려의식이 필요하다.
① 시각약자를 위해 점자로 된 표시, 색채를 대비한 표시, 조도를 높이는 표시를 하여야 한다.
② 청각약자를 위해서 게시나 표시 등 문자나 그림에 의한 정보전달을 하여야 한다.

3) 소방관서와의 연계를 강화하여 피난훈련강화 및 교육강화, 신속한 출동이 이루어
지도록 한다.

4) 자력 피난능력이 떨어짐에 따라 피난조력자의 역할이 중요하므로 이들에 대한 교
육 및 훈련이 필요하다.

10 고지대 밀집주거지역의 화재(재래시장의 화재와 유사)

(1) 건축물 특성

1) 영세한 주택이 다량으로 밀집된 구조이다.

2) 노후시설(특히 전기위험)이 많다.

3) 협소한 도로(자연발생적으로 생긴 경우가 많다)가 많다.

4) 전체적인 자동화재탐지설비나 자동소화설비가 없다.

5) 목조주택이 많다.

(2) 거주자 특성

1) 안전의식이 낮다.

2) 노유자가 일반주택지보다 많다.

(3) 연소 특성

1) 전기코일, 난방, 화로 등(위험물건 취급)이 있다.

2) 스티로폼, 경량철골 등을 이용하여 임시로 가설한 건축물이 많다.

3) 가연물이 많다(물품).

(4) 대책 : 705page 내용 참조

11 극장 및 공연장

(1) 건축물 특성

1) 구성

① 객석부분 : 관객이 거주하는 장소

② 로비부분 : 안내 및 매표 등

③ 부대부분 : 분장실, 도구실, 조명실

④ 관리부분 : 사무실 등

2) 객석은 긴 스팬에 개방된 형태의 대공간으로 되어 있다.

3) 천장면이 타공간에 비해 높다.

4) 객석이 창이 없는 벽면으로 둘러싸여 있고, 개구부가 적다.

5) 무대부에 화재위험이 집중되고 가연물도 다량이 있다.

(2) 거주자 특성

1) 불특정 다수인이 고밀도로 입장해 있다. 따라서 관객의 피난시간이 많이 소요되고 출입구나 계단에서 병목현상이 발생할 수 있다.

2) 공연업체나 출연자가 수시로 교체된다. 따라서 화기관리가 부실해 지고 피난유도도 소홀해지기 쉽다.

(3) 연소 특성

1) 객석부분이 개방된 대공간으로 한번 화염 및 연기의 확대를 허용하면, 관객석 전체에 화염 및 연기가 미칠 위험성이 있다.

2) 타공간에 비해 층고가 높아서 화재감지 및 소화설비의 작동이 늦어지는 단점이 있는 반면 연기가 찰 공간이 많아서 연기하강시간이 길어 피난에는 유리하다.

3) 연기가 충만하기 쉽고, 피난상 방해가 된다. 좌석으로 인하여 통로가 한정되고, 통로면이 경사져 있으므로 피난하기 어려운 문제점이 있다.

4) 무대부에 다수의 막이 설치되어 있고, 무대장치는 가연성 물질이 많다. 또한 조명기구는 발화원이 되기 쉽고, 공연 중에 화기를 사용하는 경우도 있다.

(4) 대책

1) 발화방지와 초기소화

① 무대부가 화재를 발생시킬 우려가 가장 높은 장소로 무대에서 화기의 사용은 엄격히 제한하고 관리를 철저히 하며 주변에는 반드시 소화용구를 비치하여야 한다.

② 무대부에서 사용되는 각종 장막이나 도구의 불연화, 난연화를 하고 정리와 정돈을 철저히해서 화재의 확산을 방지하고 피난로를 확보한다.

2) 단순, 명료한 객석계획

① 건축물 전체는 대칭형으로 하여 객석의 구조를 단순, 명쾌하게 하는 것이 바람직하다.

② 분장실 주변의 부대시설은 복잡한 형상이 되기가 쉽지만, 최소한 통로가 미로형태나 막다른 길은 만들지 말아야 한다.

3) 피난안전로 확보

① 피난경로를 가급적 짧고, 누구나 쉽고 직관적으로 알 수 있도록 설치하여야 한다.

② 객석이 복층구조인 경우에는 피난층을 다수의 층으로 분리하여 병목현상을 줄여야 한다.

③ 피난층 이외에도 발코니나 선큰가든 등을 설치하여 바로 외부로 피난할 수 있도록 하여야 한다.

④ 피난자의 밀도를 균등배분하기 위하여 계단이나 비상구를 알기 쉬운 위치에 균등하게 배치하는 것이 필요하다.

4) **체류공간의 확보** : 피난 시 군중이 대피를 하므로 병목현상이 발생하고 이로인한 패닉 등이 발생할 우려가 있기 때문에 복도, 계단, 출입구의 폭은 피난자들이 조기에 피난할 수 있는 충분한 용량으로 하고 체류공간도 충분히 확보하여야 한다.

5) **연소확대 방지** : 화염이나 연기가 관객이 있는 객석부나 로비부로 침입하면 피난에 큰 혼란을 초래하므로 무대나 중정주변의 구획이 요구된다.

12 복합건축물

(1) 건축물 특성

1) 규모가 크고 다양한 시설이 설치되어 공간이 복잡해지고 화재위험이 커진다.

2) 거주자가 대규모로 피난경로의 병목현상 우려가 크다.

3) 화재나 피난에 대한 대응시간이 길다. 왜냐하면 시설의 거대화나 복잡화는 방재를 위한 접근이나 응답시간을 늘리기 때문이다.

4) 관리의 광역화, 다원화
   ① 시설규모가 커지면, 관리주체가 다수가 될 수 밖에 없고, 총괄적인 관리가 어려워져서 그에 따라 정보전달 지연 등의 문제가 발생할 가능성이 높아진다.
   ② 설치 주체가 다르기 때문에 방재설비나 기기가 복잡하게 뒤엉켜 시스템을 구성하므로, 관리에 한계가 있어 고장발견 등에 시간이 걸릴 우려가 있다.

5) 방재정보가 복잡해지고 많아지므로 이에 대한 적절한 관리가 어려워진다.

(2) 거주자 특성

1) 다수의 거주자 및 불특정 다수의 고객이 상존한다.

2) 거주자와 손님이 다양하다.

(3) 연소 특성

1) 화재의 확대경로나 범위가 넓어져서 화재 시 대형재난 우려가 크다.

2) 다양한 화재발생 경로를 가진다.

(4) 대책

1) 종합적 방재시스템을 구성해야 한다.
   ① 관리의 일원화, 집중화라는 의미에서 관리기능 또는 방재정보를 하나의 방재센터에 집중시키는 것이 좋다. 하지만 너무나 큰 대규모 시설에서는 하나의 방재센터에서 관리하기에는 지역이 너무 넓고 정보량이 많으므로 여러 곳으로 분산을 하되 네트워크로 연계를 시킬 필요가 있다.
   ② 공용 부분이나 개별적으로 관리하는 전용 부분에서의 방재관리의 책임을 명확히 하여야 한다.
   ③ 전원이나 관리가 한 곳에 집중되어 있으면 그 곳이 피해를 입었을 때, 전체의 기능이 정지할 우려가 있으므로 이에 대한 대책이 필요하다.

2) 종합화에 따른 연쇄확대 위험을 제거해야 한다.
   ① 방재상 독립할 수 있도록 복수의 구역으로 분할하거나, 서로 연결된 접합부나 접속매체에 충분한 차단성능을 부여하여 화재의 확대나 피해의 확산을 방지한다.
   ② 더욱이 별동 또는 용도를 달리하는 부분 사이의 구획에 대해서는 보다 신뢰성을 높이는 대응이 요구된다.
3) 대규모화에 따른 대응 부하의 증대에 적절하게 대처해야 한다. 대규모에 따른 피난시설, 서브 방재센터 등을 설치하고 부하의 증가량 만큼의 증설된 시설을 설치하여야 한다.

115 각종 화재에 대한 답안지 형식

01 화재의 특성

(1) 건축물 특성

(2) 거주자 특성

(3) 연소 특성

02 화재로 인한 피해

(1) 직접피해 : 연소열에 의한 피해, 연소생성물에 의한 피해

(2) 간접피해
   1) 수손
   2) 기업의 이미지 훼손
   3) 기업의 휴지

03 피난상의 문제

(1) 취침의 공간인지 아닌지

(2) 특정 소수와 불특정 다수
   1) 불특정 : 훈련곤란, 인지곤란
   2) 다수 : 병목현상, 인구밀도 증가

(3) 연기의 배출방향과 피난방향

04 소화활동상의 문제

(1) 소화활동의 거점 확보
   1) 창을 통해 주수가 가능한지 여부
   2) 축열이 있는지 없는지 여부
   3) 역화(back draft)가 있는지 없는지 여부

(2) 안전의식(3E)

1) 교육(Education)
2) 기술(Engineer)
   ① 노후화된 설비의 교체
   ② 안전성이 높은 설비로 교체
   ③ 기술의 향상
3) 법률적 규제(Enforcement) : 국내는 소방법에 의한 규제, 외국은 보험료에 의한 규제

05 인간의 실수(human error)를 최소화하기 위한 대책

설비적으로 인간의 실수를 최소화하기 위한 근원적 대책을 수립한다.

(1) 인터록(Interlock)

(2) 표지

(3) 색상

06 점화원 관리

(1) 정전기와 같이 줄일 수 있는 점화원은 최대한 줄인다.

(2) 줄일 수 없으면 대체한다.

(3) 대체할 수 없으면 격리한다.

07 가연물관리

(1) 최대한 줄인다.

(2) 대체

(3) 격리

(4) 방염처리

08 방호대책

(1) 예방

1) 소방점검
2) 훈련 및 교육

(2) 방화(건축적)

(3) 소화설비(설비적)

(4) 위험전가(보험)

(5) 복구의 용이성(내화구조, 백업, 웹하드, 네트워크)

안전관리 이론

01 3E 이론

(1) 3E 이론은 재해예방의 근원적 이론으로서 하인리치(Heinrich) 박사가 주장하였다.

(2) 교육(Education) : 교육의 단계로서 재해발생의 근원분석, 예방계획수립단계를 말한다. 우리나라 「산업안전보건법」 제48조 제3항(제출)과 유사하다.

(3) 기술(Engineering) : 기술적 단계로서 교육의 단계를 통해 원인을 알았기 때문에 재해예방기술을 도입하고, 재해예방 대책을 수립한다. 「산업안전보건법」 제48조 제4항(심사)과 유사하다.

(4) 법률적 규제(Enforcement) : 관리, 감독 단계로서 예방계획의 실행, 확인 단계이다. 「산업안전보건법」 제48조 제5항(확인, 검사)과 유사하다.

02 안전의 4M

(1) 안전을 과학적으로 추진하기 위해서는 인간의 실수에 대하여 과학적으로 이해하지 않으면 안 된다. 오늘날 재해분석의 방법에서 가장 효과적인 것이 미국의 국가교통안전위원회(NTSB)가 채용하고 있는 방법이다.

(2) 이는 재해라는 최종결과에 중대한 관련을 갖고 있는 사항의 모두를 시간의 경과에 따라 분석하여 이들의 인과관계를 명확히 한다. 그 결과를 검토하는 열쇠가 인간(Man), 기계(Machine), 매체(Media), 관리(Management)의 네 가지 M이다.

  1) 인간(Man)

    ① 인간이 사고를 일으키는 인간관계의 요인을 말한다.

    ② 본인보다도 본인 이외의 인간, 직장에서는 동료나 상사 등의 인간환경을 중시한다.

    ③ 직장에서의 인간관계, 집단의식은 지휘, 명령, 지시, 연락 등에 영향을 미치고 인간행동의 신뢰성에 관계된다.

  2) 기계(Machine)

    ① 기계설비 등의 물적 조건을 말한다.

    ② 기계의 위험방호설비, 비계나 통로의 안전유지, 인간공학적인 설계 등이다.

  3) 매체(Media)

    ① 본래 인간과 기계를 연결하는 매체라는 의미이다.

    ② 구체적으로는 작업정보, 작업방법, 작업환경 등이다.

4) 관리(Management) : 안전법규의 철저, 각종 기준의 정비, 안전관리조직, 교육훈련, 계획, 지휘, 감독 등의 관리를 말한다.

03 안전의 4E

3E + 환경(Environment)

04 안전의 5E

3E + 경제적 보상(Economic incentives), 비상 시 대응방안(emergency response)[114]

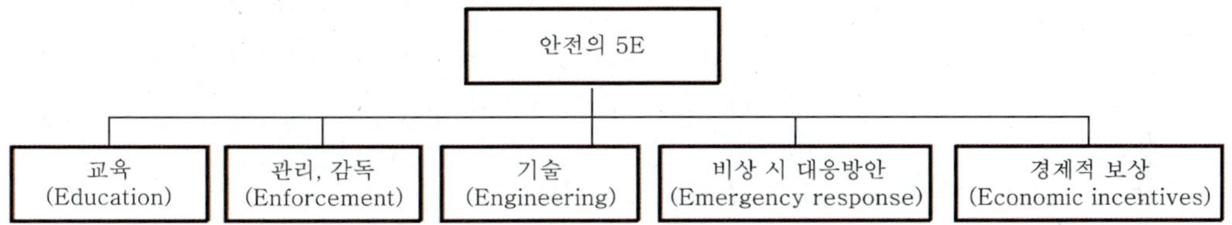

---

114) Fire Protection Mion CHAPTER 19, Community Risk Reduction 12-311

주택성능등급 인정 및 관리 기준

01 주택성능등급표

성능부문	성능범주	세부 성능항목	성능평가등급 (단지별 최소등급표시)			
소음 관련 등급	경량충격음	–	★★★★	★★★	★★	★
	중량충격음	–	★★★★	★★★	★★	★
	화장실 소음	–	★★★★	★★★	★★	★
	경계소음	–	★★★★	★★★	★★	★
	외부 소음	전 층에 실외 소음도 기준 적용	★★★★	★★★	★★	★
		실외 소음도(5층 이하)와 실내 소음도(6층 이상) 기준 적용	★★★★	★★★	★★	★
구조 관련 등급	가변성	–	★★★★	★★★	★★	★
	수리용이성 (리모델링 및 유지관리)	전용 부분	★★★★	★★★	★★	★
		공용 부분	★★★★	★★★	★★	★
	내구성	–	★★★★	★★★	★★	★
환경 관련 등급	조경 (외부 환경)	외부 공간 및 건물외피의 생태적 기능	★★★★	★★★	★★	★
		자연토양 및 자연지반의 보전	★★★★	★★★	★★	★
	일조(빛 환경)	–	★★★★	★★★	★★	★
	실내 공기질	실내 공기오염물질 저방출 제품의 적용	★★★★	★★★	★★	★
		단위세대의 환기성능 확보	★★★★	★★★	★★	★
	에너지 성능(열환경)	–	★★★★	★★★	★★	★
생활 환경 등급	놀이터 등 주민공동시설	–	★★★★	★★★	★★	★
	고령자 등 사회적 약자의 배려	전용 부분	★★★★	★★★	★★	★
		공용 부분	★★★★	★★★	★★	★
	홈네트워크	홈네트워크 종합시스템	★★★★	★★★	★★	★
	방범안전	방범안전콘텐츠	★★★★	★★★	★★	★
		방범안전관리시스템	★★★★	★★★	★★	★

성능부문	성능범주	세부 성능항목	성능평가등급 (단지별 최소등급표시)			
화재·소방 등급	화재·소방	감지 및 경보 설비	★★★★	★★★	★★	★
		제연설비	★★★★	★★★	★★	★
		내화성능	★★★★	★★★	★★	★
	피난안전	수평피난거리	★★★★	★★★	★★	★
		복도 및 계단 유효폭	★★★★	★★★	★★	★
		피난설비	★★★★	★★★	★★	★

02 화재·소방 등급

(1) 감지 및 경보 설비

1) 평가지표

등 급	등급기준
4급	아날로그감지기, 시각경보기, 상시감시시스템
3급	시각경보기, CRT 일체형 수신기
2급	시각경보기
1급	법규상의 감지, 경보, 수신 설비

2) **평가방법** : 평면도, 단면도, 소방설비내역서, 내화구조내역서, 시방서 및 관련 도서의 체크리스트에 의한 평가

(2) 제연설비

1) 평가지표

등 급	등급기준
4급	전 층 계단실 및 부속실 제연설비 설치
3급	계단실 제연설비(피난층 포함) 설치
2급	부속실 제연설비(피난층 포함) 설치
1급	법규상의 제연설비(자연·기계식) 설치

2) **평가방법** : 평면도, 단면도, 소방설비내역서, 내화구조내역서, 시방서 및 관련 도서의 체크리스트에 의한 평가

(3) 내화성능

1) 평가지표

등 급	등급기준
4급	콘크리트 피복두께 20mm, 철골 내화피복두께 10mm 증가 적용
3급	콘크리트 피복두께 15mm, 철골 내화피복두께 5mm 증가 적용
2급	콘크리트 피복두께 10mm
1급	법규상의 내화성능*)

[비고] *) 콘크리트 피복두께의 기준은 "콘크리트 구조설계기준"의 최소피복두께로 하며, 철골의 경우는 내화구조인정 피복두께로 한다.

2) 평가방법 : 평면도, 단면도, 소방설비내역서, 내화구조내역서, 시방서 및 관련 도서의 체크리스트에 의한 평가

03 피난안전등급

(1) 수평피난거리

1) 평가지표

등 급	등급기준
4급	4급의 거리기준 10m 이상 단축
3급	4급의 거리기준 10m 미만 단축
2급	4급의 거리기준 5m 이내 단축
1급	건축법 규정에 따른 거실의 각 부분에서 직통계단까지의 거리 확보*)

[비고] *) 「건축법 시행령」 제34조에 근거하여 직통계단으로부터 가장 먼 세대의 거실까지의 거리

2) 평가방법 : 각 세대의 거실로부터 피난이 가능한 직통계단까지의 수평거리 측정

(2) 복도 및 계단 유효폭

1) 평가지표

등 급	등급기준
4급	내부에서 계단실로 통하는 출입구 유효너비 1m 이상이며, 복도의 유효너비 10% 이상 증가
3급	내부에서 계단실로 통하는 출입구 유효너비 1m 이상이며, 복도의 유효너비 10% 미만 증가
2급	내부에서 계단실로 통하는 출입구 유효너비 1m 이내이며, 복도의 유효너비 5% 이내 증가
1급	건축법 규정에 따른 계단실 출입구 및 복도의 유효폭 확보*)

[비고] *) 「건축물의 피난·방화구조 등에 관한 규칙」 제9조에 근거하여 피난계단 및 특별피난계단 출입구 규정을 기준으로 하며 복도의 유효폭은 동 규칙 제15조의2의 규정을 기준으로 하여야 한다.

2) 평가방법 : 피난용으로 쓰이는 출입구의 유효너비와 복도의 유효너비를 측정한다.

(3) 피난설비

1) 평가지표

등 급	등급기준
4급	전 층에 복합형 유도등 또는 피난유도선 설치 및 피난설비 중 2종 이상의 피난설비 확보
3급	전 층에 유도등 설치 및 피난설비 중 1종 이상의 피난설비 확보
2급	전 층에 유도등 설치
1급	소방법규상의 피난설비 설치

2) 평가방법 : 평면도, 단면도, 소방설비내역서 및 관련 도서의 체크리스트에 의한 평가

가치공학(VE ; Value Engineering)

01 개 요

(1) 가치공학(VE)은 최저의 생애주기비용(LCC ; Life Cycle Cost)으로 최상의 가치를 얻기 위한 목적으로 수행되는 프로젝트(project)의 기능분석을 통한 대안창출의 노력으로 여러 전문분야의 협력을 통하여 수행되는 체계적인 프로세스(process)라고 할 수 있다.

(2) 건축현장에서는 일반적으로 가치공학을 단순한 설계검토나 원가절감수단으로만 인식하는 경우가 많다. 가치공학의 결과가 원가절감효과로 나타나는 것이 사실이지만 기능중심의 검증을 통하여 시간, 성능, 비용 간의 적절한 균형을 추구하므로 가치공학에서 제시하는 설계안은 현장의 여건에 적합한 최적 설계의 개념이다.

(3) 과거의 원가절감방식은 프로젝트 수행과정에 따라 개별 구성요소별로 원가를 절감시키는 데 반하여 가치공학은 기본기능과 필수 2차 기능을 유지하되 불필요한 기능을 제거하고 기능을 동등 이상 향상시키거나 유지할 수 있는 대안을 구성함으로써 제품이나 프로젝트의 가치를 향상시키는 방법이다.

1) 과거의 원가절감방식

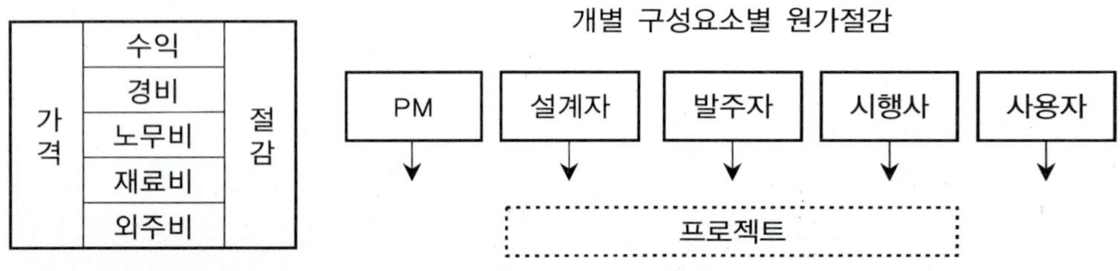

2) 기능 중심의 가치공학

이 익		조치사항
불필요한 기능		제거
2차 기능	설계의 변경으로 대체 가능한 기능	대안을 개발
	고객이 필요로 하는 기능	유지 또는 강화
	사회적, 법적으로 필요한 기능	유지 또는 강화
기본 기능		유지 또는 강화

전문가 그룹 → 수학적, 통계적 방법 → 프로젝트

(4) 가치공학(VE)의 대상 및 방법 : 제품 및 서비스의 기능 향상에 관한 조직적인 노력

(5) 가치공학(VE)의 추진원칙
1) 고정관념의 제거
2) 사용자 중심의 사고유지
3) 기능의 중점
4) 조직적 활동

02 가치분석

(1) 경제적 가치의 정의 : 한 기능의 성능과 그 기능을 완수하기 위해 필요한 비용 사이의 관계를 정량적 또는 정성적으로 표현한 것

(2) 가치공학(VE)의 가치표현

$$\text{가치}(value) = \frac{\text{기능}(function) + \text{품질}(quality)}{\text{비용}(cost)}$$

여기서, 기능 : 설계나 부품이 수행하여야만 하는 특정 역할
비용 : 제품의 생애주기비용
가치 : 사용자가 원하는 품질을 유지하면서 필요한 기능을 수행하도록 하는 가장
비용 효율적인 수단
품질 : 사용자가 원하는 성능
기능과 품질을 합하여 성능(performance)이라고 한다.

(3) 가치의 향상
1) 성능을 유지하고 비용을 줄이면 가치는 항상 향상된다.
2) 고객의 요구사항과 필요사항을 충족시키기 위하여 나아진 성능에 기꺼이 비용을 지불할 의사가 있을 경우 성능을 향상시킴으로써 가치가 개선된다.
3) 가치의 향상은 프로젝트의 3대 요소인 시간, 비용, 품질 및 기능의 적정한 안배를 통해 이루어진다.

(4) 성능/비용의 관계

구 분	1	2	3	4	5	6	7
성능	→	↑	↑	↑	↓	↓	→
비용	↓	→	↓	↑	↓	↑	↑
VE 명칭	비용절감형	성능향상형	가치혁신형	성능강조형	–	–	–
적용대상	VE 적용대상				VE 비적용대상		

[범례] → : 유지, ↑ : 상승, ↓ : 하락

1) 가치공학이란 비용절감을 위한 검토가 아니라 가치향상을 위한 검토행위이다.

2) 따라서 가치공학에서는 성능을 떨어뜨리지 않고 원가를 절감할 수 있는 방식인 1~4까지만을 다루고 있으며, 기능을 저하시키거나 기능은 그대로 두고 비용이 증가하는 5~8의 접근방식은 제외하고 있다.

03 가치공학의 절차

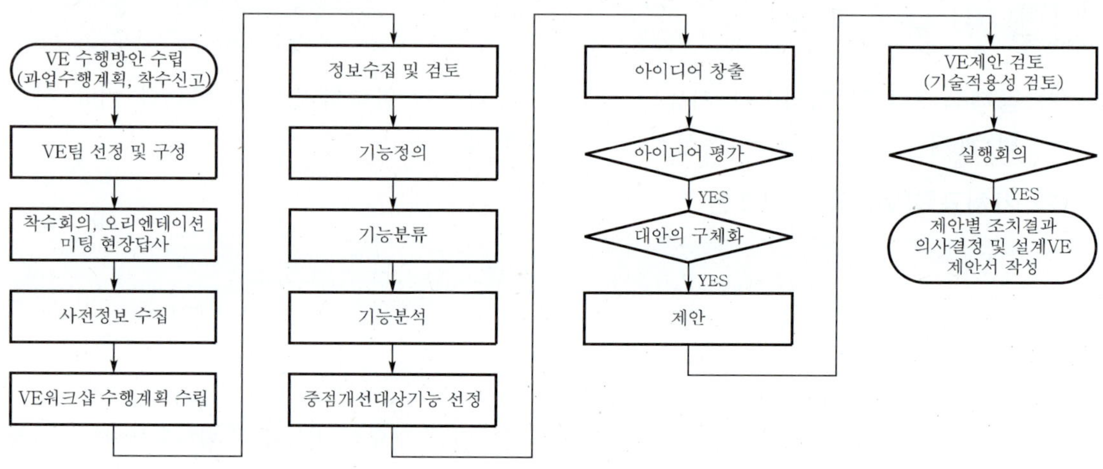

04 가치공학의 목적과 필요성

(1) 가치공학은 제품이나 시설이 가지고 있는 기능을 정량적, 정성적으로 정의하고 정리하여 분석함으로써 필수기능인 주기능과 2차 기능인 법적, 제도적 필요기능 그리고 고객이 필요로 하는 기능을 유지하면서, 불필요한 기능을 제거하고 설계자와 관련기술 전무가의 브레인스토밍 등을 통하여 대체안을 제시하는 데 있다. 즉 한마디로 최저의 총원가로 필요한 기능을 확실하게 달성하기 위한 일련의 활동이다.

브레인스토밍(brainstorming) : 창의적인 아이디어를 생산하기 위한 학습도구이자 회의기법이다.

(2) 가치공학은 기존의 설계, 제품, 질서, 시스템을 무시하고 잘못된 점을 발굴하기보다는 기능의 필요성 여부에 주안점을 두고 개선안을 발굴하는 창조적인 접근방법이다.

(3) **가치공학의 필요성** : 가치공학의 적용을 통해서 성능이 향상되고 이러한 활동에 소요되는 비용이 감소하는 효과를 볼 수 있다.

05 우리나라 VE 관련 법규 관계

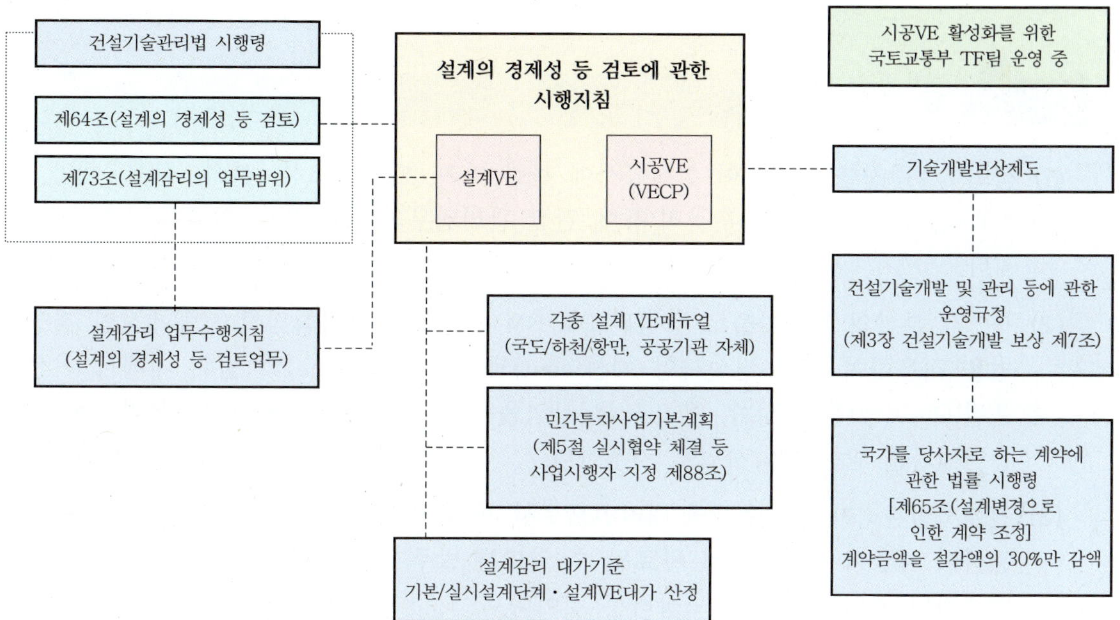

건설사업관리

01 개 요

(1) 정의 : 발주자를 대신하여 건설공사에 관한 기획, 타당성조사, 분석, 설계, 계약, 시공관리, 감리, 평가, 사후관리 등에 관한 관리업무의 전부 또는 일부를 수행하는 것이다.

(2) 즉, 각 분야의 전문가들로 구성된 PM/CM 전문회사가 과학적이고 체계적인 경영기법을 적용하여 해당 건설사업 예산(cost)과 사업기간(time)의 범위 내에서 최선의 품질(Quality)을 달성할 수 있도록 사업을 효율적으로 관리하고 그 서비스에 대한 용역대가를 받는 계약사업을 지칭한다.

(3) 건설사업관리자는 발주자의 대리인으로서 사업전반에 걸쳐 일관성 있는 사업관리를 통하여 사업이 성공적으로 완료될 수 있도록 발주자의 올바른 의사결정을 지원하고 발주자의 권익을 최대한 보장하는 것이다.

(4) PM/CM 프로세스

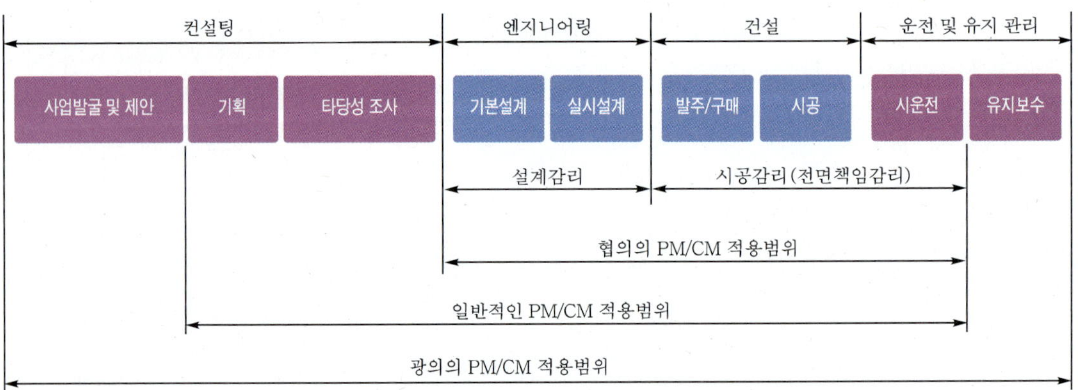

(5) 용어의 정의

1) PM(Program/Project Management)

① Program Management : 사업 규모가 크고 하부에 여러 개의 프로젝트가 동시에 진행되는 복합적인 대형사업 관리를 말하며 관리범위는 사업발굴 및 기획, 타당성조사에서부터 설계, 구매, 시공, 유지보수 단계에 이르기까지 사업의 전 단계를 포함한다. 따라서 Program Management는 Project Management의 상위 개념으로서 하위 수준의 관리활동보다 전체적인 사업추진을 총괄하는 종합적 관리활동을 말한다.

② Project Management : 관리업무의 범위는 Program Management와 비슷하나 단일 프로젝트(single-project)를 관리한다는 점에서 차이가 있다. 일반적으로 연구개발, 건설 등 다양한 분야의 프로젝트 전 과정(project life cycle : 기획, 타당성 조사, 설계, 발주/구매, 시공, 시운전, 유지보수 등)을 효과적으로 관리하는 데 적용되는 관리활동이다.

2) CM(Construction Management) : 관리업무의 범위는 Project Management와 비슷하며 주로 건설과 관련된 프로젝트의 관리활동을 말한다. 일반적으로 국내에서는 건설사업관리로 부르고 있으며 CPM(Construction Project Management)이라고 부르기도 한다.

02 건설사업관리의 생애주기비용

(1) 기획 단계
1) 사업구상 지원
2) 사업성 검토 및 총 사업비 산정
3) 금융조달 지원
4) 사업수행기본계획 및 일정 수립
5) 사업수행 절차서 및 시스템 구축
6) 설계자 선정업무 협조

(2) 설계 단계
1) 설계도서 검토
2) 설계 VE 및 시공성 검토
3) 설계일정 및 진도관리
4) 공사비 산정 및 공사원가 적정성 검토
5) 기자재 구매일정 작성

(3) 발주 · 구매 단계
1) 입찰평가기준 수립
2) 입찰평가 및 계약협상
3) 시공자 선정업무 협조
4) 시공관리계획 수립

(4) 시공 단계
1) 설계변경관리
2) 안전 · 환경 관리
3) 종합품질관리

    4) 기성관리

    5) 공정관리

    6) 감리

    7) 시운전관리계획 수립

    8) 클레임 방지 및 분쟁대응

(5) 유지보수 단계

    1) 준공검사 지원

    2) 운영 및 유지보수 지침서 개발

    3) 사업평가보고서 작성

    4) 사업문서 정리 및 이관

03 건설사업관리 수행형태

(1) 전문회사 일임형

    1) PM/CM 계약자가 사업기획단계에서부터 참여하여 설계, 발주·구매, 시공 및 시공 후 단계 등 사업 전반에 걸친 건설사업관리 업무를 시행 및 주관하는 건설사업관리이다.

    2) 주요 특성

      ① 장기공사이면서 일회성 사업에 적합하다.

      ② 발주처 내 전문인력이 없어도 사업수행이 가능하며 해당사업에 대한 국내외 전문기술자 확보가 용이하다.

      ③ 건설관리를 PM/CM 전문회사에 일임함으로써 인력 및 조직의 탄력적 운영이 용이하다.

      ④ 경제성, 공정 및 품질확보가 가능(투자가치 배가)하다.

      ⑤ 특정 사업수행을 위한 한시 조직으로 한정하여 활용이 가능하다.

      ⑥ 발주자가 행정조직만 갖추고 있을 뿐 다른 능력이나 조직이 없는 경우에 적합한 방식이다.

(2) 통합사업관리 조직형

    1) PM/CM 계약자가 사업기획단계에서부터 참여하여 설계, 발주·구매, 시공 및 시공 후 단계 등 사업 전반(또는 특정전문기술 분야)에 걸쳐 발주자와 통합 PM/CM 조직을 구성하여 업무를 수행한다.

    2) 주요 특성

      ① 발주자가 중·소규모의 사업관리 조직을 갖고 있으나 사업수행업무가 다양하여 특정분야에 전문기술인력의 지원이 필요한 경우 적합한 방식이다.

② 한시적이며 일회성인 대형 복합공사 수행 시 사업관리 전담인력 확보 및 사업 수행 부담을 최소화하므로 인력운영 측면에서 매우 효율적이다.

③ 건설사업관리를 PM/CM 전문회사와 통합 수행함으로써 기술전수가 용이하고 향후 유사 프로젝트에 대한 독자적 수행능력 배양이 가능하다.

④ 발주자가 중·소규모의 기술인력을 갖춘 경우에 적합한 방식이다.

(3) 사업관리 자문형

1) 사업 초기 단계나 진행단계에 관계없이 발주자가 자체 기술력으로 다소 부족하다고 판단될 경우 해당 분야별 PM/CM 자문단을 활용하여 건설사업관리 업무를 수행하는 경우에 적합한 방식이다.

2) 주요 특성

① PM/CM 계약자에 대한 의존도가 최소화되는 방식이다.

② 발주자의 조직이 특정 분야에 대한 사업수행능력이 다소 부족한 경우 PM/CM 자문인력을 활용하는 방법이다.

③ Owner CM에 해당(사업수행 책임은 발주자에 있음)된다.

④ 발주자가 적정 규모의 기술인력을 갖춘 경우에 적합한 방식이다.

P·a·r·t
4
Professional Engineer
Fire Protection

피 난

NFPA의 피난 시 고려사항

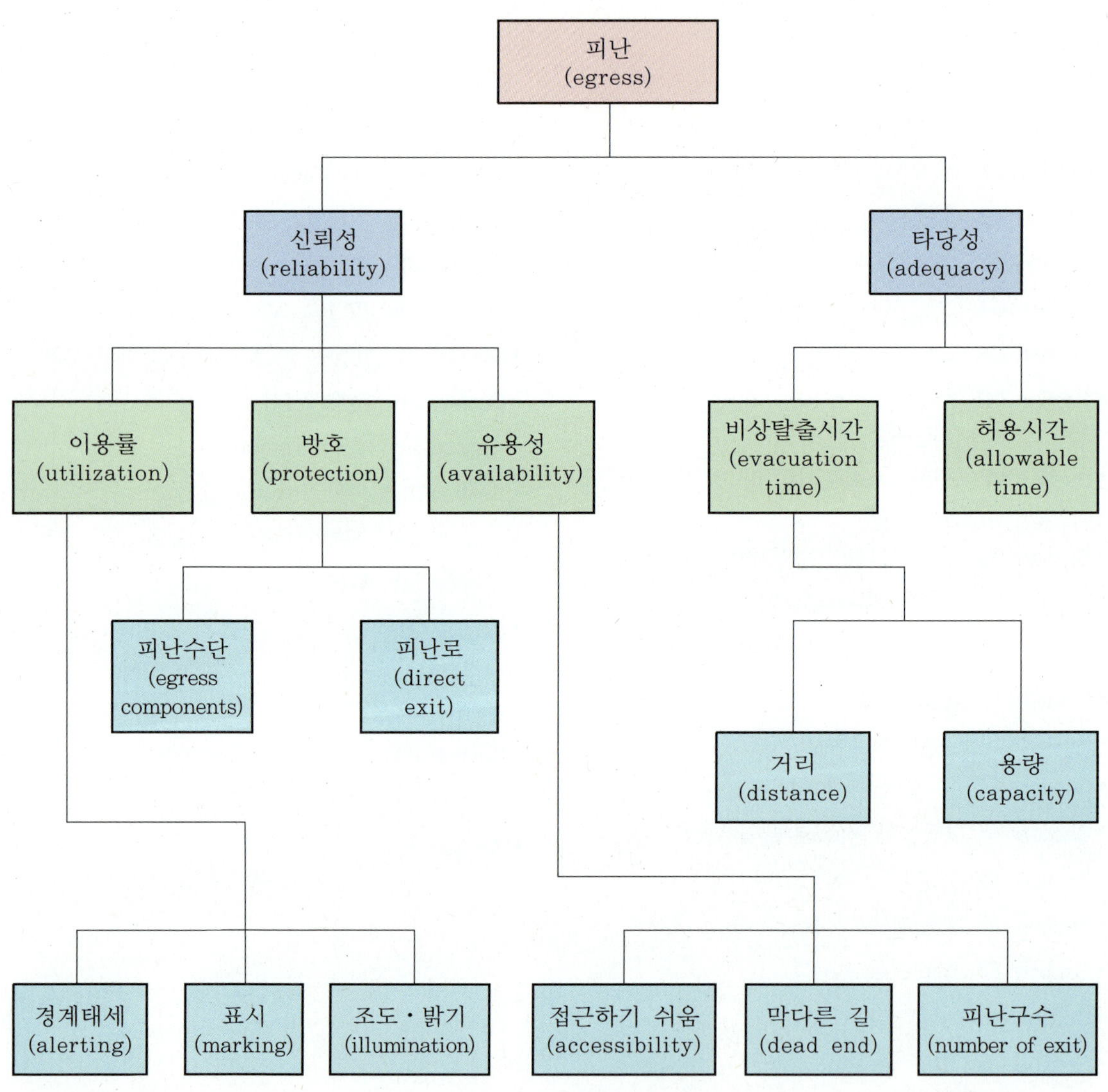

피난계획

01 개 요

(1) 정의 : 화재, 기타 재해 시 안전한 장소로 이동하여 거주자의 안전성을 확보하기 위한 계획이다.

(2) 건물의 용도에 따라 수용인원의 성격과 수가 서로 다르고 피난능력에도 차이가 있는 것을 고려해서, 피난자가 원활하게 안전한 구획인 계단 등의 경로를 지나 최종적으로 옥외로 피난할 수 있도록 계획하여야 한다.

(3) 구분 : 피난계획은 크게 화재발생에 대한 정보를 신속하게 전달시켜 상황을 인지하는 설비적 장치(active system)인 유도계획과 피난에 소요되는 시설들의 적절한 배치 등 건축적 장치(passive system)인 시설계획으로 구분된다.

(4) 피난의 위험관리는 높은 신뢰성을 얻기 위해서는 여유있는 설계가 필요하나, 그러면 비용이 증가하고, 화재가 발생했을 때 손실보다 설치비용에 비해 효과가 적어진다. 또한 비용을 감소시키면 화재 시 발생하는 손실이 커지게 되므로 적절한 비용투자가 필요하다.

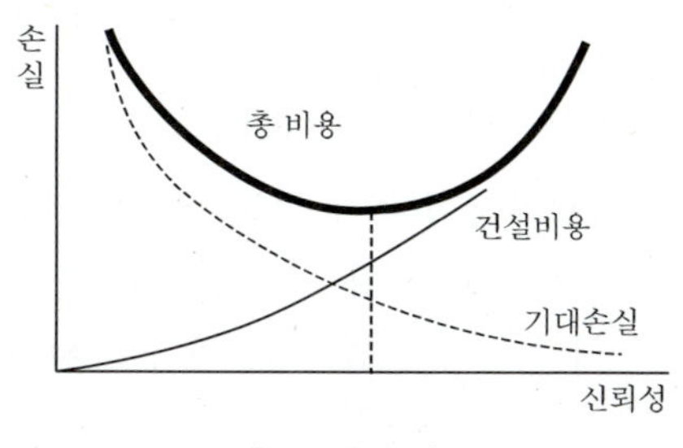

∥ 손실함수 ∥

02 피난계획 시 인명안전을 위한 기본 요구사항(NFPA 101)

(1) 단 하나의 안전장치에 의존하지 않고 추가적인 안전장치가 설치되어야 한다. 이는 피난의 다중화(fail safe)를 말한다. 다중화의 예는 아래와 같다.

1) 2개 이상의 피난계단을 설치한다.

2) 피난계단의 이용이 곤란한 경우 차선책으로 피난기구를 이용한다.

① 기본적인 건축적 피난시설(passive system)이 곤란한 경우에 설비적 피난장치(active system)를 이용한다.

② 신뢰성과 이용인원의 차이에 있어서 건축적 피난시설이 비교 우위에 있으므로 기본적인 피난설비는 건축적 피난시설을 이용해야 한다.

(2) 건축물과 거주자의 특성을 고려하여 적정한 인명안전도를 제공해야 한다. 따라서 안전장치의 적절한 안정성을 확보하여야 한다.

1) **건축물의 특성**

① 용도의 특성

② 건물 또는 구조물의 높이와 형태

③ 건축물의 크기

2) **거주자의 특성**

① 위험에 노출된 피난자의 수

② 재해 시 피난자를 안내해주고 도와줄 수 있는 관계자의 수와 안전교육 정도

③ 피난약자에 대한 고려

㉠ 병원 같은 경우는 이동이 곤란하므로 해당 층에 수평으로 연결된 안전구획이 필요하다.

㉡ 다중이용시설의 경우에는 청각약자를 위해서 시각경보기의 설치가 필요하다.

3) 이용할 수 있는 소방시설의 종류와 수

4) 거주자에게 적합한 안전을 제공하기 위해 필요한 기타 요소들을 고려하여야 한다. 이 경우 불확실성을 고려하기 위해서 적절한 안전율을 적용하여야 한다.

(3) 피난설비

1) **피난로의 수**

① 예비 또는 2중 피난로를 제공해야 한다.

② 2개의 피난로는 동일한 비상상황에 의해 둘 다 사용할 수 없게 될 가능성을 최소화할 수 있도록 배치되어야 한다. 즉, 최대한 서로 반대방향으로 멀리 설치해서 한쪽이 봉쇄되면 다른 한쪽으로 피난을 갈 수 있도록 멀리 배치해야 한다.

2) **장애 없는 피난로**

① 출구통로가 막히지 않고, 장애물이 없어야 하며 문이 잠겨있지 않아야 한다.

② 피난로는 보행이 어려운 점유자에게 적정한 안전을 보장하기에 필요한 정도로 접근이 가능해야 한다.

3) **피난로의 인지가 용이하도록 표시**

① 피난통로와 출구통로가 혼동되지 않도록 명확하고 크게 표시되어야 한다.

② 효과적인 사용을 위한 영상 또는 음성신호가 제공되면 더욱더 효과적이다.

4) **조명**

① 건물이나 구조물 내에 자연채광만으로 실내조도를 확보하기 어려운 장소의 경우는 피난경로 및 시설에도 예비전원을 갖춘 조명을 설계하여야 한다.

② 조도가 1 lx 이하인 경우에는 원활한 시야확보가 곤란해서 보행속도가 1/2로 감소하여 피난의 지연이 발생한다. 따라서 피난경로에는 일정 수준 이상의 조도 확보가 필요하다.

③ 조명의 품질을 좌우하는 요소는 최소 조도와 균제도가 중요하다.

> **꼼꼼체크** **균제도** : 일정 공간에서 빛의 균일한 분포 정도를 말하며 조도균제도와 휘도균제도가 있다. 아무리 조도가 높아도 공간에 따른 편차가 크면 피난에는 악영향을 미치기 때문에 균일한 것이 중요하다.

5) **수직개구부**

① 건물의 층 사이에 있는 모든 수직개구부는 피난로를 이용하는 동안 점유자에게 적정한 안전을 제공한다.

② 점유자가 피난통로로 들어가기 전에 수직개구부를 통해 불길, 연기 또는 연무가 확산되는 것을 방지할 수 있도록 필요에 따라 적절하게 밀폐되거나 방호되어야 한다.

③ 따라서 상시 닫혀 있거나 열, 연기에 의해서 자동으로 닫히는 구조의 셔터나 방화문을 설치하거나 차압이나 방연풍속을 이용해서 열이나 연기로부터 수직 관통부가 적절하게 방호되어야 한다.

6) **피난설비 설계·설치** : 인명안전을 위한 모든 소방시설, 건물 부대장비, 방호시설 또는 안전장치들은 해당되는 화재안전기준에 따라 설계, 설치 및 승인되어야 한다.

(4) 화재 조기경보 : 화재의 조기경보를 제공함으로써 점유자가 신속하게 대응할 수 있도록 해야 한다.

(5) 유지 관리 : 각종 시설물에 요구되는 모든 사항들이 적절히 가동되도록 유지 관리해야 한다. 소방설비는 운휴설비로 평상시에 사용하지 않기 때문에 더욱 유지 관리가 중요하고, 소방점검을 실시하는 이유이기도 하다.

(6) 화재로 건축물 밖에 있는 사람을 위험하게 할 수 있는 지역을 위험지역으로 지정하여 관리하고, 기구를 안전배치한다.

(7) 일사불란한 피난을 보장하기 위한 피난훈련 순서를 관계자들에게 주지시켜야 한다.

(8) 패닉으로 수반되는 정신적 요인의 제한을 고려하여서 쉽게(fool proof) 설계되어야 한다.

(9) 거주자를 고립시키는 신속한 연소를 방지하기 위해 내장재 및 수납물을 제한하여야 한다.

03 피난계획 수립의 원칙

(1) 피난경로의 구성과 배치

1) 구성

① 피난접근로(exit access)

② 피난통로(exit)

③ 피난탈출(exit discharge)

2) 배치

① 피난접근로(exit access), 피난통로(exit), 피난탈출(exit discharge)로 이어지도록 구성하며 점차적으로 안전성이 증대되도록 하여야 한다.

② 피난경로는 단순 명쾌하게 설치되어 피난자가 혼란을 느끼지 않고 직관적으로 이해하게 설치하여야 한다.

③ 피난시설은 평면계획상 균형 있게 배치하여 어느 장소에서도 쉽게 피난할 수 있도록 하여야 한다.

> **꼼꼼체크** • 피난경로 : 건물의 각 부분으로부터 최종 출구까지 피난수단의 부분을 형성하는 경로
> • 최종 출구
>   - 건물로부터 나오는 피난경로의 끝
>   - 건물 인근에서 사람들을 신속하게 분산하여 더 이상 화염이나 연기의 위험에 접하지 않도록 위치한 큰길, 보도, 보행통로 또는 기타 공지로 직접 연결될 것

3) 피난층에서의 혼잡에 대한 대책을 수립하여야 한다. 예를 들어 지상층과 지하층의 계단과 입구를 서로 분리하여 동선의 분산을 기한다.

4) 계단실의 입구와 계단폭과의 균형을 통하여 병목현상 발생을 제한한다.

(2) 피난수단은 원시적일 것

1) 피난수단은 기계적, 전기적인 장치를 이용하는 것보다 원시적인 것이 신뢰도가 가장 높다.

2) 대표적으로 승강기보다는 계단이 더 신뢰도가 높고 안전하며 이용인원도 훨씬 많다.

(3) 피난로는 양방향 피난의 확보

1) 양방향 피난이 원칙이다. 따라서 피난로의 수는 2개 이상이다.

① 층별 수용인원 500~1,000명 이하 : 3개 이상

② 층별 수용인원 1,000명 초과 : 4개 이상

2) 막다른 길(dead end)과 공용이용통로(common path) 등을 통해 피난동선이 제한되는 요소를 제거하거나 불가피한 경우에는 최소한으로 한다.

(4) 인간의 심리, 생리를 배려한 대책

1) 귀소본능

2) 지광본능

    3) 추종본능

    4) 회피본능

    5) 좌회본능

    6) 패닉(panic)

      ① 정의 : 위험에 마주쳤을 때 느끼는 비이성적인 극도의 공포감

      ② 발생조건

        ㉠ 피난로가 불분명하고 출구로 가는 길이 막힌 경우에 발생한다.

        ㉡ 전염성이 있다. 따라서 주변인의 공포를 보면 자기도 모르게 공포에 빠져든다.

        ㉢ 한정된 공간에 사람이 많을수록 심하다.

        ㉣ 화재의 위험보다 패닉(panic)의 위험이 더 크다(넘어져서 사람에 밟히고, 비이성적 사고로 위험을 자초한다).

        ㉤ 직접적인 신체나 생명에 위해가 가해져야 한다.

(5) 피난로 안전구획 설정(피난경로의 방화, 방연)

    1) 화염과 연기로부터 보호된 안전구획을 단계적으로 설정한다.

    2) 1차(복도), 2차(부속실) 안전구획, 피난계단으로 구성하여 피난이 진행될수록 안전성이 증대되도록 계획되어야 한다. 안전구획 차수의 증가에 따른 안전성의 증대가 확보되도록 설정하여야 한다.

    3) 연기전파를 방지하기 위해 수직관통부를 방호한다.

    4) 1차 안전구획 복도는 재실자 전원이 부속실, 피난계단으로 이동할 때까지 거주가능 조건을 만족(ASET > RSET)하도록 설치하여야 한다.

    5) 피난계단은 내화구조로, 내부 마감재는 불연재료로 설치한다.

    6) 피난공간을 가압하거나 밀폐하여 연기나 화염의 이동을 방지한다.

    7) 피난로의 폭 : 피난용량에 의해서 결정된다.

(6) 재해약자를 배려한 설계

    1) 병원, 사회복지시설, 노유자시설

      ① 이동이 원활하지 못하므로 수평피난이 효과적이다.

      ② 재해약자를 위한 안전구획 설정이 필요하다.

      ③ 수술실, 중환자실은 이동 자체가 곤란하므로 다른 구역보다 더 화재로부터의 영향을 차단하는 신뢰성 높은 방화구획을 필요로 한다.

    2) 일반시설, 특히 불특정 다수인이 이용하는 시설에서 재해약자의 안전을 고려하여야 한다.

(7) 다중화(fail-safe) : 화재가 확대되거나 피난경로가 폐쇄되어도 다른 피난경로가 확보될 수 있거나 또는 고장이 발생하여도 다른 시설로 대체 가능한 것을 말한다.

    1) **양방향 피난로** : 분산피난(zoning plan)

    2) 안전구획 설정

3) 정전 시를 대비한 비상조명등

4) 방화구획 설정에 의한 화재의 국한화

5) 준비작동식 스프링클러 시스템에서 논인터록(non-interlock)

6) 가스소화설비의 자동동작이 실패 시에 동작시킬 수 있는 수동기동장치

7) 다중화설비(비상전원, loop, grid, 고가수조, 예비펌프), 부분화

(8) **Fool-proof** : 비상 시 인간행동 특성에 부합하는 설계(누구라도 쉽게), 인간이 위급한 상태에서도 피난을 원활하게 수행할 수 있도록 인간의 행동 특성이 고려된 피난유도, 시설배치계획 등이 있다.

1) 피난경로는 단순 명료하고 색체나 형상, 그림 등을 사용하여 재해약자들이 쉽게 인지할 수 있어야 한다.

2) 피난수단은 원시적 방법 및 고정식을 사용한다.

3) 피난방향으로 열리는 출입문을 설치하여야 한다.

4) 도어노브는 회전식이 아닌 레버식을 설치하여 돌리지 않고 쉽게 눌러서 문을 개방할 수 있도록 하여야 한다.

5) 피난동선과 일상동선을 일치시킨다.

6) 소화설비, 경보기기의 위치나 유도표시가 쉽게 판별될 수 있는 색채를 사용한다.

(9) **Fail safe와 Fool proof의 적용의 예**

1) Passive system

① Fool proof : 경로구성, 구획

② Fail safe : 2방향

2) Active system

① Fool proof : 유도등 색상, 도어노브 레버식, 피난유도선

② Fail safe : 피난기구, 수동기동장치(자동실패 시)

04 피난계획의 주요내용

(1) **발화실의 피난**

1) 연기와 화염으로부터의 피난을 동시에 고려하여야 한다.

2) 연기가 실내에 충만하기 전에 실내의 모든 거주자의 피난이 가능해야 한다.

3) 피난에 많은 시간이 필요하거나 피난로가 차단될 우려가 있는 경우는 비상구나 발코니 등의 복수의 피난경로를 고려하여야 한다. 따라서 피난시설을 다중화하여야 한다.

(2) **발화층의 피난**

1) 발화층의 피난경로가 영향을 받기 이전에 해당 층의 거주자가 피난계단 등 보다 안전한 부분까지 피난할 수 있도록 계획하여야 한다.

736

2) 발화실 외 다른 실에서의 피난에는 화재를 감지하기까지 지체되는 시간을 고려하여야 한다.

3) 양방향 피난을 원칙으로 하되, 이 외에 비상수단에 의한 상층 또는 하층으로의 피난도 검토하여야 한다.

4) 병원같이 피난능력이 부족한 이용자가 많은 건축물에서는 방화구획된 별도의 공간에 수평피난하는 방식도 유효하다.

(3) 상층부의 피난

1) 상층으로의 연기전파를 방지하는 수직관통부의 방화·방연 대책이 중요하다.

2) 고층 건축물인 경우 계단의 혼란을 최소화하기 위하여 전 층에서 동시에 피난하지 않도록 발화층, 그 바로 위층, 연기의 전파가 우려되는 최상층 순으로 순차적인 피난계획을 수립하여야 한다.

(4) 중간 피난거점(피난안전구역)

1) 고층 건축물과 같은 경우 중간에 외기로 개방된 안전한 장소를 설치하여 피난장소로 사용하여야 한다.

2) 대형 판매시설인 경우 저층부에 옥상광장이 설치된 경우 이를 일시적인 피난장소로 계획하여야 한다.

(5) 피난층에서 옥외로의 피난

1) 피난자가 안전하게 피난계단 출구에서 옥외까지 화재의 영향을 받지 않고 피난할 수 있도록 계획하여야 한다.

2) 피난층에서 화재가 발생할 경우 재실자 전원이 피난하는 것을 고려하면 피난시간이 길어진다.

① 피난층 입구에 매점이나 사무실과 같이 화재의 발생 우려가 있는 경우 확실한 화재예방 및 방화구획을 하여야 한다.

② 판매점 같이 계단이 매장에 면하는 경우 피난계단에서 직접 외부로 나갈 수 있도록 하여야 한다.

05 피난안전의 확보를 위한 대책

(1) 피난상 현저하게 지장이 있는 건축재료 등의 사용을 제한한다. 건축물의 내·외부 마감재료의 사용을 제한하여 피난 시 독성물질이나 연기의 발생을 제한한다.

(2) **적절한 피난계획** : 화재 시 재실자의 피난안전을 목적으로 하여 거주자, 연소, 건축물 특성을 감안한 피난계획을 수립한다.

(3) **안전한 피난경로의 확보**

1) 재실자에게 적어도 하나 이상의 안전한 피난경로가 확보되어야 한다.

2) 재실자에게 안전한 피난경로가 확보되지 않을 우려가 있는 건물 부분은 화재발생 가능성을 무시할 수 있는 수준으로 낮추거나, 출화하더라도 위험이 미치지 않아 피난할 필요가 없는 방호조치를 하여야 한다.

3) 재실자가 지장 없이 피난할 수 있도록 용량, 형상, 구조, 설비 등이 계획되어야 한다.

4) 피난이 완료되기까지 화재에 의한 연기, 열, 붕괴, 파손 등에 기인하는 위험이 미치지 않도록 계획되어야 한다.

(4) 안전한 피난장소의 확보

1) 원칙적으로 공공광장 등 건물 외부의 공간이 확보되어야 한다.

2) 건물 외부로의 피난을 적정 시간 내에 완료하기 곤란할 것이 예상되는 건축물은 건물 내에 마련되어야 한다.

06 결 론

(1) 현재 국내의 피난 관련 규정을 분석해 보면 단지 피난 시의 보행거리, 피난계단의 설치기준 등과 같은 피난에 관련된 기초적인 사항에 대해서만 규정되어 있다.

(2) 화재 시 인명의 안전한 피난을 보장하기 위해서는 이외에도 건축물의 용도, 수용인원, 거주자의 신체적 특성 등을 고려한 피난구의 유형, 피난구의 방향, 피난을 위한 내화시간 등의 공학적 판단에 근거한 합리적인 피난계획을 수립할 필요가 있다.

(3) 또한 수립한 피난계획의 성능을 입증하기 위해서 피난시뮬레이션을 실시하여 이를 이용한 과학적인 피난계획의 수립이 필요하다.

피난계획수립의 순서

01 개 요

(1) 피난안전성을 확보하기 위해서는 적절한 피난계획의 수립, 훈련, 유지 관리를 통해 최적의 상태를 유지하여야 한다. 그 중 한 가지라도 빠지게 되면 피난안전성 확보가 곤란하다.

(2) 특히 피난계획의 수립은 피난안전성 확보를 위한 가장 기본적이고 필수적 요소이므로 그 계획순서를 확인하고 평가하는 것이 필요하다.

02 피난계획수립 순서

(1) **건축물의 용도 분류** : 혼합용도일 경우 두 개 이상의 용도가 적용되는 경우에는 제한 조건이 큰 쪽의 요구사항을 적용한다. 즉, 더 위험한 용도의 요구조건을 충족시켜야 한다.

(2) 신규 또는 기존 건축물인지를 구분한다.

(3) 피난인원 수를 추정한다(수용인원 산정).

(4) 건물 내에서의 "가상 출화점"을 일정 기준에 의해 선정한다.
   1) 화재가혹도가 가장 높은 지점
   2) 화재발생이 가장 빈번할 수 있는 지점
   3) 화재의 피해가 가장 큰 지점

(5) 가상 출화점마다 피난자의 피난경로를 결정한다.
   1) 가장 단순하고, 길이가 짧아야 한다(Fool proof).
   2) 양방향 대체가 가능해야 한다.
   3) 국내 기준은 보행거리 30m로 제한한다.

(6) 위 (5)에서 정한 피난경로에 피난군집 유동상황을 해석한다.

(7) 위 (6)을 통해 피난가능시간을 예측한다(RSET).
   1) 수계산
   2) 시뮬렉스(simulex), 엑소더스(exodus) 등을 통해 군중유동상황 및 피난시간을 계산한다.

(8) 위험해질 때까지의 소요시간을 예측한다(ASET).

1) 연기

2) 독성

3) 열

(9) 피난안전성을 평가한다.

1) ASET > REST 평가

2) ASET을 높이는 대책 및 REST 줄이는 대책

(10) 재검토 : 부적합 판정 시 피난계획을 수정한다(피난로 증설 등).

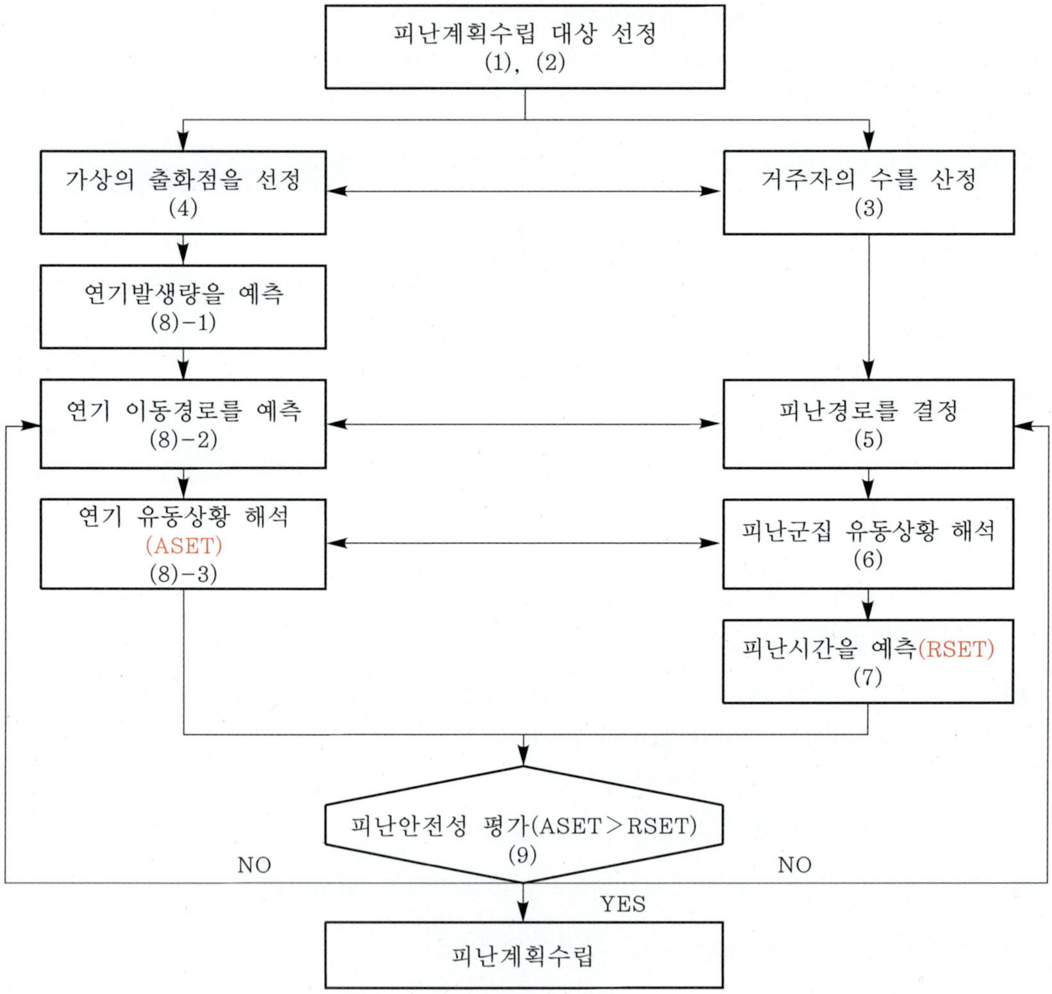

피난계획수립 대상 선정
(1), (2)

가상의 출화점을 선정 (4) ↔ 거주자의 수를 산정 (3)

연기발생량을 예측 (8)-1

연기 이동경로를 예측 (8)-2 ↔ 피난경로를 결정 (5)

연기 유동상황 해석 (ASET) (8)-3 ↔ 피난군집 유동상황 해석 (6)

피난시간을 예측(RSET) (7)

피난안전성 평가(ASET > RSET) (9)

NO   NO

YES

피난계획수립

❚ 피난계획수립 순서 ❚

03 NFPA PBD 피난계획수립 순서[115]

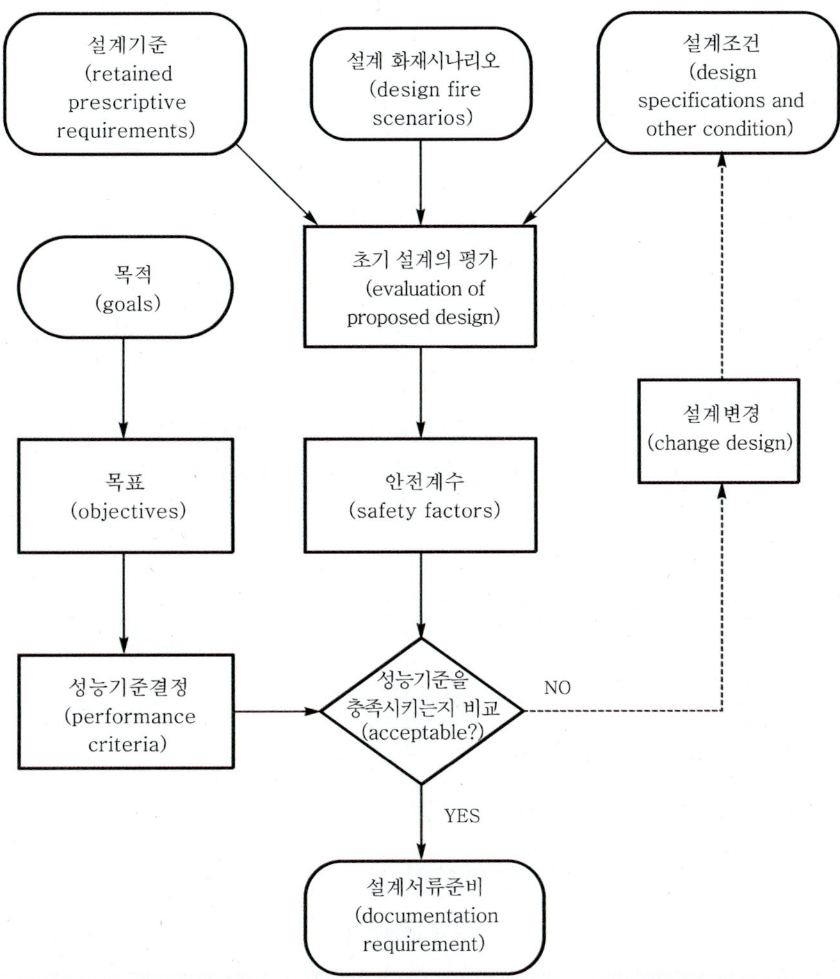

---

115) FPH 20 Protecting Occupancies CHAPTER 1, Assessing Life Safety in Buildings 20-14 FIGURE 20.1.8 Performance-Based Life Safety Evaluation Process

피난전략

01 개 요

(1) 피난전략은 원칙적으로 건축물 내의 모든 점유자(화재실뿐 아니라 건축물 내의 모든 점유자를 말한다)가 즉시, 화재가 발생한 건물의 외부로 안전하게 피난하는 것을 원칙으로 한다.

(2) 예를 들어 학교의 경우 화재발생 시 학생들은 하던 일을 멈추고 지도교사나 관계자의 안내를 받아 즉시 외부로 피난하는 교육을 받고 있다.

(3) 그러나 건물의 용도에 따라 즉시, 모두가 외부로 피난하는 것이 적합하지 않거나 더욱더 위험한 상황이 발생할 수도 있기 때문에 NFPA에서는 아래와 같은 4가지 피난전략을 제시하고 있다.

02 피난전략

(1) 일부피난(partial or zoned evacuation)

(2) 순차피난(phased evacuation)

(3) 지연피난(delayed evacuation)

(4) 현 위치에서의 방호(defend-in-place)

┃비교표 ┃

구 분	모 두	즉 시	외 부
일부피난(partial or zoned evacuation)	–	◎	◎
순차피난(phased evacuation)	◎	–	◎
지연피난(delayed evacuation)	◎	–	◎
현 위치에서의 방호(defend-in-place))	–	◎	–

03 일부피난(partial or zoned evacuation)

(1) 즉시, 점유자 모두가 외부로 피난하는 것이 아니라 화재실이나 그 직상층에 거주하는 거주자들의 제한적인 피난을 말한다. 이 경우는 화재실 하부로는 화재가 확산될 우려가 없고 건축물의 내화성능이 우수하여 붕괴의 우려가 없는 제한적인 경우에 적용할 수 있다.

(2) 국내 화재안전기준의 발화층, 직상층 우선경보방식에 의한 피난이 여기에 해당된다.

04 순차피난(phased evacuation)

(1) 모두 외부로의 피난이지만 즉시 피난은 아니라 화재에서 가까이 있는 점유자부터 우선적이고 순차적으로 진행되는 피난을 말한다.

(2) 이 경우는 피난경로가 피난자에 비해 수용능력이 부족하여 일시에 피난 시 지체나 병목현상이 발생할 우려가 있기 때문에 이를 방지하기 위한 피난전략이다.

(3) 순차피난의 경우 전체 동시피난에 비해 총 피난종료시간의 경우는 더 많이 소요되지만, 화재층이나 그 직상층의 거주자의 피난시간을 기준으로 보면 전체 피난에 비해 훨씬 단축됨을 실험결과를 통해 알 수 있다.

05 지연피난(delayed evacuation)

(1) 모두 외부로의 피난이지만, 즉시 피난이 아닌 일단 안전구역(area of refuge)으로 이동해서 피난지체 등을 완화시키고 피난하는 방법이다. 고층 건축물이나 심층의 공간의 경우는 피난시간이 길어서 단번에 피난이 곤란하므로 안전하게 체류하여 있다가 다시 피난을 하는 방법이다.

(2) 백화점, 교정시설, 노유자 시설 등에 적용된다.

06 현 위치에서의 방호(defend-in-place)

(1) 최근에 개발된 방호개념으로 화재실의 사람만 즉시 안전구역(area of refuge)으로 피난을 완료함으로써 피난이 종료된다. 따라서 안전구역(area of refuge)의 방호성능이 뛰어나야 할 필요성이 있는 방호개념이다. 이는 피난자가 수직피난을 하기가 곤란하거나 피난시간이 너무 길어 피난이 곤란한 경우에 일정 거리의 수평공간이나 수직공간을 피난안전구역으로 하여 그 곳에 피난을 하면 안전성이 보장되는 피난전략이다.

(2) 예를 들면 아래와 같다.

  1) **아파트** : 화재세대의 점유자만 피난, 그 외의 세대는 현 위치에서 대기

  2) **병원** : 수평피난(horizontal exiting)

  3) 초고층 건축물의 피난안전구역

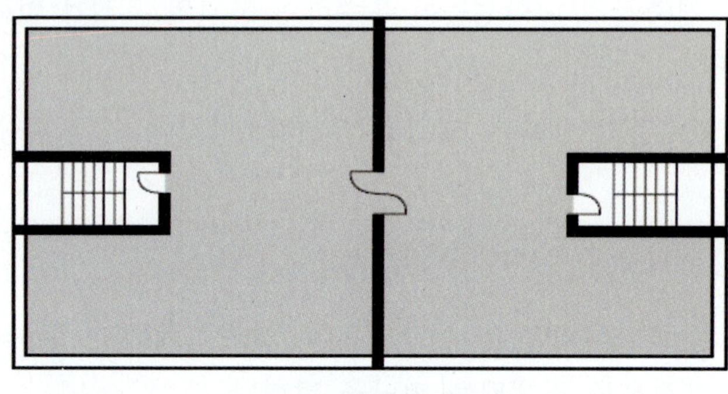

▌현 위치에서의 방호 ▌

07 고려사항

(1) 화재 시 피난의 경우는 피난자에게 많은 정보를 제공해야 한다. 왜냐하면 화재의 진행상황에 따라 필요 시에는 옥외로의 피난을 필요로 할 수도 있기 때문이다.

(2) 따라서 경종이나 사이렌과 같은 비상경보설비보다는 상황을 명확하게 전달할 수 있는 비상방송설비가 중요하다.

(3) CCTV가 설치되어 동작한다면 피난상황을 실시간으로 감시하면서 안내가 가능하므로 피난성능의 향상에 크게 이바지할 수가 있다.

01 개 요

(1) 코어(core)의 정의

  1) 건축적 의미 : 코어란 사무소의 유효면적률을 높이기 위하여 각 층의 서비스 부분(공조실, 복도, 로비, 계단실, 엘리베이터실, 화장실, 세면실, 급탕실, 기타 설비 관계실 등)을 사무공간에서 분리시켜 집약한 곳으로 건물의 중추적 역할을 하는 부분을 말한다. 이외에도 코어는 구조적으로 하중을 견디고 지진 등 진동을 견디는 내진의 역할을 하기도 한다.

  2) 소방적 의미 : 코어란 수직피난로의 개념이다.

(2) 건축물방재대책 중 평면계획에서의 코어배치는 피난의 방향성, 양방향 피난의 가능성 등 피난계획의 수준을 기본적으로 결정하게 되는 중요한 요소이다.

(3) 코어에는 계단, 엘리베이터(E/V), 수직계통의 설비공간, 화장실, 탕비실 등 각 층의 서비스 부분이 포함되며, 이들 계단 등에서는 각각 화염과 연기에 대하여 안전한 것으로서, 양방향 피난이 확보되게 하고, 가급적 분산하여 배치하는 것이 바람직하다.

02 코어의 소방 특징

(1) 코어를 통해 연기가 상층부로 확산될 우려가 있다. 굴뚝효과로 인해 하층에서 발생한 연기가 상층으로 확산될 우려가 있다.

(2) 코어를 통해 화재의 확산 우려가 있다. 코어부를 통해 건물 전체로의 화재확산 우려가 크다. 왜냐하면 코어부는 구획화하여 화재를 차단하기가 기능상 곤란하기 때문이다.

(3) 코어에는 소방시설의 설치가 곤란하다.

  1) 설비가 집약되어 스프링클러 등의 소화설비의 설치가 어렵다.

  2) 피난계단의 경우 스프링클러가 설치되거나 동작했을 경우 피난에 장애가 될 수 있다.

(4) 평상시 감시가 곤란하다. 사람이 활동하지 않는 공간으로 특별한 사건, 사고가 발생하기 전에는 코어 안을 감시하지 않는다.

(5) 코어부에는 전선 등 가연성 물질이 많고, 산소가 부족해서 다량의 일산화탄소나 유독가스 발생 우려가 크다.

(6) 공간이 협소해서 소화활동이 곤란하다.

03 코어의 역할

(1) **평면적 역할** : 공용 부분을 한 곳에 집약시킴으로써 사무소의 유효면적이 증대된다.

(2) **구조적 역할** : 주내력적 구조로 외곽이 내진벽 역할을 하여 구조적 안전을 담당한다.

(3) **설비적 역할** : 설비시설 등을 집약시킴으로써 설비계통의 순환이 좋아지며, 각 층에서 계통거리가 최단이 되므로 설비비를 절약할 수 있다.

04 코어의 기본원칙

(1) **승강기 + 계단실 + 화장실** : 가능한 한 근접시켜서 설치하여야 한다.

(2) **승강기 홀과 주출입구 간격** : 굴뚝효과를 방지하기 위해 일정 거리 이상 이격시켜서 설치하여야 한다.

(3) 승강기 홀은 가능한 한 중앙에 집중시켜서 설치하여야 한다.

(4) 코어 내의 공간은 각 층마다 같은 위치에 집중시켜서 설치하여야 한다.

05 코어의 종류

(1) **편단코어형(편심코어형)**

1) 특징

① 소규모 사무소에 적합한 코어형태이다.

② 바닥면적은 커지나 코어 이외에 피난시설, 설비 샤프트 등을 설치해야 하므로 피난시설, 설비 설치에 불리하다.

2) 구조계획

① 중심과 강심을 일치시키고 편심을 막는 계획이 필요하다.

> **꼼꼼체크** **강심(center of rigidity)** : 건축물에 작용하는 관성의 중심을 강심이라 한다. 강심과 관성력의 작용점인 중심이 일치하지 않을 경우에는 바닥의 뒤틀림이 발생할 수 있다.

② 너무 고층인 경우에는 구조상 적합하지 않다.

3) 비고

① 일반적으로 층 바닥면적이 작은 곳에 적합하다.

② 두 개의 피난계단을 가능한 한 분리할 필요가 있다.

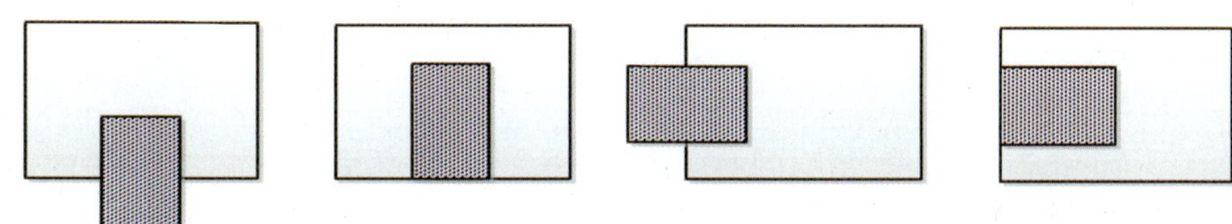

▌ 편심코어의 예 ▌

(2) 외코어형(독립코어형)

1) 특징

① 편단코어에서 발전한 경우로 편단코어형과 거의 유사한 특징을 가진다.

② 자유로운 사무실 공간을 코어부와 관계없이 설치할 수 있다.

③ 설비덕트나 배관을 코어로부터 사무실공간으로 설치하는 데 제약이 있다.

④ 방재상 불리하고 바닥면적이 커지면 피난시설을 포함한 서브코어가 필요해진다.

2) 구조계획

① 코어와 건물의 접합부에서의 변형이 과대해지지 않도록 계획할 필요가 있다.

② 사무실 부분의 내진 벽은 외주부에만 하게 되는 경우가 많다.

③ 코어부분은 그 형태에 적합한 구조방식을 취할 수 있다.

④ 코어부가 외부에 설치됨으로써 내진구조에는 불리하다.

3) 비고 : 편단코어형으로부터 발전된 것으로 자유로운 사무실 공간을 코어와 관계없이 마련할 수 있다.

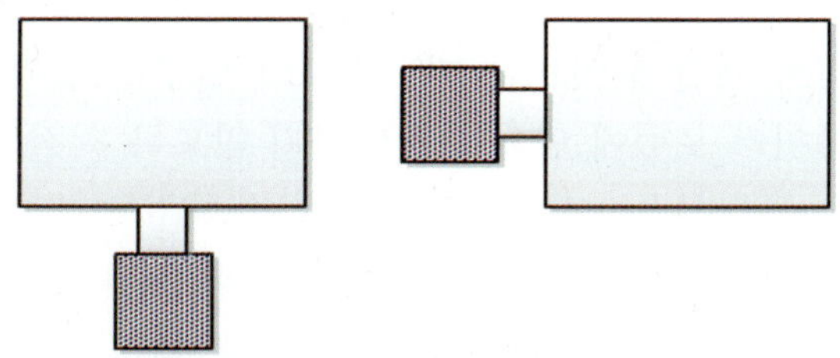

▌ 독립코어의 예 ▌

(3) 중앙코어형

1) 특징

① 가장 일반적인 코어형태이다.

② 유효율이 높고 임대빌딩으로서 가장 경제적인 계획을 할 수 있다.

2) 구조계획

① 구조코어로서 가장 바람직한 형태이다.

② 따라서 고층, 초고층은 대부분 이 형태를 가진다. 이 경우 외주프레임을 내력벽으로 하여 중앙코어와 일체하여 내진구조로 설치하는 경우가 많다.

3) 비고

① 바닥면적이 큰 경우에 보편적으로 사용된다.

② 내부 공간, 외관이 모두 획일적으로 되기 쉽다.

4) 종류

① 외주복도형

　㉠ 초기의 고층 빌딩에서 많이 사용한 타입으로 코어의 외주부에 복도가 설치된다.

　㉡ 피난층에서 계단이 적절한 간격을 갖고 치우치지 않게 배치될 뿐만 아니라 이들 계단이 안전구획으로 연결되며, 복도에서 양방향의 피난이 되는 장점이 있다.

　㉢ 복도가 연기로 오염되면 전체가 연결되어 피난로로 연기가 확산될 위험도 있다.

　㉣ 연기 등으로부터 안전구획을 유지할 수 있는지가 중심코어를 활용하는 중요한 조건이 된다.

② 중복도형

　㉠ 복도를 코어 주위가 아니라. 코어 중앙에 직선상으로 배치하고, 엘리베이터 샤프트도 이와 맞추어 직선상으로 배치하는 형태이다(선형 코어).

　㉡ 사무실 빌딩에서 많이 사용하는 형태이다.

　㉢ 복도부분을 적게 하여 외주복도형보다 많은 실내면적이 얻어지는 장점이 있으나 사무실 출입구수가 3~4개소로 한정되어 피난에는 장애가 된다.

　㉣ 각 층은 직선상의 동일한 복도로 나오므로 건축물 내에서의 위치 인식이 용이해진다.

　㉤ 거실에서 계단에 이르는 피난경로의 일부는 엘리베이터 로비와 겸용하므로 엘리베이터 로비에 연기가 들어가지 않도록 적절한 조치를 강구하여야 한다.

③ 정방형

　㉠ 코어부분이 상대적으로 커지므로 안길이가 깊은 사무실은 얻기 어려우나, 4면에 전망이 열린 균등한 공간이 얻어져 쾌적성이 확보되어, 사무실빌딩이나 호텔 등에서 많이 사용하는 방식이다.

　㉡ 코어 내부의 복도가 안전구획되고 2개의 계단이 연결되지만 피난경로가 복잡하고 2개의 계단이 근접하여 설치되는 경향이 있다.

　㉢ 따라서 두 개의 계단이 동시에 오염될 우려가 있다.

　㉣ 해결책으로 코어 외에 계단실을 배치하는 방법도 고려하여야 한다.

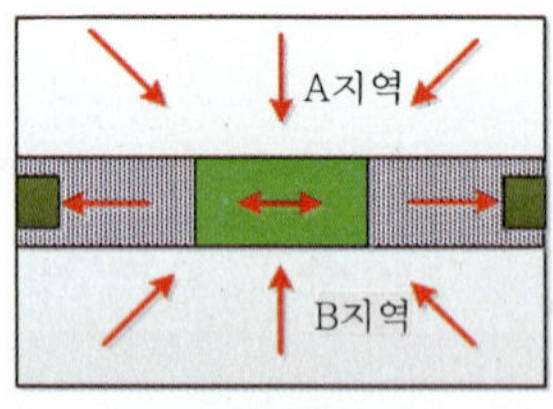

‖ 외주복도형 ‖

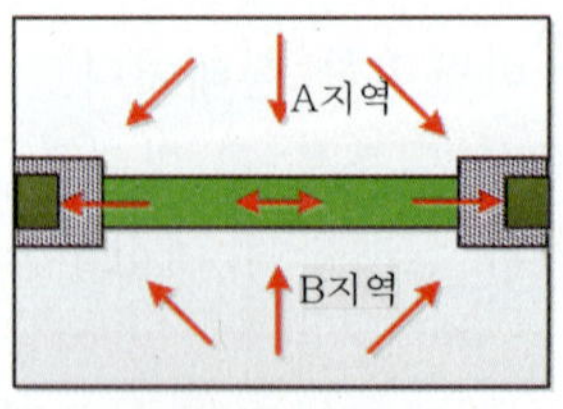

‖ 중복도형 ‖

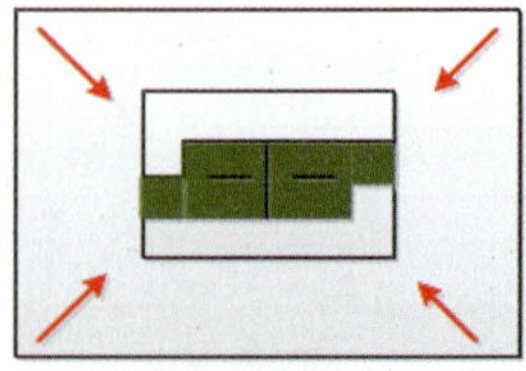

‖ 정방형 ‖

748

(4) 양단코어형

1) 특징

① 여러 가지 가능성을 가진 대공간을 확보할 수 있다.

② 피난상은 명쾌한 평면으로 양방향 피난의 전형이라 할 수 있어 방재상 유리하다.

2) 구조계획 : 내진벽을 외주코어에 마련하게 되므로 코어의 간격이 클 경우에는 중앙부의 내진성을 검토할 필요가 있다.

3) 비고

① 하나의 대공간을 필요로 하는 전용 사무소 빌딩 등에 적합한 방식이다.

② 임대빌딩에는 층 전체를 임대할 경우는 문제가 없지만 층을 분할하여 임대할 경우에는 양단의 코어를 연결하는 복도가 필요하게 되므로 실내공간 설치면적이 줄어든다.

③ 사무실이나 병원용도에 적합한 방식이다.

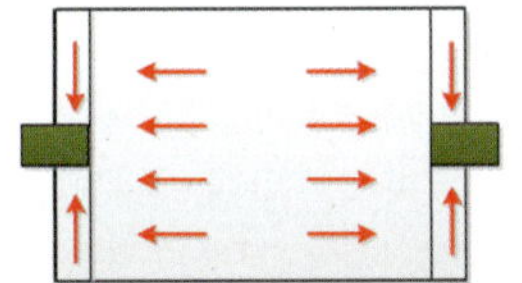
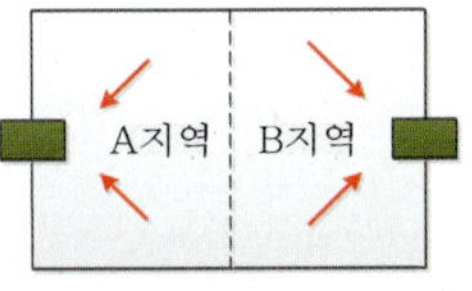
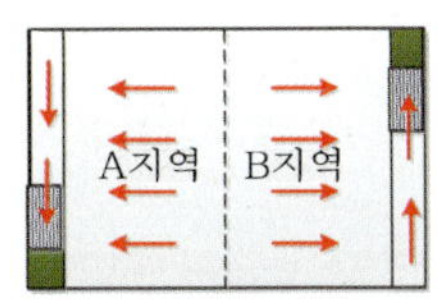
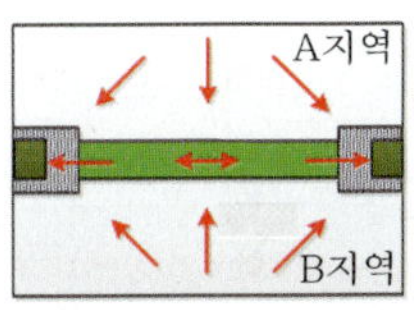

‖ 양단코어(외복도 설치) ‖ ‖ 양단코어(내복도 설치) ‖ ‖ 양단코어(외복도 설치) ‖ ‖ 양단코어(중복도 설치) ‖

(5) 분산코어(사방코어)

1) 특징

① 코어가 분산되어 있어 코어가 없다고 할 수 있는 방식이다.

② 중앙에 한 개의 존으로 큰 실을 취할 수 있어 백화점 등 대규모 평면의 건축물에서 많이 사용하는 방식이다.

③ 다방면(4방향)의 피난경로 확보가 가능하여 피난상 유리하다.

2) 구조계획 : 내진벽을 외주코어에 마련하게 되므로 코어의 간격이 클 경우에는 중앙부의 내진성을 검토할 필요가 있다.

3) 비고

① 에스컬레이터가 피난동선과 분리되는 경향을 가진다.

② 피난계단 부근에 화장실을 배치하여 일상동선을 피난동선에 근접시키는 경우도 있다.

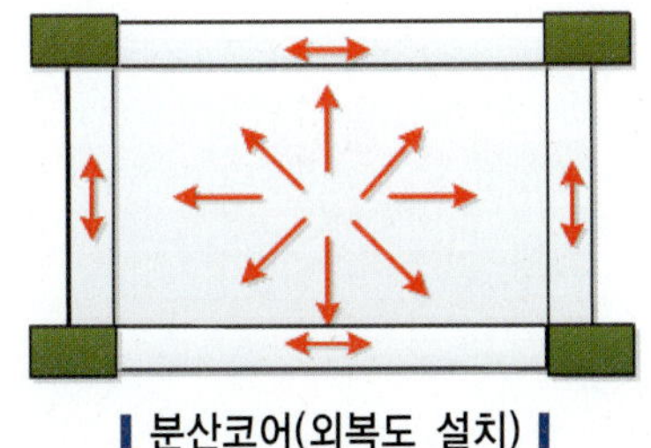
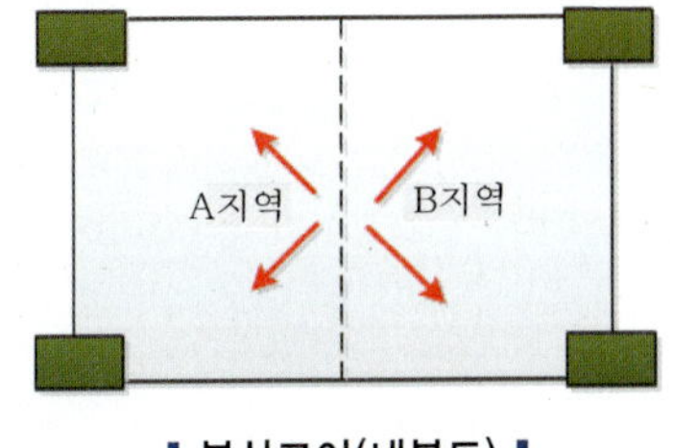

‖ 분산코어(외복도 설치) ‖ ‖ 분산코어(내복도) ‖

749

06 결 론

(1) 건축물을 신축 시 코어부분을 설계할 경우 건축물의 용도와 수용인원을 고려하여 최소한 양방향 이상이 가능한 코어를 설계함이 필요하다.

(2) 코어 설계는 중간에 설계변경으로 수정할 수 있는 사항이 아니기 때문에 신중하고 다양한 검토를 통해서 결정해야 한다. 코어를 바꾸면 건축설계 전체를 바꿔야 하기 때문이다.

(3) 따라서 건축물의 기본계획에서부터 화재와 재난에 대한 피난계산 및 시뮬레이션을 통해 적합한 코어시스템을 찾고 이것이 설계에 반영되도록 하여야 할 것이다.

NFPA 101에 따른 피난로의 피난용량 산정방법

01 수용인원의 흐름계산방법(the flow method)

(1) 국내에서 주로 사용하는 방법이다.

(2) 정의 : 정해진 거주가능시간 내의 건물 전체 인원을 피난시킨다는 이론하에 피난통로의 폭을 역으로 계산하는 방법으로 유체의 이동모델과 유사하다.

(3) 유동률

  1) 비상계단(stairways)에서의 유동률

  2) 수평부문(level components)과 경사로(ramps)에서의 유동률

▎유동률[116] ▎

구 역	계단(폭/인)		수평부분과 경사로(폭/인)	
	inch	mm	inch	mm
노인요양시설	0.4	10.0	0.2	5
의료시설(스프링클러 설치)	0.3	7.6	0.2	5
의료시설(스프링클러 미설치)	0.6	15.0	0.5	13
고위험물질 저장장소	0.7	18.0	0.4	10
기타	0.3	7.6	0.2	5

(4) 적용대상 : 극장, 교육시설 등과 같이 거주자가 항상 깨어 있어서 즉각 피난이 가능한 장소

(5) 조건

  1) 신체적으로 좋은 조건상태를 가진 일반 성인

  2) 일정한 피난속도를 가진다는 가정

  3) 이때의 폭은 유효폭(effective width) 기준

02 피난용량 계산법(the capacity method)

(1) 정의

  1) 건물 내의 충분한 수의 계단 및 통로를 준비하여 거주자들을 적절하게 수용하도록 하는 방법이다.

---

116) TABLE 4.3.1 Capacity Factors Source : Table 7.3.31, NFPA 101, 2006 edition.

2) 즉, 화재발생 시 피난공간이 수용인원을 모두 수용할 수 있는가를 가지고 계산한다.

(2) 피난통로가 완전하게 구획되어 각 개인별로 신체적 능력에 따라 피난하도록 계산한다.

(3) 고층 건물이나 피난약자들이 거주하는 장소에 설계한다.

(4) 피난용량을 계산 시에는 해당 층의 수용인원만을 고려한다. 단, 발코니나 부속실로부터 피난방향이 그 아래에 있는 방을 경유하여 지나갈 경우는 피난용량을 합산하여야 한다.

(5) 피난용량표는 상기 유동률에 근거하여 결정한다.

(6) 국내의 피난용량 계산법 : 대표적인 예로 피난안전구역의 면적산정이 있다.
  1) 피난안전구역의 면적은 다음 산식에 따라 산정한다.

$$(피난안전구역\ 위층의\ 재실자\ 수 \times 0.5) \times 0.28m^2$$

  2) 피난안전구역 위층의 재실자 수는 해당 피난안전구역과 다음 피난안전구역 사이의 용도별 바닥면적을 사용 형태별 재실자 밀도로 나눈 값의 합계를 말한다.
  3) 다만, 문화 및 집회 용도 중 벤치형 좌석을 사용하는 공간과 고정좌석을 사용하는 공간은 다음의 구분에 따라 피난안전구역 위층의 재실자 수를 산정한다.
   ① 벤치형 좌석을 사용하는 공간 : $\dfrac{좌석길이}{45.5cm}$
   ② 고정좌석을 사용하는 공간 : 휠체어 공간 수 + 고정좌석 수
  4) 피난안전구역 설치대상 건축물의 용도에 따른 사용 형태별 재실자 밀도는 다음 표와 같다.

용 도	사용 형태별		재실자 밀도
문화 및 집회	고정좌석을 사용하지 않는 공간		0.45
	고정좌석이 아닌 의자를 사용하는 공간		1.29
	벤치형 좌석을 사용하는 공간		–
	고정좌석을 사용하는 공간		–
	무대		1.40
	게임제공업 등의 공간		1.02
운동	운동시설		4.60
교육	도서관	서고	9.30
		열람실	4.60
	학교 및 학원	교실	1.90
보육	보호시설		3.30
의료	입원치료구역		22.3
	수면구역		11.1

용 도	사용 형태별	재실자 밀도
교정	교정시설 및 보호관찰소 등	11.1
주거	호텔 등 숙박시설	18.6
	공동주택	18.6
업무	업무시설, 운수시설 및 관련 시설	9.30
판매	지하층 및 1층	2.80
	그 외의 층	5.60
	배송공간	27.9
저장	창고, 자동차 관련 시설	46.5
산업	공장	9.30
	제조업 시설	18.6

 계단실, 승강로, 복도 및 화장실은 사용 형태별 재실자 밀도의 산정에서 제외하고, 취사장·조리장의 사용 형태별 재실자 밀도는 9.30으로 본다.

NFPA 101에 따른 피난로 관련 주요규정

01 피난로

(1) 피난로 천장

1) 피난로 천장 높이 : 2.3m 이상

2) 천장 돌출부와 바닥과의 높이 : 최소 2m 이상

(2) 피난로의 비상구

1) 피난로의 문 : 유효폭이 최소 81cm 이상

2) 양개문인 경우 : 적어도 1개 문의 유효폭은 최소 81cm 이상

3) 피난로에 있는 문의 개방 시 제한 : 문을 개방 시 개방된 문에 의해 복도, 통로 또는 계단참의 피난에 필요한 폭의 $\frac{1}{2}$ 이상을 막지 않아야 한다.

4) 비상구는 계단참이 없는 계단으로 곧바로 열려서는 안 된다(계단의 폭을 제한하기 때문).

5) 계단참의 폭은 비상구의 폭과 최소한 같아야 한다.

6) 문과 유사한 형태의 구조물 : 문으로 오인될 수 있는 개구부는 가로대를 설치하여 피난자의 잘못된 접근을 막아야 한다.

(3) 피난로에 거울 설치제한

1) 피난통로 문에는 혼란을 줄 우려가 있어 거울을 설치할 수 없다.

2) 피난통로 또는 인접한 곳에는 피난방향을 혼동하게 할 우려가 있는 방법으로 거울을 설치해서는 안 된다.

(4) 엘리베이터 승강장의 문 : 방화성능은 최소 1시간 이상이어야 한다.

(5) 에스컬레이터와 무빙워크 : 피난로의 일부로 구성하면 안 된다.

(6) 계단의 대피공간 : 병목과 필요없는 공간(dead space)이 생기지 않도록 해야 한다.

1) 병목을 방지하기 위한 출입구 조건 : 입구 ≤ 출구

2) 필요없는 공간(dead space) : 피난이동경로에 벗어난 공간으로 피난 시 대피공간으로의 활용도가 낮다.

피난안전성의 평가기법

01 개 요

(1) 피난안전성의 평가기법은 ASET>REST하여 피난안정성을 확보하는 시간에 의해서 안전성을 평가하는 방법(대표적 ASET)과 개개의 독성 연소생성물의 특정 영향에 대한 평가가 아닌 다양한 열환경 및 유해가스가 미치는 영향을 정량적으로 평가하기 위한 방법(대표적으로 N-Gas Model)으로 구분할 수 있다.

  1) ASET : 허용피난시간(거주가능조건)이라 하며 Flash over 발생시간, 연기층 하강시간, 화재의 크기에 따라 결정되고 위험해지는 데 걸리는 시간을 나타낸다. 이는 설계자나 발주자가 여러 가지 자료와 건축물의 특수성 등을 고려하여 결정하는 요소이다.

  2) RSET : 최소피난시간이라 하며 감지시간, 지연시간, 이동시간으로 구성되고 실제 화재가 발생했을 경우 피난자가 피난하는 데 시간이 얼마나 소요되는지를 계산하는 방법이다. 크게 수계산에 의한 방법과 피난시뮬레이션에 의한 방법이 있다.

(2) 피난안전성을 확보하기 위해 "ASET>RSET"이어야 한다. 즉, ASET을 높이는 대책, RSET을 줄이는 대책이 필요하다.

(3) N-Gas Model은 FED를 이용한 방법으로 6가지 가스의 FED를 이용해서 유해가스에 의한 영향을 평가하는 방법이다.

(4) FED(Fractional Effective Dose)는 유효복용분량으로 T시간 동안 인간이 호흡한 여러 종류의 유해가스의 누적흡입복용량이 1.0에 이르면 사망한다고 판별하는 방법이다.

02 피난안전성 평가의 전제조건

(1) 피난대상자는 공간에 균등하게 분포되어 있다고 가정한다.

(2) 피난은 일제히 실시한다.

(3) 피난자는 지정통로인 피난경로를 따라서 피난한다고 가정한다.

(4) 보행속도가 일정하고 추월, 역주행은 없다고 가정한다.

(5) 복수출입구 중에서 가장 가까운 출입구로 피난한다.

(6) 군집류의 이동은 출입구 등의 폭에 의해서 결정된다.

03 피난시간 산정의 고려사항

(1) 건축 특성

1) 피난로의 구조

2) 피난로 접근의 용이성

3) 피난로의 용량

4) 피난로의 수

5) 피난로까지의 보행거리

6) 공용이용통로(common path)와 막다른 길(dead end)

(2) 거주자 특성

1) 친숙도

2) 교육과 훈련 정도

3) 사회적 유대감

4) 각성 상태 및 제한요소

5) 화재발생 당시 수행 업무, 행위

6) 직원 및 관리자의 수와 존재유무

7) 재해약자의 고려

(3) 연소 특성

1) 발화원

2) 두 번째 착화물의 종류

3) 화염전파속도

4) 연기발생량

5) 독성과 자극성 가스의 농도

6) 열방출률(HRR)

04 용도확인 및 피난자 수 산정

(1) 산정식 : 거주밀도(occupant load density) × 면적

(2) 거주자 유형(PBD의 점유자의 특성 참조)을 고려해야 한다.

(3) 열 및 연기 노출이 피난거동에 미치는 심리적, 생리적 영향을 고려하여야 한다.

05 가상 출화점 선정

(1) 피난행동상 가장 불리한 지점이다.

(2) 출화확률이 최대라고 생각되는 지점이다.

(3) 특수한 경우
  1) 가장 사람 수가 많은 지점
  2) 연회장이나 대회의실 등과 같이 불특정 다수가 모인 지점
  3) 건축주나 관계인이 의뢰한 지점

06 ASET(Available Safe Egress Time) 산출

(1) 개요
  1) 피난하는 사람이 위험한 상황에 도달하게 되는 시간이다. 즉 안전한 피난을 위해 이용 가능한 시간이며 피난허용시간이라고 한다. 따라서 이를 체류가능조건 또는 거주가능시간이라고도 한다.
  2) 화재에 의한 인체피해의 주요인이 연기이므로 화재의 발생으로부터 거주자에게 위험을 줄 수 있는 농도로 연기가 오염되는 시간이다.
  3) 또한, 피난자가 무력화될 때까지의 시간을 말하기도 한다.

(2) 구성요소
  1) 열에 의한 영향
  2) 비열적 영향
    ① 가시거리에 의한 영향
    ② 독성에 의한 영향
      ㉠ 자극성 가스
      ㉡ 마취성 가스
      ㉢ 이산화탄소의 농도
      ㉣ 산소의 농도
  3) 기타
    ① 전실화재 발생시간 : 전실화재 이후 화재실에서 밖으로 화재가 확대될 가능성이 증가한다.
    ② 기준 높이(보통 사람의 키 높이를 고려하여 1.8m)까지 연기층 하강시간 등 화재의 크기가 구성요소가 된다.
  4) 화재의 크기가 크면 전실화재 발생시간, 연기층 하강시간이 짧아져서 ASET가 작아지므로 피난안정성 확보가 어렵다.

(3) 영향인자

1) 가연물

① 화재하중의 성질 및 배치 상태

② 내장재료 및 수용품의 연소 특성에 대한 반응

③ 연소생성물의 성질

2) 발화원의 크기

3) 구획실의 높이, 환기 상태 및 면적

4) 거주자 상태(노약자, 장애인)

(4) 무력화 : 인간이 적절히 활동할 수 없으며, 해를 입지 않은 채로 탈출할 수 없는 상태로, NFPA에서는 구체적으로 아래와 같이 4가지 상태를 무력화 상태로 정의하고 있다.

1) 연기의 흡광도와 자극성 연기 및 생성물이 눈에 미치는 고통스러운 영향으로 인해 발생하는 시력손상

2) 자극성 연기흡입으로 인한 기도통증 및 호흡곤란

3) 독성가스 흡입으로 인한 질식과 그로 인한 착란 및 의식상실

4) 노출된 피부 등에 열의 영향으로 인한 화상이나 고열

(5) ASET 검토기준의 예

[별표 1]

화재 및 피난 시뮬레이션의 시나리오 작성 기준(소방시설 등의 성능위주설계 방법 및 기준(제4조 관련)]		
구 분	**성능기준**	**비 고**
호흡한계선 [하강심도(depth)]	바닥으로부터 1.8m 기준	–
열에 의한 영향 온도(temp)	60℃ 이하	–
가시거리(visibility)에 의한 영향	용 도 / 허용가시거리 한계 기타 시설 — 5m 집회시설, 판매시설 — 10m	단, 고휘도유도등, 바닥유도등, 축광유도표지 설치 시, 집회시설 · 판매시설 7m 적용 가능
독성(toxicity)에 의한 영향	성 분 / 독성 기준치 CO — 1,400ppm O_2 — 15% 이상 CO_2 — 5% 이하	기타, 독성가스는 실험결과에 따른 기준치 적용 가능

(6) 측정방법

1) 거실허용피난시간 수계산

① 연기층의 하강시간으로 연기층이 호흡선(1.8m) 이하로 내려오는 시간을 한계시간으로 보는 방법이다.

$$t[\sec] = \frac{20A}{P\sqrt{g}} \times \left(\frac{1}{\sqrt{y}} - \frac{1}{\sqrt{h}} \right)$$

여기서, A : 실의 면적(m^2)

P : 화염의 둘레(대형 12m, 중형 6m, 소형 4m)

h : 건물의 높이(m)

y : 청결층의 높이(m)

② 거실면적이 $100m^2$ 이하이고 거주밀도가 $0.5인/m^2$ 미만의 소규모 거주밀도가 낮은 거실은 피난평가대상에서 제외할 수 있다. 하지만 이들 거실도 총 피난계산 시에는 산정하여 평가한다.

2) 존모델, 필드모델 등 화재시뮬레이션 : 최근의 평가는 상기와 같은 수계산보다는 시뮬레이션에 의한다.

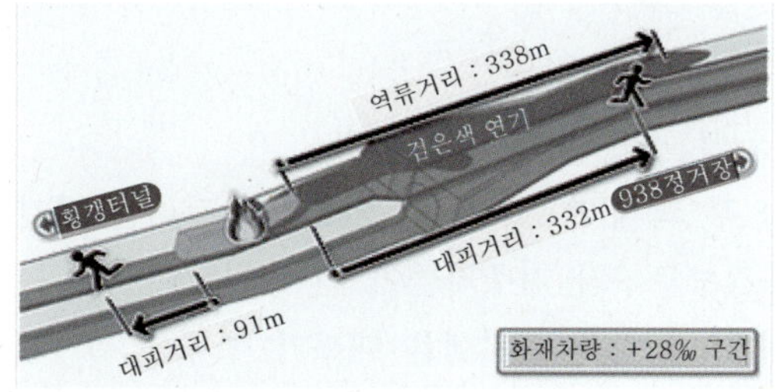

┃ CFD분석(ASET분석) ┃

3) Time-line 분석[117]

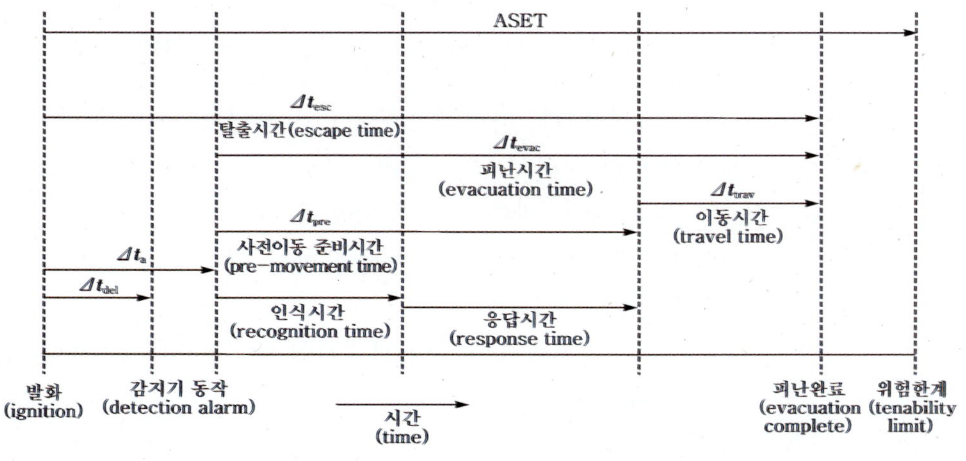

---

117) Fire Safety Engineering in Buildings, Part 1 : Guide to the Application of Fire Safety Engineering Principles, Document DD240, BSI, 1997

(7) ASET을 늘리기 위한 대책

1) ASET을 높이는 대책은 화재크기를 줄여서 전실화재(F.O) 발생지연 대책, 연기층 하강시간을 늘리는 대책이다.

2) RTI가 낮은 속동형 헤드를 설치하여 조기소화하면 화재가 최성기까지 진행하지 못하므로 화재크기를 줄이는 대책이 될 수 있다.

3) 자동식 소화설비를 설치하여 조기소화하는 것은 화재크기를 줄이는 대책이 될 수 있다.

4) 제연설비를 가동하여 연기층 하강속도, 고온가스온도를 낮추면 화재크기를 줄이는 대책이 될 수 있다.

5) 불연화, 난연화를 통한 가연물량의 제한으로 화재하중을 낮춘다.

6) 실의 구조를 변경하여 연기배출을 외부로 용이하게 하면 화재크기를 줄이는 대책이 될 수 있다.

07 최소피난시간(RSET ; Required Safe Egress Time)

(1) **정의** : 최소피난시간(RSET)이란 화재발화 후부터 최종 피난자의 피난이 종료되는 데 소요되는 시간을 말한다. 즉 안전한 피난을 위해 필요한 시간이다.

(2) 구성요소

1) $\text{RSET} = t_d + (t_a + t_o + t_i) + t_e$

여기서, t_d : 발화 후 화재가 감지되고 경보까지 걸리는 시간

t_a : 화재경보로부터 거주자들이 인지하는 데 걸리는 시간

t_o : 화재가 난 것을 인지했을 때부터 행동을 취하기로 결정한 시간

t_i : 행동을 취하기로 결정한 때부터 피난을 시작하는 데까지 걸린 시간

｝ Data base 활용

t_e : 피난 시작에서부터 안전한 장소로 대피가 끝날 때까지 걸리는 시간 ┄ Simulation 활용

2) t_o와 t_i는 계산하기가 곤란하다. 따라서 일반적으로 피난행동시간의 2배 정도로 계산한다. 하지만 30초보다 작아서는 안 된다.

3) **피난개시시간**$(t_d + t_a + t_o + t_i)$: 발화에서 피난행동을 개시할 수 있기까지의 시간이다.

① 발화실의 피난개시시간은 그 거실의 면적에 따라 달라지고, 천장 높이에 관계없이 면적만으로 정하고 있다.

② 비발화실의 피난개시는 거실의 면적에 관계없이 발화실보다 2배의 시간이 걸리는 것으로 가정한다.

③ 피난개시시간

㉠ 발화실의 피난개시시간 : $_aT_0 = 2\sqrt{A_1}$

ⓛ 비발화실의 피난개시시간 : $_bT_0 = 2 \cdot {_aT_0}$

여기서, A_1 : 발화실의 면적(m^2)

다만, A_1이 작아 $_aT_0$가 30초 미만인 경우에는 $_aT_0$은 30초로 한다.

4) 피난행동시간(t_e)

① $t_e = t_{me}\,e$

여기서, t_{me} : 모델링을 통해 계산된 피난시간(modeled evacuation time, sec)

e : 피난효율(apparent evacuation efficiency)

② t_e는 2가지로 구분이 가능하다.

㉠ t_t : 층 보행시간(travel time)

ⓛ t_q : 체류시간(queuing time for a exit)

5) Time-line 분석

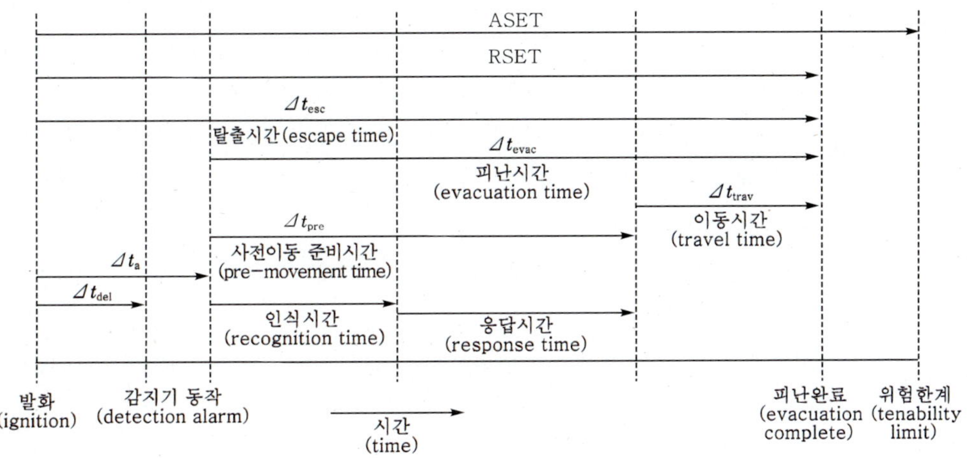

(3) 측정방법

1) NFPA에 의한 피난시간

① 경험을 이용하는 방법 : 과거의 실험이나 사고 시의 경험과 관찰을 토대로 나타낸 식

② 피난흐름을 마치 유체의 역학적 흐름과 같다고 가정하여 추정하는 방법 : 인간의 심리나 행동 특성은 무시하고 마치 유체의 흐름처럼 계산한 식이다.

㉠ 화재가 발생한 경우 그 거실의 전원이 옥외로 피난을 완료하기까지의 시간으로 원칙적으로 각 거실마다 산출하여 평가한다. 이것은 다음 3개의 식으로 정의된다.

- 1식 : T_1(거실피난시간) $= \text{Max}[$피난보행시간(T_W), 출구통과시간$(T_P)]$

여기서, T_W : 최후의 피난자가 출구에 도착하는 시간(sec)

T_P : P명이 출구를 통과하는 데 필요한 시간(sec)

- 2식 : $T_P = \dfrac{P}{(1-aD)kDW}$ or $T_p = \dfrac{P}{1.5\sum\limits_{i=1}^{n} W}$ (출구통과시간)

- 3식 : $T_W = \dfrac{L_x + L_y}{V}$

  여기서, T_W : 피난보행시간

  L_x : x축으로의 이동거리

  L_y : y축으로의 이동거리(직각보행거리, m)

  V : 보행속도(m/s)

ⓛ 위 3개의 식 중 1식은 T_P와 T_W 값을 산출하여 큰 쪽 식의 값을 T_1으로 하며, 2식은 보행집단이 출입구 등의 병목을 통과하는 시간을 구할 때 가장 기본적인 식이다. 2식에서 계수 1.5는 유동계수(인/m·sec)라 하고 병목의 통과 가능인수를 정한 계수로 그 값은 과거의 실측도를 근거로 결정되어 지금까지도 널리 채용하여 사용하고 있다.

ⓒ 보통 넓은 거실의 경우에는 피난보행시간(T_W)이 상대적으로 클 것이고, 실내에 거주인원이 다수인 경우에는 통과시간(T_P)이 상대적으로 클 수밖에 없을 것이다.

③ 거동시뮬레이션 모델 : 사람의 심리와 행동 특성을 고려하는 방법으로 최근에는 이 방식을 많이 사용한다.

④ 피난시뮬레이션 모델 : Building-exodus, Simulex, Elvac, Passfinder(현재 가장 많이 사용) 등이 있다.

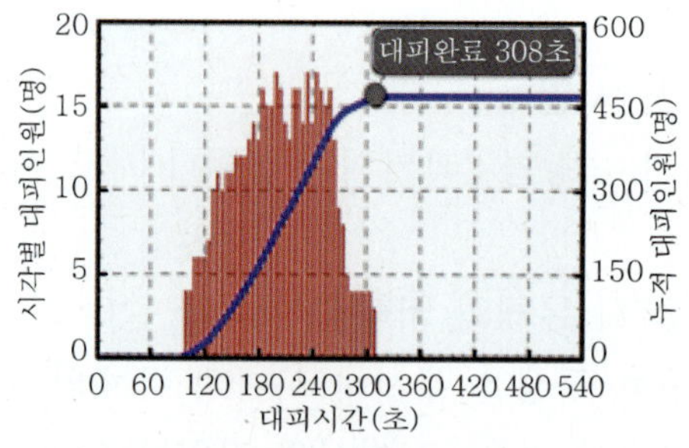

▌**피난시간분석(RSET 분석)**[118] ▌

2) 국내의 피난시간은 별도의 규정이 없이 NFPA의 피난시간계산을 차용한다. 과거에는 일본의 기준을 차용하여 활용했으나, 이 또한 NFPA의 기준을 차용한 것을 일본 현실에 적합하게 변형한 것이다.

---

118) 에프엔에스이엔지 홈페이지 방재계획에서 발췌

(4) RSET을 줄이는 대책

1) 특수감지기 등을 설치하여 감지시간을 단축한다.

2) 고휘도유도등, 피난로유도등, 유도표지, 피난로 식별표지(pathway marking)를 설치하여 피난이동을 줄인다.

3) 보행거리, 피난거리를 단축하여 피난이동을 줄인다.

4) 피난구 폭, 피난구 수, 피난계단 등 피난용량을 확대하거나 분산배치하여 피난시간을 줄인다.

5) 거주밀도를 보수적으로 산정(높게)하여 피난용량을 확대한다.

6) 실제 거주밀도를 낮춘다.

7) 탐지 및 경보시간을 단축하여 피난개시시간을 단축한다.

8) 비상훈련과 교육을 통해 대피시간을 단축한다.

08 일본의 순차피난기법에 따른 피난안전성 평가

(1) 거실피난시간 평가

1) 거실피난시간(T_1)의 계산(RSET)

$$T_1 = \max(T_W, \ T_P)$$

2) 거실허용피난시간(rT_1)의 계산(ASET)

$$rT_1 = a\sqrt{A_1}$$

여기서, A_1 : 화재실의 바닥면적(m^2)

a(상수) : 천장의 높이가 6m 미만인 거실 또는 그 부분에서는 2, 천장의 높이가 6m 이상인 거실 또는 그 부분에서는 3의 값을 가진다.

3) 다음을 만족해야 한다.

$$거실피난시간(T_1) \leq 거실허용피난시간(rT_1)$$

(2) 층피난의 평가

1) 평가대상층 중 하나의 거실을 화재실로 가정한다.

2) 그 층 피난대상자 전원에 대해 피난계단 또는 외부의 안전한 장소까지의 피난경로를 설정한다.

① 피난허용시간(ASET) : 복도피난, 층피난과 체류공간의 면적을 구한다.

㉠ 복도허용피난시간 : $rT_2 = 4\sqrt{A_{1+2}}$ (ASET)

여기서, A_{1+2} : 그 층의 모든 거실 및 복도의 바닥면적 합계(m^2)

㉡ 층허용피난시간 : $sT_f = 8\sqrt{A_{1+2}}$ (ASET)

② 화재실과 그 이외의 거실, 비화재실 피난개시시간을 설정한다.

　　㉠ 화재실의 피난개시시간 : $aT_0(\text{sec})=2\sqrt{A_1}$

　　㉡ 비화재실 피난개시시간 : $bT_0(\text{sec})=2aT_0$(즉, 화재실의 피난개시시간의 2배로 계산)

　　㉢ 하지만 화재실의 면적인 A_1이 30초 미만이 되는 경우는 30초로 한다.

3) 층피난시간(T_f) : 화재가 발생한 때부터 최후의 피난자가 그 층의 계단실 또는 부속실로 피하기까지의 시간을 계산한다(RSET).

4) 피난시간 평가(RSET ≤ ASET)

① 복도피난시간(T_2) ≤ 복도허용피난시간(rT_2)

② 층피난시간(T_f) ≤ 층허용피난시간(sT_f)

구 분	계단 1	계단 2
A_1 : 화재실의 바닥면적(m^2)	80	150
T_2 : 복도피난시간(sec)	76.2	102.8
rT_2 : 복도허용피난시간(sec)	$4\sqrt{1,040}=129$	
평가 : 복도피난시간(T_2)≤복도허용피난시간(rT_2)	적합	적합
T_f : 층피난시간(sec)	135.8	156.2
sT_f : 층허용피난시간	$8\sqrt{1,040}=258$	
평가 : 층피난시간(T_f)≤층허용피난시간(sT_f)	적합	적합

(3) 체류면적 평가 : 체류인원에 대해서도 정해진 밀도에 따라 체류를 위한 면적이 확보되어 있는가를 평가한다.

1) 1차 안전구획의 체류면적

$$mA_1 = 0.3mN_1$$

　여기서, mA_1 : 1차 안전구획의 체류필요면적(m^2)

　　　　　mN_1 : 1차 안전구획의 최대체류인원(인)

2) 2차 안전구획의 체류면적

$$mA_2 = 0.2mN_2$$

　여기서, mA_2 : 2차 안전구획의 체류필요면적(m^2)

　　　　　mN_2 : 2차 안전구획의 최대체류인원(인)

장 소	구 분	계단 1	계단 2
복도	최대체류인원(인)	35	70
	필요면적(m^2)	10.5	91
	설계면적(m^2)	50	21
	평가 : 필요면적(m^2)≤설계면적(m^2)	적합	적합

장 소	구 분	계단 1	계단 2
부속실	최대체류인원(인)	15	30
	필요체류면적(A_r, 단위 : m^2)	4.5	9
	설계체류면적(A_c, 단위 : m^2)	6	7
	평가 : 필요면적(m^2)≤설계면적(m^2)	적합	부적합

3) **체류면적평가** : 상기 식에 의해 계산된 필요면적 ≤ 설계면적

4) **체류가능시간 연장대책**

① 배연설비를 설치하여 열과 연기를 배출시켜 체류공간의 환경을 개선한다.

② 체류공간에는 가연성 물질이 없도록 하거나 사용을 제한한다.

③ 자동식 소화설비를 설치하여 화재의 확산을 방지한다.

(4) 법규에 의한 피난안전구역의 면적 : 753page 내용(NFPA 101에 따른 피난로의 피난 용량 산정방법) 참조

(5) 피난시간에 영향을 미치는 요인

1) 거주밀도

2) 피난통로의 폭 및 비상계단 높이와 폭

3) 피난거리

4) 수평피난속도

5) 수직피난속도

6) 유동계수 및 통과시간

7) 출입구 개수

(6) 문제점

1) 화재에 대한 반응시간과 화재 시 이동시간의 측면에서 인간거동을 예측하는 것은 매우 어려운 일이다.

① 개인의 건강과 나이로 인한 이동성의 제한

② 개인의 목적과 관심에 대한 불확실성이 있다. 이 경우에는 사회적, 정책적 결정 으로 처리한다. 예를 들어 사무실과 병원, 호텔 등이 서로 다르다.

2) 화재와 피난자의 이동의 상호 관계 연구가 부족하여 이에 대한 정보가 빈약하다.

09 확 인

(1) 마지막 피난자의 안정성 검토 : RSET<ASET이 되는지 확인한다. 화재 및 인간의 거 동에 대한 불완전한 이해를 고려할 때 적정 수준의 안전계수를 적용하여야 한다. 보 통의 경우는 보수적으로 2배 이상으로 보고 있다.

(2) 위험이 있을 시 기본계획에 수정을 가하여 안정성을 확보 : RSET을 줄이거나, ASET 을 늘린다.

10 N-Gas Model

(1) FED를 이용한 방법으로 화재 시 발생하는 가스혼합물의 독성학적 상호 작용에 따라서 연기의 독성을 수학적 모델을 사용하여 예측하기 위해 개발되었다.

(2) 6가지 가스의 FED를 이용해서 유해가스에 의한 영향을 평가하는 방법이다.

(3) FED가 독성에 관한 평가방법인데 반해서 N-Gas Model은 거기다 CO_2, O_2의 비독성 가스가 들어간 확장된 개념이다.

(4) 6가지 가스 : CO, CO_2, O_2, HCN, HCI, HBr

(5) $N-Gas\,Vale$

$$= \frac{m[CO]}{[CO_2]-b} + \frac{[HCN]}{LC_{50}(HCN)} + \frac{21-[O_2]}{21-LC_{50}(O_2)} + \frac{[HCl]}{LC_{50}(HCl)} + \frac{[HBr]}{LC_{50}(HBr)}\,^{119)}$$

(6) $FED = \dfrac{m[CO]}{[CO_2]-b} + \dfrac{[HCN]}{LC_{50}(HCN)} + \dfrac{21-[O_2]}{21-LC_{50}(O_2)} + \dfrac{[HCl]}{LC_{50}(HCl)} + \dfrac{[HBr]}{LC_{50}(HBr)}\,^{120)}$

11 유효복용량(FED ; Fractional Effective Dose)[121]

(1) 개요

1) 각각의 독성물질이 혼재한 상태에서 전체적인 독성의 영향을 정량적으로 평가하기 위한 방법이다.

2) T시간 동안 인간이 호흡한 유해가스의 누적량을 특정한 영향으로 나눈 값의 합(LC_{50})이다.

3) 개별적인 화재부산물들의 유독성의 합 및 노출시간으로 사망자 및 부상자를 판별하는 방법이다.

4) 인명안전(life safety)을 위한 PBD의 성능기준(performance criteria)은 발화원에 인접하지 않은 어떤 점유자도 순간 또는 누적된 견딜 수 없는 조건에 노출되어서는 안 된다.

(2) 구성요소

1) CO에 의한 질식

2) O_2의 부족으로 인한 저산소증

3) CO_2에 의한 호흡속도의 증가

---

119) 20. LEVIN ET AL. Further Development of the N-Gas Model 295
120) V Babrauskas et al. Fire Safety Journal 31(1998) 349page
121) 에프엔에스이엔지 홈페이지 방재계획에서 발췌

766

4) 열에 의한 부상

5) 화재연기 중 가시성

6) 화재로 인한 연기 속에서 보행속도

(3) FED 판별식

1) $FED = 1 : LC_{50}$에 해당하는 독성

2) $FED = \sum_{t=1}^{n} \sum_{t_1}^{t_2} \frac{C_i}{(C_t)_i} \Delta t$

　　여기서, C_i : 물질의 독성농도

　　　　　　$(C_t)_i$: 물질의 LC_{50}에 해당하는 Dose(농도×시간)

　　　　　　Δt : 노출시간(min)

(4) 치사량을 1로 보았을 때 모든 사람을 생존시킬 수 있는 FED 추정값은 0.8이다.

(5) 무능화 FED값은 0.3 정도이다. 만일 6마리의 토끼를 30분간 노출시켜 실험한 결과 FED 0.8이면 0 또는 1마리가 죽은 것이고 FED 1.4이면 5 또는 6마리가 죽은 것이다.

(6) 점유자들 중 피난약자의 수가 비정상적으로 많은 경우는 위의 추정값보다 낮은 FED값을 사용해야 한다.

(7) FED값은 CO, HCN, CO_2, HCl 및 산소결핍증에 대하여 다루는 지수이다.

12 ASET/RSET 판별법과 FED 판별법의 비교[122]

구 분	ASET/RSET 판별법	FED 판별법
정의	• ASET(Available Safe Egress Time) : 허용피난시간 • RSET(Required Safe Egress Time) : 최소피난시간	FED(Fractional Effective Dose) : 유효복용분량
사망자 판별법	안전지역에 연기가 도달하는 시간인 허용피난시간(ASET ; Available Safety Egress Time)과 안전지역까지 사람이 피난하는 데 이용 가능한 시간인 최소피난시간(RSET ; Required Safety Egress Time)을 비교하여 최소피난시간(RSET)이 허용대피시간(ASET)보다 적도록 설계	개개의 독성 연소생성물의 특정 영향에 대한 평가가 아닌 다양한 열환경 및 유해가스에 노출되어 나타나는 영향을 정량화하여 평가하기 위한 것으로 T시간 동안 인간이 호흡한 유해가스의 누적 흡입복용량이 무력화를 발생시키는 데 필요한 복용분량(1.0)에 이르면 사망한다고 판별

---

122) 에프엔에스이엔지 홈페이지 방재계획에서 발췌

구 분	ASET/RSET 판별법	FED 판별법
판별식	$t_{ASET} > t_{RSET}$	• $FED > 1$(또는 0.3)이면 무능화로 판정 • $FED = F_{co} + F_{co_2} + F_{HCl} + F_{Heat} + F_{rad}$ • $FED = \sum \dfrac{C_i}{LC_{50}(i)} \times \Delta t$ 　여기서, C_i : 해당 가스의 농도 　　　　　$LC_{50}(i)$: 해당 가스의 LC_{50}의 농도
시뮬레이션	• 화재시뮬레이션을 통해 연기거동을 모사하여 ASET 획득 • 대피시뮬레이션을 통해 대피시간을 측정하여 RSET 획득 • 두 값을 단순 비교하여 안전성 여부를 판별	• 화재시뮬레이션과 대피시뮬레이션을 병행 • 개별 피난자가 연기 및 열 등에 의해 피해받은 정도를 누적하여 사망자를 판별
장단점	• 안전성 유무만 판별 가능 • 최악조건 및 특정 시나리오에 대해 검토 • 구현이 용이하여 3D 모사가 가능	• 위험 여부를 정량화하여 표현이 가능 • 다양한 시나리오에 대한 검토가 가능 • 구현이 어려워 적용범위가 적음
적용 예		
적용대상	정거장, 터널구간 대피안전성에 적용	터널구간 QRA에 적용
해석기법	결정론적 해석기법	확률론적 해석기법

꼼꼼체크
• 피난 시 보행속도
- 1.3m/s : 사무소, 학교
- 1.0m/s : 판매점, 점포, 호텔
- 0.5m/s : 병원, 과밀 인원 집회실
• 피난 시 유동계수
- 1.5인/m·s : 일반적인 유동계수
- 1.3인/m·s : 계단에서의 유동계수

적외선 분광분석기

01 개 요

(1) FT-IR은 Fourier Transform Ransform Infrared spectrometer ed spectrometer 의 약자로 적외선 분광분석기라고 한다.

(2) 적외선 중에서도 실험실에서 화학적인 그룹함수를 분석하기 위해서 중적외선 영역의 파장을 사용하여 측정하는 스펙트럼 장치를 말한다.

> **꼼꼼체크 분광기** : 연속된 파장의 빛(태양광이나 발열체에서 방사광 등)을 파장마다 분해하는 장치

02 빛의 종류

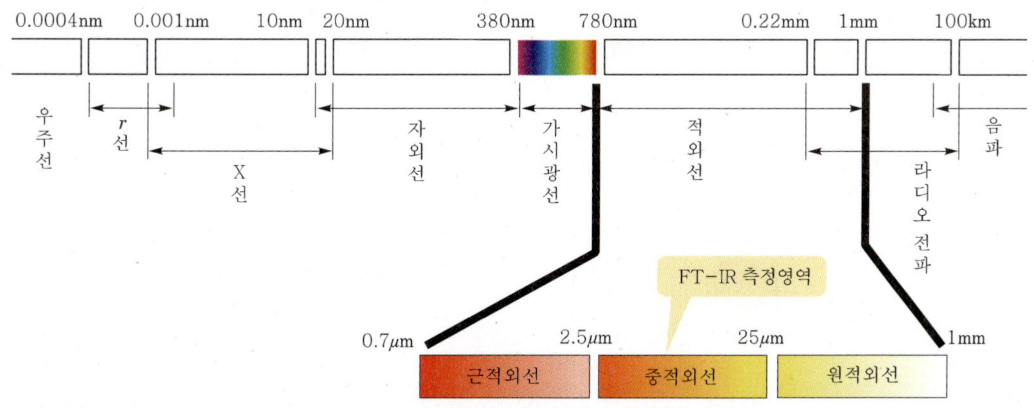

03 방법과 기능

(1) 측정방법 : 적외선이라는 눈으로 보이지 않는 빛(가시광선보다 파장이 긴 저주파수)을 시험체에 비춰, 그 시험체가 적외선을 흡수하는 정도(흡광도라 한다)를 측정한다.

(2) 기능

  1) 시험체의 종류를 조사(정성분석) : 혼합가스의 스펙트럼의 최고치가 어느 성분에서 유래되었는지 분석해서 혼합가스 성분을 조사한다.

  2) 시험체의 농도를 측정(정량분석) : 특정 파장의 흡광도에서 농도를 산출한다.

04 특 징

(1) 조사하는 빛의 에너지량이 적기 때문에 시험체를 파괴하지 않는다.

(2) 물질마다 특징적인 흡수 스펙트럼을 나타낸다.

05 적외선 흡수원리

(1) 물질을 구성하고 있는 분자는 그 구조에 따라 대칭신축진동, 반대칭신축진동, 굽힘 진동, 좌우흔듦 진동 등 특유한 고유의 진동을 한다. 이 분자진동의 에너지와 적외선 빛에너지가 같은 크기가 되면 빛의 파장을 흡수한다. 이 때문에 적외선 빛을 물질에 조사하면, 그 진동모드의 진동수에 응답한 특정한 주파수영역의 빛만이 흡수된다. 빛을 흡수하게 되면 분자의 진동진폭이 증가한다.

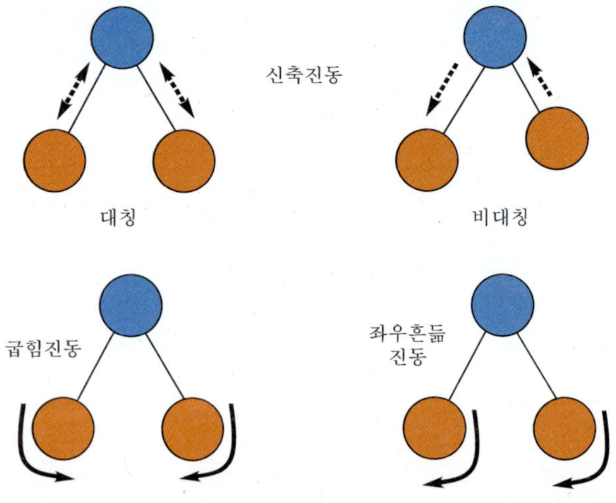

$$E = h\nu$$

여기서, E : 빛에너지, h : 플랑크 상수, ν : 진동수

(2) 흡수되는 중적외선의 파장과 흡수되는 정도(흡광도 또는 투과율)는 그 물질 특성에 의해 결정된다. 따라서 중적외선의 흡수 스펙트럼을 측정하면 물질에 고유한 스펙트 럼을 구할 수 있다. 쌍극자모멘트가 변화하는 분자의 진동에 대응하는 에너지의 흡 수를 측정하여 분자구조에 대한 정보를 얻을 수 있다.

(3) 이와 같이 적외선 분광법은 분자의 진동을 바탕으로 시험체에 적외선을 비추어 유기 화합물을 구성하는 기(radical)는 각각 거의 고유의 진동 스펙트럼을 제공하므로 흡 수 주파수로부터 시험체의 정성분석과 흡수강도에 따른 정량분석이 가능하다.

(4) 하지만 모든 분자 내 결합이 적외선 에너지를 흡수하는 것은 아니다. 시간의 변화에 따라 쌍극자모멘트의 변화가 있는 결합들만이 적외선을 흡수할 수 있다. 0족 원소인 희가스(Ar, He 등)나 2원자 원자분자(N_2, O_2, F_2)는 적외선을 흡수하지 않는다.

06 푸리에 변환과 스펙트럼

(1) 푸리에 변환 : 여러 가지 주파수의 빛이 뒤섞인 신호에서, 어떤 주파수의 빛이 어느 정도의 비율로 섞여 있는지를 조사하기 위함이다.

(2) 스펙트럼 : 분광기를 통해 빛을 분해하고, 파장 혹은 주파수로 분열하여 보여주는 것이다.

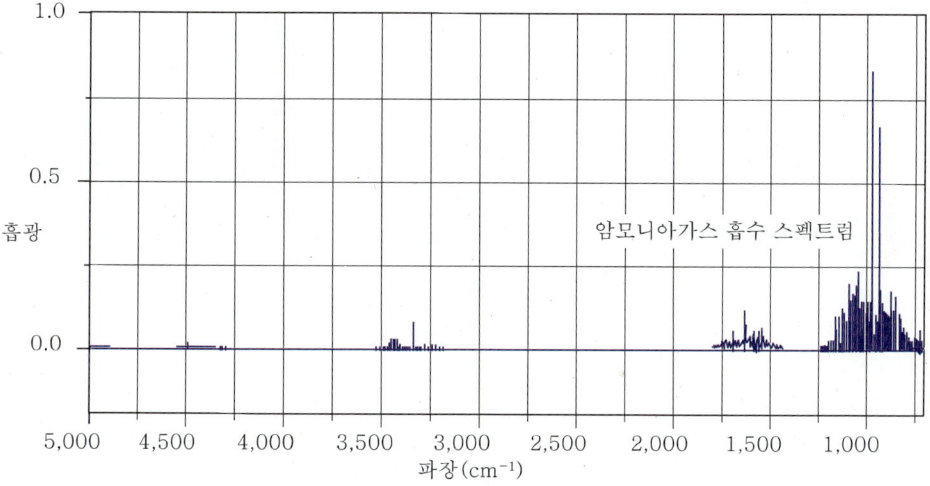

❚ 흡광도 스펙트럼의 예 ❚

07 적외선 분광분석기의 구성

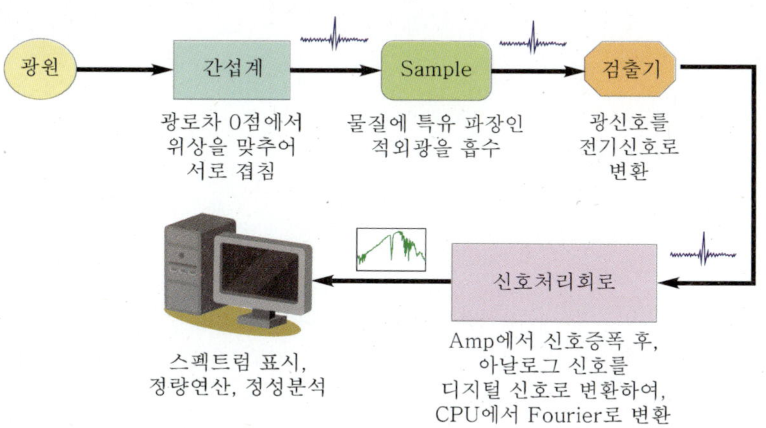

771

08 적외선 분광분석기의 소방에서의 활용

(1) 적외선 분광분석기를 통해서 정량적으로 가스의 농도 및 정성적으로 가스의 종류를 알 수 있으므로 이를 이용해서 시간당 가스의 농도를 알 수 있다.

(2) 시간당 가스의 농도를 알면 이를 이용해서 피난안전성의 주요지표인 유효흡입량(FED)을 구할 수가 있다.

통로 통과계산(flow method)

01 개 요

(1) 피난 시에 벽이나 기타 고정 장애물이 있으면 통과 시 이를 피해서 일정 거리를 띄고 피난을 해야 하는 경계폭이 필요하다.

(2) 이러한 경계폭은 신체의 균형 유지 및 장애물에 의한 피난속도의 감소방지 등을 감안해야 한다.

(3) 경계폭과 거주밀도, 보행속도에 의해서 통로의 통과시간이 결정된다.

02 통과시간 계산방법

(1) 거주밀도(Density, D) : 단위면적당 사람 수(persons/m^2)

$$D = \frac{P}{A}$$

여기서, D : 거주밀도(인/m^2), P : 체류인원, A : 바닥면적(m^2)

(2) 피난속도(Speed of exiting individuals, S, m/s)

$$S = k - akD$$

여기서, S : 선피난속도(speed along the line of travel)
D : 거주밀도(persons/unit area, persons/m^2)
$k : k_1$ and $a = 2.86$(평방피트당 거주밀도일 경우)
$k : k_s$ and $a = 0.266$(평방미터당 거주밀도일 경우)

▎ 피난속도상수[123] ▎

피난경로		k_1	k_s
복도, 통로, 경사로(비탈길), 출입구		275	1.40
계단챌판폭(in.) : 계단의 높이	계단발판폭(in.) : 계단의 너비	–	–
7.5	10	196	1.00
7.0	11	212	1.08
6.5	12	229	1.16
6.5	13	242	1.23

[비고] 1in. = 25.4mm

---

123) TABLE 4.2.5 Constants for Equation 2, Evacuation Speed FPH 04-02 Calculation Methods for Egress Prediction 4-60

1) 밀도가 0.55인/m^2 이상인 경우

$$S = k - 0.266kD$$

여기서, S : 보행속도(m/s), k : 상수, D : 거주밀도(인/m^2)

2) 밀도가 0.55인/m^2 미만인 경우

$$S = 0.85k$$

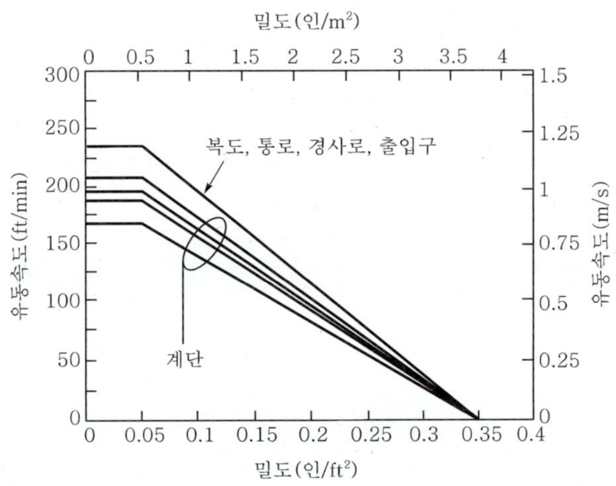

▌ 거주밀도의 변화에 따른 피난 속도의 변화[124] ▌

▌ 최대피난속도[125] ▌

피난경로		피난속도	
		ft/min	m/sec
복도, 통로, 경사로, 출입구		235	1.19
계단챌판폭[in.(mm)]	계단발판폭[in.(mm)]		
7.5(190)	10(254)	167	0.85
7.0(178)	11(279)	187	0.95
6.5(165)	12(305)	196	1.00
6.5(165)	13(330)	207	1.05

3) k값은 출입구나 계단라인의 폭, 높이에 따라 달라진다.

---

124) FIGURE 4.2.6 Evacuation Speed as a Function of Density. S=k-akD, where D=density is persons/ft2 and k is given in Table 4.2.5. Note that speed is along line of travel. FPH 04−02 Calculation Methods for Egress Prediction 4−60

125) TABLE 4.2.7 Maximum(Unimpeded) Exit Flow Speeds. FPH 04−02 Calculation Methods for Egress Prediction 4−60

꼼꼼체크 • 국내의 비상 시 피난속도[126)

구 분	대피속도	대피수용량
수평이동 요소	60m/min	80인/m·min
수직이동 요소(계단, 정지된 E/S)	15m/min	60인/m·min
작동 중인 E/S	36m/min	120인/m·min

• 국내의 일반적인 보행속도
 - 사무실, 학교와 같은 일반적인 용도 : 1.3m/s
 - 백화점, 호텔, 연회장, 집회장 등 불특정 다수의 용도 : 1.0m/s
 - 거주밀도가 1.0인/m^2 이상으로 높은 장소 : 0.5m/s

(3) 흐름계수(specific flow, F_s)

1) $F_s = S \times D$

여기서, F_s : 비류 or 유출계수 or 흐름계수

S : 피난속도(m/s)

D : 거주밀도(인/m^2)

① 보행속도×거주밀도로 흐름계수가 클수록 단위시간당 보다 많은 인원수를 통과
시킬 수 있으므로 피난시간이 짧아진다.

② 흐름계수(F_s)는 거주밀도(D)가 1.88인/m^2까지의 공간에서는 꾸준히 증가하나
1.88인/m^2를 초과하면 오히려 감소한다.

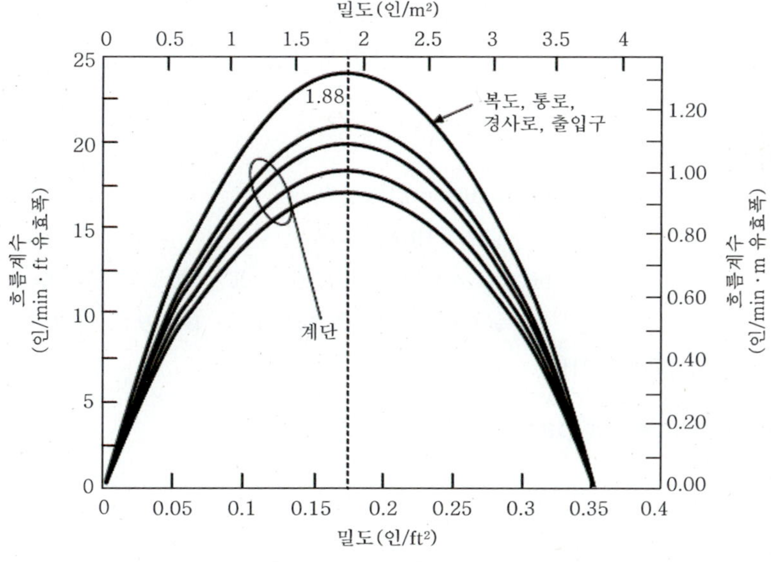

‖ 거주밀도(D)에 따른 출구(통로, 문, 계단 등)별 흐름계수 변화[127) ‖

---

126) 환승편의시설, 보완설계 개정인(09.09.23)
127) FIGURE 4.2.7 Specific Flow as a Function of Density FPH 04-02 Calculation Methods for Egress Prediction 4-61

③ 거주밀도에 따른 흐름계수의 변화

㉠ $D=1.88$인/m² : 복도, 문, 램프의 흐름계수(F_s)는 22.86인/분·ft 도달

㉡ $D>1.88$인/m² : 하강

㉢ $D<1.88$인/m² : 상승

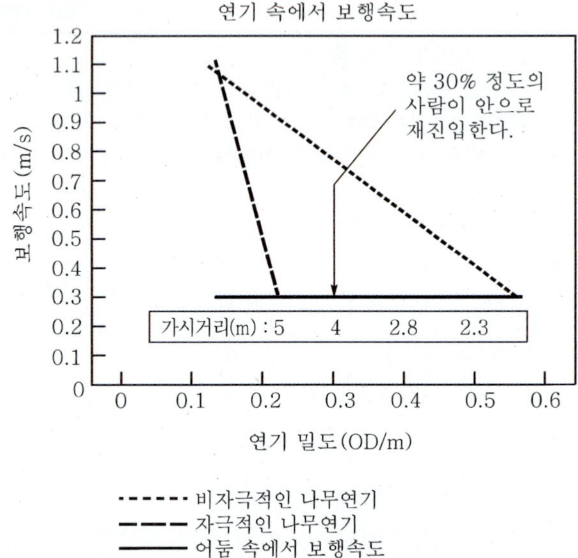

┃ 연기밀도의 변화에 따른 피난속도의 변화 ┃

2) $F_s = (1-aD)kD$

(4) 유동계수(calculated flow, F_c) : 단위시간당 얼마나 많은 인원이 통로나 출입구를 통과할 수 있는가를 나타낸다.

1) $F_c = F_s \times W_e$

여기서, F_c : 유동계수(calculated flow, 인/s)

F_s : 흐름계수(specific flow, 인/ms)

W_e : 유효폭(effective width, m), 출구 또는 통로의 실제폭(W)에 통행 시 지장을 주는 지장폭(B)을 감한 폭으로 $W_e = W - B$로 나타낼 수 있다.

2) $F_c = (1-aD)kDW_e$

(5) 통과시간(time for passage, T_p)

1) $T_p = \dfrac{P}{F_c}$

여기서, F_c : 유동계수(calculated flow)

P : 거주자 수(population in persons)

2) $T_p = \dfrac{P}{(1-aD)kDW_e}$

(6) 통로폭의 변환점(transitions) 계산

1) 변환점 : 복도가 계단을 만나는 지점

2) 두 개 이상의 출구 흐름이 합류하는 지점의 비류의 계산

$$F_{s(\text{out})} = \frac{F_{s(\text{in}-1)} W_{e(\text{in}-1)} + F_{s(\text{in}-2)} W_{e(\text{in}-2)}}{W_{e(\text{out})}}$$

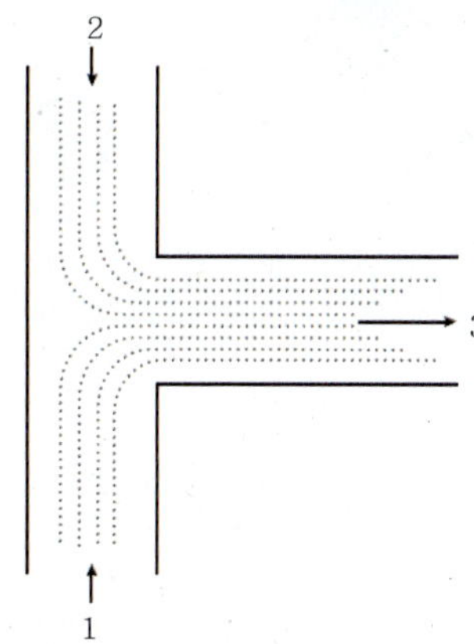

2) 폭이 축소되거나 커지는 지점에서 비류의 계산

$$F_{s(\text{out})} = \frac{F_{s(\text{in})} W_{e(\text{in})}}{W_{e(\text{out})}}$$

여기서, $F_{s(\text{out})}$: 전환지점으로부터 출발하는 시점의 흐름계수(specific flow departing from a transition point)

$F_{s(\text{in})}$: 전환지점에 도착하는 시점의 비류(specific flow arriving at a transition point)

$W_{e(\text{in})}$: 전환지점에서 유효폭(effective width prior to a transition point)

$W_{e(\text{out})}$: 전환지점 이후의 유효폭(effective width after passing a transition point)

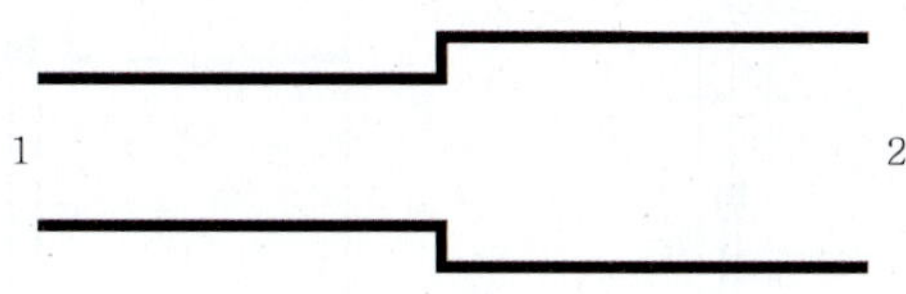

┃ 통로폭 변화 시 예[128] ┃

꼼꼼체크 국내의 일반적인 통로 통과시간
- 일반적인 출구 : 1.5인/ms
- 계단부분 : 1.3인/ms

---

128) FIGURE 4.2.9 Transition in Egress Component FPH 04−02 Calculation Methods for Egress Prediction 4−61

03 유효폭의 계산

(1) 유효폭＝통로폭 － 경계폭

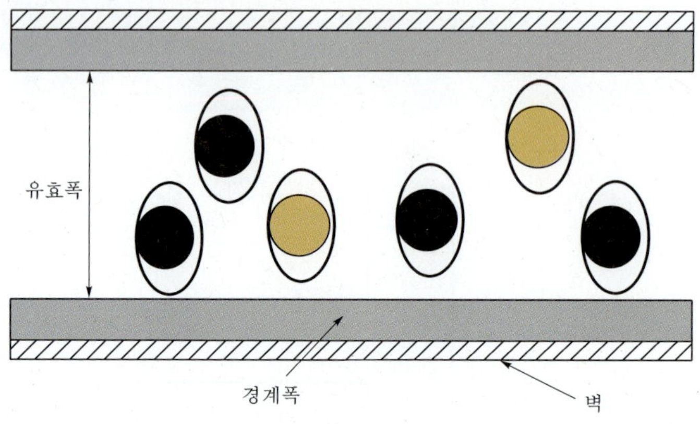

❚ 유효폭의 예 ❚

(2) 통로 폭(clear width)

1) 복도의 벽과 벽 사이
2) 계단통로의 발판폭
3) 문개방 시 실제 통과가 가능한 폭
4) 내 의자 사이의 공간

(3) 경계폭(크기)

1) 계단통로의 벽 : 6inch
2) 핸드레일 : 3.5inch
3) 복도의 벽 : 8inch
4) 장애물 : 4inch

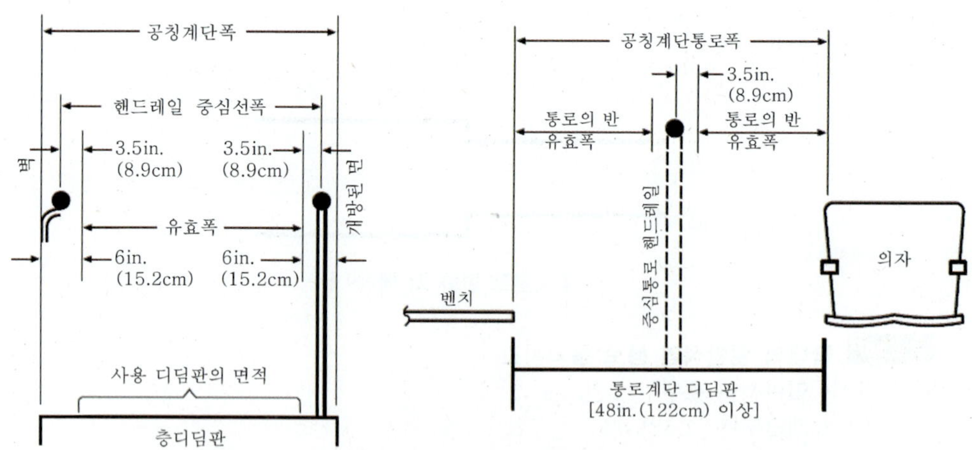

❚ 장애물에 따른 유효폭의 예 ❚

∎ 장애물에 따른 최소유효폭[129] ∎

피난경로	유효폭	
	in.	cm
계단·벽 또는 디딤판	6.0	15
레일, 핸드레일	3.5	9
극장 의자, 경기장 벤치	0.0	0
복도, 경사로의 벽	8.0	20
장애물	4.0	10
넓은 중앙홀, 복도	18	46
문, 아치 밑의 통로	6.0	15

---

129) TABLE 4.2.4 Boundary Layer Widths FPH 04-02 Calculation Methods for Egress Prediction 4-59

피난 모델

01 개 요

(1) 모델링이란 현실세계를 실제 적용하기가 곤란하므로 이를 추상화(모형화), 단순화, 명확화하여 복잡한 현실세계를 일정한 표기법에 의해 표현하는 일이다.

(2) 피난의 경우는 인명의 안전문제로 인해 물리적 모델링이 곤란하고, 수학적인 모델링을 통해서 표현하고 있다.

(3) 피난 모델은 단일매개변수 추정에서 이동 모델로, 이동 모델에서 거동시뮬레이션 모델로 발전해 왔다.

(4) 피난 모델은 피난 특성 및 시간을 검토할 수 있는 수단으로 사용된다.

02 단일매개변수 추정(single-parameter estimations)

(1) 단순한 보행시간 추정에 이용하는 방법이다.

(2) 보통 상태에서 이동상태를 관찰하여 유도되는 식이 기본이다. 즉, 피난거리를 보행속도로 나누어서 피난시간을 추정하는 방법이다.

03 이동 모델(movement model)

(1) 많은 수의 사람들이 물흐름형태를 따르는 것으로 간주한다. 즉 물의 유동과 같이 병목현상이나 지체는 있지만 개별 구성원의 특성이나 가정을 제외한 변수는 계산하지 않는 방법이다.

(2) 피난자의 거동을 최적화하여 예측하므로 피난소요시간의 사실성이 결여되어 있다.

(3) 그러나 이 모델은 설계의 전반적인 평가에 유용하며, 피난평가 초기 단계에서 인명안전 목표달성에 실패한 설계를 제거하는 데 이용할 수 있다.

(4) **가정**

1) 모든 사람들은 동시에 피난을 개시한다.
2) 거주자 흐름은 관련된 사람들의 의사결정으로 인한 개입이 관련되어 있지 않다.
3) 정상적인 피난능력을 가지고 있다.

04 거동시뮬레이션 모델(behavioral simulation model)

(1) 더 많은 수의 점유자 이동과 거동에 관한 변수를 고려한다.

(2) 점유자들을 개별적으로 다루어 고유의 특성을 부여함으로써 사실에 더욱 근접하게 된다.

(3) 그러나 모델 개발자에 의한 검증 또는 사용 시 입력을 위한 데이터의 제한으로 신뢰도가 떨어진다.

(4) 비용과 시간이 많이 소요된다.

(5) 구분

  1) 연속공간 모델(continuous space models)

    ① 연속공간 모델에서 피난자의 시간과 장소를 연속적인 흐름으로 계산하는 모델이다.

    ② 피난자의 이동방향과 흐름이 비교적 자연스러운 특징이 있다.

    ③ 예 : Simulex, Gridflow, FDS+EVAC(화재시뮬레이션과 피난시뮬레이션의 결합형태)

  2) 셀 자동화 모델(cellular automata models)

    ① 대상공간을 격자의 셀로 구분하고, 시간에 따라 각 셀단위로 보행자의 이동과 환경에 대한 정보가 계산결과에 따라 변화되는 모델이다.

    ② 보행자가 하나의 셀에서 다음 셀로 이동하는 데에 여러 가지 정해진 규칙에 따라 이동하게 된다.

    ③ 따라서 연속공간 모델에 비해 계산결과가 빠르다.

    ④ 예 : Building-EXODUS, STEPS

  3) 비정밀 네트워크 모델(coarse network models)

    ① 비정밀 네트워크 모델은 방, 복도, 에스컬레이터 등의 노드로 건물을 나누고, 각 부분의 피난을 모사한다.

    ② 노드는 각 구조부의 실제적인 연결을 의미하는 아크에 의해 연결된다.

    ③ 각 피난인 상호간의 물리적, 심리적 영향에 대한 고려가 불가능하다.

    ④ 예 : EVACNET 4, EXITT

피난시뮬레이션

01 시뮬레이션의 정의

(1) 건물의 화재로 인해 발생하는 극도의 혼란과 인적, 물적 피해 등의 경제적 손실뿐 아니라 유·무형의 재산상의 손실 등을 방지하기 위해 그러한 상황을 예측하고 적절한 대책을 강구하여야 한다.

(2) 최근에 성능위주설계 요구에 맞춰 컴퓨터 시뮬레이션을 통해 실제와 거의 유사하게 상황을 구현하여 화재로 인한 연소 특성 및 피난 등을 예측하여 그 결과에 따른 제 설비의 방재성능을 최적화하게 된다.

(3) 이러한 일련의 시뮬레이션을 방재시뮬레이션(fire protection simulation)이라 한다. 이것은 크게 피난 특성 및 시간을 검토할 수 있는 피난시뮬레이션(evacuation simulation) 과 화재 특성 및 영향을 검토할 수 있는 화재시뮬레이션(fire simulation)으로 구성된다.

02 피난시뮬레이션의 개요와 종류

(1) 개요

1) 화재와 같은 재난발생 시 건물 내 거주 중인 재실자의 대피상황 분석
2) 건물 내에 존재하는 모든 재실자의 안전지역까지의 피난시간 분석
3) 화재해석 결과와 병행하여 재실자의 안전대피가 가능한 설계방안 수립

(2) 종류

1) Simulex(영국) : 영국 IES사에서 개발한 Simulex 프로그램은 응급상황 시 재실자들의 피난 행태를 분석하는 피난시뮬레이션 프로그램이다.
2) EXODUS(영국) : 거대한 건축물(비행기, 선박)에서 수천 명의 사람들의 상호 작용을 고려한다.
3) EVACNET 4(미국) : 최적의 빌딩대피계획을 결정하는 데 이용되는 비정밀 네트워크의 피난 모델이다.
4) ASERI(독일) : 건축물에서 연기와 화재확대에 따라 사람의 피난로 접근을 모델링하는 프로그램이다.

03 피난시뮬레이션의 과정(process)

(1) 피난동선계획의 수립
1) 안전지대 확보(건물 내 피난장소, 건축물 밖 피난장소)
2) 구획별 피난계획에 따른 수평·수직 피난동선 검토
3) 피난설비에 따른 영향평가, 안정성 검토

(2) 피난시뮬레이션의 과정
1) 피난자의 수를 산정
2) 가상 출화점 선정
3) 피난경로의 결정
4) 피난군집의 유동상황분석 결정
5) 연기, 유해가스 유동상황분석
6) 피난자의 안전성 검토

04 Simulex

(1) 화재발생 시 인간의 심리인자 및 행동 특성을 고려한 CAD 기반의 피난·대피시뮬레이션 프로그램이며, 좌표기준(coordinate-based) 피난 모델이다. 시뮬레이션 결과의 3차원 출력이 가능하다(과거에는 2차원 모델이었다).

(2) 인간의 신체치수, 특성에 따른 보행속도, 응답시간에 대한 고려가 가능하다. 출구, 대기시간 설정 기능으로 다양한 시나리오 검토가 가능하다.

(3) 각 계층군별로 성별, 나이, 이동속도 설정이 가능하므로 재실자의 나이와 성별에 따른 보행 특성 및 심리학적 반응 특성을 감안할 수 있고 다층 구조 및 여러 개의 공간(zone)을 가지는 대규모 건물에 적용이 가능하다.

(4) 진행절차
1) 피난자가 이동하는 층, 계단, 이들을 연결하는 링크, 건물의 최종 출입구 등의 데이터를 정의한다.
2) 데이터의 정의가 완료되면 출구로부터 각 영역까지의 거리를 나타내는 디스턴스 맵(distance map)을 계산한다.
3) 보행자들에 대해서는 배치위치, 물리적 특성(보행자의 신체 타입), 심리적 특성(어떤 출구로 이동할 것인가, 대피에 얼마나 빠르게 반응할 것인가) 등을 설정한다.
4) 보행자들은 대피명령이 전달되면 각각의 반응속도에 따라 대피를 수행하게 된다.
5) 대피경로는 디스턴스 맵에 의해 계산된다. 이동 과정에서 각 보행자들의 속도는 사전에 설정된 보행자의 특성에 따라 결정되며 병목이 발생할 경우 보행속도는 0에 가깝게 느려진다.

6) 보행자들은 자신의 몸을 자유롭게 회전할 수 있으며, 이로 인해 보행자들 간의 충돌, 끼임 등의 현상이 발생할 수도 있다.

(5) 캐드 데이터(DXF)를 사용하여 건물을 간편하게 정의하고 시뮬레이션 되므로, 신속하고 실제 대피상황에 가까운 시뮬레이션을 수행한다.

(6) Playback 기능을 제공하여 시뮬레이션 결과의 반복적인 확인이 가능하다.

(7) Distance map을 통해 최소거리에 따른 동선분석이 가능하다.

(8) 대피동선상의 통로폭과 대피인원 수 등에 의한 병목 및 정체현상 등의 고려가 가능하다.

(9) 최소피난시간(RSET) 산출용으로 널리 사용된다.

(10) 프로그램 특성

1) 건물 모델의 구성

① 가상환경시뮬레이션(virtual environment simulation) 프로그램은 CAD DXF 파일을 바탕으로 건물도면을 생성한다.

② 다수의 층으로 구성된 건물의 도면을 계단으로 연결하기 위하여 계단을 추가한다.

③ 사용자는 최종 출구를 건물 밖이나 안으로 정의할 수 있다.

④ Link를 통하여 각 층으로 구성된 건물도면을 서로 연결시켜 주거나 문의 기능으로도 이용된다.

⑤ 사용자는 각 공간 또는 문 주위나 계단에 거주자를 배치할 수 있으며 그룹으로 지정하여 정의할 수 있다.

2) 건물분석

① DXF 파일을 이용하기 때문에 실제 건축도면과 같은 정확도로 건물을 정의한다.

② DXF 도면에 덮어씌워 0.2m×0.2m 크기의 공간 메시를 자동으로 생성할 수 있다.

③ 공간 메시의 모든 점을 이용해 출구까지의 거리를 계산하여 Distance map을 생성할 수 있다.

④ 거주자에 대한 경로분석은 Dropping 테스트를 이용해 실행되며 Distance map에 기초를 두어 거주자의 움직임이 일어나는 동안 총 이동경로가 표시된다.

3) 인체 특성

① 다양한 계층으로 정의되며 각 계층을 그룹별로 특징을 추가하거나 수정할 수 있다.
　㉠ 신체 타입 및 크기
　㉡ 걷는 속도
　㉢ 시간에 의한 반응시간

② 신체 타입과 크기, 걷는 속도는 화재발생 시 거주자가 피난하는 시간을 결정한다.

③ 개개인의 특성은 각 공간의 형상에 따라 변경할 수 있다.

④ 구성원의 피난경로는 건물의 구조물에 영향을 받고 신체 타입의 치수나 걷는 속도 층계승강과 하강속도는 공간범위와 정체현상에 의해 영향을 받아 변경될 수 있다.

4) Simulex 시뮬레이션 예

① 상부층과 하부층이 계단으로 연결되어 있다.

② CAD에서 추출한 도면에 Distance map을 작성하여 시뮬레이션을 수행한다.

③ 피난시작 이후 시간대별 대피인원 및 누적대피인원 결과를 도출한다.

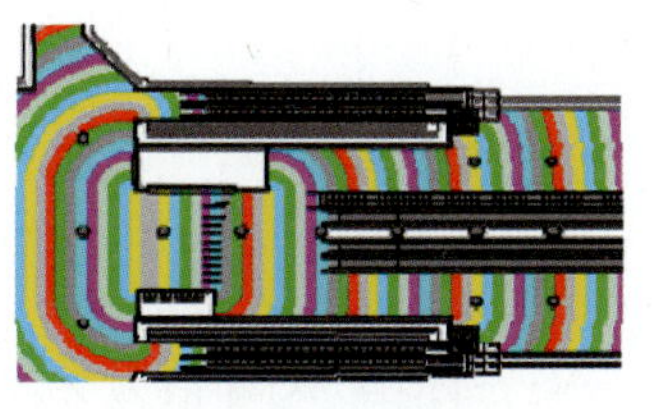

❚ Distance map ❚

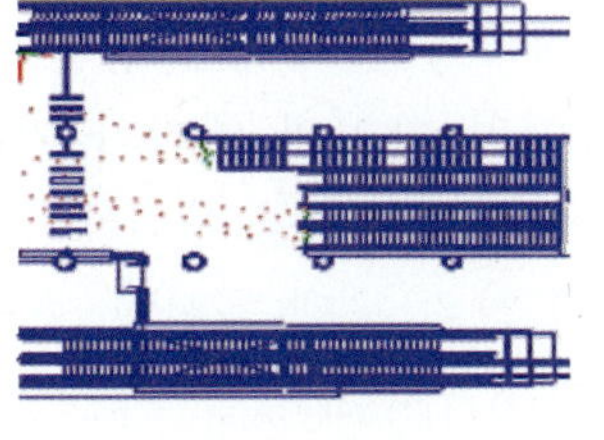

❚ 피난상황 ❚

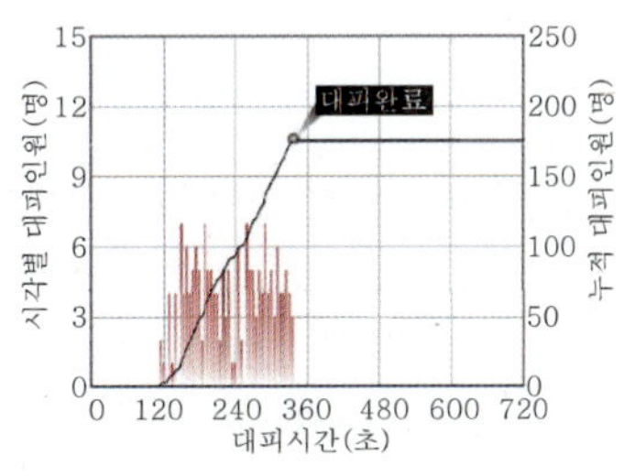

❚ 최종 대피완료시간 ❚

05 EXODUS 시뮬레이션

(1) EXODUS는 피난소프트웨어로 건축물 실내에서의 다양한 변화에 따른 수많은 인명의 대피를 가정하여 설계하는 프로그램이다. EXODUS는 화재실의 변화하는 조건의 정도에 따라 경험적 지식과 실험 및 이론을 바탕으로 시뮬레이션을 한다.

(2) 열, 연기, 유독가스 등의 영향을 받아 실내에서 피난하는 각 개인의 경로를 추적한다.

(3) 행위자의 심리적 특성을 반영하여 개별 거주자가 처하는 국지적 상황이 달라지는 것으로 인한 거주자 판단절차 변화를 적용한다.

(4) 연기 관련 자료와 연동하여 피난자의 피해 정도에 따른 사망자 판단이 가능한 프로그램이다.

(5) Greenwich 대학의 소방안전 엔지니어링 그룹에 의해 개발되었다.

(6) **구성**

1) Building EXODUS 건축환경을 위한 피난 모델

2) Maritime EXODUS 해양환경을 위한 피난 모델

3) SMART FIRE 화재 모델링의 SMART CFD 시스템

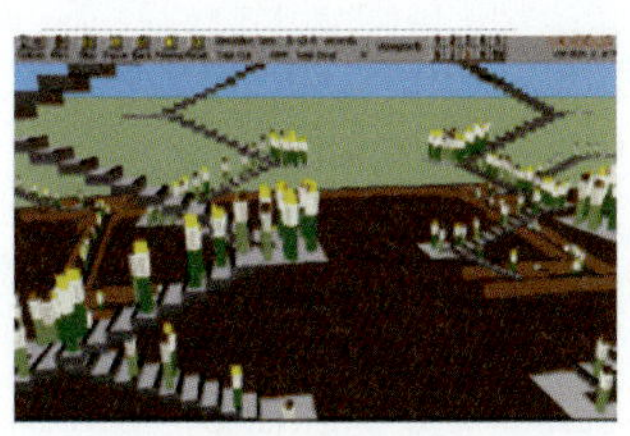

❚ Distance map ❚

❚ 피난상황 ❚

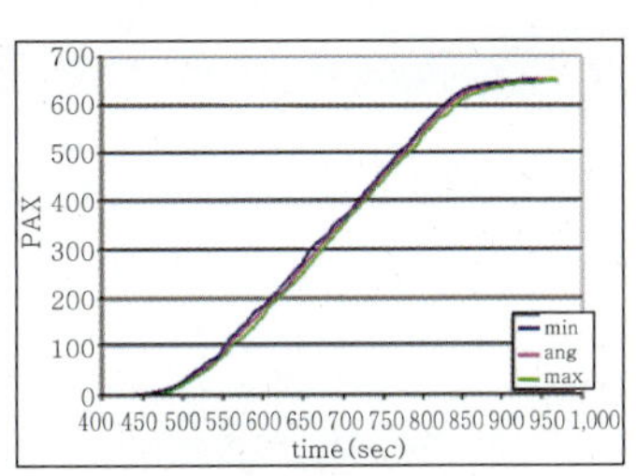

❚ 최종 대피완료시간 ❚

(7) 프로그램의 특성

1) 사람과 사람, 사람과 화재, 사람과 구조물의 상호 작용을 시뮬레이션 하는 것은 물론, 열, 연기, 유독가스 등의 영향을 받아 실내에서 피난하는 각 개인의 경로를 추적한다.

2) FED 모델로 결정한 유독성 계산이 가능하다.

3) 자극성 화재가스에 대한 점유자의 반응을 구할 수가 있다.

4) 일괄 처리에 의한 복수 해석을 신속히 실행한다.

5) CFAST 화재시뮬레이션 이력 파일의 열기가 가능하다.

6) vrEXODUS 포스트부 VR 애니메이션 툴(애니메이션으로 이동상황을 볼 수 있다)이다.

7) 모델의 설계 특징은 6가지 하위 모델(움직임, 독성, 행동, 위험요소, 재실자, 지형)로 구성되어 있다. 이러한 6가지 모델을 기반으로 EXODUS는 실행하게 만들어졌고 건물의 특성 및 고유성질에 따라 EXODUS는 각기 다른 시뮬레이션을 실행한다.

① 이동(movement)

② 독성(toxicity)

③ 행동(behaviour)

④ 위험요소(hazard)

⑤ 재실자(passenger)

⑥ 지형(geometry)

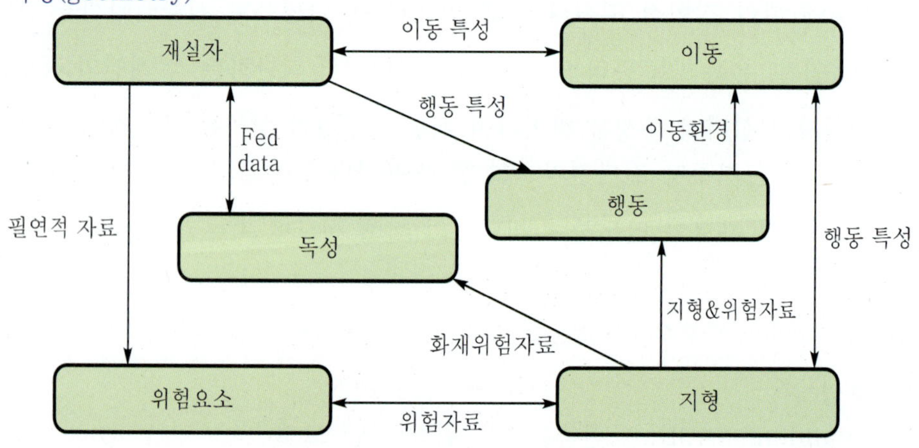

▌6가지 하위모델[130] ▌

06 Pathfinder 시뮬레이션[131]

(1) 패스 파인더는 통합된 사용자 인터페이스 및 3D의 결과를 시각화할 수 있는 피난시뮬레이션이다.

---

130) Probabilistic Framework for Onboard Fire Safety Revision number 4.0 Figure 8 – EXODUS sub-model interaction(Sharp et al. 2003)

131) http://www.thunderheadeng.com/pathfinder/에서 발췌. 개선된 Floor field model과 다른 피난시뮬레이션 모델의 비교 연구(2016), 남현우 · 곽수영 · 전철민, 서울시립대 논문에서 일부 내용 발췌

(2) 특징

1) 우수한 3D의 표현능력

2) 쉽고 편리한 조작성능

3) 화재시뮬레이션인 FDS 및 PyroSim에서 자동으로 2D 및 3D DXF 파일을 가지고 올 수 있다.

4) SFPE 핸드북의 공식을 기반으로 다양한 표현모드 값을 나타낼 수 있다.

5) 계단, 경사로 외에도 엘리베이터를 피난에 사용하고 그 결과를 확인할 수 있다.

6) 개별 피난자의 특성을 부여할 수가 있다.

(3) 보행자 움직임을 경정하는 모델

1) SFPE 모드

① 개요

㉠ "Nelson and MacLennan, 2002"의 개념에 따라 개발된 것이며, 보행자들의 움직임을 유체의 흐름으로 나타낸다.

㉡ 보행자들은 출구의 위치와 보행자의 밀도에 영향을 받아 보행속도가 가변적으로 결정된다.

㉢ 따라서 보행속도는 출구의 너비에 가장 큰 영향을 받게 된다.

② SFPE 모드만의 특징

㉠ 보행자들 간의 물리적 충돌이 발생하지 않는다. 따라서 비현실적인 상황이지만 수많은 보행자가 한 명의 보행자처럼 동일한 장소에 겹쳐지게 된다. 하지만, 물리적인 충돌이 발생하지 않을 뿐이지 보행자들이 겹쳐지게 되면 해당 지역의 보행자의 밀도가 증가하게 된다. 이로 인해 해당 지역에 위치한 보행자들은 이동속도가 매우 느려진다. 즉, 병목이 발생했을 경우에는 해당 지역 보행자들의 이동속도가 줄어드는 것으로 나타내므로 병목에 의한 영향을 부여하였다.

㉡ 보행자들의 이동경로가 직선형태로 계산

2) 스티어링(steering) 모드

① 개요

㉠ "Amor et al, 2006과 Raynolds, 1999"의 개념을 발전시켜 개발한 모델이다.

㉡ 보행자들의 움직임을 자연스럽게 표현하는 부분에 초점이 맞춰져 있다.

② 특징

㉠ 출구에 걸리는 보행자들의 큐(queue)나 밀도에 의한 영향을 통해 보행자의 움직임을 모델링하는 것이 아니라, 보행자들이 자연스럽게 움직이면서 발생하는 물리적 현상들에 의해 보행상황이 모델링된다.

㉡ 스티어링 모드는 비-스플라인(B-spline) 알고리즘을 통해 SFPE로 계산된 경로보다 부드럽고 현실적인 이동경로를 나타낸다.

 **큐(Queue)** : 데이터가 쌓이다가 가장 먼저 들어온 데이터가 나가는 구조

3) 공통내용

① 두 모드 모두 내비게이션 메시(navigation mesh)로 분할된 공간에서 각 메시(mesh) 간의 이동경로를 계산하게 되며, 자신의 이동경로에 많은 보행자들이 배치됨으로 인해 임계치를 넘는 부하가 발생하게 되면 이동경로를 재계산하게 된다.

② 이를 통해 병목상황이 발생하게 되면 해당 지역으로 향하려던 일부 보행자들은 우회경로를 선택하게 된다.

③ 이동경로의 재계산 횟수는 파라미터로 설정 가능하다.

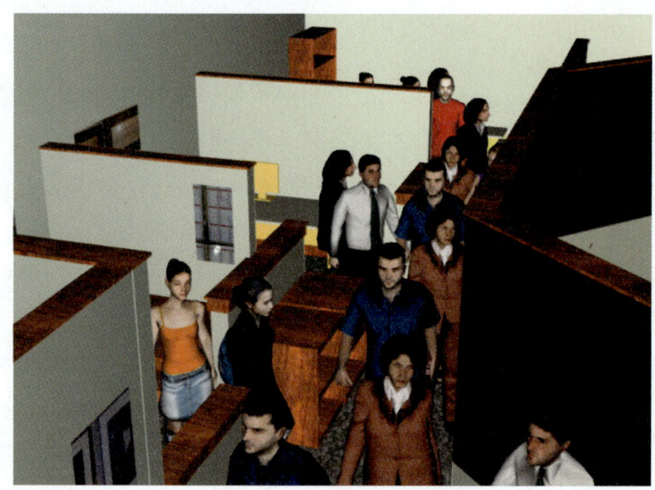

❘ Pathfinder 시뮬레이션의 예 ❘

수용인원 산정방법

01 개 요

특정소방대상물의 규모 등에 따라 갖추어야 하는 소방시설 등(「화재예방, 소방시설 설치·유지 및 안전관리에 관한 법률 시행령」 제15조) : 법 제9조 제1항에 따라 특정소방대상물의 관계인이 특정소방대상물의 규모·용도 및 [별표 4]에 따라 산정된 수용인원 등을 고려하여 갖추어야 하는 소방시설 등의 종류는 [별표 5]와 같다.

02 소방시설 설치에 기준이 되는 수용인원(「화재예방, 소방시설의 설치·유지 및 안전관리에 관한 법률 시행령」)

[별표 4]

▌수용인원의 산정방법(제15조 관련)▐

1. 숙박시설이 있는 특정소방대상물
    가. 침대가 있는 숙박시설 : 해당 특정소방물의 종사자 수에 침대 수(2인용 침대는 2인으로 산정한다)를 합한 수
    나. 침대가 없는 숙박시설 : 해당 특정소방대상물의 종사자 수에 숙박시설의 바닥면적의 합계를 3m^{2}로 나누어 얻은 수를 합한 수
2. 제1호 외의 특정소방대상물
    가. 강의실·교무실·상담실·실습실·휴게실 용도로 쓰이는 특정소방대상물 : 해당 용도로 사용하는 바닥면적의 합계를 1.9m^{2}로 나누어 얻은 수
    나. 강당, 문화 및 집회시설, 운동시설, 종교시설 : 해당 용도로 사용하는 바닥면적의 합계를 4.6m^{2}로 나누어 얻은 수(관람석이 있는 경우 고정식 의자를 설치한 부분은 그 부분의 의자 수로 하고, 긴 의자의 경우에는 의자의 정면너비를 0.45m로 나누어 얻은 수로 한다)
    다. 그 밖의 특정소방대상물 : 해당 용도로 사용하는 바닥면적의 합계를 3m^{2}로 나누어 얻은 수

[비고]
1. 위 표에서 바닥면적을 산정하는 때에는 복도(「건축법 시행령」 제2조 제11호에 따른 준불연재료 이상의 것을 사용하여 바닥에서 천장까지 벽으로 구획한 것을 말한다)·계단 및 화장실의 바닥면적을 포함하지 아니한다.
2. 계산결과 소수점 이하의 수는 반올림한다.

03 피난계산에 기준이 되는 수용인원[소방시설 등의 성능위주설계 방법 및 기준(국민안전처고시 제2016-30호)]

(1) 화재 및 피난시뮬레이션의 시나리오 작성 기준(「소방시설 등의 성능위주설계 방법 및 기준(제4조 관련)」 [별표 1])

▌수용인원 산정기준▐

사용용도	m²/인	사용용도	m²/인
집회용도		상업용도	
고밀도지역 (고정좌석 없음)	0.65	피난층 판매지역	2.8
저밀도지역 (고정좌석 없음)	1.4	2층 이상 판매지역	3.7
		지하층 판매지역	2.8
벤치형 좌석	1인/좌석길이 45.7cm	보호용도	3.3
고정좌석	고정좌석 수		
취사장	9.3	의료용도	
		입원치료구역	22.3
서가지역	9.3	수면구역(구내 숙소)	11.1
열람실	4.6	교정, 감호용도	11.1
수영장	4.6(물 표면)	주거용도	
수영장 데크	2.8	호텔, 기숙사	18.6
헬스장	4.6	아파트	18.6
운동실	1.4	대형 숙식주거	18.6
무대	1.4	공업용도	
접근 출입구, 좁은 통로, 회랑	9.3	일반 및 고위험공업	9.3
카지노 등	1	특수공업	수용인원 이상
		업무용도	9.3
스케이트장	4.6		
교육용도		창고용도 (사업용도 외)	수용인원 이상
교실	1.9		
매점, 도서관, 작업실	4.6		

상기 기준은 NFPA 101에서 있는 수용인원 산정계수에서 가지고 온 것이다.

(2) NFPA 101의 수용인원 기준

1) 임의의 층, 발코니, 관람석(계단식)의 열 또는 기타 공간이 사용하는 피난로의 총 용량은 그 곳의 수용인원을 처리하기에 충분해야 한다. 수용인원은 해당 용도에 사용하는 바닥면적을 표에 명시된 해당 용도의 수용인원계수로 나누어 산출된 사람의 수보다 적어서는 안 된다.

2) 동일한 용도에 총 면적과 순면적이 함께 주어지는 경우에는 총 면적이 명시된 건물의 부분은 그 총 면적에 총 면적 수치를 적용하여 계산하고, 순면적이 명시된 건물의 부분은 순면적 수치를 적용하여 계산해야 한다.

3) 용도별 수용인원은 다음 표에 의해 산정한다(「소방시설 등의 성능위주설계 방법 및 기준」 [별표 1]과 동일).

❚ NFPA의 수용인원 산정기준[132] ❚

Use	ft²/person	m²/person
Assembly Use		
Concentrated use, without fixed seating	7 net	0.65 net
Less concentrated use, without fixed seating	15 net	1.4 net
Bench-type seating	1 peron/18 linear in.	1 person/455 linear mm
Fixed seating	Use number of fixed seats	Use number of fixed seats
Waiting spaces	See 12.1.7.2 and 13.1.7.2	See 12.1.7.2 and 13.1.7.2
Kitchens	100	9.3
Library stack areas	100	9.3
Library reading rooms	50 net	4.6 net
Swimming pools	50(water surface)	4.6(water surface)
Swimming pool decks	30	2.8
Exercise rooms with equipment	50	4.6
Exercise rooms without equipment	15	1.4
Stages	15 net	1.4 net
Lighting and access catwalks, galleries, gridirons	100 net	9.3 net
Casinos and similar gaming areas	11	1
Skating rinks	50	4.6
Educational Use		
Classrooms	20 net	1.9 net
Shops, laboratories, vocational rooms	50 net	4.6 net
Day-Care Use	35 net	3.3 net
Health Care Use		
Inpatient treatment departments	240	22.3
Sleeping departments	120	11.1
Ambulatory health care	100	9.3
Detention and Correctional Use Residential Use	120	11.1
Residential Use		
Hotels and dormitories	200	18.6
Apartment buildings	200	18.6
Board and care, large	200	18.6

---

132) Table 7.3.1.2 Occupant Load Factor. NFPA 101

Use	ft²/person	m²/person
Industrial Use		
General and high hazard industrial	100	9.3
Special-purpose industrial	NA	NA
Business Use(other than below)	100	9.3
Air traffic control tower observation levels	40	3.7
Storage Use		
In storage occupancies	NA	NA
In mercantile occupancies	300	27.9
In other than storage and mercantile occupancies	500	46.5
Mercantile Use		
Sales area on street floor[b, c]	30	2.8
Sales area on two or more street floors[c]	40	3.7
Sales area on floor below street floor[c]	30	2.8
Snles area on floors above street floor[c]	60	5.6
Floors or portions of floors used only for offices	See businecss usc	See business use
Floors or portions of floors used only for storge, receiving, and shipping and not open to general public	300	27.9
Mall buildings	Per factors applicable to use of space	

[비고] NA : Not Applicable. The occupant load is the maximum probable number of occupants present at any times.

4) NFPA 101 수용인원(occupancy load)의 특징

① 피난로의 피난용량산정의 주요요소이다.

② 피난로의 총 피난용량은 원칙적으로 그곳의 수용인원을 처리하기에 충분해야 한다.

③ 용도(occupancy)가 아니라 사용(use)으로 구분한다.

④ 수용인원은 건물 또는 공간의 사용 특성과 그 용도로 사용할 수 있는 가용공간의 크기에 따라 결정한다.

⑤ 피난로시설의 크기를 결정하고 스프링클러의 의무화와 같은 추가 규정에 필요한 한계선을 결정하기 위함이다.

04 수용인원에 따른 소방시설 설치기준

(1) 스프링클러설비

1) 문화 및 집회(동·식물원 제외), 종교, 운동 : 수용인원 100명 이상

2) 판매, 운수 및 창고시설 : 수용인원 500명 이상

3) 지붕 또는 외벽이 불연재료가 아니거나 내화구조가 아닌 창고시설(물류터미널에 한정) : 수용인원이 250명 이상

(2) 자동화재탐지설비 : 노유자, 청소년(숙박)시설로 연면적 $400m^2$ 이상이고 수용인원 100명 이상

(3) 인명구조용 공기호흡기 : 수용인원 100명 이상의 지하역사·백화점·전문점·할인점·쇼핑센터·지하상가·영화상영관

(4) 휴대용 비상조명등 : 수용인원 100명 이상의 지하역사·백화점·전문점·할인점·쇼핑센터·지하상가·영화상영관

(5) 제연설비 : 문화 및 집회시설 중 영화상영관 수용인원 100명 이상

(6) 다중이용업소

1) 학원

① 수용인원 300명 이상

② 100명 이상 300명 미만이면 아래에 해당될 경우에 설치한다.

㉠ 하나의 건축물에 학원과 기숙사가 함께 있는 학원

㉡ 하나의 건축물에 학원이 둘 이상 있는 경우로서 학원의 수용인원이 300명 이상인 학원

㉢ 하나의 건축물에 규정된 다중이용업 중 어느 하나 이상의 다중이용업과 학원이 함께 있는 경우

2) 목욕장업 : 수용인원 100명 이상

피난 시 용도 분류 및 특징

01 집회시설

(1) 일반적으로 그 장소에 대하여 익숙하지 않은 사람들로서 비상사태 발생 시 최상의 피난로를 찾기 어려운 많은 사람들을 수용하는 장소로 흔히 불특정 다수인이 체류하는 장소인 쇼핑센터, 멀티플렉스, 병원 등이다.

(2) 이러한 불특정 다수인이 체류하는 장소는 화재 또는 기타 긴급상황 발생 시 패닉 위험이 수반되는 군중이 모이거나 또는 모일 수 있는 잠재적 특성을 지니고 있다.

(3) 이 용도는 일반적으로 개방되거나 때때로 공공에 개방되며, 자의에 의해서 모이는 점유자들은 보통 훈련이나 통제에 따르지 않는 거주자 특성을 가지고 있다.

(4) 따라서 이러한 불특정 다수인의 피난한계 가시거리는 30m 이상을 요구하고 있다.

02 교육시설

(1) 주로 학교 건물 등에 나이가 어린 많은 수의 사람들을 수용한다.

(2) 따라서 판단능력이 낮은 구성원을 안내하고 안심시킬 수 있는 피난조력자(교사)가 중요한 피난의 열쇠를 쥐고 있다.

(3) 소방훈련 교육으로 대응능력 향상이 가능하다.

03 의료시설

(1) 피난자가 자기보호 또는 피난능력이 없을 수도 있다. 보통 전체 환자 중에 수직으로 피난이 가능한 자력피난 가능자를 약 1/3로, 타력피난 가능자를 약 1/3로 추정할 수 있고, 나머지는 타력으로도 피난이 가능하지 않은 환자로 산정하여 피난계획을 수립한다(병원의 특성이나 종류에 따라 달라질 수 있다).

(2) 따라서 다른 장소와는 달리 수평이동 및 방화구획을 이용하는 현장 방호설계가 필요하다.

(3) 점유자가 일시적으로 구조물 내에 남아 있는 동안 생존하기에 충분한 방호대책을 수립하여야 한다.

(4) 화재에 대한 정보전달 및 관계자 교육이 필요하다.

(5) 피난조력자(의사, 간호사 등 병원관계자)가 타시설에 비해 많아서 피난의 안내 및 조력이 용이한 장소이다.

04 감호 및 교정 시설

(1) 자기방호능력이 없는(수갑 등에 의해 행동에 제한이 있다) 점유자를 수용한다.

(2) 자유로운 피난(쇠창살)이 허용되지 않기 때문에 현장 방호설계가 반드시 필요하다.

(3) 화재가 확산되면 쇠창살이나 폐쇄된 문을 개방하는 피난계획의 수립도 필요하다.

05 주거시설

(1) 취침과 휴식의 공간으로 화재의 감지 및 피난이 지연된다.

(2) 노유자의 비율이 타시설에 비해서 크다.

(3) 피난로가 하나이므로 이것이 위험에 노출되었을 경우 피난이 곤란하다. 따라서 발코니와 대피공간이 필요한 것이다.

06 상업시설

(1) 집회용도와 유사한 특성을 가지고 있다.

(2) 다량의 가연성 물품을 수용하는 경우가 많으며, 물품에 의한 피난장애 우려를 고려하여야 한다.

07 업무시설

(1) 상업용도에 비해 점유밀도가 낮고 점유자들은 주변 시설에 대하여 익숙하다.

(2) 건물에 익숙하지 않은 방문자의 보호방법을 고려하여야 한다.

08 공업시설

(1) 점유자는 다양한 공정과 위험도가 다양한 재료에 노출되어 있다.

(2) 다량의 인화성 액체와 가스 또는 독성물질을 보유하고 있는 경우가 많다.

(3) 독성물질 등이 유출되지 않도록 방호나 차단설비의 설치가 고려되어야 한다.

(4) 자체 교육과 훈련이 비교적 잘 되어 있다.

09 창고시설

(1) 점유자의 밀도가 비교적 낮거나 점유자가 거주하지 않는 무인창고도 있다.

(2) 저장물품과 관련된 위험도가 다양한 특성을 가진다.

(3) 연소속도나 화재가혹도가 크고, 피난경로의 확보가 곤란하다.

10 노유자시설

(1) 피난 시 행동능력과 판단능력이 떨어진다.

(2) 피난조력자에 의한 피난안내가 필수적이다.

수평피난방식

01 개 요

병원이나 사회복지시설 등 피난약자가 많은 시설이나 대규모 판매점 등에서 평면을 크게 복수로 방화구획하고 수평으로의 피난을 우선하게 하는 방식으로 피난자의 피난능력이 떨어져서 수직피난이 곤란한 경우에 더 많은 비용과 설비를 이용하여 수평구획의 안전성을 향상시킨 피난방식이다.

02 피난장소(refuge area)

(1) 피난장소란 화재의 영향을 받지 않는 안전한 장소를 말한다.

(2) 대규모 판매점과 같이 일시적으로 피난을 하는 경우를 지연피난(delayed evacuation)이라 한다.

(3) 병원과 같이 안전한 장소의 일정 구역으로 수평이동함으로써 피난이 완료되는 곳을 현 위치에서 방호(defend-in-place)라고 한다.

03 필요성

(1) 지연피난(delayed evacuation)
1) 평면을 복수의 구역(zone)으로 구획하여 방화구획된 비발화구역(zone)으로 우선 피난한 후 피난층으로 피난하기까지 일시적으로 체류하게 하여 피난안전을 도모하는 방식이다.
2) 불특정 다수가 이용하는 판매점에 적용된 수평피난방식은 계단에서의 혼란을 방지하기 위해 유효한 방식이다.
3) 국내에서의 개념은 전실이나 계단의 피난체류면적 등이 여기에 해당된다.

(2) 현 위치에서 방호(defend-in-place)
1) 수평피난방식은 계단을 통한 옥외로의 피난이 곤란한 피난약자에게 유효한 방식이다.
2) 국내에서의 피난안전구역 등이 여기에 해당된다.

04 고려사항

(1) 수평피난구획 개구부의 방화문은 양방향으로 열리도록 하여야 한다.

(2) 화재구역(zone)에 거주하는 거주자 전원이 일시적으로 체류할 수 있도록 계획하여야 한다.

(3) 피난자의 혼란을 방지할 수 있는 유도설비, 비상방송 등 유도체제에 세심한 주의가 필요하다.

(4) 구획이 확실하고 발화지역(zone)에서의 화재영향이 없는 경우, 수평으로만 피난하여도 피난이 완료된 것으로 간주할 수 있다.

16 피난로의 구성

01 개 요

피난로(means of egress)는 피난접근로(exit access), 피난통로(exit) 및 피난탈출 (exit discharge)의 3개로 구성된다.

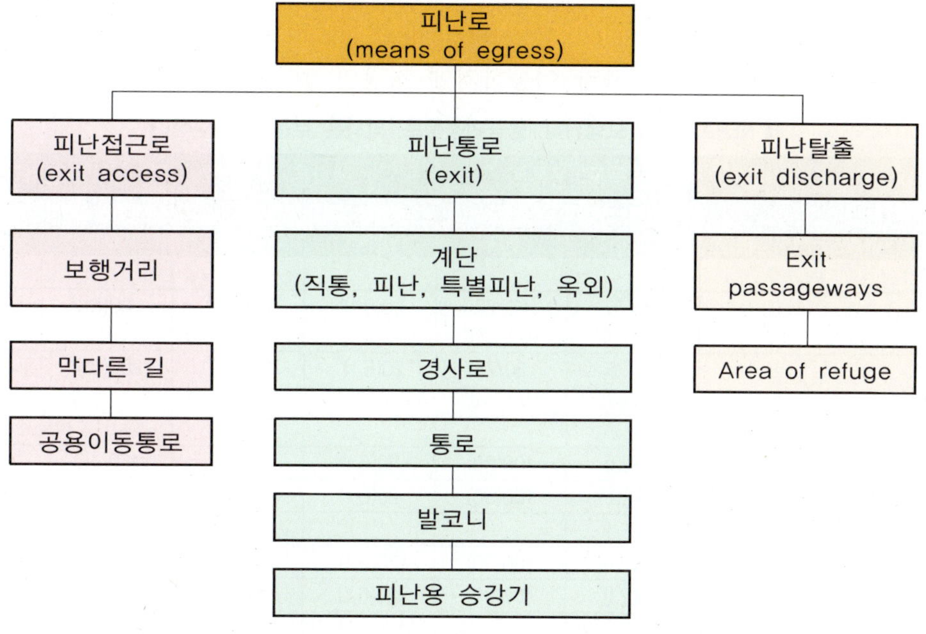

피난로(means of egress)의 구성 요소

02 피난접근로(exit access)

(1) **정의** : 거실에서 피난통로(exit)까지의 이동경로

(2) **국내 보행거리 기준** : 30m 이내(내화구조 50m)

(3) 피난통로에 접근하기 위하여 점유하고 통과하는 모든 공간은 피난접근로로 화재에 노출되는 공간을 최소화해야 한다.

(4) **NFPA 101 기준**

   1) 건축물의 용도, 위험정도, 신설인지 기존의 시설인지 여부, 스프링클러 설치 여부 에 따라 결정된다.

   2) 30명을 초과하는 거주자가 있는 공간의 피난접근로로 사용되는 통로는 내화성능 1시간 이상의 벽으로 구획되어야 한다.

(5) 고려사항

1) 길이 : 피난자가 이동 시 화재에 노출될 수 있는 경로이므로 길이는 최소화하여야 한다.

2) 폭 : 피난자의 원활한 이동과 병목현상을 방지하기 위해 최대한 넓게 설치하여야 하며 폭이 좁아지는 협축부를 만들면 안 된다. 특히 재해약자가 거주하는 장소는 휠체어의 이동이 가능한 폭을 확보하여야 한다.

3) 피난로의 수 : 양방향 피난이 가능한 최소 2개 이상의 피난로

4) 피난에 장애가 없는 피난로 : 피난에 장애가 발생하지 않도록 어떠한 장애물도 설치하여서는 안 된다.

5) 피난시설의 시현성 : 비상구에 이르는 모든 경로는 시야에 들어오도록 표시가 되어야 한다.

6) 경사 : 피난자와 피난약자가 이동하기에 지장이 없는 경사를 가져야 한다.

‖ NFPA 101의 보행거리, 공용이용통로, 막다른 부분의 규정[133] ‖

용도에 따른 구분	공통이용통로		막다른 길		보행거리	
	스프링클러 미설치 ft(m)	스프링클러 설치 ft(m)	스프링클러 미설치 ft(m)	스프링클러 설치 ft(m)	스프링클러 미설치 ft(m)	스프링클러 설치 ft(m)
집회시설						
신설	20/75 (6.1/23)[a]	20/75 (6.1/23)[a]	20(6.1)[b]	20(6.1)[b]	200(61)[c]	250(76)[c]
기존	20/75 (6.1/23)[a]	20/75 (6.1/23)[a]	20(6.1)[b]	20(6.1)[b]	200(61)[c]	250(76)[c]
교육시설						
신설	75(23)	100(30)	20(6.1)	50(15)	150(45)	200(61)
기존	75(23)	100(30)	20(6.1)	50(15)	150(45)	200(61)
보육시설						
신설	75(23)	100(30)	20(6.1)	50(15)	150(45)[d]	200(61)[d]
기존	75(23)	100(30)	20(6.1)	50(15)	150(45)[d]	200(61)[d]
의료시설						
신설	NR	NR	30(9.1)	30(9.1)	NA	200(61)[d]
기존	NR	NR	NR	NR	150(45)[d]	200(61)[d]
외래 의료시설						
신설	75(23)[e]	100(30)[c]	20(6.1)	50(15)	150(45)[d]	200(61)[d]
기존	75(23)[e]	100(30)[c]	50(1.5)	50(15)	150(45)[d]	200(61)[d]
구치 교정시설						
신설 2, 3, 4등급	50(15)	100(30)	50(15)	50(15)	150(45)[d]	200(61)[d]
신설 5등급	50(15)	100(30)	20(6.1)	20(6.1)	150(45)[d]	200(61)[d]
기존 2, 3, 4, 5등급	50(15)[f]	100(30)[f]	NR	NR	150(45)[d]	200(61)[d]
주거시설						
하나 또는 둘의 소규모 가구	NR	NR	NR	NR	NR	NR
하숙 또는 월세집	NR	NR	NR	NR	NR	NR
호텔 또는 기숙사						
신설	35(10.7)[g,h]	50(15)[g,h]	35(10.7)	50(15)	175(53)[d,i]	325(99)[d,i]
기존	35(10.7)[g,h]	50(15)[g]	50(15)	50(15)	175(53)[d,i]	325(99)[d,i]

---

133) TABLE 4.3.3 Common Path, Dead-End, and Travel Distance Limits (by Occupancy). FPH 4-3 Concepts of Egress Design 4-79

용도에 따른 구분	공통이용통로		막다른 길		보행거리	
	스프링클러 미설치 ft(m)	스프링클러 설치 ft(m)	스프링클러 미설치 ft(m)	스프링클러 설치 ft(m)	스프링클러 미설치 ft(m)	스프링클러 설치 ft(m)
아파트						
신설	35(10.7)[g]	50(15)[g]	35(10.7)	50(15)	175(53)[d,i]	325(99)[d,i]
기존	35(10.7)[g]	50(15)[g]	50(15)	50(15)	175(53)[d,i]	325(99)[d,i]
노인요양시설						
중·소형 기존시설	NR	NR	NR	NR	NR	NR
대형 신설시설	NA	125(38)[h]	NA	50(15)	NA	325(99)[d,i]
대형 기존시설	110(33)	160(49)	50(15)	50(15)	175(53)[d,i]	325(99)[d,i]
상업시설						
등급 A, B, C						
신설	75(23)	100(30)	20(6.1)	50(15)	150(45)	250(76)
기존	75(23)	100(30)	50(15)	50(15)	150(45)	250(76)
개방시설	NR	NR	0(0)	0(0)	NR	NR
쇼핑센터						
신설	75(23)	100(30)	20(6.1)	50(15)	150(45)	400(120)[j]
기존	75(23)	100(30)	50(15)	50(15)	150(45)	400(120)[j]
업무시설						
신설	75(23)[k]	100(30)[k]	20(6.1)	50(15)	200(61)	300(91)
기존	75(23)[k]	100(30)[k]	50(15)	50(15)	200(61)	300(91)
산업시설						
일반시설	50(15)	100(30)	50(15)	50(15)	200(61)[l]	250(75)[m]
특정 목적	50(15)	100(30)	50(15)	50(15)	300(91)	400(122)
고위험	0(0)	0(0)	0(0)	0(0)	0(0)	75(23)
층에 행거 설치	50(15)[n]	100(30)[n]	50(15)[n]	50(15)[n]	[a]	[a]
중층에 행거 설치	50(15)[n]	75(23)[n]	50(15)[n]	50(15)[n]	75(23)	75(23)
저장시설						
낮은 위험	NR	NR	NR	NR	NR	NR
일반위험	50(15)	100(30)	50(15)	100(30)	200(61)	400(122)
고위험	0(0)	0(0)	0(0)	0(0)	75(23)	100(30)
주거시설(개방)	50(15)	50(15)	50(15)	50(15)	300(91)	400(122)
주거시설(폐쇄)	50(15)	50(15)	50(15)	50(15)	150(45)	200(60)
층에 행거 설치	50(15)[n]	100(30)[n]	50(15)[n]	50(15)[n]	[a]	[a]
중층에 행거 설치	50(15)[n]	75(23)[n]	50(15)[n]	50(15)[n]	75(23)	75(23)
지하에 설치된 곡물이송 승강기	50(15)[n]	100(30)[n]	50(15)[n]	100(30)[n]	200(61)	400(122)

[비고]

NA=Not applicable.

NR=NO requirement.

[a] For common path serving >50 persons, 20ft(6.1m) ; for common path serving ≤50 persons, 75ft(23m).

[b] Dead-end corridors of 20ft(6.1m) permitted ; dead-end aisles of 20ft(6.1m) permitted.

[c] See Chapters 12 and 13 of NFPA 101 for special considerations for smoke-protected assembly seating in arenas and stadia.

[d] This dimension is for the total travel distance, assuming incremental portions have fully utilized their permitted maximums. For travel distance within the room, and from the room exit access door to the exit, see the appropriate occupancy chapter of NFPA 101.

[e] See business occupancies, Chapters 38 and 39 of NFPA 101.

[f] See Chapter 23 of NFPA 101 for special considerations for existing common paths.

[g] This dimension is from the room/corridor or suite/corridor exit access door to the exit ; thus, it applies to corridor common path.

[h] See the appropriate occupancy chapter of NFPA 101 for requirements for second exit access based on room area.

[i] See appropriate occupancy chapter of NFPA 101 for special travel distance considerations for exterior ways of exit access.

[j] See 36.4.4 and 37.4.4 of NFPA 101 for special travel distance considerations in covered malls considered to be pedestrian ways.

[k] See Chapters 38 and 39 of NFPA 101 for special common path considerations for single tenant spaces.

[l] See Chapters 40 and 42 of NFPA 101 for special requirements on spacing of doors in aircarft hangars.

[m] See Chapter 40 of NFPA 101 for industrial occupancy special travel distance considerations.

[n] See Chapters 40 and 42 of NFPA 101 for special requirements if high-hazard conditions exist.

Source : Table A.7.6, NFPA 101, 2006 edition.

03 피난통로(exit)

(1) 정의 : 피난경로로 이용되는 시설로서 비상구 피난계단, 경사로, 통로, 옥외 발코니 등을 말한다.

(2) 화재로부터 안전구획된 장소로서, 내화구조 및 불연재료로 내장 마감되는 등의 조건을 만족한 장소이다.

1) 3개 층 이하 연결 : 내화성능 1시간 이상

2) 4개 층 이상 연결 : 내화성능 2시간 이상

3) 방화구획된 부분의 개구부는 자동폐쇄장치가 설치되거나 닫힌 상태이어야 한다.

4) 내장재의 제한 : Class B까지 사용이 가능하다. 단, 스프링클러 설치 시에는 Class C도 사용이 가능하다.

5) 반자까지의 높이는 7ft 6in(230cm) 이상 확보되어야 하고, 보 등의 돌출부위가 있는 경우의 돌출부위에서의 높이는 6ft 6in(200cm)까지 가능하다.

(3) 피난로 : 최소한 두 개 이상이어야 한다.

1) 수용인원 500~1,000 : 3개 이상

2) 수용인원 1,000 이상 : 4개 이상

3) 수용인원은 층별 수용인원을 말하고, 이를 합산하지는 않는다.

(4) 개구부의 방화성능

1) 2시간 비내력 방화벽은 1.5시간 이상의 방화성능을 가진 개구부를 설치하여야 한다.

2) 1시간 비내력 방화벽은 3/4시간 이상의 방화성능을 가진 개구부를 설치하여야 한다. 단, 수직개구부나 피난통로 구획실의 개구부인 경우는 1시간 이상의 방화성능을 요구한다.

3) 0.5시간 비내력 방화벽은 20분 이상의 방화성능을 가진 개구부를 설치하여야 한다.

4) 내화성능이 필요한 칸막이의 모든 구획된 장소의 개구부에는 방화댐퍼를 설치하여야 한다(NFPA 90A).

(5) 덕트

1) 2시간 내화성능을 요구하는 구획을 관통하는 덕트에는 방화댐퍼를 설치하여야 한다.

2) 하지만 2시간 미만의 경우 설치를 강제하는 규정은 없다.

(6) 덕트나 전선 등의 관통부의 충진 : 구획의 내화성능을 유지할 수 있는 재료로 밀폐되어야 한다.

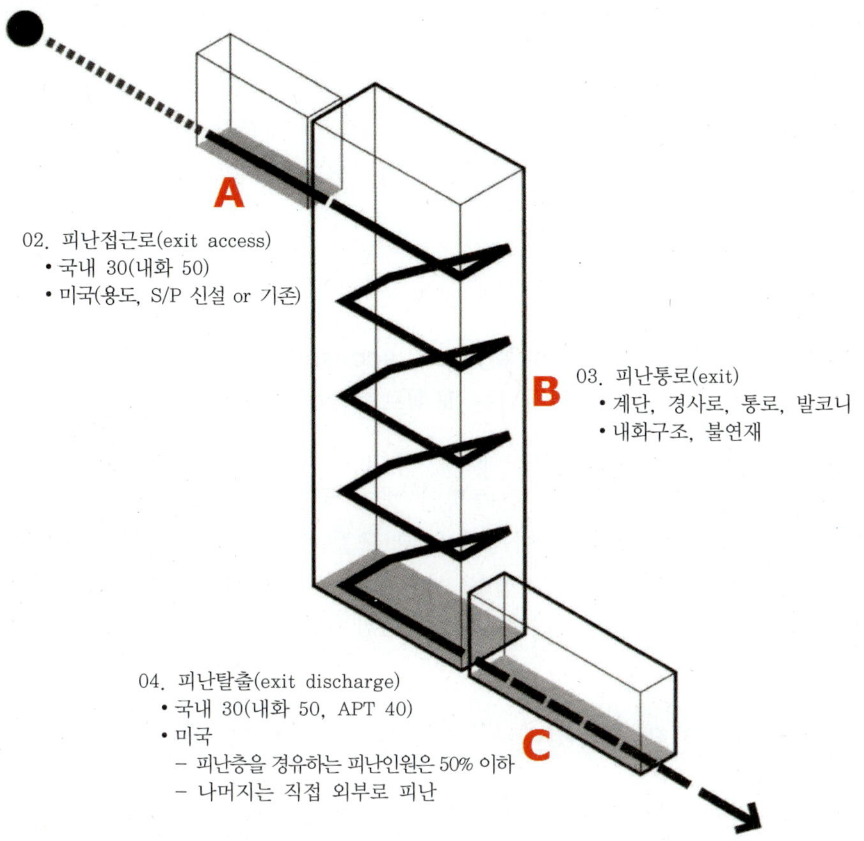

04 피난탈출(exit discharge)

국내 건축물 바깥쪽으로의 출구 규정과 같다.

(1) 정의 : 피난층에서의 비상구로부터 공공도로까지의 경로이다. 즉, 피난통로(exit)의 끝과 안전한 공간 사이를 말한다.

(2) 인명안전규정(life safety code)에서는 충분한 폭과 크기의 통로를 요구하고 있다.

(3) 피난층에서 보행거리는 30m(60m) 이내로 한다.

(4) 피난배출로 중 50% 이하만 피난층을 경유하여 옥외피난한다.

(5) 50% 이상의 피난은 직접 옥외연결 또는 출구복도(exit passageway)를 통해 옥외로 연결, 부속실, 쇼핑센터 등에 중간 안전구역을 통해서 피난하도록 규정하고 있다.

05 피난로(means of egress)(NFPA 101)

(1) 피난로(means of egress)는 수직과 수평 보행로를 포함하며, 중간 방, 문간, 현관, 복도, 통로, 발코니, 경사로, 계단, 엘리베이터, 밀폐공간, 로비, 에스컬레이터, 수평면의 비상구, 뜰 및 안마당을 포함한다. 피난로는 아래와 같이 구분할 수 있다.[134]

  1) 피난접근로(exit access)

  2) 피난통로(exit)

  3) 피난탈출(exit discharge)

(2) **접근 가능한 피난로(means of egress, accessible)**[135] : 피난자가 이용할 수 있는 공공도로 또는 대피장소로 연결되는 보행로를 말한다.

(3) **탈출로(means of escape)**[136]

  1) 피난로(means of egress)가 건축적인 것에 국한되는 데에 반해 탈출로(means of escape)는 건축적인 것에 국한되지 않고 모든 수단, 즉 건축적인 것에다 설비적 수단까지 동원해서 안전하게 피난을 하는 통로의 일체를 말한다.

  2) 따라서 일반적인 피난로보다는 좀 더 포괄적인 개념이라고 할 수 있다.

06 대피장소(area of refuge)(NFPA 101)

(1) 대피장소는 다음 둘 중의 하나이다.

  1) 건물 내에 있는 층으로서, 스프링클러설비에 의해 철저하게 방호되고, 방연칸막이에 의해 다른 방이나 공간과 구획된 최소 2개의 접근 가능한 방이나 공간이다.

  2) 동일 건물의 다른 공간과 구획하는 방법이나 위치상의 이점에 의해 화재로부터 방호되고, 그로 인해 어떤 층으로부터 피난의 지연이 허용되게 하고 공공도로로 가는 이동통로에 있는 공간이다.

  3) 대표적인 Area of refuge로는 비상구로 들어와서 계단으로 내려가는 계단참이다.

  4) 국내의 경우 고층 건축물에 설치하는 피난안전구역이 여기에 해당된다.

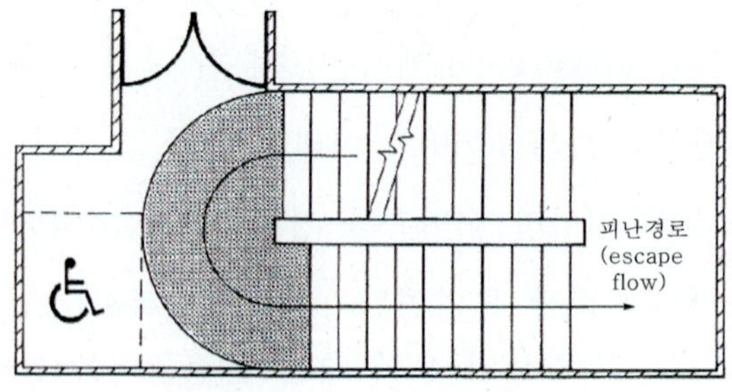

▌대피장소(area of refuge) ▌

---

134) NFPA 101 3.3.170
135) NFPA 101 3.3.170.1
136) NFPA 101 3.3.171

07 출구복도(exit passageway)

(1) 정의 : 비상 시에 건물에서 화재의 영향을 받지 않고 외부 또는 안전지대로 안전하게 갈 수 있는 길을 말한다. 즉, 비상구로 연결되는 통로이다.

(2) 설치목적 : 거실에서부터 외부의 안전지대로 가는 보행거리 규정 초과 시 설치한다.

(3) 설치기준

  1) 피난탈출구(exit discharge)의 50% 이상이 직접 옥외로 연결되도록 설치한다. 이는 거실을 경유하면 위험에 노출된 확률이 높기 때문에 직접 옥외로 가는 경로를 최대한 확보하기 위함이다.

  2) 직접 옥외로 연결되지 않은 피난탈출구(exit discharge)는 방화구획되거나 스프링클러에 의해 보호되어야 한다.

(4) 종류

  1) 피난계단에서 건물 옥외와 연결되는 비상통로

  2) 보행거리 규정 초과를 방지하기 위한 비상통로

  3) 몰 등의 건물에서 다목적으로 사용되는 비상구 통로

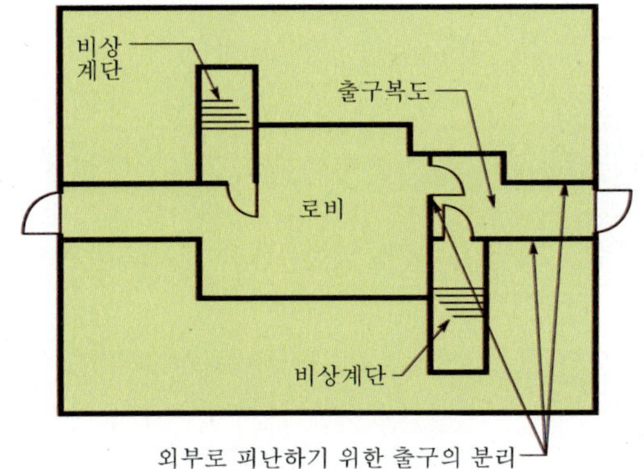

┃ **출구복도**[137) ┃

---

137) http://publicecodes.cyberregs.com/icod/ibc/2009f2cc/icod_ibc_2009f2cc_10_par235.htm에서 발췌

피난경로의 구성

01 개 요

(1) 피난안전성을 확보하기 위해서 ASET>RSET이 되도록 하여야 한다.

(2) 피난경로에서 열, 연기, 불, 가스 등으로부터 안전성을 확보(거주가능조건 충족)하여야 한다. 또한 안전구획의 차수가 증가할수록 안전성이 증대되어야 한다.

02 1차 안전구획(복도)

(1) 기계배연에 의해 연기를 제어한다.

(2) 수직동선(계단 등)과 수평동선(복도통로)은 직접 면하지 않게 한다. 수직피난동선의 안전성을 확보하기 위해서 수직피난동선인 계단은 노대, 또는 부속실로 연결하여 안전성을 증대시키고 있다.

03 2차 안전구획(부속실)

노대, 창이 있는 부속실, 제연설비가 있는 부속실, 특별피난계단 부속실 등이 있다.

04 3차 안전구획(피난계단)

(1) 내화구조

(2) 불연재

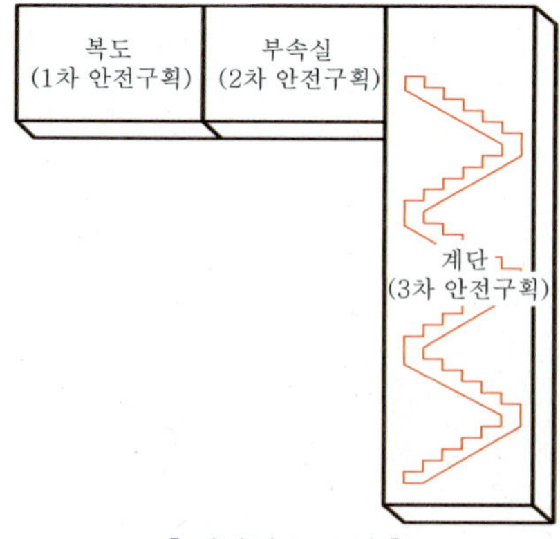

▌피난경로 구성▐

보행거리

01 개 요

(1) 보행거리의 정의

1) 거실의 각 부분으로부터 피난층으로 통하는 직통계단에 이르는 거리

2) 점유자가 피난통로 수준의 방호에 도달할 때까지의 점유공간 내를 걸어서 이동하는 최단거리

(2) 소방설비 설치기준 시 보행거리를 사용(이때의 보행거리는 재실자가 통로를 통하여 걸어서 이동하는 최단거리를 의미)한다.

02 NFPA 101

(1) 건물 내 점유자 위치에서 가장 가까운 비상구까지의 최단 허용보행거리를 규정하고 있다.

(2) 용도별, 스프링클러 미설치 또는 스프링클러 설치 시, 위험의 크기, 신설인지 기존인지 여부 등에 따라 다르다.

(3) 보행거리 증가 시 피난시간을 증가시킨다.

예 $t = \dfrac{L_x + L_y}{V} = \dfrac{60}{1.3} = 46\mathrm{ses}$

여기서, t : 피난시간, L_x : 가로축의 거리, L_y : 세로축의 거리, V : 보행속도(1.3m/s)

(4) 보행거리 산정요소

1) 건물 점유자의 수, 연령, 신체조건과 보행속도

2) 점유자가 피해 돌아가야 하는 장애물의 형태와 수

3) 구획실 내의 사람 수와 방 내부의 문으로부터 가장 먼 위치의 거리

4) 화재의 예상 확산속도(구조형태, 사용재료, 구획 정도 그리고 자동화재감지기와 소화설비 유무의 함수)

5) 특정 용도에서의 가연성 물질의 양과 특성

03 국내 건축법

(1) 건축물의 피난시설 및 용도제한 등(「건축법」 제49조)

1) 대통령령으로 정하는 용도 및 규모의 건축물과 그 대지에는 국토교통부령으로 정

하는 바에 따라 복도, 계단, 출입구, 그 밖의 피난시설과 소화전(消火栓), 저수조 (貯水槽), 그 밖의 소화설비 및 대지 안의 피난과 소화에 필요한 통로를 설치하여야 한다.

2) 대통령령으로 정하는 용도 및 규모의 건축물의 안전·위생 및 방화(防火) 등을 위하여 필요한 용도 및 구조의 제한, 방화구획(防火區劃), 화장실의 구조, 계단·출입구, 거실의 반자 높이, 거실의 채광·환기와 바닥의 방습 등에 관하여 필요한 사항은 국토교통부령으로 정한다.

(2) 직통계단의 설치(「건축법 시행령」 제34조) : 건축물의 피난층(직접 지상으로 통하는 출입구가 있는 층 및 피난안전구역) 외의 층에서는 피난층 또는 지상으로 통하는 직통계단(경사로를 포함)을 거실의 각 부분으로부터 계단(거실로부터 가장 가까운 거리에 있는 계단)에 이르는 보행거리가 30m 이하가 되도록 설치하여야 한다. 다만, 건축물(지하층에 설치하는 것으로서 바닥면적의 합계가 300m^2 이상인 공연장·집회장·관람장 및 전시장은 제외)의 주요구조부가 내화구조 또는 불연재료로 된 건축물은 그 보행거리가 50m(층수가 16층 이상인 공동주택은 40m) 이하가 되도록 설치할 수 있으며, 자동화 생산시설에 스프링클러 등 자동식 소화설비를 설치한 공장으로서 국토교통부령으로 정하는 공장인 경우에는 그 보행거리가 75m(무인화 공장인 경우에는 100m) 이하가 되도록 설치할 수 있다.

❚ 거실로부터의 보행거리 ❚

구 분	원 칙	주요구조부 (내화구조, 불연재)	LCD, 반도체 공장 (자동식 소화설비가 설치된 경우)
거실로부터 직통계단까지	30m	50m (16층 이상 공동주택 40m)	75m(무인화 공장은 100m)
거실로부터 옥외까지 출구	60m	100m (16층 이상 공동주택 80m)	–

(3) 건축물의 바깥쪽으로의 출구의 설치기준(「건축물의 피난·방화구조 등의 기준에 관한 규칙」 제11조) : 영 제39조 제1항의 규정에 의하여 건축물의 바깥쪽으로 나가는 출구를 설치하는 경우 피난층의 계단으로부터 건축물의 바깥쪽으로의 출구에 이르는 보행거리(가장 가까운 출구와의 보행거리)는 영 제34조 제1항의 규정에 의한 거리 이하로 하여야 하며, 거실(피난에 지장이 없는 출입구가 있는 것을 제외)의 각 부분으로부터 건축물의 바깥쪽으로의 출구에 이르는 보행거리는 영 제34조 제1항의 규정에 의한 거리의 2배 이하로 하여야 한다.

(4) 국내 법규의 문제점 : 보행거리를 획일적으로 규제한다.

(5) 개선대책 : 건축물의 용도, 점유자 상태, 자동소화설비 유·무에 따른 규정이 필요하다.

04 측정방법(NFPA)

(1) 점유지점의 가장 먼 부분에서 시작한다.

(2) 바닥 또는 기타 보행면에서 측정한다.

(3) 자연보행로의 중심선을 따라 측정한다.

(4) 모퉁이나 장애물은 1ft(0.3m)의 간격을 우회하여 측정한다.

(5) 개방된 비상구 접근 경사로나 개방된 비상구 접근 계단의 디딤판 끝부분의 평면에서 측정한다.

(6) 피난통로가 시작되는 끝부분까지 측정한다.

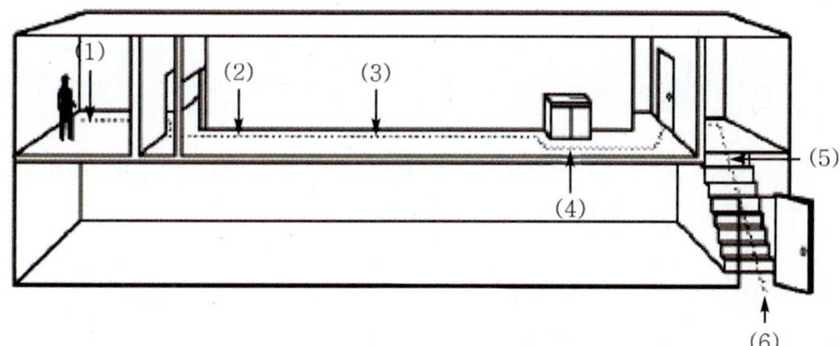

(a) 거실에서 피난탈출까지의 보행거리 측정

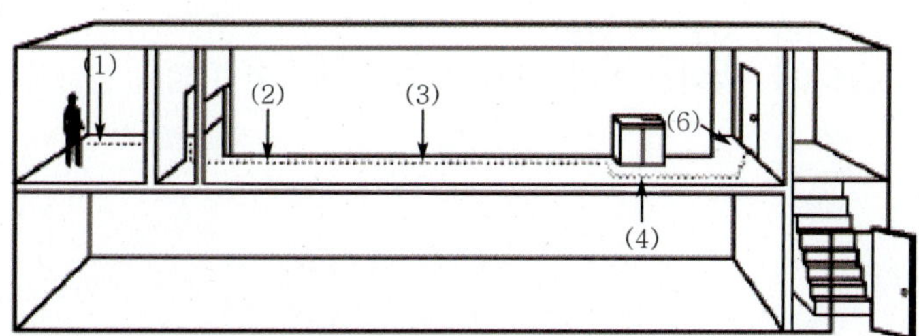

(b) 거실에서 전실까지의 보행거리 측정

┃ 비상구까지의 보행거리 측정 ┃

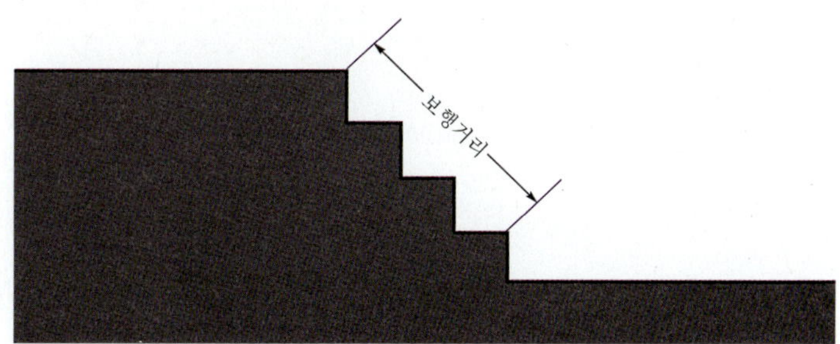

┃ 계단에서 보행거리 측정 ┃

05 보행거리 비교표

▮ 상기 NFPA 101 정리 ▮

구 분	한 국		일 본		미 국
집회, 교육	일반건축물	30	상업, 집회	30	45(60)*
사무소				20(15층 이상)	60(91)
공동주택	내화 또는 불연재료인 경우	40(16층 이상)	그 외의 시설*	50	23(38)
의료시설		50		40(15층 이상)	(60)

[비고]
1. 미국 – ( )* : 스프링클러를 설치한 경우
2. 일본 – 그 외의 시설* : 천장, 벽의 내장이 불연 또는 준불연 이상으로 되어 있는 경우, +10m

06 결 론

(1) 피난자의 거실에서 방호된 피난계단까지의 보행거리는 피난계획수립 시 인명안전 (life safety) 측면에서 중요한 요소이다.

(2) 고립지역 형태인 막다른 부분(dead end)이나 양방향 피난이 곤란한 공용이용통로 (common path)가 형성되지 않도록 주의하여야 한다.

꼼꼼체크 거리
- 수평거리 : 자로 잰 거리
- 보행거리 : 걸어간 거리(피난시간 등을 계산하기 위해 정량화하는 중요한 데이터)

복도(passageway)

01 건축물의 피난시설 및 용도제한 등(「건축법」 제49조)

(1) 대통령령으로 정하는 용도 및 규모의 건축물과 그 대지에는 국토교통부령으로 정하는 바에 따라 복도, 계단, 출입구, 그 밖의 피난시설과 소화전(消火栓), 저수조(貯水槽), 그 밖의 소화설비 및 대지 안의 피난과 소화에 필요한 통로를 설치하여야 한다.

(2) 대통령령으로 정하는 용도 및 규모의 건축물의 안전·위생 및 방화(防火) 등을 위하여 필요한 용도 및 구조의 제한, 방화구획(防火區劃), 화장실의 구조, 계단·출입구, 거실의 반자 높이, 거실의 채광·환기와 바닥의 방습 등에 관하여 필요한 사항은 국토교통부령으로 정한다.

02 계단·복도 및 출입구의 설치(「건축법 시행령」 제48조)

(1) 「건축법」 제49조 제2항에 따라 연면적 200m²를 초과하는 건축물에 설치하는 계단 및 복도는 국토교통부령으로 정하는 기준에 적합하여야 한다.

(2) 법 제49조 제2항에 따라 제39조 제1항 각 호의 어느 하나에 해당하는 건축물의 출입구는 국토교통부령으로 정하는 기준에 적합하여야 한다.

03 복도의 너비 및 설치기준(「건축물의 피난·방화구조 등의 기준에 관한 규칙」 제15조의2)

(1) 영 제48조의 규정에 의하여 건축물에 설치하는 복도의 유효너비는 다음 표와 같이 하여야 한다.

구 분	양옆에 거실이 있는 복도	기타의 복도
유치원, 초등학교, 중학교, 고등학교	2.4m 이상	1.8m 이상
공동주택, 오피스텔	1.8m 이상	1.2m 이상
해당 층 거실의 바닥면적 합계가 200m² 이상인 경우	1.5m 이상 (의료시설의 복도 1.8m 이상)	1.2m 이상

(2) 문화 및 시설(공연장·집회장·관람장·전시장에 한한다), 종교시설 중 종교집회장, 노유자시설 중 아동 관련 시설·노인복지시설, 수련시설 중 생활권수련시설, 위락시설 중 유흥주점 및 장례식장의 관람석 또는 집회실과 접하는 복도의 유효너비는 위 (1)의 규정에도 불구하고 다음에서 정하는 너비로 하여야 한다.

해당 층 바닥면적 합계	복도의 유효너비
500m² 미만	1.5m 이상
500 이상 1,000m² 미만	1.8m 이상
1,000m² 이상	2.4m 이상

(3) 문화 및 집회시설 중 공연장에 설치하는 복도는 다음의 기준에 적합하여야 한다.

▌ 공연장에 설치하는 복도의 설치기준 ▌

공연장의 바닥면적	설치기준
300m² 이상인 경우	공연장의 개별 관람석의 바깥쪽에는 그 양쪽 및 뒤쪽에 각각 복도를 설치할 것
300m² 미만인 경우	하나의 층에 개별 관람석을 2개소 이상 연속하여 설치하는 경우에는 그 관람석의 바깥쪽의 앞쪽과 뒤쪽에 각각 복도를 설치할 것

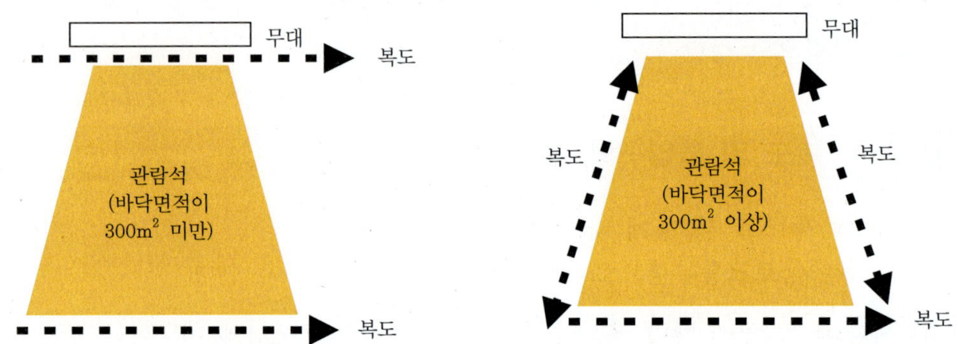

▌ 문화 및 집회시설 중 공연장에 설치하는 복도 ▌

04 대지 안의 피난 및 소화에 필요한 통로 설치(「건축법 시행령」 제41조)

(1) 건축물의 대지 안에는 그 건축물 바깥쪽으로 통하는 주된 출구와 지상으로 통하는 피난계단 및 특별피난계단으로부터 도로 또는 공지(공원, 광장, 그 밖에 이와 비슷한 것으로서 피난 및 소화를 위하여 해당 대지의 출입에 지장이 없는 것)로 통하는 통로를 다음의 기준에 따라 설치하여야 한다.

1) 통로의 너비
   ① 단독주택 : 유효너비 0.9m 이상
   ② 바닥면적의 합계가 500m² 이상인 문화 및 집회시설, 종교시설, 의료시설, 위락시설 또는 장례식장 : 유효너비 3m 이상
   ③ 그 밖의 용도로 쓰는 건축물 : 유효너비 1.5m 이상
2) 필로티 내 통로의 길이가 2m 이상인 경우 : 피난 및 소화 활동에 장애가 발생하지 아니하도록 자동차 진입억제용 말뚝 등 통로보호시설을 설치하거나 통로에 단차(段差)를 두도록 한다.

(2) 위의 (1)에도 불구하고 다중이용 건축물, 준다중이용 건축물 또는 층수가 11층 이상
인 건축물이 건축되는 대지에는 그 안의 모든 다중이용건축물과 층수가 11층 이상인
건축물에 「소방기본법」 제21조에 따른 소방자동차의 접근이 가능한 통로를 설치하
여야 한다. 다만, 모든 다중이용건축물, 준다중이용건축물 또는 층수가 11층 이상인
건축물이 소방자동차의 접근이 가능한 도로 또는 공지에 직접 접하여 건축되는 경우
로서 소방자동차가 도로 또는 공지에서 직접 소방활동이 가능한 경우에는 그러하지
아니하다.

05 복도에 관한 기준 정리

(1) **특별피난계단의 계단실 및 부속실의 실내마감** : 불연재

(2) **복도나 일반계단의 실내마감** : 준불연재 이상

(3) 우리의 경우 건축법에서 (특별)피난계단 출입문만 피난방향으로 열리도록 규정하고
있다.

공용이용통로(common path)와 막다른 길(dead end)

01 공용이용통로(common path)

(1) 정의

1) 공동 보행로를 말한다.

2) 거주자가 선택의 여지없이 한 방향으로만 가야 하는 길이다.

3) 즉, 양방향 피난이 되지 않는 길로 그곳에 화재가 발생하면 피난하지 못하는 문제를 가지고 있다. 또한 피난지체나 병목현상의 원인이 되기도 하고, RSET을 늘리는 데 큰 역할을 하기도 한다. 따라서 피난계획을 수립할 때 그 길이를 최소한으로 설치하는 것이 필요하다.

(2) 거실에서 비상구에 이르는 피난로의 보행거리의 1/2이다.

(3) NFPA에서는 6.1~49m로 건축물의 용도, 위험 정도, 신설인지 기존의 것인지 여부, 스프링클러 설치 여부에 따라 제한을 두고 있다(800page의 표 참조).

▌ 공용이용통로와 막다른 부분의 예 ▌

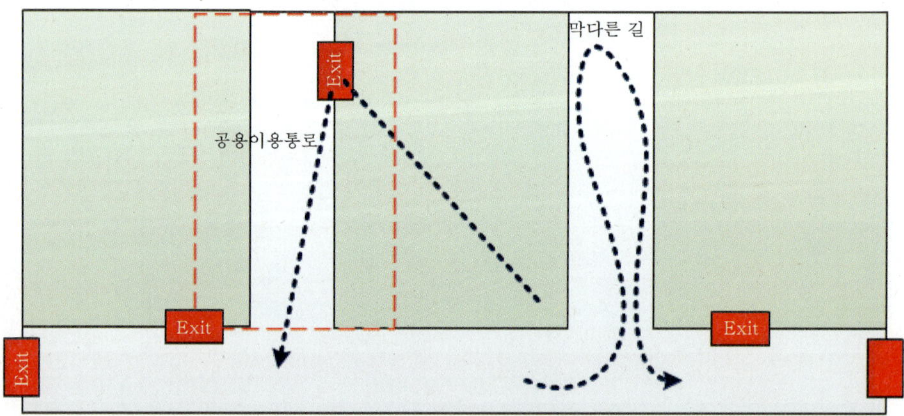

02 막다른 길(dead end)

(1) 정의

1) 막다른 복도를 말한다.

2) 즉 출구나 연결된 피난로를 찾을 수 없어서 되돌아가야 하는 복도의 부분이다.

3) 거주자가 갇히게 되는 포켓(pocket)이 된다. 따라서 화재 시 발화점의 위치에 따라 피난을 근본적으로 불가능하게 하여 수많은 인명피해를 유발한다.

(2) 막다른 길(dead end)에서 출구까지는 한 방향의 이동만 가능하기 때문에 이 경로에 화재가 발생하면 피난자는 갇혀 버리게 된다.

(3) 따라서 피난설계를 함에 있어서는 가능한 한 막다른 길(dead end)을 만들지 않는 것이 바람직하다.

(4) 관련 법규정

1) 현재 국내법(소방법, 건축법)에는 막다른 복도에 관한 규정이 없다.

2) 문제점 : 막다른 복도는 화재 시 피난을 불가능하게 하는 중요한 요소임에도 이를 규제하는 법규정이 전혀 없어, 보행거리에 관한 규정(「건축법 시행령」 제34조)을 따를 수밖에 없다. 따라서 10m를 넘는 긴 막다른 복도의 설치가 가능하여 피난 시 인명피해의 요인이 된다.

(5) 외국의 사례

1) 일본 : 10m 이내로 한다.

2) 미국

① NFPA : 6.1~30m 이내로 한다.

② I.B.C : 막다른 복도의 길이가 해당 복도 폭의 2.5배 이하인 경우 막다른 복도의 설치를 인정한다.

03 막다른 길(dead end) 및 공용이용통로(common path)의 활용

(1) 위험요소에 따른 정량화 데이터로 이용된다.

(2) 피난에 지장을 주는 저항을 최소화하는 것이 피난시간을 단축하는 방법이다.

04 결 론

피난자가 거실에서부터 방호된 피난계단까지의 보행거리는 안전성이 확보된 장소로 이동과정에서 사실상 화재에 노출될 수 있으므로 피난계획 수립 시 인명안전 측면에서 중요한 요소이다. 따라서 피난의 지체나 장애가 되는 막다른 길이나 공용이용통로는 형성이 되지 않도록 하거나 불가피한 경우에는 최소한이 되도록 하여야 한다.

Section 21

계단(stairs)

01 건축물의 피난시설 및 용도제한 등(「건축법」 제49조 제2항)

대통령령으로 정하는 용도 및 규모의 건축물의 안전·위생 및 방화(防火) 등을 위하여 필요한 용도 및 구조의 제한, 방화구획(防火區劃), 화장실의 구조, 계단·출입구, 거실의 반자 높이, 거실의 채광·환기와 바닥의 방습 등에 관하여 필요한 사항은 국토교통부령으로 정한다.

02 계단·복도 및 출입구의 설치(「건축법 시행령」 제48조)

(1) 건축법 제49조 제2항에 따라 연면적 $200m^2$를 초과하는 건축물에 설치하는 계단 및 복도는 국토교통부령으로 정하는 기준에 적합하여야 한다.

(2) 법 제49조 제2항에 따라 제39조(건축물 바깥쪽으로의 출구 설치) 제1항의 어느 하나에 해당하는 건축물의 출입구는 국토교통부령으로 정하는 기준에 적합하여야 한다.

03 계단의 설치기준(「건축물의 피난·방화구조 등의 기준에 관한 규칙」 제15조)

(1) 「건축법 시행령」 제48조의 규정에 의하여 건축물에 설치하는 계단은 다음의 기준에 적합하여야 한다.

┃ 계단의 설치기준 ┃

종 류	대 상	설치기준
계단참	높이가 3m를 넘는 계단	높이 3m 이내마다 너비 1.2m 이상의 계단참을 설치할 것
난간	높이가 1m를 넘는 계단 및 계단참	양옆에는 난간을 설치할 것
중간난간	너비가 3m를 넘는 계단	계단의 중간에 너비 3m 이내마다 난간을 설치할 것
계단의 유효높이	계단	2.1m 이상으로 할 것

(2) 위 (1)의 규정에 의하여 계단을 설치하는 경우 계단 및 계단참의 너비(옥내계단에 한한다), 계단의 단높이 및 단너비의 치수는 다음의 기준에 적합하여야 한다. 이 경우 돌음계단의 단너비는 그 좁은 너비의 끝부분으로부터 30cm의 위치에서 측정한다.

▌ 계단 각 부의 치수기준 ▐

구 분	계단 및 계단참의 너비	단높이	단너비
초등학교의 계단	150cm 이상	16cm 이하	26cm 이상
중·고등학교의 계단	150cm 이상	18cm 이하	26cm 이상
문화 및 집회시설(공연장·집회장 및 관람장에 한한다)·판매시설 기타 이와 유사한 용도	120cm 이상	기준이 없음	
거실의 바닥면적의 합계가 200m^2 이상			
거실의 바닥면적의 합계가 100m^2 이상인 지하층			
기타의 계단	60cm 이상		

산업안전보건법에 의한 작업장에 설치하는 계단인 경우에는 산업안전기준에 관한 규칙에서 정한 구조로 할 것

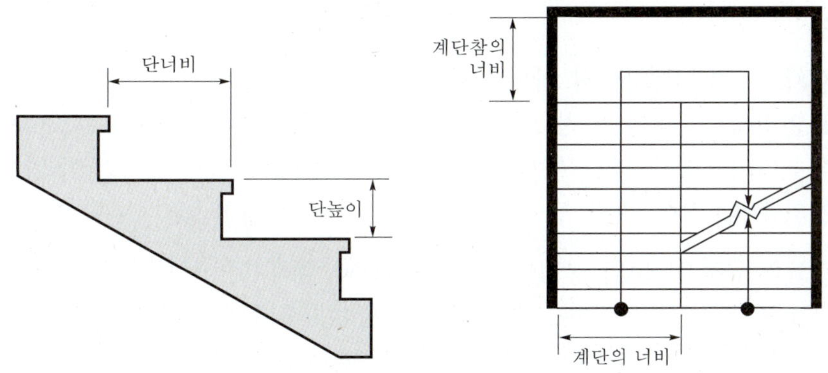

▌ 계단의 단너비, 단높이, 계단참 ▐

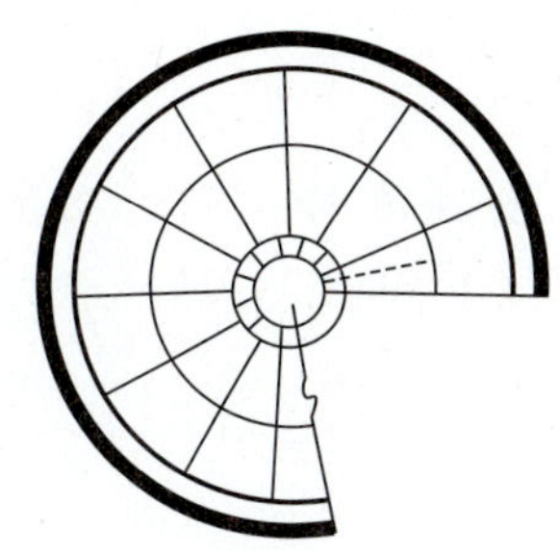

▌ 돌음계단 ▐

(3) 아동 및 노약자 등의 안전을 위한 설치

1) 대상 : 공동주택(기숙사를 제외한다)·제1종 근린생활시설·제2종 근린생활시설·문화 및 집회시설·종교시설·판매시설·운수시설·의료시설·노유자시설·업무시설·숙박시설·위락시설 또는 관광·휴게시설의 용도

2) 안전을 위한 설치기준

　① 건축물의 주계단 · 피난계단 또는 특별피난계단에 설치하는 난간 및 바닥은 아동의 이용에 안전하고 노약자 및 신체장애인의 이용에 편리한 구조이어야 한다.

　② 양쪽에 벽 등이 있어 난간이 없는 경우에는 손잡이를 설치하여야 한다.

(4) 난간 · 벽 등의 손잡이의 설치기준

1) **크기 및 형태** : 최대지름이 3.2cm 이상 3.8cm 이하인 원형 또는 타원형의 단면으로 할 것

2) **손잡이의 설치위치**

　① 벽 등으로 부터 5cm 이상 떨어지도록 설치

　② 계단으로부터의 높이는 85cm가 되도록 할 것

　③ 계단이 끝나는 수평부분에서의 손잡이는 바깥쪽으로 30cm 이상 나오도록 설치할 것

(5) 계단을 대체하여 설치하는 경사로(ramp)는 다음의 기준에 적합하게 설치하여야 한다.

1) **경사도** : 1 : 8을 넘지 아니할 것

2) **표면마감** : 표면을 거친 면으로 하거나 미끄러지지 아니하는 재료로 마감할 것

3) **유효너비** : 경사로의 직선 및 굴절 부분의 유효너비는 장애인 · 노인 · 임산부 등의 편의증진보장에 관한 법률이 정하는 기준에 적합할 것

(6) 위 (1)의 규정은 (5)의 규정에 의한 경사로의 설치기준에 관하여 이를 준용한다.

(7) 위 (1) 및 (2)에도 불구하고 영 제34조 제4항 후단에 따라 피난층 또는 지상으로 통하는 직통계단을 설치하는 경우 계단 및 계단참의 너비는 다음의 구분에 따른 기준에 적합하여야 한다.

1) **공동주택** : 120cm 이상

2) **공동주택이 아닌 건축물** : 150cm 이상

(8) 승강기 기계실용 계단, 망루용 계단 등 특수한 용도에만 쓰이는 계단에 대해서는 위 (1)부터 (7)까지의 규정을 적용하지 아니한다.

피난계단 및 특별피난계단

01 개 요

(1) 피난계단의 설계 시 방연·방화 대책을 철저히 하고, 피난자의 특성이나 층의 용도에 따른 보행속도, 군중 유동 피난 심리면에서 피난 유동에 혼란이 생기지 않도록 해야 한다.

(2) 피난계단은 피난을 위한 1차적 수단이자 가장 안전하고 대량의 인원을 대피시킬 수 있는 수단이다. 피난계단 수와 폭이 넓어 피난용량이 클수록 RSET이 줄어들 것이고 이로 인해 ASET과의 격차가 커져서 피난안전성을 확보할 수 있는 것이다.

02 검토사항

(1) **방연대책** : 개구부의 사양, 전실, 부속실의 설치

(2) **계단 내 유동**
　1) 계단실 입구 폭과 계단 유효폭 및 계단참 폭의 관계
　2) 계단참의 구조 등

(3) **구조** : 출입구 이외의 개구부 금지, 계단의 환승

(4) **계단의 간격**

03 직통계단

(1) **정의** : 피난층 이외의 모든 층으로부터 실내를 경유하지 않고 계단을 이용하여 피난층 또는 지상에 도달할 수 있는 계단

(2) **직통계단의 설치**(「건축법 시행령」 제34조)
　1) 건축물의 피난층(직접 지상으로 통하는 출입구가 있는 층 및 제3항과 제4항에 따른 피난안전구역) 외의 층에서는 피난층 또는 지상으로 통하는 직통계단(경사로를 포함)을 거실의 각 부분으로부터 계단(거실로부터 가장 가까운 거리에 있는 계단)에 이르는 보행거리가 30m 이하가 되도록 설치하여야 한다.
　2) 다만, 건축물(지하층에 설치하는 것으로서 바닥면적의 합계가 $300m^2$ 이상인 공연장·집회장·관람장 및 전시장은 제외)의 주요구조부가 내화구조 또는 불연재료로 된 건축물은 그 보행거리가 50m(층수가 16층 이상인 공동주택은 40m) 이하가 되도록 설치할 수 있다.

3) 자동화 생산시설에 스프링클러 등 자동식 소화설비를 설치한 공장으로서 국토교통부령으로 정하는 공장인 경우에는 그 보행거리가 75m(무인화 공장인 경우에는 100m) 이하가 되도록 설치할 수 있다.

▌직통계단까지의 보행거리▐

구 분		보행거리
일반건축물의 피난층 이외의 층		30m
주요구조부가 내화구조 또는 불연재료로 된 건축물	층수가 16층 이상인 공동주택	40m
	일반건축물	50m
자동화 생산시설에 스프링클러 등 자동식 소화설비를 설치한 공장		75m (무인화 공장의 경우 100m)

4) 법 제49조 제1항에 따라 피난층 외의 층이 다음의 어느 하나에 해당하는 용도 및 규모의 건축물에는 국토교통부령으로 정하는 기준에 따라 피난층 또는 지상으로 통하는 직통계단을 2개소 이상 설치하여야 한다.

① 제2종 근린생활시설 중 공연장·종교집회장, 문화 및 집회시설(전시장 및 동·식물원은 제외), 종교시설, 위락시설 중 주점영업 또는 장례시설의 용도로 쓰는 층으로서 그 층에서 해당 용도로 쓰는 바닥면적의 합계가 $200m^2$(제2종 근린생활시설 중 공연장·종교집회장은 각각 $300m^2$) 이상인 것

② 단독주택 중 다중주택·다가구주택, 제1종 근린생활시설 중 정신과의원(입원실이 있는 경우로 한정한다), 제2종 근린생활시설 중 인터넷 컴퓨터 게임시설제공업소(해당 용도로 쓰는 바닥면적의 합계가 $300m^2$ 이상인 경우만 해당)·학원·독서실, 판매시설, 운수시설(여객용 시설만 해당), 의료시설(입원실이 없는 치과병원은 제외), 교육연구시설 중 학원, 노유자시설 중 아동 관련 시설·노인복지시설·장애인 거주시설(「장애인복지법」 제58조 제1항 제1호에 따른 장애인 거주시설 중 국토교통부령으로 정하는 시설) 및 「장애인복지법」 제58조 제1항 제4호에 따른 장애인 의료재활시설, 수련시설 중 유스호스텔 또는 숙박시설의 용도로 쓰는 3층 이상의 층으로서 그 층의 해당 용도로 쓰는 거실의 바닥면적의 합계가 $200m^2$ 이상인 것

③ 단독주택 중 다중주택·다가구주택, 제2종 근린생활시설 중 학원·독서실, 판매시설, 운수시설(여객용 시설만 해당한다), 의료시설(입원실이 없는 치과병원은 제외한다), 교육연구시설 중 학원, 노유자시설 중 아동 관련 시설·노인복지시설, 수련시설 중 유스호스텔, 숙박시설 또는 장례식장의 용도로 쓰는 3층 이상의 층으로서 그 층의 해당 용도로 쓰는 거실의 바닥면적의 합계가 $200m^2$ 이상인 것

④ 공동주택(층당 4세대 이하인 것은 제외) 또는 업무시설 중 오피스텔의 용도로 쓰는 층으로서 그 층의 해당 용도로 쓰는 거실의 바닥면적의 합계가 $300m^2$ 이상인 것

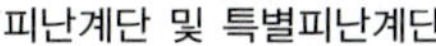

⑤ 위 ①부터 ③까지의 용도로 쓰지 아니하는 **3층 이상의 층**으로서 그 층 거실의 바닥면적의 합계가 $400m^2$ 이상인 것

⑥ **지하층**으로서 그 층 거실의 바닥면적의 합계가 $200m^2$ 이상인 것

(3) 2개 이상의 피난계단을 설치해야 하는 경우

❚ 건축법에서 2개 이상의 계단을 설치해야 하는 대상 ❚

피난층 외의 층의 용도	바닥면적 기준	층 기준	규모 (바닥면적 합계)
• 문화 및 집회시설 (전시장, 동·식물원 제외) • 종교시설 • 위락시설 중 주점영업 • 의료시설 중 장례식장	층의 해당 용도로 쓰이는 거실의 합계	무관	$200m^2$
• 단독주택 중 다중주택·다가구주택 • 제1종 근린생활시설 중 정신과의원 (입원실) • 제2종 근린생활시설 중 　– 학원·독서실 　– 판매시설 　– 운수시설(여객용) 　– 의료시설 • 교육연구시설 중 학원 • 노유자시설 중 　– 아동 관련 시설 　– 노인복지시설 　– 장애인 거주시설 　– 장애인 의료재활시설 • 수련시설 중 　– 유스호스텔 　– 숙박시설		3층 이상	
• 공동주택(층당 4세대 이하 제외) • 업무시설 중 **오피스텔**의 용도 • 제2종 근린생활시설 중 　– 공연장·종교집회장 　– 인터넷 컴퓨터 게임제공업소		무관	$300m^2$
상기 표에 해당하지 않는 용도		3층 이상	$400m^2$
지하층	지하층의 거실	무관	$200m^2$

❚ 일본의 2개 이상의 직통계단을 설치하는 대상 ❚

용도	바닥면적합계	원 칙	주요구조부 (내화·준내화 구조, 불연재료)
극장, 영화관, 관람장, 집회장, 공회당, 집회장, 판매시설(바닥면적 $1,500m^2$ 초과)	객석, 집회장, 매장		무조건 설치
카바레, 카페, 나이트클럽	객석		

용 도		바닥면적합계	원 칙	주요구조부 (내화·준내화 구조, 불연재료)
병원, 의료시설		병실	50m^2	100m^2
노유자 복지시설 등		주용도의 거실		
호텔, 숙박업소		숙박실	100m^2	200m^2
공동주택		거실		
기숙사		침실		
기타 용도	6층 이상	거실		무조건 설치
	5층 이하	기타층의 거실	100m^2	200m^2
		피난층의 위층 거실	200m^2	400m^2

(4) NFPA의 피난로 요구사항

▐ 미국의 2개 이상의 직통계단을 설치하는 대상 ▐

구 분		2개 이상의 피난로를 요구하는 주요규정	단일 피난로를 허용하는 주요규정
수용인수에 따른 규정		• 500명 이하 : 2개소 • 500명 초과 1,000명 이하 : 3개소 • 1,000명 초과 : 4개소	–
용도에 따른 규정	교육시설	각 거실에서 출구를 2개 이상 설치 : (조건) 수용인원 50명 이상 또는 면적 93m^2 이상	–
	의료시설	각 거실에서 출구를 2개 이상 설치 • 환자침실 또는 환자침실이 포함된 병실 거실면적 > 93m^2 • 환자침실이 아닌 방이나 룸의 거실면적 > 230m^2	–
	숙박시설	각 거실에서 출구를 2 이상 설치 : 객실, 객실 스위트의 거실면적 > 185m^2	숙박·공동주택 : 스프링클러설비로 방호되고, 각 층에 4개 이하의 객실 또는 객실 스위트(suite room)가 있는 4층 이하
	집회시설	–	수용인원 50명 이하의 발코니가 설치
	업무시설	–	수용인수 100명 미만으로 외부로 직접 통하는 피난통로가 있고, 피난통로 내 보행을 포함한 옥외까지의 보행거리가 30m 이하, 계단의 고저차 4.5m 이내
	기타	–	3층 이하로서 각 층의 수용인수가 30인 이하, 옥외까지의 보행거리가 30m 이하

꼼꼼체크 스위트 룸(suite room) : 욕실이 딸려 있는 방

(5) 한국과 미국의 적용기준 비교

1) 국내의 피난경로의 수는 용도를 부분적으로 적용하고 건물의 규모(층수, 바닥면적)을 기준으로 하고 있으며, 미국의 경우 계단 및 실의 최대수용인원을 기준으로 규정하고 있다.

2) 따라서 국내에서도 효과적인 피난안전을 위해서는 수용인원과 피난용량을 고려하여 건축물의 피난경로의 수를 정할 필요가 있다.

구 분	한 국		미 국
설치기준	용도, 바닥면적 기준		최대수용인원 기준
설치범위	2개 이상의 직통계단 설치기준[바닥면적(m^2)]		≤500명 : 2
	3층 이상 : 바닥면적 > 400m^2		
	문화, 집회 : 바닥면적 > 200m^2		≤1,000명 : 3
	3층 이상 판매, 영업, 의료, 숙박 : 바닥면적 > 200m^2		
	지하층 : 바닥면적 > 200m^2		>1,000명 : 4
	공동주택, 기숙사, 오피스텔 : 바닥면적 > 300m^2		

(6) 직통계단의 설치기준(「건축물의 피난·방화구조 등의 기준에 관한 규칙」 제8조)

1) 영 제34조에 따른 직통계단의 출입구는 피난에 지장이 없도록 일정한 간격을 두어 설치하고, 각 직통계단 상호간에는 각각 거실과 연결된 복도 등 통로를 설치하여야 한다.

2) 영 제34조 제1항 단서에서 "국토교통부령으로 정하는 공장"이란 반도체 및 디스플레이 패널을 제조하는 공장을 말한다.

04 피난계단

(1) 정의 : 직통계단에 방화 및 배연시설에 대한 기준을 강화한 것

(2) 종류

1) 옥내피난계단

2) 옥외피난계단

(3) 피난계단의 설치(「건축법 시행령」 제35조) : 설치대상

1) 5층 이상 또는 지하 2층 이하인 층에 설치하는 직통계단은 국토교통부령으로 정하는 기준에 따라 피난계단 또는 특별피난계단으로 설치하여야 한다.

2) 문화 및 집회시설 중 전시장 또는 동·식물원, 판매시설, 운수시설(여객용 시설만 해당), 운동시설, 위락시설, 관광휴게시설(다중이 이용하는 시설만 해당) 또는 수련시설 중 생활권 수련시설의 용도로 쓰는 층 : 5층 이상으로서 2,000m^2 이상인 경우 2,000m^2마다 1개소의 피난계단 또는 특별피난계단(4층 이하의 층에는 쓰지 아니하는 피난계단 또는 특별피난계단만 해당)을 설치하여야 한다.

3) 지하층 1,000m^2 이상 : 피난 또는 특별피난계단을 설치한다.

4) 면제기준 : 건축물의 주요구조부가 내화구조 또는 불연재료로 되어 있는 경우로서 아래의 어느 하나에 해당하는 경우

① 5층 이상인 층의 바닥면적의 합계가 200m^2 이하인 경우

② 5층 이상인 층의 바닥면적 200m^2 이내마다 방화구획이 되어 있는 경우

823

(4) 피난계단의 설치기준

용도 \ 구분	바닥면적 합계(m²)	지하 3층 이하	지하 2층 이하	1, 2층	3, 4층	5~10층	11~15층	16층 이상
공연장(문화, 집회), 주점영업(위락)	300	–	–	–	○			
종교집회장, 집회장	1,000	–	–	–				
공동주택(갓복도식 제외)	400	●	–	–	–	–	–	●
모든 용도의 건축물	400	●	–	–	–	–	●	
문화 및 집회시설 중 전시장, 동·식물원	2,000	–	–	–	–	◎ or ● (2,000m²마다 설치)		
판매시설								
관광휴게시설 (다중이 이용하는 시설만)								
운동시설								
위락시설								
운수시설(여객용 시설에만 해당)								
수련시설(생활권수련시설)								
지하층	1,000	◎ or ●	◎ or ●	–	–			
그 외 모든 건축물	–	–	–	–	–	◎ or ● (판매시설은 직통계단 중 1개소 이상을 특별피난계단으로 설치)		

[범례] ○ : 옥외피난계단, ● : 특별피난계단, ◎ : 피난계단
◎ or ● : 피난계단 또는 특별피난계단

(5) 피난계단 및 특별피난계단의 구조(「건축물의 피난·방화구조 등의 기준에 관한 규칙」 제9조)

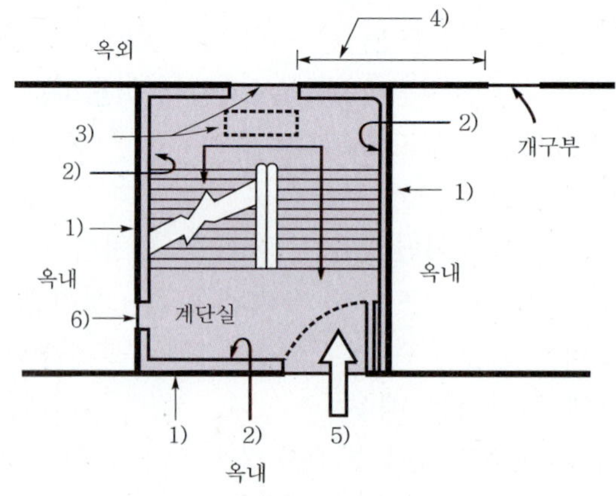

▌ 피난계단의 구조 ▌

구 분		피난계단의 구조
계단실 구획		1) 내화구조의 벽으로 구획할 것
계단실 마감		2) 불연재료(실내에 접하는 부분의 마감)
계단실의 조명설비		3) 예비전원에 의한 조명설비
외부 창문 등		4) 다른 부분 창문과 2m 이상 이격(붙박이창으로서 면적 1m^2 이하 제외)
출입구	문너비	5) 유효너비 0.9m 이상
	개방방향	5) 피난방향
	문구조	5) 갑종방화문 : 언제나 닫힌 상태 유지 또는 자동으로 닫히는 구조 (연기, 온도, 불꽃 등에 의해 가장 신속하게 감지)
내부 창문		6) 망이 들어 있는 유리 붙박이창으로서 면적 1m^2 이하
계단연결		피난층 또는 지상층까지 직접 연결

05 특별피난계단

(1) 정의 : 직통계단으로 피난계단보다 더욱 더 안전을 강화하기 위해 부속실이나 노대가 딸린 계단

(2) 피난계단의 설치(「건축법 시행령」 제35조)

1) 건축물(갓복도식 공동주택은 제외)의 11층(공동주택의 경우에는 16층) 이상인 층 (바닥면적이 400m^2 미만인 층은 제외) 또는 지하 3층 이하인 층(바닥면적이 400m^2 미만인 층은 제외)으로부터 피난층 또는 지상으로 통하는 직통계단은 제1항에도 불구하고 특별피난계단으로 설치하여야 한다.

2) 문화 및 집회시설 중 전시장 또는 동·식물원, 판매시설, 운수시설(여객용 시설만 해당), 운동시설, 위락시설, 관광휴게시설(다중이 이용하는 시설만 해당) 또는 수련 시설 중 생활권 수련시설의 용도로 쓰는 층 : 5층 이상으로서 2,000m^2 이상인 경 우 2,000m^{2}마다 1개소의 피난계단 또는 특별피난계단(4층 이하의 층에는 쓰지 아 니하는 피난계단 또는 특별피난계단만 해당)을 설치하여야 한다.

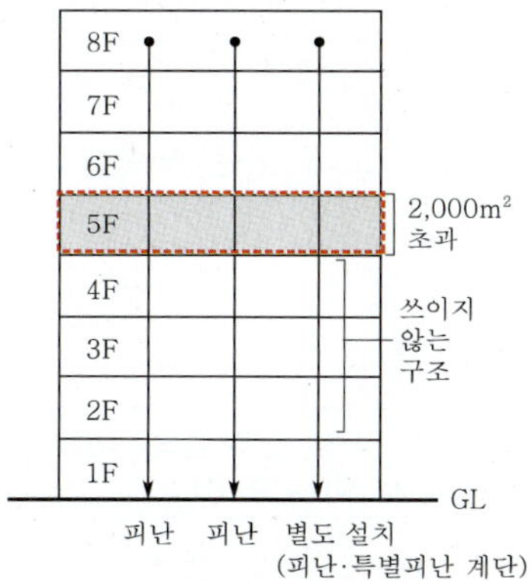

❚ 전시장, 운동시설, 위락시설 등은 5층 이상으로서 2,000m^2 이상인 경우 2,000m^{2}의 1개 이상마다 1개소의 피난계단 또는 특별피난계단을 설치 ❚

3) 피난계단 설치대상에서 판매시설의 용도로 쓰는 층으로부터의 직통계단은 그 중 1개소 이상을 특별피난계단으로 설치하여야 한다.

4) 지하층의 구조(「건축물의 피난·방화구조 등의 기준에 관한 규칙」 제25조) : 지하층 바닥면적이 $1,000m^2$ 이상인 층에는 피난층 또는 지상으로 통하는 직통계단을 영 제46조의 규정에 의한 방화구획으로 구획되는 각 부분마다 1개소 이상 설치하되, 이를 피난계단 또는 특별피난계단의 구조로 할 것

구 분	대상층	바닥면적	직통계단의 구조	
			피난계단	특별피난계단
일반 용도	지하 2층	–	가능	가능
	지하 3층 이하의 층	$400m^2$ 미만의 층	가능	가능
		$400m^2$ 이상의 층	불가	가능
	지상 5층 이상의 층	–	가능	가능
	지상 11층 이상의 층	$400m^2$ 미만의 층	가능	가능
		$400m^2$ 이상의 층	불가	가능
공동주택 (갓복도 제외)	15층 이하의 층	–	가능	가능
	16층 이상의 층	$400m^2$ 미만의 층	가능	가능
		$400m^2$ 이상의 층	불가	가능

(3) 피난계단 및 특별피난계단의 구조(「건축물의 피난·방화구조 등의 기준에 관한 규칙」 제9조)

구 분	설치기준
1) 옥내와 계단실과의 연결	• 노대 • 외부를 향하여 열 수 있는 창(면적 : $1m^2$ 이상, 높이 : 1m 이상)이 있는 부속실 • 배연설비(제4조)가 있는 부속실 상기의 3개 중 하나로 연결될 것. 이때 부속실의 면적은 $3m^2$ 이상으로 한다.
2) 계단실, 노대 및 부속실의 구획	창문 등을 제외하고는 내화구조의 벽으로 각각 구획할 것
3) 계단실 및 부속실 내부 마감재	바닥 및 반자 등 실내에 면한 모든 부분의 마감재 불연재료로 할 것
4) 계단실 조명	예비전원에 의한 조명설비
5) 계단실, 노대 또는 부속실의 옥외에 면하는 창문 등	계단실·노대 또는 부속실 외의 당해 건축물의 다른 부분에 설치하는 창문 등으로부터 2m 이상의 거리를 두고 설치할 것
6) 계단실, 노대 또는 부속실에 면하는 창문 등(출입구 제외)	망이 들어 있는 유리의 붙박이창으로서 그 면적을 각각 $1m^2$ 이하로 할 것
7) 노대 및 부속실	계단실 외의 건축물의 내부와 접하는 창문 등(출입구를 제외)을 설치하지 아니할 것
8) 건축물의 내부에서 노대 또는 부속실로 통하는 출입구	제26조에 따른 갑종방화문을 설치할 것

구 분	설치기준
9) 노대 또는 부속실로부터 계단실로 통하는 출입구	제26조의 규정에 의한 갑종방화문 또는 을종방화문을 설치할 것
10) 계단의 구조	내화구조로 하되, 피난층 또는 지상까지 직접 연결되도록 할 것
11) 출입구의 유효폭	유효너비는 0.9m 이상으로 하고 피난의 방향으로 열 수 있을 것

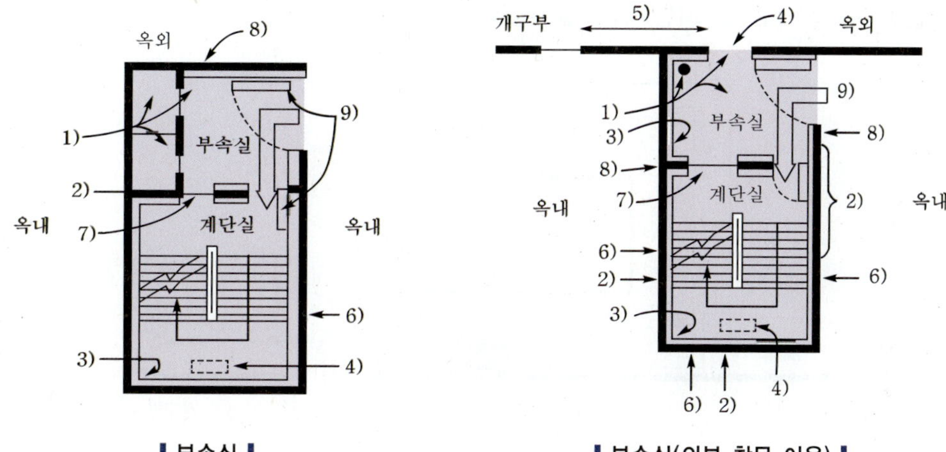

‖ 부속실 ‖　　　**‖ 부속실(외부 창문 이용) ‖**

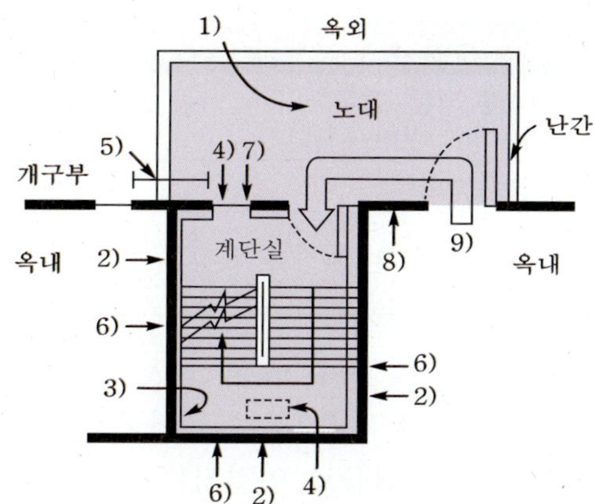

‖ 노대를 설치한 특별피난계단 ‖

06 옥외 피난계단

(1) 옥외 피난계단의 설치(「**건축법 시행령**」 제36조) : 건축물의 3층 이상인 층(피난층은 제외)으로서 다음의 어느 하나에 해당하는 용도로 쓰는 층에는 제34조에 따른 직통계단 외에 그 층으로부터 지상으로 통하는 옥외 피난계단을 따로 설치하여야 한다.

용 도	그 층 거실 바닥면적의 합계	층의 위치
• 제2종 근린생활시설 중 공연장 • 문화 및 집회시설 중 공연장 • 위락시설 중 주점영업의 용도로 쓰는 층	300m² 이상	피난층을 제외한 건축물의 3층 이상 층
문화 및 집회시설 중 집회장	1,000m²	

(2) 건축물의 바깥쪽에 설치하는 피난계단의 구조[「건축물의 피난·방화구조 등의 기준에 관한 규칙」 제9조(피난계단 및 특별피난계단의 구조)]

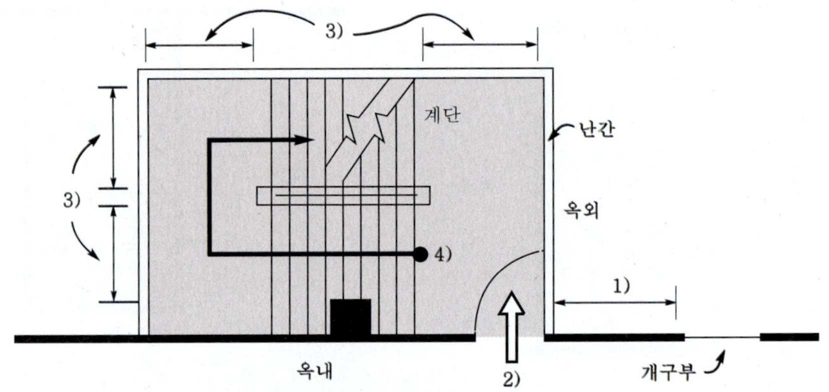

▌ 건축물의 바깥쪽에 설치하는 피난계단의 구조 ▌

구 분	건축물의 바깥쪽에 설치하는 피난계단의 구조
외부 창문 등	1) 다른 부분 창문과 2m 이상 이격(망이 들어있는 붙박이창으로서 면적 1m² 이하 제외)
출입구	2) 갑종방화문
계단의 유효너비	3) 0.9m 이상
계단구조	4) 내화구조로 하고, 지상까지 직접 연결되도록 할 것

(3) 옥외 피난계단에 관한 NFPA의 특수 규정

1) **접근로** : 건물의 다른 부분의 지붕 또는 내화구조로서 지붕으로부터 연속적이고, 안전한 피난로가 있는 인접 건물로 연결되는 옥외계단은 소방서장 또는 본부장의 승인에 따라 허용되어야 한다.

2) **시각적 방호** : 옥외계단은 고소공포증이 있는 사람이 계단을 이용하는 데 장애가 없도록 배치되어야 한다. 높이가 3층을 초과하는 계단에서 난간의 높이는 4ft(1.2m) 이상이어야 한다.

(4) 옥외피난계단의 장단점

1) **단점**
   ① 미관상 불량하다.
   ② 동절기에는 결빙될 수 있다.

828

③ 유지 관리 비용(금속의 부식)이 발생할 수 있다.
④ 고소공포증에 의해서 피난용 옥외 계단과 사다리의 사용을 기피할 수 있다.
2) 장점
① 연기가 밖으로 바로 배출되므로 별도의 제연설비가 불필요하다.
② 건축공간을 최대한 활용할 수 있다.

07 계단의 설치기준(「건축물의 피난·방화구조 등의 기준에 관한 규칙」 제15조)

(1) 영 제48조의 규정에 의하여 건축물에 설치하는 계단은 다음의 기준에 적합하여야 한다.

1) 높이가 3m를 넘는 계단에는 높이 3m 이내마다 너비 1.2m 이상의 계단참을 설치할 것

2) 높이가 1m를 넘는 계단 및 계단참의 양옆에는 난간(벽 또는 이에 대치되는 것을 포함)을 설치할 것

3) 너비가 3m를 넘는 계단에는 계단의 중간에 너비 3m 이내마다 난간을 설치할 것. 다만, 계단의 단높이가 15cm 이하이고, 계단의 단너비가 30cm 이상인 경우에는 그러하지 아니하다.

4) 계단의 유효높이(계단의 바닥 마감면부터 상부 구조체의 하부 마감면까지의 연직 방향의 높이를 말한다)는 2.1m 이상으로 할 것

(2) 위 (1)의 규정에 의하여 계단을 설치하는 경우 계단 및 계단참의 너비(옥내계단에 한한다), 계단의 단높이 및 단너비의 치수는 다음의 기준에 적합하여야 한다. 이 경우 돌음계단의 단너비는 그 좁은 너비의 끝부분으로부터 30cm의 위치에서 측정한다.

1) 초등학교의 계단인 경우에는 계단 및 계단참의 너비는 150cm 이상, 단높이는 16cm 이하, 단너비는 26cm 이상으로 할 것

2) 중·고등학교의 계단인 경우에는 계단 및 계단참의 너비는 150cm 이상, 단높이는 18cm 이하, 단너비는 26cm 이상으로 할 것

3) 문화 및 집회시설(공연장·집회장 및 관람장에 한한다)·판매시설 기타 이와 유사한 용도에 쓰이는 건축물의 계단인 경우에는 계단 및 계단참의 너비를 120cm 이상으로 할 것

4) 위층의 거실의 바닥면적의 합계가 200m^2 이상이거나 거실의 바닥면적의 합계가 100m^2 이상인 지하층의 계단인 경우에는 계단 및 계단참의 너비를 120cm 이상으로 할 것

5) 기타의 계단인 경우에는 계단 및 계단참의 너비를 60cm 이상으로 할 것

6) 산업안전보건법에 의한 작업장에 설치하는 계단인 경우에는 산업안전기준에 관한 규칙에서 정한 구조로 할 것

용 도	계단 및 계단참의 너비	단높이	단너비
초등학교	150cm 이상	16cm 이하	26cm 이상
중·고등학교	150cm 이상	18cm 이하	26cm 이상
공연장, 집회장, 관람장, 판매시설	120cm 이상	–	–
위층의 거실 바닥면적 200m² 이상, 거실바닥면적 합계 100m² 이상인 지하층 계단	120cm 이상	–	–
기타 계단	60cm 이상	–	–
공동주택의 피난층 또는 지상으로 통하는 직통계단	120cm 이상	–	–
공동주택 외 피난층 또는 지상으로 통하는 직통계단	150cm 이상	–	–

(3) 공동주택(기숙사를 제외)·제1종 근린생활시설·제2종 근린생활시설·문화 및 집회시설·종교시설·판매시설·운수시설·의료시설·노유자시설·업무시설·숙박시설·위락시설 또는 관광휴게시설의 용도에 쓰이는 건축물의 주계단·피난계단 또는 특별피난계단에 설치하는 난간 및 바닥은 아동의 이용에 안전하고 노약자 및 신체장애인의 이용에 편리한 구조로 하여야 하며, 양쪽에 벽 등이 있어 난간이 없는 경우에는 손잡이를 설치하여야 한다.

(4) 위 (3)의 규정에 의한 난간·벽 등의 손잡이와 바닥마감은 다음의 기준에 적합하게 설치하여야 한다.

1) 손잡이는 최대지름이 3.2cm 이상 3.8cm 이하인 원형 또는 타원형의 단면으로 할 것

2) 손잡이는 벽 등으로부터 5cm 이상 떨어지도록 하고, 계단으로부터의 높이는 85cm가 되도록 할 것

3) 계단이 끝나는 수평부분에서의 손잡이는 바깥쪽으로 30cm 이상 나오도록 설치할 것

(5) 계단을 대체하여 설치하는 경사로는 다음의 기준에 적합하게 설치하여야 한다.

1) 경사도는 1 : 8을 넘지 아니할 것

2) 표면을 거친 면으로 하거나 미끄러지지 아니하는 재료로 마감할 것

3) 경사로의 직선 및 굴절부분의 유효너비는 장애인·노인·임산부 등의 편의증진보장에 관한 법률이 정하는 기준에 적합할 것

꼼꼼체크 경사로(「장애인·노인·임산부 등의 편의증진 보장에 관한 법률 시행규칙」 [별표 1])
가. 유효폭 및 활동공간
(1) 경사로의 유효폭은 1.2m 이상으로 하여야 한다. 다만, 건축물을 증축·개축·재축·이전·대수선 또는 용도변경하는 경우로서 1.2m 이상의 유효폭을 확보하기 곤란한 때에는 0.9m까지 완화할 수 있다.

   (2) 바닥면으로부터 높이 0.75m 이내마다 휴식을 할 수 있도록 수평면으로된 참을 설치하여야 한다.

   (3) 경사로의 시작과 끝, 굴절부분 및 참에는 1.5m×1.5m 이상의 활동공간을 확보하여야 한다. 다만, 경사로가 직선인 경우에 참의 활동공간의 폭은 위 (1)에 따른 경사로의 유효폭과 같게 할 수 있다.

나. 기울기

   (1) 경사로의 기울기는 12분의 1 이하로 하여야 한다.

   (2) 다음의 요건을 모두 충족하는 경우에는 경사로의 기울기를 8분의 1까지 완화할 수 있다.

     (가) 신축이 아닌 기존시설에 설치되는 경사로일 것

     (나) 높이가 1m 이하인 경사로로서 시설의 구조 등의 이유로 기울기를 12분의 1 이하로 설치하기가 어려울 것

     (다) 시설관리자 등으로부터 상시 보조서비스가 제공될 것

다. 손잡이

   (1) 경사로의 길이가 1.8m 이상이거나 높이가 0.15m 이상인 경우에는 양측면에 손잡이를 연속하여 설치하여야 한다.

   (2) 손잡이를 설치하는 경우에는 경사로의 시작과 끝부분에 수평손잡이를 0.3m 이상 연장하여 설치하여야 한다.

   (3) 손잡이에 관한 기타 세부기준은 제7호의 복도의 손잡이에 관한 규정을 적용한다.

라. 재질과 마감

   (1) 경사로의 바닥표면은 잘 미끄러지지 아니하는 재질로 평탄하게 마감하여야 한다.

   (2) 양측면에는 휠체어의 바퀴가 경사로 밖으로 미끄러져 나가지 아니하도록 5cm 이상의 추락방지턱 또는 측벽을 설치할 수 있다.

   (3) 휠체어의 벽면충돌에 따른 충격을 완화하기 위하여 벽에 매트를 부착할 수 있다.

마. 기타 시설

건물과 연결된 경사로를 외부에 설치하는 경우 햇볕, 눈, 비 등을 가릴 수 있도록 지붕과 차양을 설치할 수 있다.

(6) 위 (1)의 규정은 (5)의 규정에 의한 경사로의 설치기준에 관하여 이를 준용한다.

(7) 위 (1) 및 (2)에도 불구하고 영 제34조 제4항 후단에 따라 피난층 또는 지상으로 통하는 직통계단을 설치하는 경우 계단 및 계단참의 너비는 다음의 구분에 따른 기준에 적합하여야 한다.

1) 공동주택 : 120cm 이상

2) 공동주택이 아닌 건축물 : 150cm 이상

> **꼼꼼체크** **직통계단의 설치(「건축법 시행령」 제34조 제4항)** : 준초고층 건축물에는 피난층 또는 지상으로 통하는 직통계단과 직접 연결되는 피난안전구역을 해당 건축물 전체 층수의 2분의 1에 해당하는 층으로부터 상하 5개 층 이내에 1개소 이상 설치하여야 한다. 다만, 국토교통부령으로 정하는 기준에 따라 피난층 또는 지상으로 통하는 직통계단을 설치하는 경우에는 그러하지 아니하다.

(8) 승강기 기계실용 계단, 망루용 계단 등 특수한 용도에만 쓰이는 계단에 대해서는 위 (1)부터 (7)까지의 규정을 적용하지 아니한다.

08 계단의 문제점과 주의사항

(1) 문제점

1) 계단은 수직관통로로 연돌효과에 의한 연기의 이동경로가 될 수 있다. 따라서 계단을 일정 층별로 완전 구획하거나 연속되는 코어로 하지 않고 일정 거리를 이동하여 연결되도록 하는 방안의 검토가 필요하다.

2) 계단의 상호 거리에 관한 규정이 없다. 계단은 건물의 코어부분으로 건축적으로는 가깝게 설치 시 비용이나 설치가 용이한 특징을 가지고 있다. 따라서 제한 규정이 없으면 거리가 가까워질 수 밖에 없다. 원활한 피난을 위해서는 NFPA 101의 규정과 같이 최소한 거실대각선 거리의 1/3 이상을 이격해야 되는 규정의 도입이 필요하다.

3) 계단의 폭을 법규정으로 제한을 하고 있다. 법규정은 최소한의 규정임에도 불구하고 현장에서는 이를 그대로 적용한다. 하지만 계단의 폭은 피난시뮬레이션에 의해서 피난자가 안전하게 대피할 수 있는 수치 이상이어야 한다.

(2) 주의사항

1) 연기감지기 연동 방화문의 경우, 감지기 감도가 낮게 되면 엷은 연기 시 폐쇄되지 못함으로써 계단실로 연기가 유입될 우려가 있으므로 높은 감도의 감지기의 설치가 필요하다.

2) 계단 내의 피난유동에 장애가 없도록 하기 위해서는 계단부분에서의 수직피난유동은 수평유동 부분보다 늦고, 밀도도 낮아지는 것을 고려한 설계가 필요하다.

3) 동일한 계단실에 안전구획과 거실의 2개 출구를 갖는 경우에는 피난경로를 안전도가 높아지도록 안전구획의 구성에 반하는 것이므로 피해야 한다.

4) 계단참
   ① 계단참의 폭은 계단폭과 같은 폭으로 한다.
   ② 계단참에 단을 설치하지 않는 것이 원칙이다.

5) 계단실에는 덕트 등이 관통하지 않도록 한다.

6) 계단실 내 샤프트 등의 점검구를 설치하지 않아야 한다.

7) 피난계단이 단일경로가 아닌 경우, 피난군중이 원활하게 이동할 수 있는 구조로 함과 동시에 유도등의 설치나 표시를 명확하게 함으로써 피난자의 혼란을 최소화하여야 한다.

8) 옥외피난계단은 하부층 화재 시 화염 또는 연기에 의해 피난에 지장이 없도록 개구부를 배치하여야 한다.

9) 계단실 내부는 원칙적으로 창고나 피난의 장애가 되는 어떠한 것도 설치해서는 안 된다.

10) 피난층으로 직통하지 않는 계단은 피난자가 위험한 공간으로 나와 피난로를 잃을 우려가 있으므로 설치해서는 안 된다.

09 결 론

(1) 피난계획에 있어서는 평소의 편리성이나 필요성이 충분히 고려되고 화재 시의 대책
도 동시에 배려되어야 한다.

(2) 이상과 같이 계단의 배치문제, 용량문제, 안전확보문제를 충분히 검토하고 입안하여
화재 시 인명피해를 최소한으로 줄일 수 있는 방안이 모색되어야 한다.

01 승강기(「건축법」 제64조)

(1) 건축주는 6층 이상으로서 연면적이 2,000m^2 이상인 건축물(대통령령으로 정하는 건축물은 제외)을 건축하려면 승강기를 설치하여야 한다. 이 경우 승강기의 규모 및 구조는 국토교통부령으로 정한다.

(2) 높이 31m를 초과하는 건축물에는 대통령령으로 정하는 바에 따라 위 (1)에 따른 승강기뿐만 아니라 비상용 승강기를 추가로 설치하여야 한다. 다만, 국토교통부령으로 정하는 건축물의 경우에는 그러하지 아니하다.

(3) 피난용 승강기의 설치 및 구조(「건축물의 피난·방화구조 등의 기준에 관한 규칙」 제29조) : 고층 건축물에는 법 제64조 제1항에 따라 건축물에 설치하는 승용 승강기 중 1대 이상을 제30조에 따른 피난용 승강기의 설치기준에 적합하게 설치하여야 한다. 다만, 준초고층 건축물 중 공동주택은 제외한다.

02 승용 승강기의 설치 제외대상(「건축법 시행령」 제89조)

「건축법」 제64조 제1항 전단에서 "대통령령으로 정하는 건축물"이란 층수가 6층인 건축물로서 각 층 거실의 바닥면적 300m^2 이내마다 1개소 이상의 직통계단을 설치한 건축물을 말한다.

03 비상용 승강기의 설치(「건축법 시행령」 제90조)

(1) 「건축법」 제64조 제2항에 따라 높이 31m를 넘는 건축물에는 다음의 기준에 따른 대수 이상의 비상용 승강기(비상용 승강기의 승강장 및 승강로를 포함)를 설치하여야 한다. 다만, 법 제64조 제1항에 따라 설치되는 승강기를 비상용 승강기의 구조로 하는 경우에는 그러하지 아니하다.

  1) 높이 31m를 넘는 각 층의 바닥면적 중 최대 바닥면적이 1,500m^2 이하인 건축물 : 1대 이상

  2) 높이 31m를 넘는 각 층의 바닥면적 중 최대 바닥면적이 1,500m^{2}를 넘는 건축물 : 1대에 1,500m^{2}를 넘는 3,000m^2 이내마다 1대씩 더한 대수 이상

높이 31m를 넘는 각 층의 바닥면적 중 최대 바닥면적	설치대수
1,500m^2 이하	1대 이상
1,500m^2 초과	1대 + 1,500m^{2}를 넘는 3,000m^2 이내마다 1개

(2) 위 (1)에 따라 2대 이상의 비상용 승강기를 설치하는 경우에는 화재가 났을 때 소화에 지장이 없도록 일정한 간격을 두고 설치하여야 한다.

(3) 건축물에 설치하는 비상용 승강기의 구조 등에 관하여 필요한 사항은 국토교통부령으로 정한다.

(4) 공동주택을 제외하고는 비상용 승강기 승강장과 전실은 별도(분리)하여 설치하여야 한다(예외 규정, 아파트의 경우 특별피난 계단실과 부속실이 별도로 구획되는 경우에는 겸용이 가능하도록 되어 있다).

04 비상용 승강기를 설치하지 아니할 수 있는 건축물(「건축물의 설비기준 등에 관한 규칙」 제9조)

법 제64조 제2항 단서에서 "국토교통부령이 정하는 건축물"이라 함은 다음의 건축물을 말한다.

(1) 높이 31m를 넘는 각 층을 거실 외의 용도로 쓰는 건축물

(2) 높이 31m를 넘는 각 층의 바닥면적의 합계가 500m^2 이하인 건축물

(3) 높이 31m를 넘는 층수가 4개층 이하로서 당해 각층의 바닥면적의 합계 200m^2(벽 및 반자가 실내에 접하는 부분의 마감을 불연재료로 한 경우에는 500m^2) 이내마다 방화구획으로 구획한 건축물

05 승강기의 구조(「건축물의 설비기준 등에 관한 규칙」 제6조)

법 제64조에 따라 건축물에 설치하는 승강기・에스컬레이터 및 비상용 승강기의 구조는 승강기시설 안전관리법이 정하는 바에 따른다.

승강기 안전검사 기준(국민안전처고시 제2016-143호)

16.2　비상용 엘리베이터에 대한 추가요건

16.2.1　환경/건축물 요건

16.2.1.1　비상용 엘리베이터는 모든 승강장문 전면에 방화구획된 로비를 포함한 승강로 내에 설치되어야 한다. 각각의 방화구획된 로비구역은 그림 8.1, 그림 8.2, 그림 8.3 및 그림 9를 참조한다.

  주변 환경의 벽 및 문의 내화수준은 건축법령에 의해 규정된다.

동일 승강로 내에 다른 엘리베이터가 있다면 전체적인 공용승강로는 비상용 엘리베이터의 내화규정을 만족하여야 한다. 이 내화 수준은 방화구획된 로비 문 및 기계실에도 적용되어야 한다. 공용 승강로에 비상용 엘리베이터를 다른 엘리베이터와 구분시키기 위한 중간 방화벽(내화구조)이 없는 경우에는 비상용 엘리베이터의 정확한 기능을 수행하기 위해 모든 엘리베이터 및 전기장치는 비상용 엘리베이터와 같은 방화조치가 되어야 한다.

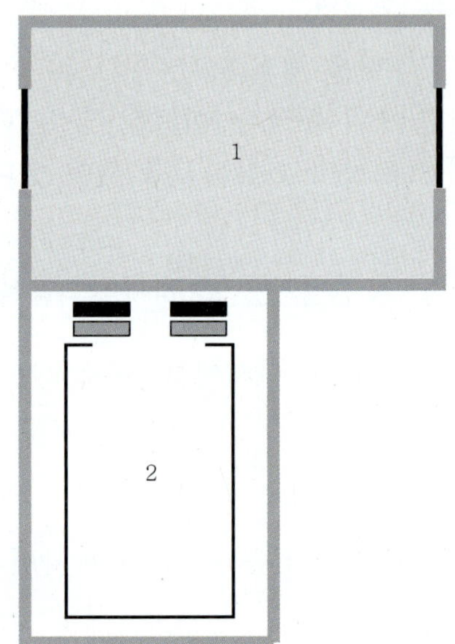

1. 방화구획된 로비
2. 비상용 엘리베이터

┃ 그림 8.1 - 단독 비상용 엘리베이터 및 방화구획된 로비의 배치도 ┃

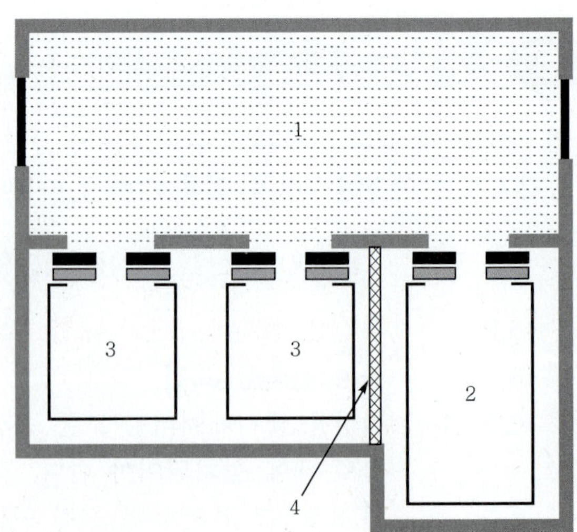

1. 방화구획된 로비
2. 비상용 엘리베이터
3. 일반 엘리베이터
4. 중간 방화벽

┃ 그림 8.2 - 다수의 승강로에 있는 비상용 엘리베이터 및 방화구획된 로비의 배치도 ┃

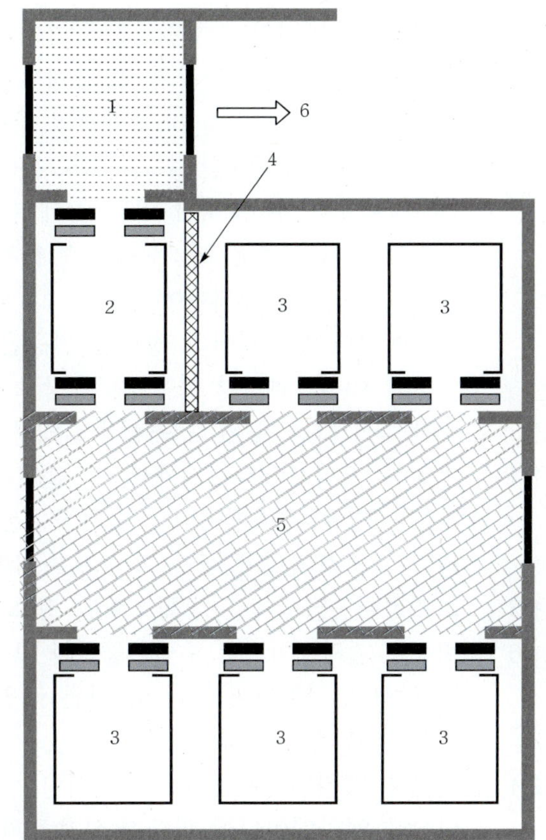

1. 방화구획된 로비
2. 비상용 엘리베이터
3. 일반 엘리베이터
4. 중간 방화벽
5. 주엘리베이터 방화구획 로비
6. 피난통로

▌그림 8.3 – 다수의 승강로에 있는 이중 출입 비상용 엘리베이터 및 방화 구획된 로비의 배치도 ▌

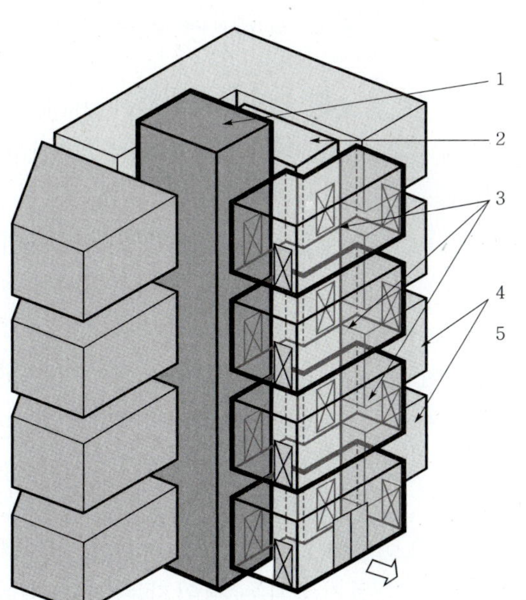

1. 엘리베이터 승강로, 모든 승강장 바닥에서 단독으로 구분된 방화구획으로 구성
2. 계단(피난통로), 모든 승강장 바닥에서 단독으로 구분된 방화구획으로 구성
3. 방화구획 된 로비, 각 승강장 바닥 위에 구분된 방화구획으로 각각 구성
4. 유용구역, 각 승강장 바닥 위에 1개 이상의 구분된 방화구획 포함, 구분된 화재구역으로 구성된 방화구획 된 로비를 통해서만 비상용 엘리베이터에 연결될 것이다.
5. 기계실, 상기 그림에서는 나타나 있지 않지만, 일반적으로 엘리베이터 승강로와 동일한 방화구획에 속한다.

▌그림 9 – 방화구획의 개념 ▌

837

16.2.1.2   비상용 엘리베이터는 다음 조건에 따라 정확하게 운전되도록 설계되어야 한다.

가) 전기/전자적 조작장치 및 표시기는 구조물에 요구되는 기간 동안(2시간 이상) 0℃에서 65℃까지의 주위 온도범위에서 작동될 때 카가 위치한 곳을 감지할 수 있도록 기능이 지속되어야 한다.

나) 방화구획 된 로비가 아닌 곳에서 비상용 엘리베이터의 모든 다른 전기/전자 부품은 0℃에서 40℃까지의 주위 온도범위에서 정확하게 기능하도록 설계되어야 한다.

다) 엘리베이터 제어의 정확한 기능은 건축물에 요구되는 기간 동안(2시간 이상) 연기가 가득 찬 승강로 및 기계실에서 보장되어야 한다.

16.2.1.3   방화 목적으로 사용된 각 승강장 출입구에는 방화구획 된 로비가 있어야 한다.

16.2.1.4   비상용 엘리베이터에 2개의 카 출입구가 있는 경우, 소방관이 사용하지 않은 비상용 엘리베이터의 승강장문은 65℃를 초과하는 온도에 노출되지 않도록 보호되어야 한다(그림 8.3 참조).

16.2.1.5   보조전원공급장치는 방화구획된 장소에 설치되어야 한다.

16.2.1.6   비상용 엘리베이터의 주전원공급과 보조전원공급의 전선은 방화구획되어야 하고 서로 구분되어야 하며, 다른 전원공급장치와도 구분되어야 한다.

16.2.2   비상용 엘리베이터의 기본요건

16.2.2.1   비상용 엘리베이터는 16.2.1에서 16.2.11까지의 규정에 적합하여야 하고 비상용 엘리베이터에 필요한 보호조치, 제어 및 신호가 추가되어야 한다.

꼼꼼체크 비상용 엘리베이터는 화재 발생 시 소방관의 직접적인 조작 아래에서 사용된다.

16.2.2.2   비상용 엘리베이터는 소방운전 시 모든 승강장의 출입구마다 정지할 수 있어야 한다.

16.2.2.3   비상용 엘리베이터의 크기는 KS B ISO 4190-1에 따라 630kg의 정격하중을 갖는 폭 1,100mm, 깊이 1,400mm 이상이어야 하며, 출입구 유효 폭은 800mm 이상이어야 한다.

침대 등을 수용하거나 같은 층에 승강장의 출입구가 2개로 설계된 경우 또는 피난용도로 의도된 경우, 정격하중은 1,000kg 이상이어야 하고 카의 크기는 폭 1,100mm, 깊이 2,100mm 이상이어야 한다.

16.2.2.4   비상용 엘리베이터는 소방관이 조작하여 엘리베이터 문이 닫힌 이후부터 60초 이내에 가장 먼 층에 도착하여야 된다. 다만, 운행속도는 1m/s 이상이어야 한다.

16.2.3   전기장치의 물에 대한 보호

16.2.3.1   승강장문을 포함한 승강로 벽으로부터 1m 이내에 위치한 비상용 엘리베이터의 승강로 내부 및 카 상부의 전기장치는 떨어지는 물과 튀는 물로부터 보호되거나 IP X3 이상의 등급으로 보호되어야 한다(그림 10 참조).

 IP코드는 아래와 같이 두 자리로 되어있는데(추가문자와 보충문자를 사용하는 경우도 있음), 각 코드의 의미는 아래와 같다. IP X3 등급이면 방진등급은 없고 방우 정도(문 분무에 대한 보호)의 등급을 말한다.

IP 65

두 번째 자릿수 :
방수등급으로 물(빗물, 눈, 폭풍우 등)의 침입에 대한 보호등급

첫 번째 자릿수 :
방진등급으로 이물질의 접촉과 먼지를 포함한 외부 분진의 침입에 대한 보호등급에 대한 보호등급

┃ 방진등급 ┃

보호등급		설 명
0		보호안 됨 / 전혀 보호되지 않음 (OPEN 상태)
1		50mm 이상의 고체로부터 보호 / 손
2		12mm 이상의 고체로부터 보호 / 손가락
3		2.5mm 이상의 고체로부터 보호 / 공구, 굵은 전선
4		1mm 이상의 고체로부터 보호 / 공구, 가는 전선
5		먼지로부터의 보호 / 특정조건에서 제한된 양의 먼지만을 통과시킨다(내용물에 손상을 주지 않는 수준).
6		약간의 먼지도 통과시키지 않는다. / 완전 밀폐형 보호등급

▌방수등급(깨끗한 물로 테스트)▌

보호등급		설 명	
0	보호안 됨	전혀 보호되지 않음 (OPEN 상태)	–
1	수직으로 떨어지는 물방울로부터 보호	낙수에 대한 보호	방적형
2	수직으로부터 15° 이하로 직접 분사되는 액체로부터 보호	낙수에 대한 보호	방적형
3	수직으로부터 60° 이하로 직접 분사되는 액체로부터 보호	물 분무에 대한 보호	방우형
4	모든 방향에서 분사되는 액체로부터 보호 (제한된 수준의 유입 허용)	물 튀김에 대한 보호	방말형
5	모든 방향에서 분사되는 낮은 수압의 물줄기로부터 보호 (제한된 수준의 유입 허용)	물 분사에 대한 보호 (소나기, 물 호스로 뿌려대는 상태)	방분류형
6	모든 방향에서 분사되는 높은 수압의 물줄기로부터 보호 (제한된 수준의 유입 허용)	강한 물 분사에 대한 보호 (폭풍우, 해일 상태)	내수형
7	15cm~1m 깊이의 물속에서 보호(30분)	일시적인 침수의 영향에 대한 보호	방침형
8	7등급보다 엄격한 조건 (제조사와 사용자 간에 협의한 조건)	연속침수의 영향에 대한 보호	수중형

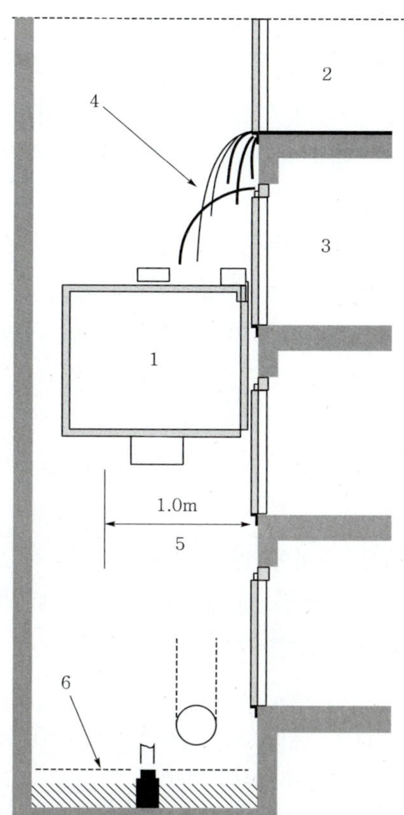

1. 비상용 엘리베이터 카
2. 화재 승강장 바닥
3. 교두보(브리지헤드)
4. 화재 승강장 바닥으로부터 누수
5. 승강로 내부 및 카 상부의 방수 구역
6. 피트 내부의 최대 누수 수준

┃ 그림 10 – 전기장치의 물에 대한 보호 ┃

16.2.3.2   피트 바닥 위로 1m 이내에 위치한 전기장치는 IP 67로 보호되어야 한다. 콘센트 및 승강로에서 가장 낮은 조명전구의 위치는 허용 가능한 피트 내부의 최대 누수 수준 위로 0.5m 이상이어야 한다.

16.2.3.3   승강로 외부 구동기 공간 및 피트에 있는 전기장치는 물로 인한 고장으로부터 보호되어야 한다.

16.2.3.4   완전히 압축된 카 완충기 위로 물이 올라가지 않도록 하는 적절한 보호수단이 설치되어야 한다.

16.2.3.5   물이 피트 누수 수준까지 침수되어 비상용 엘리베이터의 고장을 유발하는 설비에 도달을 막는 수단이 설치되어야 한다.

16.2.4   **엘리베이터 카에 갇힌 소방관의 구출**

그림 11.1, 그림 11.2 및 그림 11.3의 구출 개념에 대한 예시를 참조한다.

16.2.4.1   카 지붕에 0.5m×0.7m 이상의 비상구출문이 있어야 한다. 다만, 정격용량이 630kg인 엘리베이터의 비상구출문은 0.4m×0.5m 이상으로 할 수 있다.

16.2.4.2 비상구출문은 8.12에 적합하여야 한다.

비상구출문을 통해 카 내부로 출입은 영구적인 고정설비 또는 조명장치에 의해 방해받지 않아야 한다. 특별한 도구의 사용 없이 쉽게 열리거나 제거될 수 있어야 한다. 열리는 지점은 카 내부에서 분명하게 식별되어야 한다.

16.2.4.3 **카 외부로부터 구출**

다음과 같은 수단 중 어느 하나가 사용되어야 한다.

가) 승강장 출입구 위의 문턱에서부터 0.75m 이내에 위치되고, 꼭대기 끝 부분 근처에 쉽게 닿을 수 있는 1개 이상의 손잡이가 있는 영구적인 고정 사다리

나) 휴대용 사다리

다) 로프 사다리

라) 안전 로프 시스템

위 나)에서 라)까지의 경우 각 승강장 근처에 안전하게 고정할 수 있는 고정수단이 있어야 한다. 접근할 수 있는 가장 가까운 승강장 문턱에서부터 구출수단을 통해 카 지붕에 안전하게 도달할 수 있어야 한다.

16.2.4.4 **카 내부에서 자체 구출(탈출)**

카 내부에서 비상구출문을 완전히 열어 출입(카 내부에 최대 0.4m의 높이를 가진 적절한 발판에 의해 등)이 가능하여야 한다. 발판은 1,200N의 하중을 견딜 수 있어야 한다. 사다리가 사용된 경우에는 안전하게 배치될 수 있는 장소에 위치되어야 한다. 발판과 수직 벽 사이의 유효거리는 0.1m 이상이어야 한다. 사다리와 결합된 비상구출문의 크기 및 위치는 소방관이 통과될 수 있어야 한다. 승강로 내부의 각 승강장 출입구 잠금장치 근처에는 승강장문 해제방법을 분명하게 보여주는 간단한 다이어그램 또는 심볼이 있어야 한다.

16.2.4.5 견고한 사다리는 구출 목적을 위해 카 외부에 부착되어야 한다. 사다리가 부착위치에서 제거되면 구동기가 움직이지 않도록 하는 14.1.2에 적합한 전기안전장치가 설치되어야 한다.

16.2.4.6 사다리는 유지 보수하는 동안 헛디디거나 걸려넘어질 위험이 없는 장소에 보관되어야 한다.

16.2.4.7 사다리의 길이는 카가 승강장과 같은 높이에 있을 때 직상부층의 승강장문 잠금장치까지 도달할 수 있어야 한다. 다만, 승강장문 잠금장치까지 도달할 수 없다면 승강로에 영구적으로 고정된 사다리로 도달할 수 있도록 조치되어야 한다.

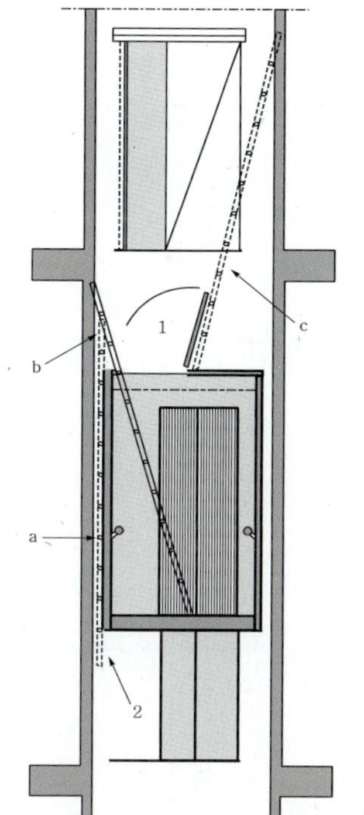

〈외부 구출절차〉
① 소방관이 정지된 카 위에서 승강장문을 열고 카 지붕으로 들어간다.
② 카 지붕에 있는 소방관이 비상구출문을 열고 카에 부착된 사다리(위치 a)를 당긴 후 카 내부(위치 b)로 옮긴다.
③ 갇힌 사람이 사다리를 타고 올라온다.
④ 소방관과 갇힌 사람이 열린 승강장문을 통해 탈출한다. 필요한 경우, 사다리(위치 c)를 이용한다.

▮ 그림 11.1 - 카에 부착된 휴대용 사다리를 이용하여 승강로 밖으로 구출 ▮

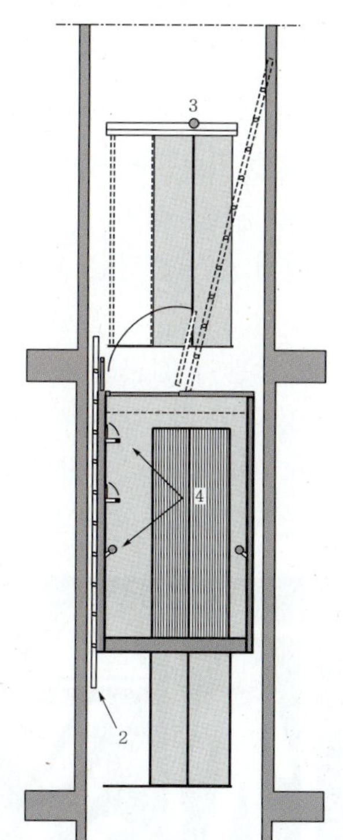

〈외부 구출절차〉
① 갇힌 소방관이 비상구출문을 연다.
② 갇힌 소방관이 카에 있는 발판을 이용하여 카 지붕으로 올라온다.
③ 갇힌 소방관이 승강로 내부에서 승강장문 잠금을 해제하기 위해 카에 부착된 휴대용 사다리를 이용(필요한 경우)하고 탈출한다.

이 개념은 승강장문턱과 문턱 사이의 거리가 사다리의 길이에 맞을 때에만 사용될 수 있다.

▮ 그림 11.2 - 카에 부착된 휴대용 사다리를 이용하여 승강로 밖으로 구출 ▮

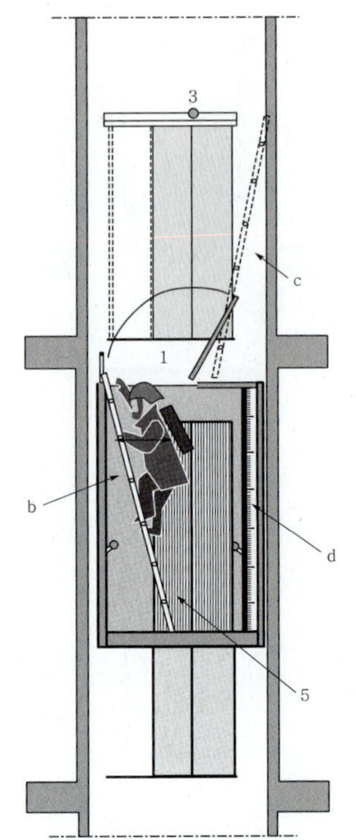

〈자체 구출절차〉
① 갇힌 소방관이 캐비닛 문을
열고 캐비닛에 보관된 사다
리(위치 a)를 제거한다.
② 갇힌 소방관이 비상구출문
을 연다.
③ 갇힌 소방관이 사다리(위치
b)를 이용하여 카 지붕에 올
라온다.
④ 갇힌 소방관이 승강로 내부
의 승강장문 잠금을 해제하
기 위해 사다리(위치 c)를
이용(필요한 경우)하고 탈
출한다.

1. 비상구출문
3. 승강장문 잠금장치
5. 카 캐비닛에 보관된
   휴대용 사다리

이 개념은 승강장문턱과 문턱 사이의 거리가 사다리의 길이에 맞을 때에만 사용될 수 있다.

▌그림 11.3 – 카 내부 캐비닛에 보관된 휴대용 사다리를 이용한 자체 구출(탈출) ▌

16.2.5 **카문 및 승강장문**
카문과 승강장문이 연동되는 자동수평개폐식 문이 설치되어야 한다.

16.2.6 **엘리베이터 구동기 및 관련 설비**
구동기 및 관련 설비의 설치공간은 내화구조로 보호되어야 한다.

16.2.7 **제어시스템**

16.2.7.1 소방운전스위치는 소방관이 접근할 수 있는 지정된 로비에 위치되어야 한
다. 이 스위치는 승강장문 끝부분에서 수평으로 2m 이내에 위치되고, 승
강장 바닥 위로 1.8m부터 2.1m 이내에 위치되어야 한다. 그림 12에 따른
비상용 엘리베이터 알림표지가 부착되어야 한다.

구 분		기 준
색상	바탕	적색
	그림	흰색
크기	카 조작반	20mm×20mm
	승강장	100mm×100mm 이상

[비고] 출입구가 2개 있는 엘리베이터의 경우 비상용 운전으로 사용되는 카 조작반에 표시

┃ 그림 12 – 비상용 엘리베이터의 알림표지 ┃

16.2.7.2 소방운전 스위치는 7.7.3.2 및 부속서 Ⅱ에서 규정된 비상 잠금해제 열쇠 구멍에 적합하여야 한다. 이 스위치의 조작위치는 쌍안정이어야 하고 '1' 과 '0'이 되도록 명확하게 표시되어야 한다. '1'의 위치에서 소방운전이 시작된다. 이 소방운전은 2단계를 갖는다. 1단계 기능은 16.2.7.7을 참조하고 2단계 기능은 16.2.7.8을 참조한다. 추가적인 외부 제어 또는 입력은 비상용 엘리베이터가 자동으로 소방관 접근 지정층으로 복귀하고 그 층에서 문이 열린 상태로 있는 경우에만 사용될 수 있다. 소방운전스위치는 1단계 운전을 완료하기 위해 '1' 위치에서 계속 작동되어야 한다.

16.2.7.3 소방운전스위치가 작동하는 동안, 1단계 및 2단계 조건하에서 16.2.7.7 다) 및 16.2.7.8 바)에 기술된 문닫힘안전장치를 제외하고 모든 엘리베이터의 안전장치(전기적 및 기계적)는 유효상태이어야 한다.

16.2.7.4 소방운전스위치는 점검운전 제어(14.2.1.3), 정지장치(14.2.2) 또는 전기적 비상운전 제어(14.2.1.4)보다 우선되지 않아야 한다.

16.2.7.5 소방운전 중일 때 엘리베이터의 기능은 승강장 호출 제어 또는 승강로 외부에 위치한 엘리베이터 제어시스템의 다른 부품의 전기적 고장에 의해 영향을 받지 않아야 한다. 비상용 엘리베이터와 같은 그룹운전에 있는 다른 엘리베이터의 전기적 고장이 비상용 엘리베이터의 운전에 영향을 주지 않아야 한다.

16.2.7.6 소방관의 엘리베이터 조작이 과도하게 지연되지 않도록 보장하기 위해 작동문의 휴지시간이 2분을 초과할 때 카 내부에서 경보음이 울려야 한다. 이 시간 후에는 문이 감소된 동력조건 아래에서 닫히기 시작하고 경보음은 문이 완전히 닫힐 때 취소된다. 경보음은 35와 65dB 사이에서 조정되어야 하고 55dB(A)에 설정한다. 그리고 다른 엘리베이터의 가청신호와는 구별되어야 한다. 이 특징은 1단계에서만 작동되어야 한다.

16.2.7.7 1단계 : 비상용 엘리베이터에 대한 우선 호출
이 단계는 수동 또는 자동으로 시작이 가능하다.
이 시작은 다음 사항을 보장하여야 한다.

845

가) 모든 승강장 제어 및 비상용 엘리베이터 카 내의 제어는 작동되지 않아야 하고 미리 등록된 호출은 취소되어야 한다.

나) 문 열림 및 비상경고버튼은 작동이 가능한 상태이어야 한다.

다) 연기나 열에 의해 영향을 받을 수 있는 비상용 엘리베이터의 문닫힘 안전장치는 문이 닫히도록 허용하기 위해 무효화되어야 한다.

라) 그룹운전에서 비상용 엘리베이터는 다른 모든 엘리베이터와 독립적으로 기능되어야 한다.

마) 소방관 접근 지정층에 있는 비상용 엘리베이터의 카문 및 승강장문은 열린 상태로 계속 유지하고 있어야 한다.

바) 16.2.11에 기술된 소방활동 통화시스템은 작동되어야 한다.

사) 16.2.7.6에서 요구된 경보음은 엘리베이터가 점검운전 제어 조건하에 있을 때 1단계 시작과 동시에 울려야 한다. 14.2.3.4에서 기술된 내부 통화시스템이 설치된 경우에는 내부 통화시스템이 작동되어야 한다. 경보음은 비상용 엘리베이터가 '점검운전 제어'로부터 해제될 때 멈춰야 한다.

아) 소방관 접근 지정층을 벗어나 운행 중인 비상용 엘리베이터는 가장 가까운 정지 가능한 층에 정지한 후 문을 개방하지 않고 지정층으로 복귀하여야 한다.

자) 승강로 및 기계실 조명은 소방운전스위치가 조작되면 자동으로 조명되어야 한다.

16.2.7.8 **2단계 : 소방운전 제어조건 아래에서 엘리베이터의 이용**

비상용 엘리베이터가 문이 열린 상태로 소방관 접근 지정층에 정지하고 있는 후에는 비상용 엘리베이터는 카 조작반에서만 운전되어야 하고 다음 사항을 보장하여야 한다.

가) 1단계가 외부 신호에 의해 시작되는 경우에는 소방운전스위치가 조작되기 전까지 비상용 엘리베이터는 운전되지 않아야 한다.

나) 2개 이상의 카 운행층이 동시에 등록되는 것은 가능하지 않아야 한다.

다) 카가 움직이고 있는 동안에는 카 내부에서 새로운 층 등록이 가능하여야 한다. 미리 등록된 층은 취소되어야 한다. 카는 새롭게 등록된 층으로 빠른 시간에 운행되어야 한다.

라) 카 운전등록은 엘리베이터 카를 등록된 층으로 운행시키고 등록된 층에 문이 닫힌 상태로 정지시켜야 한다.

마) 카가 승강장에 정지하고 있다면 카 내의 '문 열림' 버튼에 지속적인 압력이 가해질 때만 문이 열려야 한다. 문이 완전히 열리기 전에 카 내의 '문 열림' 버튼에 압력을 가하지 않으면 문은 자동으로 다시 닫혀야 한

다. 문이 완전히 열리면 카 조작반에 새로운 층이 등록되기 전까지는 문이 열린 상태로 있어야 한다.

바) 카 문닫힘안전장치 및 문열림버튼[16.2.7.7다) 제외]은 1단계와 같이 무효화되어야 한다.

사) 비상용 엘리베이터는 소방운전스위치의 '1'에서 '0'으로 전환(최대 5초 동안)에 의해 소방관 접근 지정층으로 복귀되어야 한다. 그리고 다시 '1'로 전환되면 1단계가 반복되어야 한다. 다만 이 규정은 소방운전스 위치가 아래의 아)에서 기술된 것처럼 카에 있는 경우에는 적용하지 않는다.

아) 추가적으로 소방운전용 키스위치가 카에 설치된 경우, '0' 및 '1'이 명 확하게 표시되어야 한다. 이 스위치는 '0'의 위치에서만 제거되어야 한다.

이 스위치의 조작은 다음과 같아야 한다.

1) 엘리베이터가 소방관 접근 지정층에 있는 소방운전스위치에 의해 소방운전 제어조건 아래에 있을 때 카에 있는 키스위치는 카를 움 직이기 위해서 '1' 위치로 전환되어야 한다.

2) 엘리베이터가 소방관 접근 지정층이 아닌 다른 층에 있고 카에 있 는 키스위치가 '0' 위치로 전환되면 카는 더 이상 움직이지 않고 문은 열린 상태로 있어야 된다.

자) 등록된 카의 운행은 카 조작반에만 시각적으로 표시되어야 한다.

차) 정상 또는 비상전원공급이 유효할 때 카 내부 및 소방관 접근 지정 층 에 카의 위치가 표시되어 보여야 한다.

카) 엘리베이터는 카 운행층이 더 등록되기 전까지 지정층에 남아 있어야 한다.

타) 16.2.11에 기술된 소방활동 통화시스템은 2단계 동안 작동상태이어야 한다.

파) 소방운전스위치가 '0'으로 다시 전환되면 비상용 엘리베이터 제어시스 템은 엘리베이터가 소방관 접근 지정 층에 복귀될 때에만 정상운전 상태로 되돌아 갈 수 있어야 한다.

16.2.7.9　비상용 엘리베이터가 2개의 출입구를 갖고 보호된 경우 비상용 엘리베이 터 로비는 소방관 접근층의 로비와 같은 측면에 모두 위치된다. 그리고 다 음과 같은 추가 사항에 따라야 된다.

가) 카 조작반은 앞·뒤 카문 근처에 각각 있어야 한다.

－ 이러한 조작반 중 하나는 승객용으로 사용된다.

－ 방화구획 된 로비에 인접한 화재 비상용 조작반은 소방관만 사용하 고 그림 12의 비상용 엘리베이터 알림표시가 있어야 한다.

나) 승객용 조작반의 버튼은 1단계가 시작될 때 문 열림 및 경고 버튼을 제외하고 모두 무효화되어야 한다.

다) 보호된 비상용 엘리베이터에 인접한 비상용 조작반은 2단계 시작과 동시에 작동된다.

라) 비상용으로 의도되지 않은 승강장문은 엘리베이터가 정상운전으로 복귀되기 전까지 모든 층에서 닫힌 상태로 있어야 한다.

마) 보호된 비상용 엘리베이터 로비의 승강장문은 엘리베이터가 정상운전으로 복귀되기 전까지 모든 층에서 작동상태가 되어야 한다.

16.2.8　비상용 엘리베이터의 전원공급

16.2.8.1　엘리베이터 및 조명의 전원공급시스템은 주전원공급장치 및 보조(비상, 대기 또는 대체) 전원공급장치로 구성되어야 한다. 방화등급은 엘리베이터 승강로에 주어진 등급과 동등 이상이어야 한다(그림 13 참조).

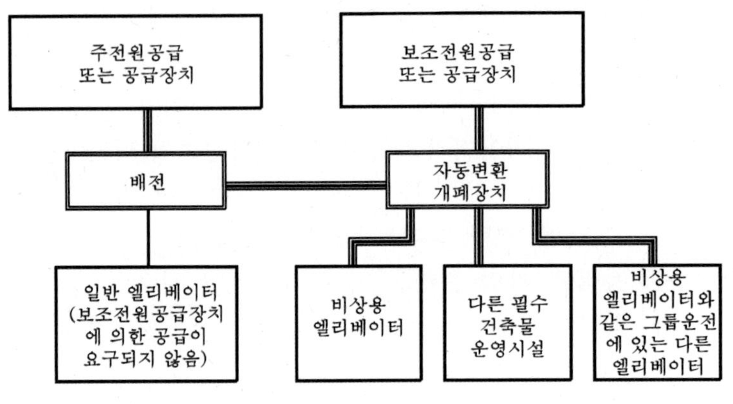

▌그림 13 – 비상용 엘리베이터의 전원공급에 대한 예시 ▌

16.2.8.2　보조전원공급장치는 16.2.2.4에서 기술된 시간규정을 만족하고 정격하중의 비상용 엘리베이터가 주행하는 데 충분하여야 한다.

16.2.8.2.1　보조전원공급장치는 자가발전기에 교류예비전원으로서 다른 용도의 급전용량과는 별도로 비상용 엘리베이터의 전 대수를 동시에 운행시킬 수 있는 충분한 전력용량이 확보되어야 한다. 다만, 2곳 이상의 변전소(「전기설비기술기준에 관한 규칙」 제2조 제2호의 규정에 의한 변전소)로부터 전력을 동시에 공급받는 경우 또는 1곳의 변전소로부터 전력의 공급이 중단될 때 자동으로 다른 변전소의 전원을 공급받을 수 있도록 되어 있는 경우 이 전력용량이 비상용 엘리베이터의 전부를 동시에 운행시킬 수 있도록 충분한 전력용량이 공급될 경우 자가발전기는 설치되지 않아도 된다.

16.2.8.2.2 공동주택단지에 있어서 단지 내 비상용 엘리베이터의 전 대수를 동시에 운행시킬 수 있는 충분한 전력용량을 확보하기 어려운 경우에는 각 동마다 설치된 비상용 엘리베이터의 전 대수를 동시에 운행시킬 수 있는 충분한 전력용량을 다른 용도의 급전용량과는 별도로 확보하여야 하며, 각 동마다 개별급전이 가능하도록 절환장치가 설치되어야 한다.

16.2.8.2.3 정전시에는 보조전원공급장치에 의하여 엘리베이터를 다음과 같이 운행시킬 수 있어야 하다.

　가) 60초 이내에 엘리베이터 운행에 필요한 전력용량을 자동으로 발생시키도록 하되 수동으로 전원을 작동시킬 수 있어야 한다.

　나) 2시간 이상 운행시킬 수 있어야 한다.

16.2.9 　전기적 전원공급의 변환

다음 사항이 적용될 수 있다.

가) 수정작업이 필요하지 않아야 한다.

나) 전원공급이 다시 안정될 때 엘리베이터가 운행될 수 있어야 한다. 엘리베이터가 움직일 필요가 있는 경우에는 엘리베이터의 위치를 표시하고 소방관 접근 지정층 방향으로 2개 층 이상 움직이지 않아야 한다.

16.2.10 　카 및 승강장 제어

16.2.10.1 카와 승강장의 제어 및 관련 제어시스템은 열, 연기 및 습기의 영향으로부터 잘못된 신호가 등록되지 않아야 한다.

16.2.10.2 카와 승강장의 제어, 카와 승강장의 표시기 패널 및 소방운전스위치는 IP X3 이상으로 보호되어야 한다.

승강장 조작반은 전기적으로 소방운전스위치의 시작에 전기적으로 연결되어 있다면 IP X3 이상으로 등급으로 보호되어야 한다.

16.2.10.3 2단계 소방운전 중에 비상용 엘리베이터의 운전은 카에 있는 모든 푸시버튼에 의해 이루어져야 한다. 다른 운전시스템은 무효화되어야 한다.

16.2.10.4 비상용 엘리베이터 카 내부 등록버튼 위 또는 근처에 그림 12의 비상용 엘리베이터 알림 표지를 이용하여 선명하게 표시되어야 한다.

16.2.11 　소방활동 통화시스템

16.2.11.1 비상용 엘리베이터에는 1단계 및 2단계 소방운전 중일 때 비상용 엘리베이터 카와 소방관 접근 지정층 및 기계실이나 비상운전패널(기계실 없는 엘리베이터) 사이에서 양방향 음성통화를 위한 내부 통화시스템 또는 이와 유사한 장치가 있어야 한다.

기계실에 있는 통화장치는 조작버튼을 눌러야만 작동되는 마이크로폰이어야 한다.

16.2.11.2   엘리베이터 카와 소방관 접근 지정층에 있는 통화장치는 마이크로 폰 및 스피커가 내장되어 있어야하고, 전화 송수화기로 되어서는 안 된다.

16.2.11.3   통신시스템 배선은 엘리베이터 승강로에 설치되어야 한다.

16.3   **피난용 엘리베이터의 추가요건**

> **꼼꼼체크** 피난용 엘리베이터의 기계실 구조, 승강로 구조, 승강장 구조 및 전용 예비전원의 설치 기준은 「건축물의 피난·방화구조 등의 기준에 관한 규칙」 제30조를 참조한다.

16.3.1   피난용 엘리베이터의 기본요건

16.3.1.1   피난용 엘리베이터에 필요한 보호조치, 제어 및 신호가 추가되어야 한다.

> **꼼꼼체크** 피난용 엘리베이터(3.39)는 화재 등 재난발생 시 통제자(3.40)의 직접적인 조작 아래에서 사용된다.

16.3.1.2   구동기 및 제어 패널·캐비닛은 최상층 승강장보다 위에 위치되어야 한다.

16.3.1.3   카 문과 승강장문이 연동되는 자동수평개폐식 문이 설치되어야 한다.

16.3.1.4   피난용 엘리베이터의 카는 다음과 같아야 한다.
　　가) 출입문의 유효폭은 900mm 이상, 정격하중은 1,000kg 이상이어야 한다.
　　나) 다만, 의료시설(침상 미사용 시설 제외)의 경우에는 들것 또는 침상의 이동을 위해 출입문 폭 1,100mm, 카 폭 1,200mm, 카 깊이 2,300mm 이상이어야 한다.

> **꼼꼼체크** 출입문 및 카는 사용되는 최대 침상의 출입, 이동이 가능한 크기 이상이어야 한다.

16.3.1.5   승강로 내부는 연기가 침투되지 않는 구조이어야 한다.

> **꼼꼼체크** 승강장의 모든 문이 닫힌 상태에서 승강로 이외 구역보다 기압을 높게 유지하여 연기가 침투되지 않도록 할 경우, **승강로의 기압**은 승강장의 기압과 동등 이상이거나 **승강장 이외 구역보다 최소 40Pa 이상**으로 하여야 한다(**승강로를 가압해야 한다는 의미**).

16.3.1.6   피난용 엘리베이터의 전기/전자적 조작장치 및 표시기는 건축물에 요구되는 시간 동안(2시간 이상) 0℃에서 65℃까지의 주위 온도범위에서 카가 위치한 곳을 감지할 수 있는 기능이 지속되도록 설계되어야 한다.

16.3.1.7   피난용 엘리베이터에 2개의 카 출입구가 있는 경우, 피난운전 시 사용되지 않도록 의도된 승강장문은 65℃를 초과하는 온도 및 연기에 노출되지 않도록 보호되어야 한다.

16.3.2   전기장치의 물에 대한 보호

16.3.2.1   피난용 엘리베이터 승강로 내부 및 승강장문을 포함한 승강로 벽으로부터 1m 이내에 위치한 카 위의 전기장치는 떨어지는 물과 튀는 물로부터 보호되도록 IP X3 이상의 등급으로 보호되어야 한다(그림 10 참조).

16.3.2.2 피트바닥 위로 1m 이내에 위치한 전기장치는 IP 67 이상의 등급으로 보호되어야 한다. 콘센트 및 승강로에서 가장 낮은 조명의 전구의 위치는 허용 가능한 피트 내부의 최대 누수 수준 위로 0.5m 이상이어야 한다.

16.3.2.3 피트에 있는 전기장치는 물로 인한 고장으로부터 보호되어야 한다.

16.3.2.4 물이 완전히 압축된 카 완충기 위로 올라가지 않도록 하는 적절한 보호수단이 설치되어야 하며, 보호수단이 동력에 의한 경우 예비전원으로 작동이 가능하여야 한다.

16.3.2.5 피트의 누수 수준이 피난용 엘리베이터의 고장을 유발시키는 장치에 도달하는 것을 방지하는 수단이 설치되어야 한다.

16.3.3 엘리베이터 카에 갇힌 승객의 구출

16.3.3.1 피난운전 중 고장이나 결함으로 인해 피난용 엘리베이터가 승강로 중간에 정지한 경우, 카에 갇힌 이용자의 구출 및 탈출은 16.2.4에 따라야 한다. 다만, 인접한 다른 피난용 엘리베이터 카에 8.12.3에 따른 비상문이 설치된 경우에는 예외로 한다.

16.3.3.2 주전원 및 예비전원 공급이 동시에 실패할 경우를 대비하여 다음 사항을 만족하는 수단이 제공되어야 한다.

　가) 정격하중의 카를 피난층 또는 가장 가까운 피난안전구역까지 저속으로 운행시킬 수 있는 충분한 용량의 보조전원이 제공되어야 한다. 이 경우, 예비전원은 보조전원으로 간주하지 않는다.

　나) 피난용 엘리베이터는 피난층 또는 피난안전구역 도착 후 주전원 또는 예비전원이 정상적으로 공급되기 전까지 출입문을 열고 대기하여야 한다.

16.3.4 제어시스템

16.3.4.1 "피난용 호출"이라고 명확히 표시된 피난용 스위치가 지정된 피난층에 위치되어야 한다. 이 피난용 스위치는 바닥 위로 높이 1.8m에서 2.1m 사이 및 피난용 엘리베이터에서 수평으로 2m 이내에 위치되어야 한다.

16.3.4.2 피난용 스위치는 전면이 보이는 재질(유리 또는 투명한 아크릴 등)로 된 박스로 보호되어야 한다.

16.3.4.3 피난용 엘리베이터가 2개의 출입구를 갖고 보호된 경우, 피난용 엘리베이터 로비는 피난층의 로비와 같은 측면에 모두 위치되어야 하고, 피난용 스위치는 방화구획된 로비 측면에 위치되어야 한다.

16.3.4.4 피난용 엘리베이터 운전 중에 모든 엘리베이터 안전장치(전기적 및 기계적)는 모두 작동상태이어야 한다. 다만, 문닫힘안전장치는 제외한다.

16.3.4.5 16.4.1에 따른 스위치는 14.2.1.3에 따른 점검운전 제어, 14.2.2에 따른 정지장치 또는 14.2.1.4에 따른 전기적 비상운전 제어보다 우선되지 않아야 한다.

16.3.4.6 피난운전 중일 때 피난용 엘리베이터의 기능은 승강장 호출 제어 또는 승강로 외부에 위치한 제어시스템의 다른 부품의 전기적 고장에 의해 영향을 받지 않아야 한다. 피난용 엘리베이터와 같은 그룹운전에 있는 다른 엘리베이터의 전기적 고장이 피난용 엘리베이터의 운전에 영향을 주지 않아야 한다.

16.3.4.7 **피난용 엘리베이터에 대한 우선 호출**

피난용 엘리베이터의 호출은 16.3.4.1에 따른 피난용 스위치의 조작 또는 건축물의 방재시스템에서 발동하는 화재경보신호에 의해 자동으로 다음 각 호와 같이 시작되어야 한다.

가) 모든 승강장 호출 및 카 내의 등록버튼은 작동되지 않아야 하고, 미리 등록된 호출은 취소되어야 하다.

나) 문 열림버튼 및 비상호출버튼은 작동이 가능한 상태이어야 한다.

다) 문닫힘안전장치의 작동은 무효화되어야 한다.

라) 그룹운전에서 피난용 엘리베이터는 다른 모든 엘리베이터와 독립적으로 기능되어야 한다.

마) 지정된 피난층에 있는 피난용 엘리베이터의 카 문 및 승강장 문은 열린 상태로 계속 유지되어야 한다.

바) 지정된 피난층에서 멀어지는 방향으로 운행 중인 피난용 엘리베이터는 정지할 수 있는 가장 가까운 층에 정상적으로 정지한 후 출입문을 열지 않고 지정된 피난 층으로 복귀되어야 한다.

사) 지정된 피난층으로 운행 중인 피난용 엘리베이터는 정지하지 않고 지정된 피난층으로 계속 운행되어야 한다.

아) 안전장치의 작동으로 인해 정지된 피난용 엘리베이터는 계속 움직이지 않아야 한다.

자) 16.6에 따른 피난활동 통화시스템은 작동되어야 한다.

차) 승강로와 기계실의 조명은 16.3.4.1에 따른 피난용 스위치가 조작되면 자동으로 조명되어야 한다.

16.3.4.8 **통제자의 피난용 엘리베이터 운전**

피난용 엘리베이터가 출입문이 열린 상태로 지정 피난층에 정지하고 있는 경우, 피난용 엘리베이터는 카 내 조작패널에서만 운전되어야 하고, 다음 사항이 보장되어야 한다.

가) 카는 통제자가 제어할 수 있도록 카 내에서 피난운전으로 전환되어야 하며, 이 전환은 7.7.3.2 및 부속서 Ⅱ에 따른 삼각 열쇠(피난운전스위치)에 의해서 이루어져야 한다.

나) 16.3.4.7에 따른 호출이 외부 신호에 의해 시작되는 경우, 피난용 엘리베이터는 카 내의 피난운전스위치가 조작되기 전까지 운행되지 않아야 한다.

다) 카 내의 피난운전스위치가 "피난" 위치로 전환되었을 때에 키 스위치는 그 위치가 계속 유지되어야 하며, 해제는 오직 "해제" 위치에서만 가능하여야 한다.

라) 피난운전 중일 때 승강장 호출은 가능하지 않아야 하고 카 내 등록만 가능하여야 한다.

마) 카 내에서 피난운전으로 전환되면 카 내, 승강장 위치표시기 및 종합방재실에는 "피난운전 중" 표시가 명확히 나타나야 한다.

바) 해당 층에 도착하면 장애인, 노인 및 임산부 등을 포함한 피난용 엘리베이터 이용자에게 적절한 탑승시간을 제공할 수 있도록 출입문이 개방되어 있어야 한다.

사) 피난용 엘리베이터 이용자가 탑승하는 동안 문 열림버튼 및 과부하감지장치는 작동상태가 정상 유지되어야 하나 문닫힘안전장치의 작동상태는 무효화되어야 한다.

아) 바)에 따른 탑승시간이 종료되면 카의 부하가 정격하중의 100%에 이르지 않더라도 피난용 엘리베이터는 즉시 문을 닫고 피난층으로 복귀되어야 한다. 이때 대피신호를 받아놓은 다른 층에 추가로 정지하는 것은 허용된다.

자) 카가 피난층에 도착하면 출입문이 열리고 약 15초 동안 열려있어야 한다.

차) 카가 지정된 피난층이 아닌 다른 층에 정지하고 있을 때 피난운전 키 스위치가 "해제" 위치로 전환되면, 카는 즉시 문을 닫고 자동적으로 지정된 피난층으로 복귀하여야 한다.

카) 카가 지정된 피난층에 접근이 불가능하거나 어떤 이유로 정지할 수 없을 경우 지정된 피난층에서 가장 가까운 층 또는 미리 지정된 다른 층에 정상적으로 정지되어야 한다.

타) 이 피난운전은 초고층 건축물의 경우에는 2시간 이상, 준초고층 건축물의 경우에는 1시간 이상 가능하여야 한다.

16.3.4.9 피난운행의 중지

피난용 엘리베이터가 어떤 이유로 운행이 중단되는 경우에는 승강장(피난안전구역)에서 대기하는 사람들에게 해당 상황을 알려주는 시각적 및 청각적 장치가 각 층 승강장에 제공되어야 한다. 청각적 장치는 음성신호장치이어야 하며 소리는 35db(A)와 80db(A) 사이에서 조정이 가능하여야 하고 최초 설정은 75db(A)로 하여야 한다. 이 장치의 접근 및 조정은 기술자 또는 인가된 관리자만 가능하도록 하여야 한다.

꼼꼼체크 피난용 엘리베이터의 운행이 중단된 경우에는 **비상피난계단을 이용하도록 시각적 및 청각적으로 안내**하는 것이 필요하다.

16.3.5 카 및 승강장 제어

16.3.5.1 카 및 승강장 제어 및 관련 제어시스템은 열, 연기 및 습기의 영향으로부터 잘못된 신호가 등록되지 않아야 한다.

16.3.5.2 카 및 승강장 제어(조작), 카 및 승강장 표시기 패널 및 피난용 스위치는 IP X3 이상으로 보호되어야 한다.

승강장 조작패널은 피난운전스위치의 시작에 전기적으로 연결되어 있다면 IP X3 이상의 등급으로 보호되어야 한다.

16.3.6 피난 활동 통화시스템

16.3.6.1 피난용 엘리베이터에는 피난운전 중일 때 카와 종합방재실 및 기계실 사이에서 양방향 음성통화를 위한 내부 통화시스템 또는 이와 유사한 장치가 있어야 한다. 기계실에 있는 통화장치는 조작버튼을 눌러야만 작동되는 마이크로폰이어야 한다.

16.3.6.2 엘리베이터 카와 종합방재실에 있는 통화장치는 마이크로폰 및 스피커가 내장되어 있어야 하고, 전화 송수화기로 되어서는 안 된다.

16.3.6.3 통신시스템의 배선은 엘리베이터 승강로에 설치되어야 한다.

16.3.7 **사용자를 위한 정보**

피난용 엘리베이터의 제조업자 또는 설치업자는 최소한 다음 사항을 포함한 사용 설명서 또는 매뉴얼을 승강기 관리주체에게 제공하여야 한다.

가) 피난용 엘리베이터를 조작하는 통제자의 필요성

나) 피난용 엘리베이터를 조작하는 통제자를 위한 조작방법·절차 등의 매뉴얼 및 주의사항

다) 피난용 엘리베이터의 제어시스템과 부품의 고장 시 조치사항 및 점검 주기

라) 카 내 및 승강장 비상통화장치 조작요령

마) 카 내 갇힘 시 구출 및 탈출 절차

바) 피난용 엘리베이터를 조작하는 통제자를 위한 훈련의 필요성

06 비상용 승강기의 승강장 및 승강로의 구조(「건축물의 설비기준 등에 관한 규칙」 제10조)

「건축법」 제64조 제2항에 따른 비상용 승강기의 승강장 및 승강로의 구조는 다음의 기준에 적합하여야 한다.

(1) 비상용 승강기 승강장의 구조

구 분		내 용
구획	기준	승강장의 창문·출입구 기타 개구부를 제외한 부분은 당해 건축물의 다른 부분과 내화구조의 바닥 및 벽으로 구획할 것
	예외	다만, 공동주택의 경우에는 승강장과 특별피난계단의 부속실과의 겸용 부분을 특별피난계단의 계단실과 별도로 구획하는 때에는 승강장을 특별피난계단의 부속실과 겸용할 수 있다.
출입구	기준	승강장은 각 층의 내부와 연결될 수 있도록 하되, 그 출입구(승강로의 출입구를 제외한다)에는 갑종방화문을 설치할 것
	예외	다만, 피난층에는 갑종방화문을 설치하지 아니할 수 있다.
배연설비		노대 또는 외부를 향하여 열 수 있는 창문
		배연설비를 설치할 것
마감재료		벽 및 반자가 실내에 접하는 부분의 마감재료(마감을 위한 바탕을 포함한다)는 불연재료로 할 것
조명		채광이 되는 창문
		예비전원에 의한 조명설비
승강장의 바닥면적	기준	비상용 승강기 1대에 대하여 6m² 이상(서울시 조례에는 4m² 이상)
	예외	옥외에 승강장을 설치하는 경우
피난층이 있는 승강장의 출입로부터 도로 또는 공지에 이르는 거리		보행거리 30m 이하
표지		승강장 출입구 부근의 잘 보이는 곳에 당해 승강기가 비상용 승강기임을 알 수 있는 표지를 할 것

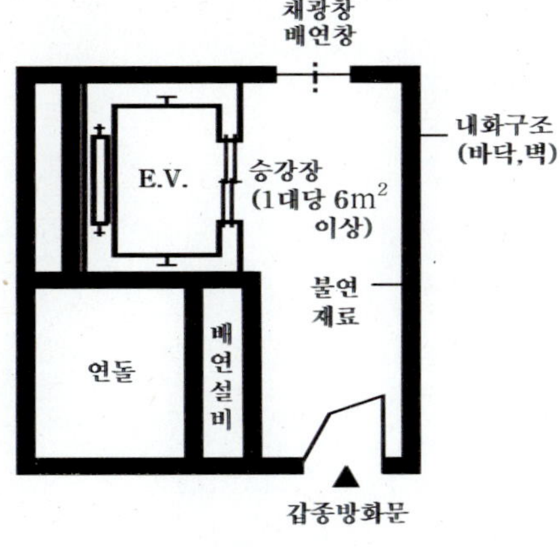

┃ 비상용 승강장 구조 ┃

855

(2) 비상용 승강기의 승강로의 구조

구 분	내 용
구획	승강로는 당해 건축물의 다른 부분과 내화구조로 구획할 것
구조	각 층으로부터 피난층까지 이르는 승강로를 단일구조로 연결하여 설치할 것

(3) 외국의 비상용 승강기 기준

1) 미국의 경우는 NFPA와 UBC에서는 23m(75ft) 이상을 적용하고 있다.

2) 뉴욕(New York) 등의 기타 주규칙(regulations)에서는 30m 이상을 적용하고 있다.

07 배연설비(「건축물의 설비기준 등에 관한 규칙」 제14조)

구 분	내 용
설치대상	• 특별피난계단 • 비상용 승강기의 승강장
재질	배연구 및 배연풍도는 불연재료
구조	화재가 발생한 경우 원활하게 배연시킬 수 있는 규모로서 외기 또는 평상시에 사용하지 아니하는 굴뚝에 연결할 것
개방장치	배연구에 설치하는 수동개방장치 또는 자동개방장치(열감지기 또는 연기감지기에 의한 것을 말한다)는 손으로도 열고 닫을 수 있도록 할 것
배연구	평상시에는 닫힌 상태를 유지하고, 연 경우에는 배연에 의한 기류로 인하여 닫히지 아니하도록 할 것
배연기 설치	배연구가 외기에 접하지 아니하는 경우에는 배연기를 설치할 것
배연기 구조	배연기는 배연구의 열림에 따라 자동적으로 작동하고, 충분한 공기배출 또는 가압능력이 있을 것
배연기 예비전원	배연기에는 예비전원을 설치할 것
소방관계법령	공기유입방식을 급기가압방식 또는 급·배기방식으로 하는 경우에는 소방관계법령의 규정에 적합하게 할 것

피난설비로서의 엘리베이터

01 개 요

(1) 엘리베이터는 수송능력이 크고 편리한 운송수단이지만 여러 화재에서의 피해결과에 의하여 화재 시에는 사용해서는 안 되는 수단으로 인식되었다.

(2) 그러나 최근 거동이 불편한 사람들을 위한 피난수단 확보가 제도적으로 요구되면서 엘리베이터를 이용한 피난이 적극적으로 검토되고 있다. 왜냐하면 건물이 점차 고층화, 심층화되고 이에 따라 피난약자의 피난시간이 크게 증가하기 때문이다.

(3) 엘리베이터 피난설비(elevator evacuation system)는 엘리베이터 탑승객, 엘리베이터를 대기하는 사람들, 그리고 엘리베이터 장치를 화재영향으로부터 방호하여 엘리베이터를 피난목적으로 안전하게 사용할 수 있게 하는 엘리베이터 승강장과 그에 부속된 엘리베이터 승강장 문, 엘리베이터 샤프트, 그리고 기계실을 포함하는 수직설비로 구성된다.

(4) 화재 시 엘리베이터를 피난수단으로 사용하기 위하여 요구되는 사항 및 설계 시 고려사항은 아래와 같다.

02 필요성

(1) **초고층** : 과도한 피난거리(95층 기준으로 정상인 1시간 소요, 장애인 9시간 소요)

(2) **심층 지하공간(지하 50m 이상의 공간)** : NFPA에서는 지하 집회용도에 대해서는 위쪽으로 향하는 긴급피난을 위해서 엘리베이터나 에스컬레이터를 설치할 수 있도록 하고 있다. 이 경우 층 깊이가 피난층 아래로 9.1m(30ft)를 초과하는 층은 최소한 2개의 방연구획실로 분할하도록 요구하고 있다. 왜냐하면 한쪽의 사용이 곤란하더라도 다른 쪽은 유효하게 사용할 수 있도록 하기 위함이다.

(3) **피난약자(노약자, 장애인)의 보호가 필요한 용도** : 병원, 다중이용시설, 사회보호시설, 노유자시설 등

(4) **공동주택** : 60세 이상 노인과 6세 미만의 노유자 거주비중이 다른 건물에 비해 높다.

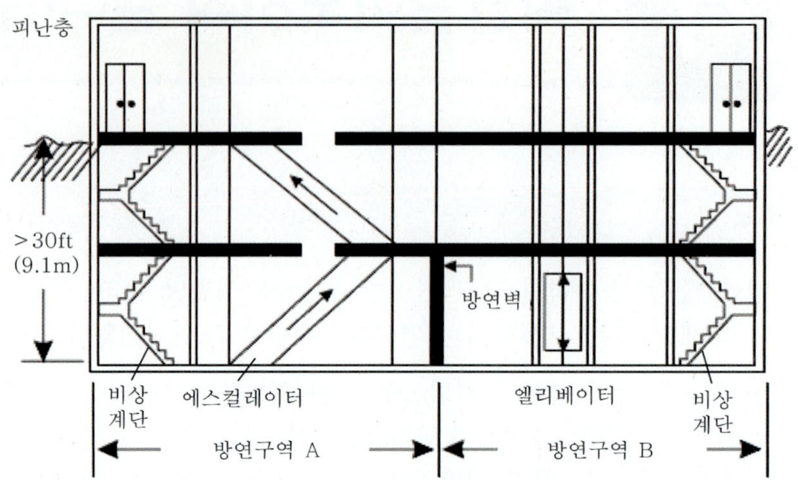

▌엘리베이터와 에스컬레이터를 이용하는 지하 집회용도 ▌

03 피난용 승강기의 문제점

(1) **수송능력** : 에스컬레이터나 계단에 비해서 수송능력이 적은 편이다. 조사결과 엘리베이터(E/V) 3대가 하나의 피난계단 용량과 비슷하다고 보고되었다. 따라서 이를 이용할 경우에는 제한된 사용자인 재해약자만 사용하도록 하여야 한다.

(2) **도어 개방** : 비상 시 많은 사람들이 타기 때문에 도어가 닫히지 않아 엘리베이터가 움직이지 않을 가능성이 있다.

(3) **승강장 대기** : 엘리베이터를 승강장에서 기다리는 동안 지연시간으로 인해 화재에 노출될 우려가 있다. 또한 화재에 노출되면 피난자들이 패닉발생의 우려가 있다.

(4) **승강기 정지** : 화재로 인한 전력선 및 제어선의 소실 위험으로 엘리베이터의 동작이 정지될 수 있다. 화재상황에서는 갇힌 사람들을 비상탈출 해치 또는 문을 통하여 이들을 구조할 시간이 부족할 수도 있다.

(5) **연기침입** : 굴뚝효과에 의해 엘리베이터 샤프트에 연기가 찰 가능성이 높다. 연기가 들어오지 못하도록 차압, 방연풍속 그리고 피스톤(piston) 효과에 의해 초기에 화재의 영향을 받지 않던 층에 연기가 이동할 가능성이 있다.

(6) **화재층 정지** : 화재층에 단추가 눌려져 있을 경우 엘리베이터가 화재층에 정지하여, 문 개방 시 화재에 노출될 우려가 있다.

04 피난용 승강기의 설치 및 구조(「건축물의 피난·방화구조 등의 기준에 관한 규칙」 제29조)

(1) 고층 건축물에는 법 제64조 제1항에 따라 건축물에 설치하는 승용 승강기 중 1대 이상을 제30조에 따른 피난용 승강기의 설치기준에 적합하게 설치하여야 한다. 다만, 준초고층 건축물 중 공동주택은 제외한다.

(2) 위 (1)에 따라 고층 건축물에 설치하는 피난용 승강기의 구조는 승강기시설 안전관리법으로 정하는 바에 따른다.

> **꼼꼼체크** 피난용 승강기 : 일반승강기보다 내화·배연 등 기준이 강화된 승강기로, 평상시는 일반용으로 사용하고 화재발생 시 피난용으로 사용 가능하다.

05 피난용 승강기의 설치기준(「건축물의 피난·방화구조 등의 기준에 관한 규칙」 제30조)

제29조 제1항에 따른 피난용 승강기의 구조와 설비는 다음의 기준에 적합하여야 한다.

(1) 피난용 승강기 승강장의 구조

구 분	내 용
구획	승강장의 출입구를 제외한 부분은 해당 건축물의 다른 부분과 내화구조의 바닥 및 벽으로 구획할 것
출입구	승강장은 각 층의 내부와 연결될 수 있도록 하되, 그 출입구에는 갑종방화문을 설치할 것. 이 경우 방화문은 언제나 닫힌 상태를 유지할 수 있는 구조이어야 한다.
내부 마감재	불연재료로 할 것
조명설비	예비전원으로 작동하는 조명설비를 설치할 것
바닥면적	피난용 승강기 1대에 대하여 $6m^2$ 이상
표지	승강장의 출입구 부근에는 피난용 승강기임을 알리는 표지를 설치할 것
배연설비	배연설비를 설치할 것. 다만, 제연설비를 설치한 경우에는 배연설비를 설치하지 아니할 수 있다.

(2) 피난용 승강기 승강로의 구조

구 분	내 용
구획	승강로는 해당 건축물의 다른 부분과 내화구조로 구획할 것
구조	각 층으로부터 피난층까지 이르는 승강로를 단일구조로 연결하여 설치할 것
배연설비	승강로 상부에 배연설비를 설치할 것

(3) 피난용 승강기 기계실의 구조

구 분	내 용
구획	출입구를 제외한 부분은 해당 건축물의 다른 부분과 내화구조의 바닥 및 벽으로 구획할 것
출입구	갑종방화문을 설치할 것

(4) 피난용 승강기 전용 예비전원

구 분	내 용
예비전원	정전 시 피난용 승강기, 기계실, 승강장 및 폐쇄회로 텔레비전 등의 설비를 작동할 수 있는 별도의 예비전원 설비를 설치할 것
용량	초고층 건축물의 경우에는 2시간 이상
	준초고층 건축물의 경우에는 1시간 이상
전원절환	상용전원과 예비전원의 공급을 자동 또는 수동으로 전환이 가능한 설비를 갖출 것
전선관과 배관	전선관 및 배선은 고온에 견딜 수 있는 내열성 자재를 사용하고, 방수조치를 할 것

06 승강기 안전검사기준(국민안전처고시 제2016-143호)

구 분		내용 요약	관련 근거
방화구조 및 내화구조		건축물의 피난·방화구조 등의 기준에 관한 규칙(제30조)	건축물의 피난·방화구조 등의 기준에 관한 규칙
연기 보호	승강장	건축물의 피난·방화구조 등의 기준에 관한 규칙(제30조)	건축물의 피난·방화구조 등의 기준에 관한 규칙
	승강로	승강로 이외의 구역보다 기압을 높게 유지하여 연기침투 차단	미국, 일본의 피난용 엘리베이터 지침
물로부터 보호		〈배수시설–물에 의한 고장발생 방지〉 구동기 및 제어반은 최상층 승강장 바닥보다 위에 위치	미국, 일본, 영국의 피난용 엘리베이터 지침
통신, 모니터링 시스템	승강장	건축물의 피난·방화 구조 등의 기준에 관한 규칙(제30조)	건축물의 피난·방화구조 등의 기준에 관한 규칙
	기계실 및 카와 종합방재실	양방향 통신스피커 내장 마이크로폰	미국, 일본, 영국의 피난용 엘리베이터 지침
운전형태		통제자 통제운전 자동 또는 원격 운전 배제	미국, 일본, 영국의 피난용 엘리베이터 지침
운행정보제공		카 및 승강장 정보제공 운행상황 표시	일본, 영국의 피난용 엘리베이터 지침 및 ISO
카 출입문 크기		출입문 크기 900mm 이상	장애인용 엘리베이터 기준
카 최소 정격		1000kg 이상(단, 병원용인 경우 1,100mm×2,100mm 이상)	ISO 4190-1
카 및 승강장 제어		열, 연기 및 습기로 인한 잘못된 신호 등록 방지	비상용 엘리베이터 기준 참조
승강장 면적		건축물의 피난·방화구조 등의 기준에 관한 규칙(제30조)	건축물의 피난·방화구조 등의 기준에 관한 규칙

구 분	내용 요약	관련 근거
피난층 소환	호출스위치 화재경보신호로 자동 소환	미국, 일본, 영국의 피난용 엘리베이터 지침 및 ISO
	소환 시 모든 호출 무시 문닫힘안전장치 무효	
	동일 그룹의 다른 엘리베이터와 분리	
피난운전 및 기능	통제자 카 내 전환 승강장 호출 무시	미국, 일본, 영국의 피난용 엘리베이터 지침 및 ISO
	문닫힘안전장치 무효	
	대피층에서 적절한 탑승시간 제공	
	열림 및 통화 버튼 유지	
	피난층 도착 후 15초 동안 열림 등	
피난운행 중 갇힘 시 대책	카 지붕에 0.5m×0.7m 이상의 비상구출문	비상용 엘리베이터 -갇힌 소방관의 구출 및 탈출
피난운전 중지	피난 운전 중지 시 각 승강장에 시각/청각적으로 정보제공	ISO
예비전원	건축물의 피난·방화구조 등의 기준에 관한 규칙(제30조)	건축물의 피난·방화구조 등의 기준에 관한 규칙
예비 배터리	저속으로 피난층 또는 피난안전구역까지 운전 후 대기	–
사용자를 위한 정보제공	• 통제자의 필요성 • 조작 매뉴얼 및 주의사항 • 고장 시 조치사항 및 점검주기 • 카 내 비상통화장치 조작요령	미국, 일본, 영국의 피난용 엘리베이터 지침 및 ISO

07　피난용 승강기(NFPA)

(1) 피난용 승강기의 요구사항

1) 모든 층에 승강기(E/V) 승강장 설치
　① 승강장을 구성하는 벽의 내화성능은 1시간 이상이어야 한다.
　② 승강장 문은 방화성능 1시간 이상, 자동폐쇄식이어야 한다.

2) NFPA 92A에 의한 승강기(E/V) 제연방식의 구분
　① 발화층의 배기
　② 엘리베이터 승강장 가압
　③ 방연구조 엘리베이터 승강장
　④ 엘리베이터 승강로 가압

3) 수손 방호를 위해서 승강기에 사용하는 부품은 방수형을 사용하여야 한다.

4) 전력선 및 제어선

① 상용전원과 비상전원이 모두 설치되어야 한다.

② 전원선은 내화배선으로 설치되어야 한다.

5) 통신설비 : 승강기(E/V)와 방재센터 양방향 통신이 가능해야 한다.

6) 승강로 오염에 따른 안전성을 증대하기 위하여 하나의 승강로에 3대 이상의 승강기 배치를 금지하고 있다. 승강기가 4대 이상인 경우에는 승강로 2개소 이상이 필요하다.

(2) 승강기를 피난설비의 보조수단으로 이용하는 피난용 승강기의 설치방법

1) 고층 건물

① 건물의 층을 몇 단계로 구분한다. 따라서 굴뚝효과의 발생을 최소화한다.

② 화재구역을 제외한 나머지 부분은 승강기를 이용할 수 있어야 한다.

2) 지하의 경우 몇 개로 수직 분할하여 승강기를 설치한다.

3) 일반인이 사용하지 않는 수직관통부를 이용하여 피난용 승강기를 설치한다.

(3) 스프링클러 설치 : ASME/ANSI A17.1은 다음 규정을 충족시키는 경우에는 엘리베이터 승강로와 기계실에 NFPA 13에 따른 스프링클러헤드를 허용하고 있다.

1) 스프링클러 수직배관과 수평배관은 승강로와 기계실 외부에 설치되어야 한다.

2) 승강로 내의 가지배관은 하나의 층에만 스프링클러헤드를 공급하는 배관이어야 한다.

3) 기계실 또는 승강로의 스프링클러헤드에서 살수하기 전 또는 살수할 때는 해당 엘리베이터의 주전원 공급을 자동적으로 차단시키는 장치를 아래와 같이 설치해야 한다.

① 전원차단장치는 엘리베이터의 제어장치로부터 독립적이어야 하며 자체 재설정이 되어서는 안 된다.

② 승강로 또는 기계실 외부의 스프링클러헤드가 작동할 때는 주전원 공급이 차단되어서는 안 된다.

③ 기계실 또는 승강로에서는 연기감지기를 사용하여 스프링클러헤드를 작동시키거나 주전원 공급을 차단시켜서는 안 된다.

(4) 소화활동

1) 모든 신설되는 엘리베이터는 ASME/ANSI A17.1, Safety Code for Elevators and Escalators의 소화활동 요구사항에 적합한 구조로 설치하여야 한다.

2) 소방대원 또는 구조요원이 소화활동하기 가장 적합한 층에서 상부 또는 하부로의 정차위치가 7.6m(25ft) 이상인 모든 기존 엘리베이터는 ASME/ANSI A17.3, Safety Code for Elevators and Escalators의 소화활동 요구사항에 적합한 구조로 설치하여야 한다.

(5) 엘리베이터 기계실

1) 기존 엘리베이터 이외의 엘리베이터로서 그 운행거리가 피난층 위로 15m(50ft)를 초과하거나 아래로 9.1m(30ft)를 초과하는 엘리베이터의 전자장치가 설치되어 있는 엘리베이터 기계실에는 소방대가 엘리베이터를 운전하는 동안 온도를 유지시킬 수 있도록 독립된 환기설비 또는 공조설비를 갖추어야 한다.

2) 비상전원이 엘리베이터에 연결되어 있는 경우, 기계실 환기 또는 공기조화설비도 비상전원에 연결되어야 한다.

08 결 론

(1) 최근의 진보된 기술은 화재발생 시 승강기를 피난용도로 사용할 수 있을 만큼 발전되었다.

(2) 초고층, 지하 건축물들이 지속적으로 증가하고 있는 상황에서 피난약자와 소방대뿐만 아니라 일반인도 이용할 수 있는 피난수단으로의 승강기는 매우 유용한 수단임에 틀림없다.

(3) 그러므로 이를 위한 승강기 및 승강장의 요구성능기준 개발, 설계기법 개발, 그리고 평가를 위한 모델 사용에 대한 연구가 진행될 필요성이 있다.

(4) 피난의 관점에서 보면 피난계단이 건축적 개념으로 비상용 엘리베이터보다는 안전의 신뢰도가 대단히 높다. 하지만 피난약자에게는 생존권과도 같이 피난의 중요한 개념이므로 이를 외면할 수는 없다. 따라서 국내에서도 약자를 위한 배려, 고층ㆍ심층공간에 대한 배려로서 고층 건축물에는 피난용 승강기 설치를 의무화하고 있다.

비상용 승강기 피난시스템(EEES)

01 개 요

(1) 승강기 설비, 승강기 샤프트, 기계실, 승강장을 열, 연기 및 물로부터 보호하는 것은 물론 기계적 설비의 과열과 정전까지 고려한 시스템을 EEES(Emergency Elevator Evacuation System)라고 한다.

(2) 연기제어시스템은 문이 열린 상태, 문이 닫힌 상태, 창문이 깨진 상태, 바람의 유 · 무하에서도 적정한 차압을 유지하여야 한다.

02 시스템 구성

(1) 가압 공기는 각 승강장으로 직접 공급하거나 승강장에 접속된 승강로를 통하여 간접적으로 공급되어야 한다.
  1) **최소 차압** : 40Pa(스프링클러설치 시 12.5Pa)
  2) **최대 차압** : 문 개방력 110N 이하

(2) 바람이나 연돌효과에 의한 영향을 고려하여야 한다.

(3) 여러 가지 요소를 고려하여 차압을 정한 다음 실내에 발생한 과압을 배출하는 방식이어야 한다.

03 압력변동 완화 방법

(1) **압력 릴리프 벤팅(pressure-relief venting)**
  1) 정풍량(constant supply) 팬과 외벽 면에 압력 릴리프 벤트를 사용하는 방식이다.
  2) 평상시 폐쇄상태로 유지할 경우에는 벤트에 자동댐퍼를 설치한다.
  3) 설계 시 가정된 개수의 문이나 창문이 개방되었을 때에도 최소 차압을 유지할 수 있도록 설계한다.

(2) **기압 댐퍼 벤팅(barometric damper venting)**
  1) 벤트에 기압 댐퍼를 설치하여 압력이 임계값 이하로 저하되면 댐퍼를 폐쇄한다.
  2) 저압 조건하에서 공기의 손실을 최소화시킬 수 있는 방법이다.

(3) 변풍량 급기 공기(variable supply air)

  1) 변풍량 급기팬을 설치하여 변풍량 공기를 공급하거나 덕트와 댐퍼의 바이패스 (by-pass) 배열을 갖는 팬을 이용하여 공급되는 유량을 조절한다.

  2) 유량은 로비와 거실 사이에 위치한 정압 압력센서에 의해 제어된다.

(4) 화재층의 배출(fire floor exhaust) : 화재가 발생한 거실로부터 연기를 배출하여 화재층 로비문의 차압을 유지한다.

01 관람석 등으로부터의 출구

(1) 관람석 등으로부터의 출구 설치(「건축법 시행령」 제38조) : 「건축법」 제49조(건축물의 피난시설 및 용도제한 등) 제1항에 따라 다음의 어느 하나에 해당하는 건축물에는 국토교통부령으로 정하는 기준에 따라 관람석 또는 집회실로부터의 출구를 설치하여야 한다.

　1) 제2종 근린생활시설 중 공연장·종교집회장(해당 용도로 쓰는 바닥면적의 합계가 각각 $300m^2$ 이상인 경우에만 해당된다)

　2) 문화 및 집회시설(전시장 및 동·식물원은 제외)

　3) 종교시설

　4) 위락시설

　5) 장례식장

(2) 관람석 등으로부터의 출구의 설치기준(「건축물의 피난·방화구조 등의 기준에 관한 규칙」 제10조)

구 분	출구방향	문화 및 집회시설 중 공연장의 개별 관람석(바닥면적이 $300m^2$ 이상인 것의 설치기준	
		구 분	기 준
제2종 근린생활시설 중 공연장·종교집회장[138]	바깥쪽으로 나가는 출구로 쓰이는 문은 안여닫이로 할 수 없다.	각 층별 출구수	2개소 이상
문화 및 집회시설 (전시장 및 동·식물원 제외)		각 출구 유효너비	15m 이상
장례식장			
위락시설		개별 관람석 출구의 유효폭의 합계	$100m^2$마다 0.6m 비율로 산정한 너비 이상
종교시설			

---

138) 해당 용도로 쓰는 바닥면적의 합계가 각각 $300m^2$ 이상인 경우에만 해당된다.

02 건축물 바깥쪽으로의 출구 설치

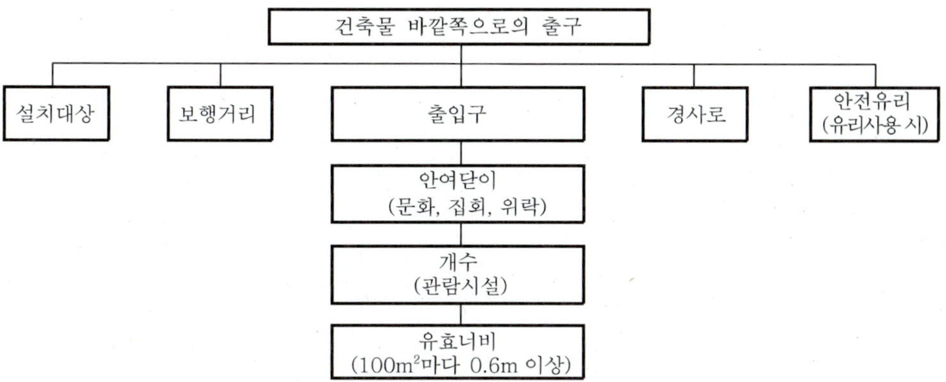

(1) 건축물 바깥쪽으로의 출구 설치(「건축법 시행령」 제39조) : 「건축법」 제49조 제1항에 따라 다음의 어느 하나에 해당하는 건축물에는 국토교통부령으로 정하는 기준에 따라 그 건축물로부터 바깥쪽으로 나가는 출구를 설치하여야 한다.

1) 제2종 근린생활시설 중 공연장·집회장·인터넷 컴퓨터 게임시설제공업소(해당 용도로 쓰는 바닥면적의 합계가 각각 $300m^2$ 이상인 경우만 해당)

2) 문화 및 집회시설(전시장 및 동·식물원은 제외)

3) 종교시설

4) 판매시설

5) 업무시설 중 국가 또는 지방자치단체의 청사

6) 위락시설

7) 연면적이 $5,000m^2$ 이상인 창고시설

8) 교육연구시설 중 학교

9) 장례식장

10) 승강기를 설치하여야 하는 건축물

(2) 건축물의 바깥쪽으로의 출구의 설치기준(「건축물의 피난·방화구조 등의 기준에 관한 규칙」 제11조)

1) 위 (1)의 규정에 의하여 건축물의 바깥쪽으로 나가는 출구를 설치하는 경우 피난층의 계단으로부터 건축물의 바깥쪽으로의 출구에 이르는 보행거리(가장 가까운 출구와의 보행거리)는 아래의 표(영 제34조 제1항의 규정)에 의한 거리 이하로 하여야 하며, 거실(피난에 지장이 없는 출입구가 있는 것을 제외)의 각 부분으로부터 건축물의 바깥쪽으로의 출구에 이르는 보행거리는 아래의 표(영 제34조 제1항의 규정)에 의한 거리의 2배 이하로 하여야 한다.

▌ 피난층에서 보행거리 ▌

건축물의 구분		보행거리
일반적인 건축물		30m
주요구조부가 내화구조 또는 불연재료로 된 건축물	16층 이상 공동주택	40m
	일반 건축물	50m
자동식 소화설비를 설치한 공장	유인화 공장	75m
	무인화 공장	100m
지하층에 설치하는 것으로서 바닥면적의 합계가 $300m^2$ 이상인 공연장, 집회장, 관람장 및 전시장은 제외		
거실의 각 부분으로부터 건축물의 바깥쪽으로의 출구까지 보행거리는 위 값의 2배 이하		

2) 위 (1)에 따라 건축물의 바깥쪽으로 나가는 출구를 설치하는 건축물 중 문화 및 집회시설(전시장 및 동·식물원을 제외), 종교시설, 장례식장 또는 위락시설의 용도에 쓰이는 건축물의 바깥쪽으로의 출구로 쓰이는 문은 안여닫이로 하여서는 아니 된다.

3) 위 (1)의 규정에 의하여 건축물의 바깥쪽으로 나가는 출구를 설치하는 경우 관람석의 바닥면적의 합계가 $300m^2$ 이상인 집회장 또는 공연장에 있어서는 주된 출구 외에 보조출구 또는 비상구를 2개소 이상 설치하여야 한다.

4) 판매시설의 용도에 쓰이는 피난층에 설치하는 건축물의 바깥쪽으로의 출구의 유효너비의 합계는 해당 용도에 쓰이는 바닥면적이 최대인 층에 있어서의 해당 용도의 바닥면적 $100m^2$마다 0.6m의 비율로 산정한 너비 이상으로 하여야 한다.

▌ 건축물 바깥쪽으로의 출구 설치기준 ▌

구 분	설치기준
문화 및 집회시설(전시장 및 동·식물원 제외), 장례식장, 위락시설 용도에 쓰이는 건축물의 옥외로의 출구의 문	안여닫이로 해서는 안 됨
관람석의 바닥면적의 합계가 $300m^2$ 이상인 집회장 또는 공연장	옥외로의 주된 출구 외에 보조출구 또는 비상구를 2개소 이상 설치
판매 및 영업시설 중 도매시장·소매시장 상점의 피난층에 설치하는 옥외로의 출구의 유효너비의 합계	해당 용도로 쓰이는 바닥면적이 최대인 층에 있어서의 바닥면적 $100m^2$마다 0.6m 이상의 비율로 산정한 너비 이상

5) 다음의 어느 하나에 해당하는 건축물의 피난층 또는 피난층의 승강장으로부터 건축물의 바깥쪽에 이르는 통로에는 제15조 제5항에 따른 경사로를 설치하여야 한다.

① 제1종 근린생활시설 중 지역자치센터·파출소·지구대·소방서·우체국·방송국·보건소·공공도서관·지역건강보험조합 기타 이와 유사한 것으로서 동일한 건축물 안에서 당해 용도에 쓰이는 바닥면적의 합계가 $1,000m^2$

미만인 것

② 제1종 근린생활시설 중 마을회관·마을공동작업소·마을공동구판장·변전소·양수장·정수장·대피소·공중화장실 기타 이와 유사한 것

③ 연면적이 5,000m^2 이상인 판매시설, 운수시설

④ 교육연구시설 중 학교

⑤ 업무시설 중 국가 또는 지방자치단체의 청사와 외국공관의 건축물로서 제1종 근린생활시설에 해당하지 아니하는 것

⑥ 승강기를 설치하여야 하는 건축물

6) 「건축법」 제39조 제1항에 따라 위 (1)의 1)~9)의 어느 하나에 해당하는 건축물의 바깥쪽으로 나가는 출입문에 유리를 사용하는 경우에는 안전유리를 사용하여야 한다.

(3) 각종 건축물의 출구 비교

용도 \ 구 분	면적 (m^2)	출구설치대상 피난층	출구설치대상 개별 관람석	안여닫이 제외대상	보조출구 비상구
공연장, 문화 및 집회시설, 장례식장, 위락시설	300 (관람석)	–	●	–	●
집회장		–	–	–	–
문화 및 집회시설 (전시장, 동·식물원 제외)	–	●	–	◎	–
도매시장, 소매시장, 상점 (판매 및 영업)	–	●	–	–	–
장례식장(장례시설)	–	●	–	◎	–
국가, 지방자치단체의 청사(업무시설)	–	●	–	–	–
위락시설	–	●	–	◎	–
창고시설(연면적기준)	5,000	●	–	–	–
학교	–	●	–	–	–
승강기 설치대상 건축물	–	●	–	–	–

[범례] ● : 설치대상, ◎ : 제외대상

경사로(ramp)

01 건축물의 바깥쪽으로의 출구의 설치기준(「건축물의 피난·방화구조의 기준에 관한 규칙」 제11조 제5항)

(1) 다음의 어느 하나에 해당하는 건축물의 피난층 또는 피난층의 승강장으로부터 건축물의 바깥쪽에 이르는 통로에는 제15조 제5항에 따른 경사로를 설치하여야 한다.

▌ 경사로 설치대상 ▌

용 도	면 적	세부용도
제1종 근린생활시설 중	당해 용도에 쓰이는 바닥면적의 합계가 1,000m² 미만인 것	지역자치센터·파출소·지구대·소방서·우체국·방송국·보건소·공공도서관·지역건강보험조합 기타 이와 유사한 것
	면적제한 없음	마을회관·마을공동작업소·마을공동구판장·변전소·양수장·정수장·대피소·공중화장실 기타 이와 유사한 것
판매시설, 운수시설	연면적이 5,000m² 이상	판매시설, 운수시설
교육연구시설 중	면적제한 없음	학교
업무시설 중	면적제한 없음	국가 또는 지방자치단체의 청사와 외국공관의 건축물로서 제1종 근린생활시설에 해당하지 아니하는 것
승강기를 설치하여야 하는 건축물		

(2) 법 제39조 제1항에 따라 영 제39조 제1항 각 호의 어느 하나에 해당하는 건축물의 바깥쪽으로 나가는 출입문에 유리를 사용하는 경우에는 안전유리를 사용하여야 한다.

02 편의시설(「장애인·노인·임산부 등의 편의증진보장에 관한 법률」 제7조에 따른 대상)

(1) 공원

(2) 공공건물 및 공중이용시설

(3) 공동주택

(4) 통신시설

(5) 그 밖에 기타 장애인 등의 편의를 위하여 편의시설의 설치가 필요한 건물·시설 및 그 부대시설

03 경사로의 설치기준(「건축물의 피난·방화구조의 기준에 관한 규칙」 제15조 제5항)

(1) 계단을 대체하여 설치하는 경사로는 다음의 기준에 적합하게 설치하여야 한다.

  1) 경사도는 1 : 8을 넘지 아니할 것

  2) 표면을 거친 면으로 하거나 미끄러지지 아니하는 재료로 마감할 것

  3) 경사로의 직선 및 굴절부분의 유효너비는 장애인·노인·임산부 등의 편의증진보
     장에 관한 법률이 정하는 기준에 적합할 것

(2) 나머지 관련 사항은 계단의 설치기준에 관한 규정을 준용한다.

01 회전문의 설치기준(「건축물의 피난·방화구조 등의 기준에 관한 규칙」 제12조)

「건축법 시행령」 제39조 제2항의 규정에 의하여 건축물의 출입구에 설치하는 회전문은 다음의 기준에 적합하여야 한다.

▐ 회전문 설치기준 ▐

구 분	내 용
회전문의 설치위치	계단이나 에스컬레이터로부터 2m 이상의 거리를 둘 것
회전문과 문틀 사이 및 바닥 사이 설치기준	간격을 확보하고 틈 사이를 고무와 고무펠트의 조합체 등을 사용하여 신체나 물건 등에 손상이 없도록 할 것
회전문과 문틀 사이 간격	5cm 이상
회전문과 바닥 사이 간격	3cm 이하
회전방향	출입에 지장이 없도록 일정한 방향으로 회전하는 구조
회전문의 크기	반경 140cm 이상
회전문의 회전속도	분당 회전수가 8회를 넘지 아니하도록 할 것
안전창치	전자감지장치 등을 사용하여 정지하는 구조로 할 것

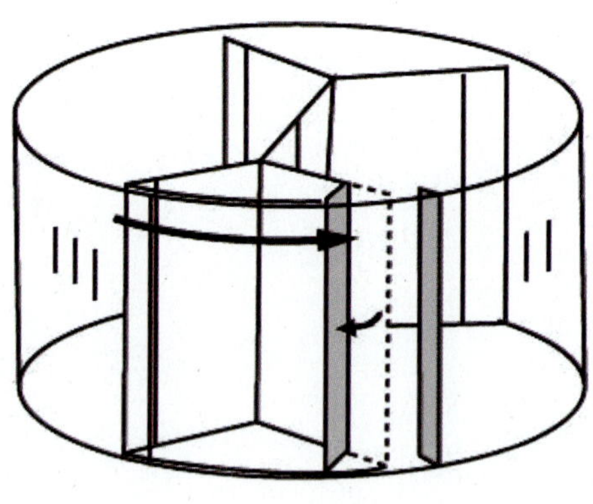

▐ 회전문[139] ▐

---

139) http://www.internationalrevolvingdoors.com/Ird_FAQ.htm에서 발췌

02 미국의 회전문 설치기준(life safety code)

(1) 회전문이 전체 피난능력의 50% 이상을 담당해서는 안 된다.

(2) 회전문은 피난인원을 50명 이상 담당해서는 안 된다.

03 회전문의 설치 이유

(1) 건축물 출입구에 회전문을 설치하게 되면 건물의 시각적 이미지와 가치를 상승시켜 준다.

(2) 회전문은 칸막이를 통해 공기의 흐름을 차단시켜 준다. 따라서 회전문은 빌딩 안의 공기가 밖으로 나가지도 못하고 빌딩 밖의 공기가 안으로 들어오지도 못하도록 막는 역할을 한다. 따라서 건물의 냉·난방 비용을 20% 이상 절감할 수 있는 효과를 거둘 수 있다.

(3) 방풍실의 면적을 없앨 수 있어 로비에 넓은 공간을 제공할 수 있다.

(4) 회전문은 사람들의 동선을 따라 하나의 문으로도 여러 명을 빠르게 순환시켜 이동 시간을 단축시켜 준다.

(5) 연돌효과를 방지할 수 있다.

> **꼼꼼체크 연돌효과 방지 이유**
>
> 연돌효과에 의한 압력차는 아래와 같다
>
> $$\Delta P = 3{,}460\left(\frac{1}{T_o} - \frac{1}{T_i}\right) \times h_2$$
>
> 중성대 상부 높이 h_2는 아래식과 같다.
>
> $$\frac{h_2}{h_1} = \left(\frac{A_1}{A_2}\right)^2 \cdot \frac{T_i}{T_o}$$
>
> 즉, 중성대 높이는 중성대 하부 개구부면적 A_1에 비례하므로 중성대 하부면적을 줄이면(회전문 설치) 연돌효과가 감소된다.

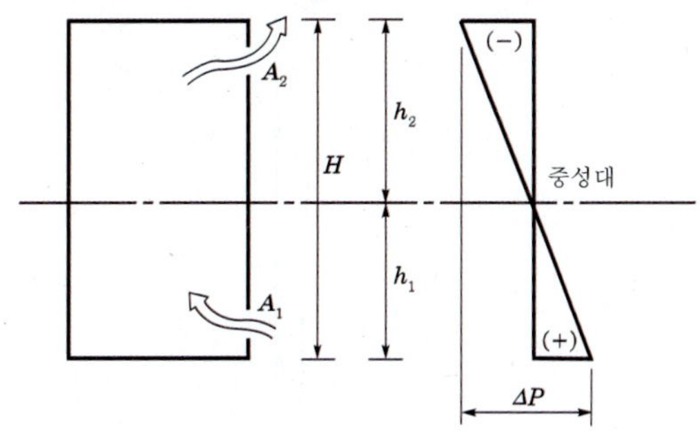

01 직통계단의 설치(「건축법 시행령」 제34조)

(1) 초고층(50층 또는 200m 이상) 건축물에는 피난층 또는 지상으로 통하는 직통계단과 직접 연결되는 피난안전구역(건축물의 피난·안전을 위하여 건축물 중간층에 설치하는 대피공간)을 지상층으로부터 최대 30개 층마다 1개소 이상 설치하여야 한다.

(2) 준초고층(30층 또는 120m 이상) 건축물에는 피난층 또는 지상으로 통하는 직통계단과 직접 연결되는 피난안전구역을 해당 건축물 전체 층수의 2분의 1에 해당하는 층으로부터 상하 5개 층 이내에 1개소 이상 설치하여야 한다. 다만, 국토교통부령으로 정하는 기준에 따라 피난층 또는 지상으로 통하는 직통계단(특별피난계단)을 설치하는 경우에는 그러하지 아니하다.

(3) 위 (1) 및 (2)에 따른 피난안전구역의 규모와 설치기준은 국토교통부령으로 정한다.

꼼꼼체크 고층, 준초고층, 초고층 비교

구 분	고 층	준초고층	초고층
층수 기준	30층 이상	고층 건축물 중 초고층이 아닌 건축물	50층 이상
높이 기준	120m 이상		200m 이상
특별피난계단	설치	설치	설치
비상용 승강기	설치	설치	설치
피난용 승강기	설치대상 아님	설치	설치
피난안전구역	설치대상 아님	전체 층수의 2분의 1에 해당하는 층으로부터 상하 5개층 이내에 1개소 이상 설치	피난안전구역 (30층 마다 1개소)

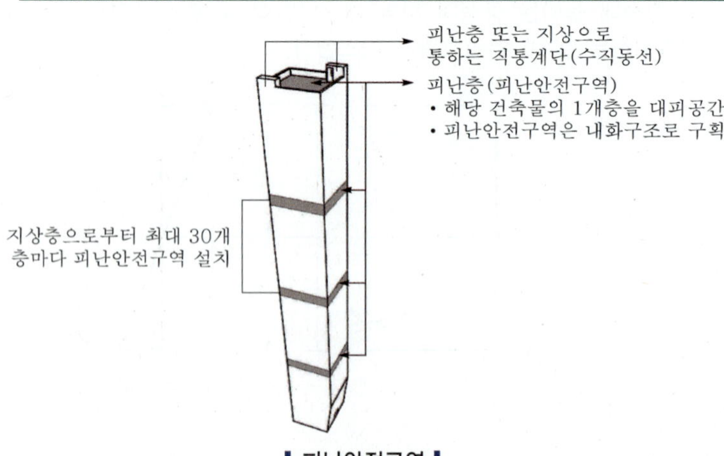

▌ 피난안전구역 ▐

02 건축물의 피난·방화구조 등의 기준에 관한 규칙

(1) 피난안전구역의 설치기준(제8조의2)

구 분		내 용
병행설치	대상	기계실, 보일러실, 전기실 등 건축설비를 설치하기 위한 공간
	구조	건축설비가 설치되는 공간과 내화구조로 구획
피난안전구역에 연결되는 특별피난계단의 구조		피난안전구역을 거쳐서 상하층으로 갈 수 있는 구조
피난안전구역의 구조 및 설비	단열재 아랫층	최상층에 있는 거실의 반자 또는 지붕 기준을 준용
	단열재 위층	최하층에 있는 거실의 바닥기준을 준용
	내부 마감재료	불연재료
	연결되는 계단	특별피난계단의 구조
	비상용 승강기	피난안전구역에서 승하차할 수 있는 구조
	급수전	1개소 이상
	조명설비	예비전원에 의한 조명설비
	긴급연락설비	관리사무소 또는 방재센터 등과 긴급연락이 가능한 경보 및 통신시설을 설치
	지상층 피난안전구역 면적	(피난안전구역 위층의 재실자 수$\times0.5)\times0.28m^2$
	높이	2.1m 이상
	배연설비	「건축물의 설비기준 등에 관한 규칙」 제14조에 따른 배연설비를 설치
	행정안전부령이 정하는 소방 등 재난설비	자동제세동기 등 심폐소생술을 할 수 있는 응급장비
		방독면 : 피난안전구역 위층 재실자 수의 10분의 1 이상

1) 지상층 피난안전구역 면적

① 피난안전구역의 면적은 다음 산식에 따라 산정한다.

$$(피난안전구역\ 위층의\ 재실자\ 수\times0.5)\times0.28m^2$$

㉠ 피난안전구역 위층의 재실자 수는 해당 피난안전구역과 다음 피난안전구역 사이의 용도별 바닥면적을 사용 형태별 재실자 밀도로 나눈 값의 합계를 말한다.

$$피난안전구역\ 위층\ 재실자\ 수 = \frac{해당\ 피난안전구역과\ 다음\ 피난안전구역\ 사이의\ 용도별\ 바닥면적(m^2)}{재실자\ 밀도(m^2/명)}$$

㉡ 다만, 문화·집회 용도 중 벤치형 좌석을 사용하는 공간과 고정좌석을 사용하는 공간은 다음의 구분에 따라 피난안전구역 위 공간의 재실자 수를 산정한다.

• 벤치형 좌석을 사용하는 공간 : $\dfrac{좌석길이}{45.5cm}$

• 고정좌석을 사용하는 공간 : 휠체어 공간 수 + 고정좌석 수

875

② 피난안전구역 설치대상 건축물의 용도에 따른 사용 형태별 재실자 밀도는 다음 표와 같다.

용 도	사용 형태별		재실자 밀도
문화 및 집회	고정좌석을 사용하지 않는 공간		0.45
	고정좌석이 아닌 의자를 사용하는 공간		1.29
	벤치형 좌석을 사용하는 공간		–
	고정좌석을 사용하는 공간		–
	무대		1.40
	게임제공업 등의 공간		1.02
운동	운동시설		4.60
교육	도서관	서고	9.30
		열람실	4.60
	학교 및 학원	교실	1.90
보육	보호시설		3.30
의료	입원치료구역		22.3
	수면구역		11.1
교정	교정시설 및 보호관찰소 등		11.1
주거	호텔 등 숙박시설		18.6
	공동주택		18.6
업무	업무시설, 운수시설 및 관련 시설		9.30
판매	지하층 및 1층		2.80
	그 외의 층		5.60
	배송공간		27.9
저장	창고, 자동차 관련 시설		46.5
산업	공장		9.30
	제조업 시설		18.6

 계단실, 승강로, 복도 및 화장실은 사용 형태별 재실자 밀도의 산정에서 제외하고, 취사장·조리장의 사용 형태별 재실자 밀도는 9.30으로 본다.

 **배연설비(「건축물의 설비기준 등에 관한 규칙」 제4조)**

① 영 제51조 제2항에 따라 배연설비를 설치하여야 하는 건축물에는 다음 각 호의 기준에 적합하게 배연설비를 설치하여야 한다. 다만, 피난층인 경우에는 그러하지 아니하다.

1. 영 제46조 제1항의 규정에 의하여 건축물에 방화구획이 설치된 경우에는 그 구획마다 1개소 이상의 배연창을 설치하되, 배연창의 상변과 천장 또는 반자로부터 수직거리가 0.9m 이내일 것. 다만, 반자높이가 바닥으로부터 3m 이상인 경우에는 배연창의 하변이 바닥으로부터 2.1m 이상의 위치에 놓이도록 설치하여야 한다.

2. 배연창의 유효면적은 [별표 2]의 산정기준에 의하여 산정된 면적이 1m² 이상으로서 그 면적의 합계가 당해 건축물의 바닥면적(영 제46조 제1항 또는 제3항의 규정에 의하여 방화구획이 설치된 경우에는 그 구획된 부분의 바닥면적을 말한

다)의 1/100 이상일 것. 이 경우 바닥면적의 산정에 있어서 거실 바닥면적의 1/20 이상으로 환기창을 설치한 거실의 면적은 이에 산입하지 아니한다.

3. 배연구는 연기감지기 또는 열감지기에 의하여 자동으로 열 수 있는 구조로 하되, 손으로도 열고 닫을 수 있도록 할 것
4. 배연구는 예비전원에 의하여 열 수 있도록 할 것
5. 기계식 배연설비를 하는 경우에는 제1호 내지 제4호의 규정에 불구하고 소방관계법령의 규정에 적합하도록 할 것

② 특별피난계단 및 영 제90조 제3항의 규정에 의한 비상용 승강기의 승강장에 설치하는 배연설비의 구조는 다음의 기준에 적합하여야 한다.

1. 배연구 및 배연풍도는 불연재료로 하고, 화재가 발생한 경우 원활하게 배연시킬 수 있는 규모로서 외기 또는 평상시에 사용하지 아니하는 굴뚝에 연결할 것
2. 배연구에 설치하는 수동개방장치 또는 자동개방장치(열감지기 또는 연기감지기에 의한 것을 말한다)는 손으로도 열고 닫을 수 있도록 할 것
3. 배연구는 평상시에는 닫힌 상태를 유지하고, 연 경우에는 배연에 의한 기류로 인하여 닫히지 아니하도록 할 것
4. 배연구가 외기에 접하지 아니하는 경우에는 배연기를 설치할 것
5. 배연기는 배연구의 열림에 따라 자동적으로 작동하고, 충분한 공기배출 또는 가압능력이 있을 것
6. 배연기에는 예비전원을 설치할 것
7. 공기유입방식을 급기가압방식 또는 급·배기방식으로 하는 경우에는 제1호 내지 제6호의 규정에 불구하고 소방관계법령의 규정에 적합하게 할 것

(2) 고층 건축물 피난안전구역 등의 피난용도 표시(제22조의2) : 고층 건축물에 설치된 피난안전구역, 피난시설 또는 대피공간에는 다음에서 정하는 바에 따라 화재 등의 경우에 피난용도로 사용되는 것임을 표시하여야 한다.

구 분	내 용
피난안전구역	출입구 상부 벽 또는 측벽의 눈에 잘 띄는 곳에 "피난안전구역"문자를 적은 표시판을 설치할 것
	출입구 측벽의 눈에 잘 띄는 곳에 해당 공간의 목적과 용도, 다른 용도로 사용하지 아니할 것을 안내하는 내용을 적은 표시판을 설치할 것
특별피난계단의 계단실 및 그 부속실, 피난계단의 계단실 및 피난용 승강기 승강장	출입구 측벽의 눈에 잘 띄는 곳에 해당 공간의 목적과 용도, 다른 용도로 사용하지 아니할 것을 안내하는 내용을 적은 표시판을 설치할 것
	해당 건축물에 피난안전구역이 있는 경우 표시판에 피난안전구역이 있는 층을 적을 것
대피공간	출입문에 해당 공간이 화재 등의 경우 대피장소이므로 물건 적치 등 다른 용도로 사용하지 아니할 것을 안내하는 내용을 적은 표시판을 설치할 것

03 고층 건축물의 피난 및 안전관리(「건축법」 제50조의2)

(1) 고층 건축물에는 대통령령으로 정하는 바에 따라 피난안전구역을 설치하거나 대피공간을 확보한 계단을 설치하여야 한다. 이 경우 피난안전구역의 설치기준, 계단의 설치 기준과 구조 등에 관하여 필요한 사항은 국토교통부령으로 정한다.

(2) 고층 건축물에 설치된 피난안전구역·피난시설 또는 대피공간에는 국토교통부령으로 정하는 바에 따라 화재 등의 경우에 피난용도로 사용되는 것임을 표시하여야 한다.

(3) 고층 건축물의 화재예방 및 피해경감을 위하여 국토교통부령으로 정하는 바에 따라 제48조부터 제50조까지 및 제64조의 기준을 강화하여 적용할 수 있다.

  1) 제48조(구조내력 등)

  2) 제48조의2(건축물 내진등급의 설정)

  3) 제49조(건축물의 피난시설 및 용도제한 등)

  4) 제50조(건축물의 내화구조와 방화벽)

  5) 제64조(승강기)

04 피난안전구역 설치기준(「초고층 및 지하연계 복합건축물 재난관리에 관한 특별법 시행령」 제14조)

(1) 피난안전구역 설치대상

  1) 초고층 건축물

  2) 30층 이상 49층 이하+지하연계 복합건축물

  3) 16층 이상 29층 이하+지하연계 복합건축물+지상층별 거주밀도가 m^2당 1.5명을 초과하는 층 : 해당 층의 사용 형태별 면적의 합의 10분의 1에 해당하는 면적을 피난안전구역으로 설치할 것

  4) 초고층 건축물 등의 지하층이 법 제2조 제2호나목의 용도로 사용되는 경우 : 해당 지하층에 [별표 2]의 피난안전구역 면적산정기준에 따라 피난안전구역을 설치하거나, 선큰[지표 아래에 있고 외기(外氣)에 개방된 공간으로서 건축물 사용자 등의 보행·휴식 및 피난 등에 제공되는 공간을 말한다. 이하 같다]을 설치할 것

 「초고층 및 지하연계 복합건축물 재난관리에 관한 특별법」 제2조 제2호 나목 : 건축물 안에 문화 및 집회시설, 판매시설, 운수시설, 업무시설, 숙박시설, 위락(慰樂)시설 중 유원시설업(遊園施設業)의 시설 또는 대통령령으로 정하는 용도의 시설(종합병원과 요양병원)이 하나 이상 있는 건축물

지하층 피난안전구역 면적산정기준

지하층의 용도	피난안전구역 면적
하나의 용도	수용인원$\times 0.1 \times 0.28m^2$
둘 이상 용도	사용 형태별 수용인원의 합$\times 0.1 \times 0.28m^2$

[비고]

1. 수용인원은 사용 형태별 면적과 거주밀도를 곱한 값을 말한다. 다만, 업무용도와 주거용도의 수용인원은 용도의 면적과 거주밀도를 곱한 값으로 한다.

2. 건축물의 사용 형태별 거주밀도는 다음 표와 같다.

건축 용도	사용형태별	거주밀도 (명/m^2)	비고
문화·집회 용도	• 좌석이 있는 극장·회의장·전시장 및 기타 이와 비슷한 것 　– 고정식 좌석 　– 이동식 좌석 　– 입석식 • 좌석이 없는 극장·회의장·전시장 및 기타 이와 비슷한 것 • 회의실 • 무대 • 게임제공업 • 나이트클럽 • 전시장(산업전시장)	n 130 2.60 1.80 1.50 0.70 1.00 1.70 0.70	• n은 좌석 수를 말한다. • 극장·회의장·전시장 및 그 밖에 이와 비슷한 것에는 「건축법 시행령」[별표 1] 제4호마목의 공연장을 포함한다. • 극장·회의장·전시장에는 로비·홀·전실을 포함한다.
상업용도	• 매장 • 연속식 점포 　– 매장 　– 통로 • 창고 및 배송공간 • 음식점(레스토랑)·바·카페	0.50 0.50 0.25 0.37 1.00	연속식 점포 : 벽체를 연속으로 맞대거나 복도를 공유하고 있는 점포 수가 둘 이상인 경우를 말한다.
업무용도	–	0.25	–
주거용도	–	0.05	–
의료용도	• 입원치료구역 • 수면구역	0.04 0.09	–

(2) 피난안전구역은 피난안전구역의 규모와 설치기준에 맞게 설치하여야 하며, 다음 각 호의 소방시설을 모두 갖추어야 한다.

설비의 종류	내 용
소화설비	소화기구(소화기 및 간이소화용구만 해당)
	옥내소화전설비
	스프링클러설비
경보설비	자동화재탐지설비
피난설비	방열복
	공기호흡기(보조마스크 포함)
	인공소생기
	피난유도선(피난안전구역으로 통하는 직통계단 및 특별피난계단 포함)
	유도등·유도표지
	비상조명등 및 휴대용비상조명등
소화활동설비	제연설비
	무선통신보조설비
재난의 예방·대응 및 지원을 위한 행정안전부령으로 정하는 설비	자동제세동기 등 심폐소생술을 할 수 있는 응급장비
	방독면 : 피난안전구역 위층 재실자 수의 10분의 1 이상

(3) 선큰 설치기준

1) **설치면적** : 다음의 구분에 따라 용도별로 산정한 면적을 합산한 면적 이상으로 설치할 것

① 문화 및 집회시설 중 **공연장, 집회장 및 관람장** : 해당 면적의 7% 이상

② 판매시설 중 **소매시장** : 해당 면적의 7% 이상

③ 그 밖의 용도 : 해당 면적의 3% 이상

2) **설치기준**

① 지상 또는 피난층(직접 지상으로 통하는 출입구가 있는 층 및 피난안전구역)으로 통하는 너비 1.8m 이상의 **직통계단**을 설치하거나, 너비 1.8m 이상 및 경사도 12.5% 이하의 **경사로**를 설치할 것

② **거실**(건축물 안에서 거주, 집무, 작업, 집회, 오락, 그 밖에 이와 유사한 목적을 위하여 사용되는 방을 말한다. 이하 같다) 바닥면적 100m²마다 0.6m 이상을 거실에 접하도록 하고, 선큰과 거실을 연결하는 출입문의 너비는 거실 바닥면적 100m²마다 0.3m로 산정한 값 이상으로 할 것

3) **설비기준**

① 빗물에 의한 침수 방지를 위하여 **차수판(遮水板), 집수정(集水井), 역류방지기**를 설치해야 한다.

② 선큰과 거실이 접하는 부분에 **제연설비**[드렌처(수막)설비 또는 공기조화설비와 별도로 운용하는 제연설비를 말한다]를 설치할 것. 다만, 선큰과 거실이 접하는 부분에 설치된 공기조화설비가 「화재예방, 소방시설 설치·유지 및 안전관리에 관한 법률」 제9조 제1항에 따른 화재안전기준에 맞게 설치되어 있고, 화재발생 시 제연설비 기능으로 자동전환되는 경우에는 제연설비를 설치하지 않을 수 있다.

(4) 초고층 건축물 등의 관리주체는 피난안전구역에 위 (1)~(3)에서 규정한 사항 외에 재난의 예방·대응 및 지원을 위하여 행정안전부령으로 정하는 설비 등을 갖추어야 한다.

구 분		설치대상	면 적	비 고
초고층		30층 이내마다 1개	(피난안전구역 위층의 재실자 수×0.5)×0.28m²	피난안전구역
준초고층		층수의 2분의 1에 해당하는 층으로부터 상하 5개층 이내에 1개소		
지하연계 복합건축물		초고층 건축물	해당 층 사용 형태별 면적 합×0.1 이상	
		30층 이상 49층 이하+지하연계 복합건축물		
		16층 이상 29층 이하+지하연계 복합건축물+지상층별 거주밀도가 m²당 1.5명을 초과하는 층		
지하층	피난안전구역	판매, 운수, 업무, 숙박, 위락	수용인원×0.1×0.28m²	선큰
	선큰	판매, 운수, 업무, 숙박, 위락	공연장, 집회장, 관람장, 소매시장 : 해당 면적의 7% 이상	
			그 밖의 용도 : 해당 면적의 3% 이상	

05 피난안전구역 소방시설(「고층 건축물의 화재안전기준(NFSC 604)」 제10조)

구 분	설치대상	설치기준
소화활동설비	제연설비	• 피난안전구역과 비제연구역 간의 차압은 50Pa(옥내에 스프링클러설비가 설치된 경우에는 2.5Pa) 이상 • 제외 : 피난안전구역의 한쪽 면 이상이 외기에 개방된 구조의 경우
피난설비	피난유도선	• 피난안전구역이 설치된 층의 계단실 출입구에서 피난안전구역 주출입구 또는 비상구까지 설치할 것 • 계단실에 설치하는 경우 계단 및 계단참에 설치할 것 • 피난유도 표시부의 너비는 최소 25mm 이상으로 설치할 것 • 광원점등방식(전류에 의하여 빛을 내는 방식)으로 설치 • 60분 이상 유효하게 작동할 것
	비상조명등	바닥에서 조도는 10 lx 이상
	휴대용 비상조명등	• 설치개수 – 초고층 건축물 : 피난안전구역 위층의 재실자 수의 10분의 1 이상 – 지하연계 복합건축물 : 피난안전구역이 설치된 층의 수용인원이 10분의 1 이상 • 건전지 및 충전식 건전지의 용량 – 40분 이상 – 피난안전구역이 50층 이상에 설치되어 있을 경우의 용량은 60분 이상
	인명구조기구	• 방열복, 인공소생기를 각 2개 이상 비치할 것 • 45분 이상 사용할 수 있는 성능의 공기호흡기(보조마스크를 포함)비치 개수 – 2개 이상 – 피난안전구역이 50층 이상에 설치되어 있을 경우 : 예비용기를 10개 이상 • 화재 시 쉽게 반출할 수 있는 곳에 비치할 것 • 인명구조기구가 설치된 장소의 보기 쉬운 곳에 "인명구조기구"표지판 등을 설치

옥상에 설치하는 피난시설

01 개 요

(1) 5층 이상의 건축물에서 화재가 발생하여 피난층으로의 피난이 불가능 할 경우를 대비하여 다중화(fail-safe) 개념의 피난용도로 사용할 수 있는 피난시설을 설치하여야 한다.

(2) 옥상에 설치하는 피난시설에는 옥상광장, 구조공간, 헬리포트, 대피공간 등이 있다.

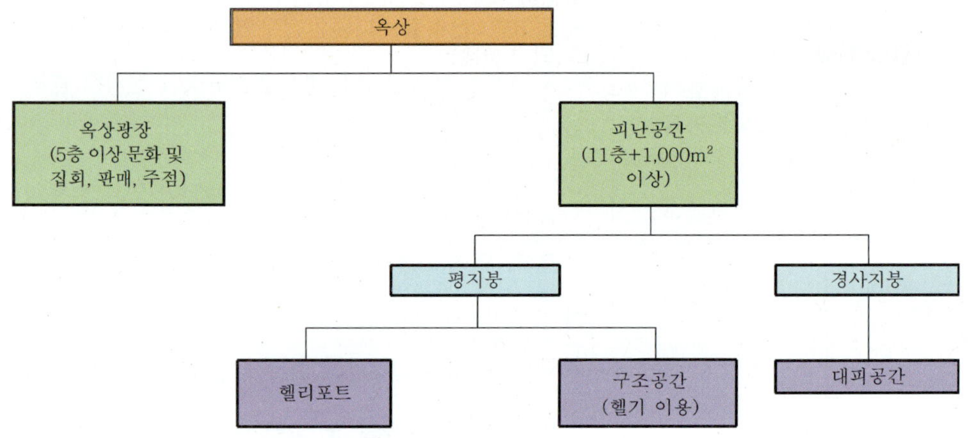

❚ 옥상에 설치하는 피난시설 ❚

02 옥상광장 등의 설치(「건축법 시행령」 제40조)

(1) 옥상광장 또는 2층 이상인 층에 있는 노대(露臺)나 그 밖에 이와 비슷한 것의 주위에는 높이 1.2m 이상의 난간을 설치하여야 한다. 다만, 그 노대 등에 출입할 수 없는 구조인 경우에는 그러하지 아니하다.

(2) 설치대상 : 5층 이상인 층 중 다음의 용도로 쓰이는 경우는 피난을 위하여 옥상에 광장을 설치하여야 한다.

1) 제2종 근린생활시설 중 공연장·종교집회장·인터넷 컴퓨터 게임시설제공업소(해당 용도로 쓰는 바닥면적의 합계가 각각 300m² 이상인 경우만 해당한다)
2) 문화 및 집회시설(전시장 및 동·식물원은 제외한다)
3) 종교시설
4) 판매시설

5) 위락시설 중 **주점영업**

6) **장례식장**

(3) 층수가 **11층 이상인 건축물**로서 11층 이상인 층의 바닥면적의 합계가 **10,000m² 이상**인 건축물의 옥상에는 다음의 구분에 따른 공간을 확보하여야 한다.

1) 건축물의 지붕을 평지붕으로 하는 경우 : **헬리포트**를 설치하거나 **헬리콥터를 통하여 인명 등을 구조할 수 있는 공간**

2) 건축물의 지붕을 경사지붕으로 하는 경우 : 경사지붕 아래에 설치하는 **대피공간**

(4) 위 (3)에 따른 헬리포트를 설치하거나 헬리콥터를 통하여 인명 등을 구조할 수 있는 공간 및 경사지붕 아래에 설치하는 대피공간의 설치기준은 국토교통부령으로 정한다.

03 헬리포트[「건축물의 피난·방화구조 등의 기준에 관한 규칙」 제13조(헬리포트 및 구조공간 설치기준)]

구 분		설치기준
헬리포트의 **길이와 너비**		**22m 이상**(다만, 건축물의 옥상바닥의 길이와 너비가 각각 22m 이하인 경우에는 헬리포트의 길이와 너비를 각각 **15m**까지 감축할 수 있다)
이·착륙에 장애가 되는 건축물, 공작물, 조경시설 또는 난간 등 설치제한		헬리포트의 중심으로부터 **반경 12m 이내**에는 설치제한
주위한계선		**백색**으로 하되, 그 선의 너비는 **38cm**로 할 것
"ⓗ"표지	크기와 색	헬리포트의 중앙부분에는 **지름 8m의 "ⓗ"표지를 백색**
	"H"표지	선의 너비는 **38cm**
	"○"표지	선의 너비는 **60cm**

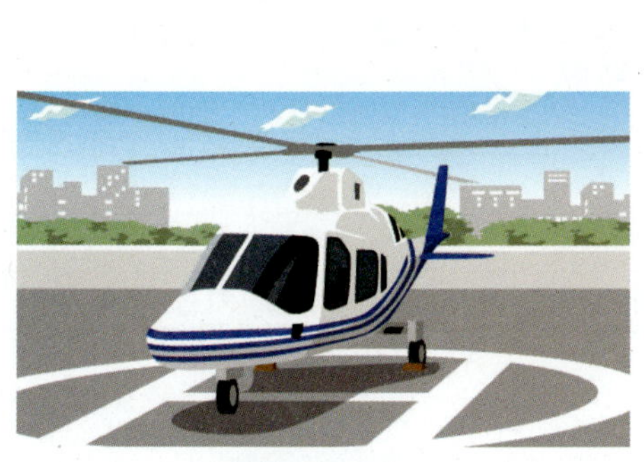

▮ 헬리포트 ▮

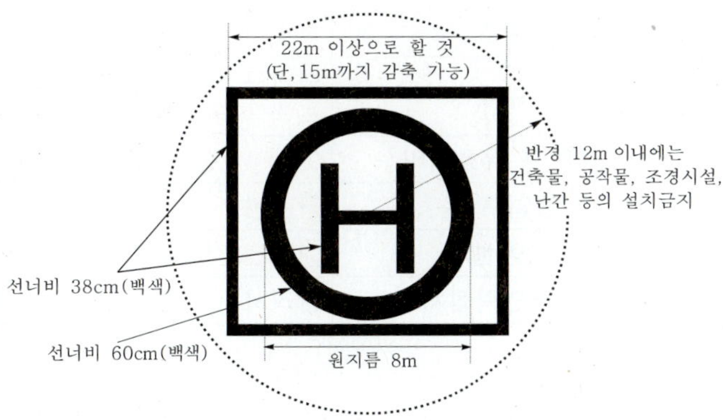

▮ 헬리포트 설치기준 ▮

04 헬리콥터를 통하여 인명 등을 구조할 수 있는 공간 「건축물의 피난·방화구조 등의 기준에 관한 규칙」 제13조(헬리포트 및 구조공간 설치기준)

구 분		설치기준
구조공간		직경 10m 이상
구조활동에 장애가 되는 건축물, 공작물 또는 난간 등 설치제한		구조공간에는 설치제한
"ⓗ"표지	크기와 색	헬리포트의 중앙부분에는 지름 8m의 "ⓗ"표지를 백색
	"H"표지	선의 너비는 38cm
	"○"표지	선의 너비는 60cm

05 헬리포트나 헬리콥터를 통하여 인명을 구조할 수 있는 공간의 특징

(1) 고층 건물의 옥상으로 피난한 피난자에게 유일한 최후의 피난수단이다.

(2) 헬리콥터의 탑승인원이 제한된다. 따라서 한번에 다수의 인원을 피난시키는 것은 곤란하다.

(3) 층고가 높거나 빌딩숲의 경우에는 와류의 발생 우려가 있다. 미국에서는 구조용 헬리콥터가 와류에 의해 건물과 충돌한 사례가 있다.

06 대피공간 「건축물의 피난·방화구조 등의 기준에 관한 규칙」 제13조(헬리포트)]

구 분	설치기준
설치대상	11층 이상+1,000m^2 이상+경사지붕
대피공간의 면적	지붕 수평투영면적의 10분의 1 이상
구조	특별피난계단 또는 피난계단과 연결되도록 할 것
구획	출입구·창문을 제외한 부분은 해당 건축물의 다른 부분과 내화구조의 바닥 및 벽으로 구획할 것
출입구 유효너비	0.9m 이상
출입구 문	갑종방화문
조명설비	예비전원으로 작동하는 조명설비
긴급연락장치	관리사무소 등과 긴급 연락이 가능한 통신시설을 설치할 것

화재 및 연기에 대한 피난자의 거동응답

01 개 요

화재 개시에 직접적으로 개입되어 있는 개인의 거동응답은 화재사고의 결과를 결정하는 인자로 작용하는 경우가 많다.

02 화재 징후 인식

(1) 음성지시형 정보메시지(피난경보설비, 비상방송설비) 또는 그래픽 디스플레이 방식 (자동화재탐지설비, 유도등설비)을 활용하는 '정보제공형 화재경보설비'는 피난개시 지연을 감소시키는 데 있어서 가장 효과적인 수단이다.

(2) 군중들과 함께 있는 상태(식당, 영화관, 백화점)에서 화재발생 시 군중에 의해 화재 징후를 인식한다. → 사회적 억제, 책임분산 등

03 화재사고의 인식(화재사고 인지과정 6가지)

(1) 인지(recognition)

1) 개인이 불확실한 화재 징후를 화재사고의 발생으로 파악하고 화재발생을 인식하게 될 때, 이를 화재로 인지한다.

2) 가장 발생 가능성이 높은 사건(일반적으로 과거의 개인적 경험과 관련)을 바탕으로 낙관적이고 유리한 결과의 형태로 위험 징후를 인지하게 된다.

3) 개인이 화재사고 징후의 인지에 있어서 낙관적인 결과를 예상하는 이유는 개인적으로 위험에 취약하지 않다는 낙관적인 상황을 인지하고 있기 때문이다.

4) 위험인지의 개념은 방화에 있어서 매우 중요한 문제이다. 해당 개인이 화재 징후를 비상 화재 상황으로 인지하지 않을 경우에는 경보, 피난 및 소화 등의 재난대응에 대한 의사결정이 지연될 수 있다.

(2) 검증(validation)

1) 화재 징후에 대한 초기 인지 결과를 검증하려고는 시도이다. 위험사실에 대한 징후만 가지고는 화재로 인식하지 않는다.

2) 인지 및 검증 과정 중에 타인이 함께 있다는 사실은 타인에 의존하기 때문에 개인의 거동응답에 제한을 가한다.

(3) 정의(definition) : 이것은 화재라는 위험에 처했다는 것을 정의한다. 이는 검증의 결과로 위험사실을 확실이 인지하고 다음 행동에 들어가기 위한 심리적 의사결정을 의미한다.

(4) 평가(evaluation) : 정의내린 사항에 대하여 어떻게 행동을 할 것인가를 결정하는 것이다.

(5) 행동 개시(commitment) : 인간의 행동 특성에 의해서 행동하게 된다.

(6) 재사정(reassessment) : 일단 위험장소에서 벗어나면 사태를 다시 파악하려고 한다. 이 경우 잃어버린 중요 물건이나, 사람 등이 생각나서 재진입할 우려가 있다.

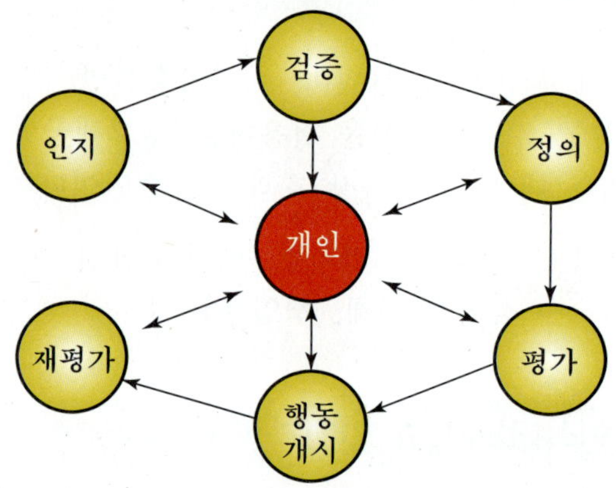

04 재해가 발생한 경우 인간의 반응을 결정하는 요소

(1) 소속집단의 특성

(2) 개인의 경험과 성격

(3) 체력과 훈련의 정도

(4) 재해의 종류와 특성

(5) 위기감

(6) 가능한 도피방법

(7) 집단 내에서 타인의 행동

(8) 인간의 행동 특성

 1) 귀소본능

  ① 모르는 길보다 알고 있는 길을 선택하는 본능, 일상적으로 사용하는 경로로 탈출을 도모하고자 하는 본능이다.

② 따라서 일상의 경로가 그 말단까지 알기 쉽고 안전하게 보호되어 있는 것이 인간이 알지 못하는 다른 경로를 준비하는 것보다 중요하다.

③ 피난동선과 일상동선을 일치시켜 평소에 이용하는 복도나 계단을 이용하여 안전하게 피난할 수 있는 피난계획이 필요하다.

2) 좌회본능

① 오른손잡이인 경우 오른손, 오른발이 발달해 있기 때문에 어둠 속에서 보행하면 왼쪽으로 도는 본능이 있다(오른쪽이 힘이 더 세서 주축이 되므로 왼쪽으로 돈다).

② 피난계단의 구조는 내려가는 방향으로 좌회전이 되도록 설계하여야 한다.

3) 지광본능

① 밝은 쪽으로 나아가려는 경향이다.

② 출입구, 계단 등은 가능한 한 밝은 외부에 접하게 설치한다.

4) 추종본능

① 군중심리에 의해 남을 따라 하기 쉬워 적극적인 사람이 있으면 그 사람을 따르는 본능이다.

② 불특정 다수의 사람이 모이는 시설에는 피난을 유도할 수 있는 리더(관계자)의 육성이 필요이 필요하다.

5) 퇴피본능

① 연기 및 화염 등에서 멀리 떨어지려는 본능이다.

② 화재 가능성이 높은 장소와 피난 출입구가 최대한 이격하도록 설치하여야 한다.

6) 기타 본능 : 일상동선지향성, 향개방성, 최초 인지경로 선택성, 지근거리 선택성, 직진성, 이성적 안정성이 있다.

- 일상동선지향성 : 모르는 경로보다 일상적으로 늘 사용하는 경로로 피난을 가려고 하는 행동경향이다.
- 향개방성 : 좁은 장소보다는 열려있고 큰 공간으로 피난을 가려는 행동경향이다.
- 최초 인지경로 선택성 : 눈에 먼저 띈 경로로 피난을 가려는 행동경향. 따라서 숨겨진 공간은 피난안내가 되어 있어도 선택에서 뒤처지게 된다.
- 지근거리 선택성 : 가장 가까운 길로 피난을 가려는 행동경향. 이를 위해 장애물을 제거하거나 뛰어넘어 피난을 간다.
- 직진성 : 앞으로 직진하여 피난을 가려는 행동경향. 따라서 구부러진 피난로보다는 직진 피난로가 피난자 수가 더 많아진다.
- 이성적 안전성 : 이성적으로 판단을 해서 안전하다고 생각되는 경로로 피난을 하려는 행동경향. 가까운 피난로를 놔두고 더 안전하다고 교육이나 훈련을 받은 경로인 옥외계단이 있으면 그쪽으로 피난을 한다.

05 거주자의 거동응답

(1) 성별에 따른 거동
1) 남성 : 화재를 확인 후 진압하려는 행동을 우선적으로 한다.
2) 여성 : 화재를 확인 후 관계자를 대피시키려는 행동을 우선적으로 한다.

(2) 숙박시설, 음주시설 사고 시의 거동 : 정신적으로 불안정한 상태에서 행동하게 된다.

(3) 집중 군중 : 군중심리에 의해서 행동하게 된다.

(4) 이타적인 거동 : 신중하게 의도적으로 일어나는 거주자의 거동응답과 함께 가장 빈번한 거동응답 방식이다.

> **꼼꼼체크** 이타적(利他的) : 남을 위하거나 이롭게 하는 것

1) 화재 중에도 공황이 나타나는 경우는 매우 드물다. 긴급상황에서도 정상적 양상의 거동, 이동경로 선택 그리고 다른 사람들과의 관계가 나타나는 경향이 있다.
2) 사람들의 거동은 이타적이고 합리적인 경향이 있다.
3) 화재경보나 연기 냄새와 같은 화재 징후를 인지한 후, 사람들은 이러한 초기 징후를 무시하거나 해당 상황의 특성이나 심각성에 대한 정보를 수집 및 조사하는 데 시간을 소모하는 경우가 많은데, 이로 인해 피난이동을 시작하기 전에 시간이 지연된다.
4) 모호한 정보와 짧은 의사결정시간에 직면한 사람들은 피난경로 선정에 있어서 의사결정을 통해 결과적으로 자신에게 가장 익숙한 출구로 향할 가능성이 높다.
5) 피난(보다 일반적으로 화재에 대한 응답)은 사회적인 응답인 경우가 많다. 즉, 사람들은 집단적으로 행동하면서 감정적 유대관계를 갖고 있는 사람들과 함께 피난하고자 하는 경향이 있다.
6) 정상적인 건물 사용 중에 부딪치는 여러 문제(의사소통 오류, 이동 위험, 통로 확인 문제)는 비상 시에도 계속 나타나면서 상황을 더욱 악화시키는 경향이 있다.

(5) 부적절한 거동
1) 공항 거동 : 패닉(panic) 상태에 빠져서 부적절한 행위를 할 수 있다. 대부분의 화재 사고에서 드물게 나타나는 비정상적인 현상으로 평범하지 않은 거동응답이라 판단된다.
   ① 패닉(panic) : 생명이나 생활에 중대한 위해를 가져올 것으로 상정되는 위협을 회피하기 위해서 일어나는 집합적인 도주현상이다. 다른 집합적 돌발행동양태인 시위나 폭동이 공격적이고 구심적인 경향을 보이는 데 비하여, 패닉은 도피적이고 원심적인 특징을 보인다.

꼼꼼체크 • 구심적(求心的) : 중심으로 다가가려는 성질 또는 현상의 것
 • 원심적(遠心的) : 중심으로부터 떨어져 나가려는 성질 또는 현상의 것

② 패닉(panic)에 이르게 하는 요소
  ㉠ 높은 온도, 습도 그리고 농연 등 인체에 유해한 환경요인 : 농도가 높고 (dense), 검은 연기는 물리적 환경에 대한 즉각적인 위협으로 인식하지만 가볍고, 하얀 연기는 위협으로 조차 생각하지 않는다.
  ㉡ 고온의 열기, 복사열
  ㉢ 혼란스러운 상황
  ㉣ 경쟁적인 관계

▌ 패닉의 행동 특성과 내용 ▐

행동 특성	내 용
대피동기	위험에서 대피하려 할 때 불안이 증대하여 착란상태에 빠지기 쉽다.
외적 상황	대피행동 중 정전과 아우성 등이 들리면 이것이 계기가 되어 일어난다.
정보제공과 대피유도	대피할 때 정보가 주어지지 않는 경우와 정보가 부적절한 경우, 대피할 수 없는 점과 화재현상의 변화 혹은 대피자의 다양한 행동에 의해 불안을 증대시키게 된다.
대피행동의 장애	대피통로가 연기와 화염으로 차단된 경우와 대피구가 잠겨있는 경우는 대피자가 우왕좌왕하여 다른 대피자와 부딪치는 가운데 심리적으로 혼란을 증폭시켜서 생기게 된다.

2) **재진입 거동** : 화재사실 확인, 안전하게 된 후 중요물품이나 가족을 구출하기 위한 재진입으로 피해를 입는 경우가 많다.

06 결 론

(1) 화재 거동은 행동에 대해 활용할 수 있는 정보가 미미한 상황에서 빠르게 변화하는 복잡한 상황을 처리하고자 하는 논리적 시도로 이해할 수 있다.

(2) 여러 코드의 목적은 화재 시 사람들이 정보를 바탕으로 결정을 내릴 수 있는 가능성을 높이는 방향으로 재정립되어야 한다.

열로 인한 피해

01 개 요

(1) 인간은 고온 분위기나 강한 방사열에 노출되면 대사가 촉진되어 혈액순환이나 호흡이 빨라지고, 땀의 증발이 많아지며 열로 인한 통증이나 화상을 입는다.

(2) 인간이 주위로부터 대류, 복사, 전도에 의해서 받은 열은 땀이나 호흡 등으로 발산하지만 과도하게 받은 열은 전부 발산되지 않고 일부는 신체조직 및 체액에 저장된다. 인체가 열의 흡수와 발산에서 평형을 유지하고 있을 때는 정상이지만 이 균형이 깨지면 여러 가지 장해를 일으키게 된다.

(3) 고온에 의한 열적 손상에는 비교적 긴 시간 동안의 노출에 의한 열응력과 즉각적으로 발생하는 복사열에 의한 화상이 있다.

 열응력(thermal stress) : 물체는 열을 받으면 그 체적이 증가하는 반면 냉각이 되면 반대로 체적이 감소한다. 하지만 물체를 늘어나거나 줄어들지 않도록 구속하게 되면 물체 내부에는 이 구속에 저항하려는 내력이 발생하게 된다. 인체도 현상온도를 유지하려고 하는 내력을 인체의 열응력이라고 한다.

02 인간과 온도환경

(1) 바람이 없고 습도가 낮은 경우 고온 환경의 공기온도와 생존한계시간

공기온도(℃)	생존한계시간(분)
143	5 이하
120	15 이하
100	25 이하
65	60 이하

(2) 피부의 온도가 45℃가 되면 통증이 생기고, 54℃가 되면 화상을 입는다. 이때 한계온도는 약 200℃가 된다.

(3) 하지만 공기 중에 수분이 많은 경우는 땀의 증발이 억제되므로 이와 같은 포화증기 하에서는 50℃라도 수 분밖에 견딜 수 없다고 한다. 왜냐하면 땀이 증발하면서 인체로부터 열을 빼앗아 가야 하는데 습도가 높으면 증발이 어렵기 때문에 습도가 높은 지역은 같은 온도라도 훨씬 더 불쾌감을 느끼는 것이다.

(4) 열응력은 신체의 내부 온도가 41℃에 도달할 때 발생한다. 비교적 단시간 내에 발생하는 화상은 4kW/m² 의 복사열류가 필요하고 태양열과 같은 장기 복사열의 경우는 1kW/m² 정도로도 약한 화상을 발생시킨다.

03 복사열의 영향

(1) 인간이 복사열을 받았을 때 견딜 수 있는 시간은 복사열의 제곱에 반비례하며 인체의 열관성에 비례하고, 온도차의 제곱에 비례한다고 한다.

$$t = \frac{1}{(복사열)^2} \times (T_2 - T_1)^2$$

여기서, t : 복사열에 견디는 시간
T_2 : 측정 당시의 온도
T_1 : 최초의 온도

(2) 스톨(stoll) 등의 시험에 의하면 복사열과 통증 및 화상의 관계는 아래의 그림과 같다고 한다.

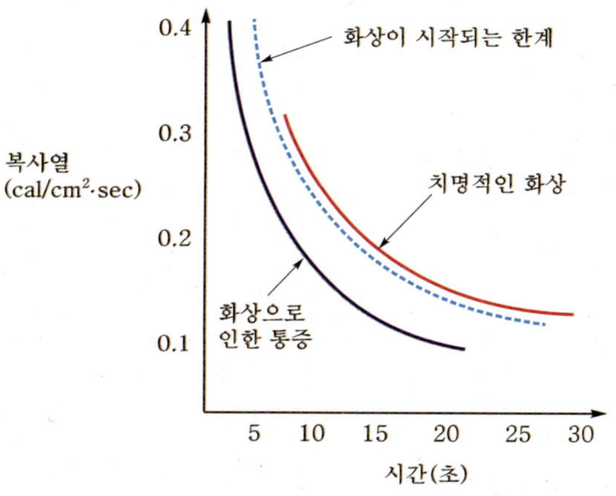

❚ 시간의 경과에 따른 복사열과 화상의 관계 ❚

(3) 인체의 열관성(thermal inertia)은 다음 식으로 표시된다.

$$T = k\rho c$$

여기서, k : 인간의 피부 열전도율(1.5×10^{-3} cal/cm·sec·deg)
ρ : 피부의 밀도(1.1g/cm²)
c : 피부의 열용량(0.8cal/g·deg)

(4) 복사열의 강도에 따른 인체의 반응

복사열강도($kcal/m^2h$)	인체의 반응
1,080	장시간 노출에 견딜 수 있는 최대 방사열
1,260	고통을 느끼기 시작
1,800	1분 후 고통
3,600	10~20초 후 고통
9,000	3초 후 고통, 10초-20초 후 화상을 입음

04 열과 화상

인간의 피부에 과다한 열이 가해지면 화상을 입게 되는데 그 정도는 다음의 4가지로 분류된다.

(1) **1도 화상(홍반성)** : 열에 의한 변화가 피부의 표층에 국한되는 것이고 환부가 붉은색 반점모양이 되며 가벼운 통증을 수반한다.

(2) **2도 화상(수포성)** : 화상 직후 또는 1일 이내에 물집이 생기는 상태이며, 2주일 정도의 치료로 치유되는 정도를 말한다.

(3) **3도 화상(괴사성)** : 피부의 전체 층이 열로 괴사하여 궤양으로 되는 상태이다.

(4) **4도 화상(흑색화상)** : 열에 의한 변화가 피부는 물론 피하지방, 근육 및 뼈에까지 이르러 시커먼 색을 띠는 상태를 말한다.

피난시설 및 용도제한

01 건축물의 피난시설 및 용도제한 등(「건축법」 제49조)

(1) 대통령령으로 정하는 용도 및 규모의 건축물과 그 대지에는 국토교통부령으로 정하는 바에 따라 복도, 계단, 출입구, 그 밖의 피난시설과 소화전(消火栓), 저수조(貯水槽), 그 밖의 소화설비 및 대지 안의 피난과 소화에 필요한 통로를 설치하여야 한다.

(2) 대통령령으로 정하는 용도 및 규모의 건축물의 안전·위생 및 방화(防火) 등을 위하여 필요한 용도 및 구조의 제한, 방화구획(防火區劃), 화장실의 구조, 계단·출입구, 거실의 반자 높이, 거실의 채광·환기와 바닥의 방습 등에 관하여 필요한 사항은 국토교통부령으로 정한다.

(3) 대통령령으로 정하는 용도 및 규모의 건축물에 대하여 가구·세대 등 간 소음 방지를 위하여 국토교통부령으로 정하는 바에 따라 경계벽 및 바닥을 설치하여야 한다.

(4) 「자연재해대책법」 제12조 제1항에 따른 자연재해위험개선지구 중 침수위험지구에 국가·지방자치단체 또는 「공공기관의 운영에 관한 법률」 제4조 제1항에 따른 공공기관이 건축하는 건축물은 침수 방지 및 방수를 위하여 다음의 기준에 따라야 한다.

  1) 건축물의 1층 전체를 필로티(건축물을 사용하기 위한 경비실, 계단실, 승강기실, 그 밖에 이와 비슷한 것을 포함한다) 구조로 할 것

  2) 국토교통부령으로 정하는 침수 방지시설을 설치할 것

02 대지 안의 피난 및 소화에 필요한 통로 설치(「건축법 시행령」 제41조)

(1) 건축물의 대지 안에는 그 건축물 바깥쪽으로 통하는 주된 출구와 지상으로 통하는 피난계단 및 특별피난계단으로부터 도로 또는 공지(공원, 광장, 그 밖에 이와 비슷한 것으로서 피난 및 소화를 위하여 해당 대지의 출입에 지장이 없는 것)로 통하는 통로를 다음의 기준에 따라 설치하여야 한다.

▮ 대지 안의 피난 및 소화에 필요한 통로 ▮

건축물의 용도		유효너비
단독주택		0.9m
바닥면적의 합계가 500m² 이상	문화 및 집회시설, 종교시설, 의료시설, 위락시설 또는 장례식장	3m
그 밖의 용도로 쓰는 건축물		1.5m

(2) 소방자동차의 접근이 가능한 통로

1) 대상 : 다중이용건축물과 층수가 11층 이상인 건축물

2) 예외규정 : 다만, 모든 다중이용 건축물과 층수가 11층 이상인 건축물이 소방자동차의 접근이 가능한 도로 또는 공지에 직접 접하여 건축되는 경우로서 소방자동차가 도로 또는 공지에서 직접 소방활동이 가능한 경우에는 그러하지 아니하다(지침상은 4m).

03 방화에 장애가 되는 용도의 제한(「건축법 시행령」 제47조)

(1) 「건축법」 제49조 제2항에 따라 의료시설, 노유자시설(아동 관련 시설 및 노인복지시설만 해당), 공동주택 또는 장례식장과 위락시설, 위험물 저장 및 처리 시설, 공장 또는 자동차 관련 시설(정비공장만 해당)은 같은 건축물에 함께 설치할 수 없다.

(2) 예외 규정

1) 공동주택(기숙사만 해당)과 공장이 같은 건축물에 있는 경우

2) 상업지역(중심·일반·근린)에서 「도시 및 주거환경정비법」에 따른 도시환경정비사업을 시행하는 경우

3) 공동주택과 위락시설이 같은 초고층 건축물에 있는 경우. 다만, 사생활을 보호하고 방범·방화 등 주거안전을 보장하며 소음·악취 등으로부터 주거환경을 보호할 수 있도록 주택의 출입구·계단 및 승강기 등을 주택 외의 시설과 분리된 구조로 하여야 한다.

(3) 법 제49조 제2항에 따라 다음의 어느 하나에 해당하는 용도의 시설은 같은 건축물에 함께 설치할 수 없다(즉, 절대 같이 설치가 곤란한 용도시설).

1) 노유자시설 중 아동 관련 시설 또는 노인복지시설과 판매시설 중 도매시장 또는 소매시장

2) 단독주택(다중주택, 다가구주택에 한정한다), 공동주택, 제1종 근린생활시설 중 조산원과 제2종 근린생활시설 중 다중생활시설

❚ A군과 B군의 용도제한(함께 설치할 수 없는 용도) ❚

A군		B군	
• 의료시설 • 노유자시설(아동 관련 시설 및 노인복지시설만 해당) • 공동주택 • 장례식장		• 위락시설 • 위험물 저장 및 처리 시설 • 공장 • 자동차 관련 시설(정비공장만 해당)	
노유자시설 중	• 아동 관련 시설 • 노인복지시설	판매시설 중	• 도매시장 • 소매시장
• 단독주택(다중주택, 다가구주택에 한정) • 공동주택 • 제1종 근린생활시설 중 조산원		제2종 근린생활시설 중 다중생활시설	

894

04 복합건축물의 피난시설 등(「건축물의 피난·방화구조 등의 기준에 관한 규칙」 제14조의2)

「건축법 시행령」 제47조 제1항 단서의 규정에 의하여 같은 건축물 안에 공동주택·의료시설·아동 관련 시설 또는 노인복지시설(이하 "공동주택 등") 중 하나 이상과 위락시설·위험물 저장 및 처리 시설·공장 또는 자동차정비공장(이하 "위락시설 등") 중 하나 이상을 함께 설치하고자 하는 경우에는 다음의 기준에 적합하여야 한다.

▌완화 적용을 위한 기준 ▌

구 분	대 상	완화기준
출입구	공동주택 위락시설	출입구 간 보행거리가 30m 이상이 되도록 설치할 것
바닥과 벽		내화구조로 구획하여 서로 차단할 것
배치		서로 이웃하지 아니하도록 배치할 것
건축물의 주요구조부	상기 A군과 B군을 함께 설치하는 경우	내화구조로 할 것
실내마감재		불연재료·준불연재료 또는 난연재료로 할 것
거실로부터 지상으로 통하는 주된 복도·계단의 실내마감		불연재료 또는 준불연재료로 할 것

01 설치대상

(1) 모든 특정 대상물에 설치한다.

(2) 단, 피난층, 11층 이상인 층은 제외된다.

02 설치 수량

(1) 층마다 설치하고 아래의 면적당 1개 이상씩 설치한다.

    1) 숙박, 노유자, 의료시설 : 바닥면적 500m^2

    2) 위락, 문화·집회·운동, 판매, 복합 용도 : 800m^2

    3) 계단실형 아파트 : 각 세대마다

    4) 그 밖의 용도 : $1,000\text{m}^2$

(2) 추가 설치

    1) 아파트 : 공기안전매트, 다만 옥상으로 피난이 가능하거나 인접 세대로 피난할 수 있는 구조인 경우 제외

    2) 숙박시설 : 객실마다, 완강기 또는 간이완강기 2개

▌소방대상물의 설치장소별 피난기구의 적응성[「피난기구의 화재안전기준(NFSC 301)」 제4조 제1항 관련] ▌

설치장소별 구분 \ 층별	지하층	2층	3층	4층 이상 10층 이하
의료시설(장례식장을 제외)·노유자시설·근린생활시설 중 입원실이 있는 의원·산후조리원·접골원·조산소	피난용 트랩	–	미끄럼대·구조대·피난교·피난용 트랩·다수인피난장비·승강식 피난기	구조대·피난교·피난용 트랩·다수인피난장비·승강식 피난기
근린생활시설(입원실이 있는 의원·산후조리원·접골원·조산소는 제외)·위락시설·문화집회 및 운동시설·판매시설 및 영업시설·숙박시설·공동주택·업무시설·통신촬영시설·교육연구시설·공장·운수자동차 관련 시설(주차용 건축물 및 차고, 세차장, 폐차장 및 주차장을 제외)·관광휴게시설(야외음악당 및 야외극장을 제외)·의료시설 중 장례식장	피난사다리·피난용 트랩	–	미끄럼대·피난사다리·구조대·완강기·피난교·피난용 트랩·간이완강기·피난밧줄·공기안전매트·다수인피난장비·승강식 피난기	피난사다리·구조대·완강기·피난교·간이완강기·공기안전매트·다수인피난장비·승강식 피난기

설치 장소별 구분 \ 층 별	지하층	2층	3층	4층 이상 10층 이하
「다중이용업소의 안전관리에 관한 특별법 시행령」 제2조에 따른 다중이용업소로서 영업장의 위치가 4층 이하인 다중이용업소	–	미끄럼대·피난사다리·구조대·완강기	미끄럼대·피난사다리·구조대·완강기	미끄럼대·피난사다리·구조대·완강기

03 설치기준

(1) 피난기구는 계단·피난구 기타 피난시설로부터 적당한 거리에 있는 안전한 구조로 된 피난 또는 소화활동상 유효한 개구부(가로 0.5m 이상 세로 1m 이상인 것을 말한다. 이 경우 개부구 하단이 바닥에서 1.2m 이상이면 발판 등을 설치하여야 하고, 밀폐된 창문은 쉽게 파괴할 수 있는 파괴장치를 비치하여야 한다)에 고정하여 설치하거나 필요한 때에 신속하고 유효하게 설치할 수 있는 상태에 둘 것

(2) 피난기구를 설치하는 개구부는 서로 동일 직선상이 아닌 위치에 있을 것. 다만, 피난교·피난용 트랩 또는 간이완강기·아파트에 설치되는 피난기구(다수인 피난장비는 제외) 기타 피난상 지장이 없는 것에 있어서는 그러하지 아니하다.

(3) 피난기구는 소방대상물의 기둥·바닥·보 기타 구조상 견고한 부분에 볼트 조임·매입·용접 기타의 방법으로 견고하게 부착할 것

(4) 4층 이상의 층에 피난사다리(하향식 피난구용 내림식 사다리는 제외)를 설치하는 경우에는 금속성 고정사다리를 설치하고, 당해 고정사다리에는 쉽게 피난할 수 있는 구조의 노대를 설치할 것

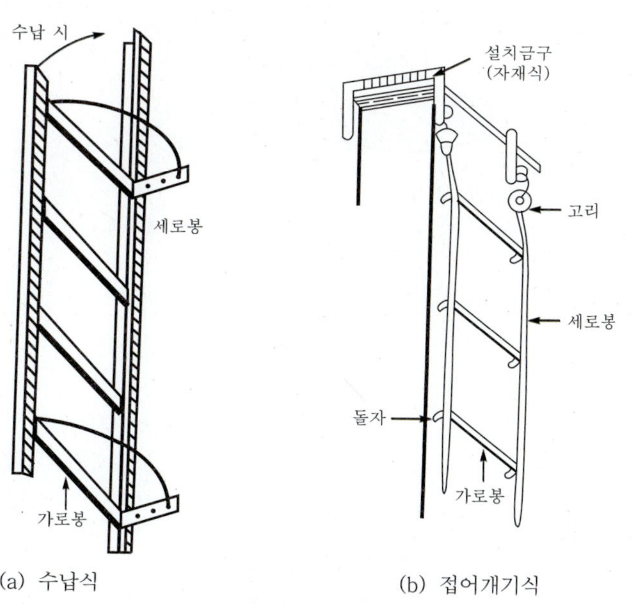

┃ 금속제 고정식 사다리 ┃

(5) 완강기는 강하 시 로프가 소방대상물과 접촉하여 손상되지 아니하도록 할 것

  1) 완강기 : 사람의 몸무게를 이용하여 상층부에서 하층부로 일정 하강속도로 이동하도록 도와주는 장비로 반복사용이 가능하다.

  2) 간이완강기 : 1회용 완강기

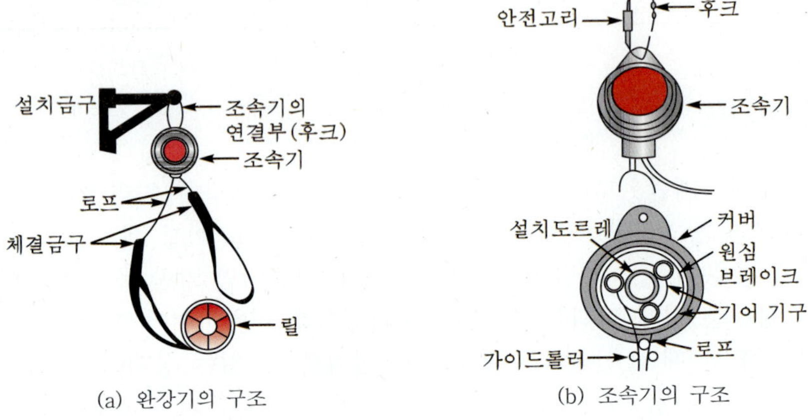

▌완강기▐

(6) 완강기로프의 길이는 부착위치에서 지면 기타 피난상 유효한 착지면까지의 길이로 할 것

(7) 미끄럼대는 안전한 강하속도를 유지하도록 하고, 전락방지를 위한 안전조치를 할 것

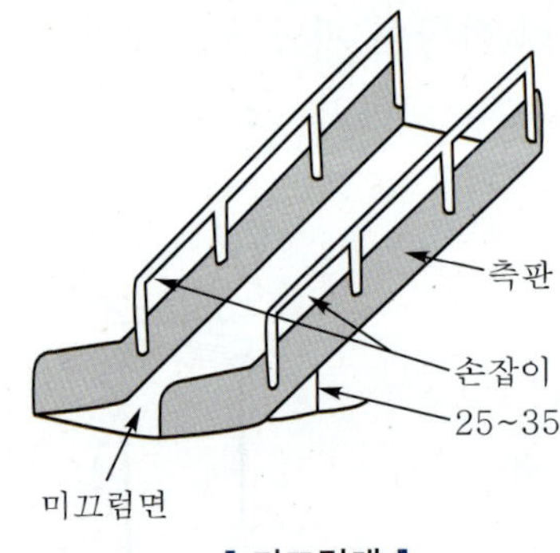

▌미끄럼대▐

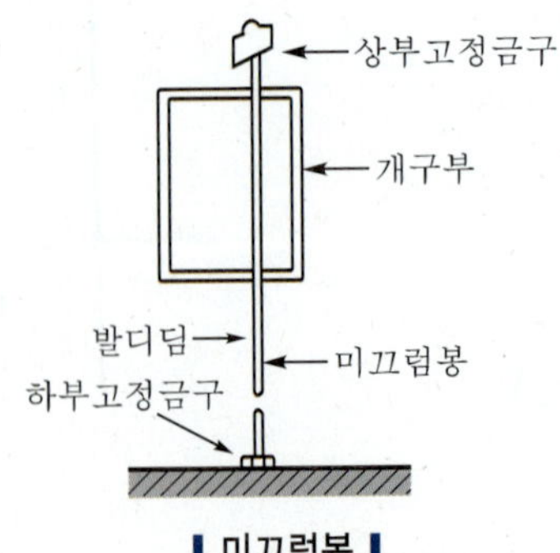

▌미끄럼봉▐

(8) 구조대의 길이는 피난 상 지장이 없고 안정한 강하속도를 유지할 수 있는 길이로 할 것

　　1) 경사강하식 구조대[140)]

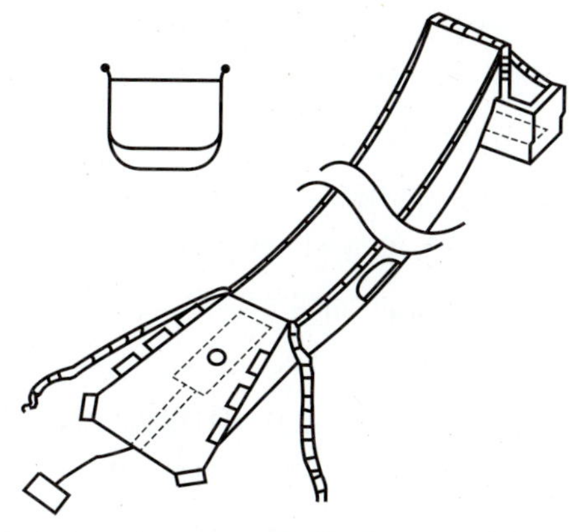

　　2) 수직강하식 구조대[141)]

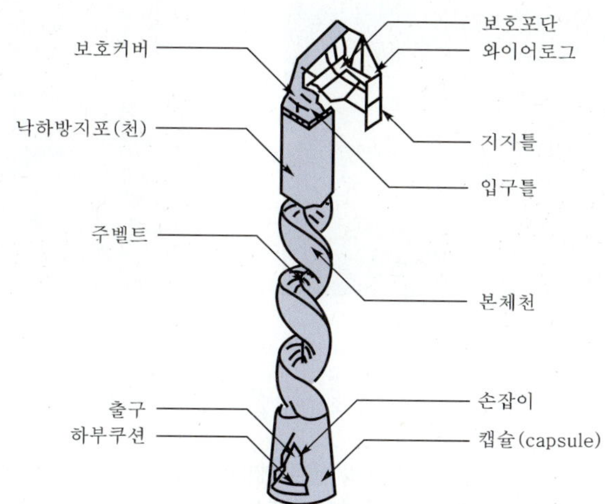

(9) 다수인피난장비는 다음에 적합하게 설치할 것

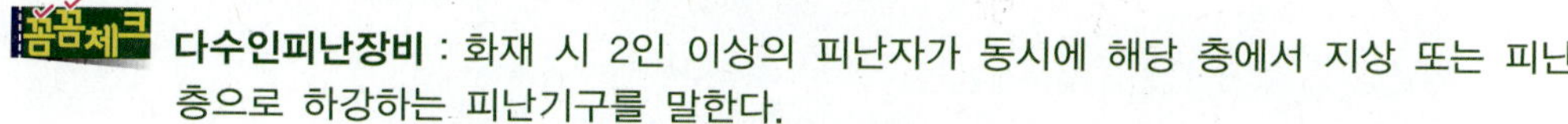

꼼꼼체크 **다수인피난장비** : 화재 시 2인 이상의 피난자가 동시에 해당 층에서 지상 또는 피난
층으로 하강하는 피난기구를 말한다.

　　1) 피난에 용이하고 안전하게 하강할 수 있는 장소에 적재하중을 충분히 견딜 수 있도록 「건축물의 구조기준 등에 관한 규칙」 제3조에서 정하는 구조안전의 확인을 받아 견고하게 설치할 것

　　2) 다수인피난장비 보관실(이하 "보관실")은 건물 외측보다 돌출되지 아니하고, 빗물·먼지 등으로부터 장비를 보호할 수 있는 구조일 것

---

140) 신영공업주식회사 홈페이지 제품소개에서 발췌
141) http://m119.net에서 발췌

3) 사용 시에 보관실 외측 문이 먼저 열리고 탑승기가 외측으로 자동으로 전개될 것

4) 하강 시에 탑승기가 건물 외벽이나 돌출물에 충돌하지 않도록 설치할 것

5) 상하층에 설치할 경우에는 탑승기의 하강경로가 중첩되지 않도록 할 것

6) 하강 시에는 안전하고 일정한 속도를 유지하도록 하고 전복, 흔들림, 경로이탈 방지를 위한 안전조치를 할 것

7) 보관실의 문에는 오작동 방지조치를 하고, 문 개방 시에는 당해 소방대상물에 설치된 경보설비와 연동하여 유효한 경보음을 발하도록 할 것

8) 피난층에는 해당 층에 설치된 피난기구가 착지에 지장이 없도록 충분한 공간을 확보할 것

9) 한국소방산업기술원 또는 법 제42조 제1항에 따라 성능시험기관으로 지정받은 기관에서 그 성능을 검증받은 것으로 설치할 것

▌ 다수인의 피난장비[142] ▌

▌ 운용모습[143] ▌

(10) 승강식 피난기 및 하향식 피난구용 내림식 사다리는 다음에 적합하게 설치할 것

 • 승강식 피난기 : 사용자의 몸무게에 의하여 자동으로 하강하고 내려서면 스스로 상승하여 연속적으로 사용할 수 있는 무동력 승강식 피난기를 말한다.
• 하향식 피난구용 내림식 사다리 : 하향식 피난구 해치에 격납하여 보관하고 사용 시에는 사다리 등이 소방대상물과 접촉되지 아니하는 내림식 사다리를 말한다.

구 분	승강식 피난기 및 하향식 피난구용 내림식 사다리 설치기준[(「피난기구의 화재안전기준(NFSC 301)」 제4조(적응 및 설치개수 등) 제2항 제9호]	하향식 피난구(덮개, 사다리, 경보시스템을 포함한다)의 구조[(「건축물의 피난·방화구조 등의 기준에 관한 규칙」 제14조(방화구획의 설치기준) 제3항]
출입구	대피실의 출입문은 갑종방화문으로 설치하고, 피난방향에서 식별할 수 있는 위치에 "대피실" 표지판을 부착할 것. 단, 외기와 개방된 장소에는 그러하지 아니한다.	피난구의 덮개는 비차열 1시간 이상의 내화성능을 가져야 하며, 피난구의 유효개구부 규격은 직경 60cm 이상일 것

---

142) 아세아 방재의 카탈로그에서 발췌(2012)
143) 아이에스피엘 제품자료에서 발췌

구 분	승강식 피난기 및 하향식 피난구용 내림식 사다리 설치기준[「피난기구의 화재안전기준(NFSC 301)」 제4조(적응 및 설치개수 등) 제2항 제9호]	하향식 피난구(덮개, 사다리, 경보시스템을 포함한다)의 구조[(「건축물의 피난·방화구조 등의 기준에 관한 규칙」 제14조(방화구획의 설치기준) 제3항]
대피실 면적	$2m^2$(2세대 이상일 경우에는 $3m^2$) 이상	–
하강구 규격	직경 60cm 이상	직경 60cm 이상
기구 간 이격거리	착지점과 하강구는 상호 수평거리 15cm 이상의 간격을 둘 것	상층·하층 간 피난구의 설치위치는 수직방향 간격을 15cm 이상 띄어서 설치할 것
구조	승강식 피난기 및 하향식 피난구용 내림식 사다리는 설치경로가 설치층에서 피난층까지 연계될 수 있는 구조로 설치할 것. 다만, 건축물의 구조 및 설치여건상 불가피한 경우에는 그러하지 아니 한다.	아래 층에서는 바로 위층의 피난구를 열 수 없는 구조일 것
사다리 길이	하강구 내측에는 기구의 연결금속구 등이 없어야 하며 전개된 피난기구는 하강구 수평투영면적 공간 내의 범위를 침범하지 않는 구조이어야 할 것. 단, 직경 60cm 크기의 범위를 벗어난 경우이거나, 직하층의 바닥 면으로부터 높이 50cm 이하의 범위는 제외한다.	사다리는 바로 아래층의 바닥면으로부터 50cm 이하까지 내려오는 길이로 할 것
덮개 개방 시 경보	대피실 출입문이 개방되거나, 피난기구 작동 시 해당 층 및 직하층 거실에 설치된 표시등 및 경보장치가 작동되고, 감시제어반에서는 피난기구의 작동을 확인할 수 있어야 할 것	덮개가 개방될 경우에는 건축물 관리시스템 등을 통하여 경보음이 울리는 구조일 것
조명	대피실 내에는 비상조명등을 설치할 것	피난구가 있는 곳에는 예비전원에 의한 조명설비를 설치할 것
표지	대피실에는 층의 위치표시와 피난기구 사용설명서 및 주의사항 표지판을 부착할 것	–
흔들림방지	사용 시 기울거나 흔들리지 않도록 설치할 것	–
성능기준	승강식 피난기는 한국소방산업기술원 또는 성능시험기관으로 지정받은 기관에서 그 성능을 검증받은 것으로 설치할 것	–

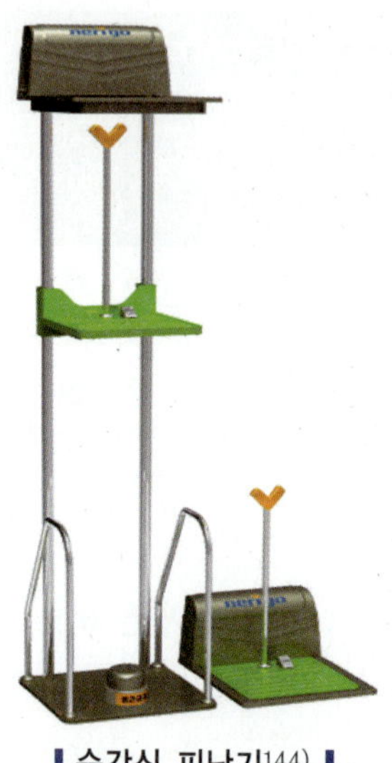
▌ 승강식 피난기[144] ▌

▌ 하향식 내림사다리 ▌

04 설치장소의 위치 표시[축광표지의 성능인증 및 제품검사의 기술기준(국민안전처고시 제2015-62호)]

피난기구를 설치한 장소에는 가까운 곳의 보기 쉬운 곳에 피난기구의 위치를 표시하는 발광식 또는 축광식 표지와 그 사용방법을 표시한 표지를 부착하되, 축광식 표지는 소방청장이 정하여 고시한 「축광표지의 성능인증 및 제품검사의 기술기준」에 적합하여야 한다. 다만, 방사성 물질을 사용하는 위치표지는 쉽게 파괴되지 아니하는 재질로 처리해야 한다.

(1) 용어의 정의

1) **축광유도표지의 정의** : 화재발생 시 피난방향을 안내하기 위하여 사용되는 표지로서 외부의 전원을 공급받지 아니한 상태에서 축광(전등, 태양빛 등을 흡수하여 이를 축적시킨 상태에서 일정 시간 동안 발광이 계속되는 것을 말한다. 이하 같다)에 의하여 어두운 곳에서도 도안·문자 등이 쉽게 식별될 수 있도록 된 것을 말한다.

2) **축광표시의 종류** : 피난구축광유도표지, 통로축광유도표지, 보조축광표지

3) **보조축광표지** : 피난로 등의 바닥·계단·벽면 등에 설치함으로서 피난방향 또는 피난설비 등의 위치를 알려주는 보조역할을 하는 표지를 말한다.

4) **축광위치표지** : 옥내소화전설비의 함, 발신기, 피난기구(완강기, 간이완강기, 구조대, 금속제 피난사다리) 및 연결송수관설비의 방수구 등의 위치를 표시하기 위하여 사용되는 표지로서 외부의 전원이 공급받지 아니한 상태에서 축광에 의하여 어두운 곳에서도 도안·문자 등이 쉽게 식별될 수 있도록 된 것을 말한다.

(2) 일반구조

1) 내구성이 있어야 하며 쉽게 변형, 변질 또는 변색되지 아니하여야 한다.
2) 먼지, 습기 또는 곤충 등에 의하여 기능에 영향을 받지 아니하여야 한다.

---

144) 아세아 방재의 카탈로그에서 발췌(2012)

3) 부식에 의하여 기능에 영향을 줄 수 있는 부분은 칠, 도금 등으로 유효하게 내식가 공을 하거나 방청가공을 하여야 한다.

4) 부분품의 부착은 기능에 이상을 일으키지 아니하여야 하며 견고하여야 한다.

5) 매립하는 방식 또는 벽면에 부착하는 도자기질 타일재질 제품 이외의 경우에는 양 면테이프 또는 접착제를 이용한 부착방식이 아닌 부착대 등으로 견고하게 부착할 수 있는 구조이어야 한다.

6) 수송 중 진동 또는 충격에 의하여 기능에 장해를 받지 아니하는 구조이어야 한다.

7) 사람에게 위해를 줄 염려가 없는 구조이어야 한다.

8) 발신기 및 옥내소화전설비함의 위치표지는 측면에서 식별이 용이하도록 반원형으 로 돌출된 구조이어야 한다.

(3) 주위온도시험 : 축광유도표지 및 축광위치표지는 주위온도가 $(-20\pm2)℃$ 및 $(50\pm2)℃$ 의 온도에서 각각 12시간 놓아두는 경우 변형되지 아니하는 것이어야 한다.

(4) 표시면의 재질 : 축광유도표지 및 축광위치표지의 표시면의 재질은 난연재료 또는 방 염성능이 있는 합성수지로서 UL−94규정에 의한 $V-2$ 이상의 난연성능이 있는 것 이어야 하며 시험방법은 다음과 같다.

1) 시험편은 길이 $(125\pm5)mm$, 폭 $(13\pm0.5)mm$로 하고 두께는 제품의 외함 두께로 하며, 시편의 가장자리는 매끄럽게 처리하고 모서리의 반경은 1.3mm를 초과하지 않도록 한다.

2) 버너는 메탄가스를 105ml/min의 압력으로 공급하고 파란불꽃을 $(20\pm1)mm$의 길 이로 한다.

3) 시험편은 시험편의 아래부분과 버너 끝단과의 거리를 10mm로 조정하여 수직으로 그림과 같이 설치한다.

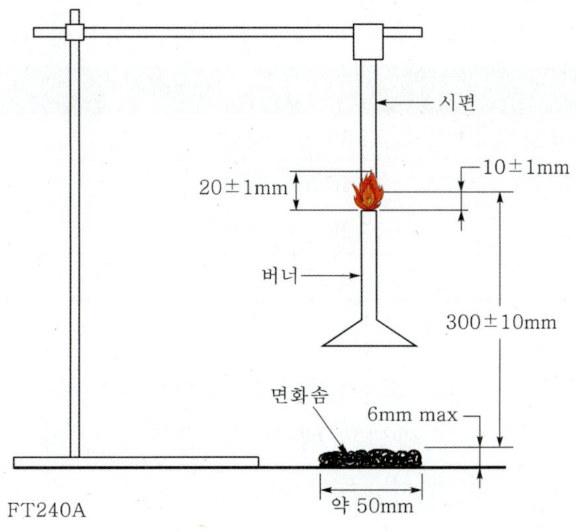

▌ UL−94 시험방법 ▌

903

4) 시험편에 1차로 10초간 접염한 후 버너를 제거하고 시편에서 불꽃이 사라지는 잔염시간(t_1)을 측정한다.

5) 시험편에 2차로 10초간 접염한 후 버너를 제거하고 시편에서 불꽃이 사라지는 잔염시간(t_2)을 측정하고, 불꽃이 사라진 후 불꽃 없이 연소되는 잔신시간(t_3)을 측정한다.

6) 시험편이 녹아내리는 경우에는 버너를 45°로 기울이고 불꽃이 시편에 수직으로 닿도록 하여 시험할 수 있다.

7) 기타 시험방법에 관하여는 UL−94규정을 준용하여 실시한다.

8) 시험편은 5개로 하고, 제출된 시험편 또는 견품의 외함에서 시험편을 추출하며, 견품의 외함에서 시험편을 추출하는 경우에는 1개의 견품에서 시험편을 중복하여 추출할 수 있다.

9) 난연성능의 적합판정은 다음 표에 따른다.

구 분	적합 판정기준
각 시험편의 t_1 또는 t_2	30초 이하
5개 시험편의 (t_1+t_1)의 합	250초 이하
각 시험편의 t_2+t_3	60초 이하
시험 중 시험편을 고정하는 클램프 위치까지 전소되는 시험편이 없을 것	

10) 시험 중 시험편이 용융되어 떨어져 바닥에 있는 탈지면이 연소하여도 무방하다.

(5) 표시면의 두께 및 크기 : 축광유도표지 및 축광위치표지의 표시면의 두께는 1.0mm 이상(금속재질인 경우 0.5mm 이상)이어야 하며, 축광유도표지 및 축광위치표지의 표시면의 크기는 다음에 적합하여야 한다. 다만, 표시면이 사각형이 아닌 경우에는 표시면에 내접하는 사각형의 크기가 다음에 적합하여야 한다.

구 분	긴변의 길이	짧은변의 길이
피난구축광유도표지	360mm 이상	120mm 이상
통로축광유도표지	250mm 이상	85mm 이상
축광위치표지	200mm 이상	70mm 이상
보조축광표지	면적 2,500mm^2 이상	20mm 이상

(6) 표시면의 표시

1) 유도표지의 표시면의 표시는 유도등의 형식승인기준 제9조의 규정을 준용한다. 이 경우 엷은 연두색이나 엷은 황색은 백색으로 간주하며, 피난구유도표지의 경우 표시면 가장자리에서 5mm 이상의 폭이 되도록 녹색 또는 백색계통의 축광성 야광도료를 사용하여야 한다.

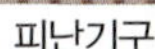

2) 위치표지(옥내소화전함 및 발신기 위치표지는 제외한다)는 피난기구와 방수구가 있는 위치의 방향을 나타내는 화살표시를 병기하여야 하고 구조대·완강기 및 간이완강기 위치표지의 글씨는 한글과 영문(완강기 및 간이완강기 : DESCENDING LIFE LINE, 구조대 : ESCAPE CHUTE, 금속제 피난사다리 : SAFETY LADDER)을 병기하여야 한다.

3) 보조축광표지의 표시면은 사용 목적 등에 따라 적정한 표시를 선택할 수 있다.

(7) 식별도시험

구 분	시험조건	성능기준
축광유도표지	200 lx 밝기의 광원으로 20분간 조사시킨 상태에서 다시 주위조도를 0 lx로 하여 60분간 발광시킨 후	직선거리 20m 떨어진 위치에서 유도표지를 식별 가능하고 직선거리 3m의 거리에서 표시면의 표시 중 주체가 되는 문자 또는 주체가 되는 화살표 등이 쉽게 식별되어야 한다.
축광위치표지		직선거리 10m 떨어진 위치에서 유도표지 식별이 가능해야 한다.
보조축광표지		

[비고] 측정자는 보통시력(시력 1.0에서 1.2의 범위를 말한다)을 가진 자로서 시험실시 20분 전까지 암실에 들어가 있어야 한다.

(8) 휘도시험

1) **시험조건** : 축광유도표지 및 축광위치표지의 표시면을 0 lx 상태에서 1시간 이상 방치한 후 200 lx 밝기의 광원으로 20분간 조사시킨 상태에서 다시 주위조도를 0 lx로 하여 휘도시험을 실시한다.

2) **성능기준**

발광시키는 시간(분)	휘도($1m^2$당)
5	110mcd 이상
10	50mcd 이상
20	24mcd 이상
60	7mcd

(9) 내광성 시험 : 축광유도표지 및 축광위치표지는 고압수은램프(300W)를 사용하여 30cm인 거리에 3시간 조사한 후 실내에 1시간 놓아두는 경우 쉽게 변화되지 아니하여야 하며, 8의 휘도시험을 실시하는 경우 기준에 적합하여야 한다.

(10) 내충격 및 꺾임강도 시험

1) 축광유도표지 및 축광위치표지의 표시면이 보이도록 하여 철제판 또는 콘크리트 바닥에 시료를 놓고, 무게 300g인 강철구를 50cm의 높이에서 추의 낙하지점이 반복되지 않도록 하여 5회 낙하시키는 내충격시험을 실시하는 경우 표지의 구조에 변형이 생기거나 파손되지 아니하여야 한다. 다만, 시멘트·몰타르 등으로 바닥면 전체를 부착하는 구조의 도자기질 타일(도기질, 자기질, 석기질 등을 포함한다. 이하 같다)재질의 제품은 그러하지 아니하다.

2) 도자기질 타일재질의 축광유도표지 및 축광위치표지로서 시멘트·몰타르 등으로 바닥면 전체를 부착하는 구조의 것은 다음에 따라 30초간 해당 하중을 가하는 꺾임강도시험을 실시하는 경우 구조에 변형이 생기거나 파손되지 아니하여야 한다.

① 짧은변(b) 1cm당 가하는 하중(F)

㉠ 긴변의 길이가 155mm 이하인 것 : 8kg/cm

㉡ 긴변의 길이가 155mm 초과하는 것 : 10kg/cm

② 시험방법

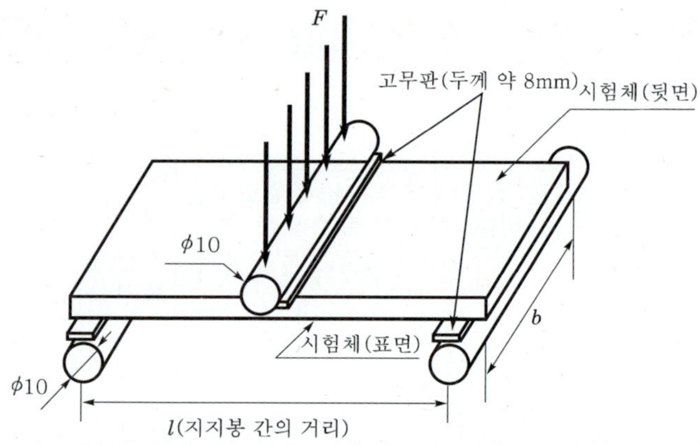

타일의 긴변 길이(mm)	지지봉 간 거리(mm)
50 초과 95 이하	45
95 초과 185 이하	90
185 초과 305 이하	180
305 초과 605 이하	270

[비고] 지지봉은 타일의 긴변 양단에 설치하며, 정방형 구조의 타일로서 타일표면에 홈이 있는 경우에는 타일의 홈이 파인 방향과 지지봉을 평행으로 하여 설치한다.

(11) **내수성 시험** : 축광유도표지 및 축광위치표지는 (25±5)℃인 물속에 24시간 담근 후 꺼내어 실내에 1시간 놓아두는 경우 표시면의 현저한 변화가 없어야 한다.

(12) **표시 및 취급설명서**

1) 표시면의 앞면에는 다음 각 호의 사항을 쉽게 지워지지 아니하도록 표시하여야 한다. 다만, 도자기질 타일재질의 제품의 경우에는 제1호를 표시면 뒷면에 표시할 수 있다.

① 상표

② 피난구축광유도표지 및 통로축광유도표지의 경우에는 "유도등이 설치되어야 하는 법정장소에는 사용할 수 없음"이라는 별도표시를 하여야 한다.

2) 표시면의 뒷면에는 다음의 사항을 쉽게 지워지지 아니하도록 표시하여야 한다.

① 종별

② 성능인증번호

   ③ 제조연월 및 제조번호(또는 로트번호)

   ④ 제조업체명

   ⑤ 설치방법

   ⑥ 사용상 주의사항

   ⑦ 그 밖에 필요한 사항

3) 위 2)에도 불구하고 시멘트·몰타르 등으로 바닥면 전체를 부착하는 구조인 도자기 타일재질의 축광유도표지 및 축광위치표지는 표지 뒷면에 2)의 ②, ③, ④ 만을 쉽게 지워지지 아니하도록 표시할 수 있으며 , 이 경우 2)의 각 내용을 제품설명서에 표기하여 포장에 첨부하여야 한다.

05 설치 제외

다음의 어느 하나에 해당하는 경우에는 피난기구를 설치하지 않을 수 있다(피난기구 제외). 다만, NFSC 301 제4조 제2항 제2호에 따라 숙박시설(휴양콘도미니엄을 제외)에 설치되는 피난밧줄 및 간이완강기의 경우에는 그러하지 아니하다.

(1) 다음의 기준에 적합한 층

1) 주요구조부가 내화구조일 것

2) 마감이 불연재료·준불연재료 또는 난연재료로 되어 있고, 방화구획이 규정에 적합하게 구획되어 있을 것

3) 거실의 각 부분으로부터 직접 복도로 쉽게 통할 수 있을 것

4) 복도에 2 이상의 특별피난계단 또는 피난계단이 설치되어 있을 것

5) 복도의 어느 부분에서도 2 이상의 방향으로 각각 다른 계단에 도달할 수 있을 것

(2) 다음의 기준에 적합한 소방대상물 중 옥상의 직하층 또는 최상층 피난기구 제외(문화운동집회, 판매시설은 제외)

1) 주요구조부가 내화구조일 것

2) 옥상면적이 $1,500m^2$ 이상일 것

3) 옥상으로 쉽게 통할 수 있는 창 또는 출입구가 설치되어 있을 것

4) 소방 사다리차가 쉽게 통행할 수 있는 폭 6m 이상의 도로 또는 공지와 면하거나 옥상으로부터 피난층 또는 지상으로 통하는 2 이상의 피난계단 또는 특별피난계단이 설치되어 있을 것

(3) 주요구조부가 내화구조로서 4층 이하이며 소방사다리차가 쉽게 통행할 수 있는 도로·공지 쪽으로 피난에 적합한 개구부가 2개 이상 설치된 층(문화집회 및 운동시설·판매시설 및 영업시설 또는 노유자시설의 용도로 사용되는 층으로서 그 층의 바닥면적이 $1,000m^2$ 이상인 것을 제외)

(4) 편복도형 또는 발코니 등을 통하여 인접 세대로 피난할 수 있는 구조로 된 계단실형 아파트

(5) 주요구조부가 내화구조로서 거실의 각 부분으로부터 직접 복도로 피난할 수 있는 학교

(6) 무인공장 또는 자동창고로서 사람의 출입이 금지된 장소

(7) 건축물의 옥상부분으로서 거실에 해당하지 아니하고 「건축법 시행령」 제119조 제1항 제9호에 해당하여 층수로 산정된 층으로 사람이 근무하거나 거주하지 아니하는 장소

> **꼼꼼체크** 「건축법 시행령」 제119조 제1항 제9호
>
> 층수 : 승강기탑(옥상 출입용 승강장을 포함한다), 계단탑, 망루, 장식탑, 옥탑, 그 밖에 이와 비슷한 건축물의 옥상부분으로서 그 수평투영면적의 합계가 해당 건축물 건축면적의 8분의 1(「주택법」 제15조 제1항에 따른 사업계획승인 대상인 공동주택 중 세대별 전용면적이 85m² 이하인 경우에는 6분의 1) 이하인 것과 지하층은 건축물의 층수에 산입하지 아니하고, 층의 구분이 명확하지 아니한 건축물은 그 건축물의 높이 4m마다 하나의 층으로 보고 그 층수를 산정하며, 건축물이 부분에 따라 그 층수가 다른 경우에는 그 중 가장 많은 층수를 그 건축물의 층수로 본다.

06 피난기구 설치 감소

(1) 다음의 기준에 적합한 층에는 1/2을 감소하여 설치할 수 있다.

1) 주요구조부가 내화구조일 것

2) 피난계단 또는 특별피난계단이 2개소 이상 설치된 경우

(2) 다음 기준에 적합하고 건널복도가 설치되어 있는 층에는 피난기구의 수에서 해당 건널복도의 수의 2배를 뺀 수로 한다.

1) 주요구조부가 내화구조

2) 다음의 기준에 적합한 건널복도가 설치되어 있는 층

① 내화구조 또는 철골조로 되어 있을 것

② 건널복도 양단의 출입구에 자동폐쇄장치를 한 갑종방화문(방화셔터를 제외)이 설치되어 있을 것

③ 피난·통행 또는 운반의 전용 용도일 것

(3) 다음 기준에 적합한 노대가 설치된 거실의 바닥면적은 피난기구의 설치개수 산정을 위한 바닥면적에서 이를 제외한다.

1) 노대를 포함한 소방대상물의 주요구조부가 내화구조일 것

2) 노대가 거실의 외기에 면하는 부분에 피난상 유효하게 설치되어 있어야 할 것

3) 노대가 소방사다리차가 쉽게 통행할 수 있는 도로 또는 공지에 면하여 설치되어 있거나, 또는 거실부분과 방화구획되어 있거나 또는 노대에 지상으로 통하는 계단 그 밖의 피난기구가 설치되어 있어야 할 것

07 피난기구의 종류

미끄럼대·피난교·피난용 트랩·간이완강기·공기안전매트·다수인피난장비·승강식
피난기 등이 있다.

08 결 론

(1) 계단 등에 의한 피난이 불가능해 도피하지 못한 사람이 피난을 위해 사용하는 것으
로, 최후의 탈출수단이다.

(2) 피난계획 수립 시 피난기구 같은 비상수단에 의한 피난이 아니라 계단 등에 의해 안
전하게 피난할 수 있도록 하여야 하고, 그것이 곤란한 경우에 제한적으로 피난기구
를 사용해서 피난탈출하도록 피난계획을 수립하여야 한다.

인명구조기구

01 설치대상(방열복 또는 방화복, 인공소생기 및 공기호흡기 설치대상)

(1) 지하층을 포함하는 층수가 7층 이상인 관광호텔

(2) 방열복 또는 방화복 및 공기호흡기 설치대상 : 지하층을 포함하는 층수가 5층 이상인 병원

(3) 공기호흡기 설치대상

  1) **수용인원** 100명 이상인 문화 및 집회시설 중 영화상영관

  2) 판매시설 중 대규모점포

  3) 운수시설 중 지하역사

  4) 지하가 중 지하상가

  5) 이산화탄소 소화설비를 설치하여야 하는 특정소방대상물

02 종 류

(1) 방열복 : 고온의 복사열에 가까이 접근하여 소방활동을 수행할 수 있는 내열피복된 옷

  1) **옷의 재질** : 내열성이 강한 아라미드 섬유의 표면에 알루미늄으로 특수 코팅한 겉감과 내열섬유의 중간층, 안감 등 여러 겹으로 되어 있고, 두건렌즈는 폴리카보네이트로 되어 있다.

  2) **옷의 구분** : 두건, 방열복 상의·하의, 속복형 방열복, 방열장갑

    꼼꼼체크 **속복형** : 상·하의가 하나로 되어 있는 방열복

  3) **방열복의 중량** : 무거우면 소화활동에 지장을 발생시키기 때문에 아래의 표 이하의 중량이어야 한다.

종 류	중량(kg)	종 류	중량(kg)
두건	2.0	장갑	2.0
상의	3.0	속복형	4.3
하의	2.0	–	–

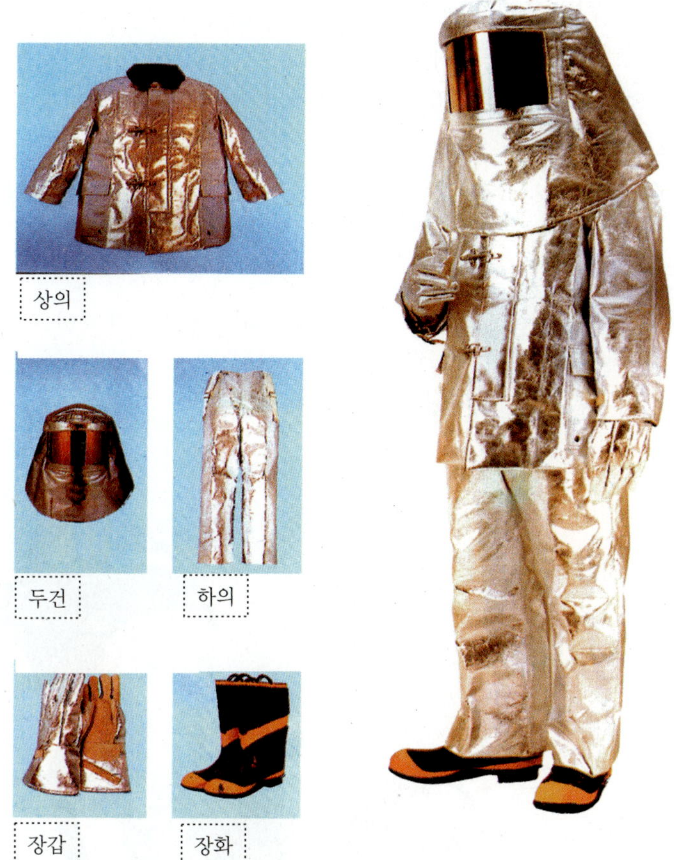

┃ 방열복[145] ┃

(2) 공기호흡기(air respiratory) : 소화활동 시에 화재로 인하여 발생하는 각종 유독가스 중에서 일정 시간 사용할 수 있도록 제조된 압축공기식 개인호흡장비(보조마스크를 포함한다)를 말한다.

1) 종류

① 양압식 공기호흡기 : 구형 면체 내에 공급되는 압력이 외기의 압력보다 항상 일정 압력 이상 높게 유지됨으로써 외기의 독성물질이 압력차에 의해 들어오지 못하도록 하는 공기호흡기로 압력이 설정압 이하가 되면 작동되는 압력 디맨드 밸브(demand valve)가 부착되어 있다.

② 음압식 공기호흡기 : 사용자가 숨을 들이마시면 자동으로 밸브가 열려서 공기가 호흡기관을 통해서 면체에 흘러 들어가고 숨을 멈추면 디맨드 밸브(demand valve)가 자동적으로 닫혀 공기의 유출은 정지되고 토해낸 숨은 호기밸브에서 면체 밖으로 배출된다.

---

145) 대원소방 홈페이지 제품소개에서 발췌

2) 유효사용시간 : 용기의 용량에 따라 다르며 약 10~80분 정도까지의 여러 가지 종류가 있다. 하지만 사용자의 체력이나 작업강도에 따라 공기소비량이 변화될 수 있기 때문에 사용시간의 80% 이내에서 작업을 완료하는 것이 적합하다.

3) 공기호흡기의 구조
① 용기의 압축공기가 공급밸브를 통하여 구형 면체 내에 방출되어 착용자에게 공기를 흡입시키는 구조
② 착용이 쉽고 조작이 용이한 구조
③ 외부 충격에 쉽게 파괴되거나 훼손되지 않는 견고한 구조
④ 공기호흡기의 주마스크는 양압형, 보조마스크는 음압형의 구조일 것
⑤ 호스의 꼬임이 되지 않는 구조일 것
⑥ 안전장치가 설치되어 있는 구조

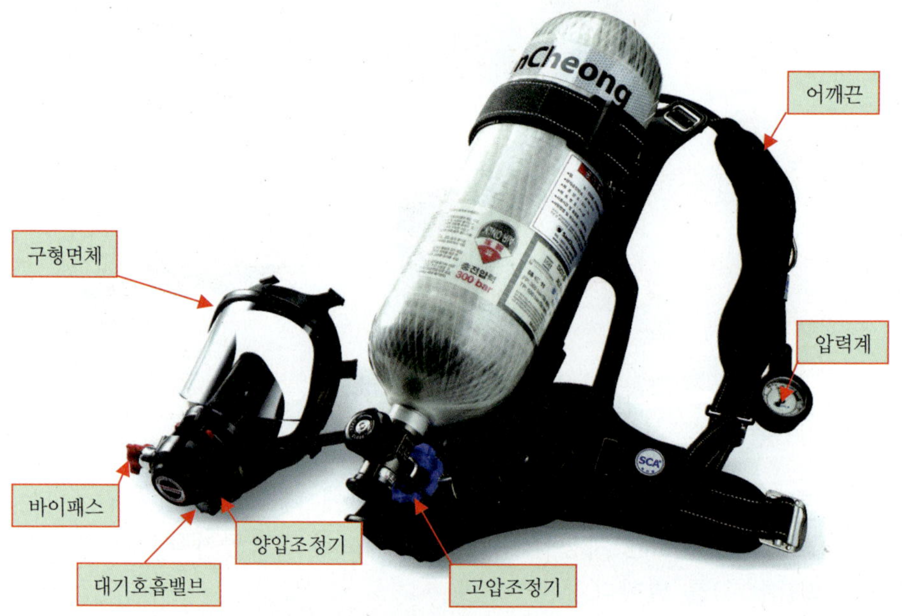

∥ 공기호흡기[146] ∥

(3) 인공소생기 : 호흡부전 상태인 사람에게 인공호흡을 시켜 환자를 보호하거나 구급하는 기구이다.

1) 인공소생기의 3대 기능
① 자동인공호흡기능(산소소생) : 호흡이 정지되었거나 기능이 약화되어 호흡이 곤란한 사람에게 자동으로 인공호흡을 시켜 주는 기능
② 산소흡인기능 : 호흡은 가능하지만 산소량을 많이 필요로 하는 청색증 환자에게 마스크를 통해 습윤 산소를 공급하는 기능

---

146) 산청 홈페이지 카탈로그에서 모델명 SCA 680WH를 발췌하여 일부 내용 보정

③ 흡인기능 : 인공호흡을 하기 전에 구강이나 호흡기에 잔류한 오물이나 점액 등을 흡인하여 호흡기의 개방을 유지시켜 주는 기능

2) 적용 대상 : 지하층을 포함하는 층수가 7층 이상인 관광호텔

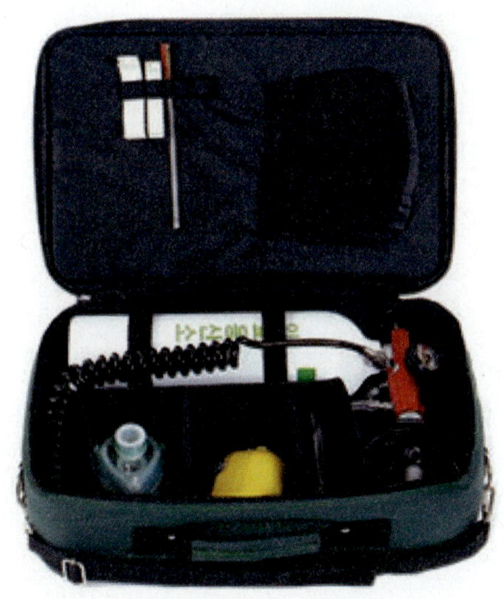

▮ 인공소생기[147] ▮

(4) 방화복 : 화재진압 등의 소방활동을 수행할 수 있는 피복이다.

03 설치기준

(1) 특정소방대상물의 용도 및 장소별로 설치하여야 할 인명구조기구는 아래 표에 따라 설치하여야 한다.

특정소방대상물	인명구조기구의 종류	설치 수량
지하층을 포함하는 층수가 7층 이상인 관광호텔 및 5층 이상인 병원	• 방열복 또는 방화복(헬멧, 보호장갑 및 안전화를 포함한다) • 공기호흡기 • 인공소생기	각 2개 이상 비치할 것. 다만, 병원의 경우에는 인공소생기를 설치하지 않을 수 있다.
• 문화 및 집회시설 중 수용인원 100명 이상의 영화상영관 • 판매시설 중 대규모점포 • 운수시설 중 지하역사 • 지하가 중 지하상가	공기호흡기	층마다 2개 이상 비치할 것. 다만, 각 층마다 갖추어 두어야 할 공기호흡기 중 일부를 직원이 상주하는 인근 사무실에 갖추어 둘 수 있다.
물분무 등 소화설비 중 이산화탄소 소화설비를 설치하여야 하는 특정소방대상물	공기호흡기	이산화탄소 소화설비가 설치된 장소의 출입구 외부 인근에 1대 이상 비치할 것

---

147) 한국소방공사 홈페이지의 상품정보 모델명 Oxy Life Ⅱ에서 발췌

913

(2) 화재 시 쉽게 반출, 사용할 수 있는 장소에 비치할 것

(3) 인명구조기구가 설치된 가까운 장소의 보기 쉬운 곳에 "인명구조기구"라는 축광식 표지와 그 사용방법을 표시한 표지를 부착하되, 축광식 표지는 소방청장이 고시한 「축광표지의 성능인증 및 제품검사의 기술기준」에 적합한 것으로 할 것

(4) 방열복은 소방청장이 고시한 「소방용 방열복의 성능인증 및 제품검사의 기술기준」에 적합한 것으로 설치할 것

(5) 방화복(헬멧, 보호장갑 및 안전화를 포함한다)은 「소방장비 표준규격 및 내용연수에 관한 규정」 제3조에 적합한 것으로 설치할 것

저 자 소 개

노력을 이기는 재능은 없고
노력을 외면하는 결과도 없습니다.

〈약력〉
- 소방방재학 학사
- 서울시립대 기계공학 석사
- 소방기술사

〈저서〉
- 색다른 소방기술사 1 ~ 4권(성안당)
- 소방학개론, 소방관계법규, 소방설비기사 등

소방기술사 Vol.2

2014. 6. 12. 초　　　　판 1쇄 발행
2018. 1. 5. 1차 개정증보 1판 1쇄 발행

지은이 | 유창범
펴낸이 | 이종춘
펴낸곳 | BM 주식회사 성안당
주소 | 04032 서울시 마포구 양화로 127 첨단빌딩 5층(출판기획 R&D 센터)
　　　 10881 경기도 파주시 문발로 112 출판문화정보산업단지(제작 및 물류)
전화 | 02) 3142-0036
　　　 031) 955-6300
팩스 | 031) 955-0510
등록 | 1973. 2. 1. 제406-2005-000046호
출판사 홈페이지 | www.cyber.co.kr
ISBN | 978-89-315-3570-9 (13530)
정가 | 70,000원

이 책을 만든 사람들
기획 | 최옥현
진행 | 박경희
교정·교열 | 김혜린
전산편집 | 이다혜, 이지연
표지 디자인 | 박원석
홍보 | 박연주
국제부 | 이선민, 조혜란, 김해영
마케팅 | 구본철, 차정욱, 나진호, 이동후, 강호묵
제작 | 김유석